最新数字游戏动画规划教材

就是要做3D游戏

VIRTOOLS秘笈篇

刘明昆　编著

中国青年出版社
中国青年电子出版社
http://www.21books.com　http://www.cgchina.com

中青雄狮

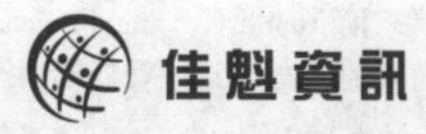
佳魁資訊

版权登记号: 01-2010-5235

图书在版编目(CIP)数据

就是要做3D游戏. Virtools秘笈篇 / 刘明昆编著. —北京: 中国青年出版社，2010.9

ISBN 978-7-5006-9508-0

I. ①就 … II. ①刘 … III. ①三维—动画—游戏—软件开发②游戏—程序设计

IV. ①TP311.5②TS952.83

中国版本图书馆CIP数据核字（2010）第 168678 号

就是要做3D游戏——Virtools秘笈篇

刘明昆　　编著

出版发行：中国青年出版社

地　　址：北京市东四十二条21号

邮政编码：100708

电　　话：（010）59521188 / 59521189

传　　真：（010）59521111

企　　划：中青雄狮数码传媒科技有限公司

责任编辑：肖　辉　　邸秋罗　　徐兆源

印　　刷：北京联兴盛业印刷股份有限公司

开　　本：787 × 1092　1/16

印　　张：35.5

版　　次：2010年10月北京第1版

印　　次：2010年10月第1次印刷

书　　号：ISBN 978-7-5006-9508-0

定　　价：69.90元（附赠1DVD）

本书如有印装质量等问题，请与本社联系　电话：（010）59521188 / 59521189

读者来信：reader@cypmedia.com

如有其他问题请访问我们的网站：www.21books.com

作者序

不知不觉中，为VT所写的范例书已经是第6本了，有时会想是不是就此打住，因为市面上很少有作者为一个工具软件可以出完全不同范例的书达到6本。但随着使用者越来越多，学生在各项比赛中的表现也得到丰硕的成果，再加上常常遇到各地的学生提出想要了解更多关于VT功能的教学要求，就想还是应该把更多的技术分享给大家，所以就又出了这一本《就是要做3D游戏——Virtools秘笈篇》。看来短时间内这VT教学的范例书是结束不了了，我已经在烦恼下一本书再出的时候我到底要写什么序的内容呢？

本书主要通过范例的形式对VT的高级功能进行讲解，内容包括摄影机碰撞、摄影机切换、画面拾取、多重窗口、使用鼠标控制摄影机、范围圈选功能、吸附功能、制作色盘、模型涂鸦功能、创建投影光、墙壁涂鸦、设置倒计时功能、跟随角色的文字与计量表、设置2D角色的3D定位等。书中范例的难度也越来越高，最后两个综合范例制作图示道具表和制作纸娃娃，完整介绍了图示道具表和纸娃娃系统的制作方法，内容达百页以上，但想到这些范例对学习者是相当实用而且重要的，就不厌其烦的一点一滴完成它，今天终于呈现在大家面前，心中一块石头也放下了。

本书的随书光盘中特别收录了我在教授这些范例时随堂上课的教学视频，如果视频有时有中断或杂音，那就是有学生提问，或发生了临时的状况，希望大家观看时就当作是在上课中吧。另外，光盘中包括所有范例的完成文件，方便大家学习使用。

特别感谢

▶我的老婆——漫画家胡美娇老师

▶世新大学数字多媒体设计学系——郑宗侃和吴宛莹同学

没有他们的帮助，这本书就没有办法顺利完成。在此对他们为本书出版所做的工作表示深深的感谢。

刘明昆

目 录

目 录

目 录

Chapter

摄影机碰撞

摄影机碰撞是游戏制作中一个非常重要的功能，通过设置碰撞属性，可以使摄影机跟对象之间产生滑动效果。本章将对摄影机的碰撞原理及设置方法进行讲解，为后面的操作做好准备。

本章要点

- 加载制作动画所需要的素材库
- 从素材库中导入角色和场景文件
- 设置摄影机碰撞属性
- 设置摄影机指向角色
- 设置摄影机操控属性

1.1 设置摄影机的碰撞属性

在开始制作本例之前，请先导入随书光盘中的角色和场景素材，并对其进行初始化设置，具体操作步骤如下。

STEP 1 执行菜单栏中的Resources>Open Data Resource命令，在弹出的Open Data Resource对话框中选择随书光盘\素材库\VT_Plus_1.rsc素材文件，单击“打开”按钮，加载本书所有的教学素材数据。

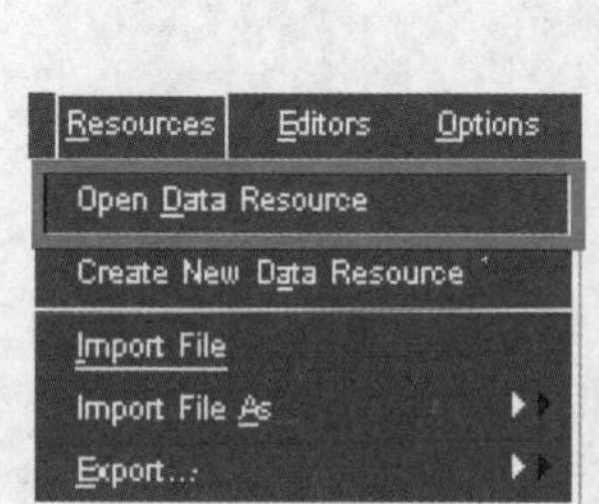

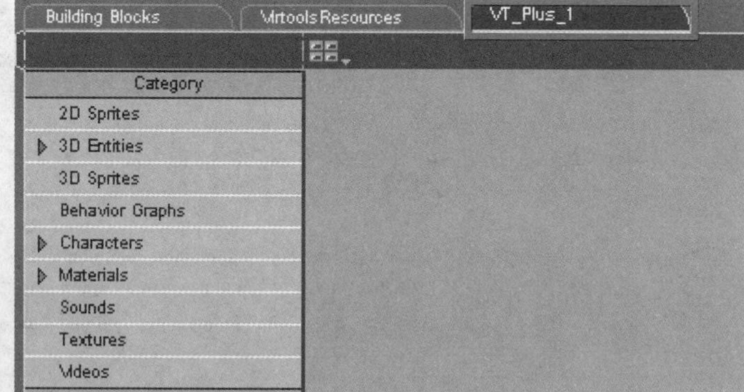

STEP 2 导入VT_Plus_1面板中的Characters\Animations\Asaku2_model.nmo角色文件。

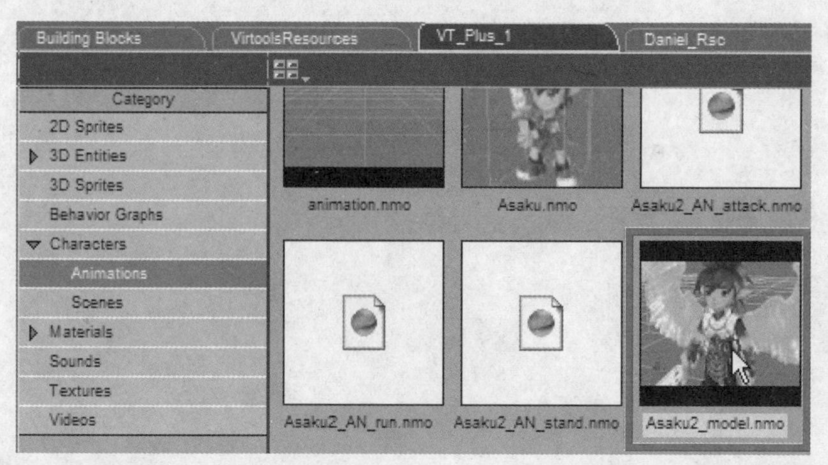

STEP 3 导入VT_Plus_1面板中的Characters\Scenes\Scene01.nmo场景文件。

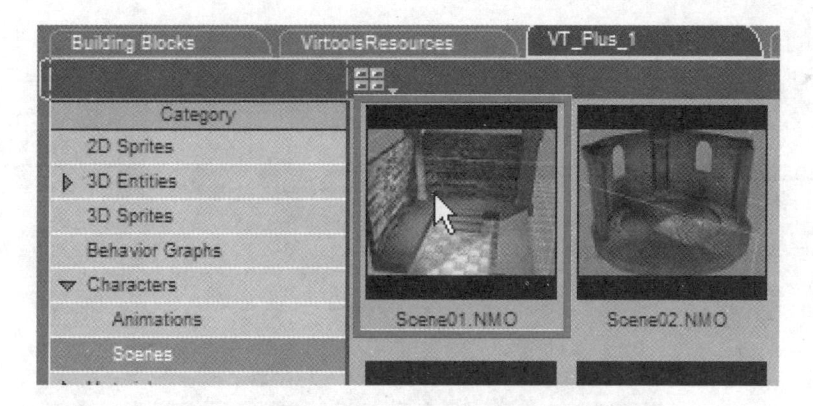

STEP 4 在3D Layout面板中，选择旋转工具调整角色至合适的视角。设置完成后，将角色与场景的位置设置为初始值。

STEP 5 1在Level Manager面板中选择Level\Global\Characters\Asaku选项，2在Level Manager面板中选择Level\Global\Characters\scene1选项，3单击Set IC For Selected按钮，设置为初始值。

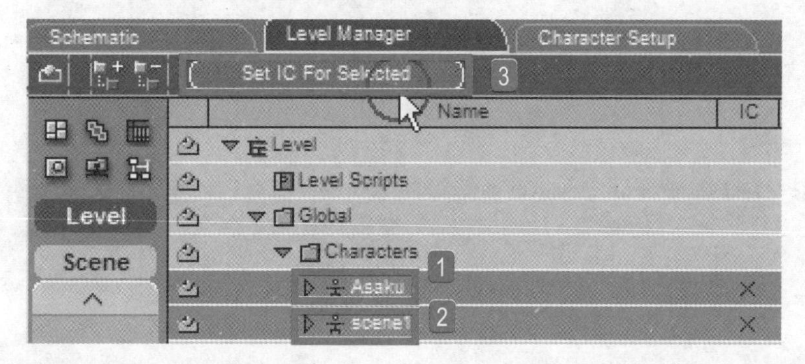

STEP 6 在3D Layout面板中选择摄影机工具，创建一架摄影机，并在Target Camera Setup面板中选中Name选项值，按下F2键，将其重新命名为MainCamera。设置完成后，将该摄影机设置为初始值。

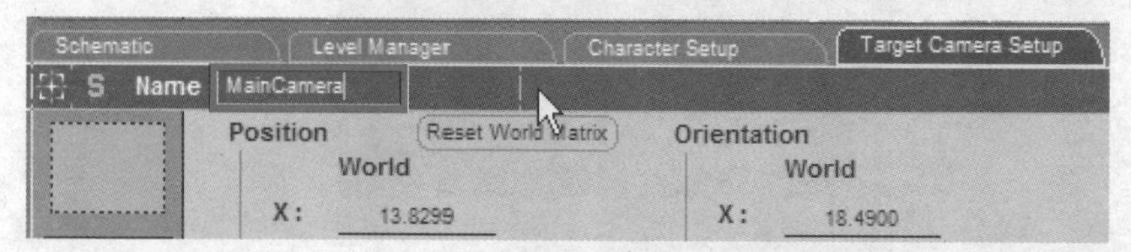

STEP 7 在Level Manager面板中选择Level\Global\Cameras\Main Camera选项，单击Set IC For Selected按钮，将主摄影机设置为初始值。

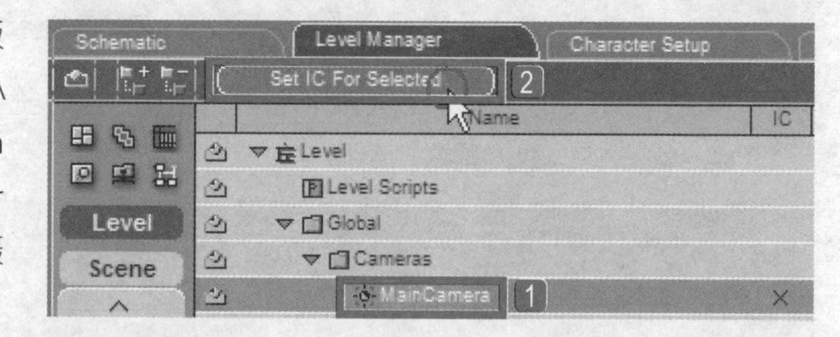

STEP 8 在Level Manager面板中选择Level\Global\Cameras\MainCamera选项，单击鼠标右键，在弹出的快捷菜单中执行Create Script命令，为摄影机创建脚本。

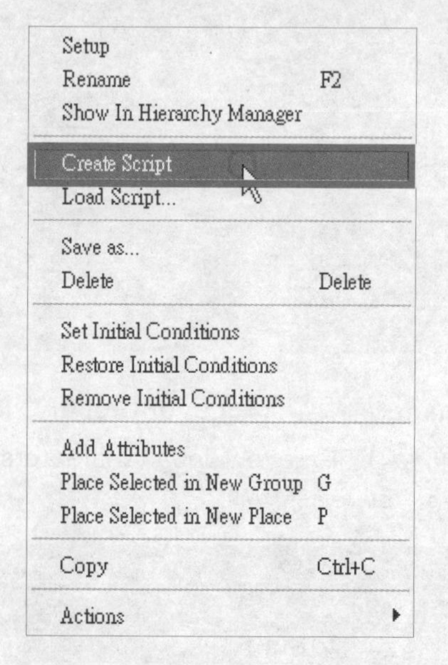

TIP 设计场景选择对象时，按住Ctrl键可以选择多个对象。

设置完该摄影机的脚本后，开始设置该摄影机的碰撞属性，摄影机的碰撞原理与一般对象的碰撞原理相同，通过Object Slider模块使摄影机跟对象之间产生滑动，从而实现碰撞。

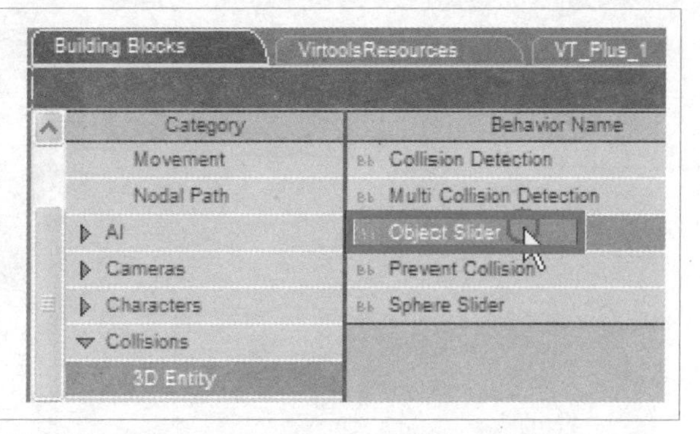

STEP 9 导入BB（Building Blocks）面板中的Collisions\3D Entity\Object Slider模块，将其连接至Start。

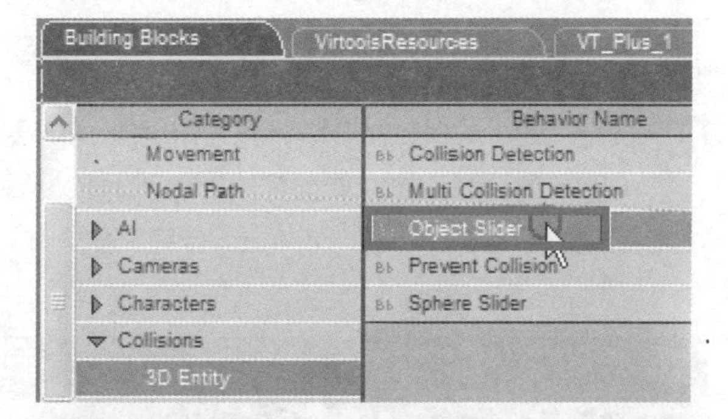

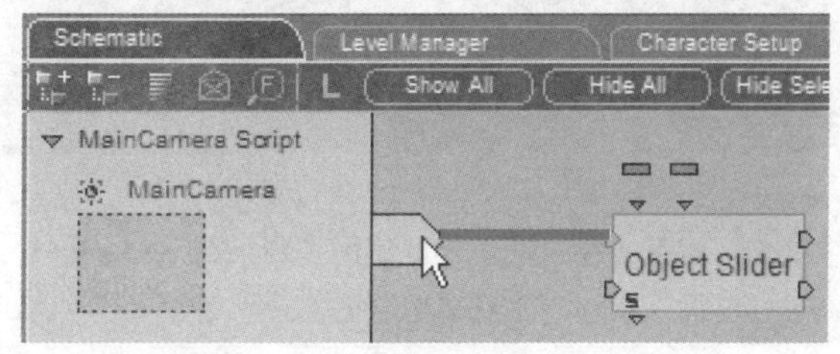

STEP 10 将该场景中想要被碰撞的对象（包含地板）添加到一个新组中。在Level Manager面板中选择Level\Global\Characters\scene1\Body Parts下的Floor和Walls选项，单击鼠标右键，在弹出的快捷菜单中执行Place Selected in New Group命令。

Create Script
Load Script...
Save as...
Delete Delete
Set Initial Conditions
Restore Initial Conditions
Remove Initial Conditions
Add Attributes
Place Selected in New Group G
Place Selected in New Place P
Copy Ctrl+C
Actions

STEP 11 此时可以看到在Level Manager面板的Level\Global\Groups选项下增加了一个组，将其命名为wall。

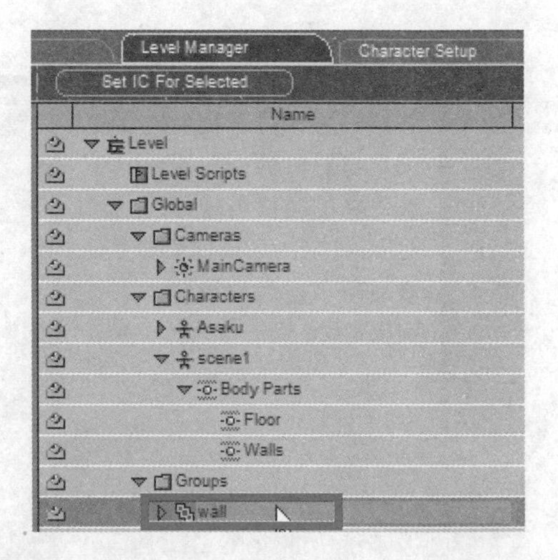

STEP 12 双击Object Slider模块，打开Edit Parameters:MainCamera Script/Object Slider对话框，将主要摄影机对应的对象设置为墙壁，1设置Group为wall，2设置Radius为5，3单击Apply按钮，4再单击OK按钮，此时摄影机与墙壁之间已拥有碰撞功能。

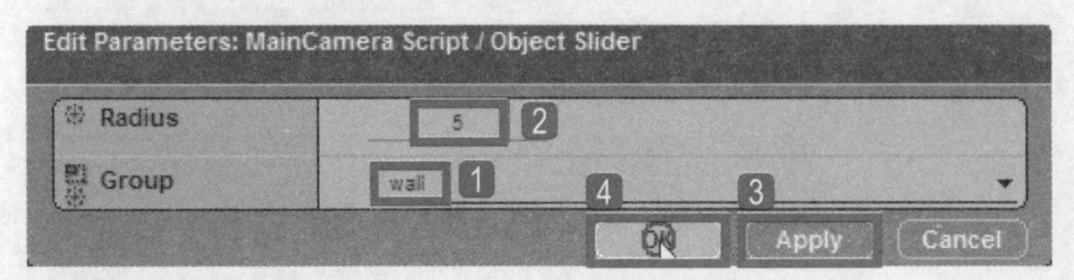

TIP 值得注意的是，一但使用了Object Slider模块，便不能使用Camera\Movement中的键盘、鼠标、游戏摇杆等绝对强迫位移，所以摄影机的控制就得自行来撰写。

1.2 让摄影机指向角色

STEP 1 导入BB面板中的3D Transformations\Constraint\Look At模块，设置摄影机指向角色。

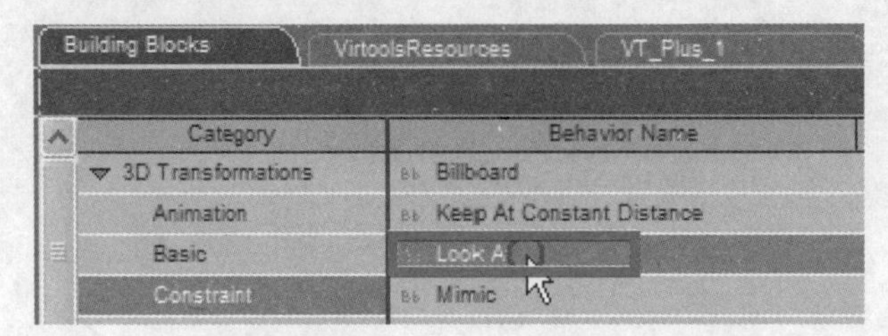

STEP 2 导入BB面板中的3D Transformations\Constraint\Keep At Constant Distance模块，设置保持距离的指令。

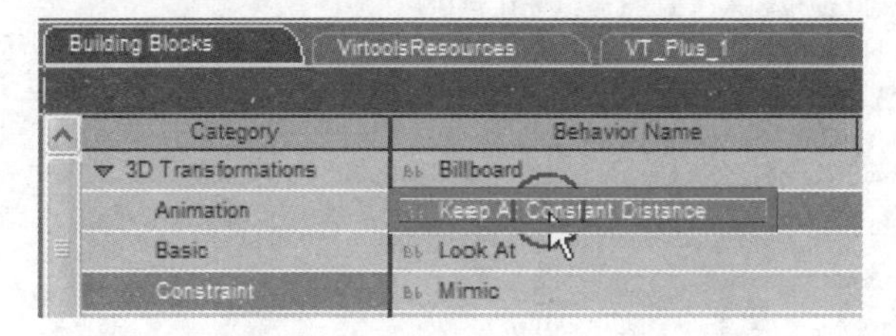

STEP 3 导入完成后，将这两个模块连接起来。

STEP 4 双击Look At模块，在弹出的Edit Parameters:MainCamera Script/Look At对话框中设置摄影机指向的角色。1设置Following Speed为100%，2设置Referential为Asaku，3单击Apply按钮，4再单击OK按钮。

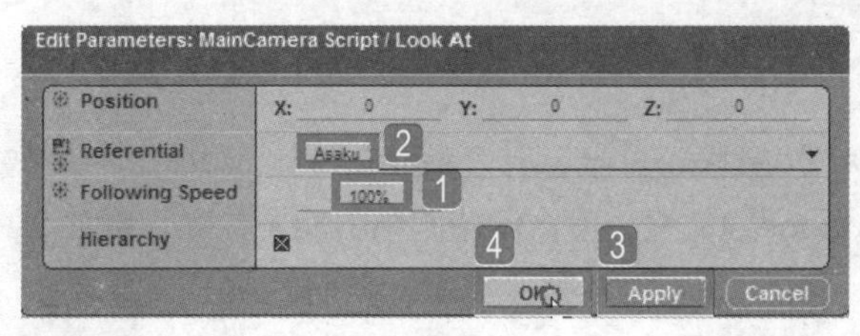

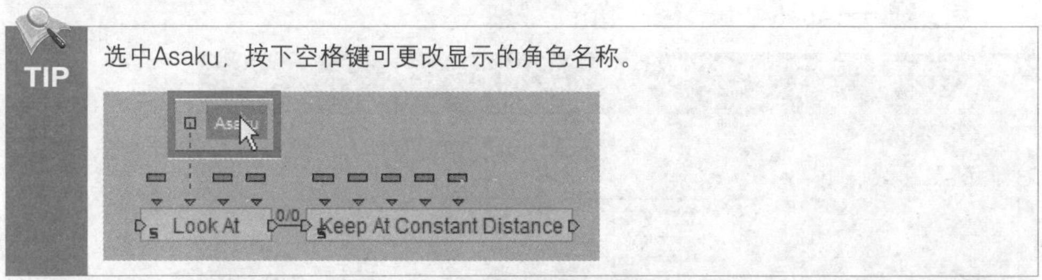

TIP 选中Asaku，按下空格键可更改显示的角色名称。

STEP 5 由于角色是共享的，因此可以通过右键快捷菜单命令先将角色进行复制粘贴，以便在后面的操作中直接调用。选择角色名称，单击鼠标右键，在弹出的快捷菜单中执行Copy命令。在空白处单击鼠标右键，在弹出的快捷菜单中执行Paste as Shortcut命令。

Edit Parameter	E
Change Parameter Display	Spacebar
Convert to Shortcut Source	
CK Properties	K
Add Breakpoint	F9
Rename	F2
Cut	Ctrl+X
Copy	Ctrl+C
Delete	Delete

Draw Behavior Graph	G
Add Building Block	
Add Building Block by Name	Ctrl+Left Dbl Click
Add Local Parameter	Alt+L
Add <This> Parameter	Alt+T
Import from Variable Manager	
Add Parameter Operation	Alt+P
Add Comment	C
Rename	F2
Save As...	Alt+S
Copy	Ctrl+C
Paste	Ctrl+V
Paste as Shortcut	Shift+Ctrl+V
Delete	Delete
Import Behavior Graph	

STEP 6 设置完成后，将Asaku与Keep At Constant Distance模块连接起来。

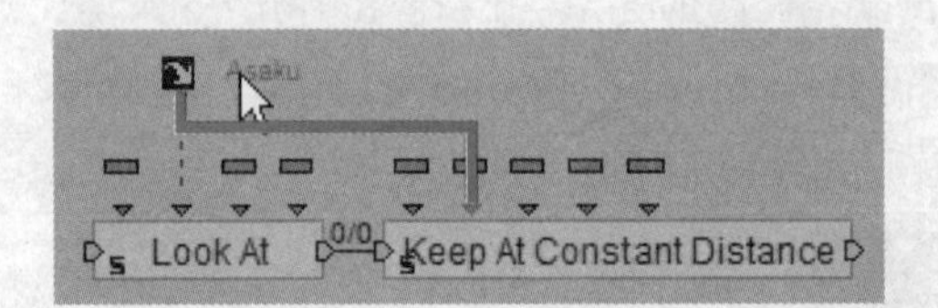

STEP 7 双击Keep At Constant Distance模块，打开Edit Parameters:MainCamera Script/Keep At Constant Distance对话框，设置保持距离的相关参数。1关闭子对象Hierarchy，2设置Attenuation为10，3设置Distance为50，设置完成后，4单击Apply按钮，5再单击OK按钮。

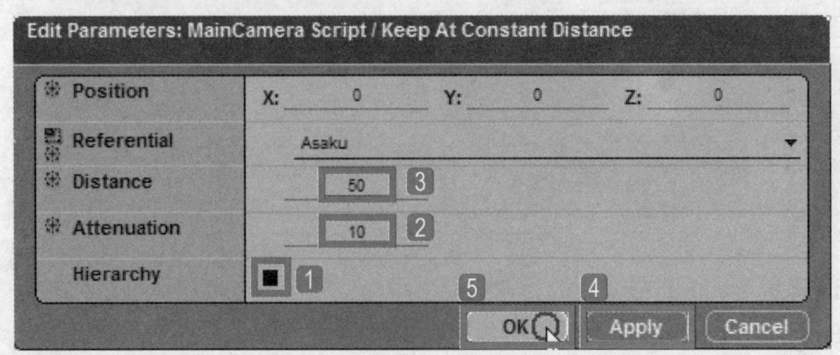

TIP Attenuation值代表推远、拉近的圆滑指数，若参数值为0，则瞬间到达指令位置。

STEP 8 由于Keep At Constant Distance模块中的Distance参数为变量值，因此可以通过右键快捷菜单命令先将该参数进行复制粘贴，以便在后面的操作中做演算的动作。

STEP 9 选择Distance参数，单击鼠标右键，在弹出的快捷菜单中执行Copy命令。在空白处单击鼠标右键，在弹出的快捷菜单中执行Paste as Shortcut命令。

STEP 10 单击参数方块，按下空格键可更改其显示数据。

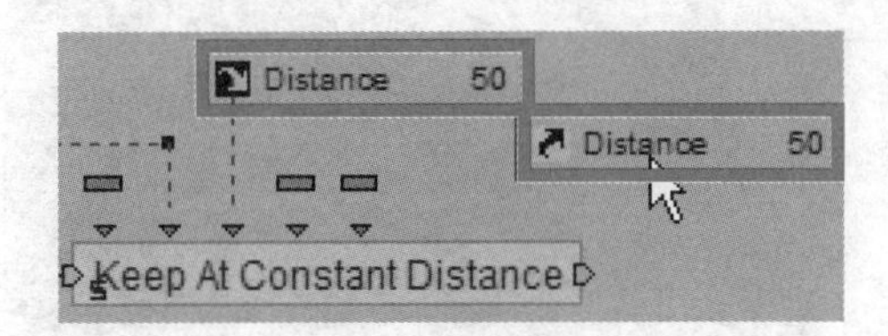

STEP 11 将Look At模块与Keep At Constant Distance模块连接起来。

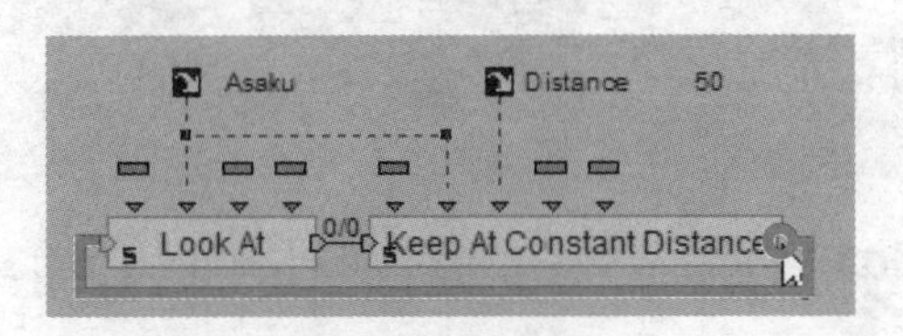

STEP 12 将Look At模块连接至Start，此时摄影机就会指向指定的角色，并保持指定的距离。

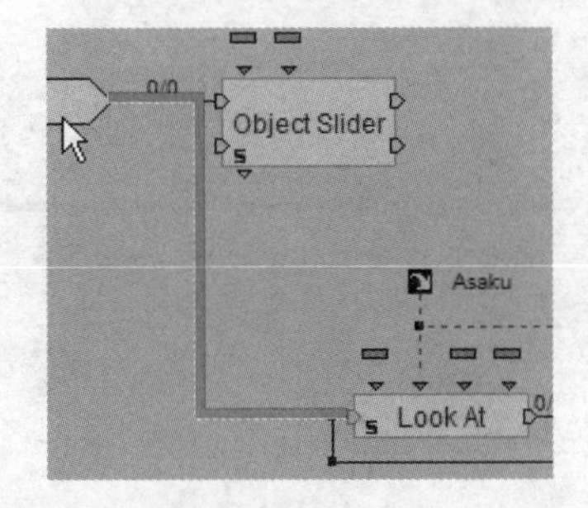

1.3 设置摄影机的操控属性

本小节将对摄影机的操控属性进行设置，具体操作步骤如下。

STEP 1 在空白处按住Ctrl键的同时双击鼠标左键，在弹出的窗口中输入sw，选择Switch On Key选项，添加跳转帧。

STEP 2 按下键盘上的O键可增加Key的数目，这里设置6个跳转帧。

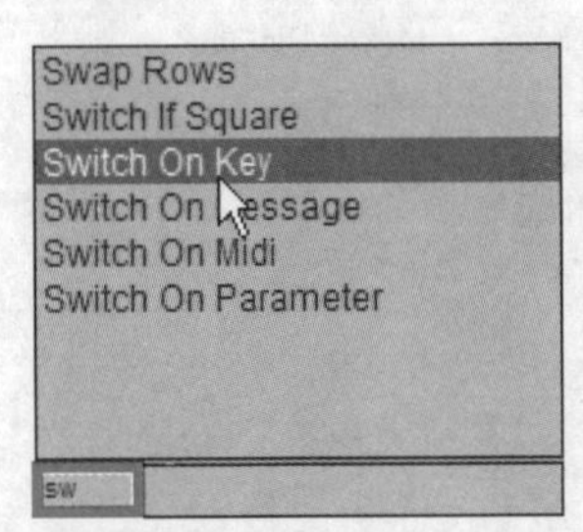

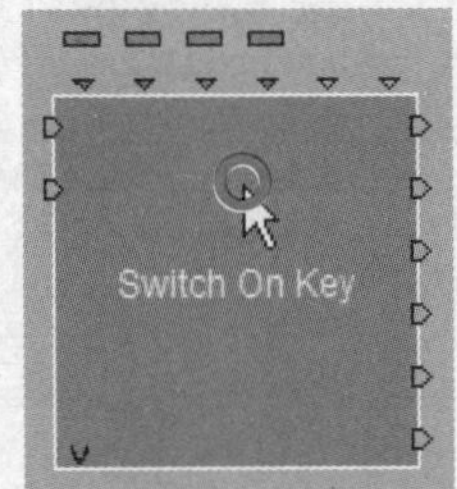

STEP 3 设置的6个Key分别代表左、右、上、下、推近和拉远。在Edit Parameters: MainCamera Script/Switch On Key对话框中，❶设置键盘上对应的输入位置分别为A、D、W、S、Q和E，❷完成后单击OK按钮。

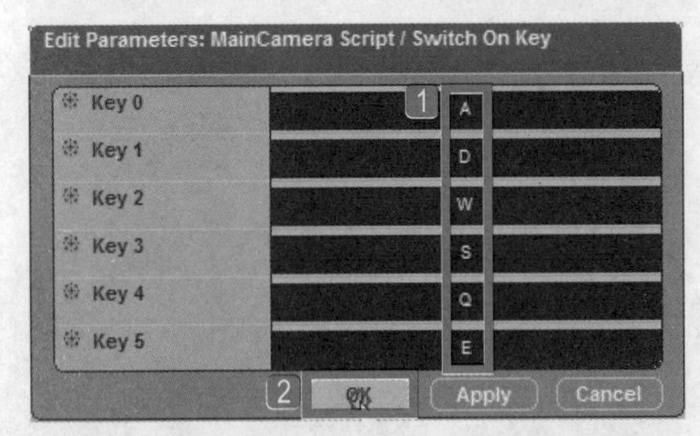

STEP 4 设置完成后，将Switch On Key模块连接到Start。

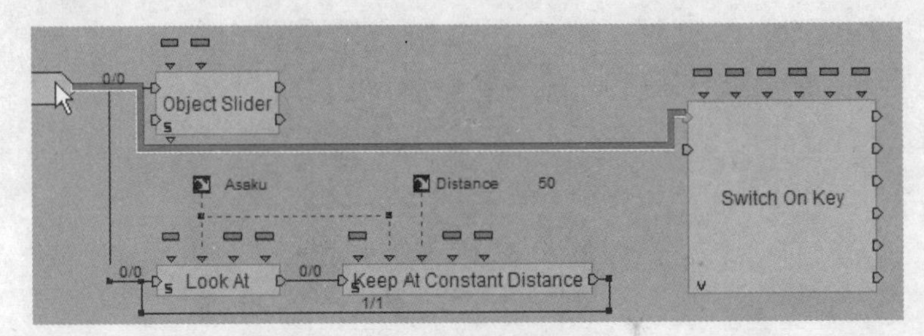

STEP 5 设置当按下A键（左）时，摄影机绕角色公转。导入BB面板中的3D Transformations\Basic\Rotate Around模块。将Rotate Around模块连接到Switch On Key的第一个Out出口。

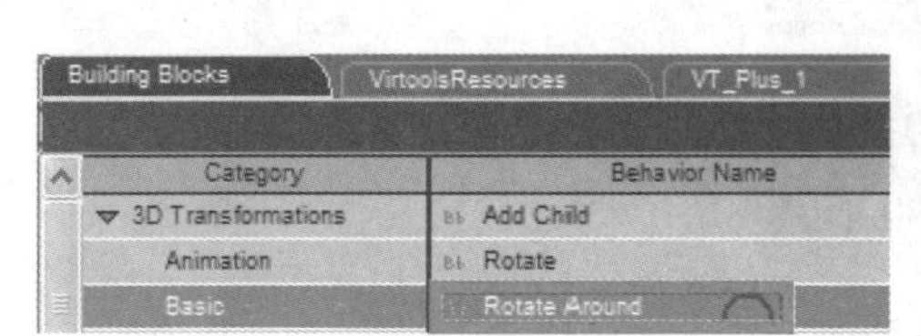

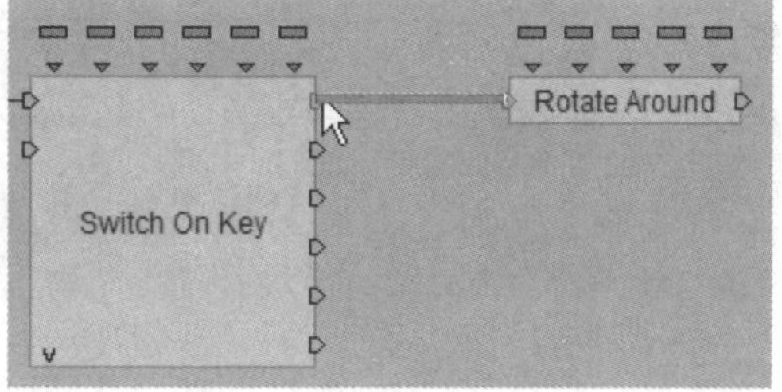

STEP 6 本例中是以角色为参照物，所以将Rotate Around模块与角色快捷方式进行连接。

STEP 7 双击Rotate Around模块，弹出Edit Parameters:MainCamera Script/Rotate Around对话框，1设置Referential为Asaku，2关闭Keep Orientation，因为不可以顺着方向转，3关闭Hierarchy，4因为是左右转，所以设置Y轴为1，5设置Degree为2，6完成后单击Apply按钮，7再单击OK按钮。

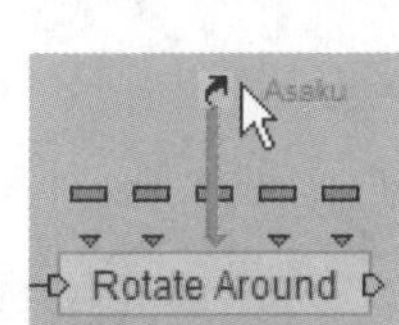

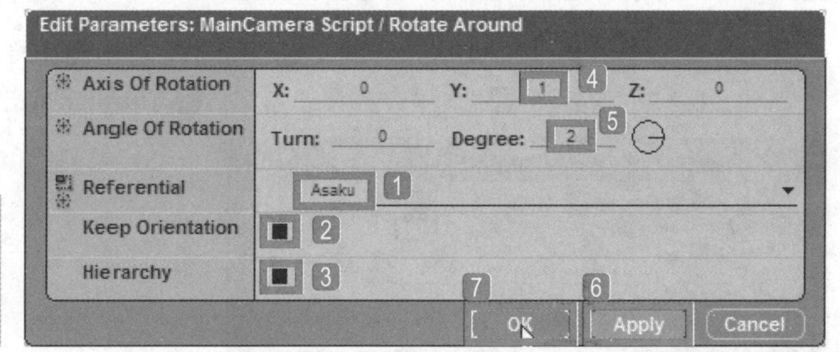

STEP 8 通过复制Rotate Around模块来设置摄影机的操控属性。先单击选择Rotate Around模块。

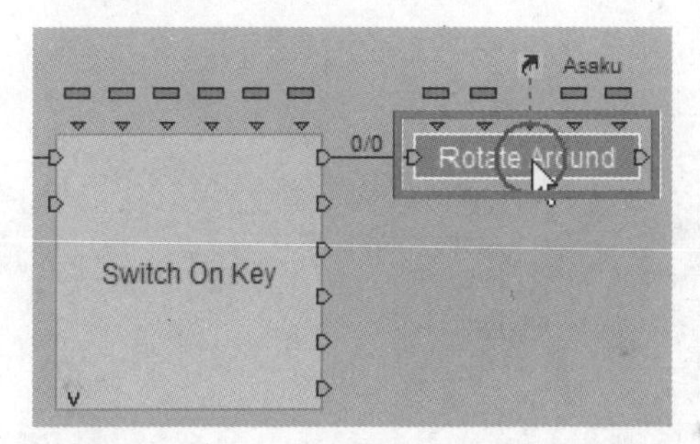

STEP 9 按住Shift键的同时，使用鼠标向下拖曳Rotate Around模块，复制该模块。

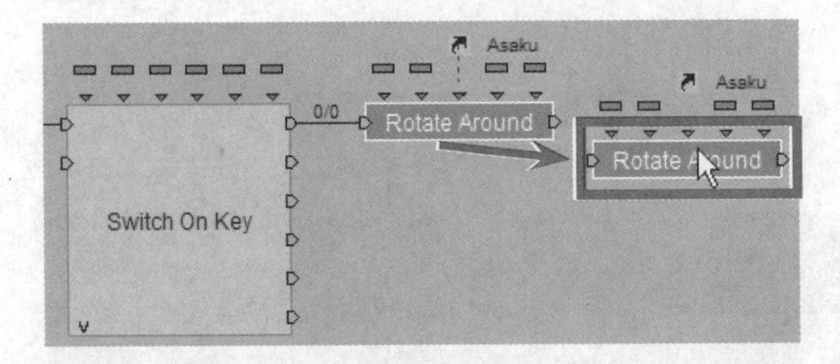

STEP 10 将复制得到的模块连接到Switch On Key的第二个Out出口。

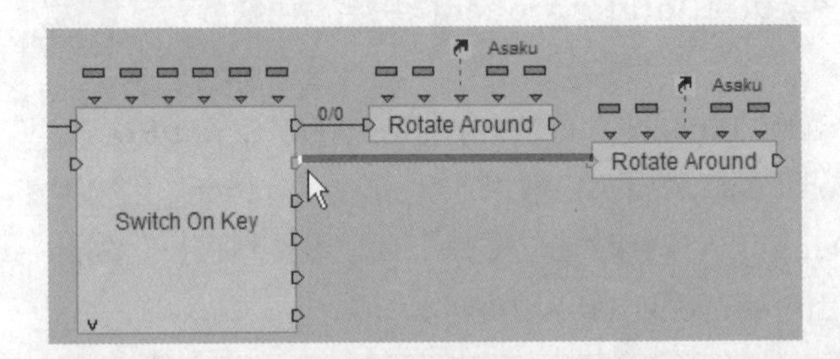

STEP 11 双击复制得到的Rotate Around模块，在弹出的对话框中1将Degree更改为-2，设置摄影机向右转，2完成后单击Apply按钮，3再单击OK按钮。

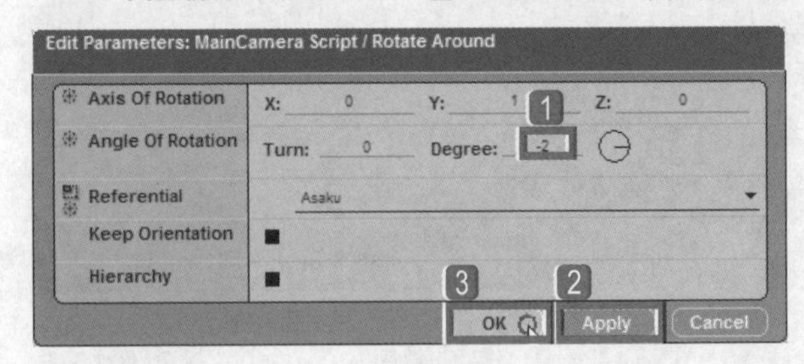

STEP 12 使用同样的方法再次复制Rotate Around模块，并连接到Switch On Key的第三个Out出口。

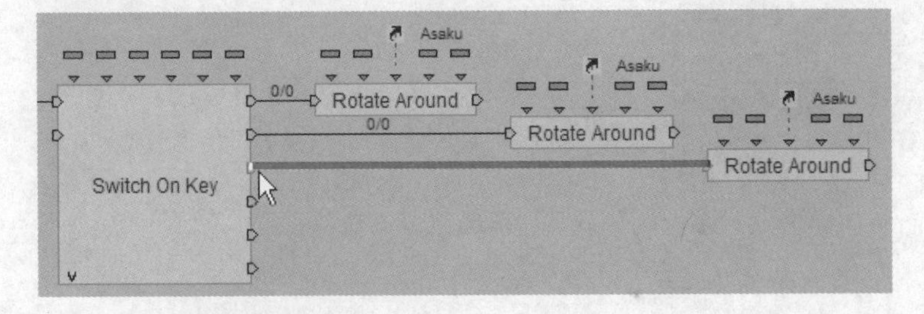

STEP 13 双击复制得到的Rotate Around模块，在弹出的对话框中 1 设置X轴为1， 2 Y轴为0，Degree保持-2不变，设置摄影机向上运动， 3 完成后单击Apply按钮， 4 再单击OK按钮。

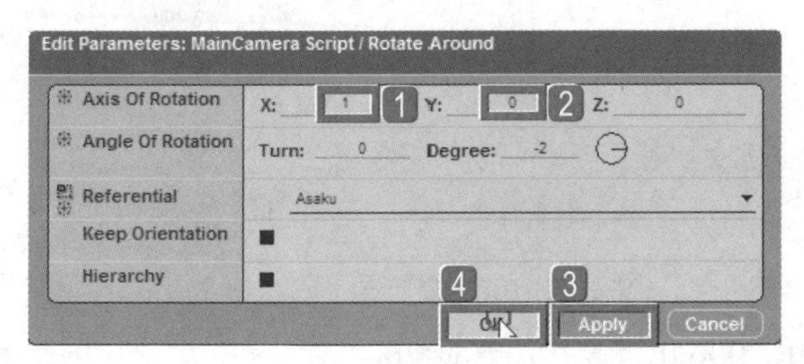

STEP 14 使用同样的方法再次复制Rotate Around模块，并连接到Switch On Key的第四个Out出口。

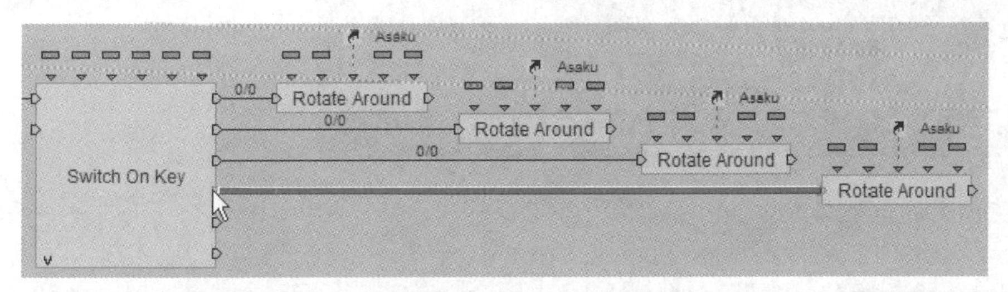

STEP 15 双击复制得到的Rotate Around模块，在弹出的对话框中 1 设置X轴为1， 2 Y轴为0， 3 Degree为2，设置摄影机向下运动， 4 完成后单击Apply按钮， 5 再单击OK按钮。

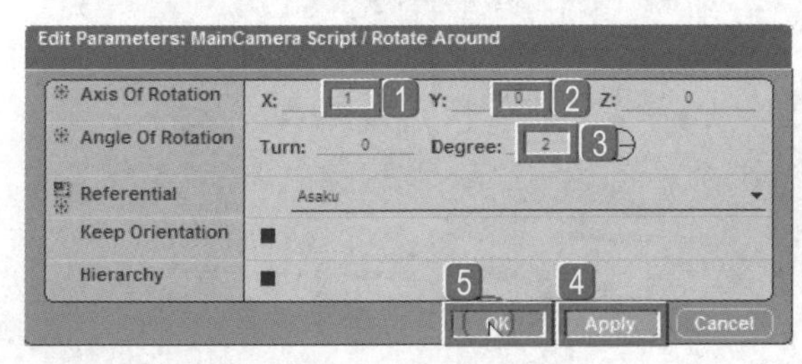

STEP 16 设置摄影机拉近、推远的动作。先设置拉近动作，按住Ctrl键的同时双击鼠标左键，在弹出的窗口中输入op，选择Op选项，导入Op模块。

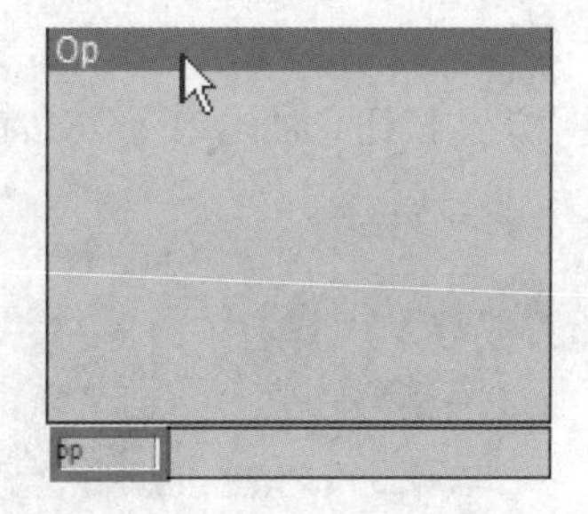

STEP 17 选择Op模块并右击，在弹出的快捷菜单中执行Edit Settings命令进行环境设置。

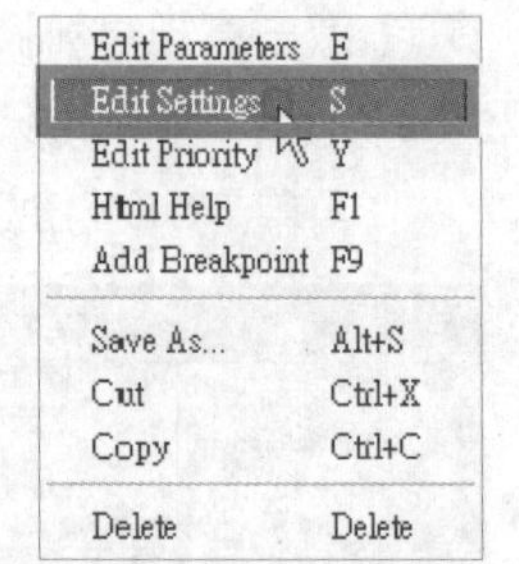

TIP 在进行环境设置时，一定要设置为加法。

STEP 18 弹出Edit Parameter Operation对话框，1设置Inputs的A值和B值都为Float，2 Operation为Addition，3 Ouput为Float，4单击OK按钮。

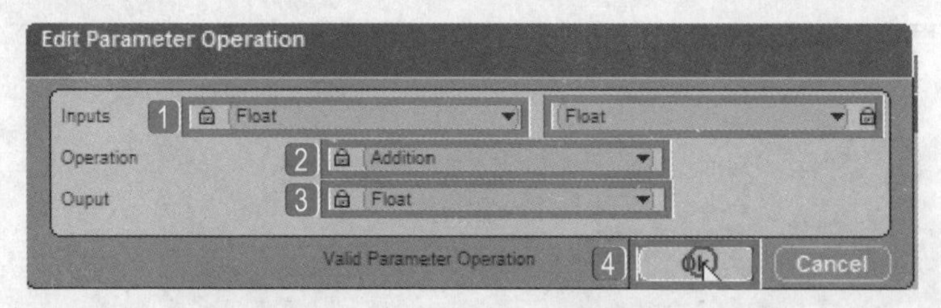

STEP 19 将Op模块连到Switch On Key的第五个Out出口。

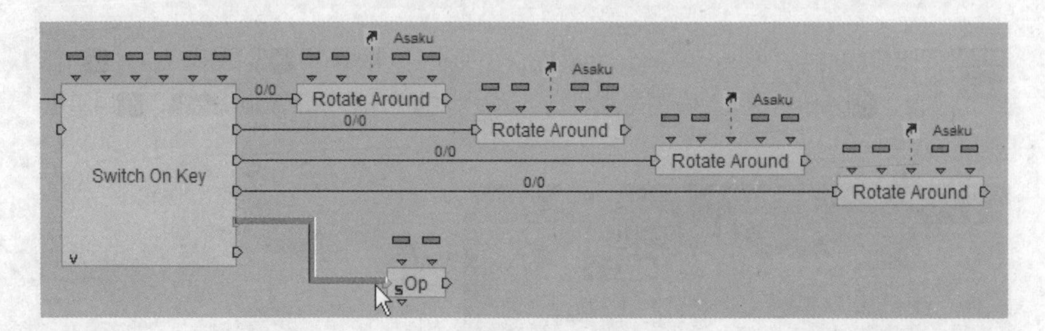

STEP 20 将刚刚创建的距离快捷方式赋予Op模块，并连接起来，使其做A=A+B运算。

STEP 21 双击Op模块，由于是拉近，在弹出的对话框中1设置p2值为-1，2单击Apply按钮，3再单击OK按钮。

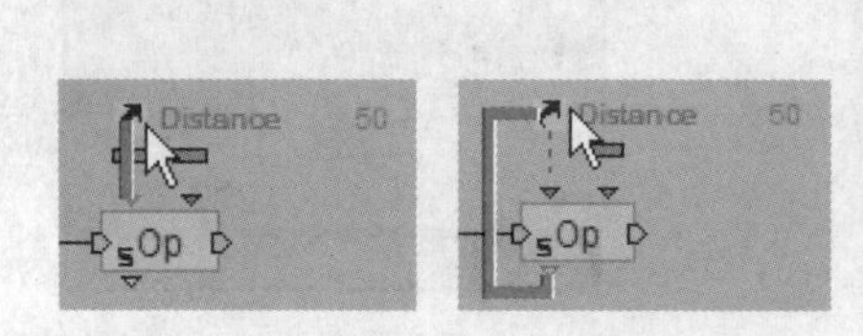

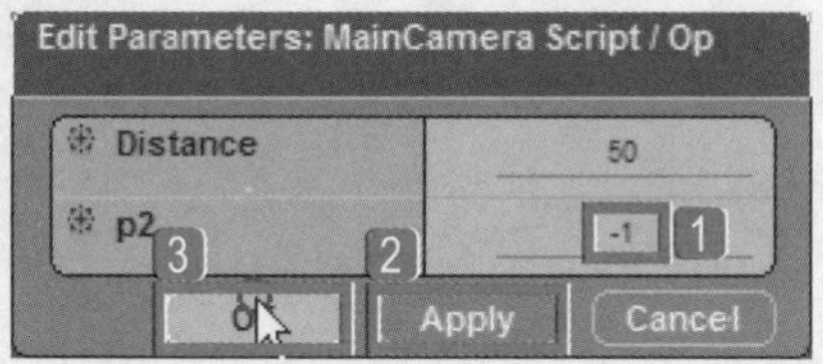

STEP 22 设置摄影机推远动作。选择Op模块，按住Shift键的同时向下拖曳复制该模块。

STEP 23 使用相同的方法对复制出的Op模块进行设置，并与Distance快捷方式进行连接，使其做运算。

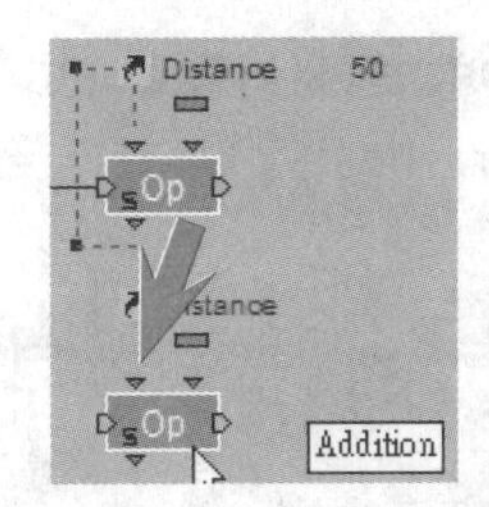

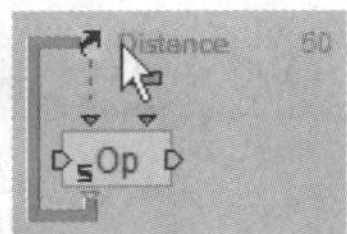

STEP 24 将复制出的Op模块连接到Switch On Key模块第六个Out出口。双击Op模块，由于是推远，在弹出的对话框中❶设置p2为1，❷单击Apply按钮，❸再单击OK按钮。

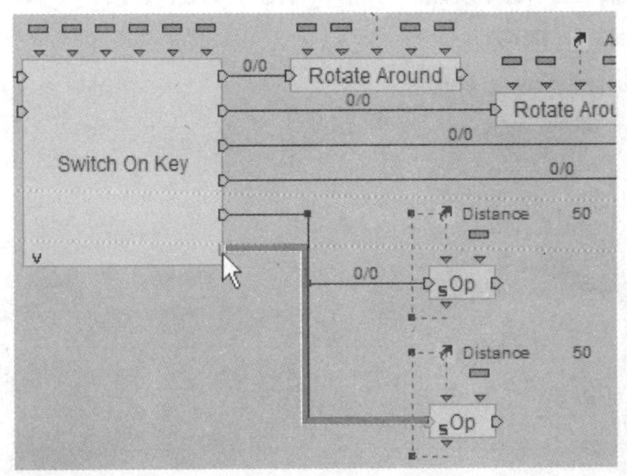

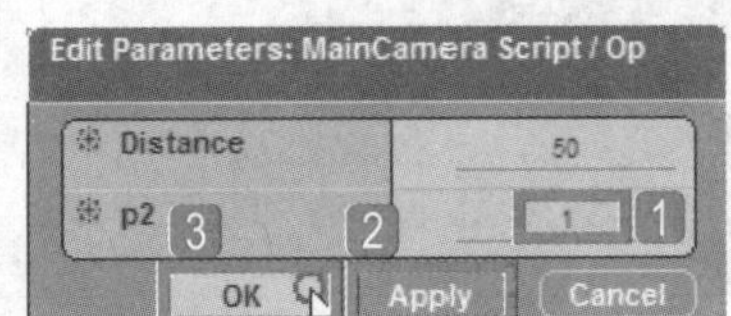

不能让摄影机无止境地拉近或推远，必须对摄影机进行限定设置。

STEP 25 导入BB面板中的Logics\Calculator\Threshold模块。将两个Op模块都连接到Threshold模块上。

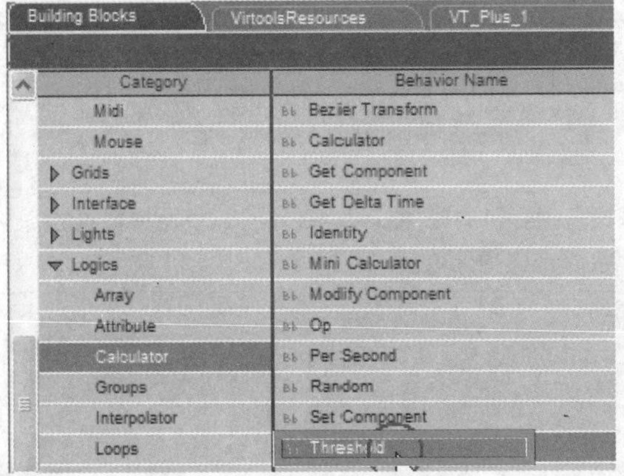

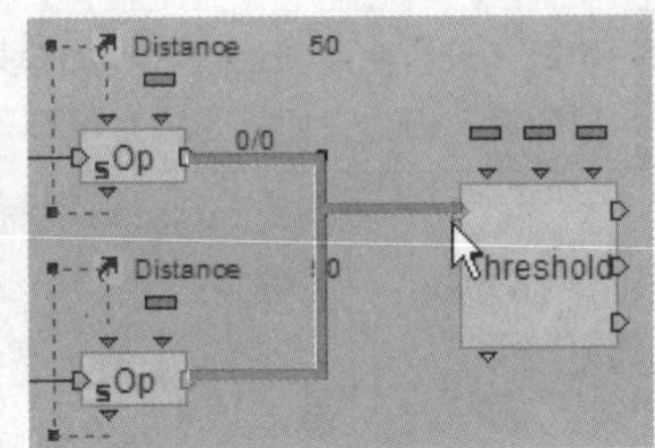

STEP 26 选择Distance参数，按住Shift键的同时向下拖曳进行复制。将复制的距离快捷方式赋予Threshold模块，并连接起来。

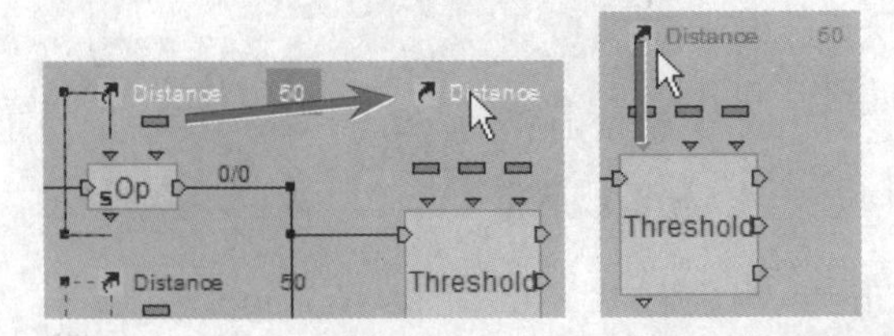

STEP 27 双击Threshold模块，在弹出的对话框中❶设置最小值MIN为30，❷最大值MAX为100，❸单击Apply按钮，❹再单击OK按钮。

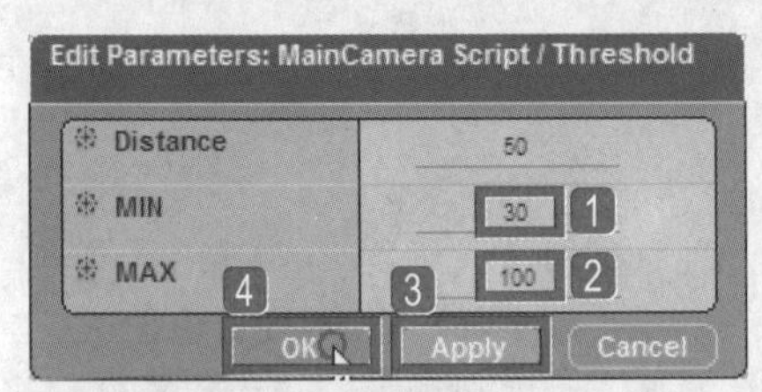

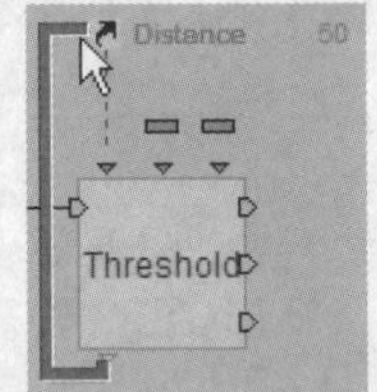

TIP 切记，要让下方的X值在范围内，所以要让它做运算，才能绑在范围之间。

STEP 28 至此，本例就制作完成了，模块连接效果如下图所示。

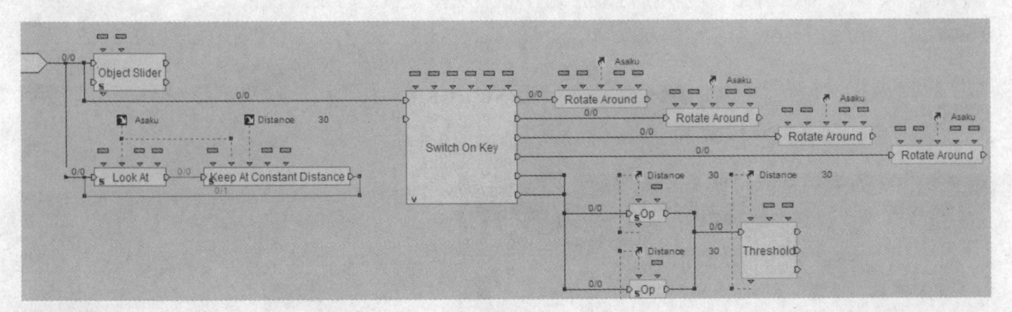

TIP 切记！只要使用Object Slider模块设置摄影机的碰撞效果，就不可以使用摄影机的各项预设，因为它们都是绝对位移，会造成碰撞无效。

Chapter

摄影机切换

当场景中有多个摄影机时，或创建的角色有好几个视点时，可以对摄影机进行切换，以便从不同的角度进行观察。本章就为大家介绍如何切换场景中摄影机的角度，使摄影机根据我们的需要进行调整。

本章要点

- 从素材库中导入需要的素材
- 设置摄影机的基本属性
- 抓取并切换摄影机

2.1 设置摄影机的基本属性

在开始制作本例之前，请先导入随书光盘中的角色和场景素材，并对其进行初始化设置，具体操作步骤如下。

STEP 1 执行菜单栏中的Resources>Open Data Resource命令，在弹出的Open Data Resource对话框中选择随书光盘\素材库\VT_Plus_1.rsc素材文件，单击“打开”按钮，加载本书所有的教学素材数据。

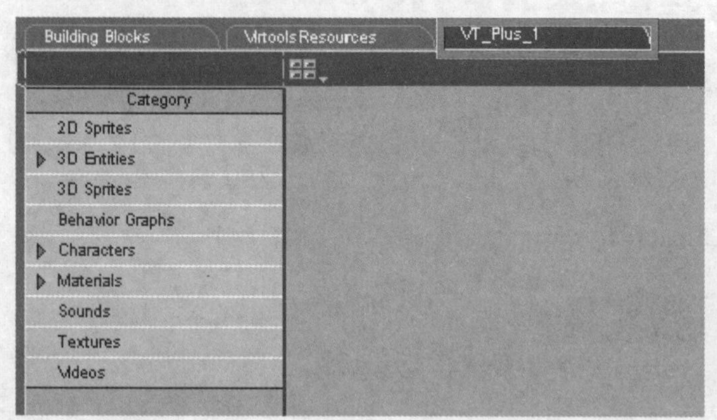

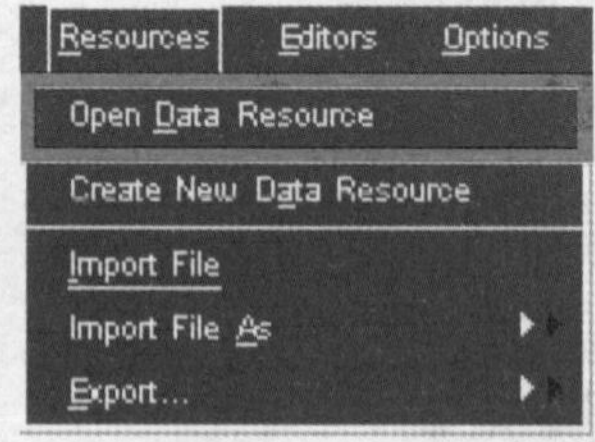

STEP 2 导入VT_Plus_1面板中的Characters\Scenes\Scene07.nmo场景文件。

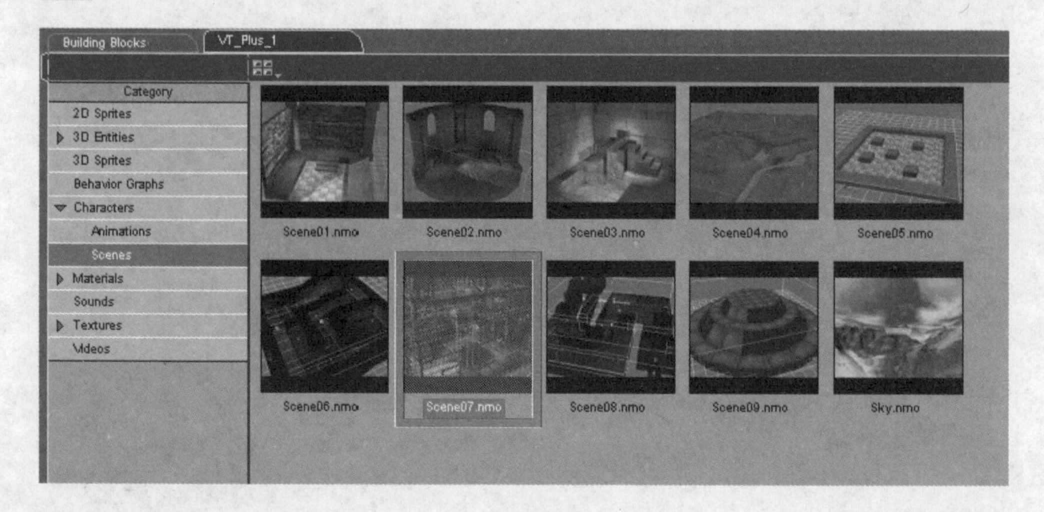

STEP 3 任意移动窗口，选择3个自己喜欢的角度。在3D Layout面板中选择摄影机工具，新建一架摄影机。

STEP 4 在Target Camera Setup面板中选择Name选项值，按下F2键重命名为Camera1。

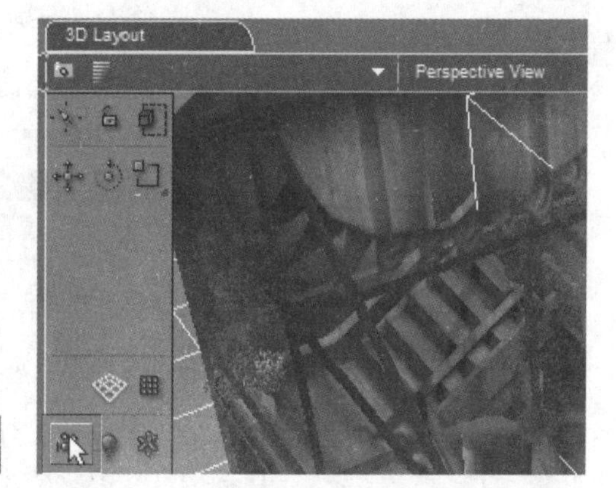

STEP 5 此时可以看到在Level Manager面板中的Level\Global\Cameras下新增加了一个Camera1选项，1选择该选项，2单击Set IC For Selected按钮，设置此摄影机位置为初始值。

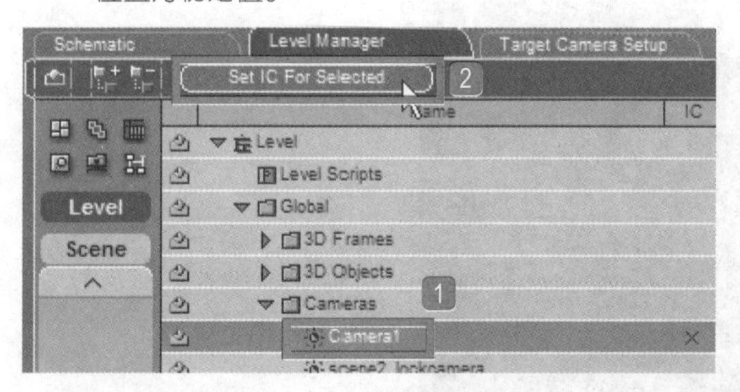

STEP 6 再任意选择一个角度，使用同样的方法创建第二架摄影机。

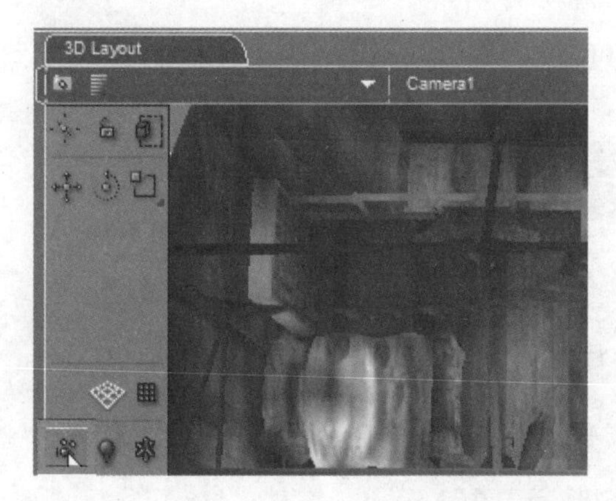

STEP 7 1在Target Camera Setup面板中选择Name选项值，按下F2键重命名为Camera2。2单击Set IC按钮，设置此摄影机位置的初始值。

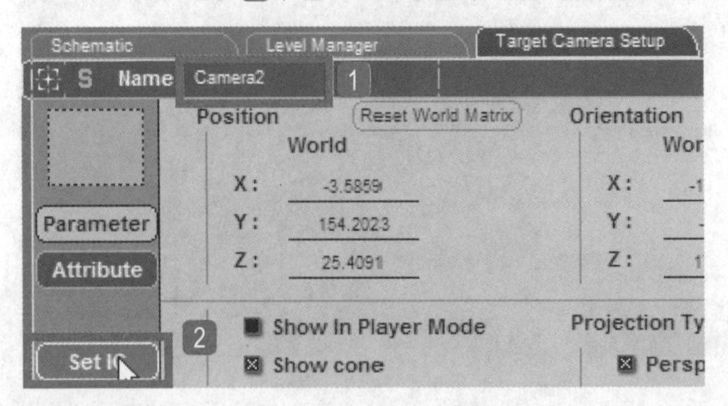

STEP 8 使用同样的方法创建第三架摄影机。

STEP 9 1将刚创建的摄影机重新命名为Camera3，2单击Set IC按钮，设置此摄影机位置的初始值。

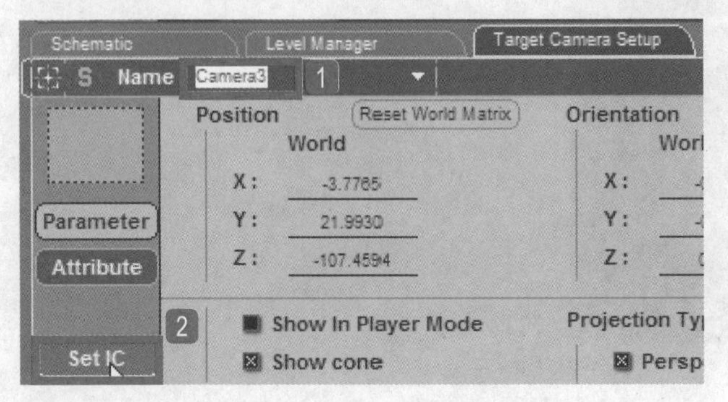

STEP 10 选择场景中的四架摄影机，并确认每架摄影机都设置了初始值。

STEP 11 如果没有设置初始值，在Level Manager面板中1选择没有设置初始值的摄影机，2单击Set IC For Selected按钮设置初始值。

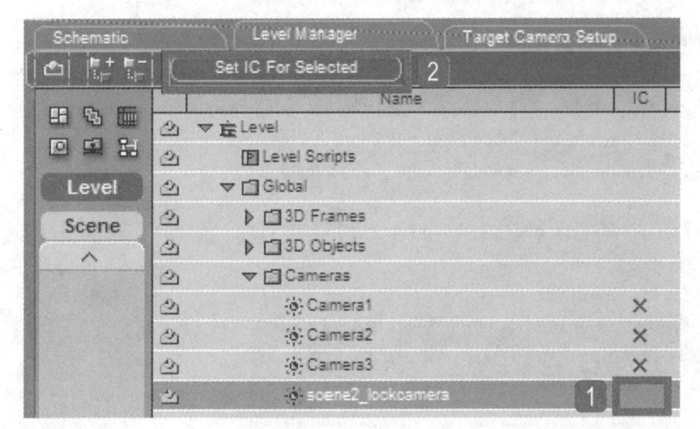

STEP 12 确定四架摄影机都定位好了以后，在Level Manager面板中选择Create Array工具。1在Array Setup面板中选择Name选项值，按下F2键重新命名为Camera List，2然后单击Add Column按钮。

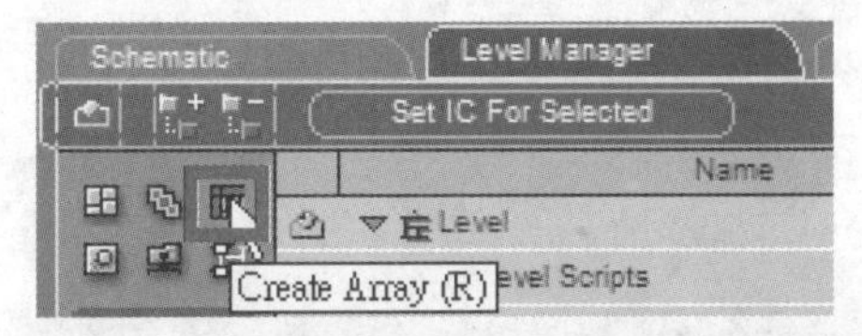

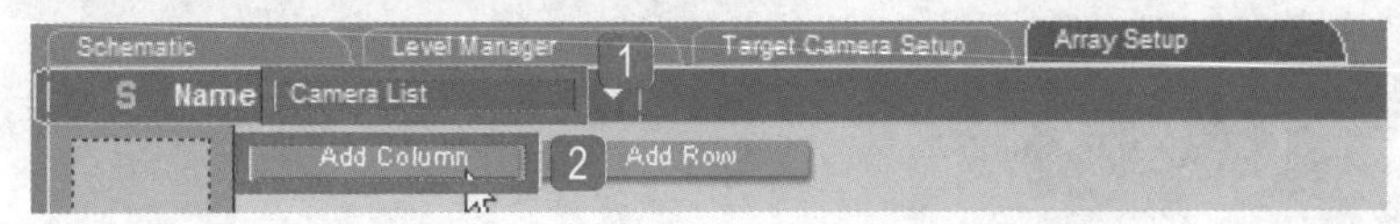

STEP 13 在弹出的Add Column对话框中❶设置Name为Camera，❷Type为Parameter，❸Parameter为Camera，❹设置完成后单击OK按钮。

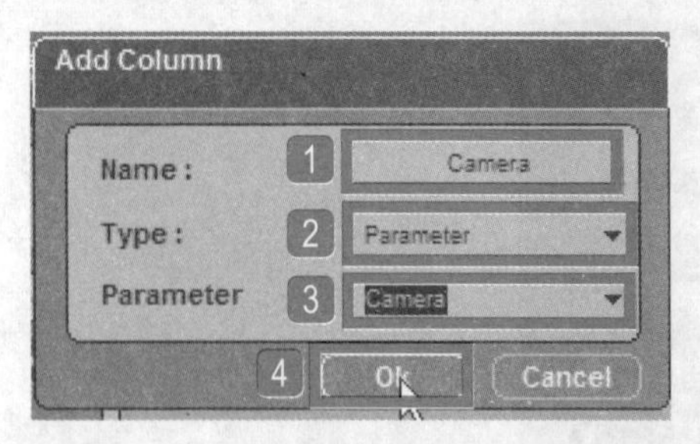

STEP 14 因为有四架摄影机，❶在Array Setup面板中单击Add Row按钮四次，❷在第二列添加创建的摄影机。

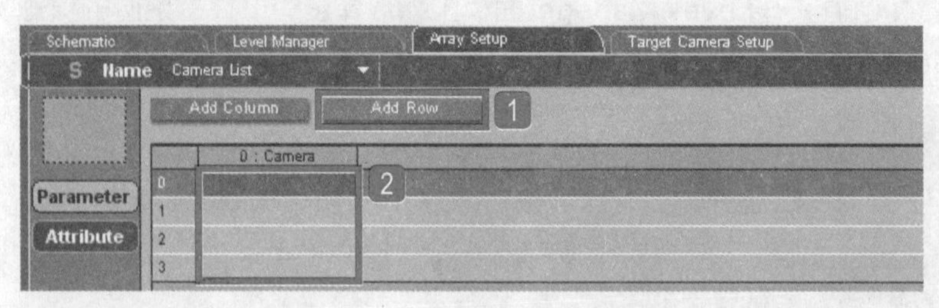

STEP 15 双击第二列第一行，在弹出的Edit Parameters对话框中设置对应的摄影机Camera1，单击OK按钮。

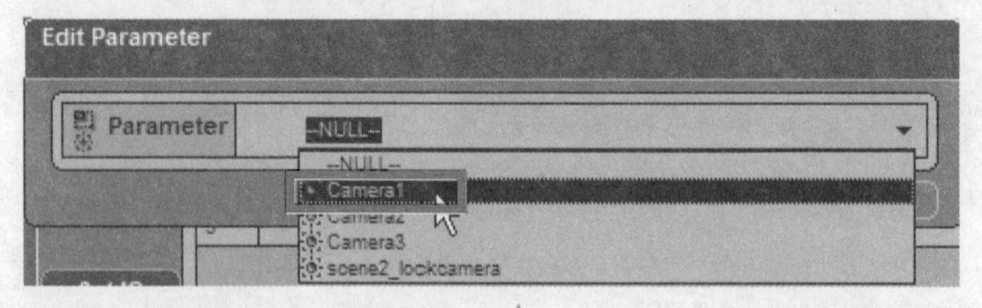

STEP 16 使用同样的方法，将四架摄影机的数据全部导入到列表中。

	0 : Camera
0	Camera1
1	Camera2
2	Camera3
3	scene2_lockcamera

2.2 抓取并切换摄影机

STEP 1 在Level Manager面板中选择Level\Global\Arrays\Camera List选项并右击，在弹出的快捷菜单中执行Create Script命令，创建脚本。

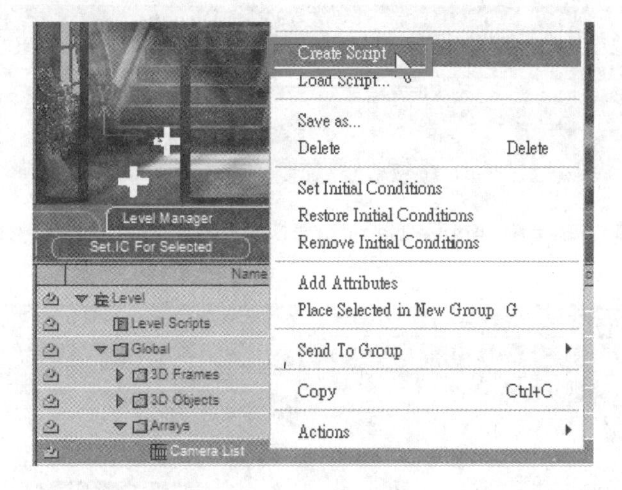

TIP 所有场景一开始一定要设置一架初始摄影机。

STEP 2 导入Building Blocks面板中的Cameras\Montage\Set As Active Camera模块。

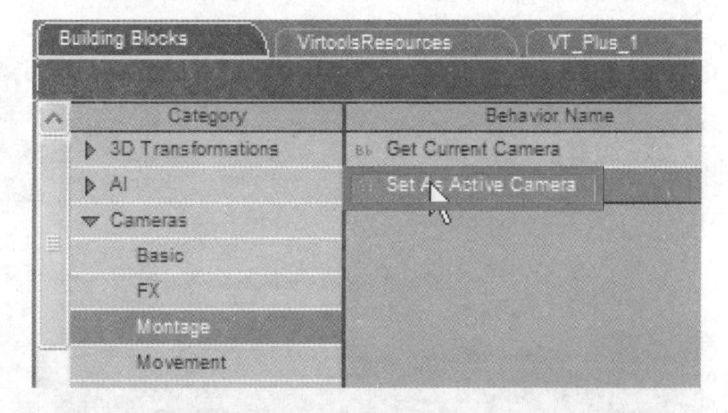

STEP 3 1将Set As Active Camera模块连接至Start。2双击Set As Active Camera模块。

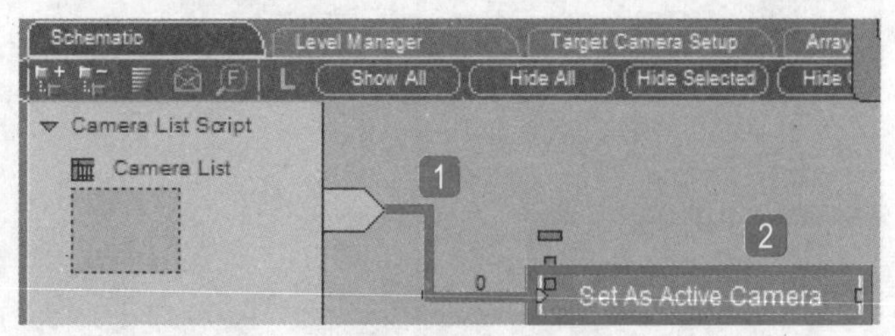

STEP 4 在弹出的对话框中选择初始摄影机，单击OK按钮。

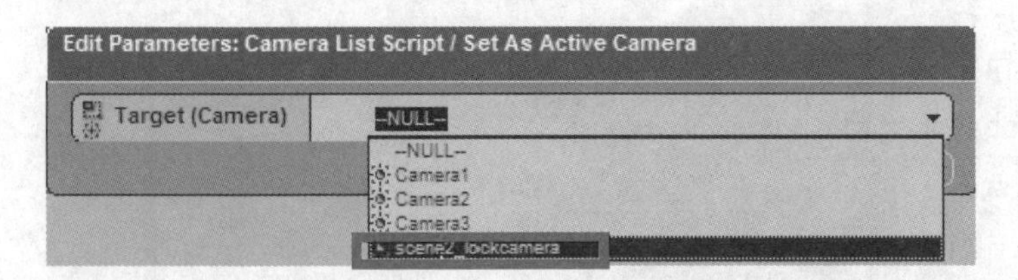

STEP 5 在Set As Active Camera模块上方将会显示初始摄影机的值。

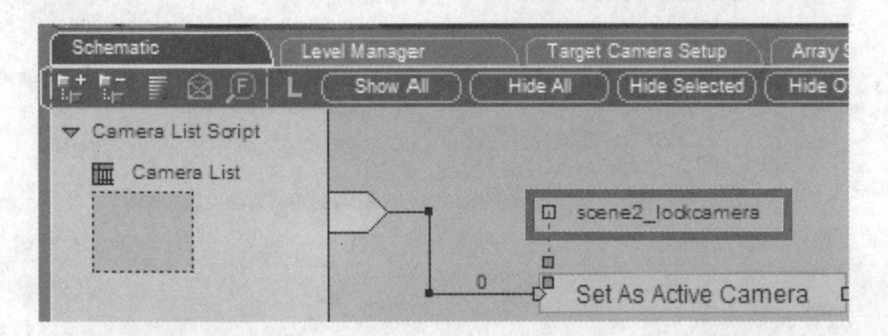

STEP 6 创建切换摄影机按钮。导入BB面板中的Controllers\Keyboard\Key Event模块。

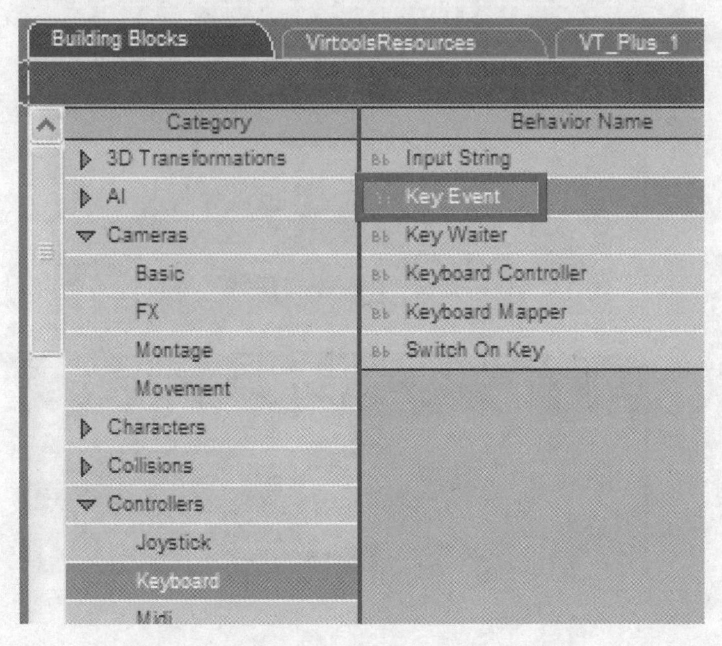

STEP 7 将Set As Active Camera模块的Out连接至Key Event模块的On。

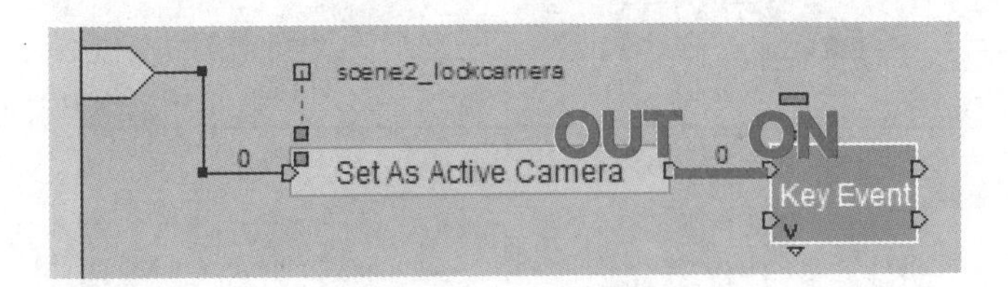

STEP 8 双击Key Event模块，在弹出对话框中Key Waited右侧的文本框中单击，然后按下空格键，设置切换摄影机的按钮。

STEP 9 设置完成后可以看到会出现Space字样连接到Key Event模块。

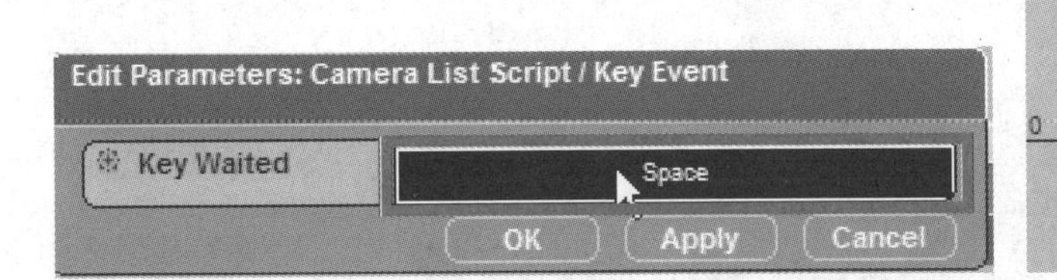

STEP 10 导入BB面板中的Cameras\Montage\Get Current Camera模块，抓取正在运行的摄影机。

STEP 11 将Get Current Camera模块连接到Key Event模块。

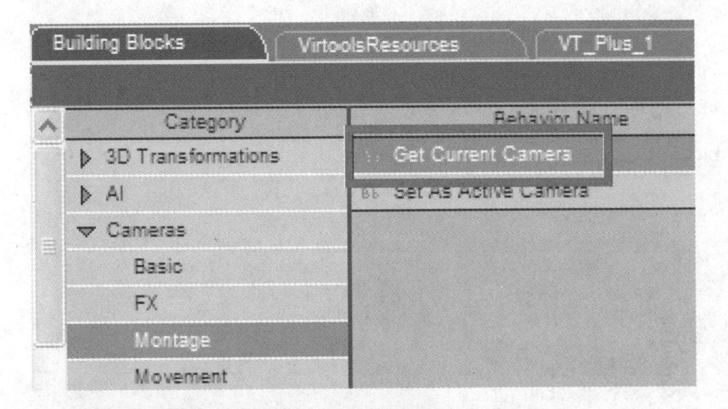

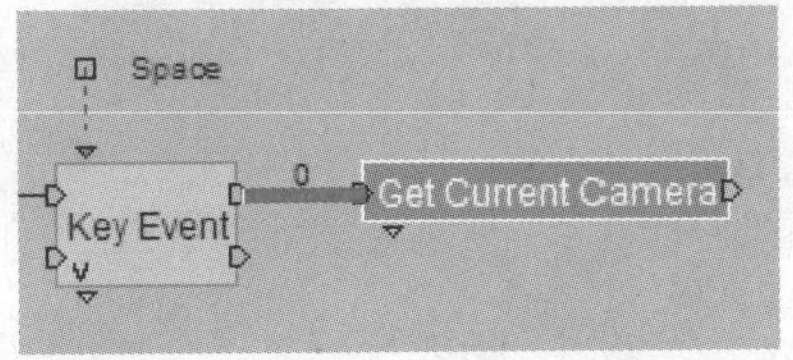

STEP 12 导入BB面板中的Logics\Array\Iterator If模块。

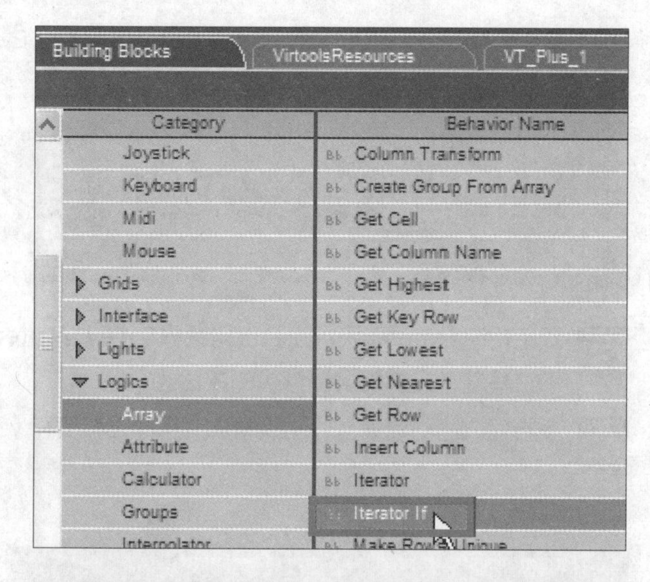

STEP 13 将Iterator If模块连接到Get Current Camera模块，双击Iterator If模块，在打开的对话框中进行参数设置，完成后单击OK按钮。

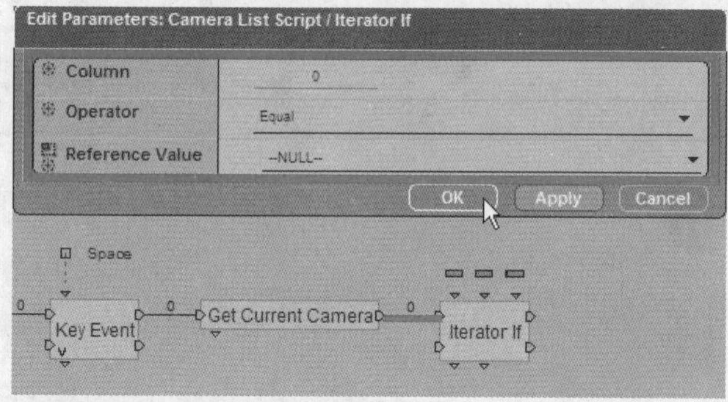

STEP 14 将当前摄影机窗口连接到Iterator If模块作为参考值。

STEP 15 将判断作循环，即可找到当前摄影机所在数据库的位置。

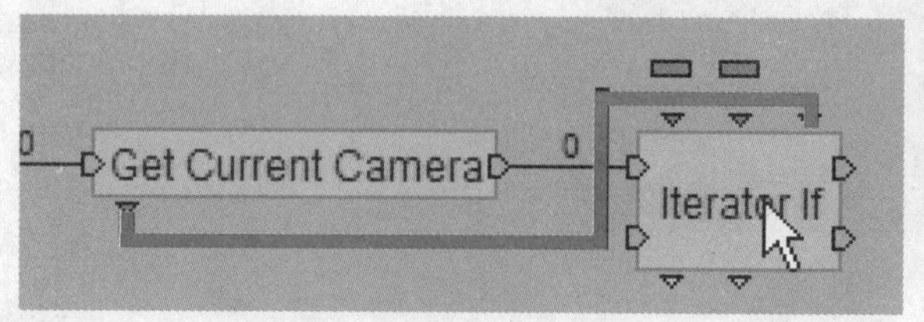

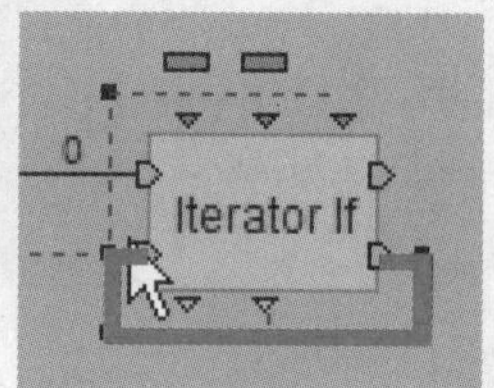

STEP 16 导入BB面板中的Logics\Calculator\Op模块。

STEP 17 在Op模块上单击鼠标右键，在弹出的快捷菜单中执行Edit Settings命令。

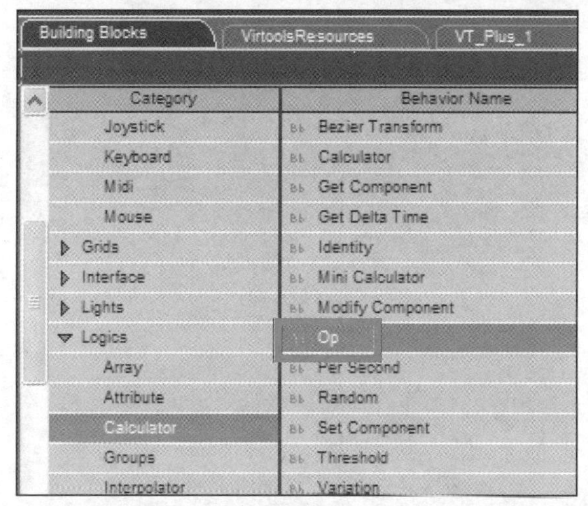

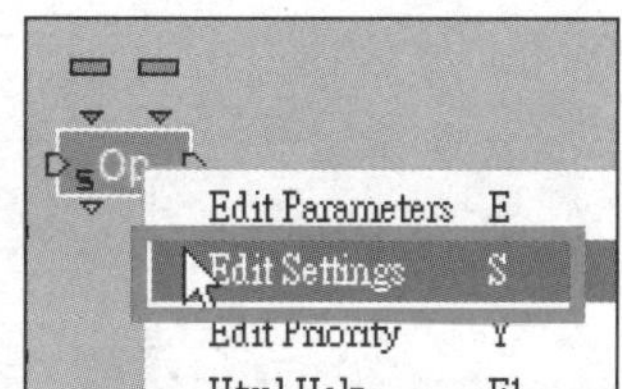

STEP 18 在弹出的对话框中1设置Inputs的A值和B值为Integer，2设置Operation为Addition，进行加法计算，3设置Ouput为Integer，4单击OK按钮。

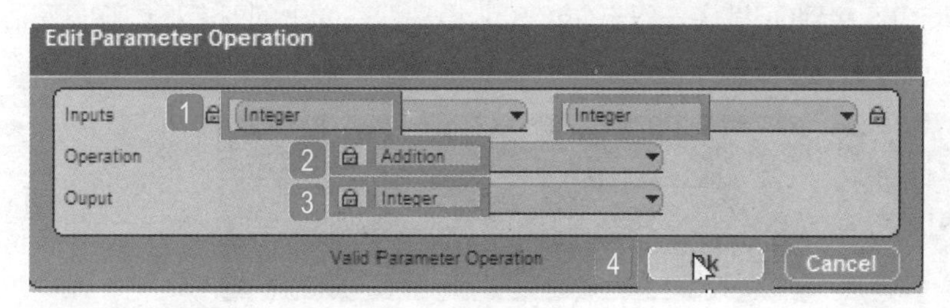

STEP 19 将Op模块连接到Iterator If模块的Out处。

STEP 20 将Iterator If模块的Index连接到Op模块的p1值处。

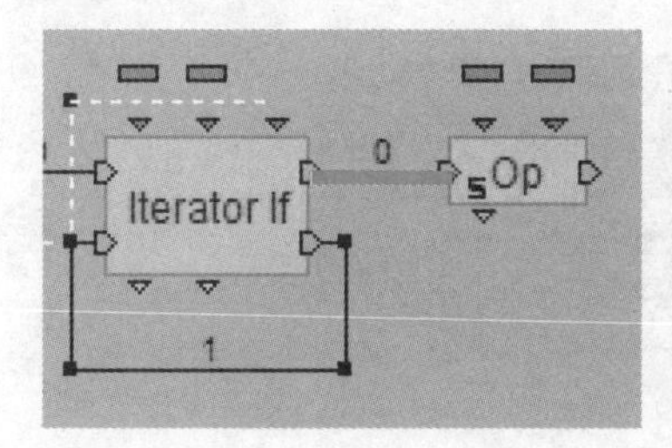

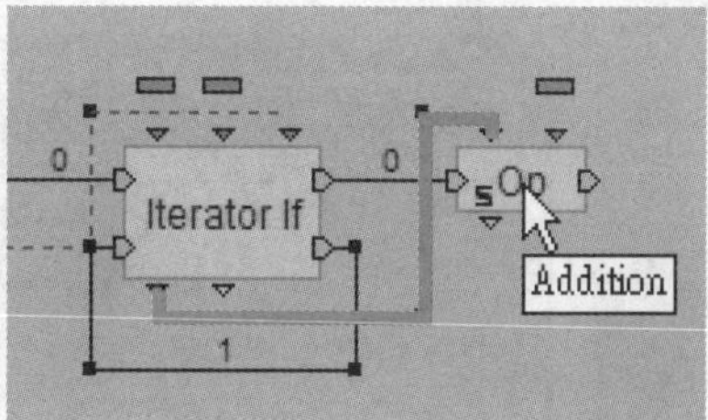

STEP 21 双击Op模块，在打开对话框中❶设置p2为1，进行加1计算，❷单击OK按钮。

STEP 22 导入BB面板中的Logics\Array\Get Row模块。

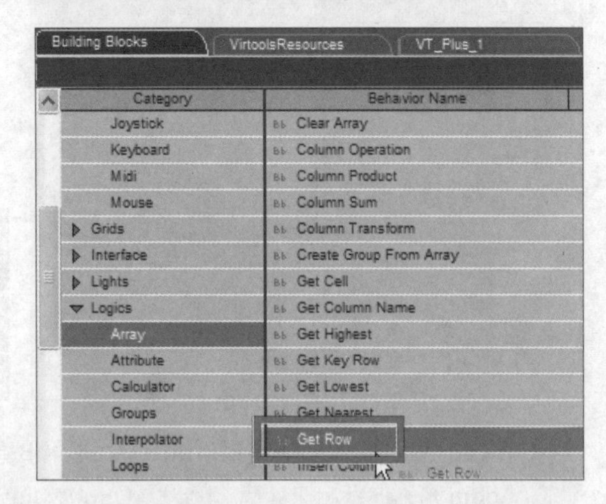

STEP 23 将Get Row模块连接到Op模块。双击Get Row模块，在弹出的对话框中❶设置Row Index的值为0，❷单击OK按钮。

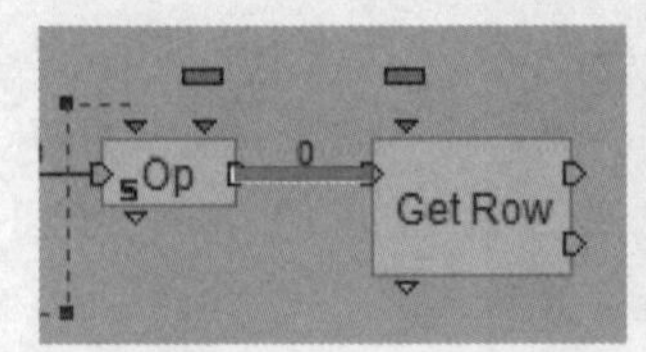

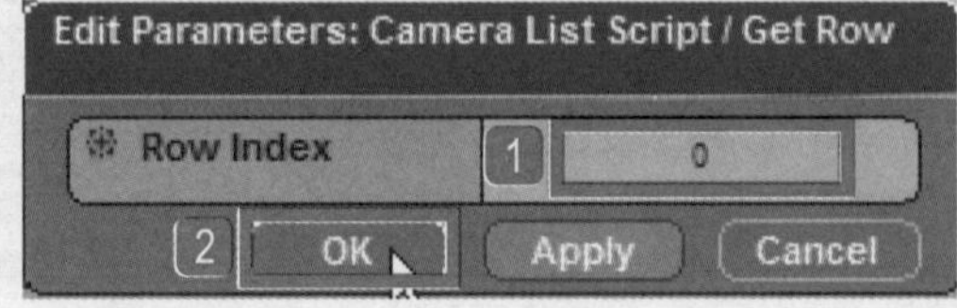

STEP 24 将Op加1的值连接到Get Row模块即可。

STEP 25 导入BB面板中的Cameras\Montage\Set As Active Camera模块，对摄影机进行切换。

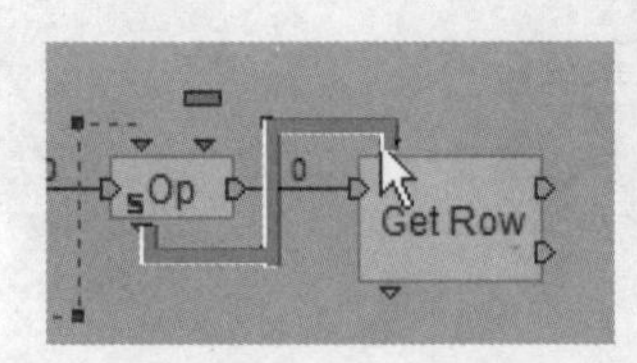

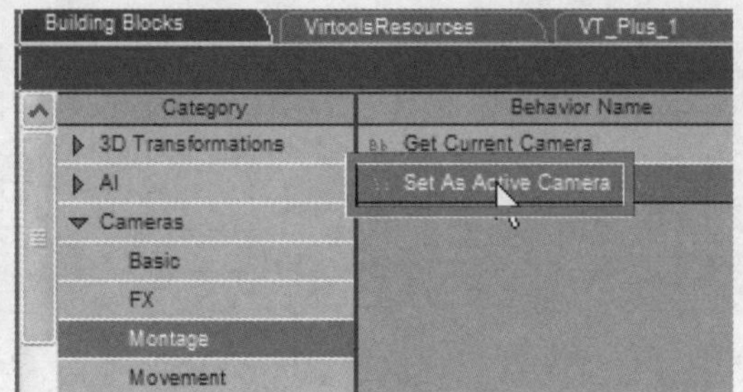

STEP 26 将Set As Active Camera模块连接到Get Row模块，这样Get Row模块就把捕捉到的摄影机赋予Set As Active Camera模块。

STEP 27 由于摄影机为变量，可能会有捕捉不到的情况，因此除了将Get Row模块直接连接到Set As Active Camera模块外；再将Get Row模块的Camera连接到Set As Active Camera模块的Target。

STEP 28 设置Get Row模块没有捕捉到摄影机时，其Index值为0。按住Shift拖曳Get Row模块进行复制，再将Get Row模块连接到复制出的Get Row模块上。

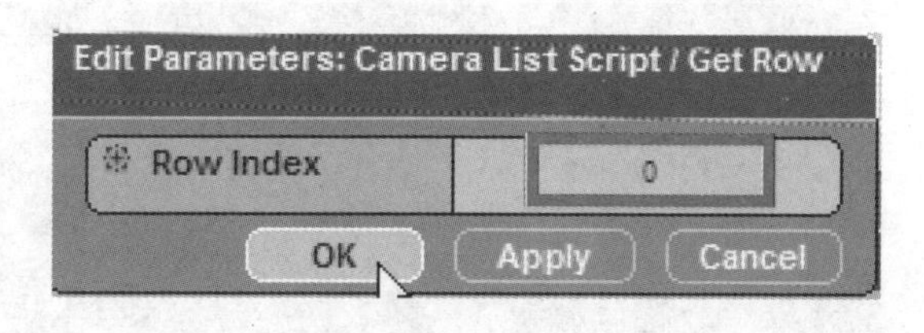

STEP 29 双击第二个Get Row模块，在弹出的对话框中设置Row Index为0，计算结束后返回初始位置重新计算。

STEP 30 将Get Row模块捕捉到的数据点连接到Set As Active Camera模块的In处。

STEP 31 将捕捉到的变量连接到Set As Active Camera模块的Target。这样就可以在场景中对摄影机进行切换操作了。

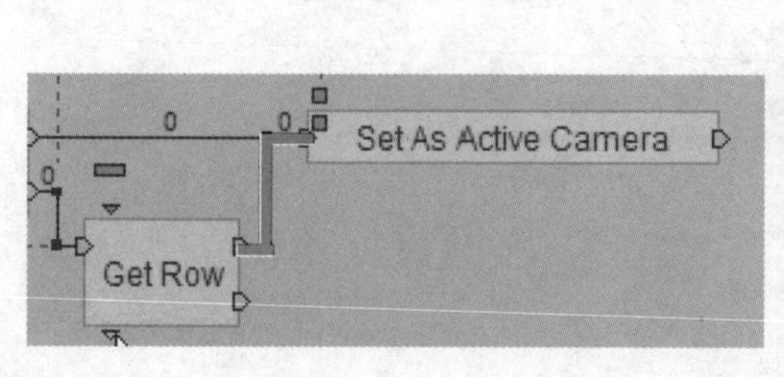

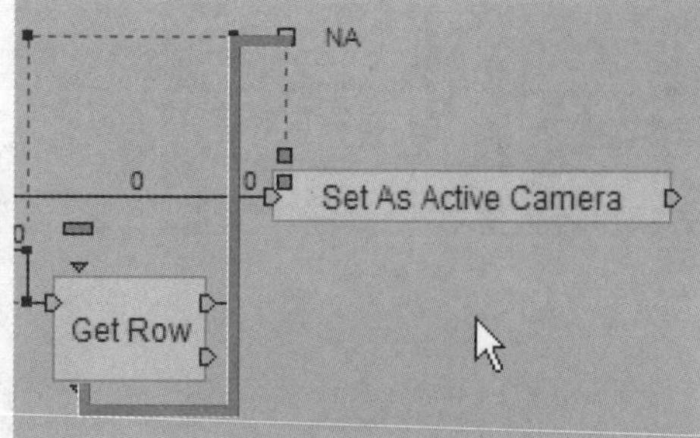

STEP 32 设置scene2_lockcamera摄影机的角度。设置Camera1摄影机的角度。

STEP 33 设置Camera2摄影机的角度。设置Camera3摄影机的角度。

STEP 34 当Array Setup面板中的摄影机顺序发生变化时，摄影机切换的顺序也会跟着变化。至此，本例制作完成。

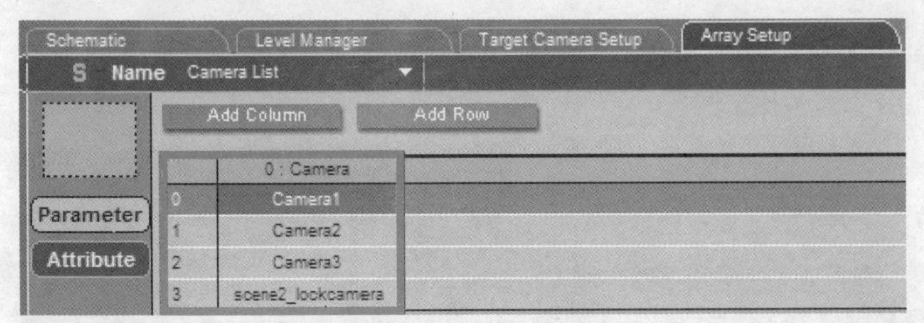

Chapter

画面拾取

本章将为大家介绍画面拾取的相关知识，通过设置模块属性，使用摄影机直接抓取游戏的画面，并将抓取到的画面保存为图片，供后面制作时使用。

本章要点

- 从素材库中导入需要的素材
- 抓取图像
- 测试并存储图片

3.1 抓取图像

STEP 1 执行菜单栏中的Resources>Open Data Resource命令，在弹出的Open Data Resource对话框中选择随书光盘\素材库\VT_Plus_1.rsc素材文件，单击“打开”按钮，加载本书所有的教学素材数据。

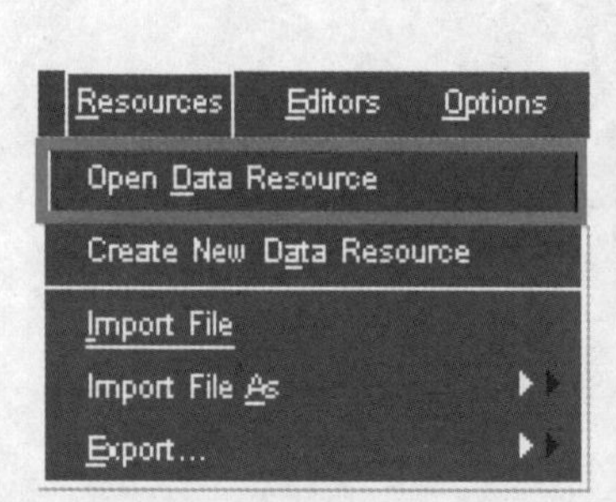

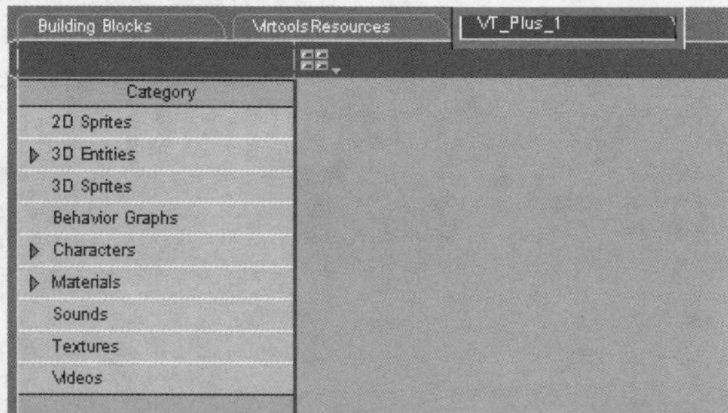

STEP 2 导入VT_Plus_1面板中的Characters\Scenes\Scene02.nmo文件。

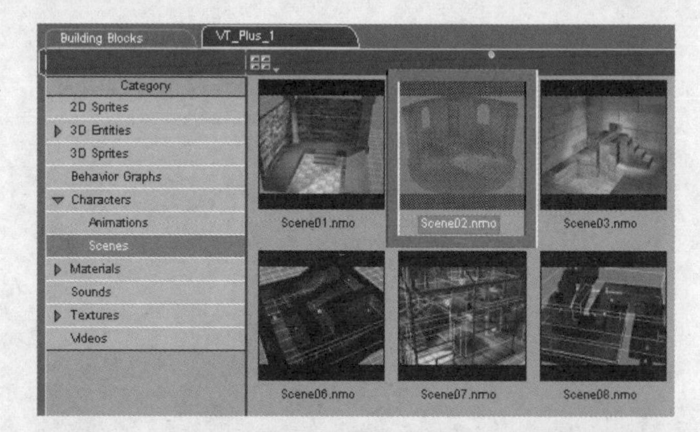

STEP 3 利用拉近、推远、旋转等功能，适当调整画面效果。

STEP 4 单击Create Camera按钮创建一架摄影机，将摄影机捕捉到的画面拍摄下来并保存为图片。

STEP 5 创造好摄影机之后，在Level Manager面板中右击Level，在弹出的快捷菜单中执行Create Script命令，为摄影机添加脚本。

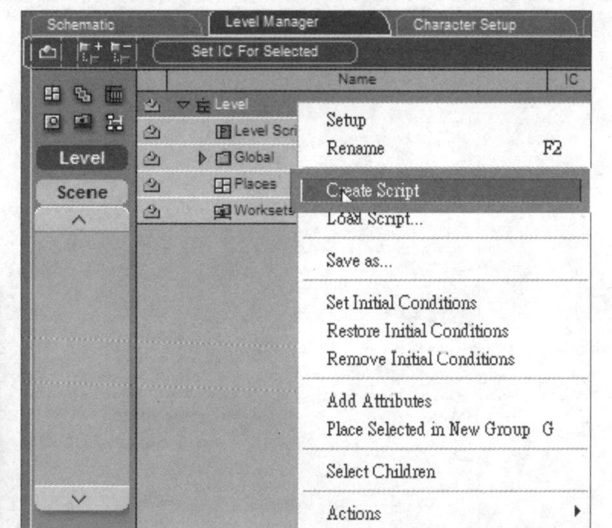

STEP 6 导入BB面板中的Shaders\Rendering\Render Scene In RT View模块，设置拍图功能。

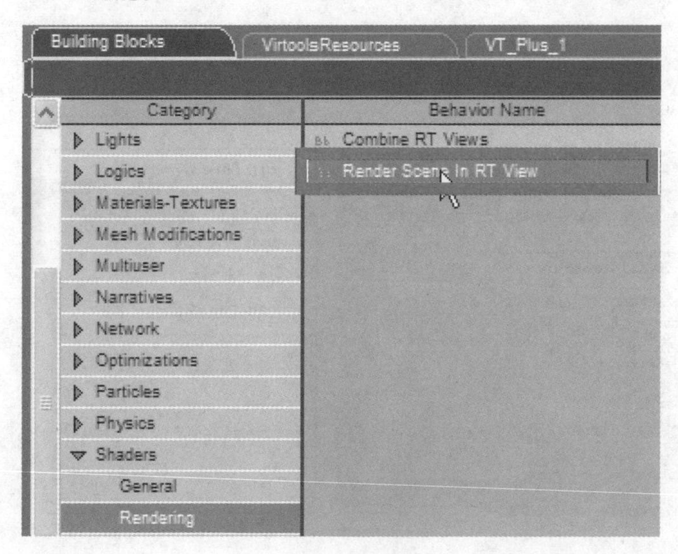

STEP 7 双击Render Scene In RT View模块，在弹出对话框的Target View选项组中设置摄影机所拍图片的大小，并在Camera下拉列表中选择刚刚创建的New Camera。

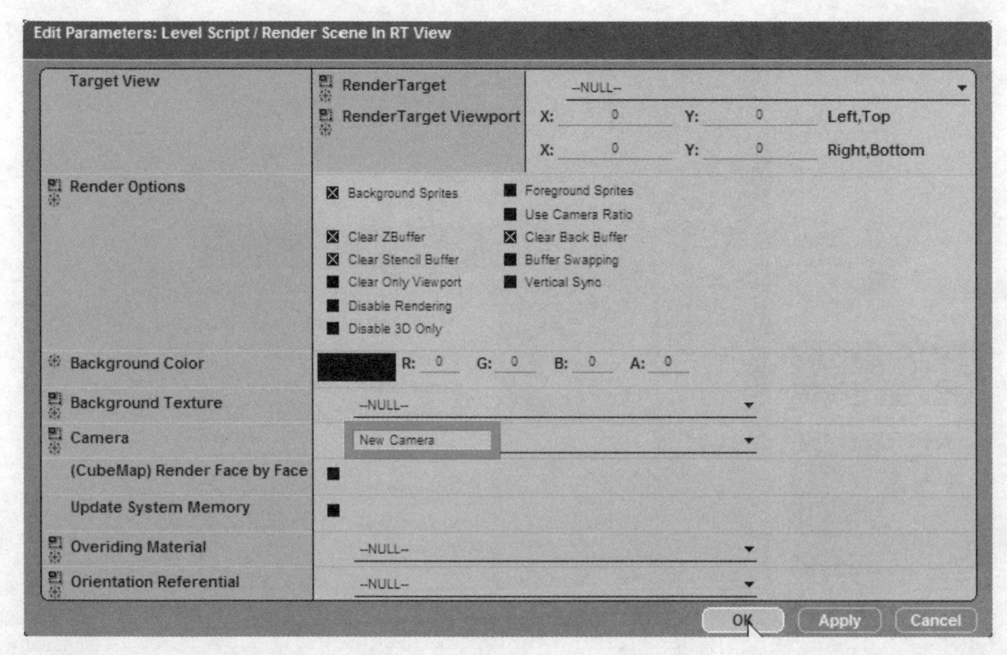

STEP 8 导入BB面板中的Logics\Calculator\Op模块。

STEP 9 右击Op模块，在弹出的快捷菜单中执行Edit Settings命令。

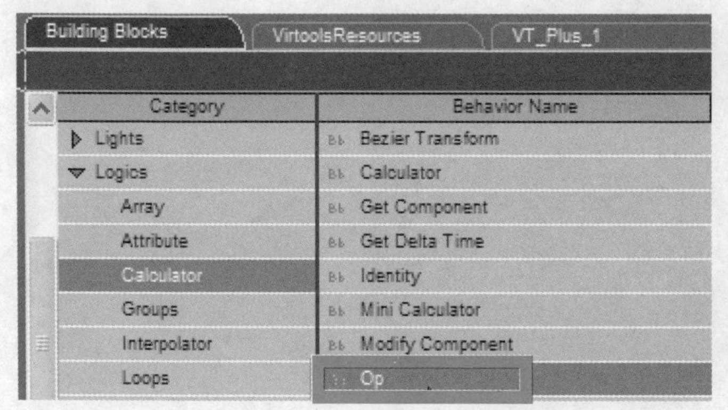

STEP 10 弹出Edit Parameter Operation对话框，1 Ouput表示矩阵的值，为窗口的大小，这里选择Rectangle。2 Operation表示要抓取的窗口也就是矩阵值，这里选择Get View Rect。这里不需要设置Inputs值，此Op模块已经成为窗口的抓取器，3 单击OK按钮。

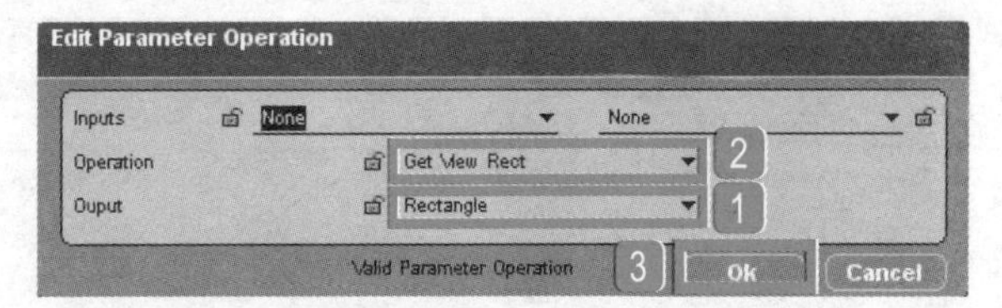

STEP 11 Op模块的a、b两个值是无用的，不用设置，因此可将其移除。将Op模块连接到Start，设置开始时先抓取窗口画面的大小。

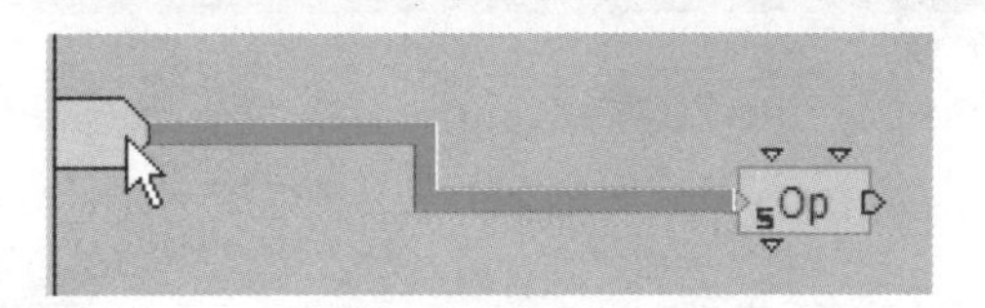

STEP 12 Render Scene In RT View模块的第一个值为Render Target View，也就是一个图片（Texture）搭配一个矩形（Rectangle）值所组成的，因此可以先添加一个组合，导入BB面板中的Logics\Calculator\Set Component模块。

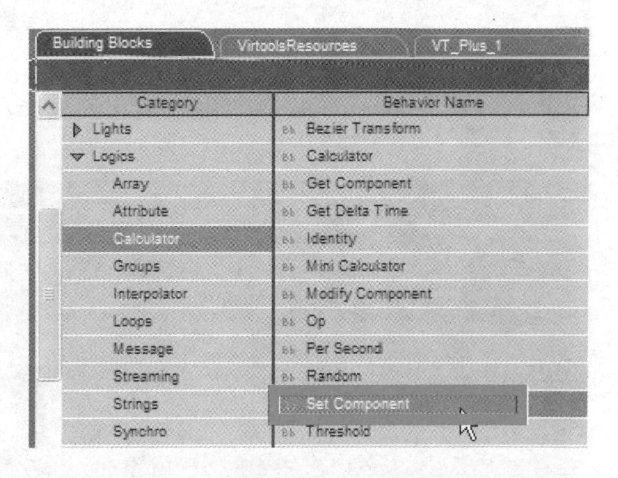

STEP 13 将Set Component模块连接到Op模块。

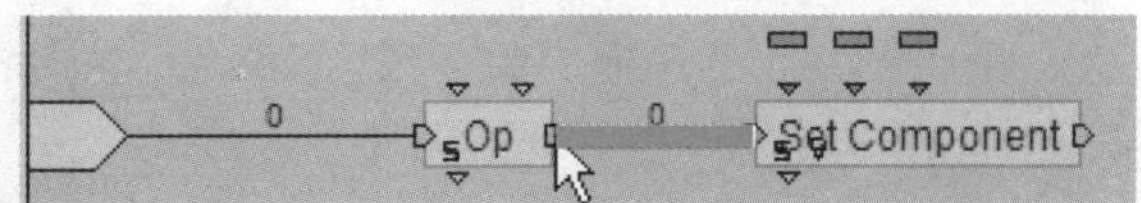

STEP 14 双击Set Component模块下方输出口，在弹出的对话框中1 设置Parameter Type为RenderTarget View，2 完成后单击OK按钮。

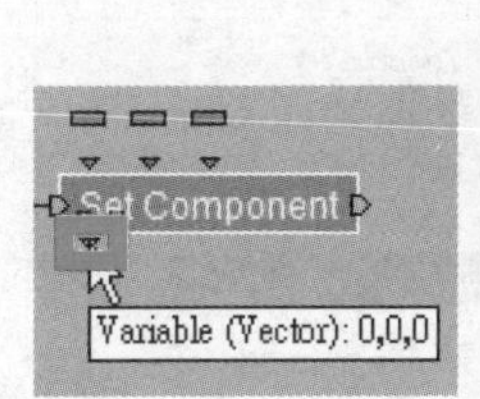

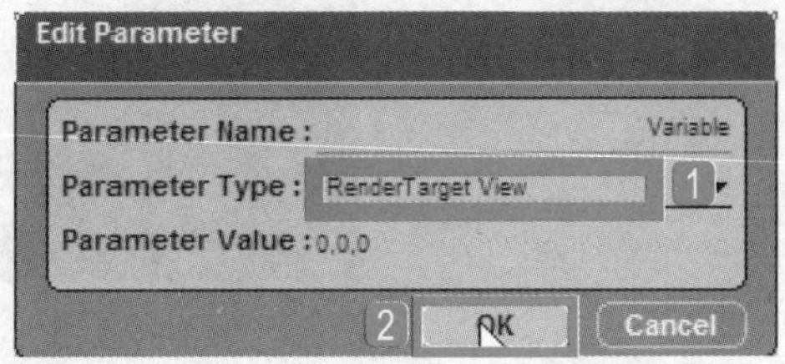

STEP 15 此时，可以看到Set Component模块上方变为两个值，双击该模块，在弹出的对话框中Component 1表示相关联的图片，Component 2表示Rectangle的值。

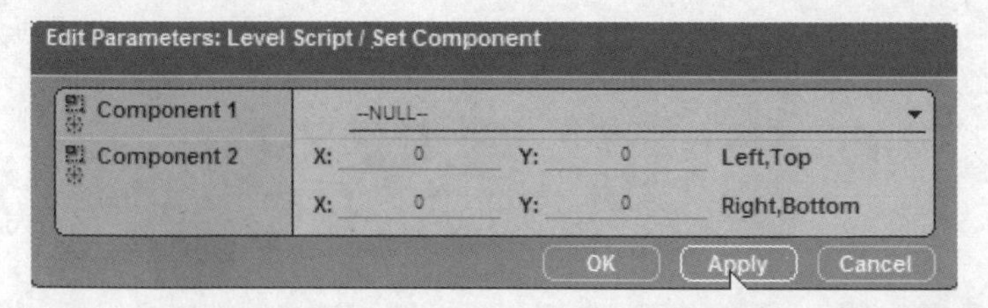

STEP 16 Component 2的Rectangle值来自于Op模块所抓取的窗口大小，将两者连接起来。Component 1的图片可以通过单击Create Texture按钮创建。

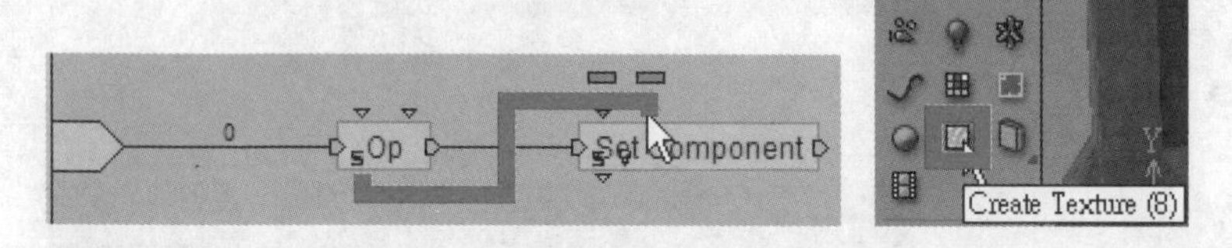

STEP 17 在Texture Setup面板中将图片名称修改为pic。

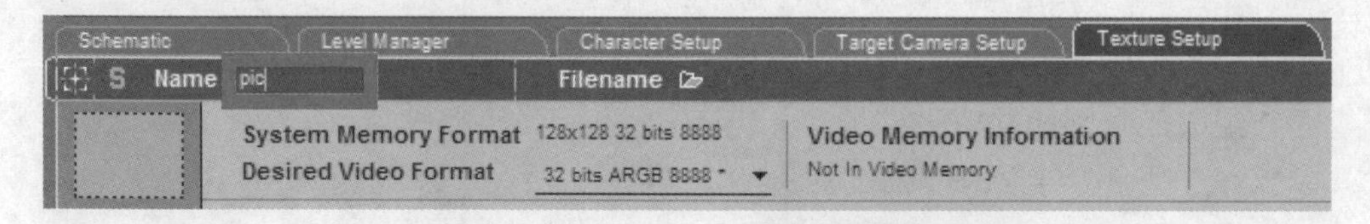

STEP 18 这里需要指出，该图片大小只能是2的次方，因此要特别注意将图片修改至合适大小。在左侧的黑色图片位置右击，在弹出的快捷菜单中执行Resize Slot命令。

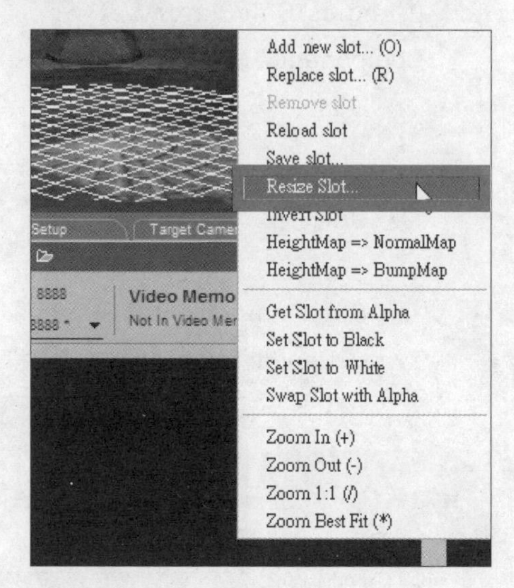

STEP 19 在弹出的对话框中，1设置Parameter Value为256 x 256，2完成后单击OK按钮。

STEP 20 在Texture Setup面板中单击Set IC按钮，设置初始值。

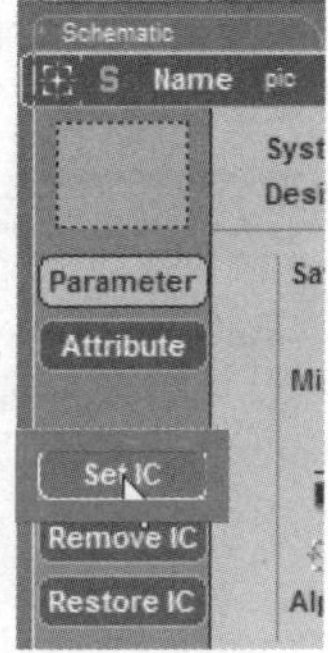

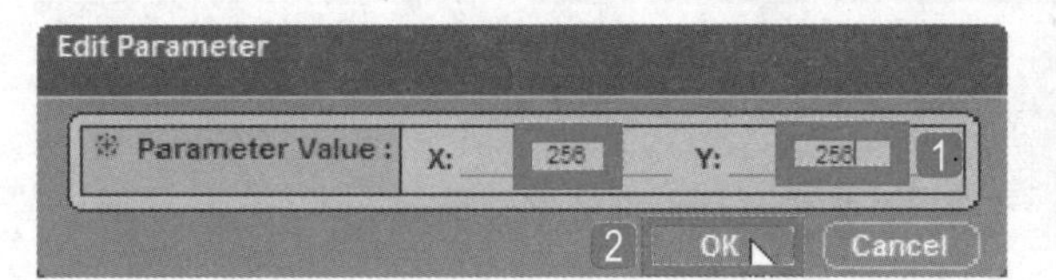

STEP 21 双击Set Component模块，在弹出的对话框中1设置Component 1为pic，2完成后单击OK按钮。

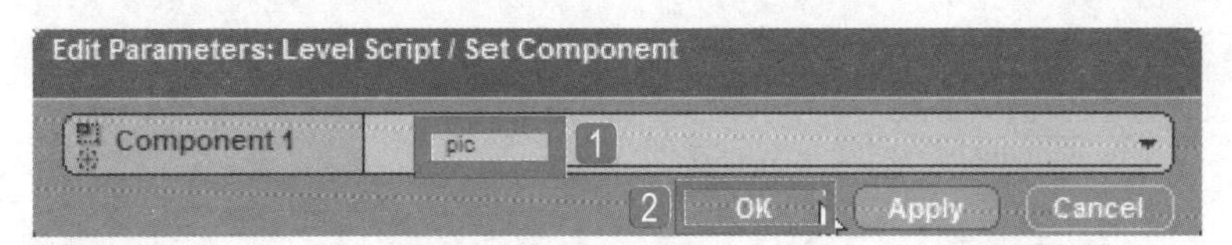

STEP 22 将Set Component模块连接到Render Scene In RT View模块。

STEP 23 将Set Component的值赋予Render Scene In RT View。

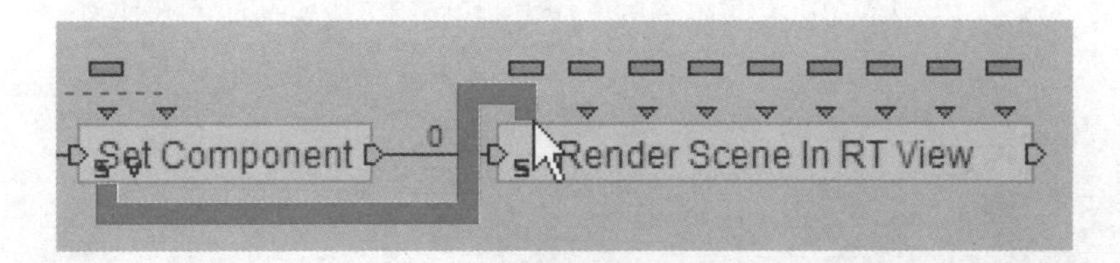

STEP 24 此时，可以通过模块由程序自己判断窗口的大小进行抓取，如果窗口是固定的，也可以直接输入数值。单击General Preferences按钮，设置环境参数。

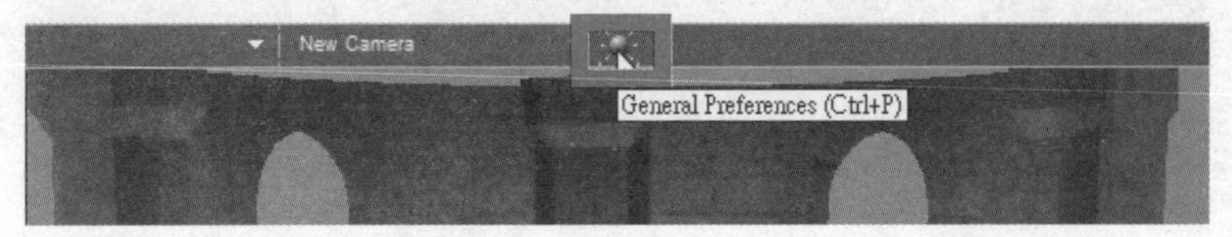

STEP 25 在弹出的对话框中设置Screen size为640 x 480，2完成后单击OK按钮。

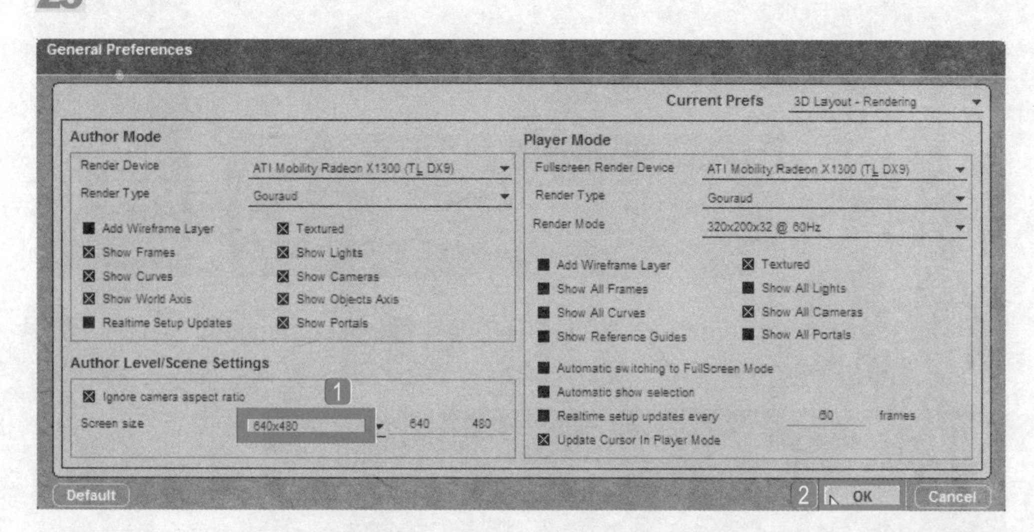

STEP 26 播放动画，查看是否有问题， 然后单击Trace按钮。

STEP 27 此时发现Op模块已经抓取到窗口的大小。

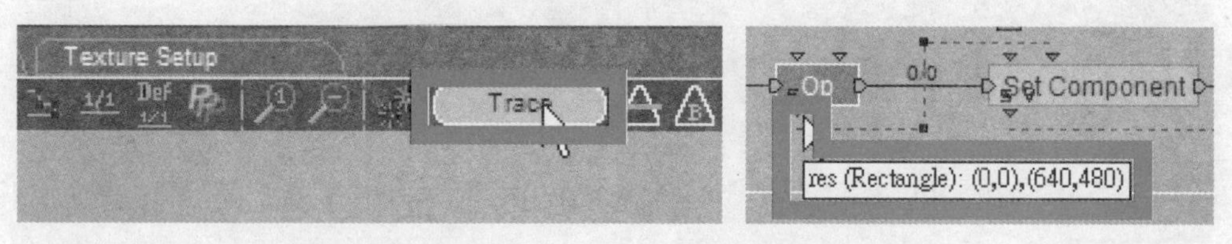

STEP 28 窗口大小的值已经赋予Set Component模块中RenderTarget View的pic和Rec-tangle。

3.2 测试并存储

STEP 1 在Texture Setup面板中，会发现仍为全黑状态，看不到所拍摄的图片。

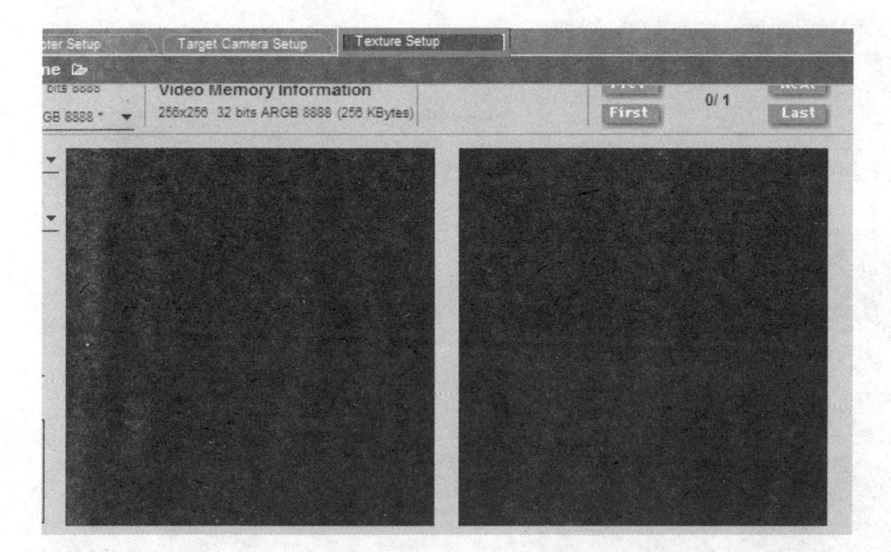

STEP 2 双击Render Scene In RT View模块，在弹出对话框中1勾选Update System Memory复选框，将拍摄的图片存储到Texture中，但这样会占用更多的系统资源。2完成后单击OK按钮。

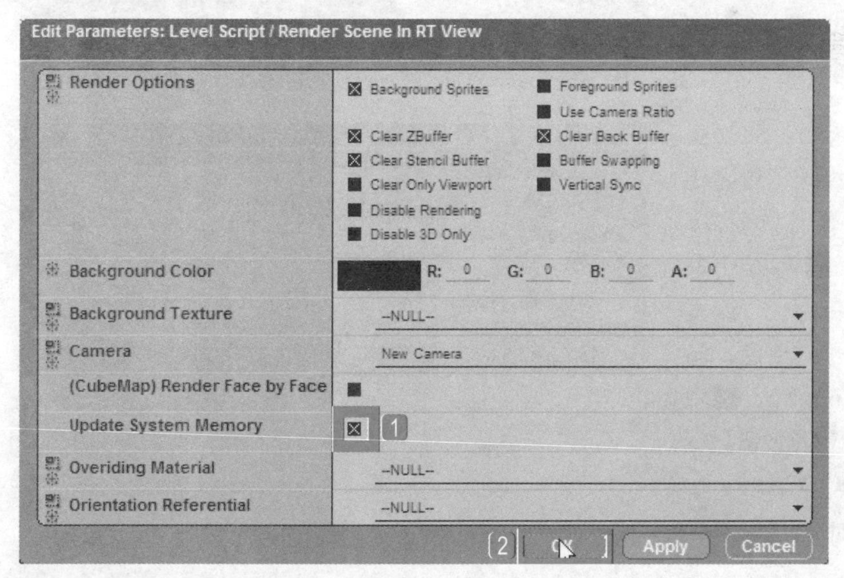

STEP 3 此时可以看到，Texture Setup面板中显示出拍摄的图片效果。

STEP 4 导入VirtoolsResources面板中的VSL\Materials-Textures\TextureSave模块，保存拍摄的图片。

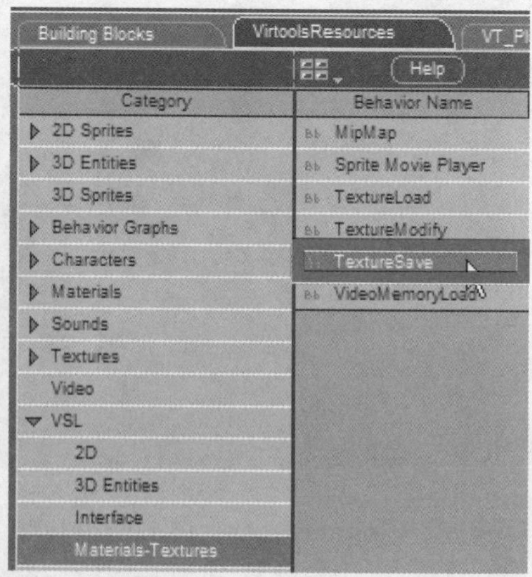

STEP 5 将Texture Save模块连接到Render Scene In RT View模块。

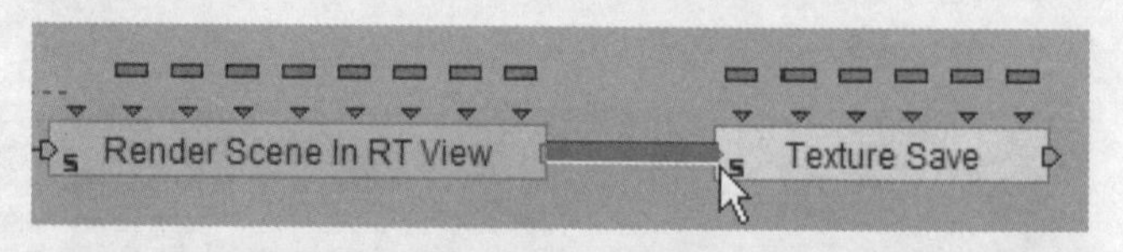

STEP 6 双击Texture Save模块，在弹出的对话框中1设置V_Texture为pic，2V_Path为要存储的路径，这里指定为绝对路径，输入c:\pic.bmp，3完成后单击OK按钮。

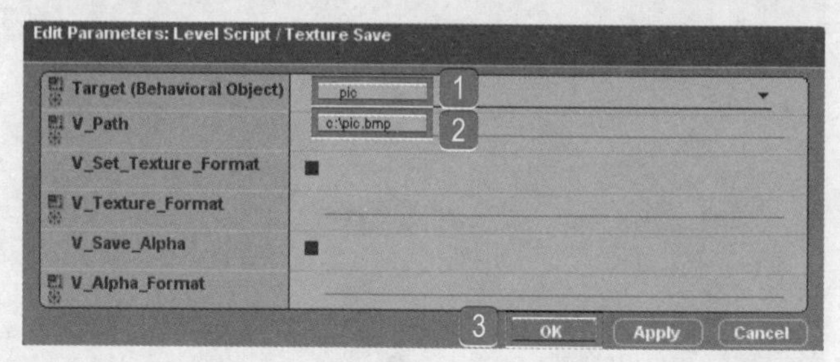

TIP 用户可以设置图片的输出类型，还可以输出带Alpha通道的图片。

STEP 7 Texture Save模块的V_Texture值可以自己设置，也可以连接到前面的pic，进行参数共享。

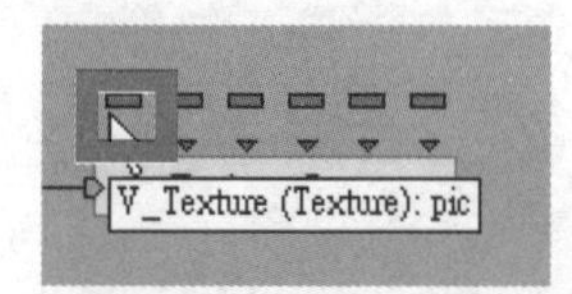

STEP 8 单击Play按钮播放动画，在保存的路径下查看会发现pic.bmp图片已经保存到设置的位置，大小为设置的Texture大小，即256 x 256（此值必须是2的次方）。

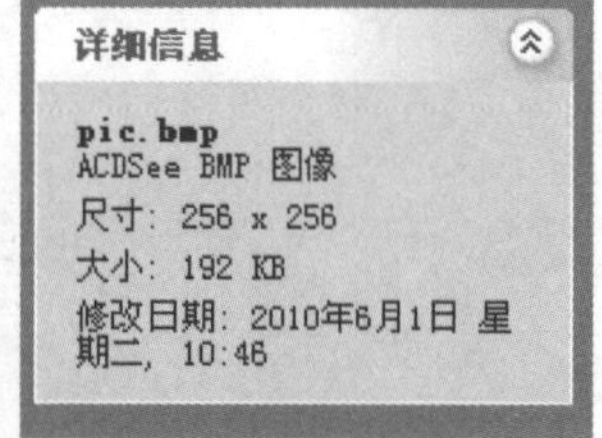

STEP 9 如果指定保存路径为相对路径，双击Texture Save模块，在弹出的对话框中❶设置V_Path为pic.bmp，❷单击OK按钮。

STEP 10 在保存的路径下查看，会发现pic.bmp图片已经保存到设置的位置。

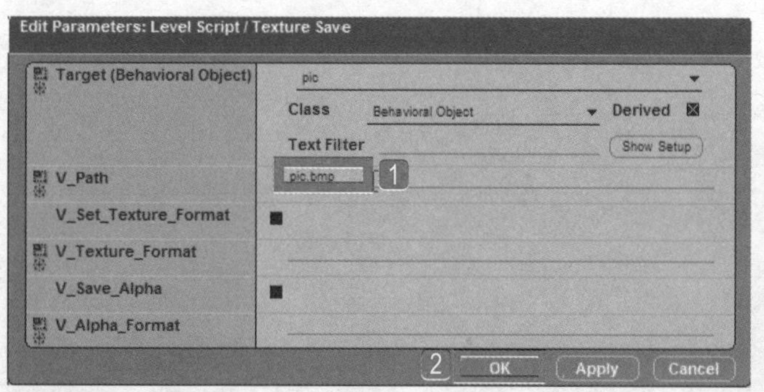

TIP 将图片保存到指定的文件夹后，才能设置相对路径，而且文件夹只能用英文字母和阿拉伯数字命名。

STEP 11 至此，本例就制作完成了。

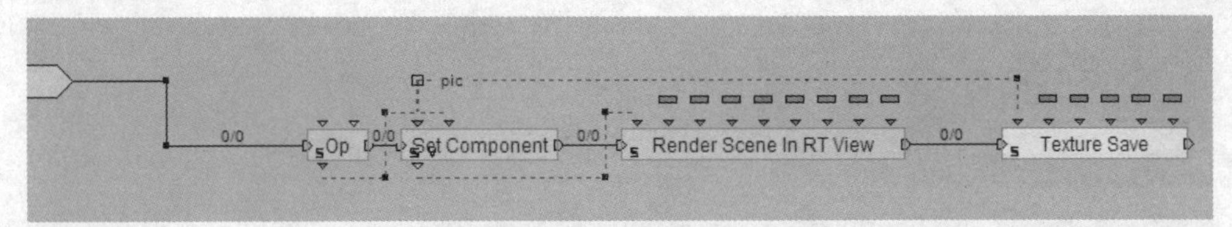

TIP

画面拾取也可以使用一般屏幕拾取的方法，但是由于Virtools所对应的是摄影机的画面，因此可以用来拍摄角色局部的特写等特殊镜头。

Chapter

多重窗口

本章主要介绍如何在Virtools的工作界面中开启多重窗口，从不同的角度观察场景。这样，除了原本的画面之外，还可以在新窗口中进行其他效果的展示。

本章要点

- 从素材库中导入需要的素材
- 设置角色的基本动作
- 设置多重窗口效果

4.1 设置角色的基本动作

STEP 1 执行菜单栏中的Resources>Open Data Resource命令，在弹出的Open Data Resource对话框中选择随书光盘\素材库\VT_Plus_1.rsc素材文件，单击“打开”按钮，加载本书所有的教学素材数据。

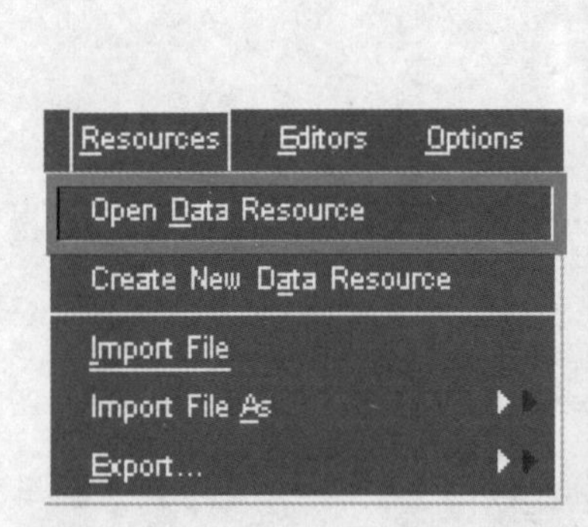

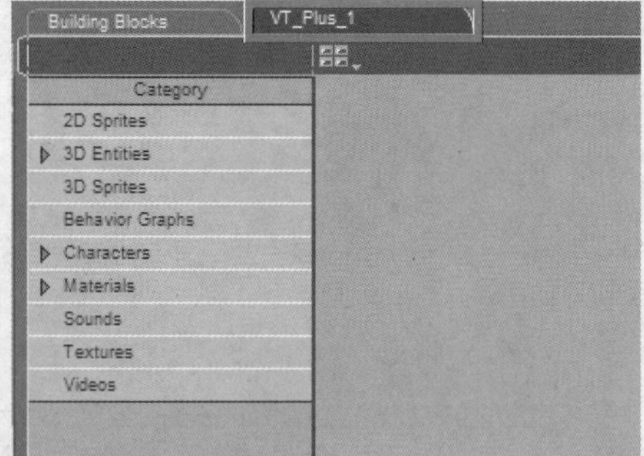

STEP 2 导入VT_Plus_1面板中的Characters\Scenes\Scene07.nmo场景文件。

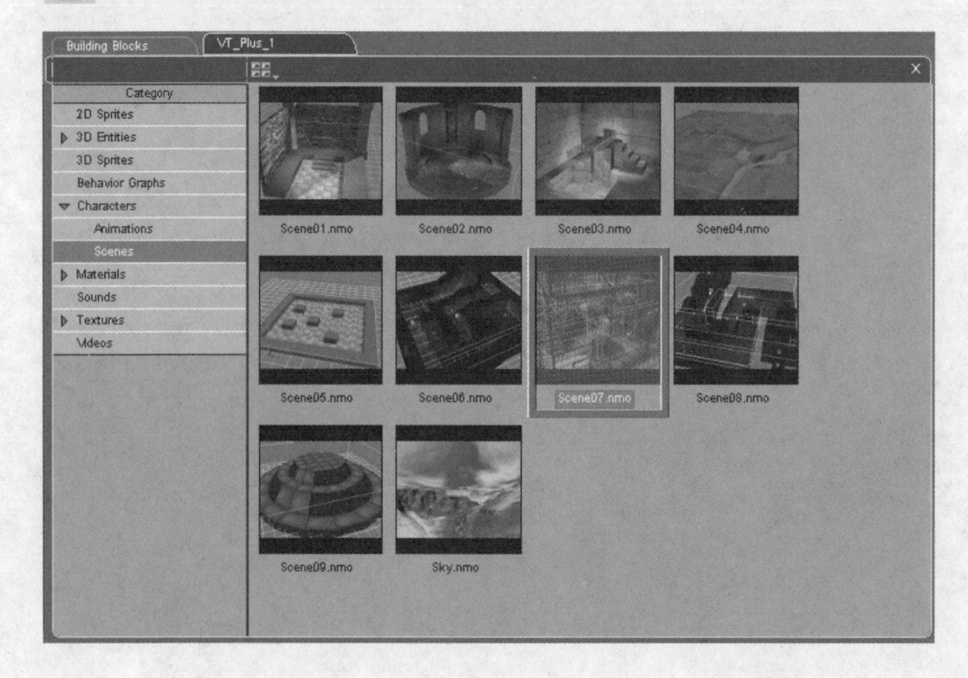

STEP 3 利用拉近、推远、旋转等功能，适当调整画面效果。

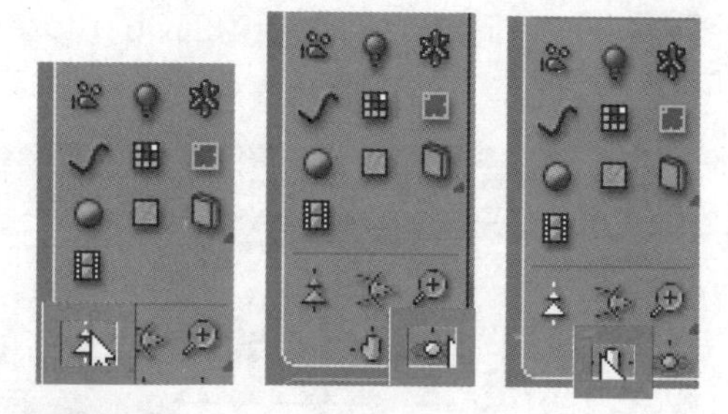

STEP 4 将画面视图切换到场景Scene07原有的scene2_lockcamera摄影机视图下。

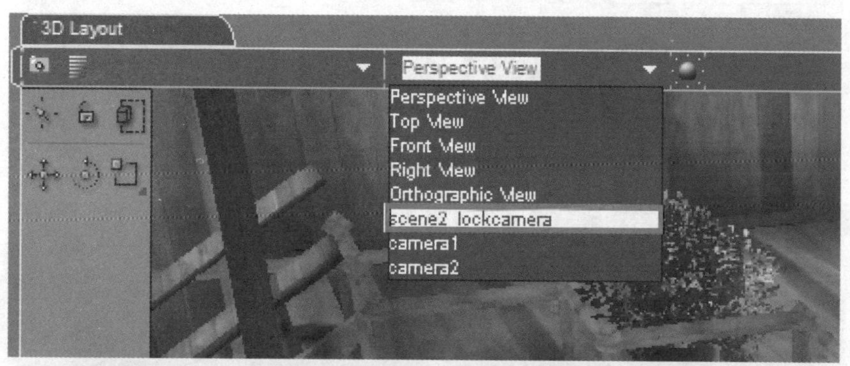

STEP 5 导入VT_Plus_1面板中的Characters\Animations\Asaku2_model.nmo角色文件。

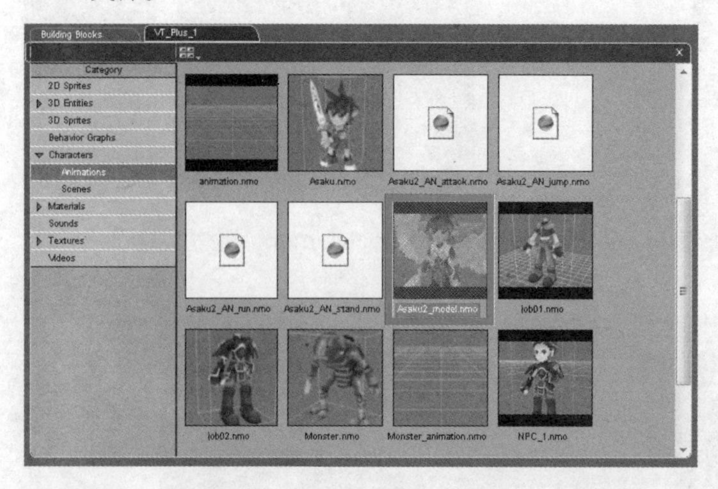

STEP 6 利用对象移动、对象旋转功能，将角色放置到场景中合适的位置。

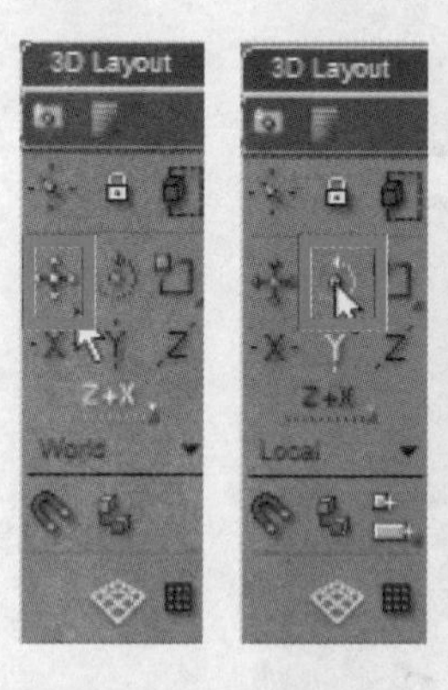

STEP 7 设置角色的初始值。1在Level Manager面板中选择Level\Global\Characters\Asaku选项，2单击Set IC For Selected按钮设置初始值。

STEP 8 导入VT_Plus_1面板中的Characters\Animations\Asaku2_AN_stand.nmo角色文件。

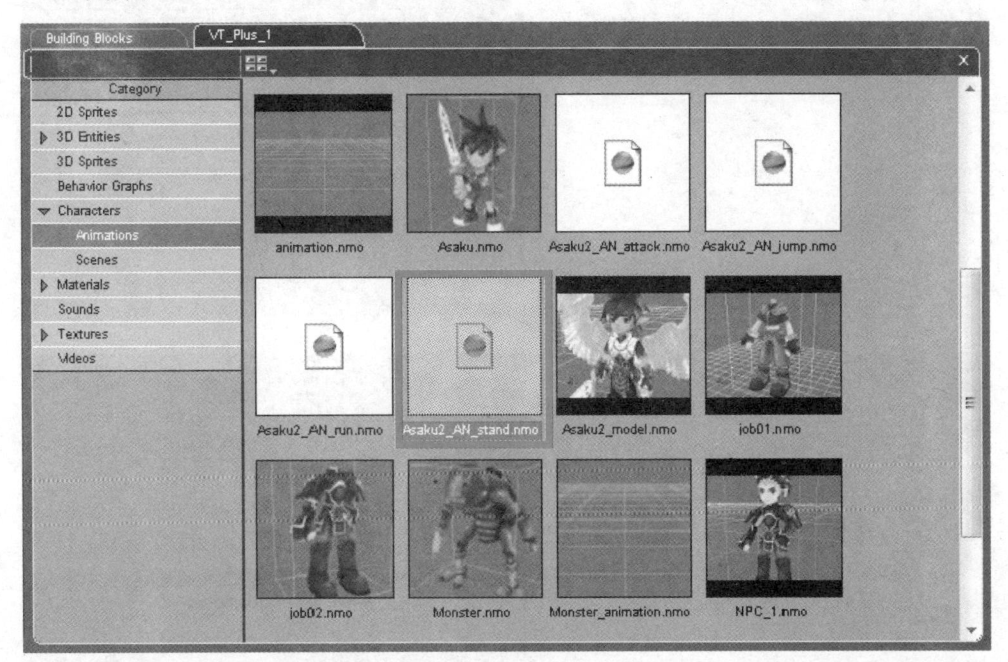

STEP 9 直接将角色文件拖曳到Level Manager面板中的Level\Global\Characters\Asaku选项上，加载角色的待机动作。

STEP 10 此时可以看到，在Asaku下添加了角色动作stand的Animations。

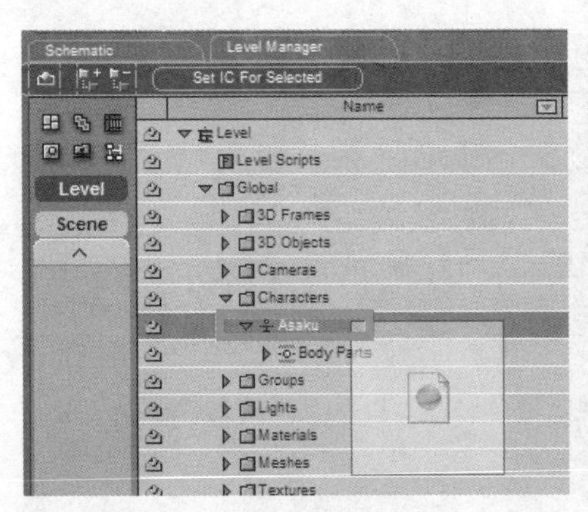

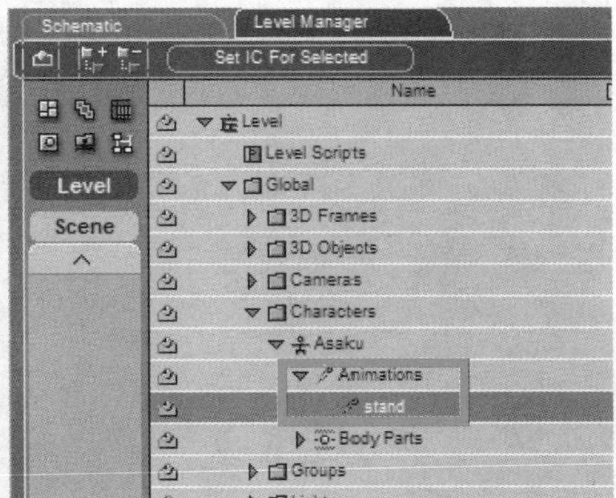

STEP 11 设置角色的基本待机动作。选中BB面板中的Characters\Movement\Unlimited Controller模块。

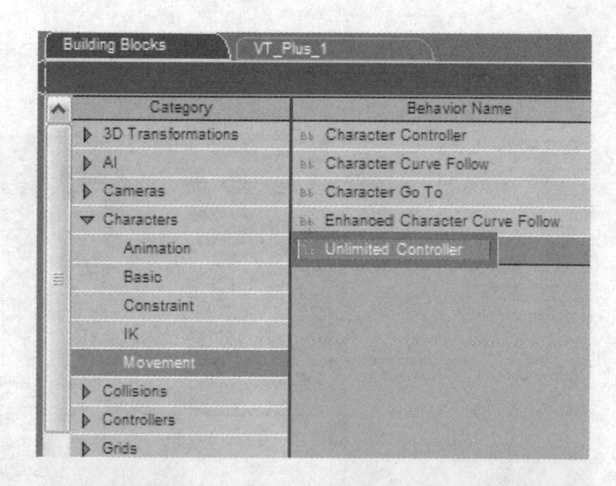

STEP 12 直接拖动选中的Unlimited Controller模块到Level Manager面板的Level\Global\Characters\Asaku角色上。

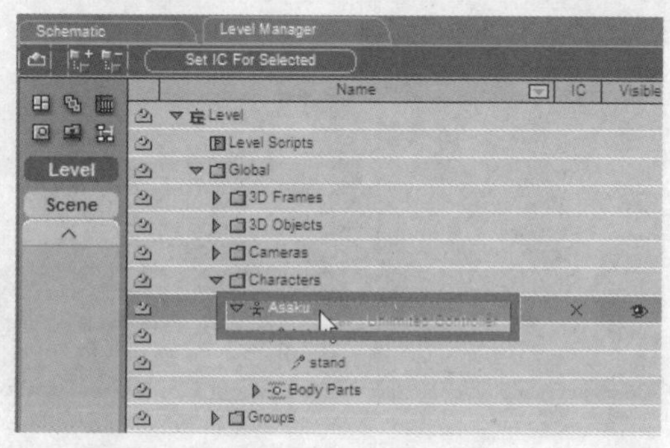

STEP 13 释放鼠标，在弹出的对话框中选择刚刚添加的待机动作stand。

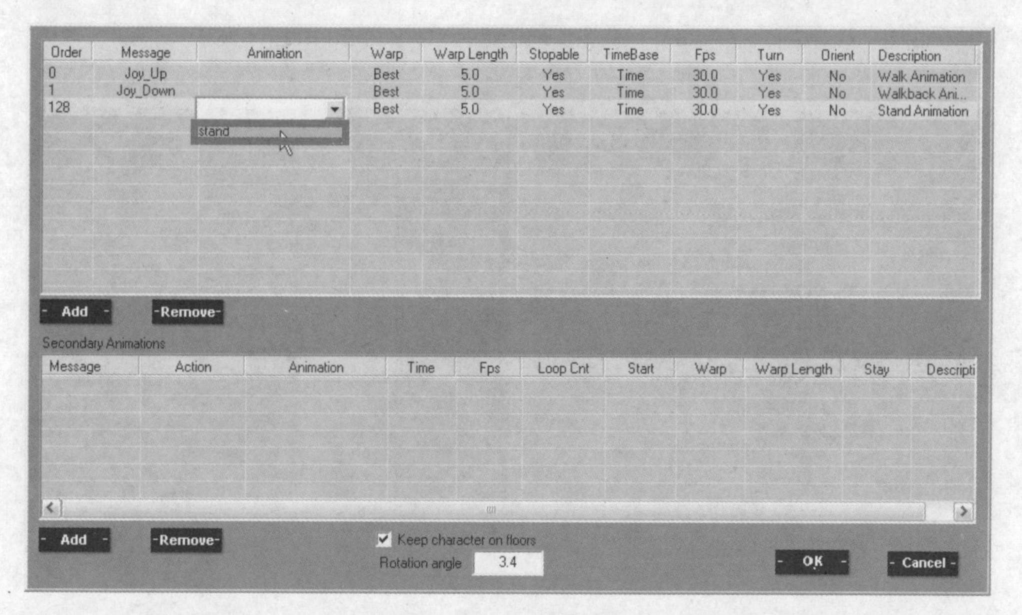

STEP 14 单击OK按钮，在Schematic面板中可以看到已经自动创造角色的脚本，并将Unlimited Controller模块连接到Asaku Script的Start上。

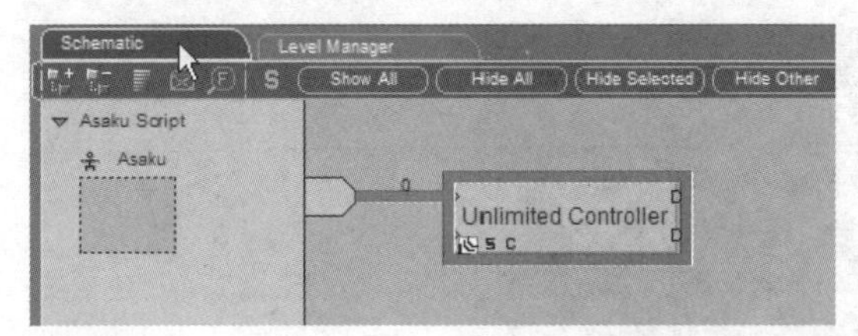

TIP 拖动BB模块的方法只适用于没有创建任何脚本的情况，而且拖动的BB模块也只会连接到脚本的Start上。

4.2 设置多重窗口效果

STEP 1 设置完角色之后，设置窗口效果。除了原有的窗口之外，还要再创建两个窗口。先创建一个2D Frames窗口，并设置其大小和位置。

STEP 2 在2D Frames Setup面板中1将2D Frames命名为view1，2取消Pickable复选框的勾选，设置为不可选。

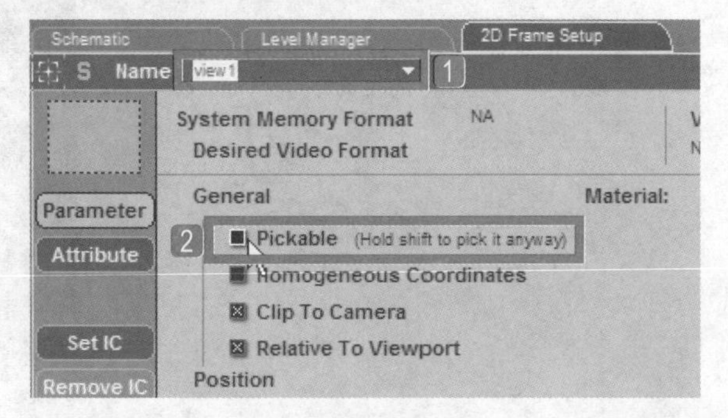

STEP 3 使用同样的方法，再创建一个2D Frames窗口，并设置其大小和位置，然后1命名为view2，2取消Pickable复选框的勾选，设置为不可选。

STEP 4 在Level Manager面板的Level\Global\2D Frames下，1选择刚刚创建的两个2D Frames，2单击Set IC For Selected按钮设置对象的初始值。

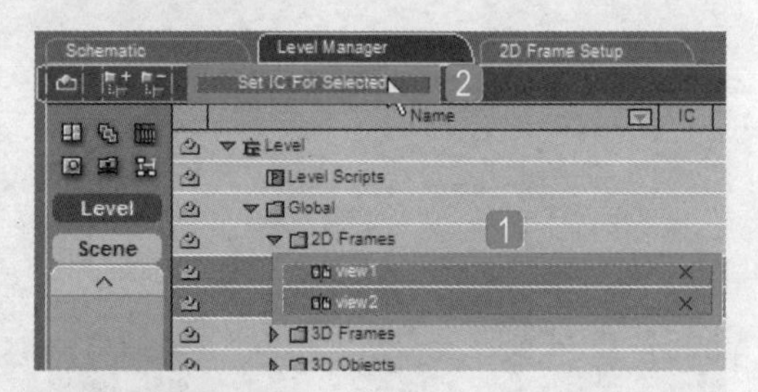

STEP 5 1在Level Manager面板的Level上单击鼠标右键，2在弹出的快捷菜单中执行Create Script命令，为主程序添加脚本。

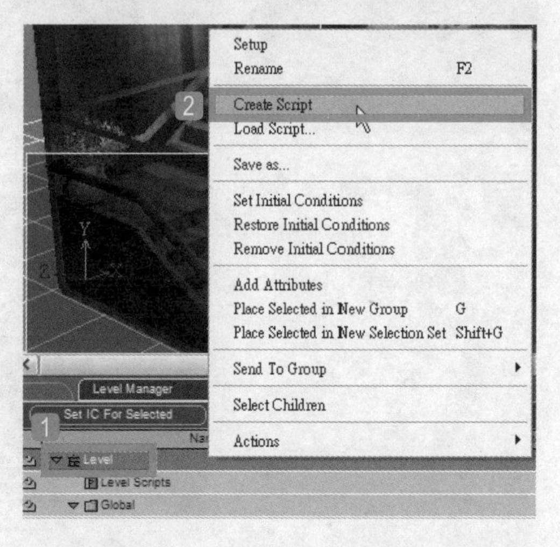

STEP 6 第一个窗口要显示另一架摄影机拍摄到的完整画面，而第二个窗口则显示出人物特写，并且裁切掉不需要的部分，制作出镂空的效果。1 将窗口视图切换到Perspective View，调整好想要的角度后，2单击Create Camera按钮，创建一架摄影机。

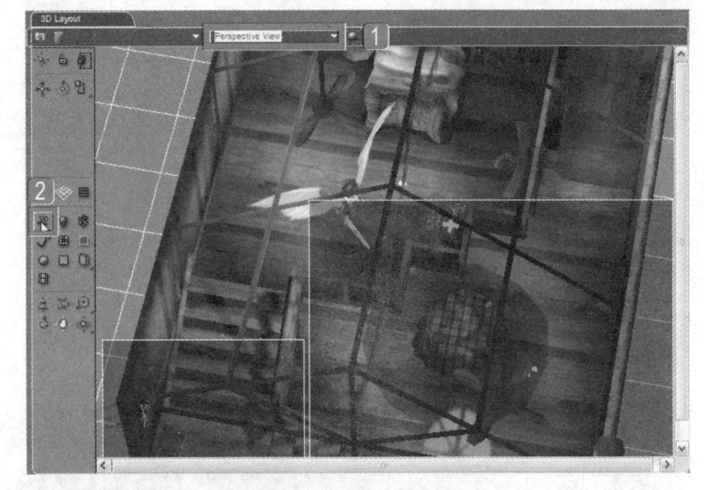

STEP 7 1将摄影机命名为camera1，2单击Set IC按钮设置初始值。

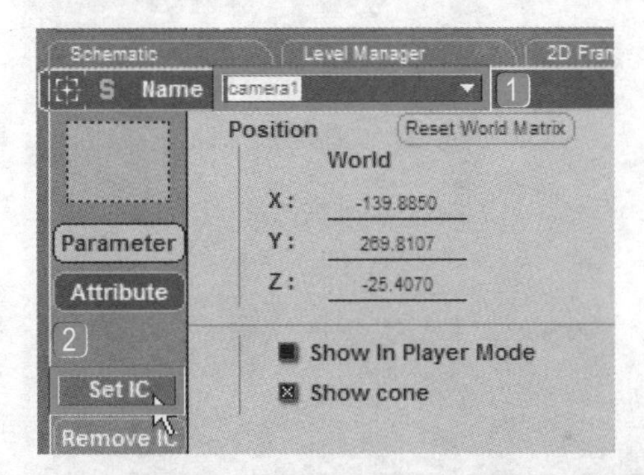

STEP 8 再次单击Create Camera按钮，创建抓取人物特写镜头的摄影机。

STEP 9 将摄影机命名为camera2。

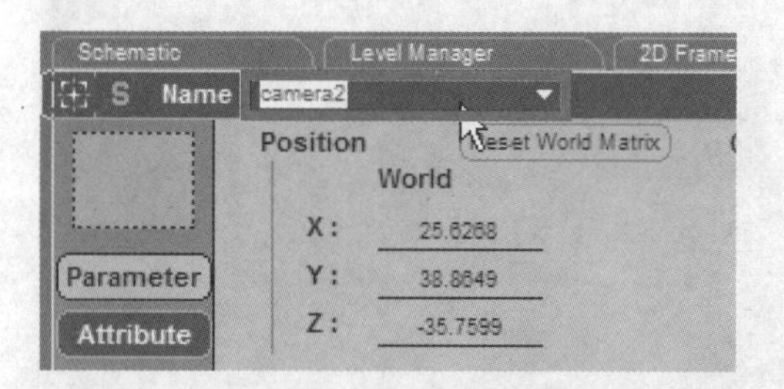

STEP 10 1通过拖动滑块调整Clipping选项组中的Far clip值，将摄影机可见的视野拉近，裁切掉背景部分，2单击Set IC按钮。

STEP 11 单击General Preferences按钮，调整游戏窗口的大小。

3D Layout
camera2

STEP 12 在弹出的对话框中①设置Screen size为640×480，②单击OK按钮。

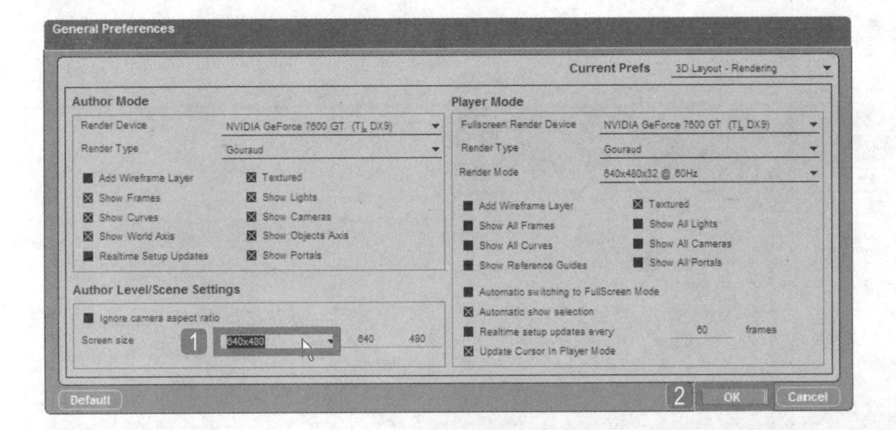

STEP 13 导入BB面板中的Interface\Screen\Additional View模块。

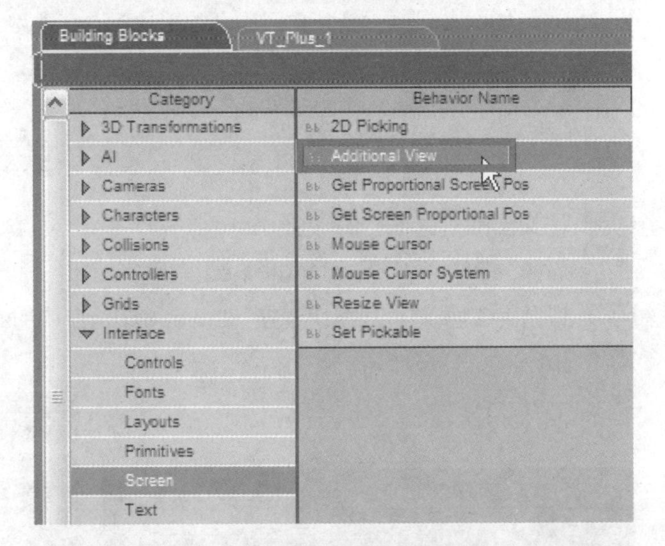

STEP 14 双击Additional View模块，在弹出的参数设置对话框中①设置目标摄影机为camera1，②单击OK按钮。

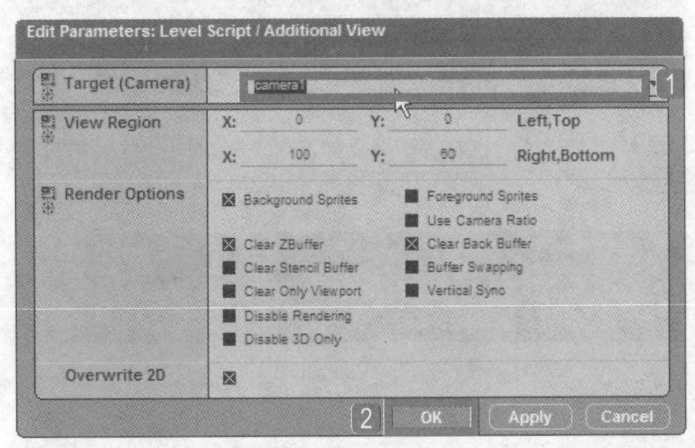

STEP 15 导入BB面板中的Logics\Calculator\Op模块。

STEP 16 在Op模块上单击鼠标右键，在弹出的快捷菜单中执行Edit Settings命令。

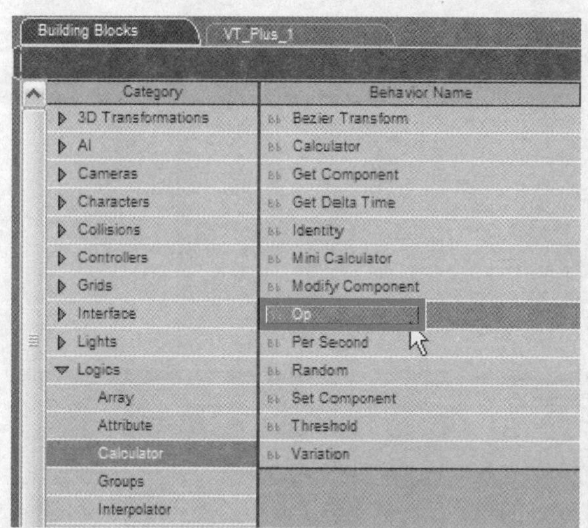

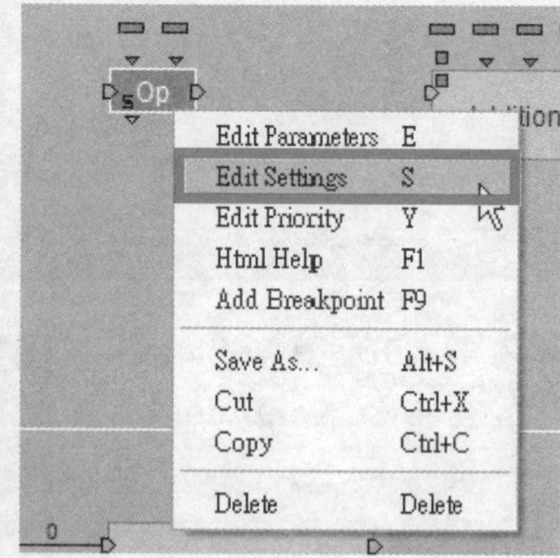

STEP 17 在弹出的对话框中1设置Inputs为2D Entity，2Operation为Get Bounding Box，3Ouput为Rectangle，4单击OK按钮。

STEP 18 设置完成后，将Op模块连接到Level Script模块的start。

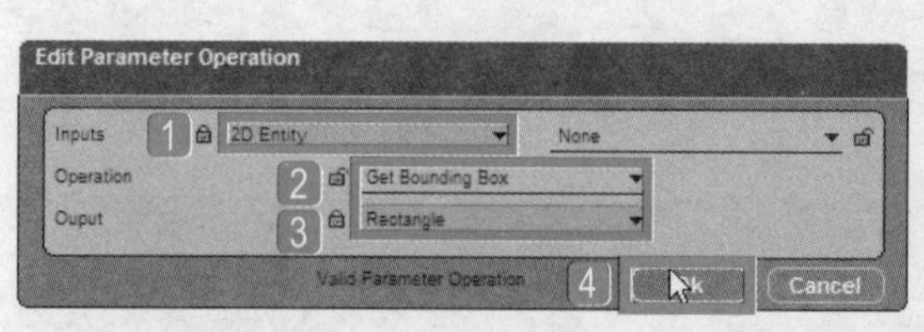

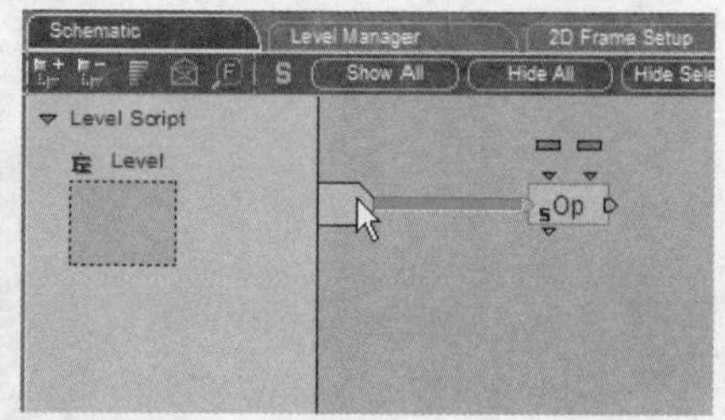

STEP 19 双击Op模块的第一个参数，在弹出的对话框中设置p1为view1。

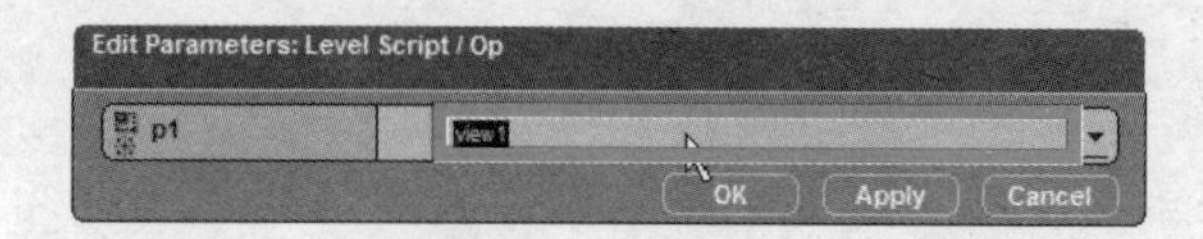

STEP 20 将Op模块的out连接到Additional View模块的in。

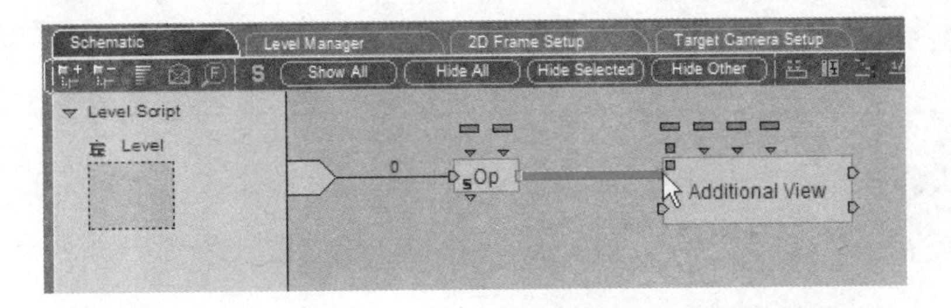

STEP 21 将Op模块的参数view 1与Additional View模块的目标摄影机参数camera1显示出来。

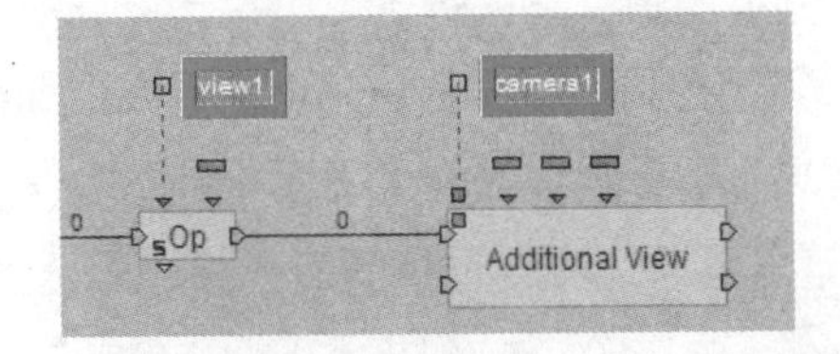

STEP 22 将Op模块运算出来的Rectangle值赋予Additional View模块的View Region。

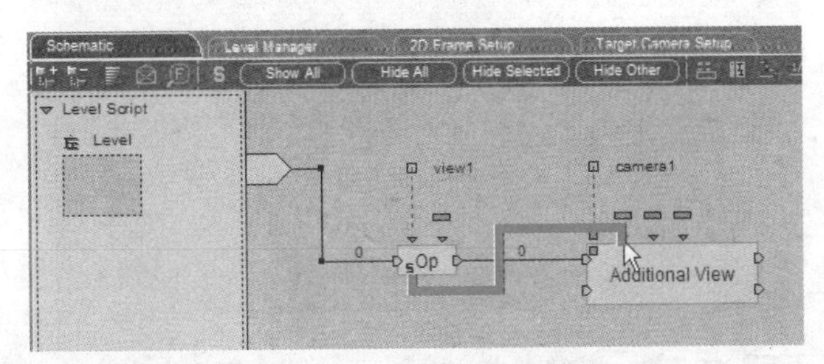

STEP 23 单击Play按钮播放动画，确认运算是可以执行的。按住Ctrl键框选，并配合Shift键进行复制。

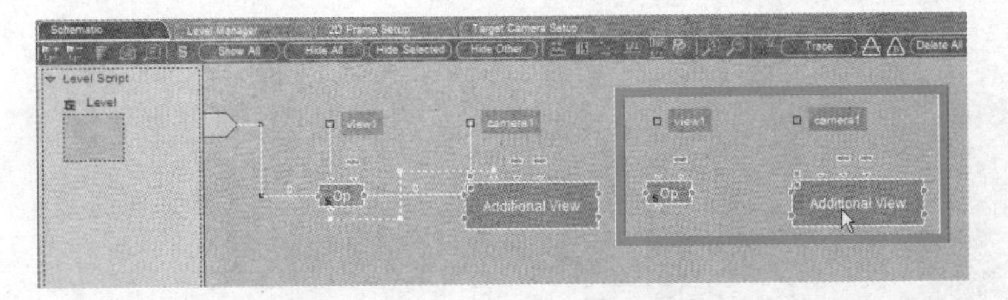

STEP 24 将原有的Op模块的view1和Additional View模块的目标摄影机camera1分别改为view2和camera2，并且将其连接，使用同样的方法显示第二个窗口。

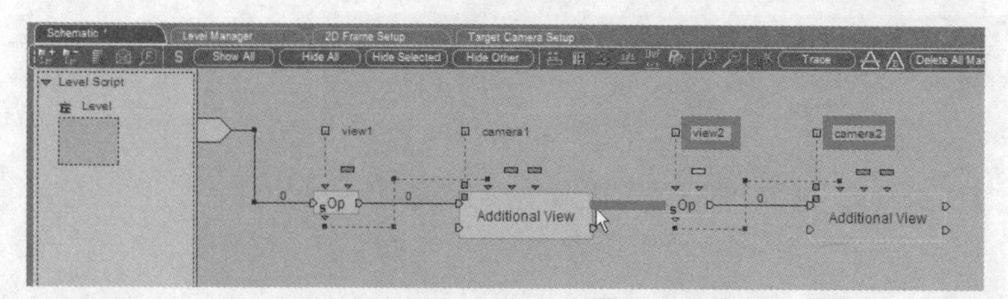

STEP 25 单击Play按钮播放动画，确认运算可以执行，但第二个窗口却没有达到预想的去背景效果。双击目标摄影机为camera2的Additional View模块，1取消Clear Back Buffer复选框的勾选，2单击OK按钮。

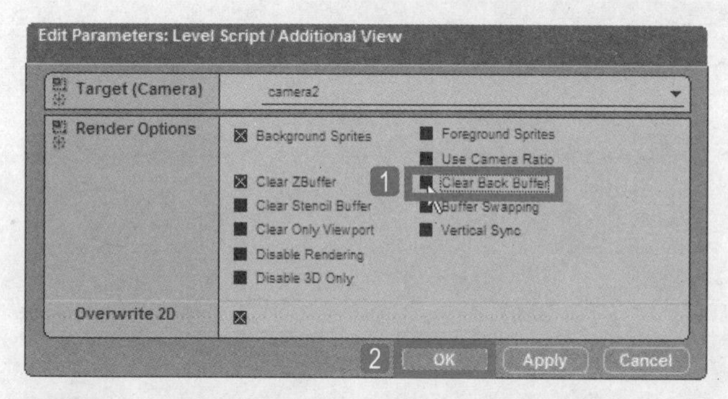

STEP 26 单击Play按钮播放动画，可以看到第二个窗口的背景效果已经去除。至此，本例就制作完成了。

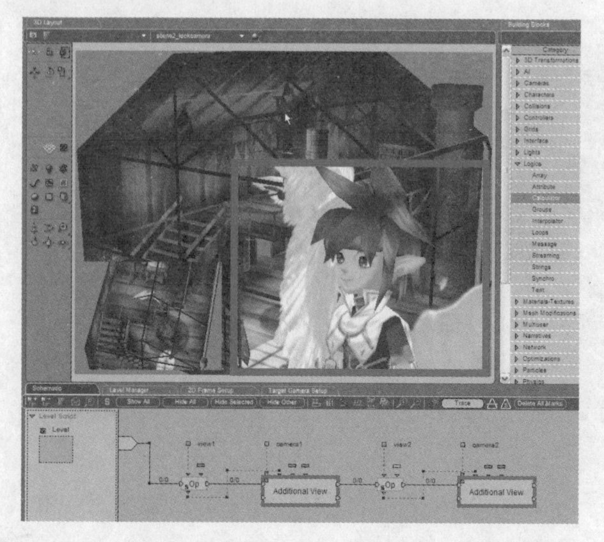

Chapter

使用鼠标控制摄影机

本章主要介绍如何使用鼠标来控制摄影机在场景中的移动、旋转等操作，方便用户对摄影机的控制。另外，配合键盘快捷键可以更加灵活地控制摄影机。

本章要点

- 从素材库中导入需要的素材
- 设置鼠标控制属性
- 设置键盘控制约束

5.1 设置鼠标控制属性

STEP 1 执行菜单栏中的Resources>Open Data Resource命令，在弹出的Open Data Resource对话框中选择随书光盘\素材库\VT_Plus_1.rsc素材文件，单击“打开”按钮，加载本书所有的教学素材数据。

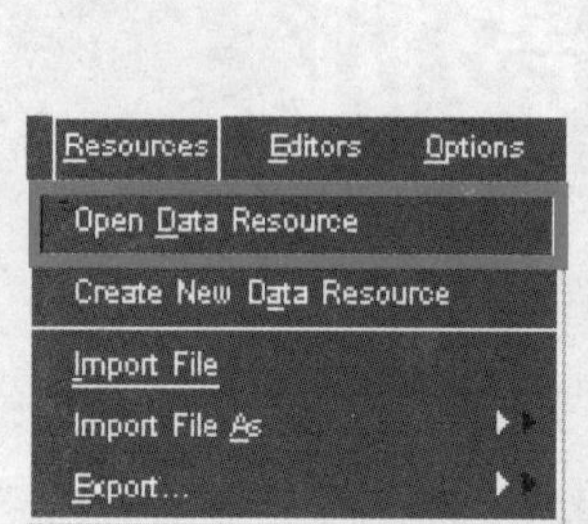

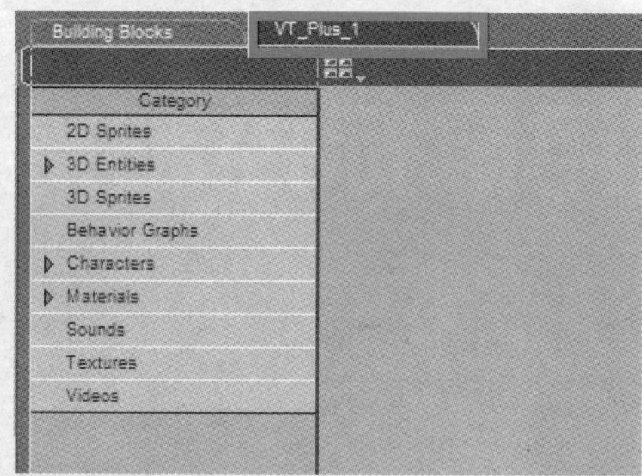

STEP 2 导入VT_Plus_1面板中的Characters\Animations\ProgramDragon.nmo角色文件。

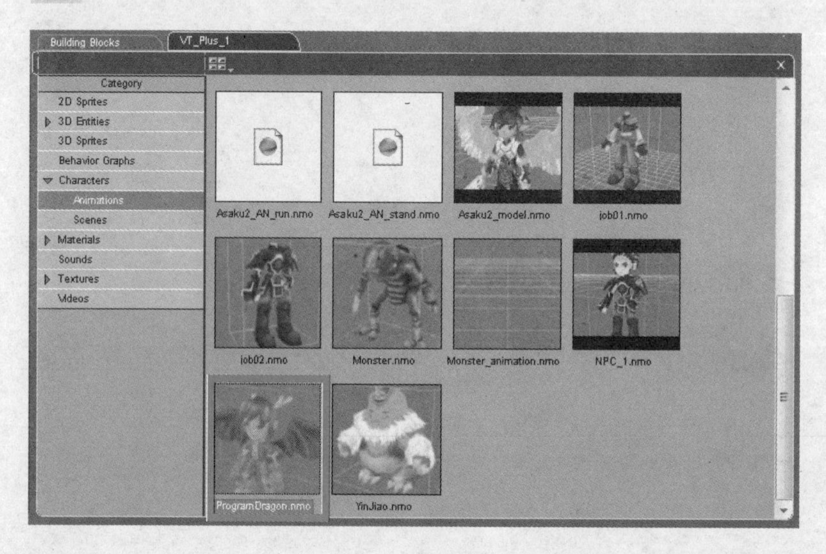

STEP 3 单击Create Camera按钮，创建一架摄影机。将创建的摄影机命名为main camera。

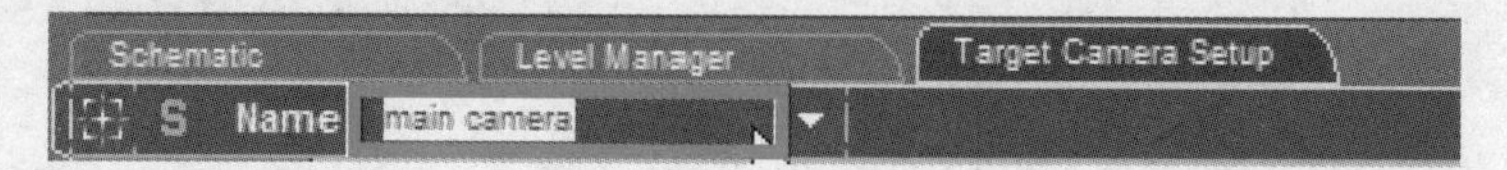

STEP 4 在Level Manager面板中同时选中①摄影机main camera和②角色ProgramDragon，③再单击Set IC For Selected按钮设置初始值。

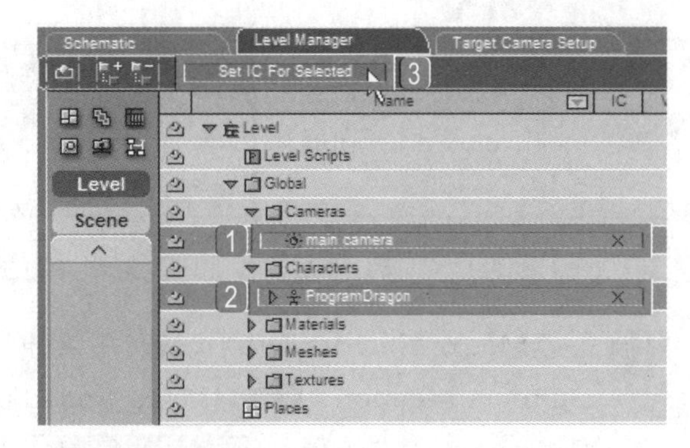

STEP 5 ①在Level Manager面板的Level\Global\Cameras\main camera选项上单击鼠标右键，②在弹出的快捷菜单中执行Create Script命令，为main camera添加脚本。

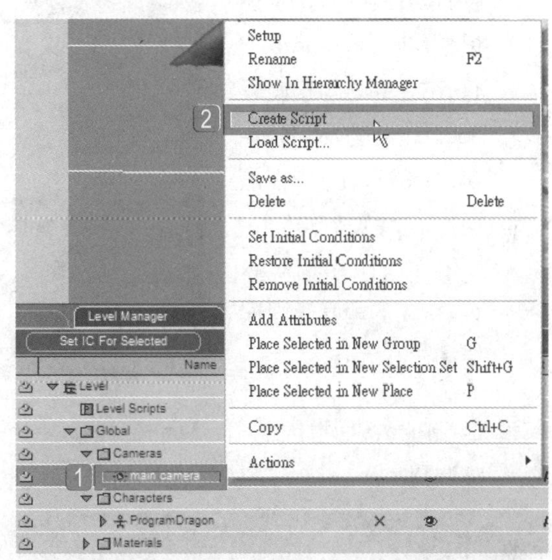

STEP 6 导入BB面板中的Cameras\Movement\Mouse Camera Orbit模块。

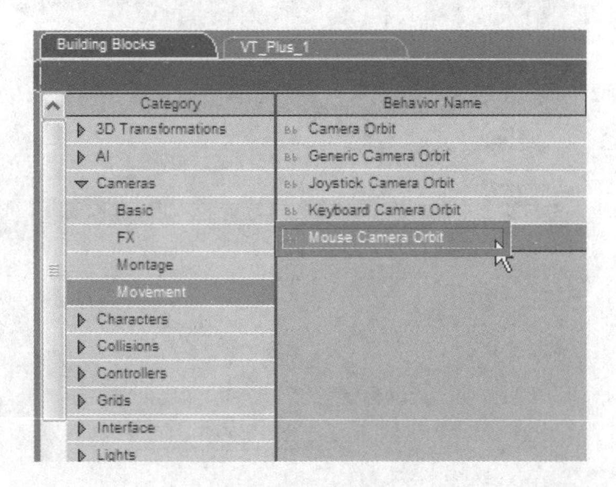

STEP 7 将Mouse Camera Orbit模块的On连接到main camera Script的Start。

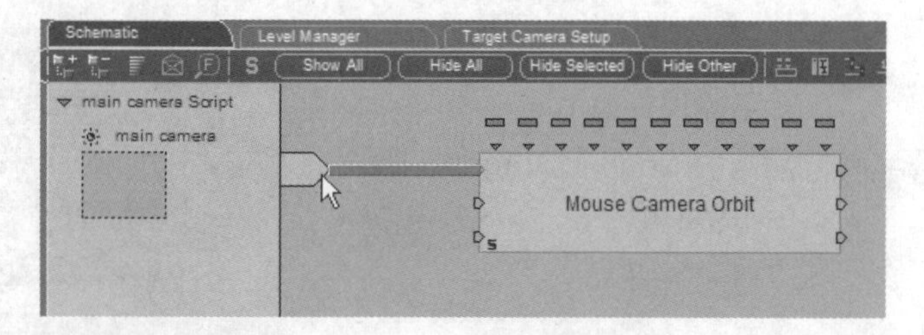

STEP 8 双击Mouse Camera Orbit模块，在弹出的对话框中1设置Target Referential为ProgramDragon，2设置Move Speed的Degree为100，设置Return Speed的Degree为0，3设置Min Horizontal的Turn为-1可向左旋转360°，设置Max Horizontal的Turn为1表示可向右旋转360°，Min Vertical和Max Vertical的角度值可根据需要进行调整。

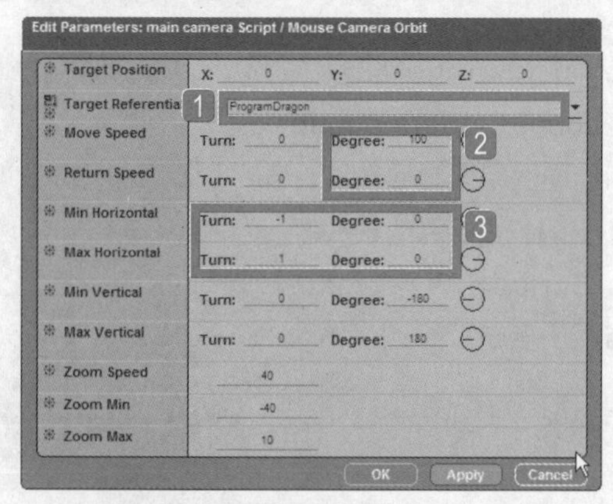

STEP 9 单击Play按钮播放动画，移动鼠标可以改变镜头，如果移动速度仍太快，则需继续调整。

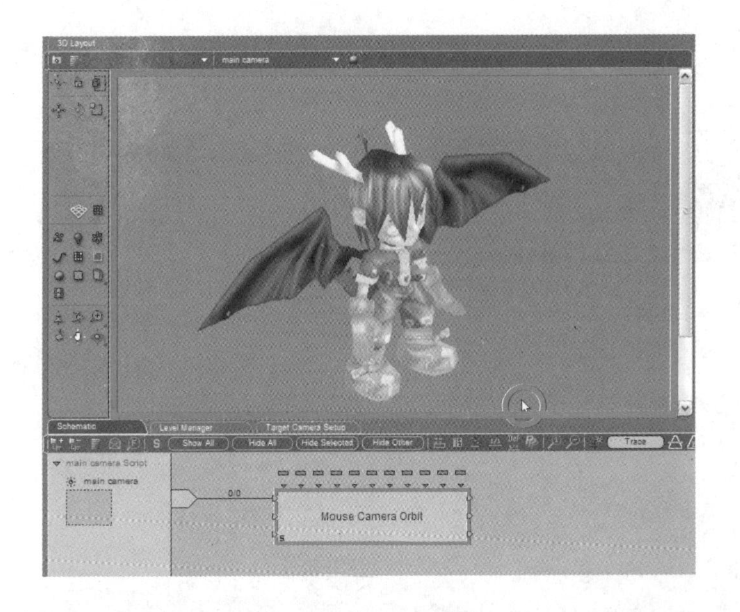

5.2 添加键盘控制约束

STEP 1 如果想要在按住Ctrl键配合鼠标移动时才可以改变摄影机视角，则先导入BB面板中的Controllers\Keyboard\Key Event模块。

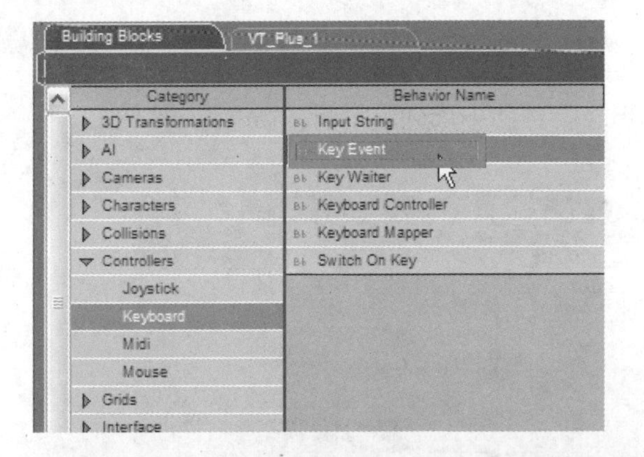

STEP 2 将Key Event模块的On连接到main camera Script的Start。

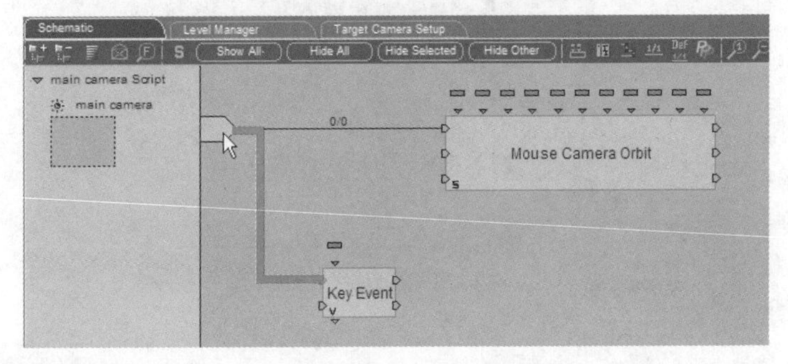

STEP 3 双击Key Event模块，在弹出的对话框中设置Key Waited为Ctrl。

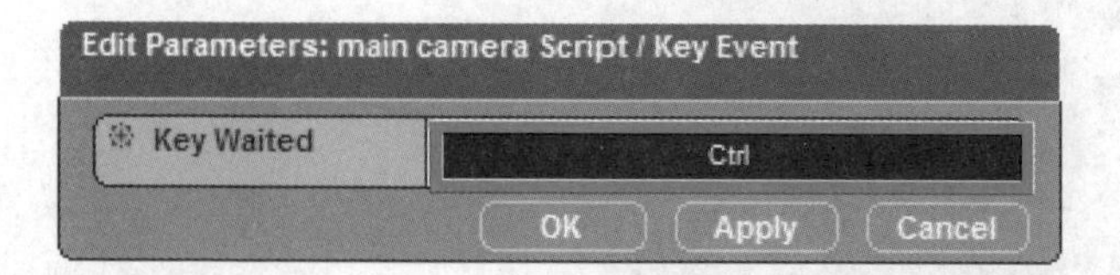

STEP 4 摄影机可不可动取决于Mouse Camera Orbit模块的Move Speed参数，设置该参数值。

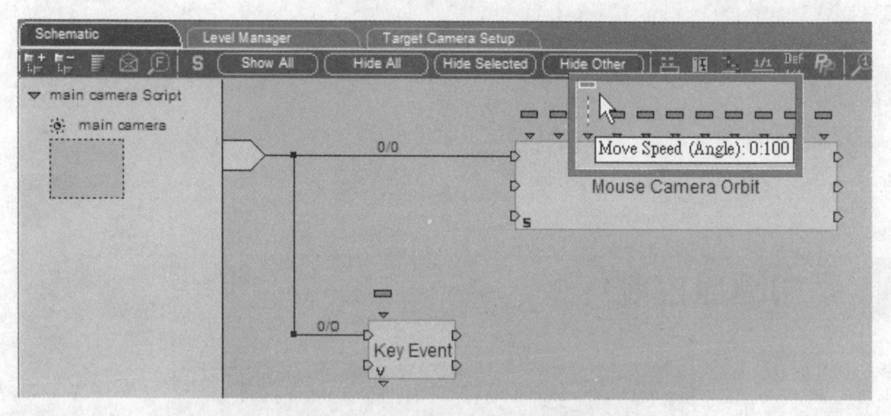

STEP 5 导入BB面板中的Logics\Calculator\Identity模块。

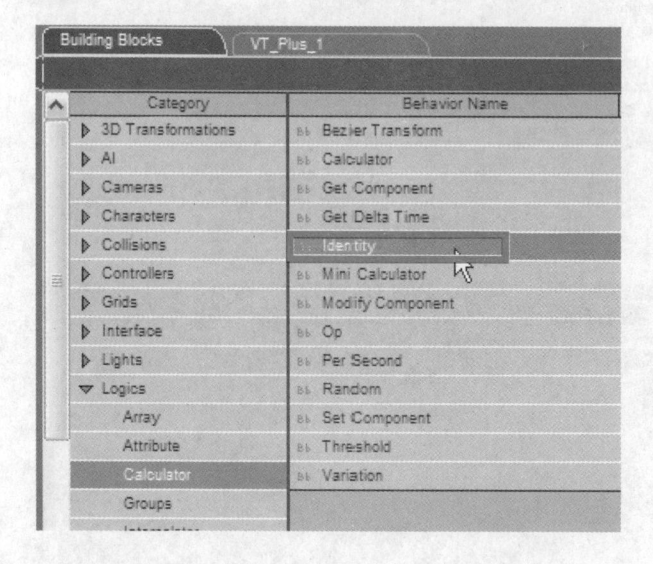

STEP 6 将Identity模块的In连接到Key Event模块的Pressed。

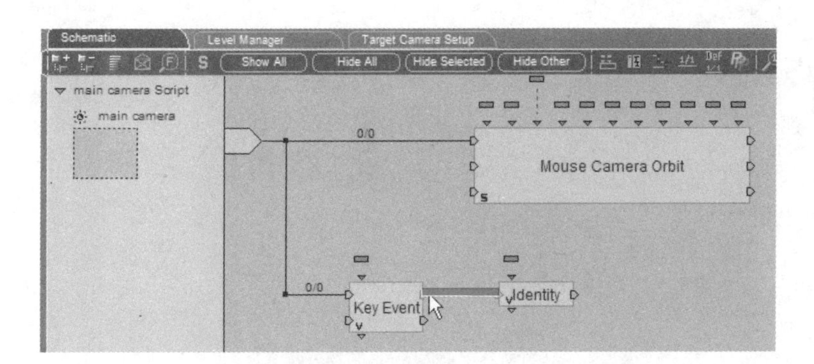

STEP 7 1在Identity模块输入口处双击，2在弹出的对话框中设置Parameter Type为Angle。

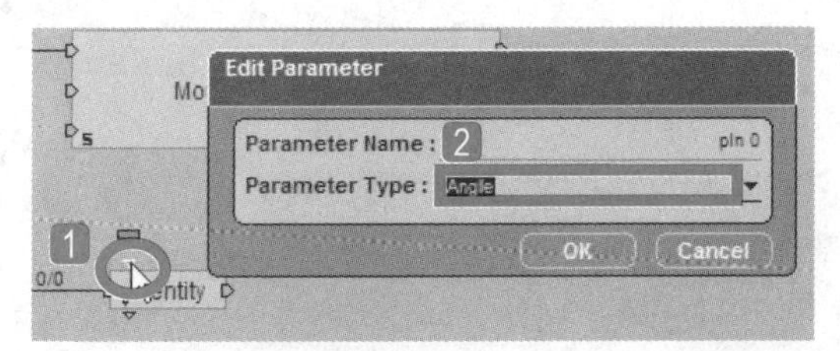

STEP 8 将Identity的参数共享到Mouse Camera Orbit的Move Speed。

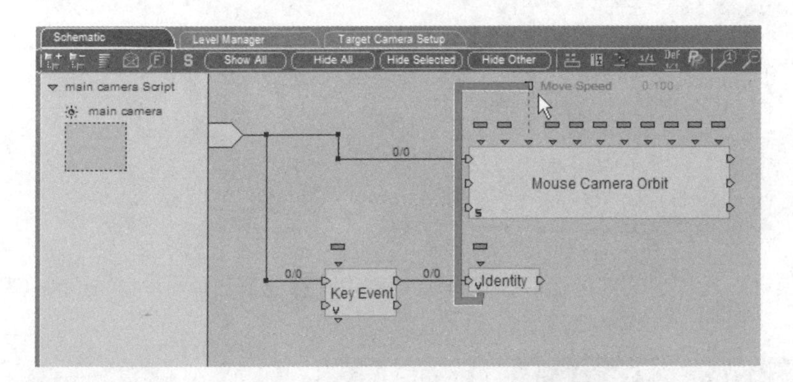

STEP 9 双击Identity模块，在弹出的对话框中设置Degree为15°，2完成后单击OK按钮。

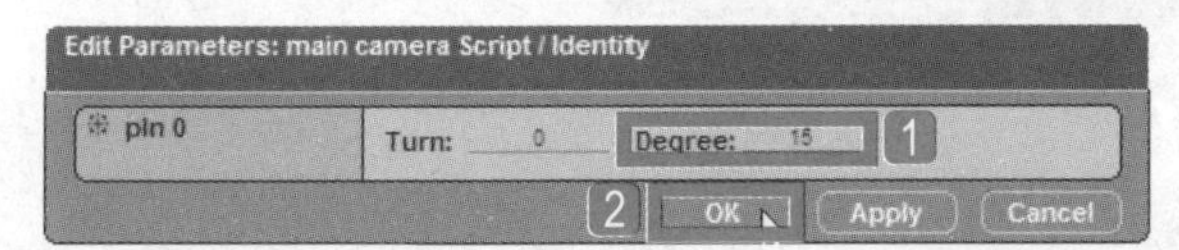

STEP 10 复制一个Identity模块，将复制的Identity模块连接到Key Event模块的Released。

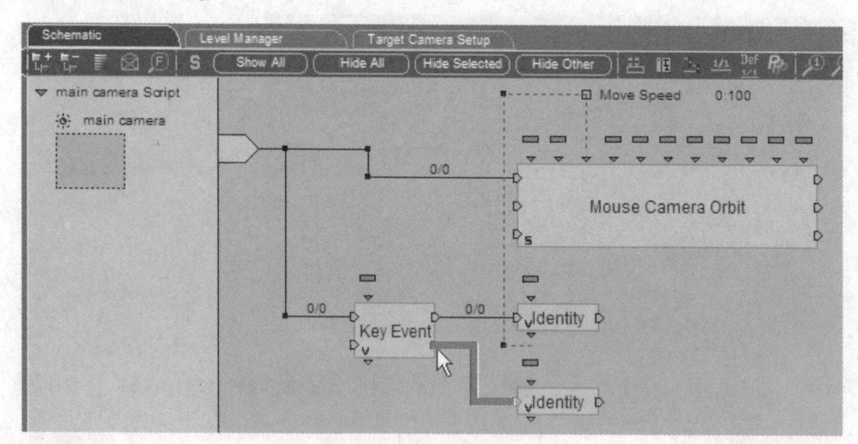

STEP 11 同样地将Identity模块的参数共享到Mouse Camera Orbit模块的Move Speed。

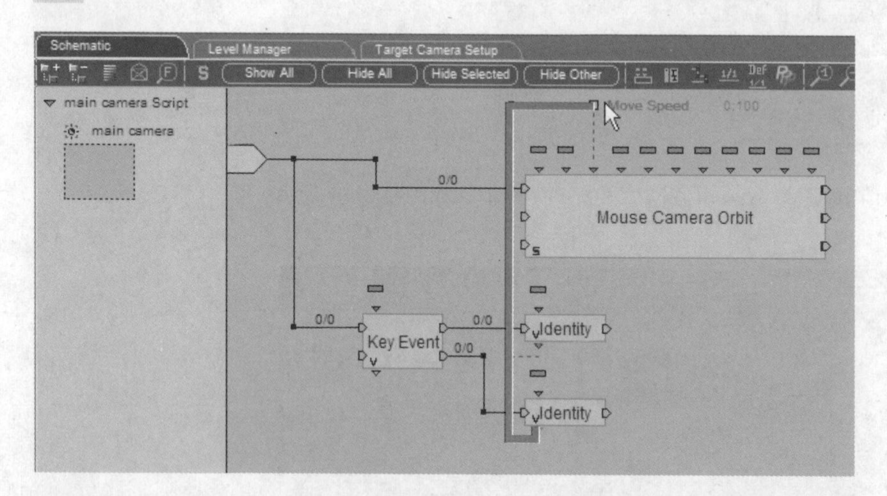

STEP 12 双击Identity模块，在弹出的对话框中设置Degree为0° 2完成后单击OK按钮。

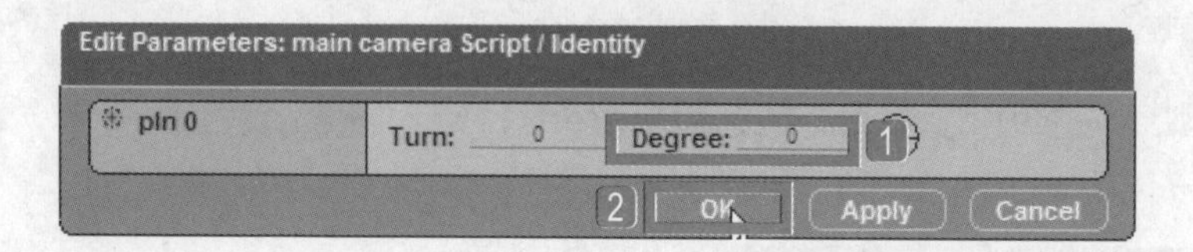

STEP 13 最后设置游戏开始时的Move Speed值为0，并将其所在的Identity模块连接到main camera Script的Start。

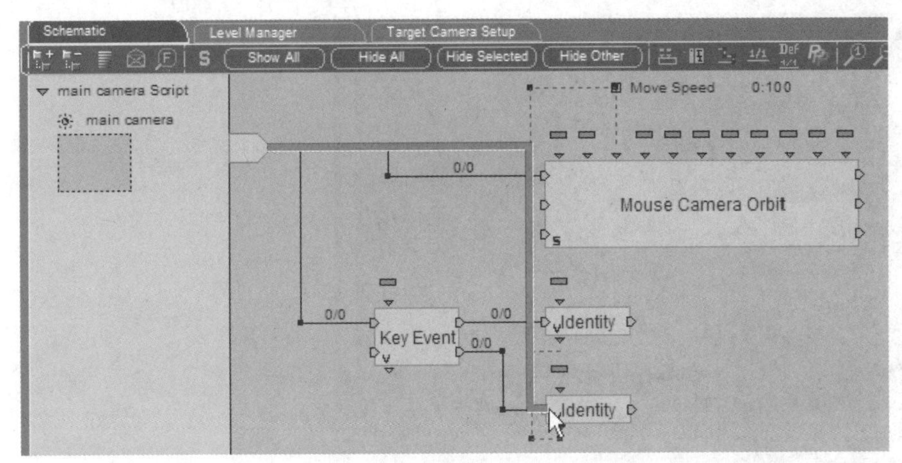

STEP 14 设置完成后单击Play按钮播放动画，可以看到未按住Ctrl键时，Move Speed的角度为0°，鼠标无法控制镜头的视角。

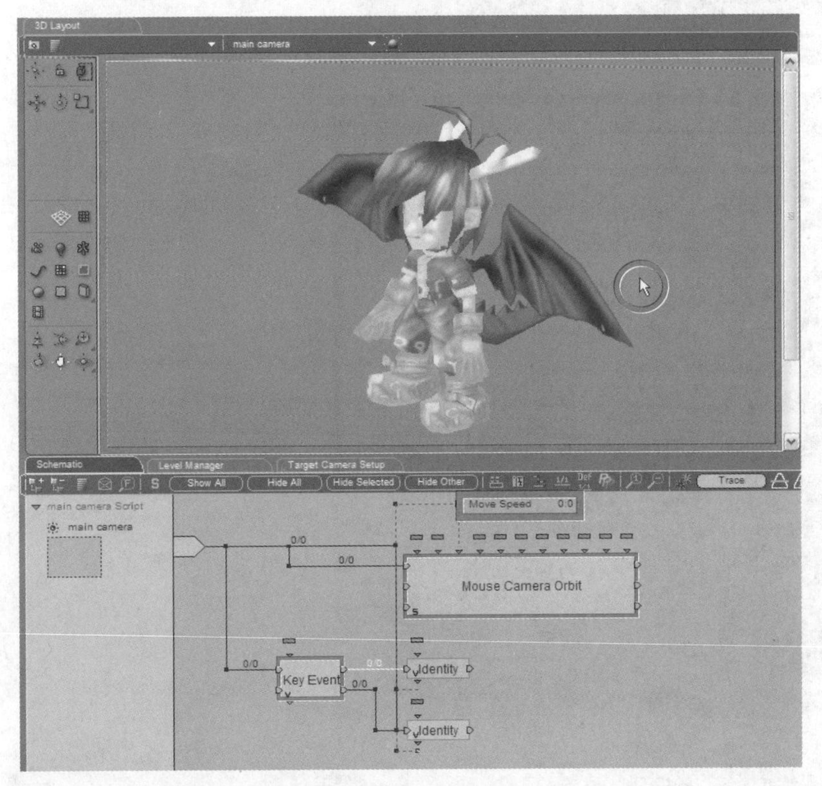

STEP 15 按住Ctrl键，Move Speed的角度为15°，此时移动鼠标可以改变镜头的视角，而且移动的速度也不会过快。至此，本例就制作完成了。

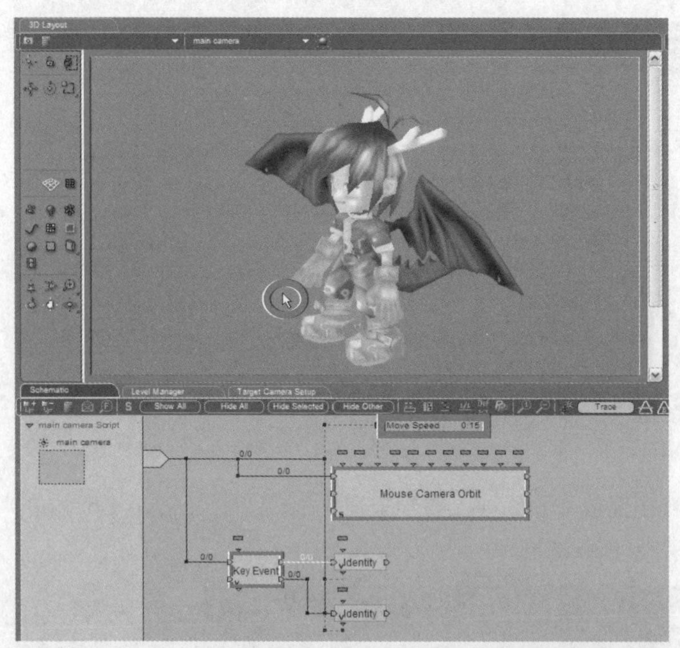

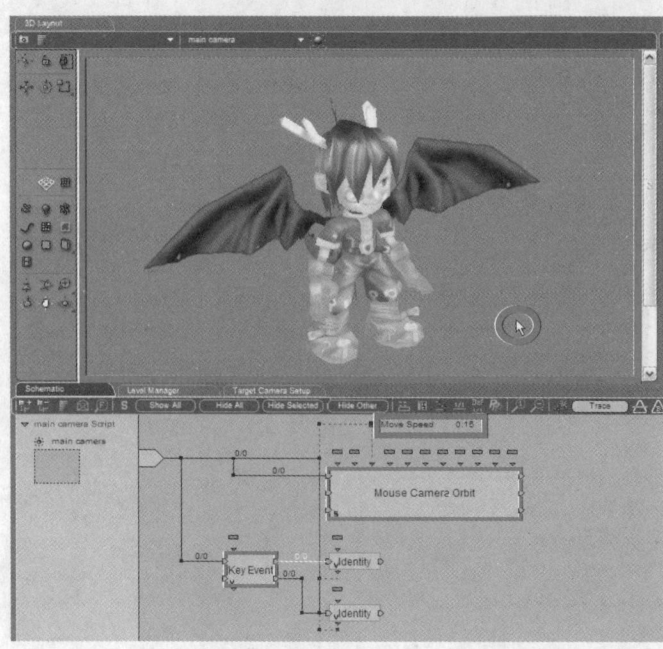

Chapter

范围圈选功能

本章主要介绍范围圈选功能，通过设置圈选范围控制场景中的角色，使角色在圈选范围内活动。

本章要点

- 从素材库中导入需要的素材
- 在地板上设置多个角色
- 绘制矩形圈选范围
- 判断角色是否在矩形范围内
- 添加 2D 对象

6.1 在地板上设置多个角色

STEP 1 执行菜单栏中的Resources>Open Data Resource命令，在弹出的Open Data Resource对话框中选择随书光盘\素材库\VT_Plus_1.rsc素材文件，单击“打开”按钮，加载本书所有的教学素材数据。

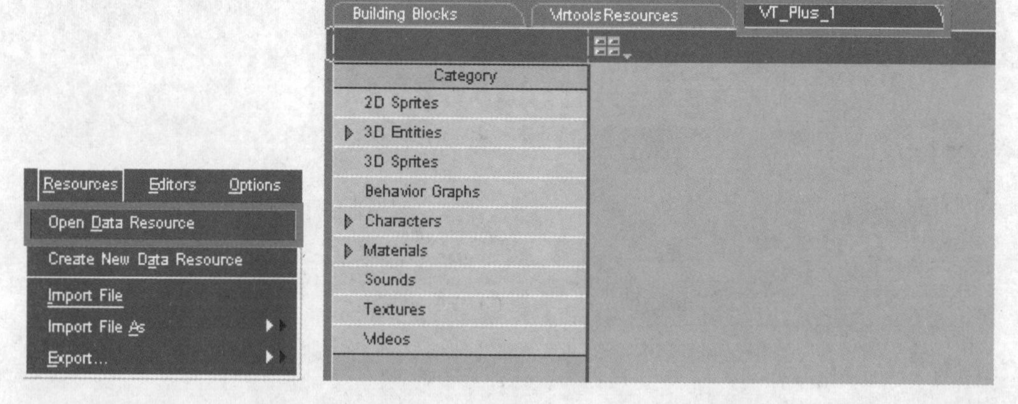

STEP 2 导入VT_Plus_1面板中的3D Entities\wood floor.nmo素材文件。

STEP 3 在3D Layout面板中调整窗口视图为Top View，然后单击Create Light按钮，创建一盏灯。

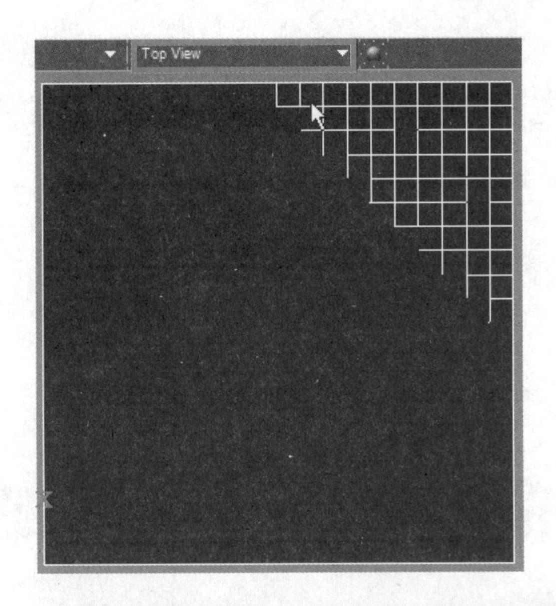

STEP 4 在Point Light Setup面板中，❶设置Position下的Y轴为100，❷通过拖动滑块调整Attenuation下的Constant值，增强灯光亮度至能清楚看到场景中的地板。

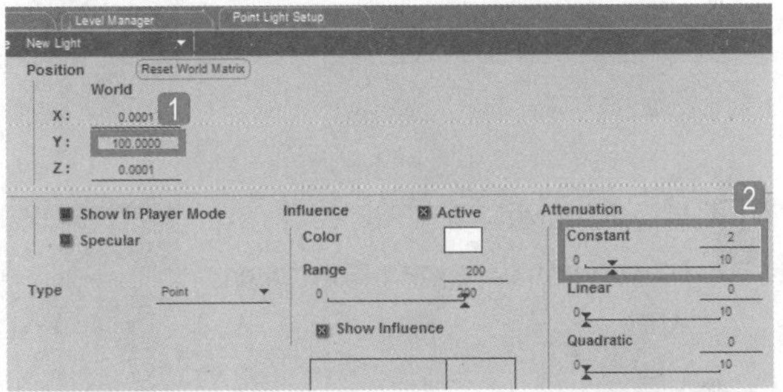

STEP 5 在3D Layout面板中调整窗口视图为Perspective View。

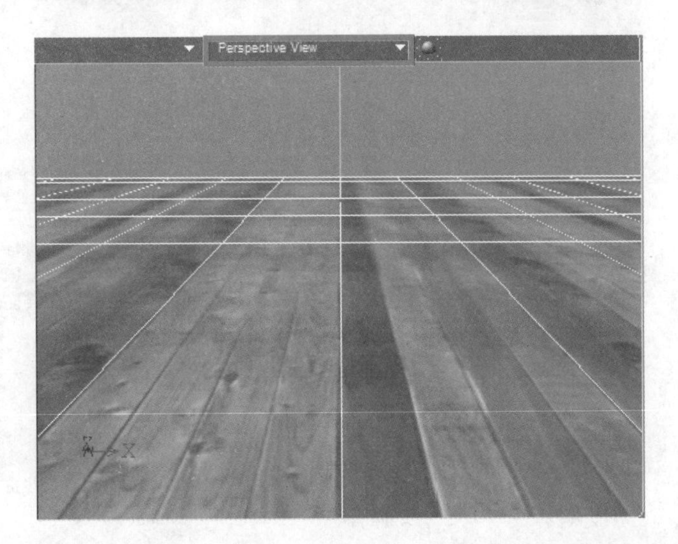

STEP 6 导入VT_Plus_1面板中的Characters\Animations\Asaku.nmo角色文件，该角色文件已包含待机、跑步、攻击等动作。

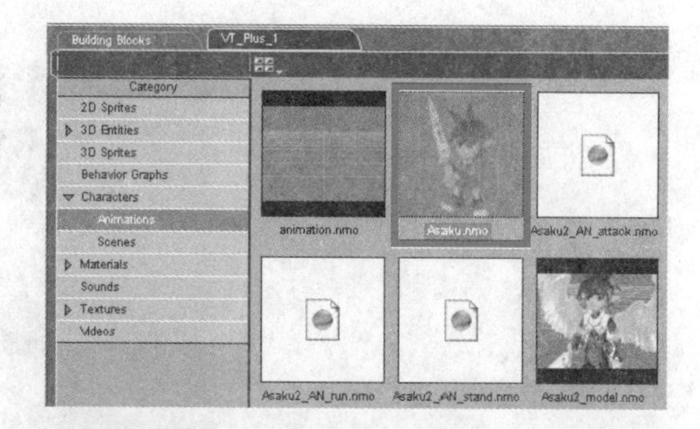

STEP 7 单击Create Script按钮，为角色创建脚本。

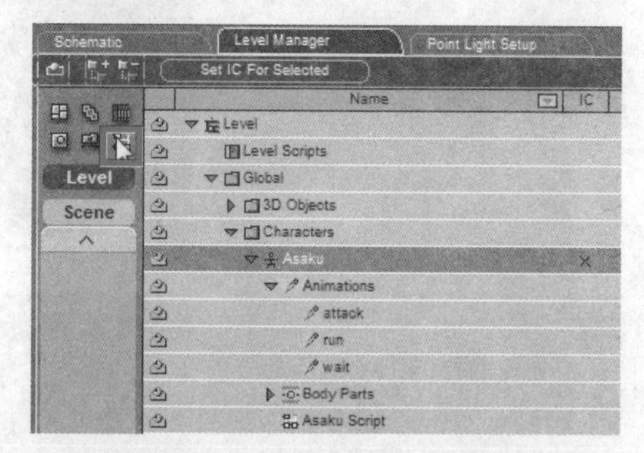

STEP 8 导入BB面板中的Characters\Movement\Unlimited Controller模块。

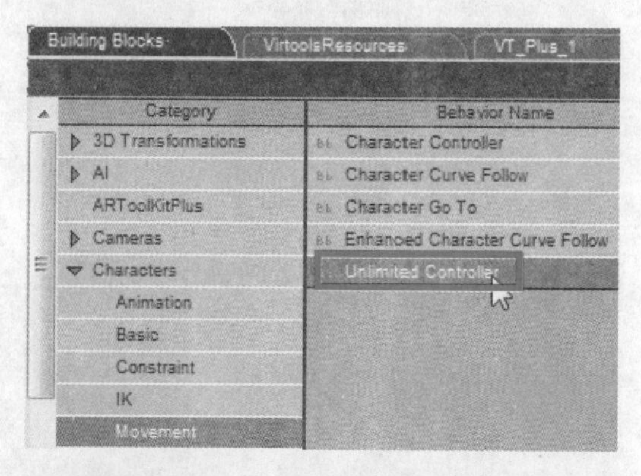

STEP 9 将Unlimited Controller模块连接到Asaku Script的Start。

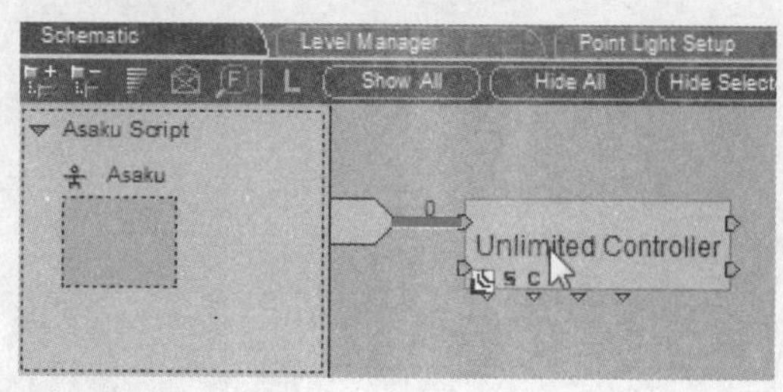

STEP 10 双击Unlimited Controller模块，1在弹出的对话框中将Order 0的Animation设置为run，2将Order 128的Animation设置为wait，3勾选Keep character on floors复选框，并将Rotation angle设置为8。

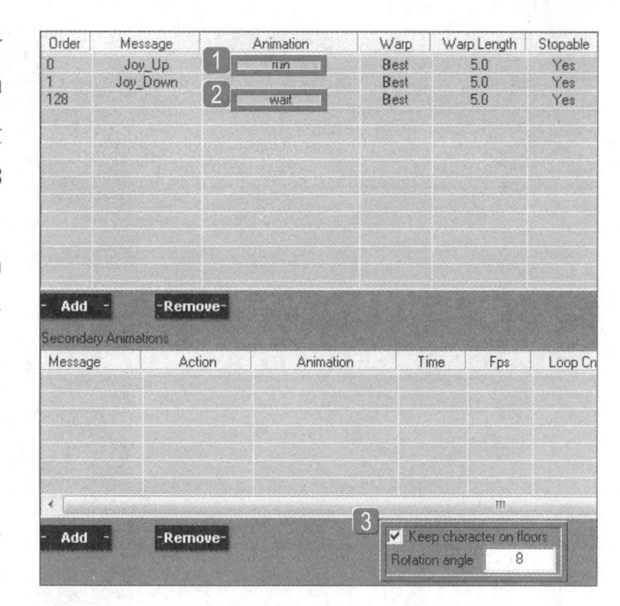

STEP 11 在Level Manager面板的Level\Global\3D Objects\wood floor上单击鼠标右键，在弹出的快捷菜单中执行Add Attributes命令。

STEP 12 在弹出的对话框中，1选择Floor Manager\Floor选项，2单击Add Selected按钮。

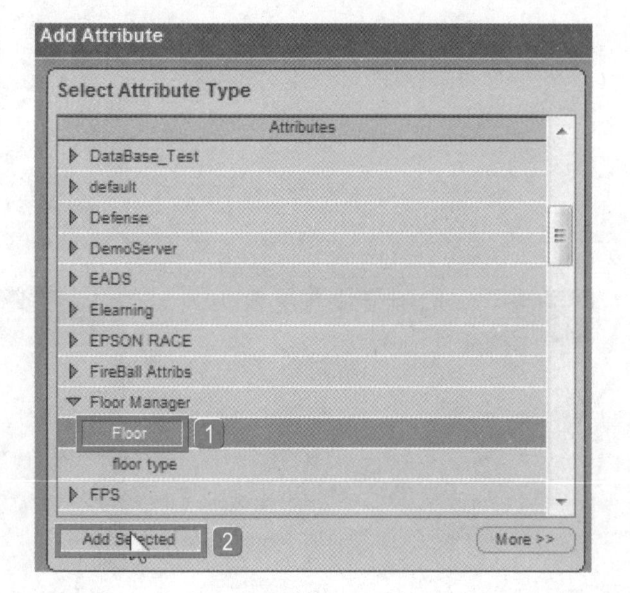

STEP 13 单击Set IC For Selected按钮设置地板初始值，使角色与地板相对应。

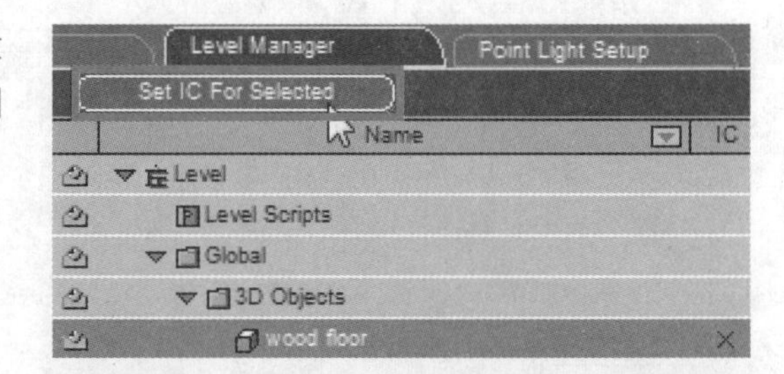

STEP 14 在Level Manager面板中选择Level选项，单击Create Script按钮创建脚本。

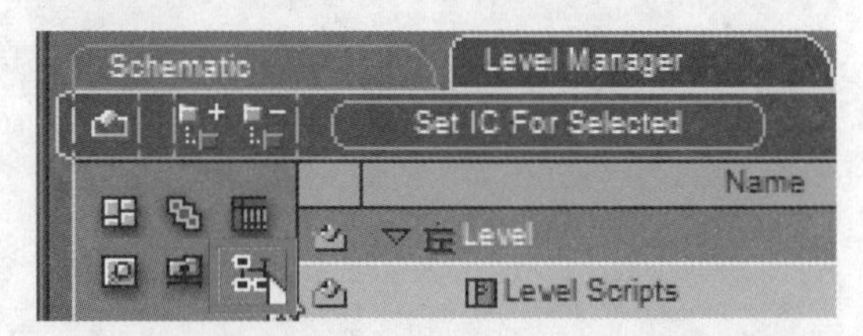

STEP 15 导入BB面板中的Logics\Loops\Counter模块，在画面中创建多个角色。

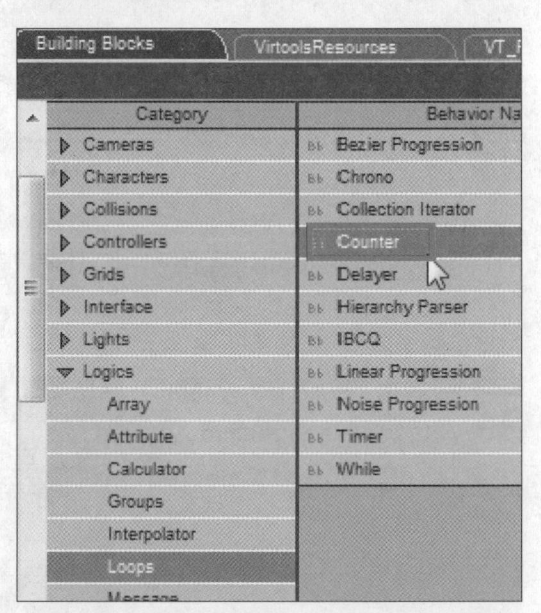

STEP 16 将Counter模块连接到Level Script的Start。

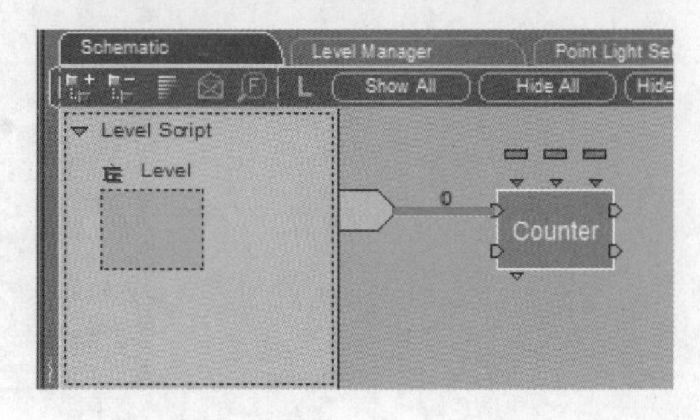

STEP 17 双击Counter模块，在弹出的对话框中，1将Count设置为10，表示复制角色10次，2完成后单击OK按钮。

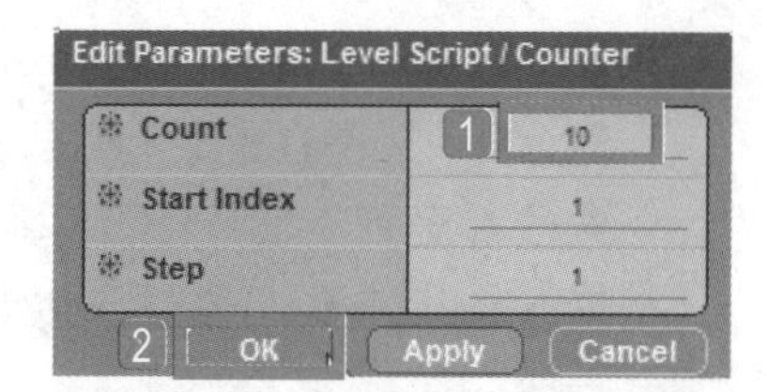

STEP 18 将BB面板中的Narratives\Object Management\Object Copy导入到Level Script。

STEP 19 将Object Copy模块连接到Counter。

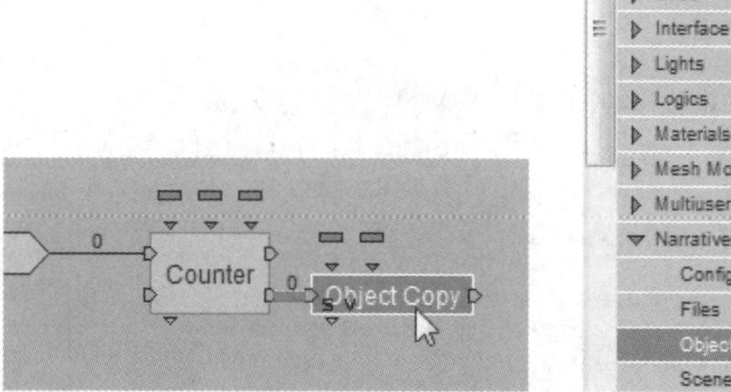

STEP 20 双击Object Copy模块，1在弹出的对话框中设置Original为角色，2勾选Name复选框表示复制名称，勾选Unique Name复选框表示在名称后面加入序列号（001、002），3选择3D Entity选项，4完成后单击OK按钮。

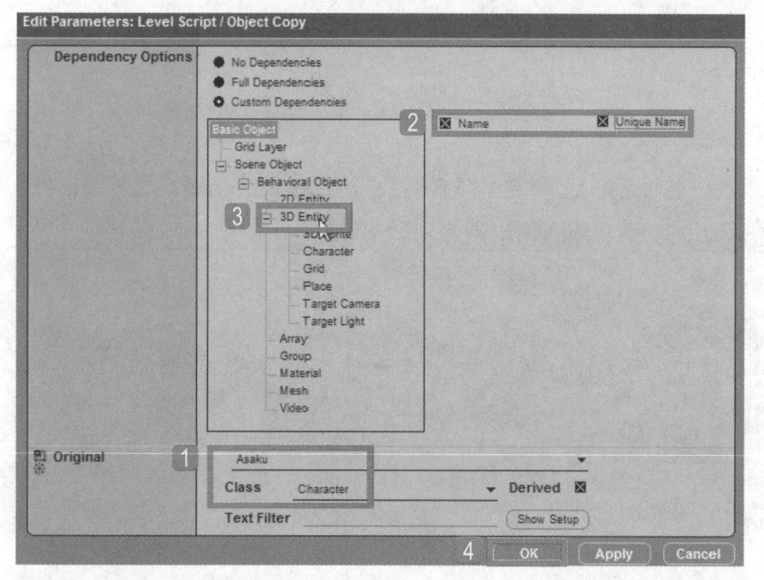

STEP 21 1勾选Animation和Children复选框，如果想要每个复制的角色都有独立动作还要勾选Meshes复选框，2选择Mesh选项。

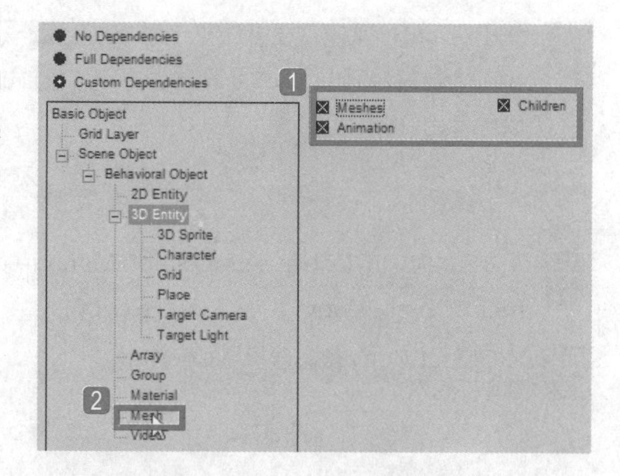

TIP 如果每个角色上的Material还有其他特效也需要一并复制。

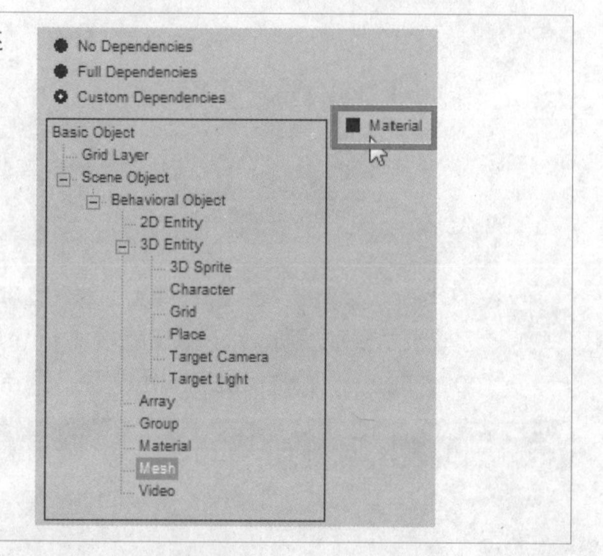

STEP 22 将复制的角色散布在地板上，这需要用到BB面板中的Random模块，在Object Copy模块上按住Ctrl键双击，输入随机数便可直接调用。

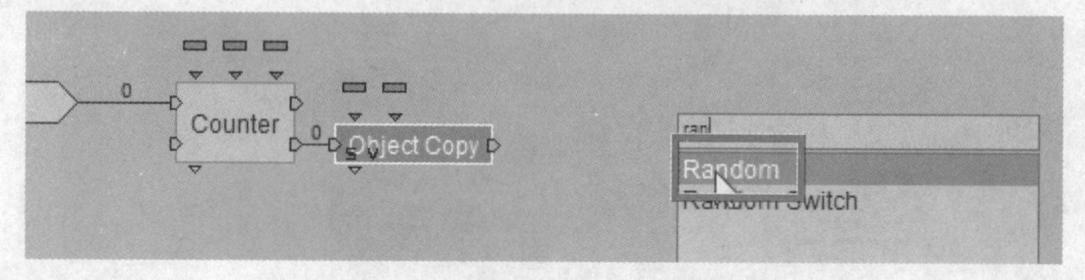

STEP 23 1将Random模块连接到Object Copy模块，2在Random模块下方双击设置输出参数类型。

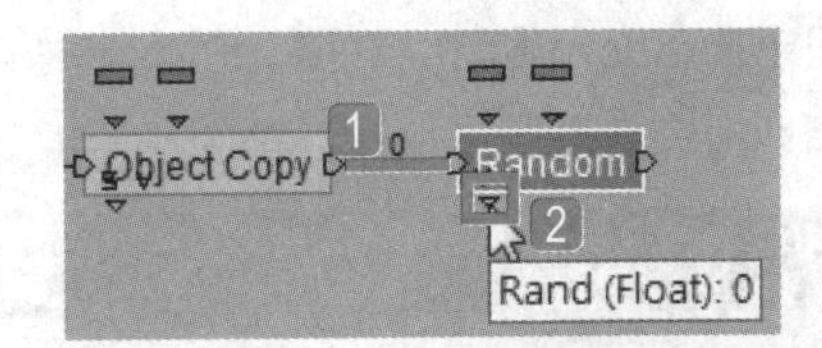

STEP 24 在弹出的对话框中1设置Parameter Type为Vector，2完成后单击OK按钮。

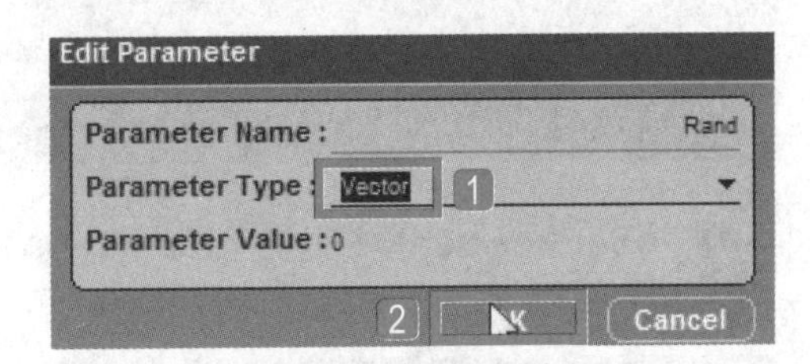

STEP 25 导入BB面板中的3D Transformations\Basic\Set Position至Level Script。

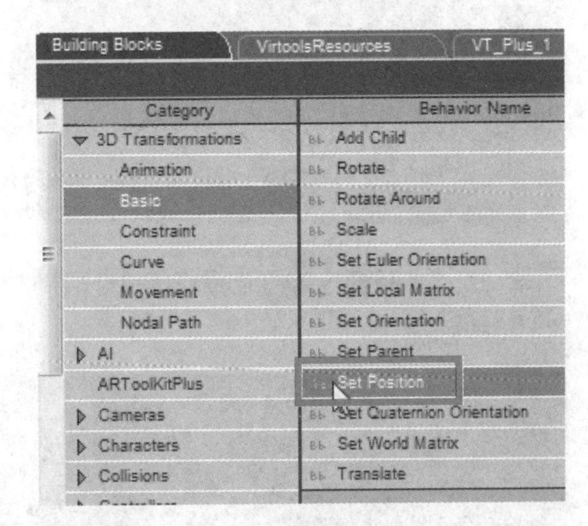

STEP 26 1将Set Position模块连接到Random模块，2将Object Copy模块的输出参数连接到Set Position模块的输入参数Target。

STEP 27 将Random模块的输出参数连接到Set Position模块的输入参数Position。

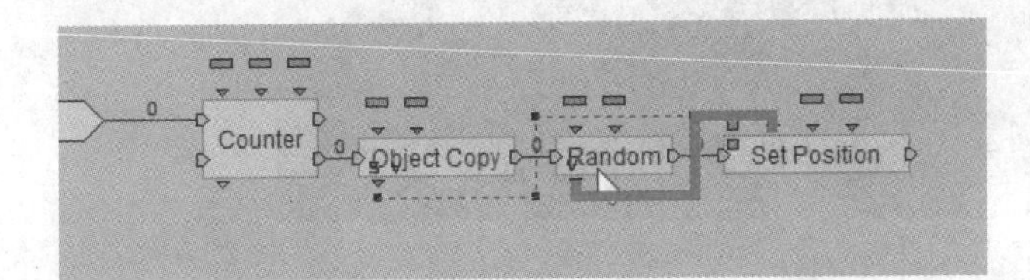

STEP 28 双击Random模块，在弹出的对话框中将X、Z值设置为±50，将Y值设置为5，离地板有点高度才能保证角色在地板上方。

Edit Parameters: Level Script / Random

	X:	Y:	Z:
Min	-50	5	-50
Max	50	5	50

OK Apply Cancel

STEP 29 将Set Position模块连接到Counter模块的Loop In。

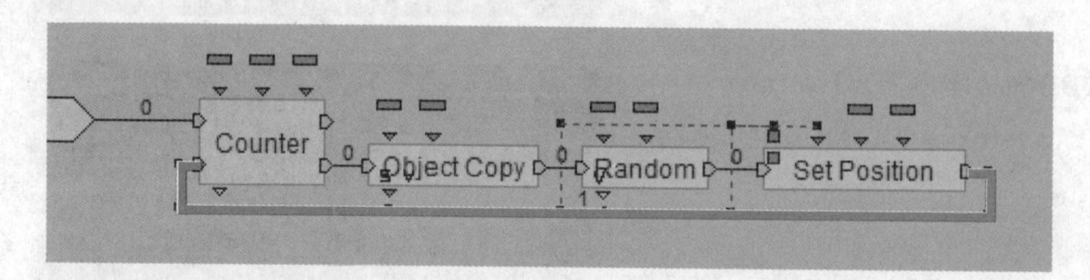

STEP 30 此时，在窗口中可以看到复制出了10个角色，加上原来的1个角色，总共是11个角色。

STEP 31 由于复制出的角色挨得太近会出现两个角色黏在一起的情况，因此需要设置角色碰撞。1在Level Manager面板中单击Create Group按钮新建一个群组，2将其命名为characters。

STEP 32 在Level Manager面板下的Characters\Asaku选项上单击鼠标右键。

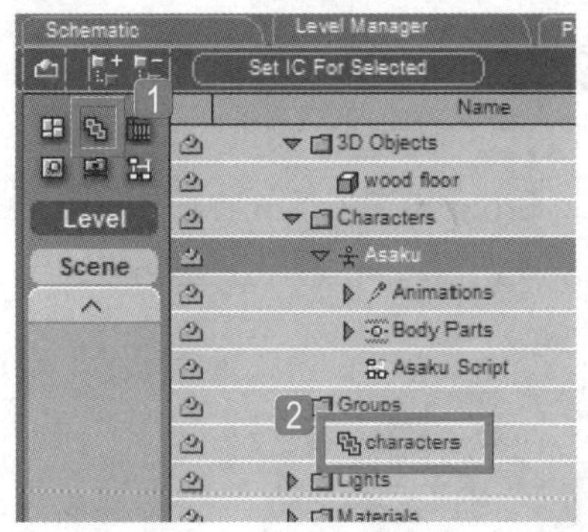

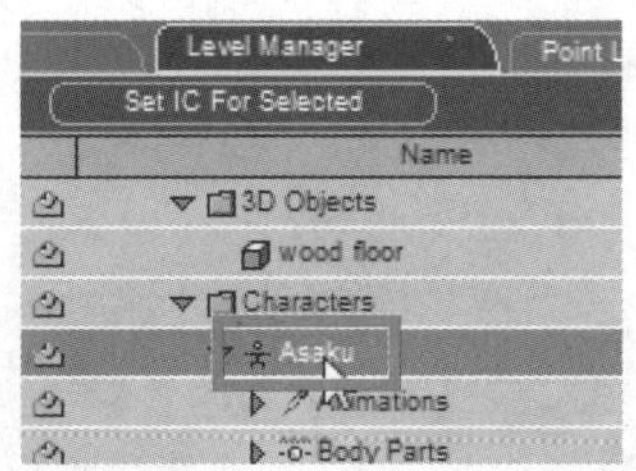

STEP 33 在弹出的快捷菜单中执行Send To Group>characters命令。

Send To Group ▸ characters

STEP 34 此时，在Level Manager面板中可以看到，角色已经添加到characters群组中。

STEP 35 为了将复制出的角色也添加到群组中，导入BB面板中的Logics\Groups\Add To Group模块到Level Script中。

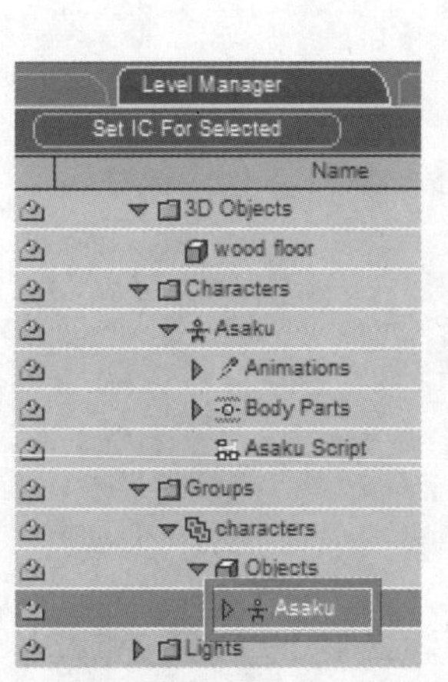

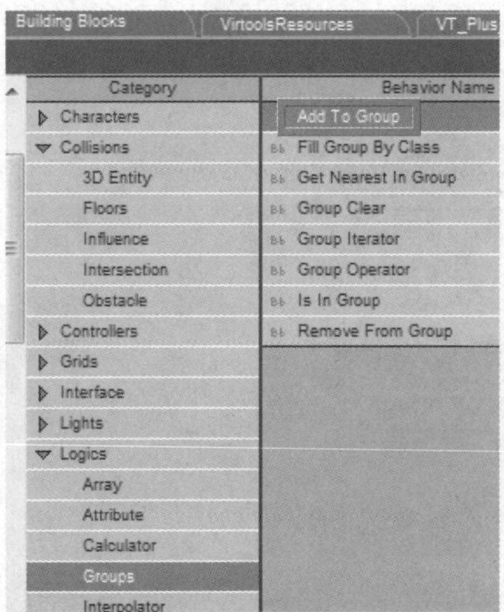

STEP 36 1将Add To Group模块连接到Set Position模块，2右击Add To Group模块，在弹出的快捷菜单中执行Add Target Parameter命令。

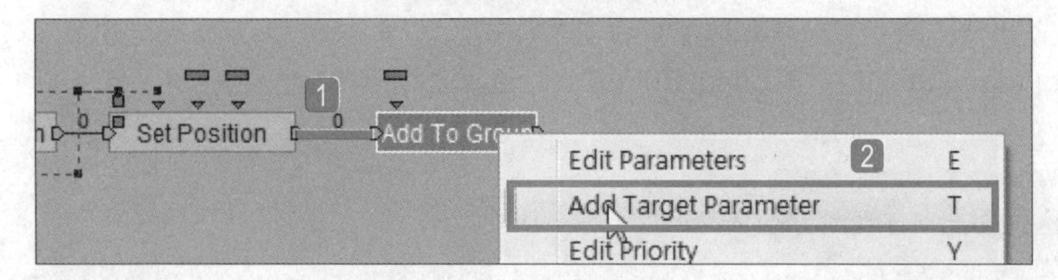

STEP 37 1将Object Copy模块的输出参数连接到Add To Group模块的输入参数Target，2将Add To Group模块连接到Counter模块的Loop In(将原Set Position模块与Counter模块Loop In的连接删除)。

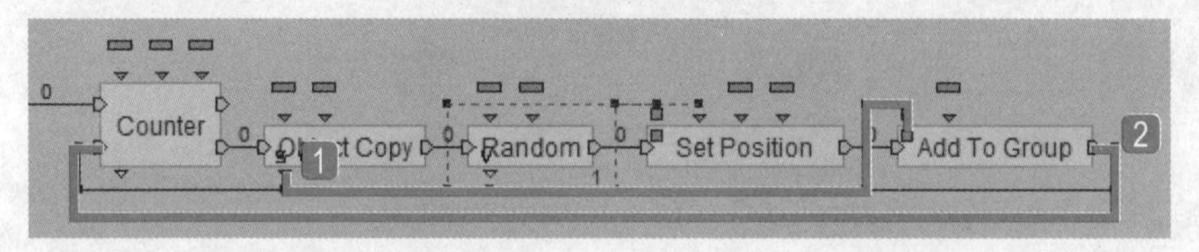

STEP 38 双击Add To Group模块，在弹出的对话框中设置Group为characters。

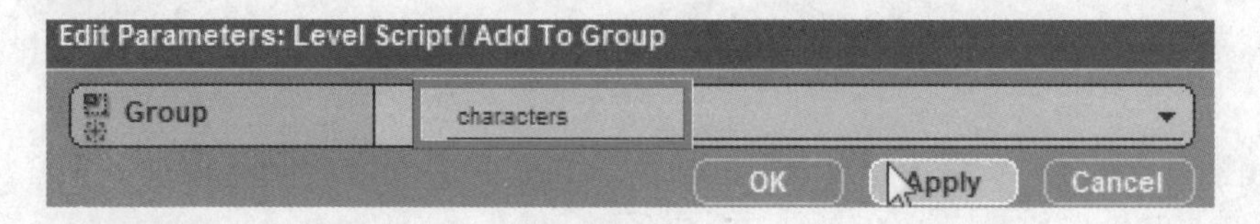

STEP 39 导入BB面板中的Controllers\Keyboard\Keyboard Mapper模块到Level Script。

STEP 40 将Keyboard Mapper模块连接到Counter模块。

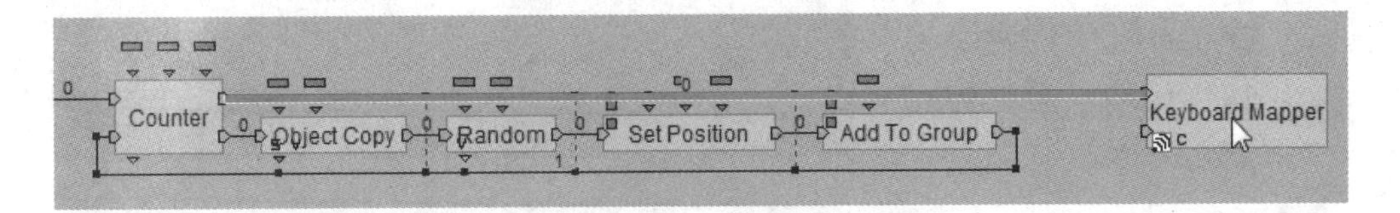

STEP 41 双击Keyboard Mapper模块，1在弹出的对话框中设置Key为键盘方向键↑，2设置Message为Joy_Up，3设置完成后单击Add按钮。

STEP 42 使用相同的方法，设置右方向键与左方向键，设置完成后单击OK按钮。

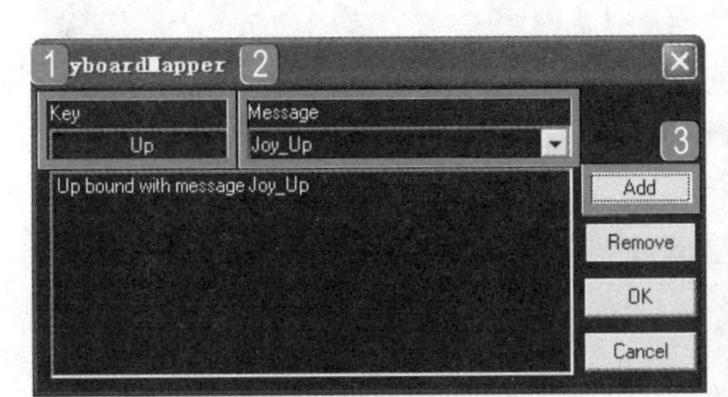

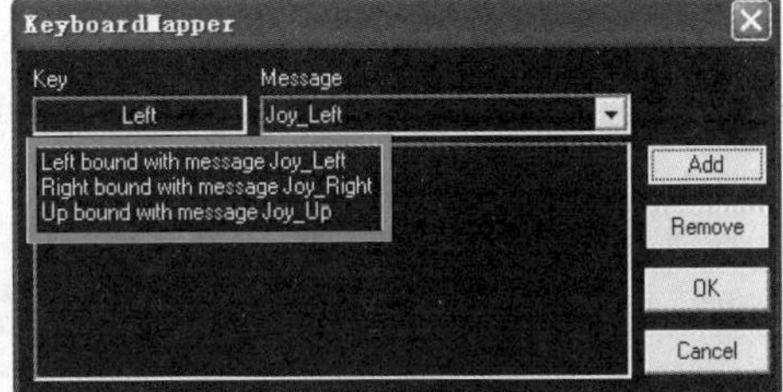

STEP 43 右击Keyboard Mapper模块，在弹出的快捷菜单中执行Add Target Parameter命令。

STEP 44 在Level Script空白处单击鼠标右键，在弹出的快捷菜单中执行Add Local Parameter命令。

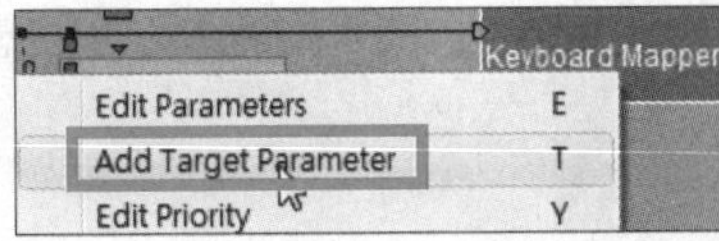

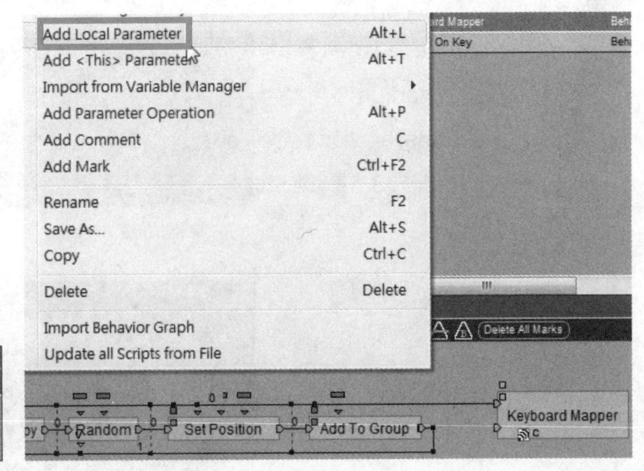

STEP 45 ①在弹出的对话框中设置Parameter Type为Character，②设置Local 10为Asaku，③单击OK按钮。

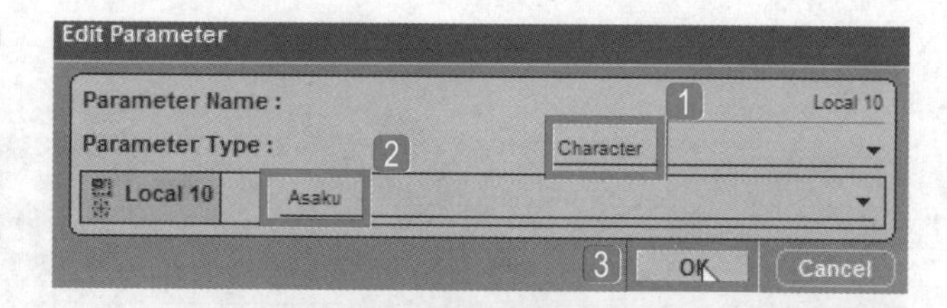

STEP 46 将Keyboard Mapper模块的输入参数Target连接到Local Parameter。

STEP 47 导入BB面板中的Collisions\3D Entity\Sphere Slider模块至Asaku Script。

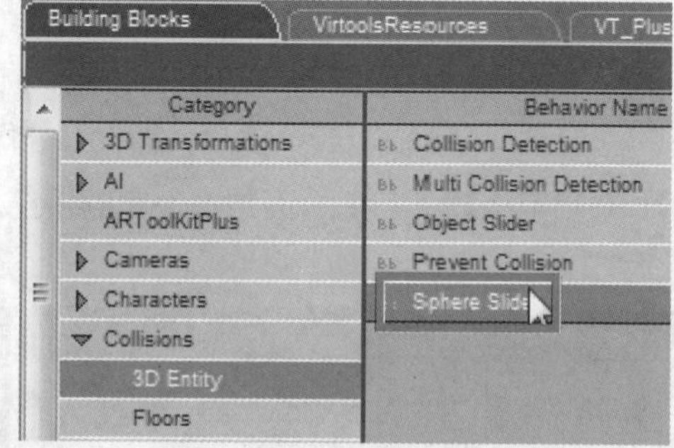

STEP 48 将Sphere Slider模块连接到Asaku Script的Start。

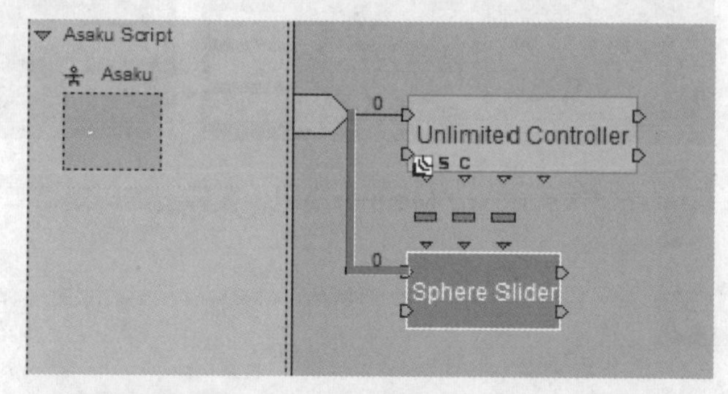

STEP 49 双击Sphere Slider模块，①设置Radius为1，Entities为characters，Entities Radii为3，②单击OK按钮。

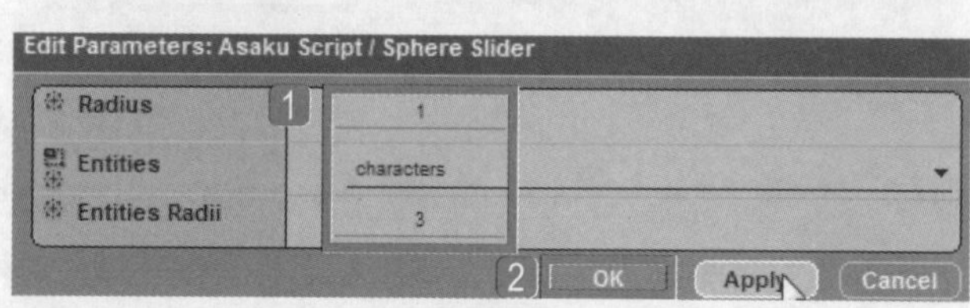

STEP 50 执行测试后，操纵原本的角色碰撞到复制出的角色时会有推挤的效果。

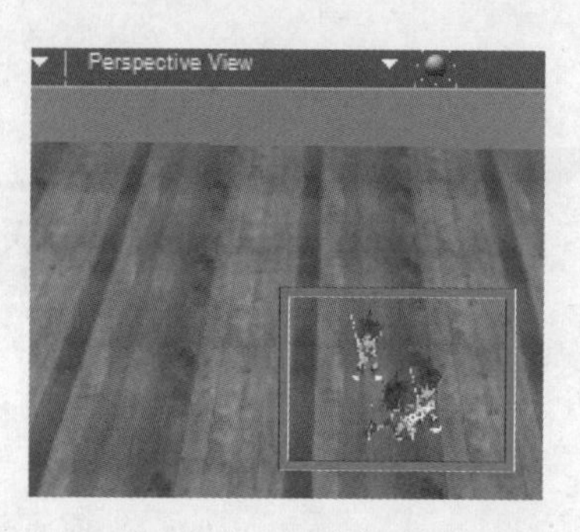

STEP 51 在Level Script的空白处右击，在弹出的快捷菜单中执行Draw Behavior Graph命令。

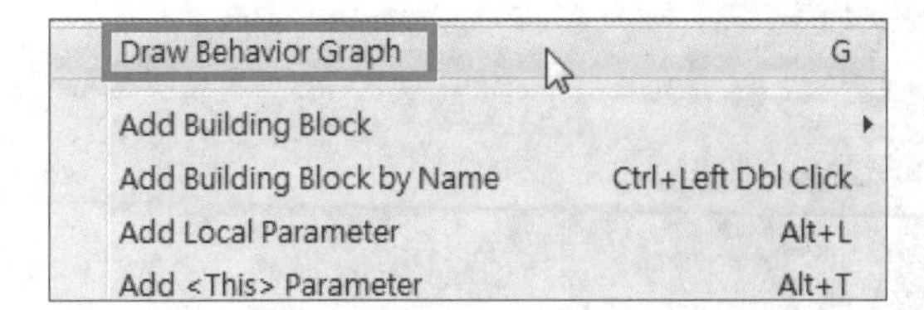

STEP 52 圈选复制出的角色的程序段创建模块，并将Counter与In点连接。

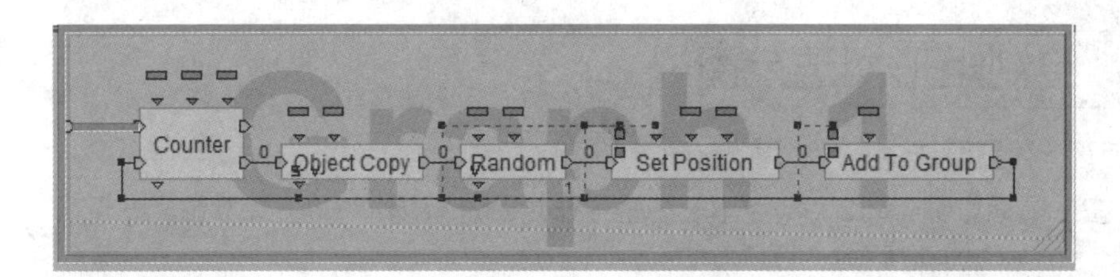

STEP 53 将In点连接到Level Script的Start，双击模块空白处可放大或缩小模块显示内容，按下F2键可为create characters模块重命名。

STEP 54 可将参数拖曳至模块上方，方便以后更改参数。

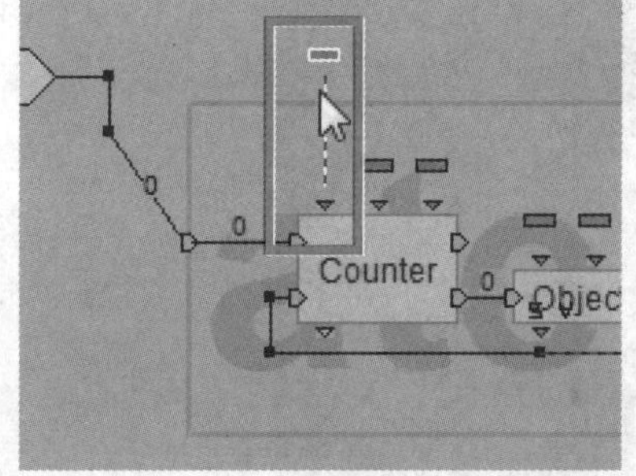

STEP 55 在模块空白处右击，在弹出的快捷菜单中执行Construct>Add Behavior Output命令，添加Out点。

Construct	▸	Add Behavior Input	I
Delete but Keep Contents	Shift+Del	Add Behavior Output	O
Replace with	▸	Add Parameter Input	Alt+I
Edit Priority	Y	Add Parameter Output	Alt+O

STEP 56 将Counter模块与Out点连接。

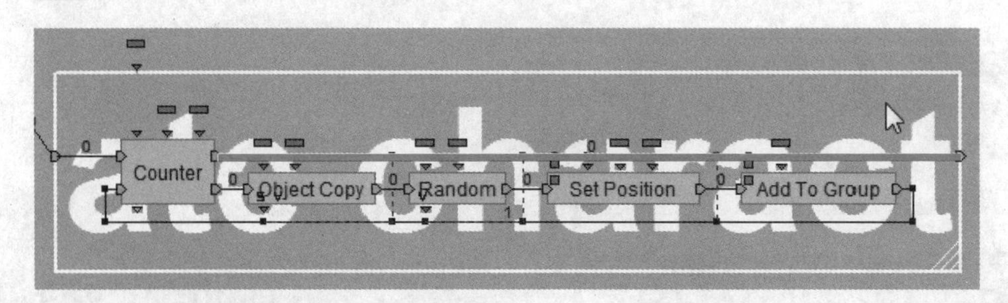

6.2 绘制矩形圈选范围

本小节开始设置圈选的程序，圈选方式如下。

（1）按住鼠标左键；（2）拖曳出一个矩形作为圈选范围；（3）释放鼠标左键，即可将矩形范围内的对象选取。

STEP 1 导入BB面板中的Controllers\Mouse\Mouse Waiter至Level Script。

STEP 2 在Mouse Waiter模块上右击，在弹出的快捷菜单中执行Edit Settings命令。

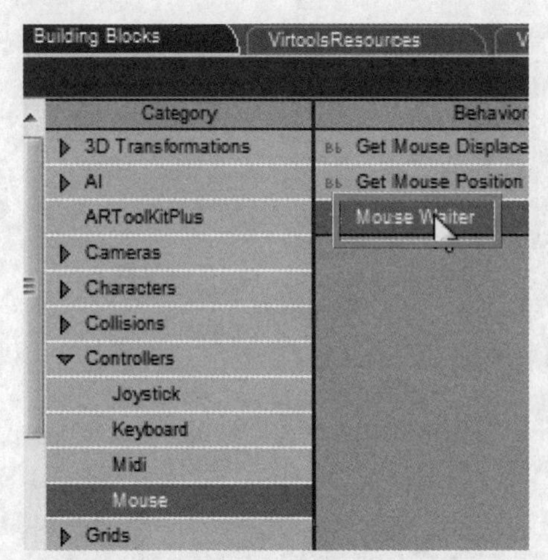

STEP 3 1在弹出的对话框中保留对Left Button Up和Left Button Down复选框的勾选，其余全部取消勾选，2单击OK按钮。

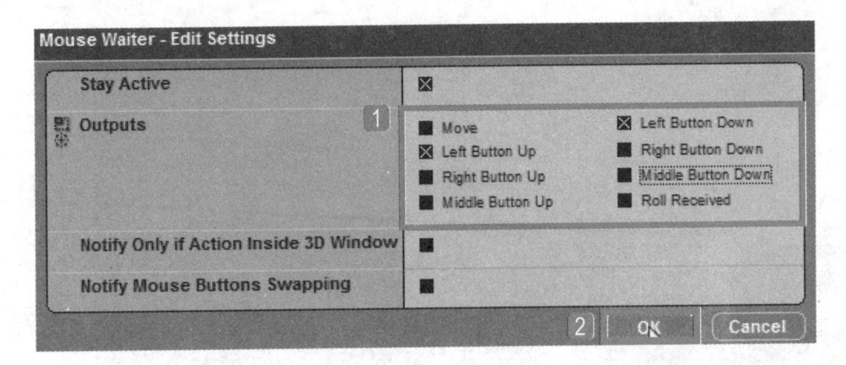

STEP 4 将Mouse Waiter模块连接到create characters模块。

STEP 5 由于圈选方向是变化的，而矩形的绘制则是从左上至右下，因此需要设置程序在圈选拖曳的过程中进行持续判断。先导入BB面板中的Logics\Streaming\Keep Active模块。

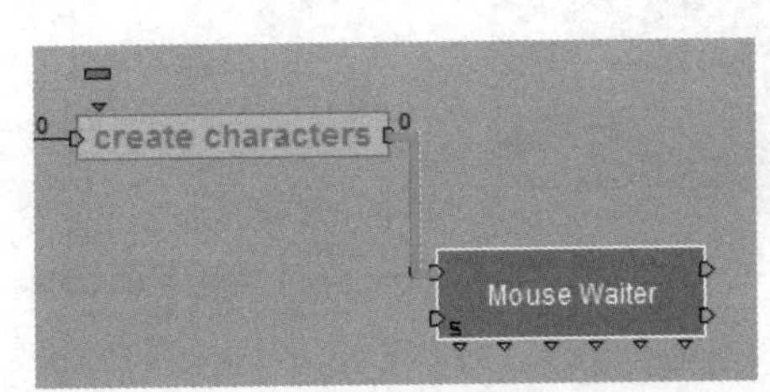

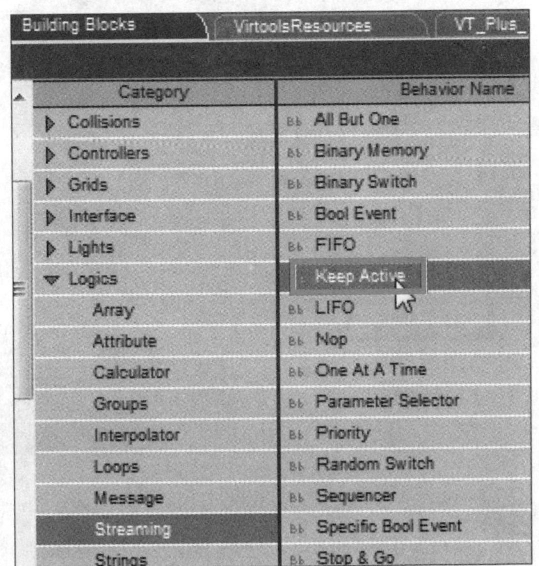

STEP 6 将Keep Active的In点与Mouse Waiter的Left Button Down连接。

STEP 7 Keep Active模块持续执行的动作为圈选范围的计算，而圈选范围的计算是抓取鼠标单击和鼠标移动的位置。先导入BB面板中的Controllers\Mouse\Get Mouse Position模块。

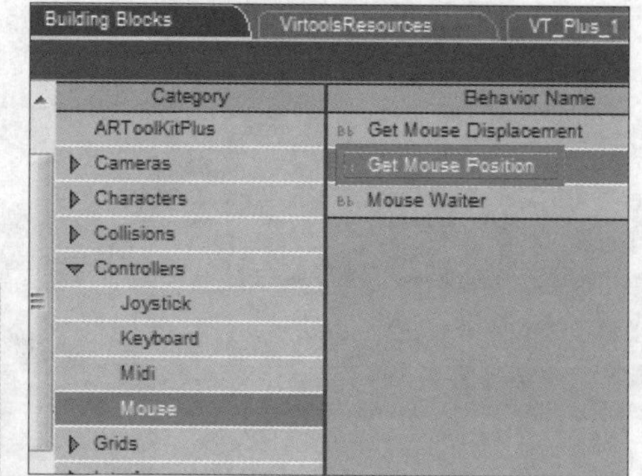

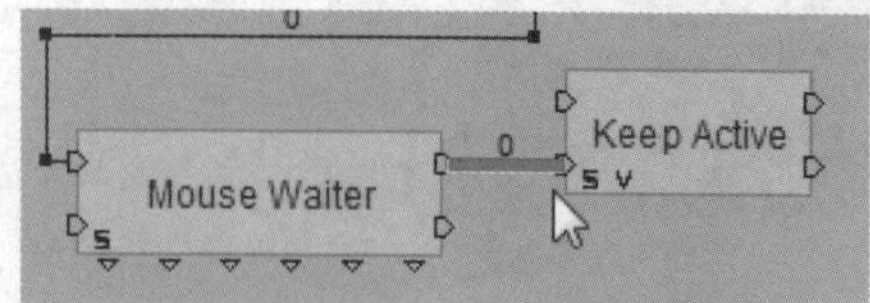

STEP 8 将Get Mouse Position模块插入Keep Active模块和Mouse Waiter模块之间。

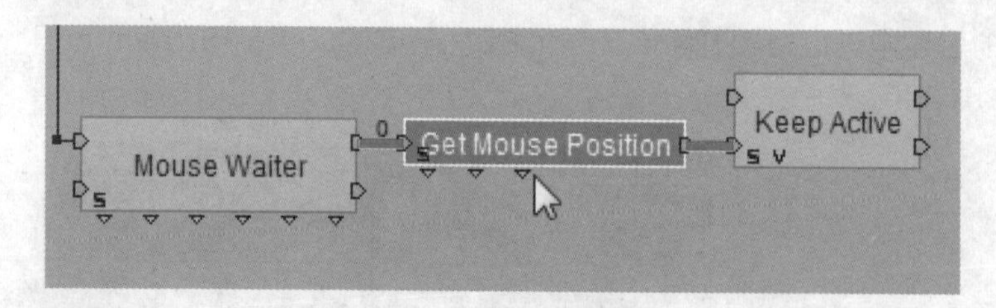

STEP 9 在Get Mouse Position模块上单击鼠标右键，❶在弹出的快捷菜单中执行Edit Settings命令。在弹出的对话框中❷勾选Windowed Mode复选框，表示以窗口计算鼠标指针位置，否则以全屏幕计算鼠标指针位置，❸完成后单击OK按钮。

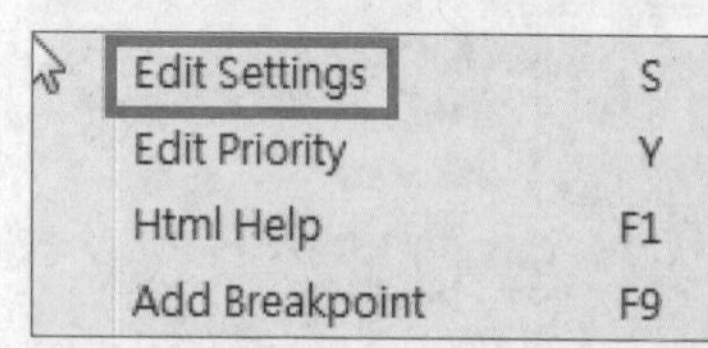

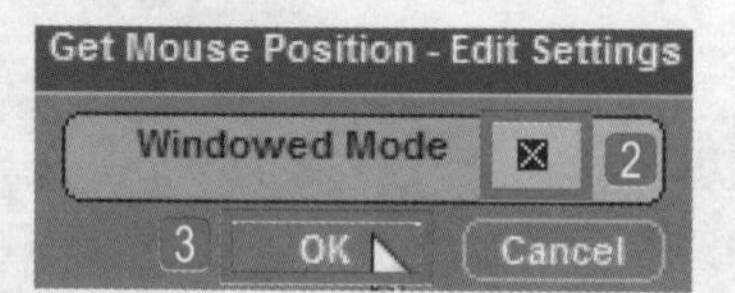

STEP 10 按住Shift键的同时拖曳Get Mouse Position模块，复制该模块并放置到Keep Active模块后面，然后将其连接到Keep Active模块。

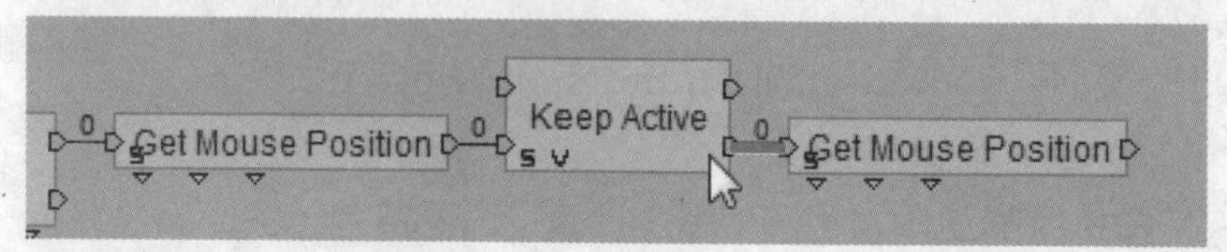

STEP 11 导入BB面板中Logics\Test\Test模块，创建参数判断，保证从左上至右下绘制矩形。

STEP 12 在空白处单击鼠标右键，1将Test包围。2将Test连接到In点，3将A、B两个参数拖曳到模块上方。

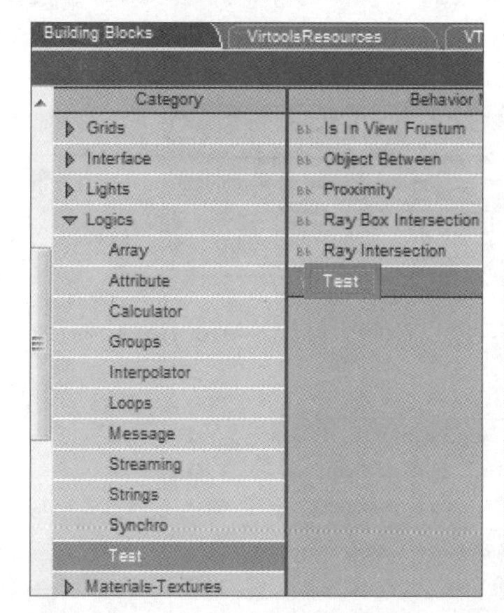

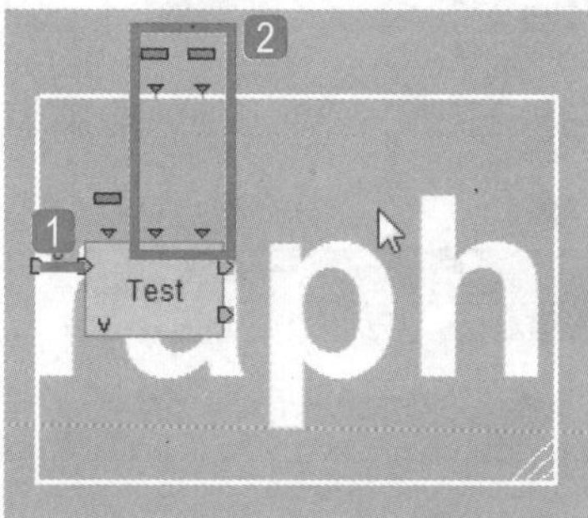

STEP 13 将前后鼠标位置的X轴数值连接到Test模块参数输入点。

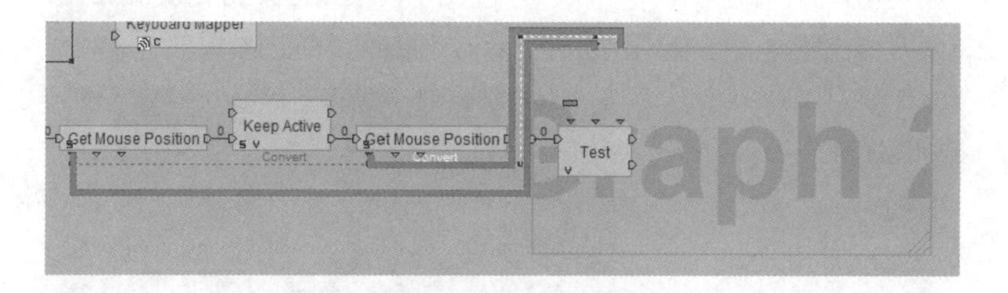

STEP 14 双击Test模块，在弹出的对话框中1设置Test为Less than，也就是小于，即判断单击时鼠标位置的X轴值是否小于拖曳时鼠标位置的X轴值，2单击OK按钮。

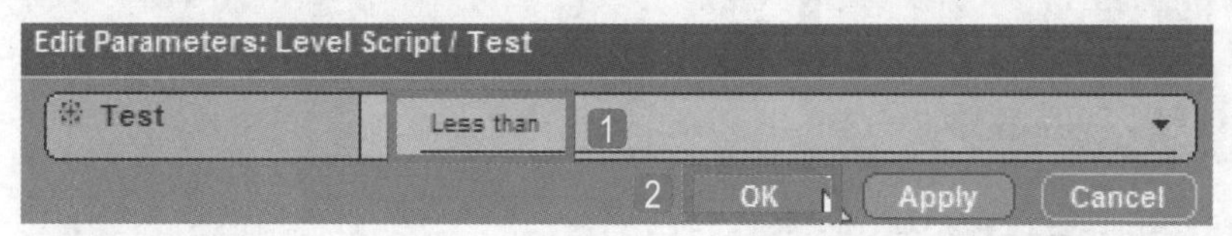

STEP 15 将Get Mouse Position模块连接到Test模块In点。

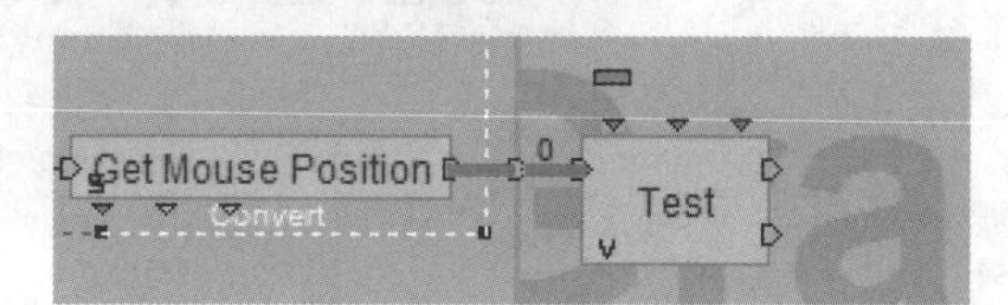

STEP 16 在模块空白处按住Ctrl键双击，输入Identity调用该模块。

STEP 17 将Identity模块连接到Test的Ture点。

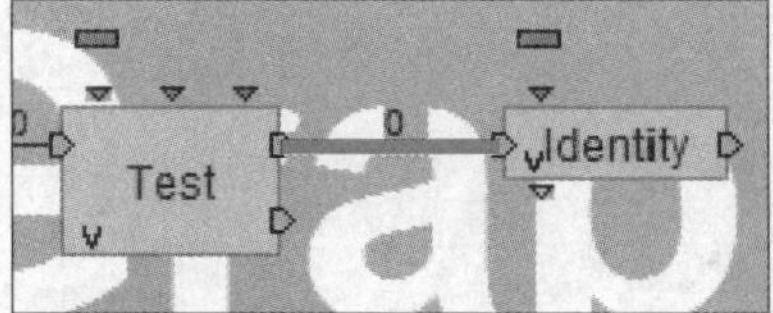

STEP 18 在模块空白处右击，在弹出的快捷菜单中执行Construct>Add Parameter Output命令。

Construct	▸	Add Behavior Input	I
Delete but Keep Contents	Shift+Del	Add Behavior Output	O
Replace with	▸	Add Parameter Input	Alt+I
Edit Priority	Y	Add Parameter Output	Alt+O

STEP 19 在弹出的对话框中设置Parameter Name为min。

STEP 20 在模块空白处右击，在弹出的快捷菜单中执行Construct>Add Parameter Output命令，在弹出的对话框中设置名称为max，添加两个输出参数。

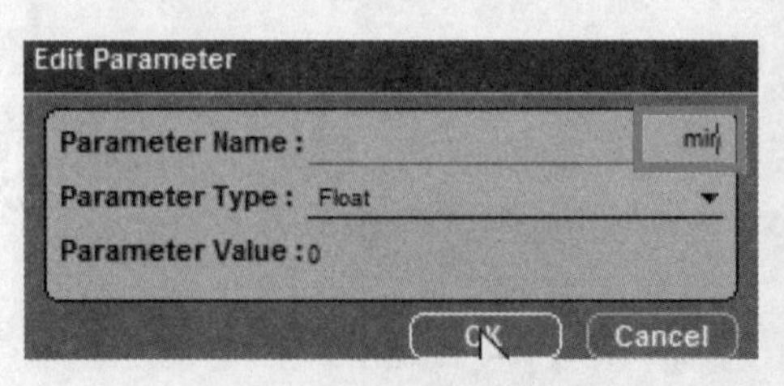

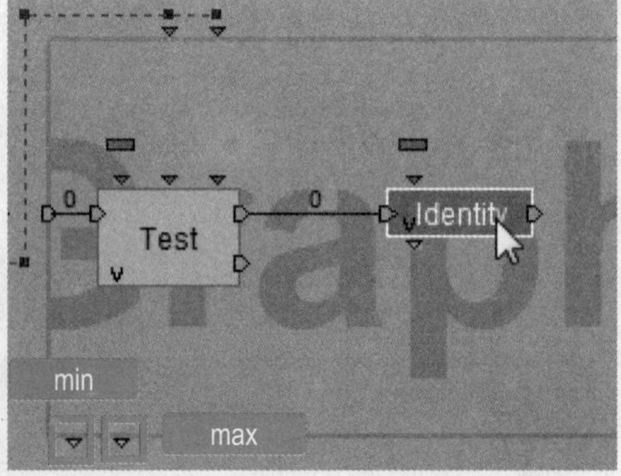

STEP 21 在Identity模块上右击，在弹出的快捷菜单中执行Construct>Add Parameter Input命令。

Add Parameter Input	Alt+I	Construct	▸

STEP 22 ①将输入参数A、B连接到Identity，②Test输出Ture表示A值比B值小，因此直接将A值连接到min输出，将B值连接到max输出。

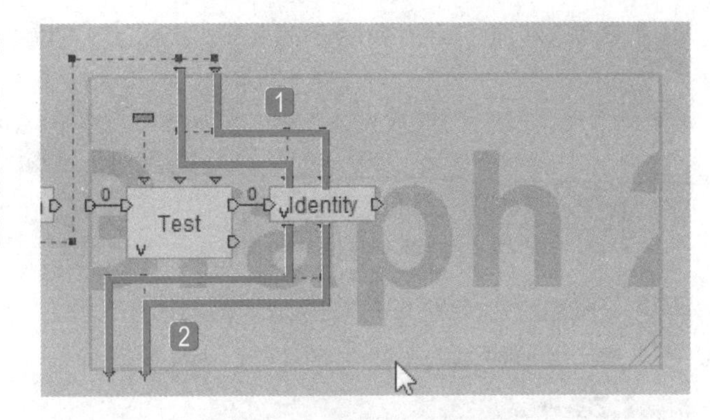

STEP 23 ①复制Identity模块并连接到False，②将输入参数A、B连接到Identity，③Test输出False表示A值比B值大，因此将A值连接到max输出。

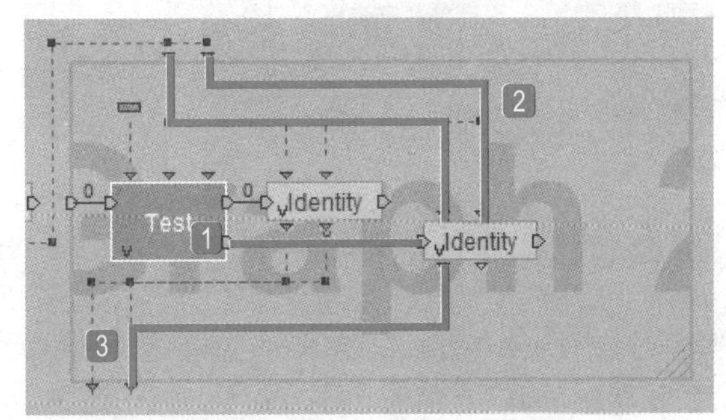

STEP 24 ①将B值连接到min输出，②并为模块新增一个输出口Out(快捷键：O)，并将两个Identity模块连接到Out。

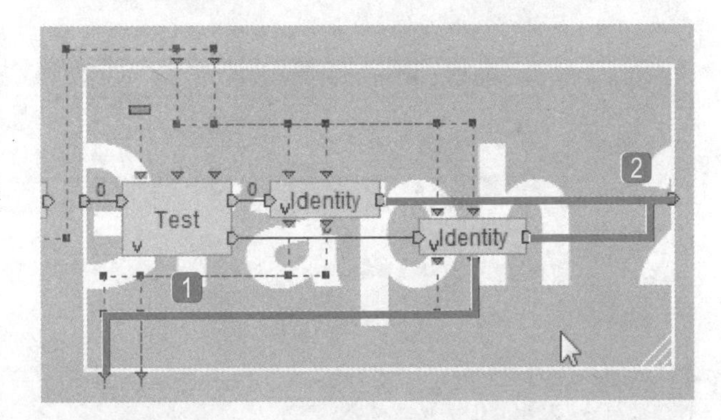

STEP 25 ①双击缩小模块，按下F2键将模块重命名为test x，②复制test x模块，将复制出的模块命名为test y，③并将test x与test y连接。

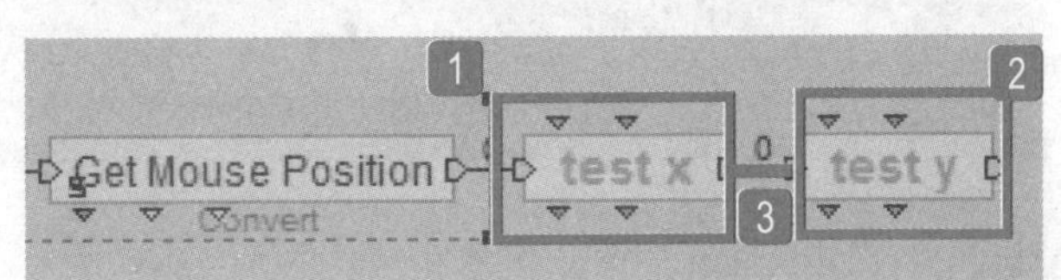

STEP 26 将鼠标Y轴参数与test y参数连接，比较大小后输出。

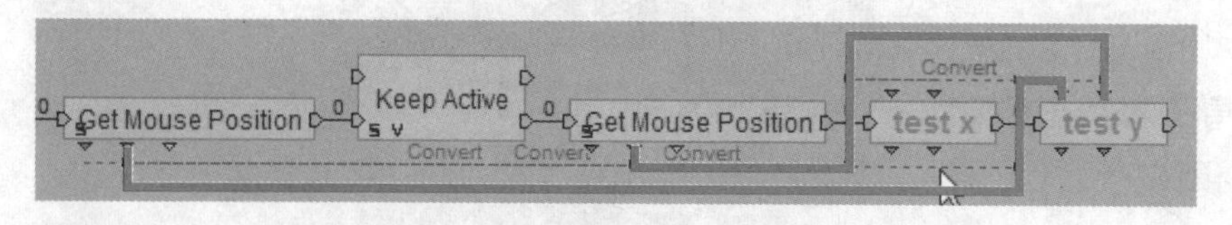

STEP 27 在画面上绘制选取范围的矩阵，导入BB面板中的Interface\Primitives\Draw Rectangle模块。

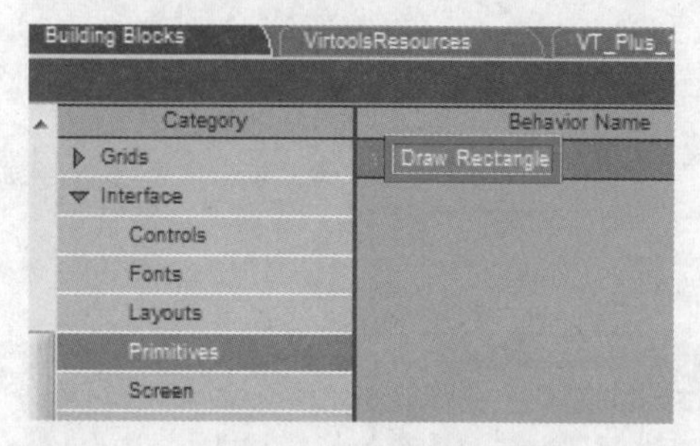

STEP 28 双击Draw Rectangle模块，在弹出的对话框中，Interior表示矩阵的内部，这里设置Color为红色半透明；Border表示矩阵的边线，这里设置Border Color为黄色，Border Size为1。

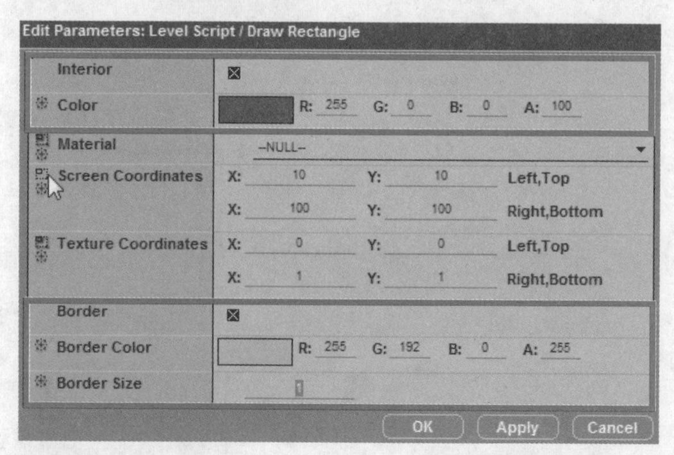

STEP 29 由于在Draw Rectangle模块中使用的矩阵参数为两个坐标，因此导入BB面板中的Logics\Calculator\Set Component模块，放置在test y模块后面。

STEP 30 ①将Set Component与test y连接，②并双击Set Component的输出参数。

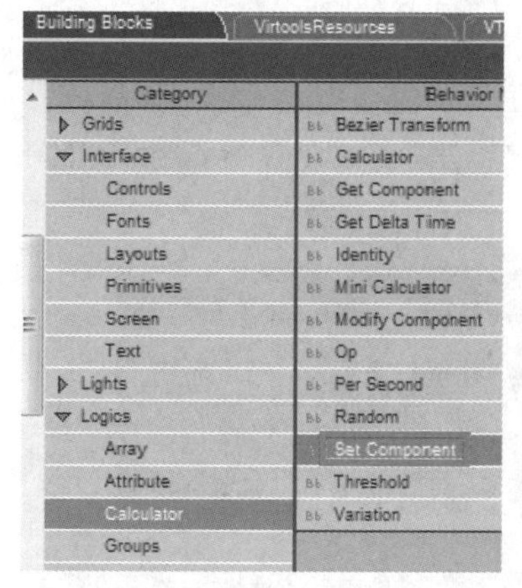

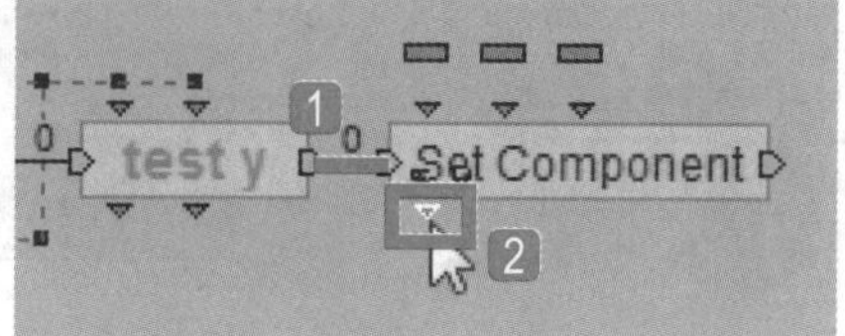

STEP 31 在弹出的对话框中1将Parameter Type更改为Vector 2D，2单击OK按钮。

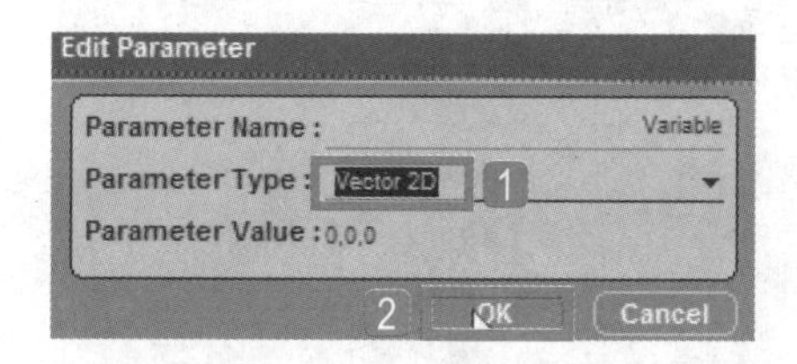

STEP 32 复制两个Set Component模块放在其后，并将这3个模块连接，双击第3个模块的输出参数。

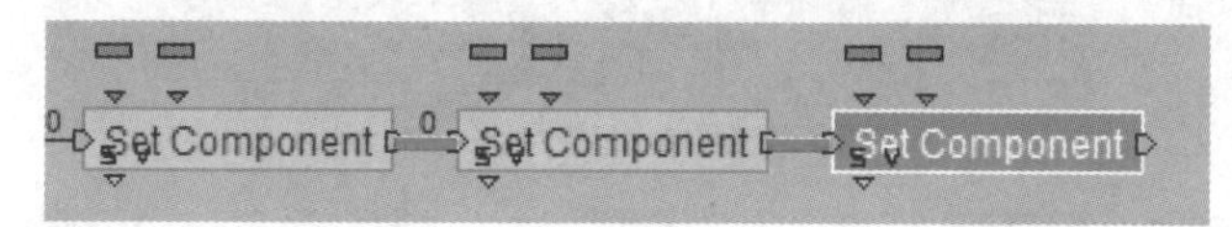

STEP 33 1在弹出的对话框中将Parameter Type更改为Rectangle，2单击OK按钮。

STEP 34 将第一个Set Component模块的输出Vector 2D参数当作矩阵的左上角坐标，将其连接到第三个Set Component模块的A值，将第二个Set Component模块的输出Vector 2D参数当作矩阵的右下角坐标，将其连接到第三个Set Component模块的B值。

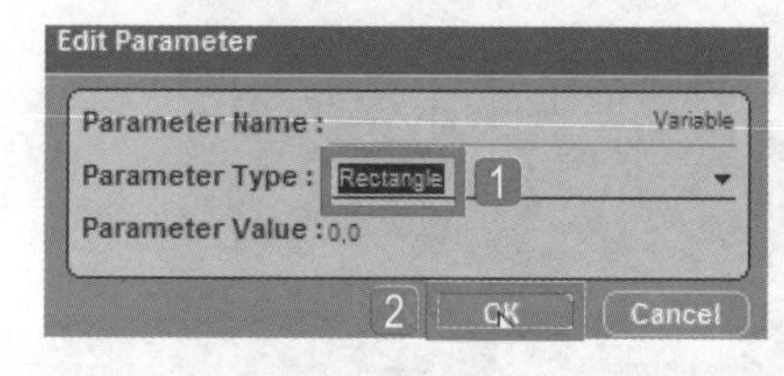

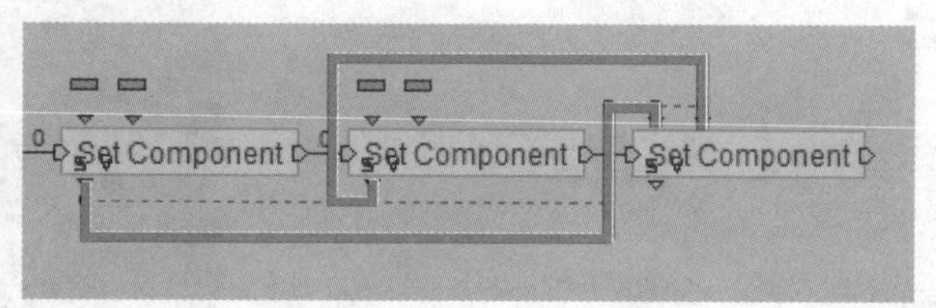

STEP 35 ❶将这三个Set Component模块组合成一个模块，重命名为Set Rectangle，为左上角坐标与右下角坐标输入参数并拖曳至模块上方。❷添加一个输出参数并设置其Parameter Type为Rectangle，然后将该参数与第三个Set Component模块的输出Rectangle参数连接。

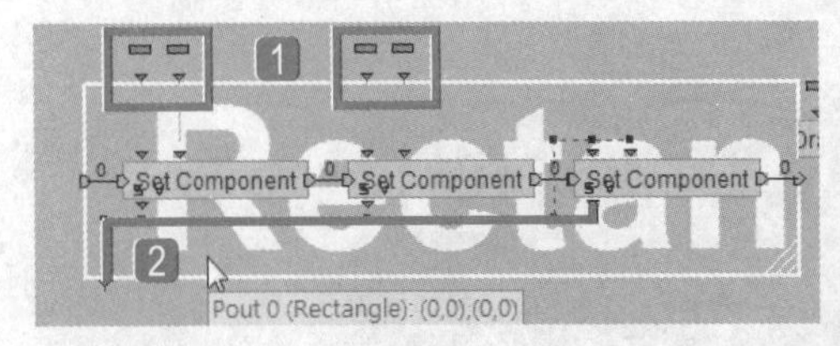

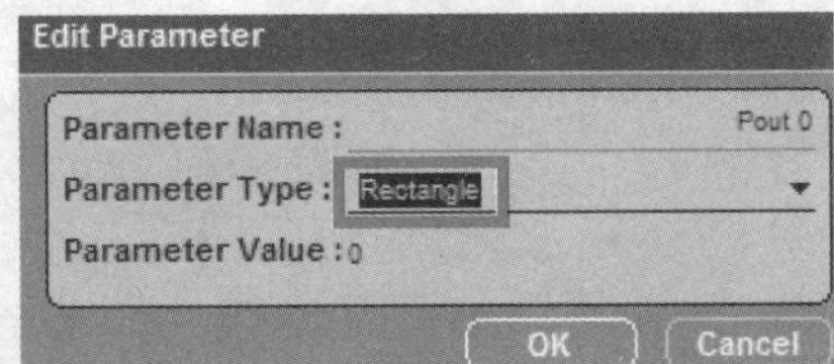

STEP 36 将Set Rectangle模块输出的矩阵参数连接到Draw Rectangle的矩阵输入参数。

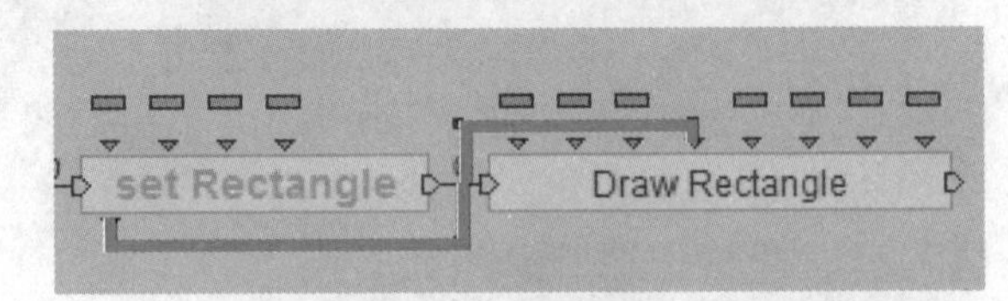

STEP 37 设置左上角坐标参数，将test x的min与test y的min连接到Set Rectangle模块的左上角坐标。

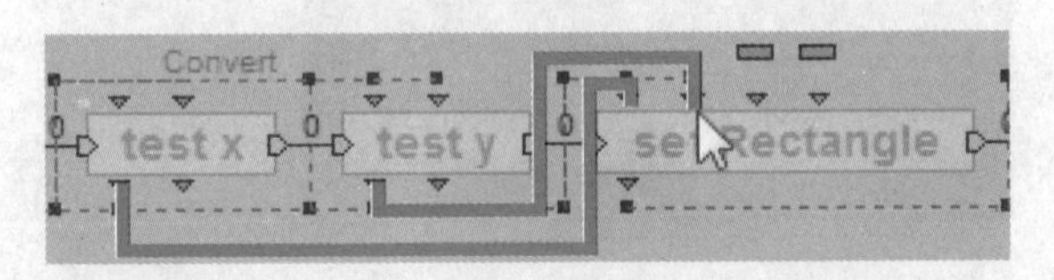

STEP 38 设置右下角坐标参数，将test x的max与test y的max连接到Set Rectangle模块的右下角坐标。

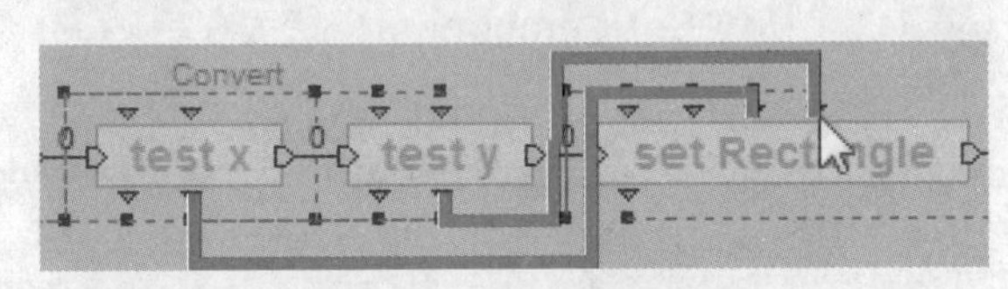

STEP 39 将Mouse Waiter模块的Left Button Up连接到Keep Active的Reset。

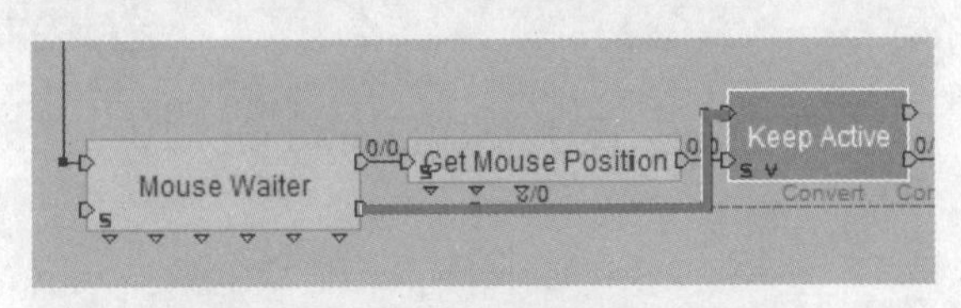

STEP 40 至此，圈选范围设置完成。

6.3 判断角色是否在矩形范围内

STEP 1 ①单击Create Group按钮创建群组，②命名为select objects，③单击Set IC For Selected按钮，设置当群组为空时为初始值。

STEP 2 导入BB面板中的Logics\Groups\Group Iterator模块至Level Script。

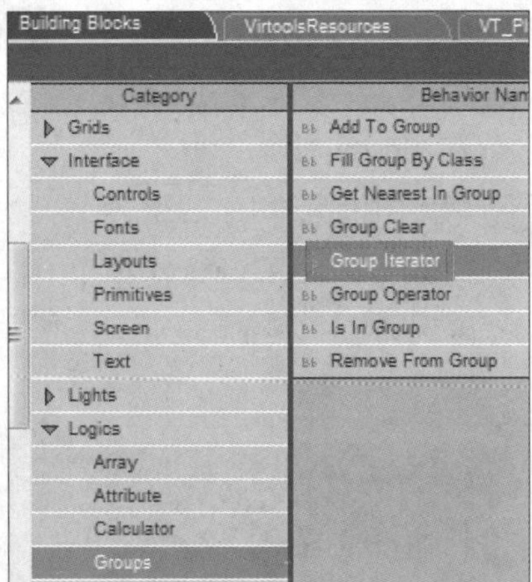

STEP 3 双击Group Iterator模块，①在弹出的对话框中将Group值更改为characters，②完成后单击OK按钮。

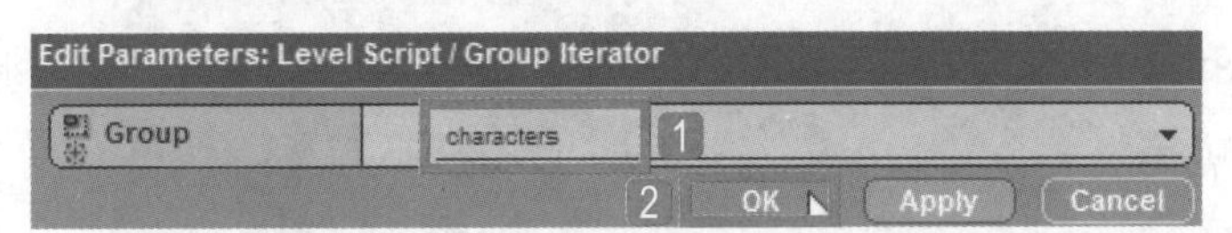

STEP 4 在Level Script空白处按住Ctrl键双击，输入Op调用该模块。

STEP 5 在Op模块上右击，在弹出的快捷菜单中执行Edit Settings命令。

Edit Parameters E
Edit Settings S
Edit Priority Y
Html Help F1
Add Breakpoint F9
Save As... Alt+S
Cut Ctrl+X
Copy Ctrl+C
Delete Delete

STEP 6 在弹出的对话框中①设置Inputs为3D Entity、Vector，②Operation为Transform，③Ouput为Vector 2D。

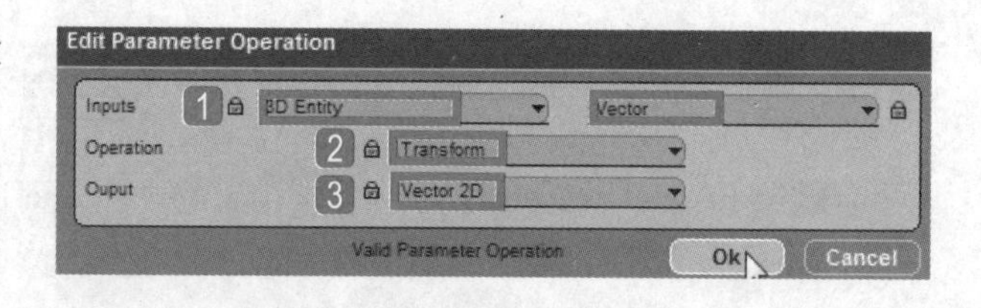

STEP 7 将Group Iterator与Op连接，并将Group Iterator输出的参数连接到Op的3D Entity。

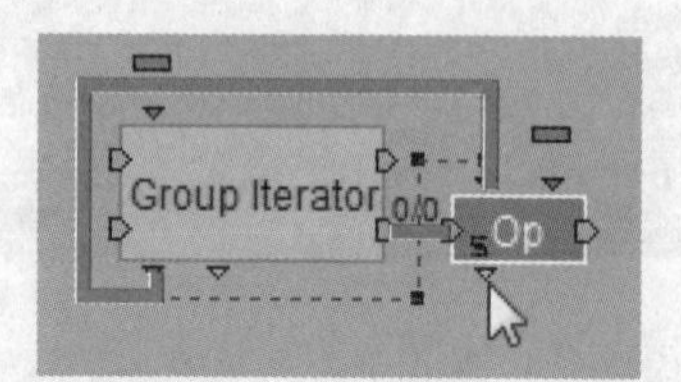

STEP 8 导入BB面板中的Logics\Calculator\Threshold模块。

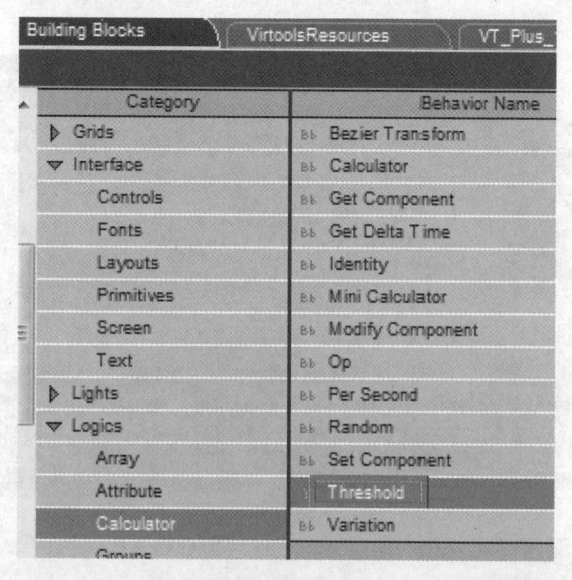

STEP 9 ①将Op与Threshold连接，②将Op输出的坐标参数连接到Threshold的第一个参数，并将Operation设置为Get X，③将test x的min输出参数连接到Threshold的min输入参数，④将test x的max输出参数连接到Threshold的max输入参数。

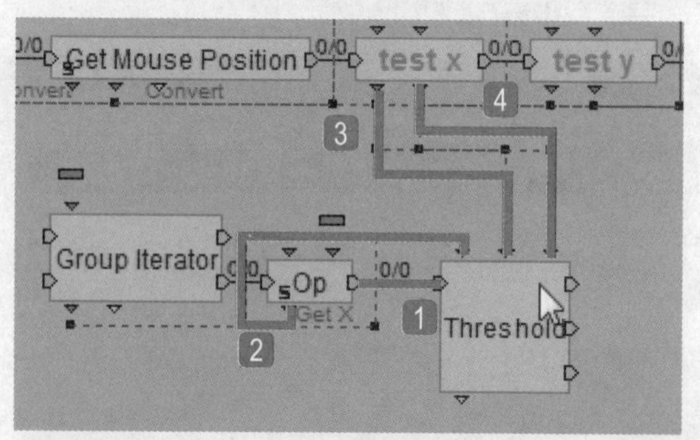

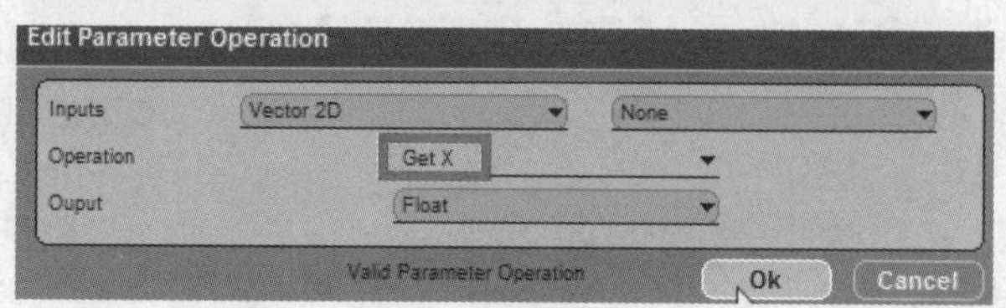

STEP 10 复制Threshold模块，1将复制的Threshold模块与原Threshold模块连接，2将Op输出的坐标参数连接到第二个Threshold的第一个参数，并将Operation设置为Get Y，3将test y的min输出参数连接到第二个Threshold模块的min输入参数，4并将testy的max输出参数连接到第二个Threshold的max输入参数。

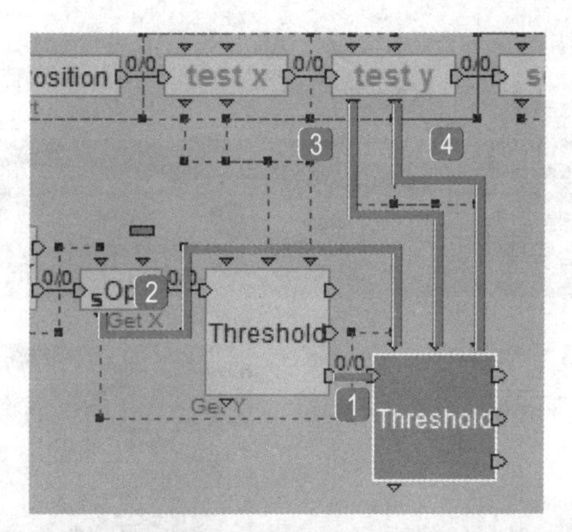

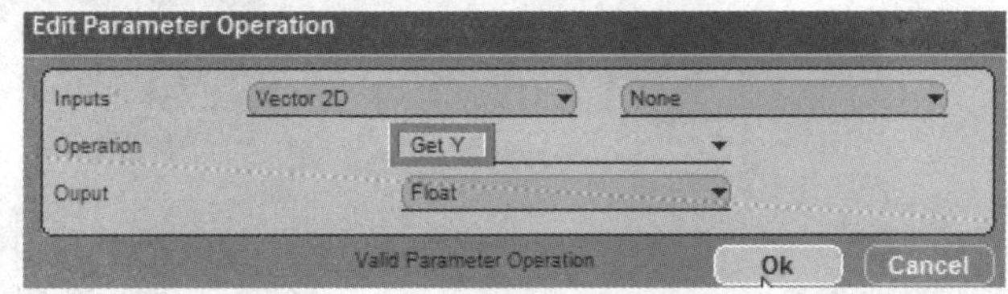

STEP 11 在Level Script空白处按住Ctrl键的同时双击鼠标，快速添加Add To Group模块。1将Add To Group与第二个Threshold连接，2右击Add To Group模块，在弹出的快捷菜单中执行Add Target Parameter命令。

STEP 12 将Group Iterator模块的输出参数连接到Add To Group的输入参数Tar-get。

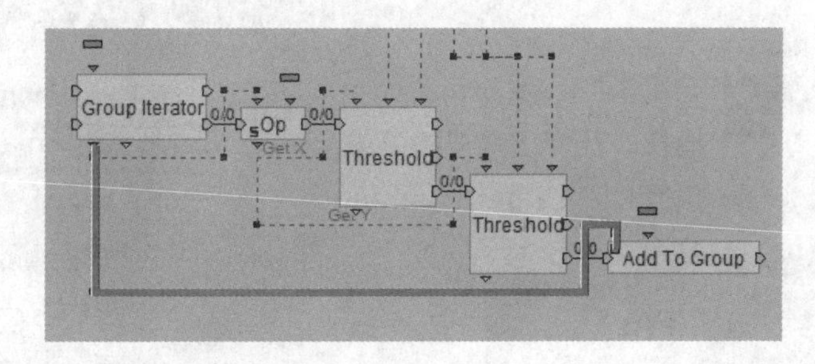

STEP 13 双击Add To Group模块，1在弹出的对话框中将Group参数更改为select objects，2单击OK按钮。

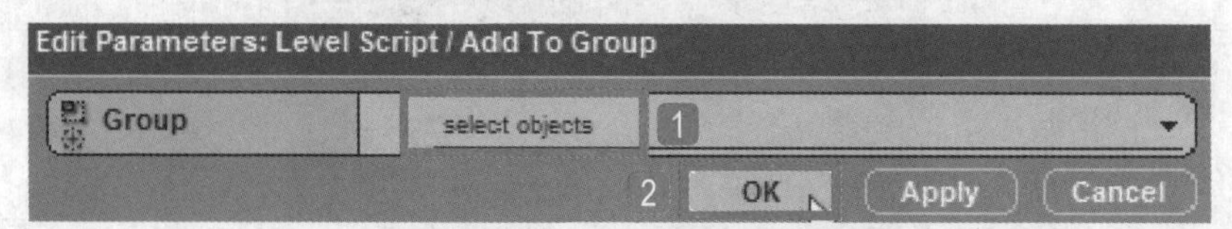

STEP 14 导入BB面板中的Logics\Groups\Remove From Group模块。

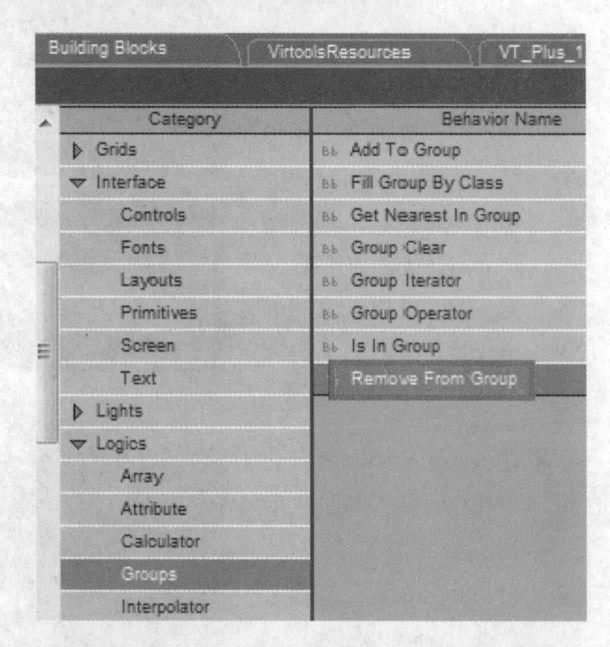

STEP 15 将两个Threshold模块判断不在圈选范围条件内的输出与Remove From Group模块相连接。

STEP 16 右击Remove From Group模块，在弹出的快捷菜单中执行Add Target Parameter命令。

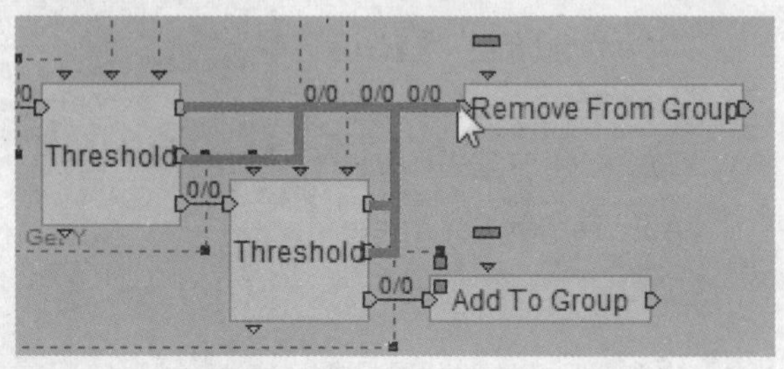

STEP 17 将Group Iterator的输出参数连接到Remove From Group的输入参数Target。

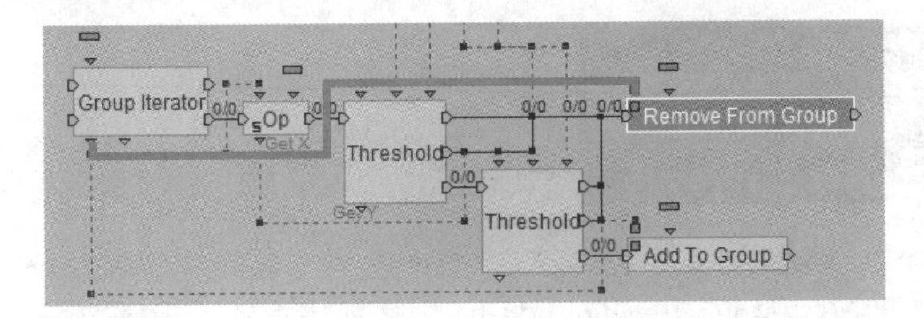

STEP 18 双击Remove From Group模块，1在弹出的对话框中将Group更改为select objects，2单击OK按钮。

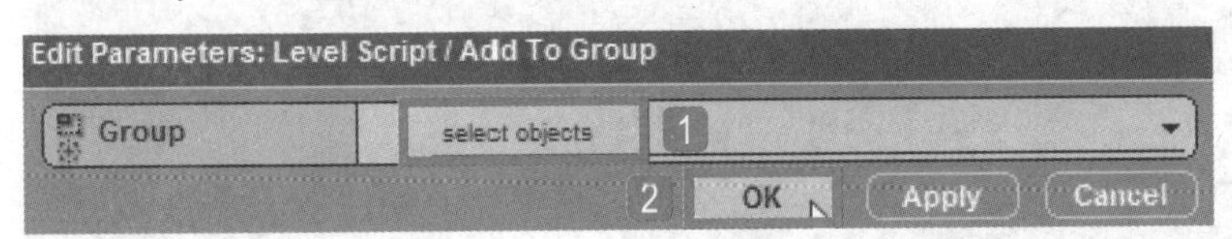

STEP 19 在Level Script空白处按住Ctrl键双击，快速添加NOp模块，此模块本身并无任何功能，但可用来作为集线器。1将Remove From Group和Add To Group连接到Nop，2将Nop连接到Group Iterator，3双击Nop与Group Iterator间的连接。

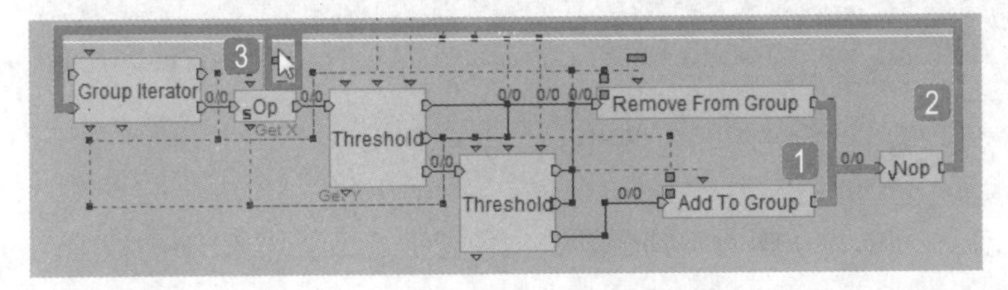

STEP 20 1在弹出的对话框中设置Link delay为0，以便进行快速的循环。2完成后单击OK按钮。

STEP 21 1将Group Iterator连接到test y，2双击test y与 Group Iterator间的连接。

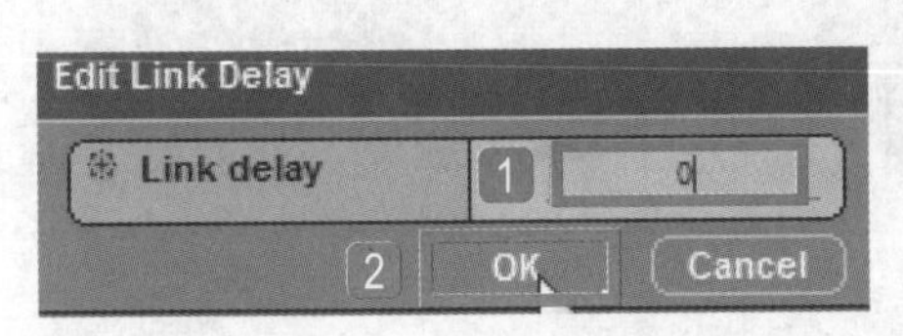

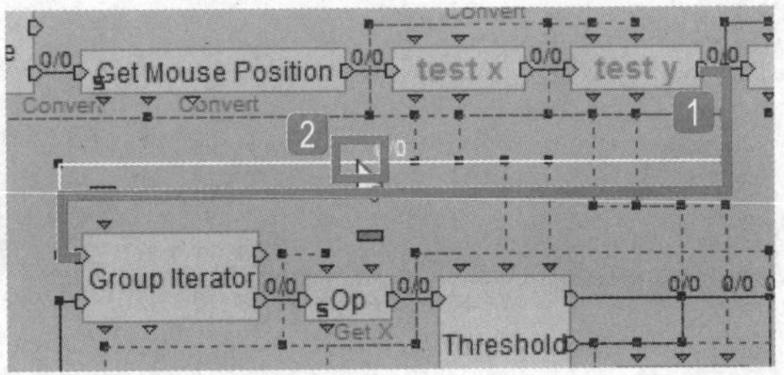

STEP 22 ❶在弹出的对话框中设置Link delay为1，以便进行判断循环。❷完成后单击OK按钮。

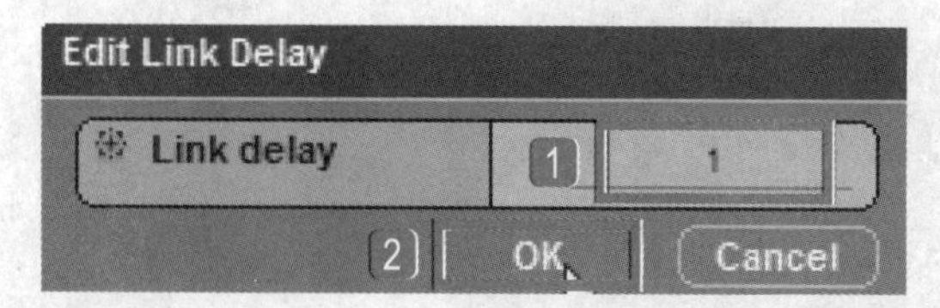

STEP 23 将圈选部分组成一个模块，并添加一个输入口（快捷键：I）。将第一个输入口重命名为on并连接到Get Mouse Position，将第二个输入口重命名为off并连接到Keep Active，将整个模块重命名为Selected Rectangle。

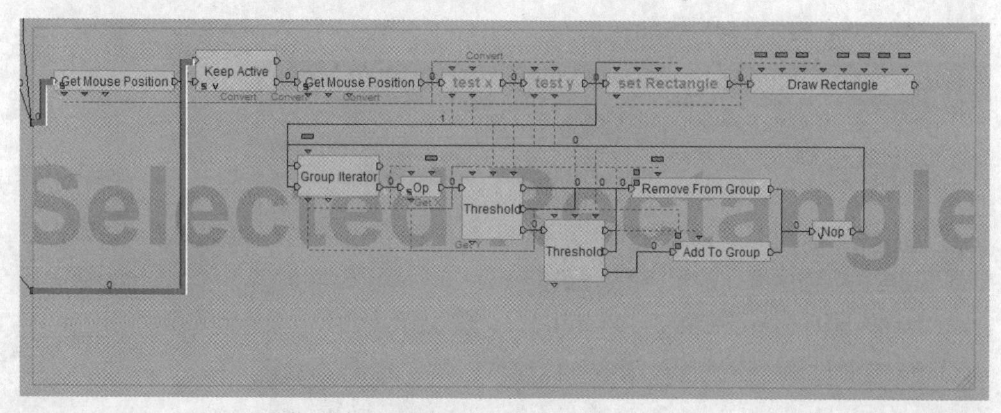

STEP 24 将Selected Rectangle连接到Mouse Waiter。

STEP 25 将选择的角色作为外框，从画面中判断哪些角色已被选取。导入BB面板中的Logics\Groups\Is In Group至Asaku Script。

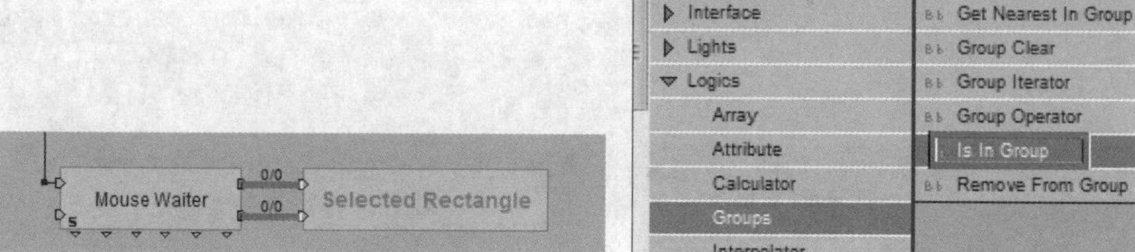

STEP 26 双击Is In Group模块，1在弹出的对话框中设置Group为select objects，2单击OK按钮。

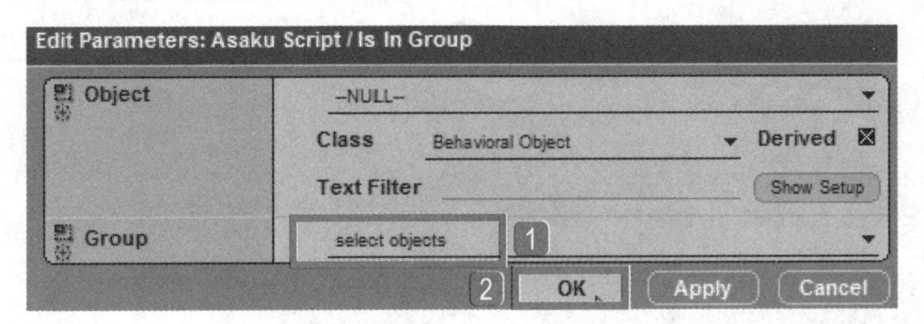

STEP 27 在Asaku Script空白处右击，在弹出的快捷菜单中执行Add <This> Parameter命令，创建角色自身的参数。

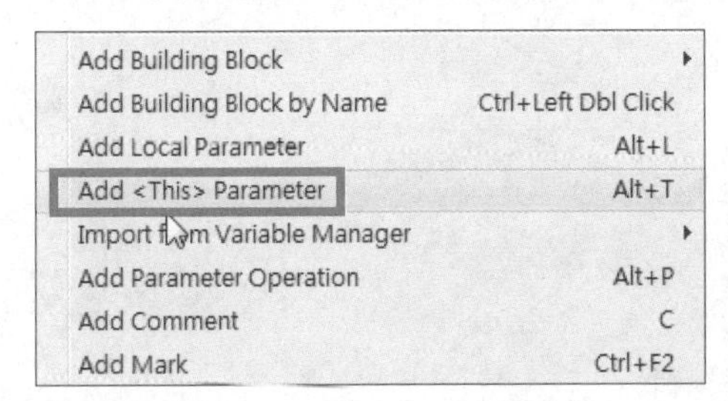

STEP 28 将Is In Group连接到Start，并将Is In Group的Target连接到角色自身的参数。

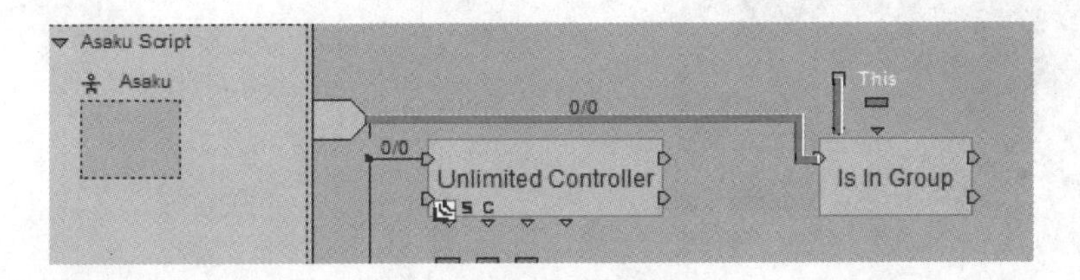

STEP 29 导入BB面板中的Visuals\Show-Hide\Show Object Information模块到Asaku Script。

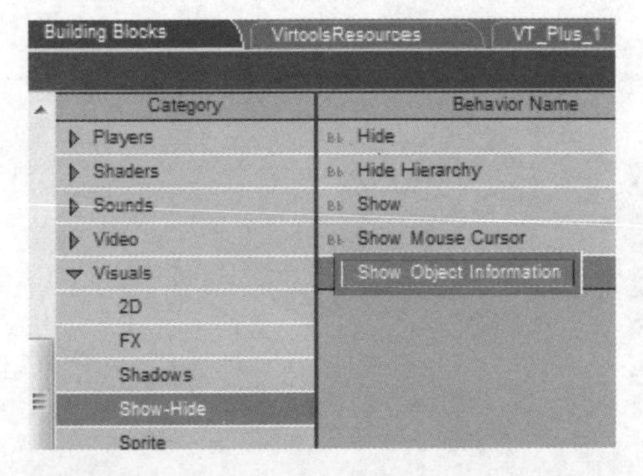

STEP 30 将Show Object Information连接到Is In Group的True，并将Show Object Information设置循环至Is In Group。再将Is In Group的False设置循环至Is In Group。

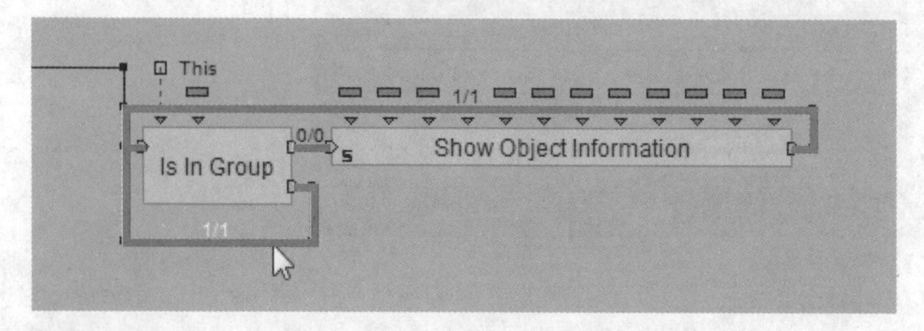

STEP 31 至此，判断角色是否在选取范围内的设置就完成了。

6.4 添加2D对象

STEP 1 在场景中添加一个2D对象，先对窗口进行设置。

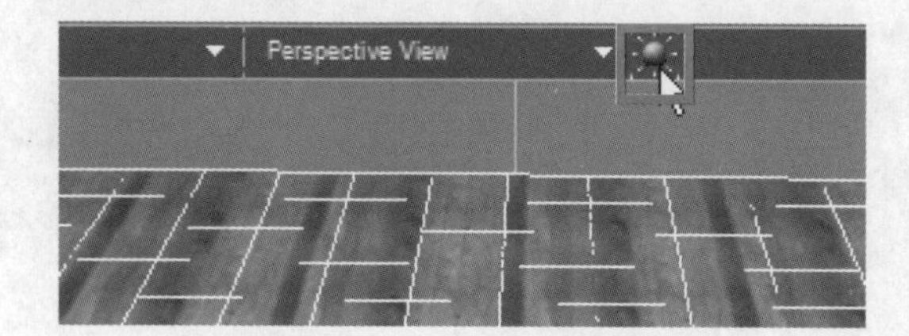

STEP 2 执行菜单栏中的Options>General Preferences命令，在弹出的对话框中设置Screen size为512×384。

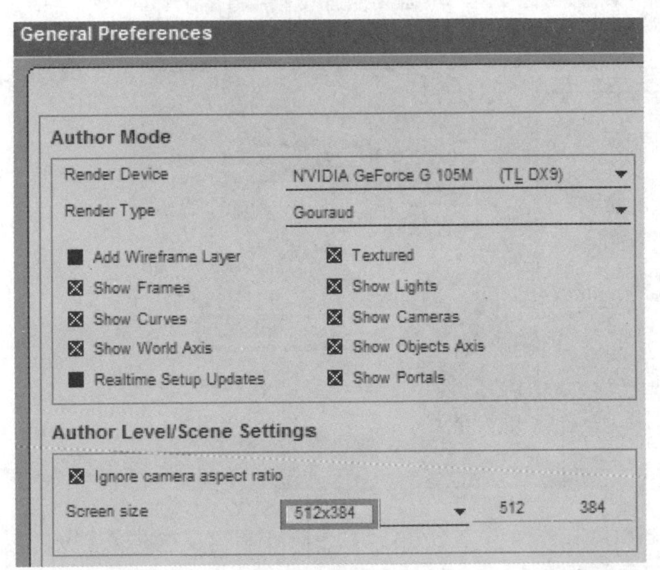

STEP 3 导入VT_Plus_1面板中的Textures\001.bmp素材文件。

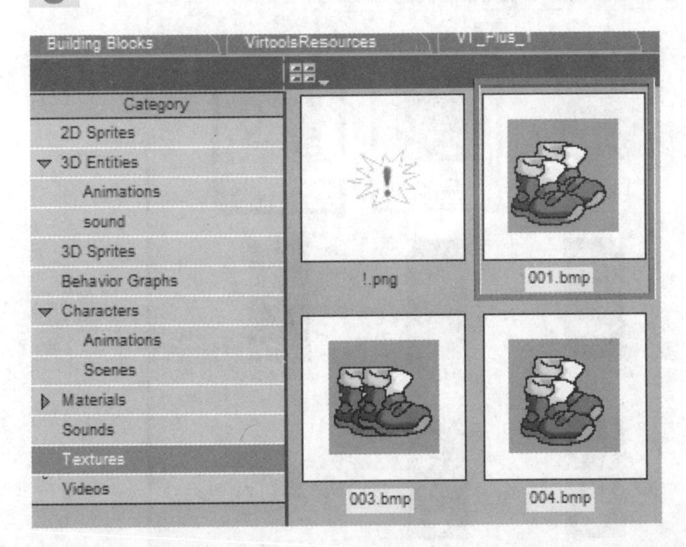

STEP 4 ❶在Texture Setup面板中选择名称为001的文件，❷在画面预览窗口单击鼠标右键，在弹出的快捷菜单中执行Add new slot命令。

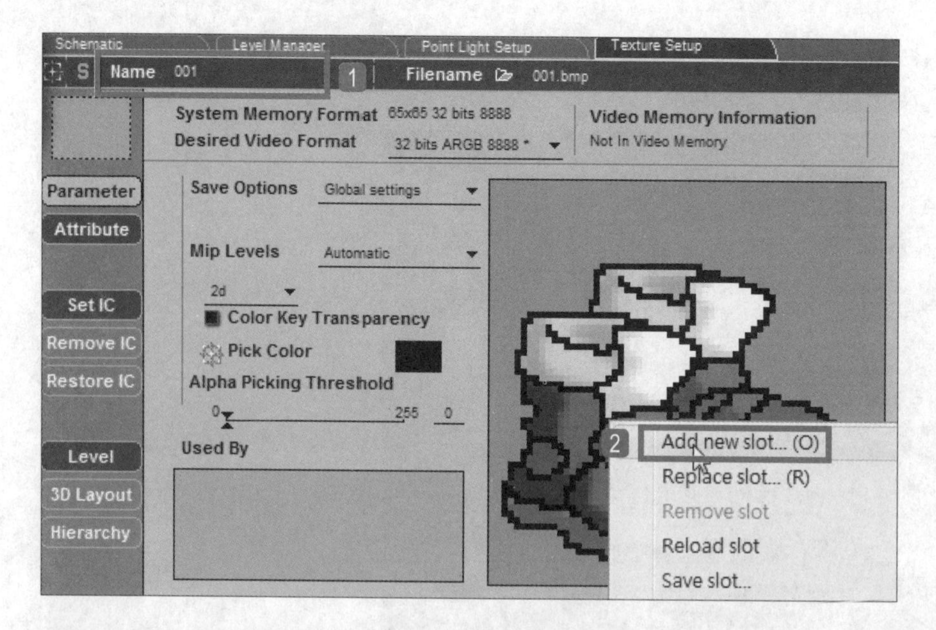

STEP 5 在弹出对话框中依次选择004.bmp、003.bmp、002.bmp素材文件导入到VT中（即按照文件序号反向选择，导入到VT中才会是正确的顺序）。

STEP 6 1单击Pick Color后的色块，2在图片上选择要去除背景的颜色，3勾选Color Key Transparency复选框，若先勾选再执行步骤1、2的操作则不能正确地去除背景颜色，4单击Next按钮。反复执行步骤1~4的操作，直到所有图片右边黑白图如下图所示，完成设置。

STEP 7 单击Create 2D Frame按钮，添加一个2D Frame对象。

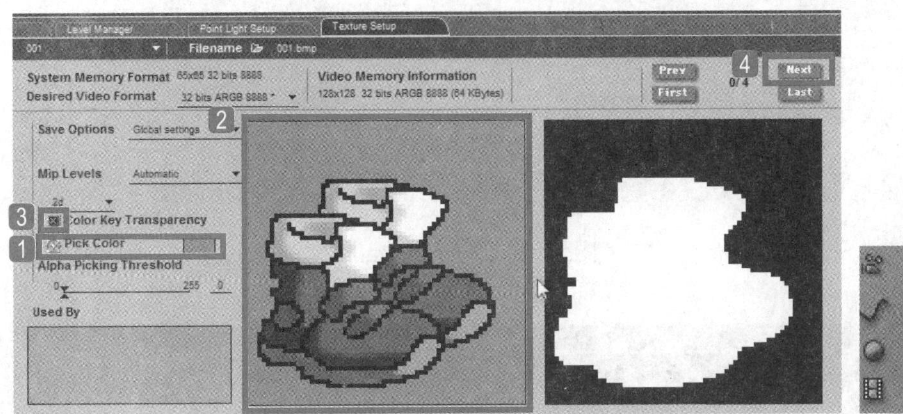

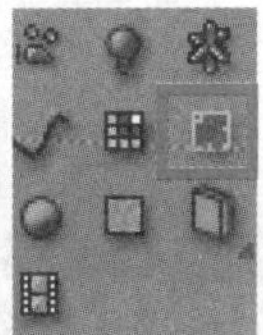

STEP 8 在弹出的对话框中，1将对象重新命名为walk icon，2勾选Pickable复选框，3将Size设置为走路图片的大小。

STEP 9 单击Create Material按钮，新建一个Material。

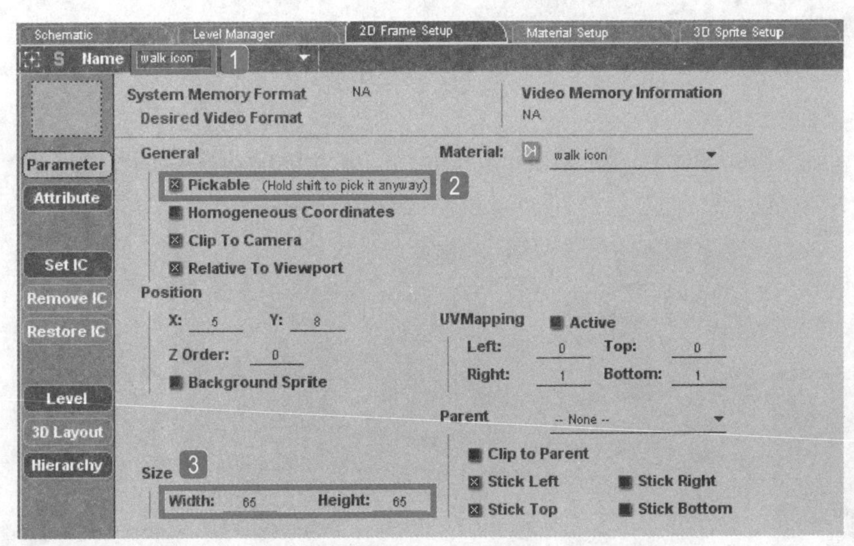

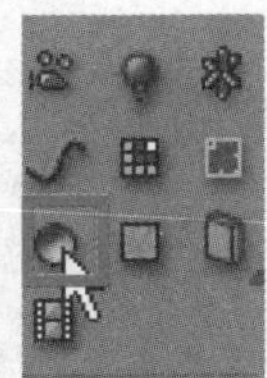

STEP 10 在弹出的对话框中①将Material重新命名为walk icon，②并将Texture设置为001。

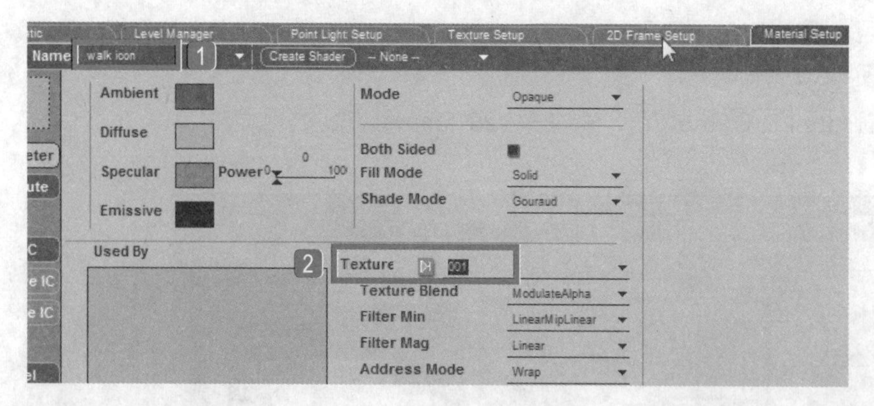

STEP 11 在2D Frame Setup面板中，将Material设置为walk icon。

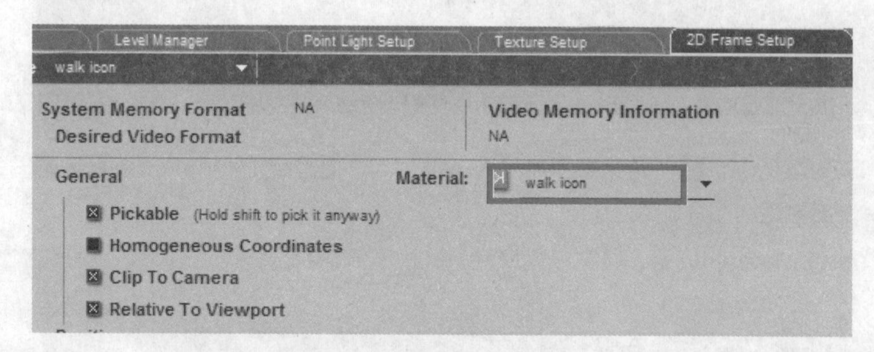

STEP 12 观察图片，发现背景去除不完全。

STEP 13 在Material Setup面板中，①设置Filter Min和Filter Mag都为Nearest，②设置Diffuse为白色。

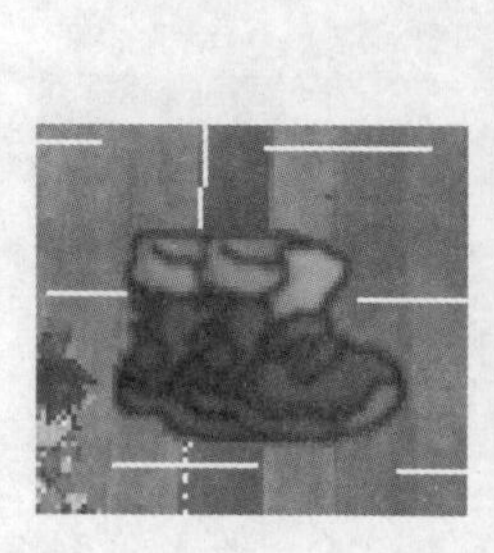

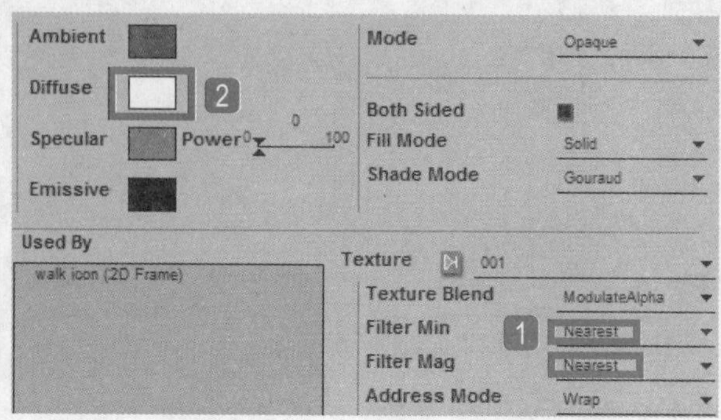

STEP 14 在Texture Setup面板中设置Desired Video Format为16 bits ARGB 1555 *。

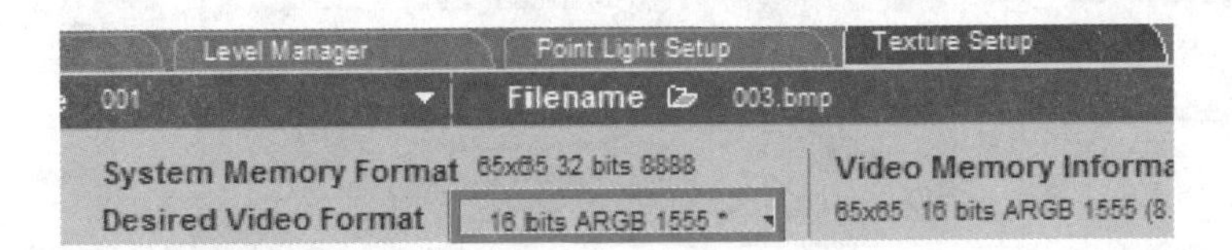

STEP 15 这样图片边缘的背景就去除干净了。右击Level Manager面板中的Textures\001选项，在弹出的快捷菜单中执行Create Script命令。

STEP 16 导入BB面板中的Materials-Textures\Animation\Movie Player模块至001 Script。

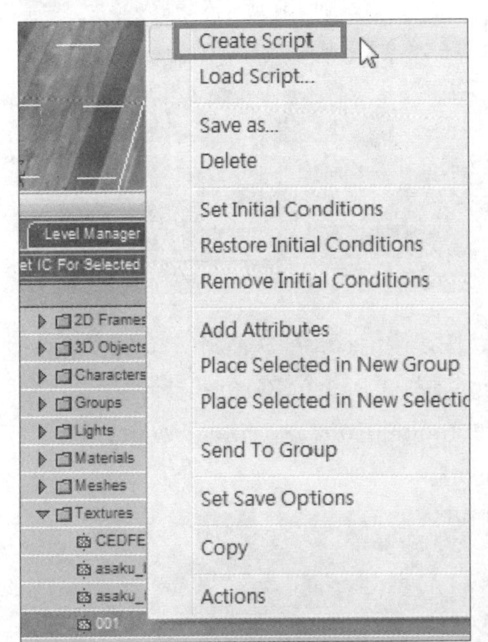

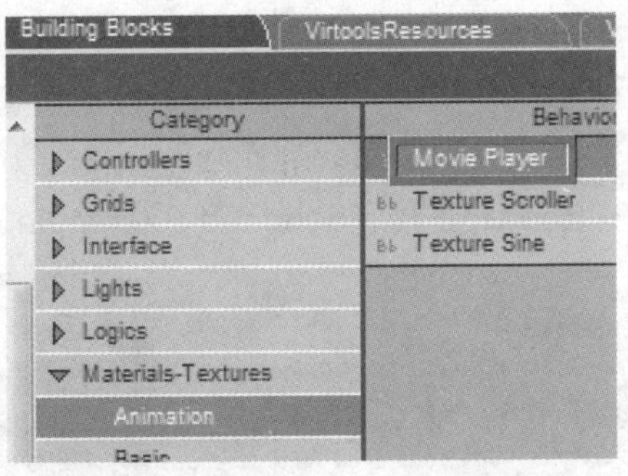

STEP 17 将Movie Player模块与001 Script Start连接。

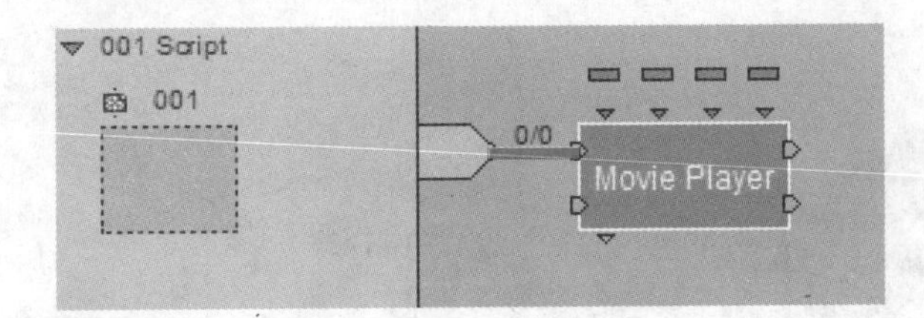

STEP 18 双击Movie Player模块，在弹出的对话框中1将Duration设置为500Ms，2勾选Loop复选框，3将Starting Slot设置为0，4将Ending Slot设置为-1。

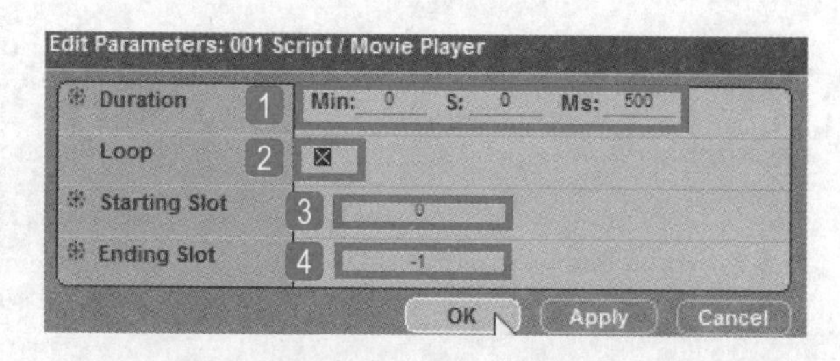

STEP 19 这样该连续图片便会在0.5秒内从第一张浏览到最后一张，成为动画。下面设置使用鼠标左键单击连续图片时，图片开始移动。导入BB面板中的Interface\Screen\2D Picking模块至Level Script。

STEP 20 在Level Script空白处按住Ctrl键双击，快速调用Test模块。将Mouse Waiter的Left Button Down连接到2D Picking，将2D Picking的Ture连接到Test，将2D Picking的False连接到Selected Rectangle的on，将Mouse Waiter的Left Button Up连接到Selected Rectangle的off。

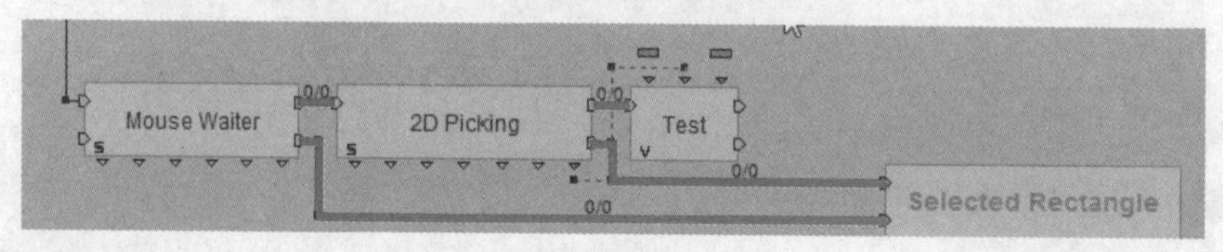

STEP 21 将2D Picking模块的输出参数连接到Test，将Test的False连接到Selected Rectangle。

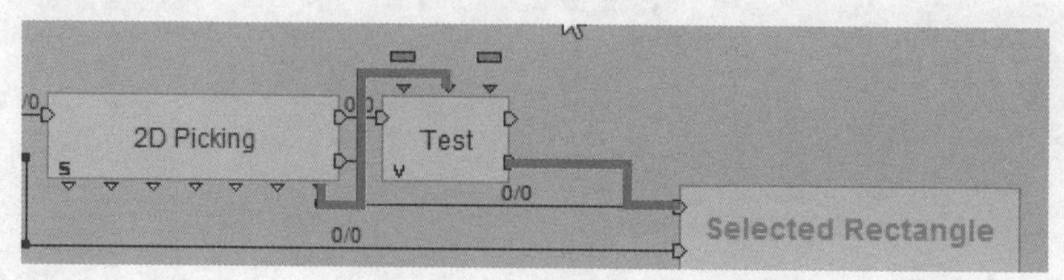

STEP 22 设置位移判断，将Test的Ture连接到Mouse Waiter的off，并双击该连接线。

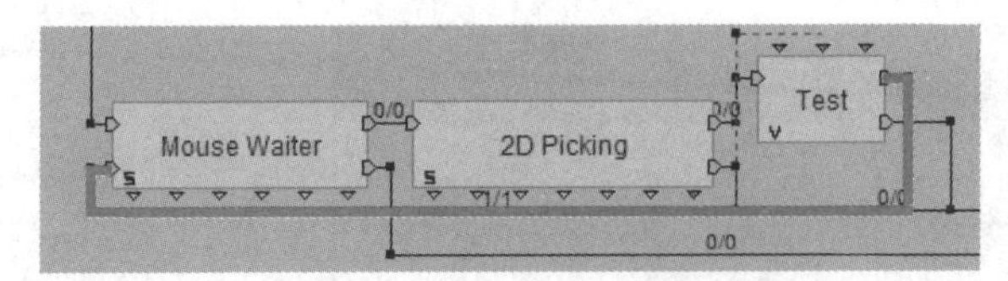

STEP 23 1在弹出的对话框中将Link delay设置为0，2单击OK按钮。

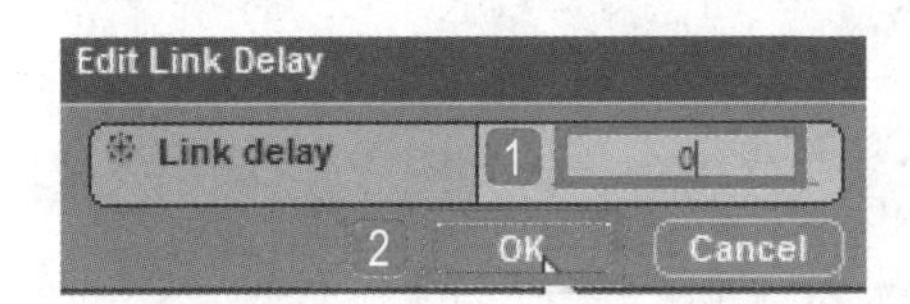

STEP 24 导入VT_Plus_1面板中的3D Entities\3D Sprites\go.png文件。

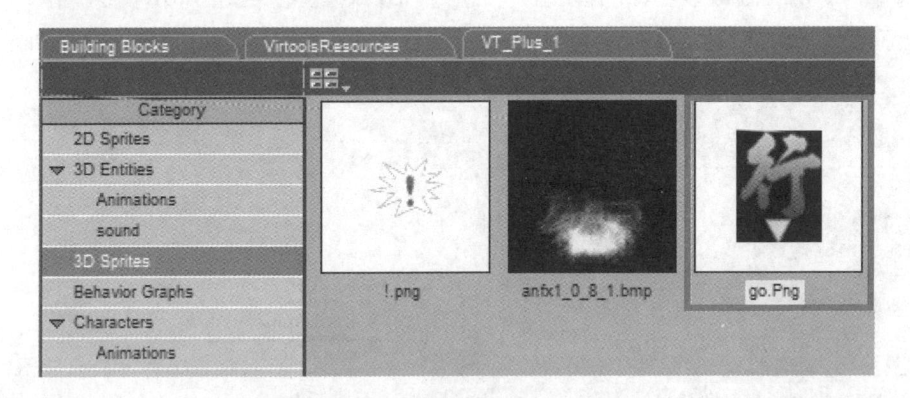

STEP 25 在3D Sprite Setup面板中，1设置Scale为X：5、Y：7，2将Y轴中心点设置在下方，3单击Show Material Setup按钮。

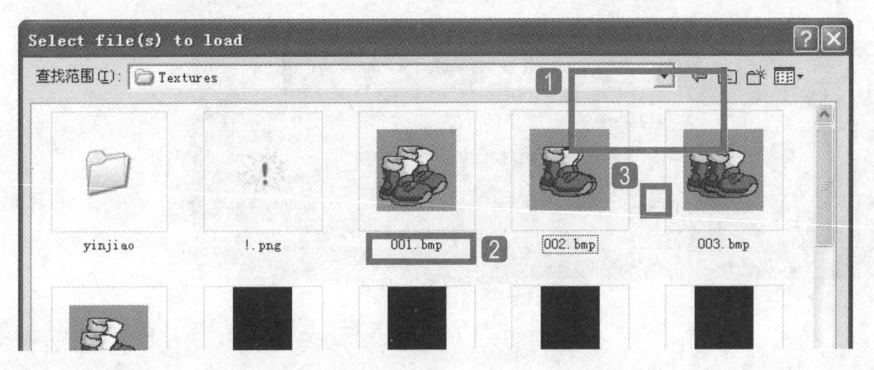

STEP 26 在弹出的Material Setup面板中，1设置Mode为Custom，2勾选Blend复选框，设置Source Blend为SrcAlpha，Destination Blend为One。

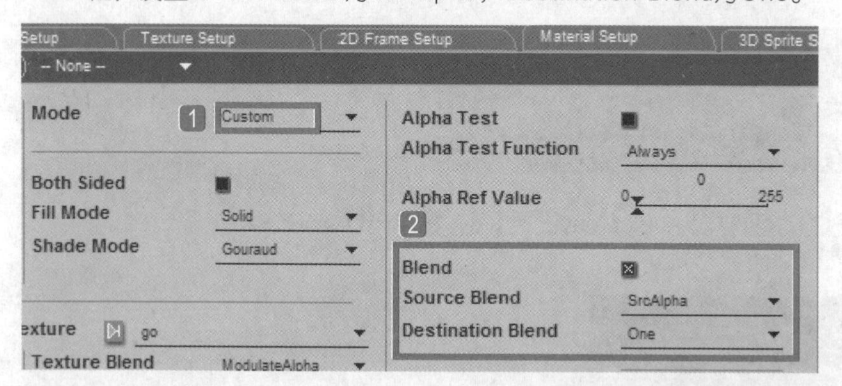

STEP 27 1隐藏Level Manager面板中的Level\Global\3D Sprites\go，2单击Set IC For Selected按钮设置为初始值。

STEP 28 在Level Script空白处按住Ctrl键双击，快速调用Show模块，右击Show模块，在弹出的快捷菜单中执行Add Target Parameter命令。

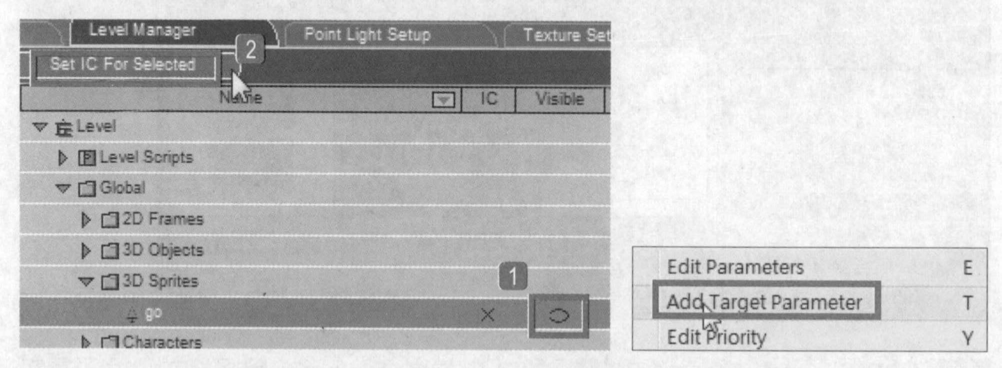

STEP 29 双击Show模块，1在弹出的对话框中将Target设置为go，2单击OK按钮。

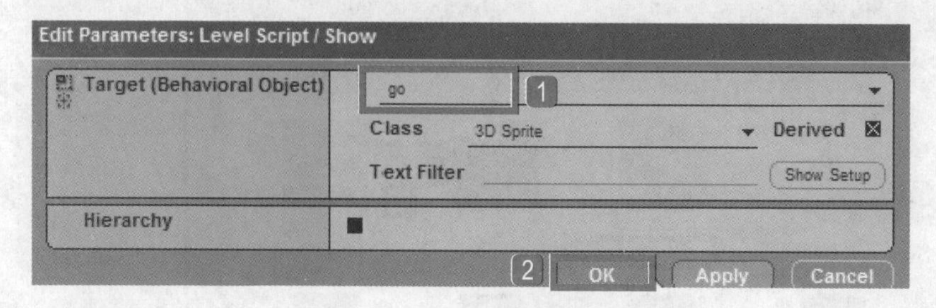

STEP 30 复制2D Picking和Test模块放置在Show模块后面，并将其相互连接，双击Test模块的A值。

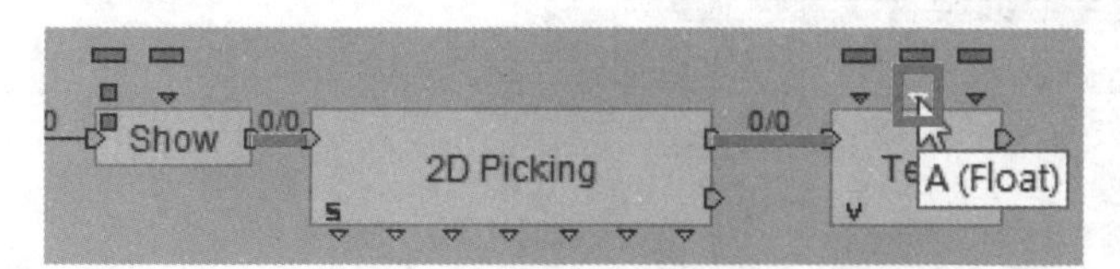

STEP 31 1在弹出的对话框中将Parameter Type设置为3D Entity，2单击OK按钮。使用同样的方法设置Test模块的B值也为3D Entity。

STEP 32 将2D Picking输出参数连接到Test的A值。

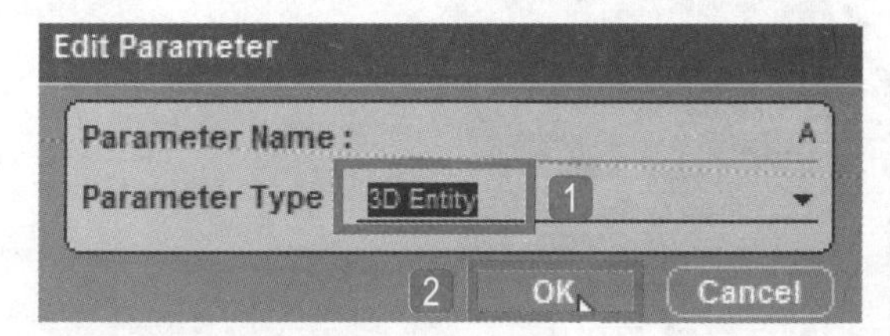

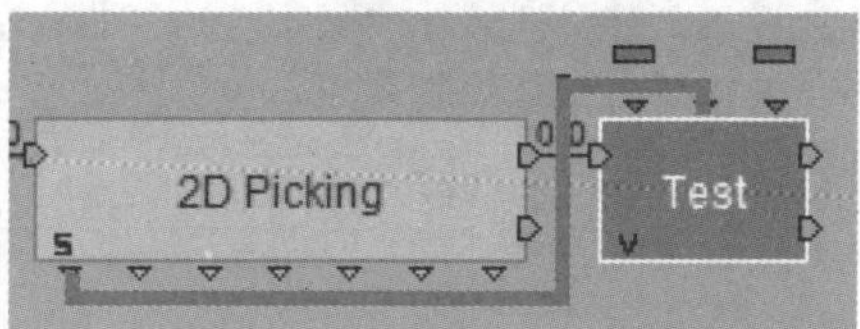

STEP 33 双击Test模块，1在弹出的对话框中将Test设置为Equal，2将B值设置为wood floor，3单击OK按钮。

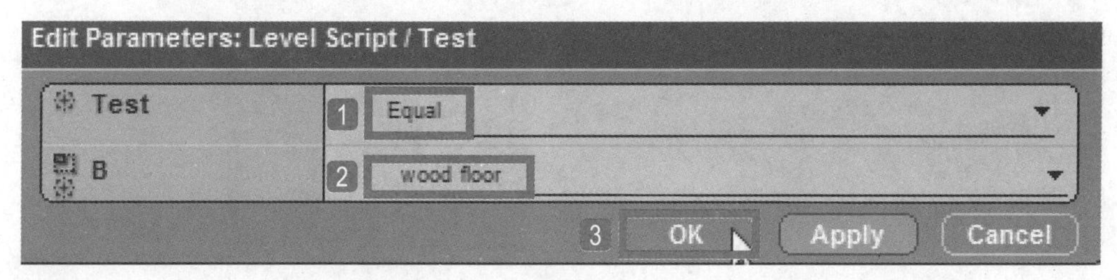

STEP 34 在Level Script空白处按住Ctrl键双击，快速调用Set Position模块，将Set Position连接到Test的True。

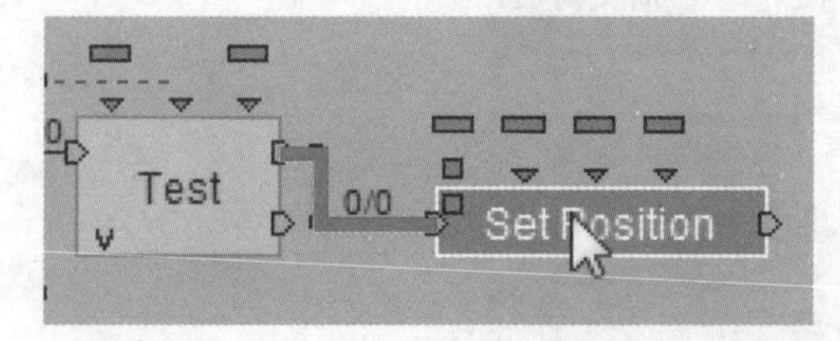

STEP 35 双击Set Position模块，1在弹出的对话框中设置Target为go，2单击OK按钮。

Edit Parameters: Level Script / Set Position
Target (3D Entity) go 1
Position X: 0 Y: 0 Z: 0
Referential --NULL--
Hierarchy
2 OK Apply Cancel

STEP 36 将2D Picking的输出参数Intersection Point连接到Set Position的输入参数Position。

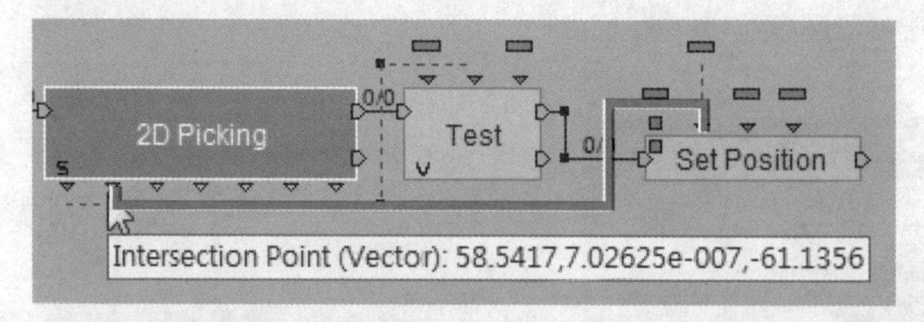

STEP 37 在Level Script空白处按住Ctrl键双击，快速调用Keep Active模块，并插入在Test和Show模块之间，并将其连接。这样只要单击walk icon对象，go的图片便会跟随鼠标移动。

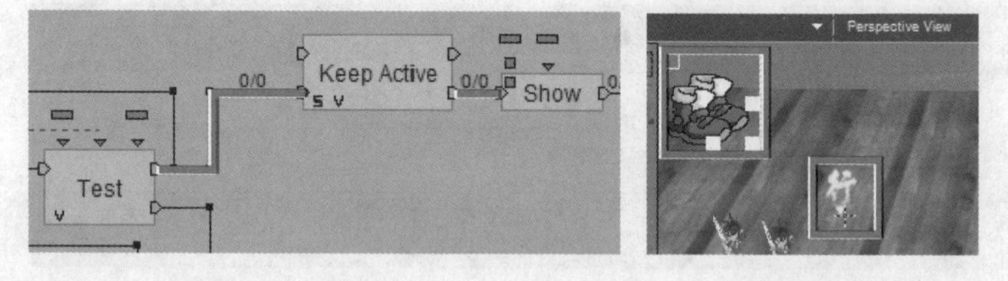

STEP 38 在Level Script空白处按住Ctrl键双击，快速调用Mouse Waiter模块。双击Mouse Waiter模块，在弹出的对话框中仅勾选Left Button Down复选框。

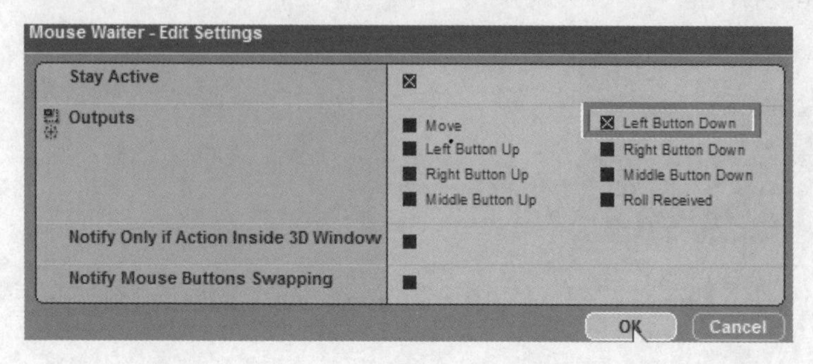

STEP 39 快速调用2D Picking和Test模块，并将判断walk icon的Test的True连接到Mouse Waiter的On，再将Mouse Waiter的Left Button Down连接到2D Picking，最后将2D Picking的True连接到Test。

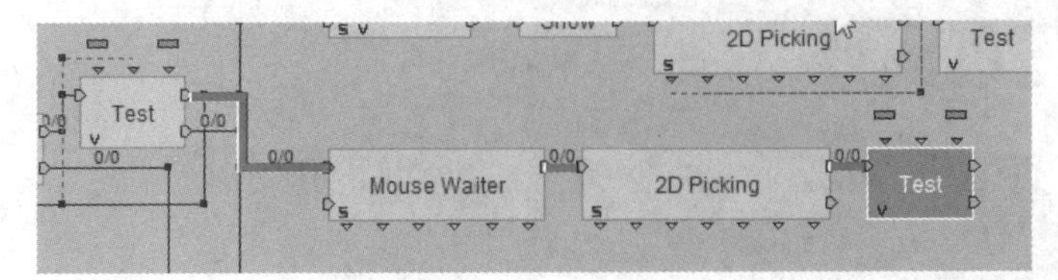

STEP 40 将2D Picking输出参数连接到Test的A值，将Test的B值连接到判断wood floor的Test的B值进行参数共享，如果Test判断为True则连接到Mouse Waiter的Off进行循环。

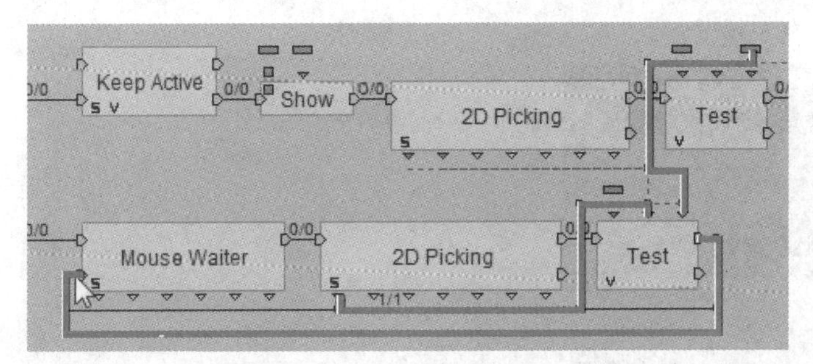

STEP 41 双击该循环线段，❶在弹出的对话框中设置Link delay为0，❷单击OK按钮。

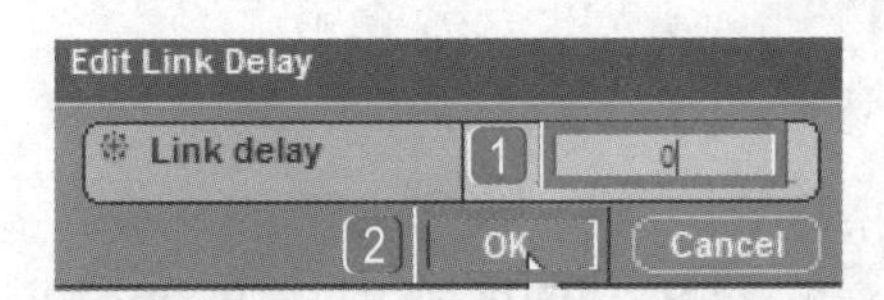

STEP 42 将Test的True连接到Keep Active的Reset。

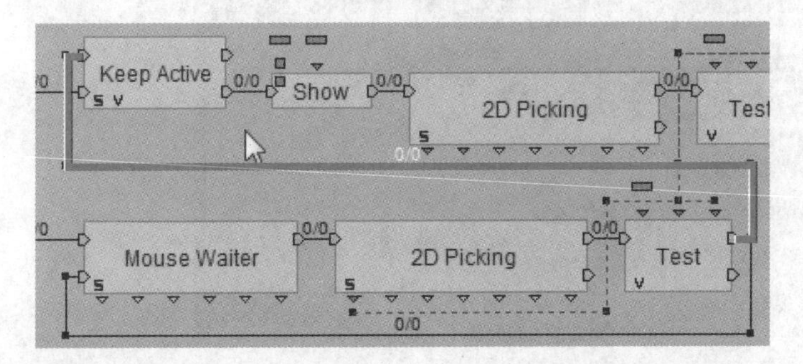

STEP 43 将位移坐标判断的程序组成模块，重新命名为Set Goal，并将Mouse Waiter的On和Keep Active的In1连接到模块输入端。

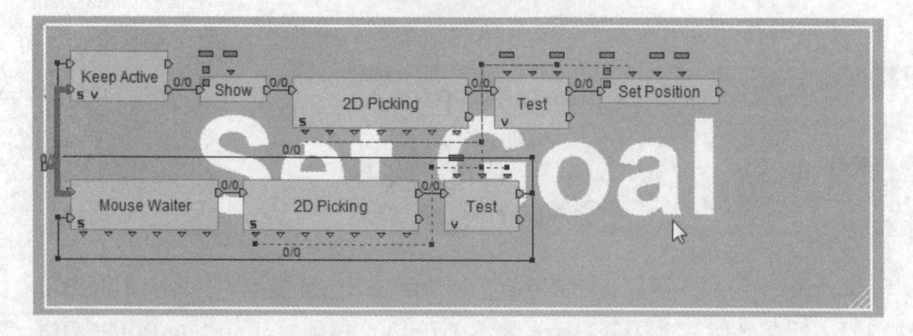

STEP 44 导入BB面板中的Characters\Movement\Character Go To模块至Asaku Script。

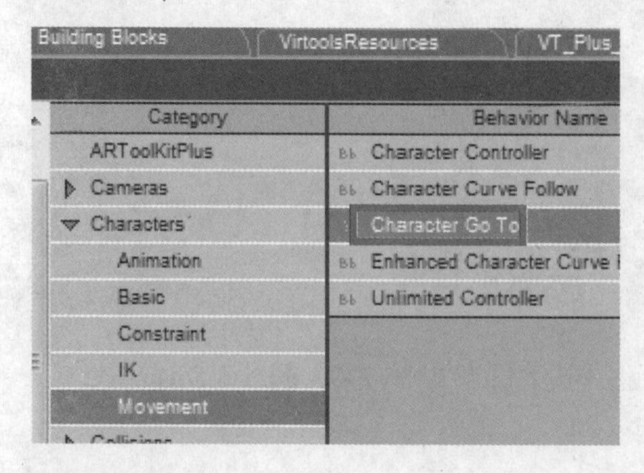

STEP 45 双击Character Go To模块，❶在弹出的对话框中发现Character Go To模块并非使用坐标移动，而是只能走到指定的对象，在此先不设置。❷将Distance设置为3，表示角色走到该对象范围小于等于3时会停止，❸将Character Direction设置为X（根据版本不同也可能是Z），❹单击OK按钮。

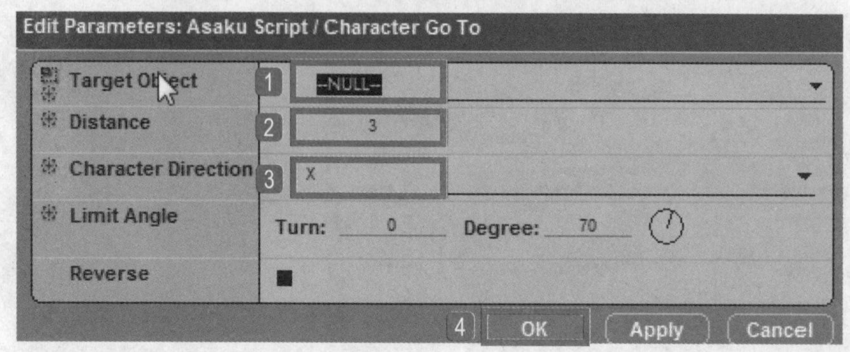

STEP 46 导入BB面板中的Narratives\Object Management\Object Create模块至Asaku Script。

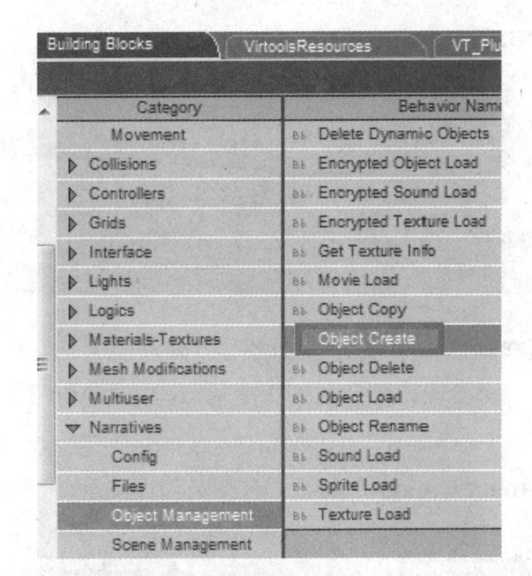

STEP 47 双击Object Create模块，1设置Class为3D Entity，2设置Name为goal，3单击OK按钮。

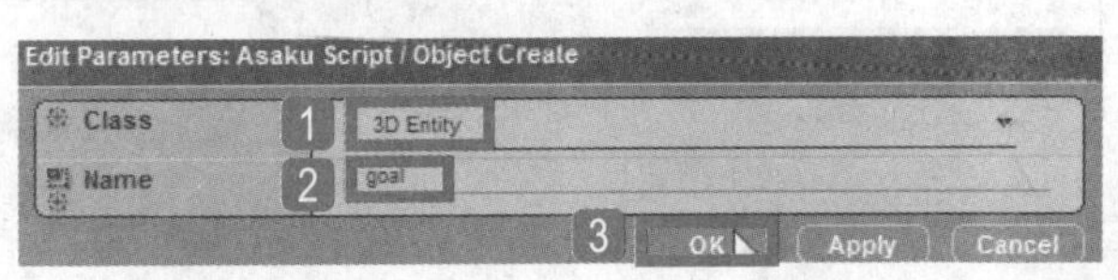

STEP 48 导入BB面板中的Logics\Message\Wait Message模块至Asaku Script。

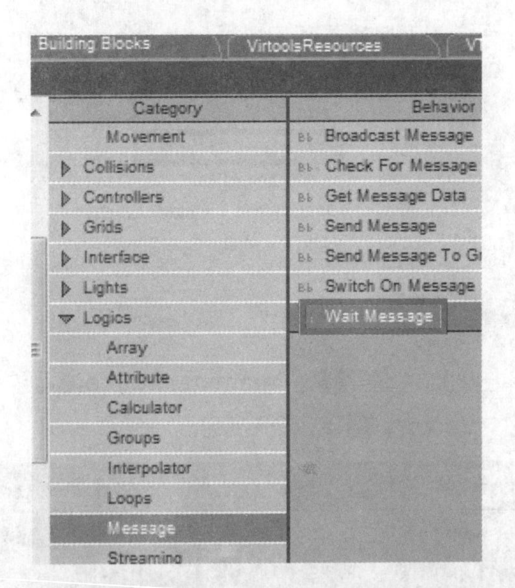

STEP 49 双击Wait Message模块，1然后设置Message为goto，2单击OK按钮。

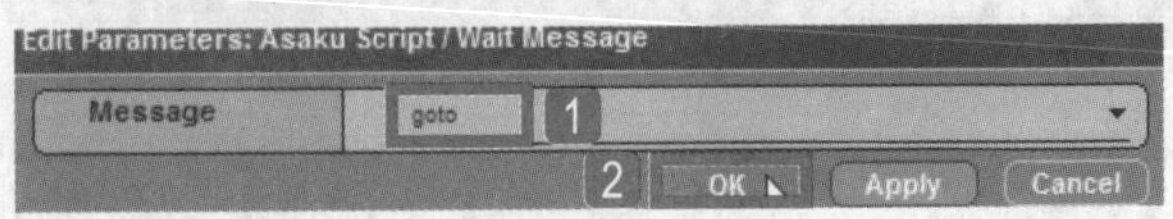

STEP 50 将Object Create输入端连接到Start，并将其输出端连接到Wait Message的On，再将输出参数连接到Character Go To的Target Object。

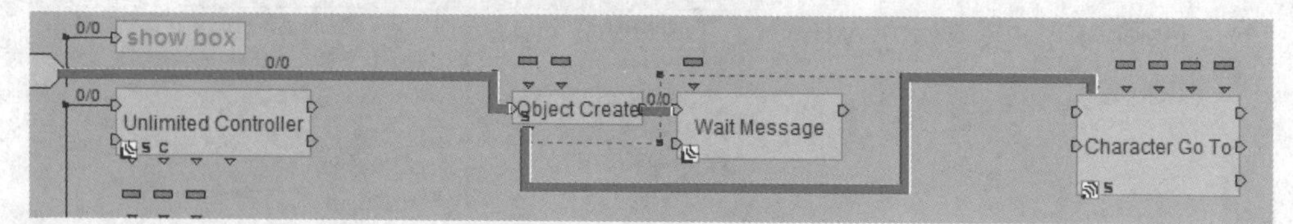

STEP 51 在Asaku Script空白处按住Ctrl键双击，快速调用Set Position模块。右击Set Position模块，在弹出的快捷菜单中执行Add Target Parameter命令。

STEP 52 将Set Position连接到Wait Message的输出端和Character Go To的输入端，再将Object Create的输出参数连接到Target。

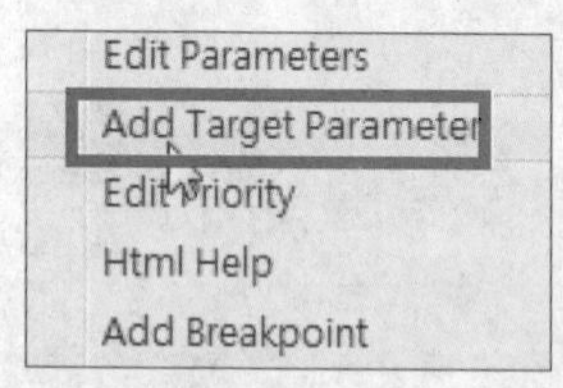

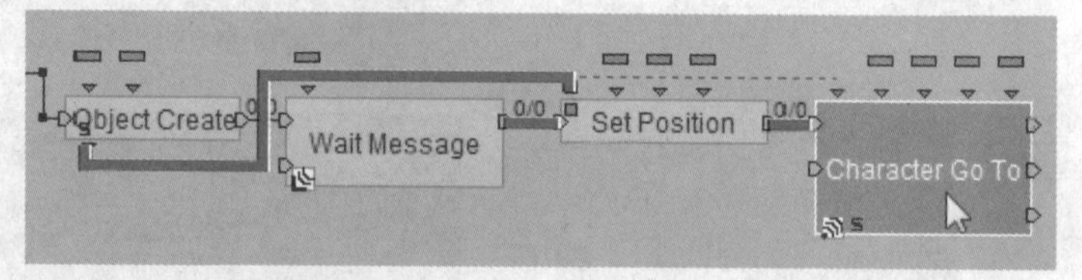

STEP 53 将Character Go To的Loop Out循环至Loop In，然后在Level Script空白处右击，在弹出的快捷菜单中执行Add Local Parameter命令。

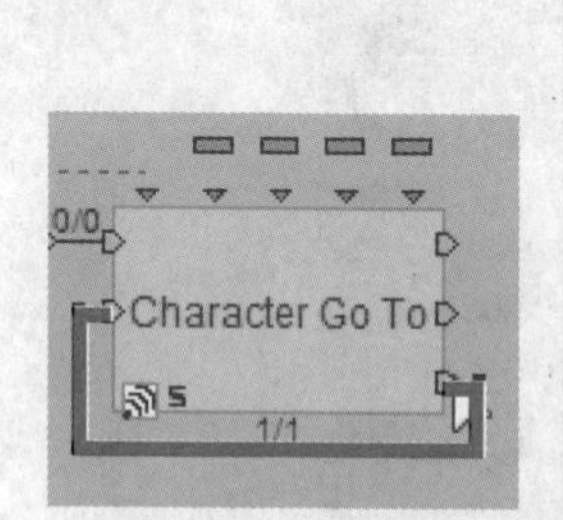

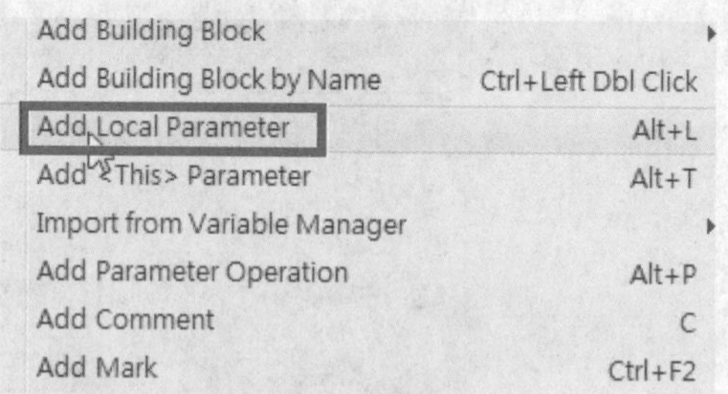

STEP 54 在弹出的对话框中❶将Parameter Name设置为goal pos，❷将Parameter Type设置为Vector，❸单击OK按钮。

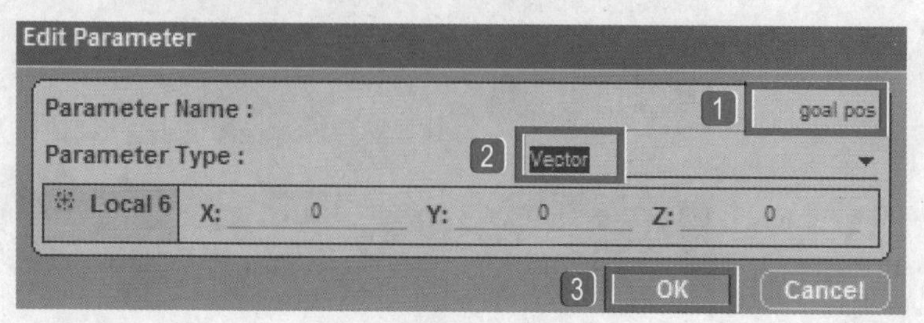

STEP 55 可按下空格键进行切换，显示Local Parameter的名称与参数。右击Local Parameter，在弹出的快捷菜单中执行Copy命令。

STEP 56 在Asaku Script空白处右击，在弹出的快捷菜单中执行Paste as Shortcut命令。

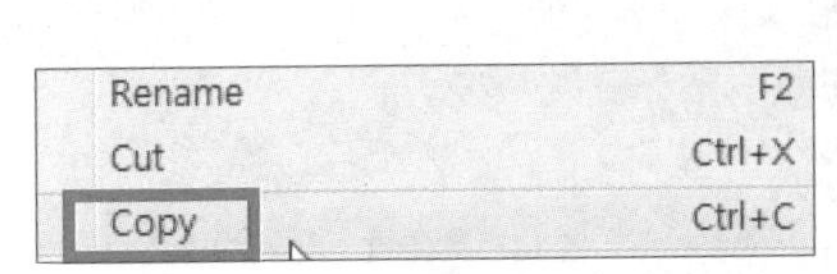

STEP 57 将Asaku Script中新建3D对象的Set Position输入参数坐标连接到Local Parameter快捷方式，再将Wait Message进行循环准备下一次移动。

STEP 58 在Level Script中Set Goal模块空白处按住Ctrl键双击，快速调用Identity模块，将其连接到Mouse Waiter后面Test的True输出端，并双击输入参数。

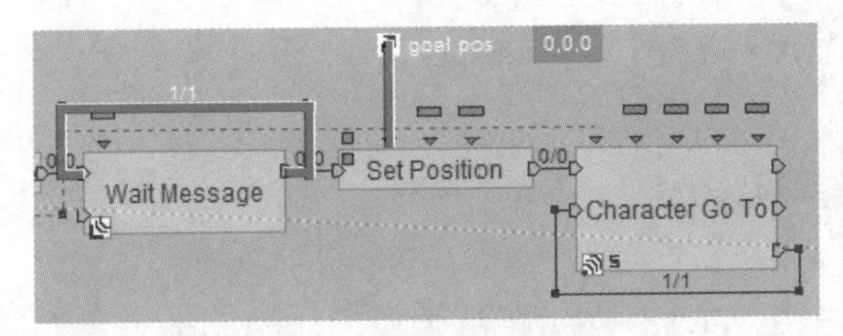

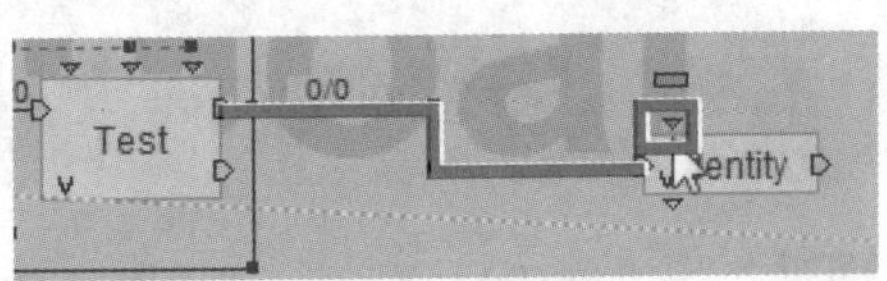

STEP 59 在弹出的对话框中1将Parameter Type设置为Vector，2单击OK按钮。

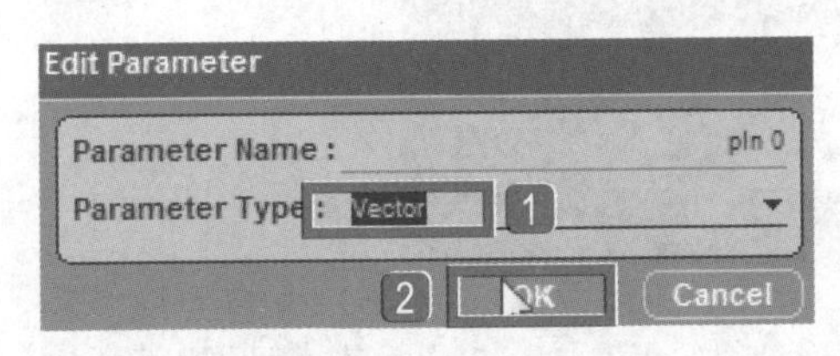

STEP 60 复制一个goal pos的快捷方式，将Identity的输出参数连接到goal pos，将2D Picking的输出参数Intersection Point连接到Identity的输入参数。

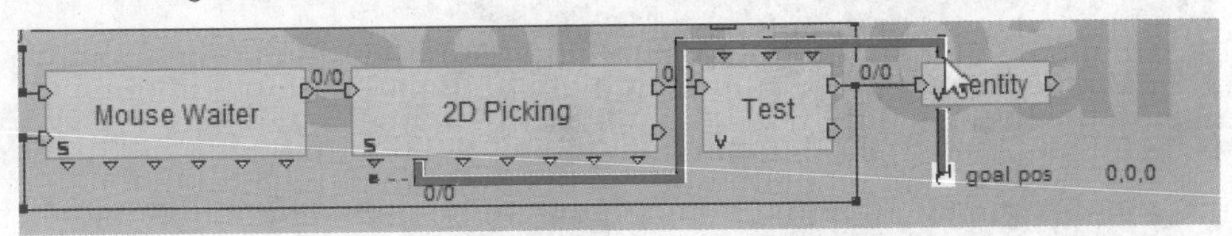

STEP 61 导入BB面板的Logics\Message\Send Message To Group模块至Set Goal模块中。

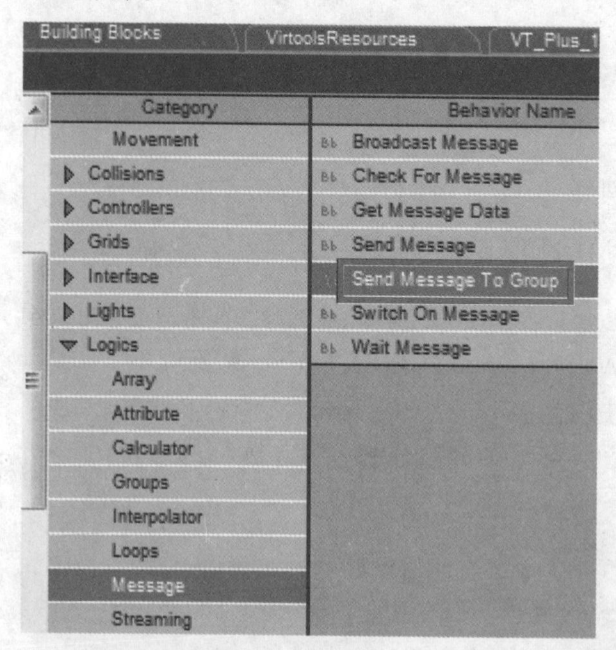

STEP 62 双击Send Message To Group模块，在弹出的对话框中❶将Message设置为goto，❷将Group设置为select objects，❸单击OK按钮。

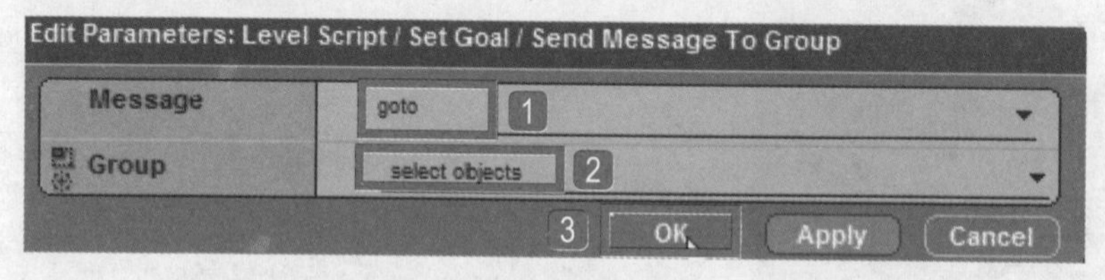

STEP 63 为Set Goal模块添加一个Out点，将Send Message To Group连接到Identity输出和模块Out点。

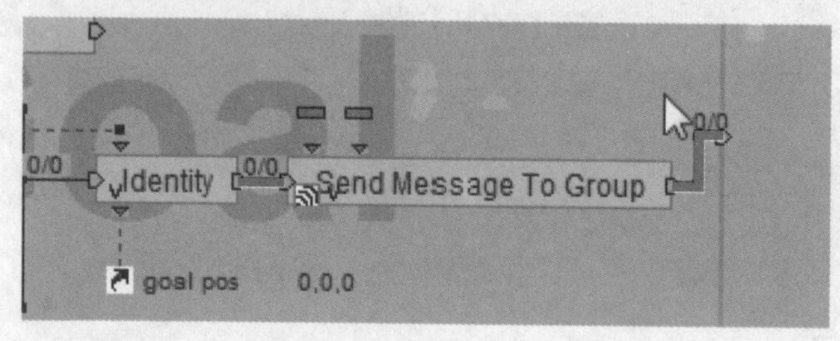

STEP 64 将模块In点连接到判断walk icon的Test的输出点，将模块Out点连接到Mouse Waiter的On。

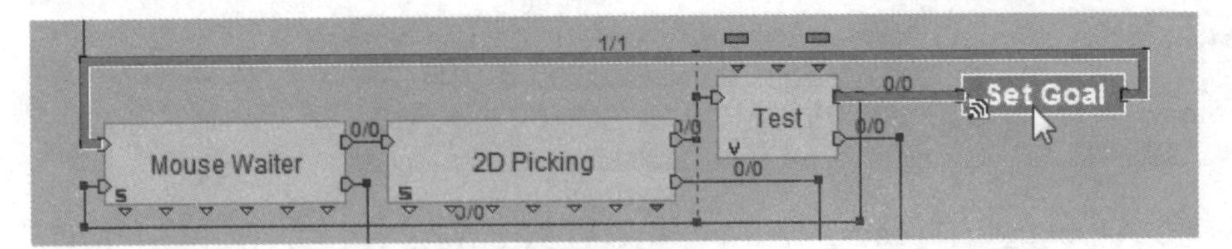

STEP 65 我们可以将walk icon的判断做得更完美。导入BB面板中的Logics\Streaming\Switch On Parameter模块至Level Script。

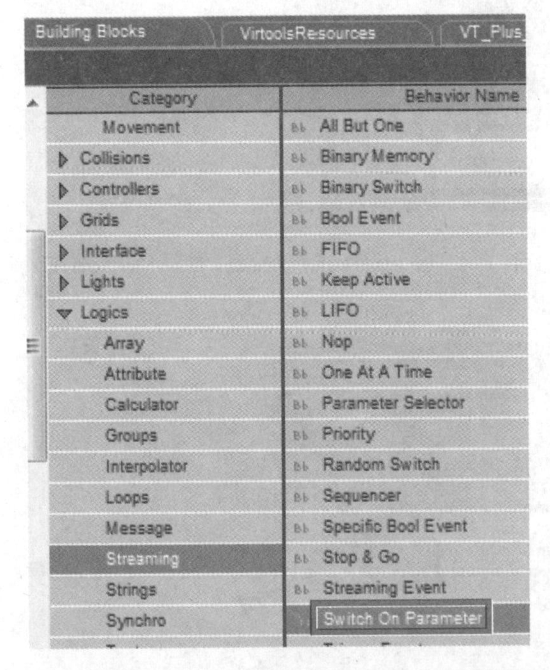

STEP 66 双击Switch On Parameter模块的输入参数Test。

STEP 67 在弹出的对话框中❶将Parameter Type设置为2D Entity，❷单击OK按钮。

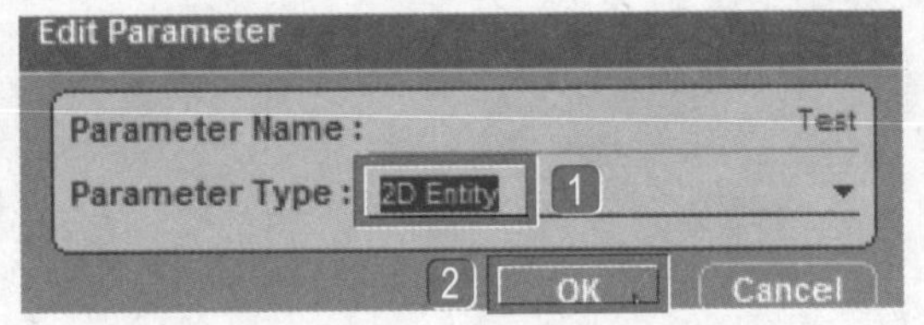

STEP 68 双击Switch On Parameter模块，在弹出的对话框中1将Pin 1设置为walk icon，2单击OK按钮。

STEP 69 将2D Picking的True连接到Switch On Parameter的In，并将Switch On Parameter的None连接到Selected Rectangle。

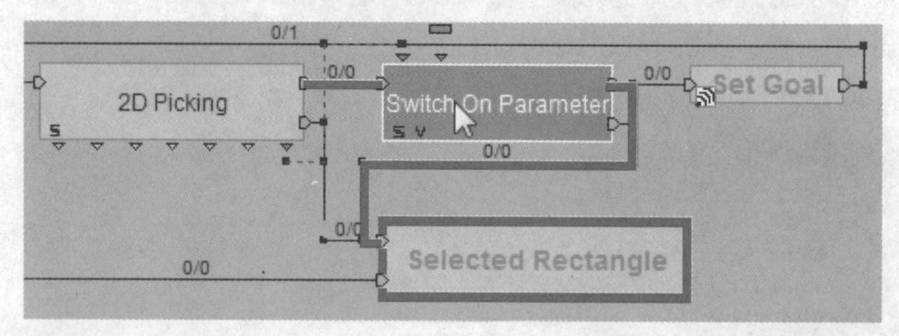

STEP 70 将2D Picking的Sprite连接到Switch On Parameter的Test，并将Switch On Parameter的Out 1连接到Set Goal。

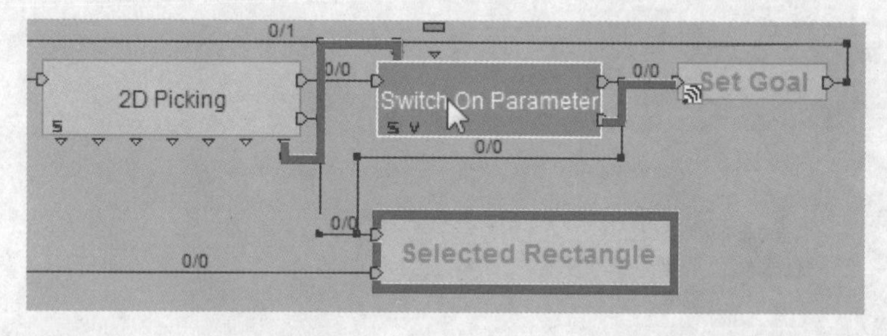

STEP 71 至此，范围圈选功能的设置就完成了。

Chapter

吸附功能

本章将为大家介绍球体的创建和属性设置方法，并详细讲解如何设置对象的吸附功能。

本章要点

- 从素材库中导入需要的素材
- 设置球体的基本属性
- 制作吸附效果

7.1 设置球体的基本属性

STEP 1 执行菜单栏中的Resources>Open Data Resource命令，在弹出的Open Data Resource对话框中选择随书光盘\素材库\VT_Plus_1.rsc素材文件，单击“打开”按钮，加载本书所有的教学素材数据。

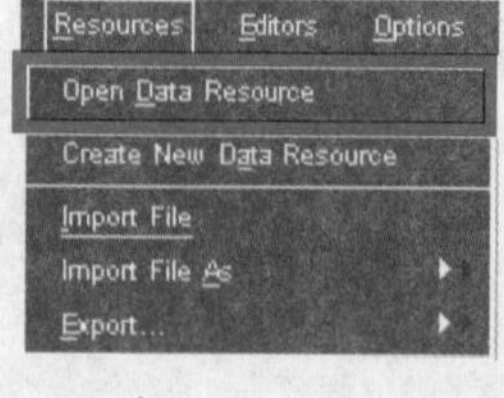

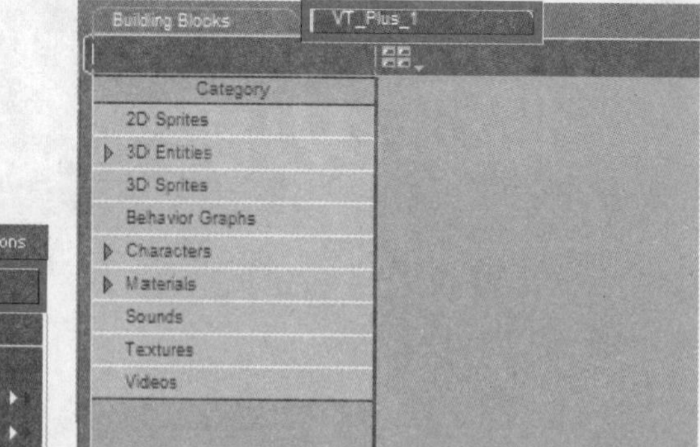

STEP 2 导入VT_Plus_1面板中的3D Entities\wood floor.nmo素材文件。

STEP 3 加载后画面一片漆黑，这是由于没有光源，因此将画面视图切换到Top View。

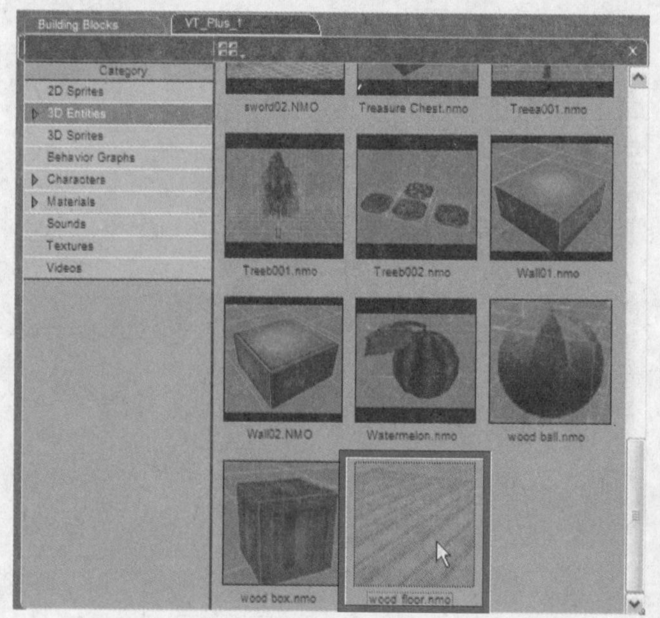

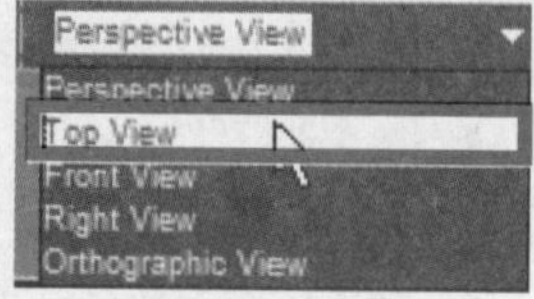

STEP 4 单击Create Light按钮，创建一盏灯。

STEP 5 在Point Light Setup面板中将灯光的高度Y降低至100。

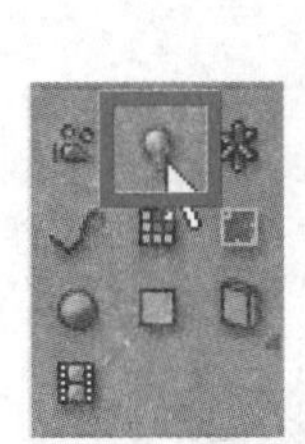

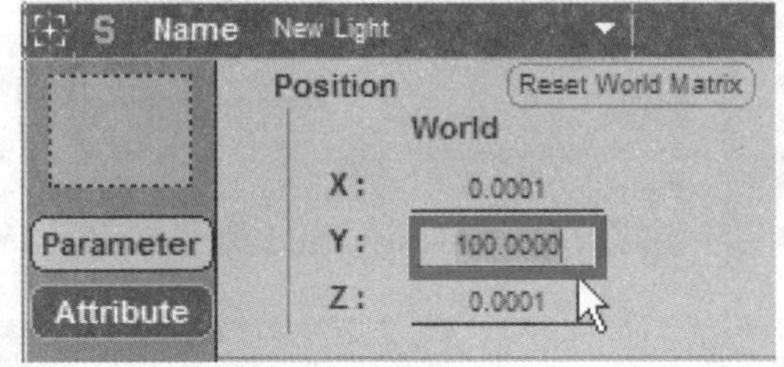

STEP 6 切换画面视图为Perspective View。

STEP 7 直接在选取的对象上单击鼠标右键，在弹出的快捷菜单中执行Material Setup命令，设置地板的材质。

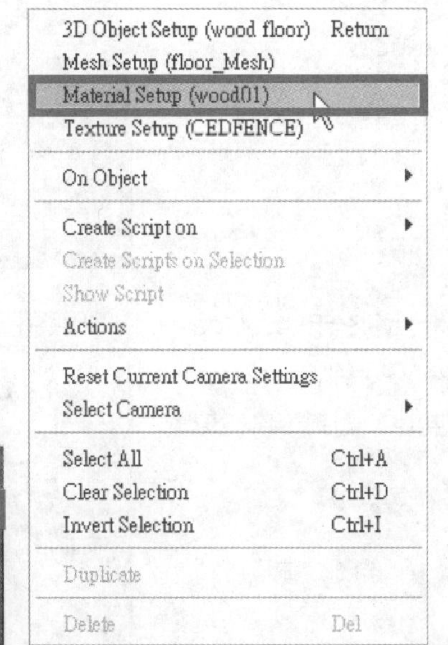

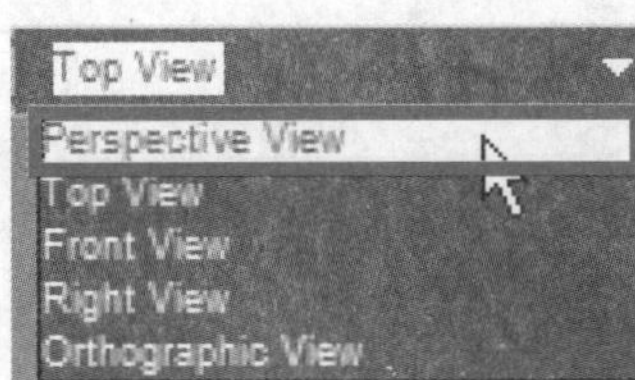

STEP 8 在Material Setup面板中对Emissive颜色进行微调，调整地板的效果。

STEP 9 导入VT_Plus_1面板中的Characters\WoodBall.nmo素材文件。

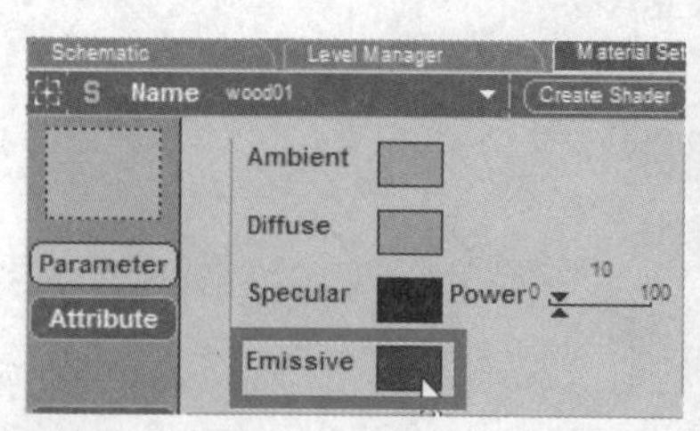

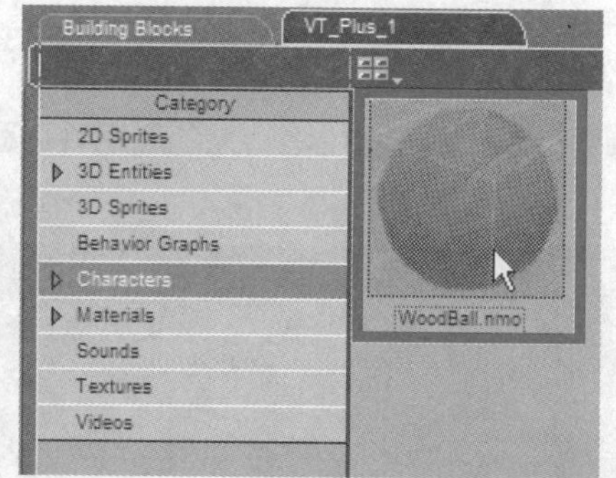

STEP 10 载入素材文件时发现Textures与原本的木纹地板重复了，此时右击Textures在弹出的快捷菜单中可以选择Ignore（忽略）、Rename（重新命名）、Use Current（使用原本的）或Replace（重新置入）选项。❶这里选择Use Current，❷单击OK按钮，加载球体。

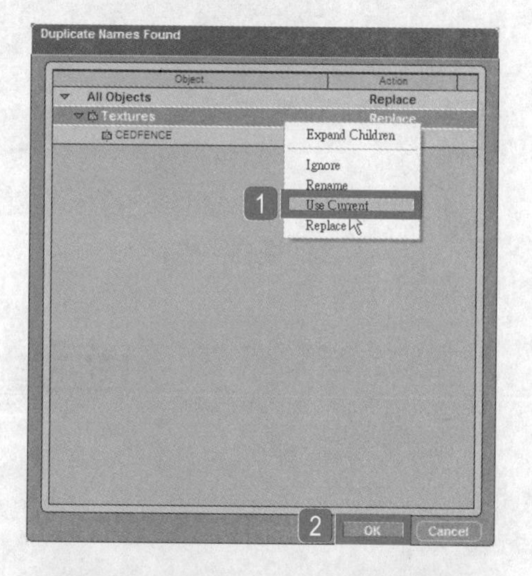

STEP 11 设置球体的控制功能。❶右击Level Manager面板中的Level\Global\Characters\Wood Ball，❷在弹出的快捷菜单中执行Create Script命令。

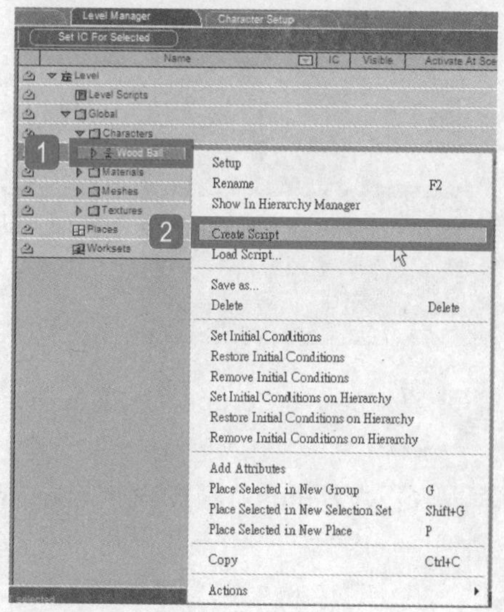

STEP 12 导入BB面板中的Controllers\Keyboard\Switch On Key模块。

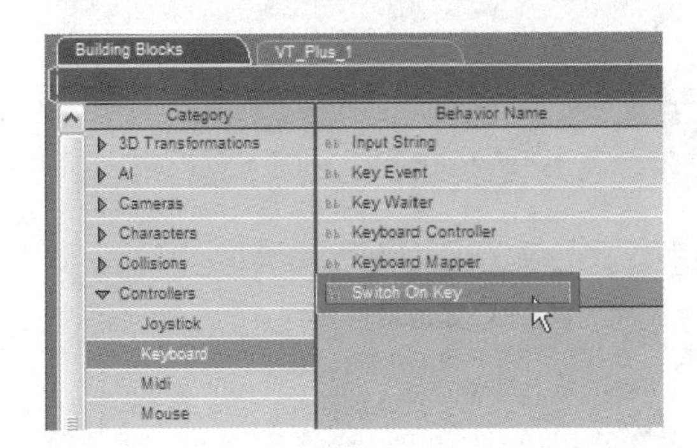

STEP 13 由于要使用键盘的上、下、左、右4个方向键控制球体，因此要增加两个输出口，右击Switch On Key模块，在弹出的快捷菜单中执行Construct\Add Behavior Output命令。使用同样的方法添加第二个输出口。

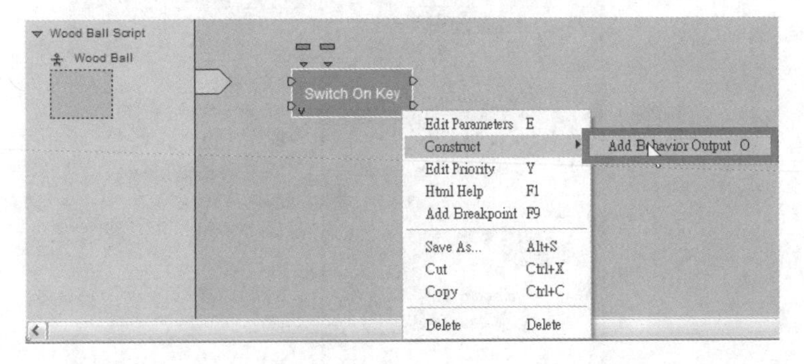

STEP 14 双击Switch On Key模块，①在弹出的对话框中分别输入键盘的上（Up）、下（Down）、左（Left）、右（Right），②单击OK按钮。

STEP 15 设置完成后按下控制键，球体便会滚动并发生位移。导入BB面板中3D Transformations\Basic\Rotate模块。

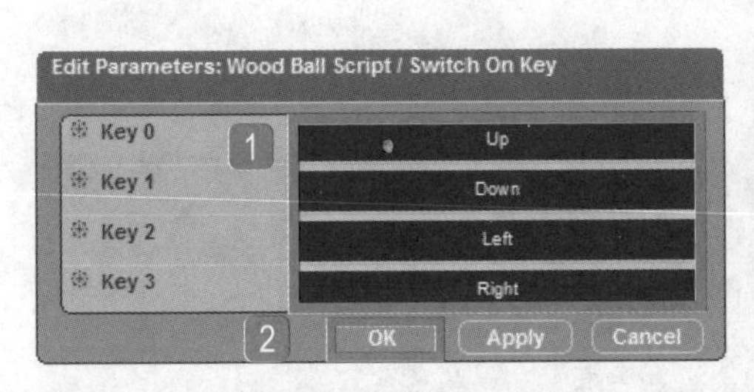

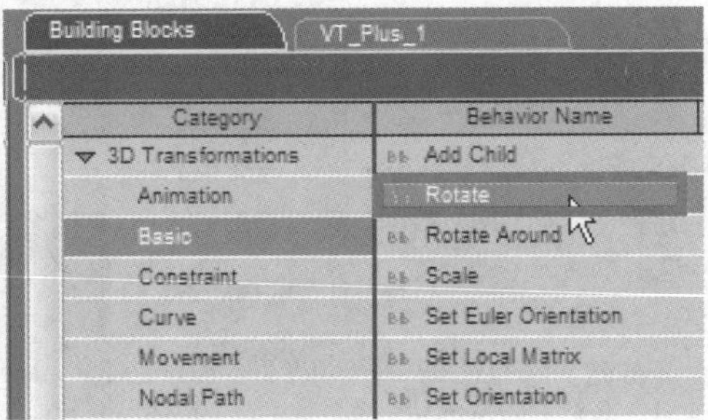

STEP 16 将Rotate模块的In连接到Switch On Key的Out，对应上方向键。

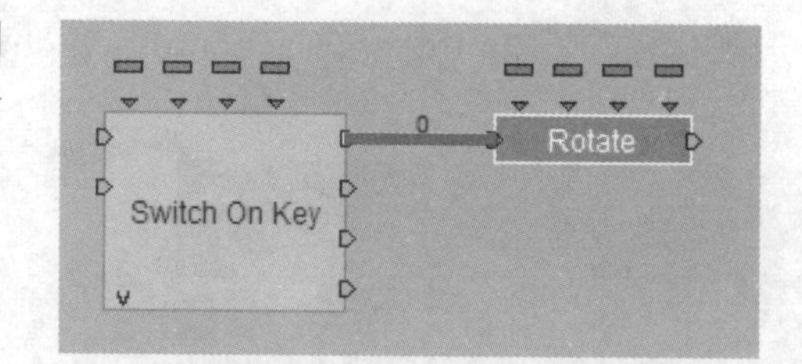

STEP 17 双击Rotate模块，1设置上方向键转动以X轴为轴心，设置数值为1。2设置Degree为 -4°，3单击OK按钮。

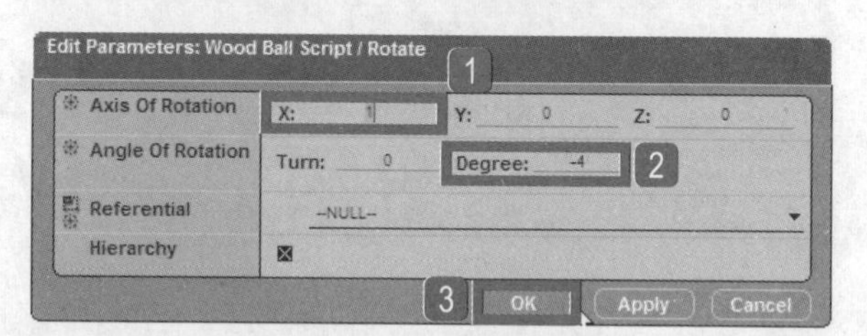

STEP 18 导入BB面板中的3D Transformations\Basic\Translate模块。

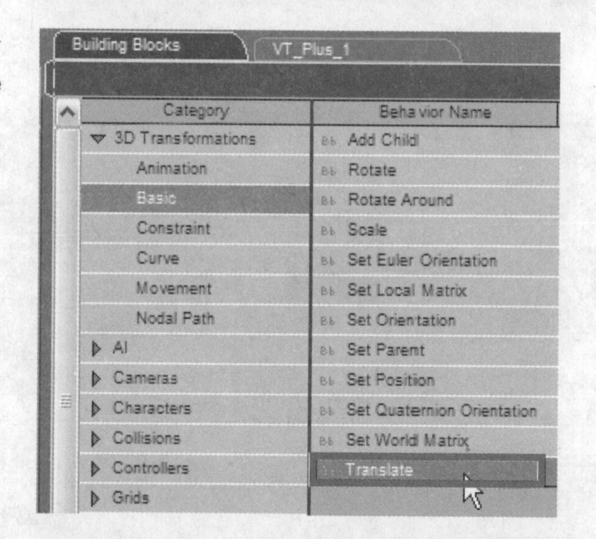

STEP 19 将Translate的In连接到Rotate的Out 。

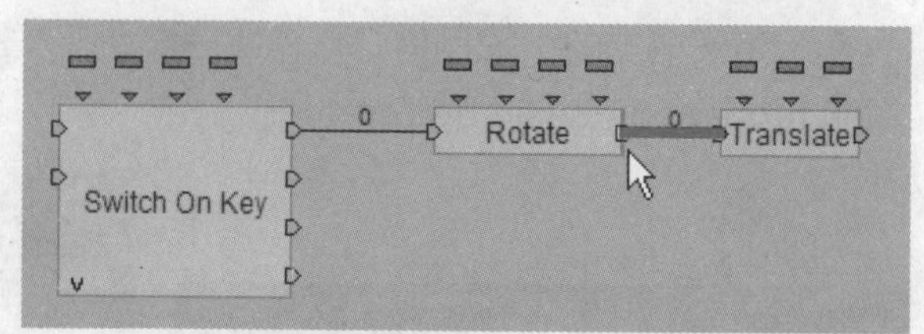

STEP 20 双击Translate模块，1在弹出的对话框中设置Z轴的位移为1，球会向镜头深处移动，2单击OK按钮。

STEP 21 使用同样的方法设置下、左、右方向键的滚动及位移。结合Ctrl键框选Translate和Rotate模块。

STEP 22 按住Shift键拖曳，复制框选的模块。

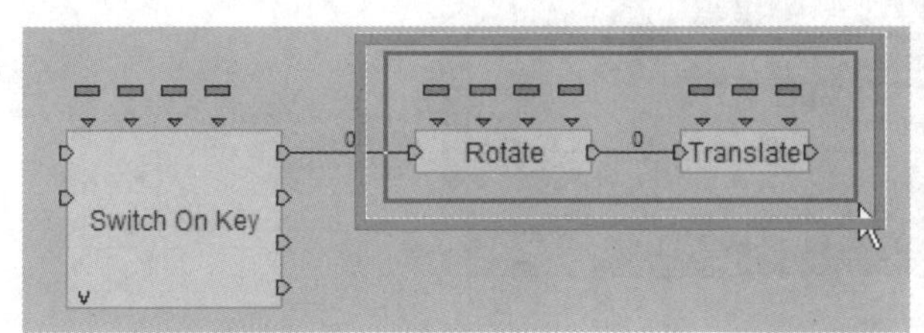

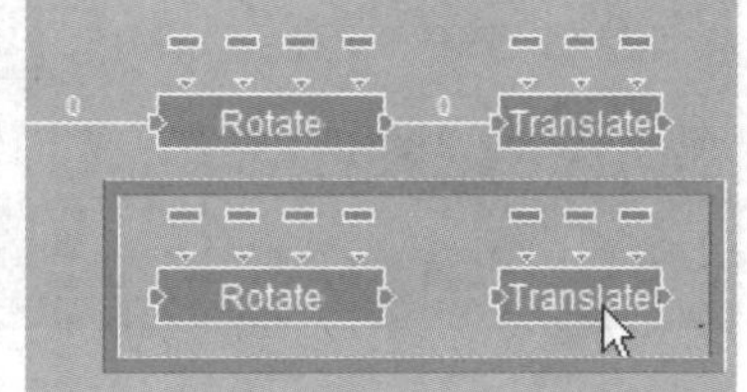

STEP 23 设置下方向键。1设置Rotate以X轴为轴心，2转动角度为4°，3单击OK按钮。

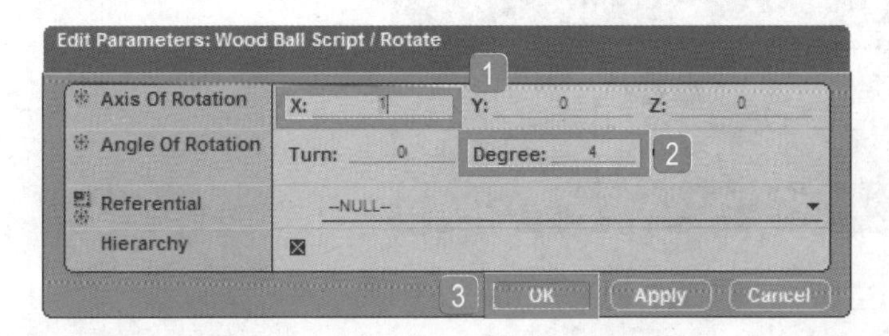

STEP 24 设置下方向键。1设置Translate的Z值为 –1，球向镜头靠近，2单击OK按钮。

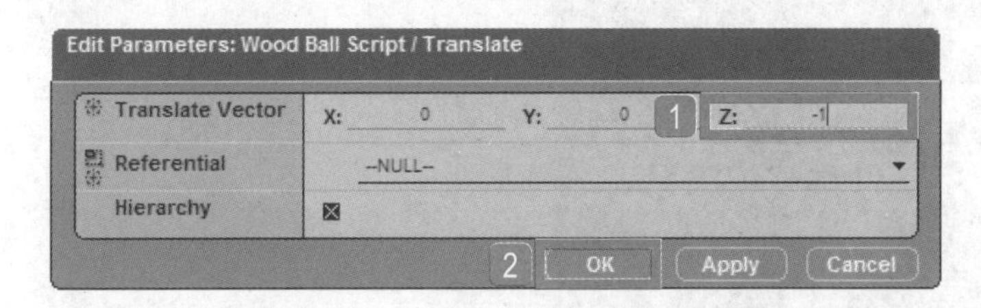

STEP 25 将第二组Rotate的In连接到下方向键的输出口Out 1。

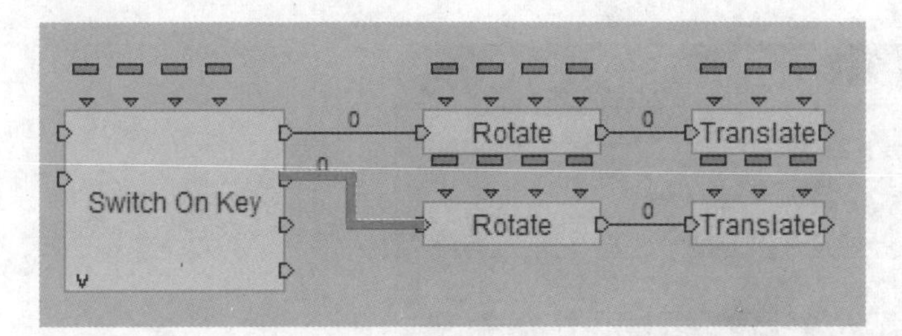

STEP 26 设置左方向键。①设置Rotate以Z轴为轴心，②转动角度为 −4° ，③单击OK按钮。

Edit Parameters: Wood Ball Script / Rotate

Axis Of Rotation　X: 0　Y: 0　1　Z: 1

Angle Of Rotation　Turn: 0　Degree: -4　2

Referential　--NULL--

Hierarchy

3　OK　Apply　Cancel

STEP 27 设置左方向键。①设置Translate的X值为 −1，球向左边移动，②单击OK按钮。

Edit Parameters: Wood Ball Script / Translate

1

Translate Vector　X: -1　Y: 0　Z: 0

Referential　--NULL--

Hierarchy

2　OK　Apply　Cancel

STEP 28 将第三组Rotate的In连接到左方向键的输出□Out 2。

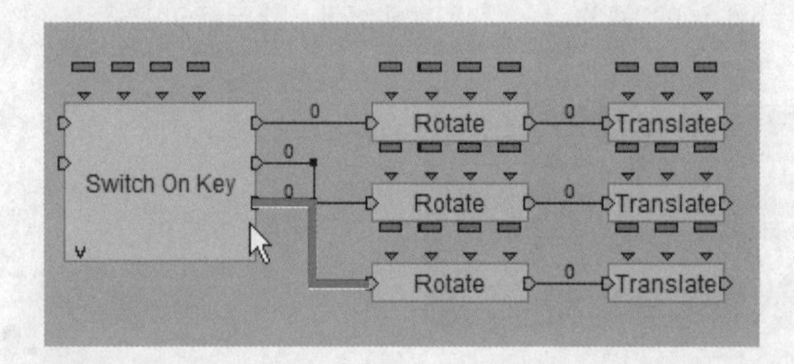

STEP 29 设置右方向键。①设置Rotate以Z轴为轴心，②转动角度为4° ，③单击OK按钮。

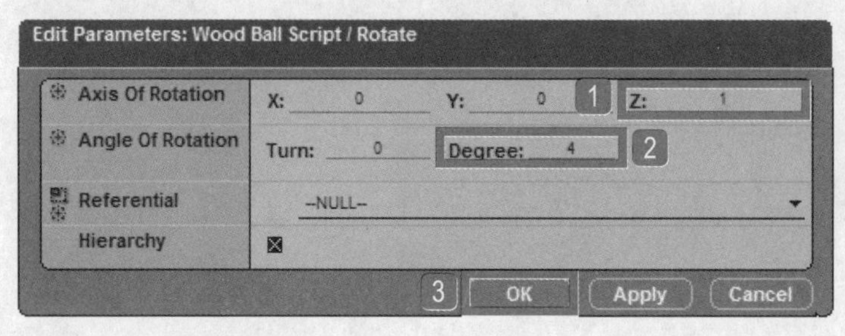

STEP 30 设置右方向键。1设置Translate的X值为 1，球向右边移动，2单击OK按钮。

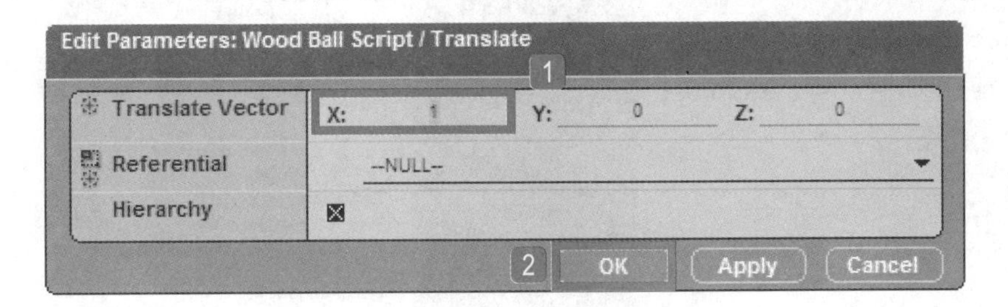

STEP 31 将第四组Rotate的In连接到右方向键的输出口Out 3。

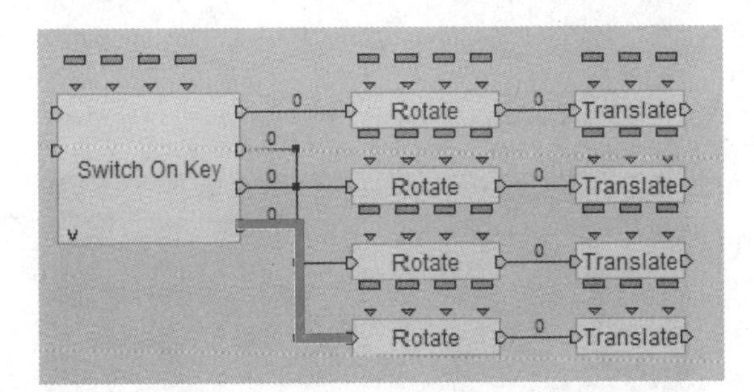

STEP 32 设置角色与地板对应。导入BB面板中的Characters\Constraint\Character Keep On Floor模块。

STEP 33 将四组Translate的Out都连接到Character Keep On Floor的In。

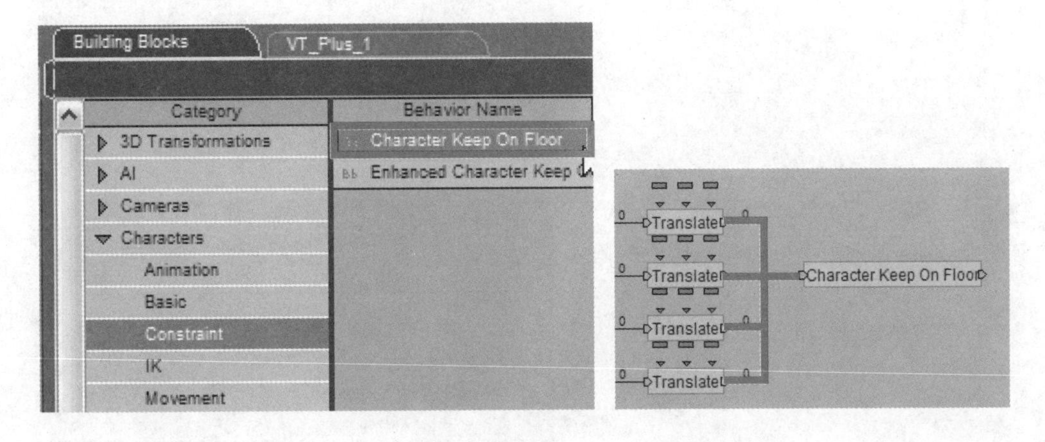

STEP 34 下面设置地板的属性。❶在Level Manager面板中右击Level\Global\3D Objects\wood floor，❷在弹出的快捷菜单中执行Add Attributes命令添加属性。

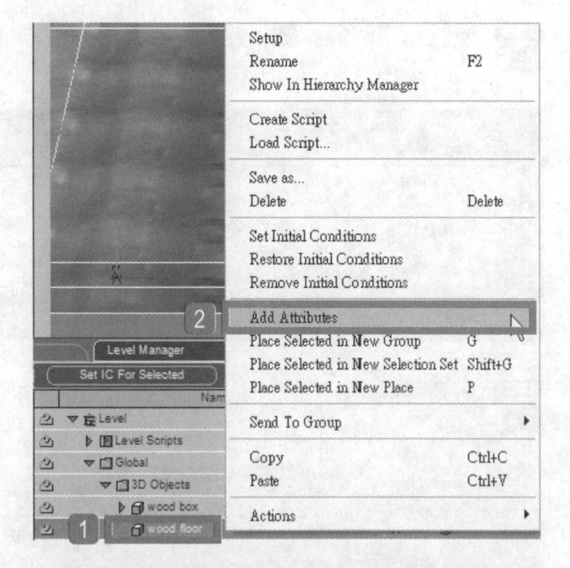

STEP 35 ❶在弹出的对话框中选择Floor Manager\Floor，❷单击Add Selected按钮。

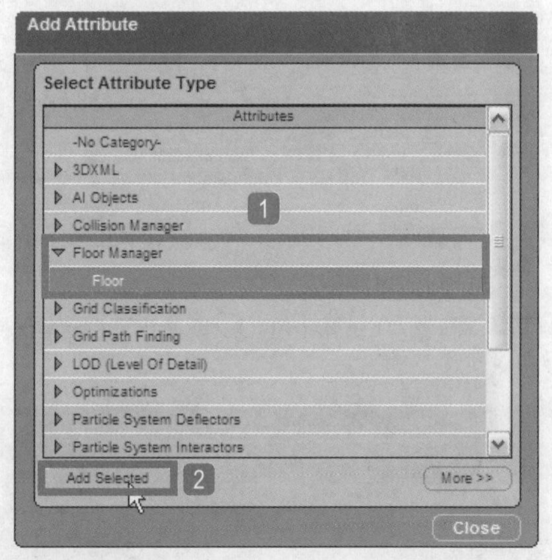

STEP 36 完成上述操作后单击Set IC For Selected按钮设置初始值。

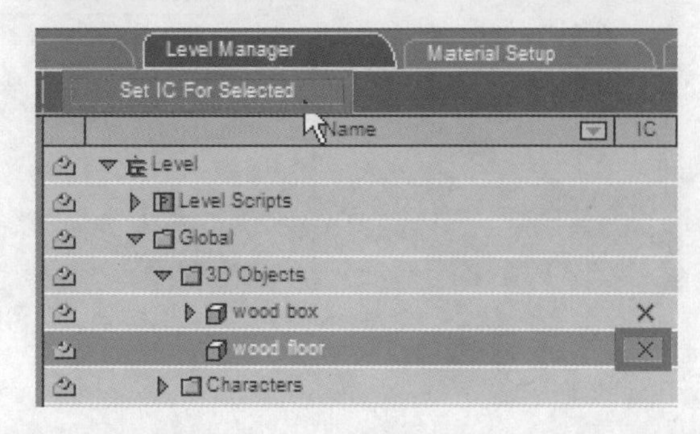

STEP 37 在Wood Ball Script中将Switch On Key的On连接到Start。

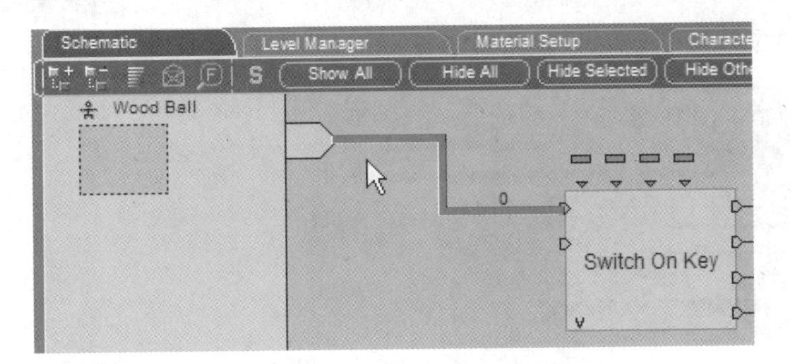

STEP 38 设置球保持在地板上，将Start连接到Character Keep On Floor的In。

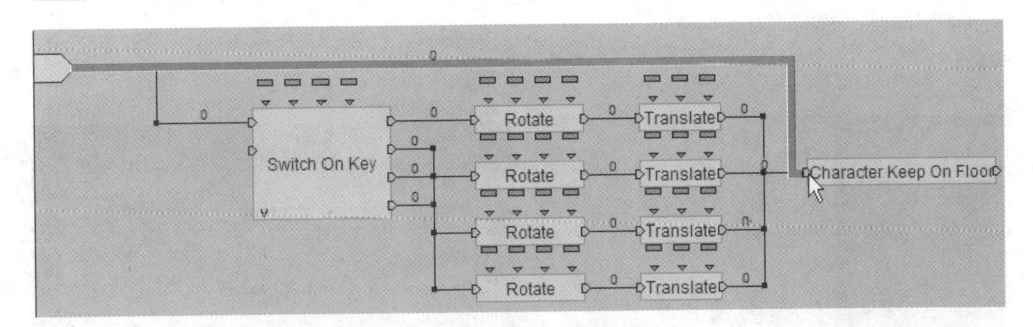

STEP 39 设置完球的基本属性后，再为它添加投影效果，使球更有立体感。导入BB面板中的Visuals\Shadows\ShadowCaster模板。

STEP 40 将ShadowCaster的On直接连接到Start。

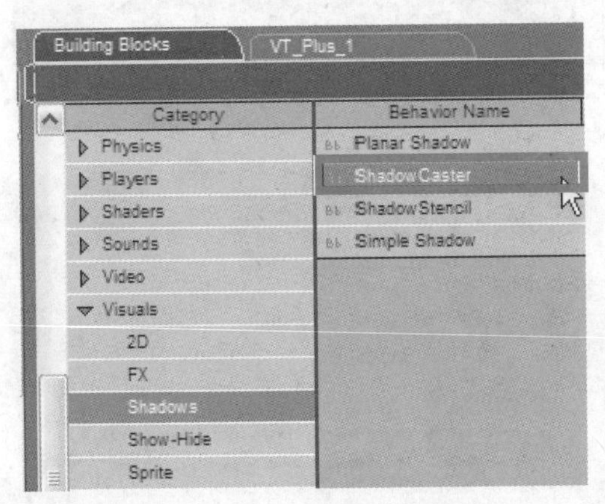

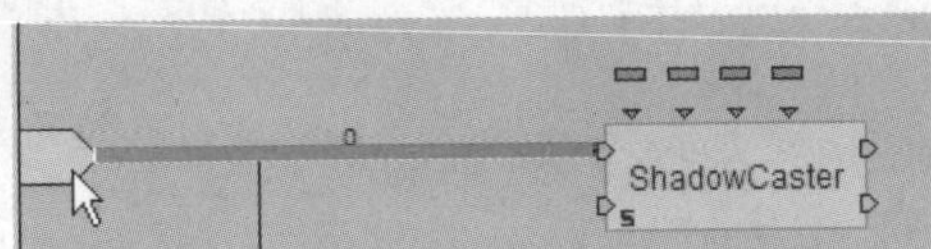

STEP 41 双击ShadowCaster模块，1在弹出的对话框中设置Light为开始创建的灯光New Light；2Max Light Distance可以自由设置，距离越大，影子越明显，这里设置为300。若3取消勾选Soft Shadow复选框，影子会有衰弱变化，4单击OK按钮。

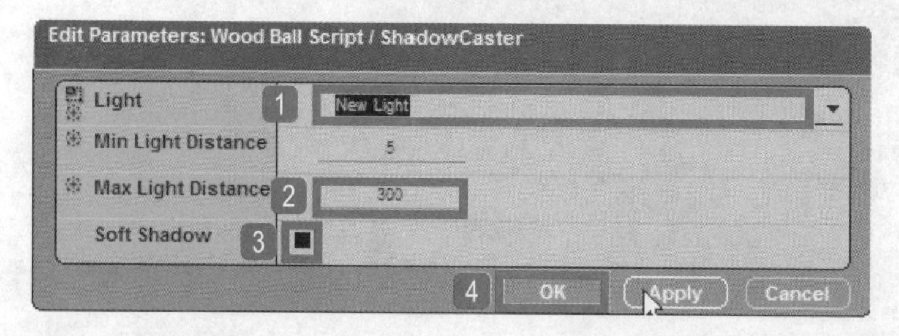

STEP 42 同样地，为地板添加投影属性。1在Level Manager面板中，右击Level\Global\3D Objects\wood floor，2在弹出的快捷菜单中执行Add Attributes命令。

STEP 43 1在弹出的对话框中选择Visuals FX\Shadow Caster Receiver，2单击Add Selected按钮。

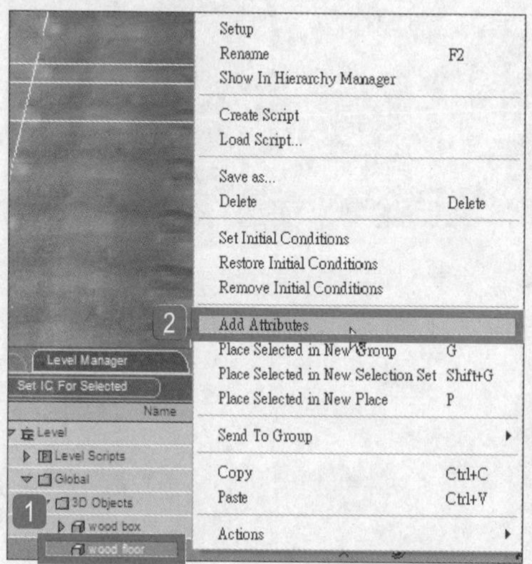

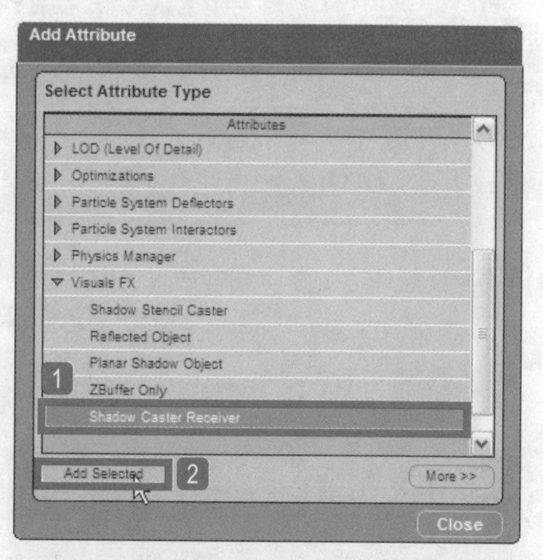

STEP 44 完成后单击Set IC For Selected按钮设置初始值。

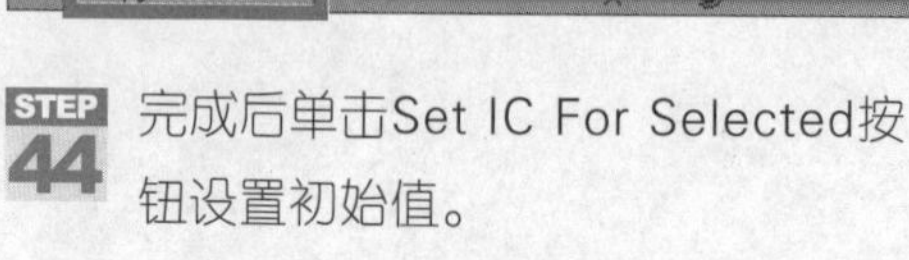

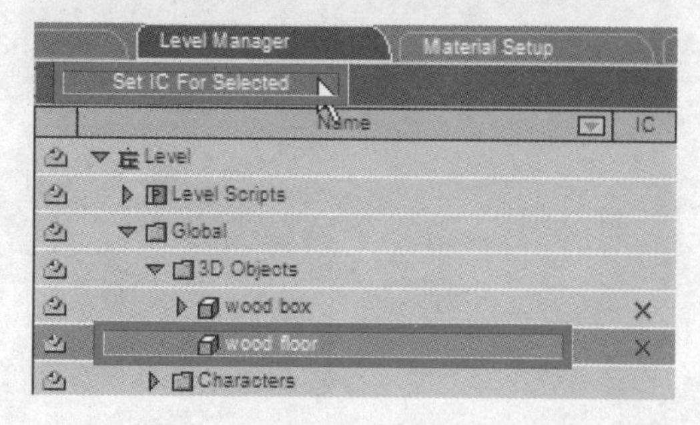

STEP 45 单击Play按钮测试动画效果，可以看到确实有影子产生。

7.2 制作吸附效果

STEP 1 球体的基本属性设置完成后，制作会被球吸附的对象。先加载木纹方块对象，导入VT_Plus_1面板中的3D Entities\wood box.nmo素材文件。

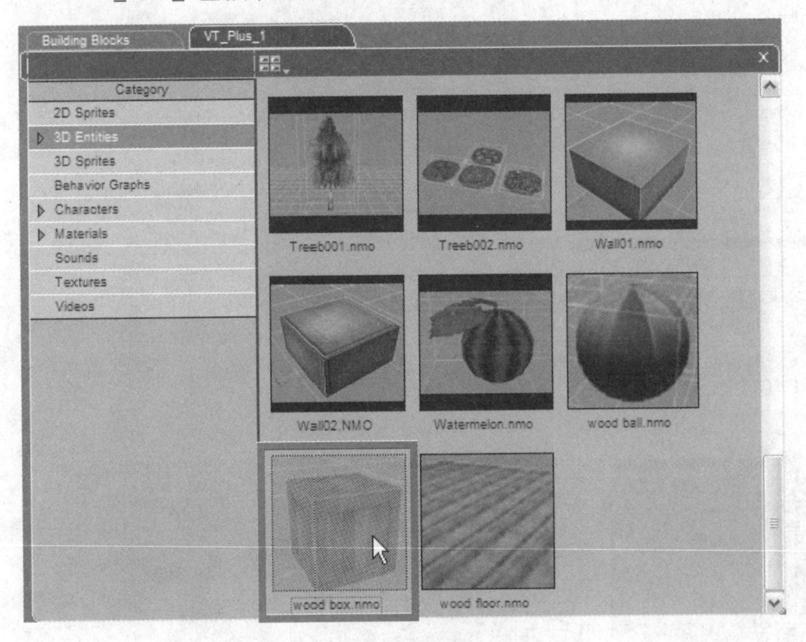

STEP 2 复制多个方块，不执行最原始的方块，将其Visible、Activate At Scene Start和Active Now属性关闭，并设置初始值。

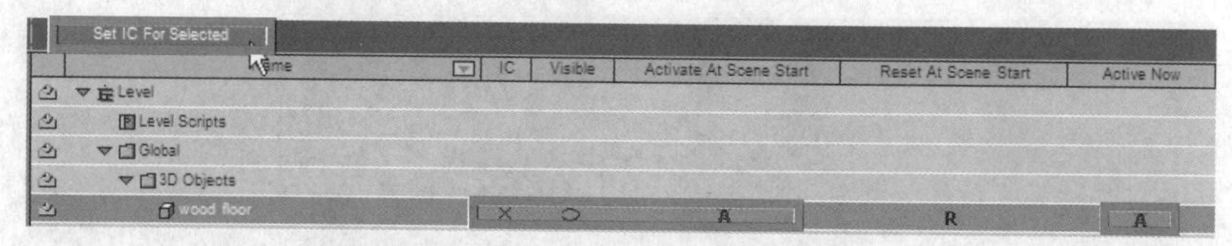

STEP 3 为主程序添加脚本。1在Level Manager面板的Level上右击，2在弹出的快捷菜单中执行Create Script命令。

STEP 4 制作木块洒满地的效果。导入BB面板中的Logics\Loops\Counter模块。

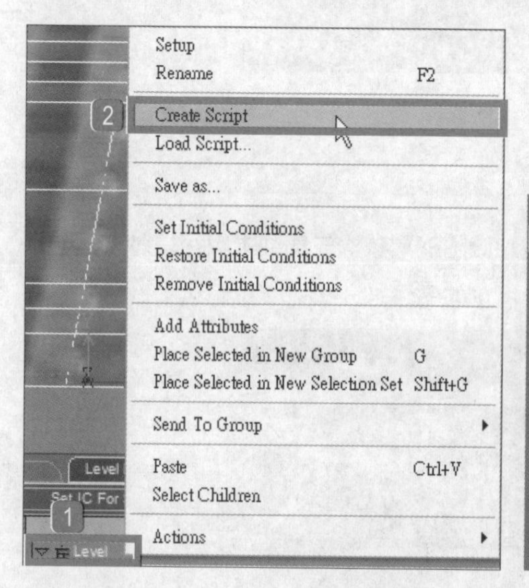

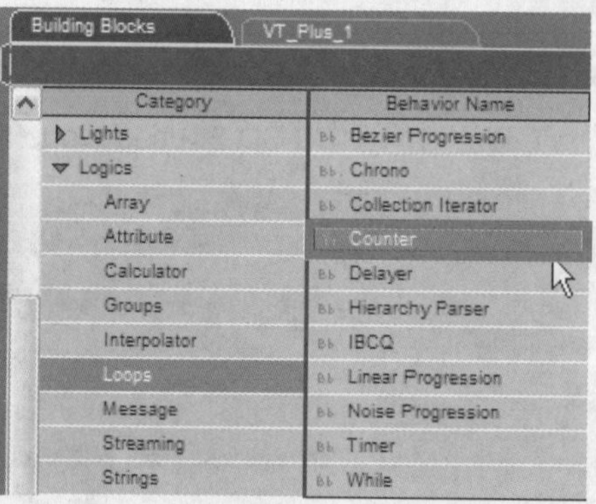

STEP 5 双击Counter模块，1在弹出的对话框中设置Count为500，2单击OK按钮。

STEP 6 将Counter的In连接到Start。

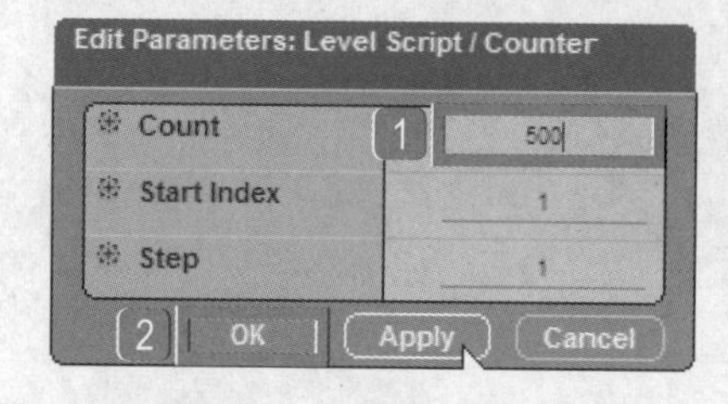

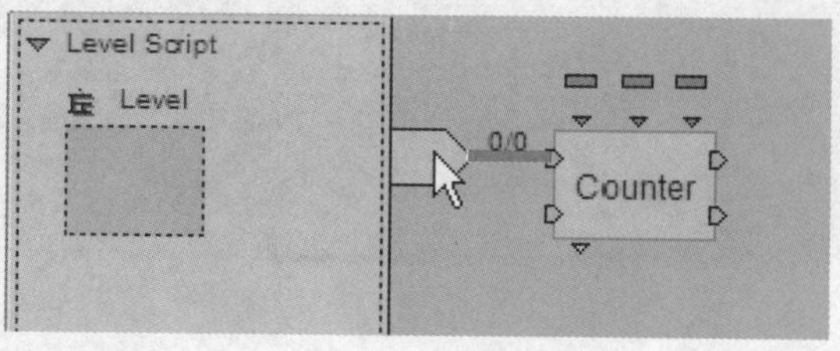

STEP 7 导入BB面板中的Narratives\Object Management\Object Copy模块。

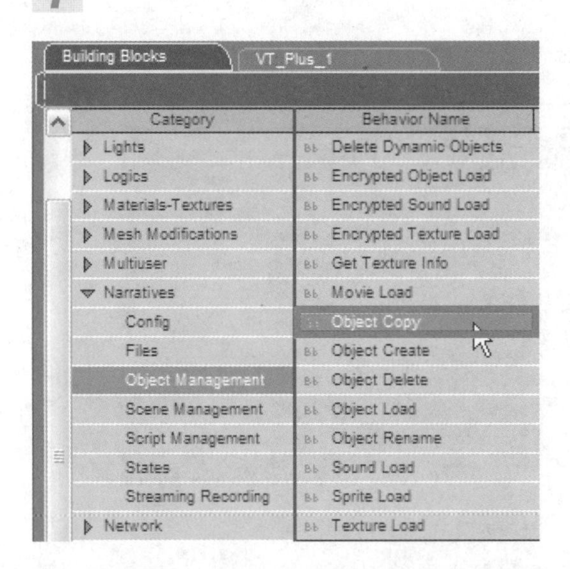

STEP 8 双击Object Copy模块，1在弹出的对话框中选中Custom Dependencies单选按钮，2选择3D Entity选项，3这里没有Animation所以不需勾选，4设置Original为wood box，5单击OK按钮。

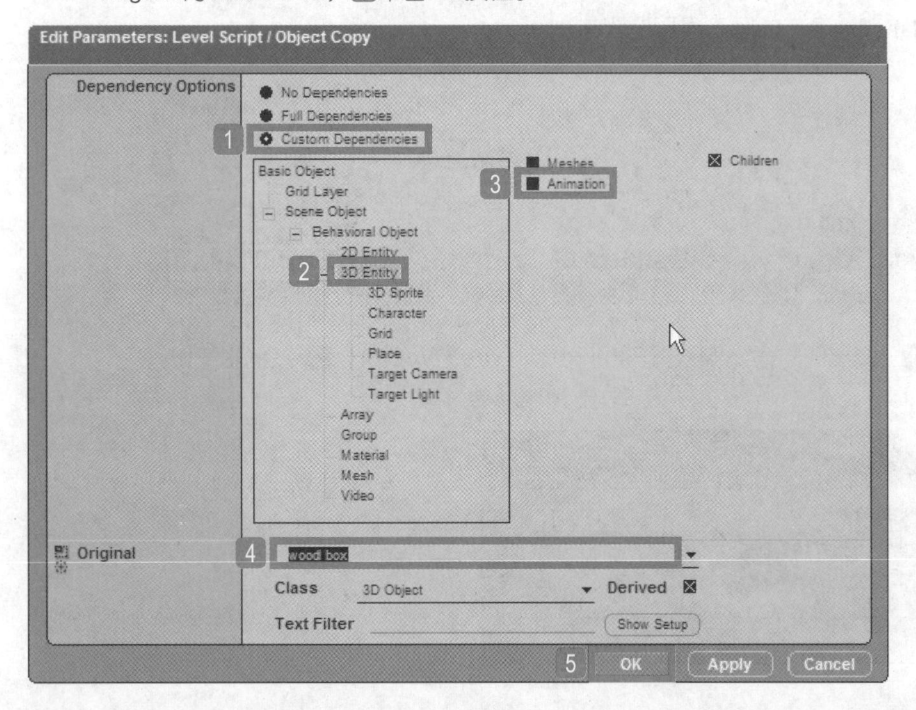

STEP 9 将Object Copy的In连接到Counter的Loop Out。

STEP 10 导入BB面板中的Logics\Calculator\Random模块。

Counter 0/0 Object Copy Loop Out

Category	Behavior Name
Lights	Bezier Transform
Logics	Calculator
Array	Get Component
Attribute	Get Delta Time
Calculator	Identity
Groups	Mini Calculator
Interpolator	Modify Component
Loops	Op
Message	Per Second
Streaming	Random
Strings	Set Component
Synchro	Threshold

STEP 11 将Object Copy的Out连接到Random的In。

STEP 12 Random模块将计算方块放置的位置即坐标，我们先修改随机数的参数类型，在Random下方的倒三角形上双击。

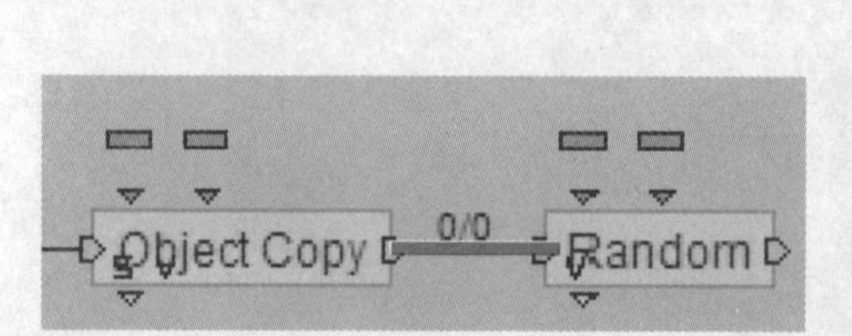

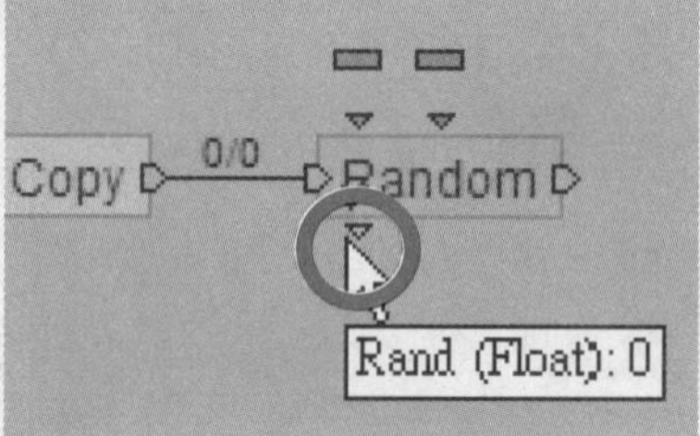

STEP 13 ❶在弹出的对话框中设置Parameter Type为Vector，❷单击OK按钮。

Edit Parameter
Parameter Name : Rand
Parameter Type : Vector 1
Parameter Value : 0
2 OK Cancel

STEP 14 双击Random模块，设置随机数计算范围的最小值和最大值。

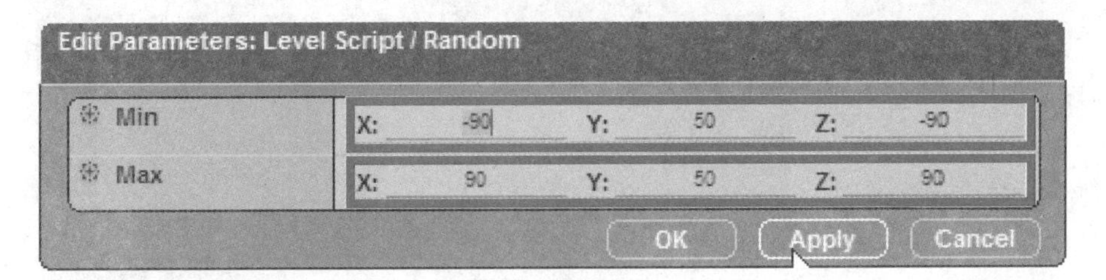

STEP 15 导入BB面板中的3D Transformations\Basic\Set Position模块。

STEP 16 将Set Position的In连接到Random的Out。

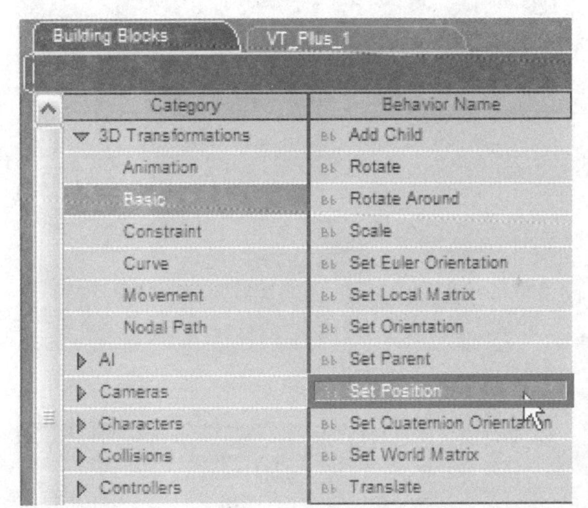

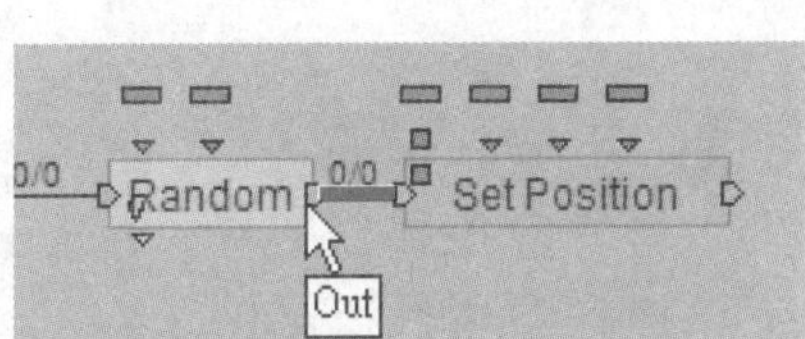

STEP 17 Set Position在Level之下，Target会自动打开，将复制的对象赋予Target。

STEP 18 将Random计算出来的坐标随机数赋予Set Position的Position。

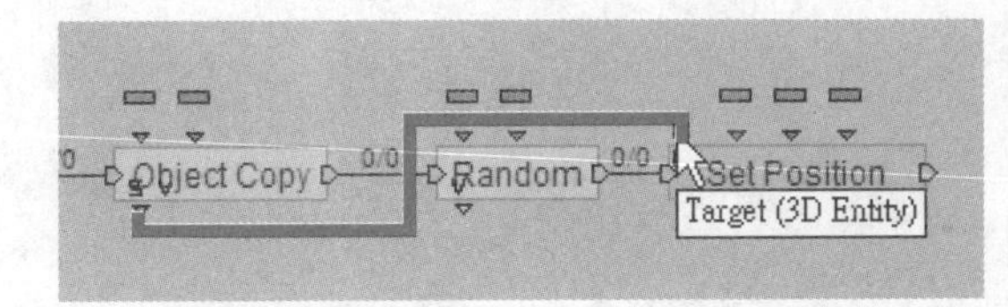

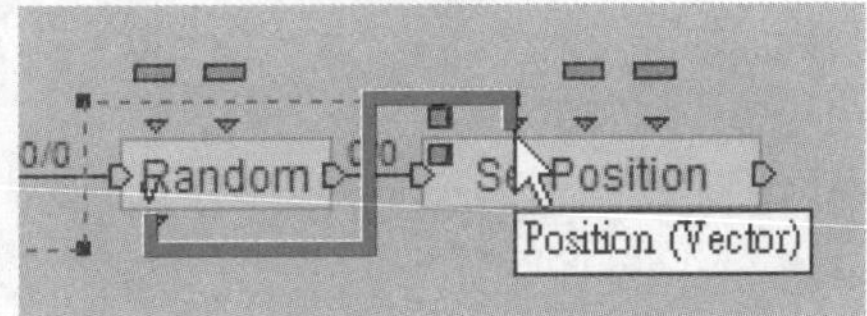

STEP 19 在Level Manager面板左侧的工具箱中单击Create Group按钮，创造两个新的群组。一个命名为all box，用来侦测吸附；另一个命名为all collisions，用来进行碰撞。在这两个群组为空的状态下，单击Set IC For Selected按钮设置初始值。

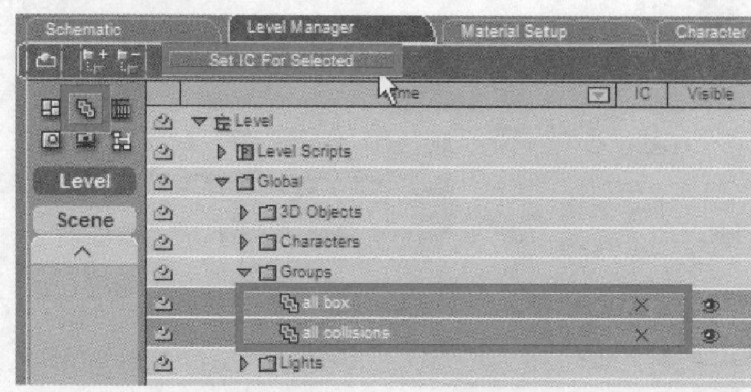

STEP 20 导入两个BB面板中的Logics\Groups\Add To Group模块。

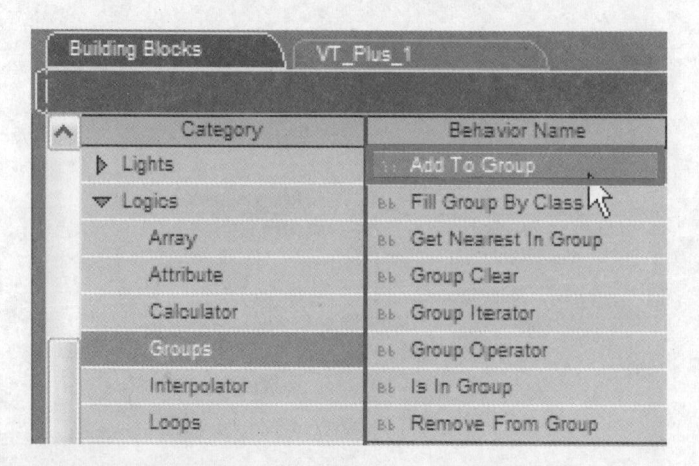

STEP 21 右击Add To Group模块，在弹出的快捷菜单中执行Add Target Parameter命令，打开它的Target。

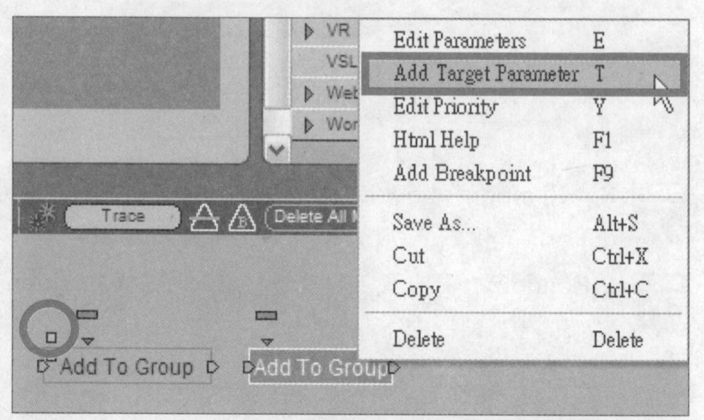

STEP 22 将新建的模块依次连接在Set Position模块之后。

STEP 23 将复制出来的对象分别赋予Add To Group的Target。

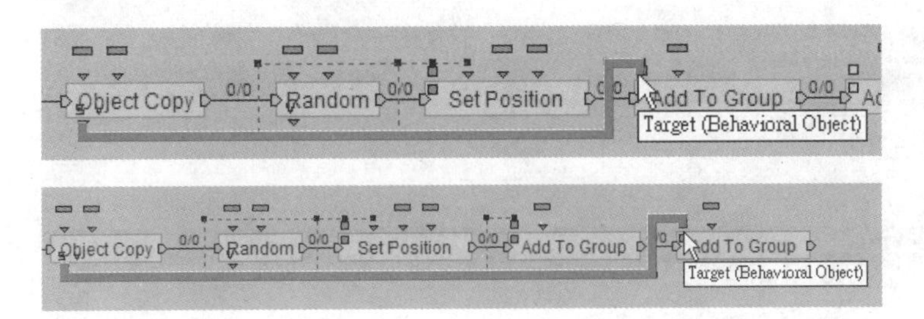

STEP 24 双击Add To Group模块，1设置第一个群组为all box，2单击Apply按钮。

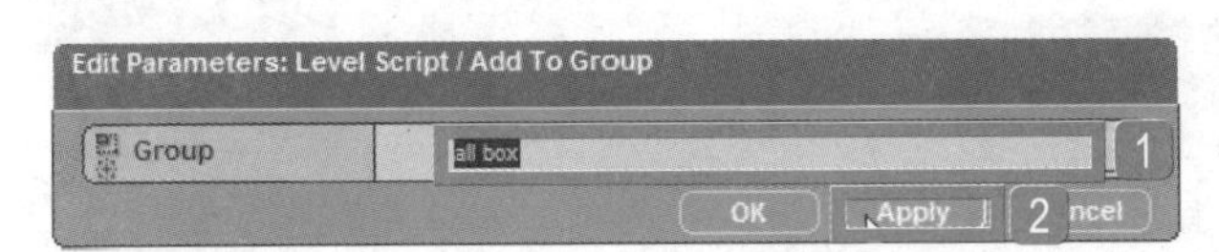

STEP 25 使用同样的方法，1将另一个群组设置为all collisions，2单击OK按钮。

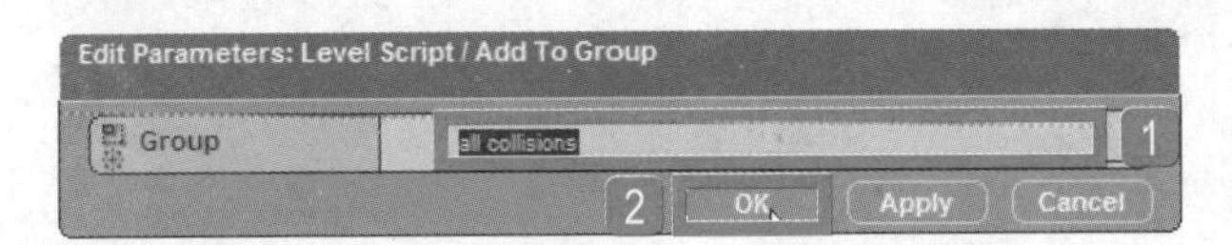

STEP 26 将第二个Add To Group的Out连接到Counter的Loop In，完成循环。

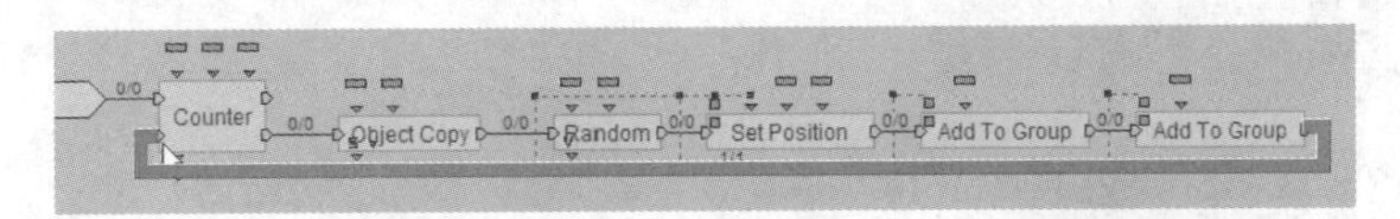

STEP 27 制作被吸附木块的木块。在Level Manager面板中，1右击Level\Global\3D Objects\wood box，2在弹出的快捷菜单中执行Create Script命令创建脚本。

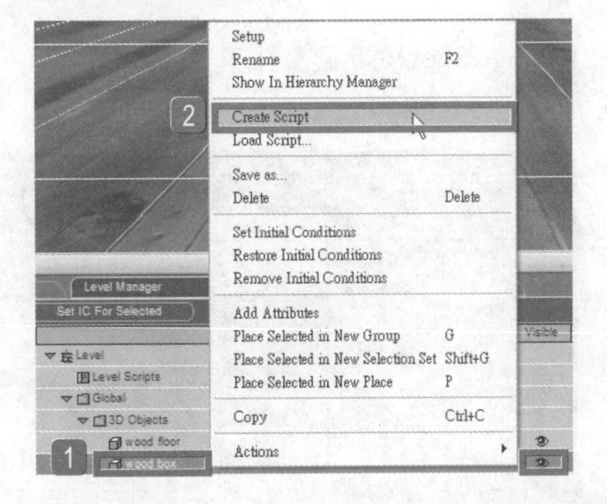

STEP 28 创建完成后恢复原本设置，设置初始值。

Name	IC	Visible	Activate At Scene Start	Reset At Scene Start	Active Now	Priority
Level						
Level Scripts						
Global						
3D Objects						
wood box	×		A	R	A	0
wood floor	×		A	R	A	0

STEP 29 导入BB面板中的3D Transformations\Constraint\Object Keep On Floor模块。

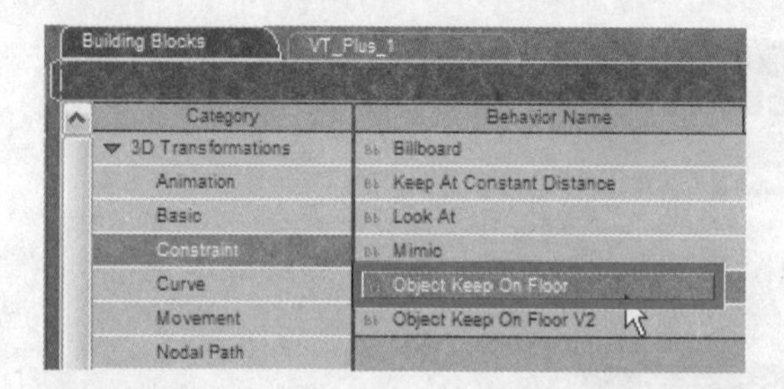

STEP 30 将Object Keep On Floor连接到wood box Script的Start。

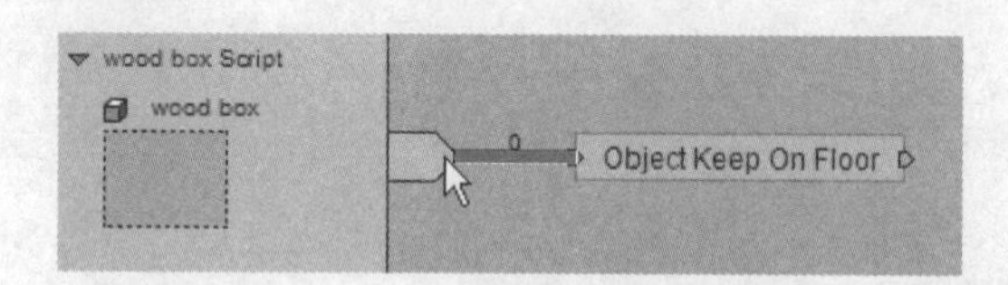

STEP 31 导入BB面板中的Visuals\Show-Hide\Show模块。

STEP 32 将Show的In连接到Object Keep On Floor的Out，方块的制作就完成了。返回到Level Script。

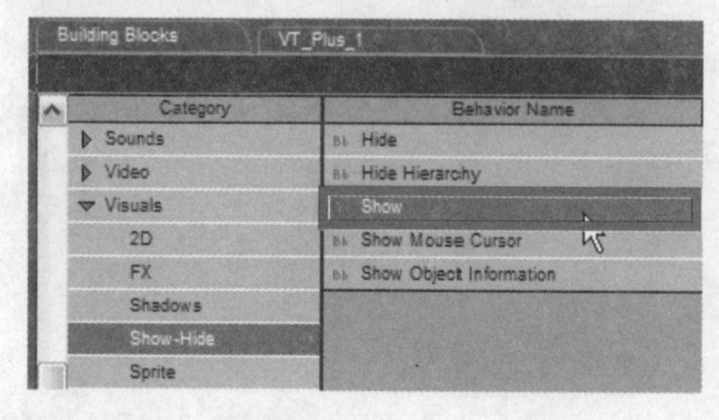

STEP 33 导入BB面板中的Logics\Groups\Get Nearest In Group模块。

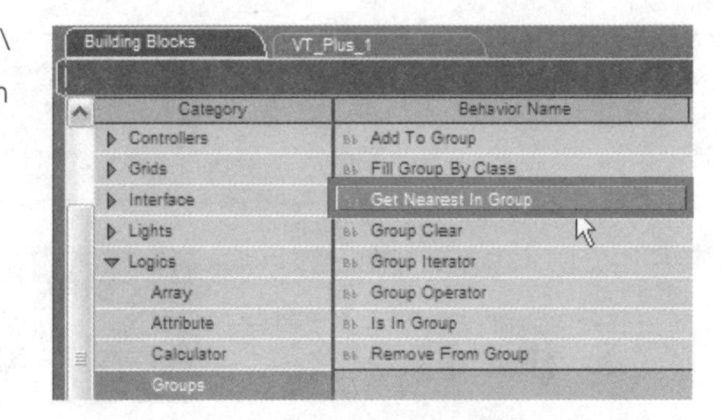

STEP 34 将Get Nearest In Group的In连接到Counter的Out。

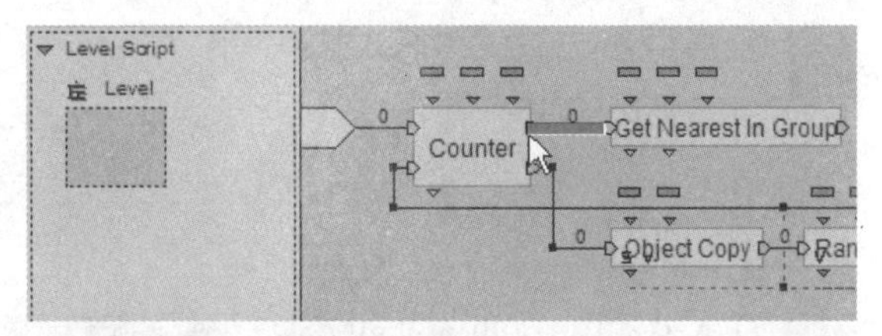

STEP 35 双击Get Nearest In Group模块，在弹出的对话框中1设置Group为all box，2 Referential为Wood Ball，3单击OK按钮。

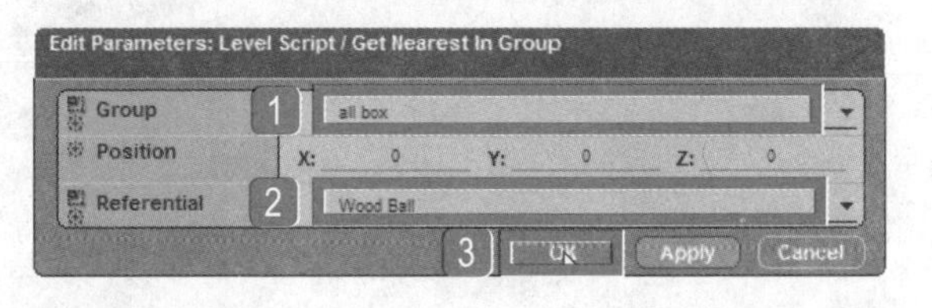

STEP 36 导入BB面板中的Logics\Test\Test模块。

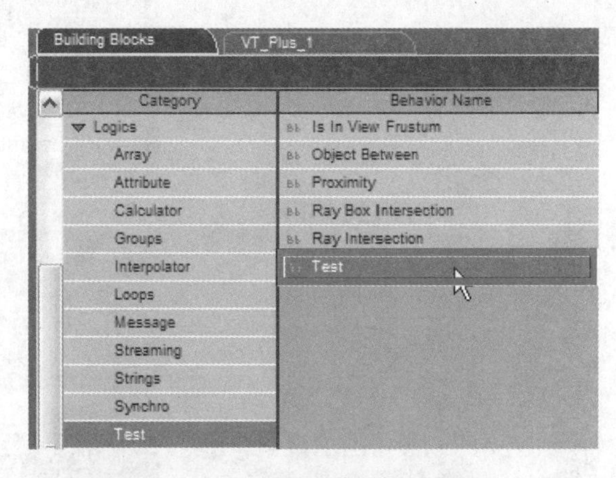

STEP 37 将Test的In连接到Get Nearest In Group的Out。

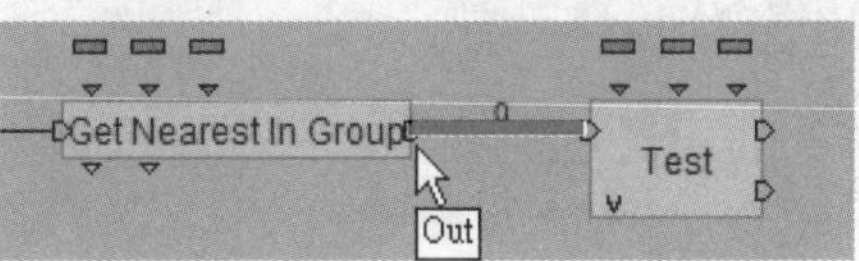

STEP 38 将抓取到的两者之间的距离赋予Test的A值。

STEP 39 双击Test模块，1设置Test为Less or equal，2B值为30，3单击OK按钮。

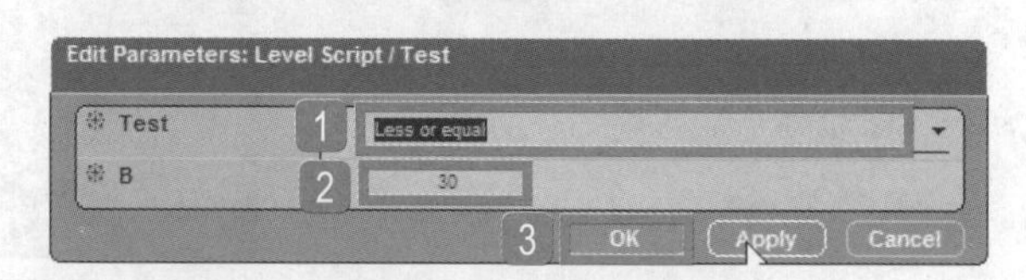

STEP 40 当条件不成立时为False，继续循环查找。

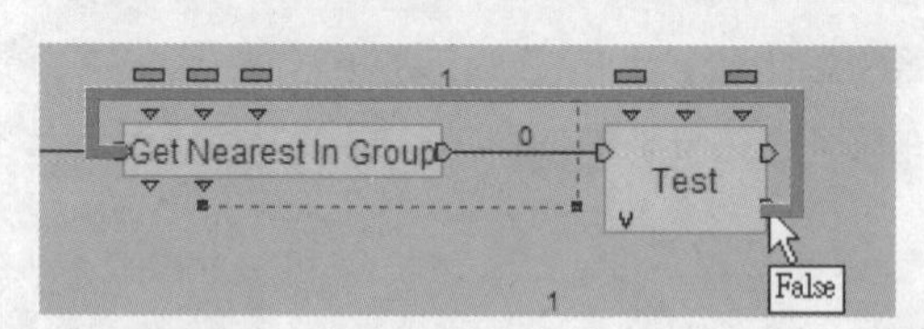

STEP 41 导入BB面板中的Logics\Message\Send Message模块。

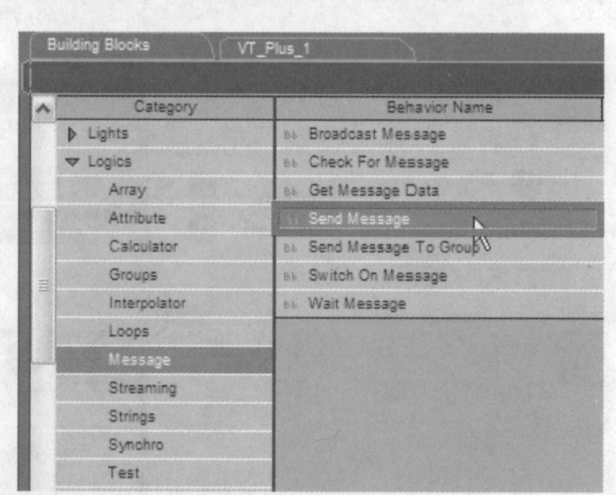

STEP 42 当条件成立时为True，发送信息。

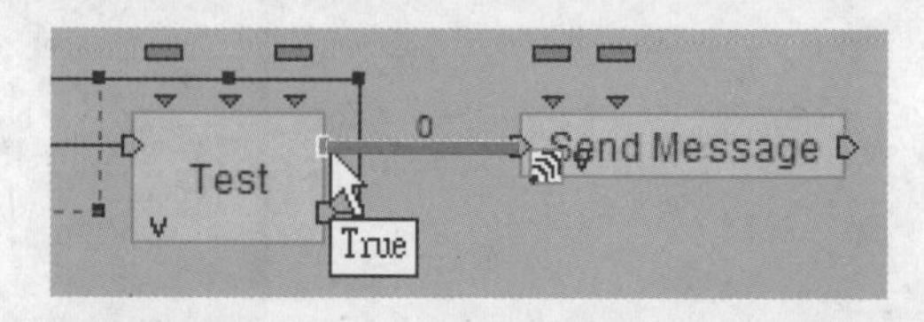

STEP 43 发送的信息可自由设置，1这里设置Message为Keep At Object，2单击OK按钮。

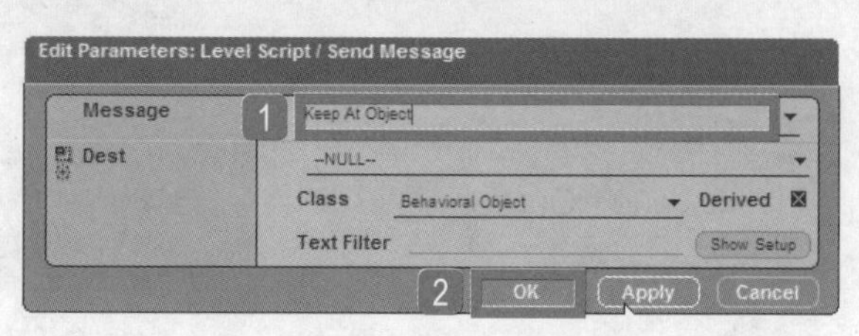

STEP 44 发送信息的对象为Get Nearest In Group找到的最靠近的对象。

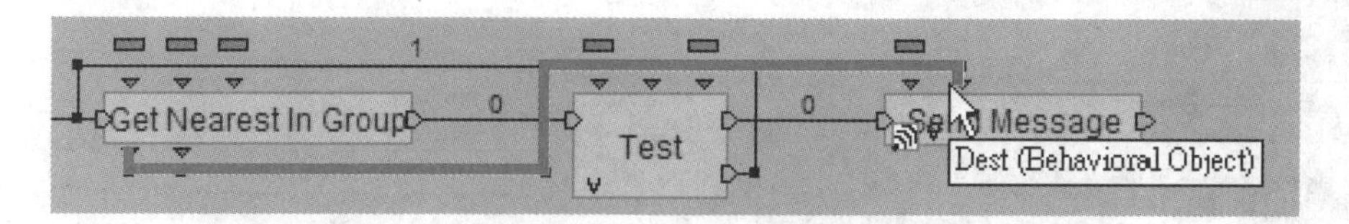

STEP 45 导入BB面板中的Logics\Groups\Remove From Group模块。

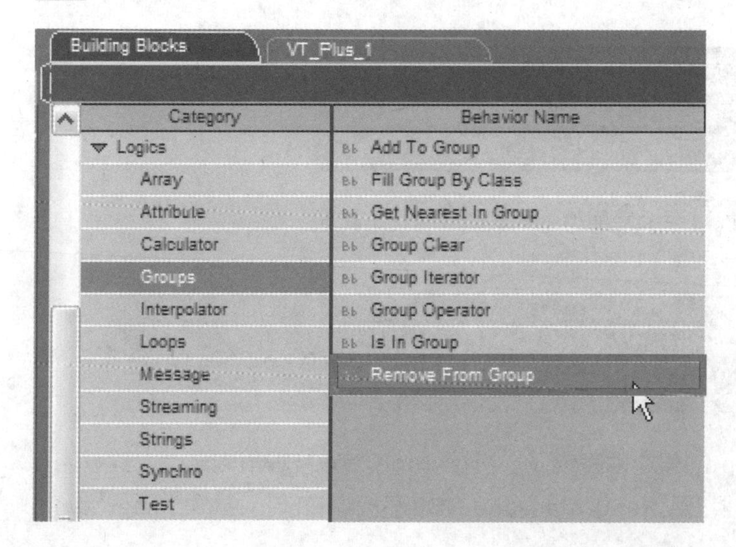

STEP 46 将Remove From Group的In连接到Send Message的Out。

STEP 47 右击Remove From Group模块，在弹出的快捷菜单中执行Add Target Paramater命令，打开它的Target。

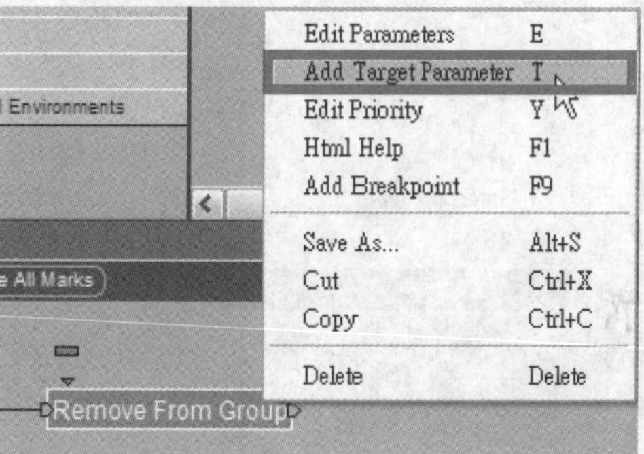

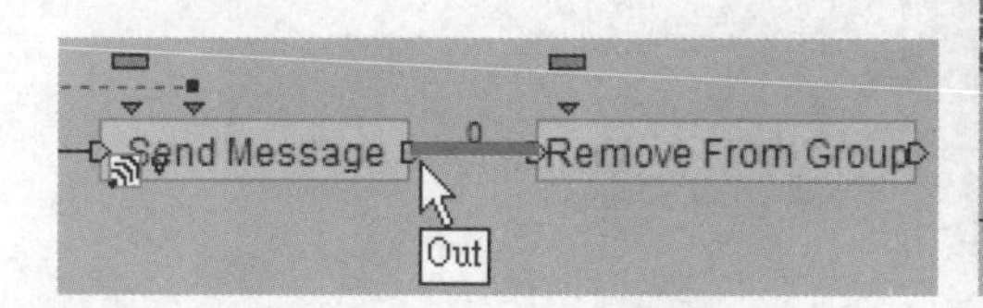

STEP 48 将查找到的对象赋予Remove From Group的Target，并将该对象从群组移除，避免反复查找。

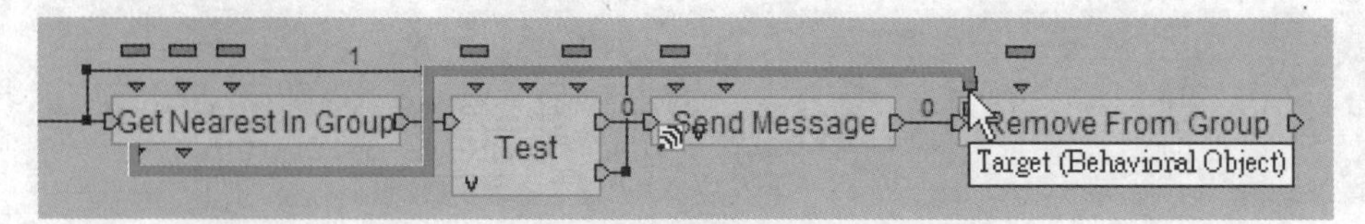

STEP 49 双击Remove From Group模块，1在弹出的对话框中设置Group为all box，2单击OK按钮。

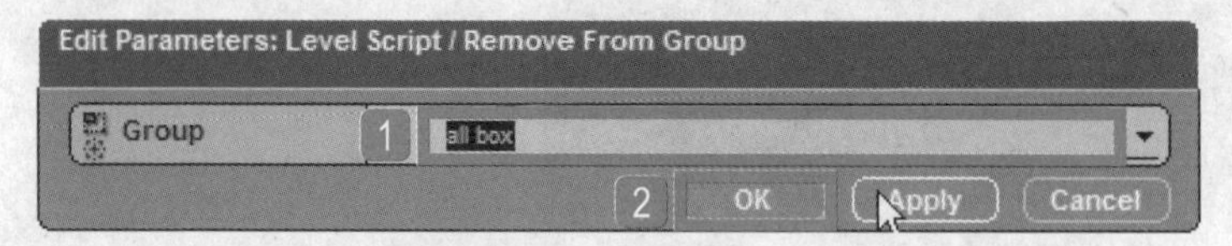

STEP 50 完成后继续循环查找下一个最靠近的对象。

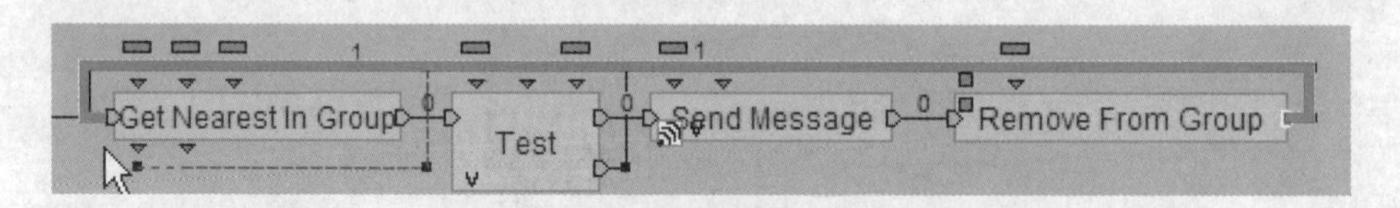

STEP 51 至此，Level Script的架构就完成了。设置wood box被吸附到球上。在wood box Script中，导入搭配Send Message的BB面板中的Logics\Message\Wait Message。

Building Blocks
VT_Plus_1
Category
Behavior Name
Logics
Array
Attribute
Calculator
Groups
Interpolator
Loops
Message
Streaming
Strings
Synchro
Test
Broadcast Message
Check For Message
Get Message Data
Send Message
Send Message To Group
Switch On Message
Wait Message

STEP 52 将Wait Message模块放置在Show模块的后面，并连接到Show模块的Out。

STEP 53 双击Wait Message模块，①在弹出的对话框中设置等待信息为Keep At Object，②单击OK按钮。

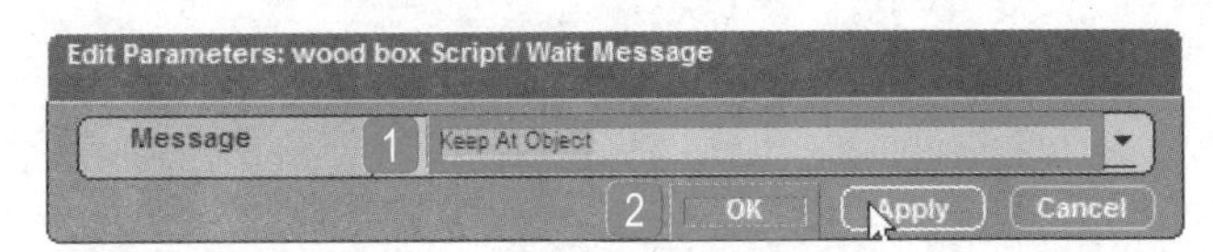

STEP 54 接收到信息后，要在一定时间内吸附到球体上，导入BB面板中的Logics\Loops\Timer模块。

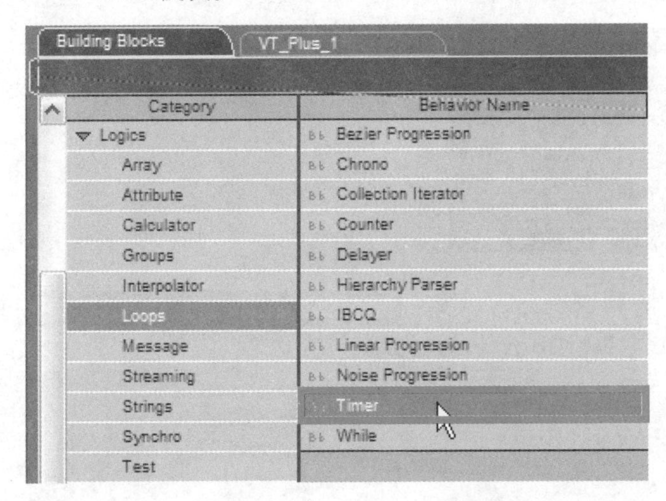

STEP 55 将Timer的In连接到Wait Message的Out。

STEP 56 时间长度可以自行设置，①这里设置为200毫秒，②单击OK按钮。

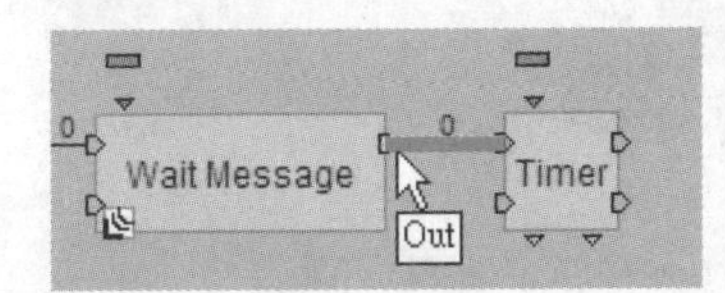

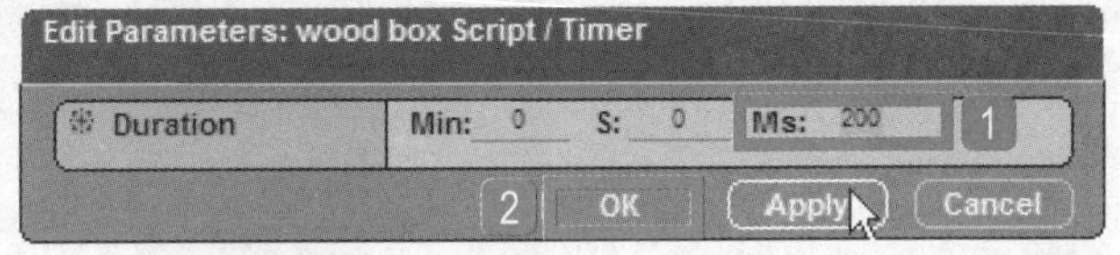

STEP 57 导入BB面板中的3D Transformations\Constraint\Keep At Constant Distance模块。

STEP 58 将Keep At Constant Distance连接到Timer的Loop Out。

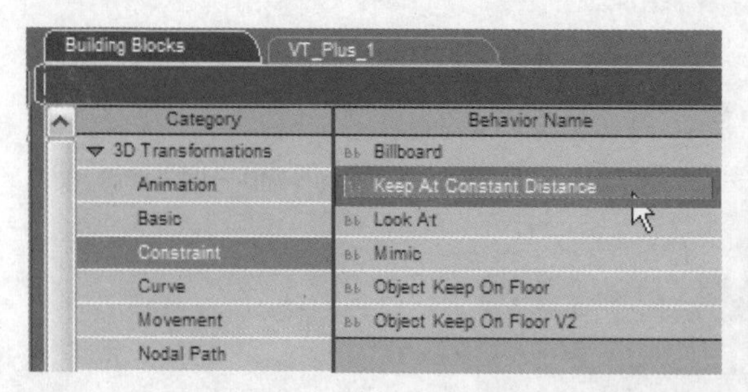

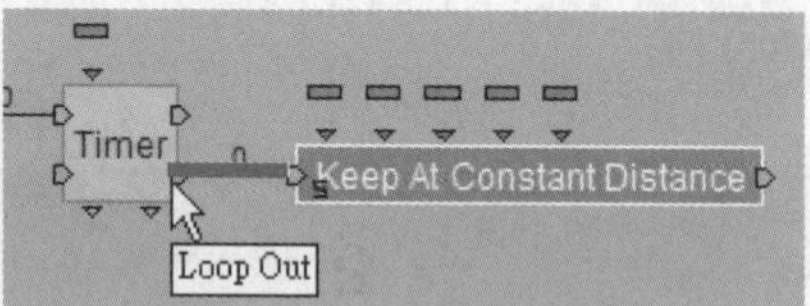

STEP 59 双击Keep At Constant Distance模块，1在弹出的对话框中设置参考体为Wood Ball。2由于Wood Ball是半径为5的球体，因此设置距离为5，使wood box刚好附着在球表面。3设置拉力为5，使wood box迅速靠近Wood Ball，4单击OK按钮。

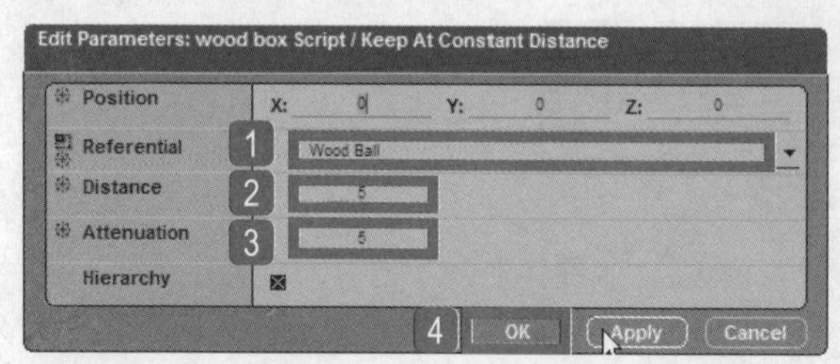

STEP 60 如果不知道对象的大小，可以右击Wood Ball，在弹出的快捷菜单中执行Body Part Setup命令。

STEP 61 在Body Part Setup面板的World Size下显示出对象X、Y、Z轴的大小。

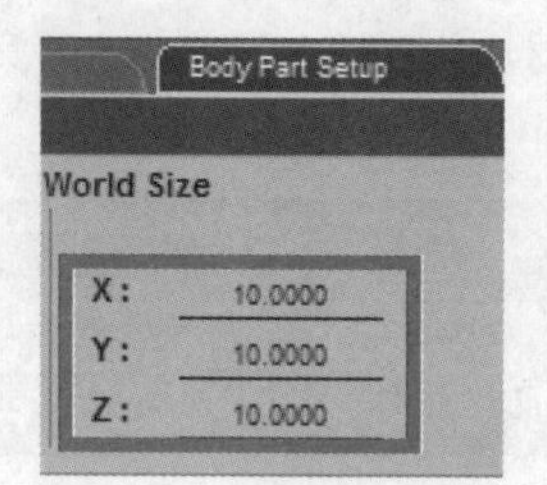

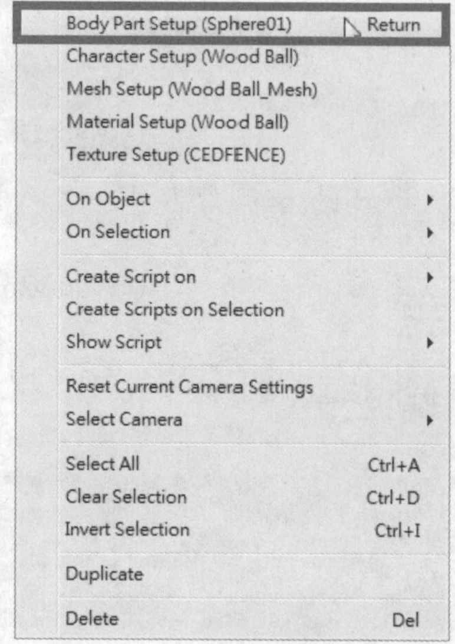

STEP 62 连接到Timer的Loop In，完成循环。

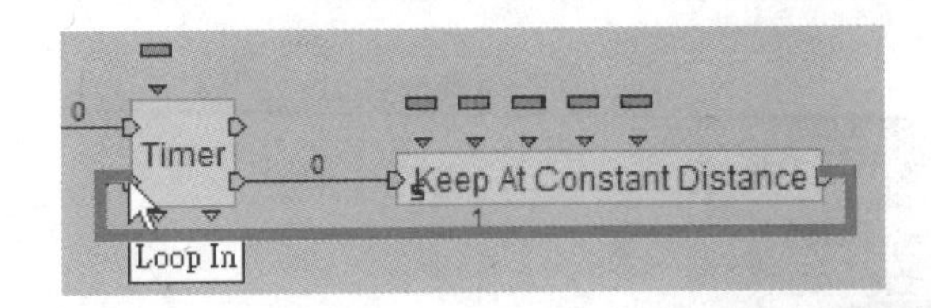

STEP 63 吸附到Wood Ball之后，导入BB面板中的3D Transformations\Basic\Set Parent模块，附着在上面的wood box即可跟随参考体移动。将Set Parent模块连接到Timer模块的后面。

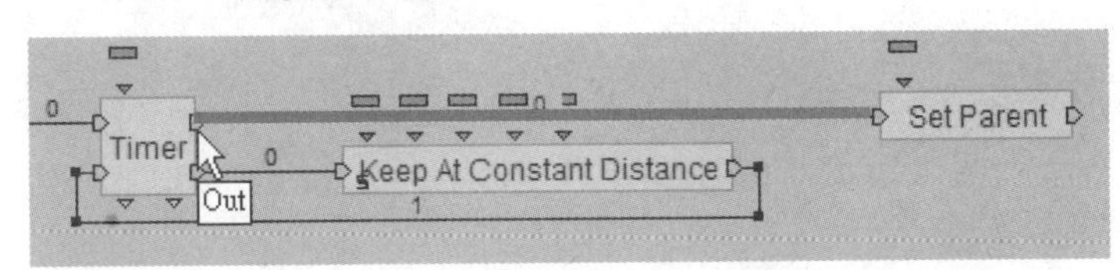

STEP 64 双击Set Parent模块，1在弹出的对话框中设置母体为Wood Ball，2单击OK按钮。

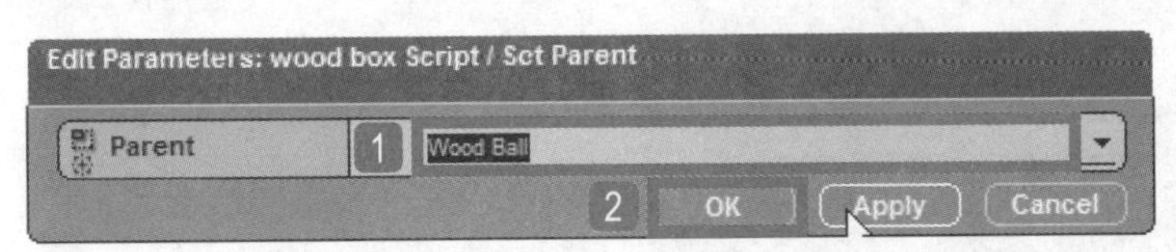

STEP 65 制作wood box的碰撞效果，导入BB面板中的Collisions\3D Entity\Object Slider模块。

STEP 66 对象生成后必须拥有碰撞属性，因此将Object Slider连接到Show的后面。

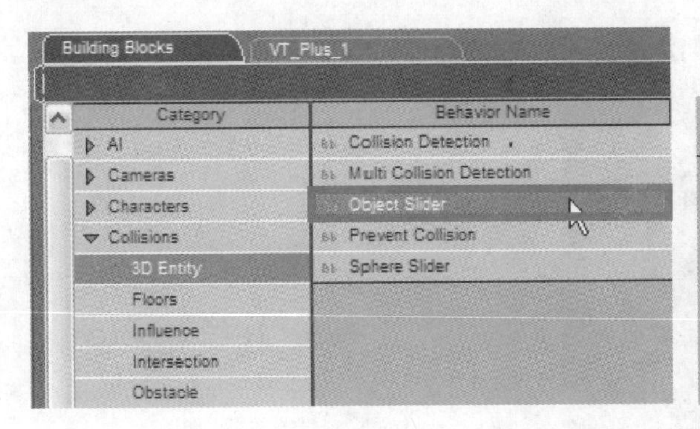

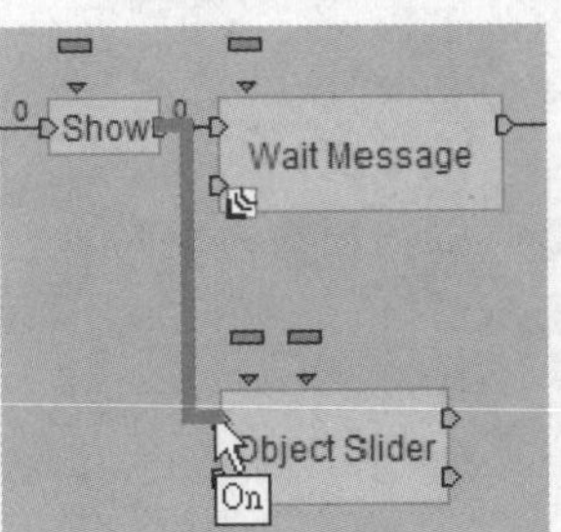

STEP 67 双击Object Slider模块，弹出Edit Parameters对话框。1 wood box是长宽高都为3的正方体，考虑到斜边的长度，设置碰撞的半径为1.8，2 设置碰撞的群组为开始创建的all collisions，3 单击OK按钮。

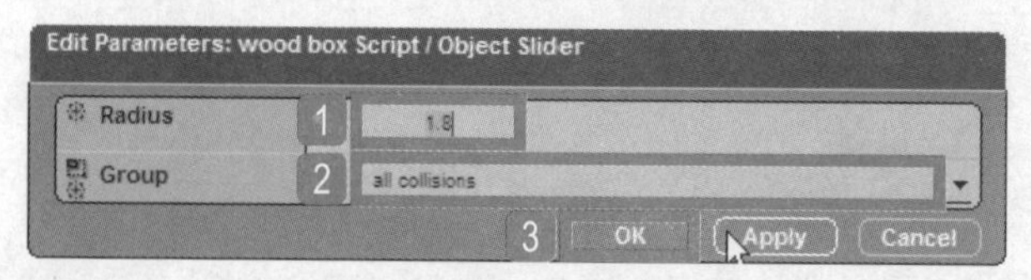

STEP 68 同样地，当不确定对象的大小时，右击wood box，在弹出的快捷菜单中执行3D Object Setup命令。在3D Object Setup面板中可以看到wood box是由X、Y、Z长度都为3的边组成的对象。

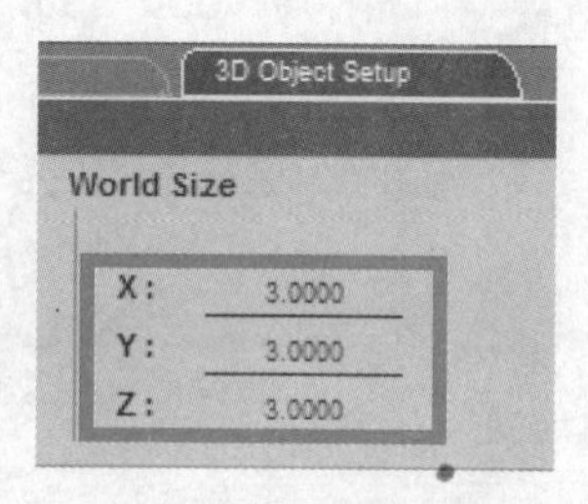

STEP 69 当wood box被吸附到Wood Ball上后就不需再做碰撞了，将Set Parent连接到Object Slider的Off关闭碰撞，吸附功能就全部设置完成了。

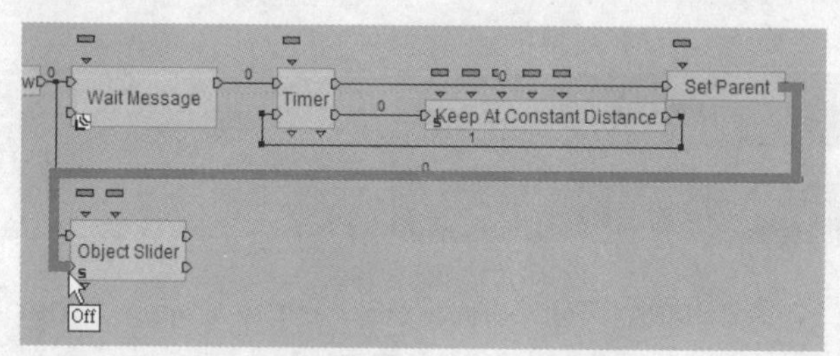

STEP 70 单击Play按钮测试动画效果，可以看到wood box被一个一个吸附到Wood Ball上了。

Chapter

制作色盘

本章将为大家介绍色盘功能的设置方法。在色盘上单击鼠标左键，将会启动颜色选择功能；再次单击鼠标左键确认颜色选择，并关闭色盘颜色选择功能；再次单击色盘时，将会再次启动色盘选择功能。在制作游戏时调用该功能选择颜色，可以方便用户的操作。

|本章要点|

- 从素材库中导入需要的素材
- 设置基本颜色属性
- 设置颜色选择功能
- 选择颜色并设置相应的属性

8.1 设置基本颜色属性

STEP 1 执行菜单栏中的Resources>Open Data Resource命令，在弹出的Open Data Resource对话框中选择随书光盘\素材库\VT_Plus_1.rsc素材文件，单击“打开”按钮，加载本书所有的教学素材数据。

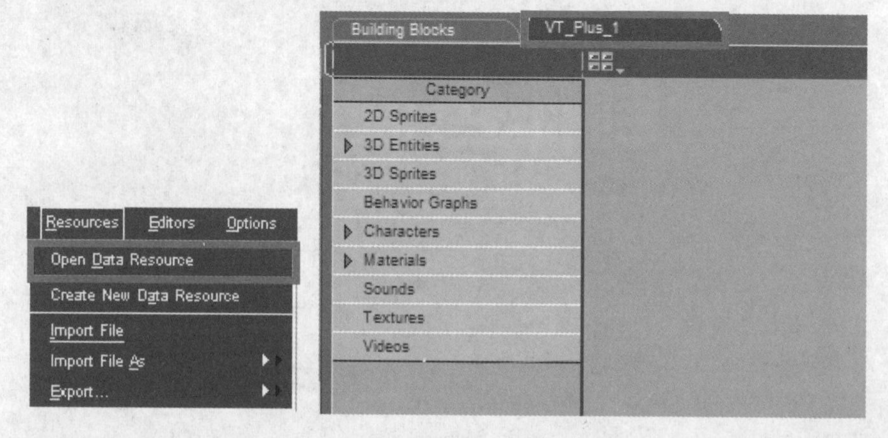

STEP 2 单击Create 2D Frame按钮，创建一个用来显示色盘的2D Frame。

STEP 3 在2D Frame Setup面板中，1设置Size为128×128，2并命名为color bar。

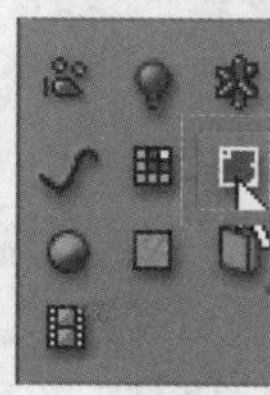

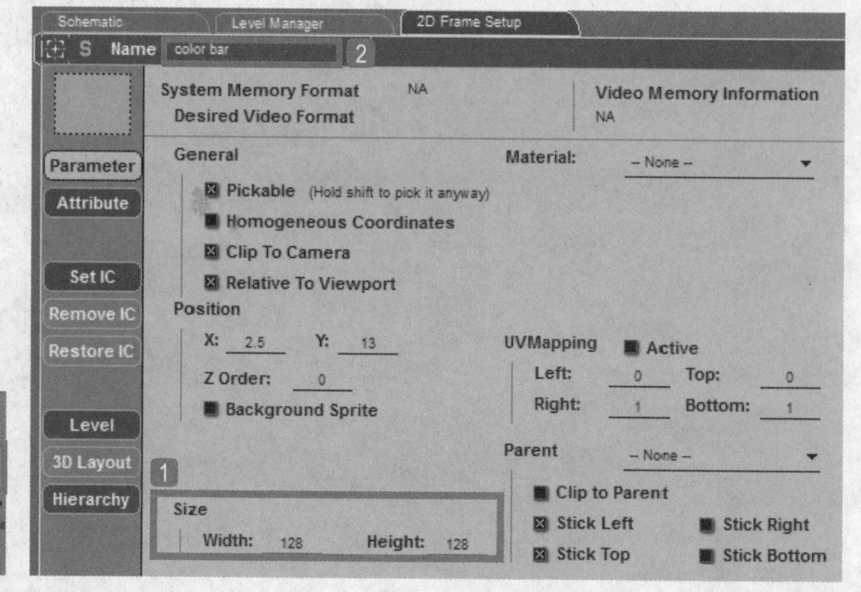

STEP 4 单击Create Material按钮，创建对应的Material。

STEP 5 将创建的Material命名为color bar。

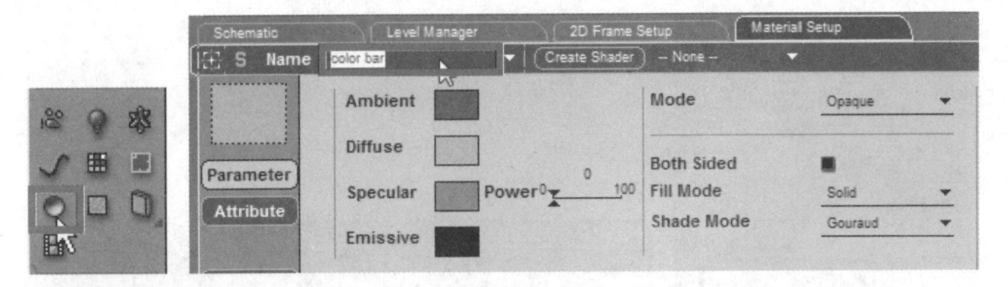

STEP 6 返回2D Frame Setup面板，将对应的Material设置为刚刚创建的color bar。

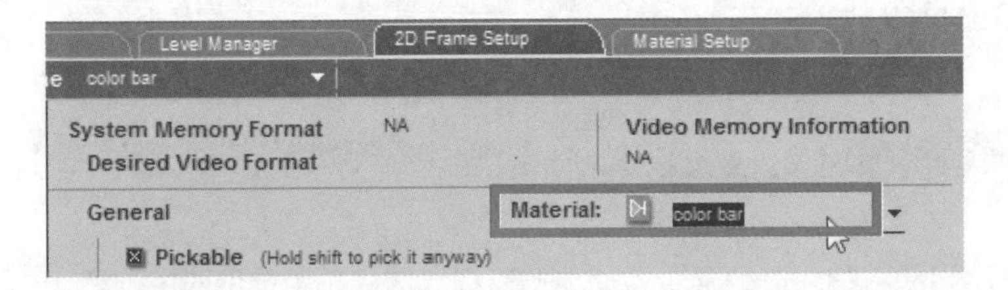

STEP 7 加载要使用的色盘图片。导入VT_Plus_1面板中的Textures\colors.bmp素材文件。

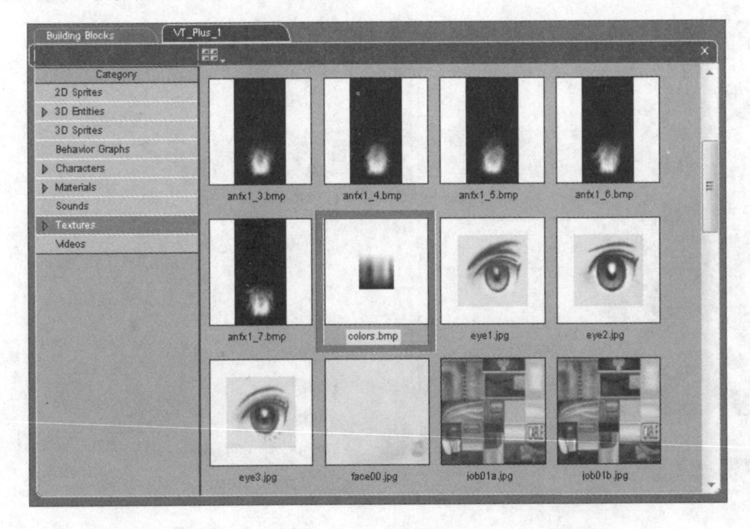

STEP 8 在Material Setup面板中，将Texture设置为刚刚加载的colors。

STEP 9 单击Diffuse后的色块，设置对象的颜色。

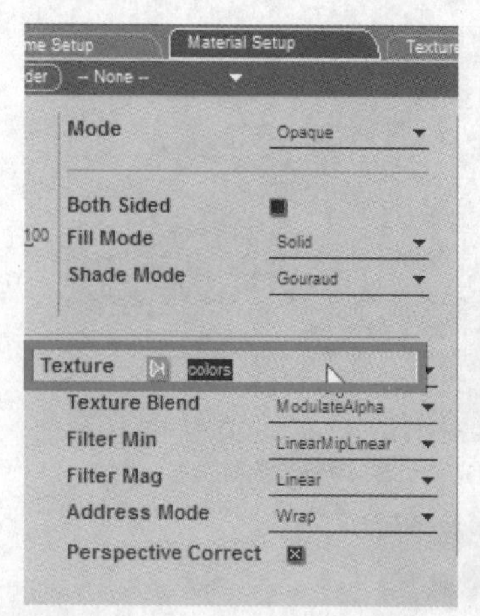

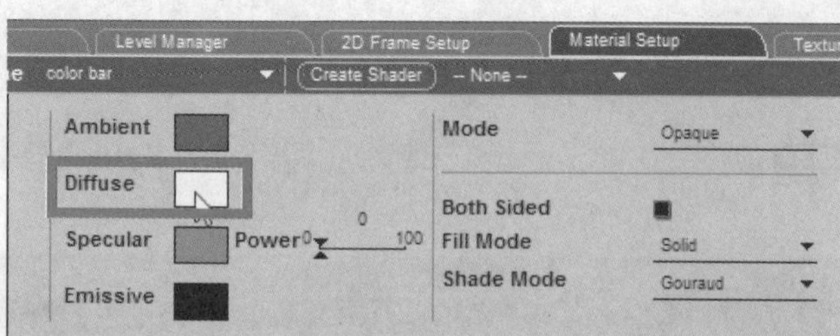

STEP 10 在Color Box对话框中，将颜色调整为最亮的白色。

STEP 11 图片加载后，程序自动将图片进行平滑处理，但这样会增大颜色选取时的误差。在Material Setup面板中将Filter Min和Filter Mag更改为Nearest，即可维持原图片的状态。

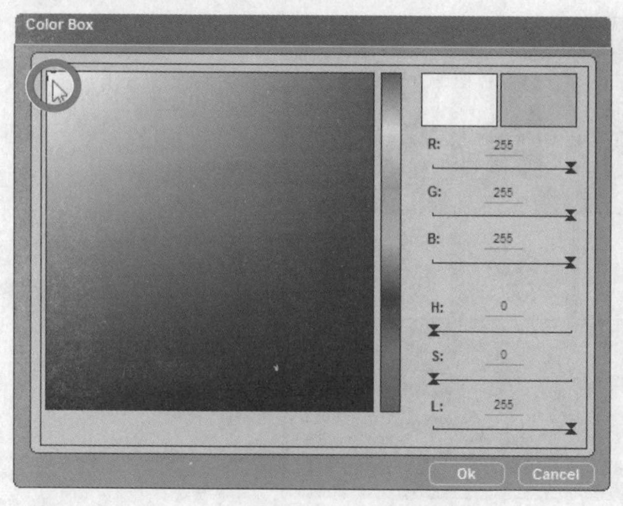

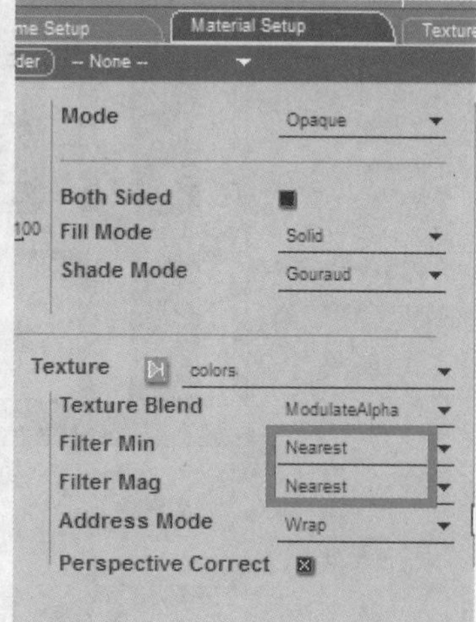

STEP 12 基本色盘创建好后，创建第二个2D Frame，用来显示选择的颜色。在2D Frame Setup面板中①设置Size为80×80，②Name为color。

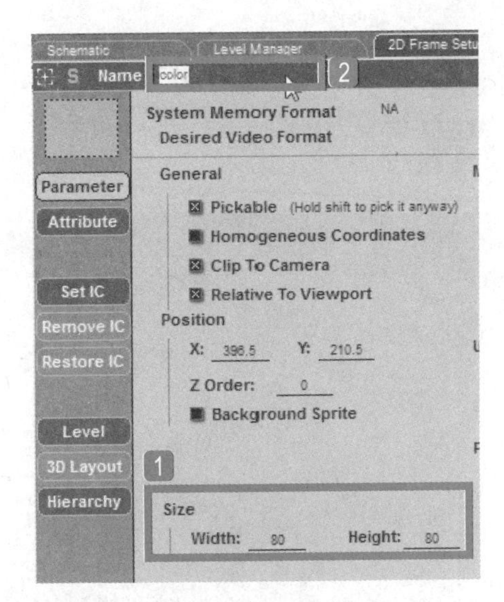

STEP 13 使用同样的方法创建对应的Material，并命名为color。

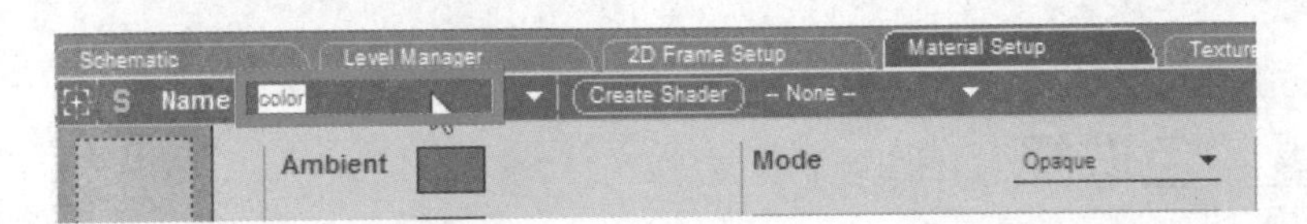

STEP 14 返回2D Frame Setup面板，设置Material为刚刚创建的color。

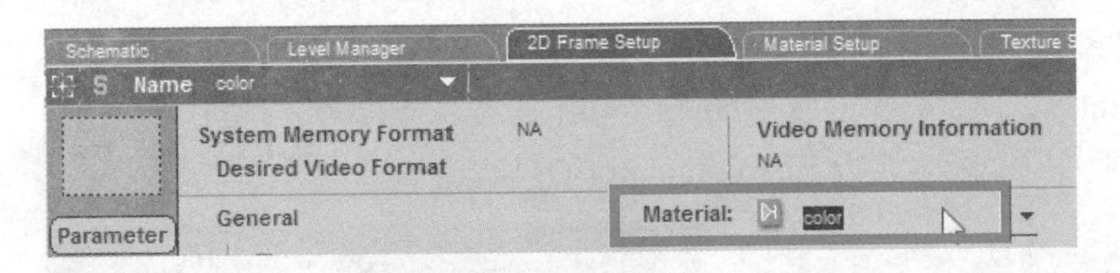

STEP 15 在Material Setup面板中，设置Diffuse的颜色。

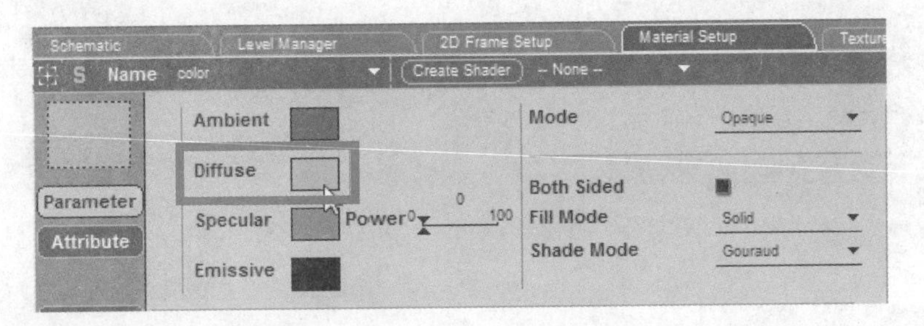

STEP 16 在Color Box对话框中将颜色调整为最亮的白色。

STEP 17 设置完成后单击Set IC按钮，设置初始值。

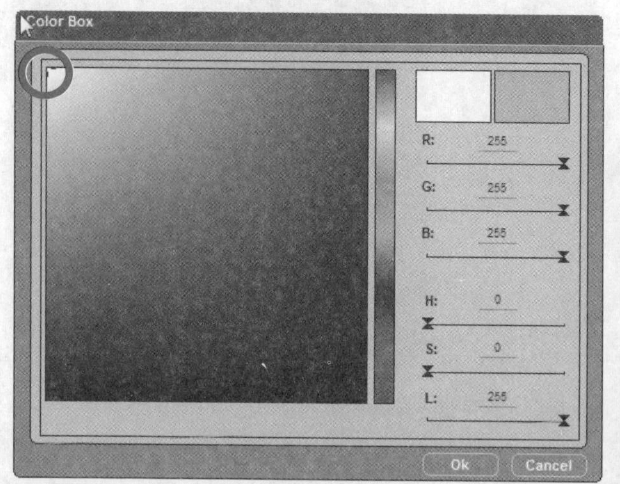

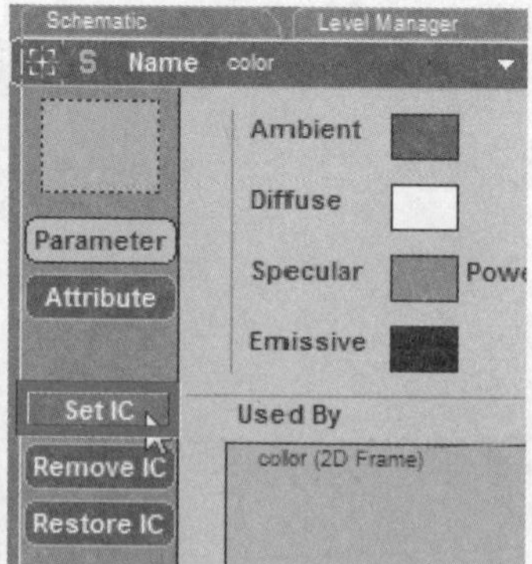

8.2 设置颜色选择功能

STEP 1 基本准备工作完成后，❶在Level Manager面板中选择Level\Global\2D Frames\color bar，❷单击Create Script按钮创建脚本，设置色盘选择颜色的功能。

STEP 2 鼠标移动选择时，先判断是否位于color bar的Texture之上。因为Texture设置在Material下，Material设置在2D Frame下，要找到Texture就必须先找到Material。导入BB面板中的Logics\Calculator\Op模块。

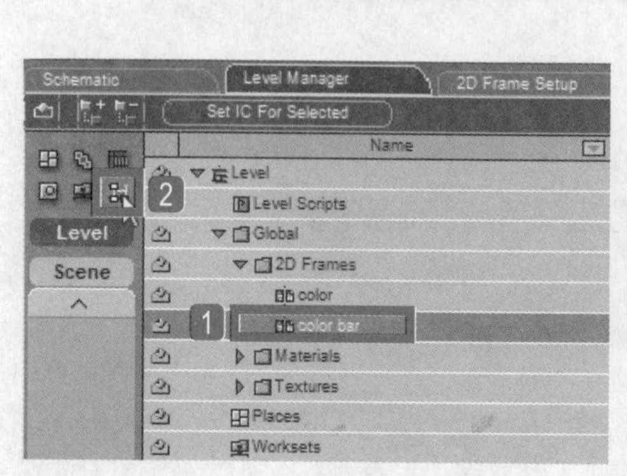

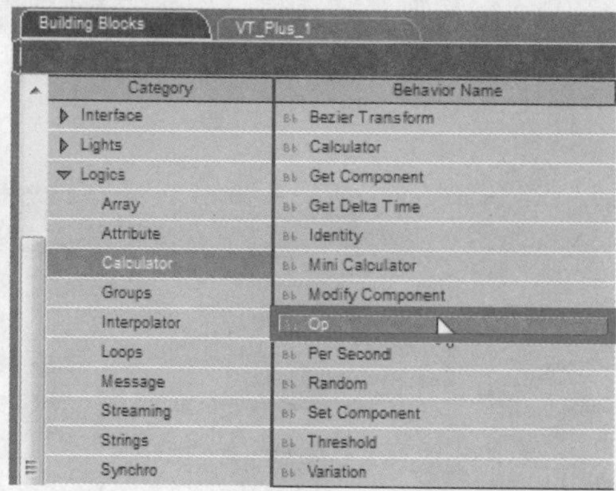

STEP 3 连接到color bar Script的Start，右击Op模块，在弹出的快捷菜单中执行Edit Settings命令，对其进行设置。

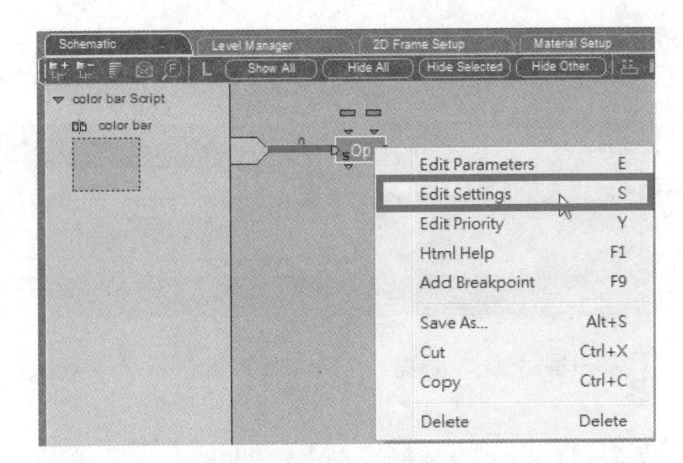

STEP 4 ①设置Inputs为2D Entity，②Operation为Get Material，③Ouput为Material，④单击OK按钮。

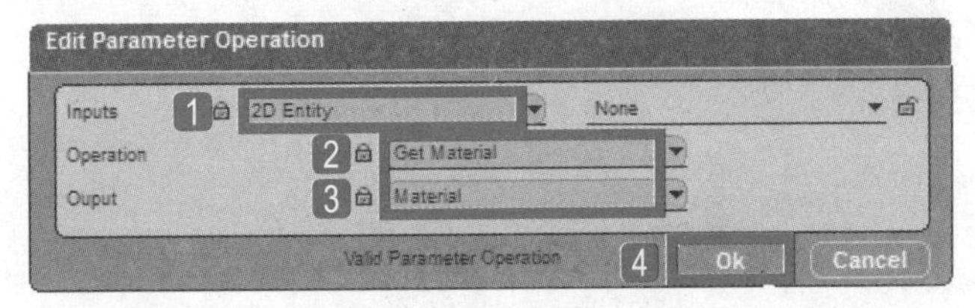

STEP 5 由于不需要B值，因此可以将参数输入删除。按住Shift键的同时，拖曳复制一个Op模块。

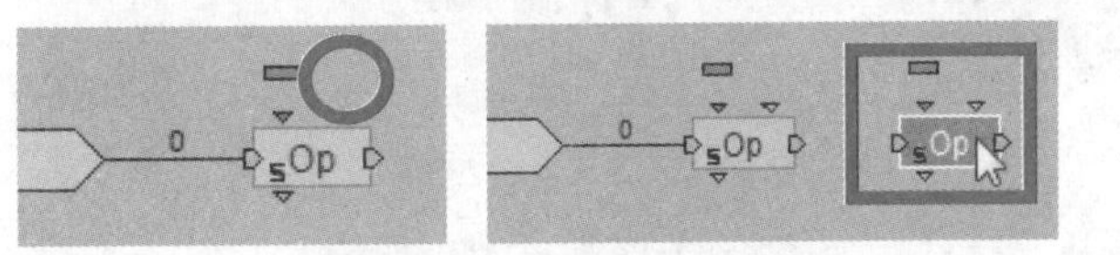

STEP 6 右击Op模块，在弹出的快捷菜单中执行Edit Settings命令，对其进行设置。

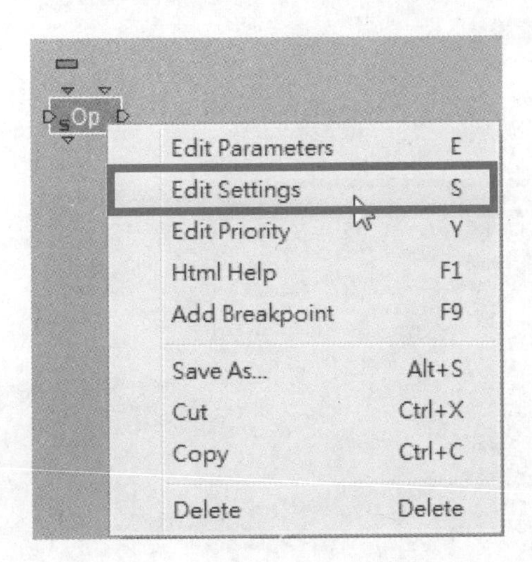

STEP 7 在弹出对话框中①设置Inputs为Material，②Operation为Get Texture，③Ouput为Texture，④单击OK按钮。

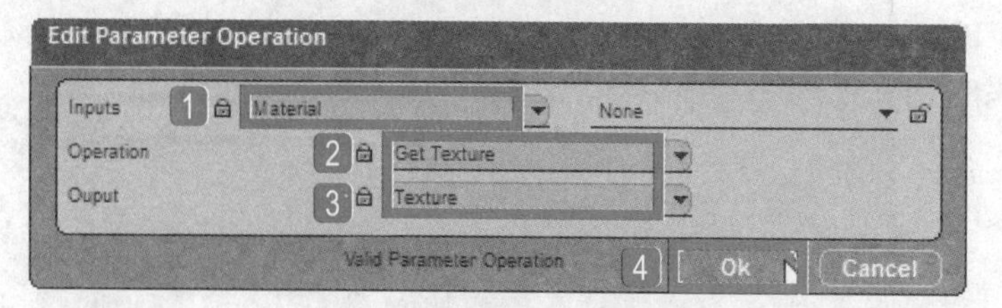

STEP 8 设置完成后，将第二个Op模块连接到第一个Op模块后。

STEP 9 将第一个Op模块输出的Material赋予第二个Op模块的A值。

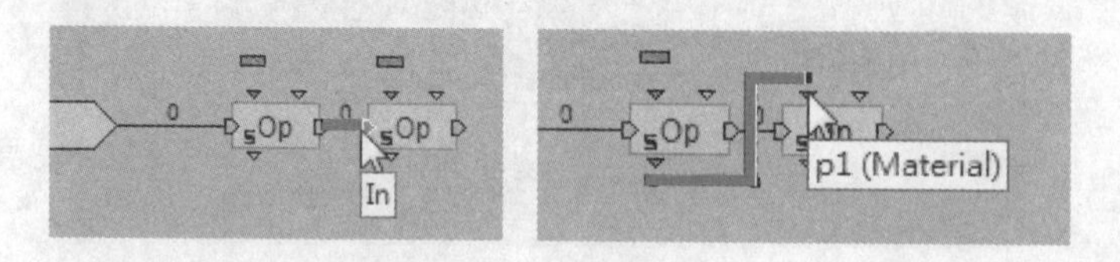

STEP 10 这样只要将其赋予2D对象，便可抓取到它的贴图，而要赋予的2D对象就是Script本身的对象。右击空白处，在弹出的快捷菜单中执行Add <This> Parameter命令，创建自我参数This。

STEP 11 将自我参数This赋予第一个Op模块。

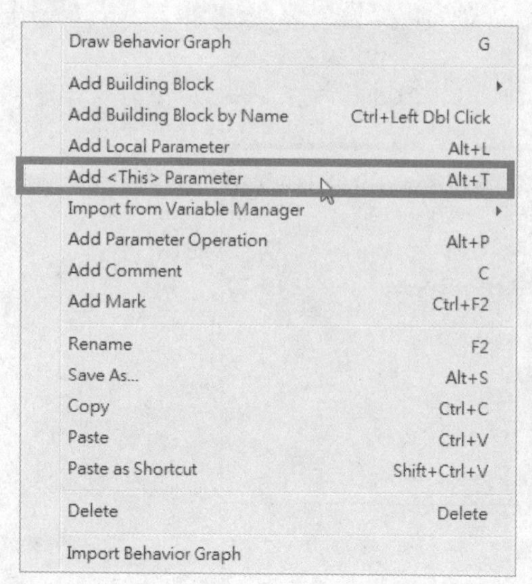

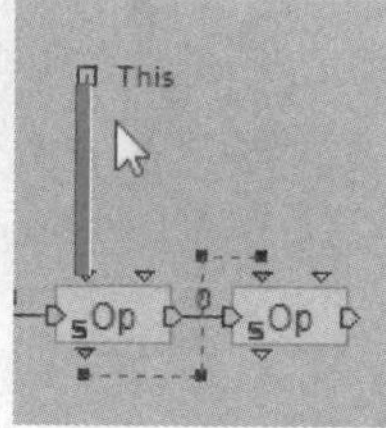

STEP 12 设置当鼠标单击color bar对象时，启动颜色选择；当单击鼠标右键时，确定颜色选择；再次单击color bar对象时，选择颜色。导入BB面板中的Logics\Message\Wait Message模块。

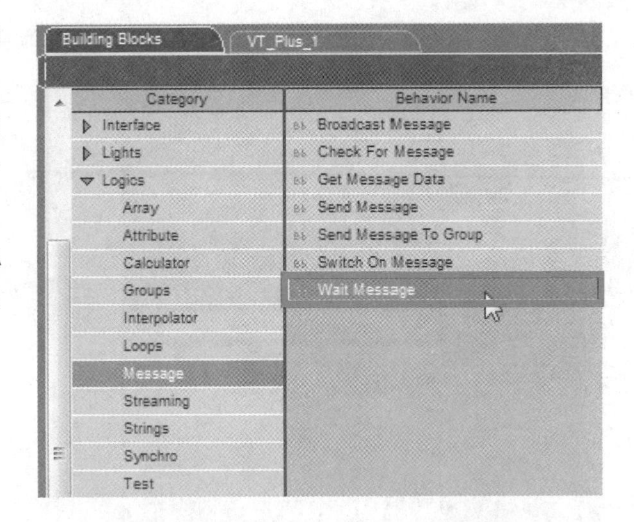

STEP 13 将Wait Message模块的On连接到第二个Op模块的后面。

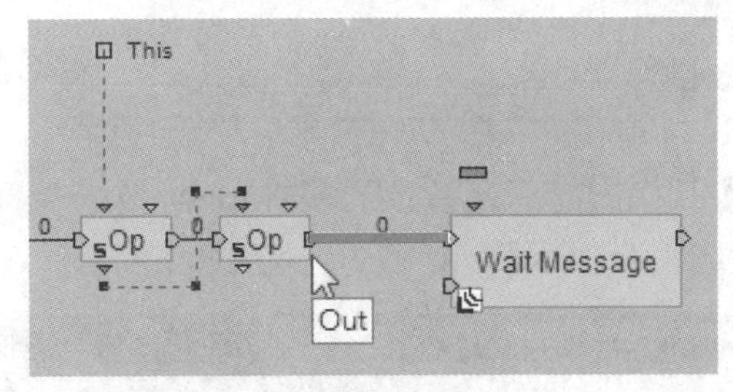

STEP 14 双击Wait Message模块，1在弹出的对话框中设置Message为OnClick，2单击OK按钮。

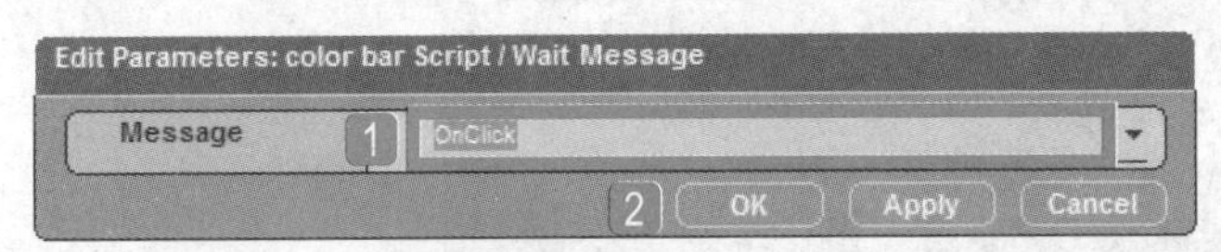

STEP 15 导入BB面板中的Controllers\Mouse\Mouse Waiter模块，添加等待鼠标信息。

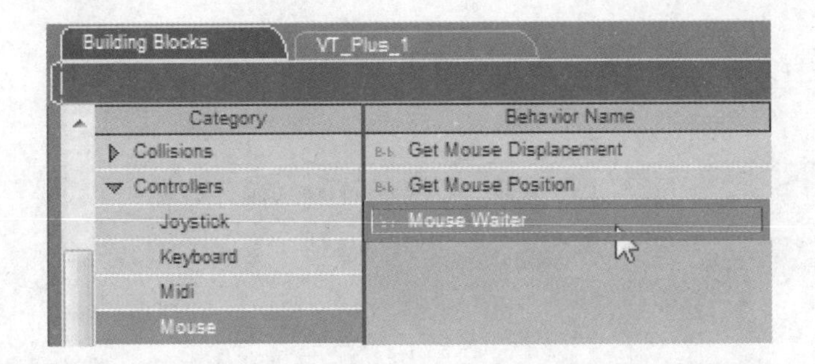

STEP 16 右击Mouse Waiter模块，在弹出的快捷菜单中执行Edit Settings命令，对其进行设置。

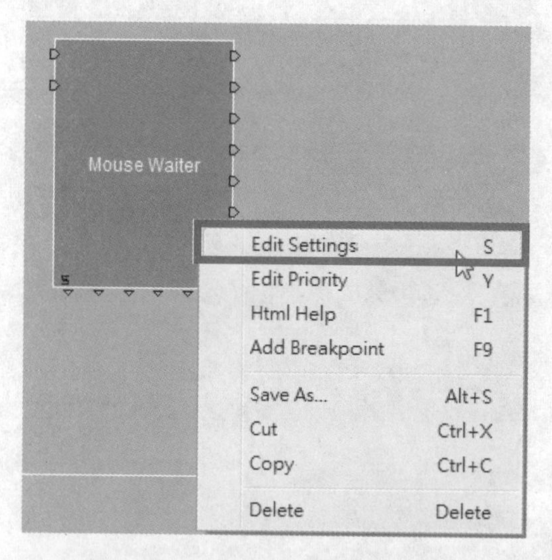

STEP 17 1将等待信息只保留鼠标移动Move和单击鼠标左键Left Button Down，2设置完成后单击OK按钮，输出口就只剩下两个。

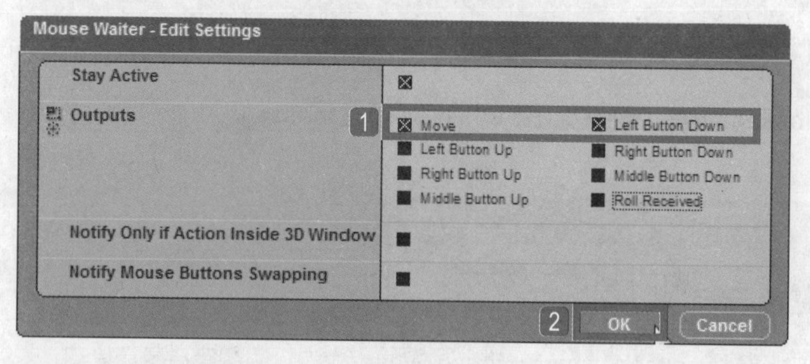

STEP 18 将Wait Message模块的Out连接到Mouse Waiter模块的On。

STEP 19 为了避免程序执行速度太快出现错误，在两个模块中间的连接线上双击鼠标左键。

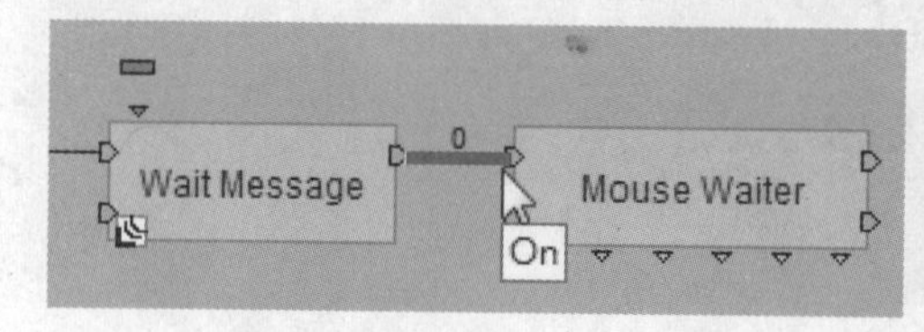

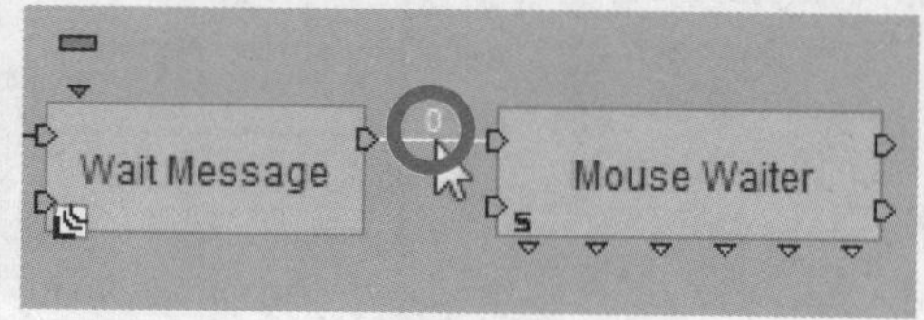

STEP 20 1在弹出的对话框中将延迟更改为1，2单击OK按钮。

STEP 21 导入BB面板中的Logics\Calculator\Identity模块，创建一个开关，区别鼠标移动与单击鼠标左键动作。

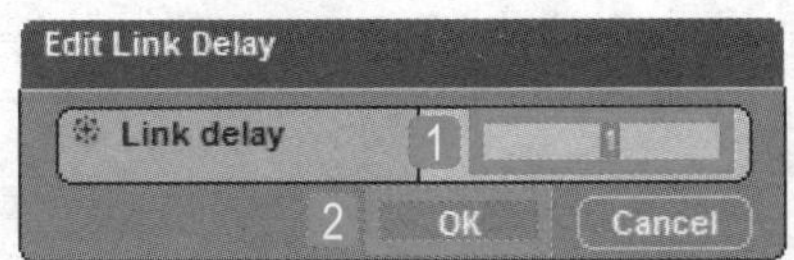

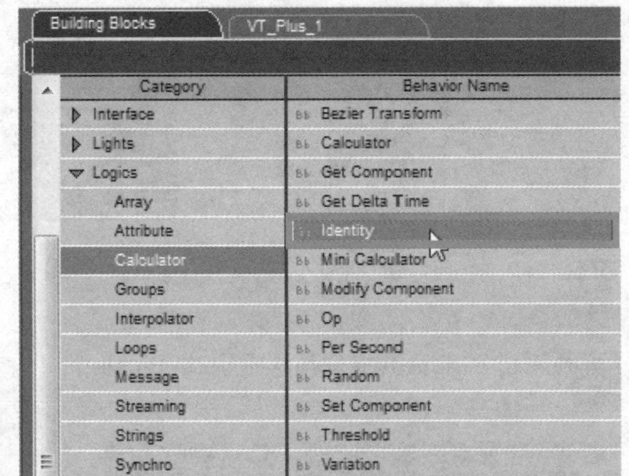

STEP 22 将Identity模块连接到Mouse Waiter模块的Move Received。

STEP 23 在输入口的三角形上双击。

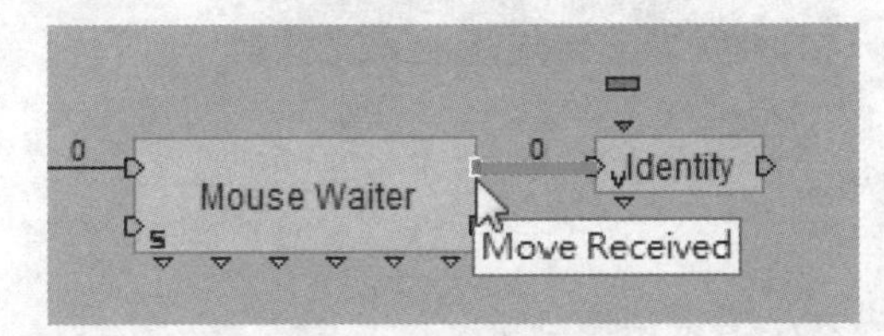

STEP 24 1在弹出的对话框中设置Parameter Type为Boolean，2单击OK按钮。

STEP 25 1双击Identity模块，在弹出的对话框中勾选pIno复选框，2单击OK按钮。

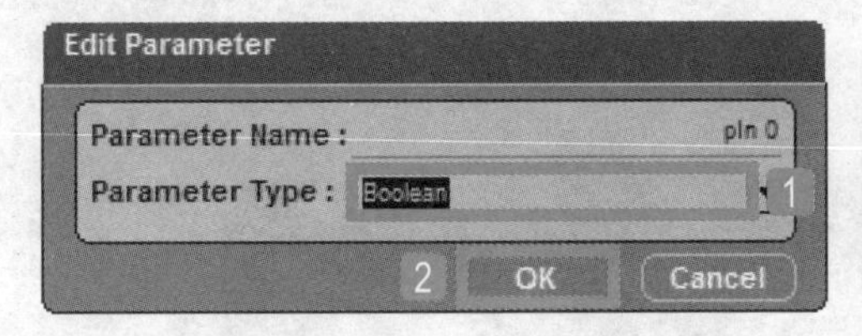

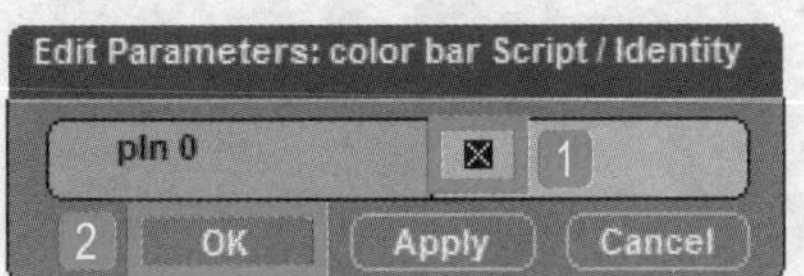

STEP 26 按住Shift键的同时拖曳复制Identity模块，将其连接到Mouse Waiter模块的Left Button Down Received。

STEP 27 双击Identity模块，1在弹出的对话框中取消勾选pIno复选框，2单击OK按钮。

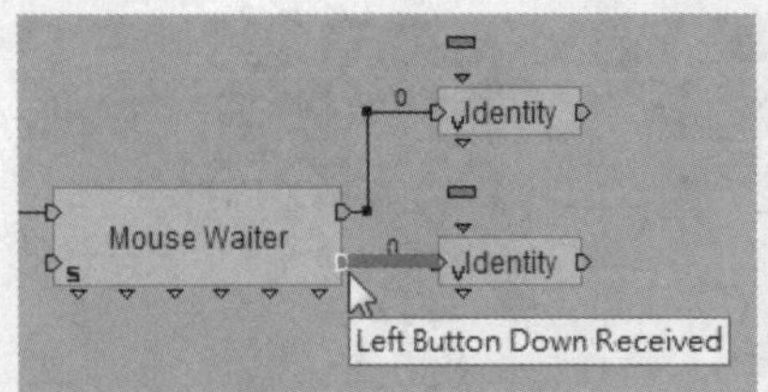

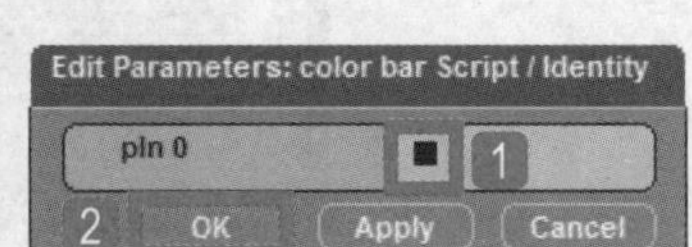

STEP 28 导入BB面板中的Interface\Screen\2D Picking模块。

STEP 29 将两个Identity模块都连接到2D Picking的In。

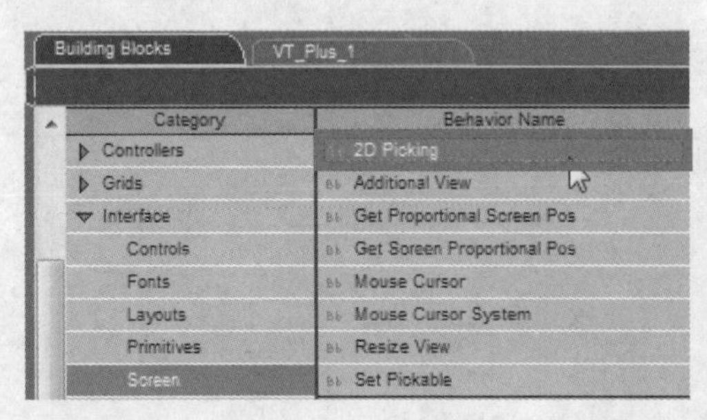

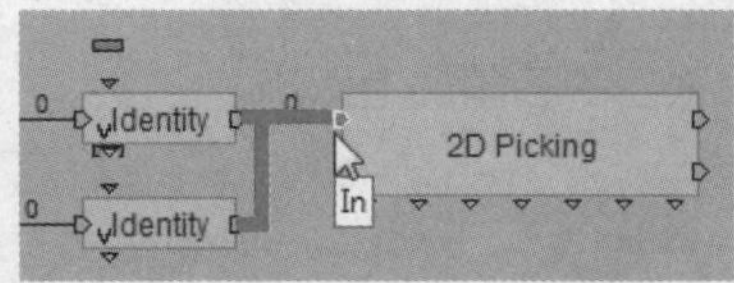

STEP 30 导入BB面板中的Logics\Test\Test模块。

STEP 31 将Test连接到2D Picking的True，单击2D对象时进行判断。

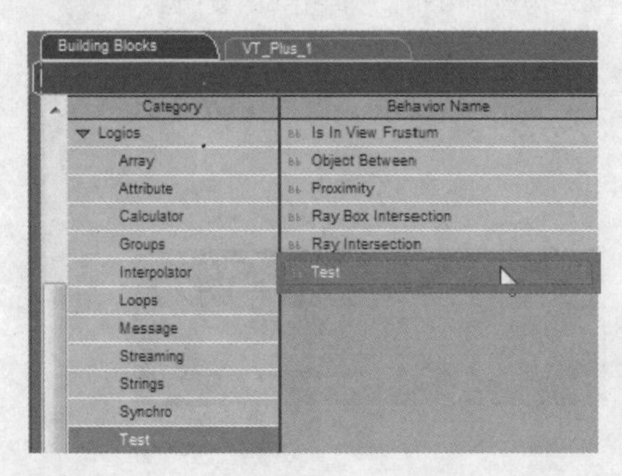

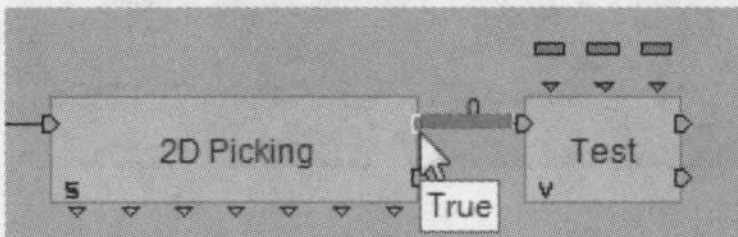

STEP 32 在参数A输入口双击鼠标左键。

STEP 33 1在弹出的对话框中设置参数A的Parameter Type为2D Entity，2单击OK按钮。

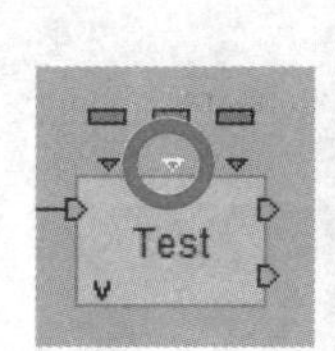

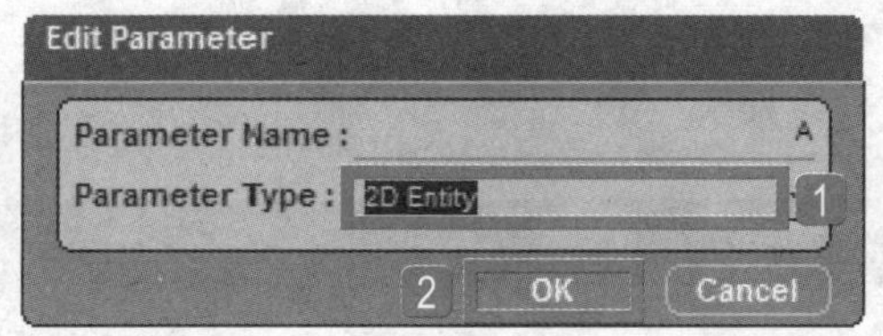

STEP 34 同样地，在参数B输入口双击鼠标左键。

STEP 35 1在弹出的对话框中设置参数B的Parameter Type为2D Entity，2单击OK按钮。

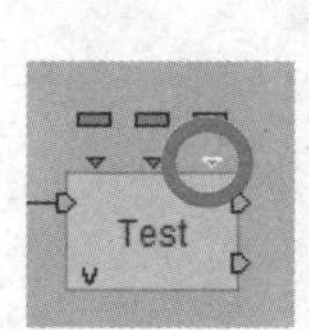

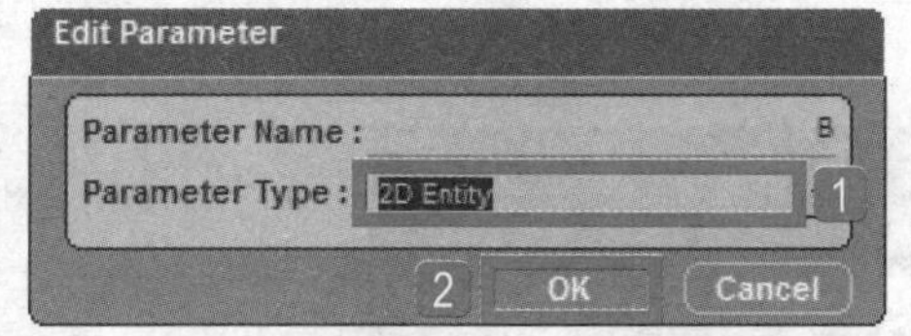

STEP 36 将2D Picking抓取到的对象赋予Test的A值。

STEP 37 右击空白处，在弹出的快捷菜单中执行Add <This> Parameter命令，创建自我参数This。

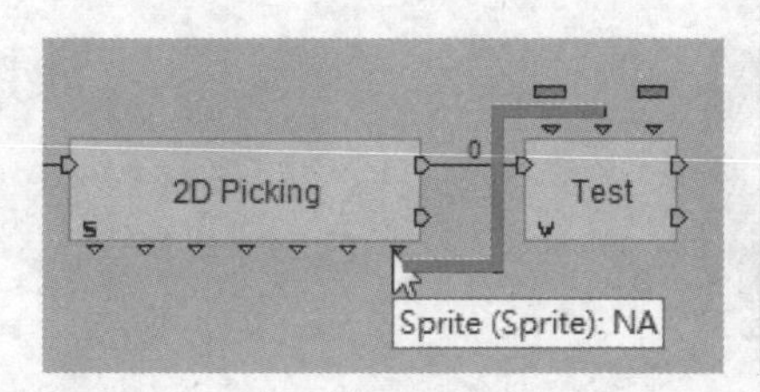

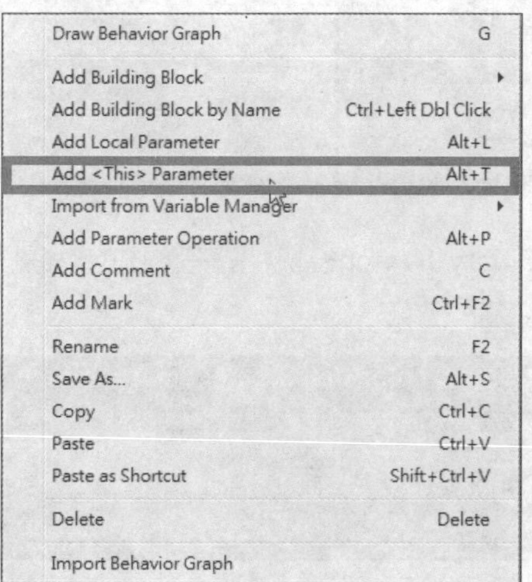

STEP 38 将自我参数This赋予Test的B值。

STEP 39 双击Test模块，1在弹出的对话框中设置判断方式为Equal，2单击OK按钮。

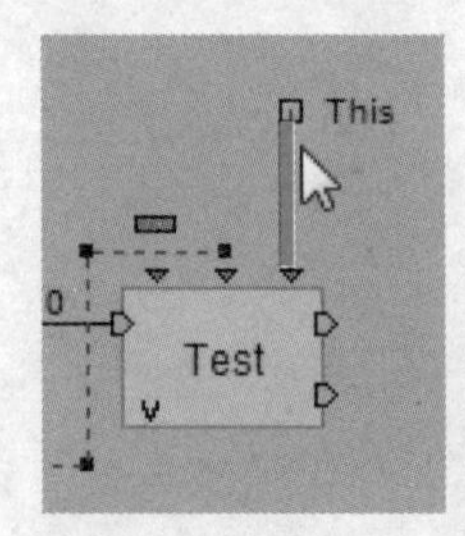

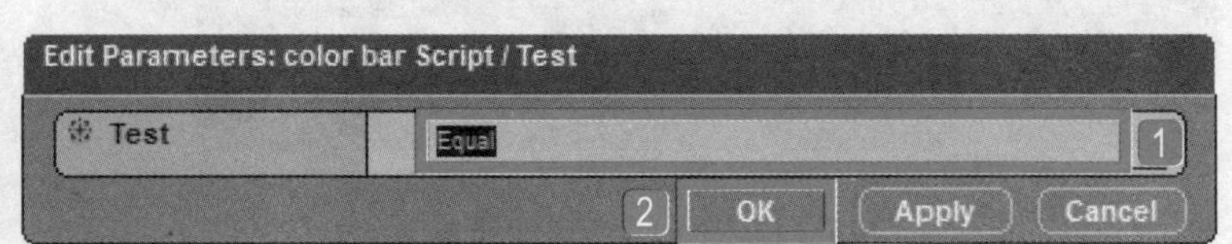

STEP 40 当鼠标抓取的对象是自己时，启用开关。导入BB面板中的Logics\Streaming\Binary Switch模块。

STEP 41 将Binary Switch模块连接到Test的True。

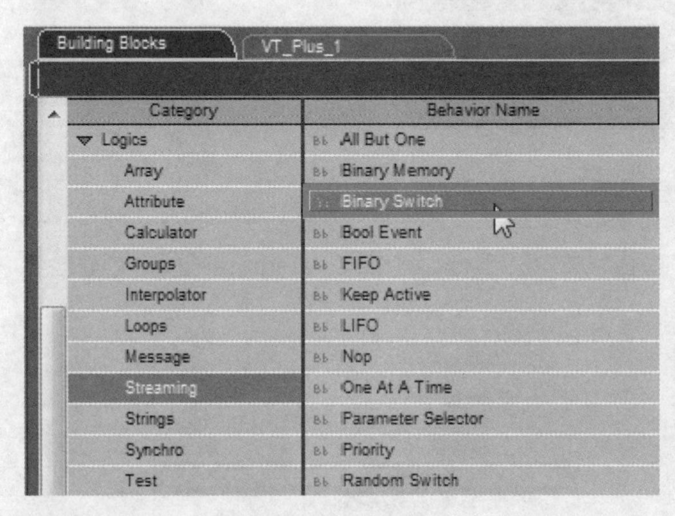

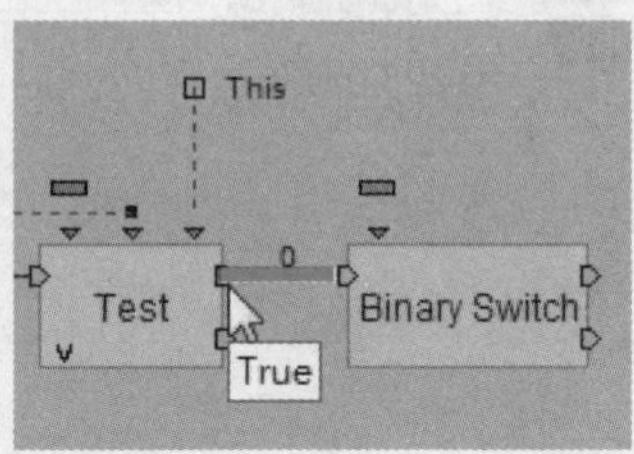

STEP 42 双击Binary Switch模块，1在弹出的对话框中设置Condition为开启，2单击OK按钮。

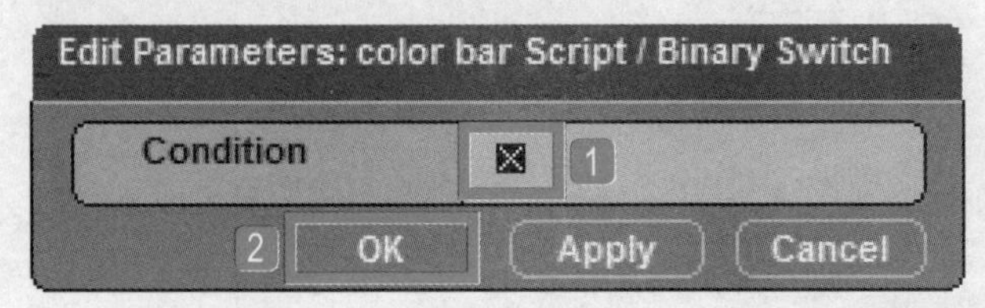

STEP 43 将刚刚创建的两个Identity模块输出的布尔值，利用参数分享的方式连接到Binary Switch模块的Condition参数。

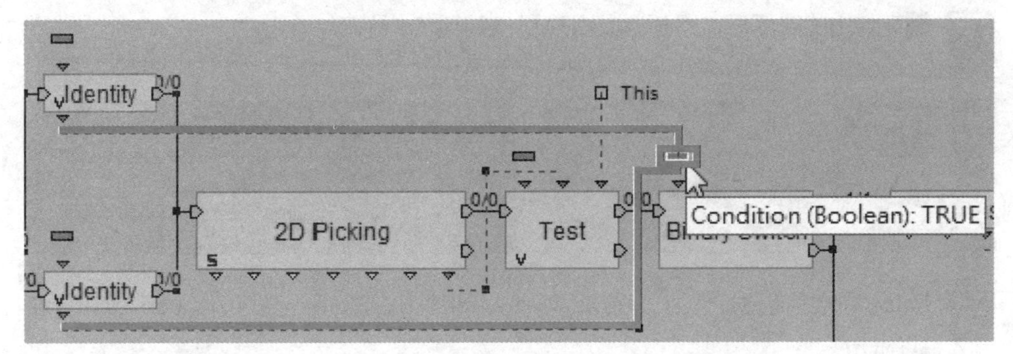

STEP 44 导入BB面板中的Controllers\Mouse\Get Mouse Position模块，抓取光标坐标位置。

STEP 45 Get Mouse Position模块是以整个画面为主，右击该模块，在弹出的快捷菜单中执行Edit Settings命令，对其进行设置。

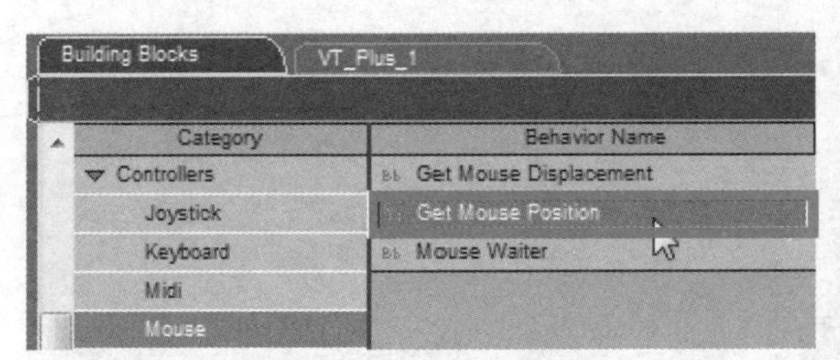

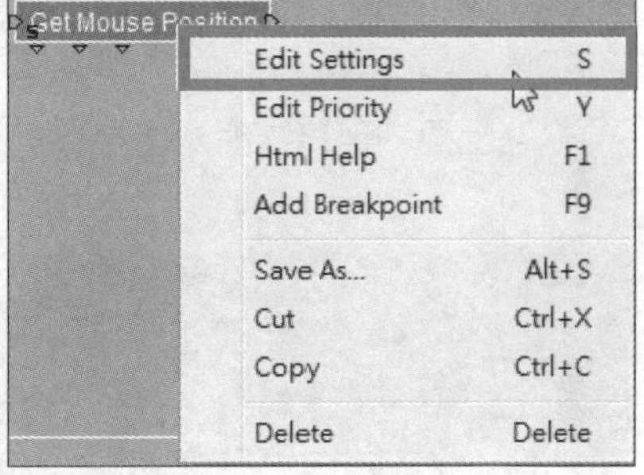

STEP 46 1在弹出的对话框中开启Windowed Mode模式，2单击OK按钮。

STEP 47 由于光标移动和单击鼠标右键接下来的指令相同，差别在于单击鼠标左键后，会将等待鼠标信息关闭，因此将Binary Switch模块的True与False都连接到Get Mouse Position 模块的In。

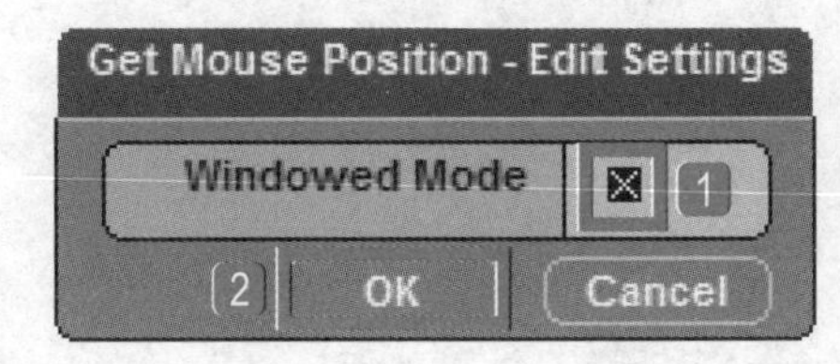

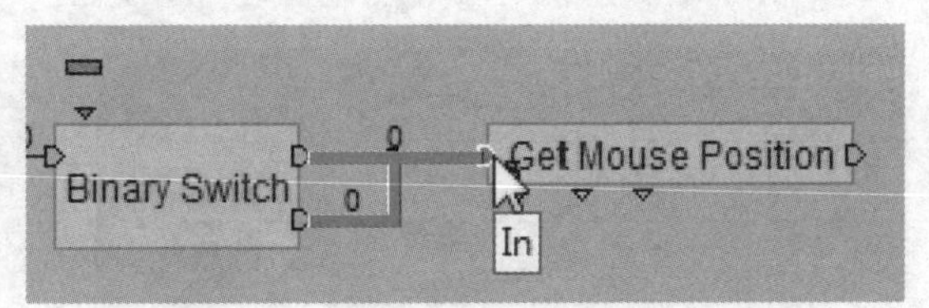

STEP 48 先关闭等待鼠标指令，在False连接线上双击鼠标。

STEP 49 1在弹出的对话框中将延迟设置为1，2单击OK按钮。

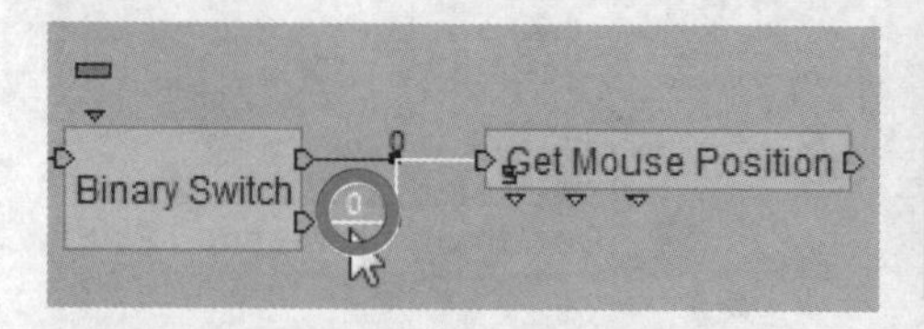

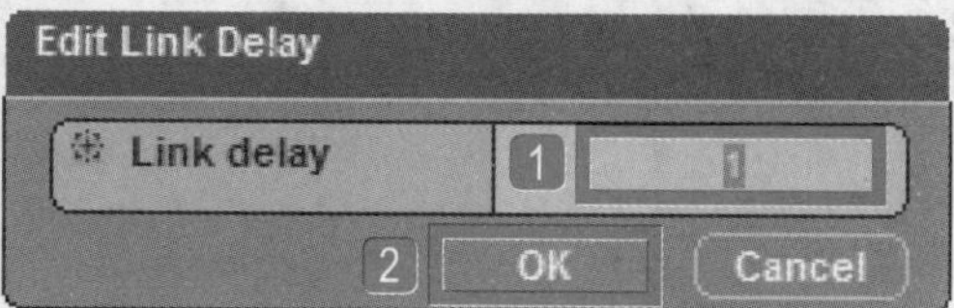

STEP 50 False关闭等待鼠标信息，将Binary Switch模块的False连接到Mouse Waiter模块的Off。

STEP 51 在上面的连接线上双击鼠标。

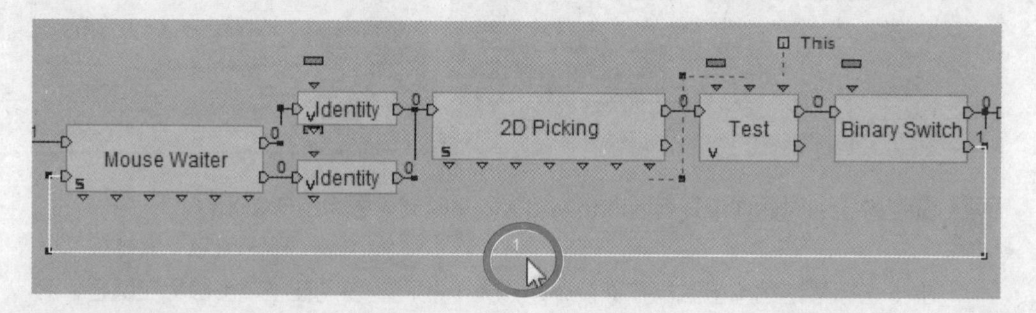

STEP 52 1在弹出的对话框中将延迟时间设置为0，这样可以避免在显示颜色的同时，光标再次移动而产生误差。2单击OK按钮。

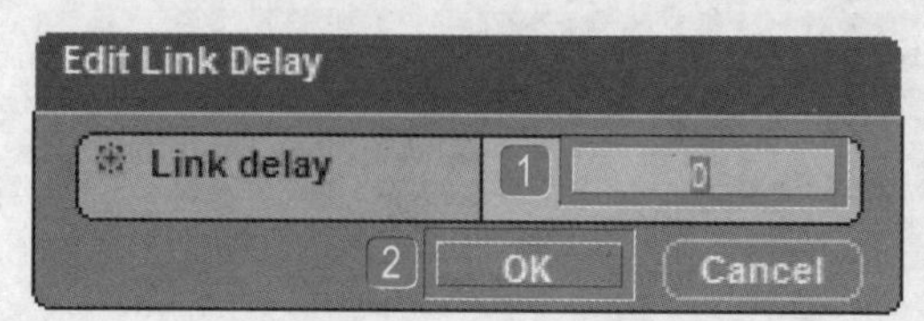

STEP 53 将Binary Switch模块的False连接到Wait Message模块的In，同时再循环等待单击鼠标左键的信息。

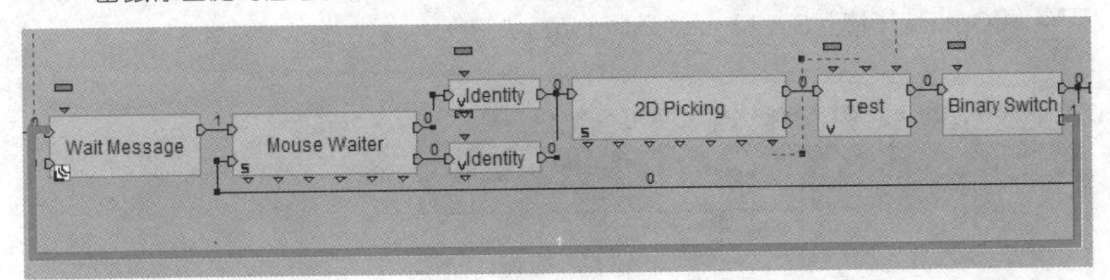

8.3 设置颜色

STEP 1 设置color颜色的显示。在空白处单击鼠标右键，在弹出的快捷菜单中执行Add Parameter Operation命令，创建一个参数运算器。

STEP 2 在弹出的对话框中1设置Inputs为2D Entity，2Operation为Get Position，3Ouput为Vector 2D，4单击OK按钮。

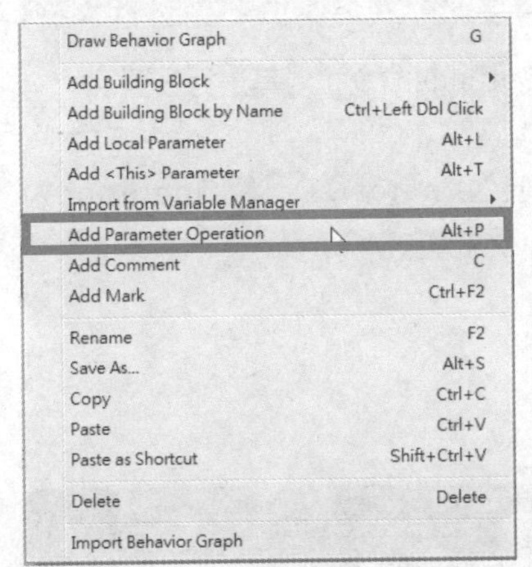

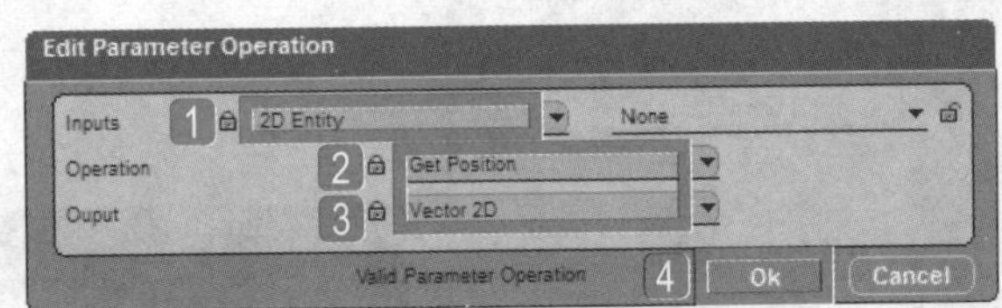

STEP 3 输入的2D对象是color bar，也就是Script的自我参数，因此将输入值直接连接到刚刚创建的This参数即可。

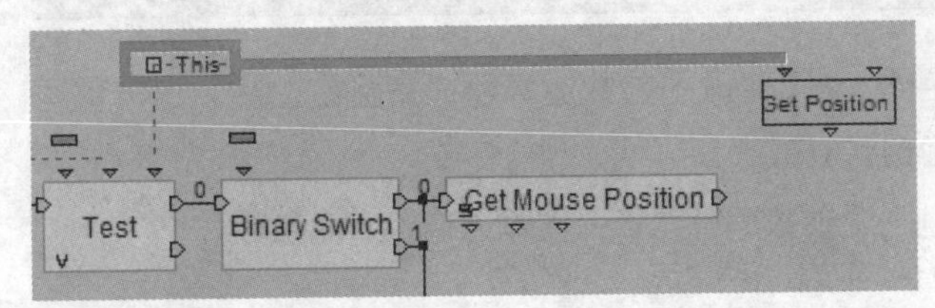

STEP 4 导入BB面板中的Logics\Calculator\Op模块。

STEP 5 将Op模块连接到Get Mouse Position模块的Out。

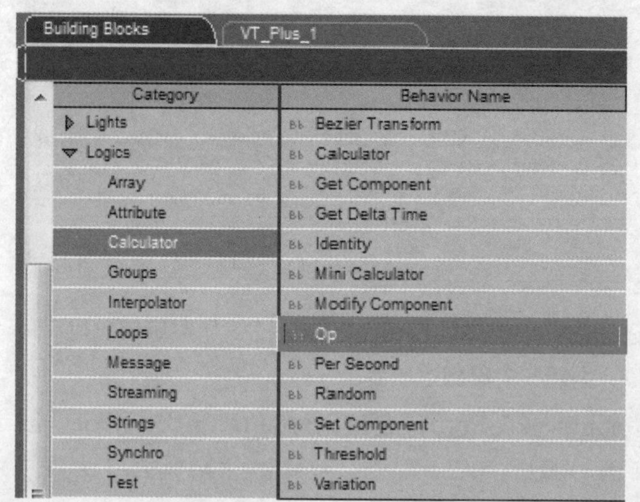

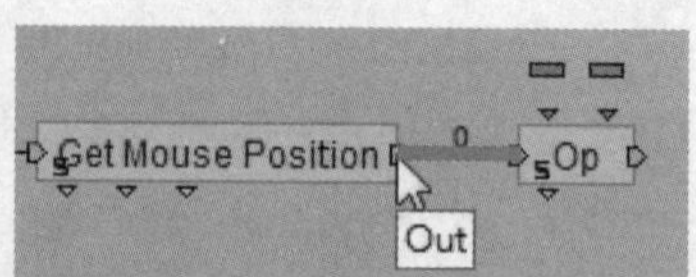

STEP 6 右击Op模块，在弹出的快捷菜单中执行Edit Settings命令，对其进行设置。

STEP 7 在弹出的对话框中1设置Inputs的A值和B值为Vector 2D，2Operation为Subtraction，3Ouput为Vector 2D，4单击OK按钮。

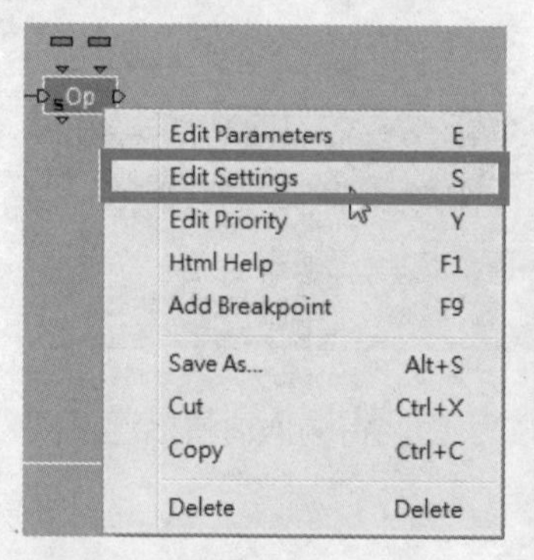

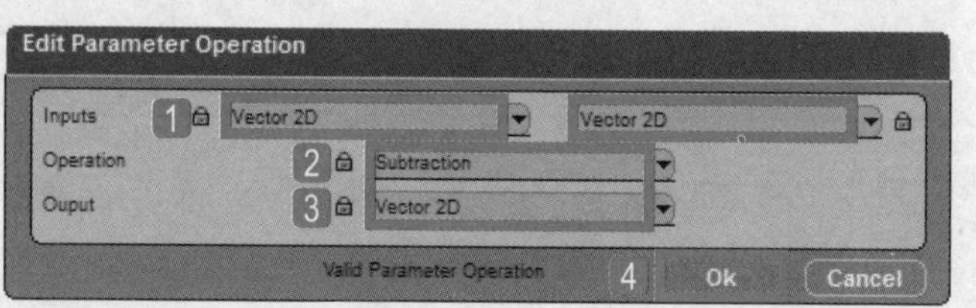

STEP 8 将A值赋予光标抓取到的坐标，将B值赋予参数运算器抓取到的坐标，这样就可以知道光标位于color bar的相对位置。

STEP 9 按住Shift键的同时拖曳复制一个参数运算器，设置输入值为This参数。

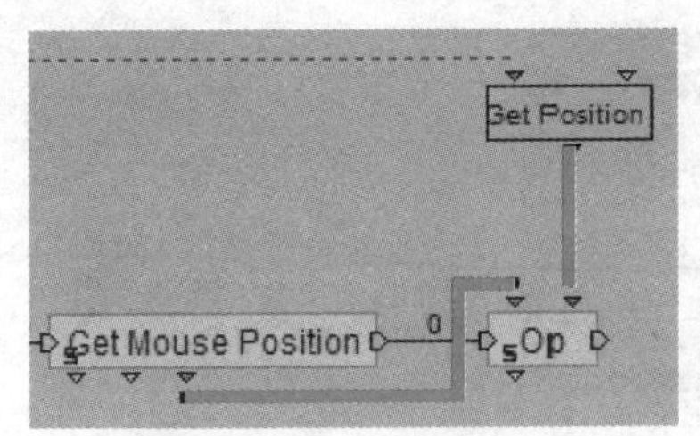

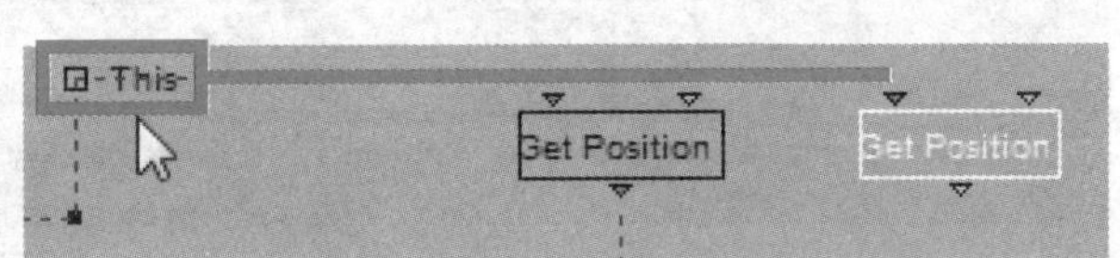

STEP 10 计算color的大小。右击Get Position模块，然后在弹出的快捷菜单中执行Edit Parameter Operation命令。

STEP 11 在弹出的对话框中1设置Inputs为2D Entity，2Operation为Get Size，3Ouput为Vector 2D，4单击OK按钮。

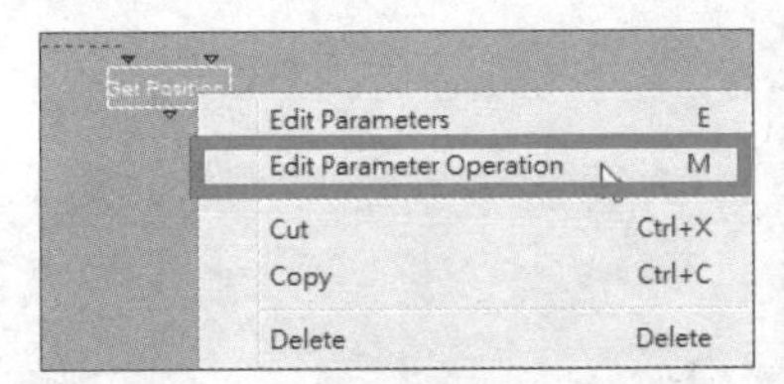

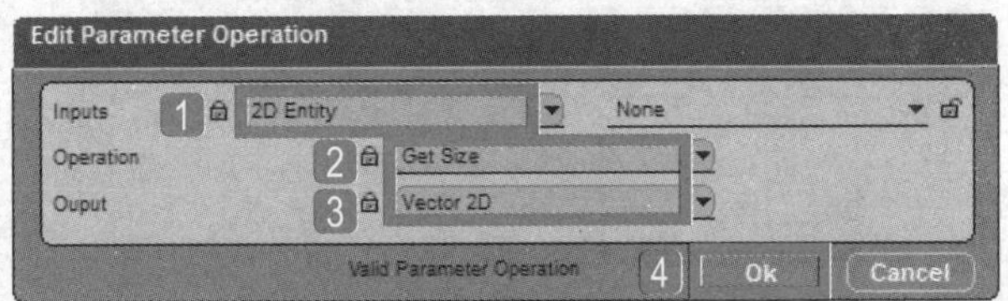

STEP 12 按住Shift键的同时拖曳复制出一个Op模块，将其连接到第一个Op模块的后面。右击复制出的Op模块，在弹出的快捷菜单中执行Edit Settings命令，对其进行设置。

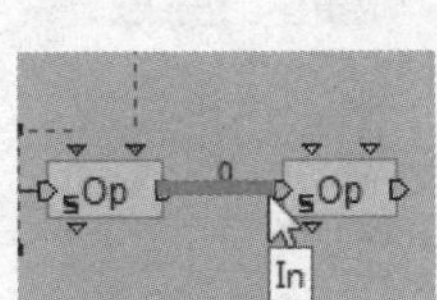

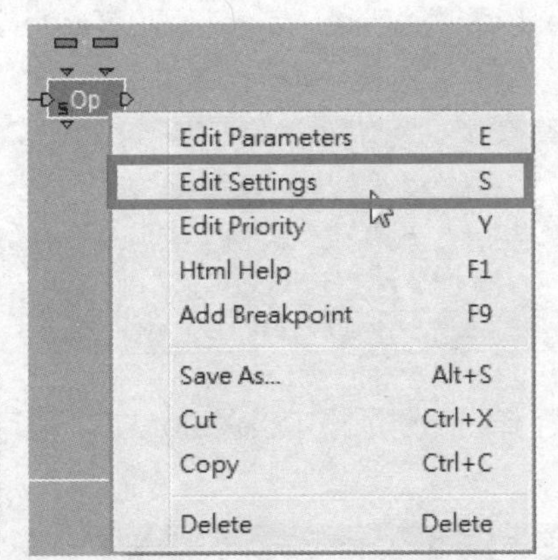

STEP 13 同样地，在弹出的对话框中1设置Inputs的A值和B值为Vector 2D，2Operation为Division，3Ouput为Vector 2D，4单击OK按钮。

STEP 14 将A值赋予第一个Op模块运算出的相对位置，将B值赋予参数运算器抓取到的坐标，经过Op模块进行除法运算后，可以算出相对位置的百分比。

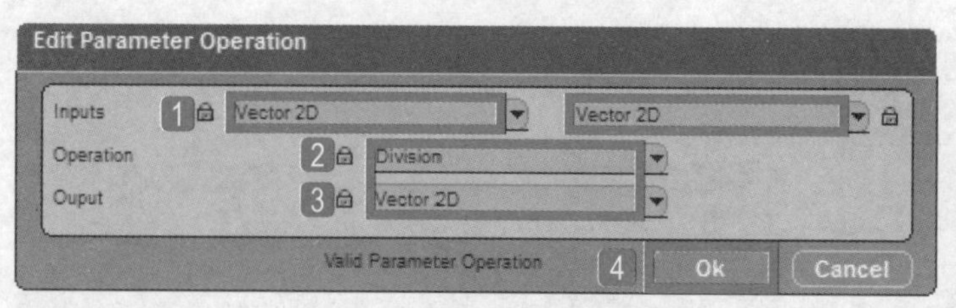

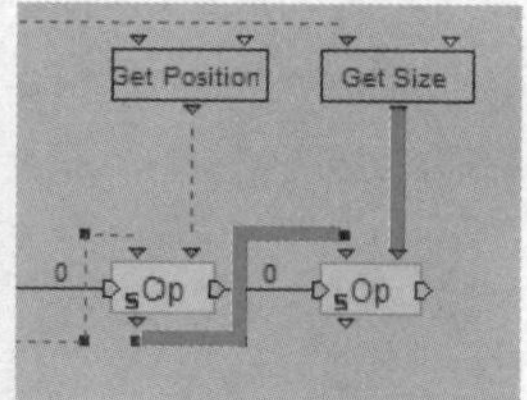

STEP 15 导入BB面板中的Materials-Textures\Texture\Pixel Value模块，添加像素显示。

STEP 16 将Pixel Value模块连接到第二个Op模块后。

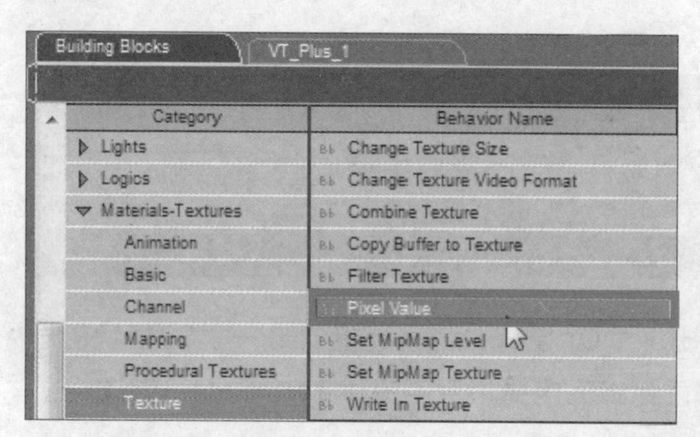

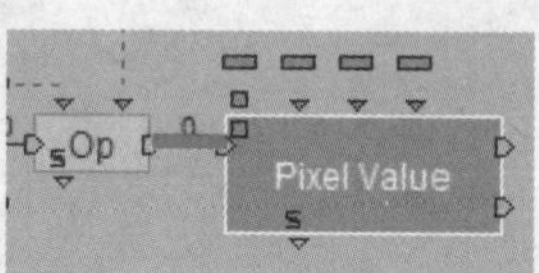

STEP 17 将Op模块开始抓取到的Texture赋予Pixel Value模块的Target。

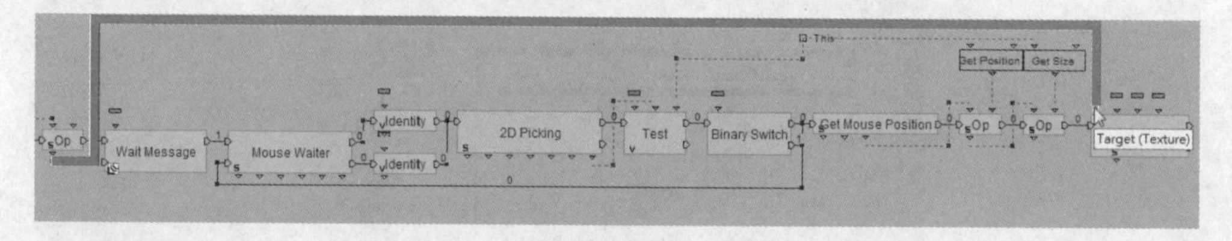

STEP 18 双击Pixel Value模块，1在弹出的对话框中设置Slot为0，2单击OK按钮。

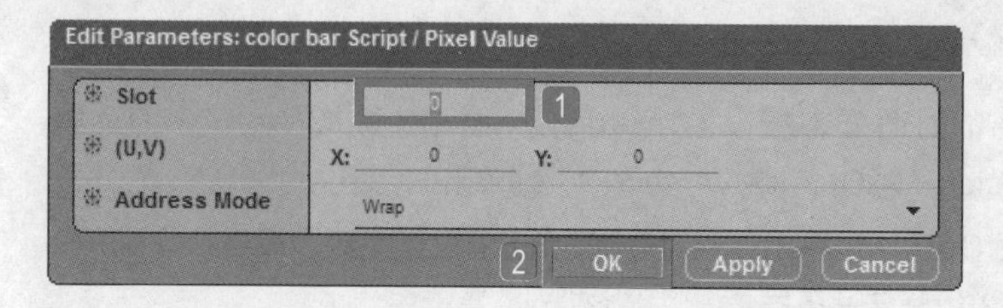

STEP 19 在Texture Setup面板中，可以看到color bar的全部贴图仅1张，而当前贴图为第0张。

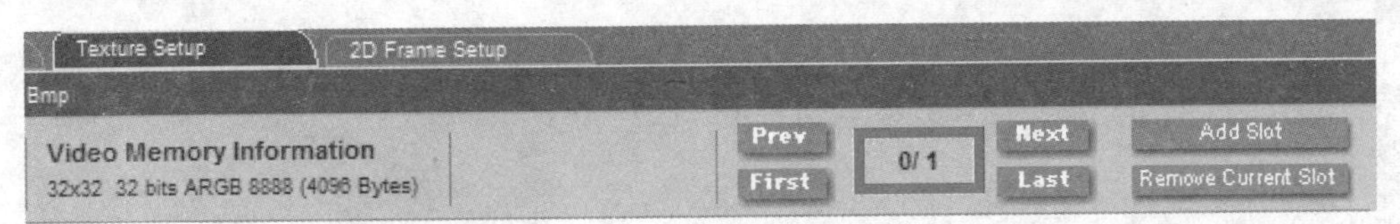

STEP 20 将第二个Op模块计算出来的坐标赋予Pixel Value的（U,V）。

STEP 21 导入BB面板中的Materials-Textures\Basic\Set Diffuse模块。

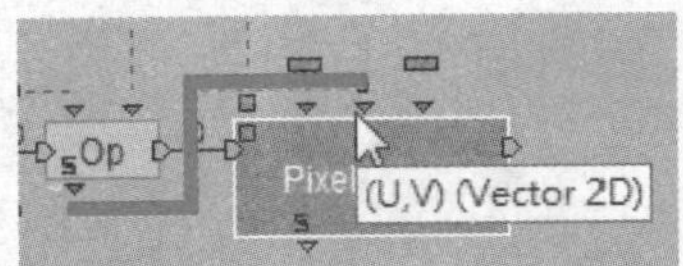

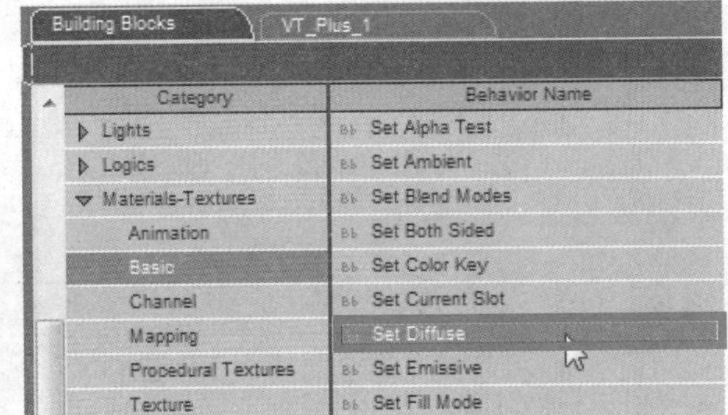

STEP 22 将Set Diffuse模块连接到Pixel Value的In Range。

STEP 23 双击Set Diffuse模块，1在弹出的对话框中将Target设置为要用来显示颜色的color，2单击OK按钮。

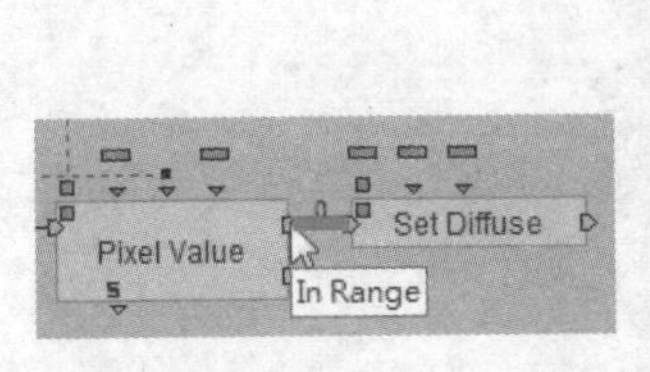

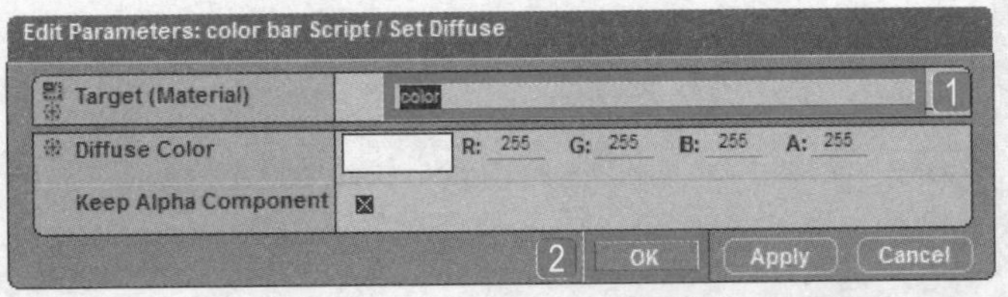

STEP 24 将Pixel Value模块抓取到的颜色赋予Set Diffuse模块的Diffuse Color，不需要循环，因为Mouse Waiter一旦执行永远有效，直到它被执行Off。至此，本例就制作完成了。

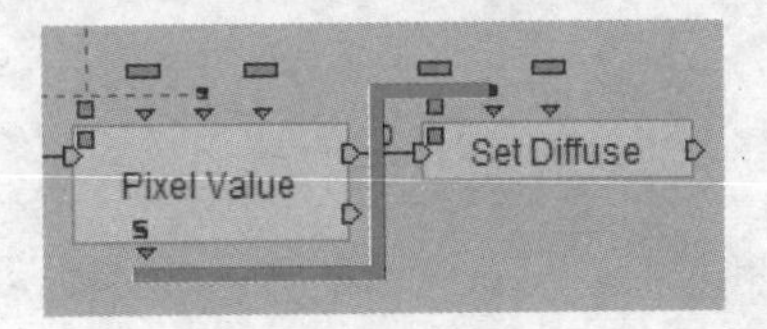

读书笔记

Chapter

模型涂鸦功能

在前面的章节中介绍了色盘功能的设置方法，本章将为大家介绍使用色盘功能选择颜色之后，如何在模型上进行涂鸦。

本章要点

- 从素材库中导入需要的素材
- 设置摄影机的基本属性
- 抓取模型的纹理
- 确定颜色来源并绘制

9.1 设置摄影机的基本属性

STEP 1 执行File>Load Composition命令，打开随书光盘\案例文件\Chapter_8.cmo文件。

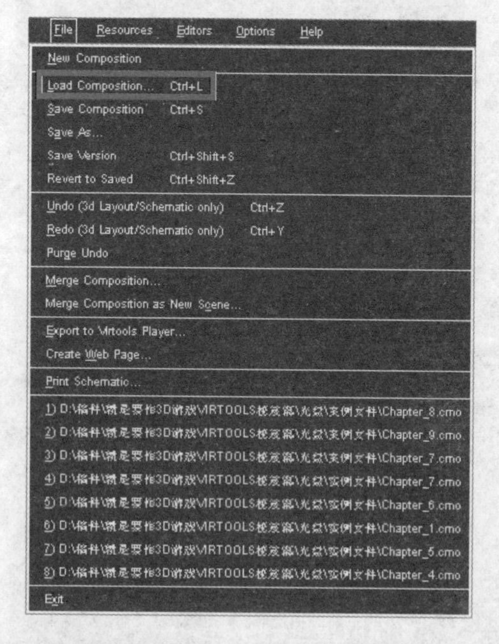

STEP 2 导入VT_Plus_1面板中的Characters\Animations\YinJiao.nmo角色文件。

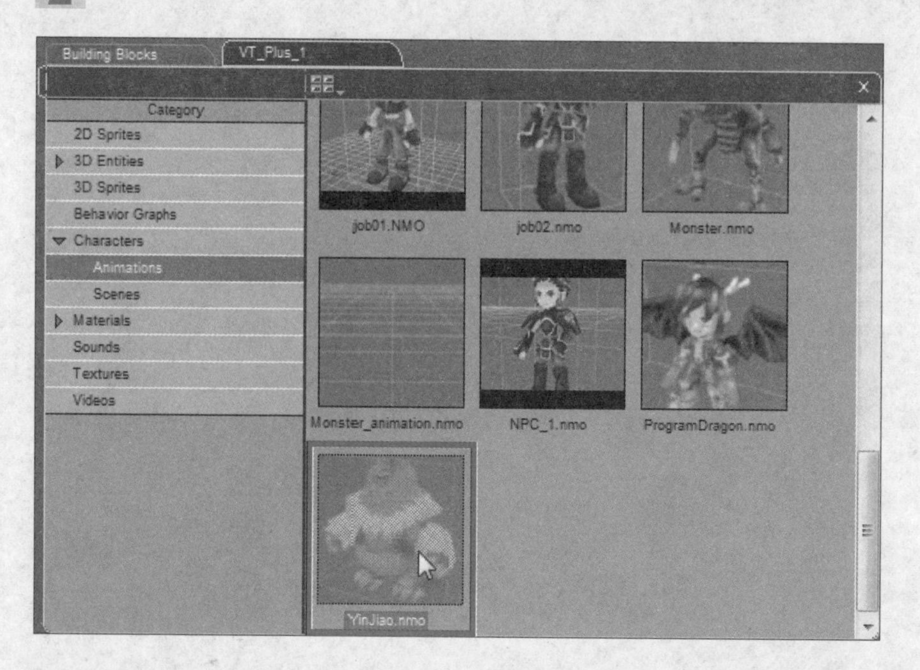

STEP 3 由于涂鸦效果会改变Texture，因此这里选择银角的贴图。❶在Level Manager面板中选择Level\Global\Textures\yin_jiao_map，❷单击Set IC For Selected按钮设置初始值。

STEP 4 单击Create Camera按钮，创建一架摄影机，以便绘图时可以随意改变视角。

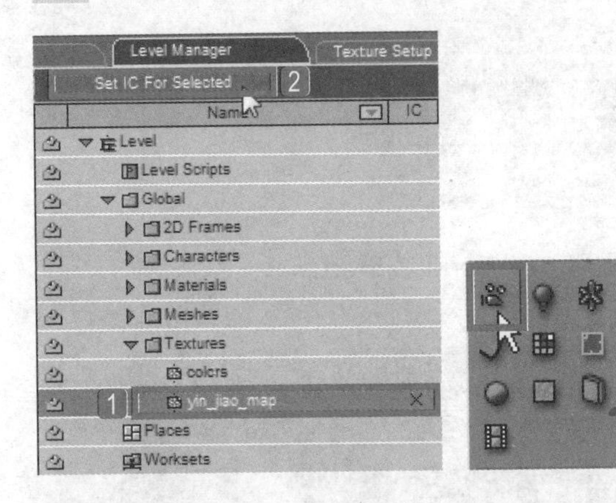

STEP 5 设置摄影机的名称为main camera。

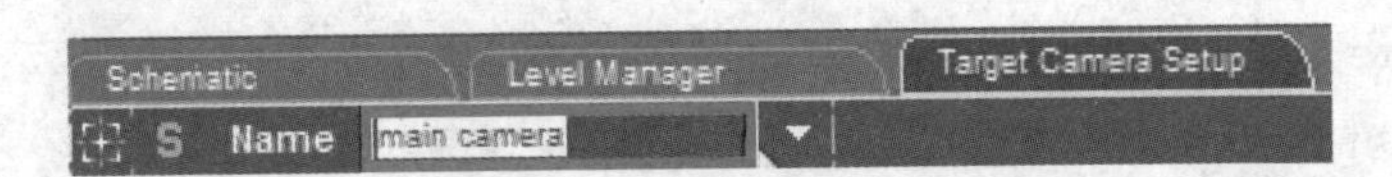

STEP 6 设置涂鸦功能。❶右击Level，❷在弹出的快捷菜单中执行Create Script命令，创建脚本。

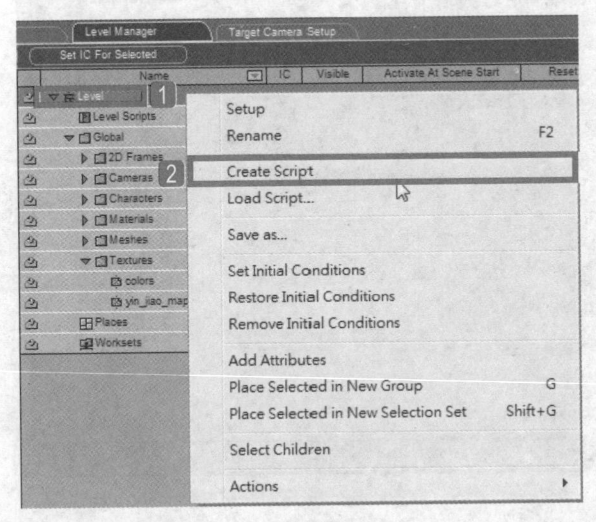

STEP 7 导入BB面板中的Cameras\Movement\Keyboard Camera Orbit模块，设置键盘控制摄影机功能。

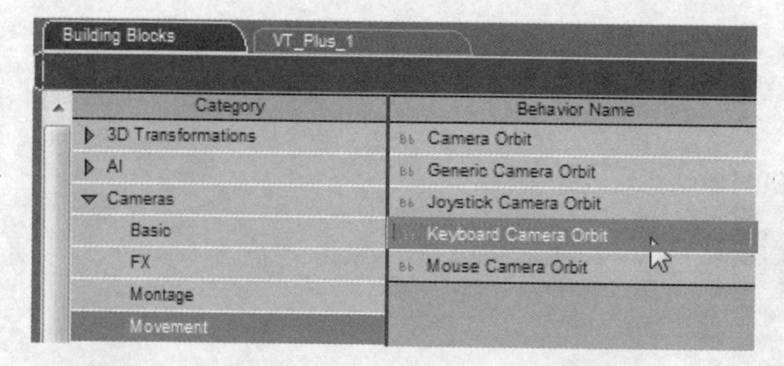

STEP 8 将Keyboard Camera Orbit模块连接到Level Script的Start。

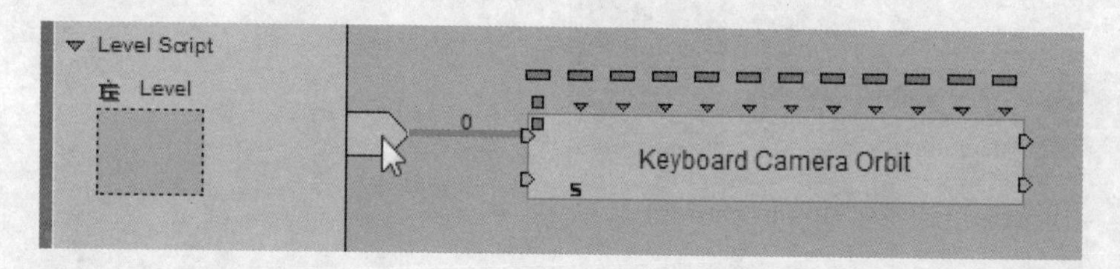

STEP 9 双击Keyboard Camera Orbit模块，1在弹出对话框中设置Target为main camera；2设置Target Referential为银角YinJiao，3由于银角的中心偏下方，因此将Target Position向上微调15。Move Speed表示摄影机移动速度，采用默认值即可。4由于不需要设置摄影机回转，设置Return Speed为0。5设置水平线的旋转为-1与1，也就是向左向右转都可转到1圈的幅度。设置垂直方向的旋转也为-1与1，向上向下转也没有限制。6设置拉近推远的速度为100，7最后拉近推远的限制仅在Zoom Max微调60，让镜头近点。

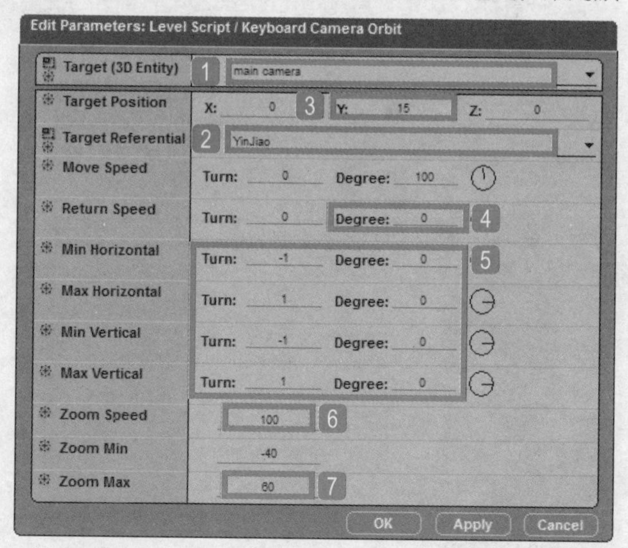

TIP Target摄影机就是刚刚创建的main camera。

STEP 10 右击Keyboard Camera Orbit模块，在弹出的快捷菜单中执行Edit Settings命令，对其进行设置。

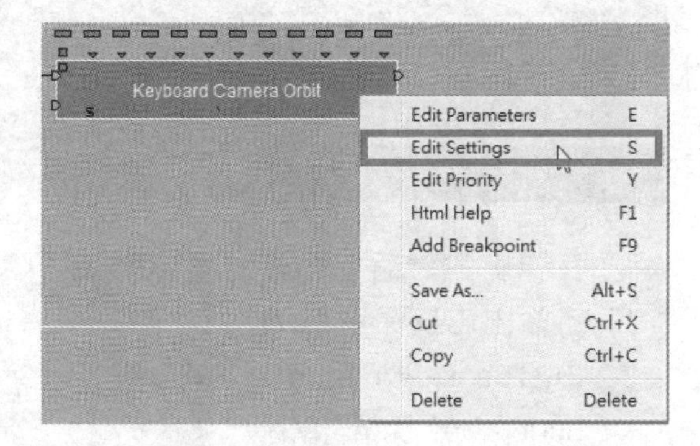

STEP 11 在弹出的对话框中更改旋转摄影机各个对应键。1分别设置成向左为A键、向右为D键、向上为W键、向下为X键、拉近为Q键、推远为E键，2单击OK按钮。

STEP 12 1在Level Manager面板中选择main camera，2单击Set IC For Selected按钮，设置摄影机的初始值。至此，摄影机的基本属性就设置完成了。

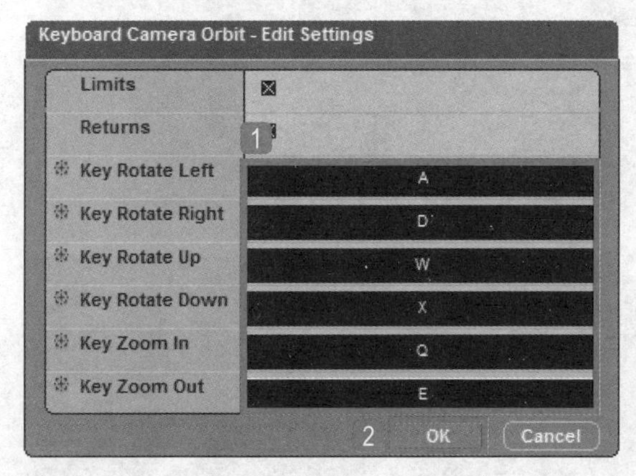

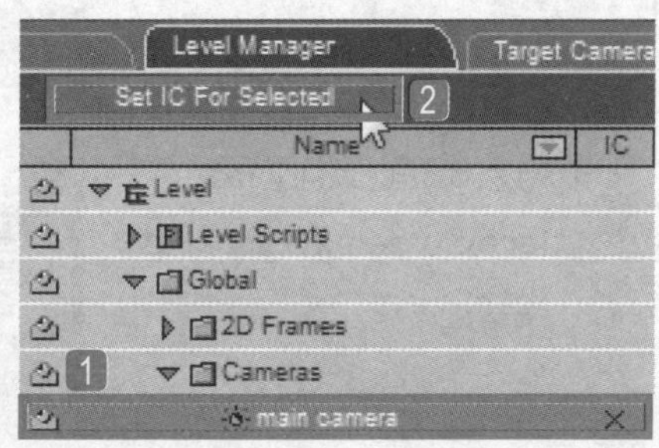

9.2 抓取模型的纹理

STEP 1 为模型设置涂鸦效果。导入BB面板中的Controllers\Mouse\Mouse Waiter模块，添加等待鼠标信息。

STEP 2 右击Mouse Waiter模块，在弹出的快捷菜单中执行Edit Settings命令，对其进行设置。

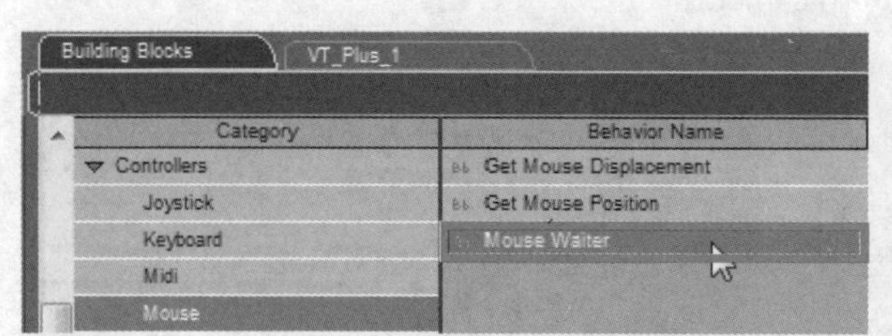

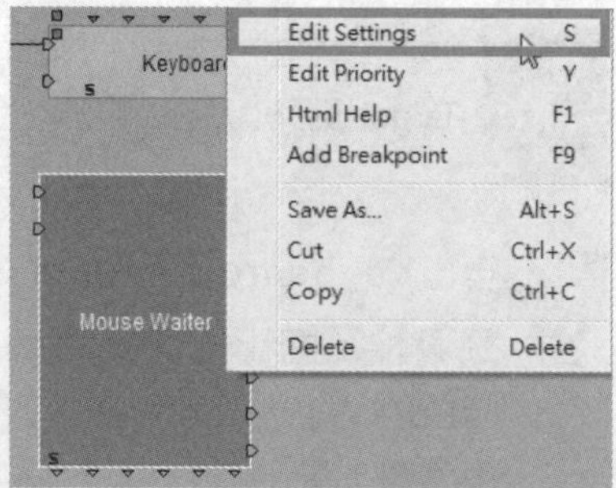

STEP 3 在弹出的对话框中设置输出口仅保留Left Button Down和Left Button Up，即单击鼠标左键与释放鼠标左键。

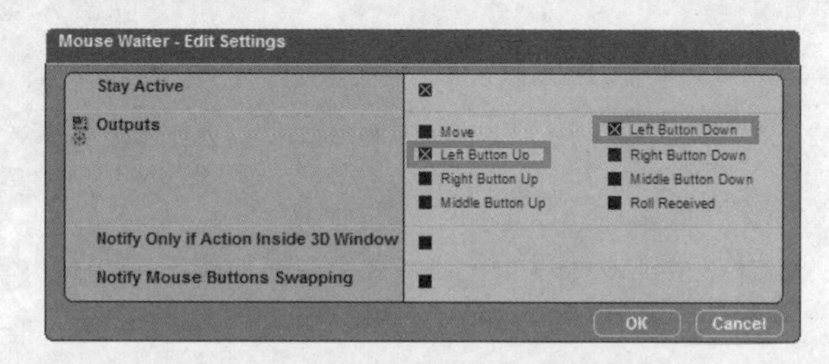

STEP 4 将Mouse Waiter模块的On连接到Level Script的Start。

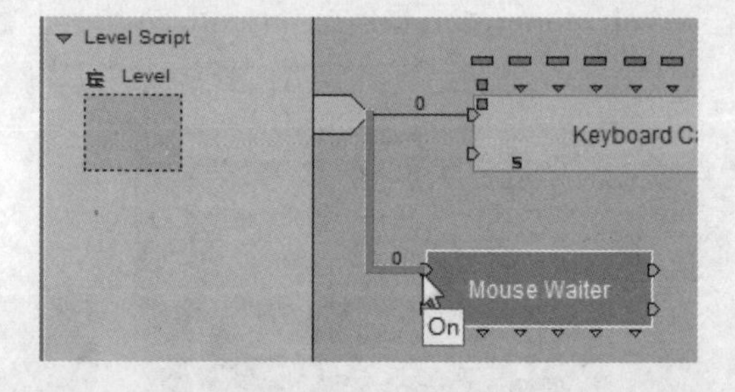

STEP 5 导入BB面板中的Interface\Screen\2D Picking模块。

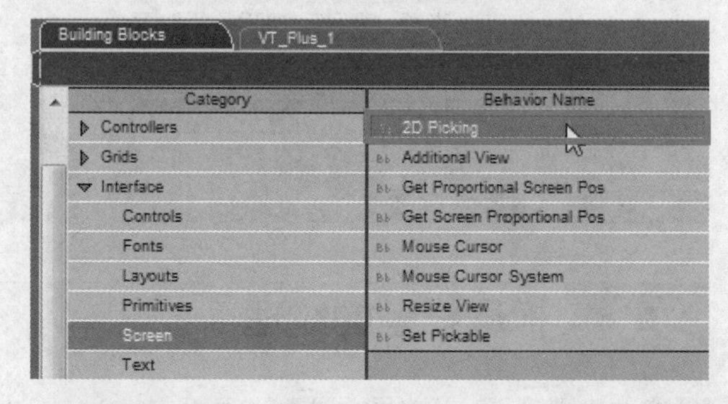

STEP 6 将2D Picking模块连接到Mouse Waiter模块的Left Button Down Received。

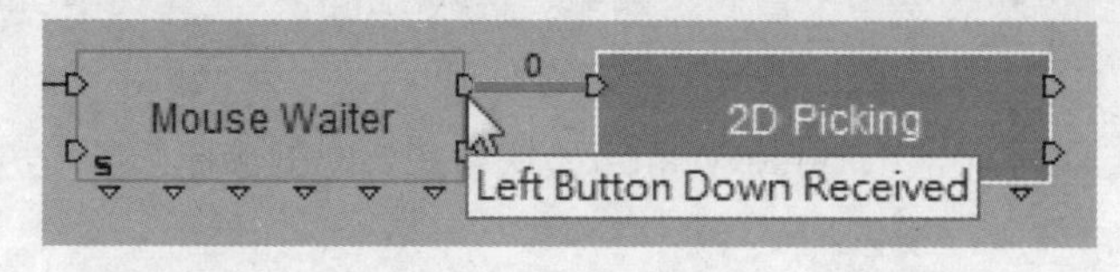

STEP 7 选择对象后，先判断是否选中了角色模型，加载的YinJiao模型分为面部与身体两个部分，判断只要不是面部或身体就不绘制，属于复数的判断。导入BB面板中的Logics\Streaming\Switch On Parameter模块。

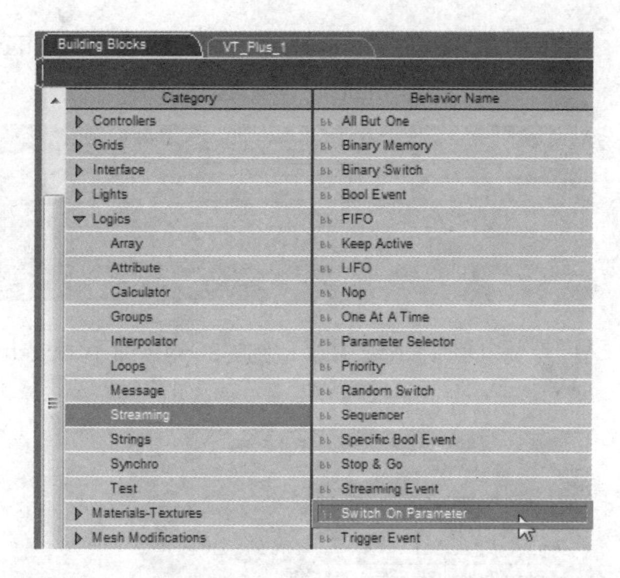

STEP 8 选中对象后即可进行判断，将Switch On Parameter模块连接到2D Picking模块的True。

STEP 9 在Switch On Parameter模块的第一个输入口双击。

STEP 10 1在弹出的对话框中更改判断对象的参数类型为3D Object，2单击OK按钮。

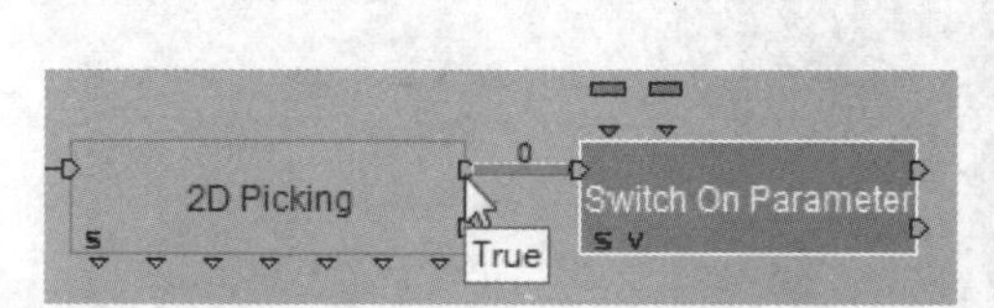

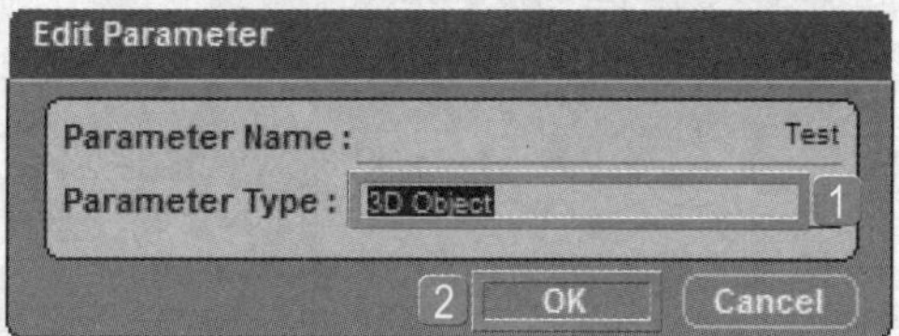

STEP 11 由于是复数的判断，因此右击该模块，在弹出的快捷菜单中执行Construct>Add Behavior Output命令，添加一个输出口。

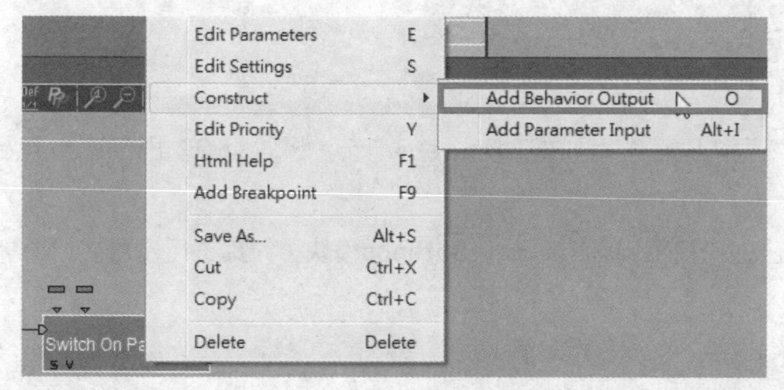

STEP 12 双击Switch On Parameter模块，1在弹出的对话框中设置判断的对象为银角的身体和银角的面部，2单击OK按钮。

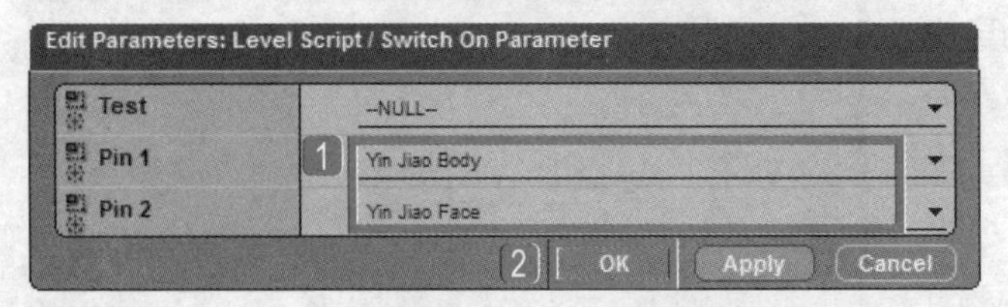

STEP 13 将2D Picking模块抓取到的3D对象赋予Switch On Parameter模块的判断值。

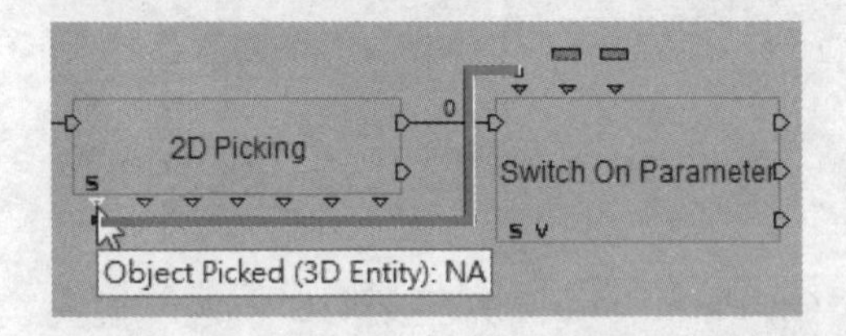

STEP 14 由于涂鸦是在Texture之上，因此必须先抓取它的Texture，对于3D对象来说，Texture设置在Material上，Material设置在Mesh上，而Mesh设置在Object上。导入BB面板中的Logics\Calculator\Op模块。

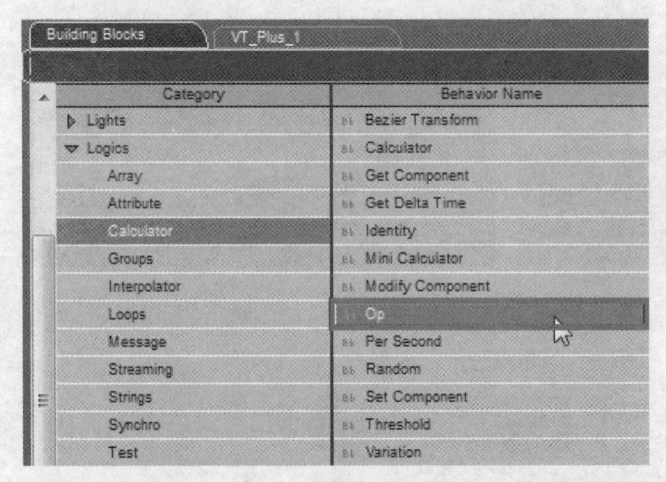

STEP 15 判断到银角的面部或身体时，进行抓取Texture的动作。将对应的输出口连接到Op模块。

STEP 16 右击Op模块，在弹出的快捷菜单中执行Edit Settings模块，对其进行设置。

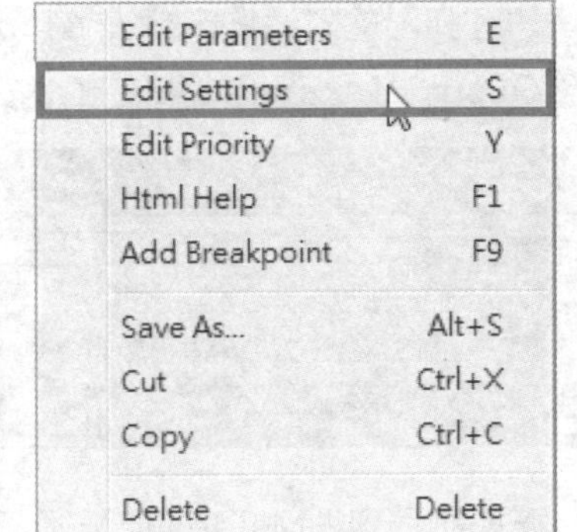

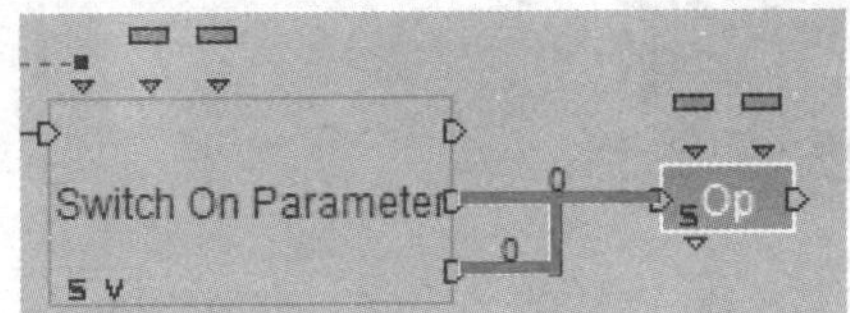

STEP 17 在弹出的对话框中❶设置Inputs为3D Object，❷Operation为Get Mesh，❸Ouput为Mesh，❹单击OK按钮。

STEP 18 按住Shift键的同时拖曳复制出第二个Op模块，并将其连接到第一个Op模块后。

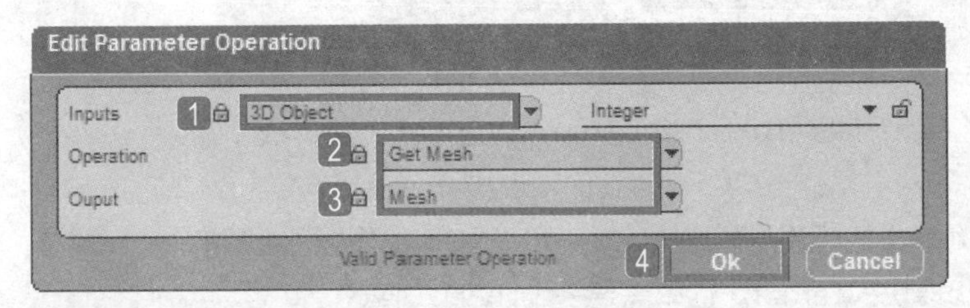

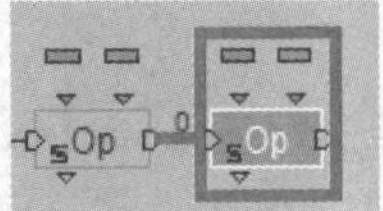

STEP 19 双击Op模块，在弹出的对话框中❶设置Inputs为Mesh，❷Operation为Get Material，❸Ouput为Material，❹单击OK按钮。

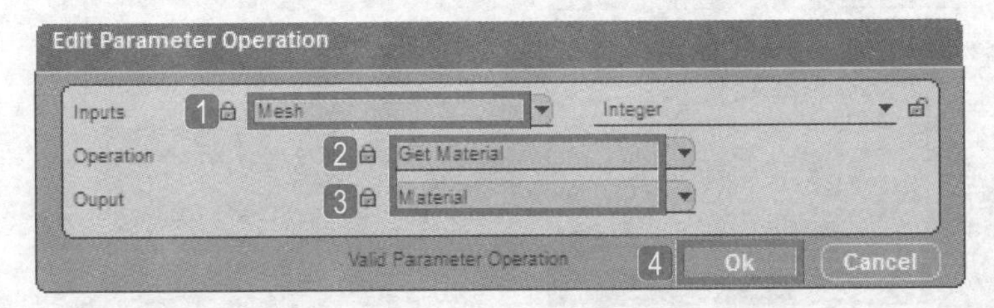

STEP 20 将第一个Op模块抓取到的Mesh值赋予第二个Op模块的输入值。按住Shift键的同时拖曳复制出第三个Op模块，并将其连接到第二个Op模块后。

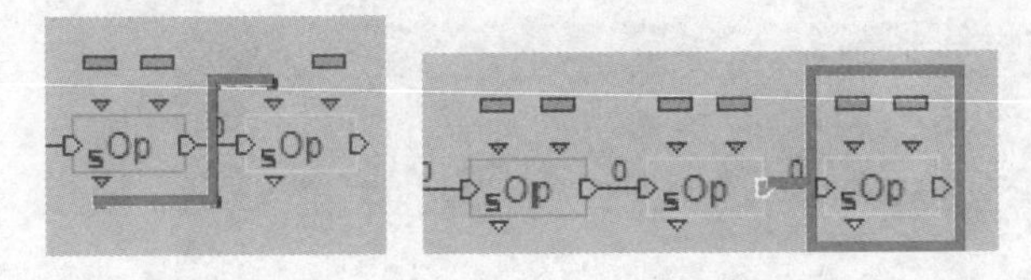

STEP 21 双击Op模块，在弹出的对话框中1设置Inputs为Material，2Operation为Get Texture，3Ouput为Texture，4单击OK按钮。

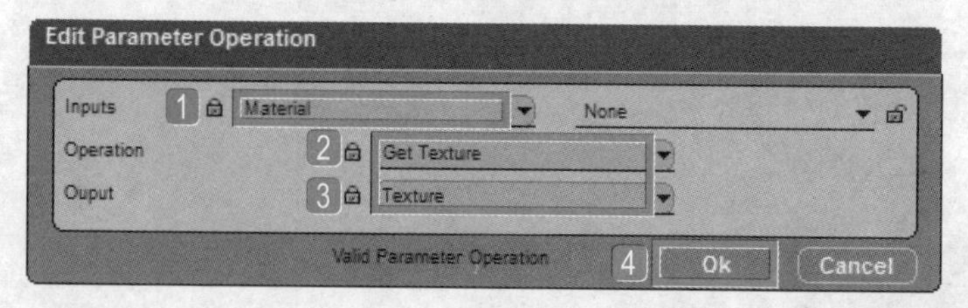

STEP 22 将第二个Op模块抓取到的Material值赋予第三个Op模块的输入值。第一个Op模块赋予的3D Object值来自于2D Picking模块的Object Picked。

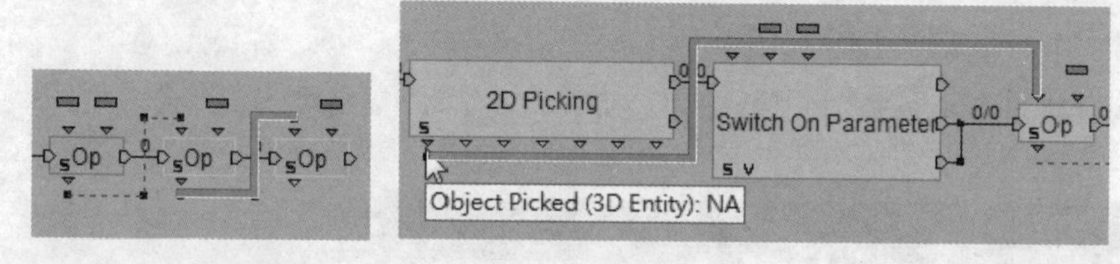

STEP 23 导入BB面板中的Materials-Textures\Texture\Write In Texture模块。

STEP 24 将Write In Texture模块连接到最后一个Op模块的Out。将抓取到的Texture赋予Write In Texture模块的Target。这里需要一个UV输入值。

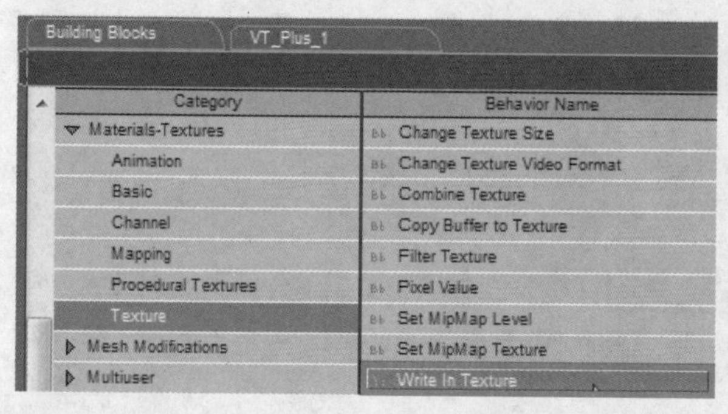

STEP 25 这个UV值正好可以来自于2D Picking模块。

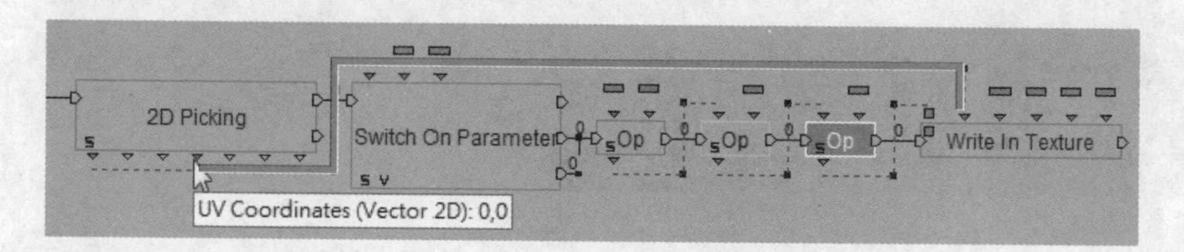

9.3 确定颜色来源并绘制

STEP 1 绘制颜色的来源必须返回到上一章节设置色盘时创建的color bar Script中进行设置。返回到color bar Script后，在空白处单击鼠标右键，在弹出的快捷菜单中执行Add Local Parameter命令，添加一个参数。

STEP 2 在弹出的对话框中，1设置Parameter Name为color，2Parameter Type为Color，3单击OK按钮。

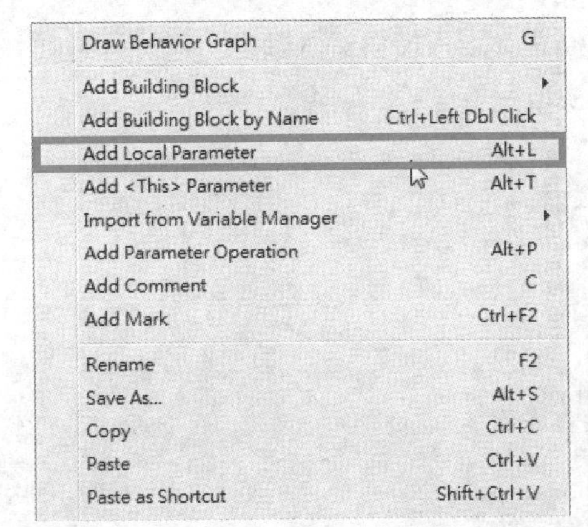

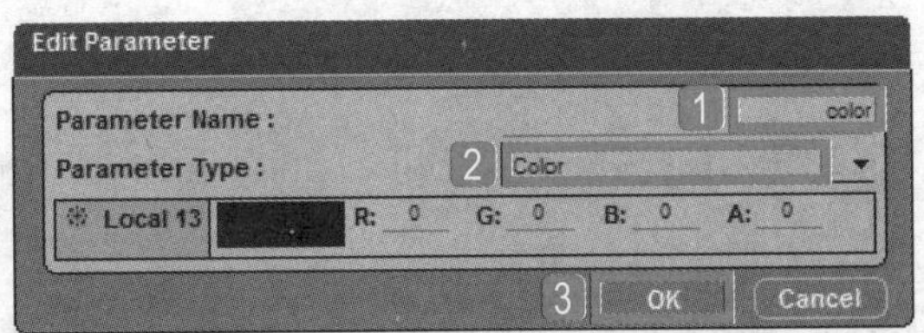

STEP 3 选择创建的参数，按下空格键可以分别显示参数名称和参数值。右击创建的参数，在弹出的快捷菜单中执行Copy命令。

STEP 4 在空白处单击鼠标右键，在弹出的快捷菜单中执行Paste as Shortcut命令，创建快捷方式。

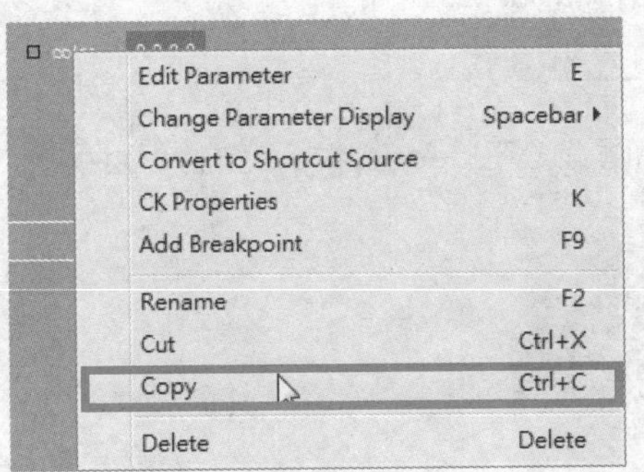

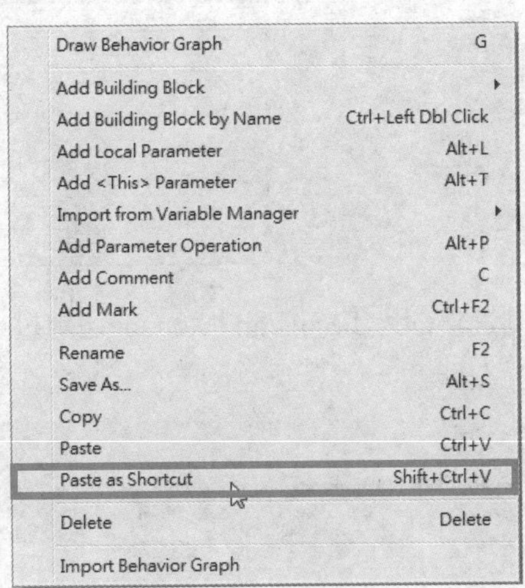

STEP 5 在Script中查找到Pixel Value模块，将原本输出颜色给Set Diffuse模块的连接线删除。将Pixel Value模块的输出值赋予参数color的快捷方式。

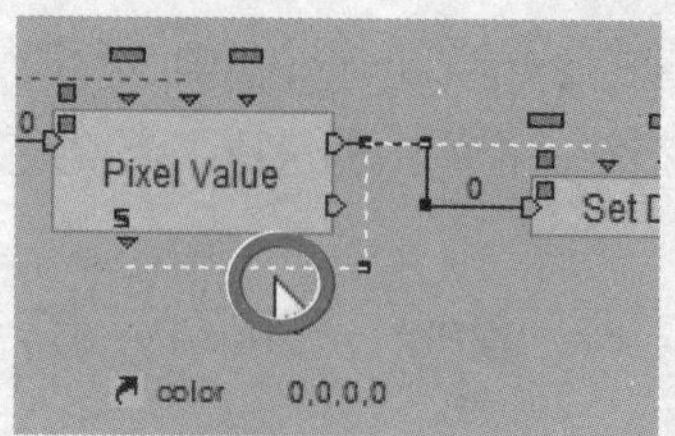

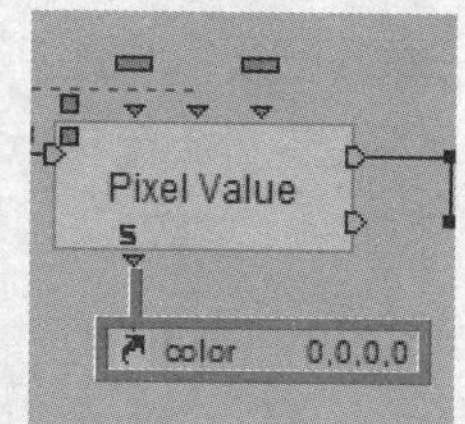

STEP 6 复制参数color的快捷方式到Set Diffuse模块，用来设置输入颜色。在一开始就声明颜色，将Op模块与Wait Message模块中间的连接线删除。

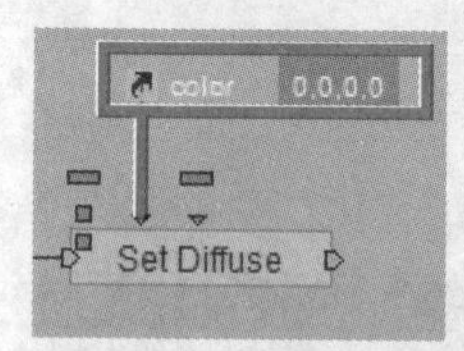

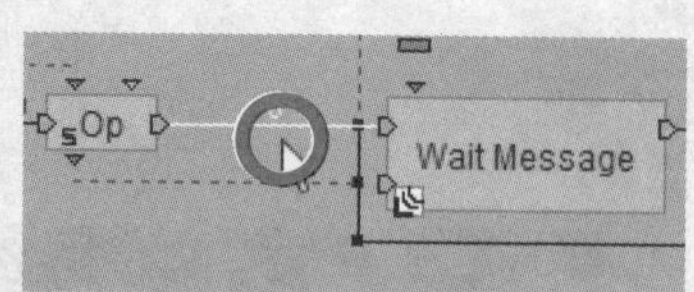

STEP 7 导入BB面板中的Logics\Calculator\Identity模块。

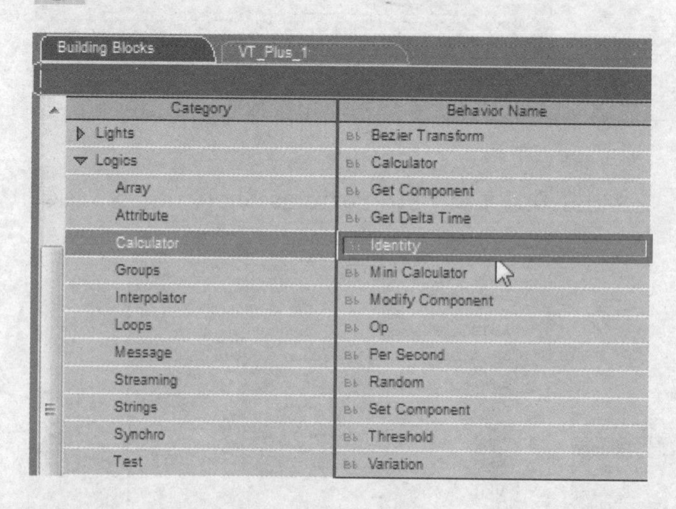

STEP 8 重新连接Op模块与Wait Message模块的两端。在Identity模块的输入口上双击鼠标左键。

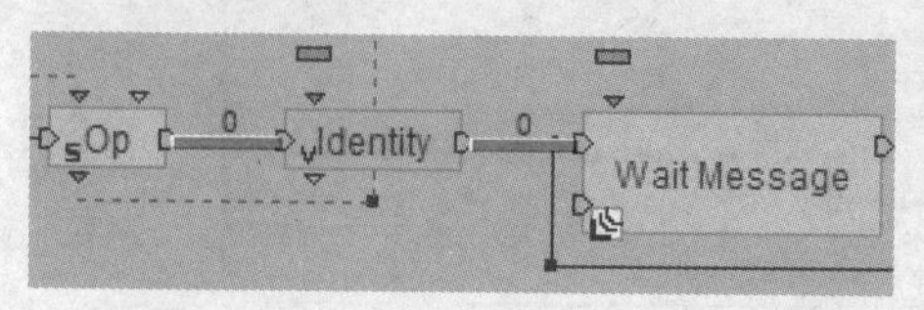

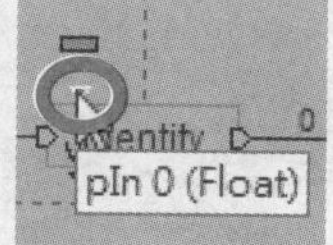

STEP 9 在弹出的对话框中，1将Parameter Type更改为Color，2单击OK按钮。

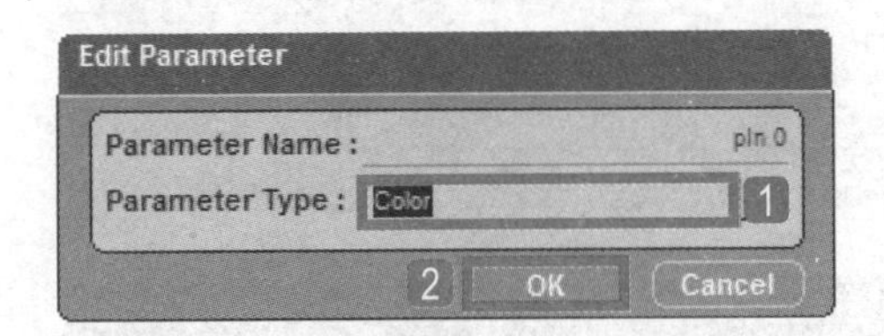

STEP 10 双击Identity模块，1在弹出的对话框中将颜色设置为白色。复制一个参数color的快捷方式，并设置颜色值，2单击OK按钮。

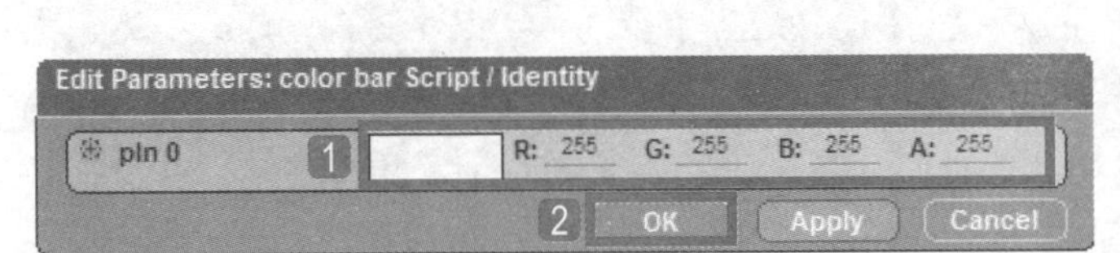

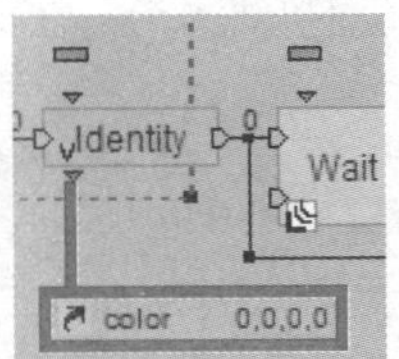

STEP 11 设置在一开始时，Set Diffuse模块先显示。

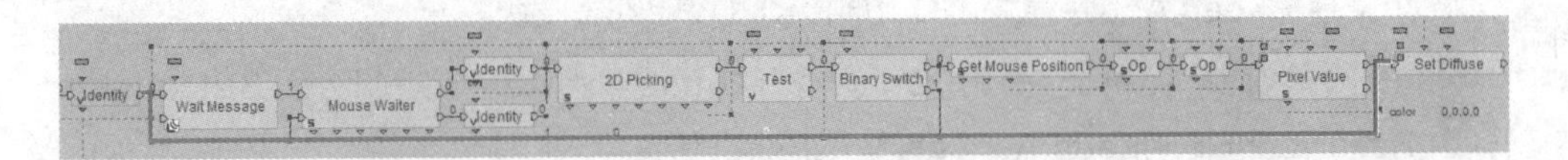

STEP 12 返回到Level Script，同样复制参数color的快捷方式，这个颜色就是Write In Texture模块所要输入的颜色，将其连接起来。单击Play按钮播放动画，预览角色的效果。

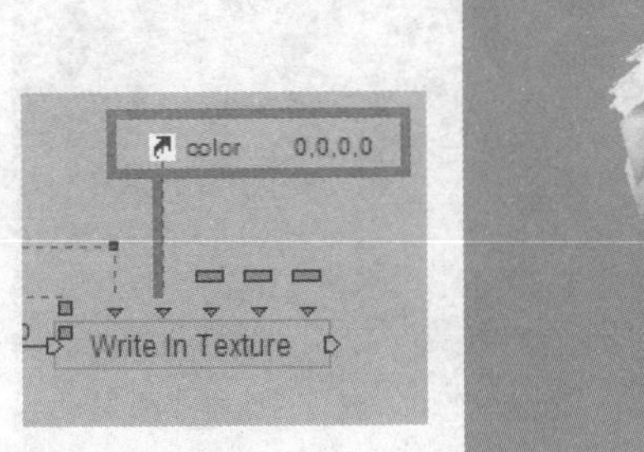

STEP 13 此时，我们就可以在模型上绘图了，由于设置了UV属性，因此绘制的效果是左右对称的。我们希望绘图可以不间断，直到释放鼠标左键为止，将Mouse Waiter模块与2D Picking模块中间的连接线删除。

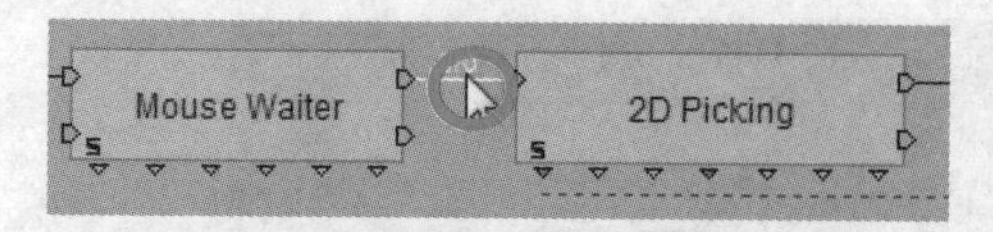

STEP 14 导入BB面板中的Logics\Streaming\Keep Active模块。

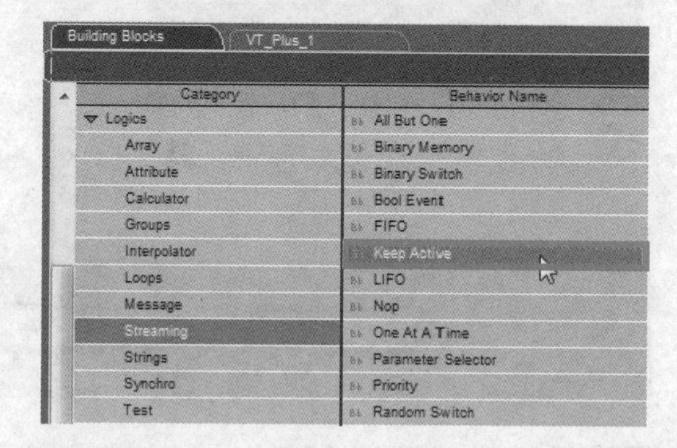

STEP 15 将Mouse Waiter模块的Left Button Down Received连接到Keep Active模块的In，并将Keep Active模块的Out连接到2D Picking模块。

STEP 16 由于释放鼠标左键时将停止绘图，将Mouse Waiter模块的Left Button Up Received连接到Keep Active模块的Reset结束。

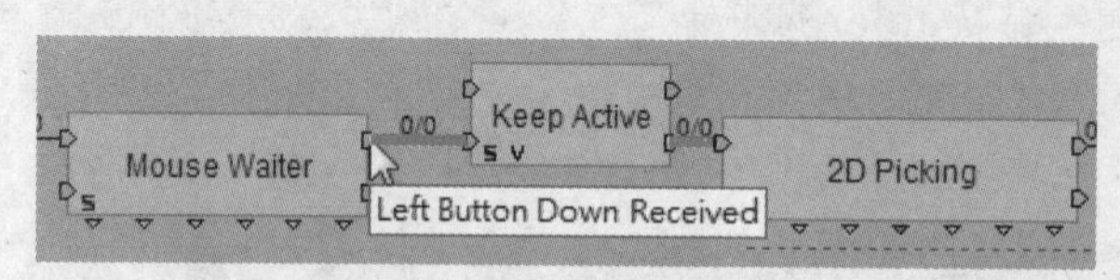

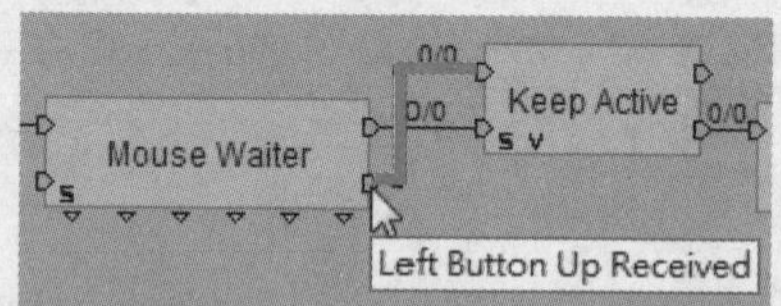

STEP 17 再次单击Play按钮进行测试，预览模型效果。至此，模型涂鸦功能就设置完成了。

Chapter

创建投影光

本章将为大家介绍投影光的设置方法，该功能可用于设置卡拉OK的七彩灯光，或者教堂彩绘玻璃的投影效果等。

本章要点

- 从素材库中导入素材文件
- 创建灯光
- 设置照射效果

10.1 创建灯光

STEP 1 执行菜单栏中的Resources>Open Data Resource命令，在弹出的Open Data Resource对话框中选择随书光盘\素材库\VT_Plus_1.rsc素材文件，单击“打开”按钮，加载本书所有的教学素材数据。

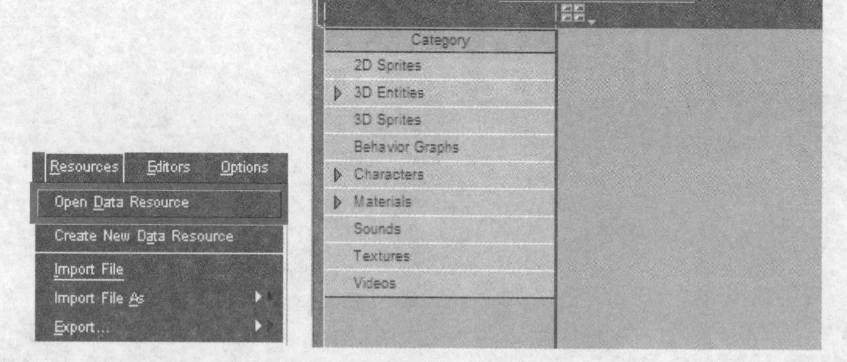

STEP 2 导入VT_Plus_1面板中的Characters\Scenes\Scene02.nmo场景文件，并且调整好角度。

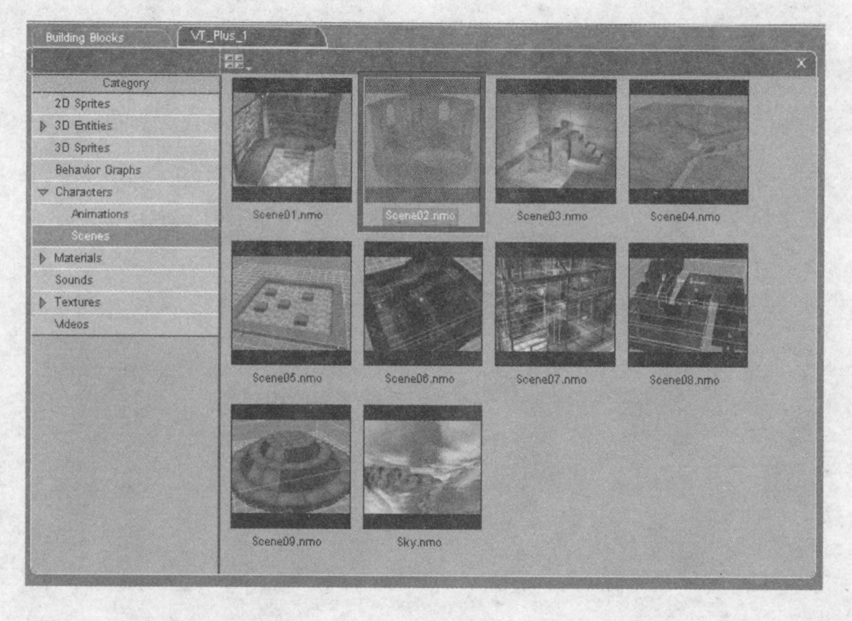

STEP 3 单击Create 3D Frame按钮，创建一个3D虚拟对象。在3D Frame Setup面板中将创建的虚拟对象命名为light。

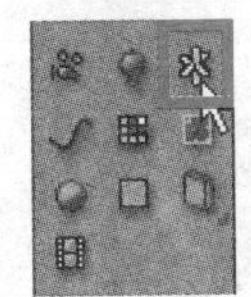

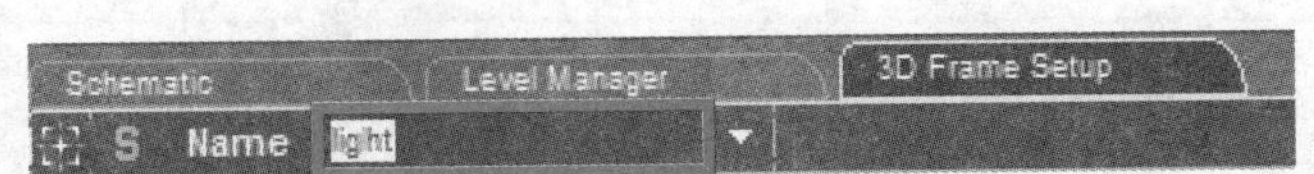

STEP 4 继续在该面板中设置Position的X、Y、Z值都为0，并设置Scale的X、Y、Z值都为10。

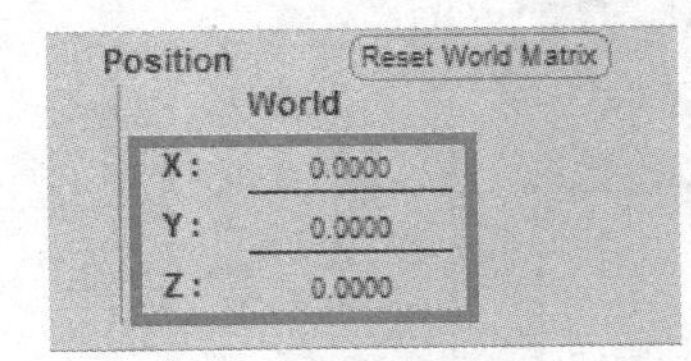

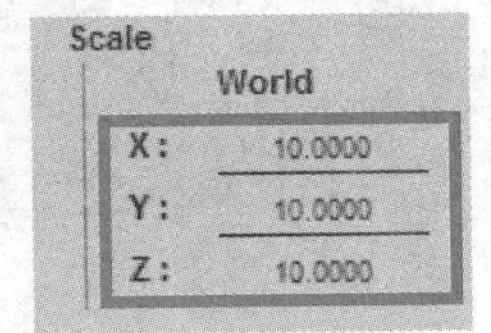

STEP 5 使用位移工具，将light对象移动到适合作为投影灯光依据的位置。

STEP 6 1在Level Manager面板中选择light对象，2单击Set IC For Selected按钮设置初始值。

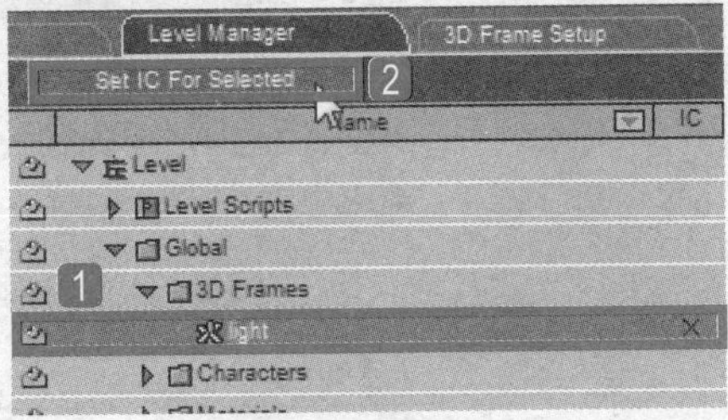

STEP 7 导入VT_Plus_1面板中的Textures\light02.bmp贴图文件。

STEP 8 1在Level Manager面板中右击Level，2在弹出快捷菜单中执行Create Script命令，创建脚本。

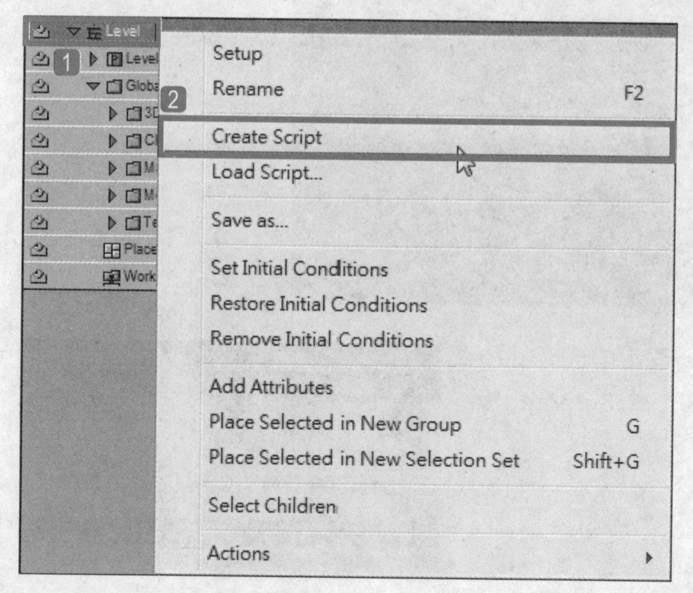

10.2 设置照射效果

STEP 1 导入BB面板中的3D Transformations\Basic\Rotate模块。

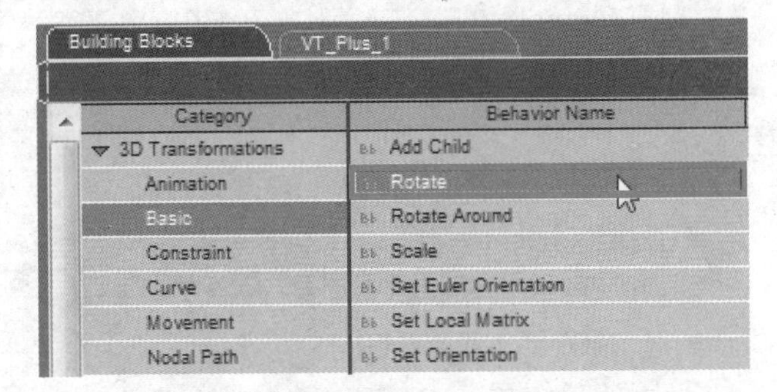

STEP 2 将Rotate模块连接到Level Script的Start。

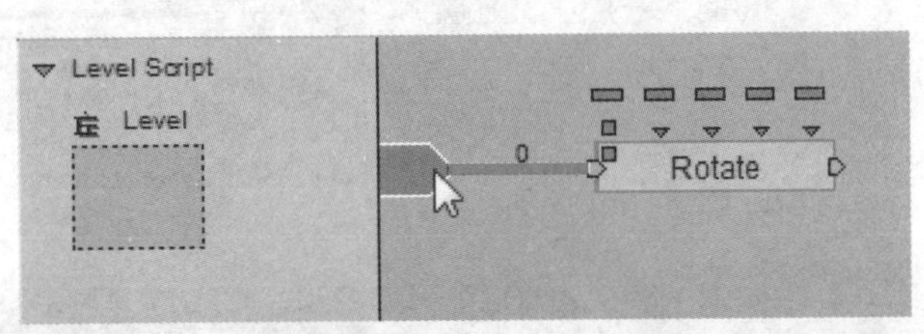

STEP 3 双击Rotate模块，在弹出的对话框中1设置Target为light，2设置Referential为NULL，对象将进行自转，3单击OK按钮。

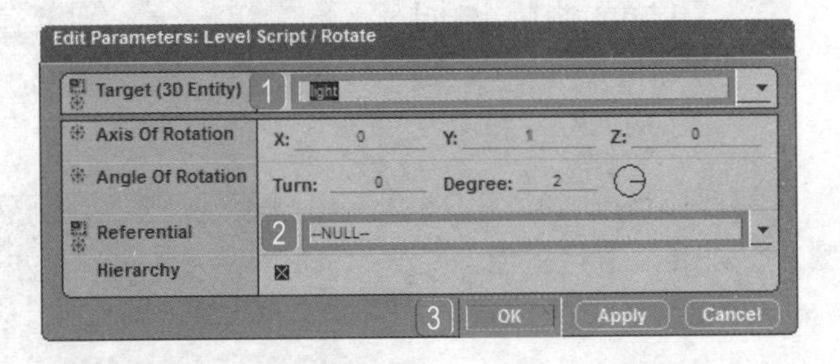

STEP 4 在选择light对象的情况下单击Play按钮，确认light对象可以转动。

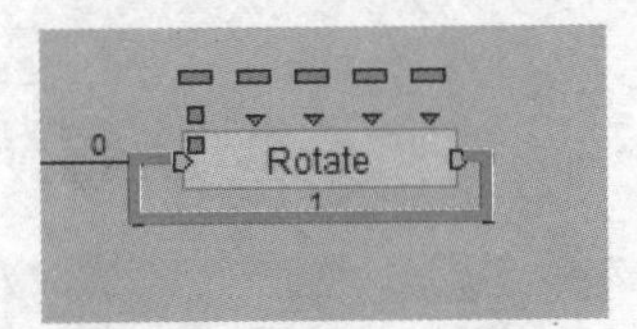

STEP 5 单击Create Material按钮，创建一个新的Material。在Material Setup面板中设置其名称为light。

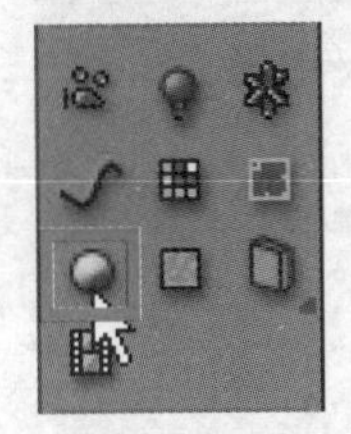

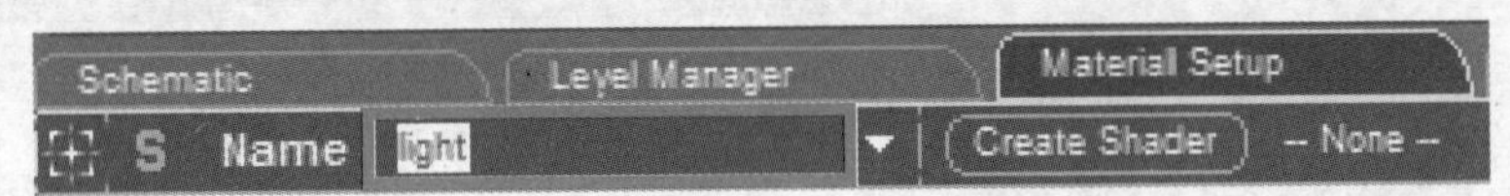

STEP 6 继续在该面板中设置它的贴图为刚刚从素材库加载的星光贴图light02。光是投射在对象的一层Channel上的，右击墙体，在弹出的快捷菜单中执行Mesh Setup(Wall_Mesh)命令。

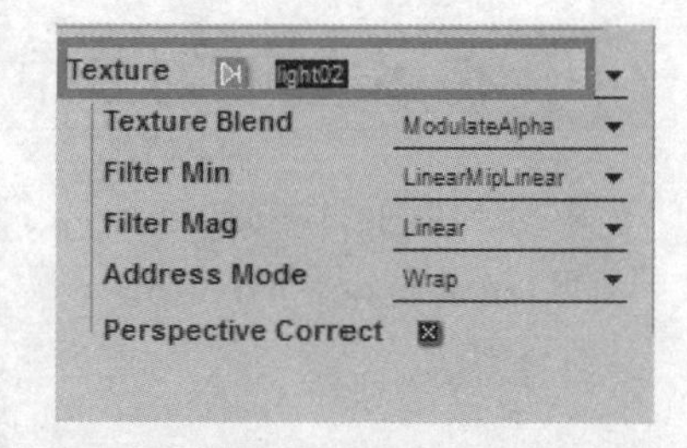

STEP 7 查找到Channels字段，可以看到原对象被赋予了一张贴图，我们要在上面铺上一层亮光的贴图。右击空白处，在弹出的快捷菜单中执行Add Channel命令。

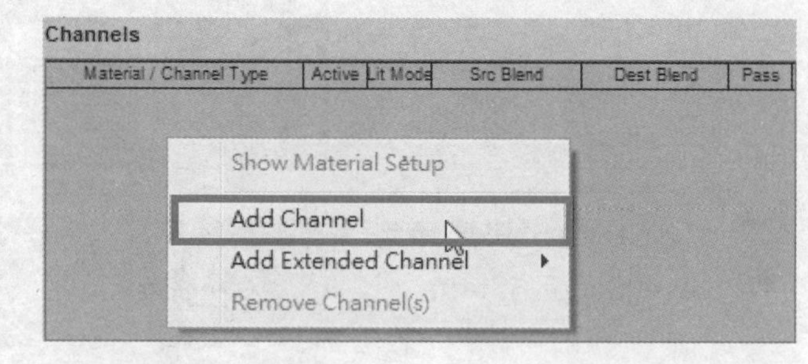

STEP 8 在弹出的对话框中1设置Channel Material为刚刚创建的light，2单击OK按钮。

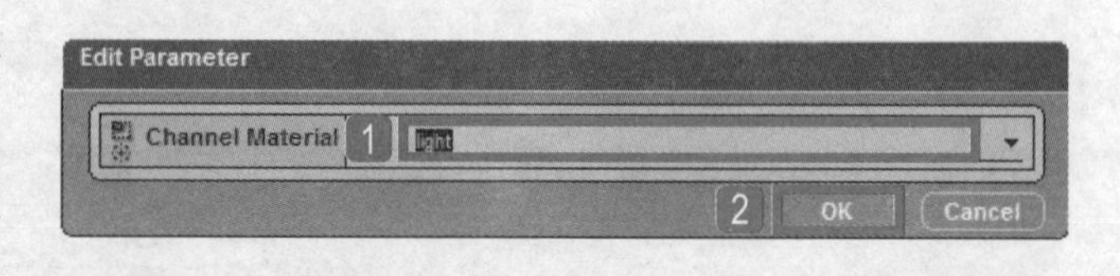

STEP 9 将Src Blend和Dest Blend混色的部分都更改为最亮的One。

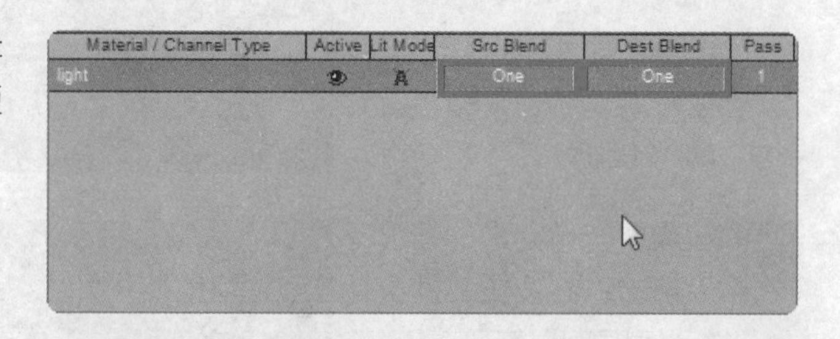

STEP 10 同样地，右击地板，在弹出的快捷菜单中执行Mesh Setup(Floors_Mesh)命令。找到Channels字段，右击空白处，在弹出的快捷菜单中执行Add Channel命令。

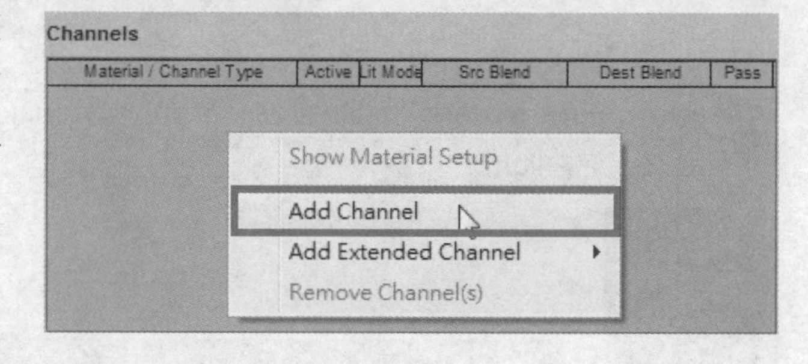

STEP 11 在弹出的对话框中1将Channel Material设置为light，2单击OK按钮。

STEP 12 将Src Blend和Dest Blend混色的部分都更改为最亮的One。

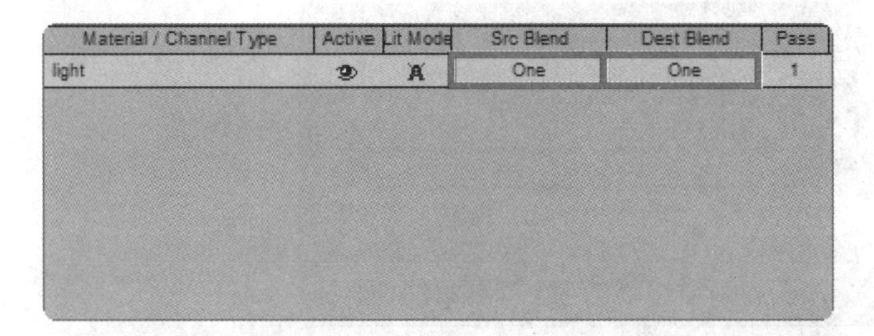

STEP 13 返回到Level Script，导入BB面板中的Materials-Textures\Mapping\Spherical Mapping模块，添加球体的贴图。删除Rotate模块的循环。将导入的Spherical Mapping模块连接到Rotate模块后。

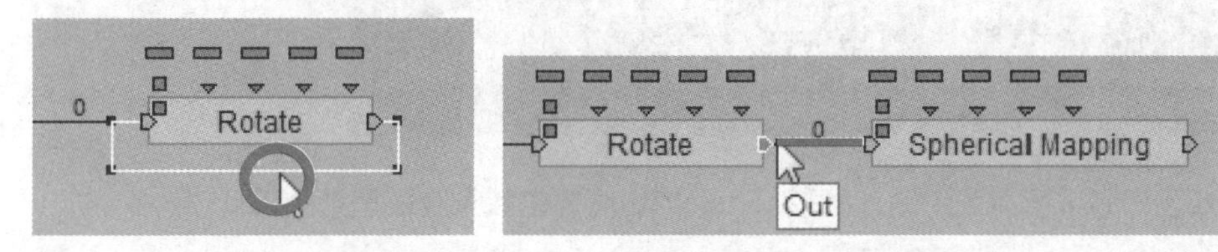

STEP 14 双击Spherical Mapping模块，在弹出的对话框中1设置Target为Walls，2设置Channel为0，3设置贴图的参考体Mapping Referential为虚拟对象light，4单击OK按钮。

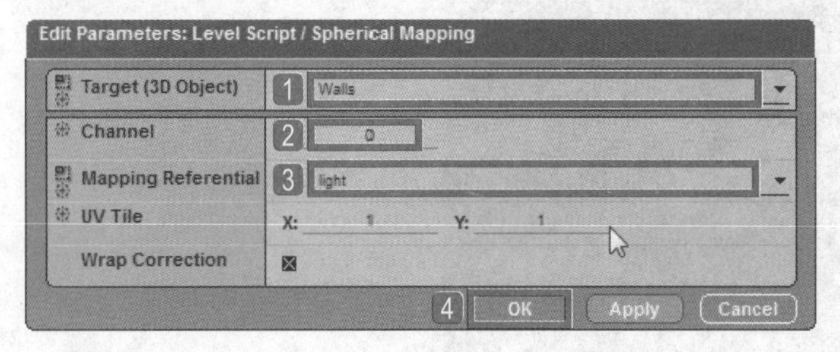

STEP 15 完成后单击OK按钮，按住Shift键的同时拖曳复制Spherical Mapping模块，并将复制出的模块连接到第一个Spherical Mapping模块后。

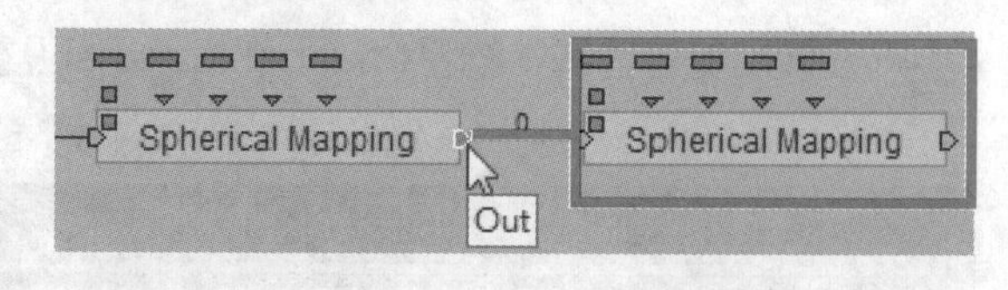

STEP 16 双击复制的模块，在弹出的对话框中1设置Target为Floor，2设置Channel为第0层，3设置贴图的参考体Mapping Referential为虚拟对象light，4单击OK按钮。

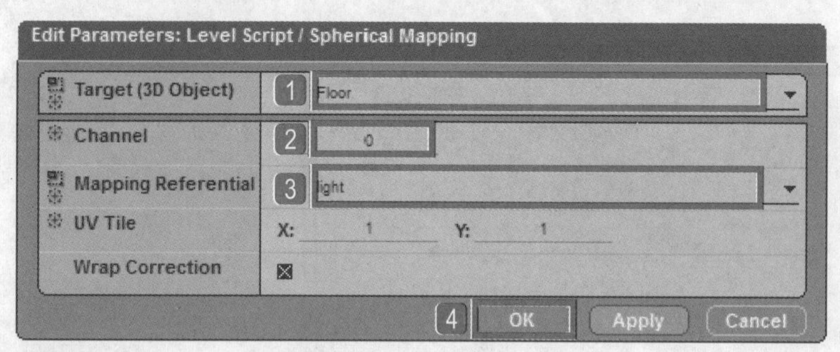

STEP 17 将Spherical Mapping模块连接到Rotate模块的In完成循环。

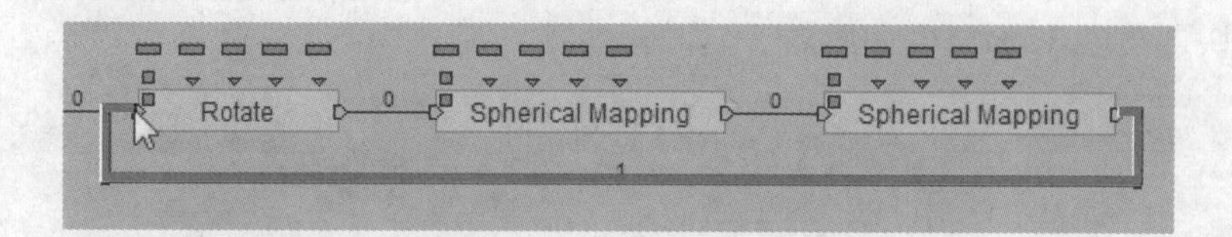

STEP 18 单击Play按钮播放动画，七彩灯光投影且旋转的效果立即呈现出来。

Chapter

墙壁涂鸦

本章主要介绍如何在不规则对象上贴附赋予的图案，并且在设置的时间内慢慢消失的操作方法。

本章要点

- 从素材库中导入素材文件
- 设置涂鸦效果
- 使涂鸦逐渐消失
- 设置涂鸦随对象移动效果

11.1 设置涂鸦

STEP 1 执行菜单栏中的Resources>Open Data Resource命令，在弹出的Open Data Resource对话框中选择随书光盘\素材库\VT_Plus_1.rsc素材文件，单击“打开”按钮，加载本书所有的教学素材数据。

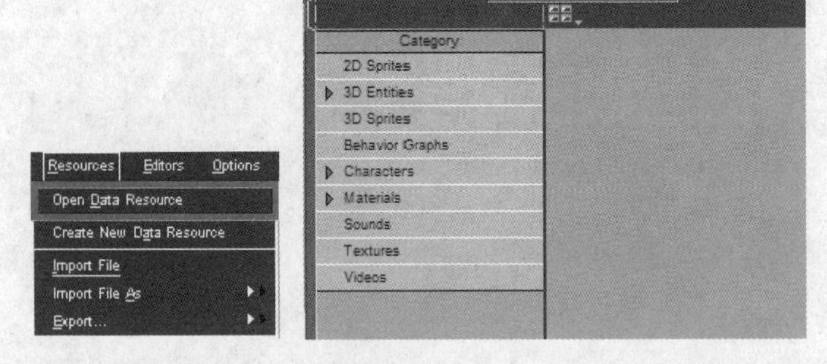

STEP 2 导入VT_Plus_1面板中的Characters\Scenes\Scene01.nmo场景文件，并调整好场景的角度。

STEP 3 涂鸦功能必须通过摄影机窗口来设置，单击Create Camera按钮，创建一架摄影机。将创建的摄影机命名为main camera。

STEP 4 导入VT_Plus_1面板中的Textures\logo1.tga涂鸦贴图。

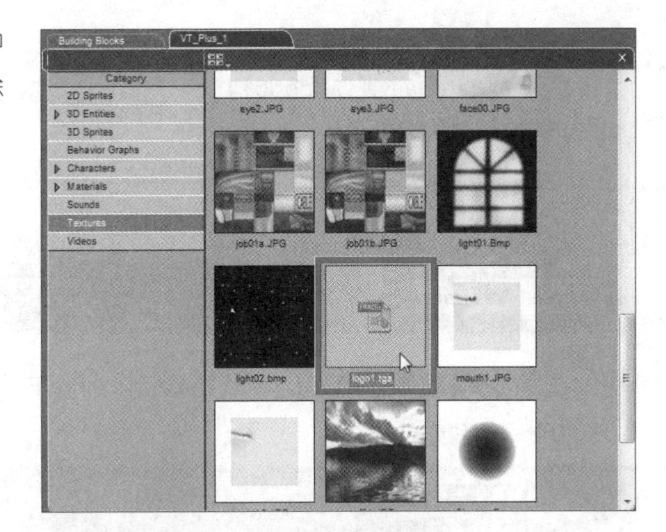

STEP 5 将图片直接拖曳到Level Manager面板的Textures选项下。

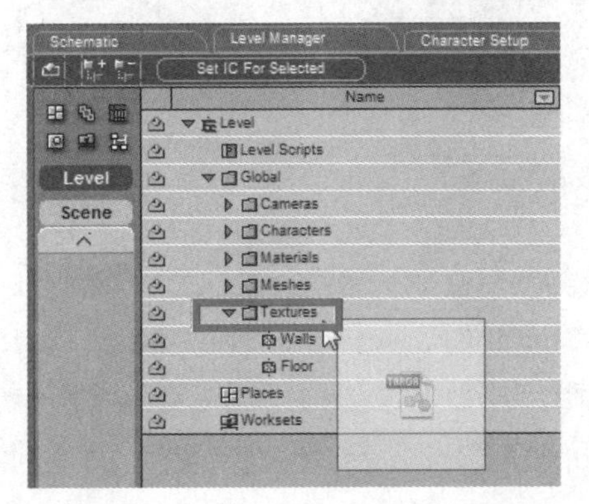

STEP 6 在Texture Setup面板中，可以看到载入的logo1.tga文件带有透明Alpha通道。

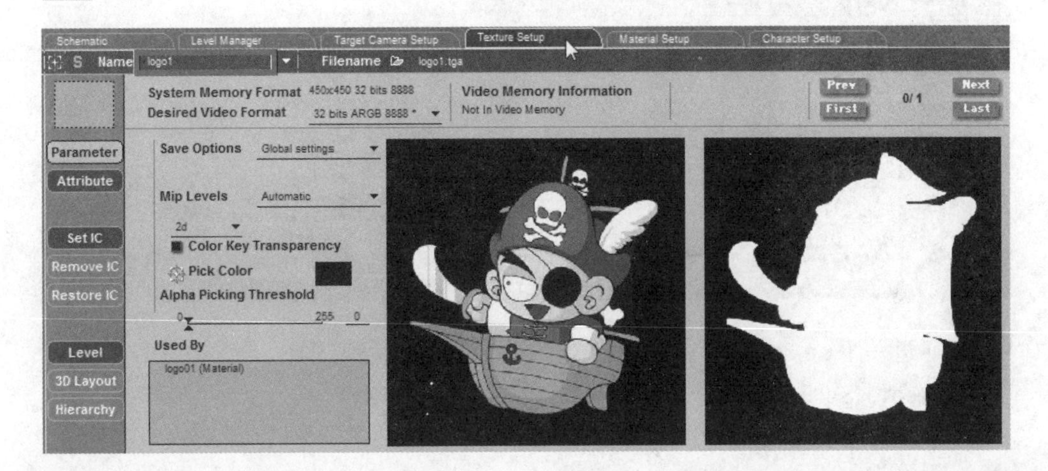

STEP 7 单击Create Material按钮，创建一个新的Material。在Material Setup面板中将创建的Material命名为logo01。

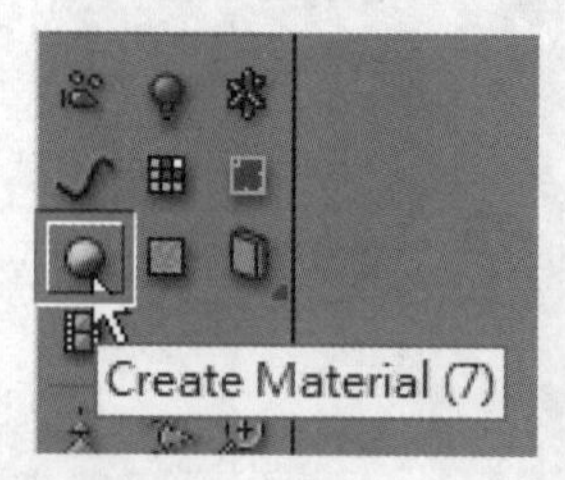

STEP 8 在该面板中设置Texture为刚刚加载logo1.tga文件，然后设置图片模式Mode为Transparent。

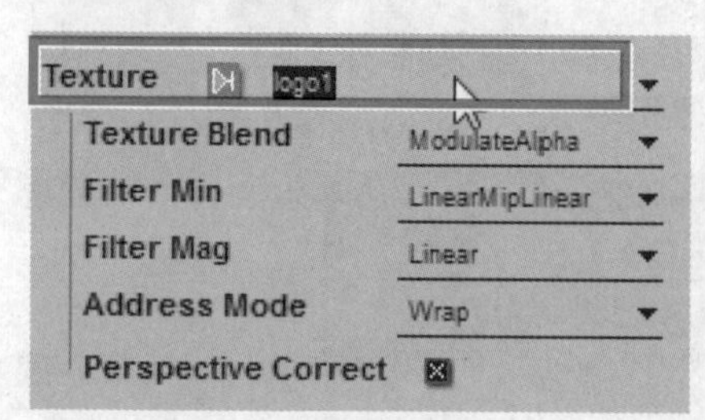

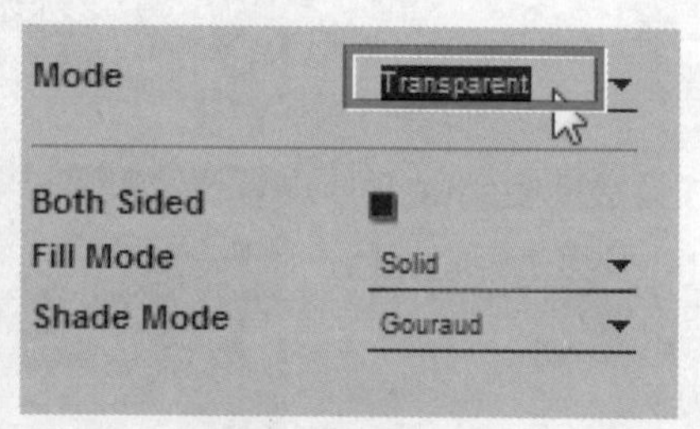

STEP 9 创建用来判断将被赋予涂鸦对象的群组。1在Level Manager面板中，同时选中Level\Global\Characters\scene1\Body Parts\Floor和Walls，2单击Create Group按钮，创建一个群组使涂鸦贴附在场景的墙壁与地板上。

STEP 10 1将Group命名为objects，2检查群组中确实包含Floor与Walls对象。

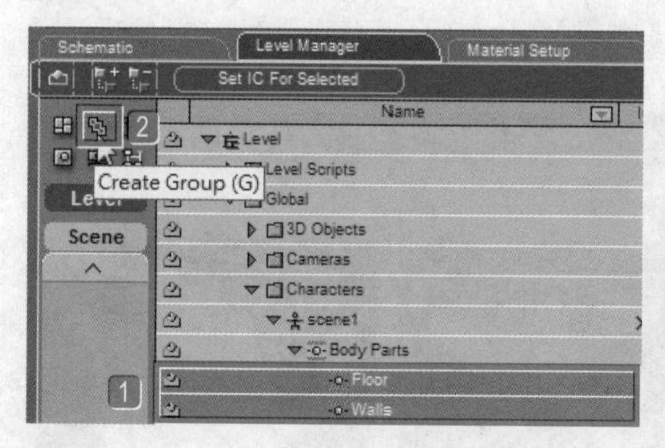

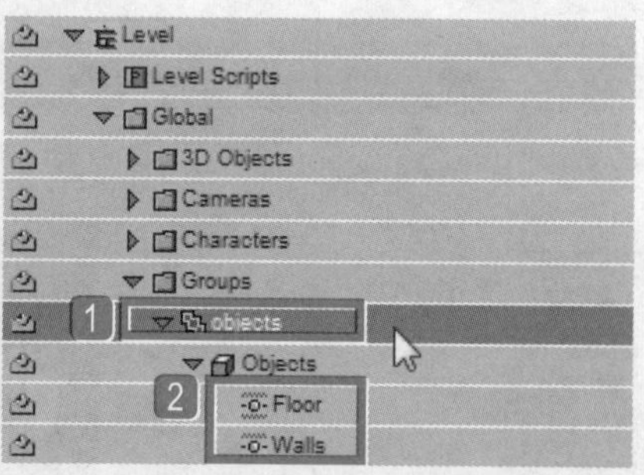

STEP 11 创建一个Level Script。1右击Level选项，2在弹出的快捷菜单中执行Create Script命令。

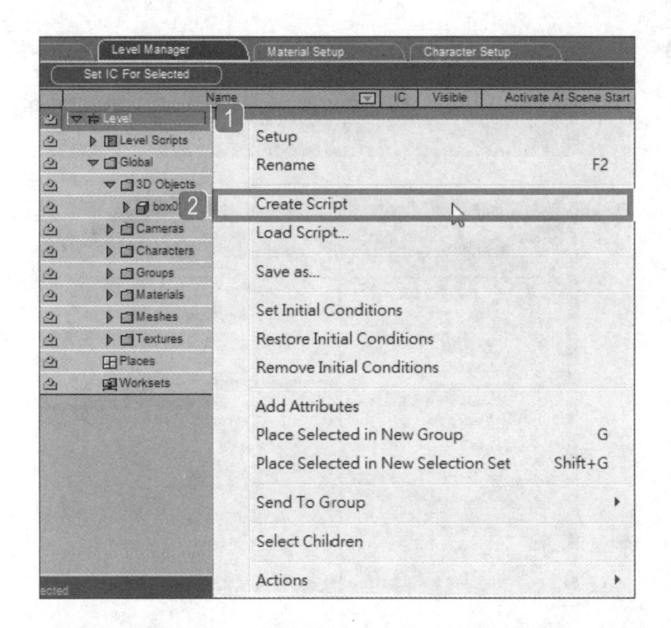

STEP 12 设置当按下空格键时，涂鸦将会被创建并贴上。因此导入BB面板中的Controllers\Keyboard\Key Event模块。

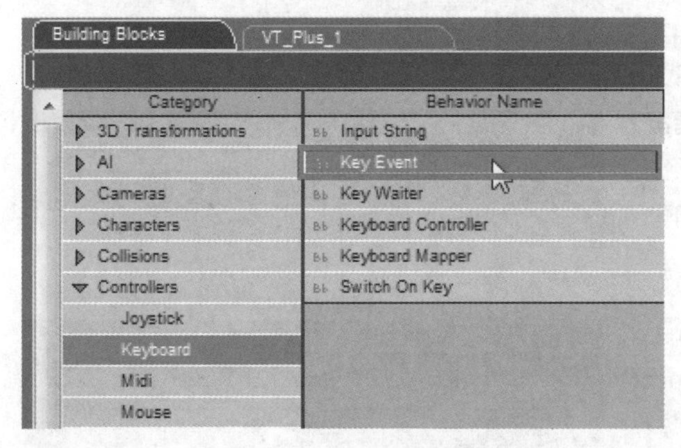

STEP 13 将Key Event模块连接到Level Script的Start。

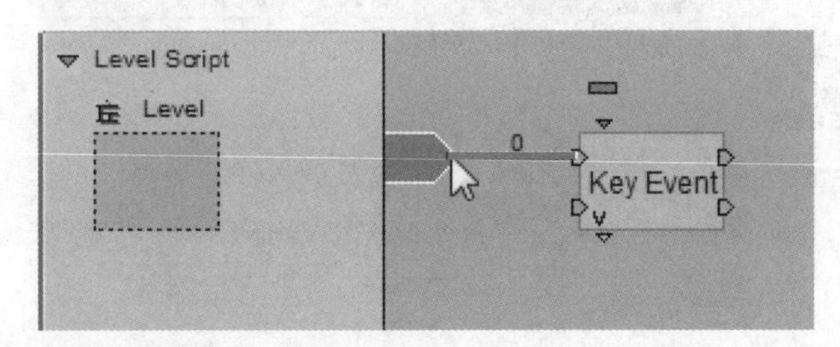

STEP 14 双击Key Event模块，1设置Key Waited为空格键Space，2单击OK按钮。

STEP 15 导入BB面板中的Logics\Groups\Group Iterator模块。

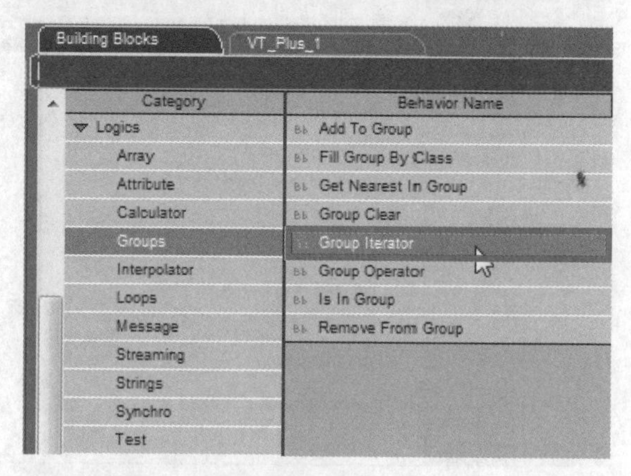

STEP 16 将Group Iterator模块连接到Key Event模块的Pressed。

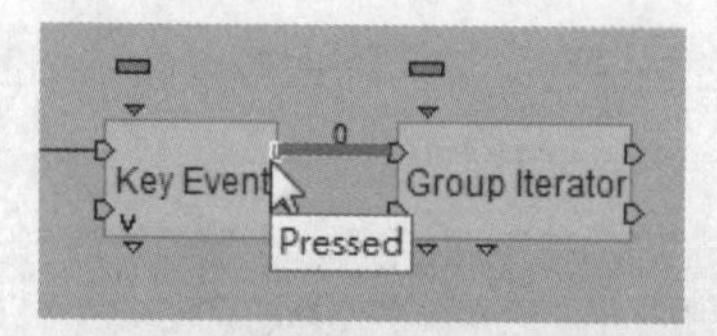

STEP 17 要搜寻的群组为刚刚创建的objects群组，也就是按下空格键时，就开始寻找窗口中可以进行涂鸦的对象。

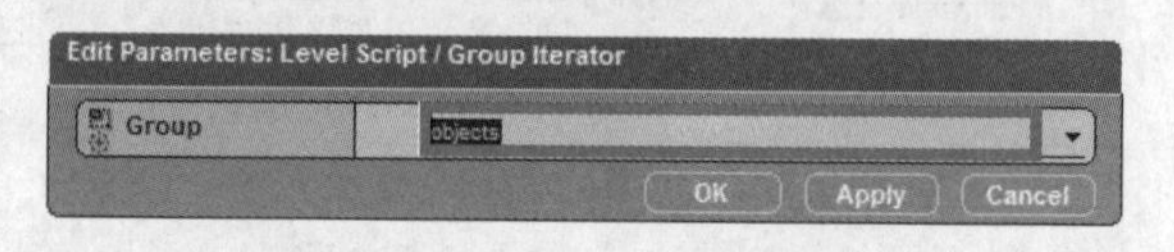

STEP 18 导入BB面板中的Collisions\Intersection\Frustum Object Intersection模块，判断对象是否在摄影机抓取范围中。

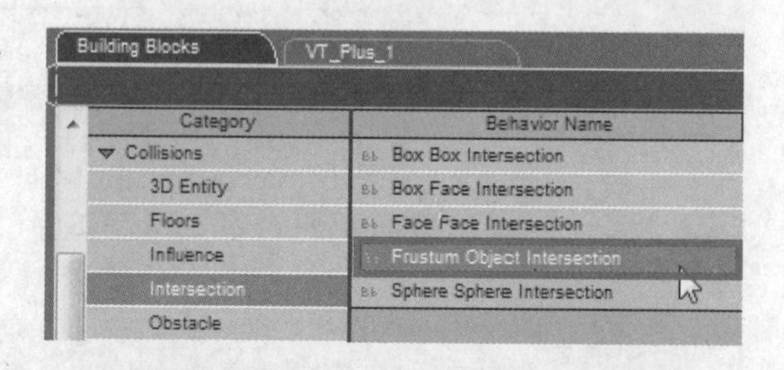

STEP 19 将Frustum Object Intersection模块连接到Group Iterator模块的Loop Out后。

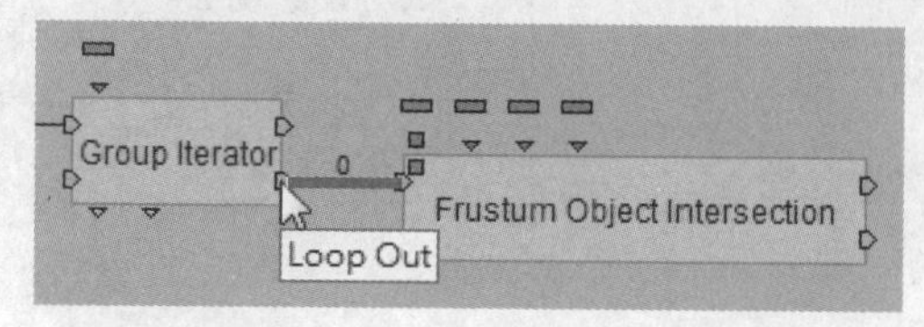

STEP 20 双击Frustum Object Intersection模块，在弹出的对话框中1设置Target为刚刚创建的main camera，2单击OK按钮。

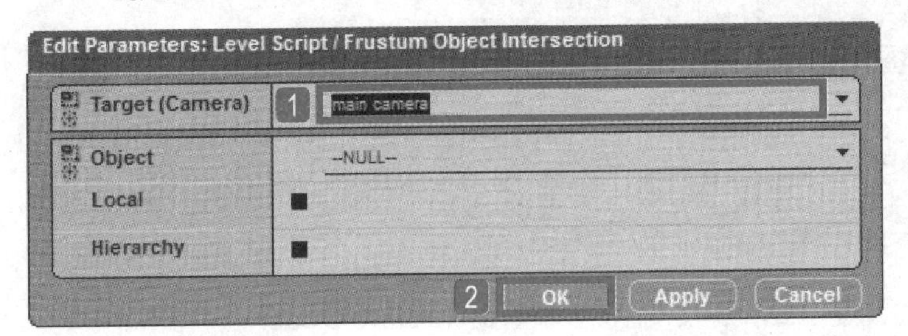

STEP 21 要判断的对象来自于群组搜寻到的对象，因此将搜寻到的对象赋予Frustum Object Intersection模块的Object。

STEP 22 如果对象不在摄影机抓取范围内，判断为False，则继续循环直接判断下一个对象。

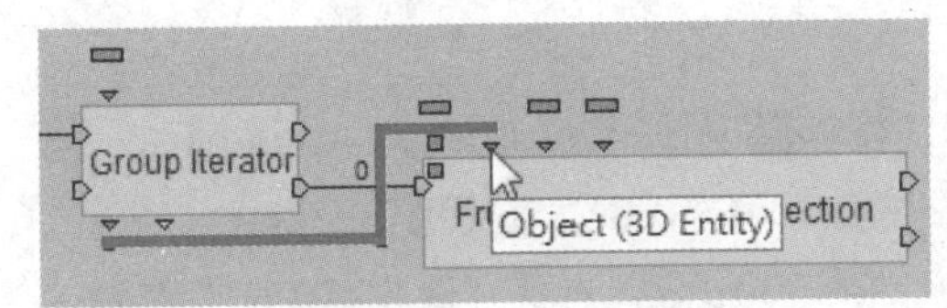

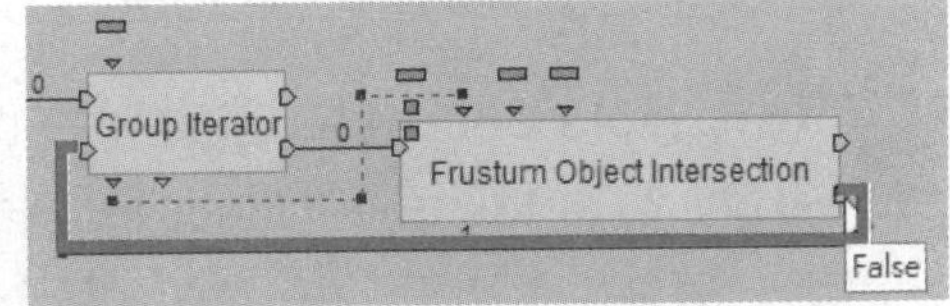

STEP 23 在循环连接线上双击鼠标左键。

STEP 24 在弹出的对话框中1设置Link delay为0，使程序判断速度更快，2单击OK按钮。

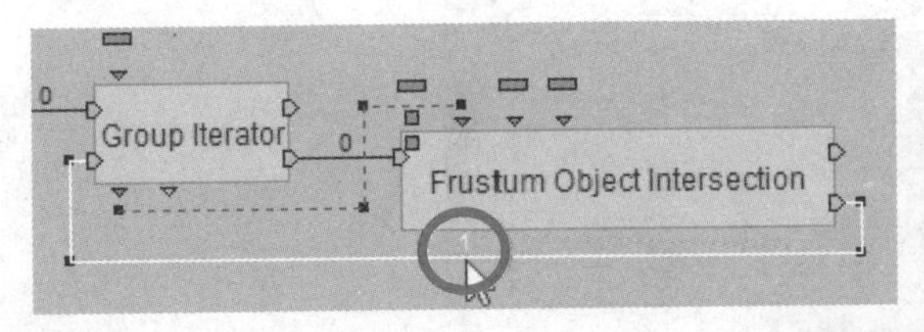

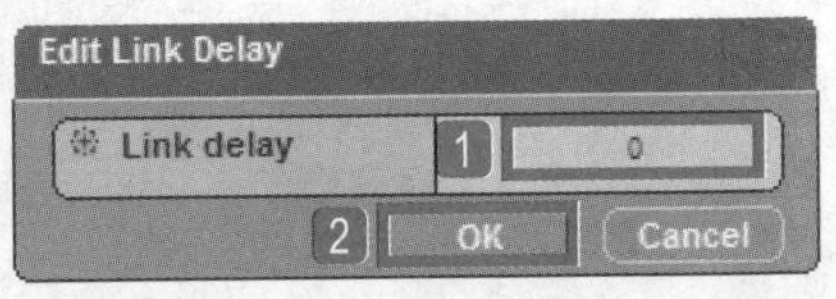

STEP 25 设置当对象在摄影机抓取范围内时，便赋予涂鸦。导入BB面板中的Mesh Modifications\Creation\Create Decal模块，创建水印效果。

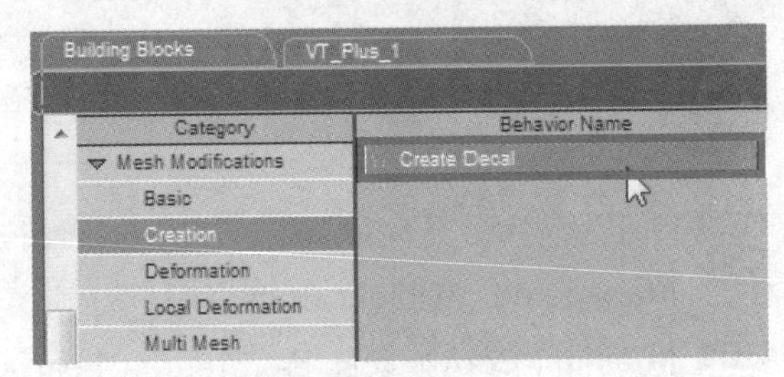

STEP 26 将Create Decal模块连接到Frustum Object Intersection模块的True后。

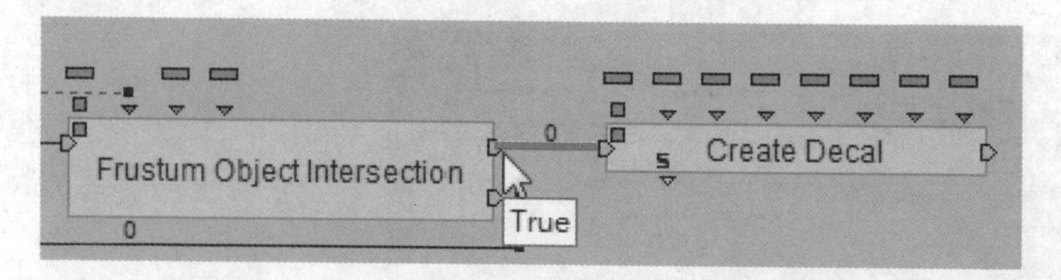

STEP 27 在搜寻到的对象上创建水印，将搜寻到的对象赋予Create Decal 模块的Target。

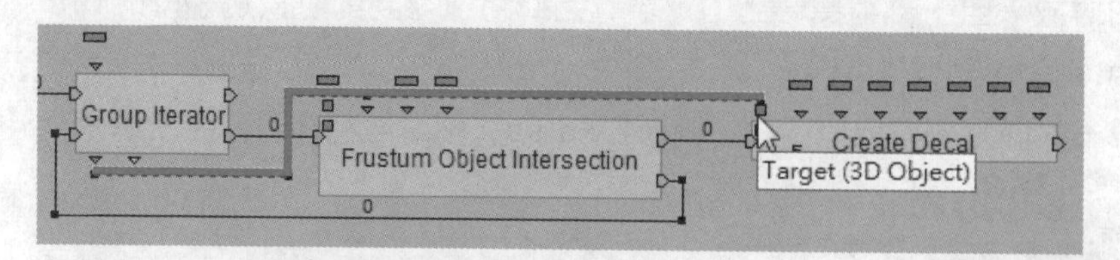

STEP 28 双击Create Decal模块，在弹出的对话框中①设置Frustum为main camera，②设置Create Material为logo01，③设置Offset为0.01。④启用Backface Cull选项，对象背面可以不赋予贴图。⑤启用Generate UVs选项，使图案按比例贴附。

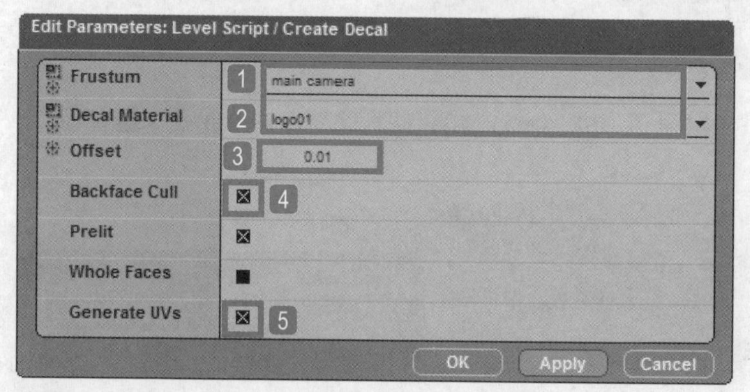

TIP 偏移值不可为0，否则会与原本对象重迭而出现错误显示。

STEP 29 由于涂鸦会慢慢消失，需要独立的Material。导入BB面板中的Narratives\Object Management\Object Copy模块。

STEP 30 将Object Copy模块连接到Create Decal模块后。

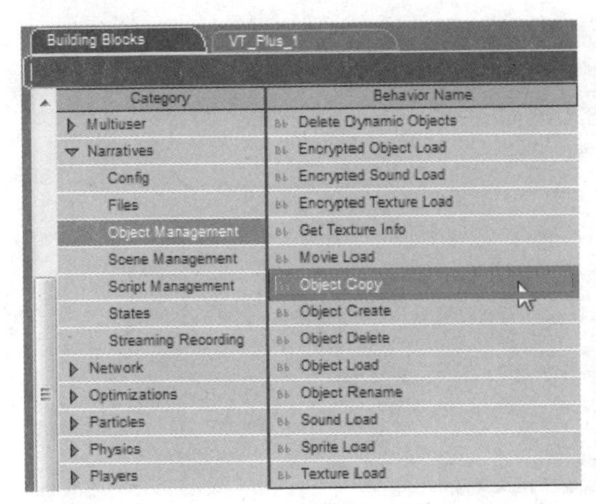

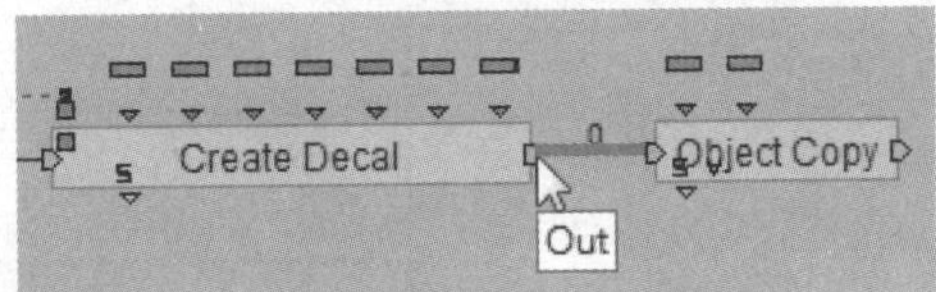

STEP 31 双击Object Copy模块，在弹出的对话框中1选择Basic Object，2设置Original为Material中的logo01，3Class为Material，4单击OK按钮。

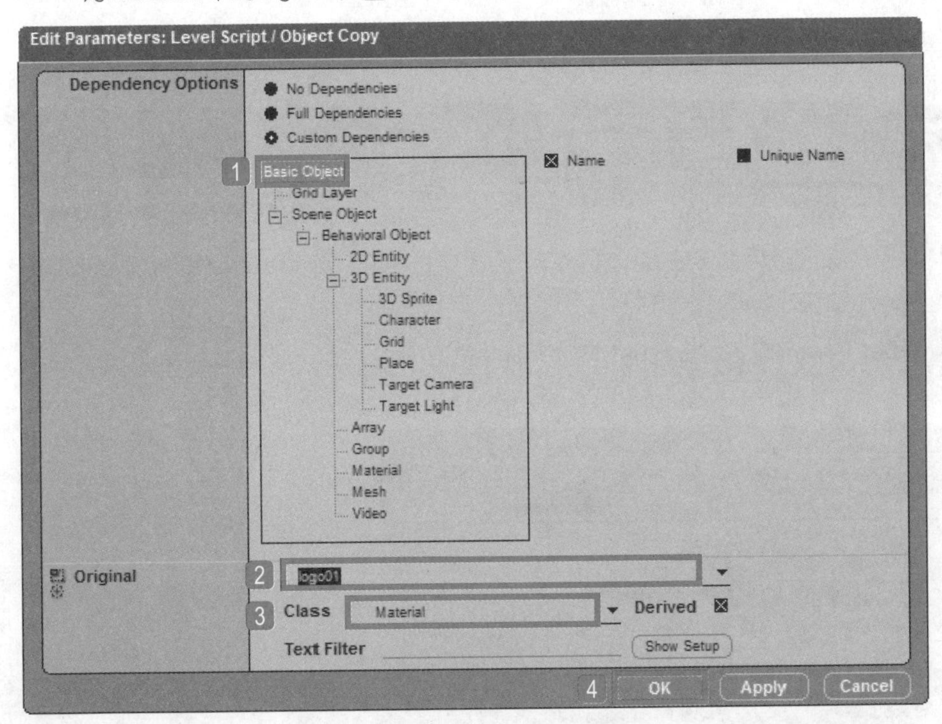

STEP 32 导入BB面板中的Materials-Textures\Basic\Set Material模块。

STEP 33 将Set Material模块连接到Object Copy模块后。

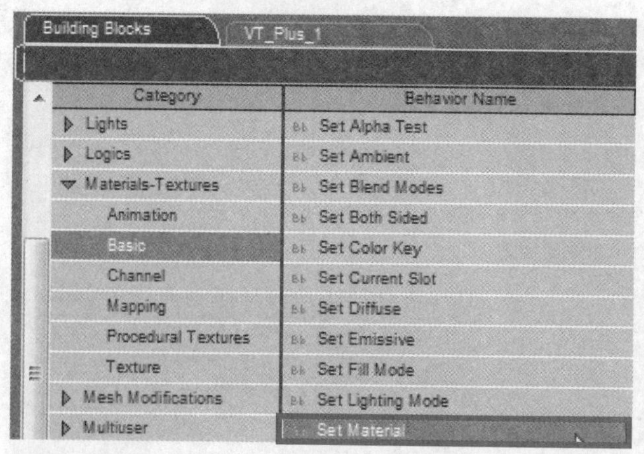

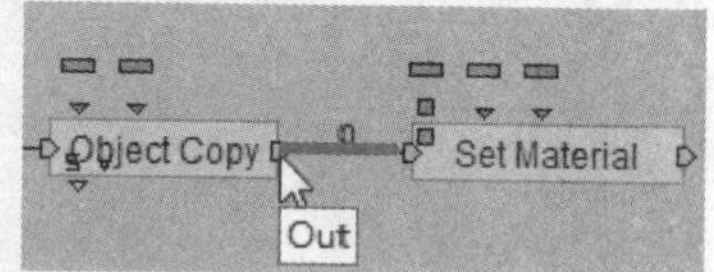

STEP 34 将创建的水印赋予Set Material模块的Target。

STEP 35 将复制的Material赋予Set Material模块的Material参数输入口。

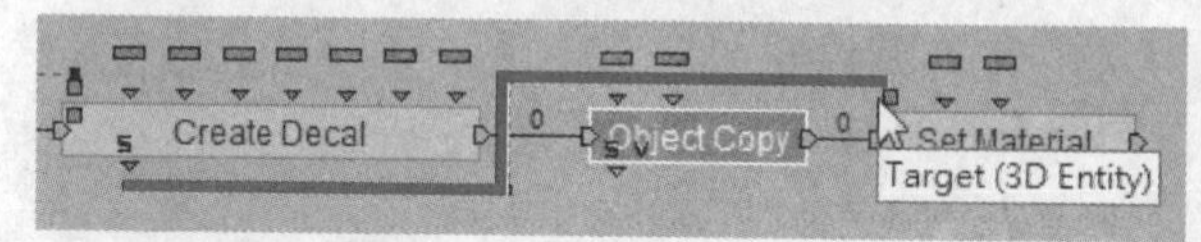

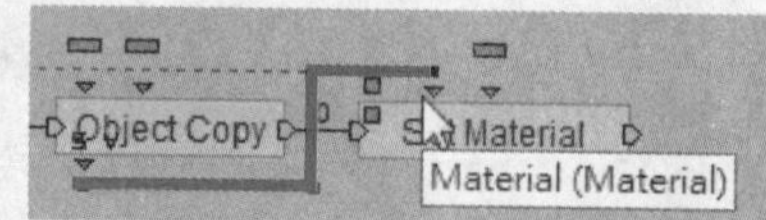

STEP 36 为了使涂鸦依照对象变动，导入BB面板中的3D Transformations\Basic\Set Parent模块。

STEP 37 将Set Parent模块连接到Set Material模块的Out。

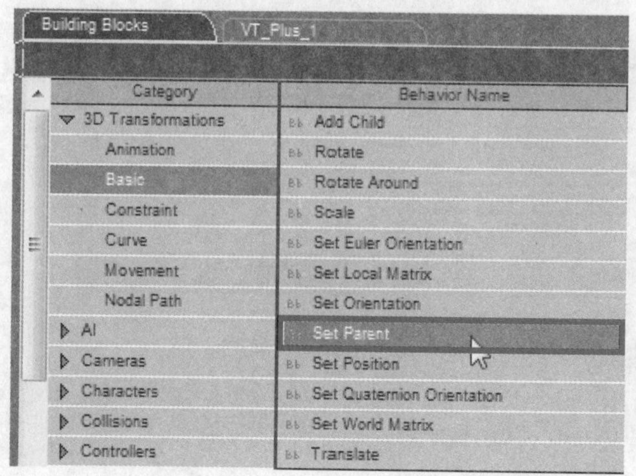

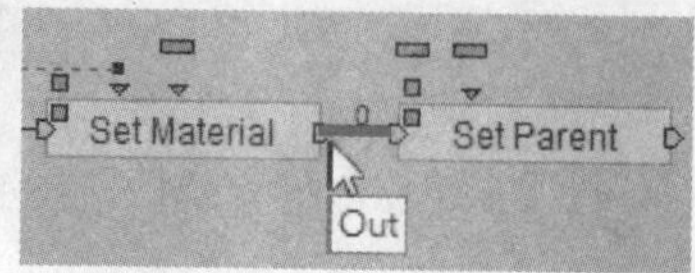

STEP 38 将创建的水印赋予Set Parent模块的Target。

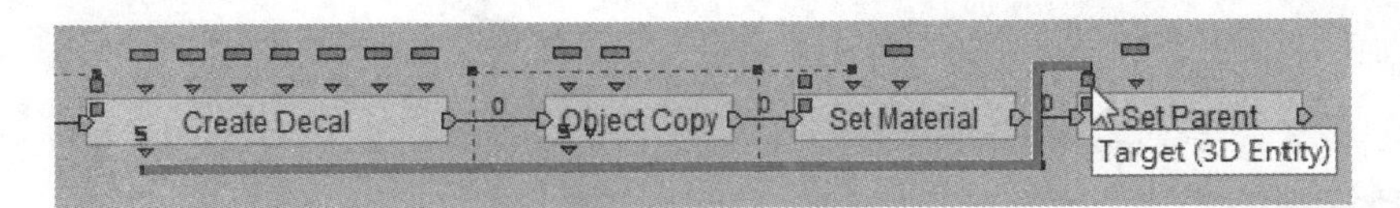

STEP 39 母体来自于原群组搜寻到的对象。

STEP 40 连接循环进行简单测试。

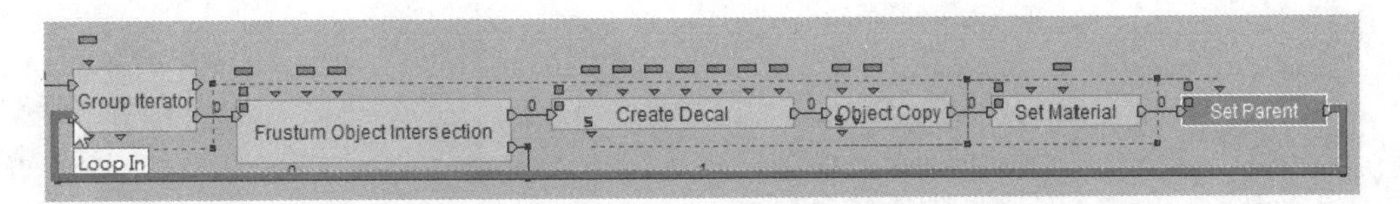

STEP 41 单击Play按钮预览效果，可以看到按下空格键后将会依照摄影机窗口贴附涂鸦。

11.2 使涂鸦逐渐消失

STEP 1 设置贴附的涂鸦在规定时间内慢慢消失。1在Level Manager面板中右击Level，2在弹出的快捷菜单中执行Create Script命令。

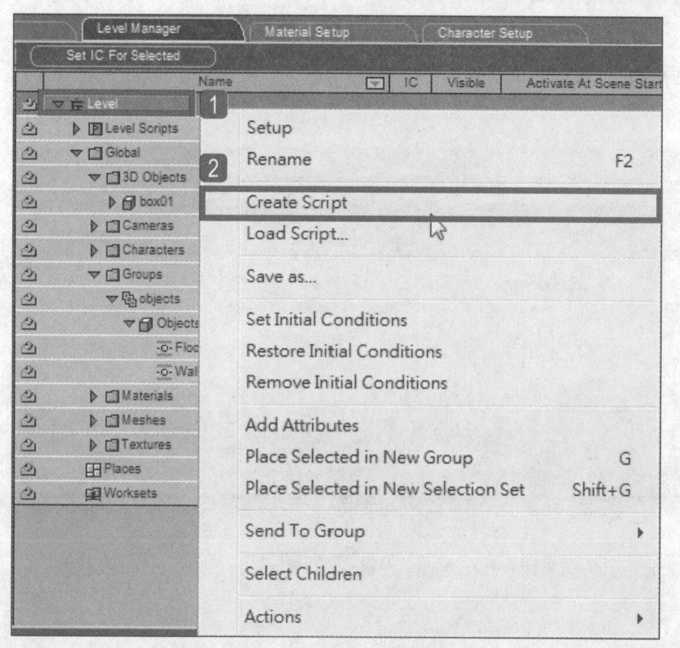

STEP 2 将该Script重命名为Mask Transparent。添加线性运算器，导入BB面板中的Logics\Loops\Linear Progression模块。

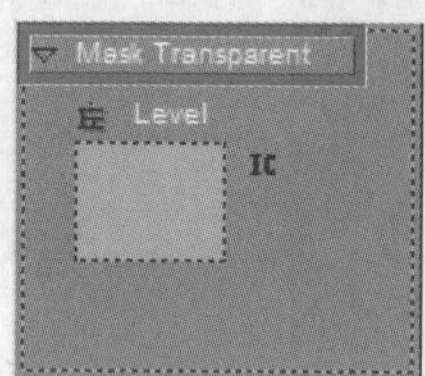

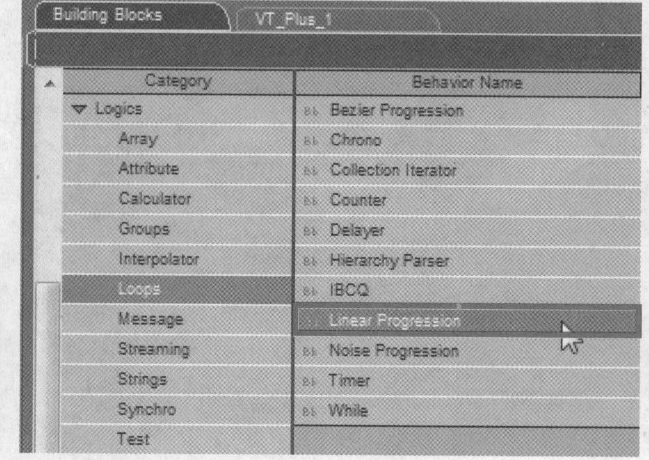

STEP 3 将Linear Progression模块连接到Script的Start。

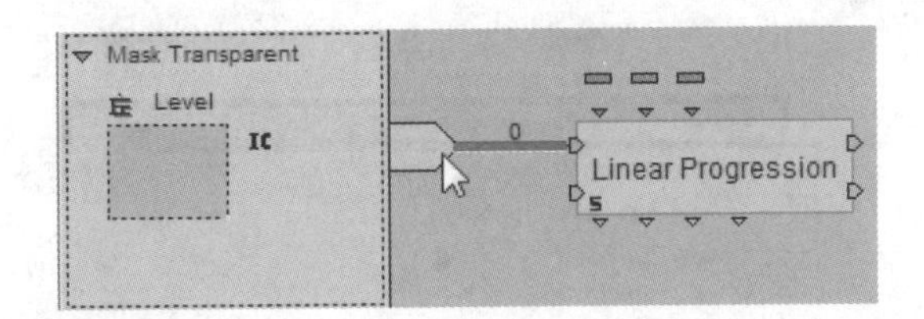

STEP 4 双击Linear Progression模块，在弹出的对话框中①设置时间为3秒，②运算过程从1降到0，通过Alpha方式进行控制，③单击OK按钮。

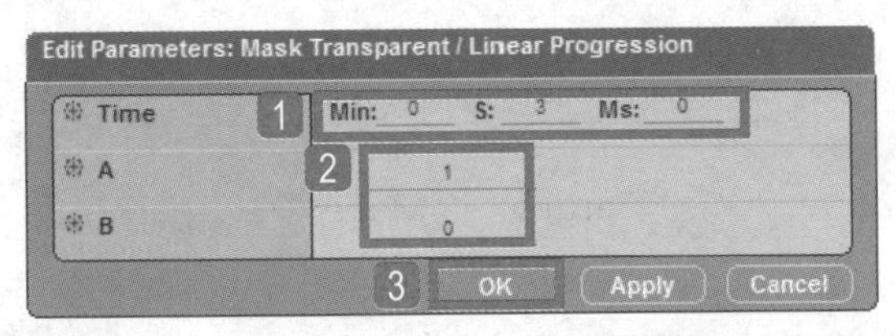

STEP 5 由于水印无法使用Material中的Alpha方式显示透明效果，因此导入BB面板中的Visuals\FX\Make Transparent模块，设置透明效果。

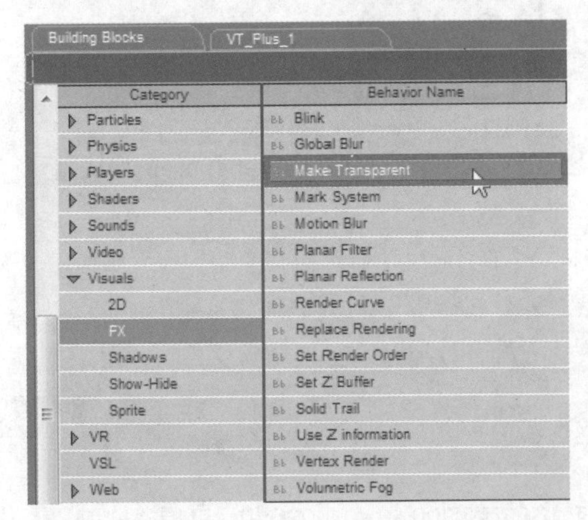

STEP 6 将Make Transparent模块连接到Linear Progression模块的Loop Out。

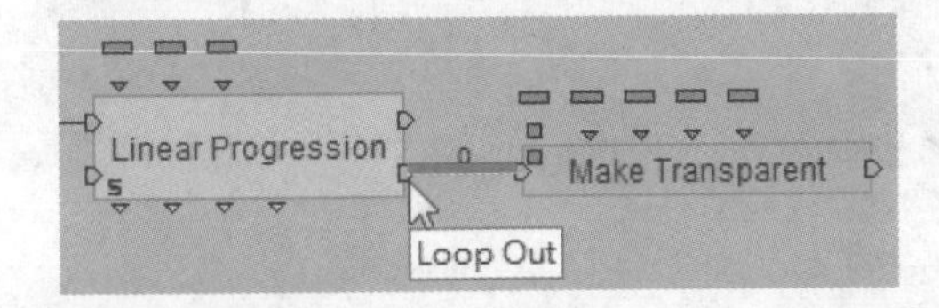

STEP 7 右击空白处，在弹出的快捷菜单中执行Add <This> Parameter命令，创建自我参数。

Draw Behavior Graph G
Add Building Block
Add Building Block by Name Ctrl+Left Dbl Click
Add Local Parameter Alt+L
Add <This> Parameter Alt+T
Import from Variable Manager
Add Parameter Operation Alt+P
Add Comment C
Add Mark Ctrl+F2
Rename F2
Save As... Alt+S
Copy Ctrl+C
Delete Delete
Import Behavior Graph

STEP 8 将自我参数This赋予Make Transparent模块的Target，而Make Transparent模块还需要一个Alpha值。

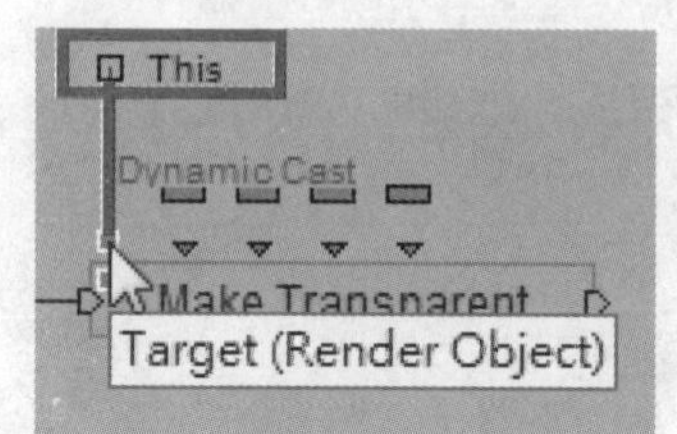

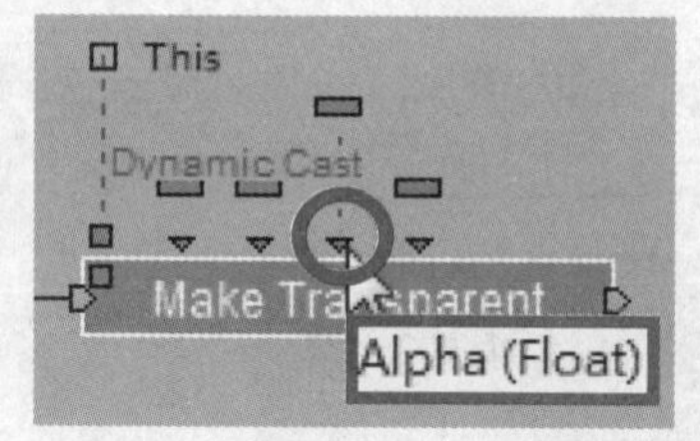

STEP 9 将Linear Progression模块计算出来的Value值赋予Make Transparent模块需要的Alpha值。

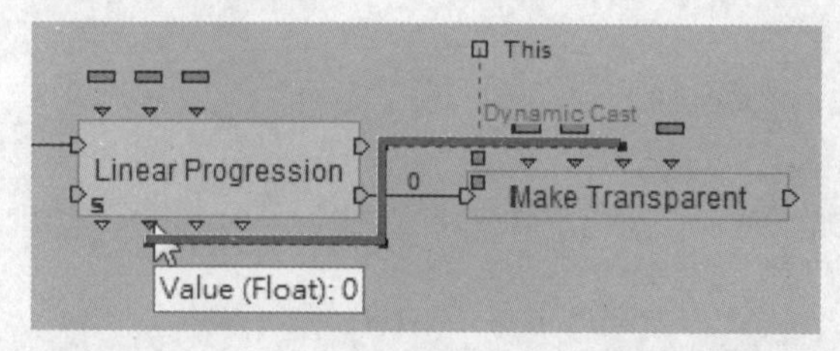

STEP 10 将Make Transparent连接到Linear Progression模块的Loop In完成循环。

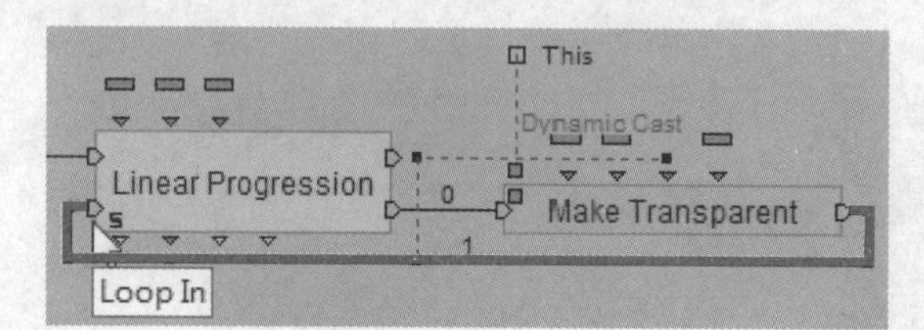

STEP 11 设置好涂鸦透明效果后，原本赋予该涂鸦的Material就不需要了。导入BB面板中的Narratives\Object Management\Object Delete模块。

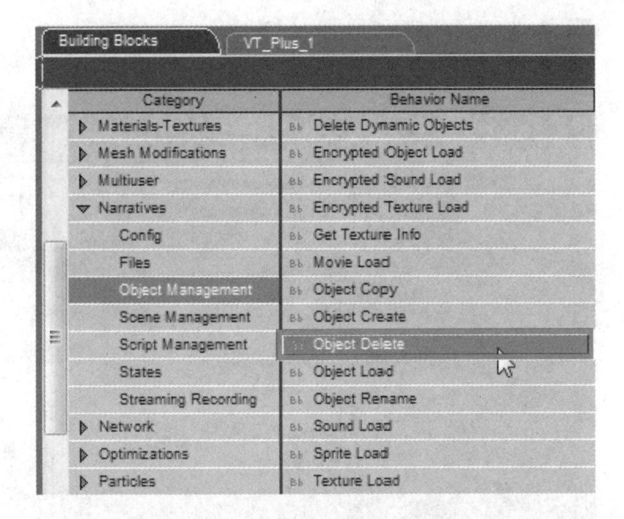

STEP 12 将Object Delete模块连接到Linear Progression模块的Out。

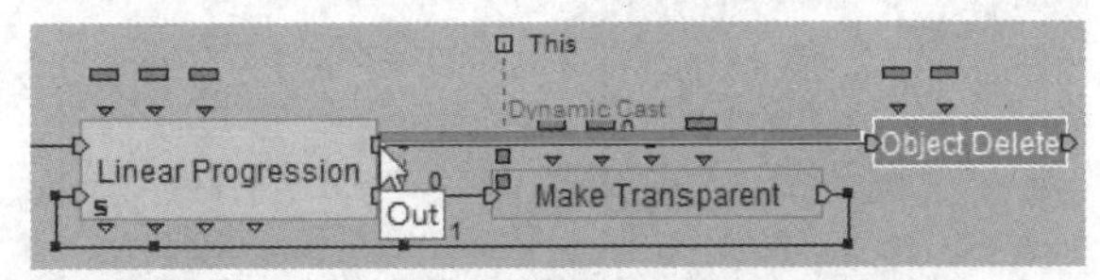

STEP 13 要删除的对象为自己，连接到参数This。

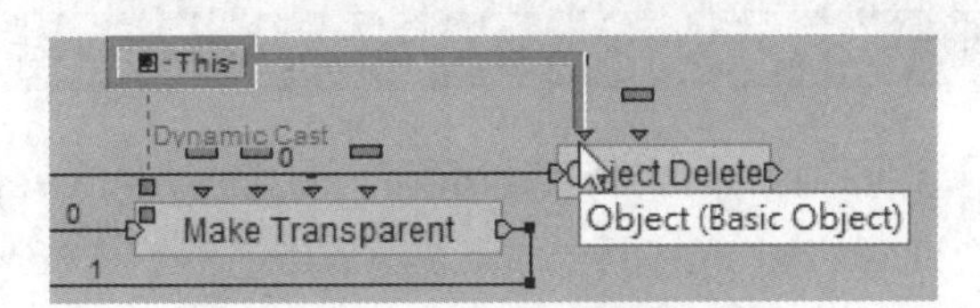

STEP 14 双击Object Delete模块，在弹出的对话框中❶设置删除方式为Custom Dependencies，❷选择3D Entity，❸启用Meshes选项，❹单击OK按钮。

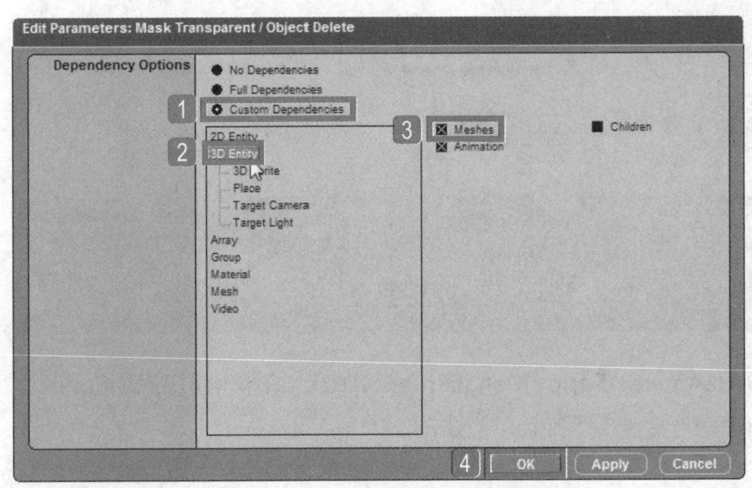

STEP 15 要删除的是Material，而Material被赋予在Mesh上，1因此选择Mesh，2启用Material选项，3单击OK按钮。

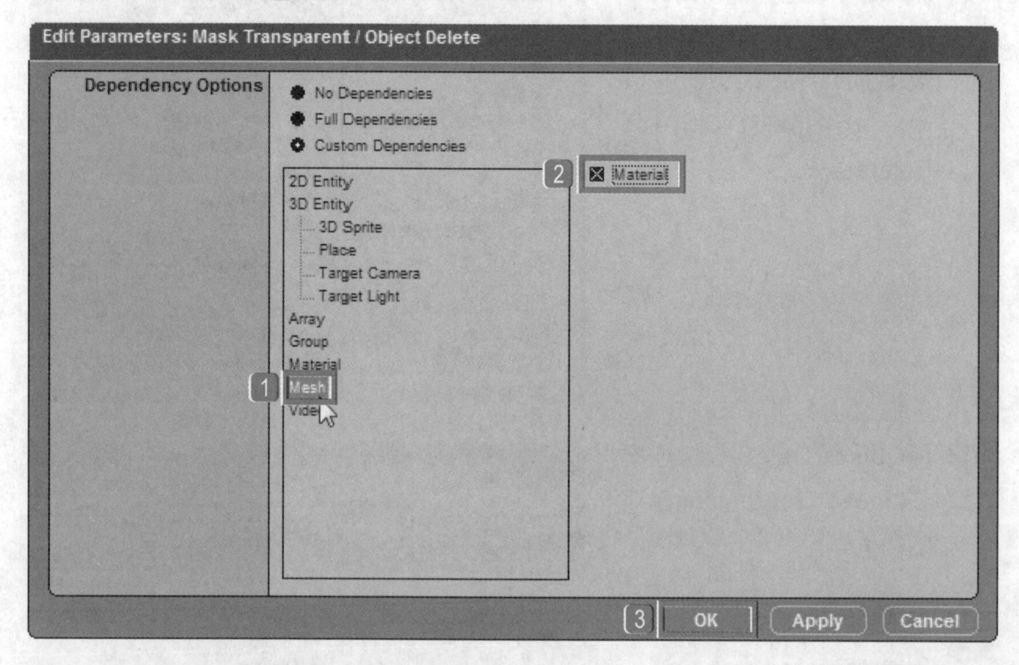

STEP 16 返回到Level Manager面板，设置Level\Level Scripts下的Level Script和Mask Transparent在开始时不执行，单击Set IC For Selected按钮设置初始值。

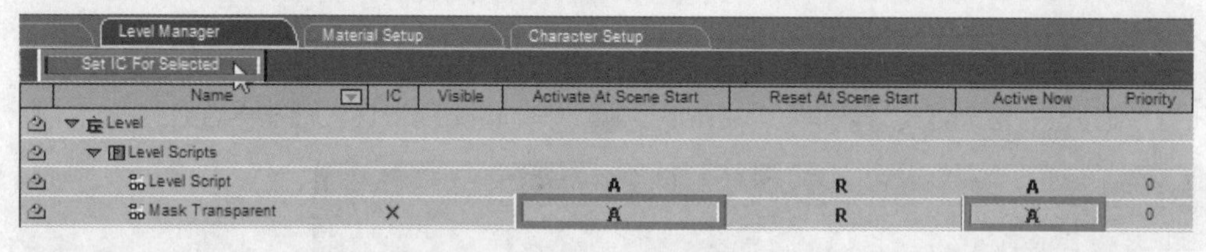

STEP 17 返回到Level Script，将刚刚测试的循环删除。

STEP 18 导入BB面板中的Narratives\Script Management\Attach Script模块添加Script。将Attach Script模块连接到Set Parent模块的Out后。

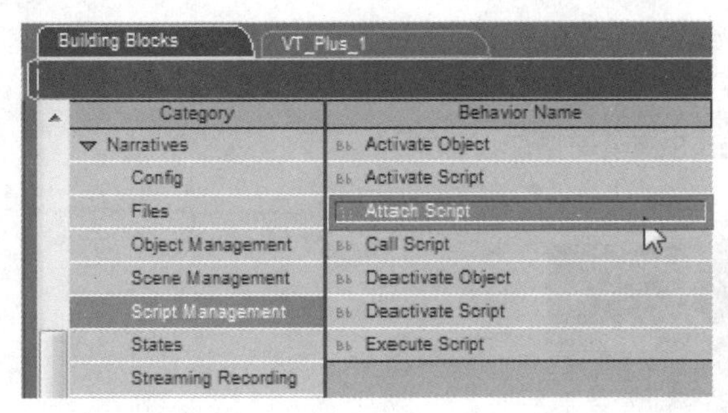

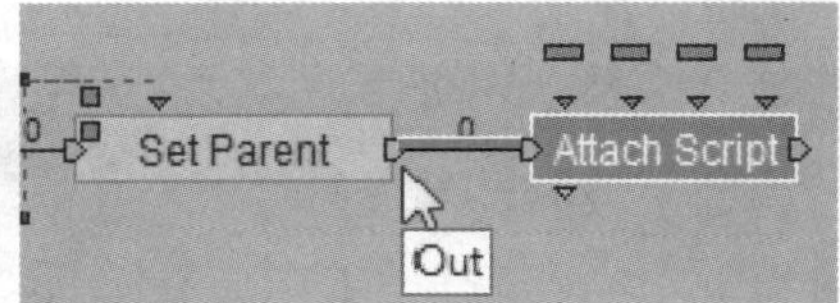

STEP 19 右击Attach Script模块，在弹出的快捷菜单中执行Add Target Parameter命令。

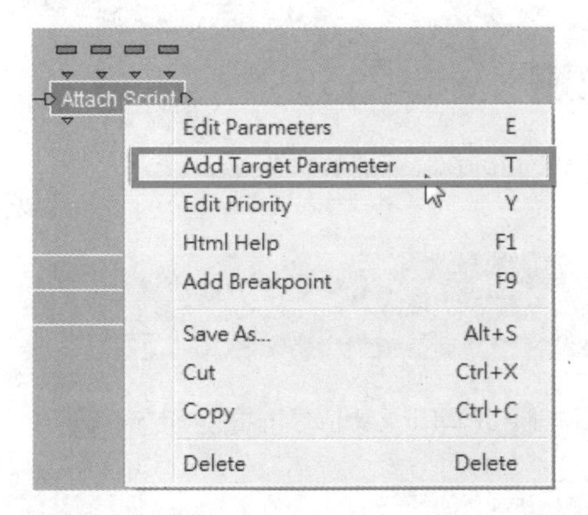

STEP 20 将创建的水印赋予Attach Script模块的Target，也就是说在创建水印的同时也创建了它的Script。

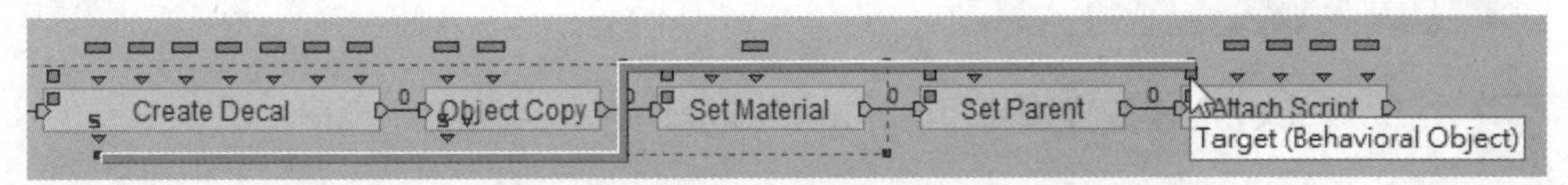

STEP 21 双击Attach Script模块，在弹出的对话框中1选择要赋予的Script为Level下的Mask Transparent，2并启用Activate和Reset，3单击OK按钮。

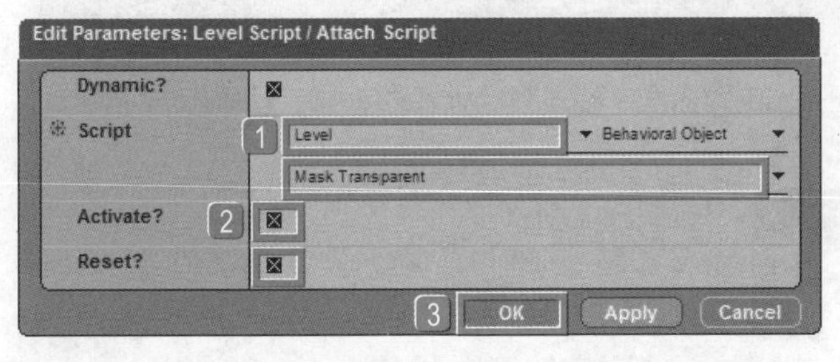

STEP 22 导入BB面板中的Interface\Screen\Set Pickable模块。

STEP 23 将Set Pickable模块连接到Attach Script模块后。

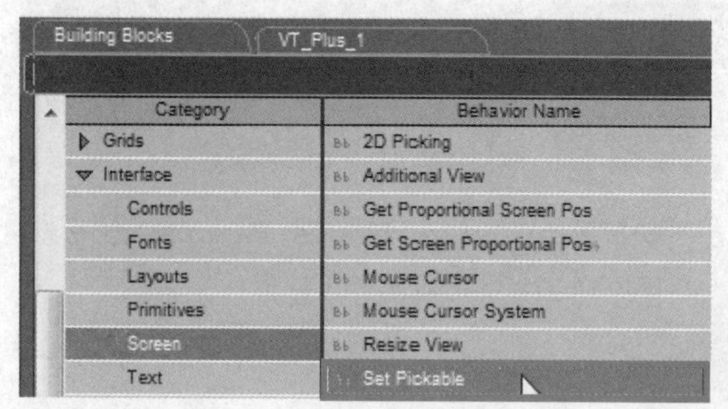

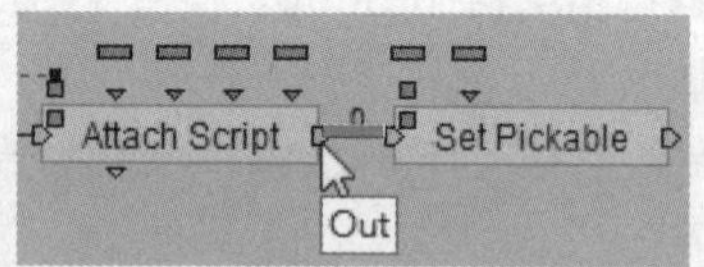

STEP 24 设置创建的水印不可选，将水印赋予Set Pickable模块的Target。

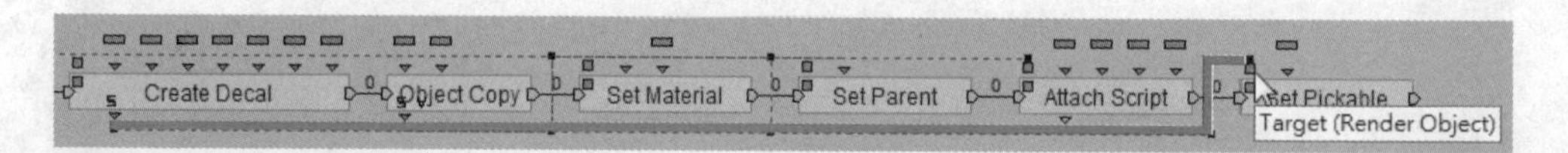

STEP 25 双击Set Pickable模块，在弹出的对话框中1取消Pickable复选框的勾选，2单击OK按钮。

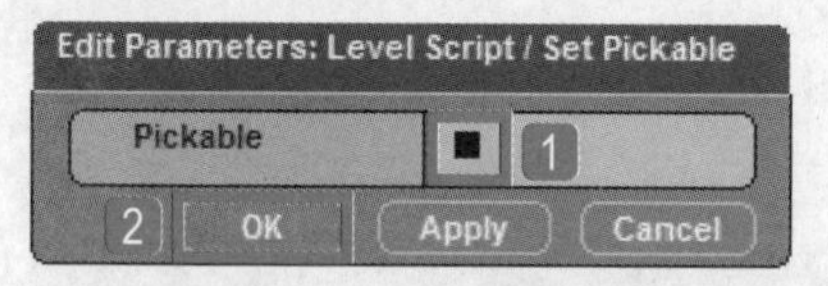

STEP 26 将Set Pickable模块连接到Group Iterator模块的Loop In完成循环。

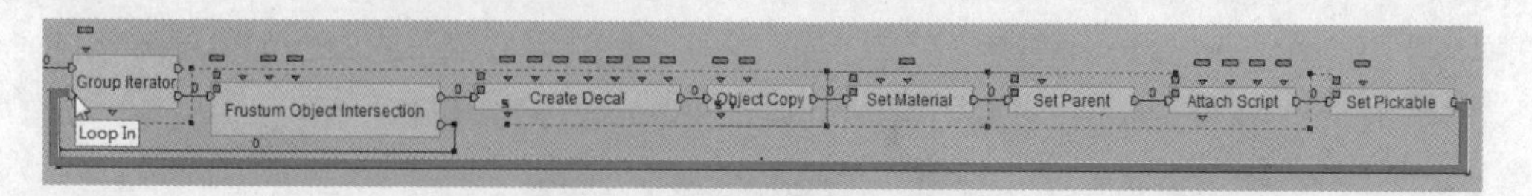

STEP 27 双击上面的连接线，在弹出的对话框中1设置Link delay为0，2单击OK按钮。

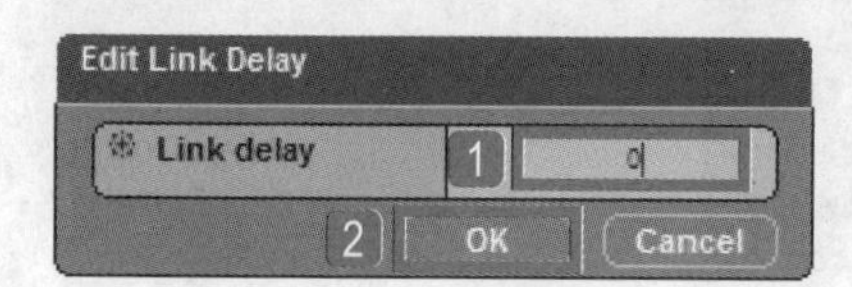

STEP 28 单击Play按钮播放动画，可以看到涂鸦在贴上后慢慢透明消失。

11.3 使涂鸦随对象移动

STEP 1 测试涂鸦是否会随对象移动。导入VT_Plus_1面板中的3D Entities\box01.nmo文件。

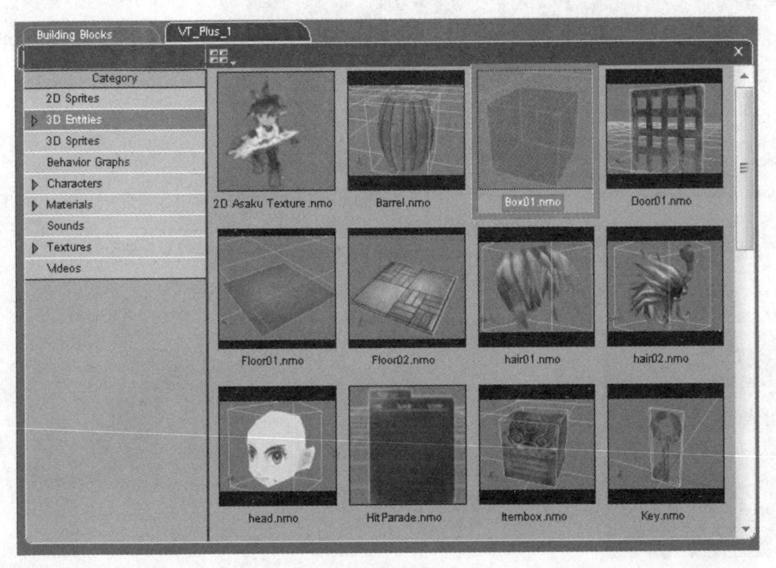

STEP 2 在Material Setup面板中，将Mode更改为Opaque。

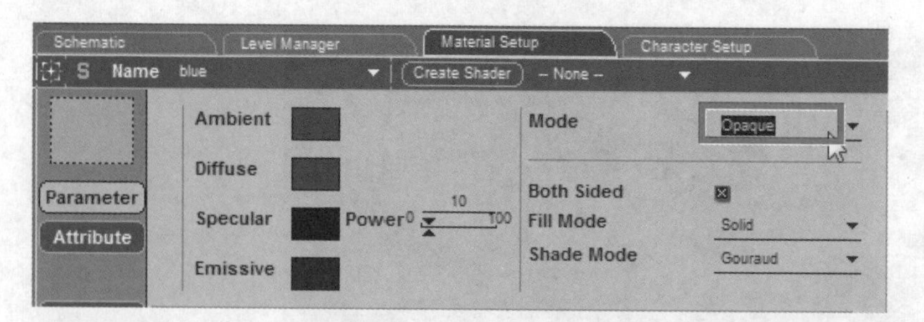

STEP 3 在预览窗口中调整箱子的大小和位置，将箱子放置在半空中。

STEP 4 在Level Manager面板中，1选中Level\Global\3D Objects\box01，2单击Set IC For Selected按钮设置初始值。

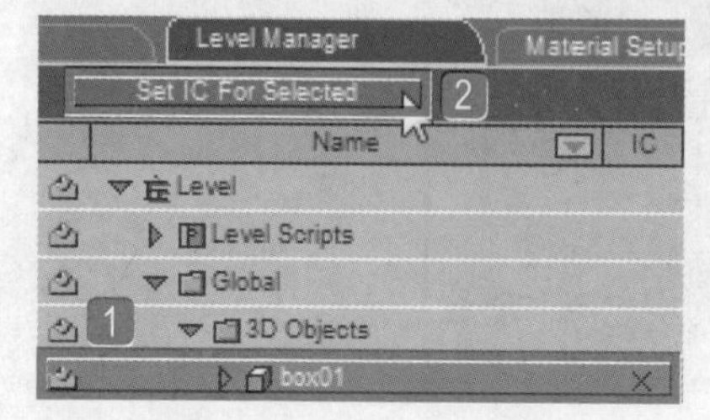

STEP 5 1右击box01，2在弹出的快捷菜单中执行Create Script命令创建脚本。

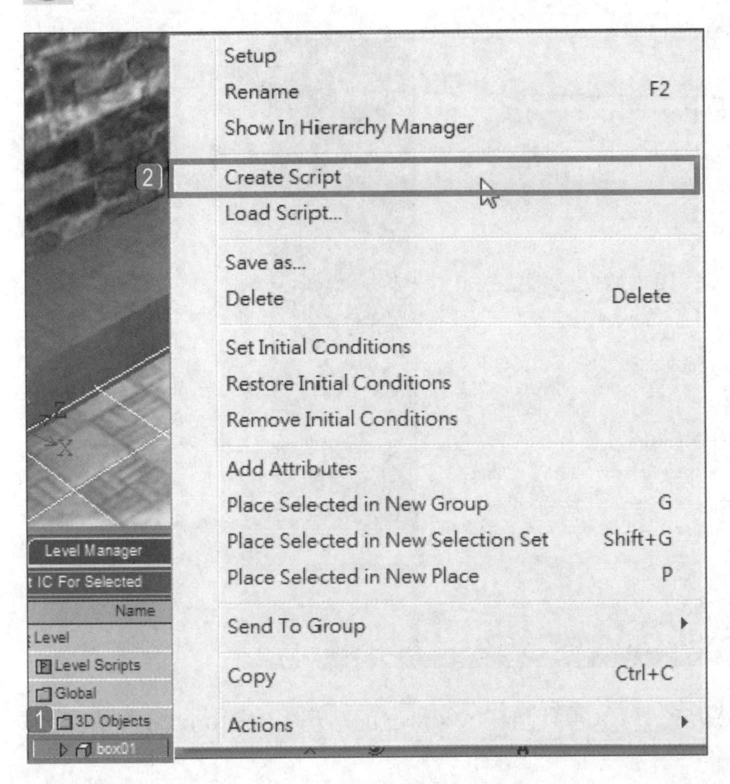

STEP 6 导入BB面板中的3D Transformations\Basic\Rotate模块。双击Rotate模块，在弹出的对话框中设置对象以Y轴为轴心做1° 的自转.

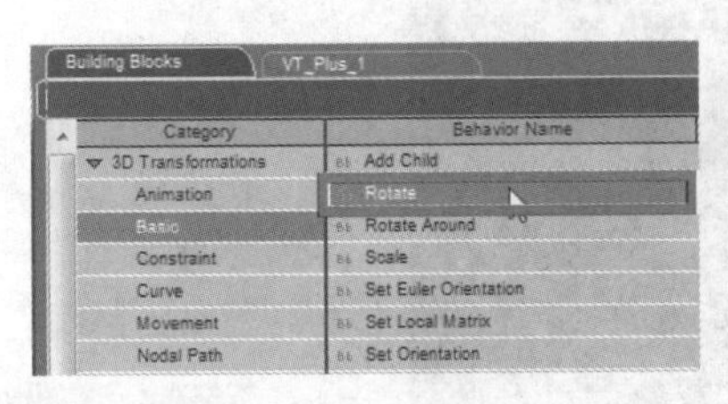

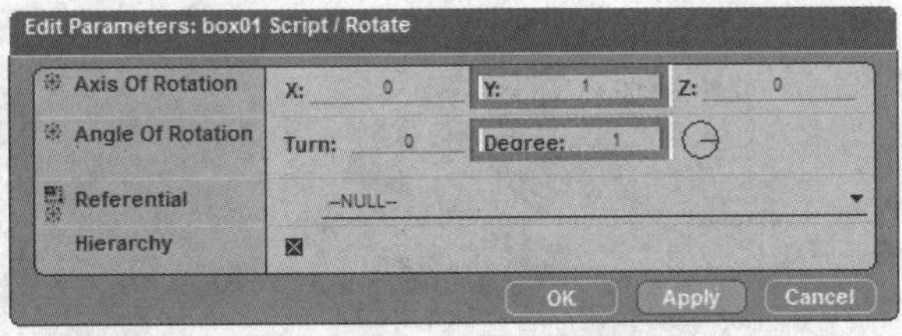

STEP 7 将Rotate模块连接到box01 Script的Start，并设置循环使对象不停的转动。

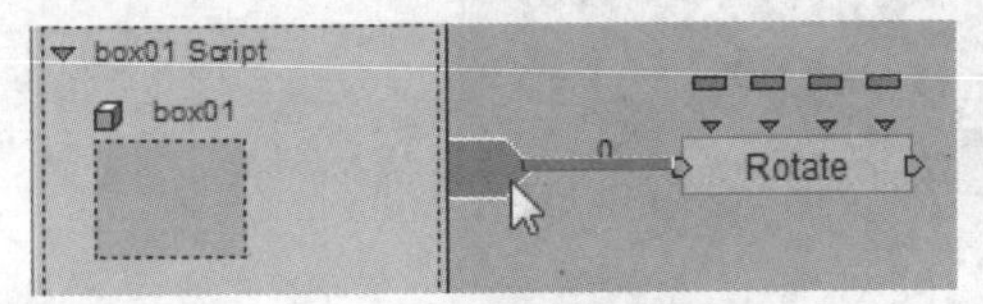

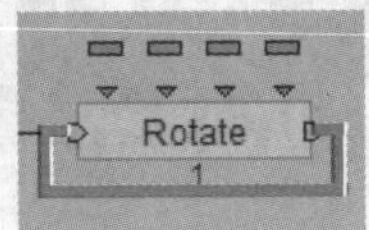

STEP 8 返回到Level Manager面板，右击box01，在弹出的快捷菜单中执行Sende To Group>objects命令。

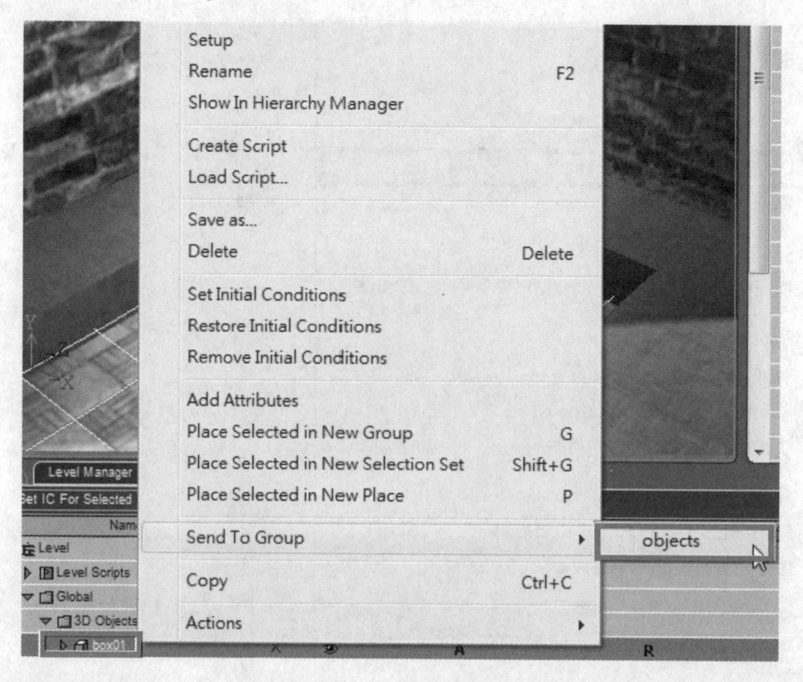

STEP 9 单击Play按钮进行测试，可以看到贴在box01上的涂鸦将会随box01转动。

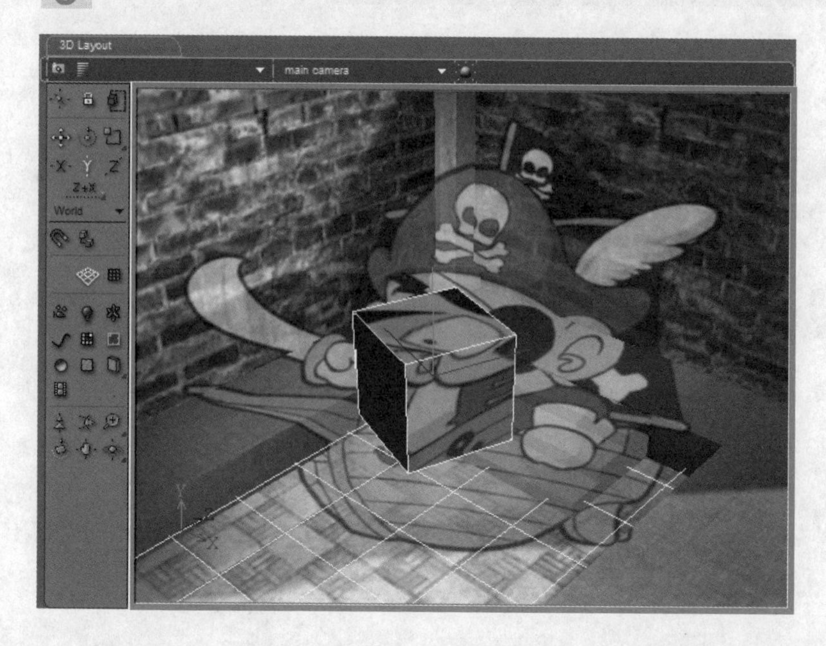

Chapter

设置倒计时功能

本章主要为大家介绍在动画中设置显示时间倒计时的功能，通过创建脚本和添加Timer计时器完成倒计时的计算，通过添加Text Display模块显示出时间信息。

本章要点

- 倒计时的计算
- 显示时间信息

12.1 倒计时的计算

STEP 1 在Level Manager面板中，1右击Level，2在弹出的快捷菜单中执行Ctreate Script命令，创建脚本。

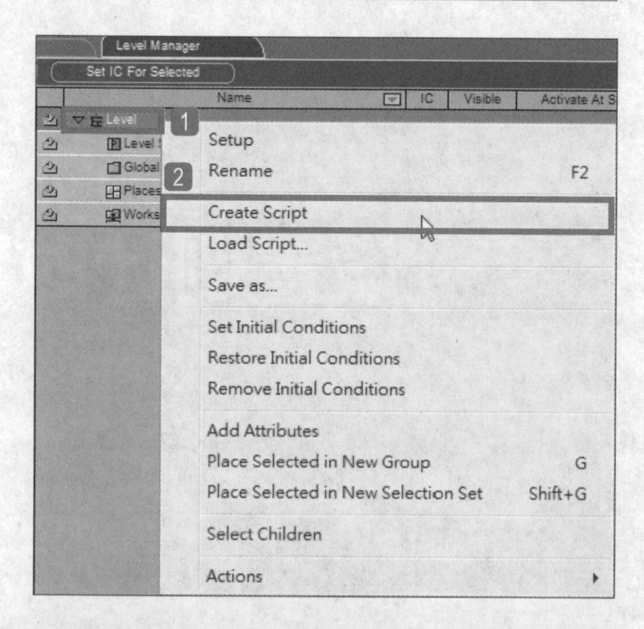

STEP 2 在创建的脚本下添加定时器，导入BB面板中的Logics\Loops\Timer时间模块。

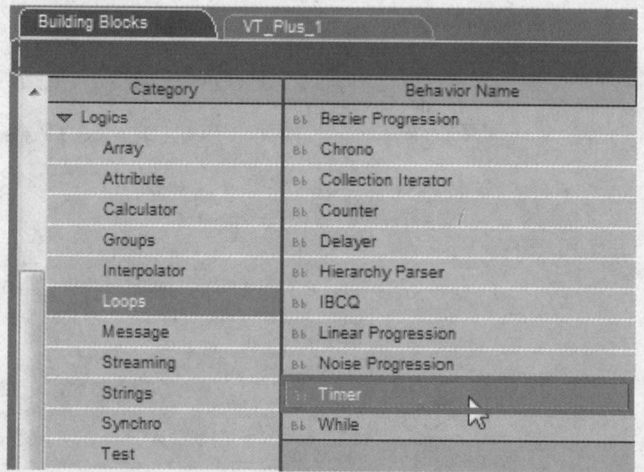

STEP 3 将Timer模块连接到Level Script的Start，Timer模块上面的输入口为总时间。

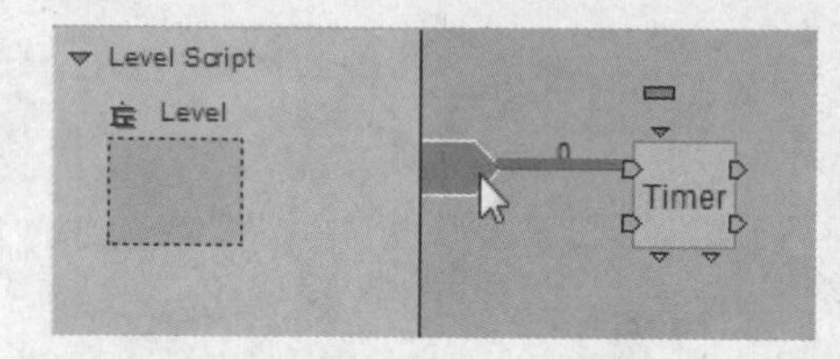

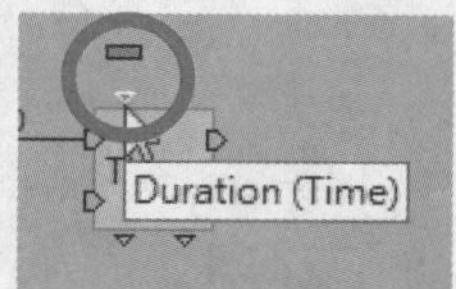

STEP 4 Timer模块下面的输出口，一个为已执行时间。另一个为平均时间。

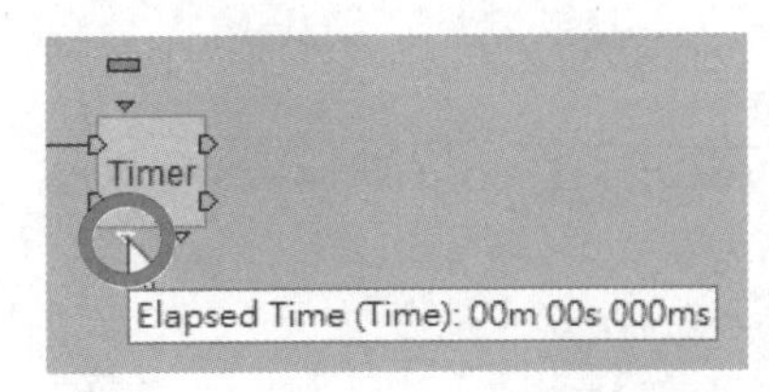

STEP 5 在Timer计算器中，1分钟（Min）等于60秒（S），而1秒（S）等于1000毫秒（Ms）。

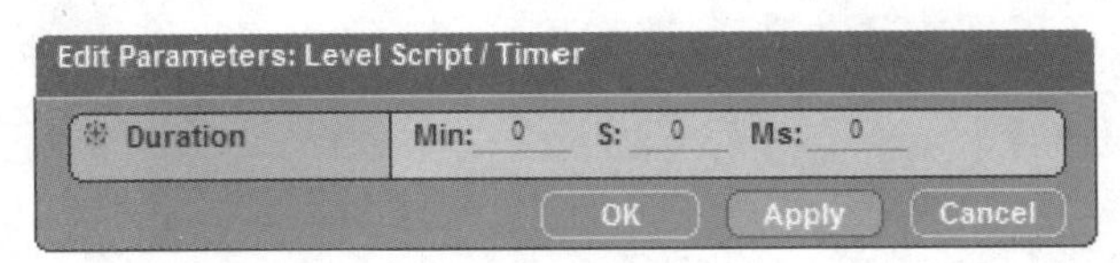

STEP 6 总时间减去已执行时间，所得到的时间值便是剩余时间。再次添加计算器，导入BB面板中的Logics\Calculator\Calculator模块。将Calculator模块连接到Timer模块的Loop Out后。

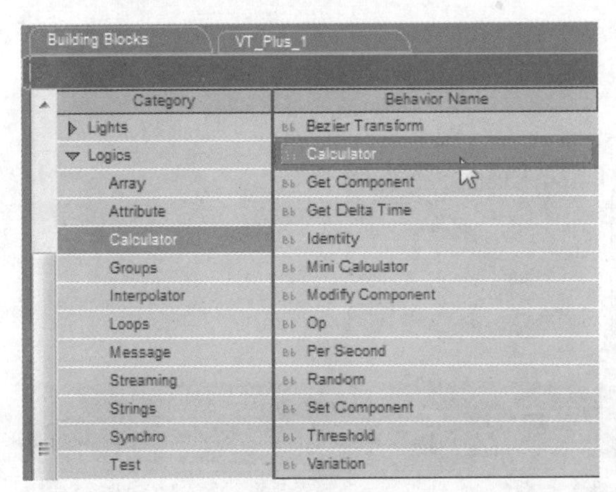

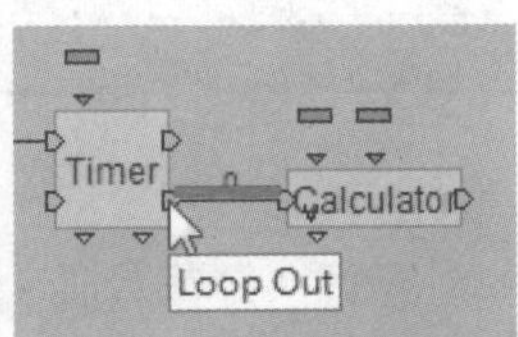

STEP 7 双击Calculator模块，在弹出的对话框中①设置expression为(a-b)/6000，依照先乘除后加减的方式计算，②单击OK按钮。

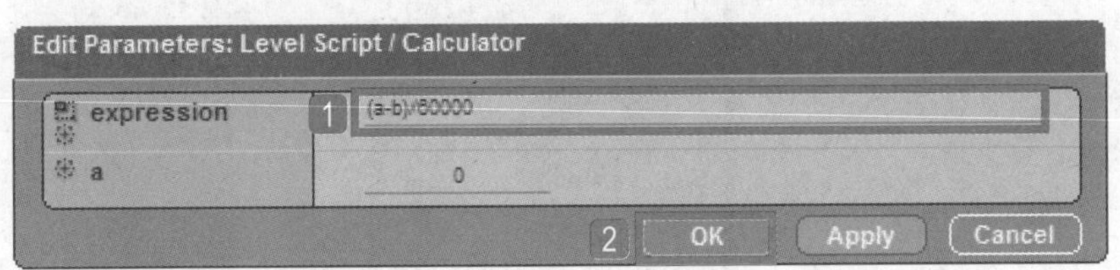

TIP

输入的计算公式为：总时间a值减去已执行时间b值，除以60000，计算剩余的分钟。在Virtools中，时间转为浮点值float时，皆以毫秒值计算。（Ms/1000=S，S/60=Min）。

STEP 8 由公式可以得知需要a值与b值，右击Calculator模块，在弹出的快捷菜单中执行Construct>Add Parmeter Input命令，添加b值的输入口。

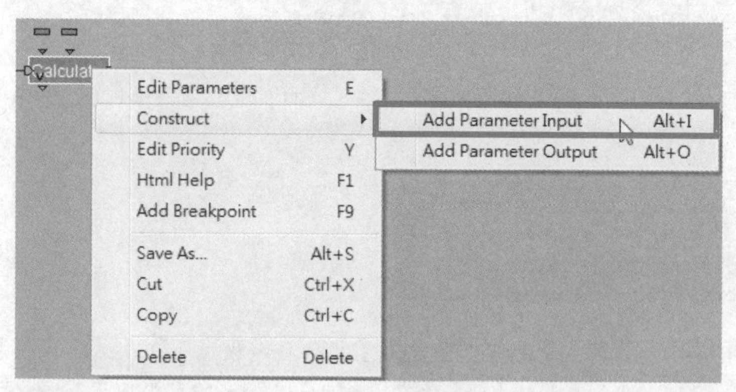

STEP 9 1设置b值的Parameter Type为Float，2单击OK按钮。

STEP 10 将a值以参数分享的方式连接到Timer模块的总时间上。b值则来自于Timer模块的已执行时间。

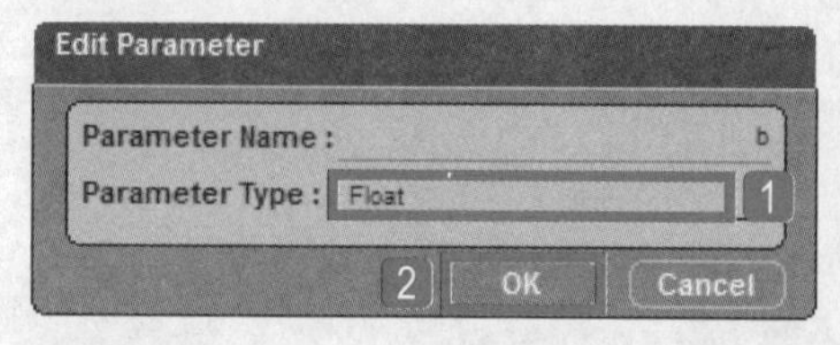

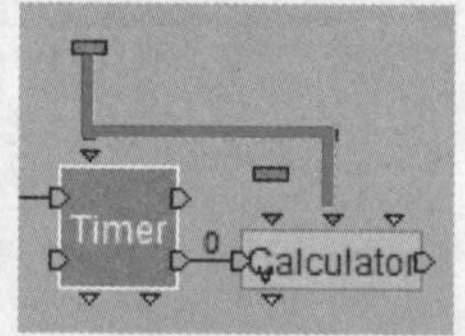

STEP 11 目前计算出来的数值仍为浮点类型，必须将它转换为整数类型。导入BB面板中的Logics\Calculator\Op模块。

STEP 12 将Op模块连接到Calculator模块后。右击Op模块，在弹出的快捷菜单中执行Edit Settings命令，对其进行设置。

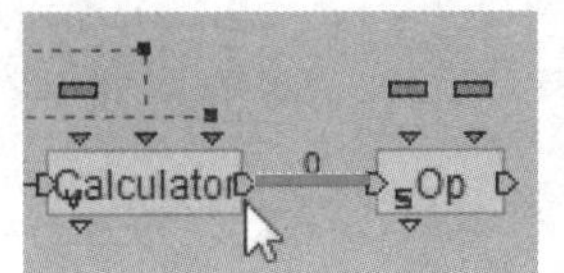

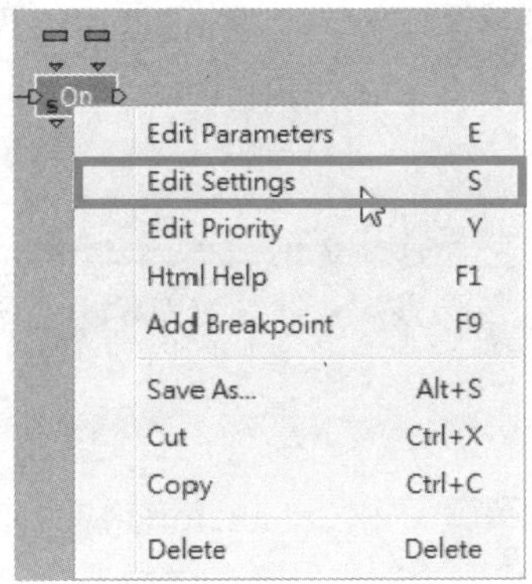

STEP 13 在弹出的对话框中1设置Inputs为Float，2Operation为Convert，3Ouput为Integer，4单击OK按钮。

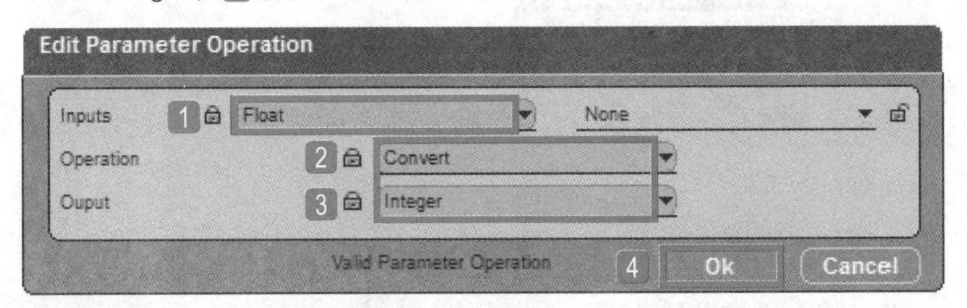

STEP 14 将Calculator模块计算出来的值赋予Op模块。分钟计算完成后，开始计算秒钟。按住Shift键的同时拖曳复制一个Calculator模块。

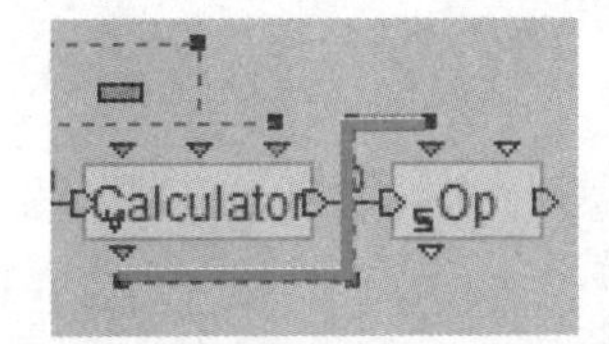

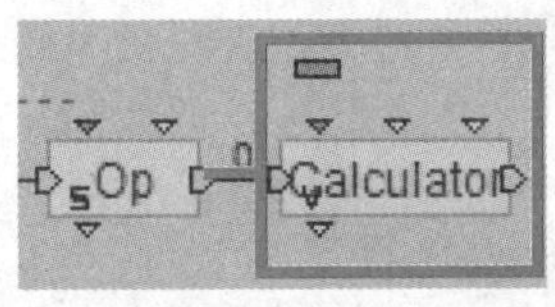

STEP 15 双击Calculator模块，1在弹出的对话框中设置expression为（（a-b）-（c×60000））/1000，即总时间a值减去已执行时间b值，再减去剩余分钟（转换为毫秒的c值），除以1000转换为秒。（Ms/1000=S，S/60=Min）。2单击OK按钮。

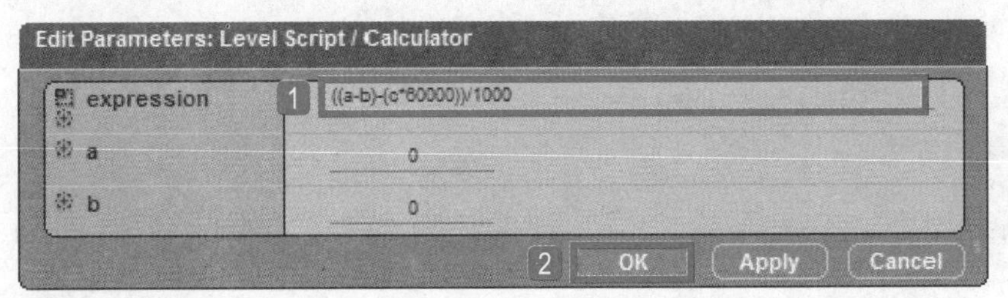

STEP 16 同样地，将a值使用参数分享的方式连接到Timer模块的总时间。b值为Timer模块的已执行时间。

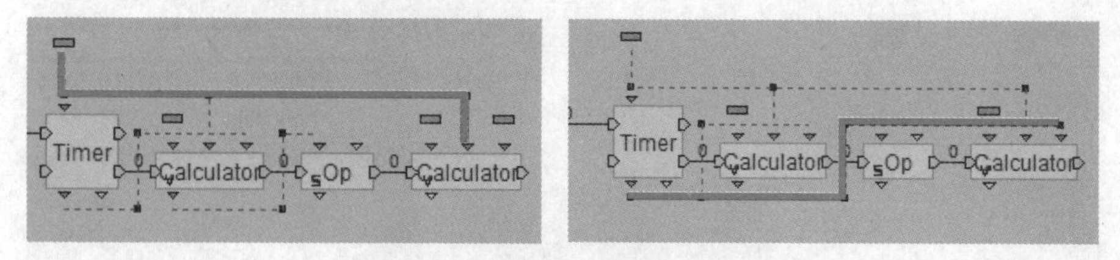

STEP 17 右击Calculator模块，在弹出的快捷菜单中执行Construct>Add Parmeter Input命令，添加c值输入口。

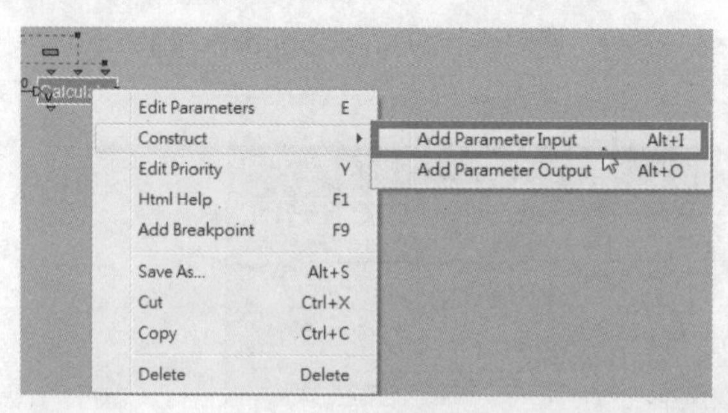

STEP 18 1设置c值的Parameter Type为Float，2单击OK按钮。

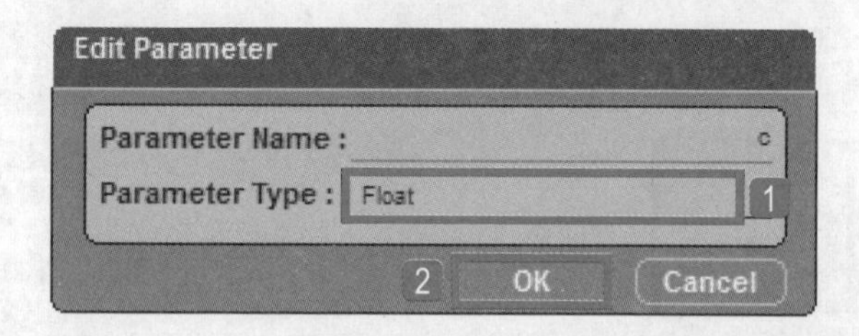

STEP 19 c值来自于Op模块刚刚计算出来的分钟整数值。如果赋予前一个Calculator模块最后计算出来的数值，则会将后面的秒数一并扣除。

STEP 20 计算完成后，得到秒数的整数值，按住Shift键的同时拖曳复制一个Op模块。直接将Calculator模块计算出来的值赋予Op模块即可。

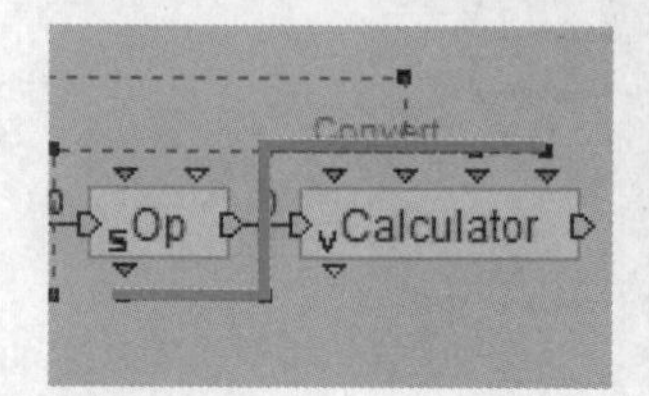

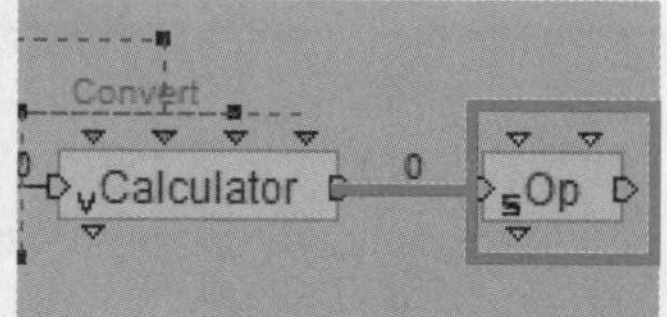

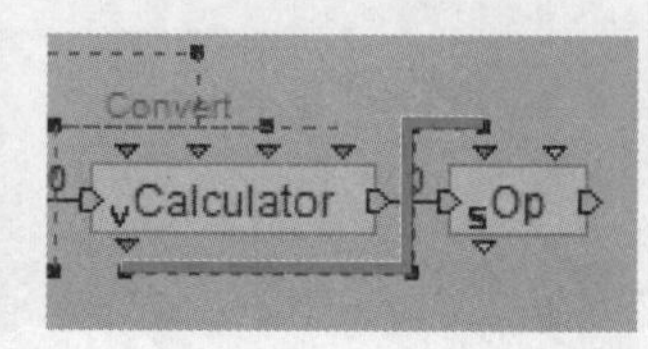

STEP 21 将Op模块连接到Timer模块的Loop In，完成倒计时计算的循环。

12.2 显示时间信息

STEP 1 添加文字显示模块，显示时间信息。导入BB面板中的Interface\Text\Text Display模块。

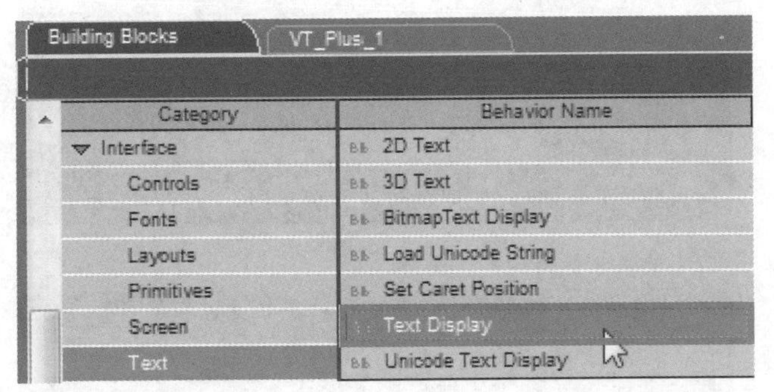

STEP 2 将Text Display模块连接到Level Script的Start。

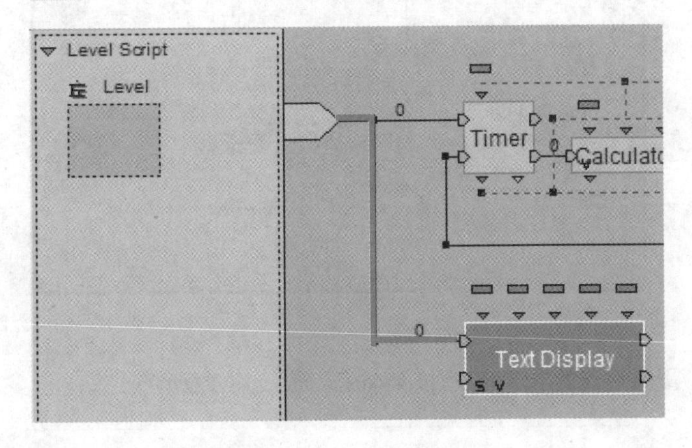

STEP 3 右击Text Display模块，在弹出的快捷菜单中执行Edit Settings命令，对其进行设置。

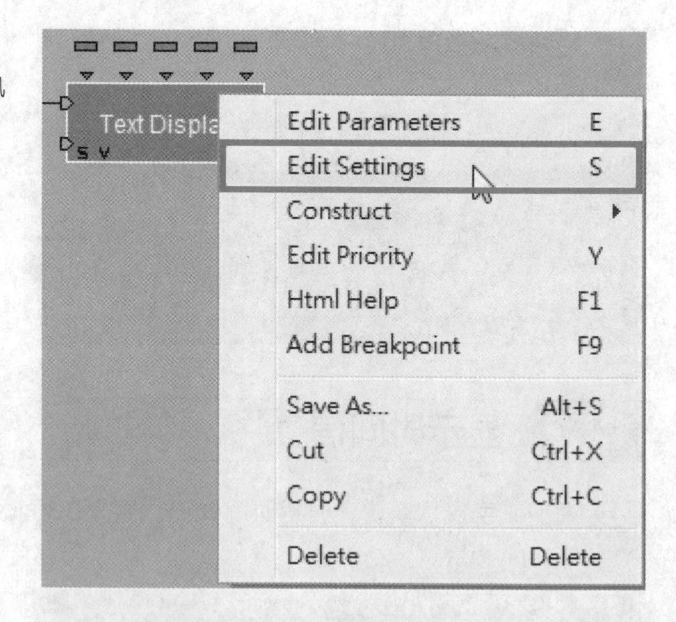

STEP 4 在弹出对话框中1设置Sprite Size为320×50，文字超出版面就会被裁切掉，2单击OK按钮。

Text Display - Edit Settings

Sprite Size 1 X: 320 Y: 50

2 OK Cancel

STEP 5 单击OK按钮弹出“字体”对话框，1在该对话框中设置字体和大小，2设置完成后单击“确定”按钮。

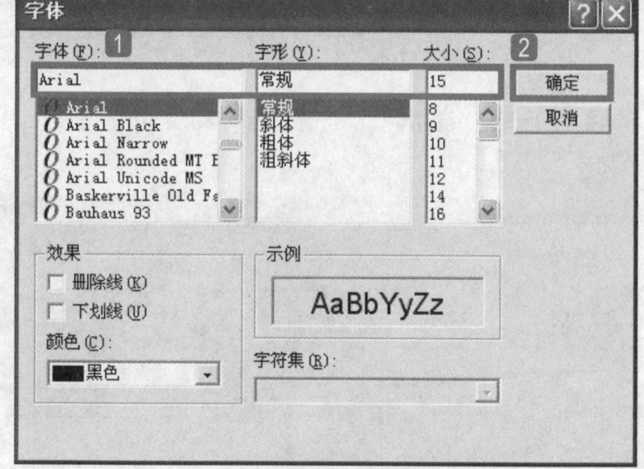

TIP 这里需要特别注意的是，比较特殊的字体在没有该字体的计算机上将会显示不出来。

STEP 6 双击Text Display模块，在弹出的对话框中可以设置文字显示的位置、文字颜色、对齐方式、字体大小，以及显示的内容。这里将字体大小设置得大一些，1设置Size为20，2单击OK按钮。

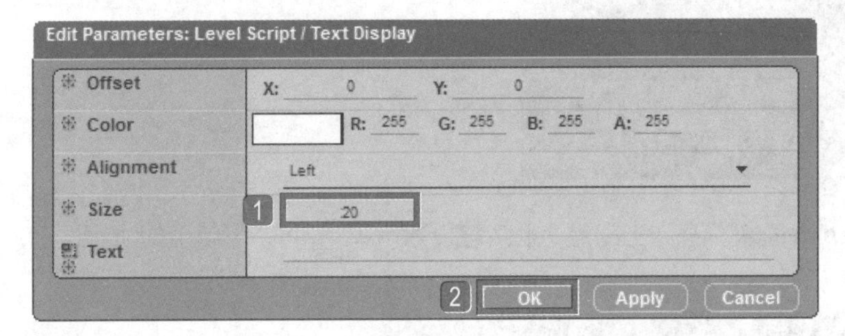

STEP 7 单击OK按钮，将剩余时间赋予Text Display模块显示出来。将分钟的整数值赋予Text Display模块的Text，程序将会自动将Op模块计算出来的整数值转换为字符串显示。

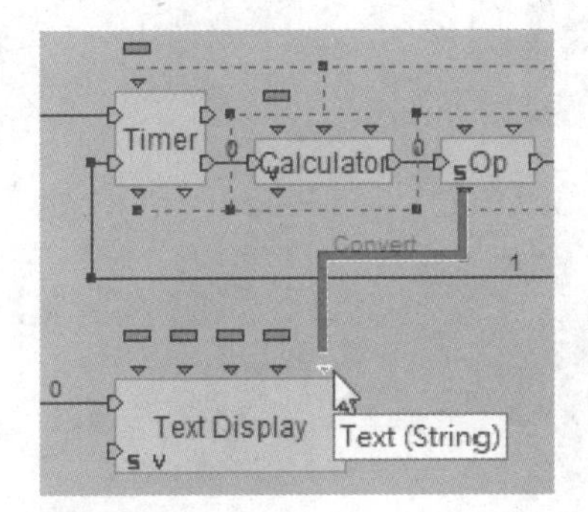

STEP 8 右击Text Display模块，在弹出的对话框中执行Construct>Add Parameter Input命令，添加一个参数输入口。

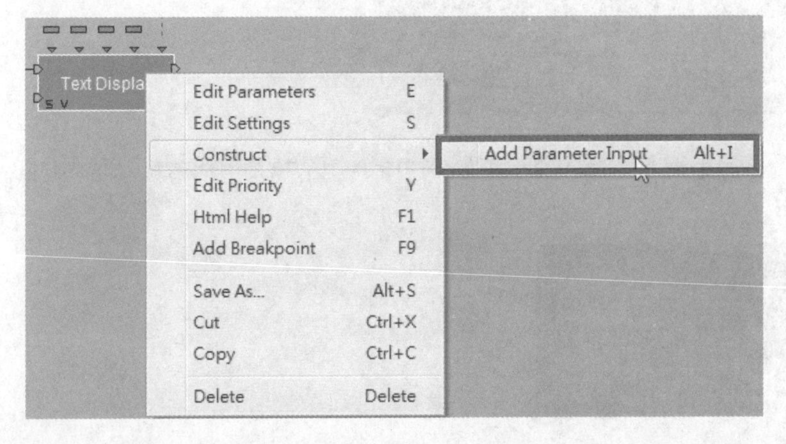

STEP 9 双击该参数，在弹出的对话框中 1 设置Parameter Name为min，2 设置Parameter Type为String，3 单击OK按钮。

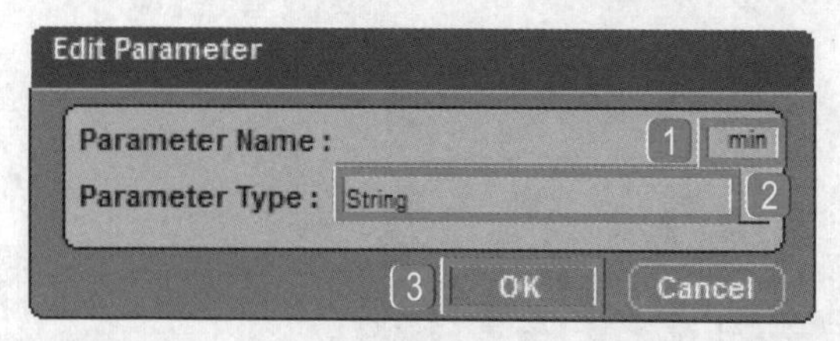

STEP 10 双击Text Display模块，在弹出的对话框中 1 设置min为Min，2 单击OK按钮。

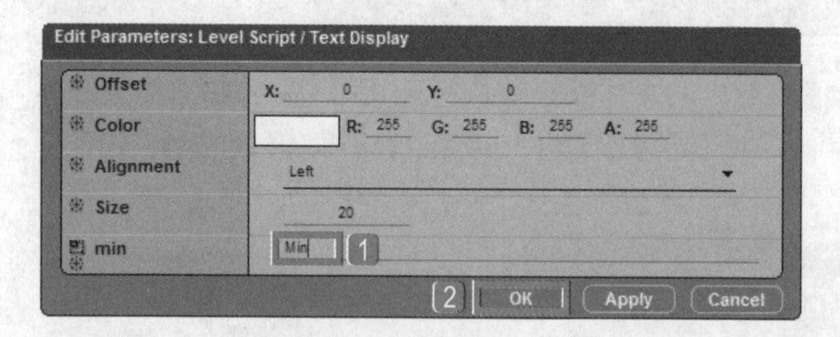

STEP 11 右击Text Display模块，在弹出的对话框中执行Construct>Add Parameter Input命令，添加第二个参数输入口。

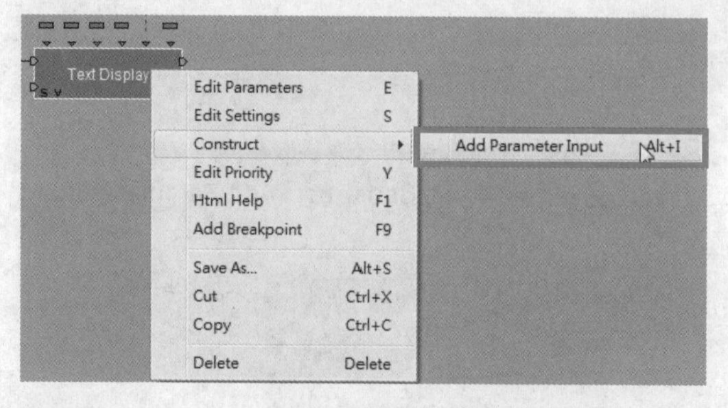

STEP 12 双击该参数，在弹出的对话框中 1 设置Parameter Type为String，2 单击OK按钮。

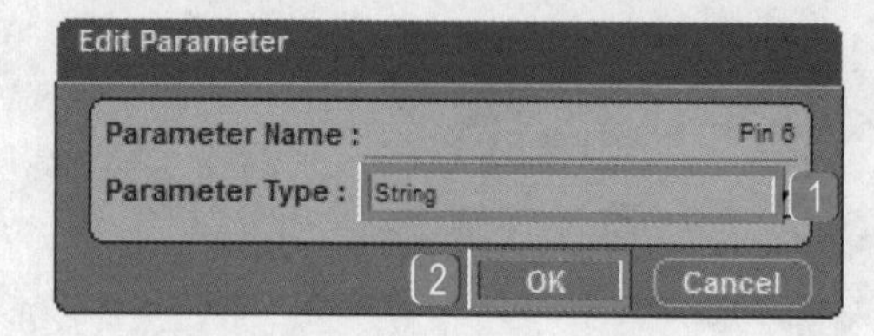

STEP 13 将秒钟的整数值赋予新添加的第二个参数，程序同样会将整数值自动转换为字符串显示。

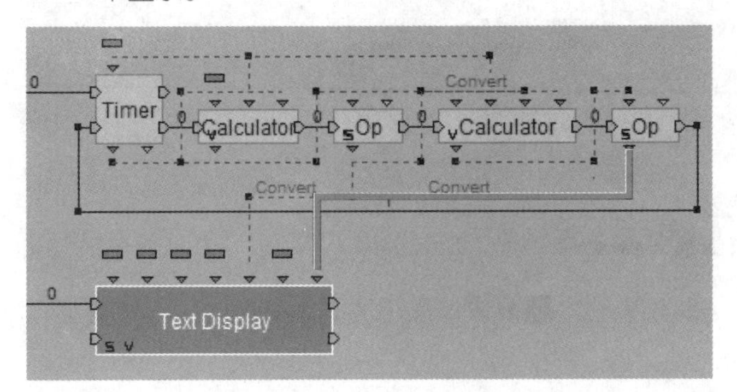

STEP 14 右击Text Display模块，在弹出的对话框中执行Construct>Add Parameter Input命令，添加第三个参数输入口。

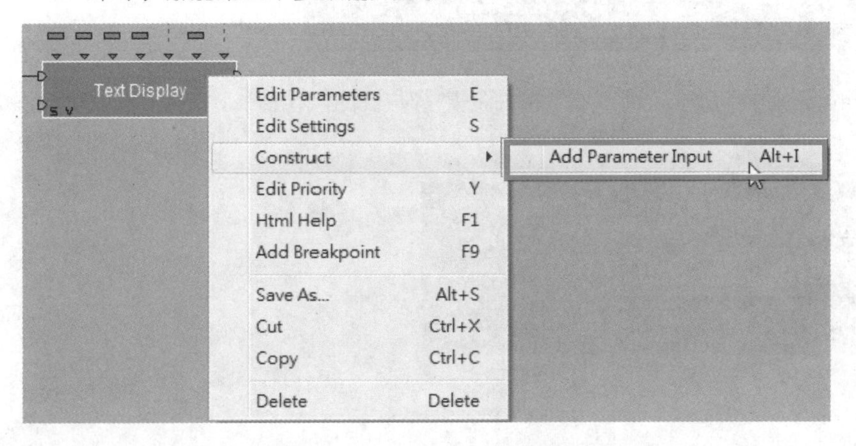

STEP 15 双击该参数，在弹出的对话框中①设置Parameter Name为sec，②设置Parameter Type为String，③单击OK按钮。

Edit Parameter
Parameter Name : 1 sec
Parameter Type : String 2
3 OK Cancel

STEP 16 双击Text Display模块，在弹出的对话框中①设置sec为Sec，②单击OK按钮。

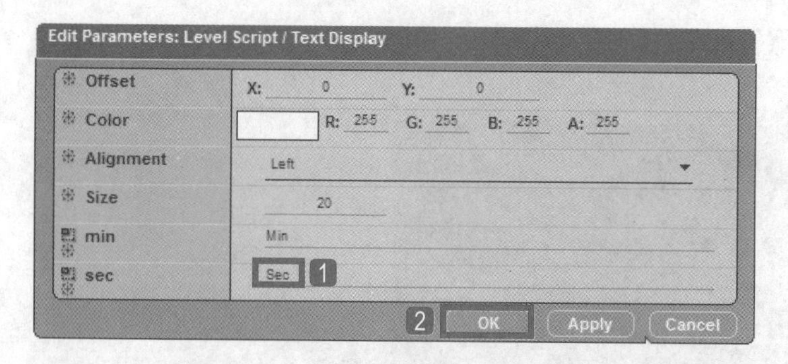

STEP 17 双击Timer模块，在弹出的对话框中❶设置输入总时间，完成时间倒计时显示的设置，❷单击OK按钮。

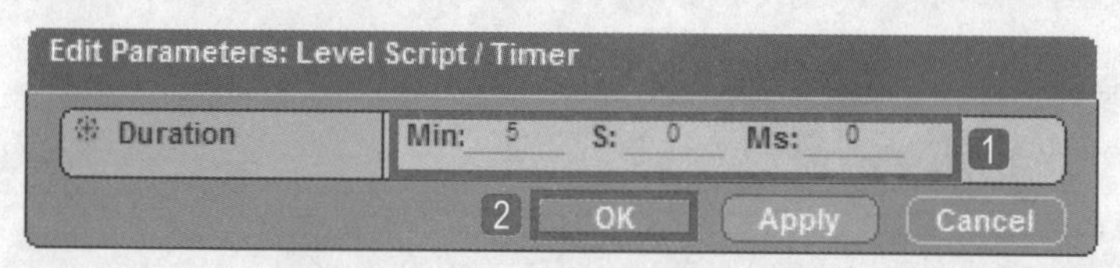

STEP 18 单击Play按钮进行测试，可以看到时间开始倒数计时。至此，时间倒计时功能的显示就设置完成了。

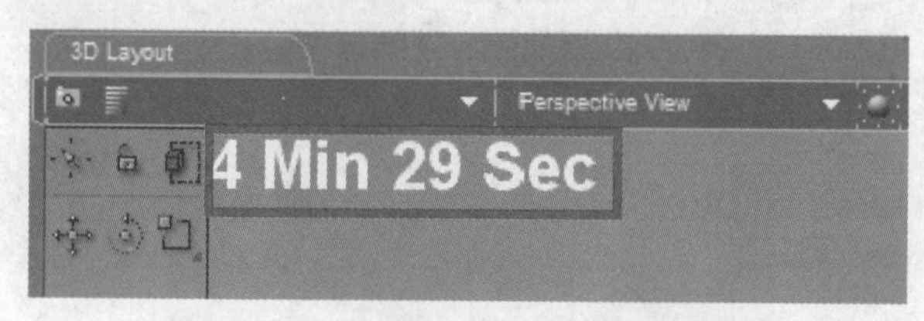

Chapter

跟随角色的文字与计量表

本章将为大家介绍如何制作跟随3D角色移动的文字和计量表。计量表将跟随3D角色移动，并显示角色名字。计量表将根据与摄影机距离的不同调整显示状态，从而减少程序运算的负担，达到图像显示的最优化。

本章要点

- 设置人物与地板
- 设置计量表
- 设置文字的显示状态
- 使计量表和文字的显示随距离改变

13.1 设置人物与地板

STEP 1 执行菜单栏中的Resources>Open Data Resource命令，在弹出的Open Data Resource对话框中选择随书光盘\素材库\VT_Plus_1.rsc素材文件，单击“打开”按钮，加载本书所有的教学素材数据。

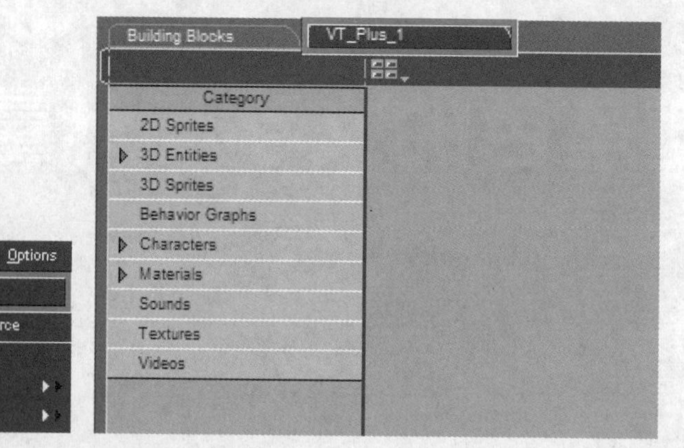

STEP 2 首先要有一个角色，并且可以控制它。导入VT_Plus_1面板中的Characters\Animations\Asaku.nmo角色文件。

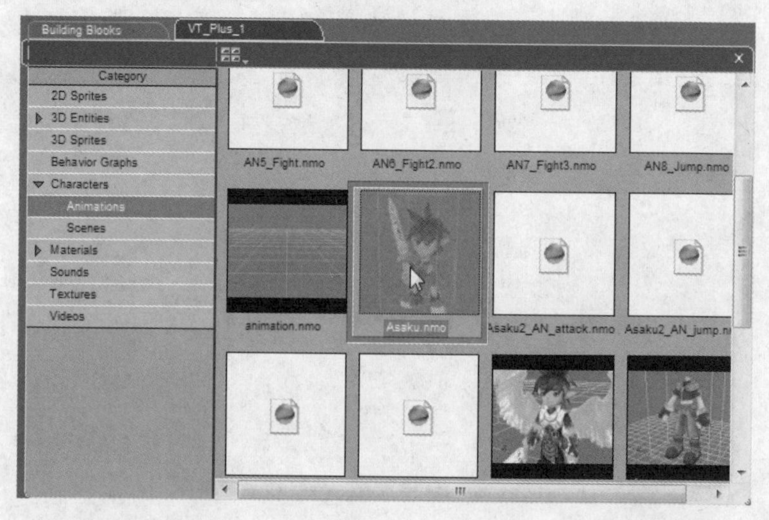

STEP 3 在Level Manager面板中可以看到导入的角色本身包含动作。

STEP 4 选择Asaku角色单击鼠标右键，在弹出的快捷菜单中执行Create Script命令，创建角色脚本。

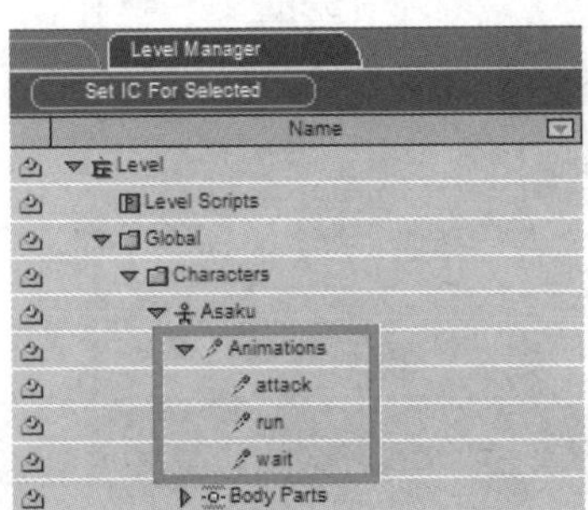

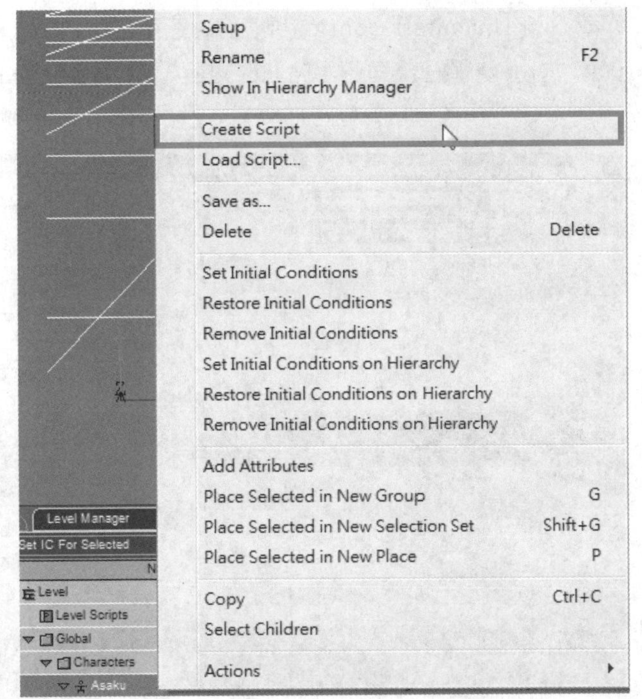

STEP 5 设置角色的基本属性。导入BB面板中的Characters\Movement\Unlimited Controller模块。

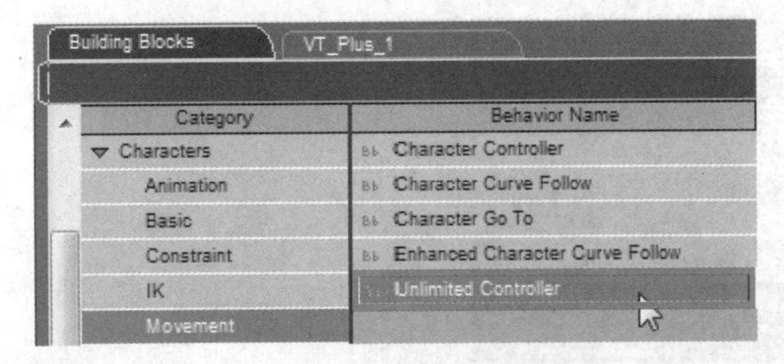

STEP 6 将Unlimited Controller模块连接到Asaku Script的Start。

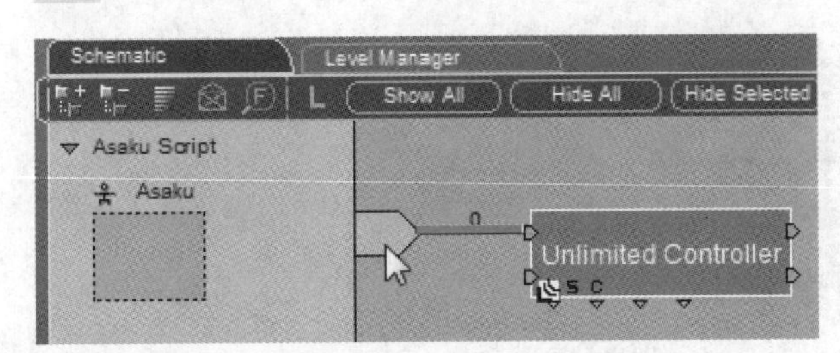

STEP 7 双击Unlimited Controller模块，在弹出的对话框中❶将Joy_Up对应的动作设置为run，❷在没有任何信息时对应wait。❸勾选Keep character on floors复选框，让角色直接对应在地板上。❹设置Rotation angle为8，让角色转弯快些。

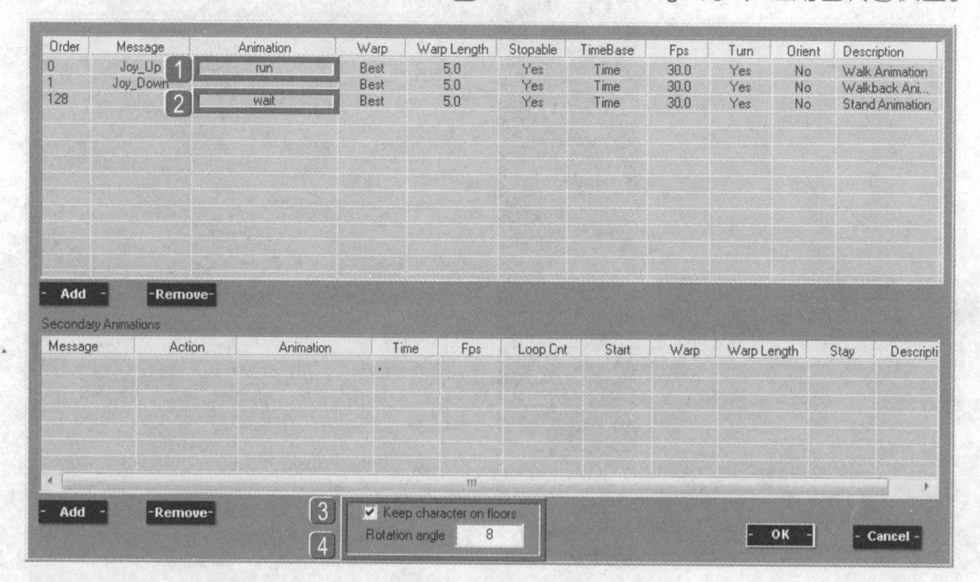

STEP 8 设置角色的基本属性。导入BB面板中的Characters\Movement\Unlimited Controller模块。

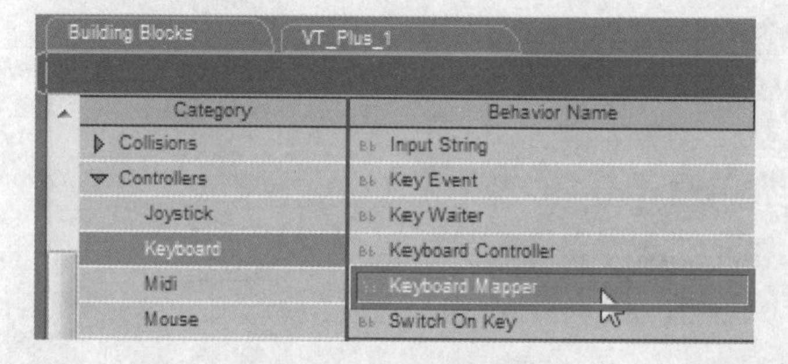

STEP 9 将Keyboard Mapper模块连接到Asaku Script的Start。

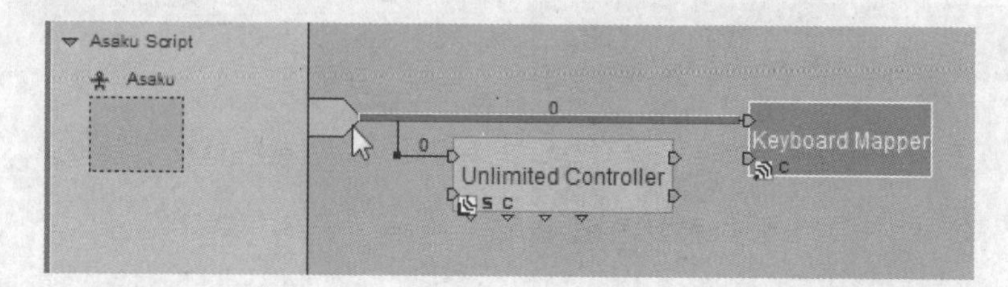

STEP 10 双击Keyboard Mapper模块，在弹出的对话框中❶设置Key为Up（上键），❷设置Message为Joy_Up，❸单击Add按钮，❹在下方的列表框中显示出设置的内容。

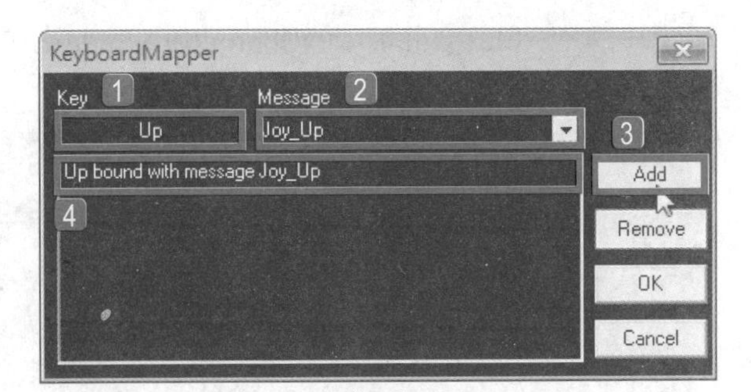

STEP 11 使用相同的方法设置左键对应Joy_Left，右键对应Joy_Rught。

STEP 12 至此，角色基本属性就设置完成了。在Level Manager面板中❶选择Level\Global\Characters\Asaku，❷单击Set IC For Selected按钮，设置角色初始值。

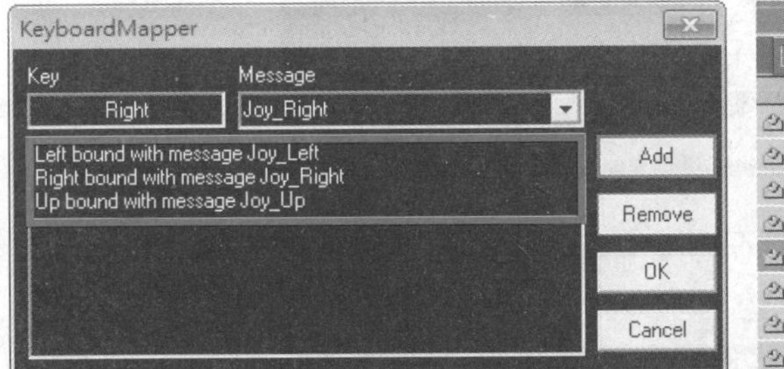

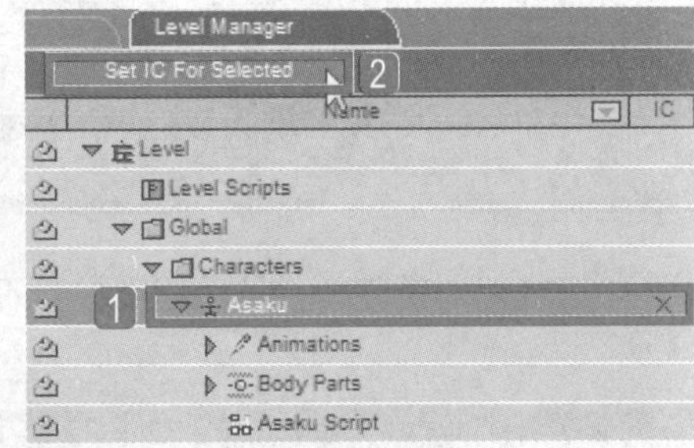

STEP 13 单击Play按钮测试预览，可以看到角色顺利被操控了。

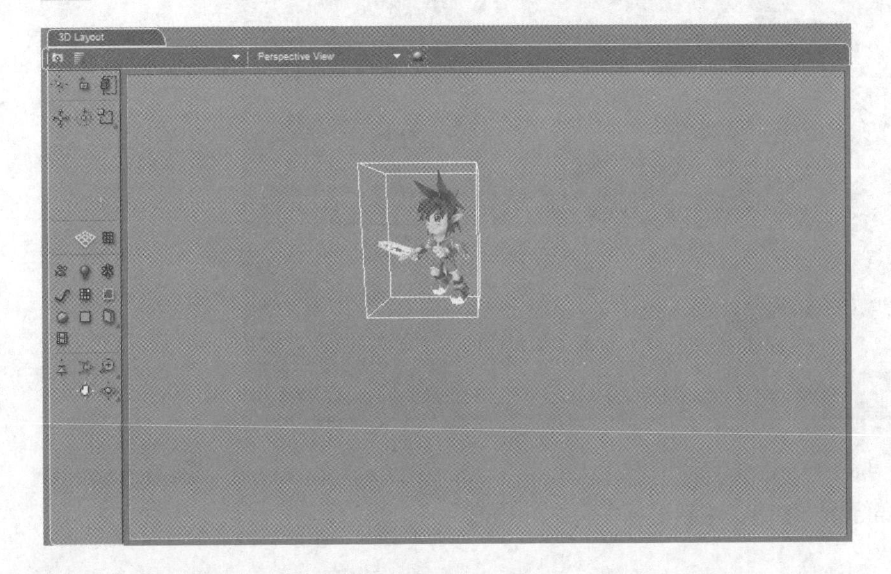

STEP 14 导入VT_Plus_1面板中的Characters\Scenes\Scene05.nmo场景文件。

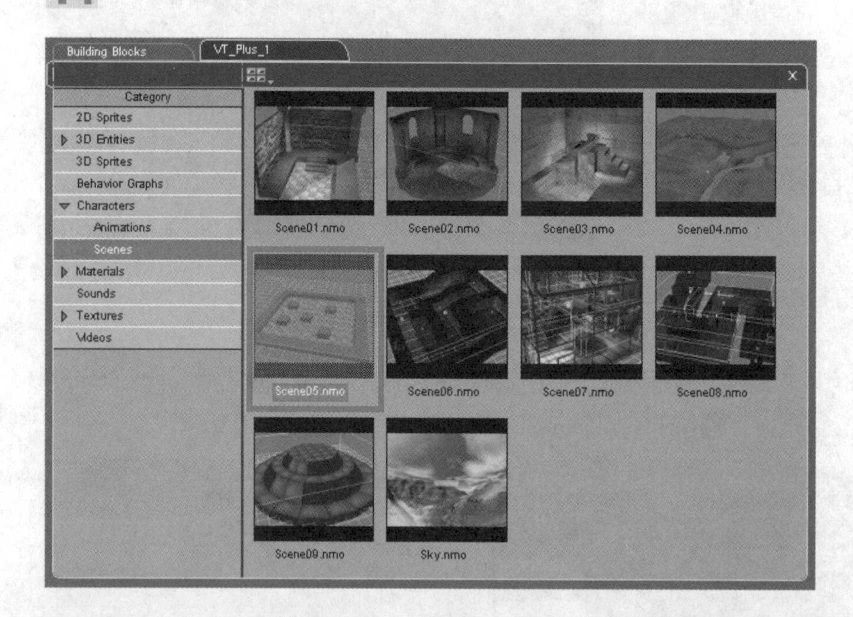

STEP 15 加载完场景之后，角色可能会陷在墙壁中，使用移动工具将角色移到墙壁外面。

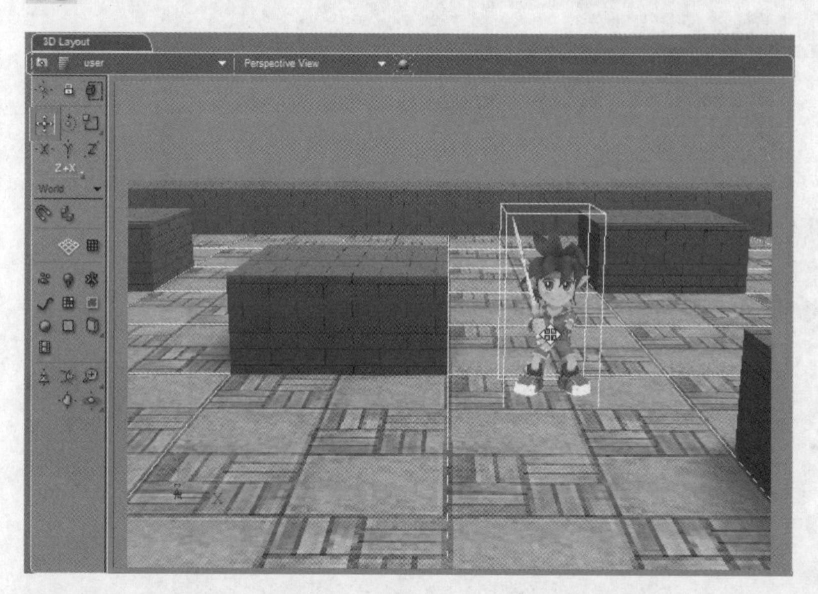

STEP 16 1在Level Manager面板中选择Level\Global\Characters\Asaku，2单击Set IC For Selected按钮，重新设置角色的初始值。

STEP 17 设置碰撞效果，并设置地板的基本属性。1在Level Manager面板中选择Level\Global\Characters\scene05\Body Parts\wall，2单击Create Group按钮。

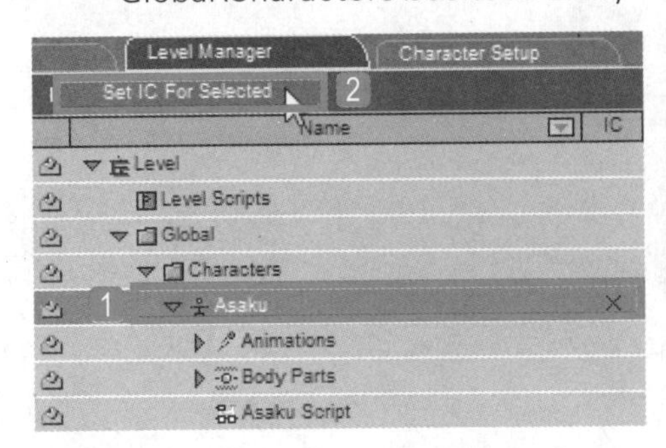

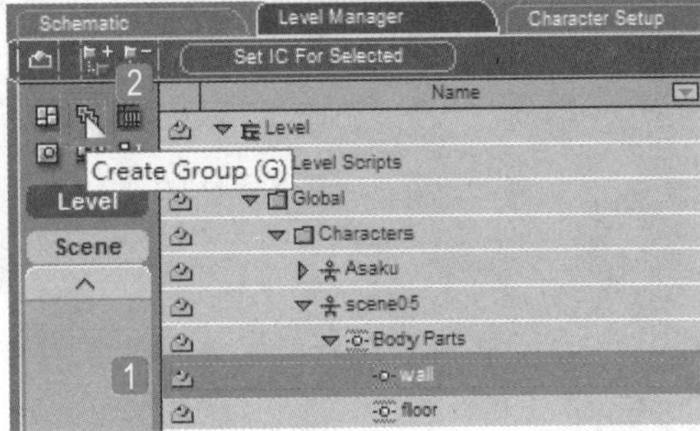

STEP 18 在Level Manager面板中，将刚刚创建的Group命名为wall。

STEP 19 返回到Asaku Script，导入BB面板中的Collisions\3D Entity\Object Slider模块。

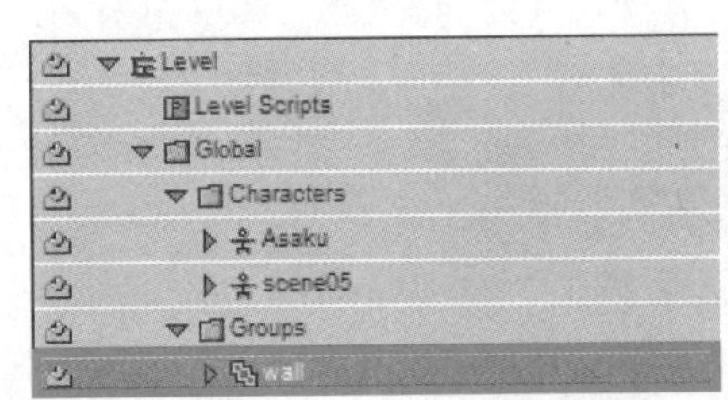

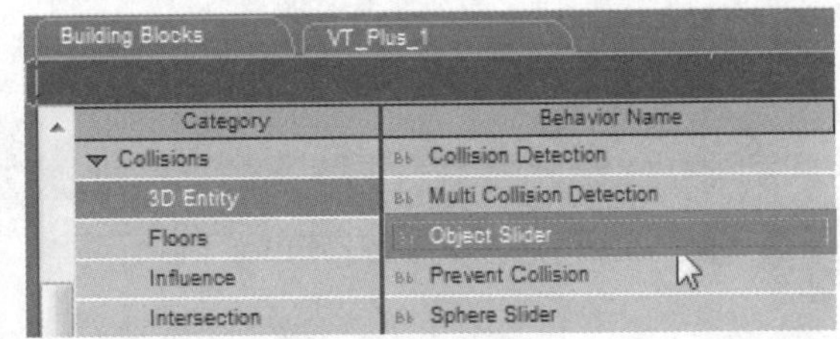

STEP 20 将Object Slider模块连接到Asaku Script的Start。

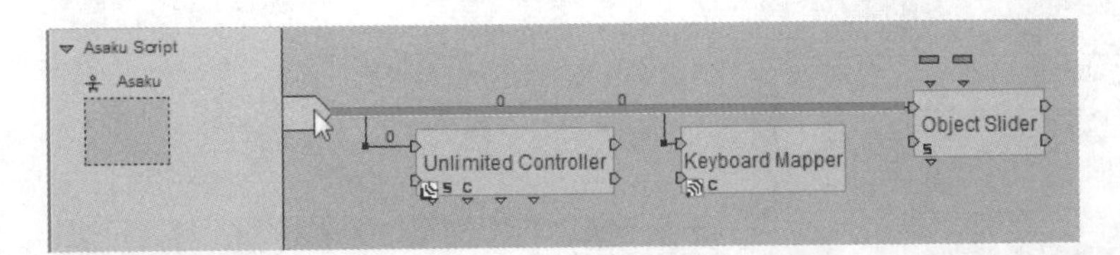

STEP 21 双击Object Slider模块，1设置Radius为5，2设置Group为wall，3单击OK按钮。

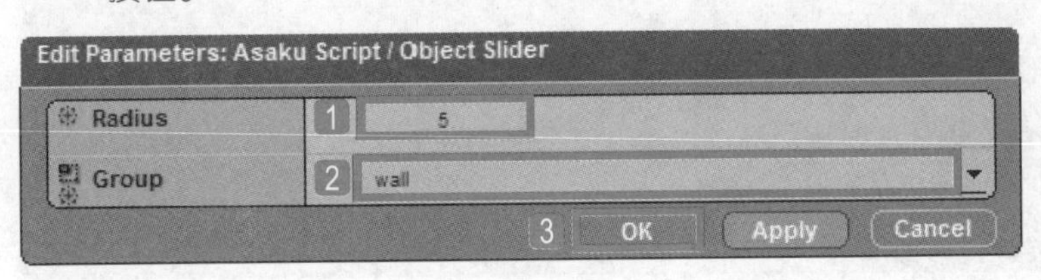

STEP 22 返回Level Manager面板，1右击Level\Global\Characters\scene05\Body Parts\floor，2在弹出的快捷菜单中执行Add Attributes命令。

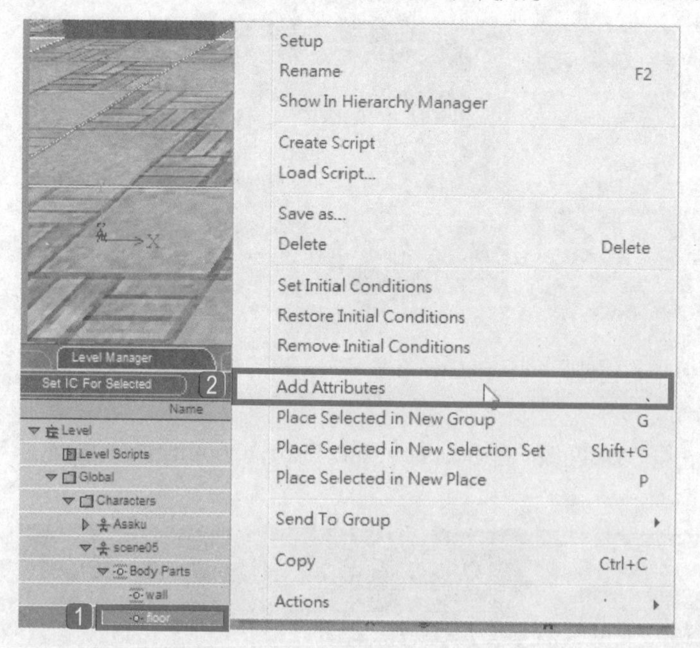

STEP 23 1在弹出的对话框中选择Floor Manager\Floor，2单击Add Selected按钮。

STEP 24 1在Level Manager面板中选择Level\Global\Characters\scene05\Body Parts\floor，2单击Set IC For Selected按钮设置地板的初始值。

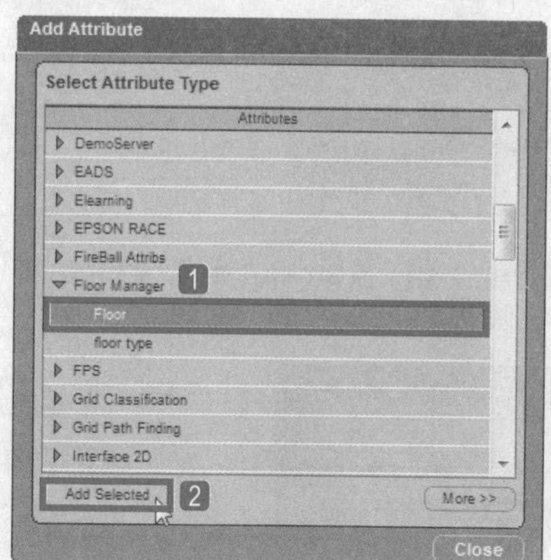

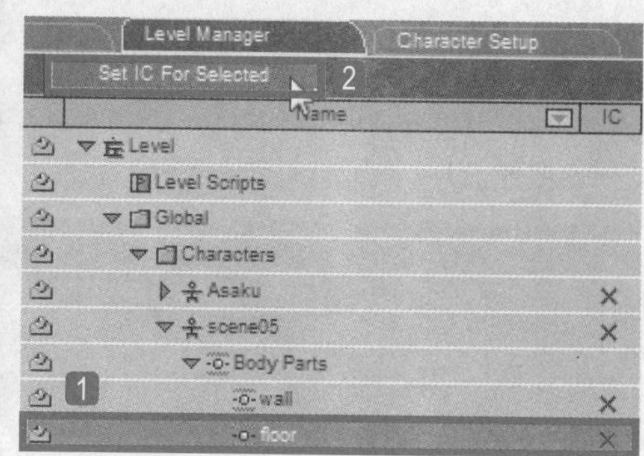

STEP 25 单击Play按钮测试预览，可以看到有碰撞效果，角色也成功对应地板。

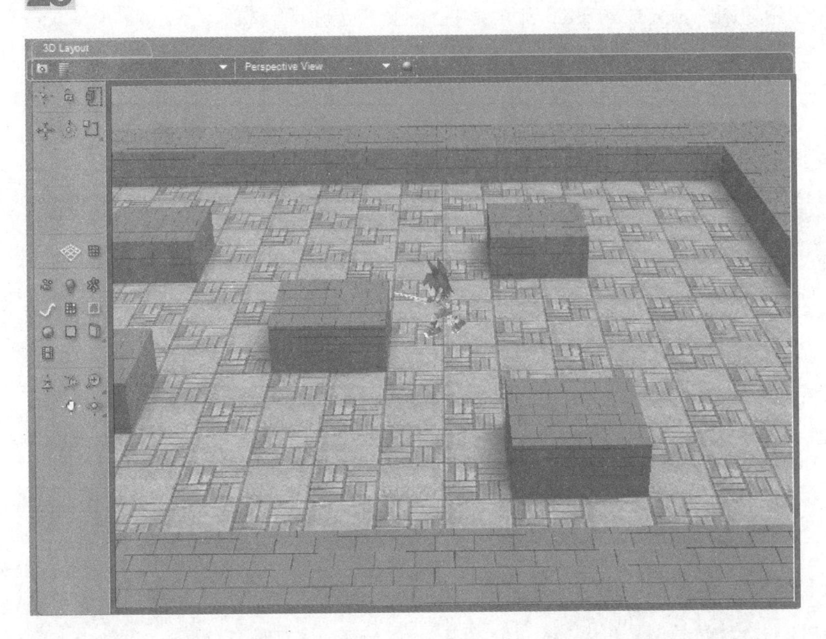

13.2 设置计量表

STEP 1 设置计量表的基本属性。在Virtols中使用计量表可以将两张图片组合起来，利用这个方法可以制作形状、图像比较复杂的，而非单纯矩形的计量表。导入VT_Plus_1面板中的2D Sprites\PowerBarEmpty.png和PowerBarFull.png文件。

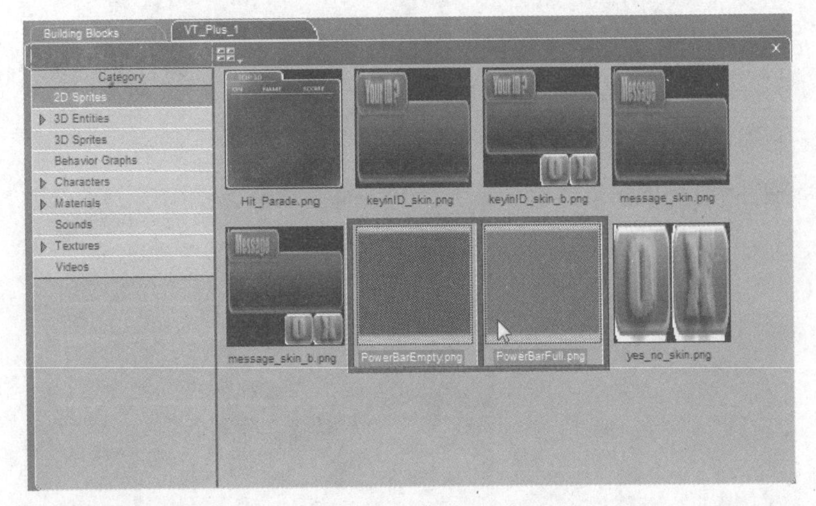

TIP 记得将要使用的图片预先放置在2D Sprites中，否则将无法顺利操作。

STEP 2 在2D Sprites Setup面板中，1取消Pickable复选框的勾选，2如果图片带有Alpha通道，勾选Blend复选框图片才会带有透明效果。

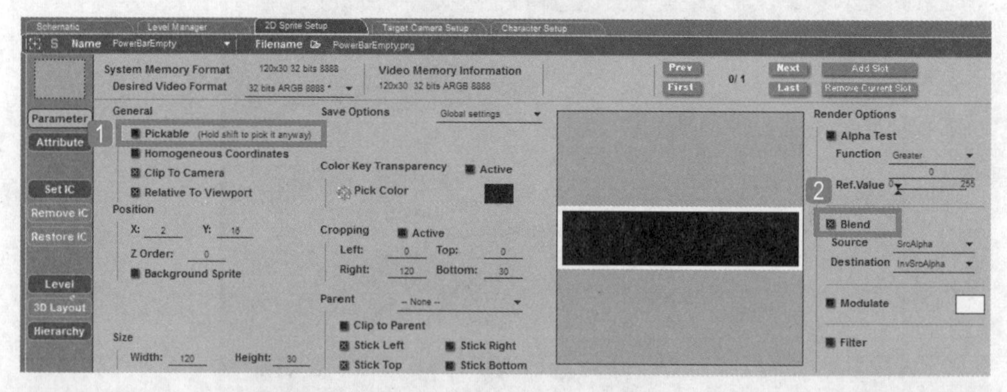

STEP 3 使用同样的方法设置另一张图片，1取消Pickable复选框的勾选，2勾选Blend复选框设置透明效果。

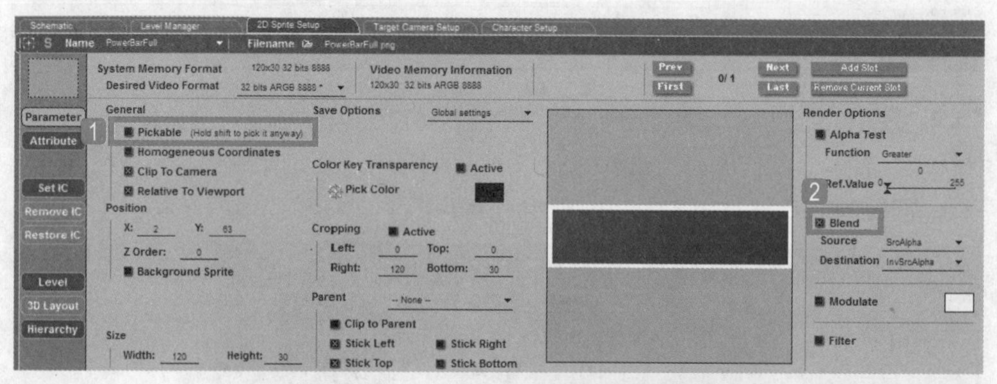

STEP 4 可以看到两张图片都呈现出半透明效果。

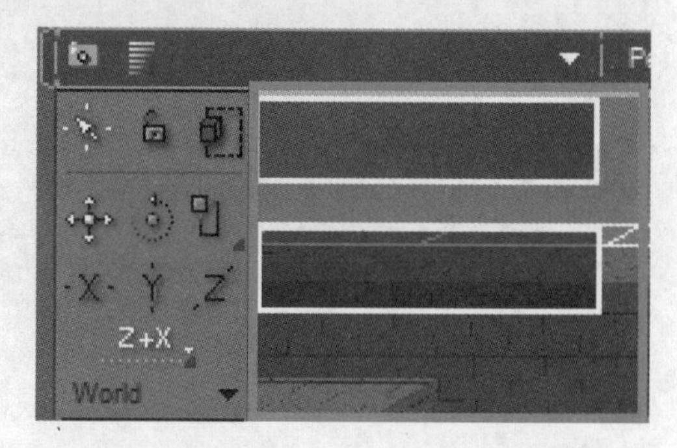

STEP 5 图片设置好之后，返回到Asaku Script，将两张图片混合成一个计量表。导入BB面板中的Visuals\2D\Display Progression Bar模块。

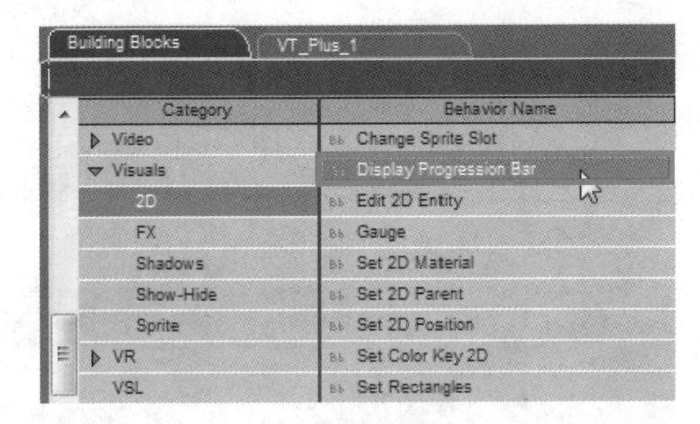

STEP 6 将Display Progression Bar模块到Asaku Script的Start。

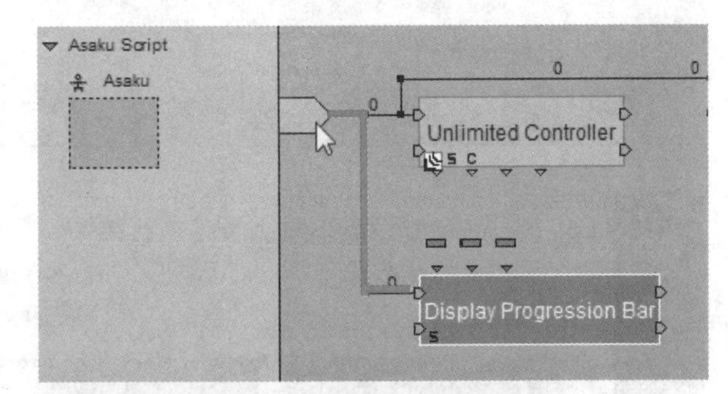

STEP 7 右击Display Progression Bar模块，在弹出的快捷菜单中执行Edit Settings命令，对其进行设置。

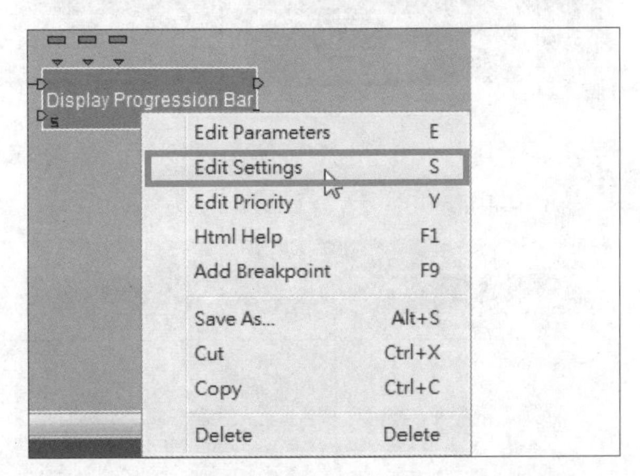

STEP 8 在弹出的对话框中1设置Empty Bar为PowerBarEmpty，2Full Bar为Power-BarFull。

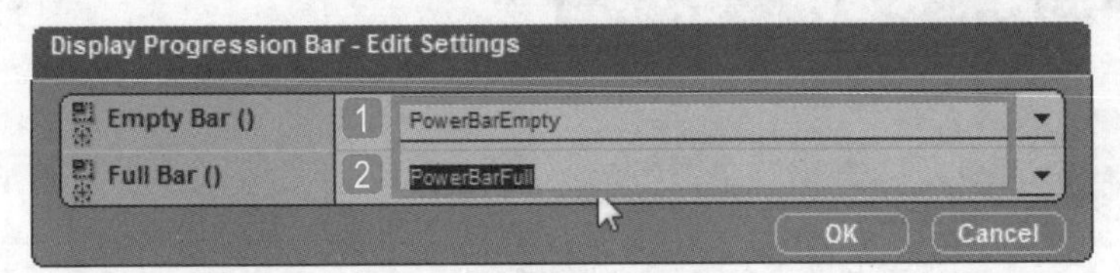

STEP 9 单击OK按钮原本设置的两张图片消失不见了，此时必须通过Display Progression Bar模块来进行设置。双击Display Progression Bar模块，在弹出的对话框中X、Y表示图片摆放的位置，这里采用默认设置。Bar Progression表示图片显示的百分比，设置为0%时只显示Empty的图片，设置为100%时则显示Full的图片，设置为50%时则各显示一半，这里设置为50%。

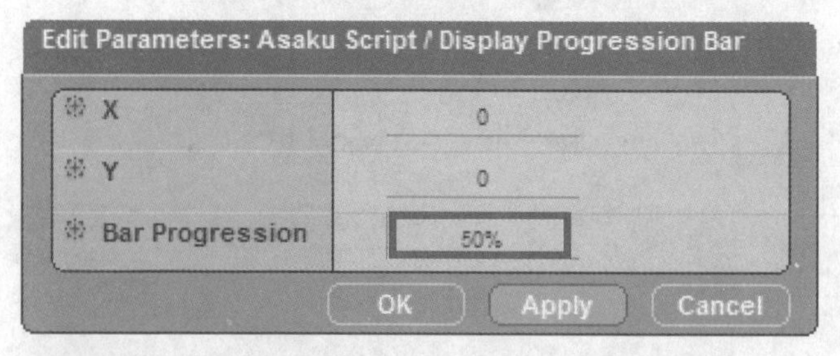

TIP Bar Progression为50%时，程序执行结果如下左图所示。Bar Progression为20%时，程序执行结果如下中图所示。Bar Progression为100%时，程序执行结果如下右图所示。

STEP 10 设置图片从0%～100%循环执行。导入BB面板中的Logics\Loops\Linear Progression模块，添加线性运算器。

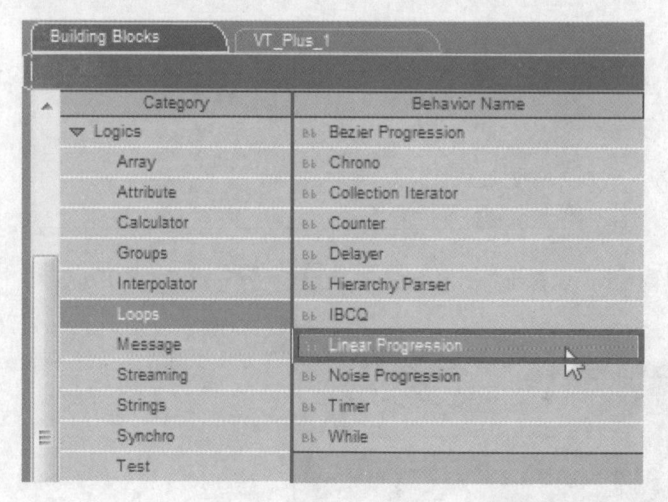

STEP 11 将Linear Progression模块连接到Asaku Script的Start。

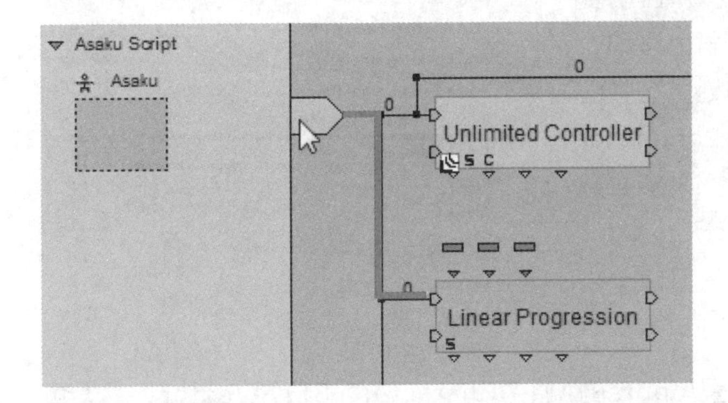

STEP 12 由于运算方式为在设置时间内从A值到B值。双击Linear Progression模块，在弹出的对话框中将时间设置为10秒，让它从0跑到1（0%～100%）。

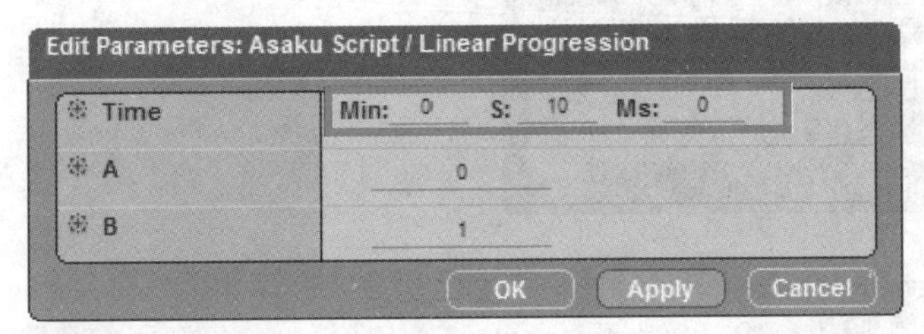

TIP 1分钟（Min）等于60秒（S），而1秒（S）等于1000毫秒（Ms）。

STEP 13 将Linear Progression模块的Loop Out连接到该模块的Loop In，设置循环操作。

STEP 14 将运算结果赋予Display Progression Bar模块的Bar Progression。将Linear Progression模块的Out连接到该模块的In，设置循环操作。

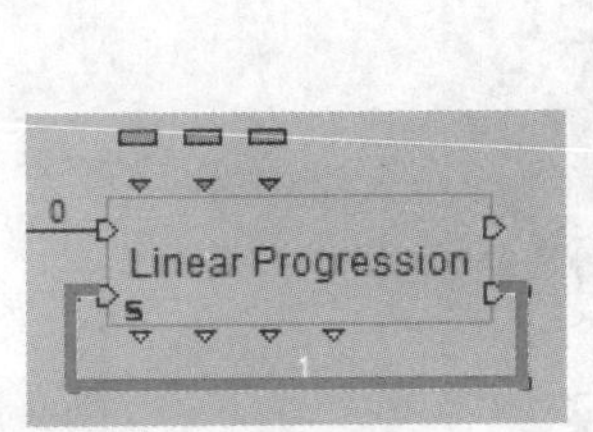

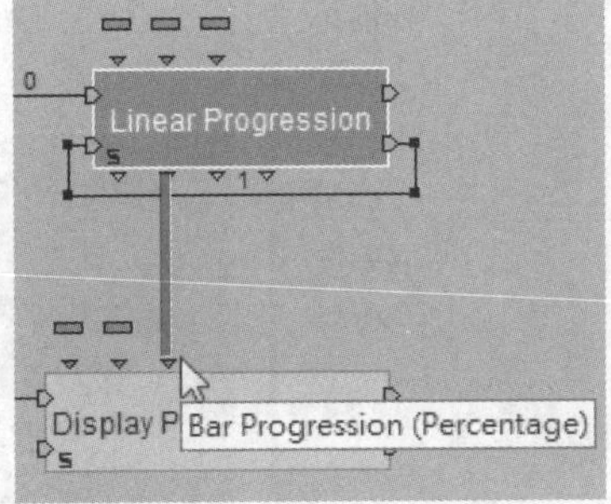

STEP 15 单击Play按钮测试预览，可以看到图片从0%～100%显示，且反复执行。设置计量表跟随角色移动，右击Asaku Script空白处，在弹出的快捷菜单中执行Add Parameter Operation命令，添加一个参数运算器。

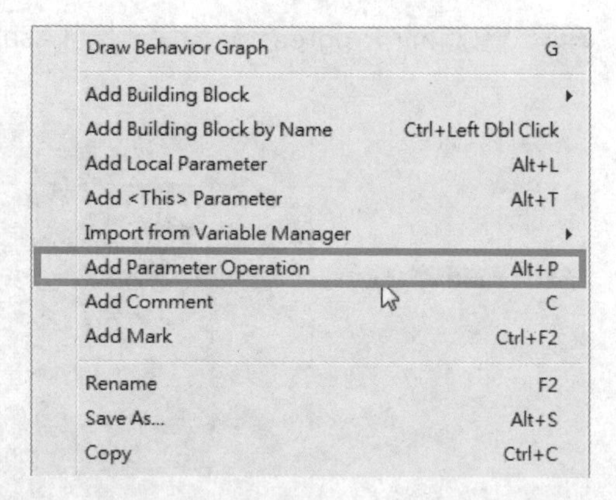

STEP 16 在弹出的对话框中1设置Inputs的A值为Character，B值为Vector，2设置Operation为Transform，3设置Ouput为Vector 2D，4单击OK按钮。

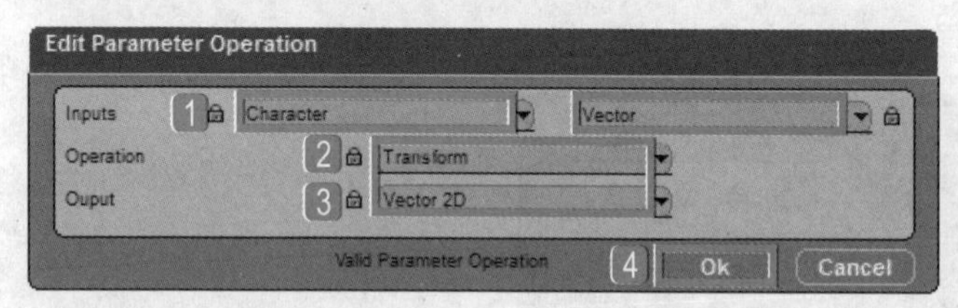

STEP 17 刚刚设置的A值就来自于Asaku本身这个角色，右击空白处，在弹出的快捷菜单中执行Add <This> Parameter命令，创建自我参数。

STEP 18 将This参数赋予Transform模块的A值，B值保持不变。

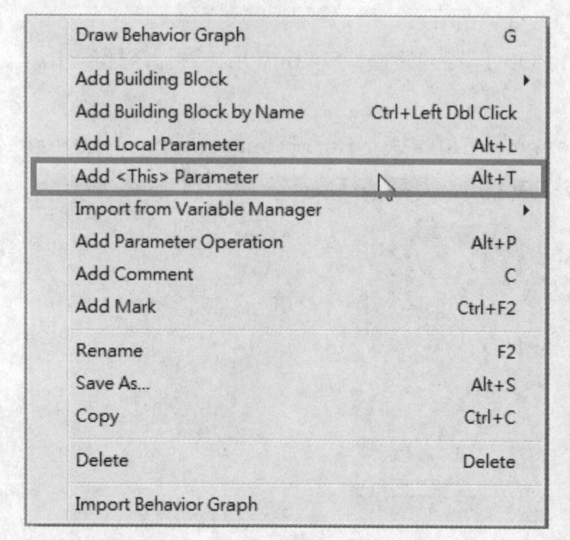

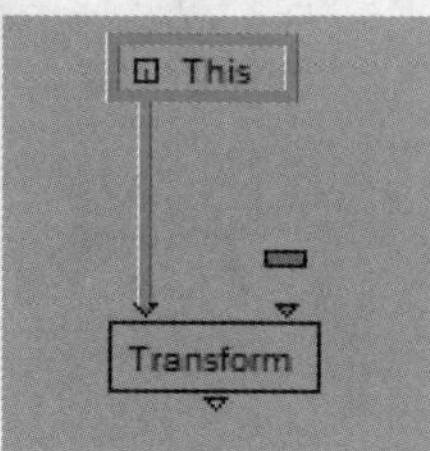

STEP 19 在Display Progression Bar模块中，必须赋予X、Y参数。导入BB面板中的Logics\Calculator\Get Component模块，添加分解器。

STEP 20 双击Get Component模块的输入口，设置参数类型。

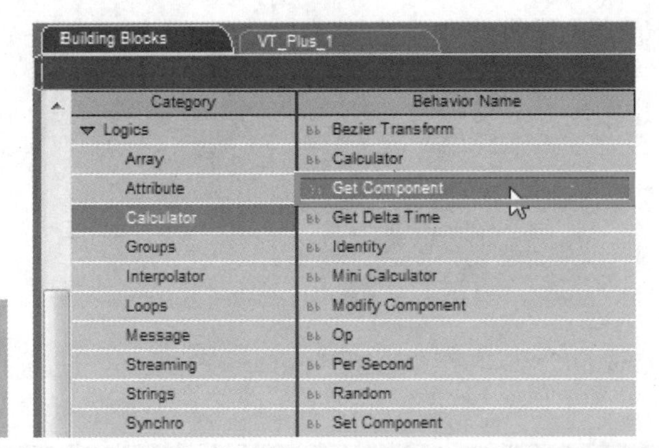

STEP 21 在弹出的Edit Parameter对话框中1设置Parameter Type为Vector 2D，2单击OK按钮。

STEP 22 将转换运算器计算出来的坐标值赋予Get Component模块的输入口。

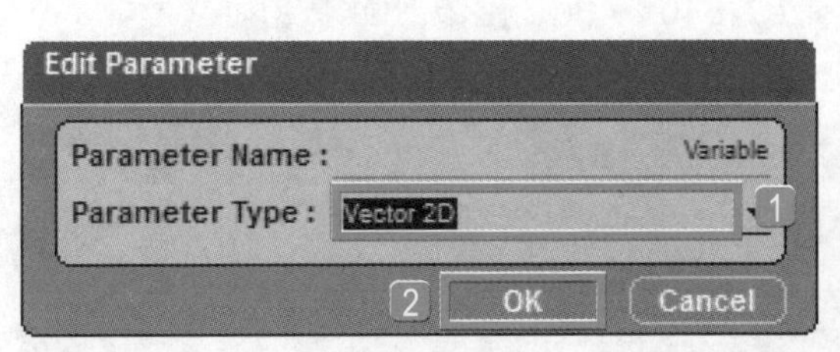

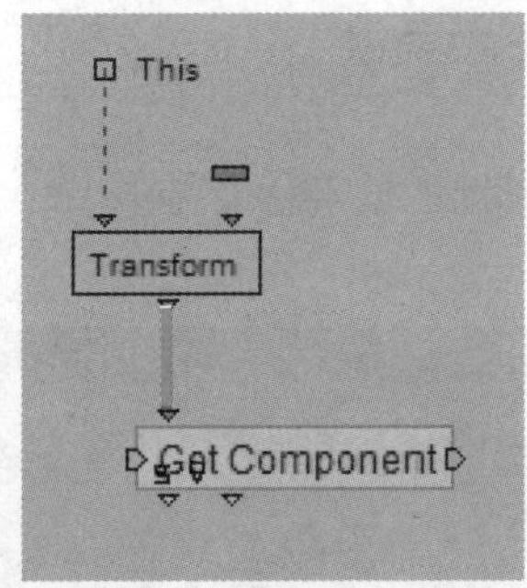

STEP 23 将Get Component模块的X、Y值分别赋予Display Progression Bar模块的X、Y。

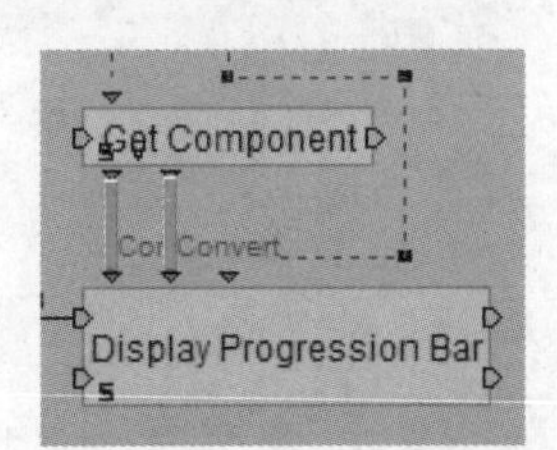

STEP 24 将Get Component模块连接到Asaku Script的Start。

STEP 25 连接Get Component模块的In和Out端点设置循环操作，计量表才会跟随角色移动。

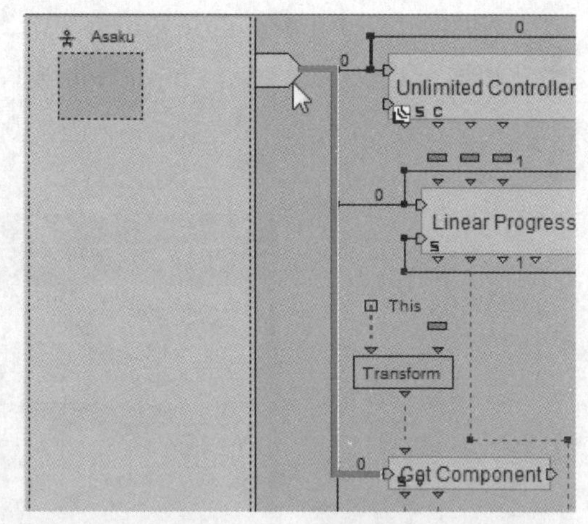

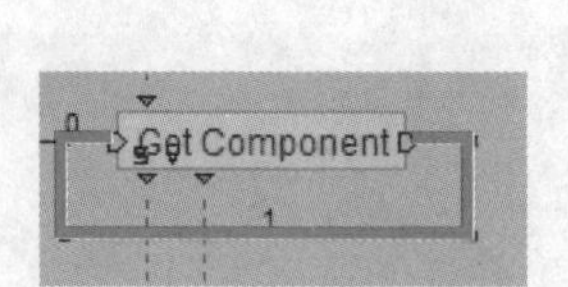

STEP 26 在3D Layout面板中单击General Preferences按钮，设置游戏窗口的大小。

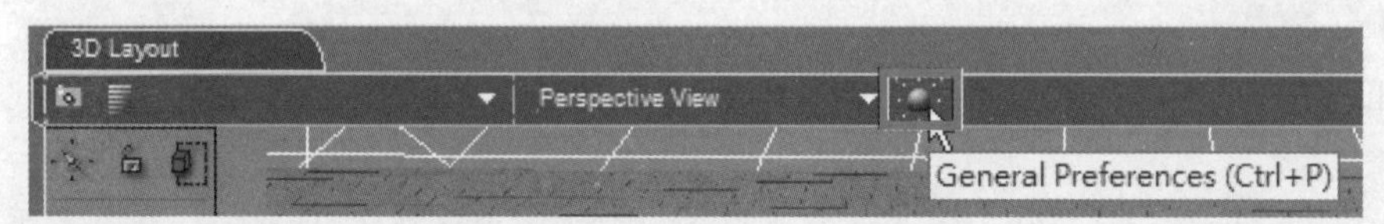

TIP 只要包含任何关于2D坐标的设置，就一定要设置游戏的窗口画面，否则2D坐标的设置就会出现错误。

STEP 27 在弹出的对话框中①设置Screen size为640×480，②单击OK按钮。

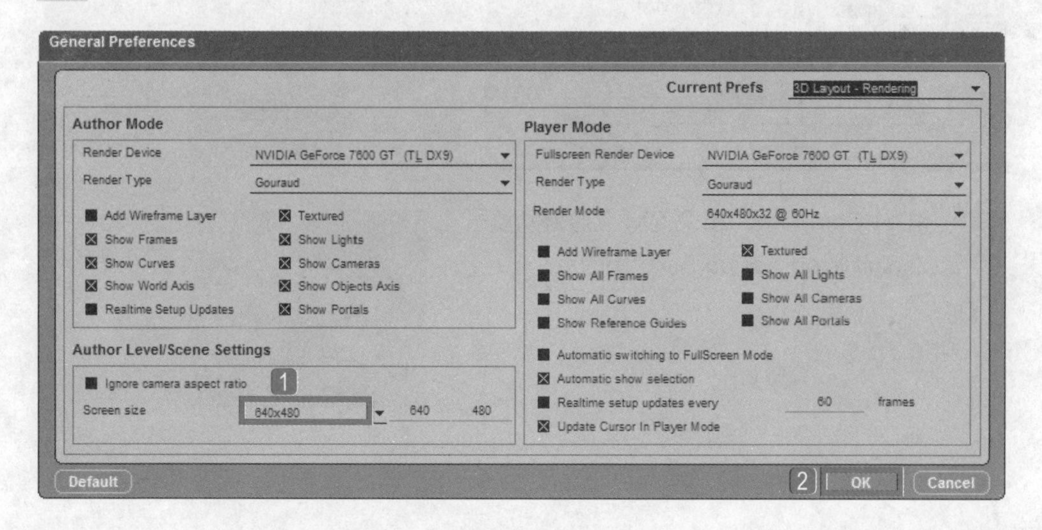

STEP 28 单击Play按钮测试预览，可以看到计量表跟随角色移动，但存在两个问题。第一，由于抓取的是角色的中心点，计量表会随着中心轴的起伏而晃动。第二，由于计量表的起始点在左上角，因此左上角就被定义成了中心，必须将计量表的中心定义到中间。

STEP 29 解决中心点的问题。在2D Sprite Setup面板中设置计量表的大小，设置Width为120，Height为30。

STEP 30 在Asaku Scrip中，将Transform模块与Get Component模块之间的连接线删除。

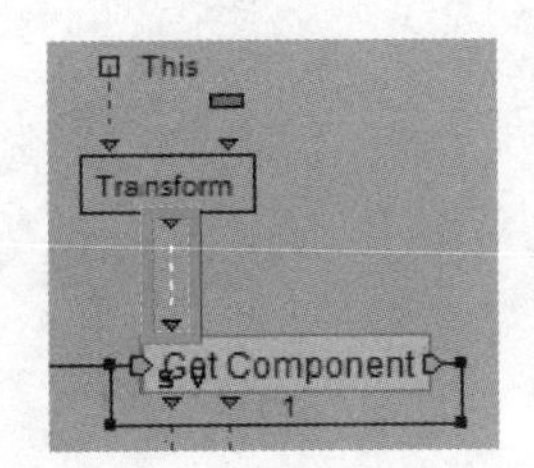

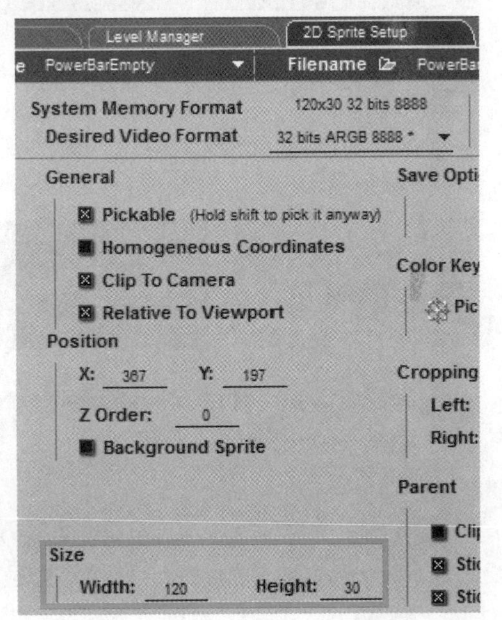

STEP 31 右击空白处，在弹出的快捷菜单中执行Add Parameter Operation命令，添加一个参数运算器。

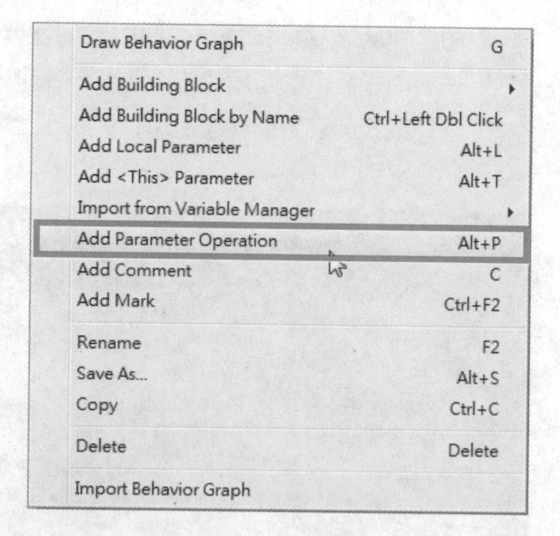

STEP 32 在弹出的对话框中1设置Inputs的A值赋予Vector 2D，B值赋予Vector 2D，2设置Operation为Subtraction，3设置Ouput为Vector 2D，4单击OK按钮。

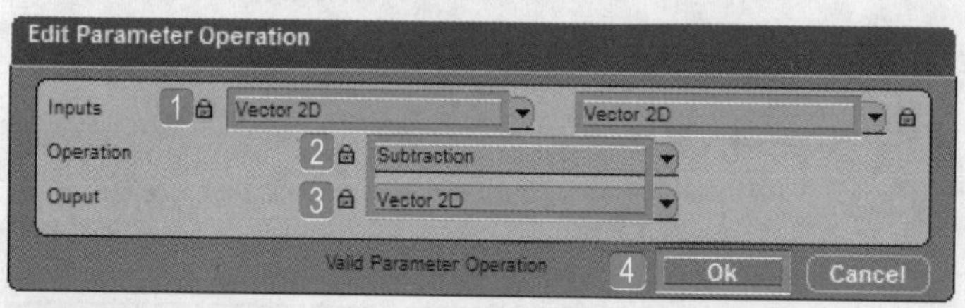

STEP 33 将Transform模块计算出来的Vector 2D值赋予Subtraction模块的A值。

STEP 34 双击Subtraction模块，在弹出的对话框中1设置X值为60，2单击OK按钮。

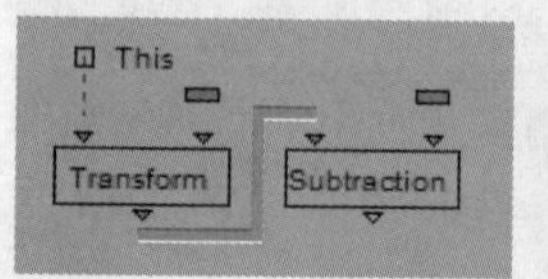

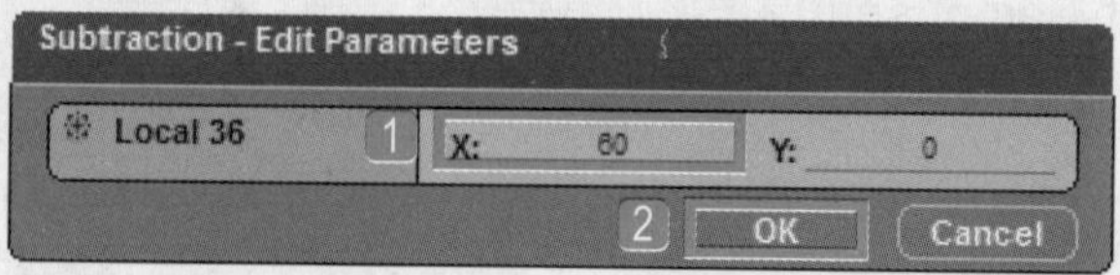

STEP 35 将经过Subtraction模块修正的Vector 2D值赋予Get Component模块。

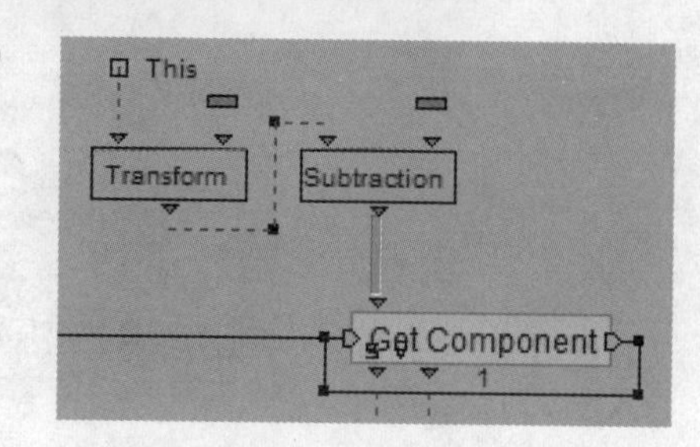

STEP 36 单击Play按钮测试预览，可以看到计量表的起始点左移了60之后，中心点就与角色的中心点比较一致了。

STEP 37 解决计量表上下晃动问题，解决方法是抓取角色站立的地板位置。将Transform模块的This参数删除。

STEP 38 右击Transform模块，在弹出的快捷菜单中执行Edit Parameter Operation命令，对其进行设置。

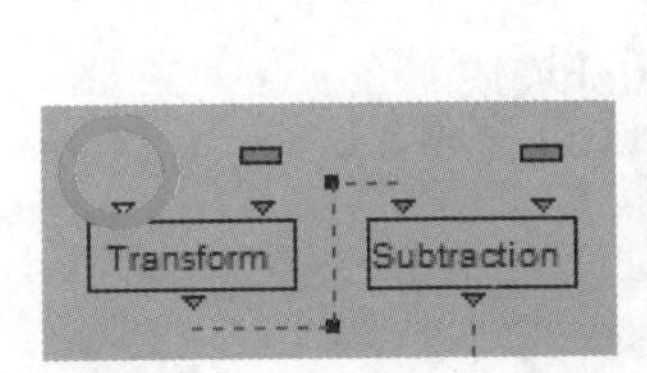

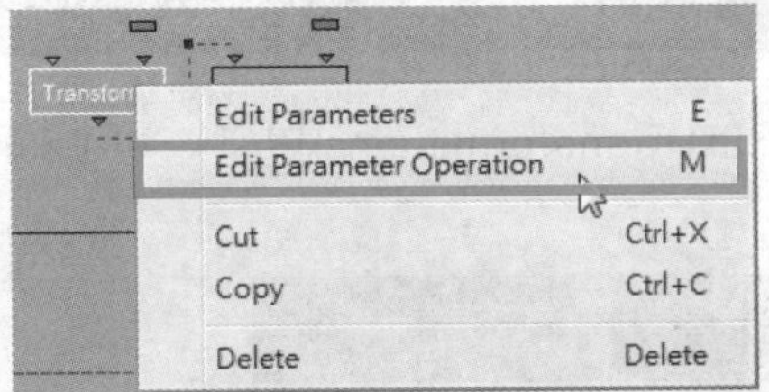

STEP 39 在弹出的对话框中1设置Inputs的A值为3D Entity，2单击OK按钮。

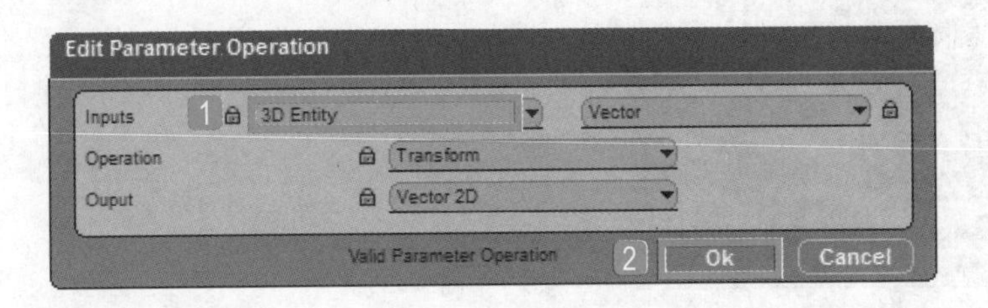

STEP 40 将Get Component模块连接到Asaku Script的Start的线及循环线都删除。

STEP 41 导入BB面板中的Narratives\Object Management\Object Create模块，在Get Component模块前添加创建对象。

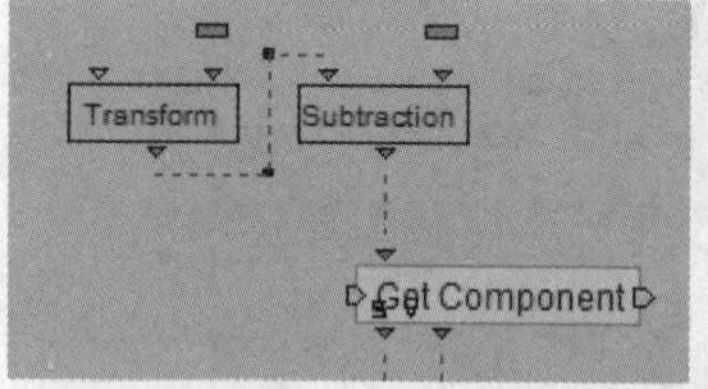

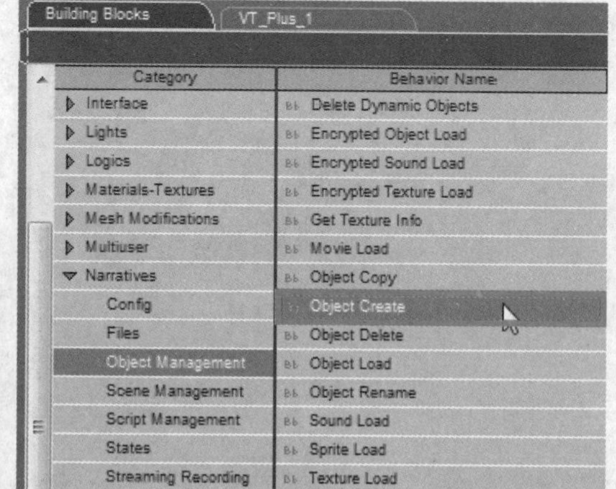

STEP 42 双击Object Create模块，在弹出的对话框中1设置Class为3D Entity，2Name为target，创建一个虚拟点，3单击OK按钮。

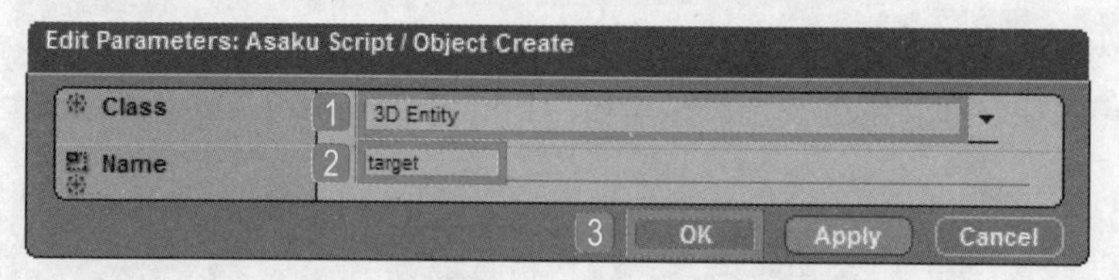

STEP 43 导入BB面板中的3D Transformations\Basic\Set Position模块。

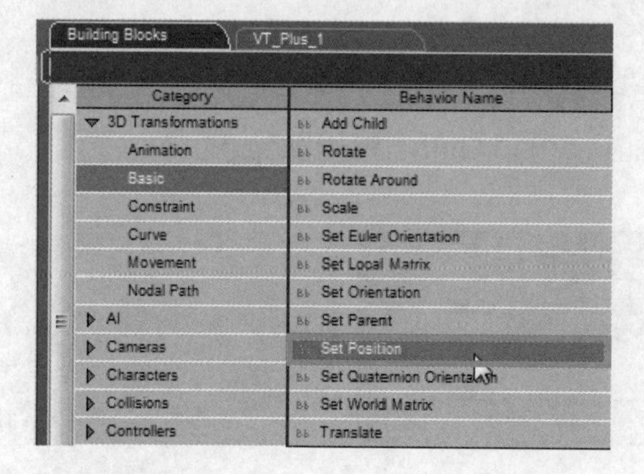

STEP 44 将Set Position模块连接到Object Create模块的Out。

STEP 45 右击Set Position模块，在弹出的快捷菜单中执行Add Target Parameter命令，打开它的Target。

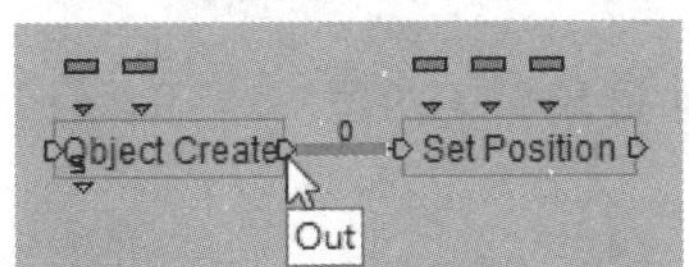

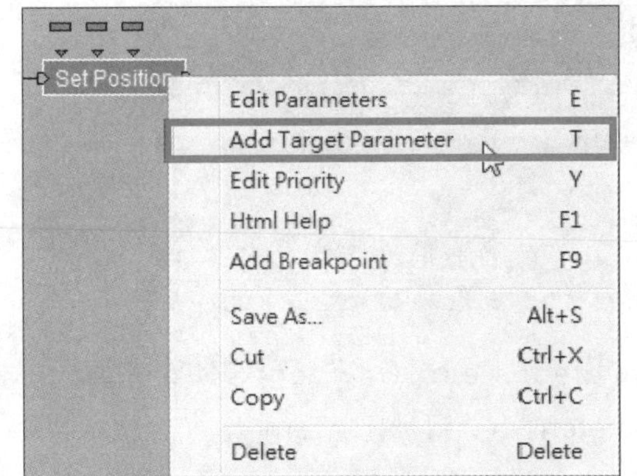

STEP 46 将Object Create模块虚拟点的值赋予Set Position模块的Target。

STEP 47 右击空白处，在弹出的快捷菜单中执行Add <This> Parameter命令，创建自我参数。

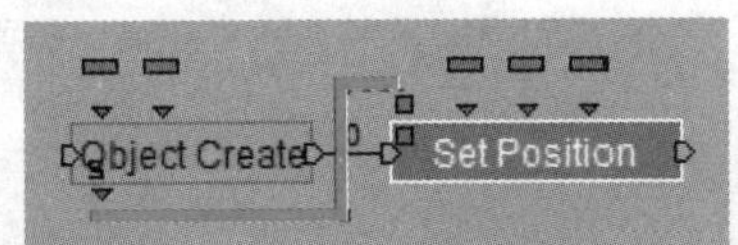

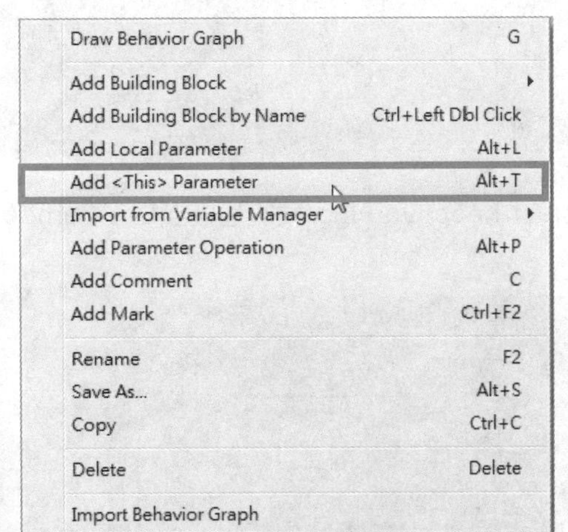

STEP 48 将This参数赋予Set Position模块的Referential参考体，也就是说这个虚拟点将会放置在Asaku的中心点。

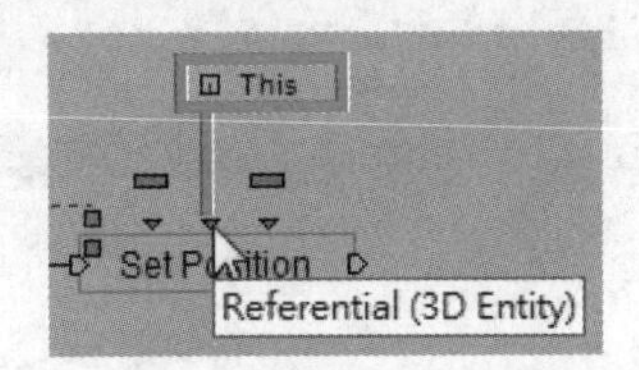

STEP 49 导入BB面板中的3D Transformations\Constraint\Object Keep On Floor模块。

STEP 50 将Object Keep On Floor模块连接到Set Position模块后。

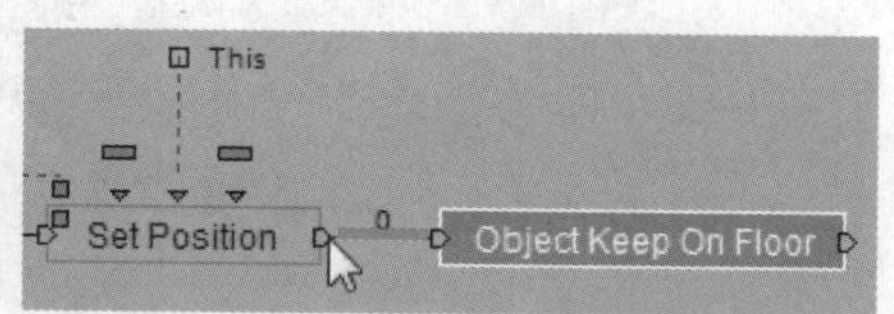

STEP 51 右击Object Keep On Floor模块，在弹出的快捷菜单中执行Add Target Parameter命令，打开它的Target。

STEP 52 Target对象同样来自于Object Create模块创建的虚拟点，将它黏在地板上。

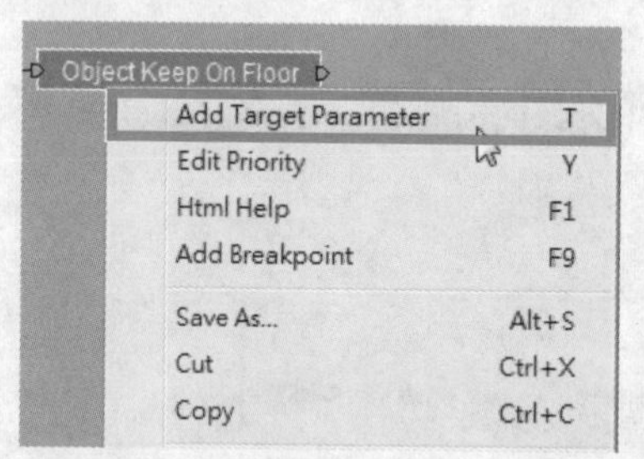

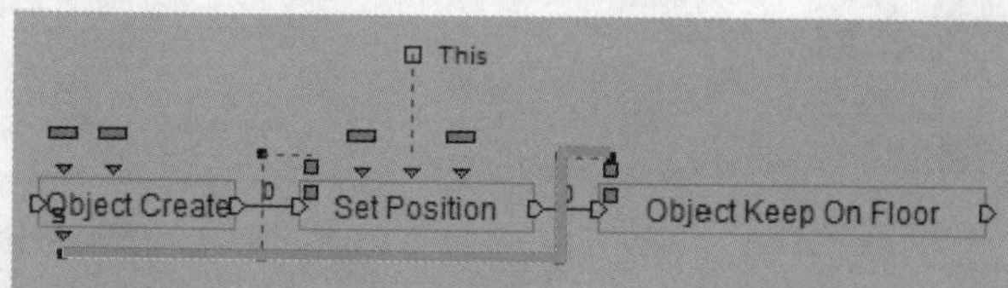

STEP 53 将Object Keep On Floor模块连接到Get Component模块的In。

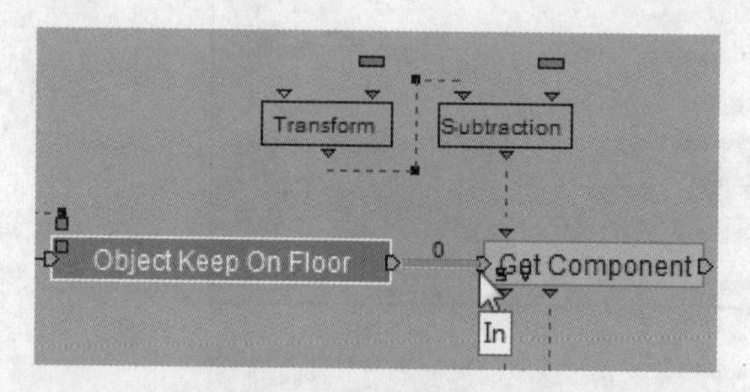

STEP 54 将Object Create模块创建的对象连接到Transform模块要查找的坐标点。

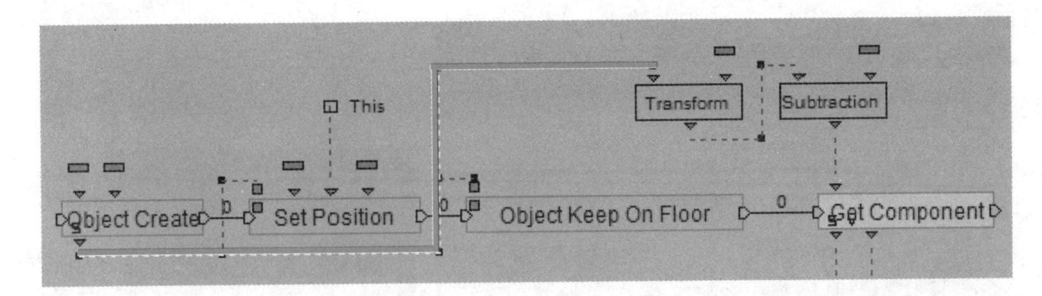

STEP 55 将Get Component模块的Out连接到Set Position模块的In，完成循环让它反复地修正位置。

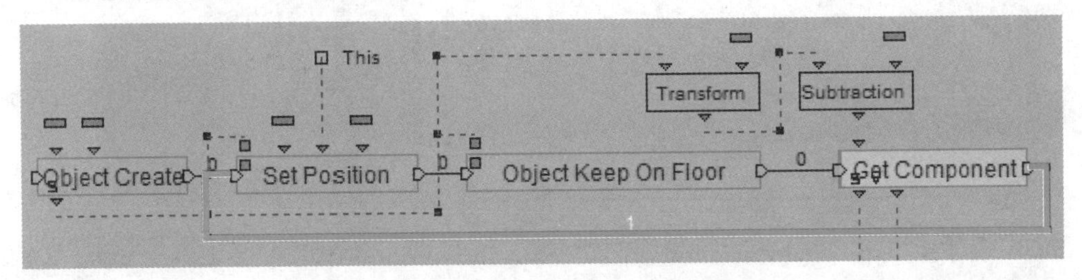

STEP 56 将Object Create模块连接到Asaku Script的Start。单击Play按钮测试预览，可以看到计量表已经不再晃动了。

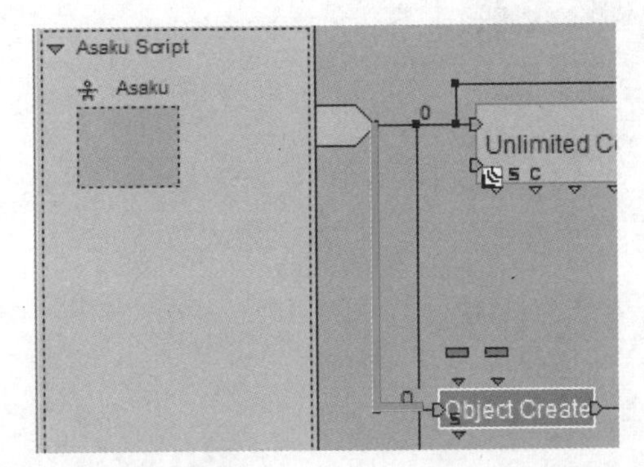

13.3 设置文字的显示状态

STEP 1 在计量表上设置2D文字显示角色名字。在Level Manager面板中右击Level，在弹出的快捷菜单中执行Create Script命令。

STEP 2 在Schematic面板中将Level Script置顶。

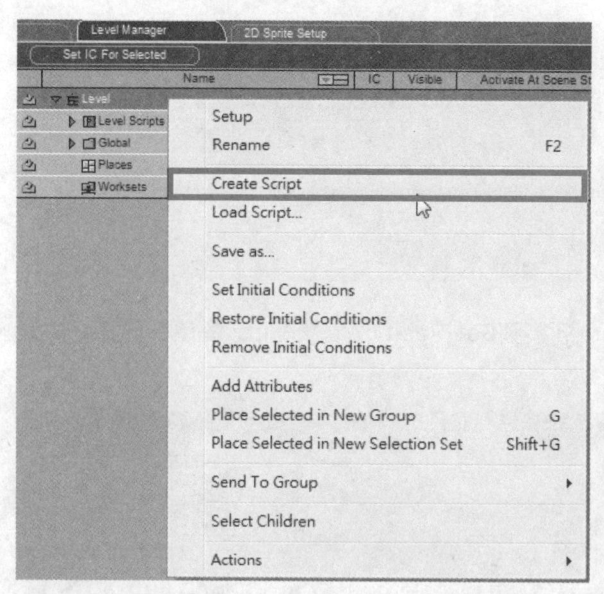

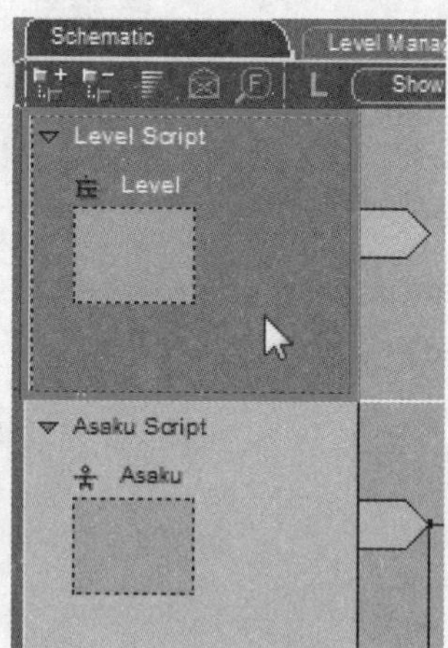

STEP 3 导入BB面板中的Interface\Fonts\Create System Font模块，添加创建字体。

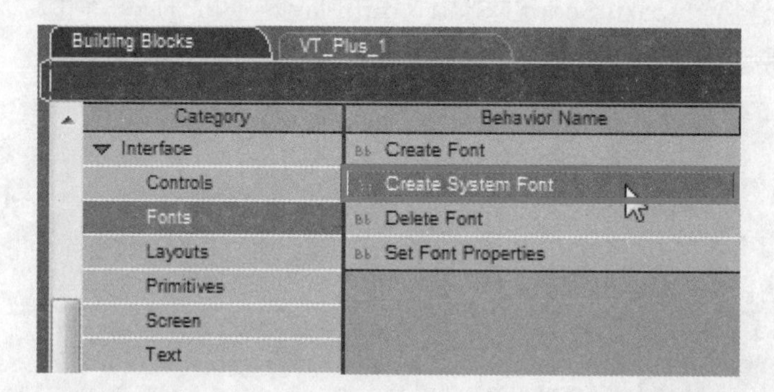

STEP 4 将Create System Font模块连接到Level Script的Start。

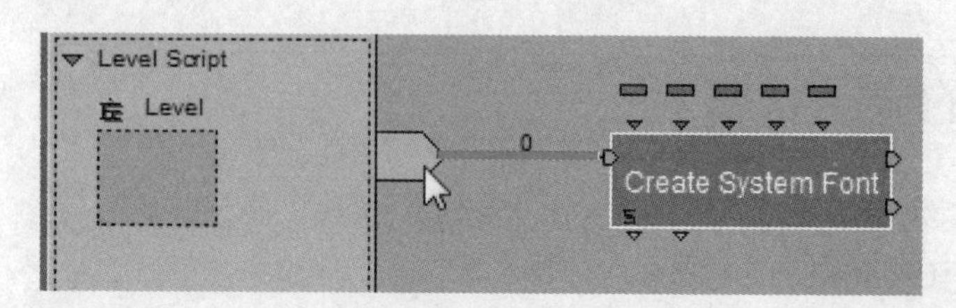

STEP 5 双击Create System Font模块，在弹出的对话框中1设置名称、字体、斜边、下划线等参数，2完成后单击OK按钮。

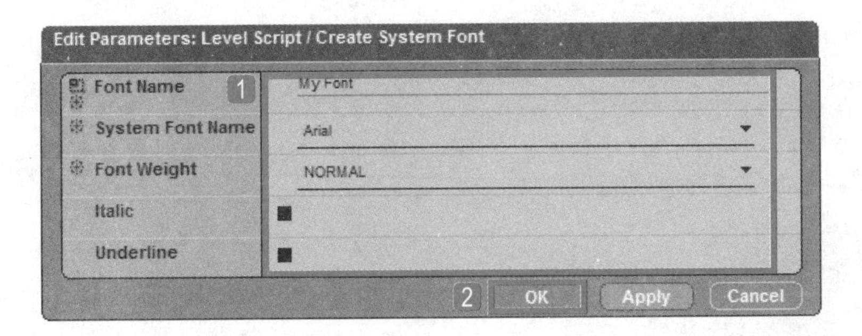

STEP 6 2D文字只有一个Create System Font是无法使用的，导入BB面板中的Interface\Fonts\Set Font Properties模块。

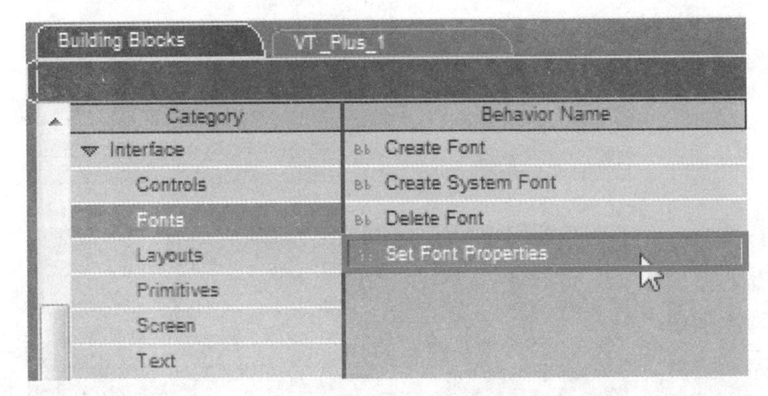

STEP 7 将Set Font Properties模块连接到Create System Font模块的Success。

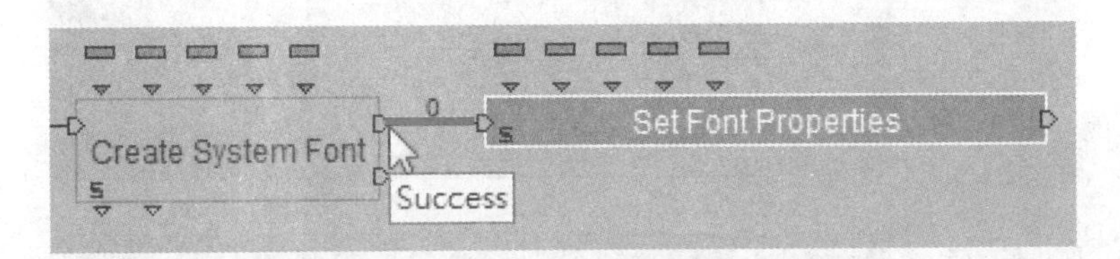

STEP 8 将Create System Font模块创建的字体赋予Set Font Properties模块的Font，赋予它需要的字体。

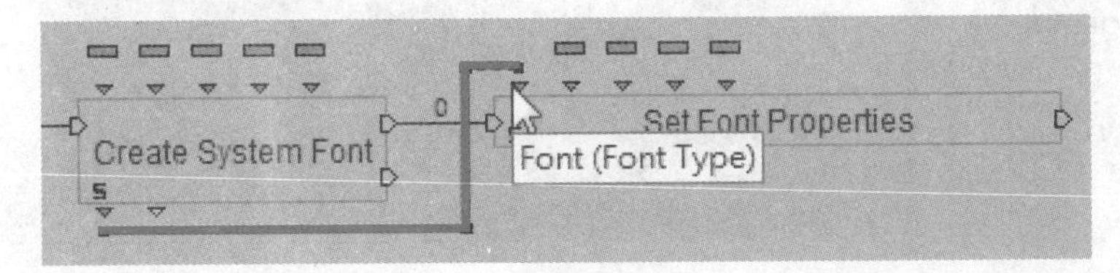

STEP 9 右击Set Font Properties模块，在弹出的快捷菜单中执行Edit Settings命令，对其进行设置。

STEP 10 在弹出的对话框中可以设置文字的渐变、发光、阴影等效果，1这里设置渐变和阴影效果，2完成后单击OK按钮。

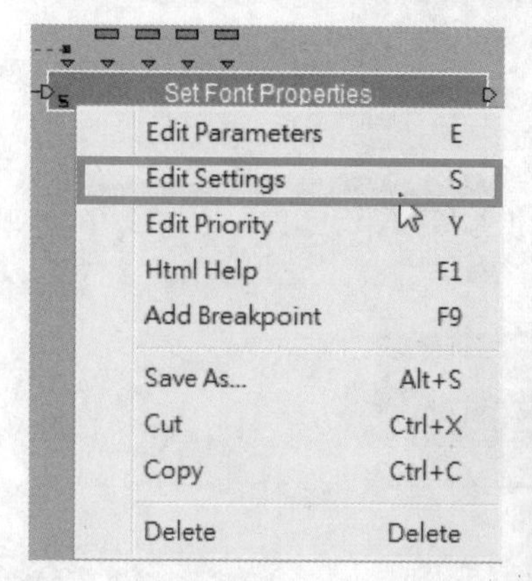

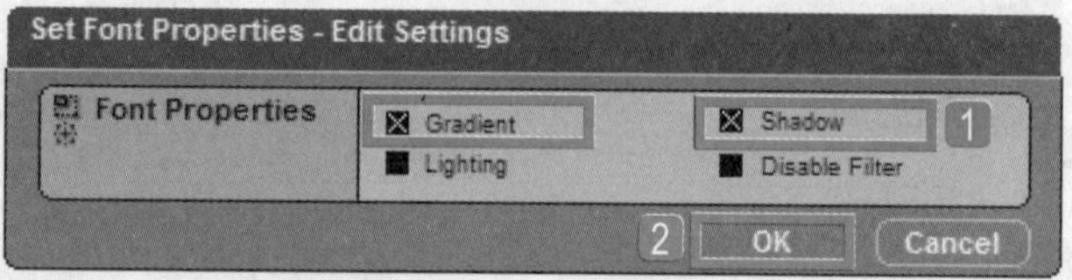

STEP 11 单击OK按钮，在弹出的对话框中将会发现增加了渐变和阴影颜色的设置选项，1设置渐变从白到灰，设置阴影为预设的黑色，2完成后单击OK按钮。

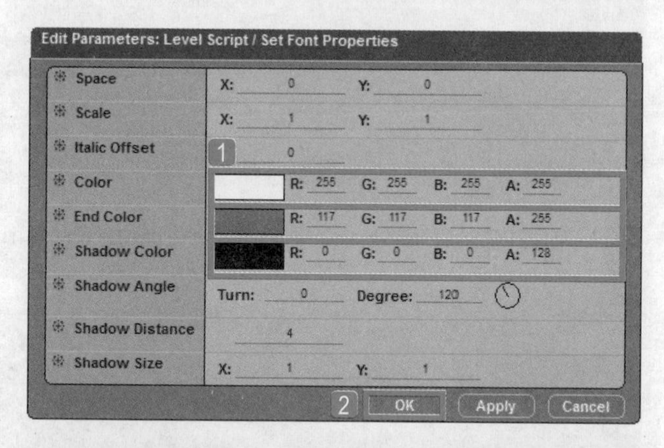

STEP 12 返回到Asaku Script，导入BB面板中的Interface\Text\2D Text模块，添加到Display Progression Bar模块后。

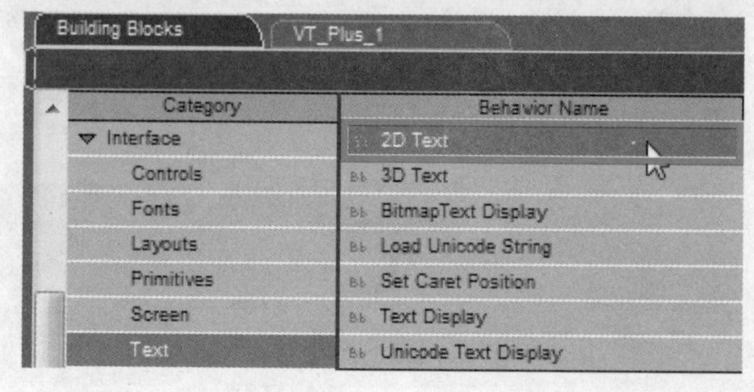

STEP 13 将2D Text模块的On连接到Display Progression Bar模块的Exit On。

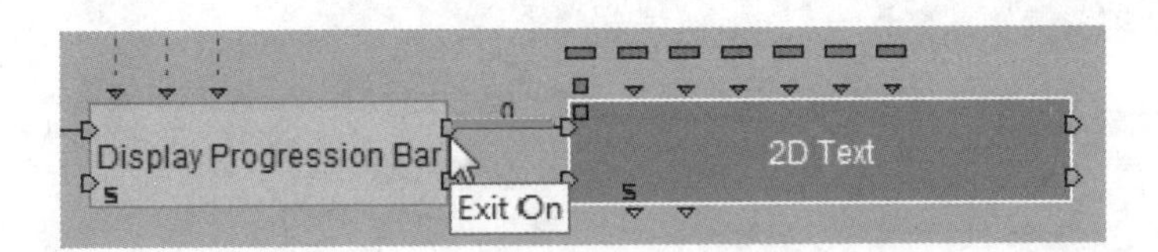

STEP 14 双击2D Text模块，设置Target为赋予计量表的两张2D Sprites图片中的任何一张即可，1这里设置为PowerBarFull，2单击OK按钮。

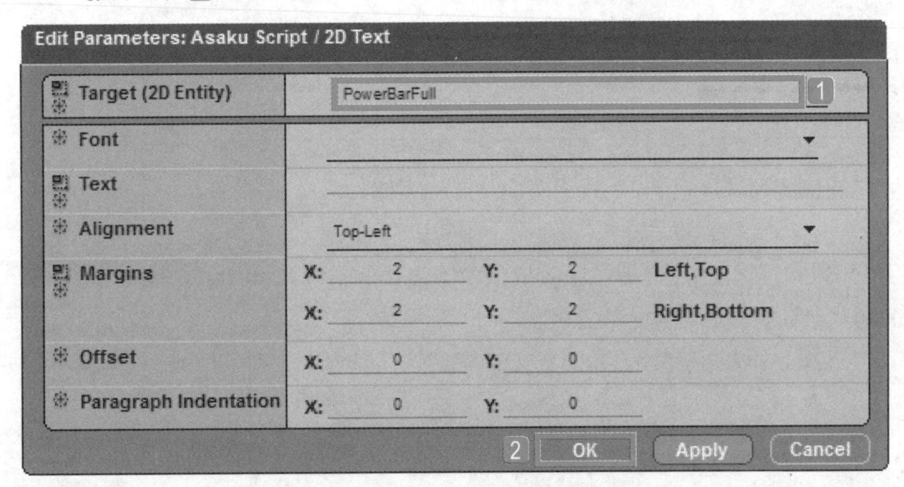

STEP 15 这样2D Text模块需要的字体，就可以通过刚刚创建的系统字体获取了。

STEP 16 返回到Level Script，右击Create System Font模块的字体输出口。

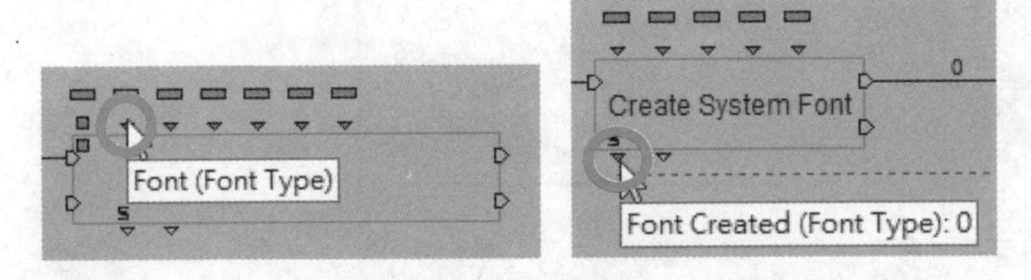

STEP 17 在弹出的快捷菜单中执行Copy命令。

STEP 18 返回到Asaku Script，右击空白处，在弹出的快捷菜单中执行Paste as Shortcut命令，创建快捷方式。

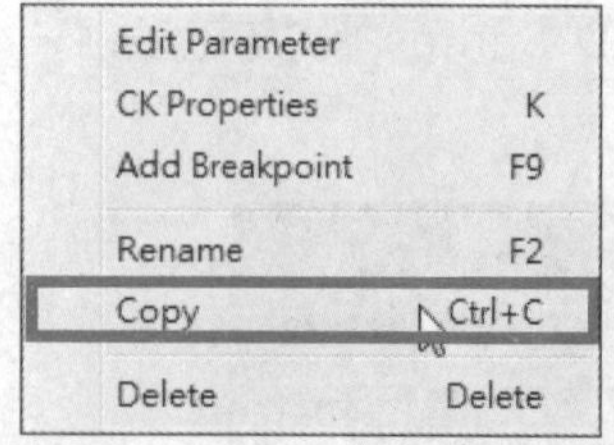

STEP 19 将字体的快捷方式连接到2D Text模块需要的字体。

STEP 20 右击空白处，在弹出的快捷菜单中执行Add <This> Parameter命令，创建一个This自我参数。

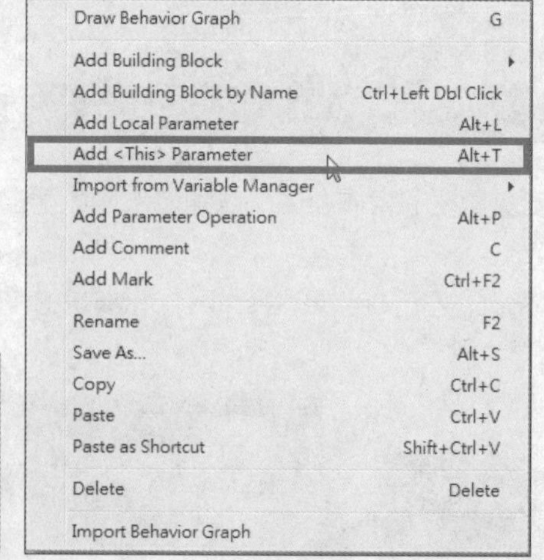

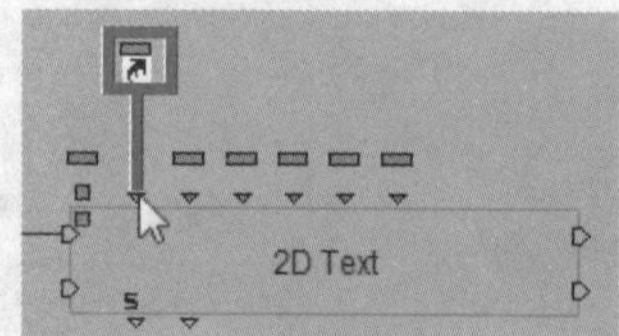

STEP 21 将自我参数This赋予2D Text模块要显示的内容，程序将会自动抓取它的名字。

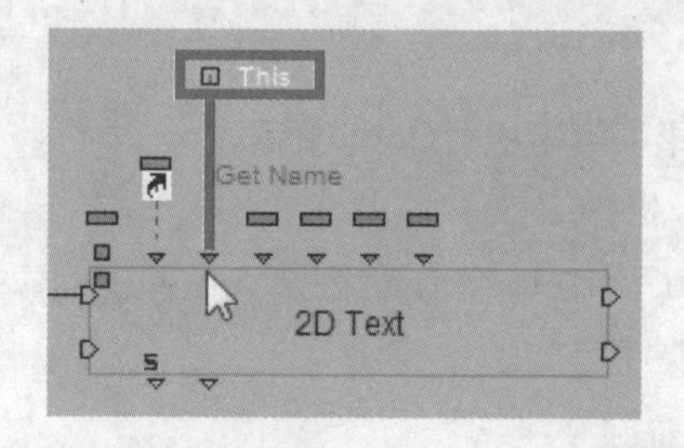

STEP 22 单击Play按钮测试预览，角色名称顺利显示，文字也带有渐变和阴影效果，且计量表上的文字跟随角色移动。

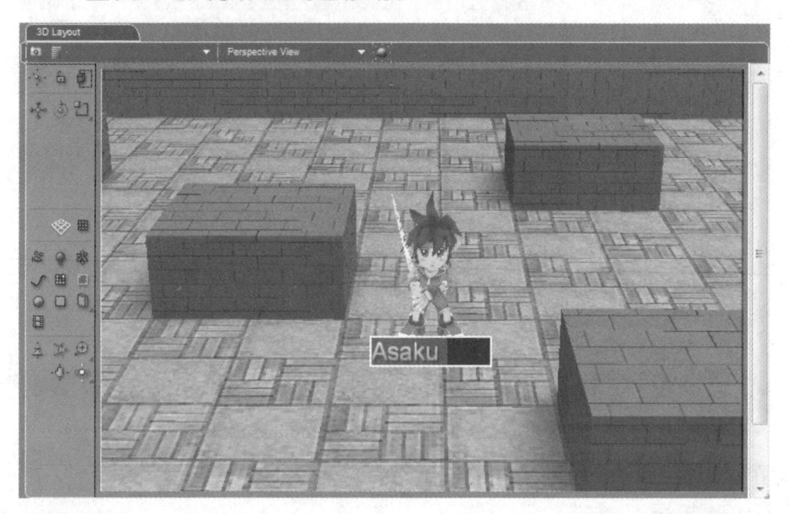

TIP

这里需要特别注意的是，Display Progression Bar模块无法显示2D Text模块以外显示文字的模块。因为Display Progression Bar模块创建的图片层级高于第0层，其他如Text Display模块的文字所在的层级为第0层。

另外，在Virtools中，只有Text Display模块与Unicode Text Display模块可以显示中文或者两字节的文字。

Category	Behavior Name
Interface	2D Text
Controls	3D Text
Fonts	BitmapText Display
Layouts	Load Unicode String
Primitives	Set Caret Position
Screen	Text Display
Text	Unicode Text Display

STEP 23 进行优化设置，让计量表并非无止境的显示，在窗口外或者一定距离之外不显示。将Display Progression Bar模块连接到Start的连接线删除。

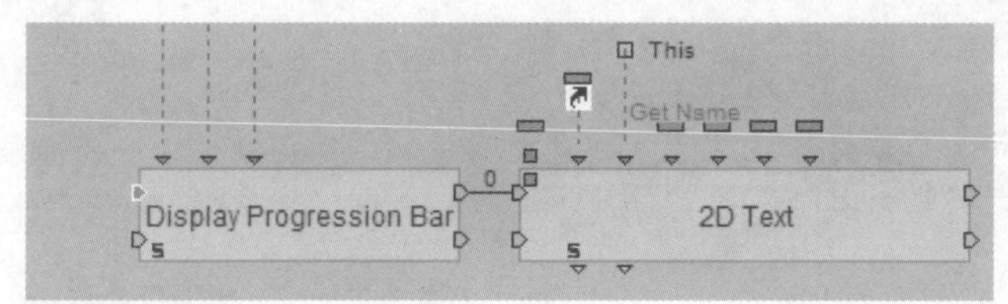

STEP 24 导入BB面板中的Logics\Message\Switch On Message模块，放置在Display Progression Bar前面。

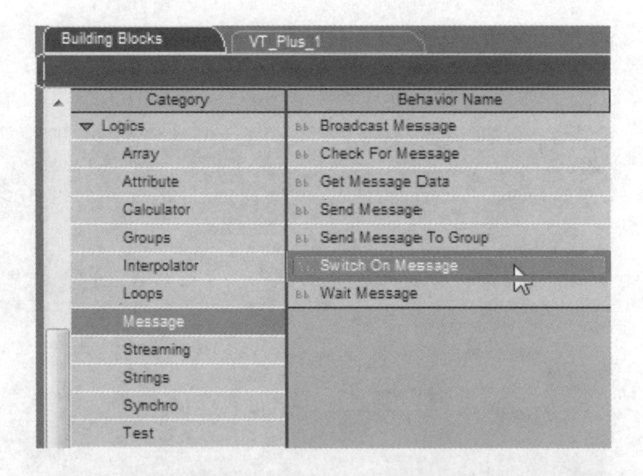

STEP 25 双击Switch On Message模块，1设置Message 0为text on，2Message 1为text off，3单击OK按钮。

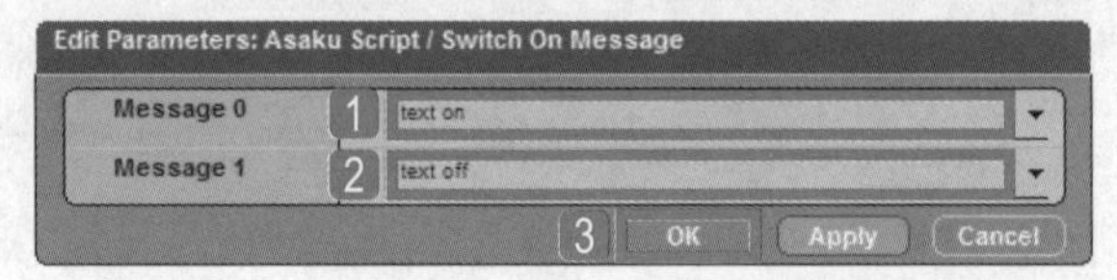

TIP 这里需要注意的是，只要模块中有off，不可以不断地赋予on，否则会造成系统的负担，因此必须添加一个检测器。

STEP 26 导入BB面板中的Logics\Streaming\Binary Switch模块，设置一个开关。

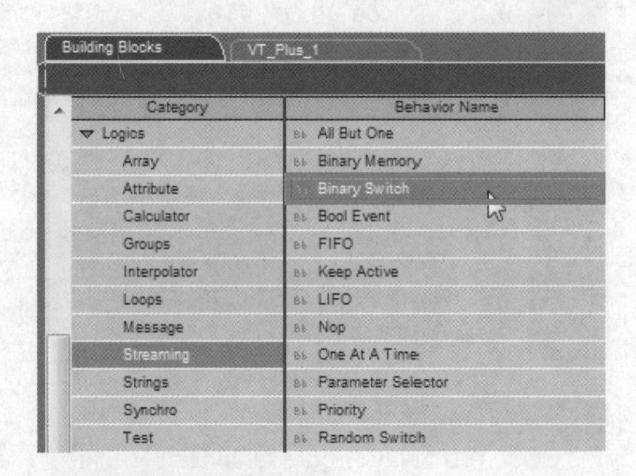

STEP 27 Binary Switch就是布尔值。

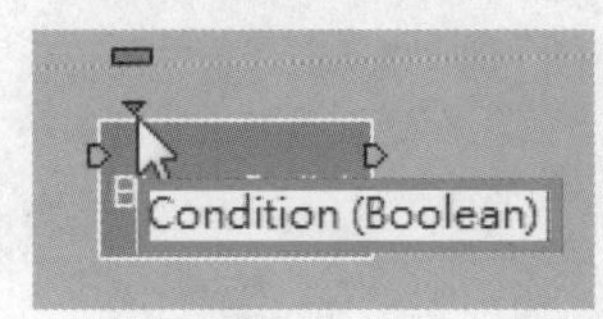

STEP 28 当收到text on的信息时，就从True出去，启动计量表显示。

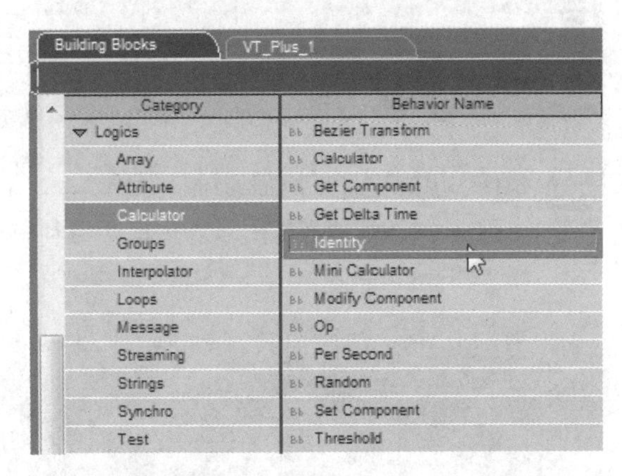

STEP 29 一旦引发了就要记得将开关关闭，这样才不会反复赋予on。导入BB面板中的Logics\Calculator\Identity模块，放置在2D Text模块后。

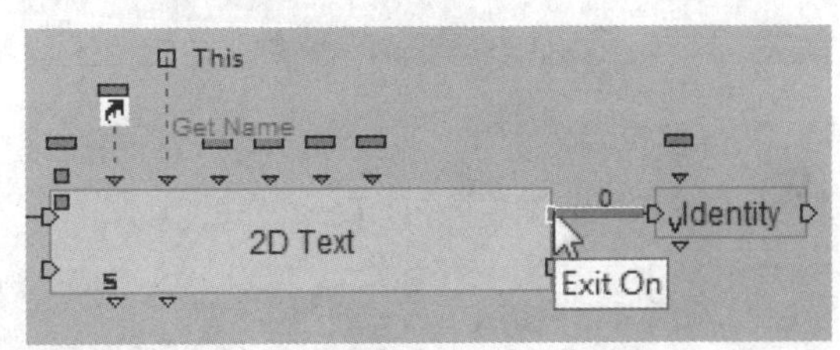

STEP 30 将Identity模块连接到2D Text模块的Exit On。

STEP 31 双击在Identity模块的输入口，设置参数类型。

STEP 32 在弹出的对话框中①设置Parameter Type为Boolean，②单击OK按钮。

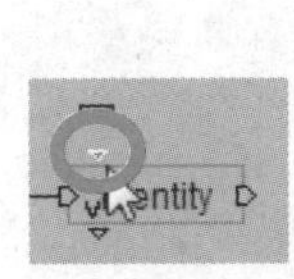

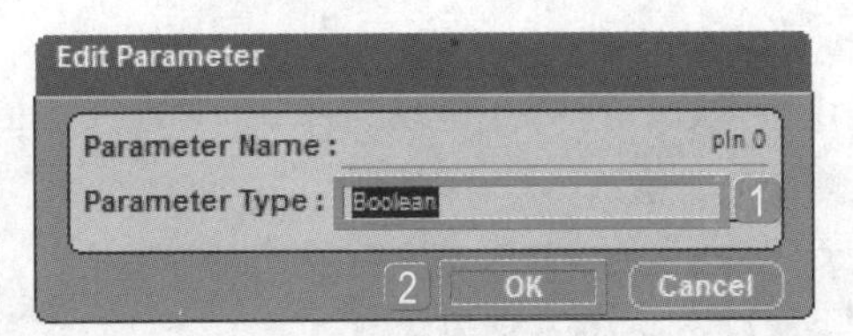

STEP 33 双击Identity模块，在弹出的对话框中①取消PIn 0复选框的勾选，②单击OK按钮。

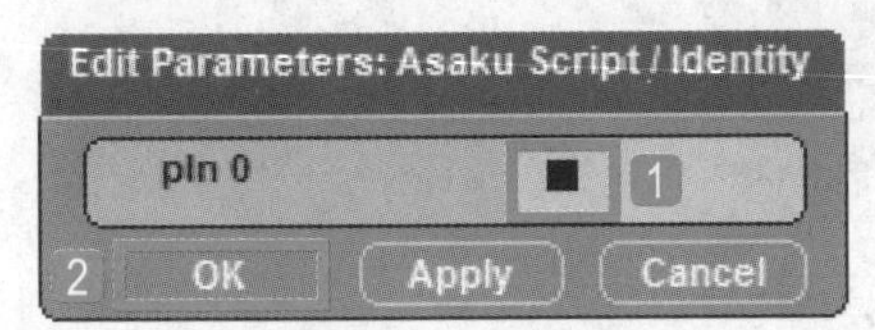

STEP 34 将参数分享给Binary Switch模块的参数，这样再有信息进来，就不会再重复赋予On了。

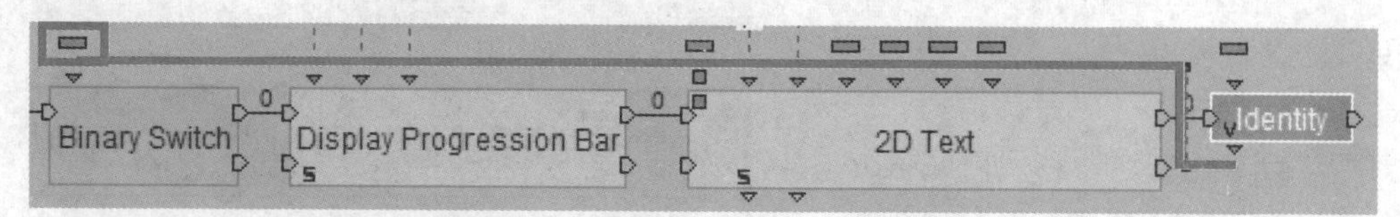

STEP 35 按住Shift键的同时拖曳复制一个Binary Switch模块，复制的模块在接收到text off时，关闭计量表的显示。将其连接到text off输出口的后面，并将它的True连接到Display Progression Bar模块的Off。

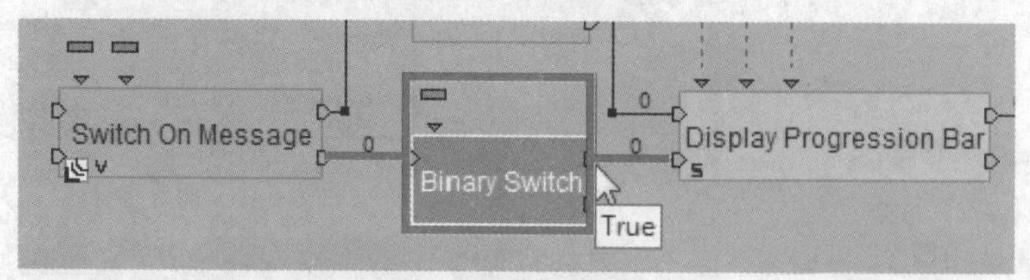

STEP 36 计量表关闭显示，那么文字也必须要关闭显示。将Display Progression Bar模块的Exit Off连接到2D Text模块的Off。

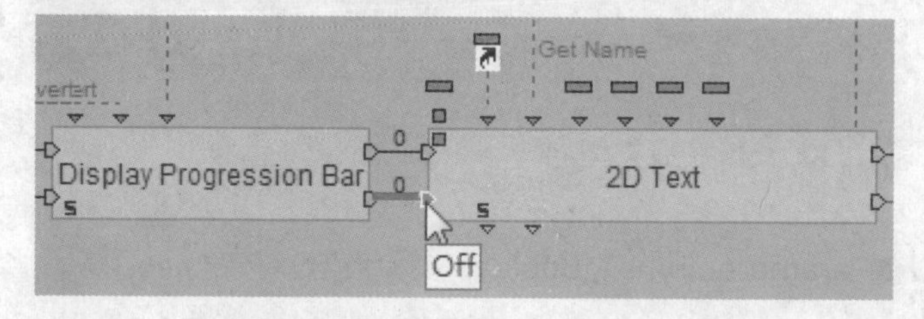

STEP 37 Identity模块设置了第一个Binary Switch的关闭，同时也必须开启第二个Binary Switch。右击Identity模块，在弹出的快捷菜单中执行Construct>Add Parameter Input命令，新增一个参数输入口。

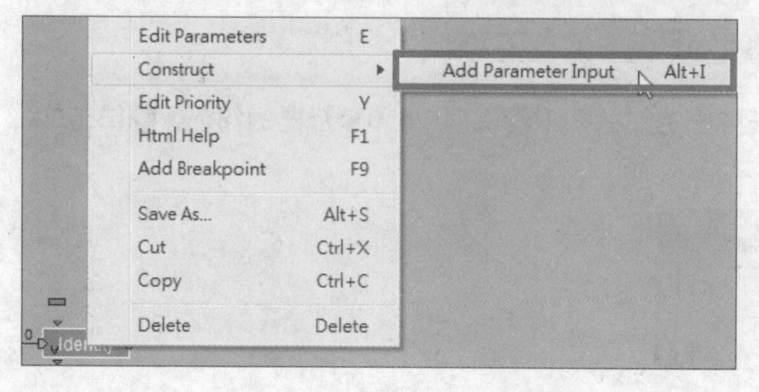

STEP 38 在弹出的对话框中1设置Prameter Type为Boolean，2单击OK按钮。

STEP 39 双击Identity模块，在弹出的对话框中1勾选Pin 1复选框，2单击OK按钮。

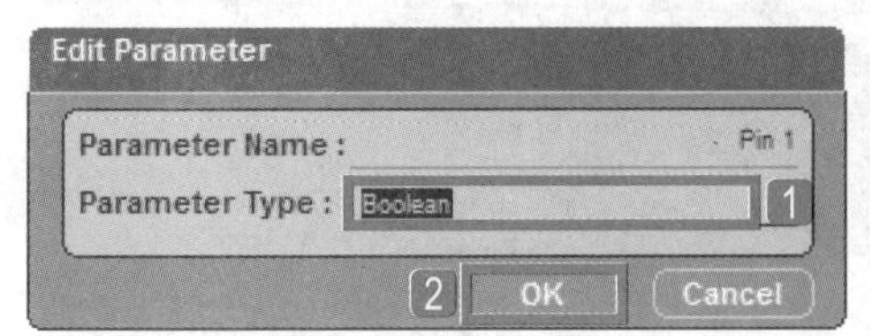

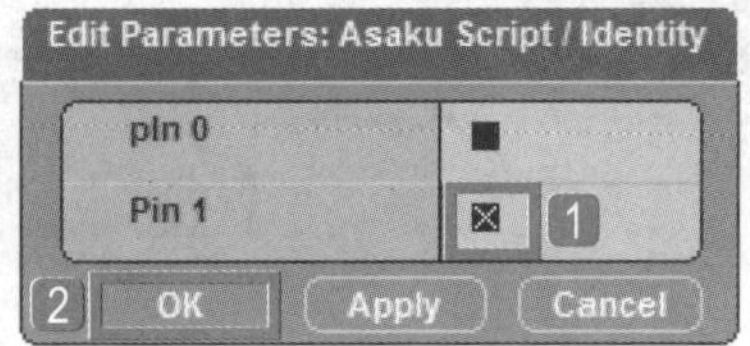

STEP 40 将设置的参数连接到第二个Binary Switch。

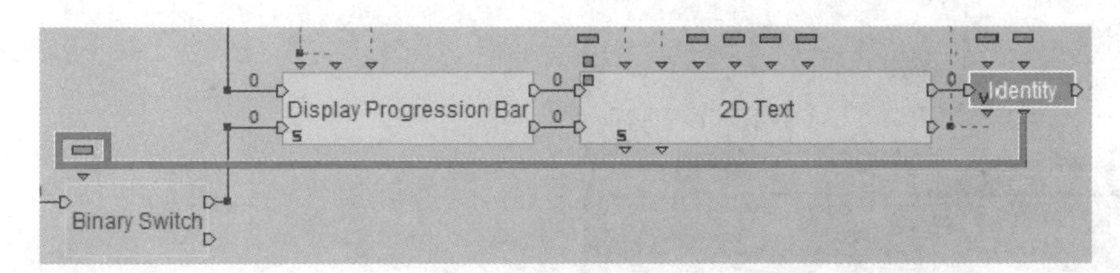

STEP 41 同样地在Exit Off后面也需要一个Identity模块控制开关，按住Shift键的同时拖曳复制一个Identity模块。

STEP 42 双击Identity模块，在弹出的对话框中1勾选pIn 0复选框，2取消勾选Pin复选框即重新开启text on后的开关，关闭text off后的开关，3单击OK按钮。

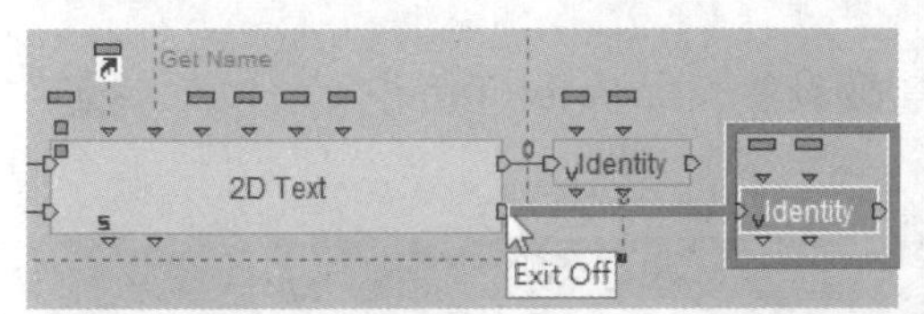

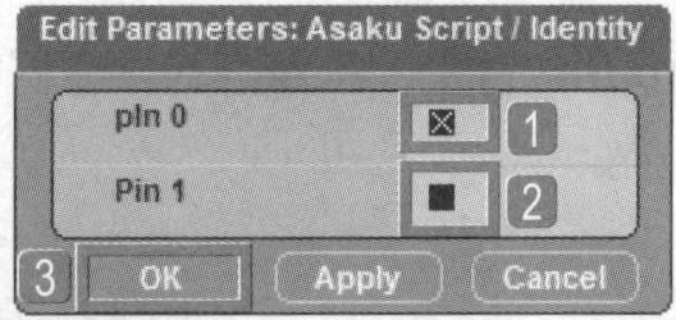

STEP 43 将第一个参数输出口连接到第一个Binary Switch模块。

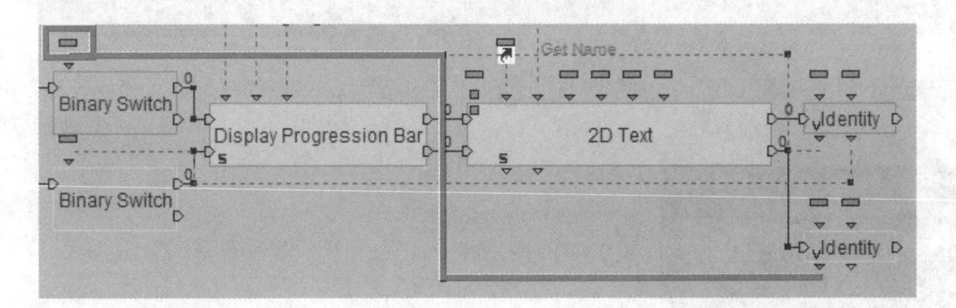

STEP 44 将第二个参数输出口连接到第二个Binary Switch模块。

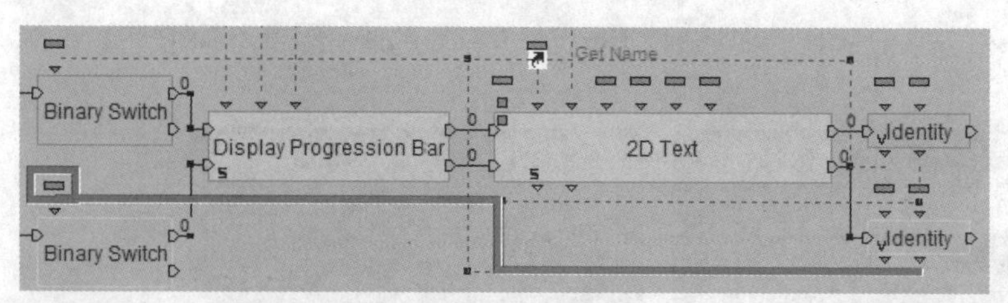

TIP 这里需要特别注意的是第一个与第二个Identity模块参数设置是相反的。

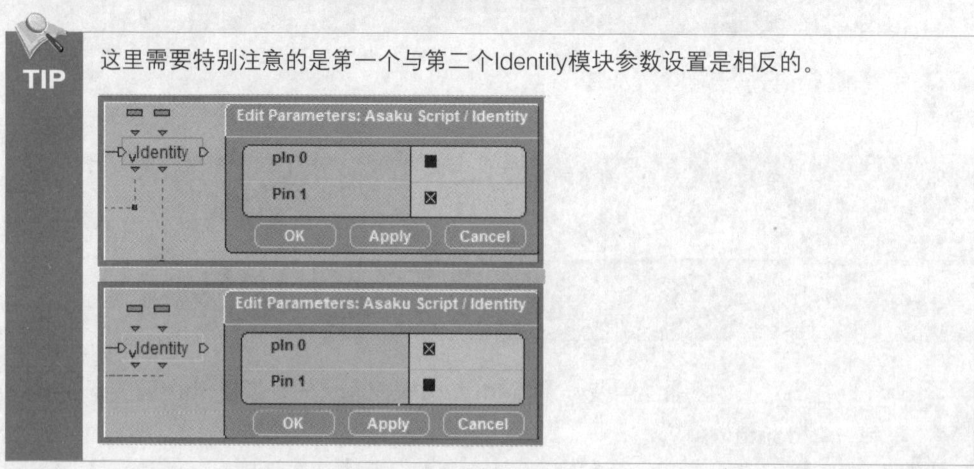

STEP 45 设置开关初始值，再添加一个Identity模块，连接到Switch On Message模块。

STEP 46 双击Identity模块，在弹出的对话框中❶设置Parameter Type为Boolean，❷单击OK按钮。

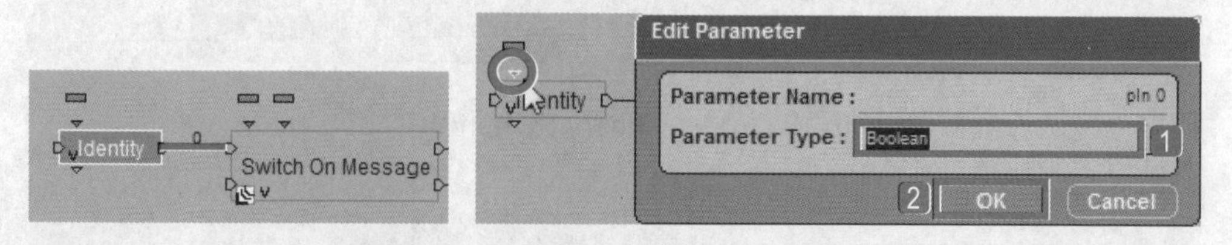

STEP 47 在弹出的对话框中❶勾选pIn 0复选框，❷单击OK按钮。

STEP 48 将该参数的输出口连接到第一个Binary Switch模块。

STEP 49 再将该参数的输出口连接到第二个Binary Switch模块。

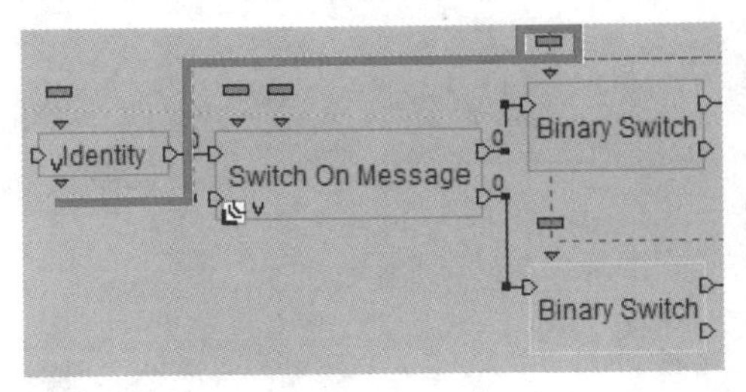

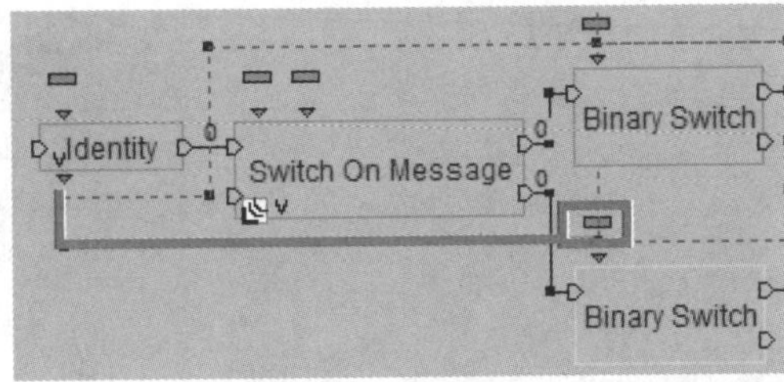

STEP 50 将整个模块最前面的Identity模块连接到Asaku Script的Start，文字的显示设置就完成了。

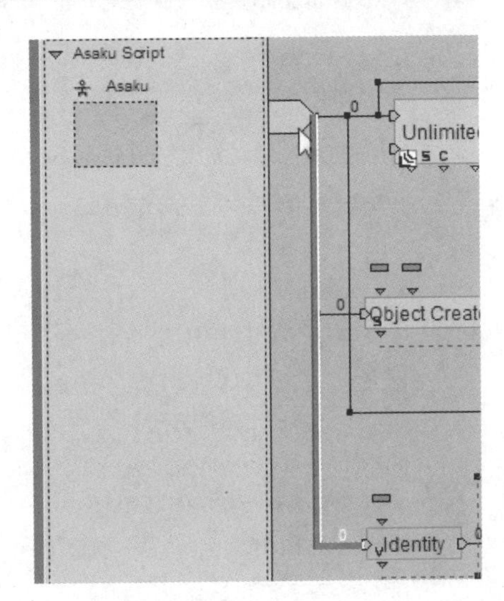

13.4 使计量表和文字的显示随距离改变

STEP 1 将要显示计量表的角色放置在一个群组中。1在Level Manager面板中选择Asaku，2单击Create Group按钮，创建新的群组。

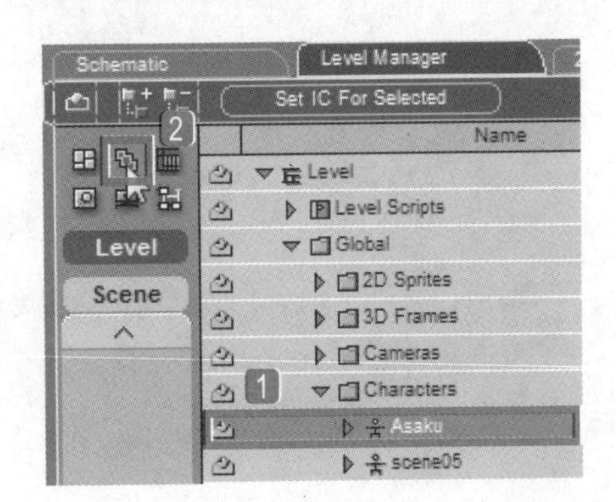

STEP 2 将刚刚创建的群组命名为user，并确认角色在群组中。

STEP 3 导入BB面板中的Logics\Groups\Group Iterator模块，添加到Level Script面板中的Set Font Properties模块后。

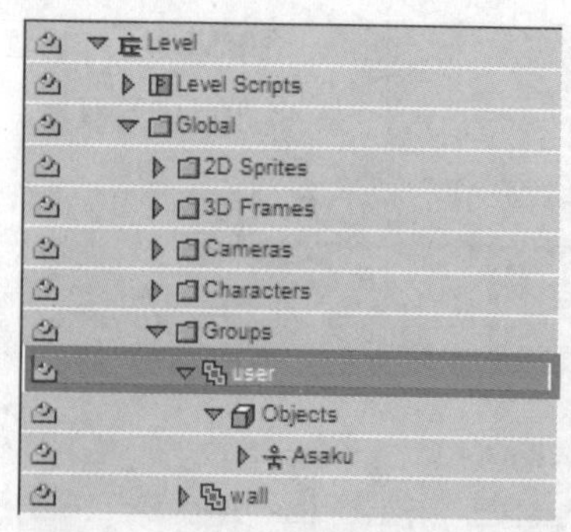

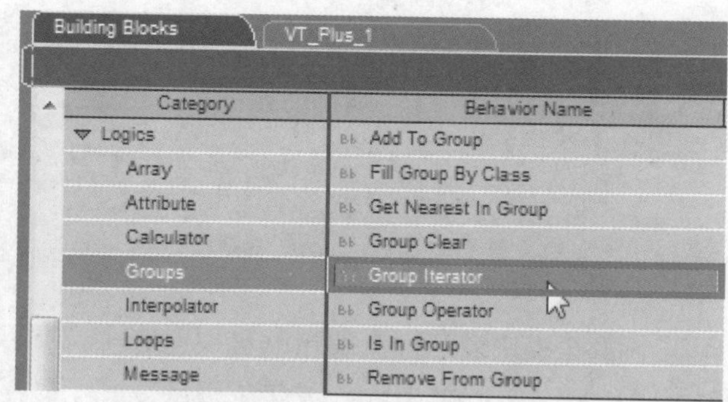

STEP 4 将Group Iterator模块连接到Set Font Properties模块的Out。

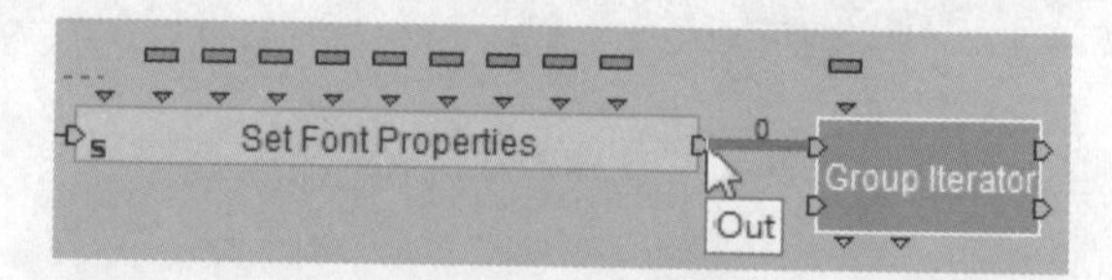

STEP 5 双击Group Iterator模块，在弹出的对话框中1设置Group为user，2单击OK按钮。

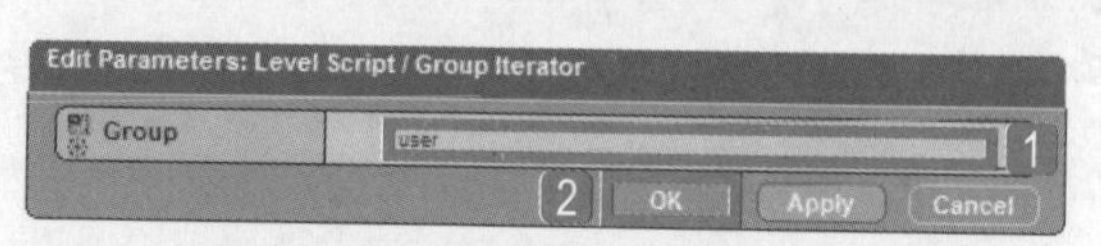

STEP 6 导入BB面板中的Logics\Test\Is In View Frustum模块，判断角色是否在窗口中。

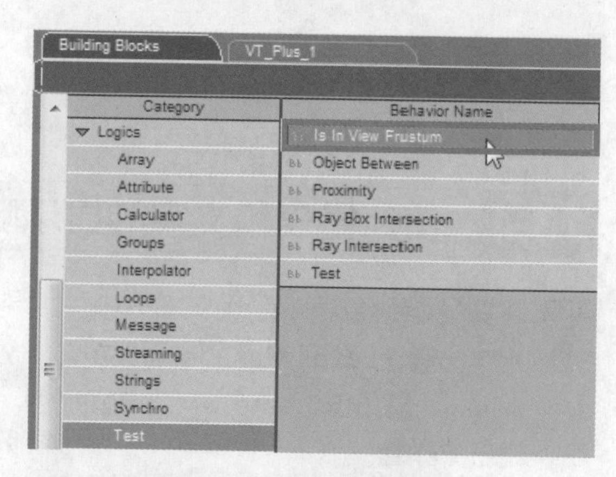

STEP 7 将Is In View Frustum模块连接到Group Iterator模块的Loop Out。

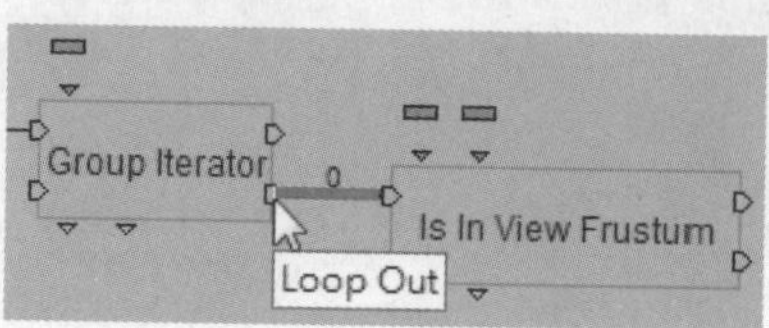

STEP 8 将群组查找到的角色赋予Is In View Frustum模块的Object。

STEP 9 如果角色在窗口中，还要判断它与摄影机的距离。导入BB面板中的Cameras\Montage\Get Current Camera模块，抓取当前摄影机。

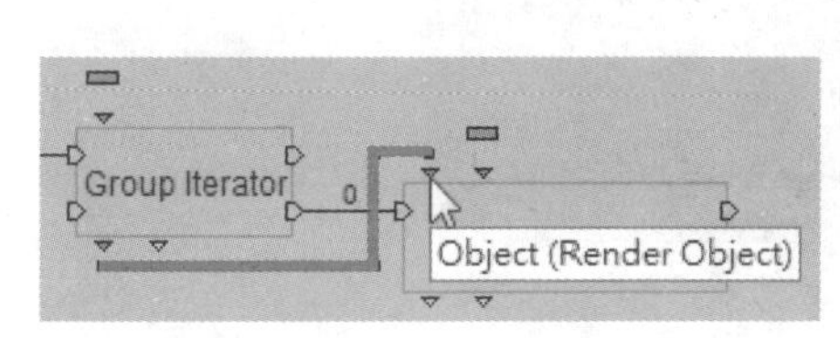

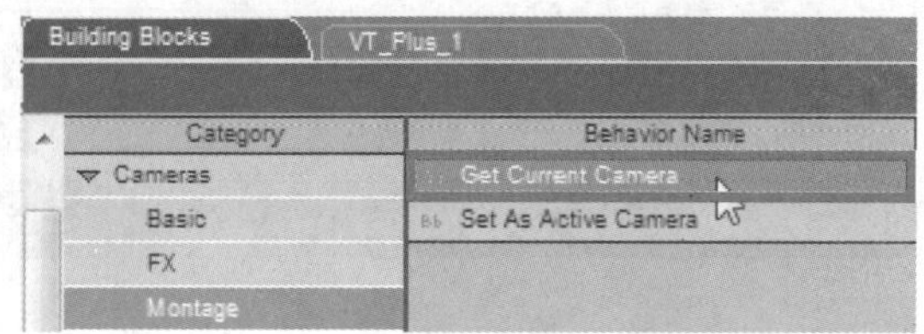

STEP 10 将Get Current Camera模块连接到Is In View Frustum模块的Inside后。

STEP 11 导入BB面板中的Logics\Calculator\Op模块，计算角色与摄影机的距离。

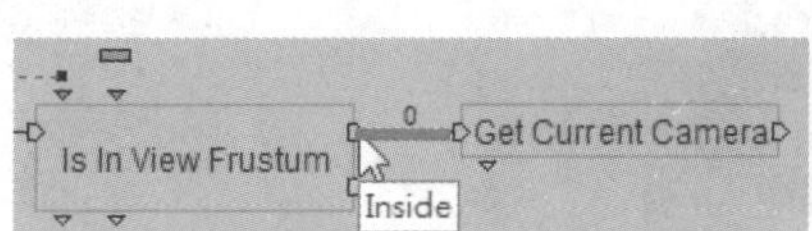

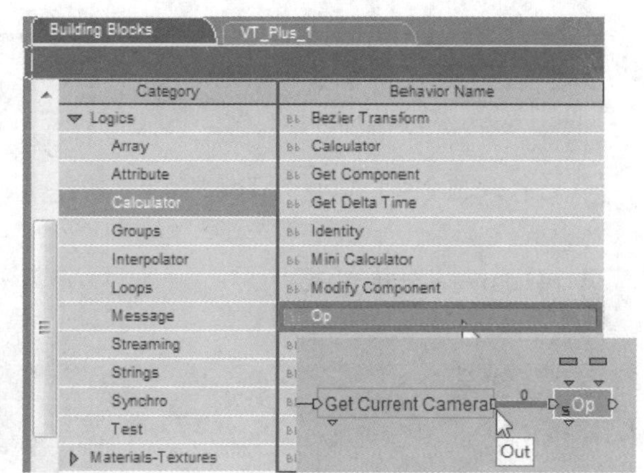

STEP 12 将Op模块连接到Get Current Camera模块的Out。

STEP 13 在Op模块上单击鼠标右键，在弹出的快捷菜单中执行Edit Settings命令，编辑模块主态。

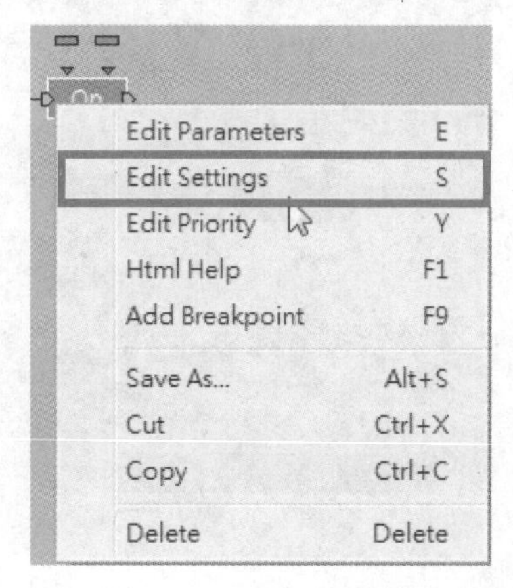

STEP 14 在弹出的对话框中1设置Inputs的A值为3D Entity，B值为3D Entity，2设置Operation为Get Distance，3设置Ouput为Float，4单击OK按钮。

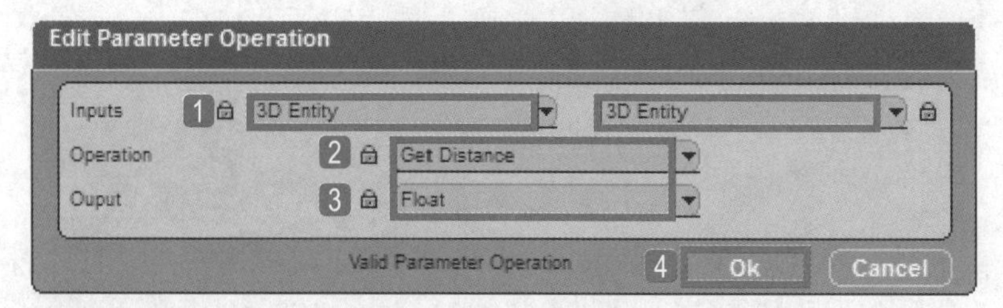

STEP 15 A值的3D Entity对应抓取当前摄影机。

STEP 16 B值来自于Group Iterator模块查找到的角色。

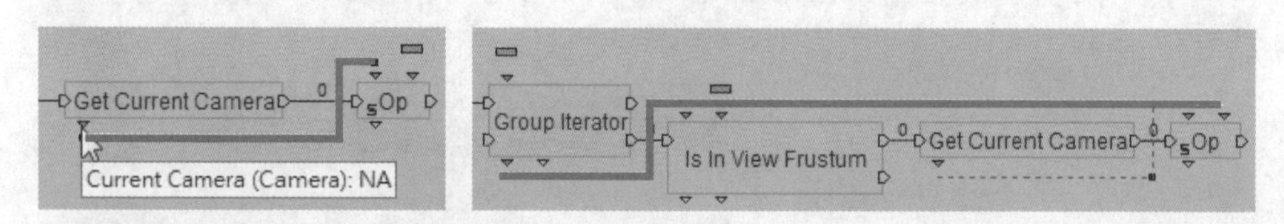

STEP 17 导入BB面板中的Logics\Test\Test模块。

STEP 18 将Test模块连接到Op模块后。

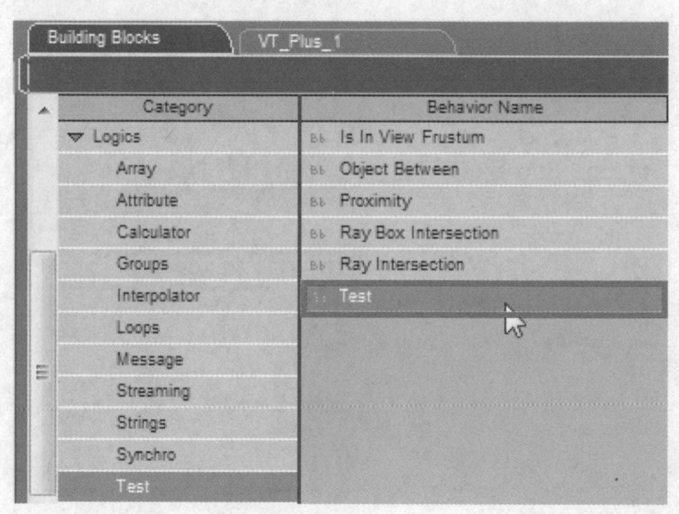

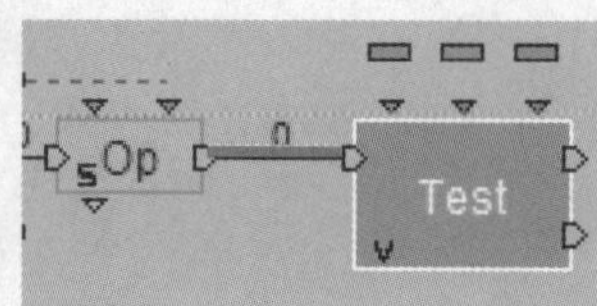

STEP 19 将Op模块计算出来的距离赋予Test的A值。

STEP 20 双击Test模块，在弹出的对话框中1设置Test为Less than，2B值为100，即当A值距离小于B值的100时条件成立，3单击OK按钮。

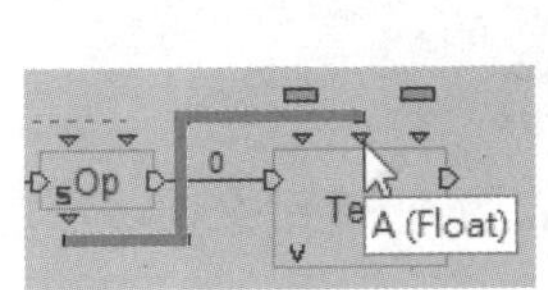

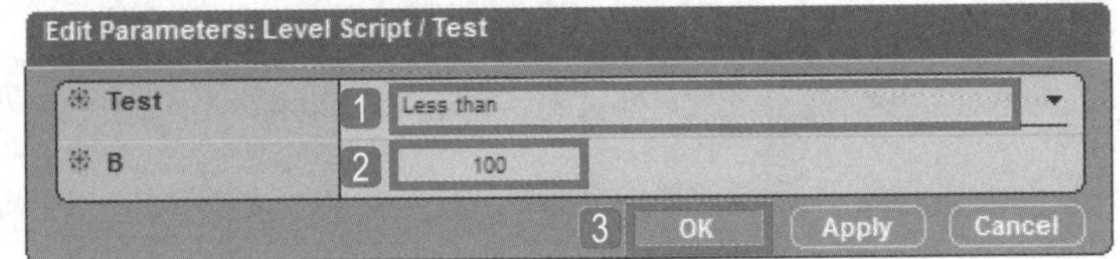

STEP 21 由于有两个条件，分别为text on与text off，因此导入BB面板中的Logics\Streaming\Parameter Selector模块。

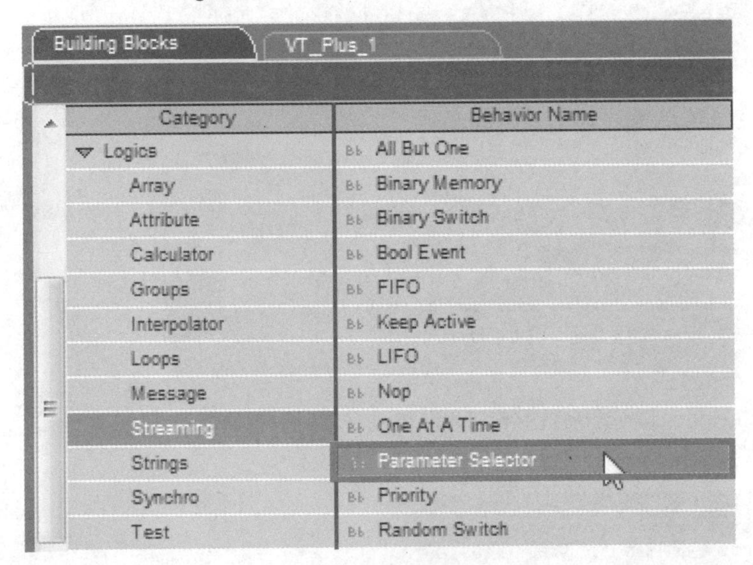

STEP 22 在Parameter Selector模块的参数输出口双击鼠标左键。

STEP 23 在弹出的对话框中1设置Parameter Type为Message，2单击OK按钮。

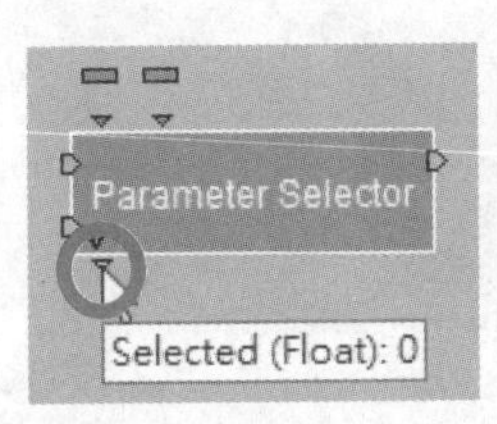

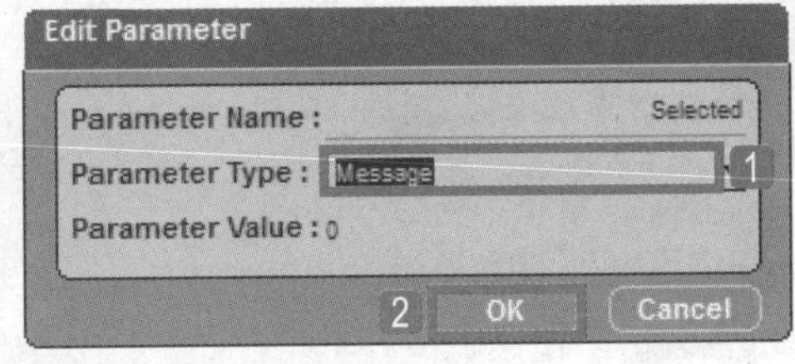

STEP 24 单击OK按钮，在弹出的对话框中①设置Pln 0为text on，②Pln 1为text off，③单击OK按钮。

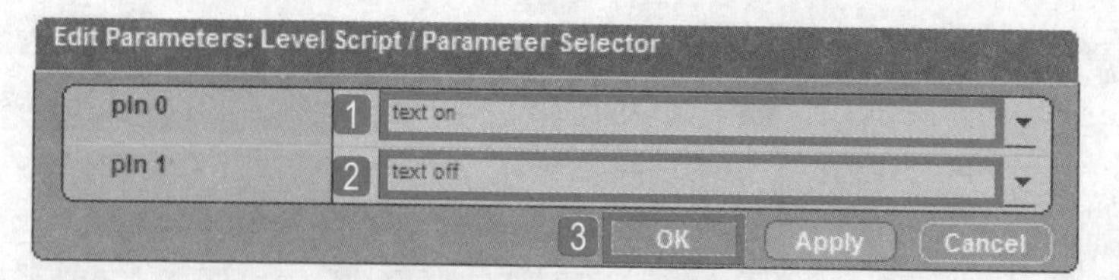

STEP 25 如果在距离之内判断为True，发送第一个信息text on。如果在距离之外判断为False，发送第二个信息text off。

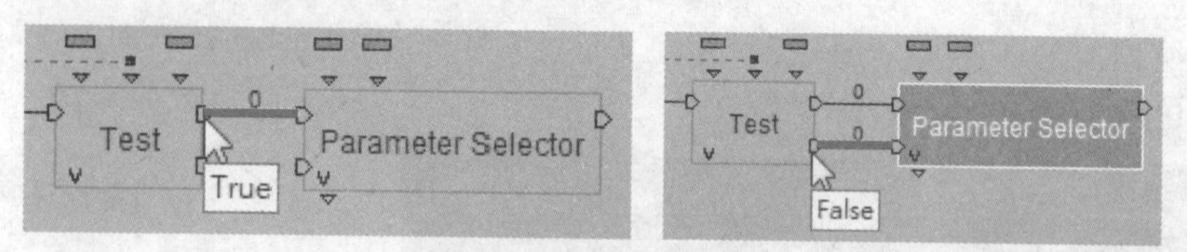

STEP 26 如果在窗口之外，也发送第二个信息text off。

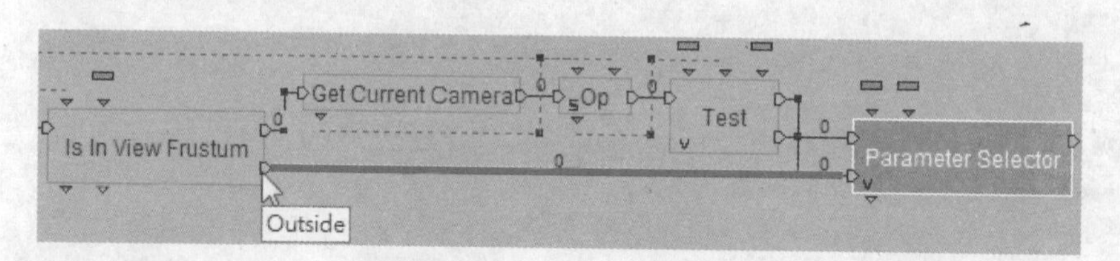

STEP 27 导入BB面板中的Logics\Message\Send Message模块。

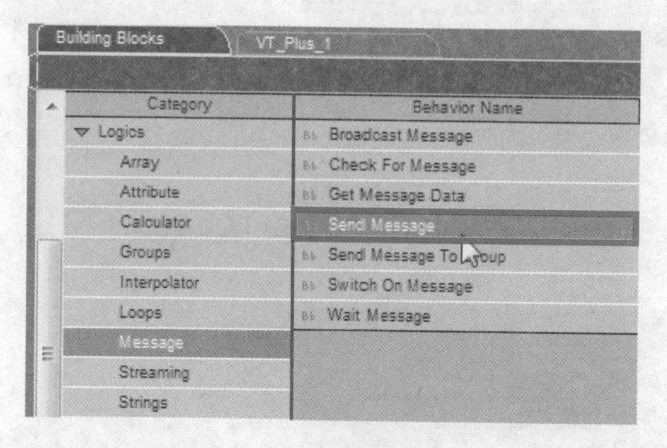

STEP 28 将Send Message模块连接到Parameter Selector模块的Out。将选择的信息参数赋予Send Message模块要发送的Message。

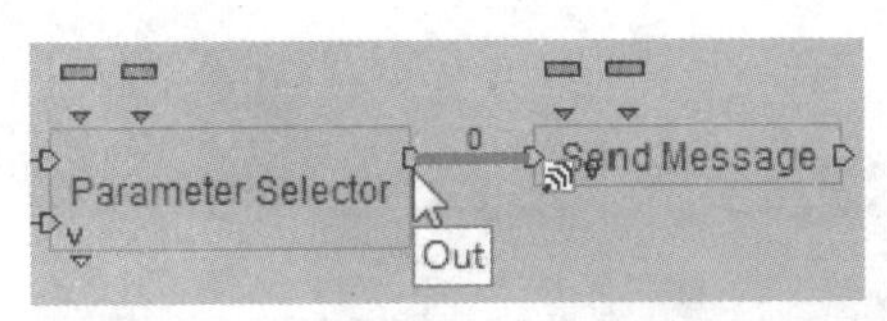

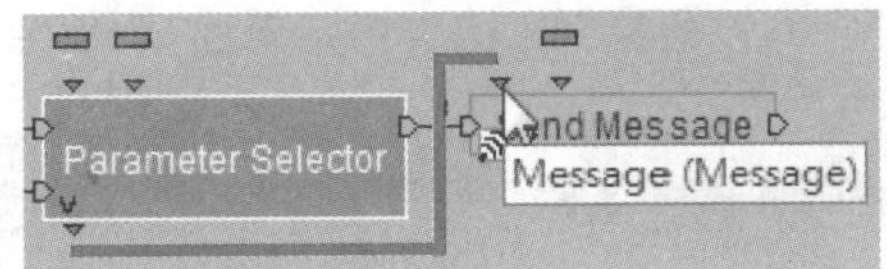

STEP 29 发送的对象来自于群组查找到的角色。

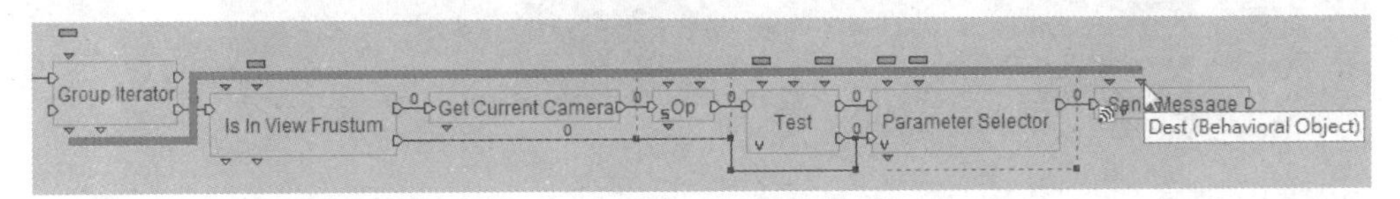

STEP 30 Send Message发送完信息，从Out连接回Group Iterator模块的Loop In完成循环。

STEP 31 导入BB面板中的Logics\Loops\Delayer模块，设置在查找完一遍后，下一次查找前先延迟。将Delayer模块连接到Group Iterator模块的Out。

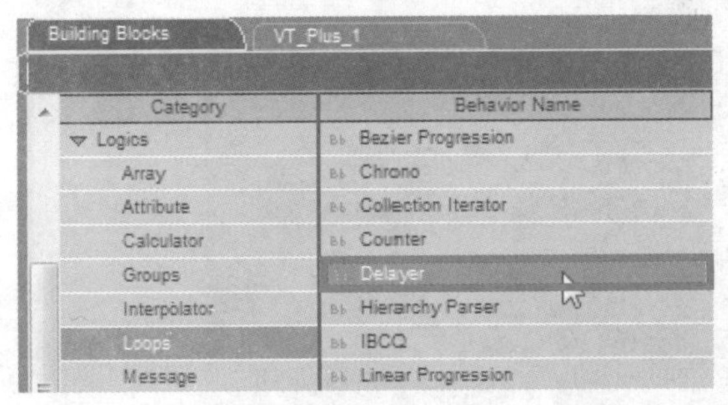

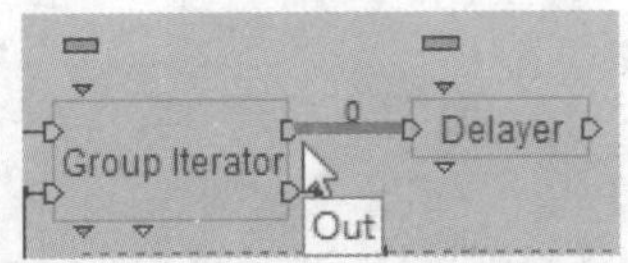

STEP 32 双击Delayer模块，在弹出的对话框中将延迟时间设置为1秒。将Delayer模块连接到Group Iterator模块循环搜索。在窗口中调整一个合适的角度，单击Create Camera按钮，创建一架新的摄影机。

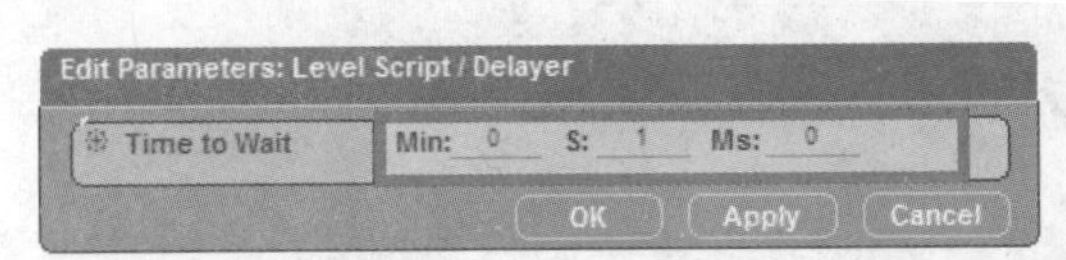

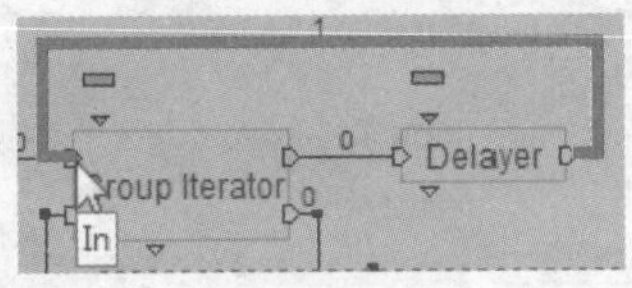

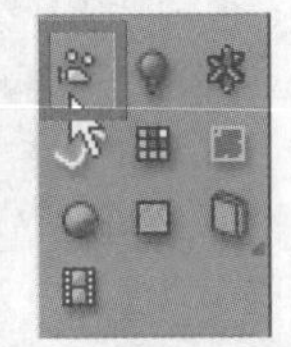

STEP 33 单击Play按钮测试预览，可以看到Asaku到处奔跑计量表的显示都没有问题。

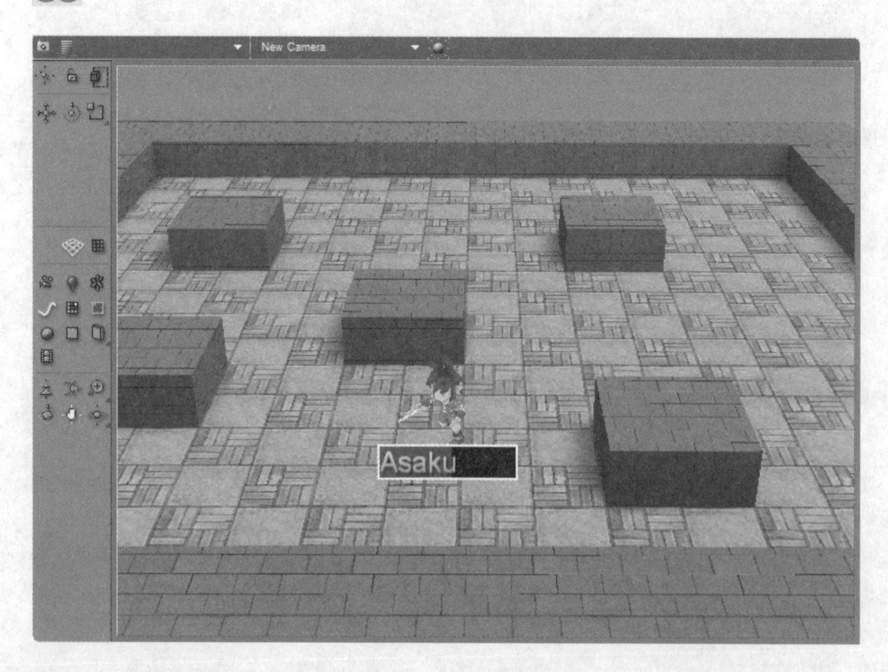

STEP 34 当Asaku跑到与摄影机距离100之外时，会显示关闭计量表和文字，当然再跑回来计量表会再次出现。至此，本例就制作完成了。

Chapter

设置2D角色的3D定位

本章将为大家介绍如何将2D角色在3D场景中进行定位。如同RO这类游戏，2D角色可以在3D场景中移动，并且可以对应指定方位角度的2D图像。

本章要点

- 显示基本角色对象
- 确定显示方向
- 显示不同材质
- 测试场景并设置角色控制

14.1 显示基本角色对象

STEP 1 执行菜单栏中的Resources>Open Data Resource命令，在弹出的Open Data Resource对话框中选择随书光盘\素材库\VT_Plus_1.rsc素材文件，单击“打开”按钮，加载本书所有的教学素材数据。

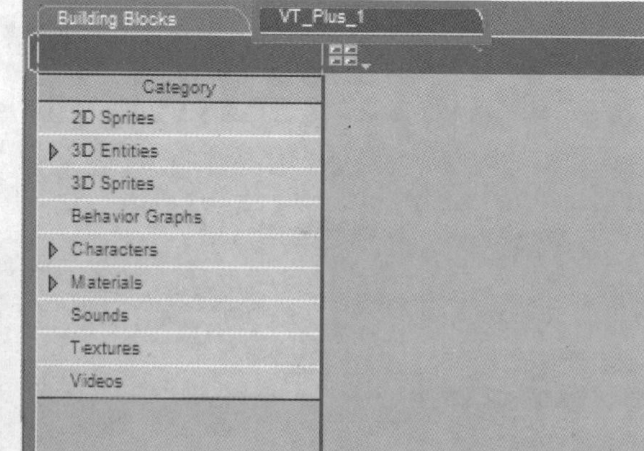

STEP 2 在VT_Plus_1面板中选择Textures\yinjiao\yinjiao_0_0_1.tga ~ yinjiao_0_7_5.tga文件，直接拖曳到窗口中加载。

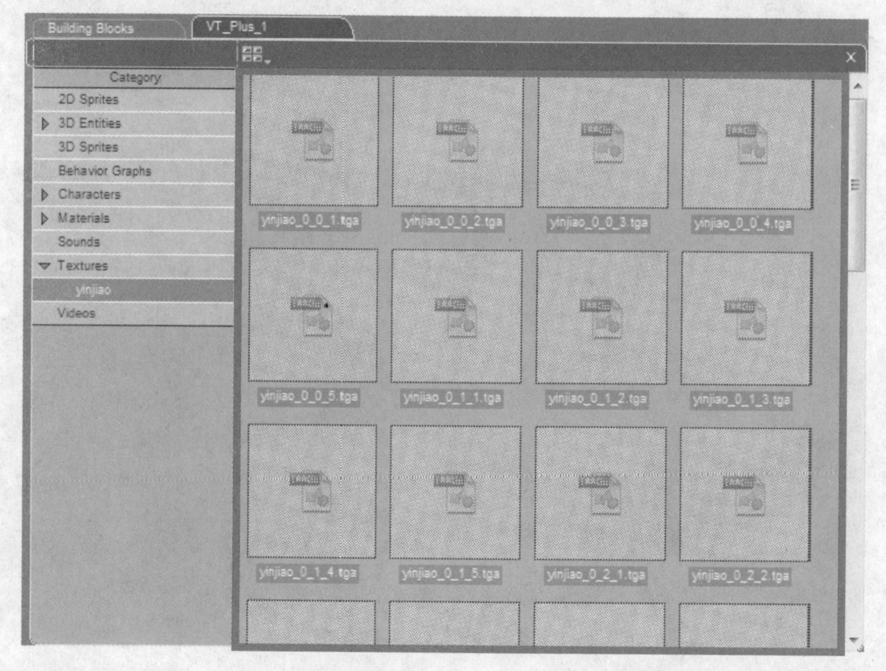

STEP 3 在Level Manager面板中可以看到被加载的文件，一共有八个角度，每个角度有五张图片。

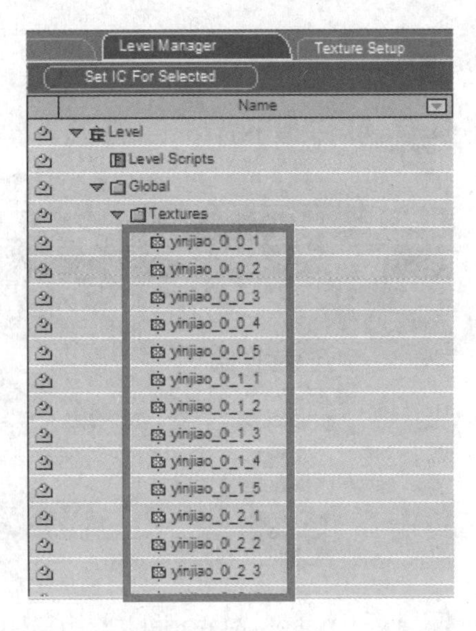

STEP 4 对这些图像进行设置。先任意加载一个3D Sprites的图像，导入VT_Plus_1面板中的3D Sprites\!.png文件。

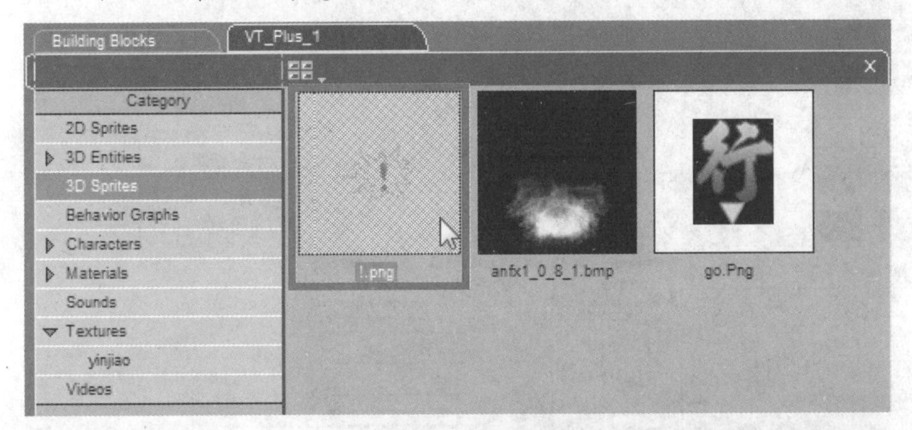

STEP 5 该图像可以帮助我们将银角设置为3D Sprites图像，在Level Manager面板中选择刚刚载入的3D Sprites图像，按下F2键，将其重新命名为yinjiao。

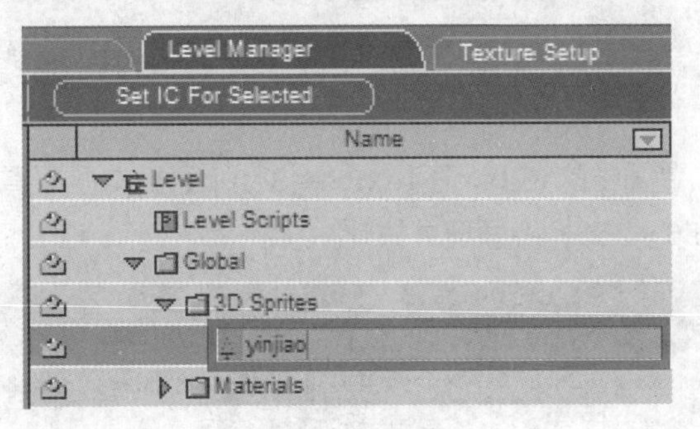

STEP 6 将其所对应的Material也命名为yinjiao。

STEP 7 将原来赋予的Texture删除。

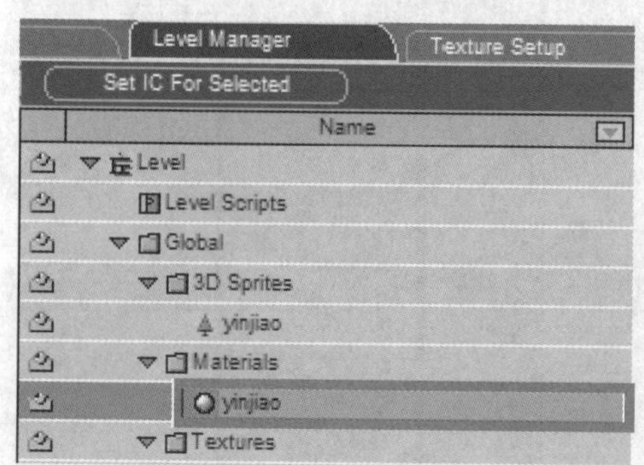

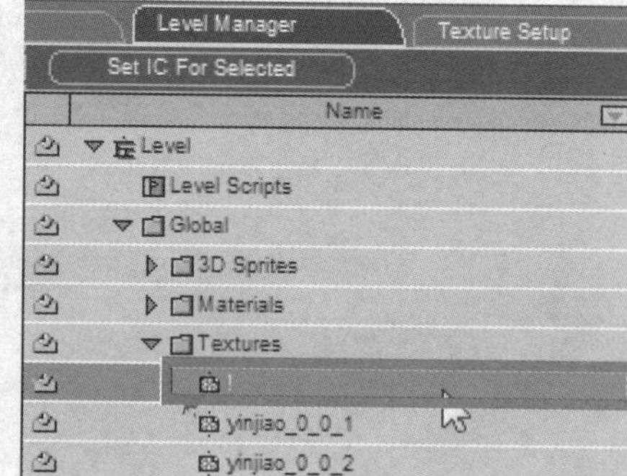

STEP 8 在yinjiao的Material上双击鼠标左键，打开Material Setup面板，将Texture设置为第一张银角图像yinjiao_0_0_1。

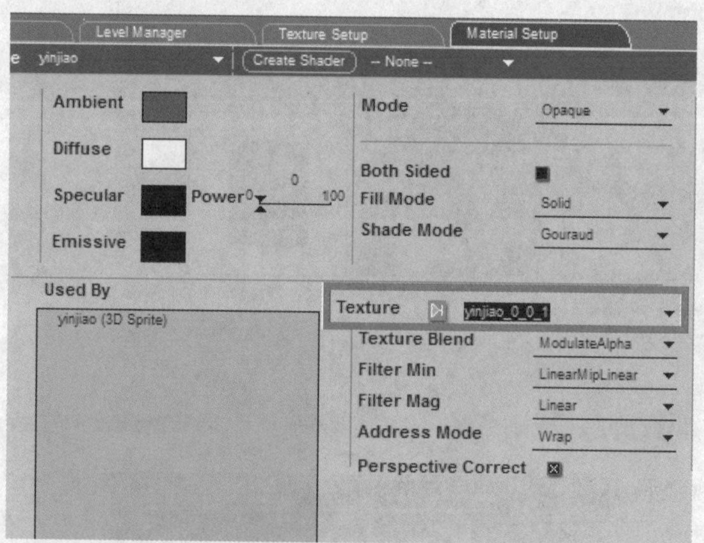

STEP 9 设置图像的大小。在Texture Setup面板中可以看到System Memory Format为256×256，图像尺寸为1比1。

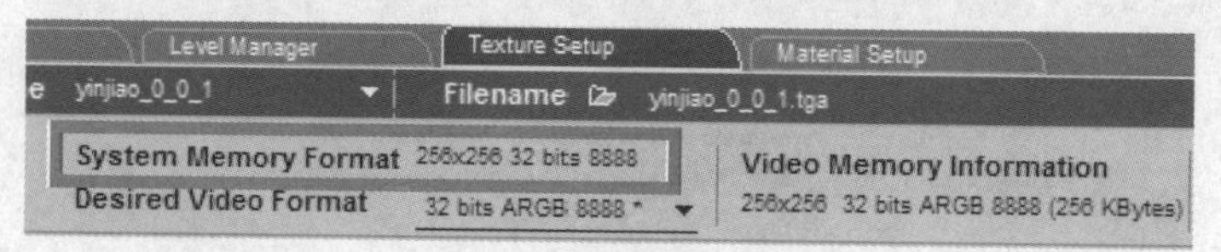

STEP 10 在3D Sprites Setup面板中，设置该图像的长和宽都为10。

STEP 11 3D Sprites的中心点一般都预设在正中间，下面将中心点更改为在底部。

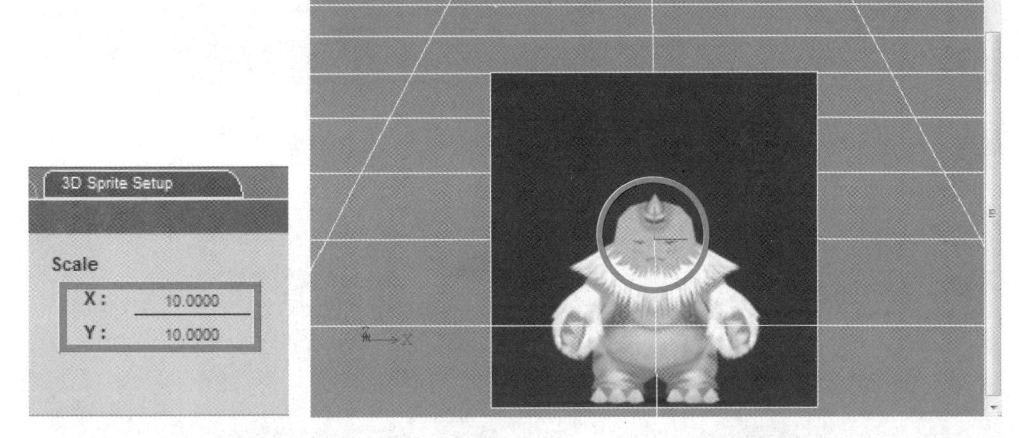

STEP 12 在3D Sprites Setup面板中 ，设置Offset的Y值为1。

STEP 13 此时，可以看到中心点移到了图像的底部。

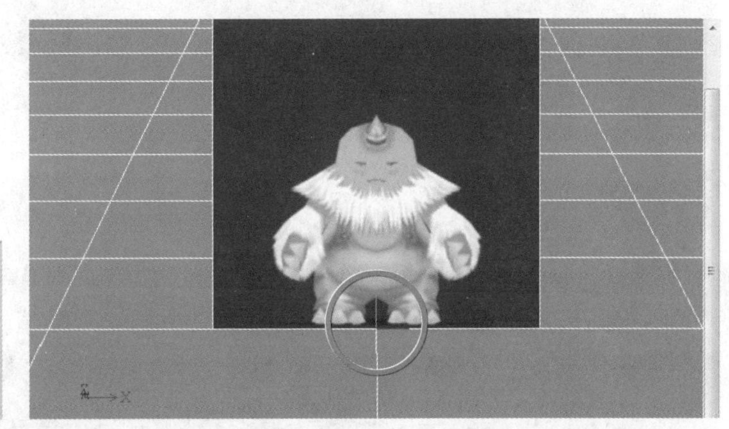

STEP 14 关闭Pickable，将其设置为不可选。

STEP 15 在yinjiao的Material Setup面板中 ，设置图像的Mode为Transparent。

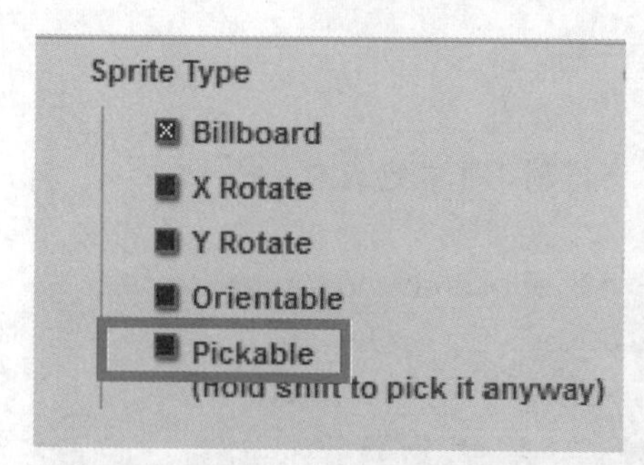

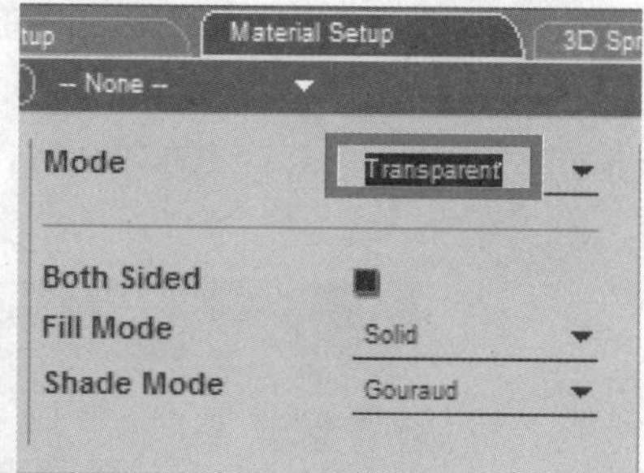

STEP 16 在预览窗口可以看到图像的背景被去除了。

STEP 17 调整Emissive的颜色为最亮的白色。

STEP 18 返回到Level Manager面板，1设置yinjiao的Visual为隐藏状态，2然后单击Set IC For Selected按钮，设置yinjiao的3D Sprites的初始值。

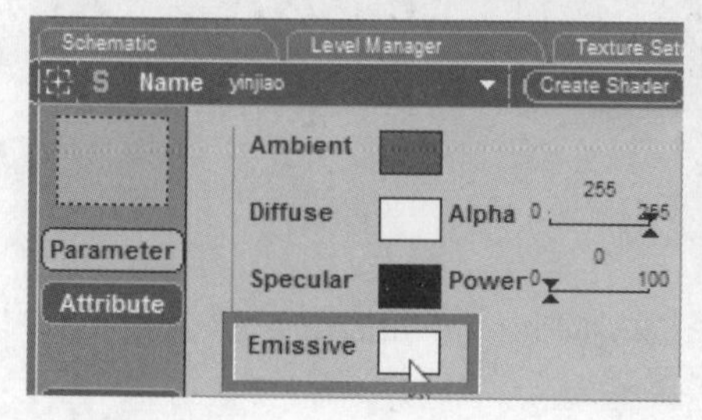

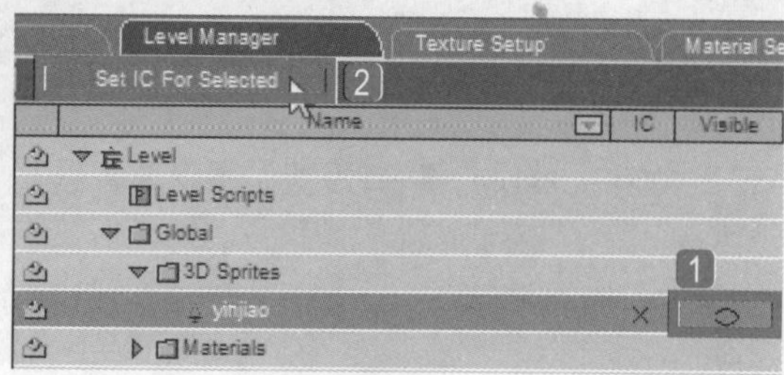

STEP 19 单击Create 3D Frame按钮，创建一个虚拟对象。

STEP 20 在3D Frame Setup面板中设置该虚拟对象的世界坐标值为（0,0,0）。

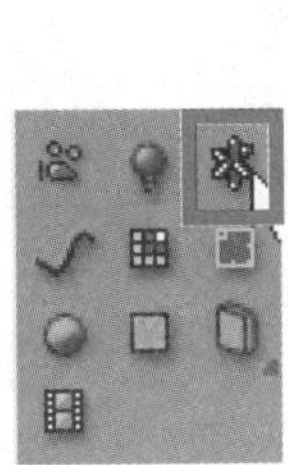
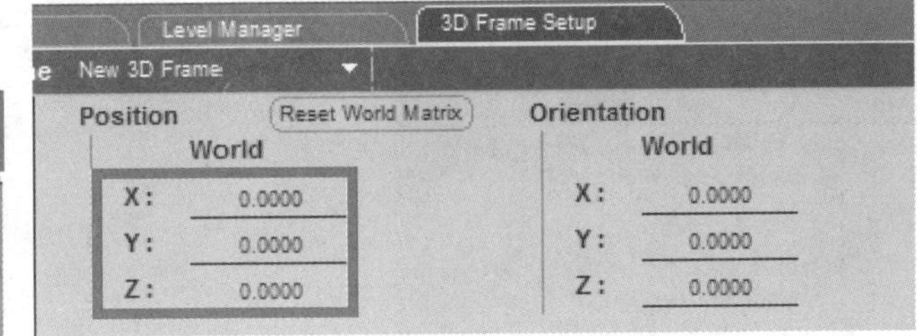

STEP 21 将其命名为yinjiao。

STEP 22 设置完成后，单击Set IC For Selected按钮设置初始值。

STEP 23 为虚拟对象创建脚本。由于3D Sprites对象永远面向镜头，没有方向，因此我们必须通过虚拟对象表示角色的位置与方向。在yinjiao的3D Frame对象上单击鼠标右键，在弹出的快捷菜单中执行Create Script命令。

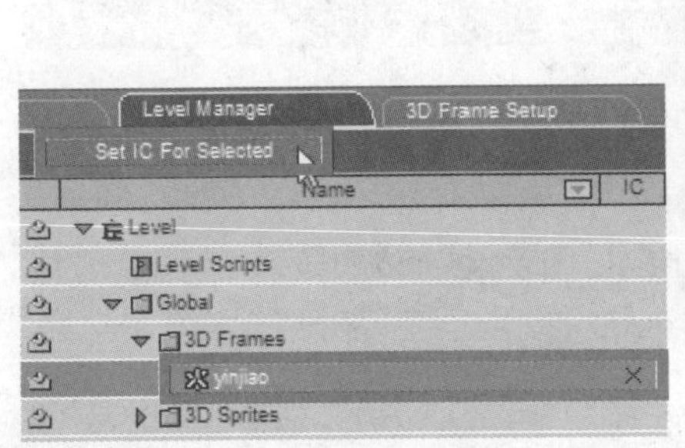

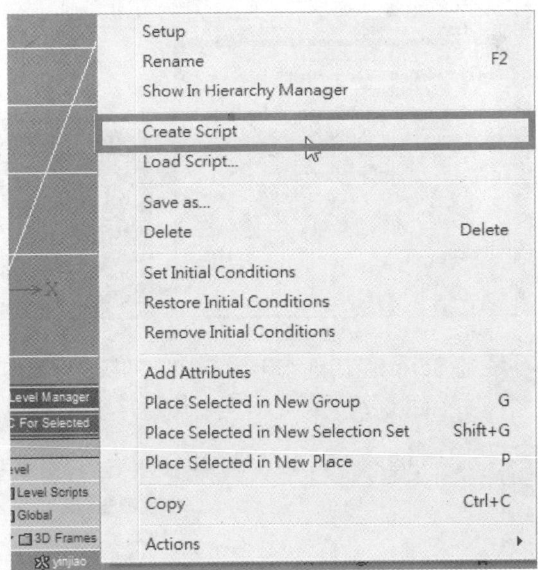

STEP 24 导入BB面板中的3D Transformations\Basic\Set Position模块。

STEP 25 将Set Position模块到yinjiao Script的Start。

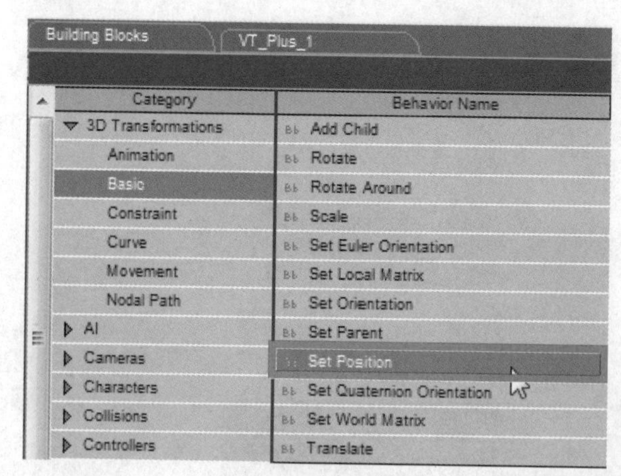

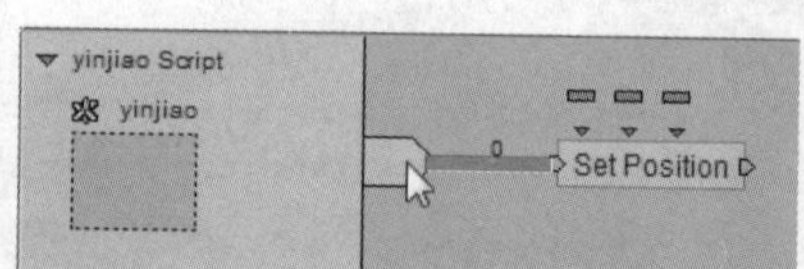

STEP 26 在Set Position模块上单击鼠标右键，在弹出的快捷菜单中执行Add Target Parameter命令，打开它的Target。

STEP 27 双击Set Position模块，在弹出的对话框中①设置Position为yinjiao，②单击OK按钮。

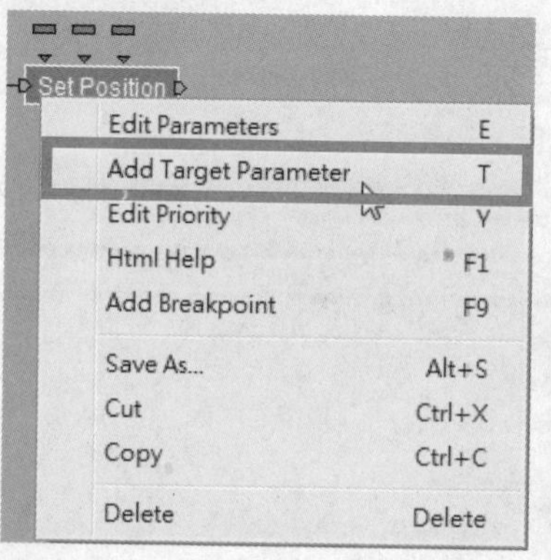

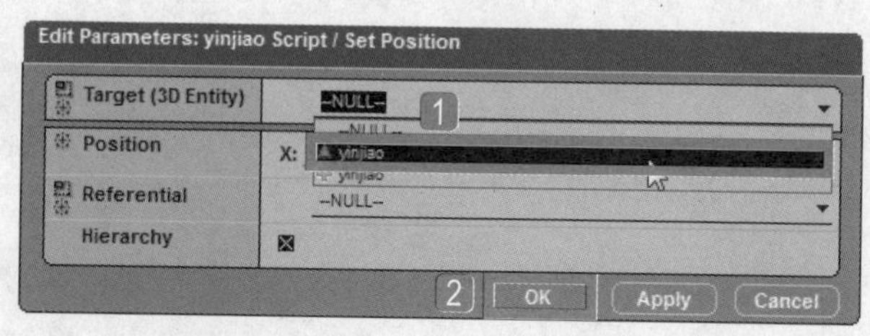

STEP 28 在Script空白处右击，在弹出的快捷菜单中执行Add <Tihs> Parameter命令，创建自我参数。

STEP 29 把This参数赋予Set Position模块的Referential，作为参考体对象。

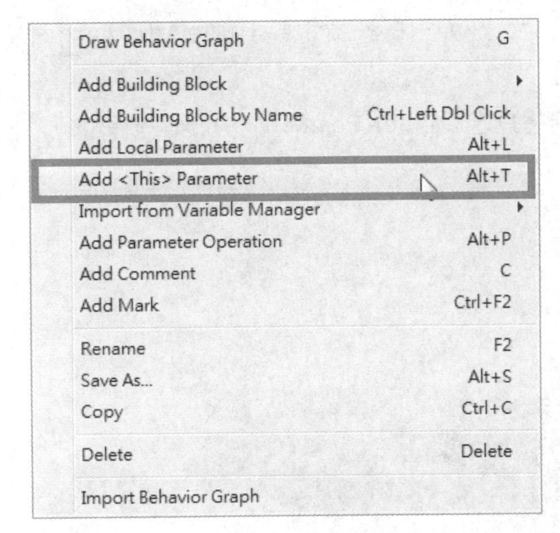

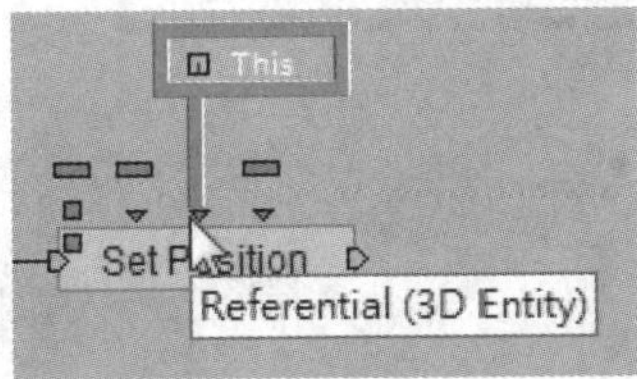

STEP 30 为了避免选择时混淆，返回到Level Manager面板，将3D Sprites中的yinjiao名称后面加上_pic，表示yinjiao的图像。

STEP 31 返回到Script，导入BB面板中的3D Transformations\Basic\Set Parent模块，设置图片跟随虚拟点移动。

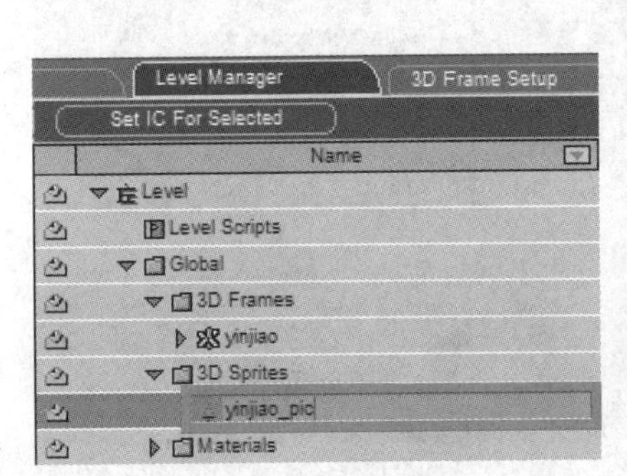

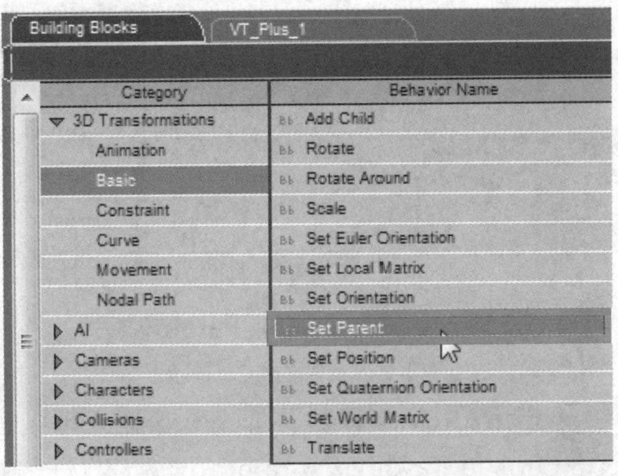

STEP 32 将Set Parent模块连接到Set Position模块的Out。

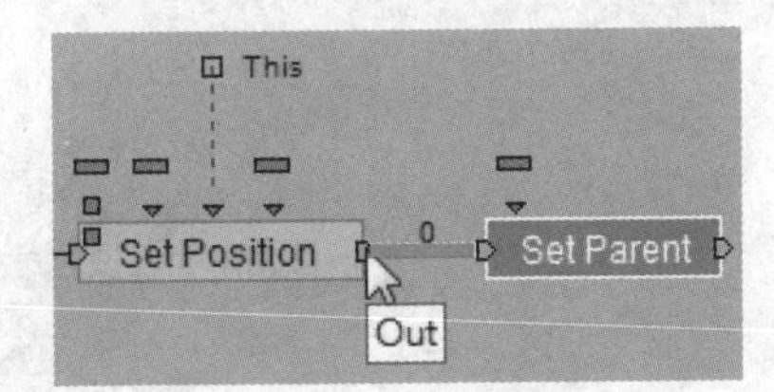

STEP 33 在Set Parent模块上单击鼠标右键，在弹出的快捷菜单中执行Add Target Parameter命令，打开它的Target。

STEP 34 Target对象就是yingjiao_pic，直接将其连接到Set Position模块设置的Target，让它们共享一个参数。

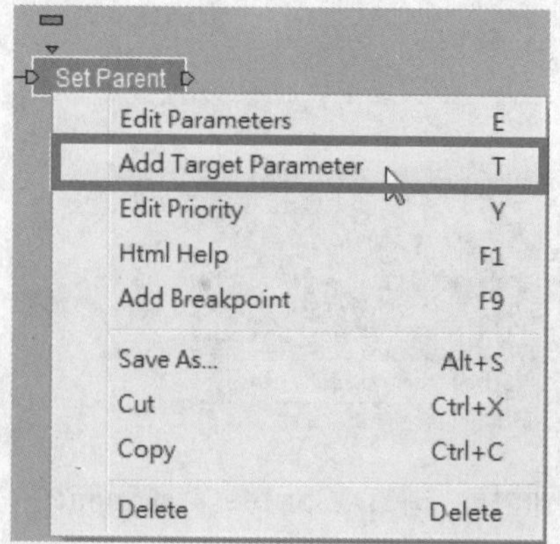

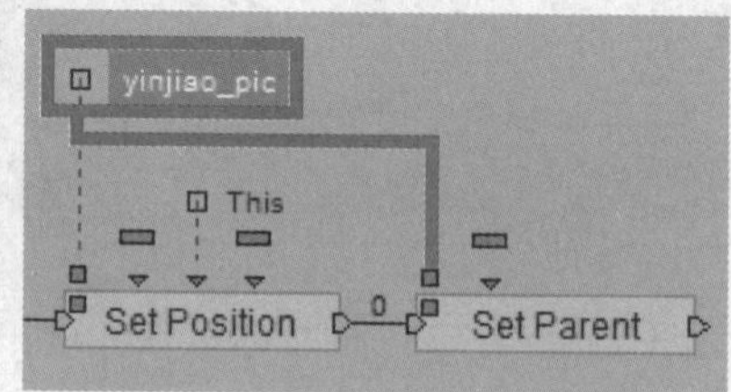

STEP 35 yingjiao_pic的母体就是虚拟对象本身，将其连接到This参数。导入BB面板中的Visuals\Show-Hide\Show模块，让它显示出来。

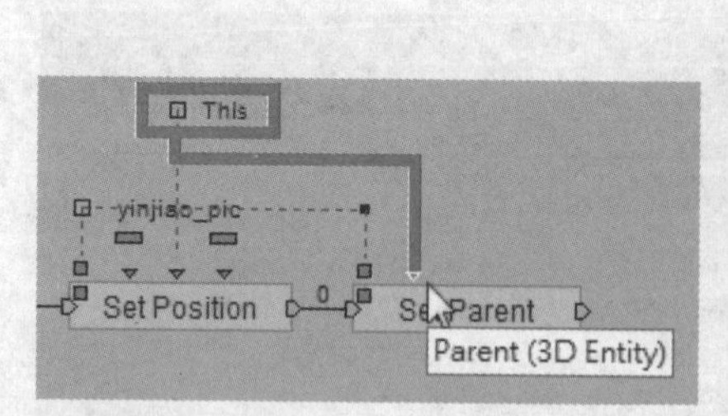

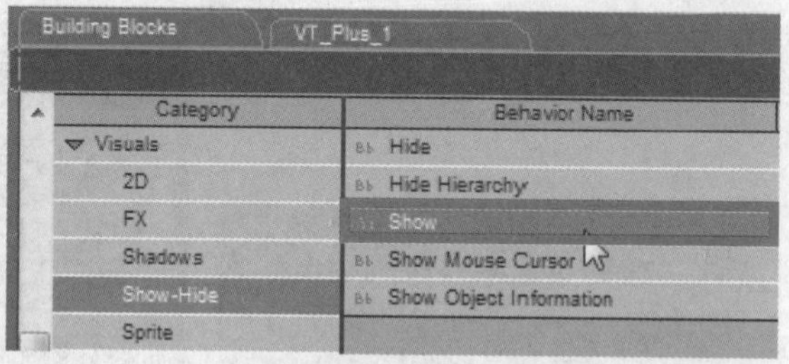

STEP 36 将Show模块连接到Set Parent模块后。

STEP 37 右击Show模块，在弹出的快捷菜单中执行Add Target Parameter命令，打开它的Target。

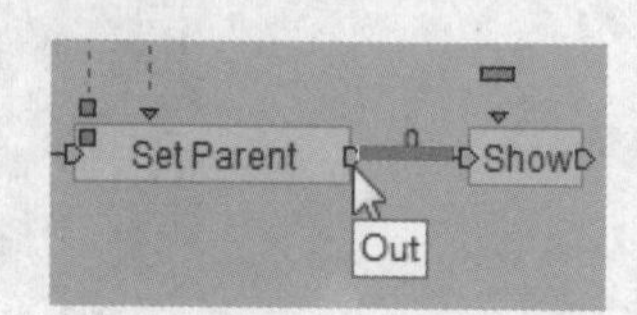

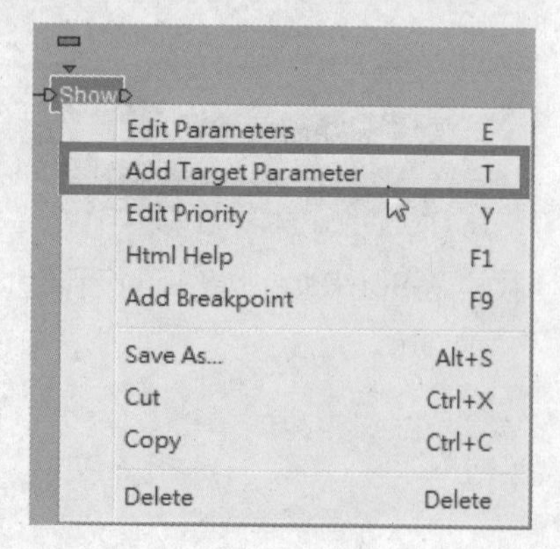

STEP 38 这里要显示的对象就是yinjiao_pic，将其连接到Show模块。

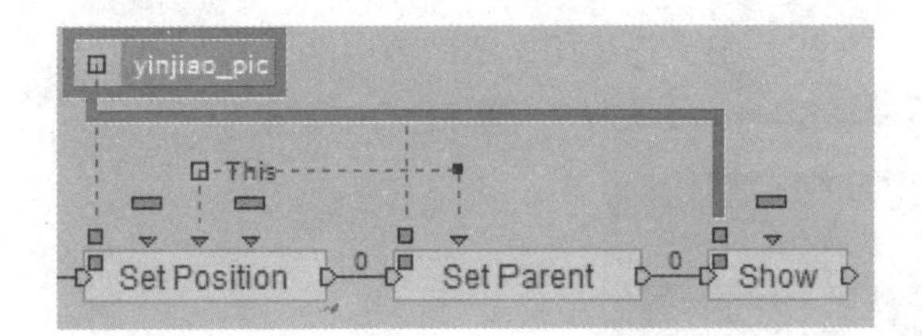

STEP 39 选择虚拟对象，单击Play按钮测试预览，可以看到图像黏在虚拟点上并显示出来。

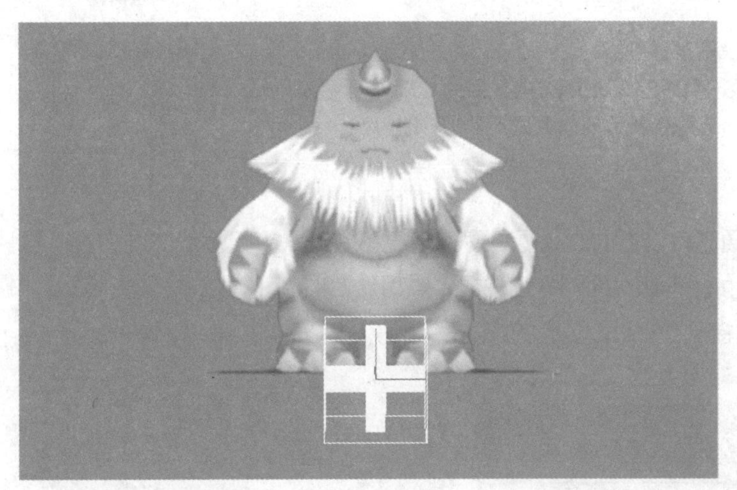

14.2 确定显示方向

STEP 1 设置播放动作的同时，依照适当的角度呈现。导入BB面板中的Logics\Loops\Counter模块，添加计数器。

STEP 2 将Counter模块连接到Show模块后。

STEP 3 双击Counter模块，1设置Count为99，由于每个动作的数量可能不同，因此可以将数量设置的大于实际数。2设置Start Index为1，3单击OK按钮。

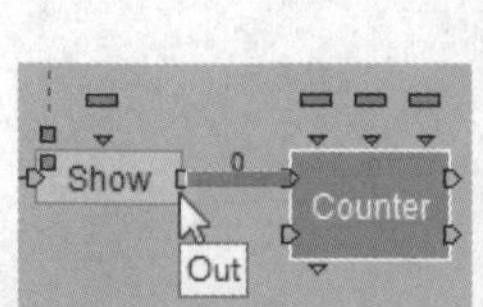

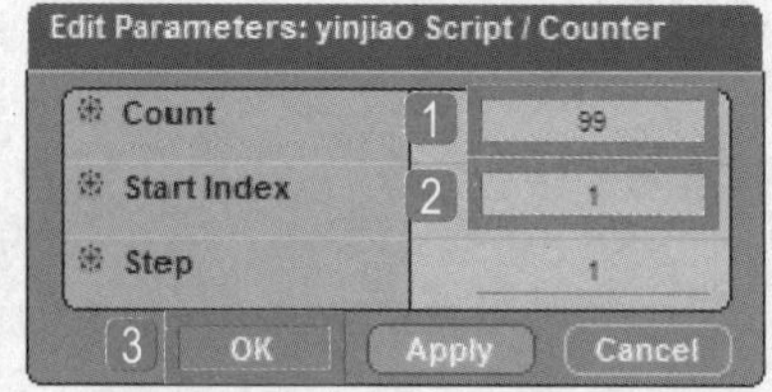

TIP

这里图片的编码是有含意的。Yinjiao表示角色名称。第1个数字表示动作种类。第2个数字表示方向，因此加载的图片有0~7共8个方向。第3个数字表示动作数量，从1开始排序，每个动作的数量为5。

yinjiao_0_0_1
yinjiao_0_0_2
yinjiao_0_0_3
yinjiao_0_0_4
yinjiao_0_0_5

STEP 4 在播放动画时，通常会设置时间延迟，使得速度不会过快，且播放时间一致。导入BB面板中的Logics\Loops\Delayer模块，添加延迟器。

STEP 5 将Delayer模块连接到Counter模块的Loop Out后。

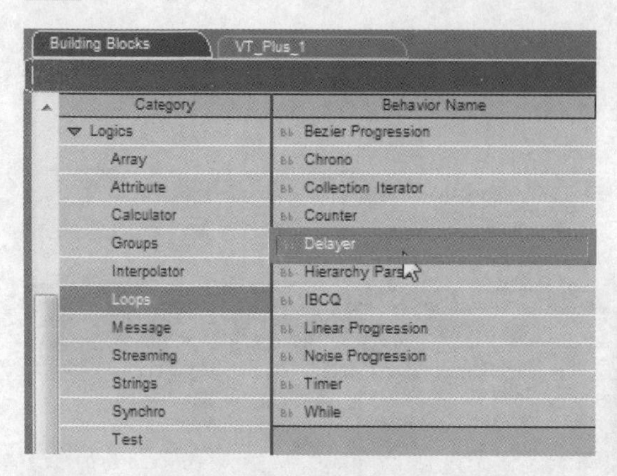

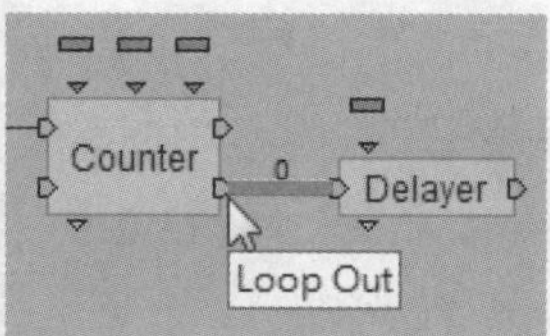

STEP 6 双击Delayer模块，在弹出的对话框中1设置Time to Wait为100毫秒，2单击OK按钮。

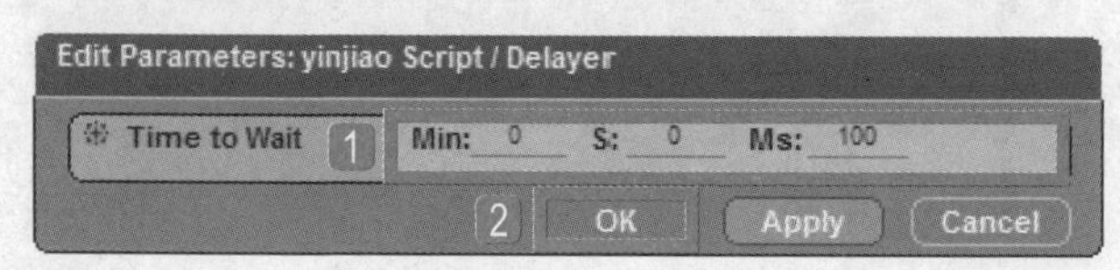

STEP 7 设置抓取角度功能。由于要先判断虚拟点与摄影机之间的角度才能正确地播放图片，因此导入BB面板中的Cameras\Montage\Get Current Camera模块，抓取当前摄影机。

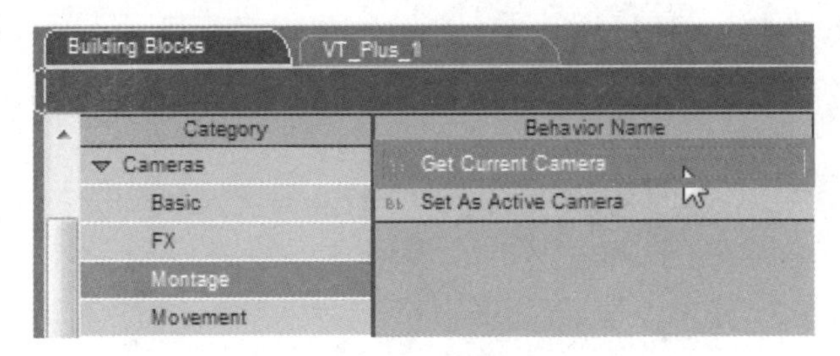

STEP 8 导入VT_Plus_1面板中的Behavior Graphs\Angel Test模块，在Get Current Camera模块后添加角度判断。

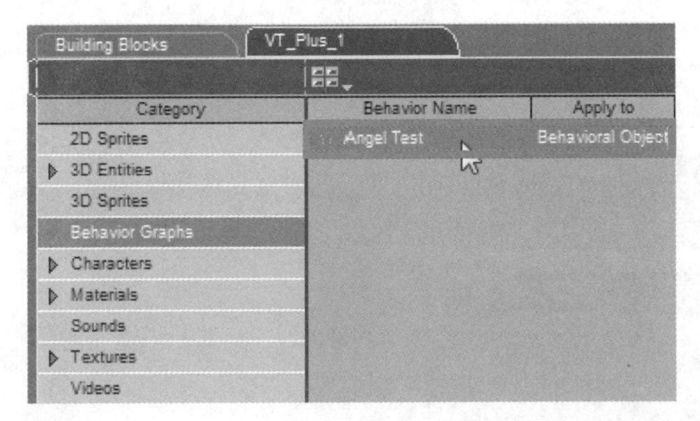

STEP 9 将Angel Test模块连接到Get Current Camera模块后。

STEP 10 将抓取到的摄影机赋予Angel Test模块的Target Object。

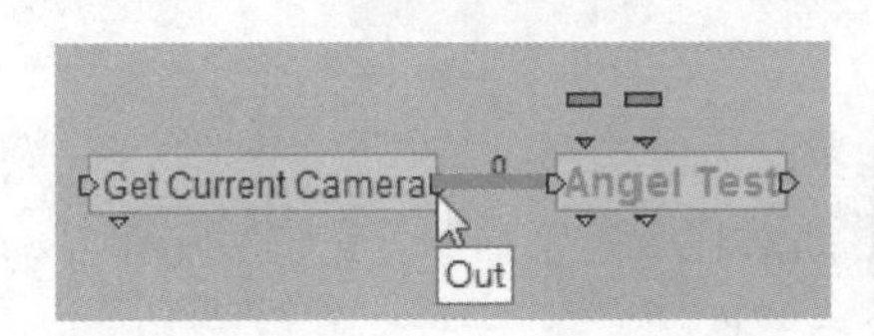

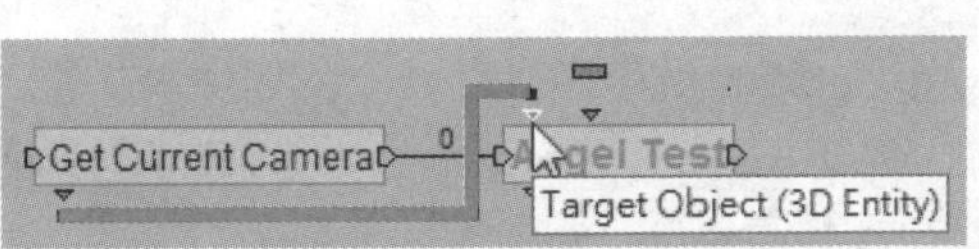

STEP 11 右击空白处，在弹出的快捷菜单中执行Add <This> Parameter命令，创造自我参数。

STEP 12 将This参数赋予Angel Test模块的参考体Referential，这样就可以计算出两者之间差异的角度了。

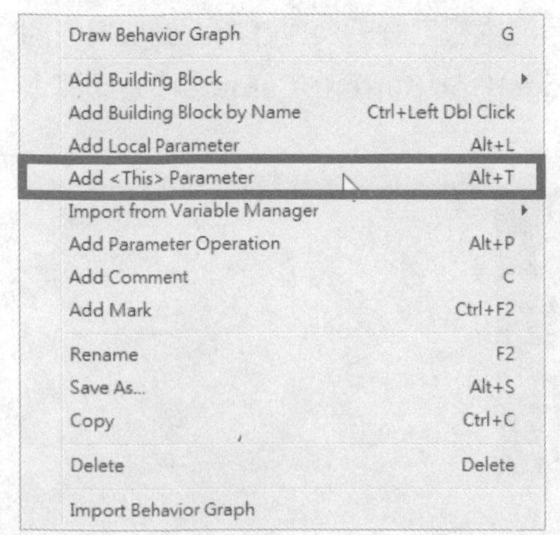

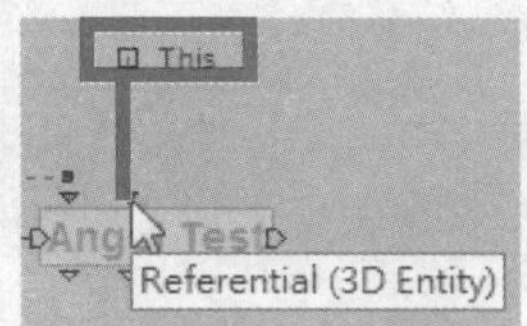

STEP 13 计算出角度后，就要计算这个角度在分割的8个方向的哪个方位。导入BB面板中的Logics\Calculator\Calculator模块，添加计算器。

STEP 14 将Calculator模块连接到Angel Test模块后。

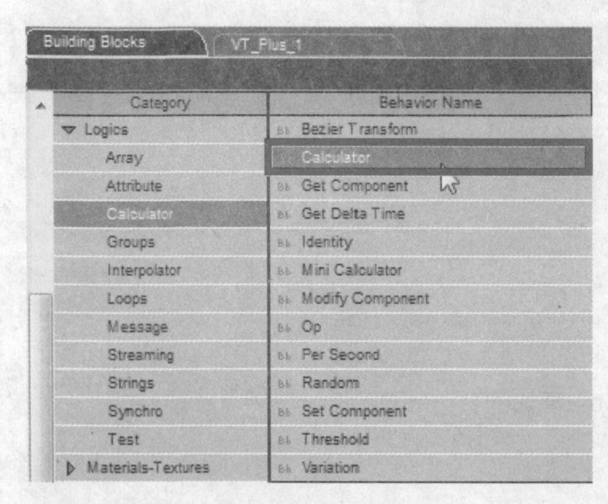

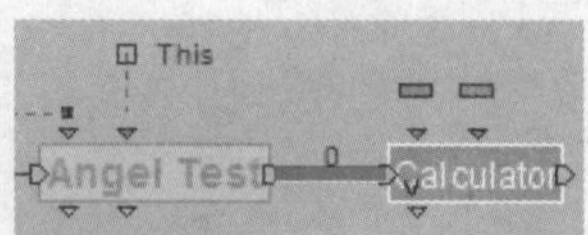

STEP 15 双击Calculator模块，在弹出的对话框中❶设置计算公式为a/(360/b)。其中a值=抓取到的角度，b值=全部的方向数，也就是说计算出来的整数值就是图片名称中代表方位的数字，❷单击OK按钮。

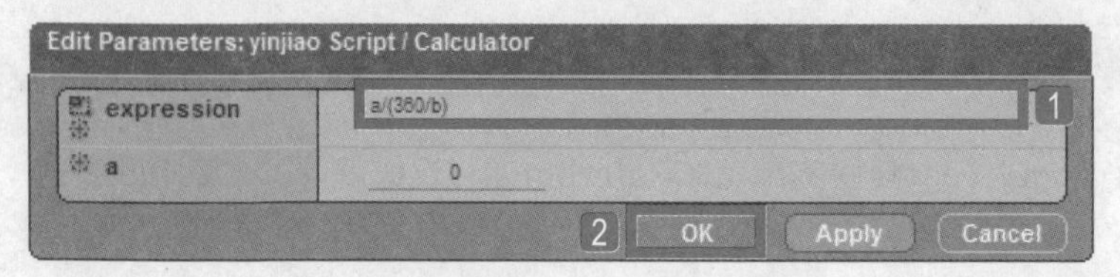

STEP 16 设置完成后单击OK按钮。右击Calculator模块，在弹出的快捷菜单中执行Construct>Add Parameter Input命令，添加b值的输入口。

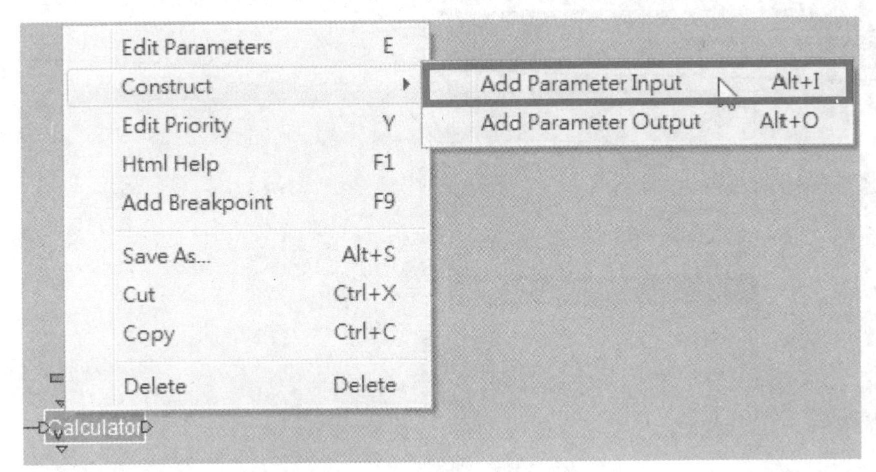

STEP 17 在弹出的对话框中❶设置Parameter Name为b，❷Parameter Type为Float，❸单击OK按钮。

STEP 18 将Angel Test模块抓取到的Angle值赋予Calculator模块的a值。

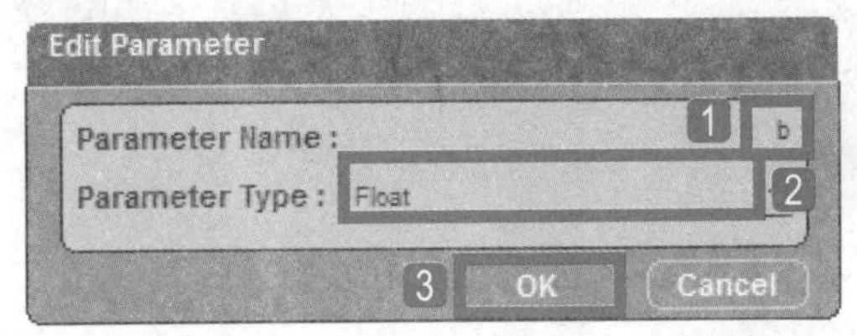

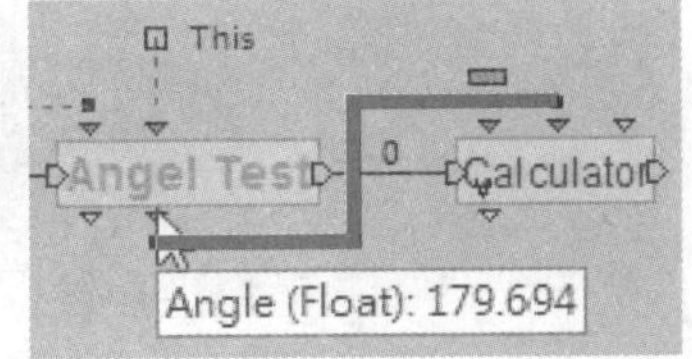

STEP 19 双击Calculator模块，打开参数设置对话框，由于图片分为8个方向，因此❶设置b值为8，❷单击OK按钮。

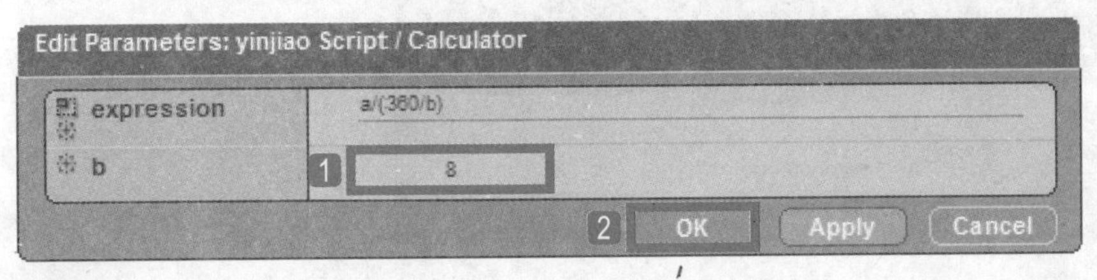

TIP 这里需要特别注意的是，每个角度都有一个范围，每个角度上与下各有0.5的包容度，因此需要导入Op模块进行计算。

STEP 20 导入BB面板中的Logics\Calculator\Op模块。

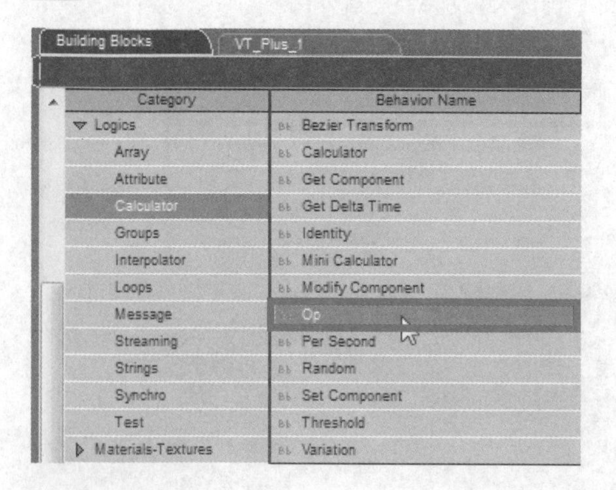

STEP 21 将Op模块连接到Calculator模块的Out。

STEP 22 右击Op模块，在弹出的快捷菜单中执行Edit Settings命令。

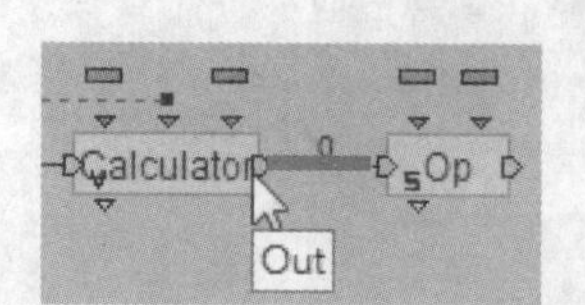

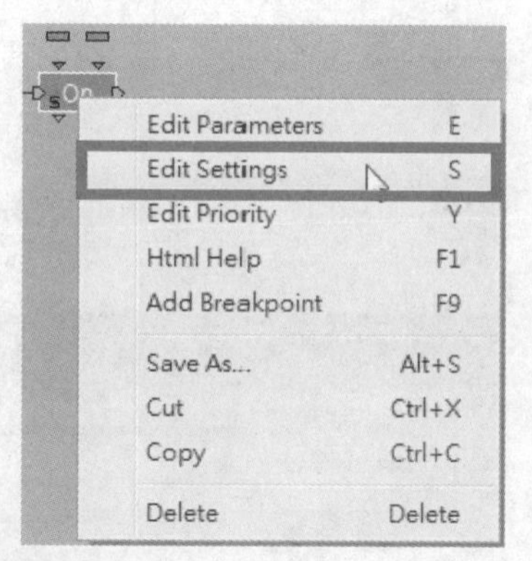

STEP 23 在弹出的对话框中❶设置Inputs的A值为Integer，B值为Float，❷设置Operation为Addition，❸设置Ouput为Float，❹单击OK按钮。

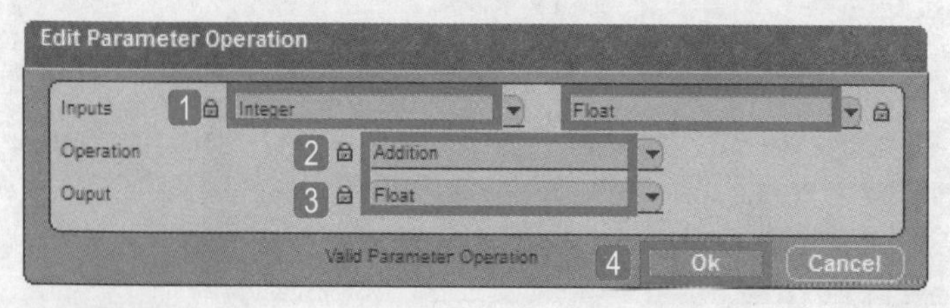

TIP 这里将A值设置为整数，是因为计算之后的值一定带有小数，而我们只需要知道它预定在哪个方位，所以将它转换为整数计算。

STEP 24 单击OK按钮，在弹出的对话框中1设置p2为0.5，2单击OK按钮。

STEP 25 将计算出来的值赋予Op模块的A值。

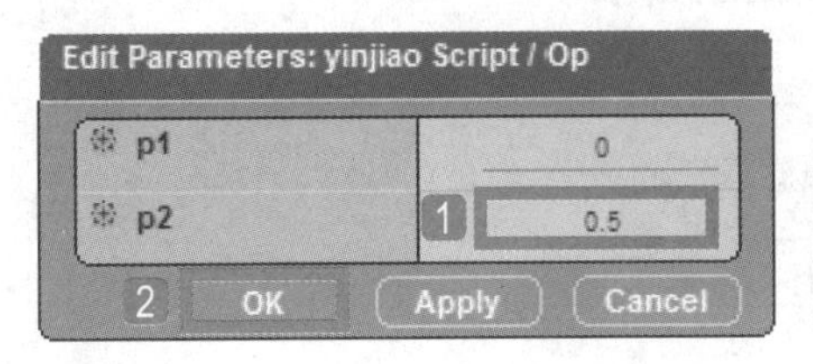

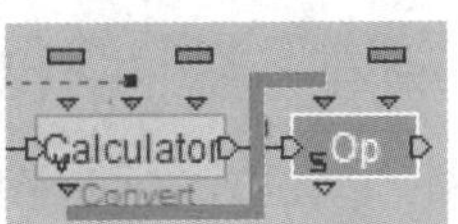

STEP 26 按住Shift键的同时拖曳复制一个Op模块。

STEP 27 A值同样由Calculator模块计算得到。

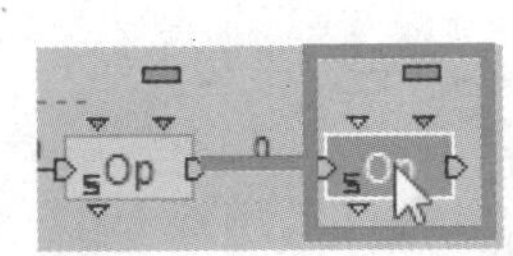

STEP 28 打开Op模块参数设置对话框，1设置p2为-0.5，2单击OK按钮。

STEP 29 导入BB面板中的Logics\Calculator\Threshold模块，添加范围判断。

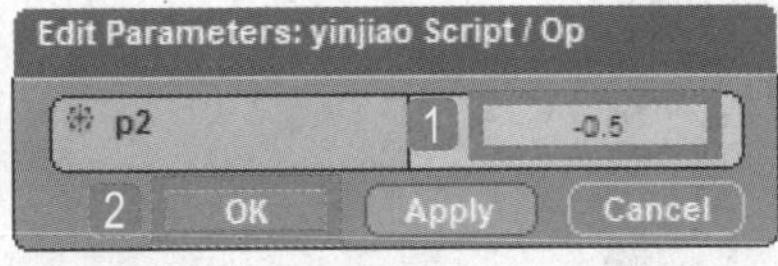

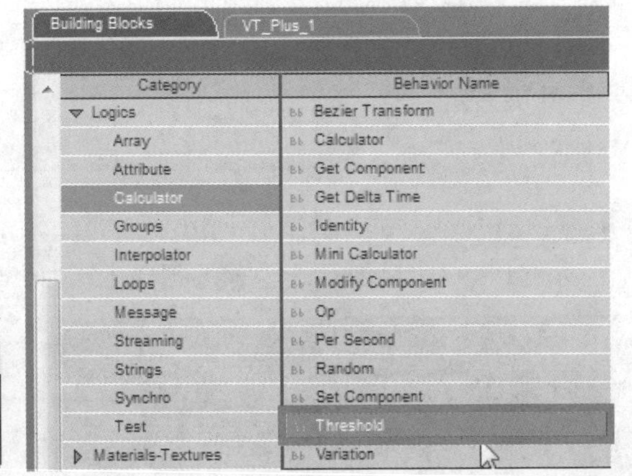

STEP 30 将Threshold模块连接到Op模块后。将Calculator模块计算出来的方向值赋予Threshold模块的X值。

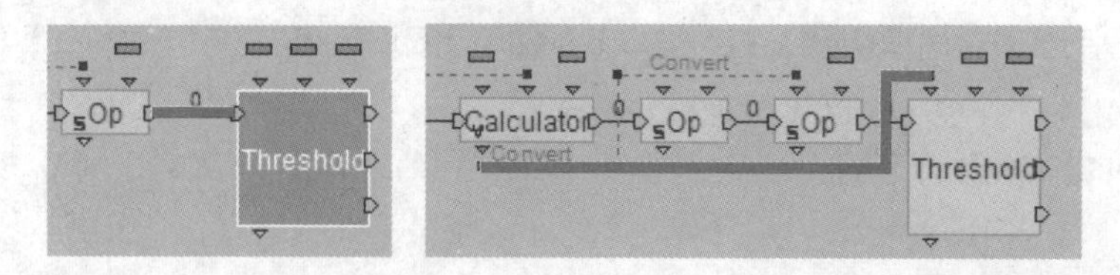

STEP 31 Threshold模块需要的范围最大值来自于第一个Op模块的计算结果。Threshold模块需要的范围最小值就来自于第二个Op模块的计算结果。

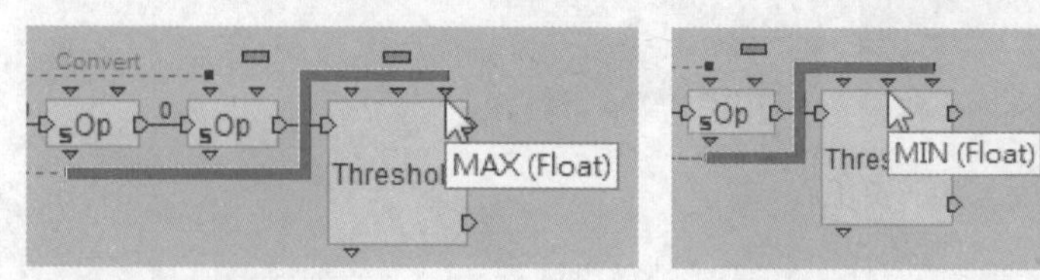

STEP 32 导入BB面板中的Logics\Calculator\Op模块，连接到Threshold模块判断小于最小值的后面。

STEP 33 右击Op模块，在弹出的快捷菜单中执行Edit Settings命令，对其进行设置。

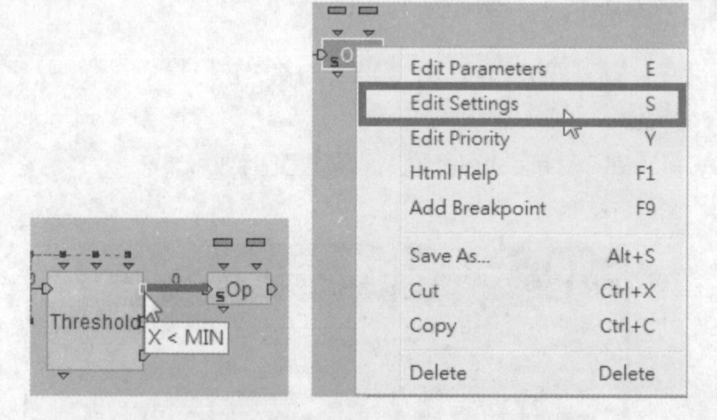

STEP 34 在弹出的对话框中❶设置Inputs的A值为Integer ，B值为Integer，❷设置Operation为Subtraction，❸设置Ouput为Integer，❹单击OK按钮。

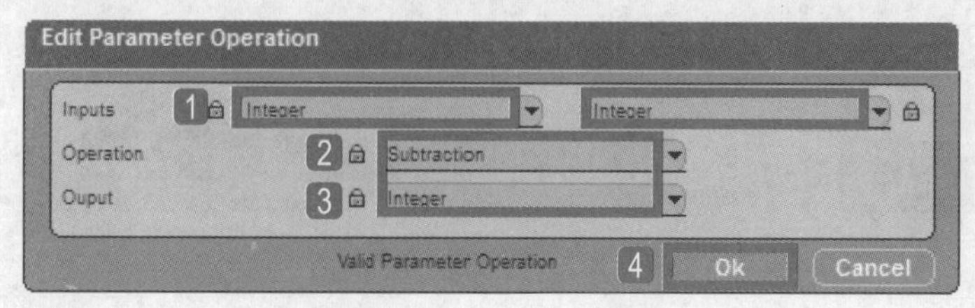

STEP 35 A值来自于Calculator模块的计算结果，直接转换为整数。

STEP 36 打开Op模块的参数设置对话框，1设置p2为1，将数值减1，查找到上一个方向，2单击OK按钮。

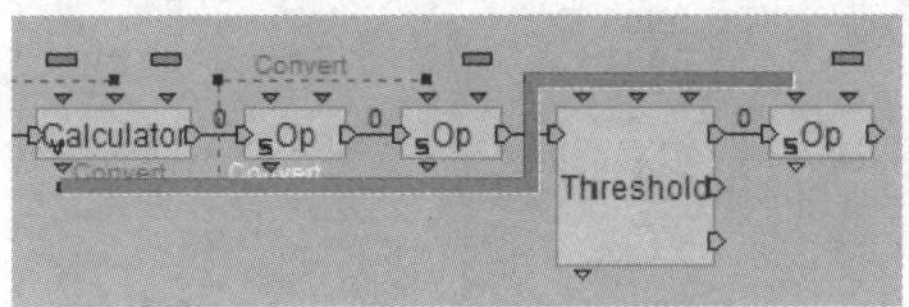

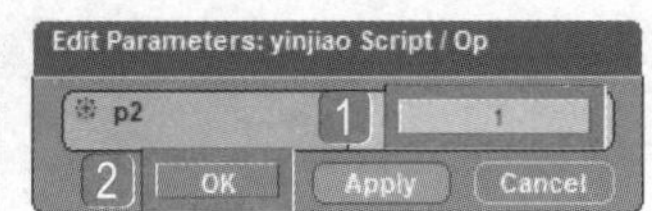

STEP 37 导入BB面板中的Logics\Test\Test模块，判断当大于最大值时，是否大于360°，即已经绕了一圈了。

STEP 38 将Test模块连接到大于最大值的后面。

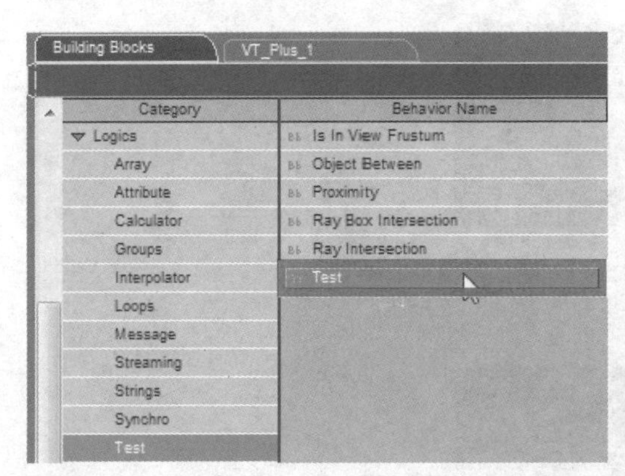

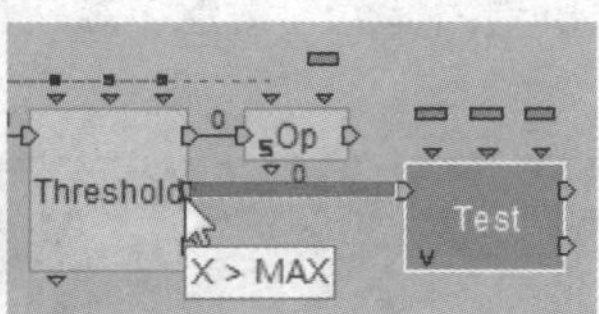

STEP 39 将Calculator模块计算出来的值赋予Test模块的A值。

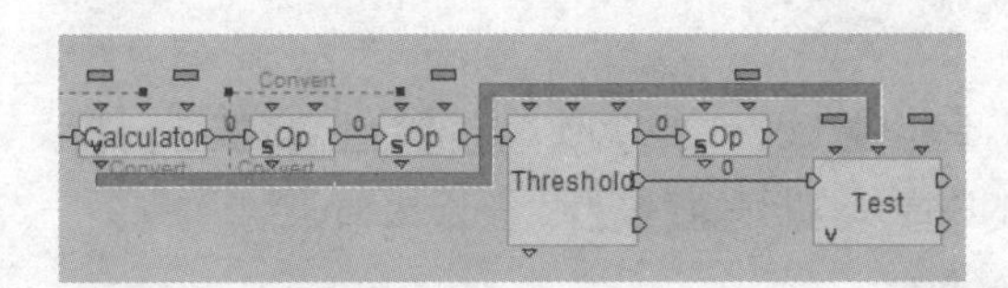

STEP 40 双击Test模块，在弹出的对话框中1设置Test为Greater than，2单击OK按钮。

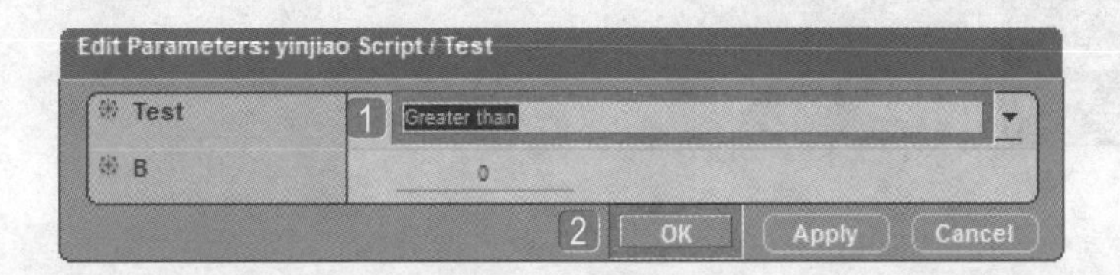

STEP 41 右击空白处，在弹出的快捷菜单中执行Add Parameter Operation命令，添加一个参数运算器计算B值。

Draw Behavior Graph	G
Add Building Block	▸
Add Building Block by Name	Ctrl+Left Dbl Click
Add Local Parameter	Alt+L
Add <This> Parameter	Alt+T
Import from Variable Manager	▸
Add Parameter Operation	Alt+P
Add Comment	C
Add Mark	Ctrl+F2
Rename	F2
Save As...	Alt+S
Copy	Ctrl+C
Paste	Ctrl+V
Paste as Shortcut	Shift+Ctrl+V
Delete	Delete
Import Behavior Graph	

STEP 42 在弹出的对话框中 1 设置Inputs的A值为Float，B值为Float， 2 设置Operation为Subtraction， 3 设置Ouput为Float， 4 单击OK按钮。

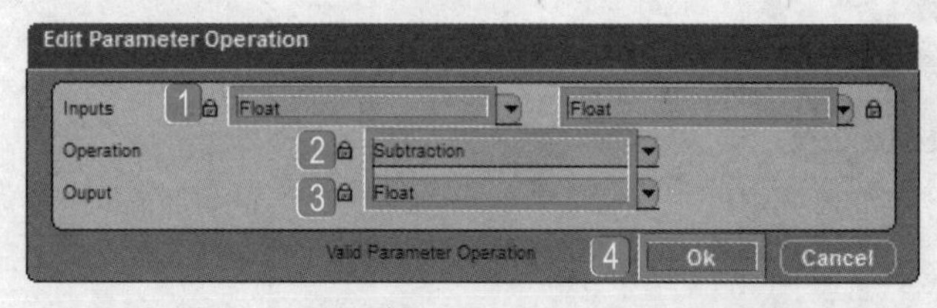

STEP 43 将计算器的等分值分享给这个减法计算器的A值。

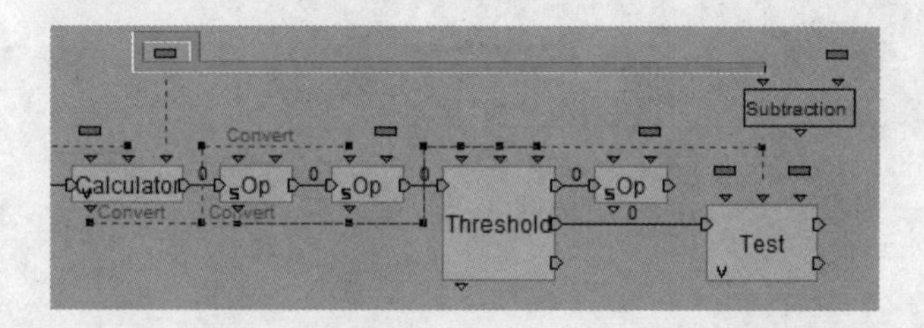

STEP 44 打开减法计算器的参数设置对话框， 1 设置Local 18为0.5， 2 单击OK按钮。将经过减法计算后的值赋予Test模块的B值，判断角度是否大于最大值。

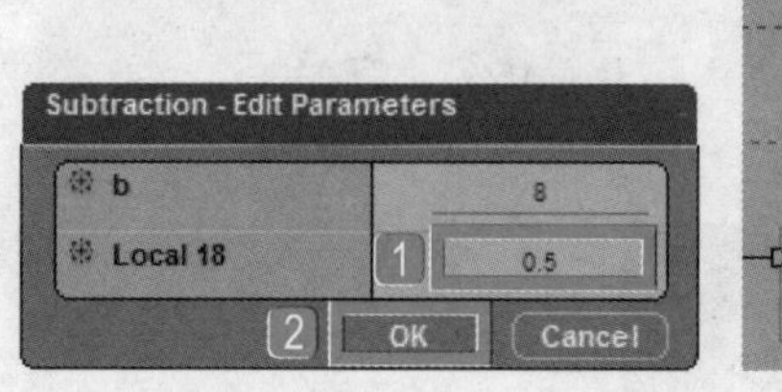

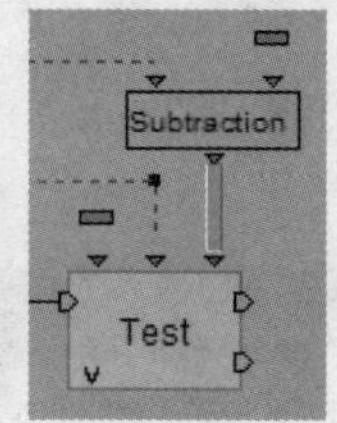

STEP 45 导入BB面板中的Logics\Calculator\Identity模块。

STEP 46 将Identity模块连接到Test模块的True。

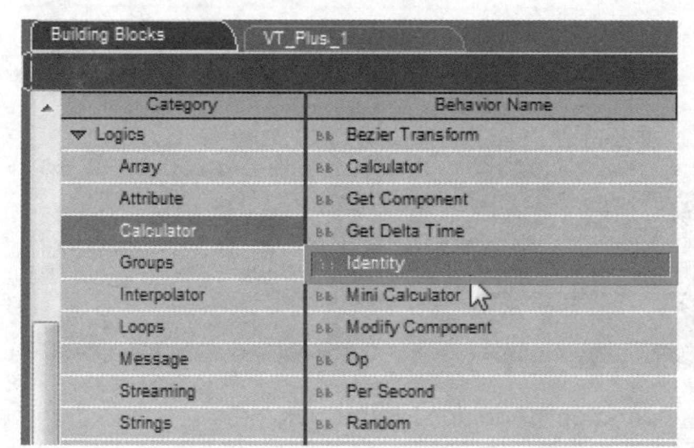

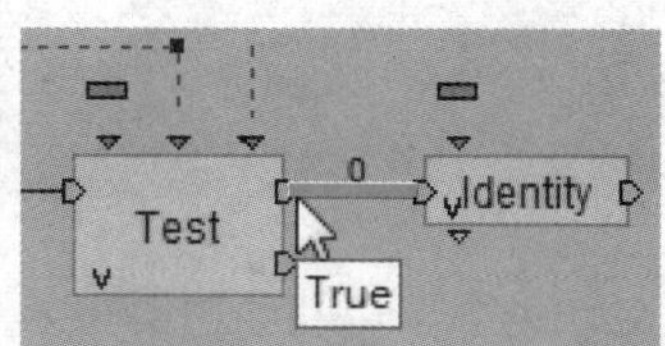

STEP 47 双击Identity模块的输入口，打开参数设置对话框。在弹出的对话框中①设置Parameter Type为Integer，②单击OK按钮。

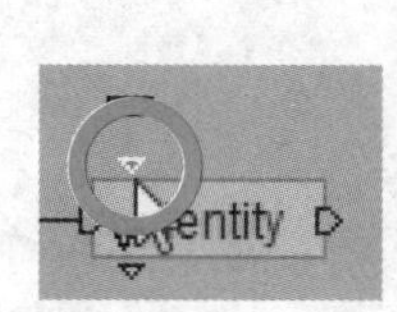

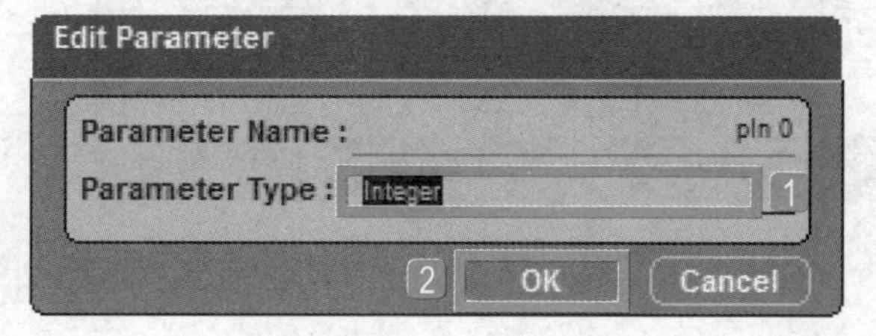

STEP 48 当判断角度已经为最大角度时，①设置图片角度为0°，②单击OK按钮。

STEP 49 当判断角度小于最大角度时，按住Shift键的同时拖曳一个Op模块连接到Threshold模块后。

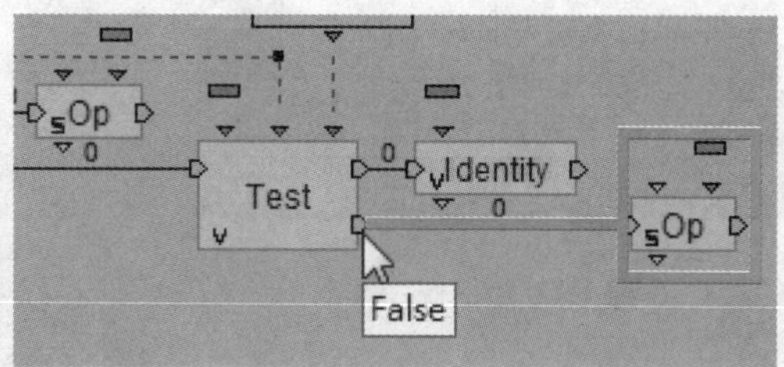

STEP 50 将A值赋予Calculator模块计算的角度。

STEP 51 右击Op模块，在弹出的对话框中执行Edit Settings命令，对其进行设置。

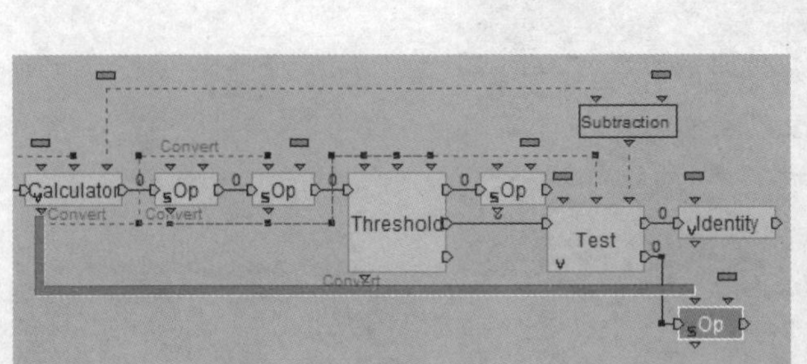

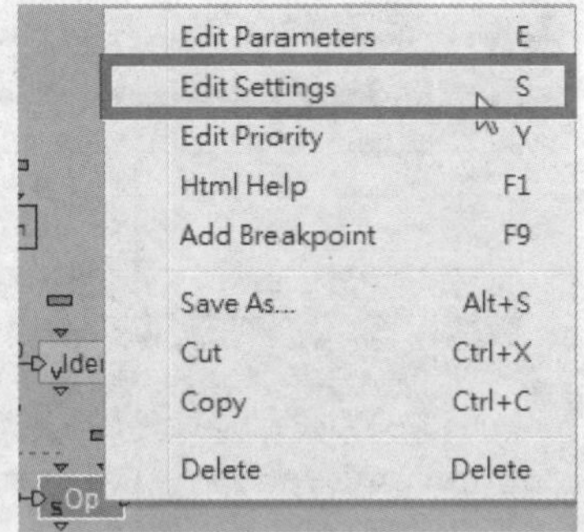

STEP 52 在弹出的对话框中❶设置Operation为Addition，❷单击OK按钮。

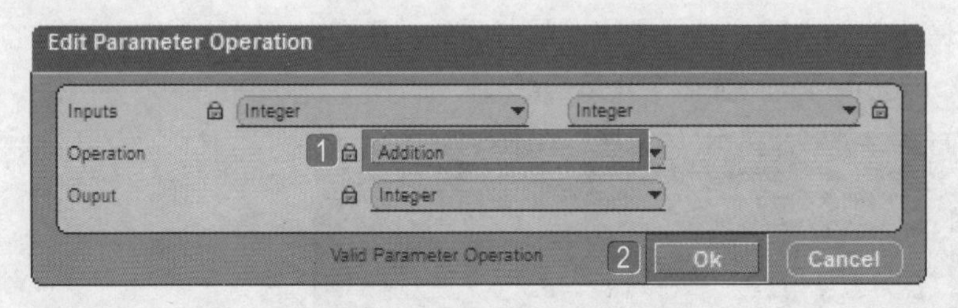

STEP 53 单击OK按钮，在弹出的对话框中❶设置p2为1，让这个角度加1即可，❷单击OK按钮。

STEP 54 当角度在设置范围内时，按住Shift键的同时拖曳复制一个Identity模块 ，并将其连接到Threshold模块的MIN<X<MAX。

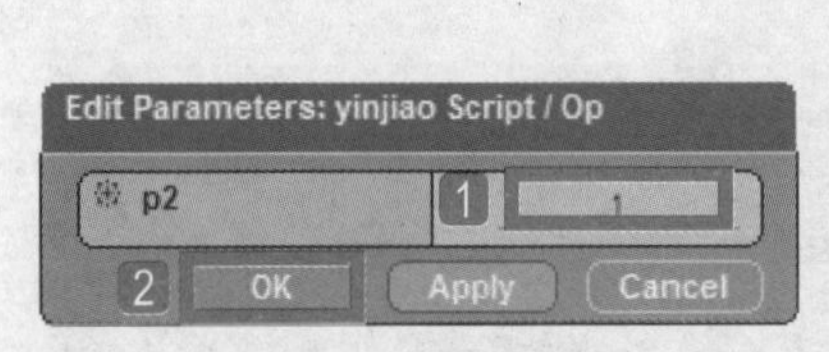

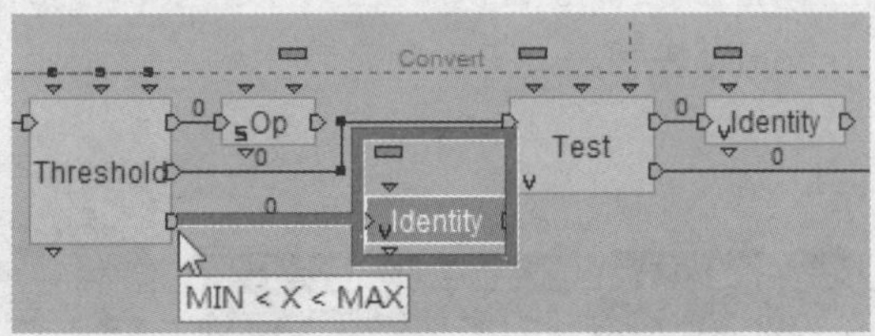

STEP 55 设置参数为Integer。

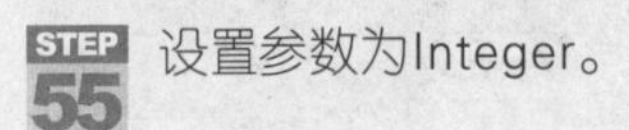

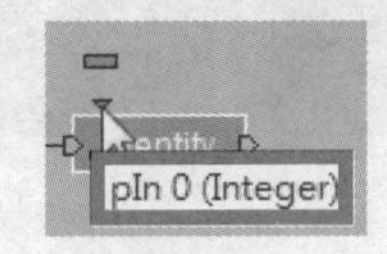

STEP 56 将Calculator模块计算出来的值转换给Identity模块。

STEP 57 至此，抓取角度就设置完成了。下面将整个模块封起来，右击空白处，在弹出的快捷菜单中执行Draw Behavior Graph命令，创造模块群组。

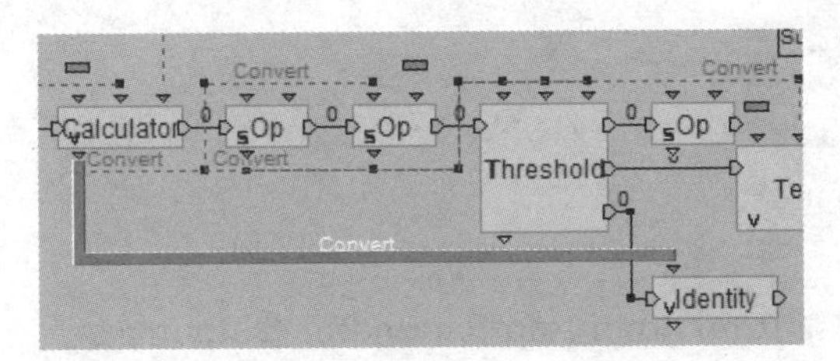

Draw Behavior Graph	G
Add Building Block	▸
Add Building Block by Name	Ctrl+Left Dbl Click
Add Local Parameter	Alt+L
Add <This> Parameter	Alt+T
Import from Variable Manager	▸
Add Parameter Operation	Alt+P
Add Comment	C
Add Mark	Ctrl+F2
Rename	F2
Save As...	Alt+S
Copy	Ctrl+C
Paste	Ctrl+V
Paste as Shortcut	Shift+Ctrl+V
Delete	Delete
Import Behavior Graph	

STEP 58 将抓取当前摄影机开始的模块整个包覆起来。

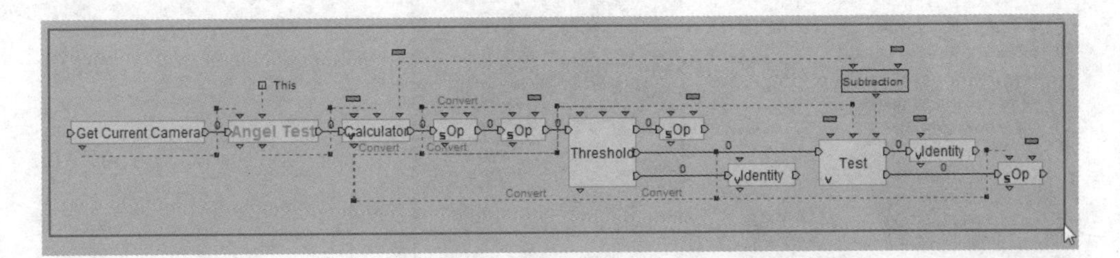

STEP 59 将Get Current Camera模块连接到它的入口In。

STEP 60 按下键盘上的O键，添加一个Out。

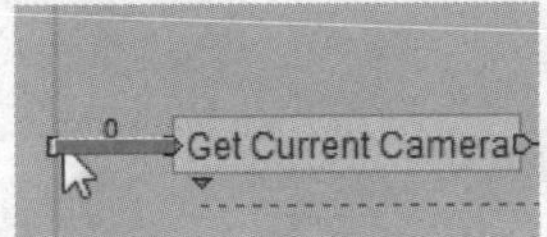

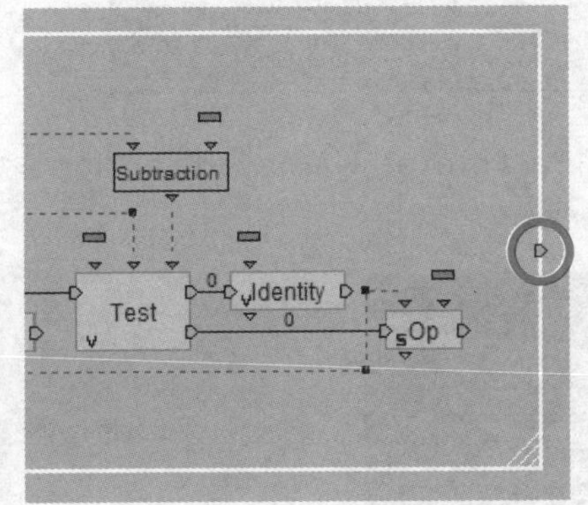

STEP 61 将最后判断式后的Op模块与Identity模块都连接到这个Out。

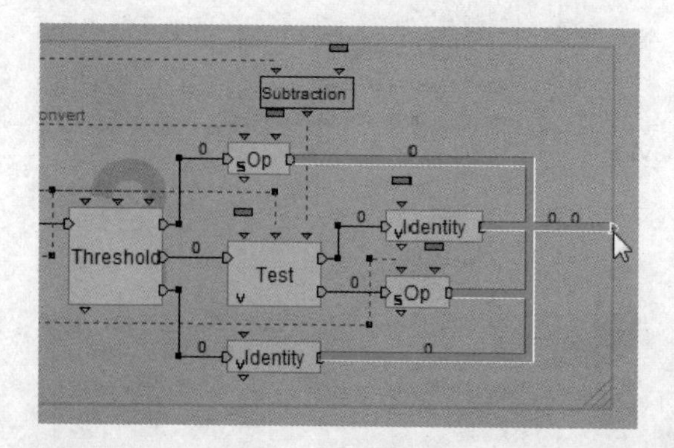

STEP 62 右击空白处，在弹出的快捷菜单中执行Construct\Add Parameter Output命令，添加一个参数输出口。

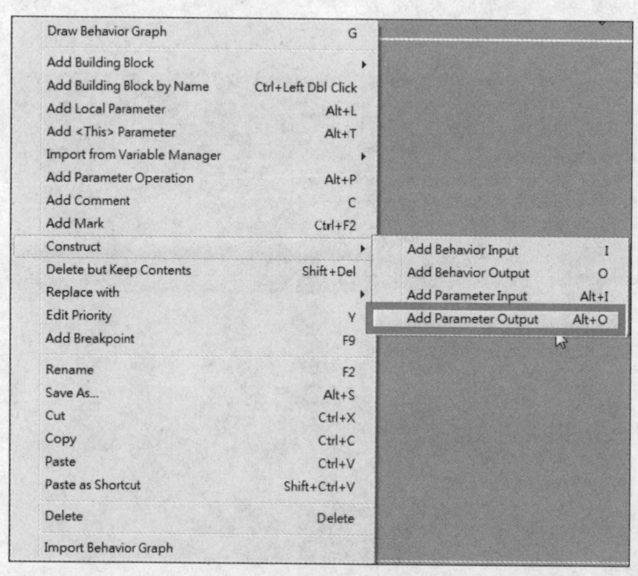

STEP 63 1设置输出参数的Parameter Name为direction，2Parameter Type为Integer，3单击OK按钮。

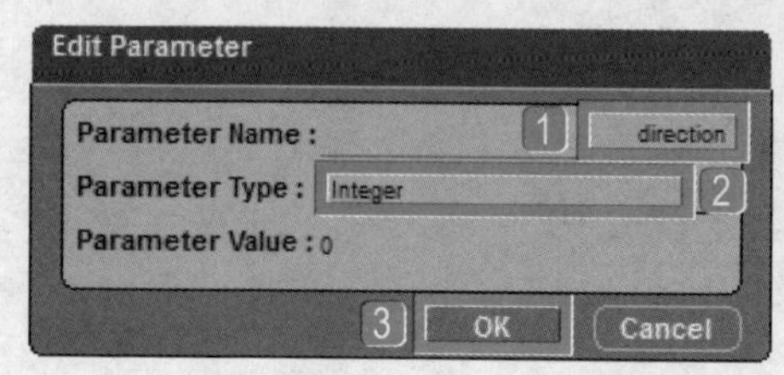

STEP 64 将Op模块和Identity模块的输出值连接到direction参数。

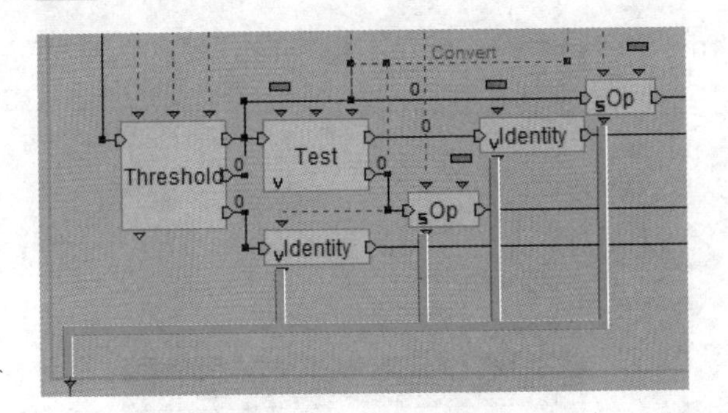

STEP 65 双击模块组将整个模块收起来，按下F2键，将其命名为Get Direction。

STEP 66 将Get Direction模块连接到Delayer模块后。

14.3 显示不同材质

STEP 1 导入BB面板中的Logics\Strings\Create String模块，创建字符串。

STEP 2 将Create String模块连接到Get Direction模块的Out后。

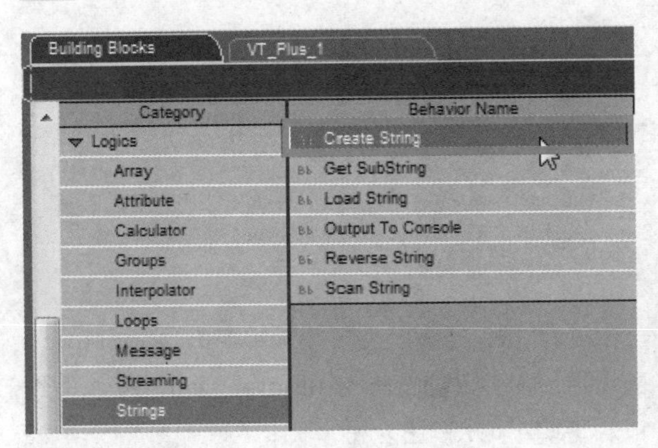

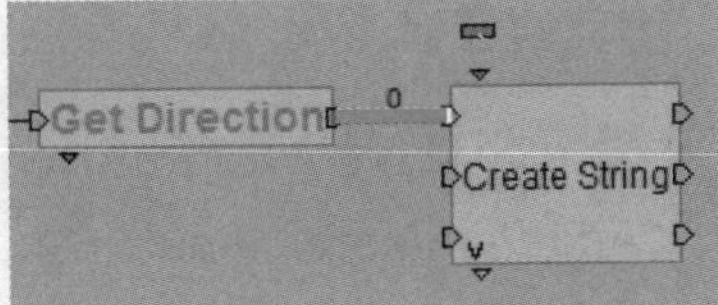

STEP 3 右击Create String模块，在弹出的快捷菜单中执行Construct\Add Parameter Input命令。

STEP 4 在弹出的对话框中❶设置Parameter Name为name，❷Parameter Type为String，❸单击OK按钮。

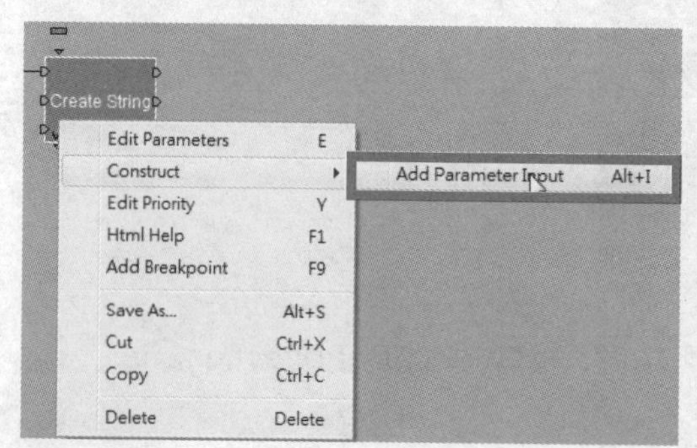

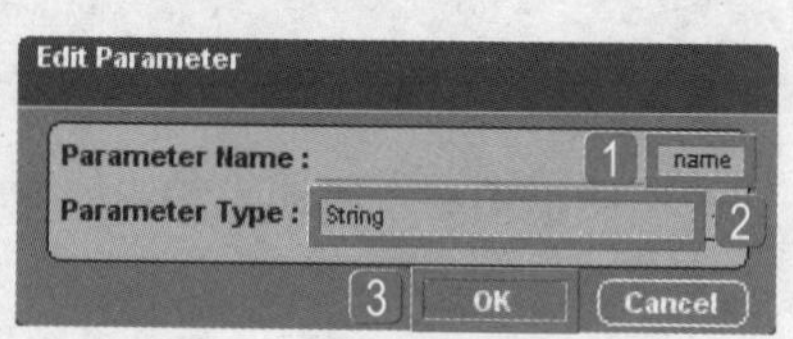

TIP 这个名称就来自于Script对象本身，这也是为什么对象命名为yinjiao的原因。

STEP 5 右击空白处，在弹出的快捷菜单中执行Add <This> Parameter命令，创建自我参数。

STEP 6 将这个This参数赋予Create String模块刚刚创建的参数输入口。

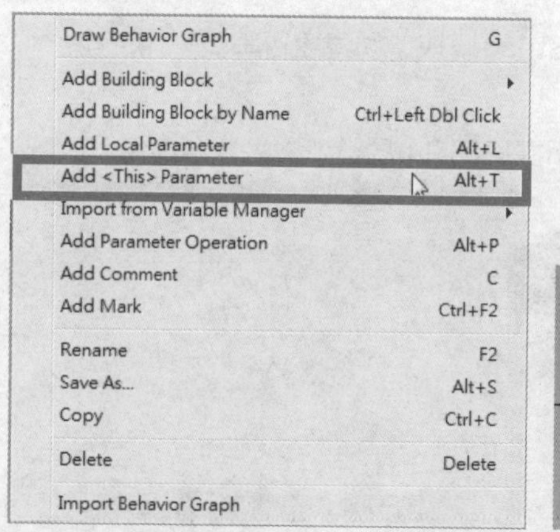

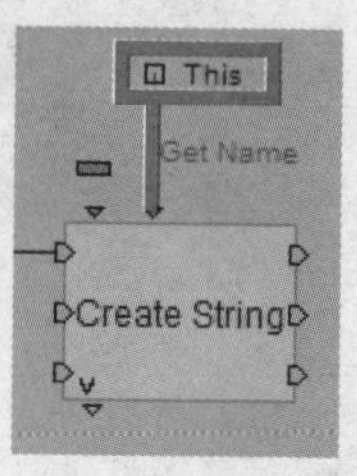

STEP 7 使用同样的方法，右击Create String模块，在弹出的快捷菜单中执行Construct\Add Parameter Input命令，创建第二个参数❶设置Parameter Name为 _ (下划线)，❷Parameter Type为String，❸单击OK按钮。

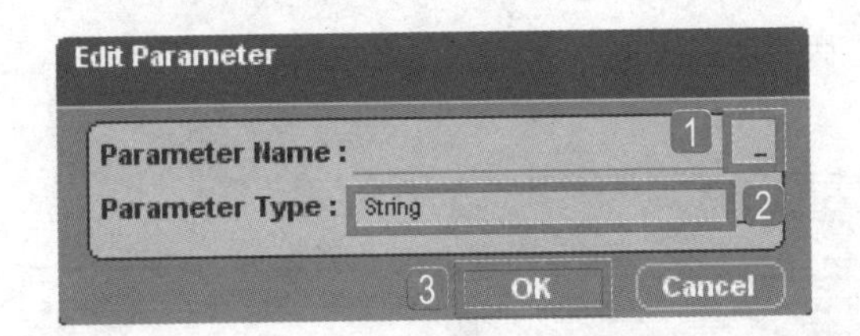

STEP 8 打开参数设置对话框，1设置字符串内容为下划线，2单击OK按钮。

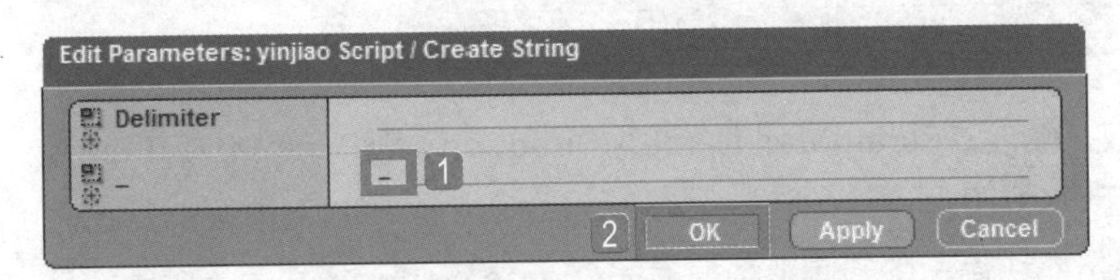

STEP 9 创建第三个参数，1设置Parameter Name为Animation Type，2Parameter Type为Integer，3单击OK按钮。

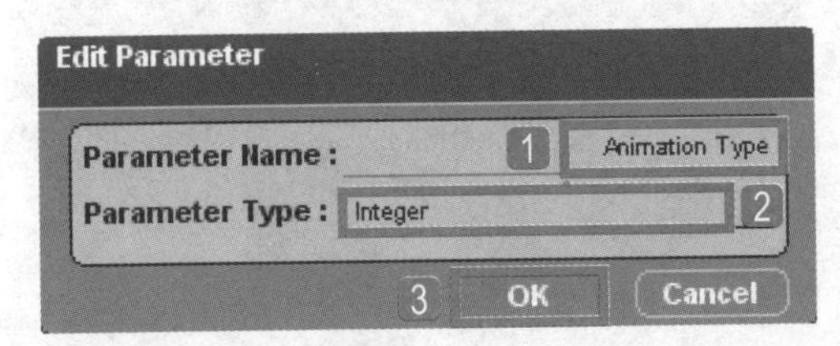

STEP 10 由于只加载一个动作，因此打开参数设置对话框1设置Animation Type为0，2单击OK按钮。

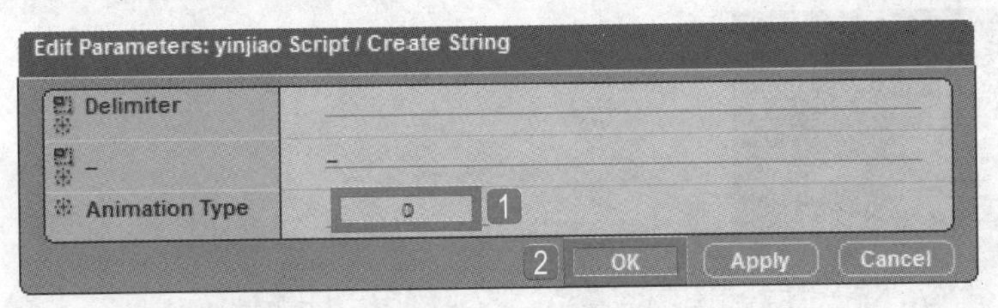

STEP 11 创建第四个参数，1设置Parameter Name为_(下划线)，2Parameter Type为String，3单击OK按钮。

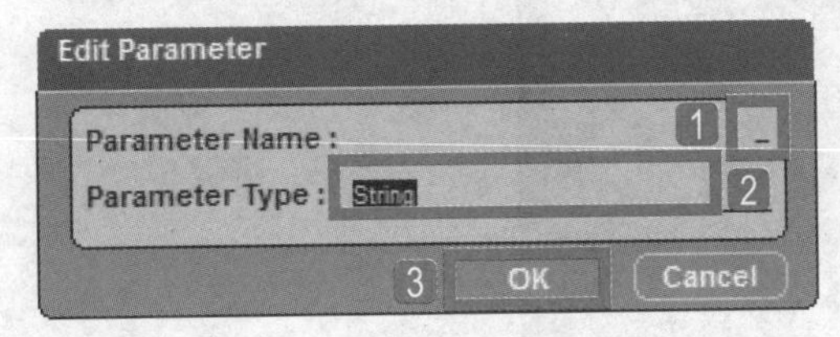

STEP 12 打开参数设置对话框，1设置字符串内容为下划线，2单击OK按钮。

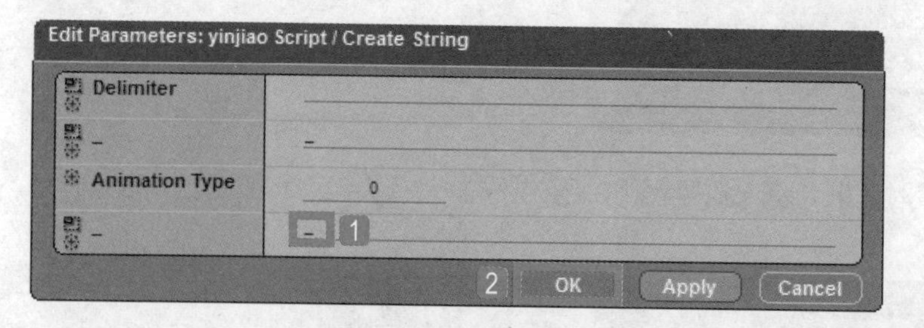

STEP 13 创建第五个参数，1设置Parameter Name为Direction，2Parameter Type为Integer，3单击OK按钮。

STEP 14 将Get Direction模块输出的方向整数值赋予Create String模块第五个新增的Direction参数。

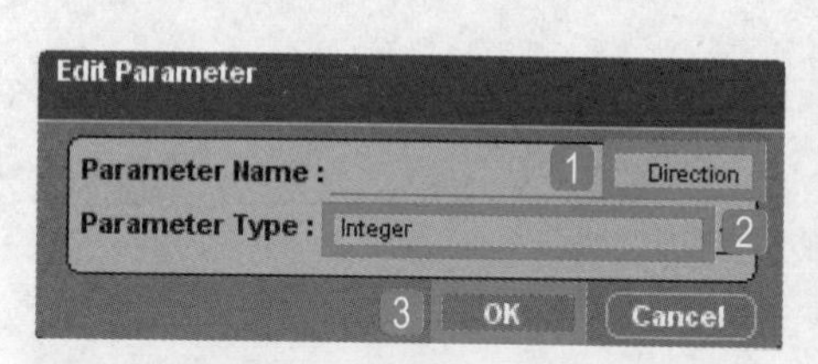

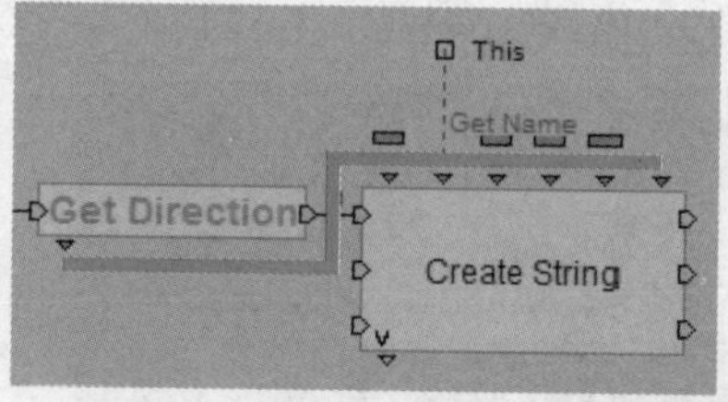

STEP 15 创建第六个参数，1设置Parameter Name为_（下划线），2Parameter Type为String，3单击OK按钮。

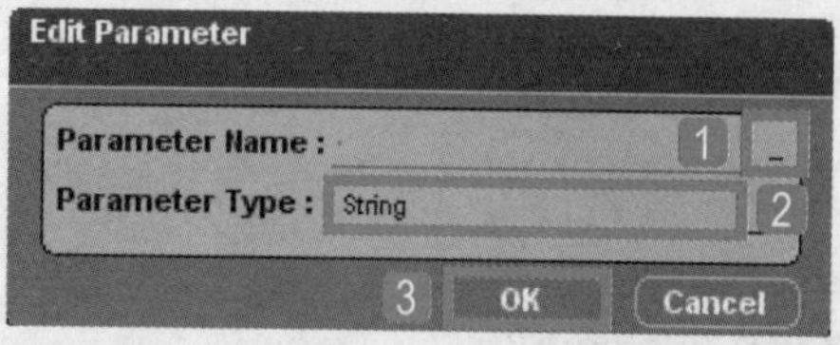

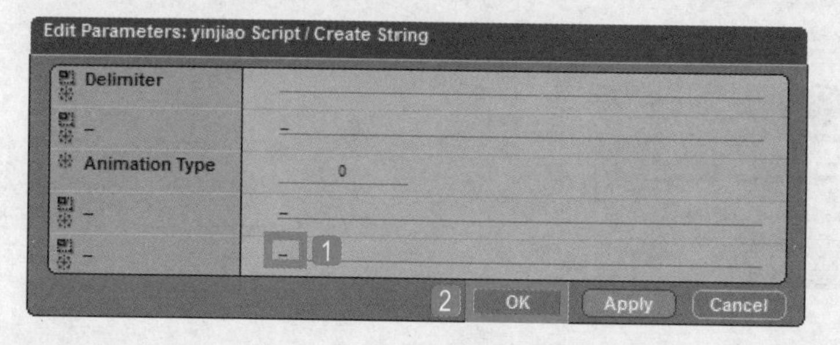

STEP 16 打开参数设置对话框，1设置字符串内容为下划线，2单击OK按钮。

STEP 17 创建第七个参数，1设置Parameter Name为Fram，2Parameter Type为Integer，3单击OK按钮。

STEP 18 Frame参数来自于一开始的计数器Counter依序跑的数值。

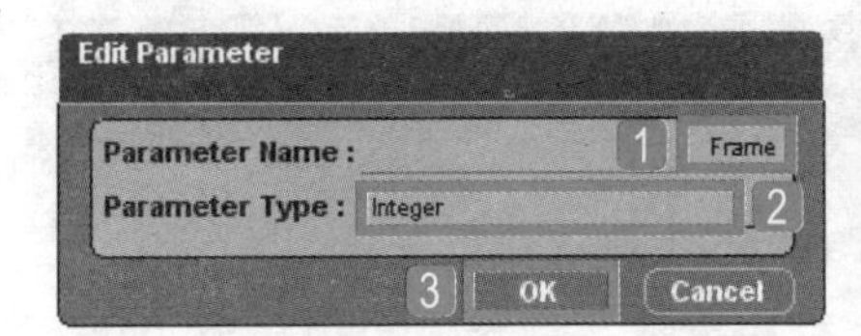

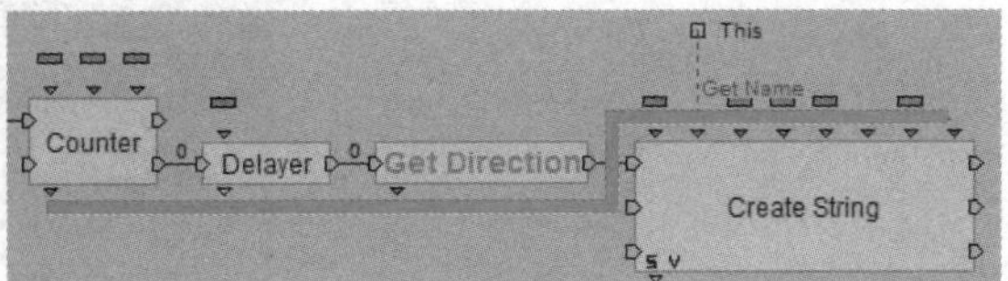

STEP 19 创造好符合图片名称的字符串后，导入BB面板中的Logics\Caculator\Op模块。

STEP 20 将Op模块连接到Create String模块的Create Out。

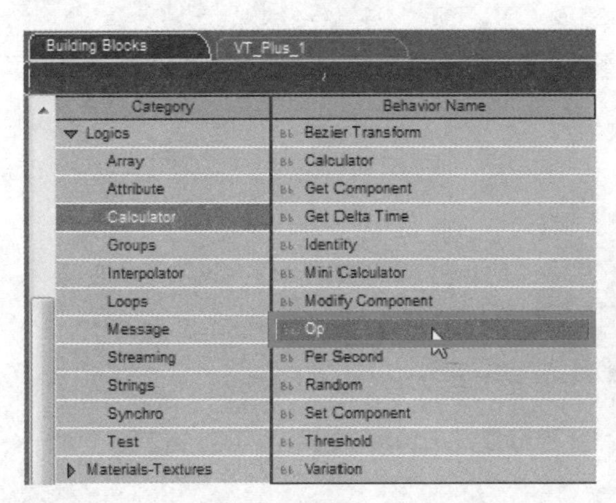

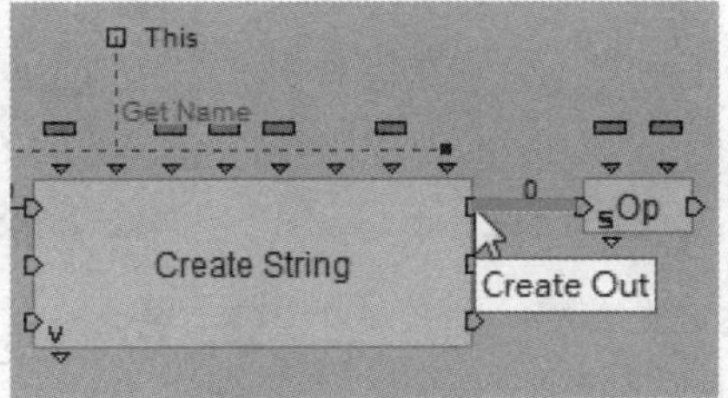

STEP 21 右击Op模块，在弹出的快捷菜单中执行Edit Settings命令，对其进行设置。

STEP 22 在弹出的对话框中1设置Inputs的A值为String，2Operation为Get Object By Name，3Ouput为Texture，4单击OK按钮。

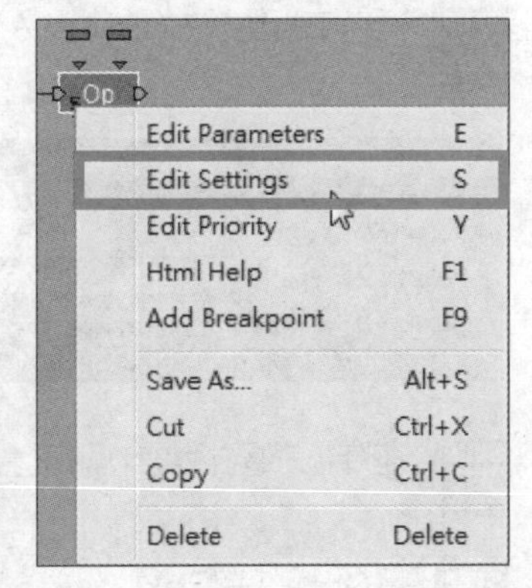

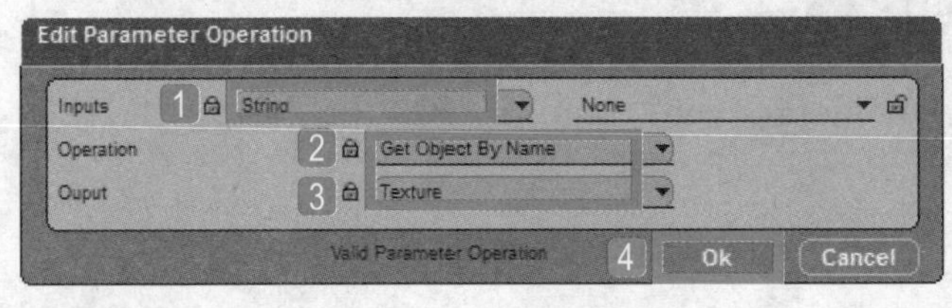

STEP 23 将Create String模块创建的字符串赋予Op模块的A值。

STEP 24 导入BB面板中的Logics\Test\Test模块。

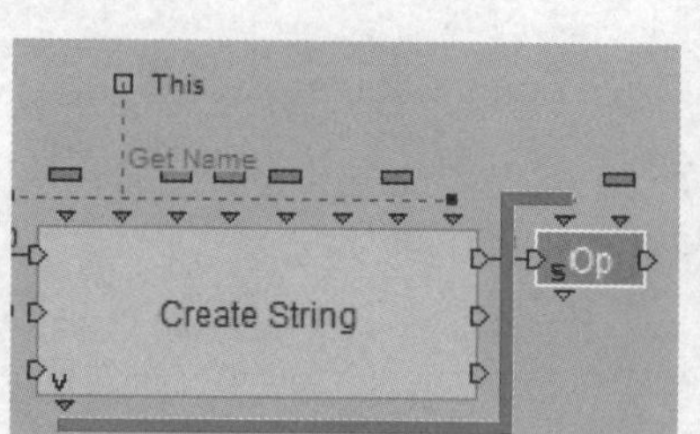

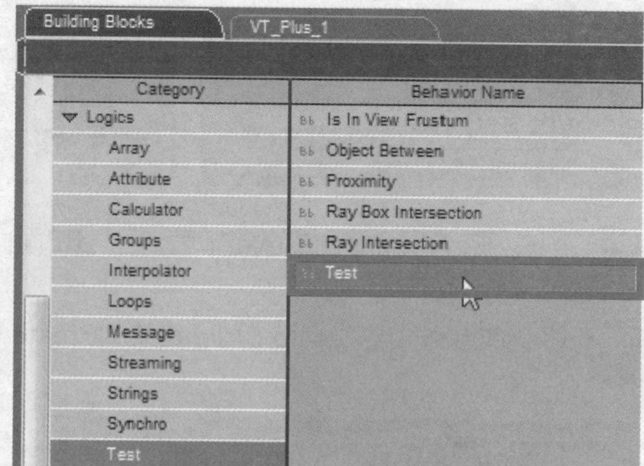

STEP 25 将Test模块连接到Op模块后。双击Test模块的A值输入口。

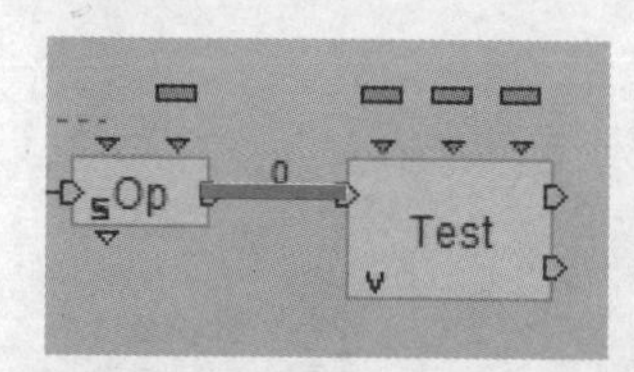

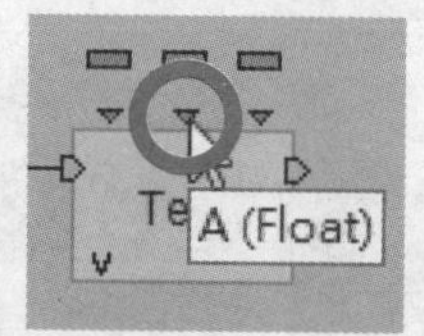

STEP 26 在弹出的对话框中1设置Parameter Type为Texture，2单击OK按钮。

STEP 27 双击Test模块的B值输入口，设置参数。

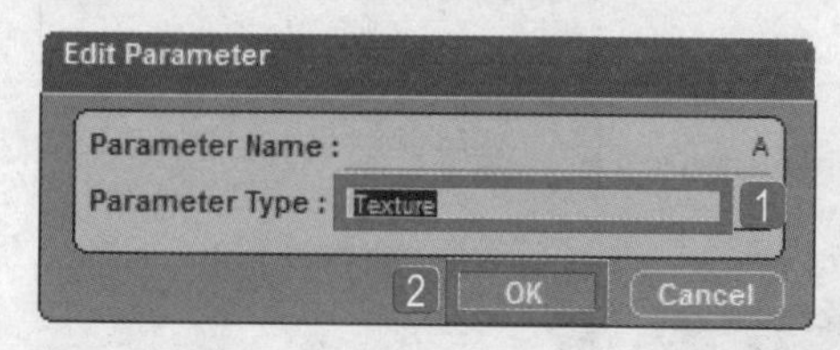

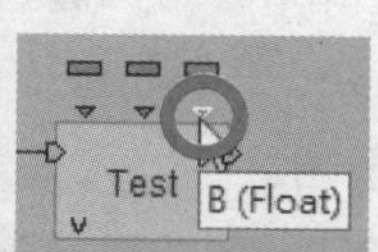

STEP 28 在弹出的对话框中1设置Parameter Type为Texture，2单击OK按钮。

STEP 29 将Op模块的Texture值赋予Test模块的A值。

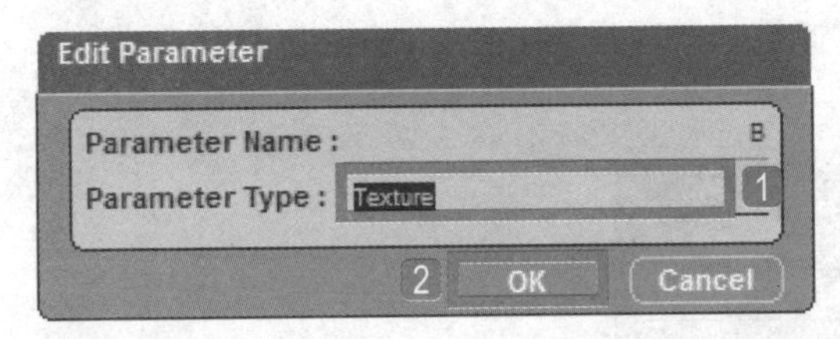

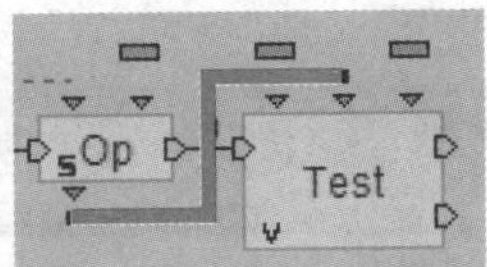

STEP 30 双击Test模块，在弹出的对话框中1设置Test为Equal，2B值为NULL，即当找不到符合A值的图片时为True，3单击OK按钮。

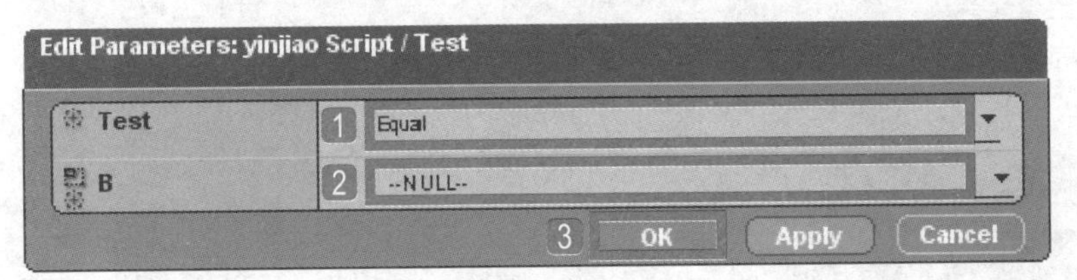

STEP 31 当找不到符合A值的图片时，返回到Counter模块从1开始重新查找，将Test模块的True连接到Counter模块的In。

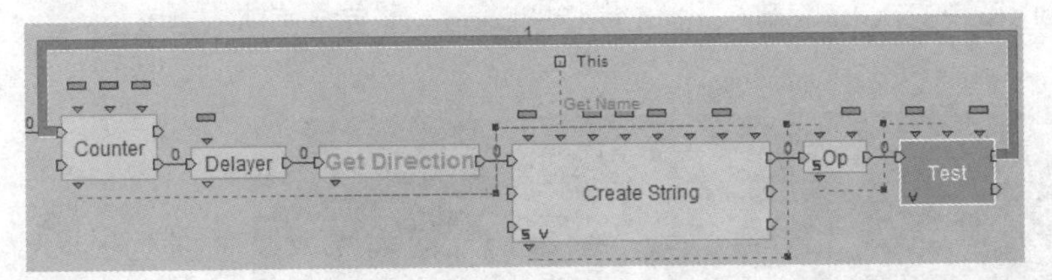

STEP 32 当找不到符合A值的图片时，返回到Counter模块从1开始重新查找，将Test模块的True连接到Counter模块的In。

STEP 33 将Set Texture模块连接到Text模块的False后。

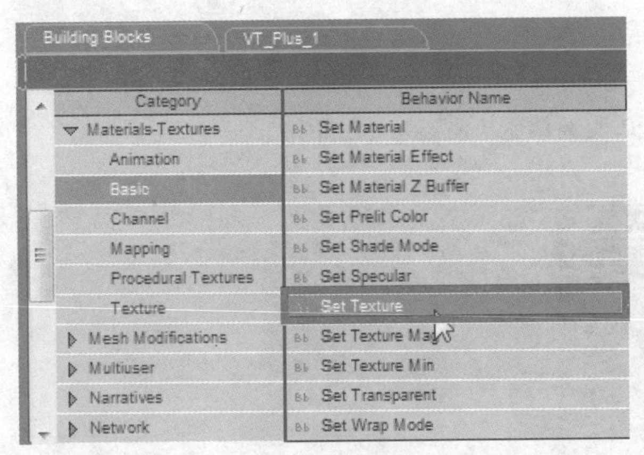

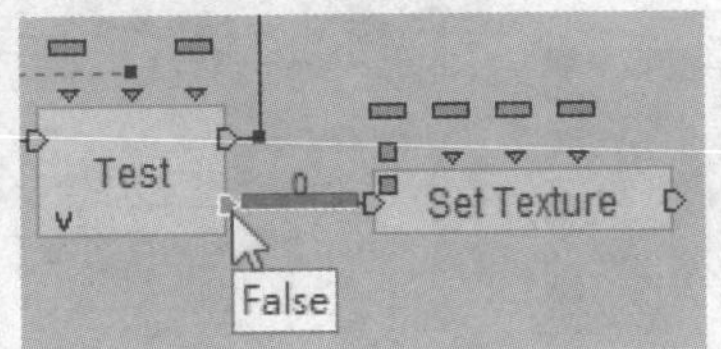

STEP 34 双击Set Texture模块，在弹出的对话框中1设置Target（Material）为yinjiao，2单击OK按钮。

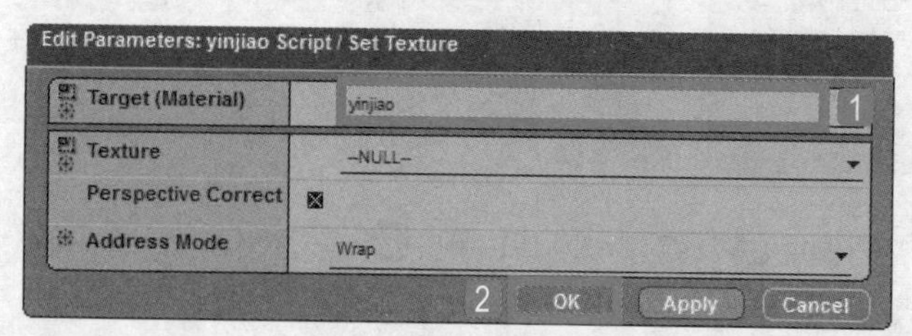

STEP 35 要置换的图片来自于Op模块查找到的符合名称的Texture。

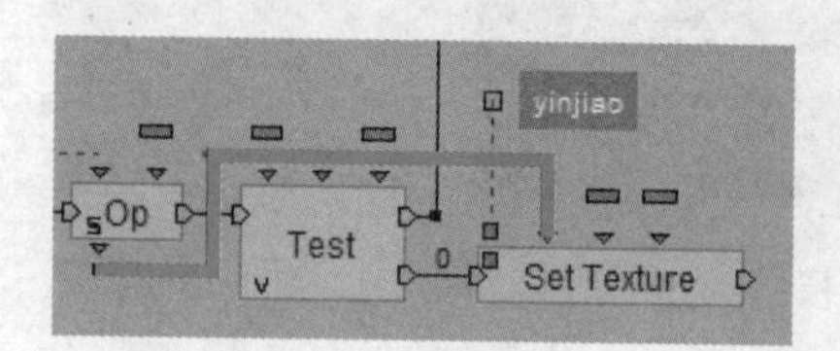

STEP 36 将Set Texture模块的Out连接到Counter模块的Loop In，完成循环的设置。

14.4 测试场景并设置角色控制

STEP 1 在测试之前，单击Create Camera按钮，创建一架摄影机。

STEP 2 在Target Camera Setup面板中设置摄影机位置为（0,0,0）。

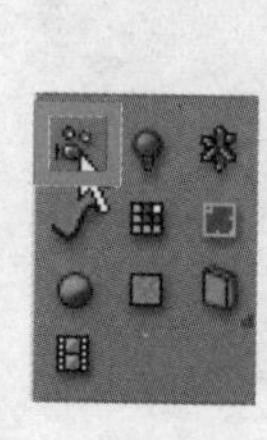

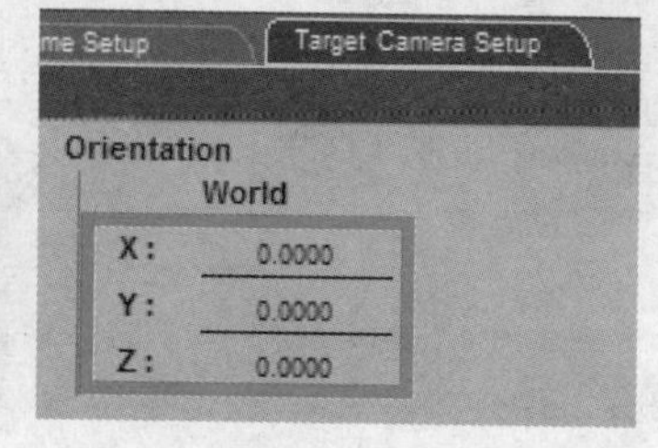

STEP 3 在3D Layout面板中切换到Top View。

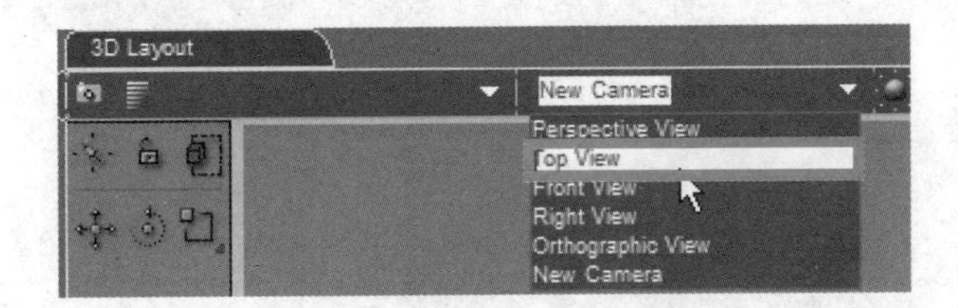

STEP 4 在该视图窗口中调整摄影机的位置。

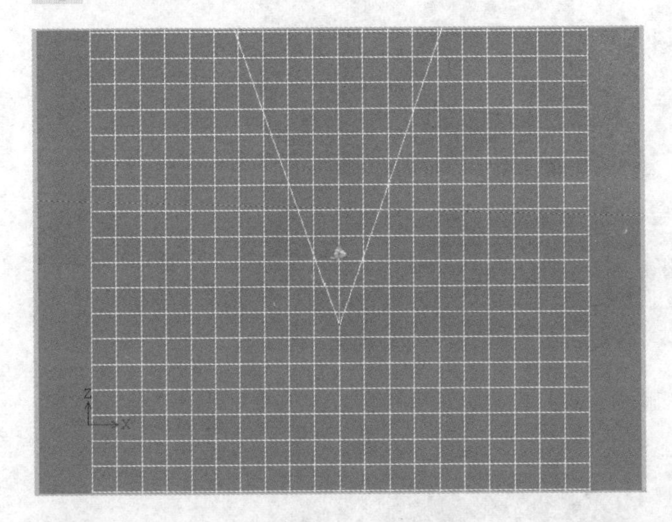

STEP 5 调整好摄影机的位置后，切换回Perspective View，确认可以清楚显示对象之后，单击Set IC按钮设置摄影机初始值。

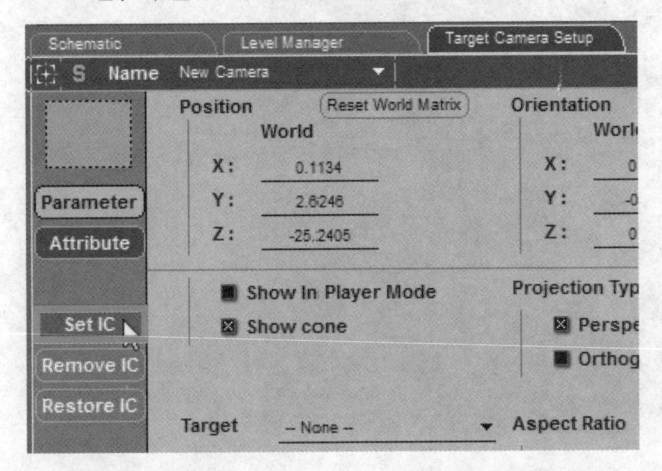

STEP 6 至此，置换图片的对应方向就设置完成了，选择虚拟点单击Play按钮预览效果。在预览窗口中可以看到一开始对象背对着，这是因为对象与摄影机的角度是向上的。

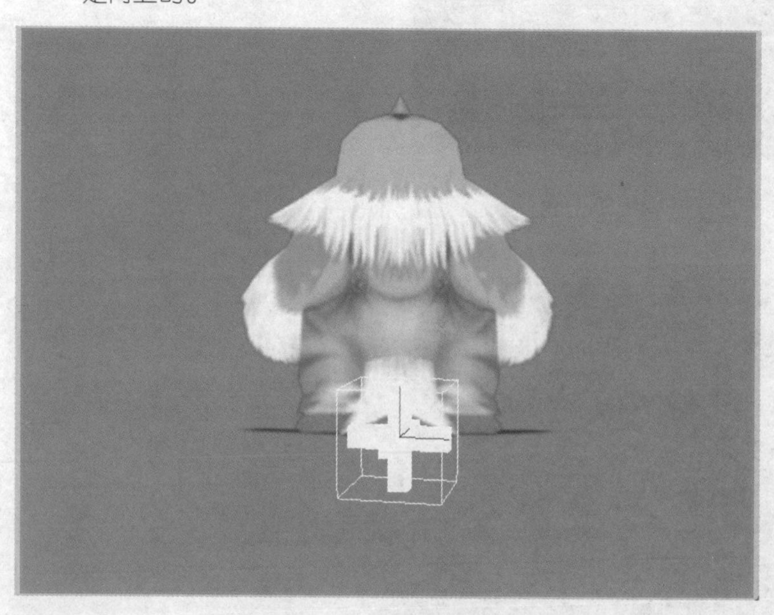

STEP 7 旋转对象的角度，图片也顺利置换。

STEP 8 导入VT_Plus_1面板中的Characters\Scenes\Scenes05.nmo场景文件，使角色真实存在于3D场景中。

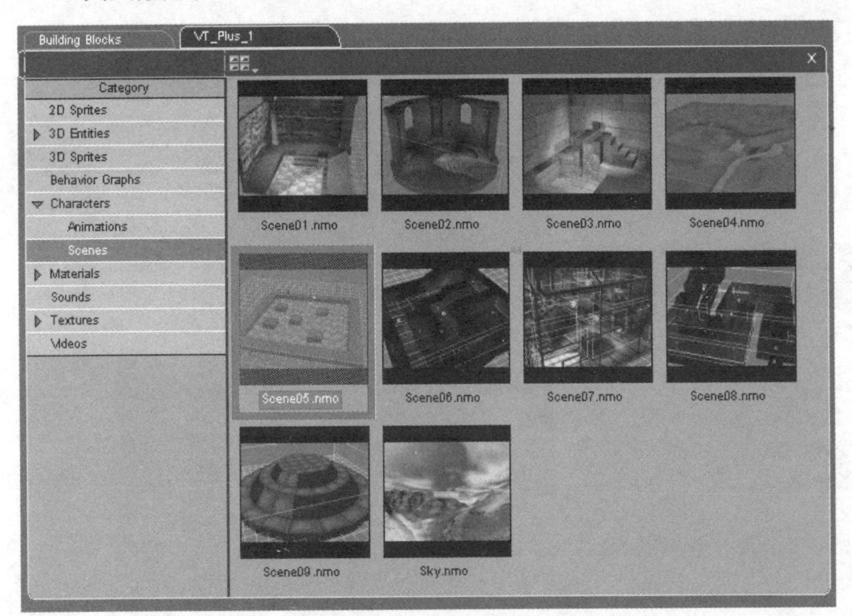

STEP 9 将虚拟点移动到空旷的地方，避免它陷在墙壁中。

STEP 10 1在Level Manager面板中选择Level\Global\3D Frames\yinjiao，2单击Set IC For Selected按钮设置初始值。

STEP 11 设置场景的地板与碰撞效果。1在Level Manager面板中选择Level\Global\Characters\scene05\Body Parts\wall，2单击Create Group按钮创建群组。

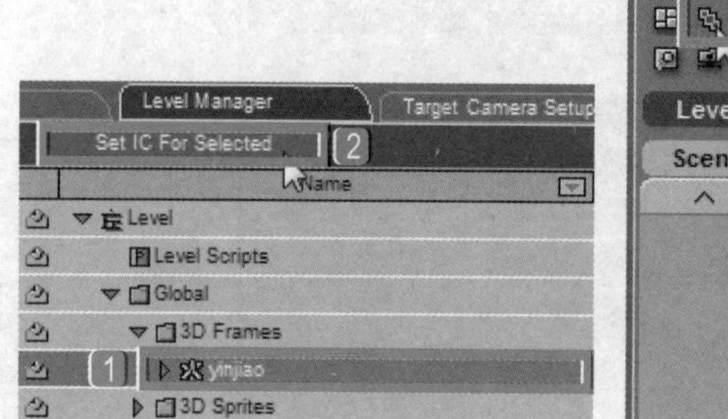

STEP 12 将新增的群组命名为wall，检查一下是否包含wall对象。

STEP 13 1在Level Manager面板中右击floor，2在快捷菜单中执行Add Attributes命令添加属性。

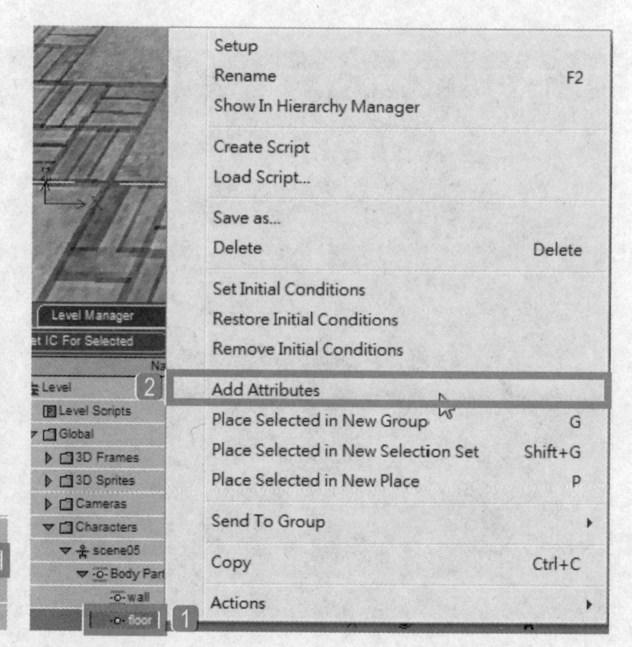

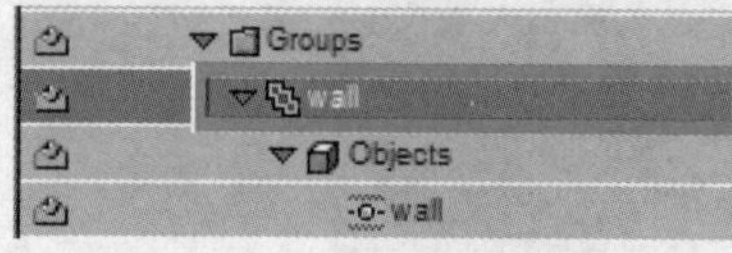

STEP 14 在弹出的Add Attributes对话框中1选择Floor Manager\Floor，2单击Add Selected按钮添加地板属性。

STEP 15 1在Level Manager面板中选择floor，2单击Set IC For Selected按钮，设置初始值。

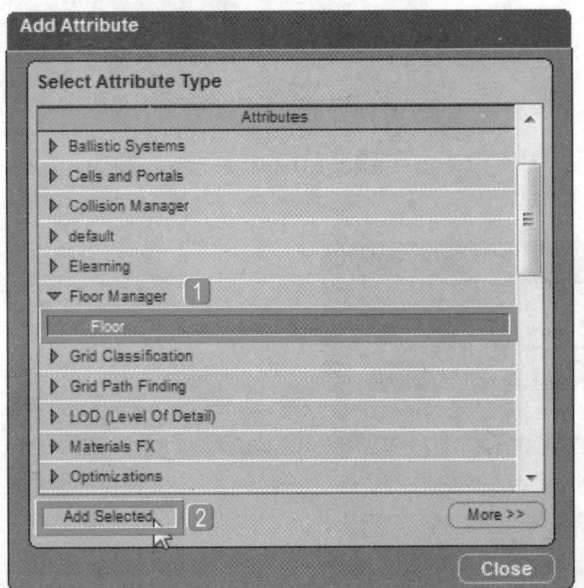

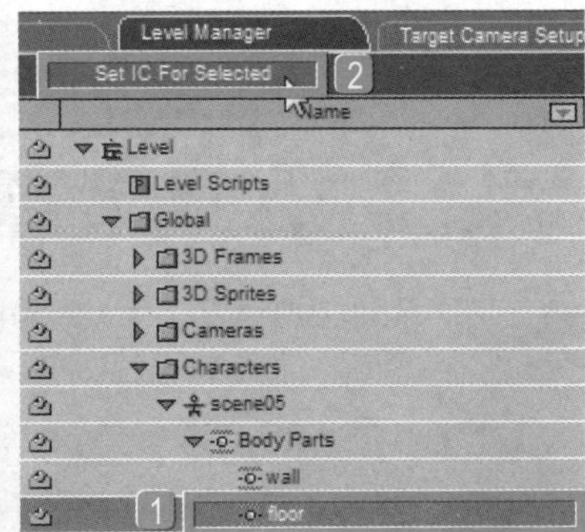

STEP 16 1在Level Manager面板中选择Scene05，2单击Set IC For Selected按钮，设置初始值。

STEP 17 返回到yinjiao Script，导入BB面板中的Collisions\3D Entity\Object Slider模块。

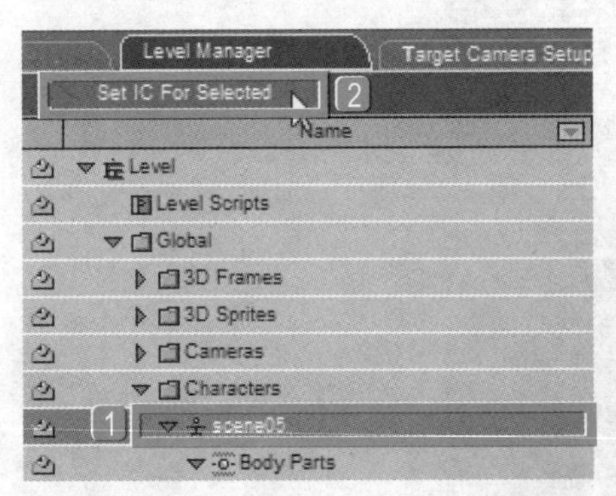

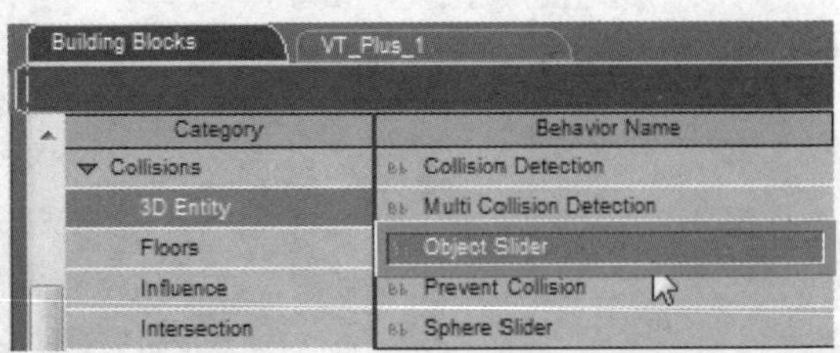

STEP 18 将Object Slider模块连接到yinjiao Script的Start。

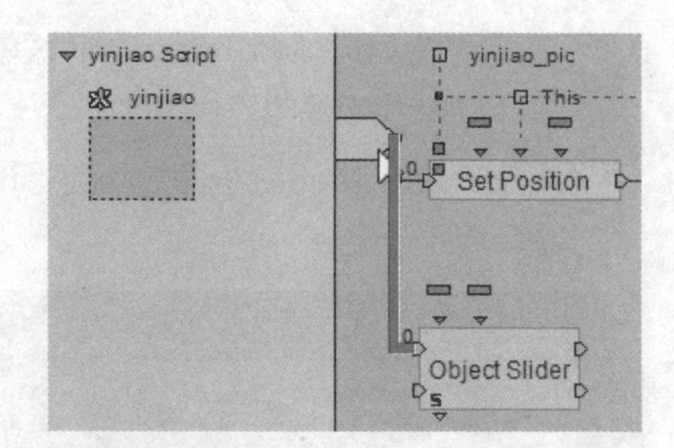

STEP 19 双击Object Slider模块，在弹出的对话框中1设置Radius为5，2Group为wall，3单击OK按钮。

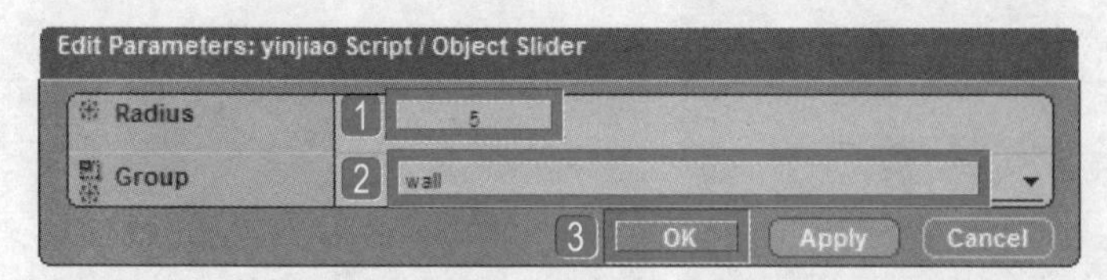

STEP 20 导入BB面板中的3D Transformations\Constraint\Object Keep On Floor V2模块。

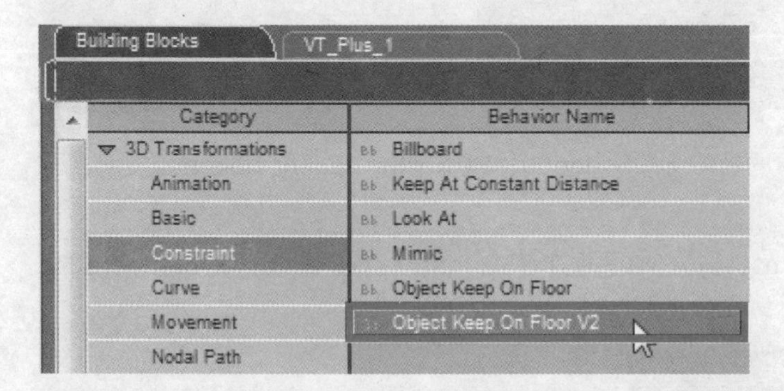

STEP 21 将Object Keep On Floor V2模块连接到yinjiao Script的Start，让角色对应地板，设置使用默认值即可。

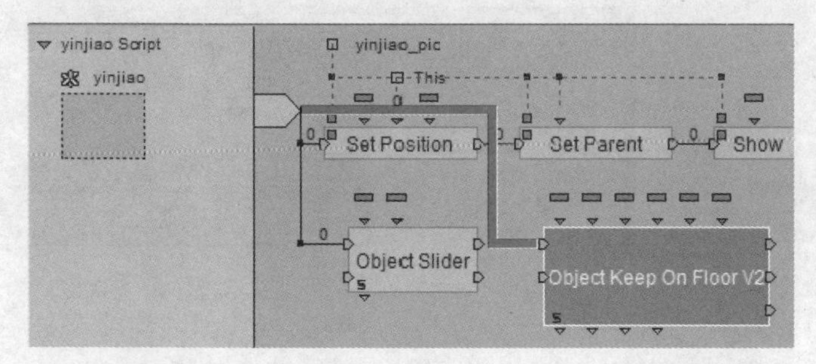

STEP 22 导入BB面板中的Controllers\Keyboard\Switch On Key模块，设置角色控制。

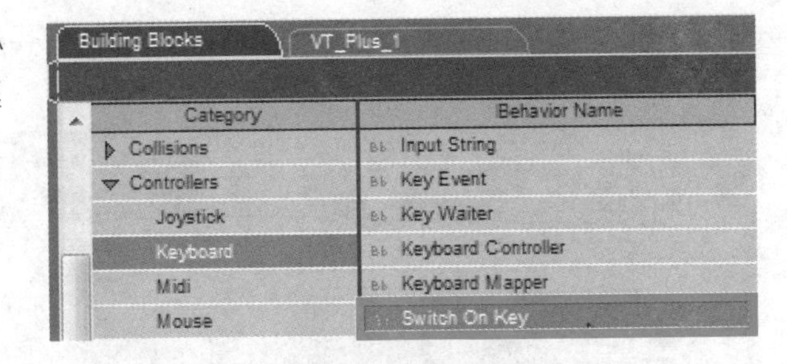

STEP 23 将Switch On Key模块连接到yinjiao Script的Start。

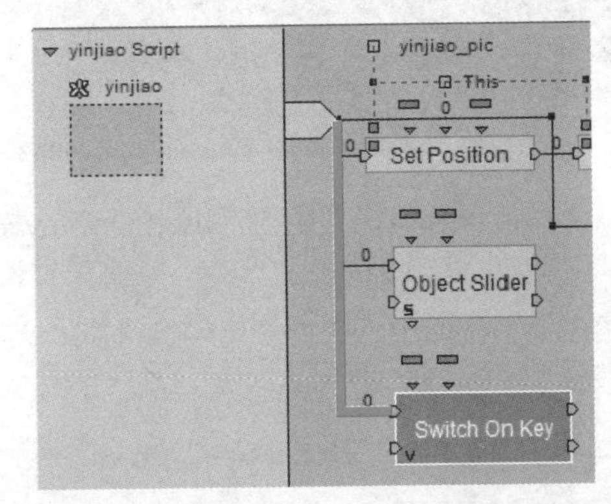

STEP 24 右击Switch On Key模块，在弹出的快捷菜单中执行Construct>Add Behavior Output命令，添加两个输出口。

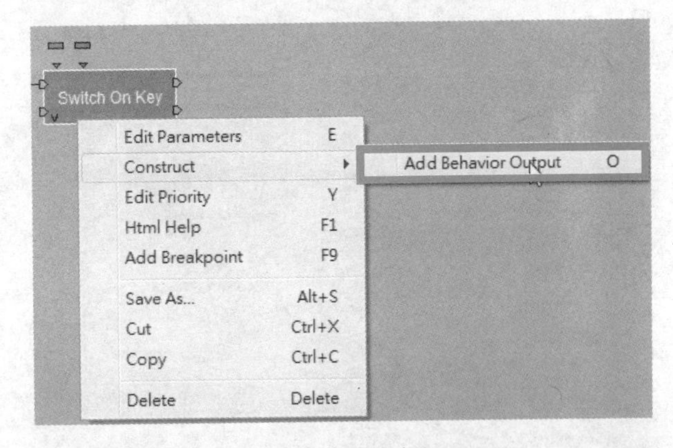

STEP 25 双击Switch On Key模块，在弹出的对话框中1设置对应键分别为Up（上）、Down（下）、Left（左）、Right（右），2单击OK按钮。

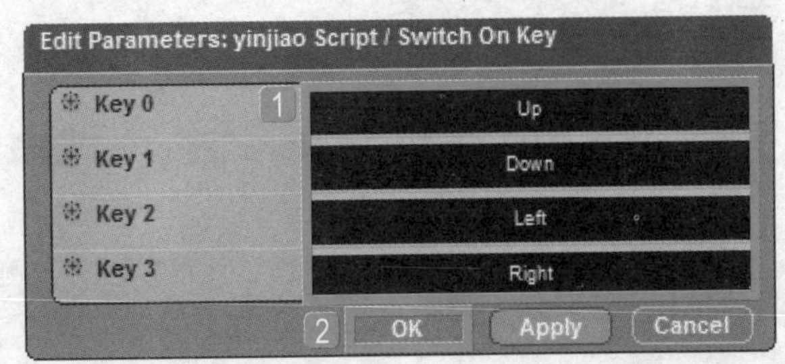

STEP 26 导入BB面板中的3D Transformations\Basic\Translate模块。

Building Blocks | VT_Plus_1

Category	Behavior Name
3D Transformations	Set Local Matrix
Animation	Set Orientation
Basic	Set Parent
Constraint	Set Position
Curve	Set Quaternion Orientation
Movement	Set World Matrix
Nodal Path	Translate

STEP 27 将第一个Translate模块连接到Switch On Key模块的Up（上）输出口。

STEP 28 右击空白处，在弹出的快捷菜单中执行Add <This> Parameter命令，创建自我参数。

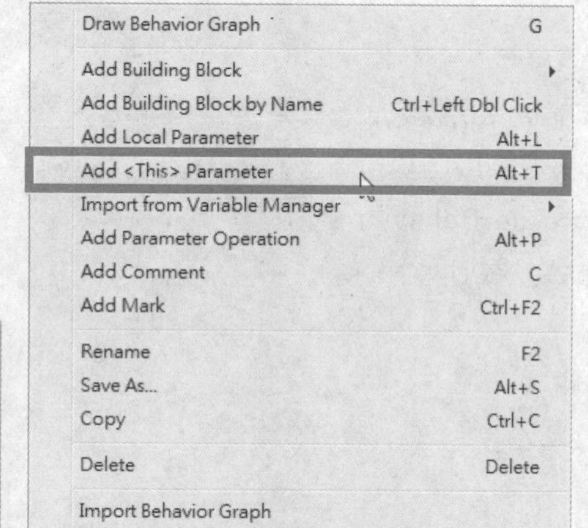

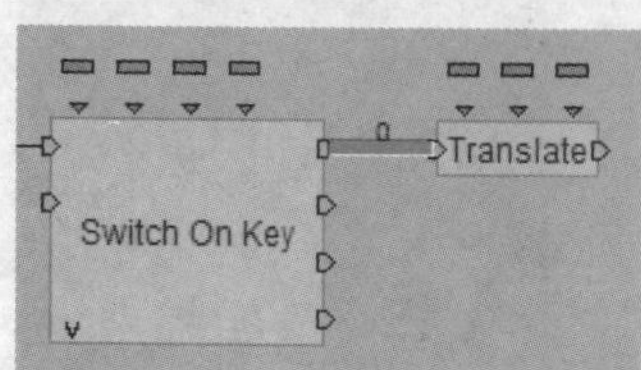

STEP 29 将这个This参数赋予Translate模块的参考体Referential。

STEP 30 双击Translate模块，在弹出的对话框中1设置它的位移沿着Z轴增加0.5，2单击OK按钮。

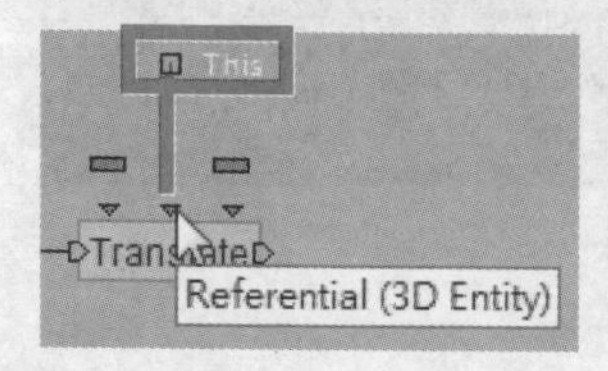

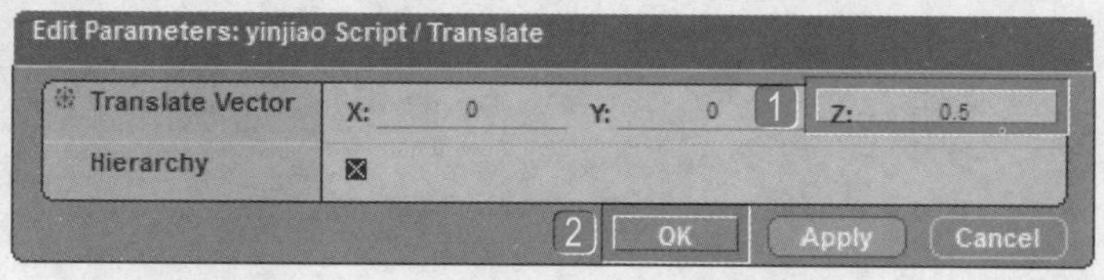

STEP 31 按住Shift键的同时拖曳复制第二个Translate模块，并且连接到Switch On Key模块的Down（下）输出口。

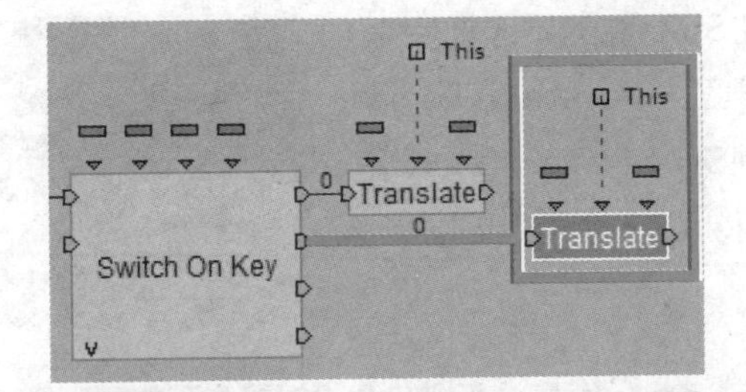

STEP 32 1设置第二个Translate模块的位移沿着Z轴减少0.5，2单击OK按钮。

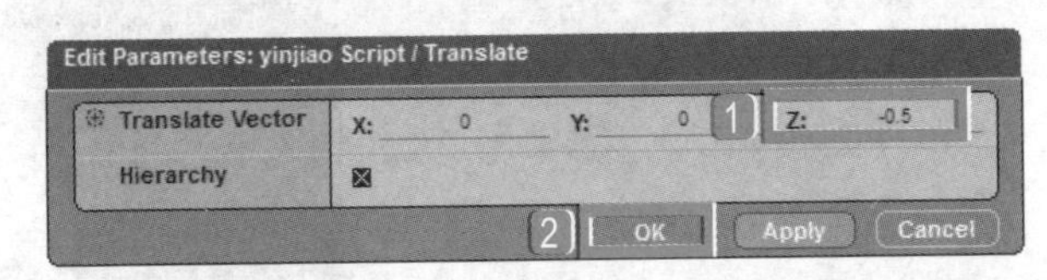

STEP 33 导入BB面板中的3D Transformations\Basic\Rotate模块，设置旋转效果。

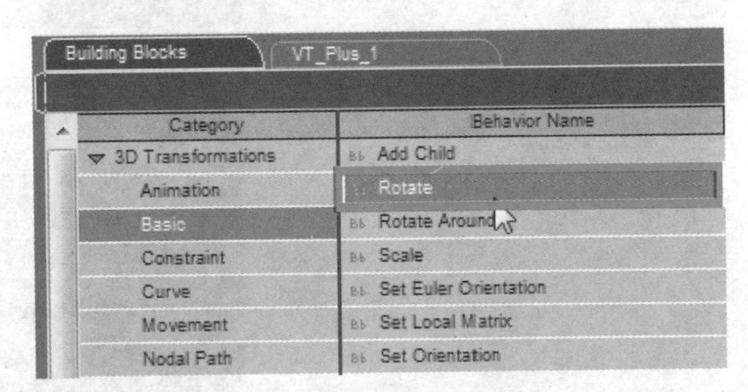

STEP 34 将第一个Rotate模块连接到Switch On Key模块的Left（左）输出口。

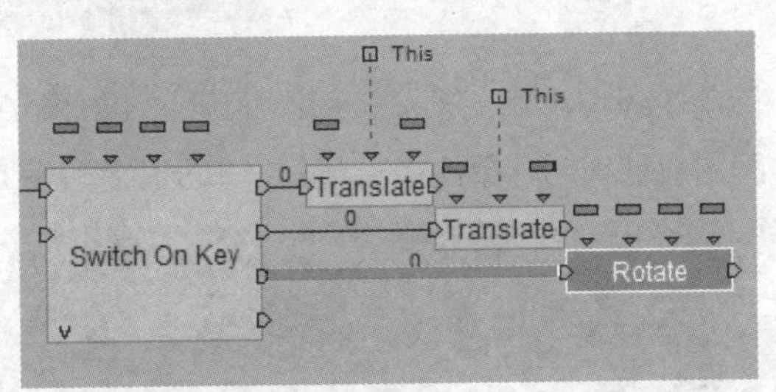

STEP 35 双击Rotate模块，在弹出的对话框中1设置沿着Y轴旋转5°，2Referential为NULL，对象会作自转，3单击OK按钮。

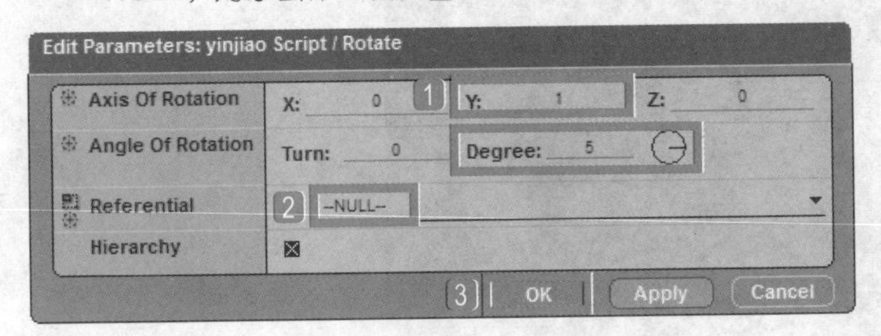

STEP 36 按住Shift键的同时拖曳复制第二个Rotate模块，连接到Switch On Key模块的Right（右）输出口。

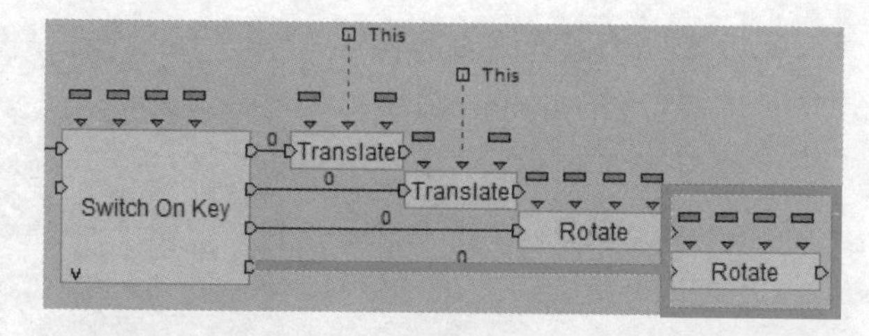

STEP 37 双击Rotate模块，在弹出的对话框中1设置沿着Y轴旋转-5°，2单击OK按钮。

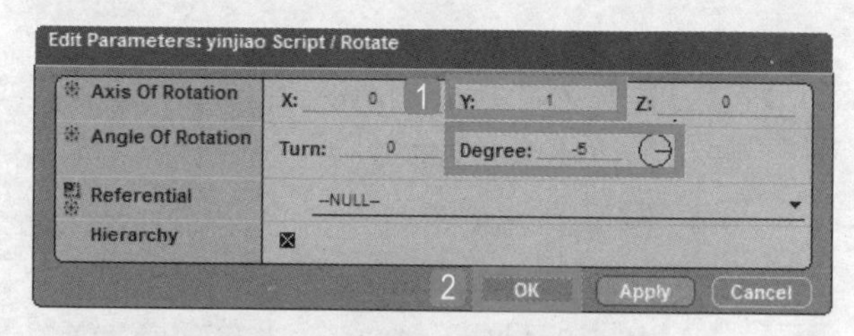

STEP 38 重新调整摄影机的角度到理想位置，单击Set Ic For Selected按钮设置初始值。

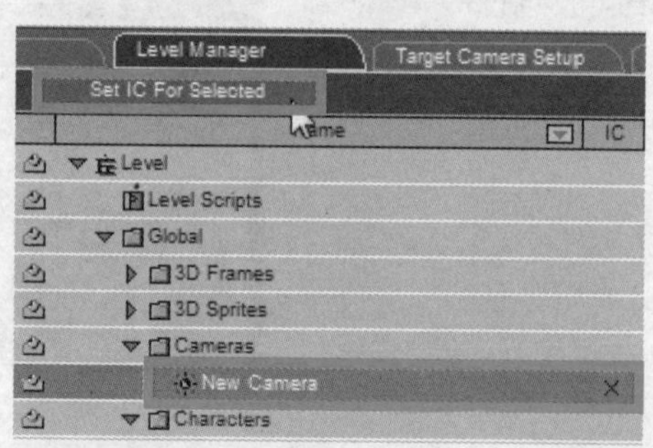

STEP 39 单击Play按钮测试预览，可以顺利地控制2D角色在3D场景中移动，并且角色也有对应地板与墙壁碰撞。至此，本例就制作完成了。

Chapter

制作图示道具表

本章将为大家介绍图示道具表的制作方法。图示道具表是动画中非常重要的一个部分，包括道具显示框架、道具页数的显示与切换、道具的拖动与显示，以及道具的拾取与丢弃等。

本章要点

- 制作道具显示框架
- 创建道具数组
- 显示道具包
- 计算道具页数并显示
- 完成道具页的切换功能
- 实现道具的拖动功能
- 关闭道具显示界面
- 道具的拾取与丢弃

15.1 制作道具显示框架

STEP 1 执行菜单栏中的Resources>Open Data Resource命令，在弹出的Open Data Resource对话框中选择随书光盘\素材库\VT_Plus_1.rsc素材文件，单击“打开”按钮，加载本书所有的教学素材数据。

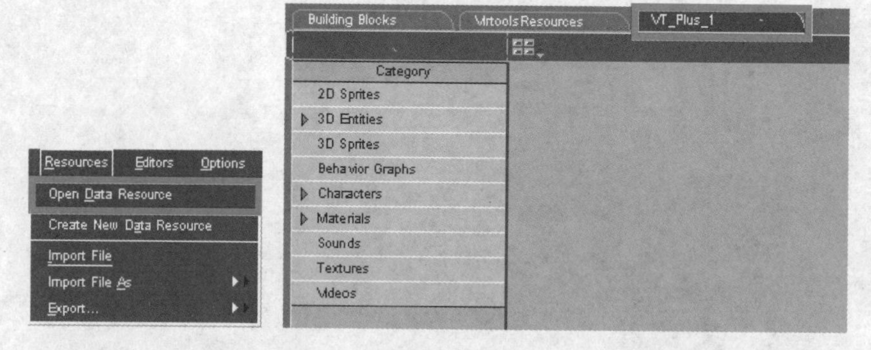

STEP 2 导入VT_Plus_1面板中的2D Speites\itemskin2.png文件。

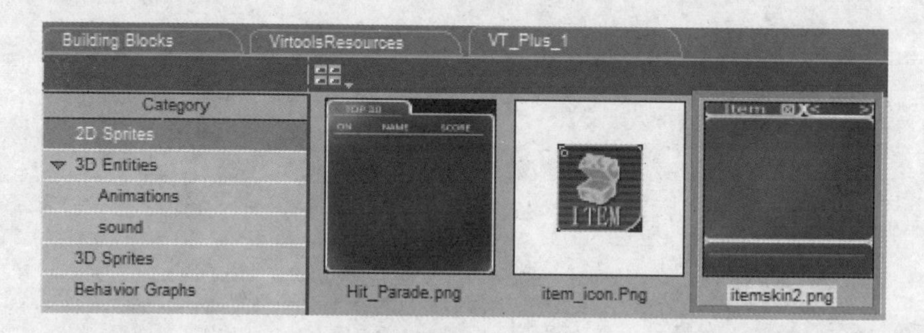

STEP 3 勾选Blend复选框，设置透明图层。

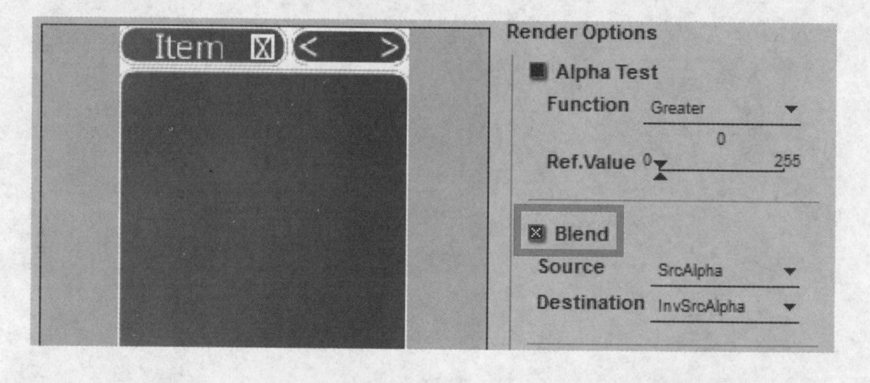

STEP 4 设置Z Order为−5，使文字在itemskin2上方显示（文字图层为0）。

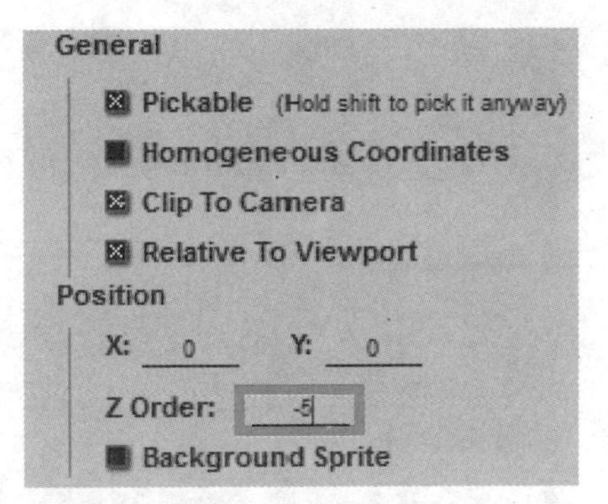

STEP 5 按住Ctrl键选择并导入在VT_Plus_1面板中Textures下的22张pic开头的图片。

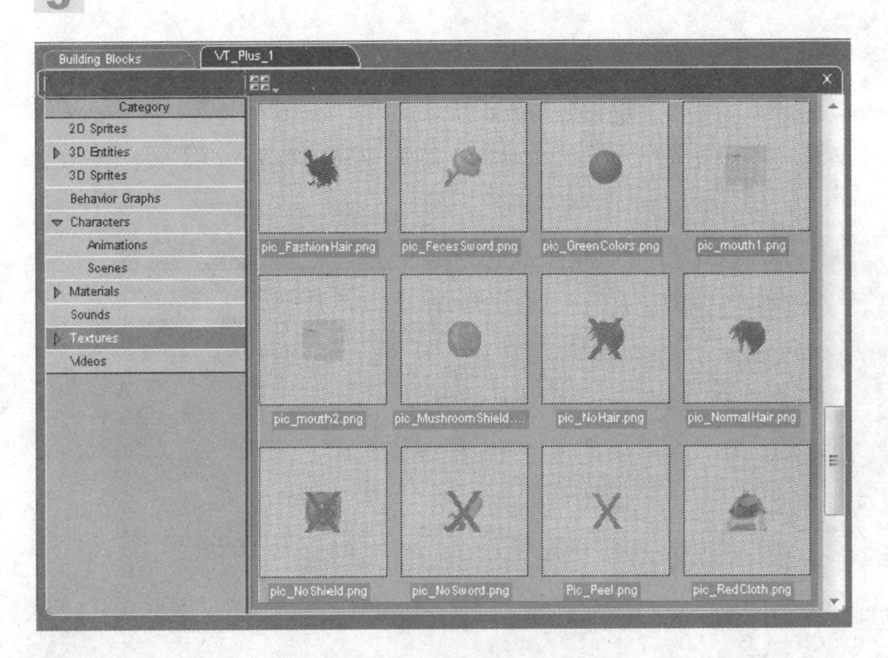

STEP 6 单击Create 2D Frame按钮，再创建一个2D Frame。

STEP 7 在Name后按下F2键，将名称更改为item_pic_sample。

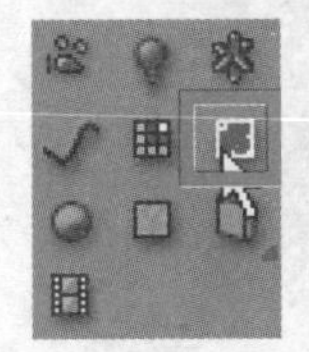

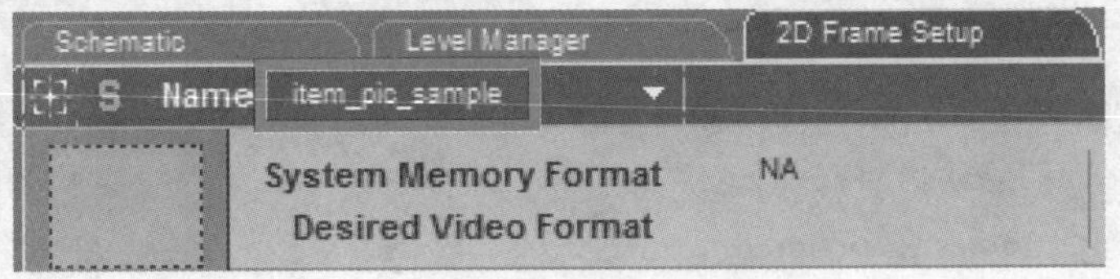

STEP 8 1设置Size为48×48，2设置Z Order为-1。

STEP 9 单击Create Material按钮，创建一个Material。

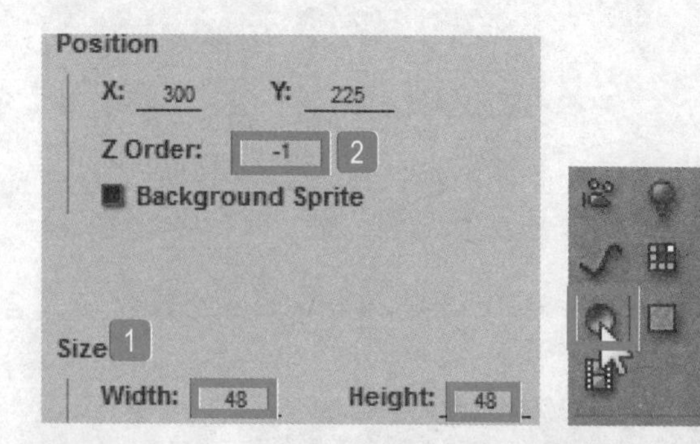

STEP 10 在Material Setup面板中，1设置Name为item_pic_sample，2设置Diffuse为（255，255，255），3设置Emissive为（255，255，255），4设置Mode为Tramsparent，5单击Set IC按钮，设置初始值。

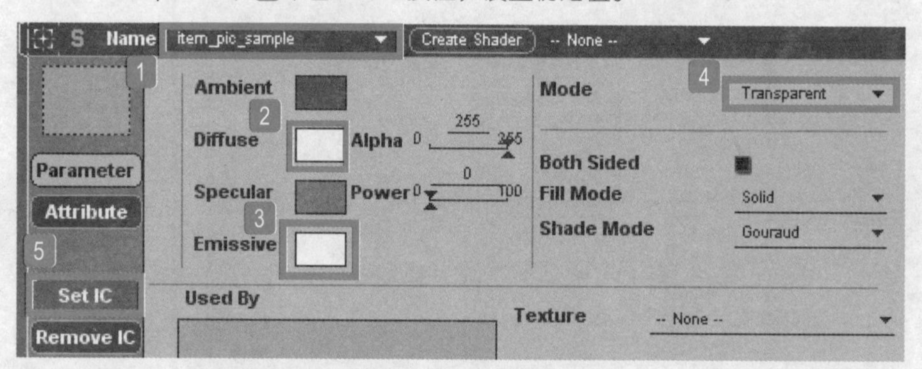

STEP 11 返回到2D Frame Setup面板，1将Material设置为item_pic_sample，2并取消勾选Pickable复选框。

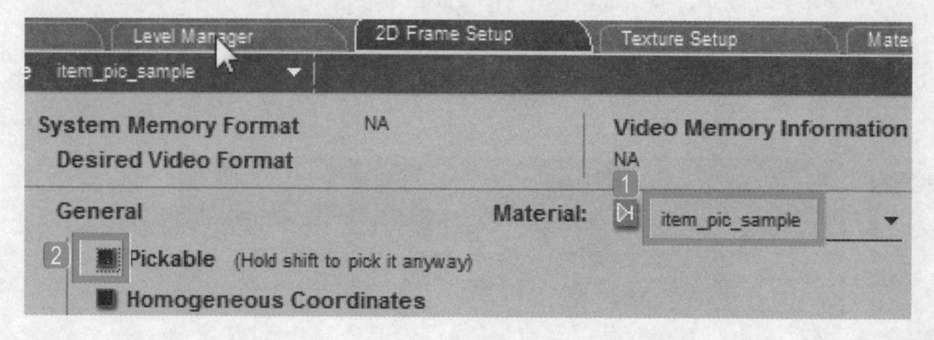

STEP 12 在Level Manager面板中，将Level\Global\2D Frames\item_pic_sample的Visible关闭，2单击Set Ic For Selected按钮设置初始值。

STEP 13 在Level Manager面板中右击Level，在弹出的快捷菜单中执行Create Script命令。

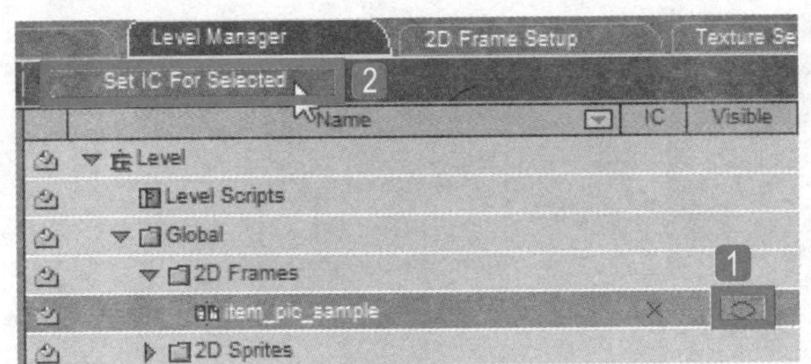

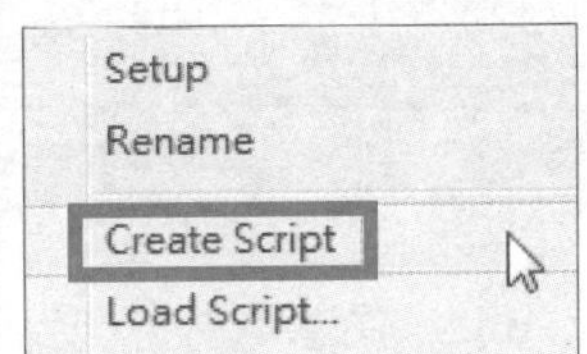

STEP 14 右击空白处，在弹出的快捷菜单中执行Draw Behavior Graph命令，在空白处创建模组，并按下F2键将模组更名为Create Data Button。

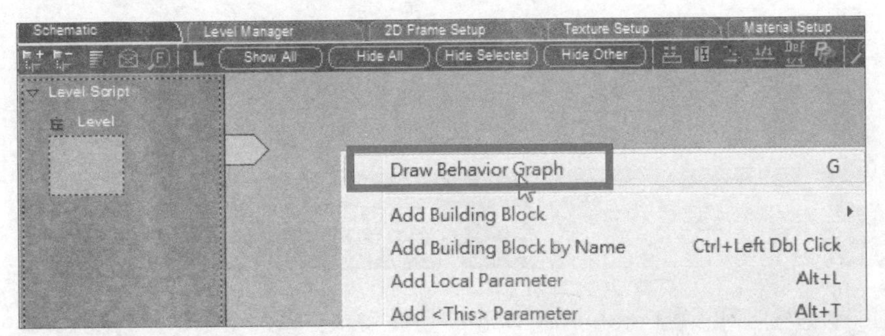

STEP 15 导入BB面板中的Logics\Calculator\Identity模块，放在Create Data Button模块后。

STEP 16 将Identity模块连接到Create Data Button模块的In，并双击pIn 0参数。

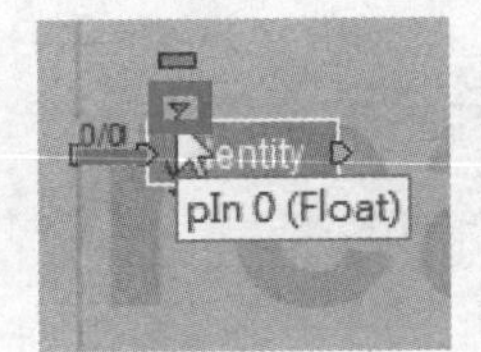

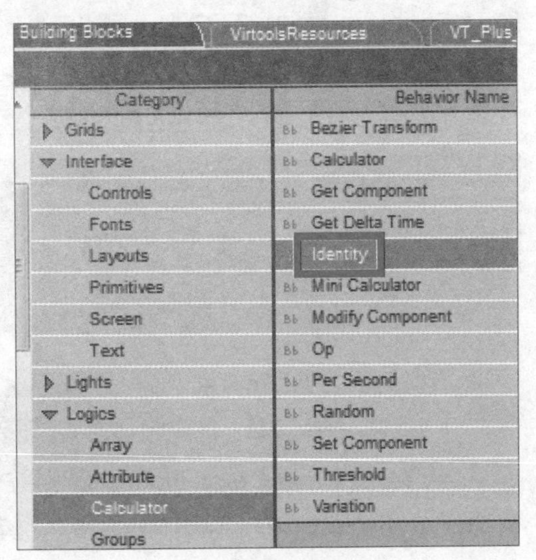

STEP 17 在弹出的对话框中①设置Parameter Name为No.，②Parameter Type为Float，③单击OK按钮。

STEP 18 将参数上方的变量数据删除，再双击Identity模块自动创造新的变量数据。

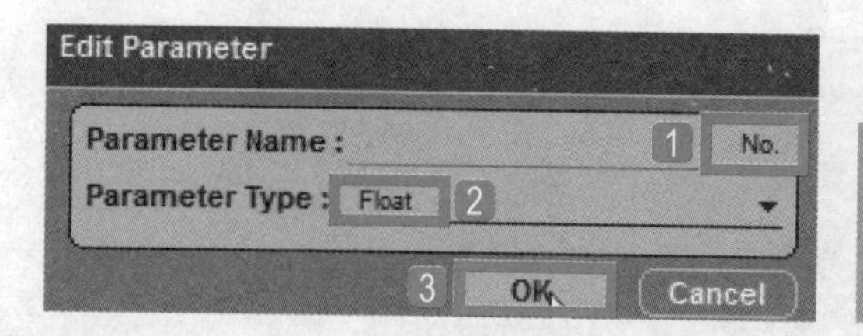

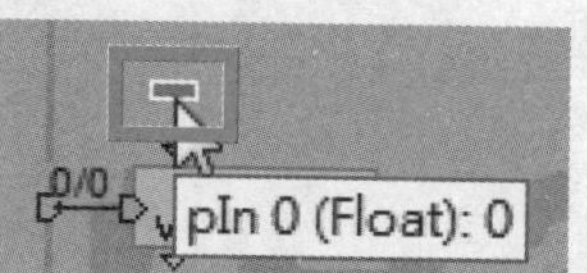

STEP 19 将Identity输入参数数据拖曳至模块外。

STEP 20 右击Identity模块，在弹出的快捷菜单中执行Construct>Add Parameter Input命令。

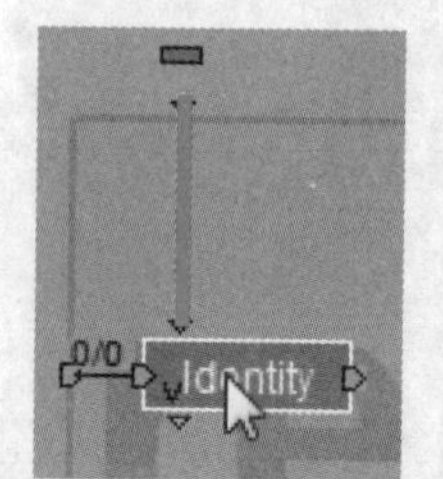

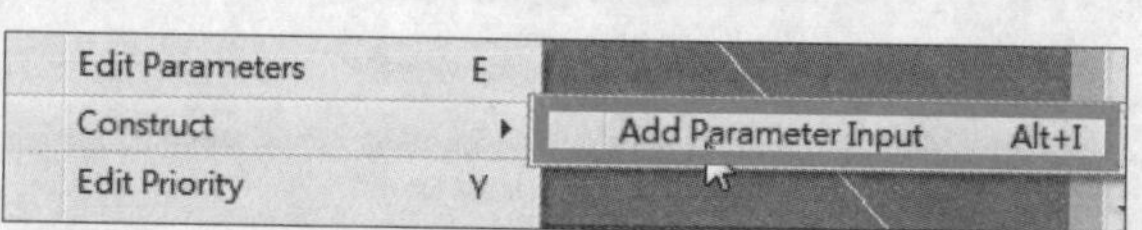

STEP 21 在弹出的对话框中①设置Parameter Name为2D Skin，②Parameter Type为2D Entity，创建对应的2D接口，③单击OK按钮。

STEP 22 再新增一个Parameter Input，①设置Parameter Name为Counter，②Parameter Type为Vector 2D，创建对应的位置，③单击OK按钮。

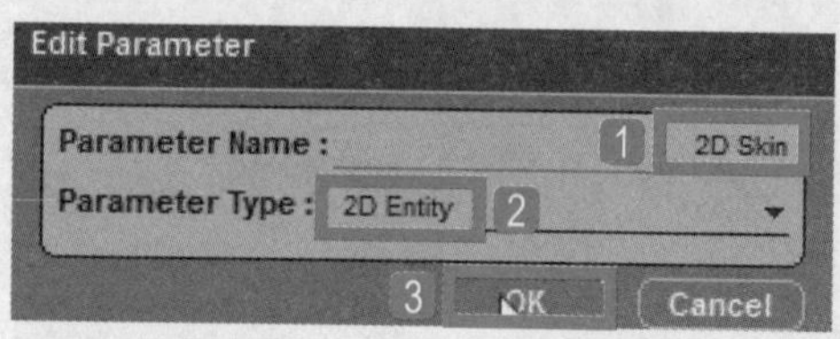

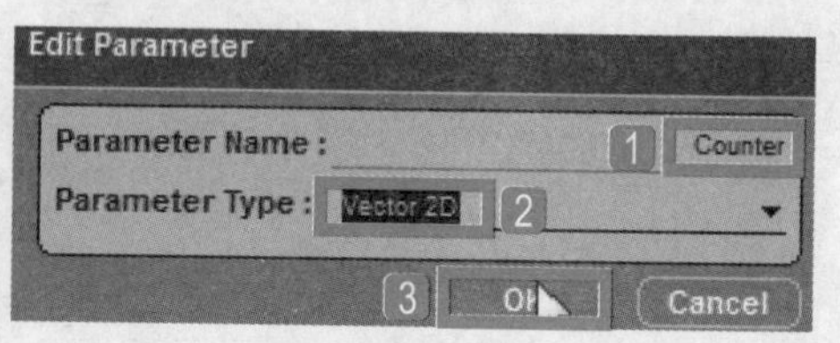

STEP 23 新增第四个Parameter Input，①设置Parameter Name为Offset，②Parameter Type为Vector 2D，创建偏移距离，③单击OK按钮。

STEP 24 新增第五个Parameter Input，①设置Parameter Name为Interval，②Parameter Type为Vector 2D，创建间隔距离，③单击OK按钮。

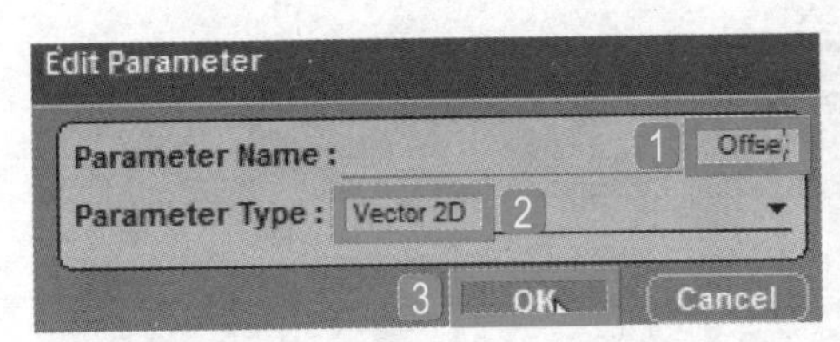

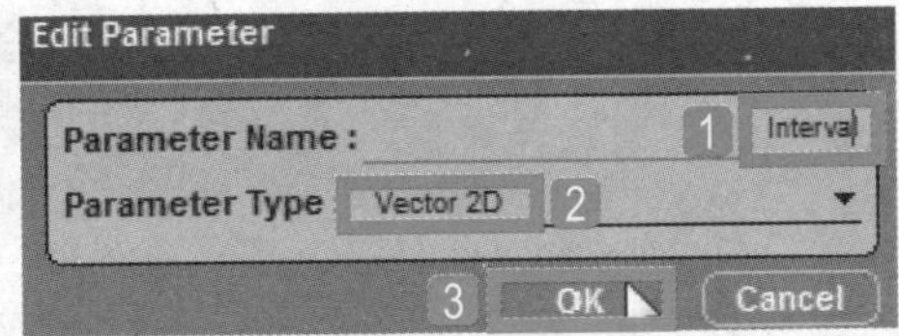

STEP 25 新增第六个Parameter Input，1设置Parameter Name为2D Button，2Parameter Type为2D Entity，作为复制的Button的参考体，3单击OK按钮。

STEP 26 将所有参数数据拖曳至模块外，若无参数数据方块，则双击Identity模块自动创建。

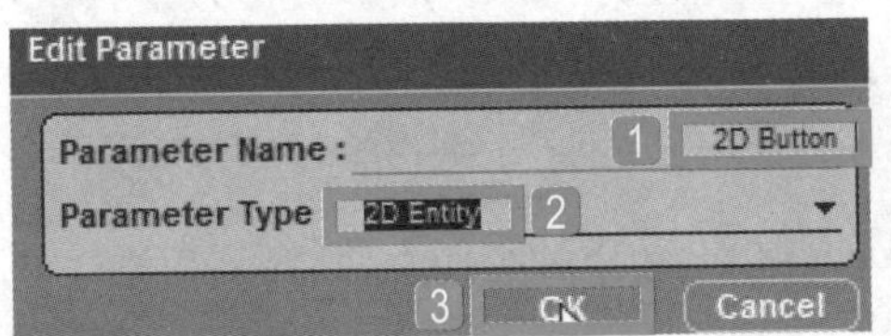

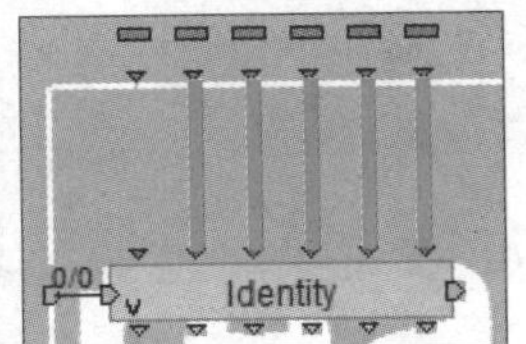

STEP 27 导入BB面板中的Logics\Calculator\Get Component模块放在Create Data Button模块后。

STEP 28 双击Get Component模块，在弹出对话框中1设置Parameter Type为Vector 2D，2单击OK按钮。

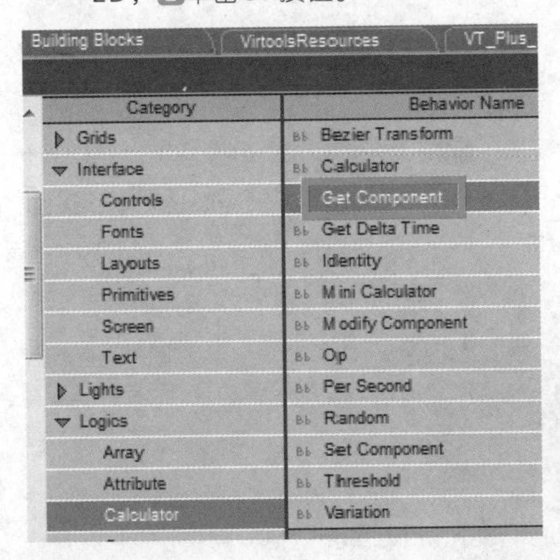

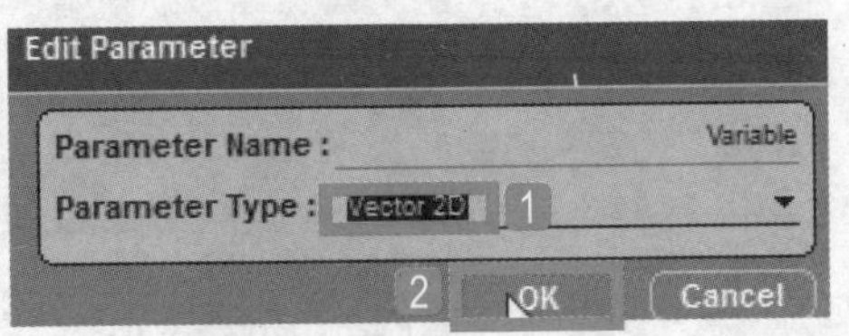

STEP 29 将Identity模块的第三个输出参数Counter连接到Get Component模块的输入口，进行X、Y数值分解。

STEP 30 导入BB面板中的Logics\Loops\Counter模块放在Create Data Button模块后。

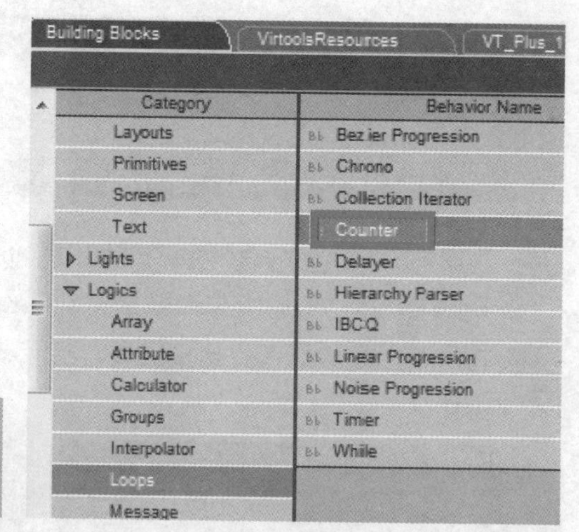

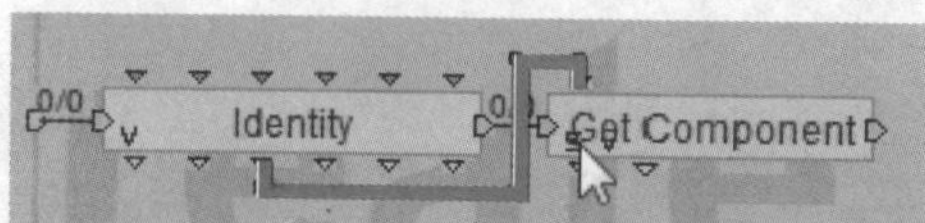

STEP 31 将Get Component模块的输出参数Y连接到Counter模块的输入参数Count。

STEP 32 双击Counter模块，在弹出的对话框中❶设置Start Index为0，❷Step为1，表示从0开始每次计算加1，❸单击OK按钮。

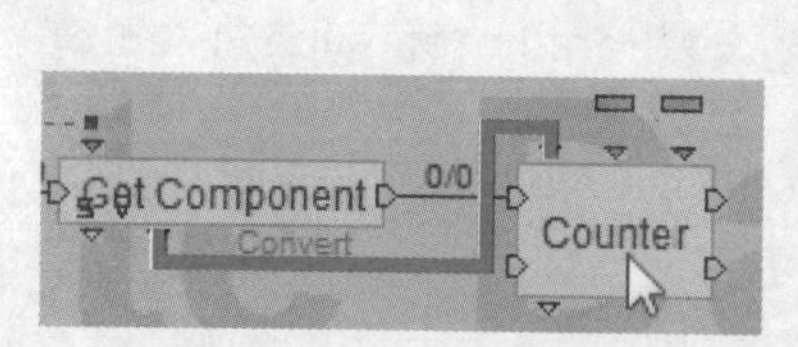

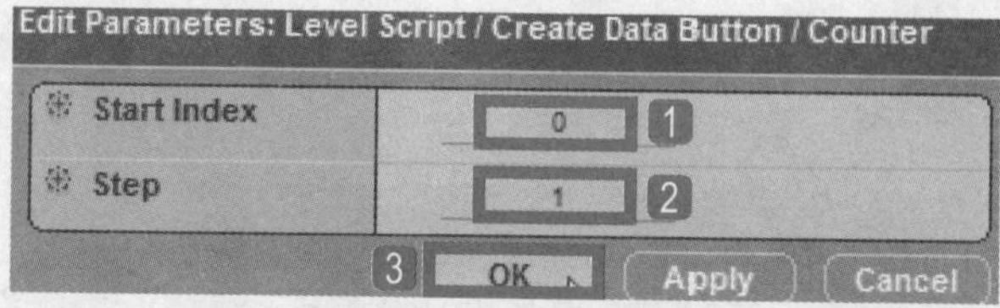

STEP 33 按住Shift键的同时拖曳复制Counter模块。❶将第一个Counter模块的Loop Out连接到第二个Counter模块的In，❷将Get Component模块的输出参数X连接到第二个Counter模块的输入参数Count。

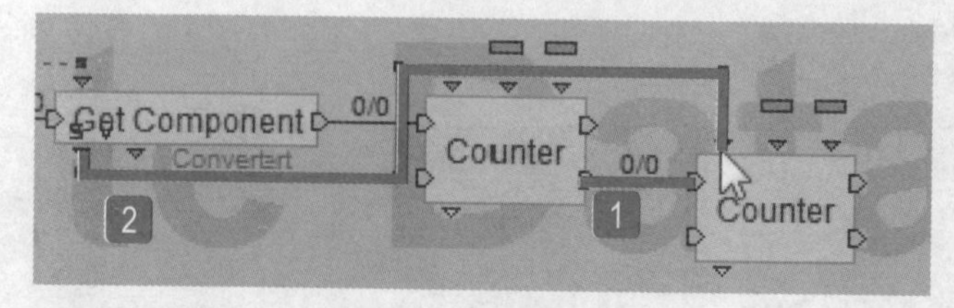

STEP 34 导入BB面板中的Narratives\Object Management\Object Copy模块。

STEP 35 将Object Copy模块连接到第二个Counter模块的Loop Out ，并双击Object Copy模块。

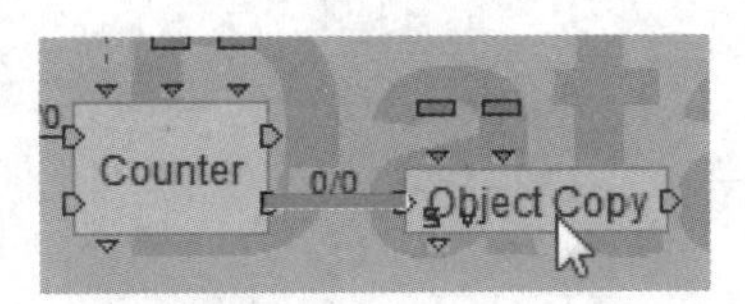

STEP 36 在弹出的对话框中1选中Custom Dependencies单选按钮，2选择Basic Object\Scene Object\Behavioral Object\2D Entity，3勾选Material复选框，4这里Children复选框无需勾选，5单击OK按钮。

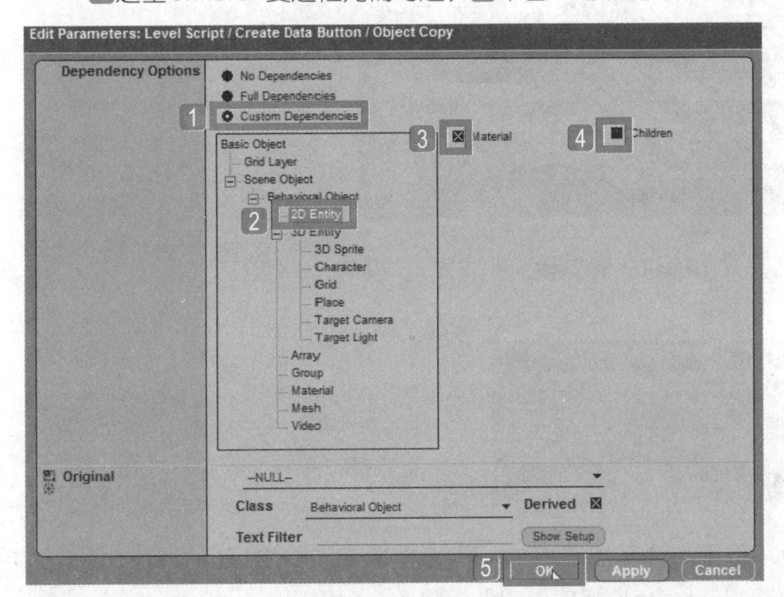

STEP 37 将Identity模块的第六个输出参数2D Button连接到Object Copy模块的输入参数。

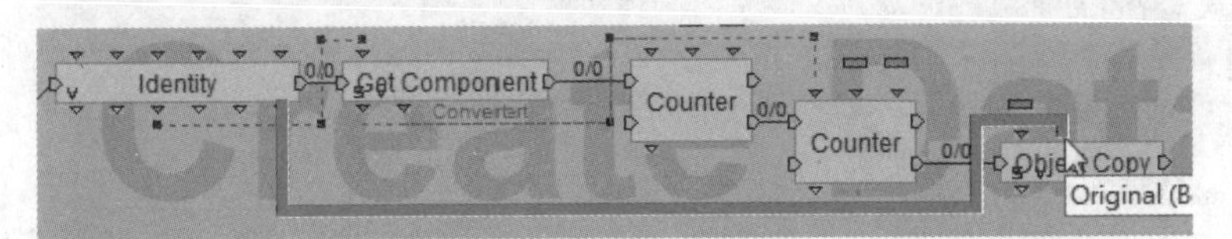

STEP 38 导入BB面板中的Logics\Calculator\Op模块。

Building Blocks | VirtoolsResources | VT_Plus_1

Category	Behavior Name
Layouts	Bezier Transform
Primitives	Calculator
Screen	Get Component
Text	Get Delta Time
Lights	Identity
Logics	Mini Calculator
Array	Modify Component
Attribute	Op
Calculator	Per Second
Groups	Random

STEP 39 右击Op模块，在弹出的快捷菜单中执行Edit Settings命令，在弹出的对话框中1设置Inputs的A值和B值都为Float，2设置Operation为Addition，3设置Ouput为Float，4单击OK按钮。

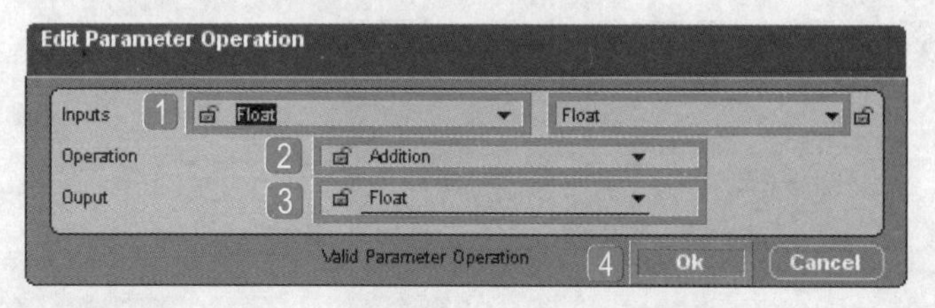

STEP 40 双击Op模块，在弹出的对话框中1设置p2为1，2单击OK按钮。

Edit Parameters: Level Script / Create Data Button / Op

p1 0

p2 1

OK Apply Cancel

STEP 41 将Identity模块的第一个输出参数No.和Op模块的输出参数连接到Op模块输入参数的数据方块，此Op模块的输出结果将作为编码使用。

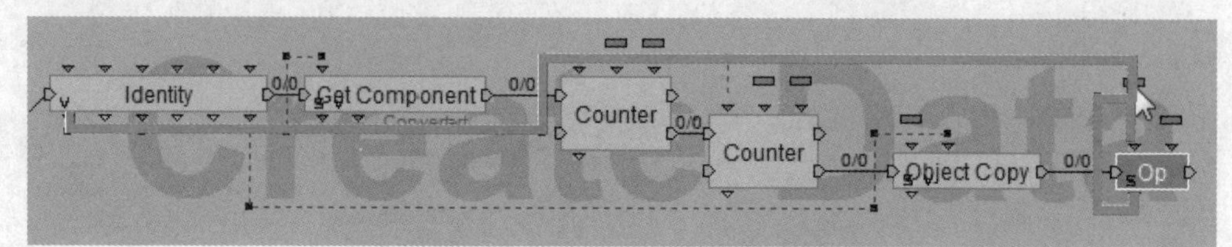

STEP 42 导入BB面板中的Logics\Strings\Create String模块。

STEP 43 右击Create String模块，在弹出的快捷菜单中执行Construct>Add Parameter Input命令。

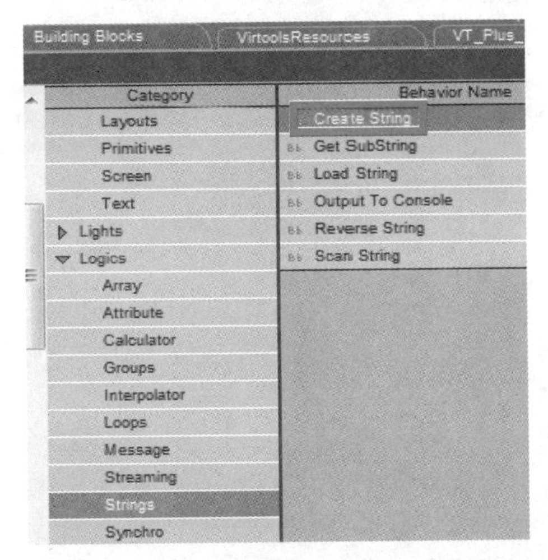

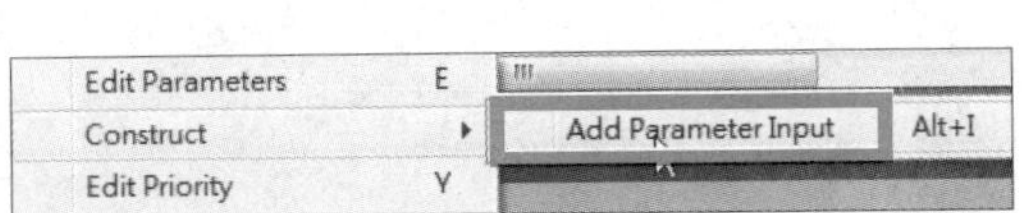

STEP 44 在弹出的对话框中1设置Parameter Name为name，2Parameter Type为String，3单击OK按钮。

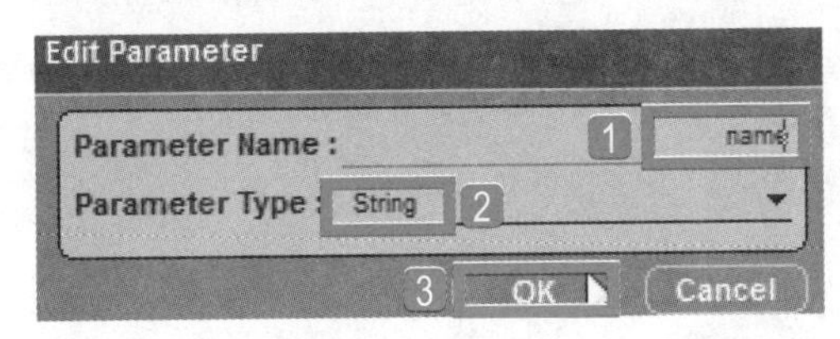

STEP 45 双击Create String模块，在弹出的对话框中1设置name为itemdata_，2单击OK按钮。

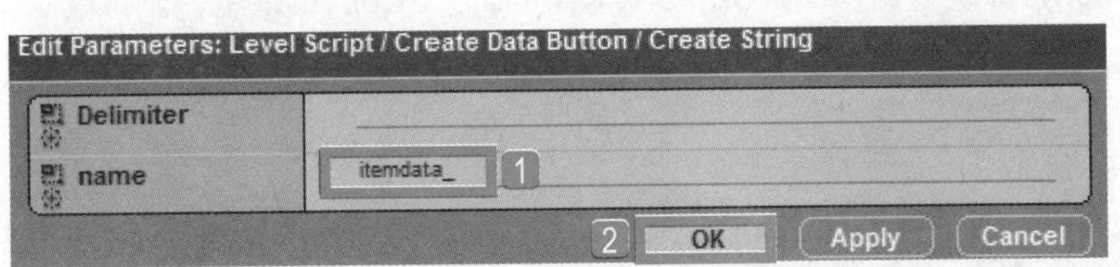

STEP 46 再新增一个参数，1设置Parameter Name为no.，2Parameter Type为Float，3单击OK按钮。

STEP 47 将Create String模块的输入参数no.连接到Op模块输入参数的数据方块。

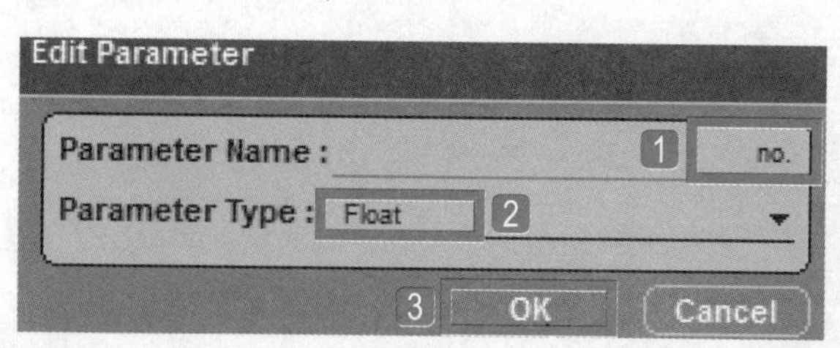

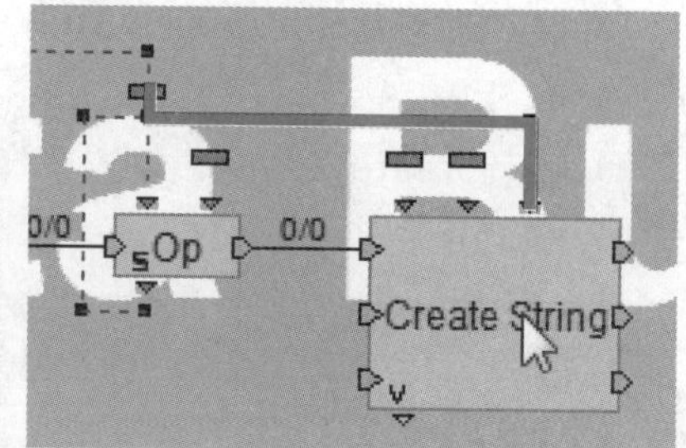

STEP 48 导入BB面板中的Narratives\Object Management\Object Rename模块。

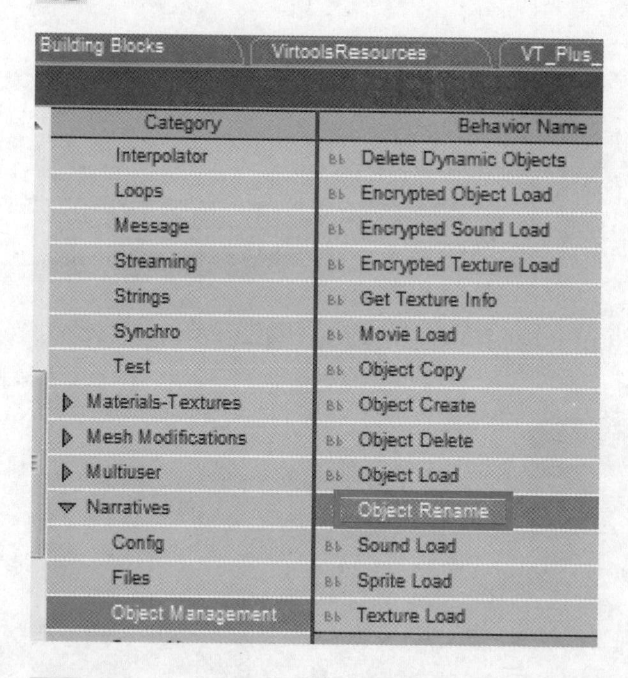

STEP 49 将Object Rename模块的输入参数Object连接到Object Copy模块的输出参数。

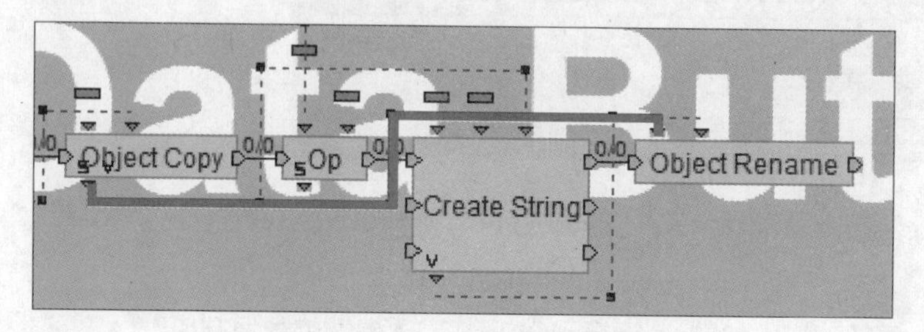

STEP 50 将Object Rename模块的输入参数Name连接到Create String模块的输出参数。

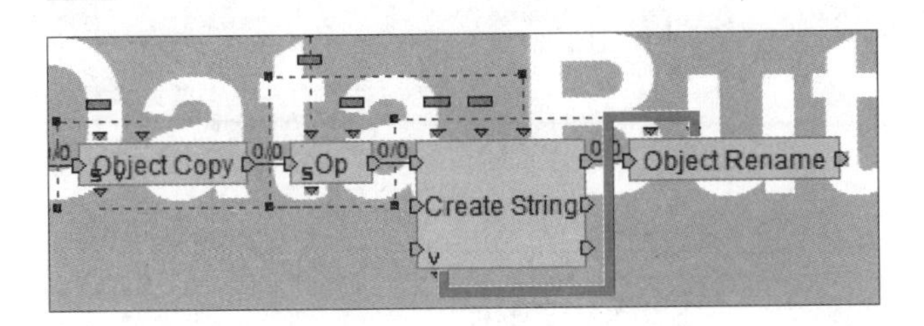

STEP 51 这样便可将复制出来的对象进行有编码的命名。计算每个数据图标要放置的位置，先准备好变量，使用批注的方式进行变量的规划。右击空白处，在弹出的快捷菜单中执行Add Comment命令。

STEP 52 设置a值为offset，b值为size，c值为number，d值为interval。

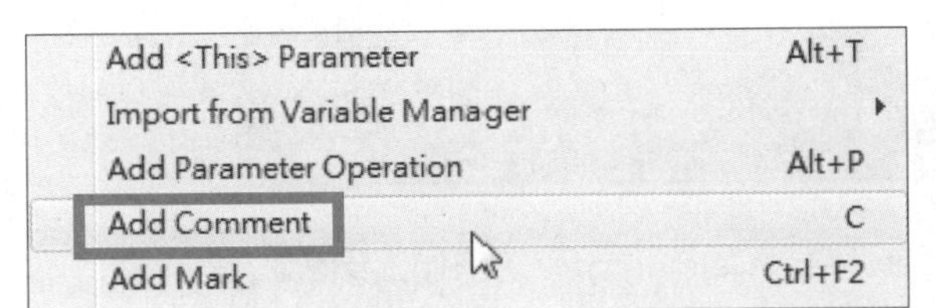

STEP 53 导入BB面板中的Logics\Calculator\Calculator模块。

STEP 54 右击Calculator模块，在弹出的快捷菜单中执行Construct>Add Parameter Input命令。

STEP 55 在弹出的对话框中1设置Parameter Name为b，2单击OK按钮。

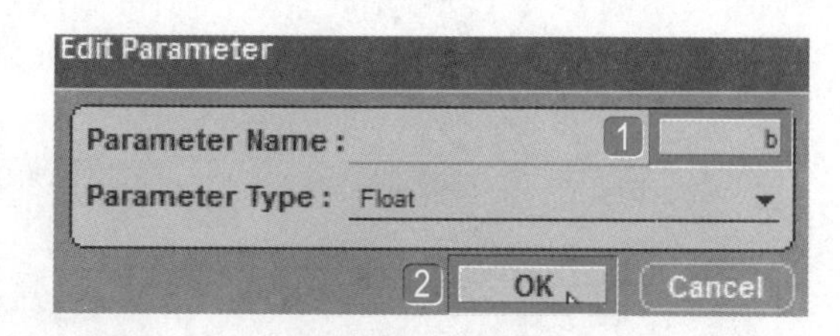

STEP 56 使用相同的方法，新增c、d两个输入参数，双击Calculator模块，在弹出的对话框中1设置expression为a+（b*c）+（d*c），2单击OK按钮。

Edit Parameters: Level Script / Create Data Button / Calculator

expression	a+(b*c)+(d*c)
a	0
b	0
c	0
d	0

2 OK Apply Cancel

STEP 57 将Identity模块的输出参数offset连接到Calculator模块的输入参数a。

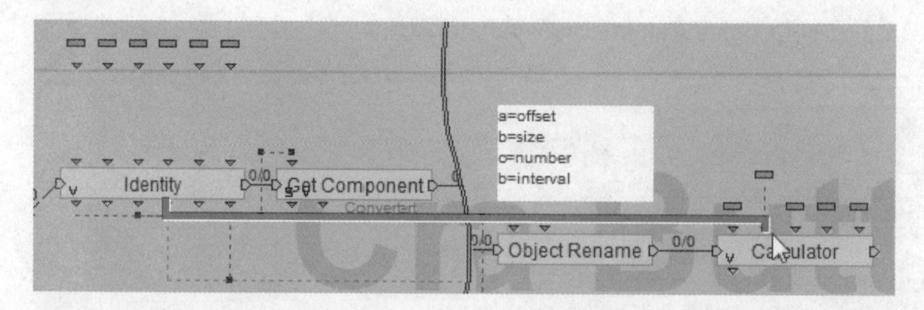

STEP 58 在参数设置对话框中，1将Operation设置为Get X，2单击OK按钮。

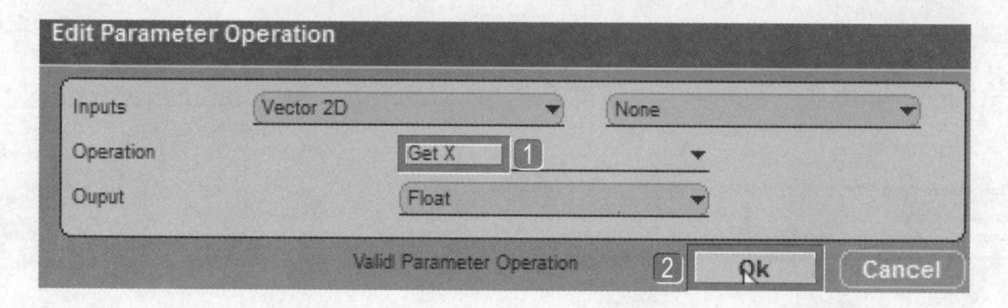

STEP 59 右击空白处，在弹出的快捷菜单中执行Add Parameter Operation命令。

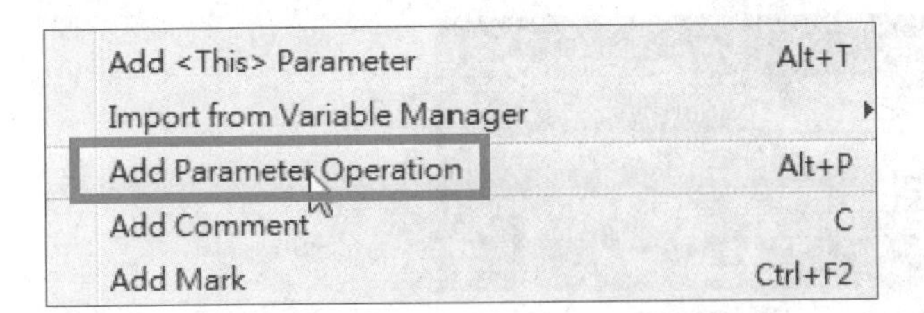

STEP 60 在弹出的对话框中1设置Inputs的A值为2D Entity，2Operation为Get Size，3Ouput为Vector 2D，4单击OK按钮。

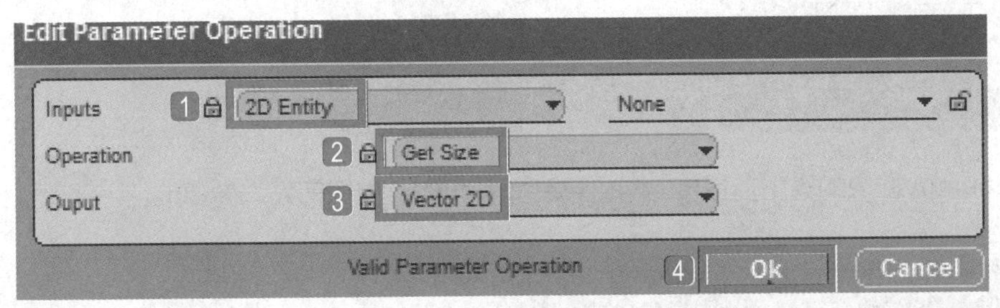

STEP 61 将Identity模块的输出参数2D Button连接到Get Size模块的输入参数。

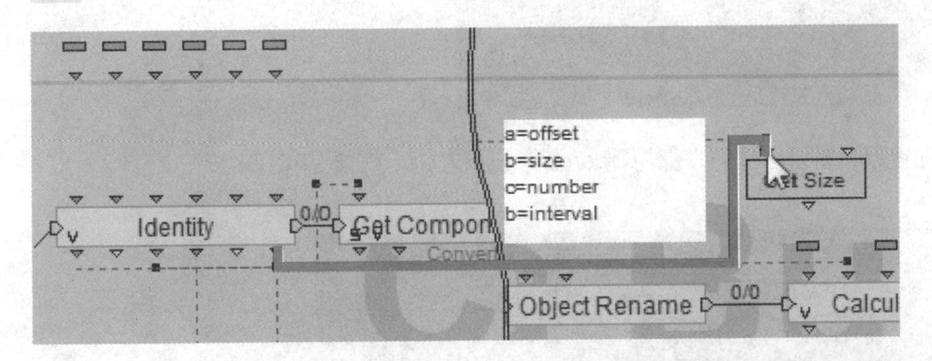

STEP 62 将Get Size模块的输出参数连接到Calculator模块的输入参数b。

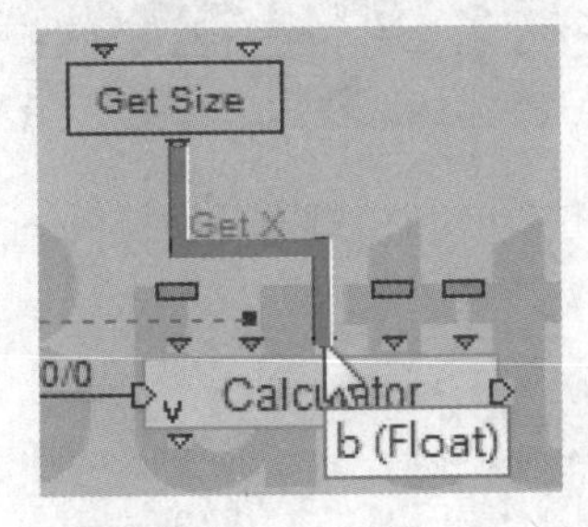

STEP 63 在参数设置对话框中，1将Operation设置为Get X，2单击OK按钮。

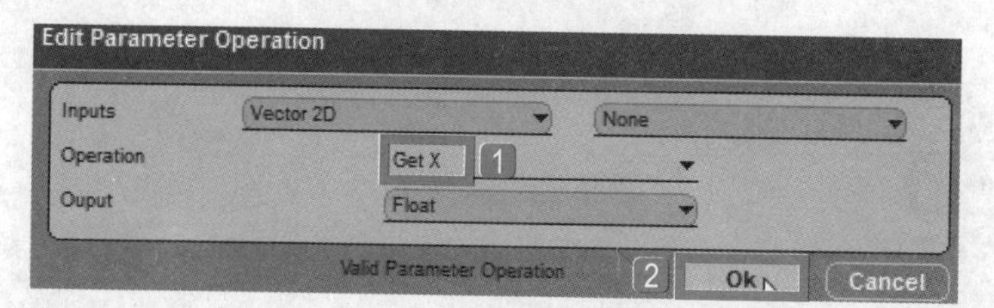

STEP 64 将第二个Counter模块的输出参数连接到Calculator模块的输入参数c。

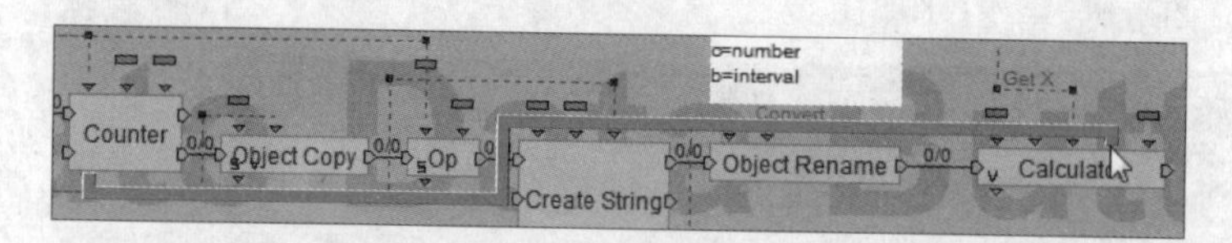

STEP 65 将Identity模块的输出参数Interval连接到Calculator模块的输入参数d。

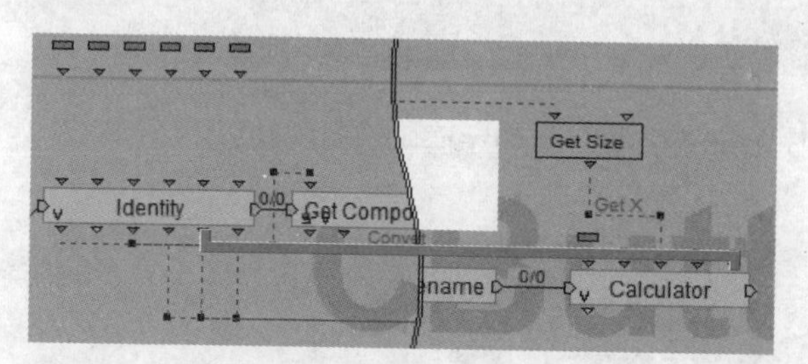

STEP 66 在参数设置对话框中，1将Operation设置为Get X，2单击OK按钮。

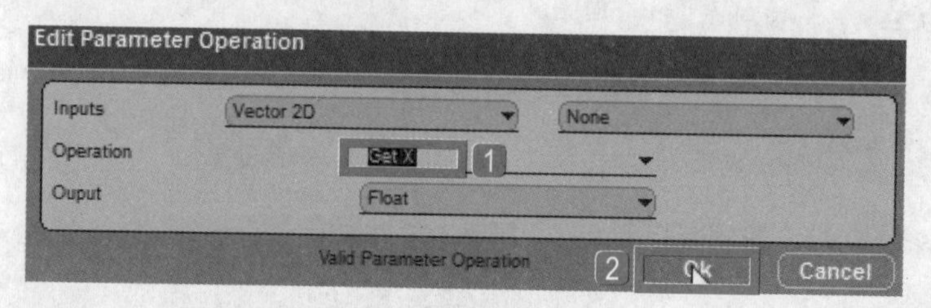

STEP 67 按住Shift键的同时拖曳复制一个Calculator模块，计算Y轴。

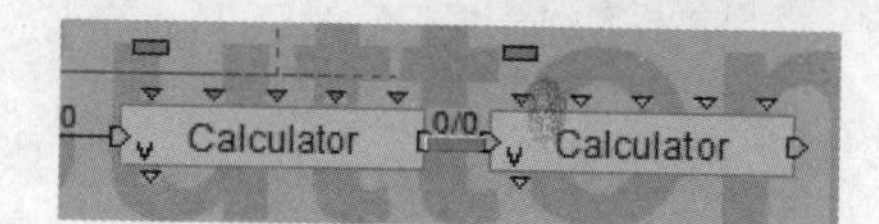

STEP 68 将Identity模块的输出参数offset连接到第二个Calculator模块的输入参数a。

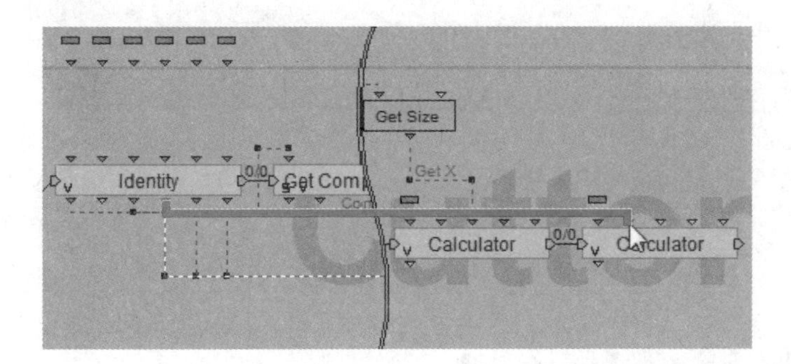

STEP 69 在参数设置对话框中，1将Operation设置为Get Y，2单击OK按钮。

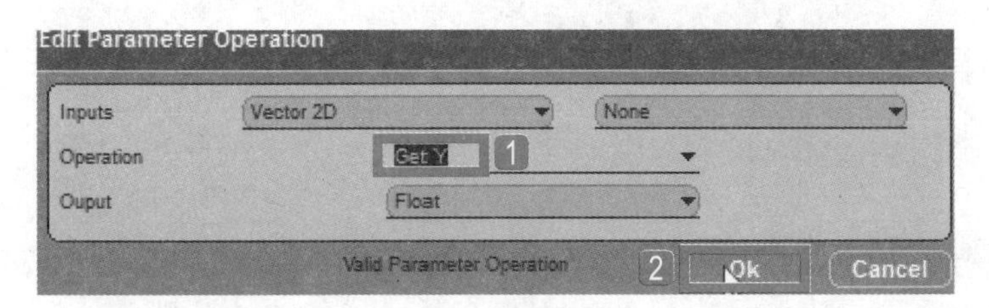

STEP 70 将Get Size模块的输出参数连接到第二个Calculator模块的输入参数b。

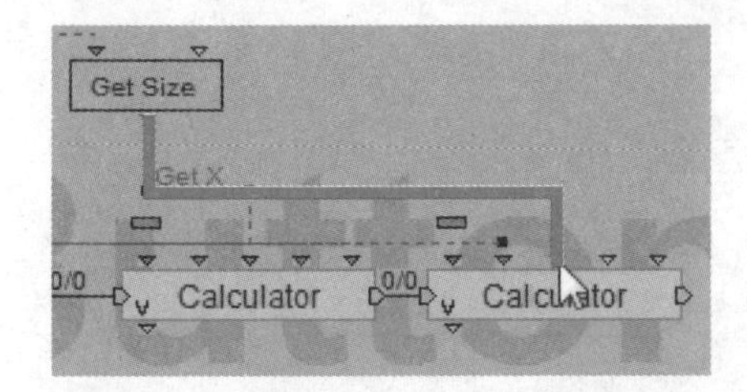

STEP 71 在参数设置对话框中，1将Operation设置为Get Y，2单击OK按钮。

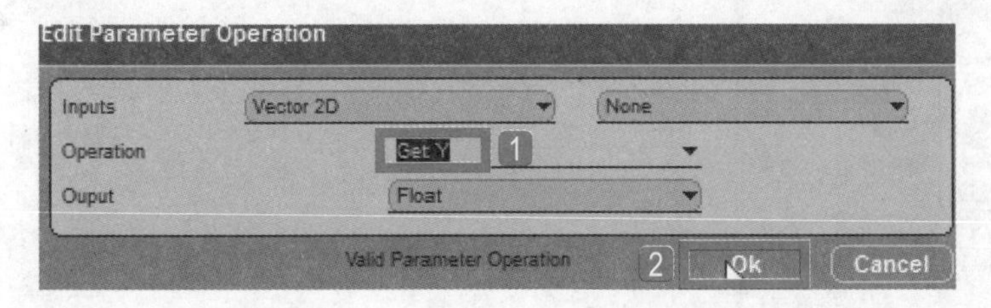

STEP 72 将第一个Counter模块的输出参数连接到第二个Calculator模块的输入参数c。

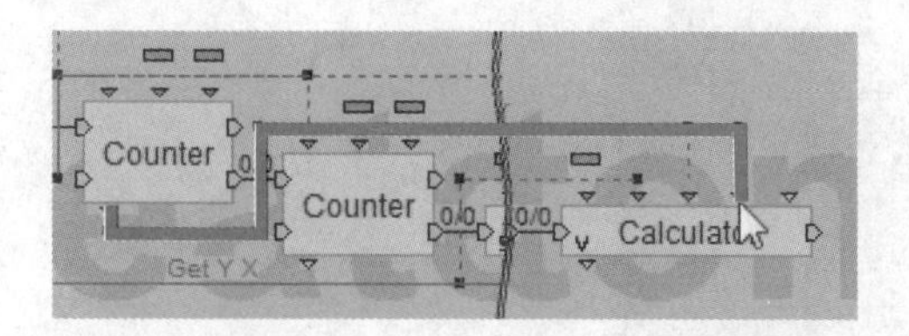

STEP 73 将Identity模块的输出参数Interval连接到第二个Calculator模块的输入参数d。

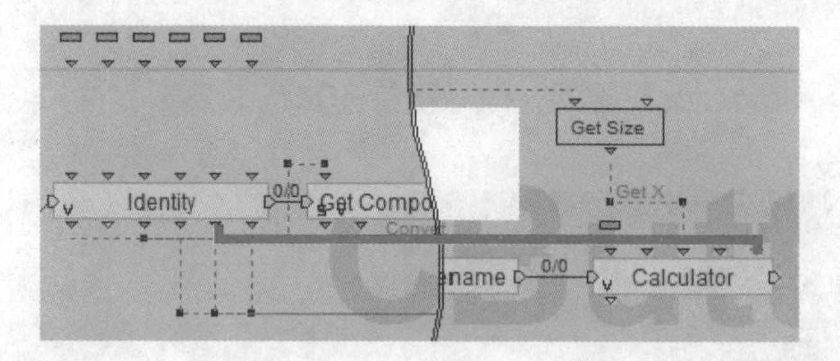

STEP 74 在参数设置对话框中，1将Operation设置为Get Y，2单击OK按钮。

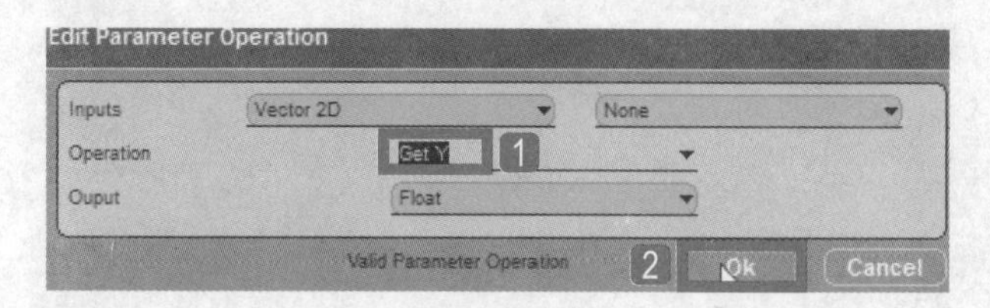

STEP 75 导入BB面板中的Logics\Calculator\Set Component模块。

Category	Behavior Name
Screen	Bezier Transform
Text	Calculator
Lights	Get Component
Logics	Get Delta Time
Array	Identity
Attribute	Mini Calculator
Calculator	Modify Component
Groups	Op
Interpolator	Per Second
Loops	Random
Message	Set Component

STEP 76 将Set Component模块连接到第二个Calculator模块，双击Set Component模块的输出参数。在弹出的对话框中❶设置Parameter Type为Vector 2D，❷单击OK按钮。

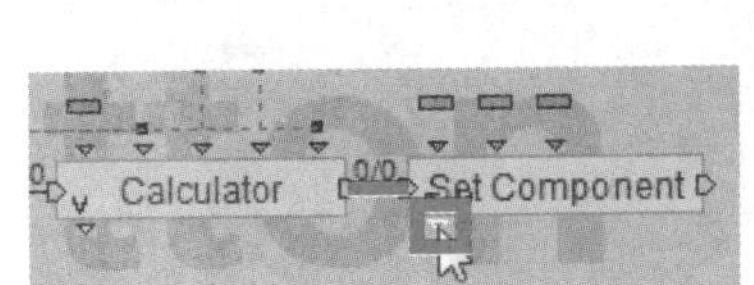

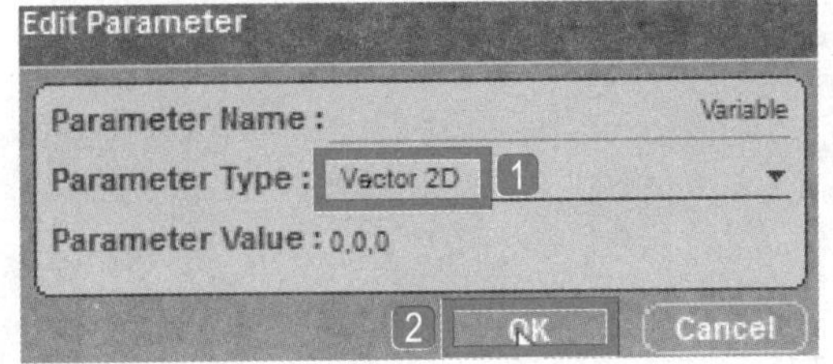

STEP 77 将两个Calculator模块输出参数连接到Set Component模块的输入参数。

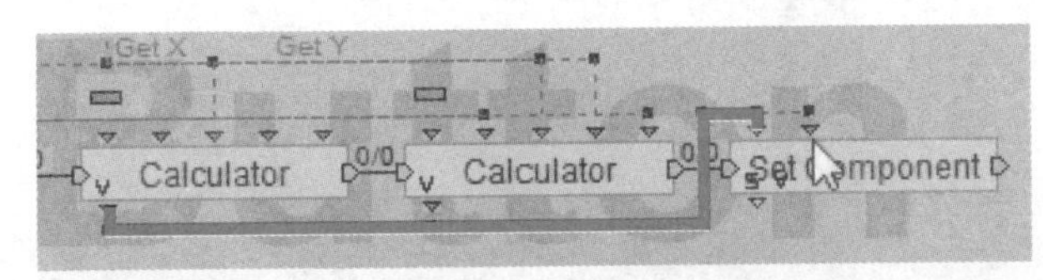

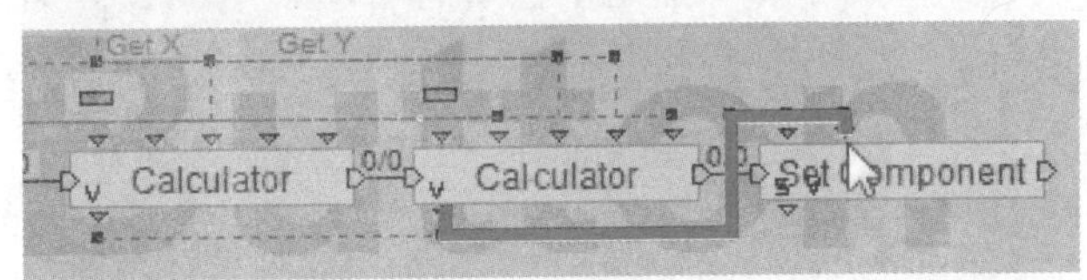

STEP 78 导入BB面板中的Visuals\2D\Set 2D Position模块。

STEP 79 将Object Copy模块的输出参数连接到Set 2D Position模块的输入参数Target。

STEP 80 将Set Component模块的输出参数连接到Set 2D Position模块的输入参数Position。

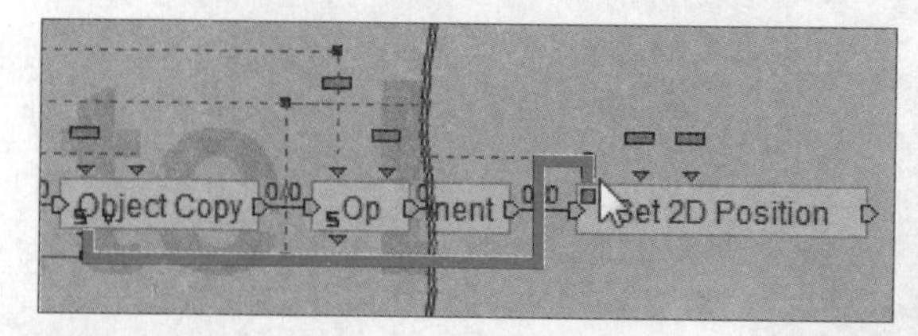

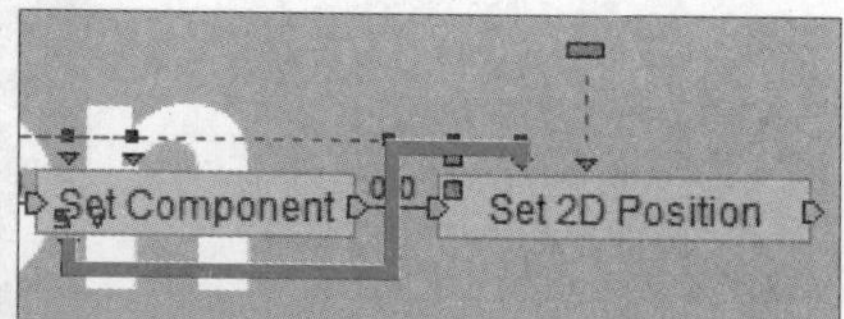

STEP 81 将Identity模块的输出参数2D Skin连接到Set 2D Position模块的输入参数。

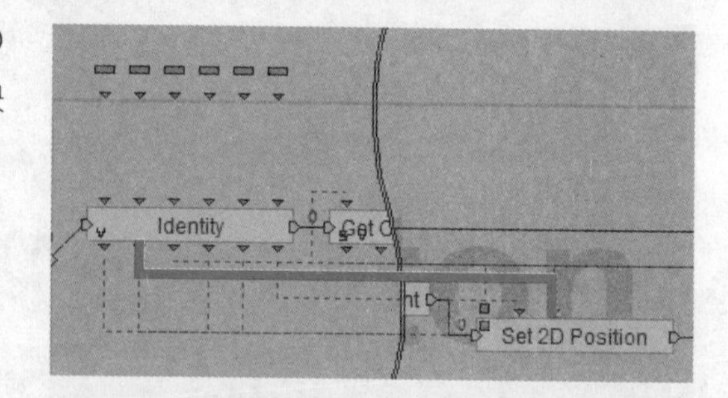

STEP 82 导入BB面板中的Visuals\2D\Set 2D Parent模块。

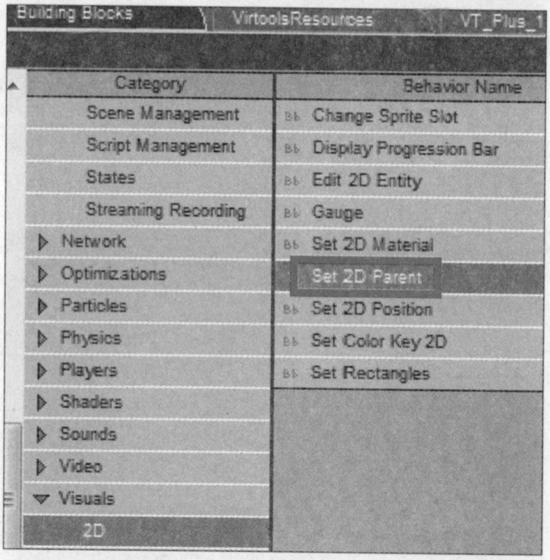

STEP 83 将Object Copy模块的输出参数连接到Set 2D Parent模块的输入参数Target。

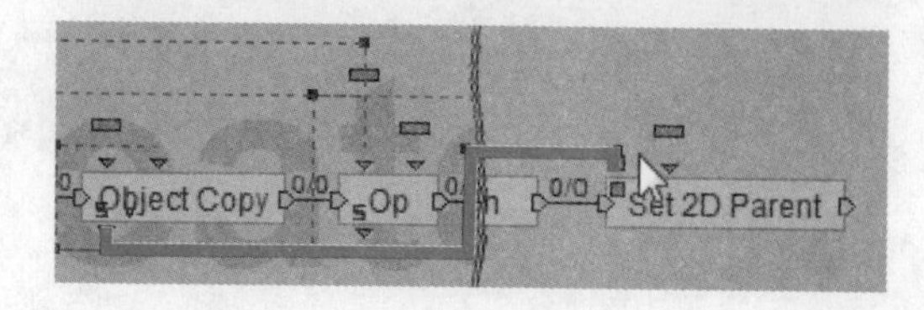

STEP 84 将Identity模块的输出参数2D Skin连接到Set 2D Parent模块的输入参数。

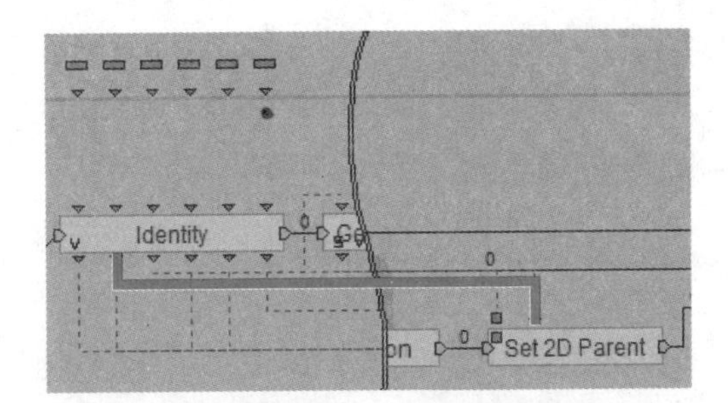

STEP 85 导入BB面板中的Visuals\Show-Hide\Show模块。

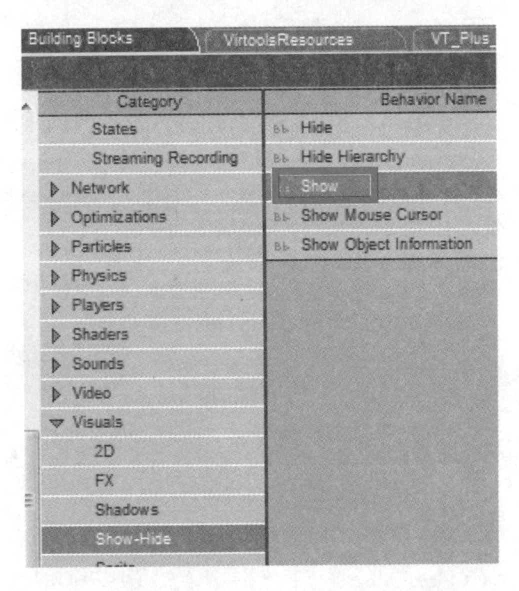

STEP 86 右击Show模块，在弹出的快捷菜单中执行Add Target Parameter命令。

STEP 87 将Object Copy模块的输出参数连接到Show模块的输入参数Target。

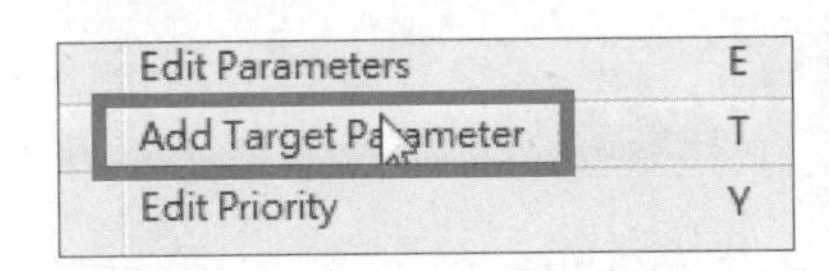

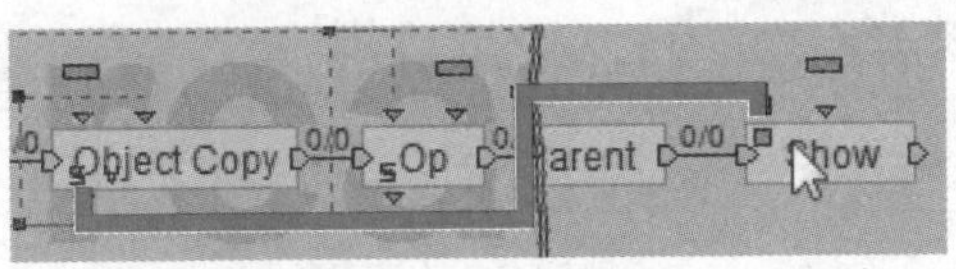

STEP 88 双击Show模块，在弹出的对话框中1取消Hierarchy复选框的勾选，2单击OK按钮。

STEP 89 将Show模块连接到第二个Counter模块的Loop In，将第二个Counter模块的Out连接到第一个Counter模块的Loop In。

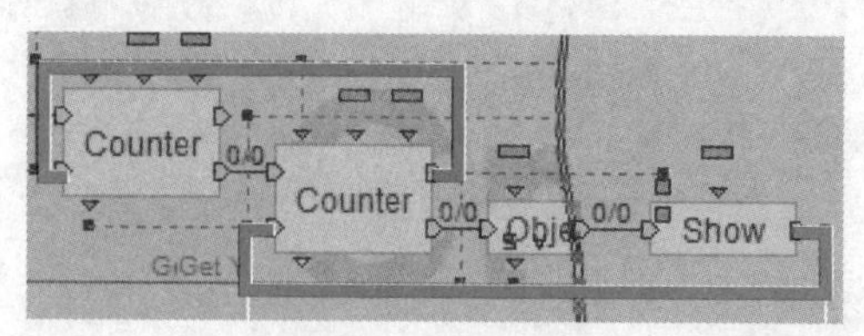

STEP 90 右击空白处，在弹出的快捷菜单中执行Edit Parameters命令，在弹出的对话框中❶设置No.为–1，❷设置2D Skin为itemskin2，❸设置Counter为3×3，❹设置Offset为13×43，❺设置Interval为8×10，❻设置2D Button为item_pic_sample。

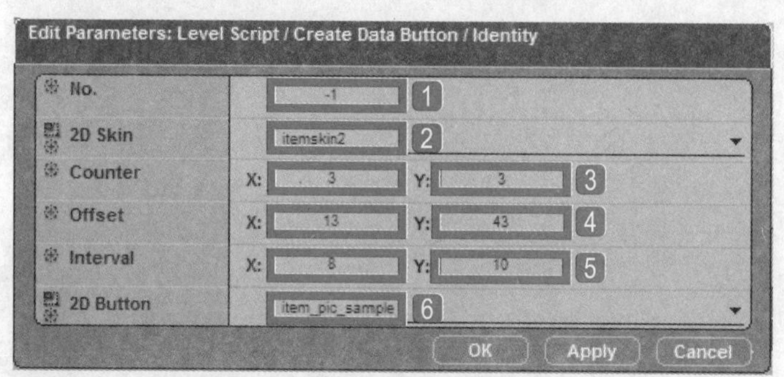

TIP 其中，No.表示从几开始为复制对象编码；Offset表示从itemskin2的哪个位置开始生成接口；Interval表示复制的图示间的间隔；2D Button表示要复制的参考对象。

STEP 91 右击空白处，在弹出的快捷菜单中执行Construct>Add Behavior Ouput命令。

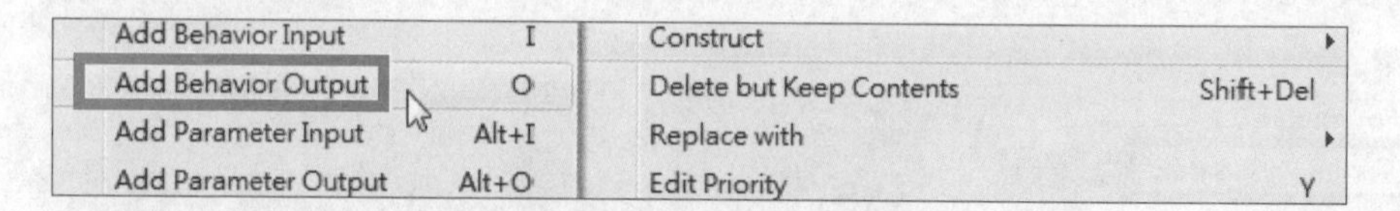

STEP 92 将第一个Counter模块的Out连接到模块的Ouput。

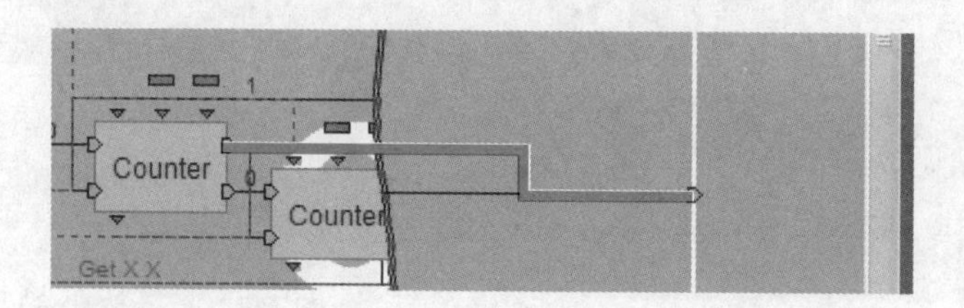

STEP 93 将模块的In连接到Start。单节Play按钮预览效果，图标将会复制显示并按顺序排列。

STEP 94 如果觉得-1的设置很奇怪，也可以将Op模块从Object Copy模块后移动到Object Rename模块后。

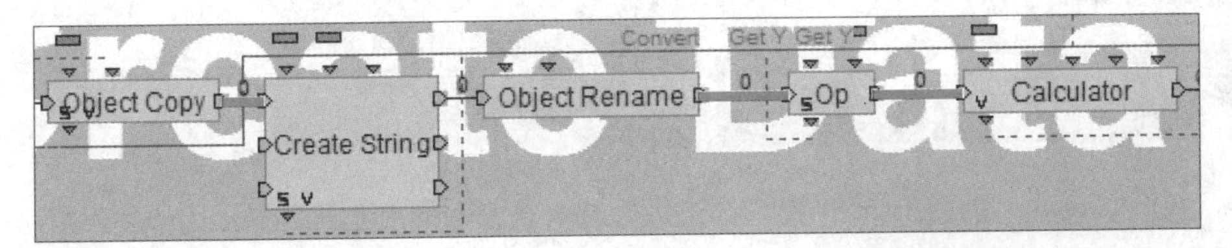

STEP 95 在参数设置对话框中，1将No.设置为0，2单击OK按钮。

STEP 96 其效果是一样的。至此，道具显示框架的制作就完成了。

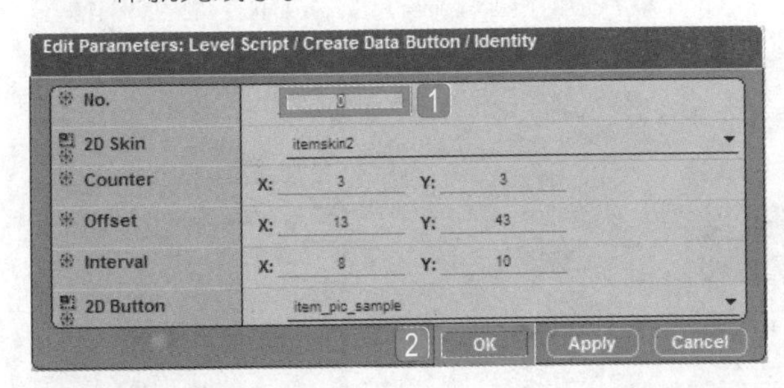

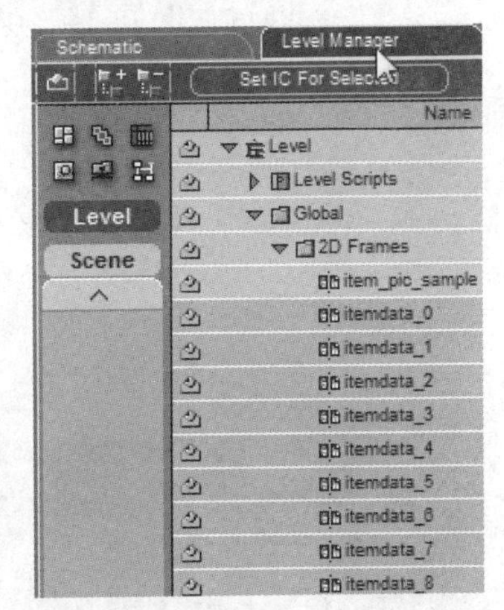

15.2 创建道具数组

STEP 1 制作数据的显示。由于道具显示有翻页的功能，因此先创建两个变量。右击空白处，在弹出的快捷菜单中执行Add Local Parameter命令。

STEP 2 在弹出的对话框中❶设置Parameter Name为All Page，❷Parameter Type为Float，❸单击OK按钮。

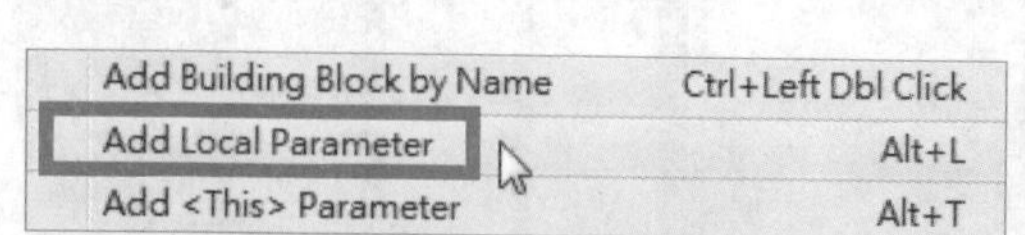

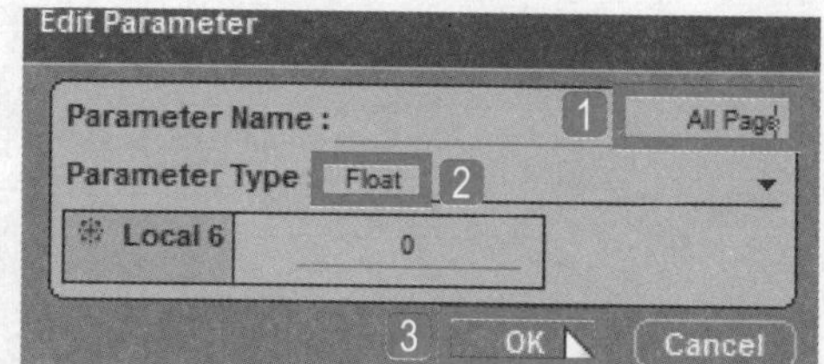

STEP 3 再新增加一个参数，❶设置Parameter Name为Now Page，❷Parameter Type为Float，❸单击OK按钮。按下空格键可以切换到名称、值都显示的状态。

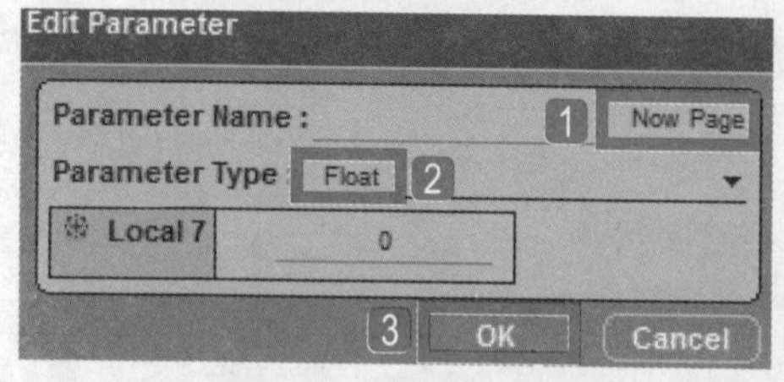

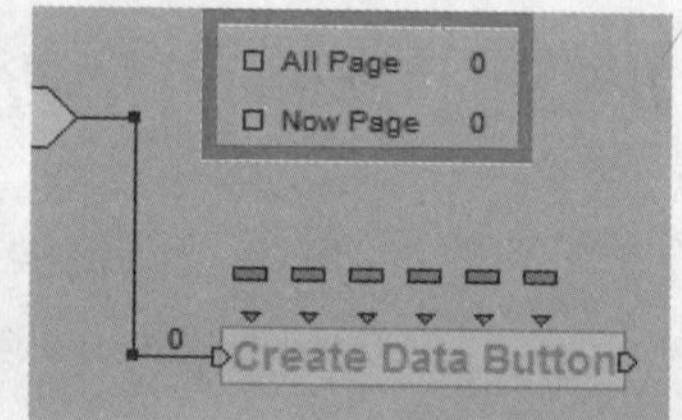

STEP 4 返回到Create Data Button模块，进行数据修正，将复制出来的Button群组化。在Level Manager面板中新增一个Groups，并命名为Item Data Button。

STEP 5 导入BB面板中的Logics\Groups\Add To Group模块到Create Data Button模块。

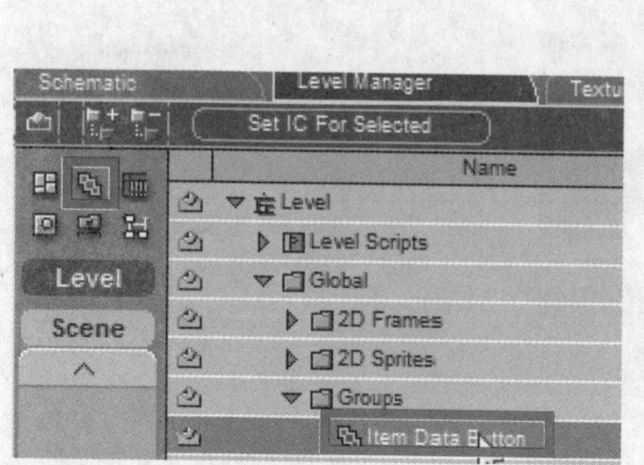

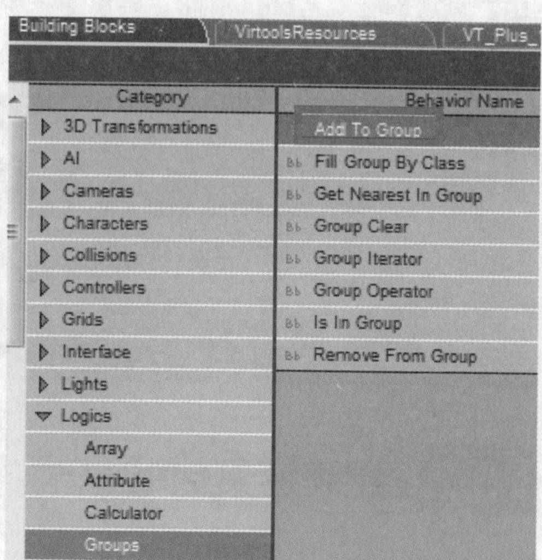

STEP 6 右击Add To Group模块，在弹出的快捷菜单中执行Add Target Parameter命令。

STEP 7 将之前添加的Show模块删除。将Add To Group模块连接到Set 2D Parent模块的输出参数，以及第二个Counter模块的Loop In，再将Object Copy模块的输出参数连接到Add To Group模块的输入参数Target。

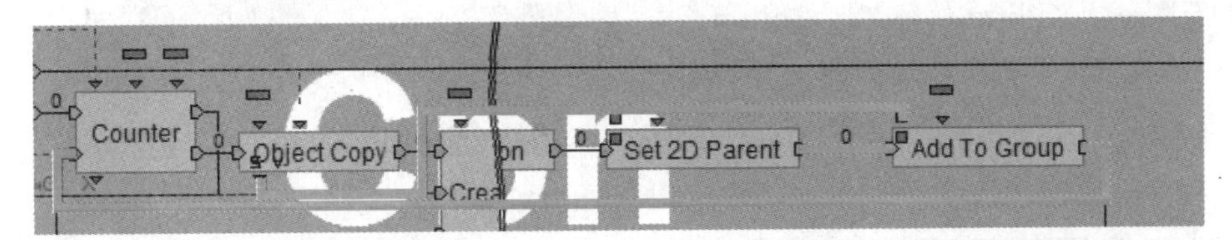

STEP 8 双击Add To Group模块，在弹出的对话框中设置Group为Item Data Button。

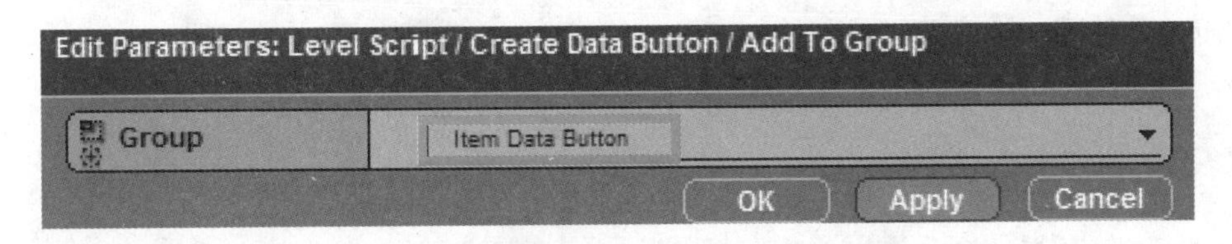

STEP 9 创建数据库，在Level Manager面板中新增一个Array。

STEP 10 在Array Setup面板中1将其重命名为Item Data，2单击Add Column按钮。

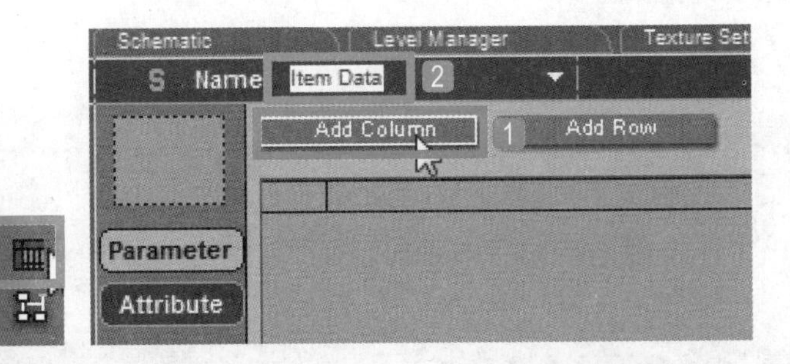

STEP 11 在弹出的对话框中，1设置Name为Name，2Type为String，作为道具名称，3单击OK按钮。

STEP 12 新增一个Column，在Add Column对话框中1设置Name为Type，2Type为String，作为道具种类，3单击OK按钮。

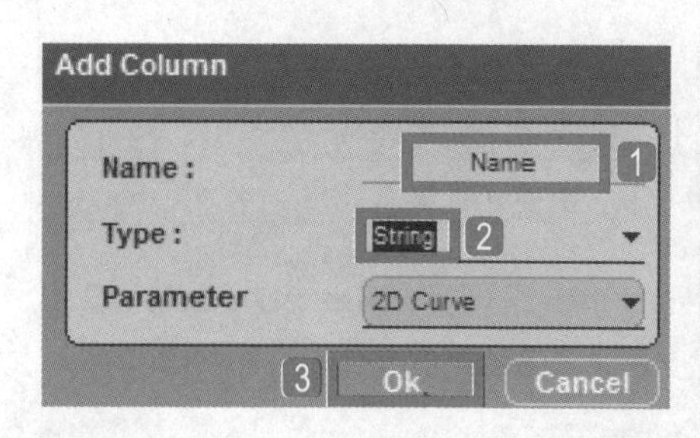

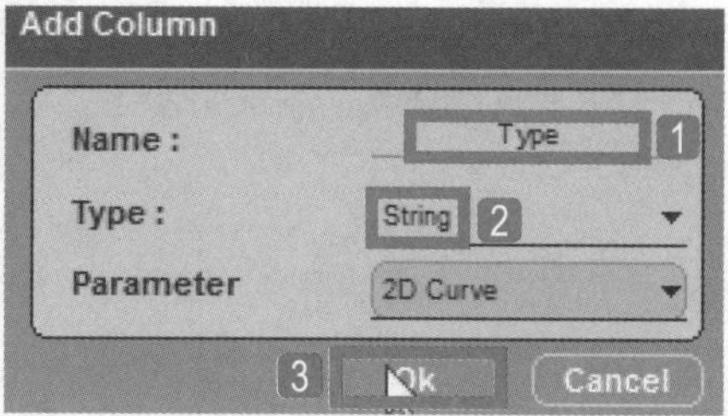

STEP 13 新增一个Column，在Add Column对话框中1设置Name为Minipic，2Type为String，作为道具图示，3单击OK按钮。

STEP 14 新增一个Column，在Add Column对话框中1设置Name为Object，2Type为String，作为道具对应对象，3单击OK按钮。

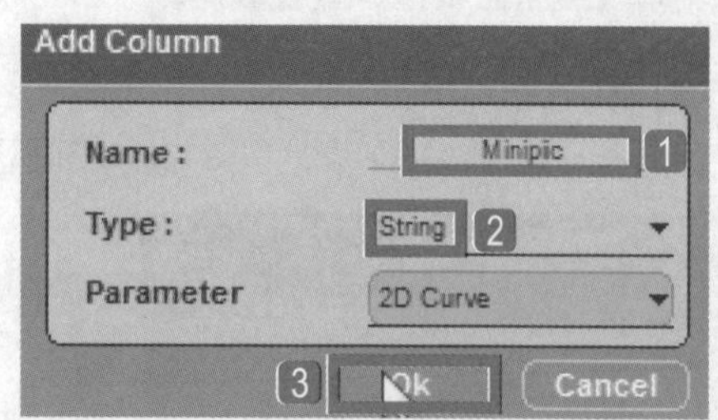

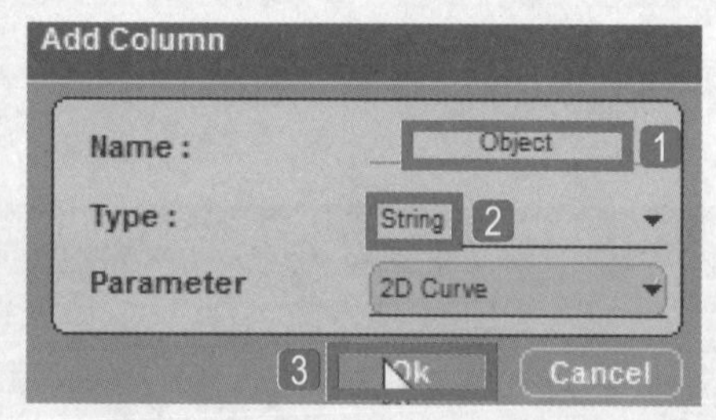

STEP 15 新增一个Column，在Add Column对话框中1设置Name为Never，2Type为String，判断道具是否永久有效、是否可移除，3单击OK按钮。

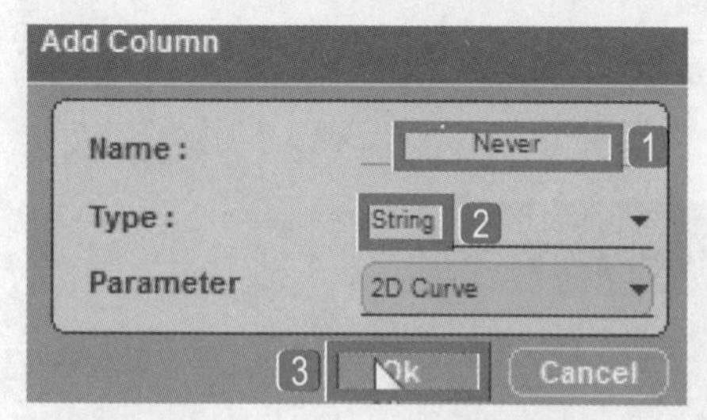

STEP 16 1单击Add Row按钮，2设置Name为NormalHair，3设置Type为hair，4设置Minipic为pic_NormalHair，5设置Never为x。

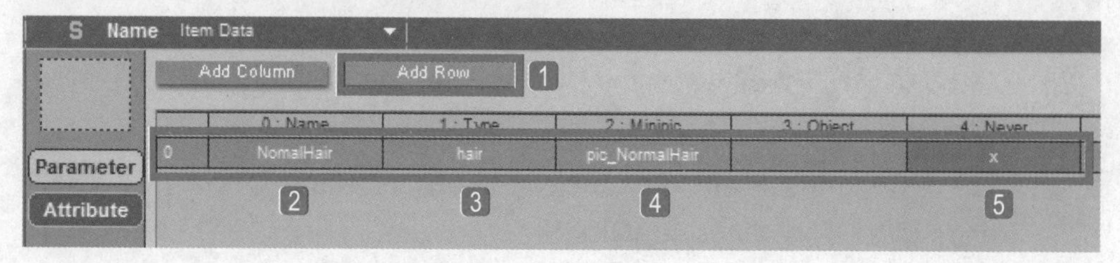

TIP 由于没有创建对象，因此这里先不对Object参数进行设置。Never参数则视是否为不可移除的道具，若不可移除，则设置为x。

STEP 17 在VT_Plus_1面板中，加载需要的素材，并移除先前导入的名称为Item Data的Array。

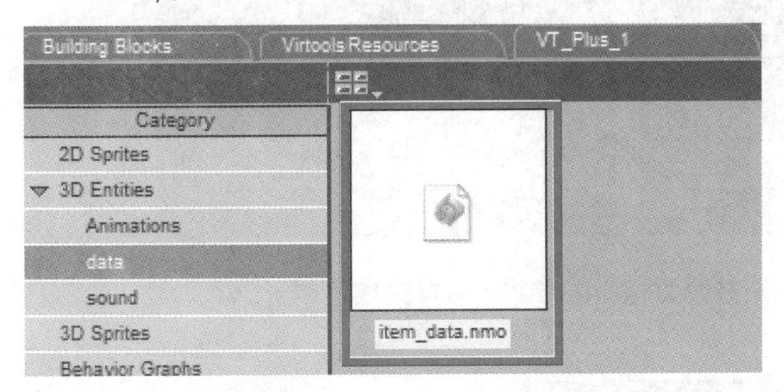

STEP 18 加载之后可以看到所有数据都已设置完成。

S Name Item Data

Add Column　Add Row

Parameter　Attribute　Set IC　Remove IC　Restore IC　Level

	0 : Name	1 : type	2 : minipic	3 : object	4 : Never
5	NormalHair	hair	pic_NormalHair		x
6	FashionHair	hair	pic_FashionHair		
7	RedCloth	cloth	pic_RedCloth		
8	BlueCloth	cloth	pic_BlueCloth		x
9	BlueColor	color	pic_BlueColors		
10	GreenColor	color	pic_GreenColors		
11	RedColors	color	pic_RedColors		x
12	SteelSword	weapons	pic_SteelSword		
13	FecesSword	weapons	pic_FecesSword		
14	SteelShield	shield	pic_SteelShield		
15	MushroomShield	shield	pic_MushroomShield		
16	DoorKey	Event_item	pic_DoorKey		x

STEP 19 Item Data中的数据是所有的道具，而显示在画面上的则是在道具包中的道具，因此要新增一个Array。❶将其重命名为item Bags，❷单击Add Column按钮，新增一个Column。

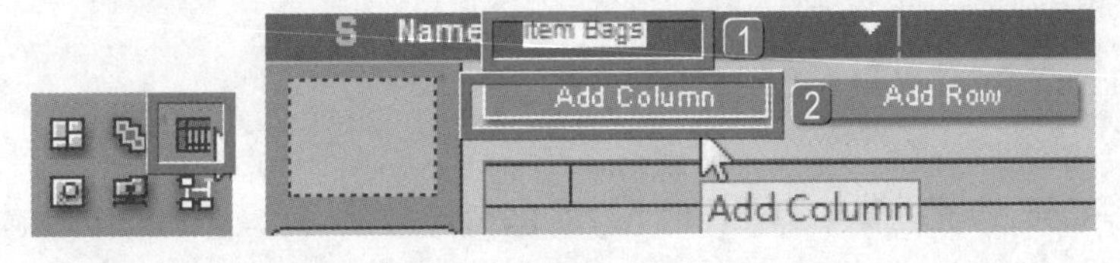

STEP 20 在弹出的对话框中1设置Name为name，2Type为String，作为道具名称，3单击OK按钮。

STEP 21 新增一个Column，在Add Column对话框中1设置Name为Equipment，2Type为String，判断道具是否已经装备在身上，3单击OK按钮。

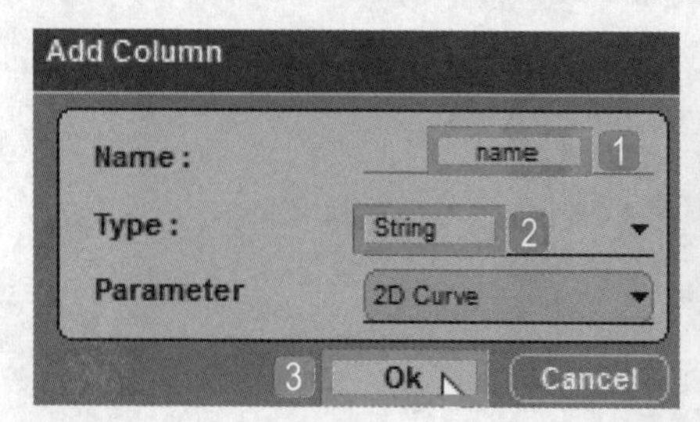

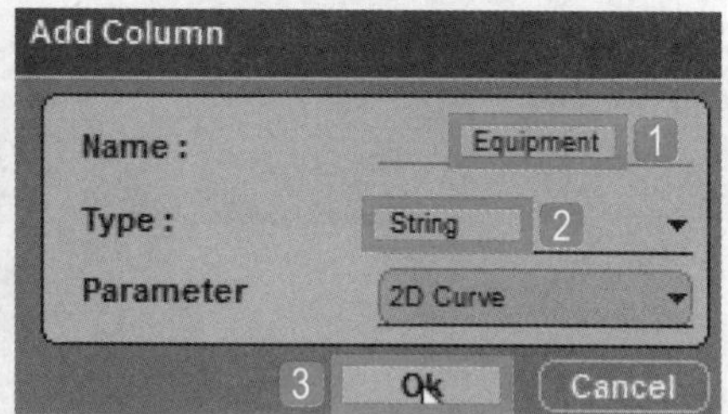

STEP 22 再新增几个Column，并设置相应的参数，设置完成后单击Set IC按钮设置初始值。

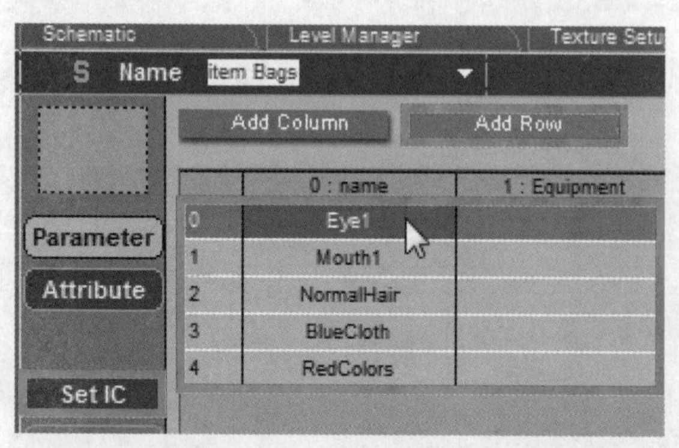

15.3 显示道具包

STEP 1 制作道具包的显示。右击空白处，在弹出的快捷菜单中执行Draw Behavior Graph命令，创建模块，并按下F2键将其重命名为Check Item Data。

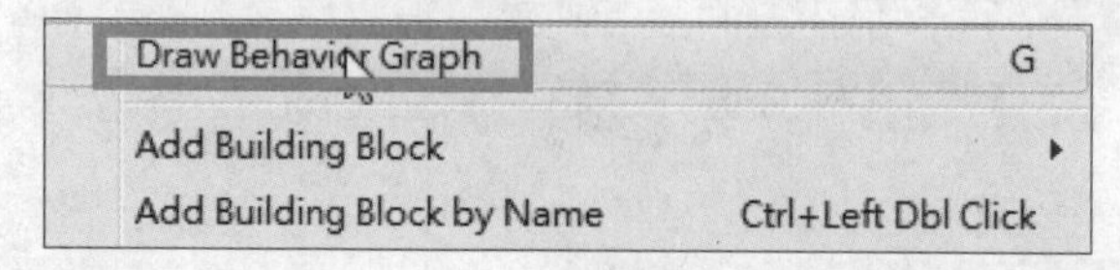

STEP 2 导入BB面板中的Logics\Calculator\Op模块。

STEP 3 右击Op模块，在弹出的快捷菜单中执行Edit Settings命令。

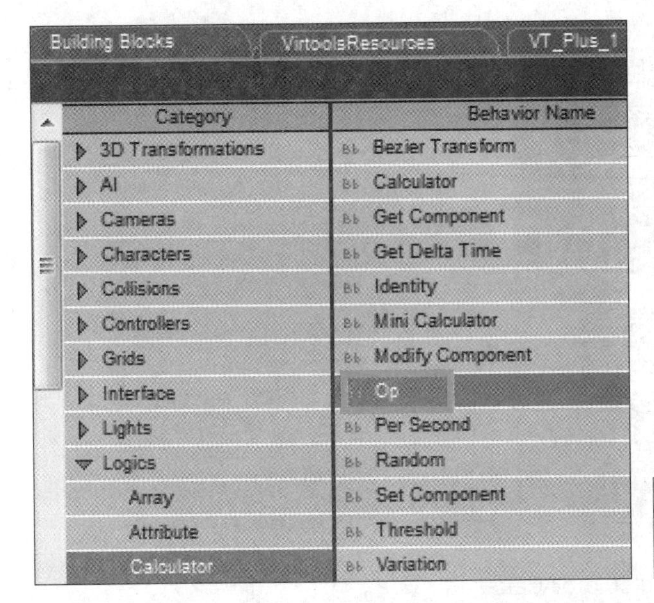

STEP 4 在弹出的对话框中1设置Inputs的A值为Group，2设置Operation为Get Count，3设置Ouput为Integer，4单击OK按钮。

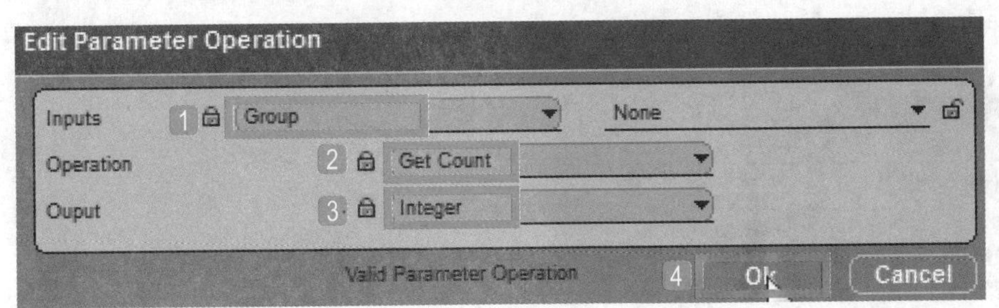

STEP 5 双击Op模块，在弹出的对话框中1设置p1为Item Data Button，2单击OK按钮。

STEP 6 导入BB面板中的Logics\Groups\Group Iterator模块。

STEP 7 将Group Iterator模块的输入参数连接到Op模块的输入参数Input。

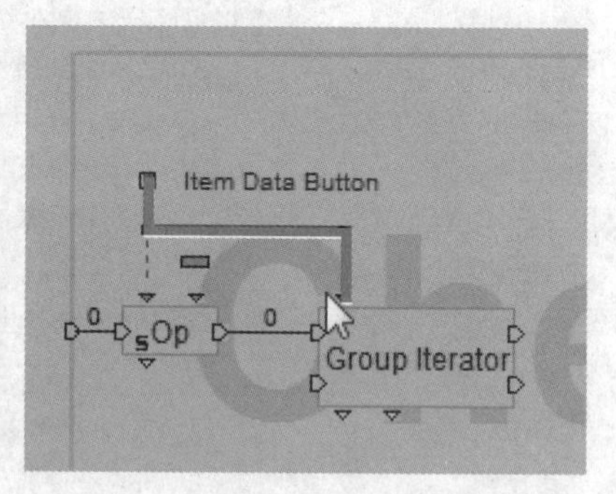

STEP 8 导入BB面板中的Logics\Calculator\Calculator模块。

STEP 9 右击空白处，在弹出的快捷菜单中执行Add Comment命令，新增一个批注，设置a值为now page，b值为counter，c值为no.。

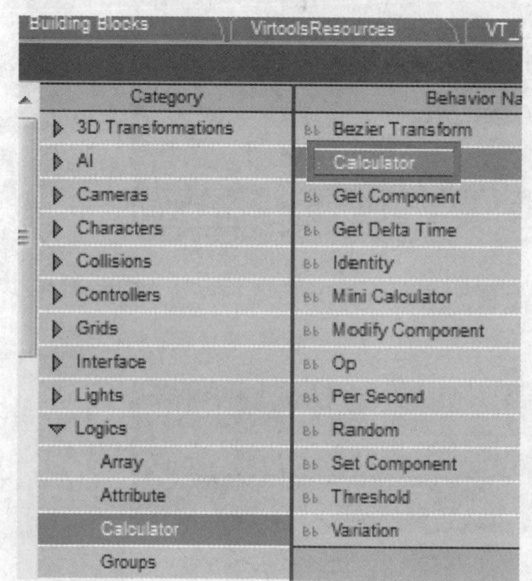

a=now page
b=counter
c=no.

TIP a-1表示页码，因为起始页码是1，所以要先减去1；b表示一个页面可以显示多少数据，前面我们设置了页面显示数据为3×3，所以本例中b=9，c表示界面编号。

STEP 10 双击Calculator模块，在弹出的对话框中设置expression为（（a−1）*b）+c。

Construct	▸	Add Parameter Input	Alt+I
Edit Priority	Y	Add Parameter Output	Alt+O

STEP 11 在弹出的对话框中❶设置Parameter Name为b，❷单击OK按钮。

STEP 12 新增一个Parameter Input，设置Parameter Name为c。在之前添加的Now Page的Parameter上单击鼠标右键，在弹出的快捷菜单中执行Copy命令。

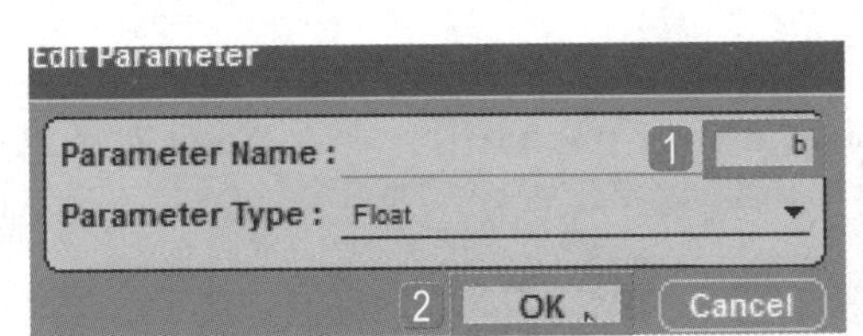

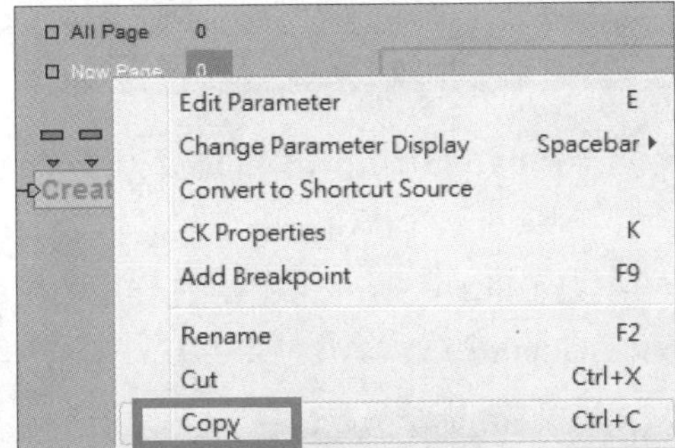

STEP 13 在Check Item Data模块空白处右击，在弹出的快捷菜单中执行Paste as Shortcut命令，创建快捷方式。

STEP 14 将Calculator模块的输入参数a值连接到Now Page的快捷方式。

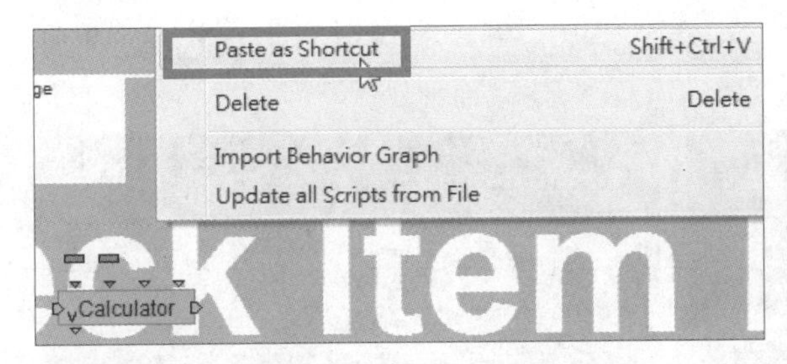

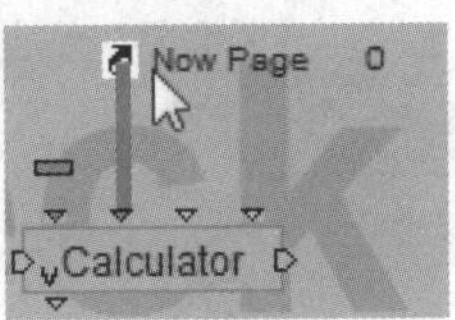

STEP 15 将Calculator模块的输入参数b值连接到Op模块的输出参数。

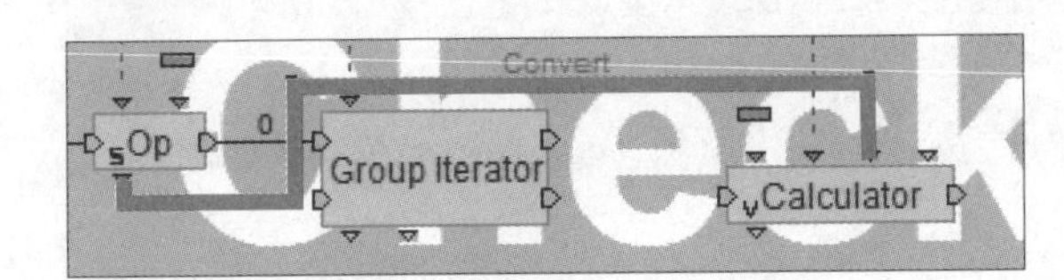

STEP 16 导入BB面板中的Logics\Strings\Scan String模块。

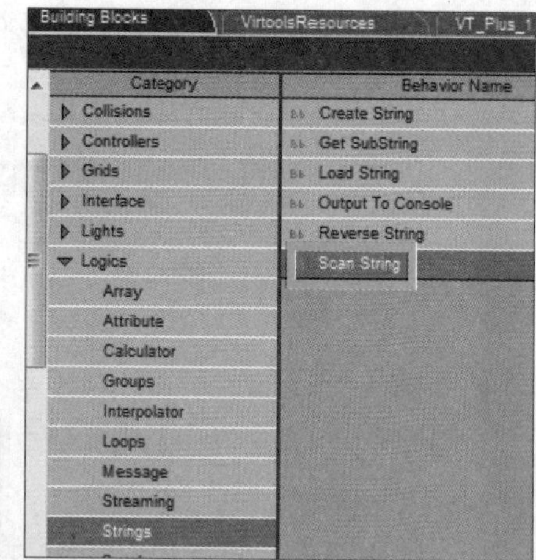

STEP 17 双击Scan String模块，在弹出的对话框中1设置Delimiter为 _（下划线），作为判断的依据，2单击OK按钮。

STEP 18 将Scan String模块的输入参数Text连接到Group Iterator模块的输出参数Element，以抓取名称。

STEP 19 右击Scan String模块，在弹出的快捷菜单中执行Construct>Add Parameter Ouput命令。

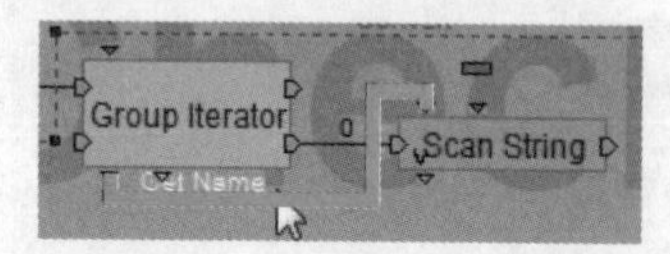

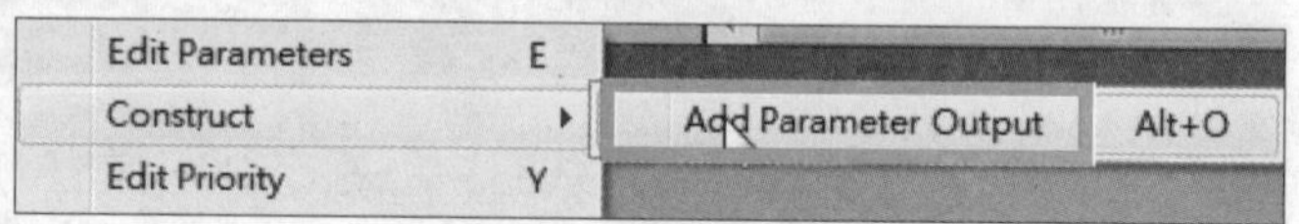

STEP 20 在弹出的对话框中1设置Parameter Name为name，2Parameter Type为String，3单击OK按钮。

STEP 21 新增一个Parameter Ouput，1设置Parameter Name为no.，2Parameter Type为Float，3单击OK按钮。

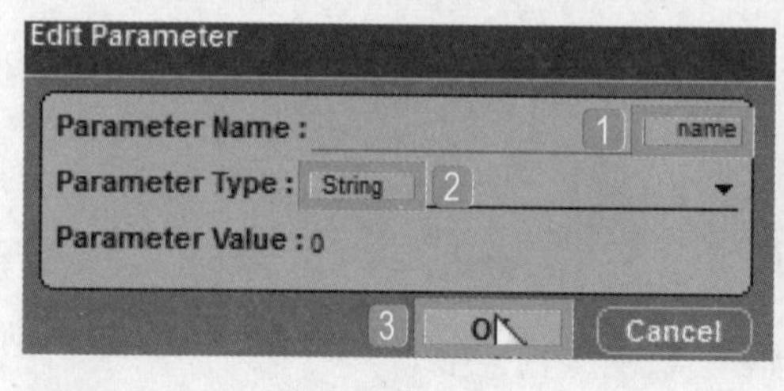

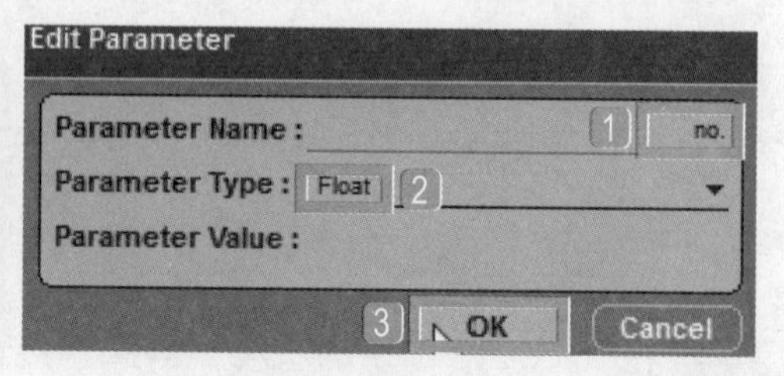

STEP 22 将Calculator模块的输入参数c值连接到Scan String模块的输出参数no.。

STEP 23 这样便可计算每个页码读取的数据了。导入BB面板中的Logics\Array\Get Row模块。

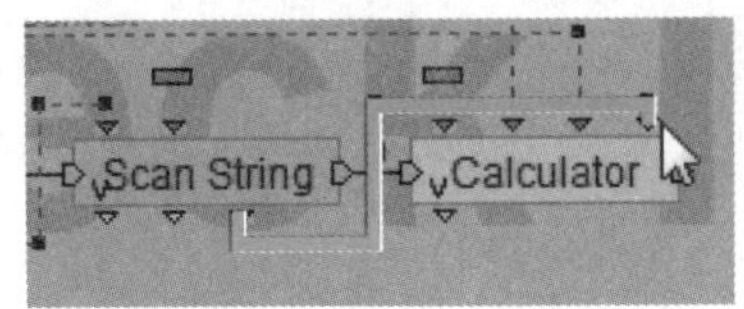

STEP 24 双击Get Row模块，在弹出的对话框中1设置Target为item Bags，2单击OK按钮。

STEP 25 将Get Row模块的输入参数Row Index连接到Calculator模块的输出参数。

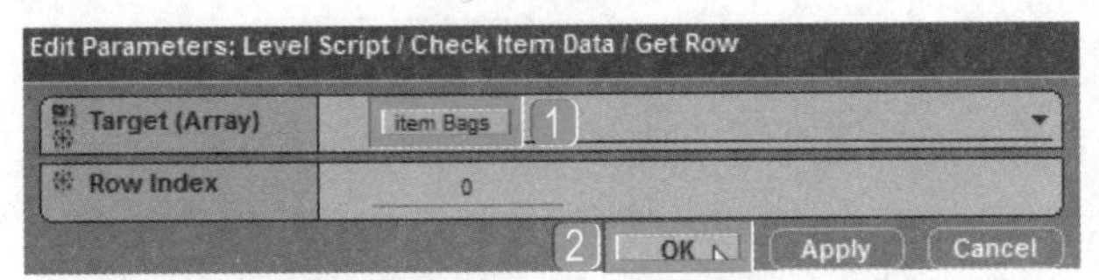

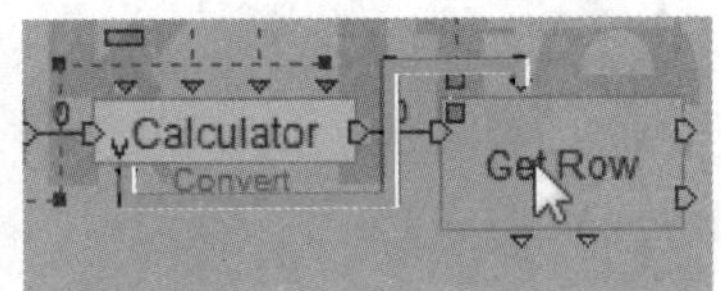

STEP 26 设置当找不到数据时，隐藏接口并取消状态。导入BB面板中的Visuals\Show-Hide\Hide模块。

STEP 27 右击Hide模块，在弹出的快捷菜单中执行Add Target Parameter命令。

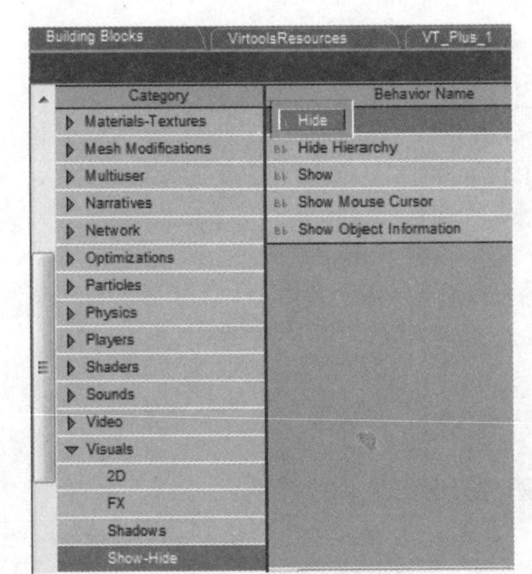

STEP 28 右击Group Iterator模块的输出参数。

STEP 29 在弹出的快捷菜单中执行Copy命令。

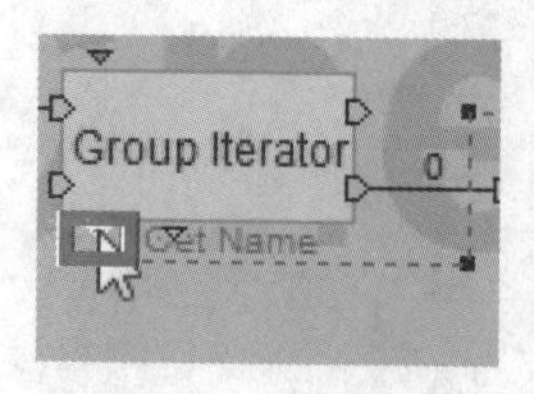

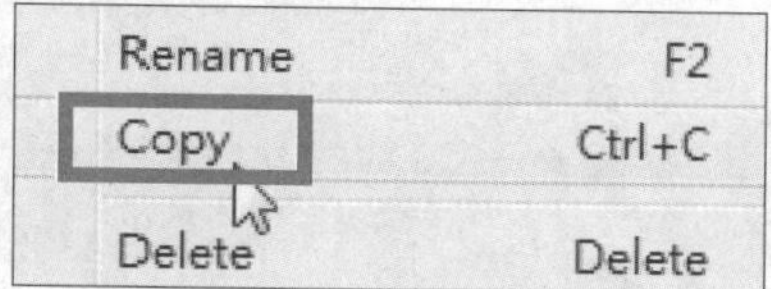

STEP 30 右击模块空白处，在弹出的快捷菜单中执行Paste as Shortcut命令，创建快捷方式。

STEP 31 右击快捷方式图标，在弹出的快捷菜单中执行Set Shortcut Group Color命令，在快捷方式上添加背景色。

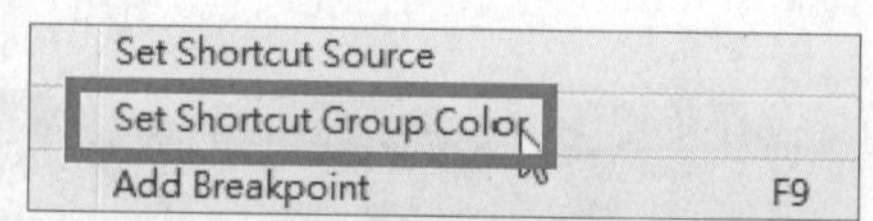

STEP 32 选择色彩之后，参数主体、所有参数、该参数主体的快捷方式都会变成同样的颜色。

STEP 33 将Hide模块的输入参数Target连接到复制出的参数快捷方式。

STEP 34 导入BB面板中的Interface\Screen\Set Pickable模块。

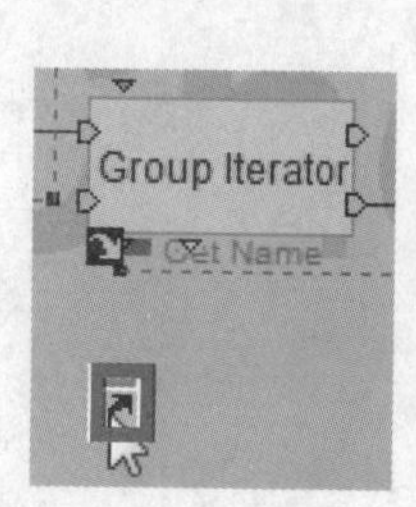

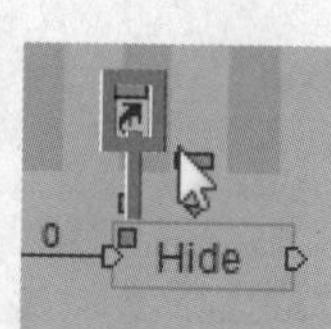

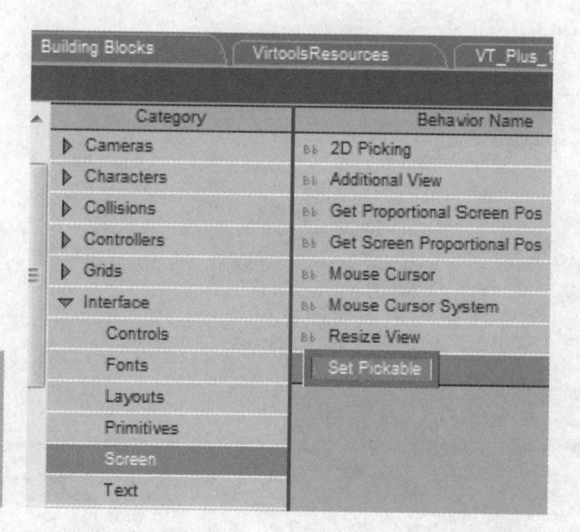

STEP 35 将Set Pickable模块的输入参数Target连接到复制出的参数快捷方式。

STEP 36 双击Set Pickable模块，在弹出的对话框中❶取消勾选Pickable复选框，❷单击OK按钮。

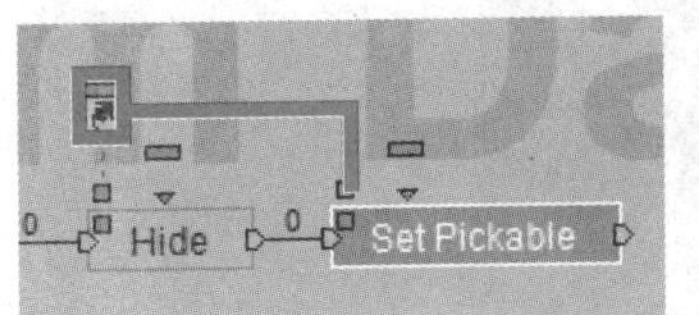

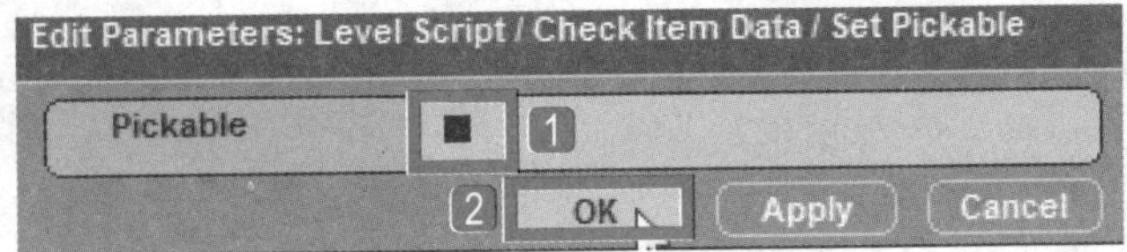

STEP 37 导入BB面板中的Logics\Array\Iterator If模块，设置搜寻成功后的操作。

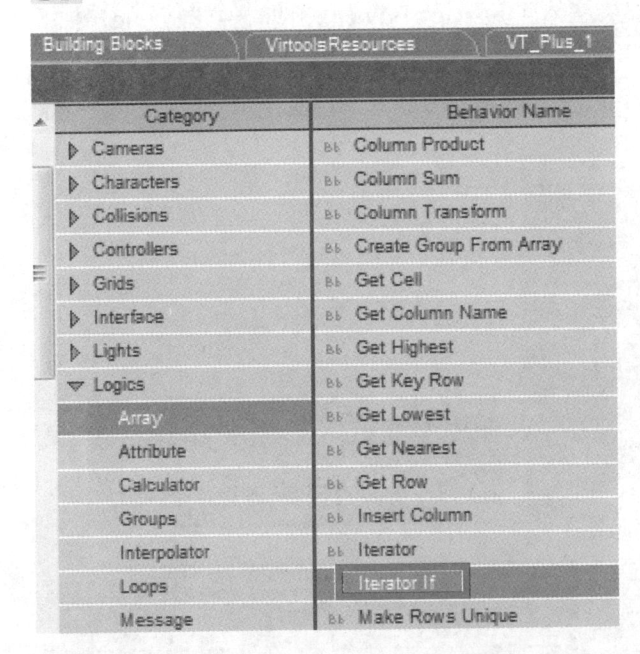

STEP 38 双击Iterator If模块，在弹出的对话框中❶设置Target为Item Data，❷设置完成后单击OK按钮。

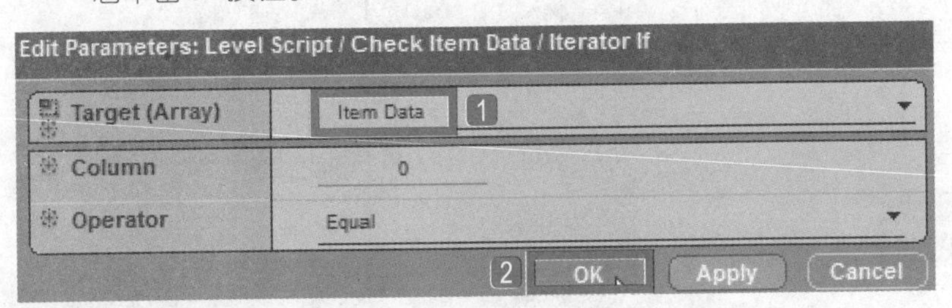

STEP 39 双击Iterator If模块一次会发现多了一栏参考体，1设置Column为0，在Item Data中Column为0的字段为名称，2设置Operator为Equal，用来判断搜寻到的数据名称是不是等于参考体，3单击OK按钮。

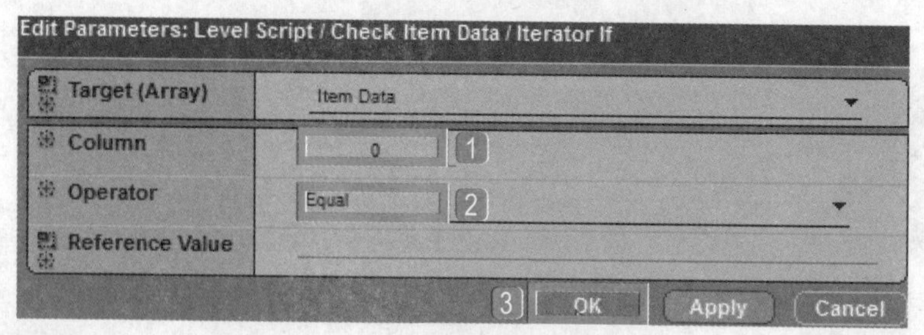

STEP 40 将Iterator If模块的输入参数参考体连接到Get Row模块的输出参数name，并将Loop In连接到Loop Out，双击循环线。

STEP 41 在弹出的对话框中1设置Link delay为0，以便搜寻操作快速循环，2单击OK按钮。

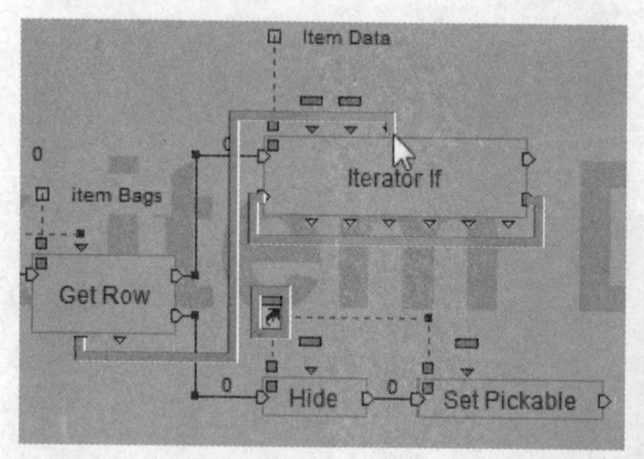

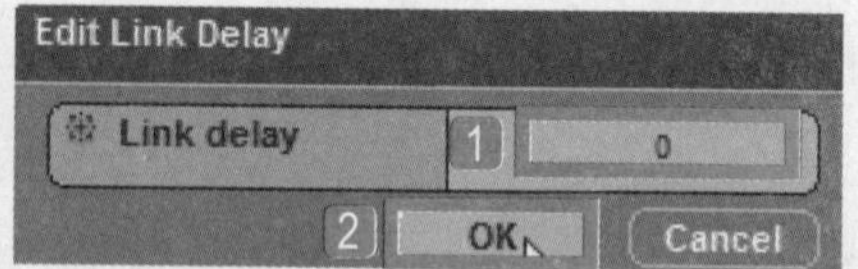

STEP 42 导入BB面板中的Logics\Calculator\Op模块。

STEP 43 右击Op模块，在弹出的快捷菜单中执行Edit Settings命令。

STEP 44 在弹出的对话框中1设置Inputs为String，2Operation为Get Object By Name，3Ouput为Texture，4单击OK按钮。

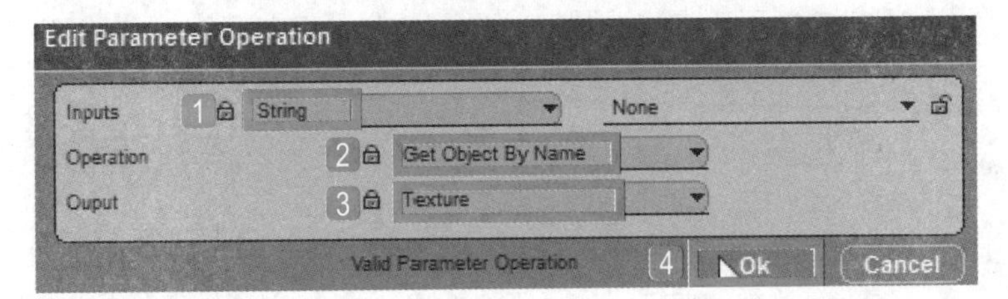

STEP 45 将Op模块的输入参数连接到Iterator If模块的输出参数minipic。

STEP 46 导入BB面板中的Logics\Test\Test模块。

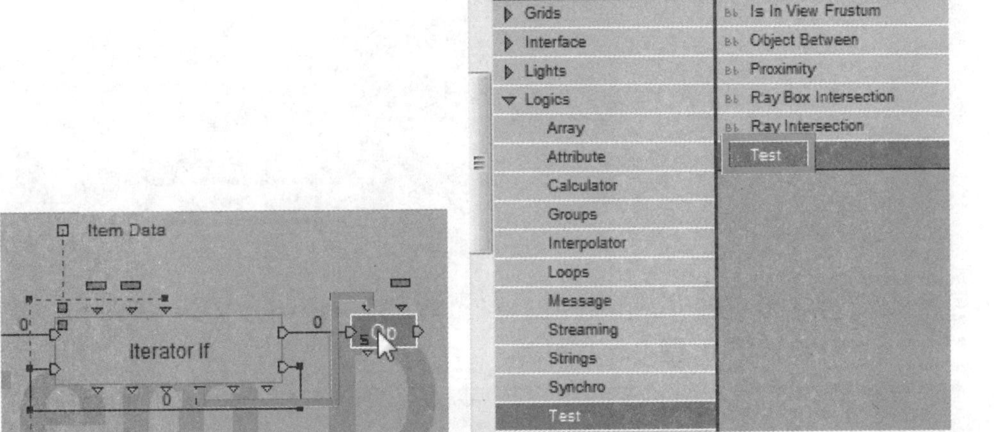

STEP 47 双击Test模块的输入参数a值，在弹出的对话框中1设置Parameter Name为A，2Parameter Type为Texture，3单击OK按钮。

STEP 48 双击Test模块的输入参数b值，在弹出的快捷菜单中1设置Parameter Name为B，2Parameter Type为Texture，3单击OK按钮。

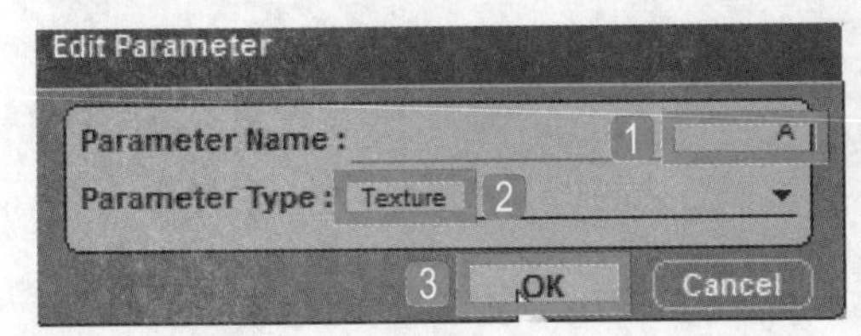

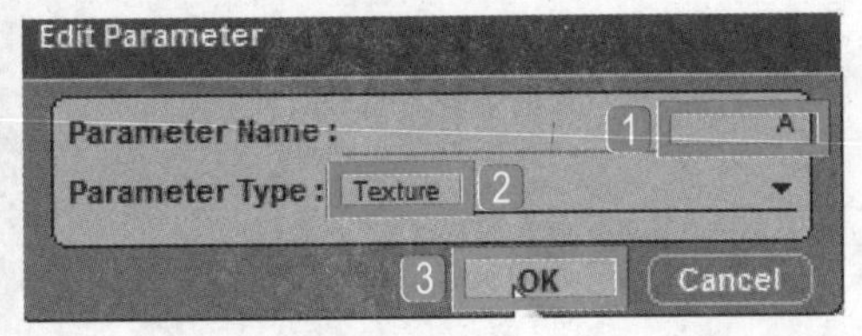

STEP 49 将Test模块的输入参数a值连接到Op模块的输出参数。

STEP 50 双击Test模块，在弹出的快捷菜单中❶设置Test为Equal，❷B为NULL，❸单击OK按钮。

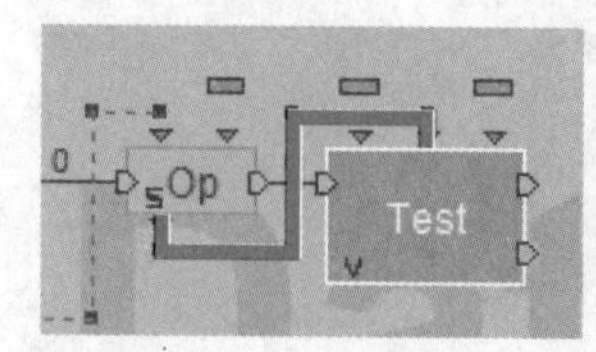

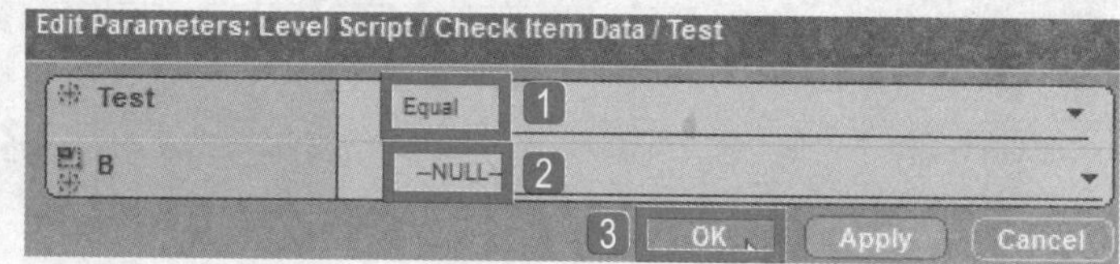

STEP 51 表示如果没有找到图，则设置为隐藏，以及不可选状态。

STEP 52 如果Test模块搜寻到图片，则在道具接口上显示图标。新增一个Op模块，右击Op模块，在弹出的快捷菜单中执行Edit Settings命令。

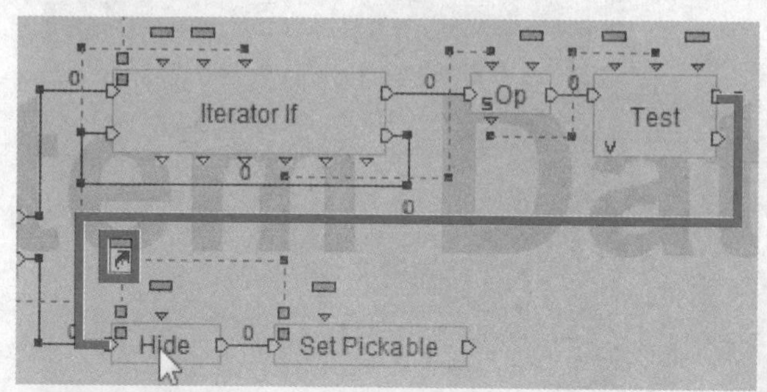

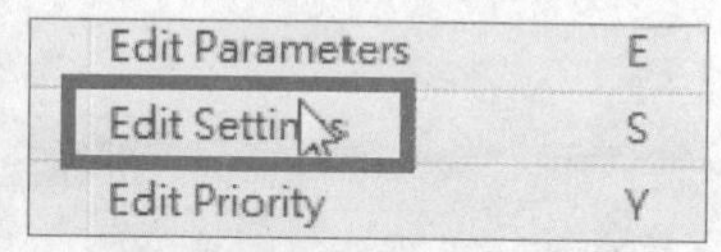

STEP 53 在弹出对话框中❶设置Inputs为2D Entity，❷Operation为Get Material，❸Ouput为Material，❹单击OK按钮。

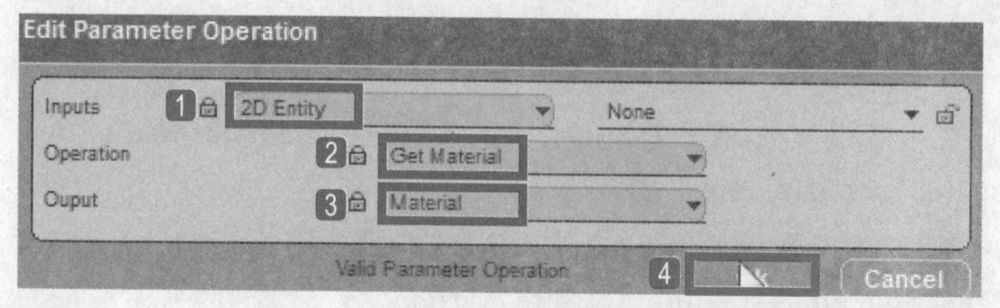

STEP 54 将Op模块的输入参数连接到之前创建的参考对象快捷方式。

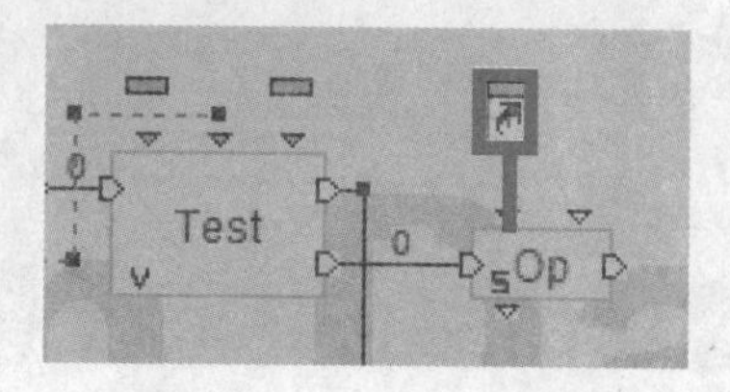

STEP 55 导入BB面板中的Materials-Textures\Basic\Set Texture模块。

STEP 56 将Set Texture模块的输入参数Target连接到Op模块的输出参数Material，将Set Texture模块的输入参数Texture连接到Op模块的输出参数Material。

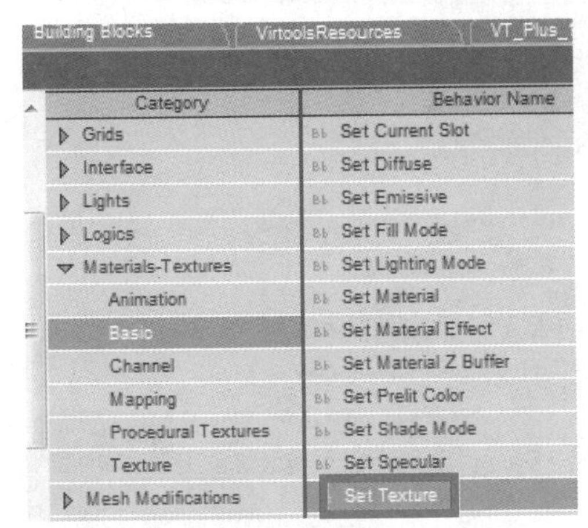

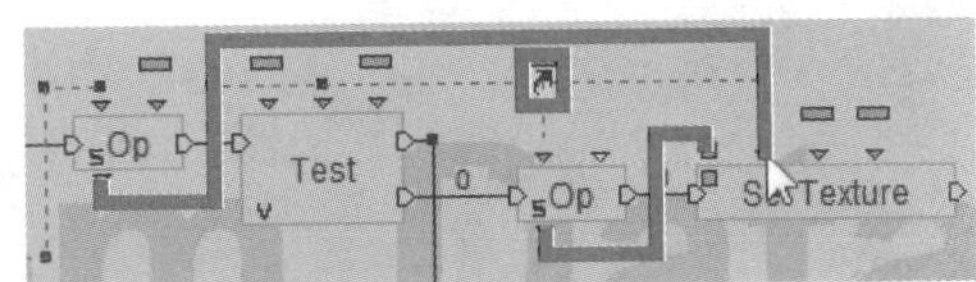

STEP 57 导入BB面板中的Visuals\Show-Hide\Show模块。

STEP 58 将Show模块的输入参数Target连接到之前创建的参考对象快捷方式。

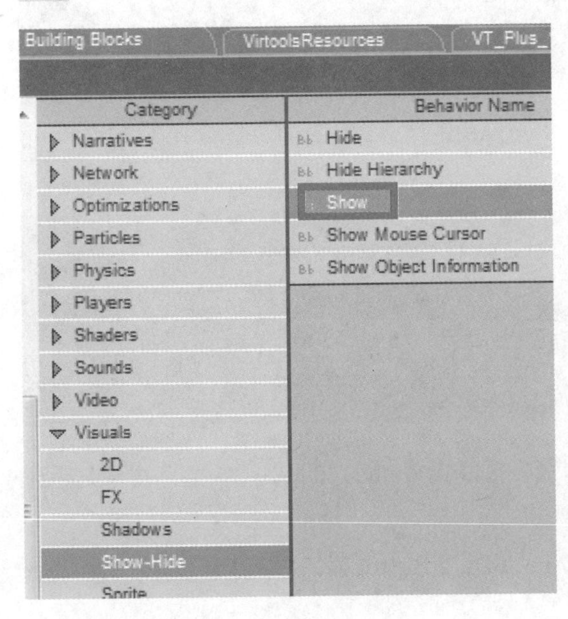

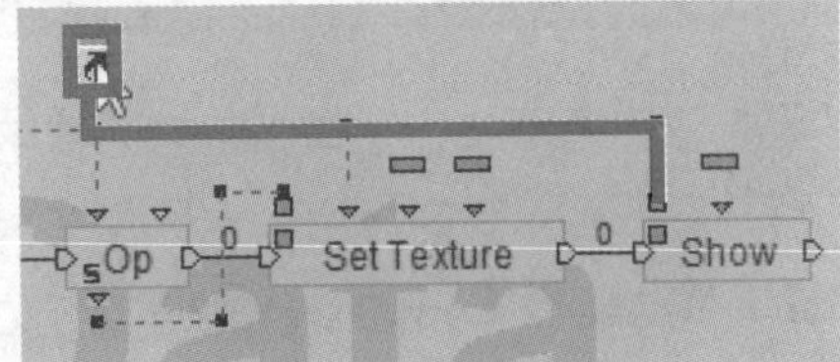

STEP 59 按住Shift键的同时拖曳复制一个Set Pickable模块，将Set Pickable模块的输入参数Target连接到之前创建的参考对象快捷方式。

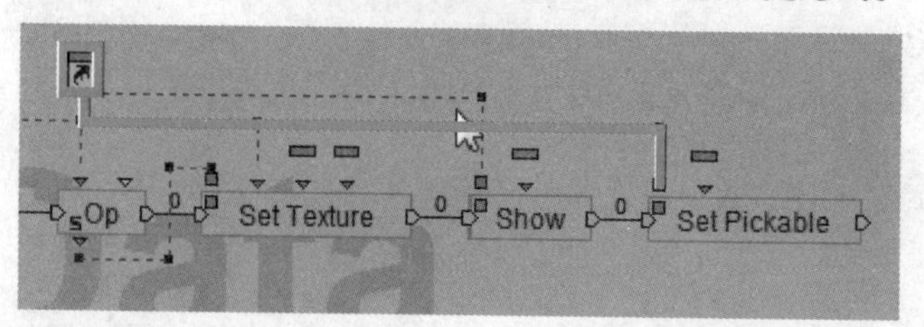

STEP 60 双击Set Pickable模块，在弹出的对话框中1勾选Pickable复选框，2单击OK按钮。

STEP 61 导入BB面板中的Logics\Streaming\NOp模块，作为集线器。

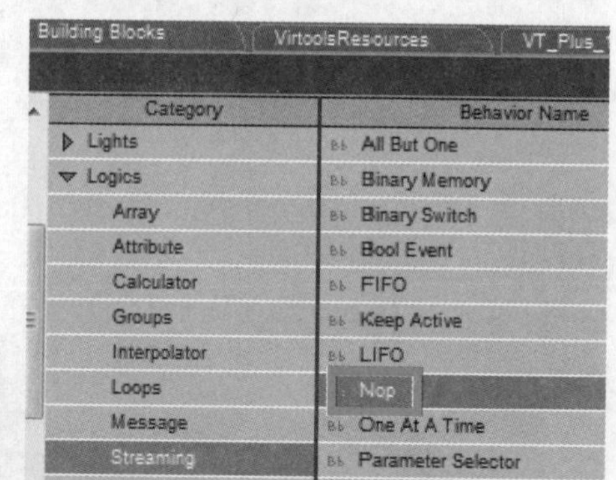

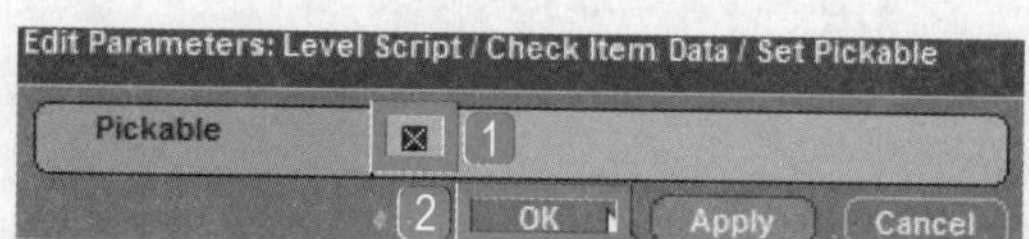

STEP 62 将两个Set Pickable模块连接到NOp模块的In，将NOp模块的Out连接到Group Iterator模块设置循环。

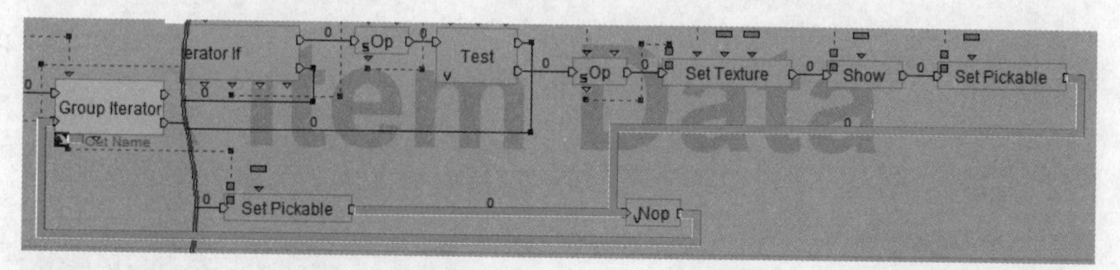

STEP 63 双击循环线，在弹出的对话框中1设置Link delay为0，以加快循环搜寻判断速度，2单击OK按钮。

STEP 64 将Check Item Data模块连接到Create Data Button模块。

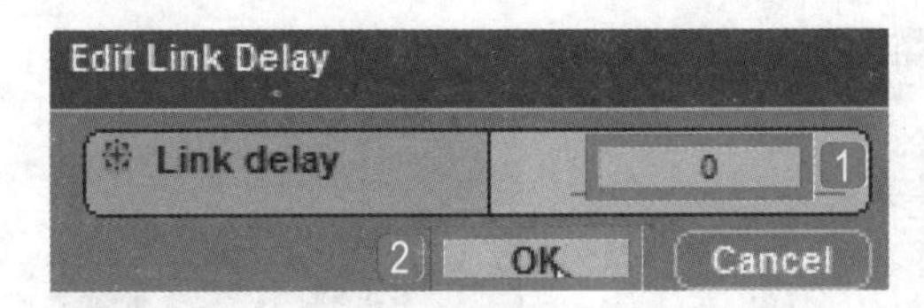

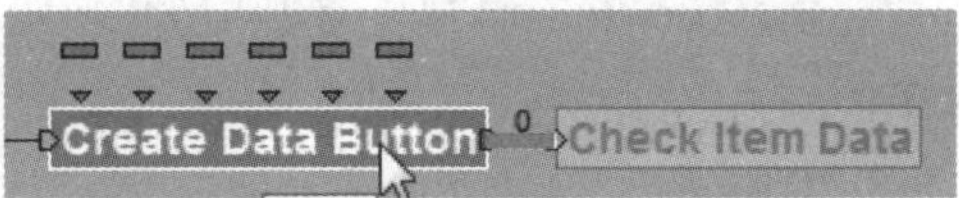

STEP 65 导入BB面板中的Logics\Calculator\Identity模块至程序空白处。

STEP 66 双击Identity模块输入参数三角形节点，在弹出的对话框中1设置Parameter Name为now page，2单击OK按钮。

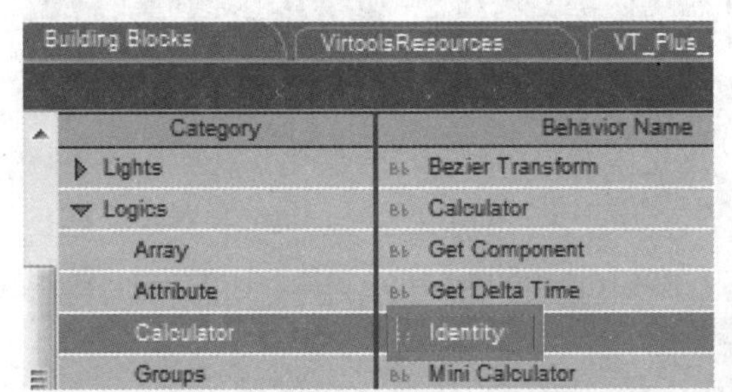

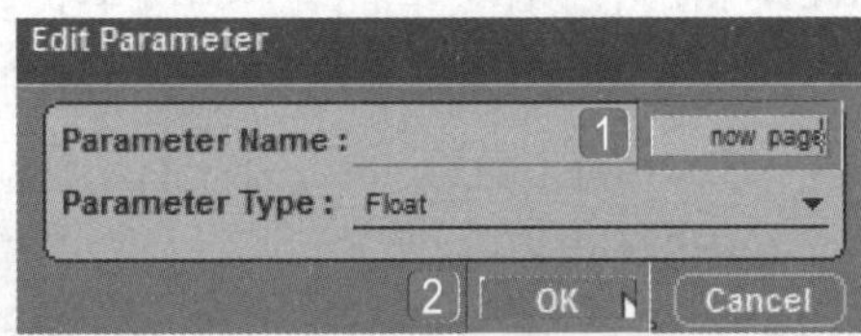

STEP 67 创建一个Now Page的快捷方式，右击Now Page，在弹出的快捷菜单中执行Copy命令。

STEP 68 右击空白处，在弹出的快捷菜单中执行Paste as Shortcut命令，创建快捷方式。

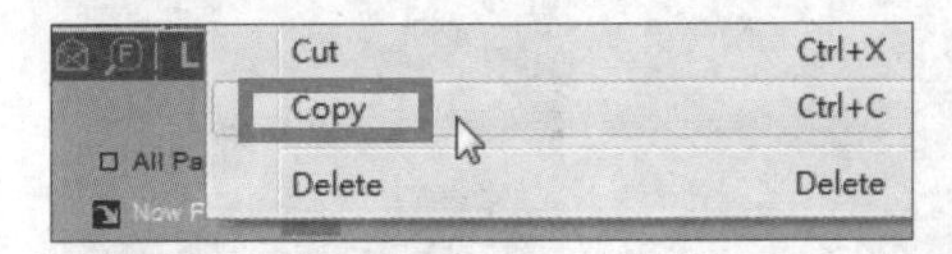

STEP 69 将Identity模块的输出参数连接到Now Page快捷方式上。

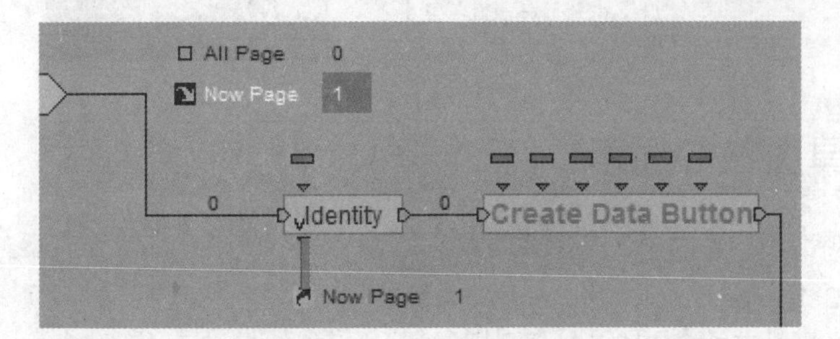

STEP 70 双击Identity模块，在弹出对话框中1设置pIn 0为1，表示页码初始值为1，2单击OK按钮。

STEP 71 单击Play按钮测试预览，Item Bags中有的数据会显示在接口上，没有的则不会显示。

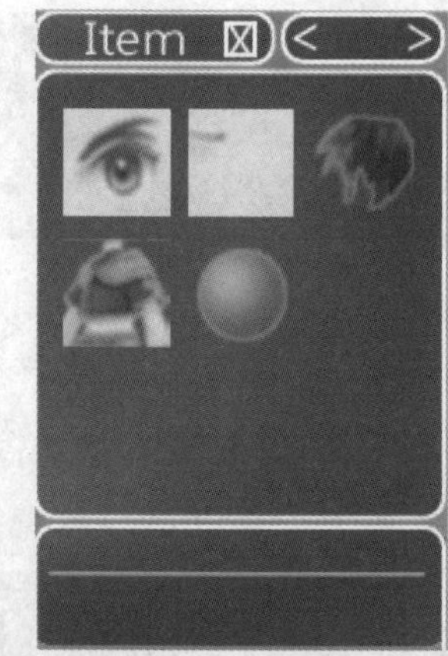

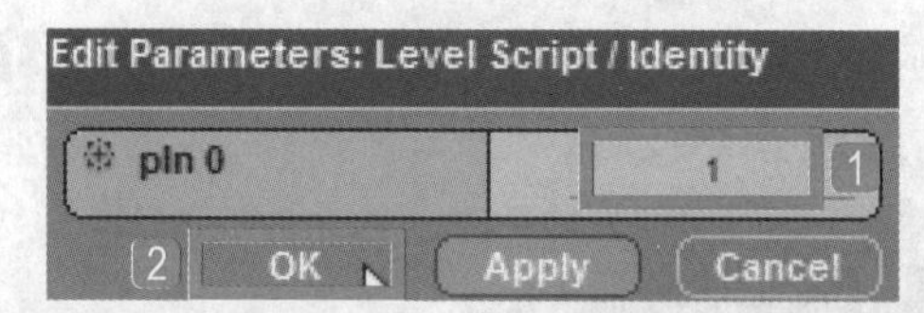

STEP 72 图示上透明图层部分产生了毛边，这是因为程序将图片平滑化了，所以要将它设置为位图显示。返回到Material Setup面板中的item_pic_sample对象，1在Textuer中随意选择一张贴图，2将Filter Min和Filter Mag设置为Nearest，3单击Set IC按钮。

STEP 73 设置完成后，发现透明图层的毛边不见了，此后任意贴上的贴图都会自动取消平滑化。

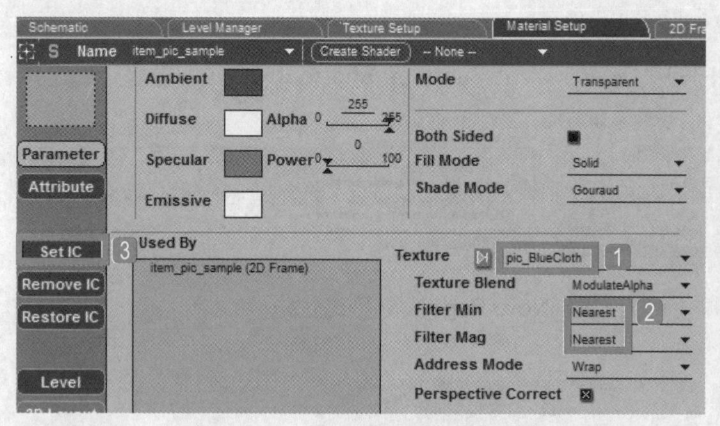

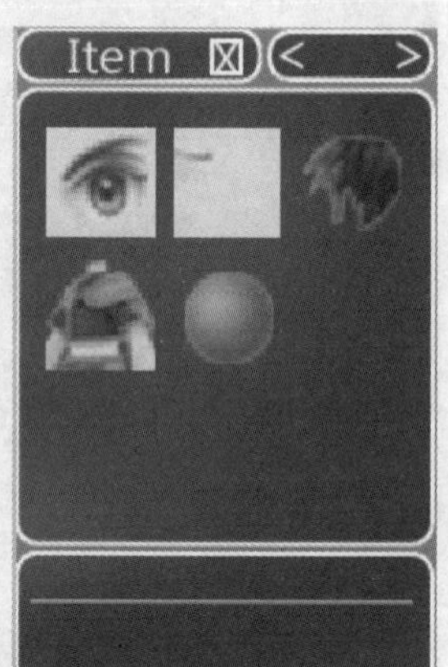

15.4 计算道具页数并显示

STEP 1 设置页码的显示和切换。右击空白处，执行Draw Behavior Graph命令，创建模块，并按下F2键将其重命名为Chack Page。

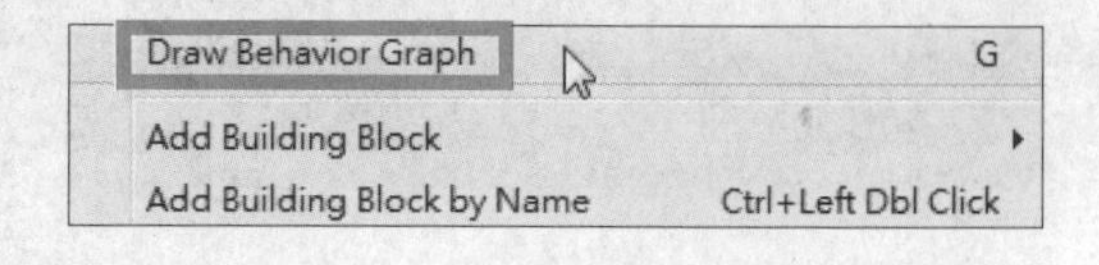

STEP 2 利用数据的总数，计算页面的数量。导入BB面板中的Logics\Calculator\Op模块到Chack Page模块。

STEP 3 右击Op模块，在弹出的快捷菜单中执行Edit Settings命令。

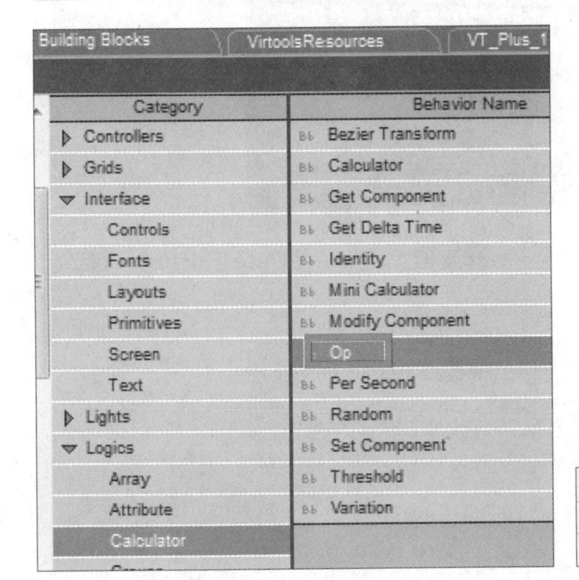

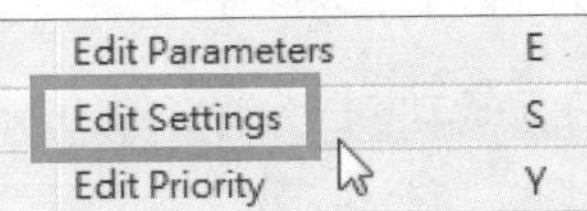

STEP 4 在弹出的对话框中1设置Inputs为Array，2Operation为Get Row Count，3Ouput为Integer，以取得道具包中道具的数量，4单击OK按钮。

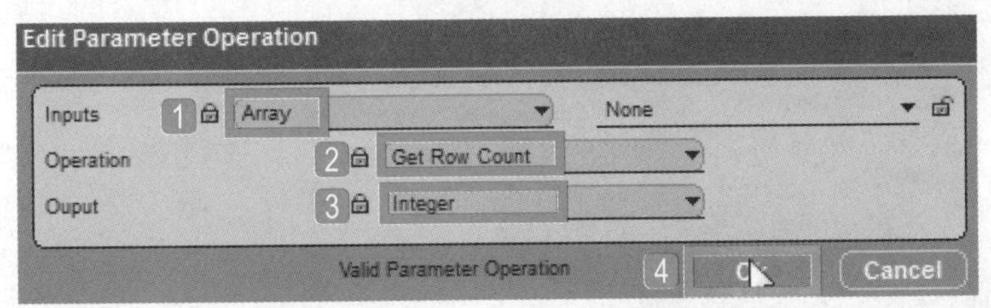

STEP 5 双击Op模块输入参数a值的数据方块，在弹出的对话框中1设置p1为item Bags，2单击OK按钮。

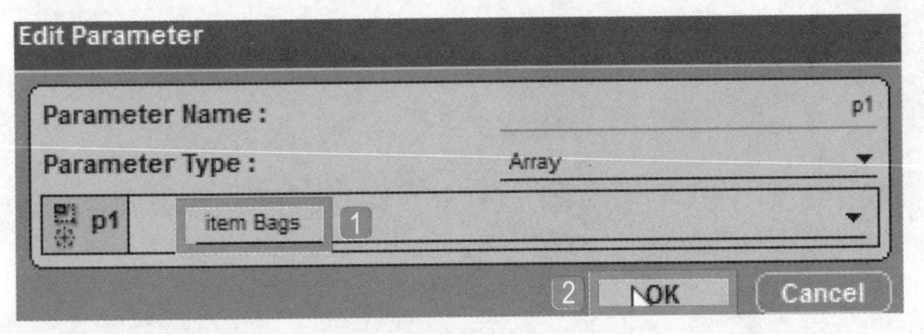

STEP 6 按住Shift键的同时拖曳复制一个Op模块，右击复制的Op模块，在弹出的快捷菜单中执行Edit Settings命令，在弹出对话框中1设置Inputs为Group，2 Operation为Get Count，3Ouput为Integer，4单击OK按钮。

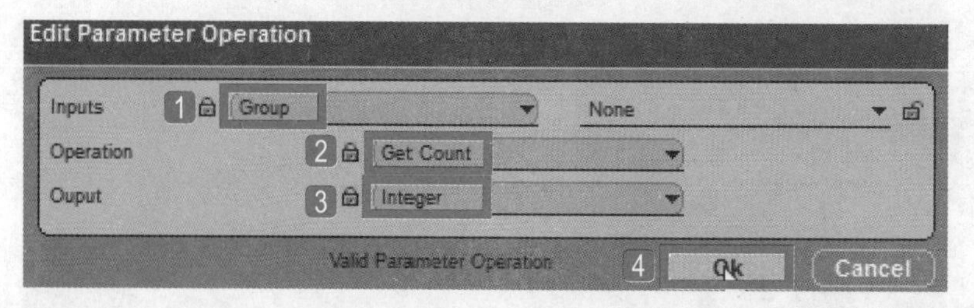

STEP 7 双击复制的Op模块，在弹出的对话框中1设置p1为Item Data Button，2单击OK按钮。

STEP 8 导入BB面板中的Logics\Calculator\Calculator模块。

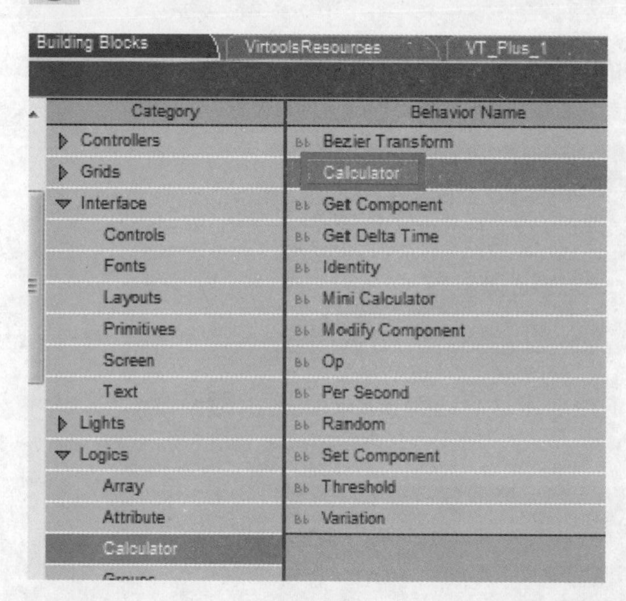

STEP 9 双击Calculator模块，在弹出的对话框中1设置expression为a/b，总数除以一个页面显示的数量，计算总共有多少页，2单击OK按钮。

STEP 10 右击Calculator模块，在弹出的快捷菜单中执行Construct>Add Parameter Input命令。

STEP 11 在弹出的对话框中1设置Parameter Name为b，2Parameter Type为Float，3单击OK按钮。

STEP 12 将第一个Op模块的输出参数连接到Calculator模块的输入参数a，将第二个Op模块的输出参数连接到Calculator模块的输入参数b。

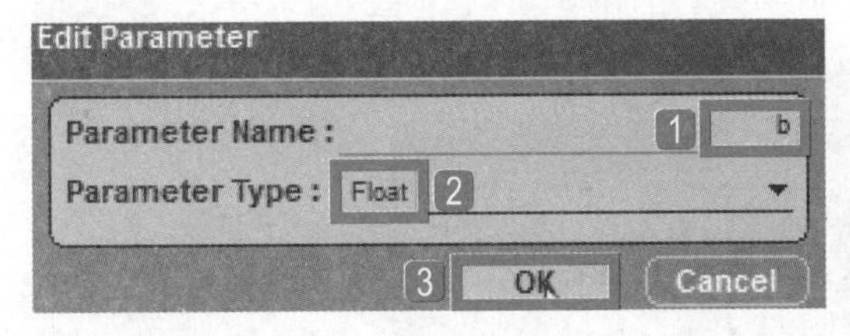

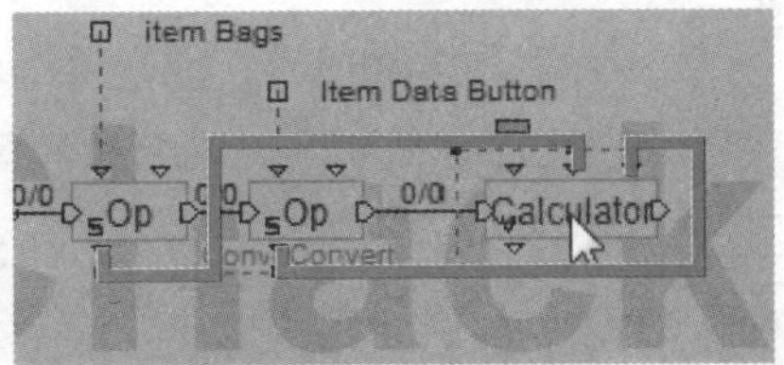

STEP 13 考虑到如果有余数，则页面应该多加一页，导入BB面板中的Logics\Test\Test模块。

STEP 14 双击Test模块输入参数b值的三角形输入点，在弹出的对话框中1设置Parameter Type为Integer，2单击OK按钮。而Test模块输入参数a值则为预设的Float不变。

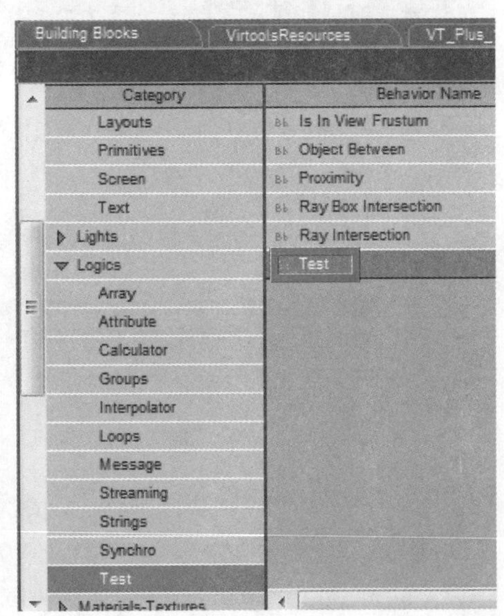

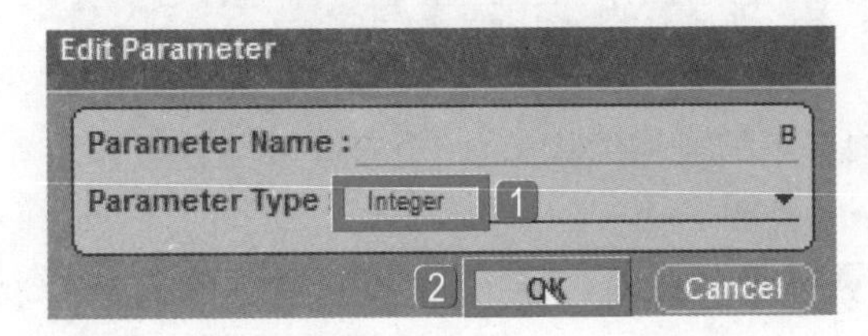

STEP 15 将Calculator模块计算出来的输出参数值同时连接到Test模块的输入参数a、b。

STEP 16 双击Test模块，在弹出的对话框中设置Test为Greater than，当Calculator模块计算出来的结果不是整数时a大于b（Integer表示小数位无条件舍去），则条件成立。

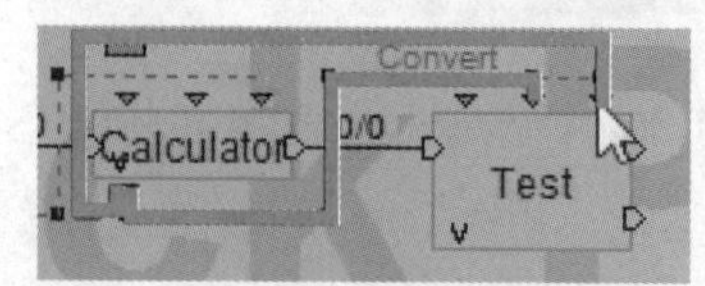

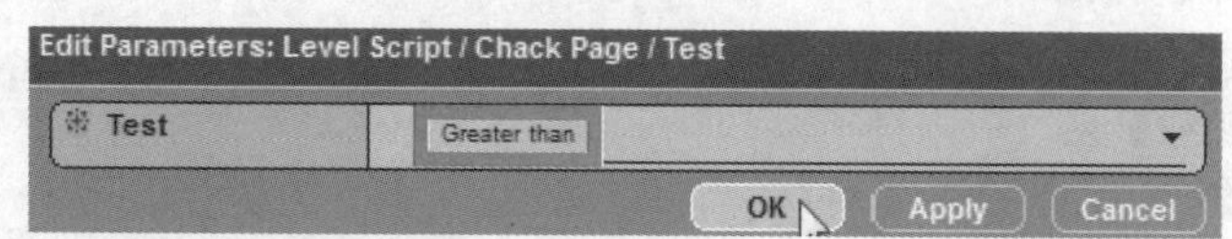

STEP 17 导入BB面板中的Logics\Calculator\Op模块，右击Op模块，在弹出的快捷菜单中执行Edit Settings命令。

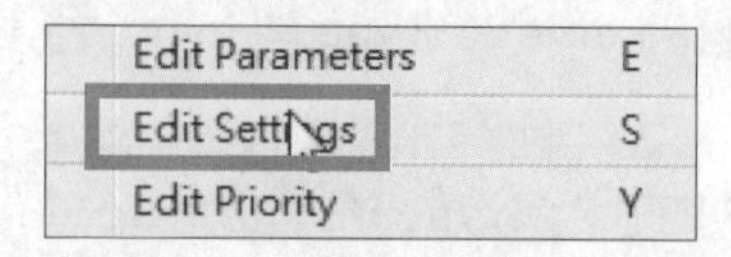

STEP 18 在弹出的对话框中1设置Inputs的A值为Integer，B值为Float，2设置Operation为Addition，3设置Ouput为Float，4单击OK按钮。

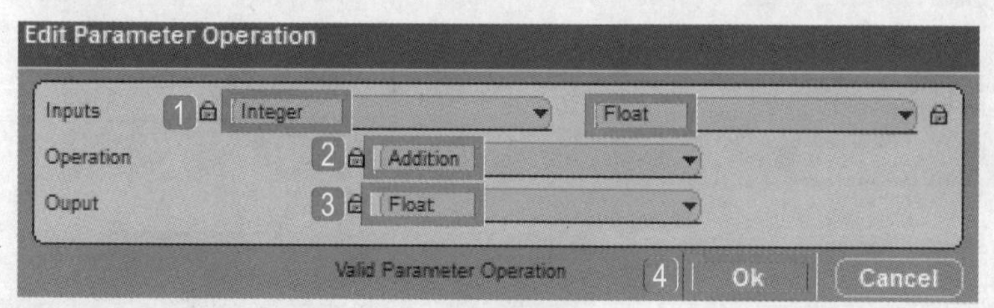

STEP 19 将Calculator模块计算出来的输出参数连接到Op模块的输入参数p1。

STEP 20 双击Op模块，在弹出的对话框中1设置p2为1，将页数加1，2单击OK按钮。

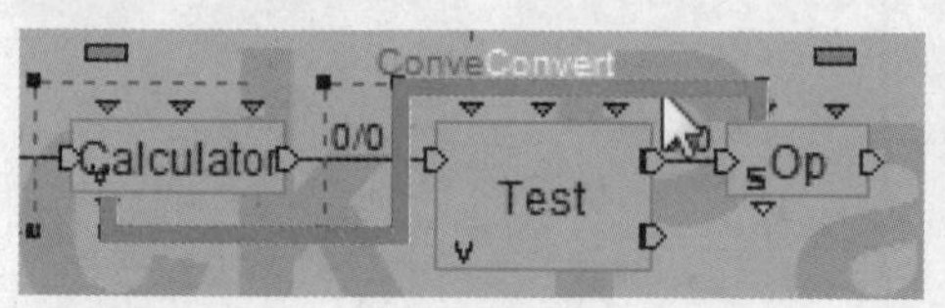

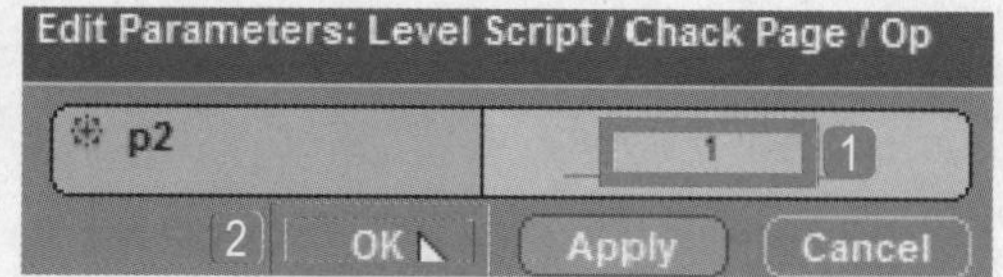

STEP 21 若Test为False表示计算结果为整数，不需要将页数加1，直接读取页数。导入BB面板中的Logics\Calculator\Identity模块。

STEP 22 将Calculator模块计算出来的输出参数连接到Identity模块的输入参数。

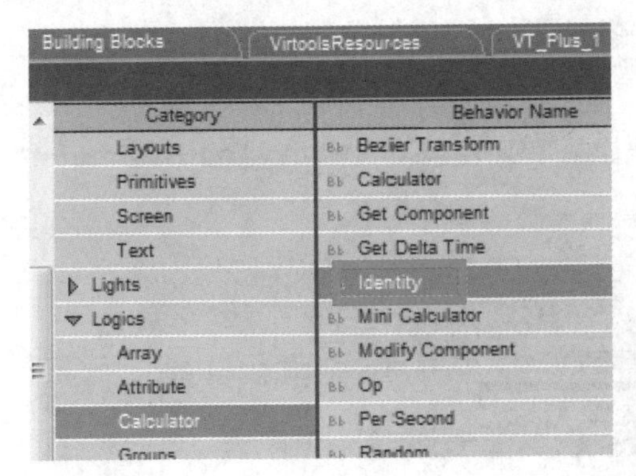

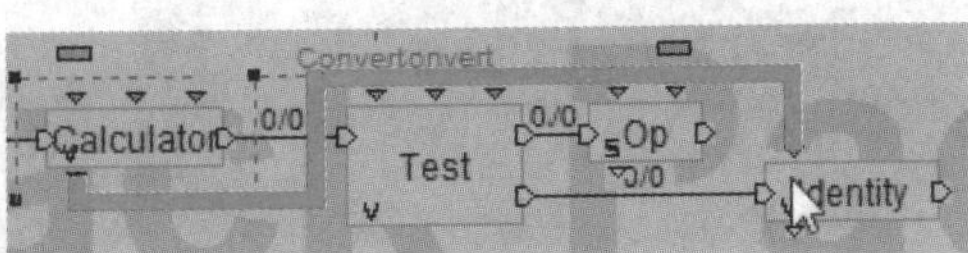

STEP 23 右击All Page的参数，在弹出的快捷菜单中执行Copy命令。

STEP 24 在Chack Page模块中Identity模块下方空白处右击，在弹出的快捷菜单中执行Paste as Shortcut命令，创建快捷方式。

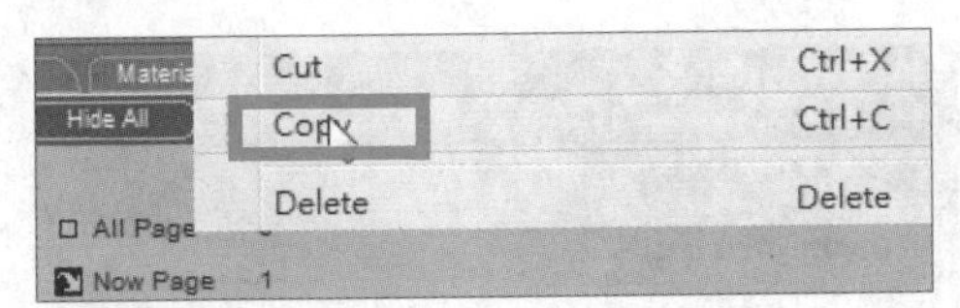

STEP 25 将Op模块的输出参数和Identity模块的输出参数连接到All Page的快捷方式。

STEP 26 设置文字的显示。导入BB面板中的Logics\Strings\Create String模块。

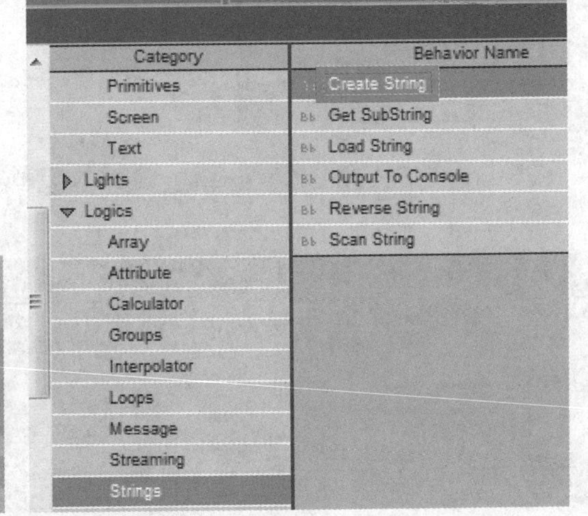

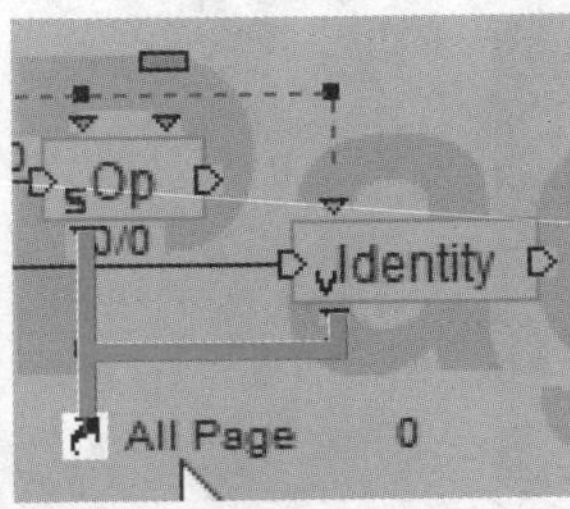

STEP 27 将Op模块的输出点和Identity模块的输出点连接到Create String模块的输入点Create。

STEP 28 右击Create String模块，在弹出的快捷菜单中执行Construct>Add Parameter Input命令。

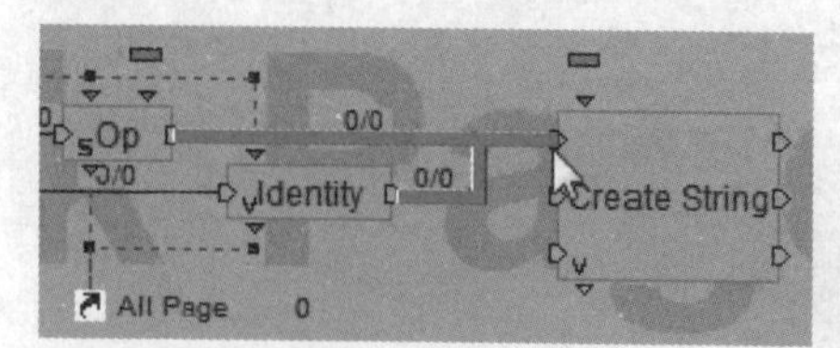

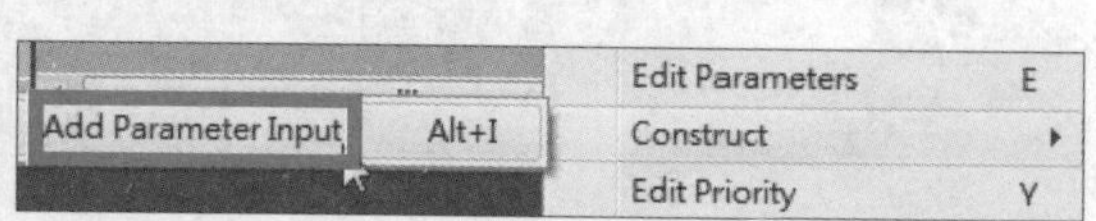

STEP 29 在弹出的对话框中①设置Parameter Name为now page，②Parameter Type为Float，③单击OK按钮。

STEP 30 新增一个Parameter Input，在参数设置对话框中①设置Parameter Name为 / ，②Parameter Type为String，③单击OK按钮。

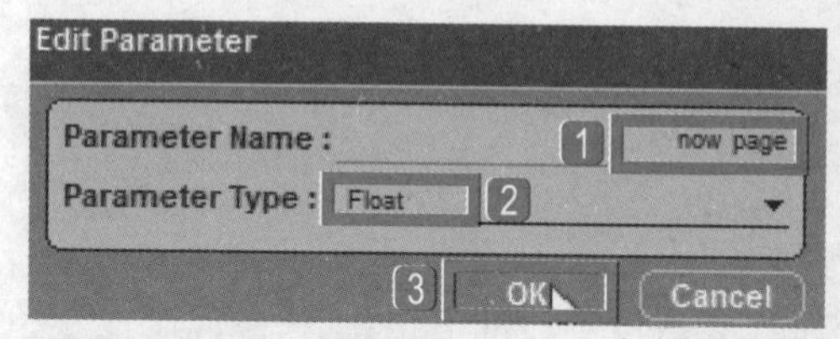

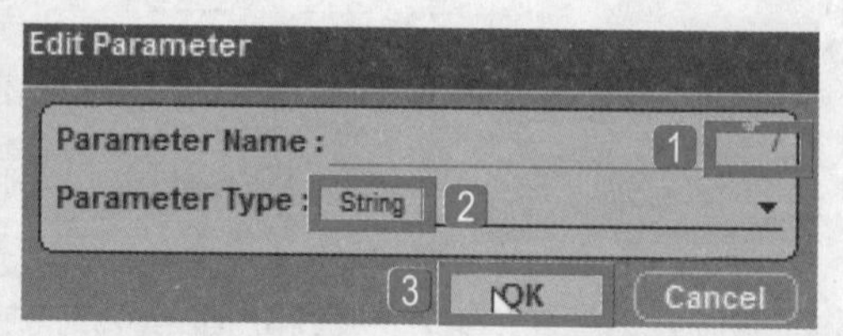

STEP 31 新增一个Parameter Input，在参数①设置对话框中设置Parameter Name为all page，②Parameter Type为Float，③单击OK按钮。

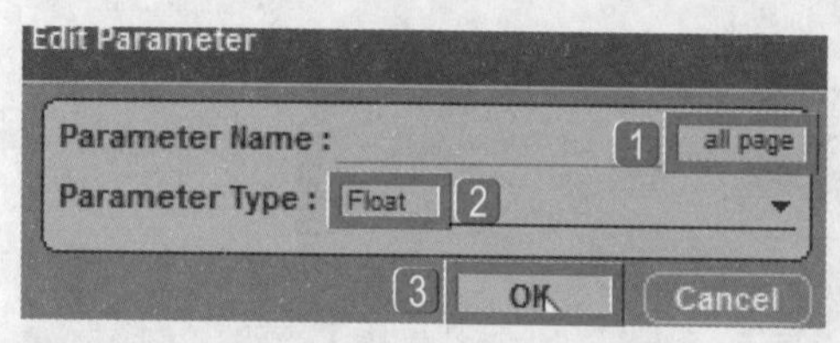

STEP 32 双击Create String模块，①设置字符串内容为 / ，②单击OK按钮。

STEP 33 右击参考值Now Page，在弹出的快捷菜单中执行Copy命令。

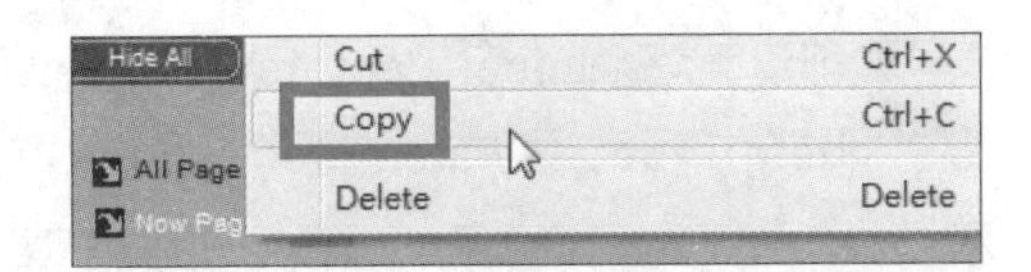

STEP 34 在Create String模块上方空白处右击，在弹出的快捷菜单中执行Paste as Shortcut命令，创建快捷方式。

STEP 35 将Now Page和All Page连接到Create String模块。

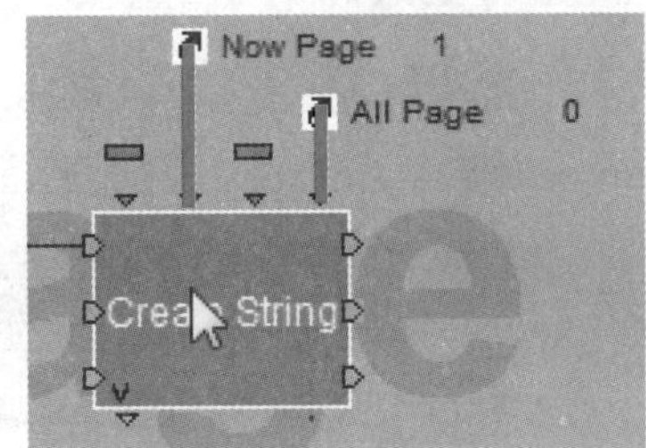

STEP 36 在Chack Page模块空白处右击，在弹出的快捷菜单中执行Construct>Add Behavior Output命令。

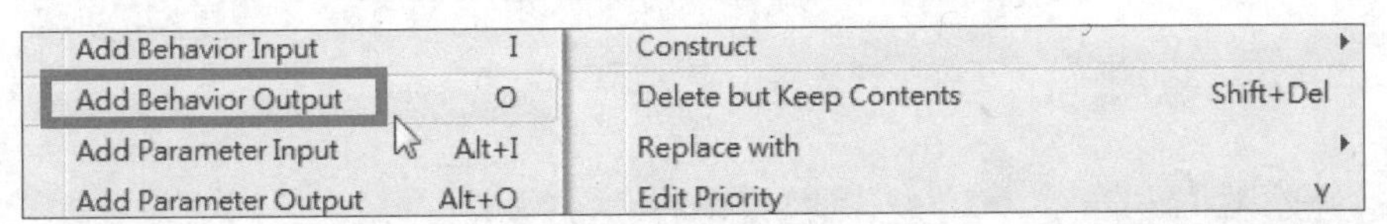

STEP 37 将Create String模块的Create Out连接到Chack Page模块的Output。在Chack Page模块外的空白处右击，在弹出的快捷菜单中执行Add Local Parameter命令。

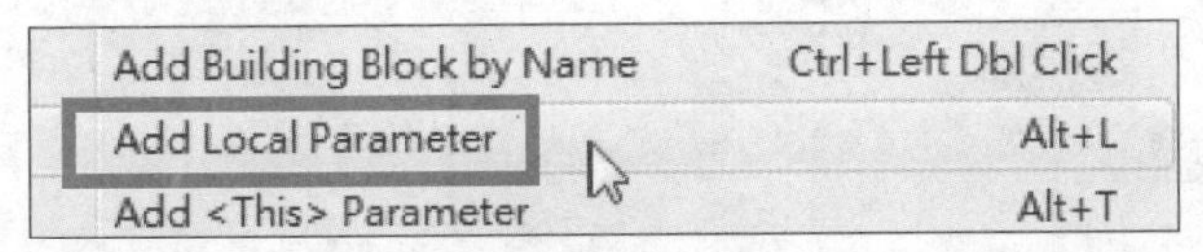

STEP 38 在弹出的对话框中1设置Parameter Name为Page Text，2Parameter Type为String，3单击OK按钮。

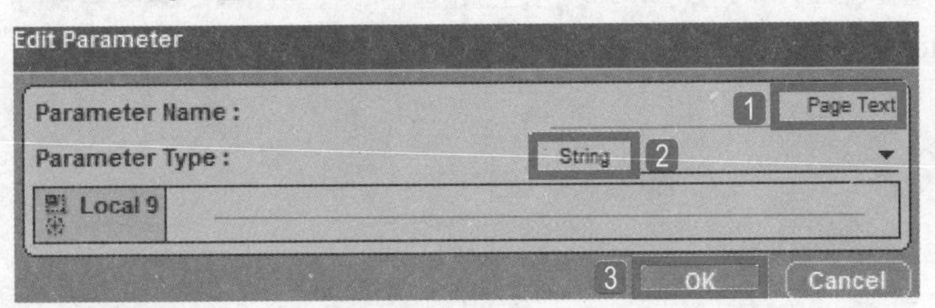

STEP 39 创建第二个Local Parameter，在参数设置对话框中1设置Parameter Name为Item Type，2Parameter Type为String，3单击OK按钮。

Edit Parameter
Parameter Name : 1 Item Type
Parameter Type : String 2
Local 10
3 OK Cancel

STEP 40 创建第三个Local Parameter，在参数1设置对话框中设置Parameter Name为Item Name，2Parameter Type为String，3单击OK按钮。

Edit Parameter
Parameter Name : 1 Item Name
Parameter Type : String 2
Local 11
3 OK Cancel

STEP 41 右击参数值Page Text，在弹出快捷菜单中执行Copy命令。

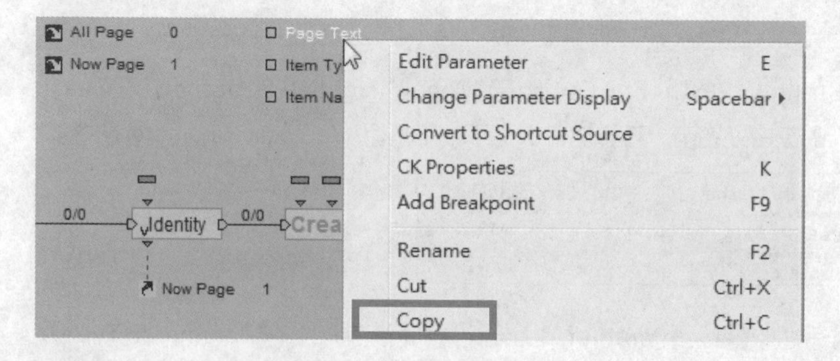

STEP 42 在Chack Page模块中Create String下方空白处右击，在弹出快捷菜单中执行Paste as Shortcut命令，创建快捷方式。

STEP 43 将Create String模块的输出参数连接到Page Text的快捷方式。

STEP 44 在Chack Page模块外最前方的Identity模块上右击，在弹出快捷菜单中执行Construct>Add Parameter Input命令。

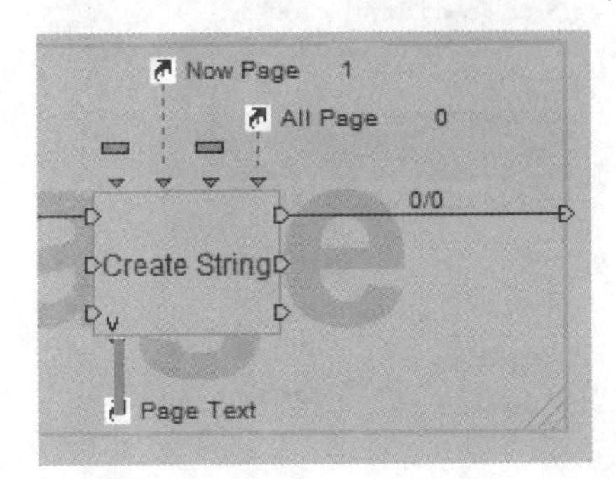

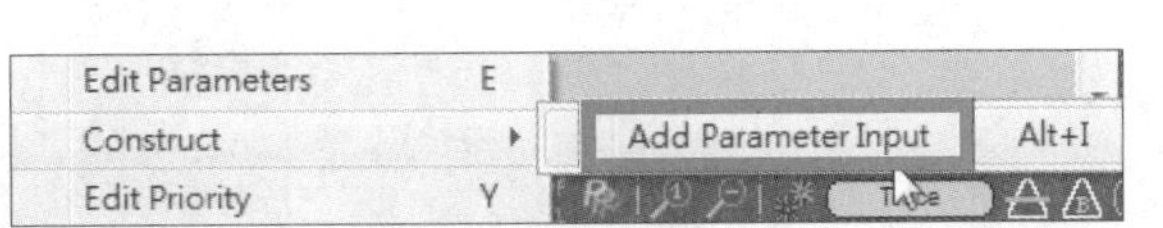

STEP 45 在弹出的对话框中1设置Parameter Name为Page Text，2Parameter Type为String，3单击OK按钮。

STEP 46 复制参数值Page Text，创建快捷方式，并将Identity模块的输出参数Page Text连接到该快捷方式。

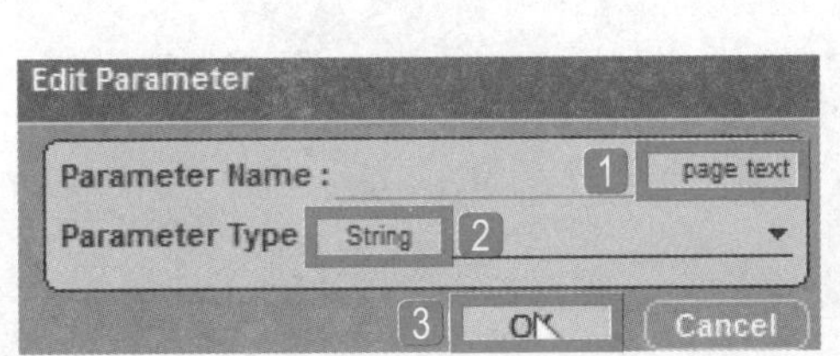

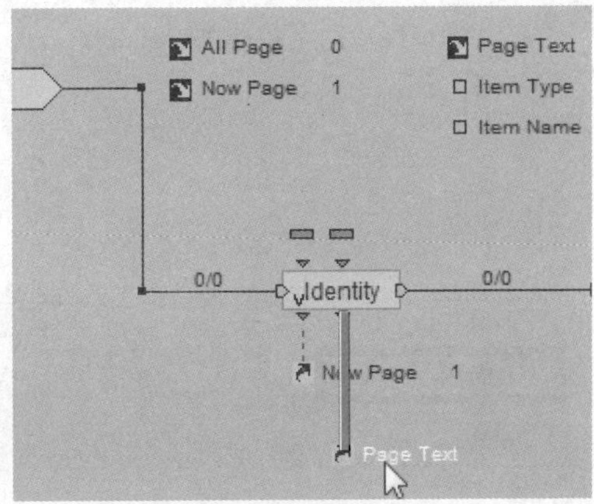

STEP 47 双击Identity模块，在弹出的对话框中1设置Page Text为1/1（目前页码/总页数，1/1为默认值，也可以什么都不设置），2单击OK按钮。

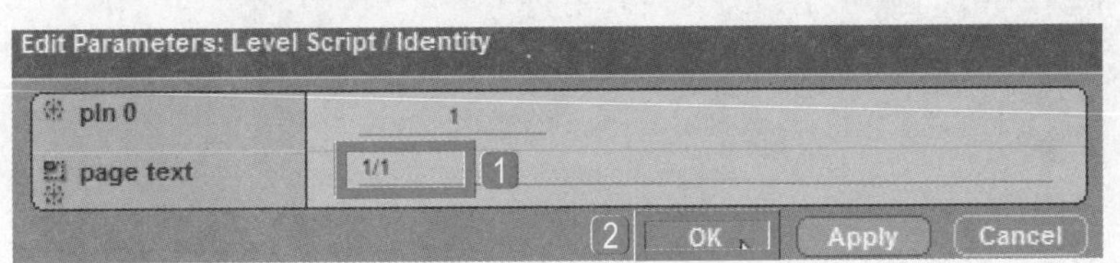

STEP 48 新建Parameter Input，1设置Parameter Name为data text，2Parameter Type为String，3单击OK按钮。

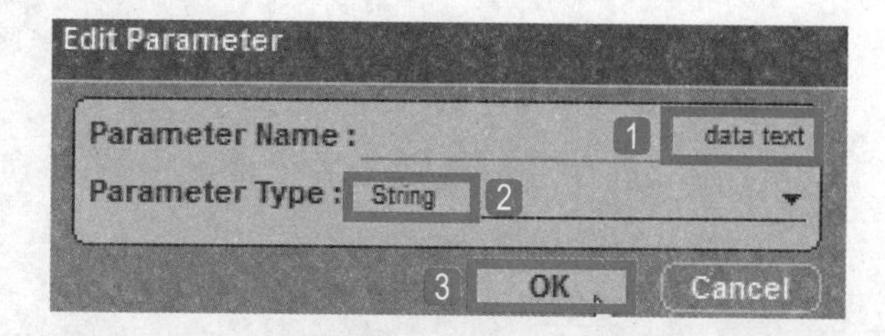

STEP 49 按住Ctrl键同时选中Item Type和Item Name并右击，在弹出的快捷菜单中执行Copy命令。

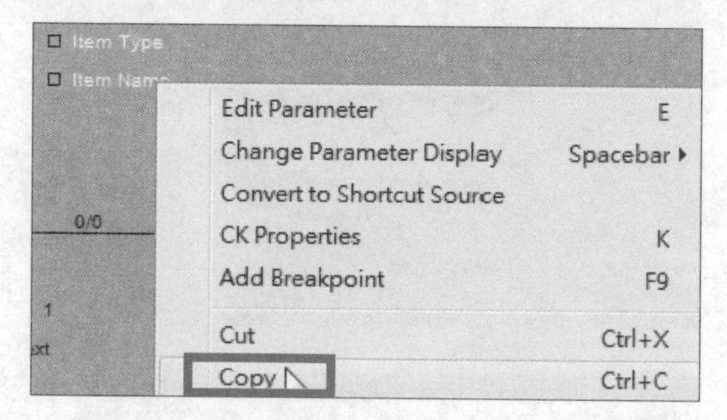

STEP 50 在Identity模块下方空白处右击，在弹出的快捷菜单中执行Paste as Shortcut命令，创建快捷方式。

STEP 51 将Identity模块的输出参数Data Text连接到Item Type和Item Name的快捷方式（Data Text为无数据）。

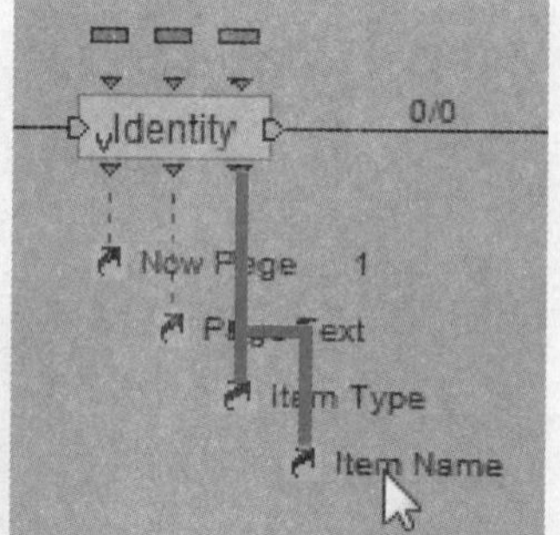

STEP 52 将Chack Page模块插入Create Data Button和Check Item Data模块之间。

STEP 53 制作数据显示字段。在右击程序空白处，在弹出的快捷菜单中执行Draw Behavior Graph命令，创建模块，并按下F2键将其重命名为Text Display，在Text Display模块中导入BB面板中的Logics\Calculator\Identity模块。

STEP 54 双击Identity模块的输入参数点，在弹出的对话框中❶设置Parameter Name为skin，❷Parameter Type为2D Entity，❸单击OK按钮。

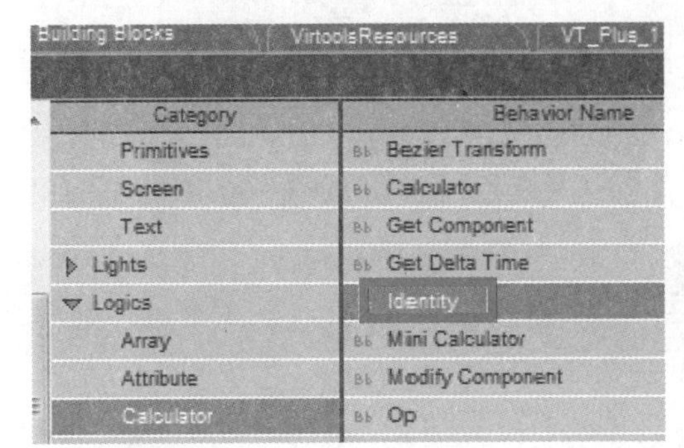

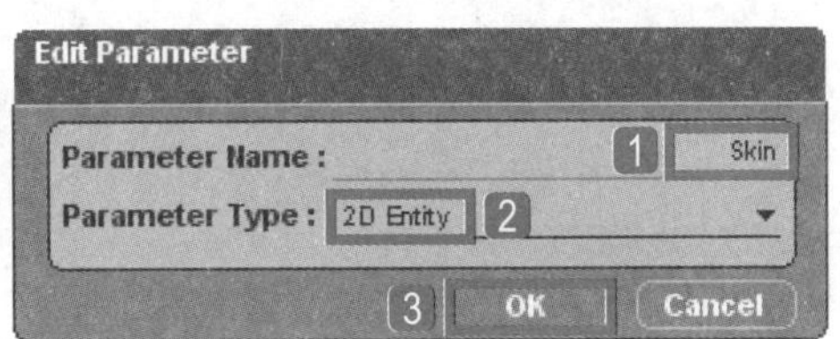

STEP 55 右击Identity模块，在弹出的快捷菜单中执行Construct>Add Parameter Input命令。

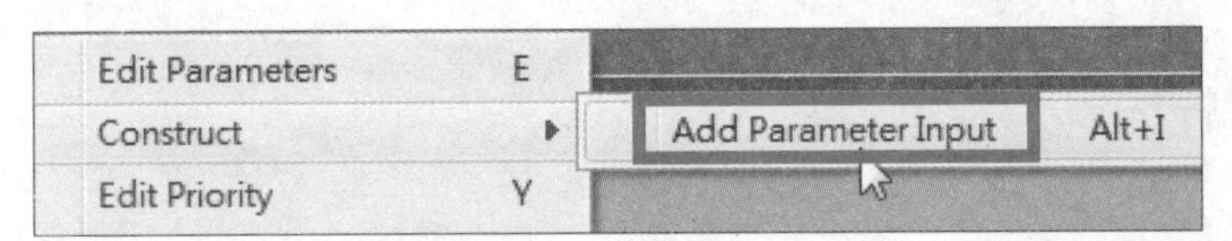

STEP 56 在弹出的对话框中❶设置Parameter Name为Page Offset，❷Parameter Type为Vector 2D，❸单击OK按钮。

STEP 57 新增一个Parameter Input，在参数设置对话框中❶设置Parameter Name为Name Offset，❷Parameter Type为Vector 2D，❸单击OK按钮。

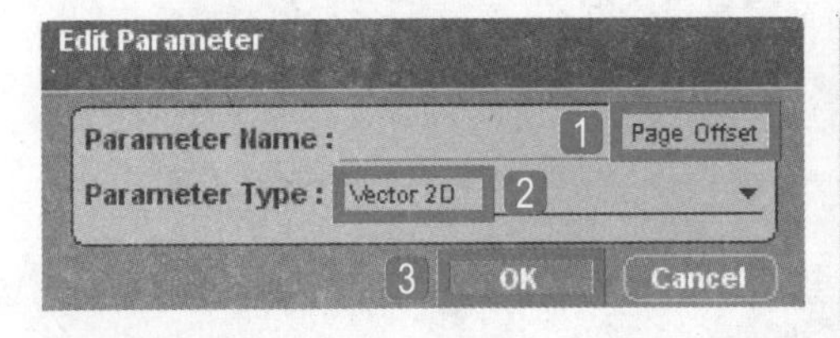

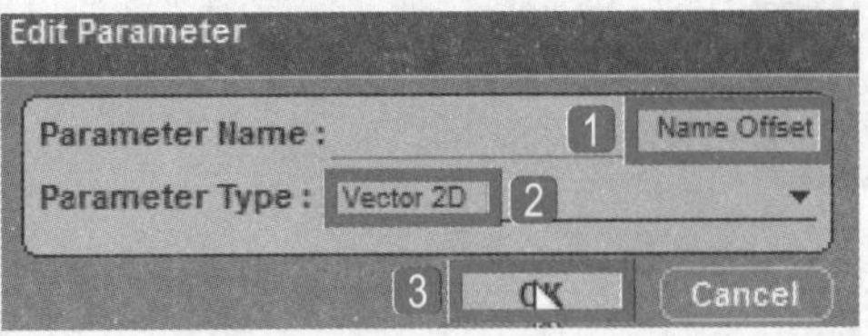

STEP 58 新增一个Parameter Input，在参数设置对话框中❶设置Parameter Name为Type Offset，❷Parameter Type为Vector 2D，❸单击OK按钮。

STEP 59 将Identity模块的4个输入参数的数据方块移至模块外进行连接。

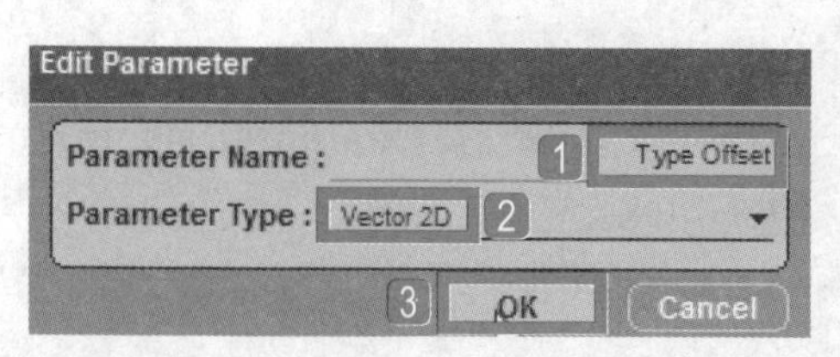

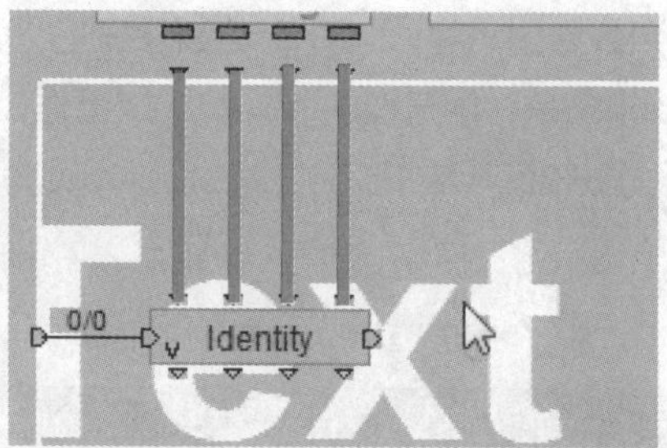

STEP 60 导入BB面板中的Interface\Text\Text Display模块，因为只有这个指令才可以显示中文。

STEP 61 右击Text Display模块空白处，在弹出的快捷菜单中执行Add Parameter Operation命令。

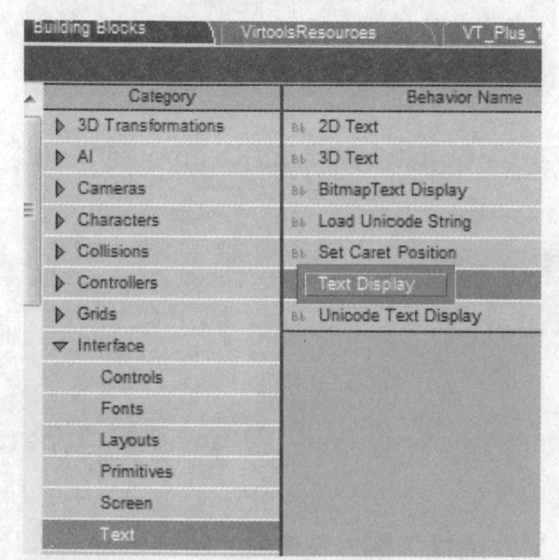

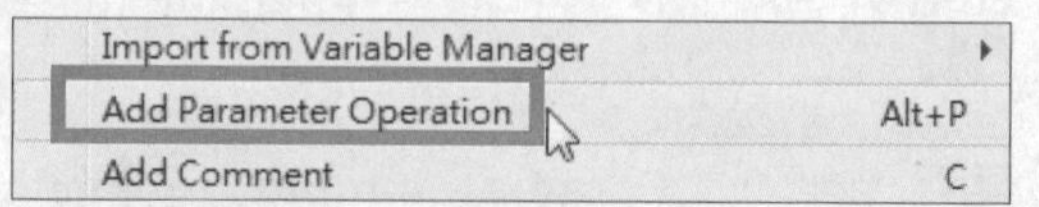

TIP

Text Display模块的第一个输入参数设置文字显示的位置，文字显示的位置是图片的位置再加上文字与图片的相对位置，如果移动图片的位置，文字会跟随图片移动，不需要再设置文字的位置。

STEP 62 在弹出的对话框中1设置Inputs为2D Entity，2Operation为Get Position，取得图片坐标，3Ouput为Vector 2D，4单击OK按钮。

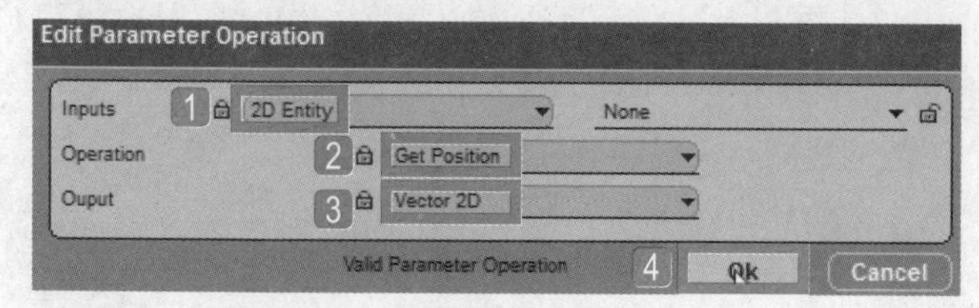

STEP 63 将Identity模块的输出参数2D Entity连接到Get Position模块的输入参数。

STEP 64 新增一个Parameter Operation，在参数设置对话框中1设置Inputs的A值和B值都为Vector 2D，2Operation为Addition，3Ouput为Vector 2D，4单击OK按钮。

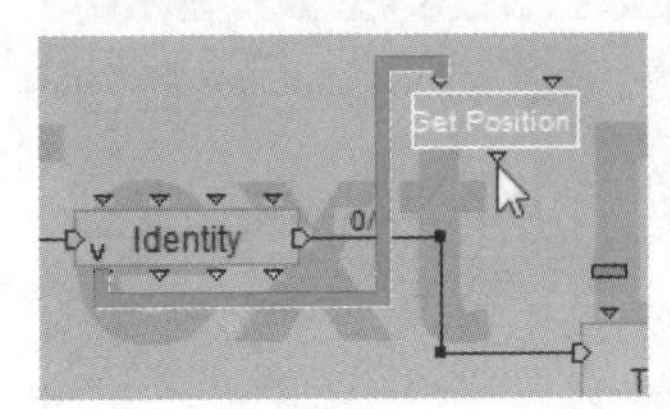

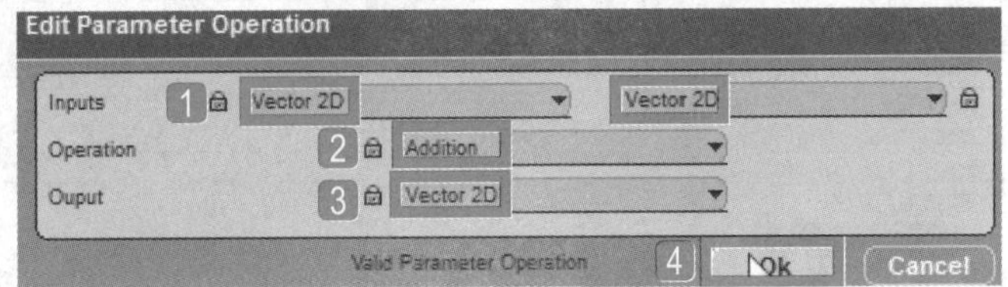

STEP 65 将Get Position和Identity模块的输出参数Page Offset连接到Addition模块的输入参数，再将Addition模块的输出参数连接到Text Display模块的输入参数Offset。复制Page Text参数的快捷方式，将其连接到Text Display模块的Text。

STEP 66 右击Text Display模块，在弹出的快捷菜单中执行Edit Settings命令。

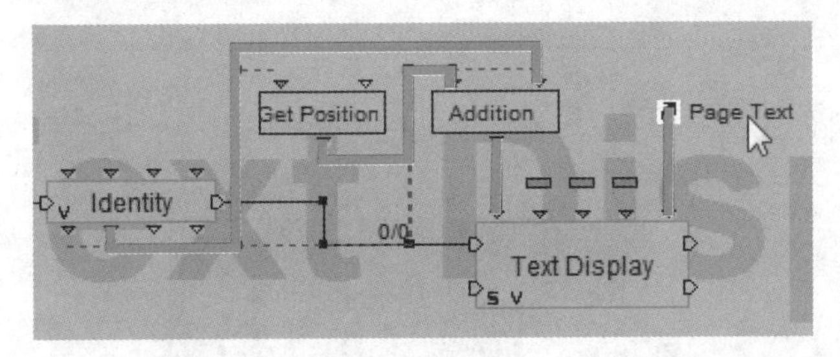

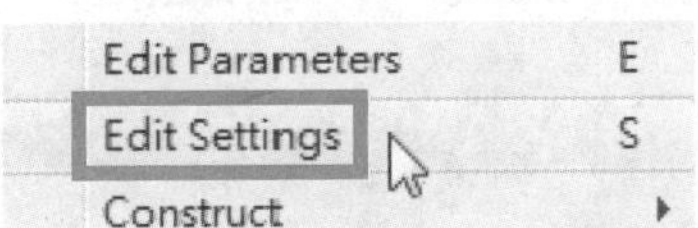

STEP 67 在弹出的对话框中1设置Sprite Size为320×25，2单击OK按钮。在弹出的对话框中1可以设置字型、样式、效果等，2设置完成后单击OK按钮。

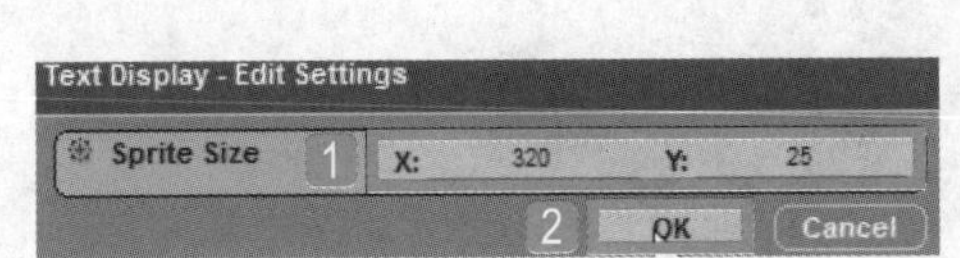

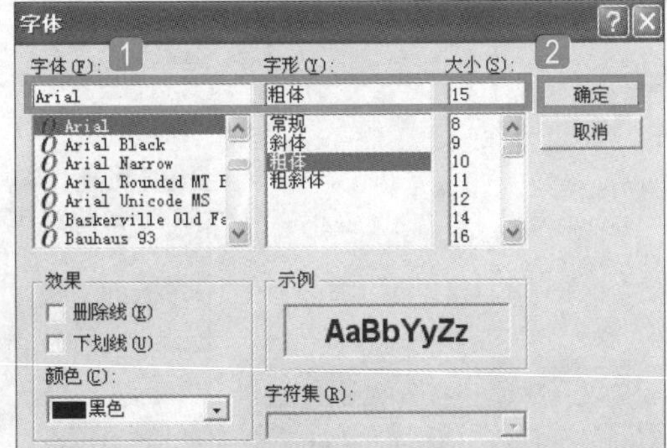

STEP 68 启动Photoshop软件，打开itemskin2.png文件，按下F8键，打开“信息”面板查看图片信息，执行“编辑>首选项>单位与标尺”命令，打开“首选项”对话框设置参数。

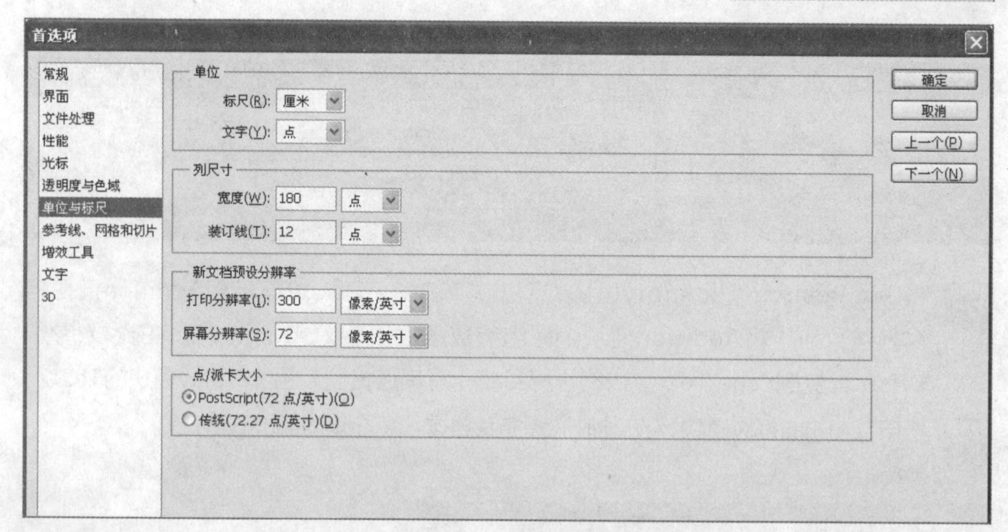

STEP 69 使用“矩形选框”工具，选取图片选区。将鼠标指针移到想要的位置。在“信息”面板中便会出现鼠标指针所在位置的坐标值。

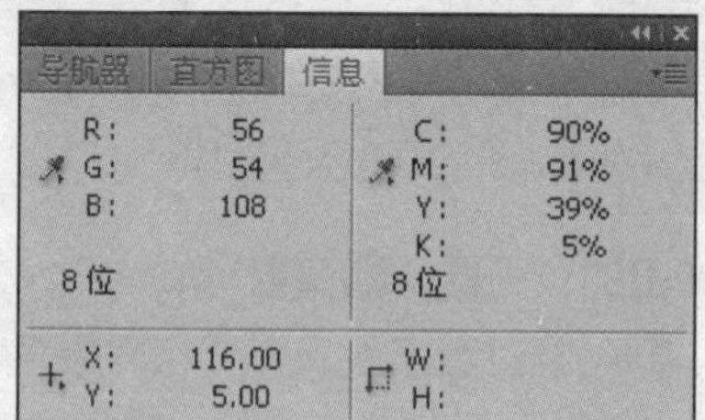

STEP 70 框选想要的范围。在“信息”面板中便会显示框选范围的长度和宽度。

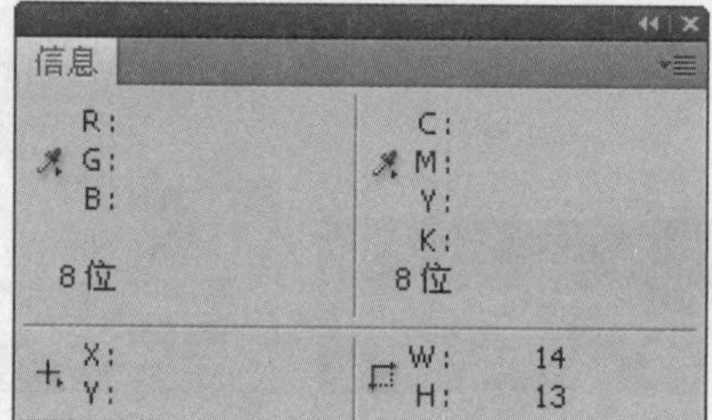

STEP 71 使用这种方法便可以找出每个文字的起始位置和范围。返回到Virtools软件，在Text Display模块空白处右击，在弹出的快捷菜单中执行Edit Parameter命令，在弹出的对话框中设置skin为itemskin2，并将刚刚找出的起始位置输入。

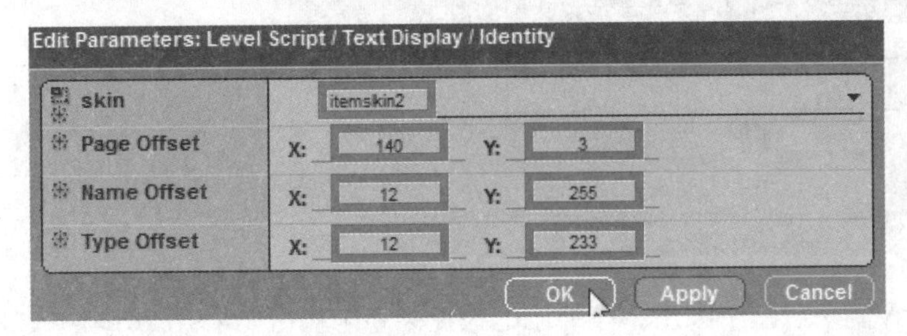

STEP 72 按住Ctrl键的同时选中Text Display和Addition模块，按住Shift键拖曳复制这两个模块，将Page Text的参数快捷方式更改为Item Name，将其连接到Text Display模块的Text，将Get Position和Identity模块的输出参数Name Offset连接到Addition模块的输入参数，将Addition模块的输出参数连接到Text Display模块的输入参数Offset。

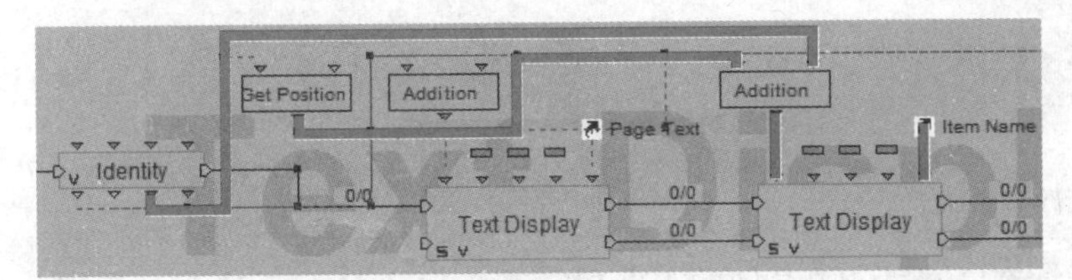

STEP 73 再次复制Text Display和Addition模块，将参数快捷方式更改为Item Type，将其连接到Text Display模块的Text，将Get Position和Identity模块的输出参数Type Offset连接到Addition模块的输入参数，将Addition模块的输出参数连接到Text Display模块的输入参数Offset。

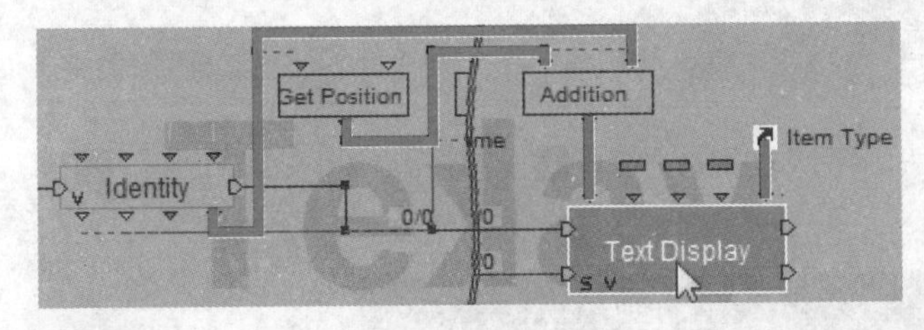

TIP 这里需要特别注意的是，复制出来的Text Display模块不会复制设置的属性，所以字型、样式等要重新设置。

STEP 74 这里希望名称部分字体大一些，双击第二个Text Display模块，在弹出对话框中❶将Size设置为14（其他两者为10），❷单击OK按钮。

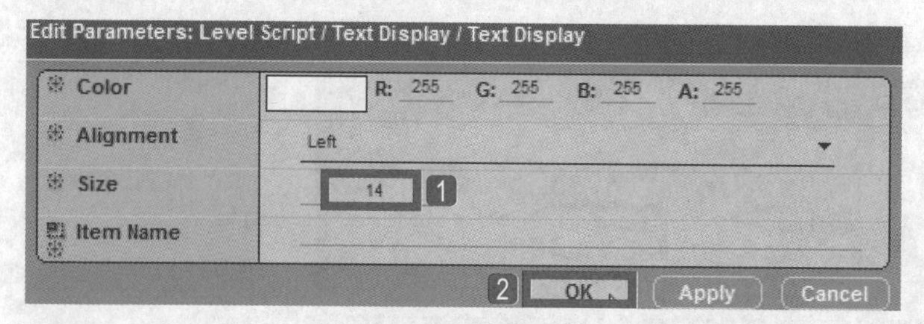

STEP 75 在Text Display模块空白处右击，在弹出的快捷菜单中执行Construct>Add Behavior Output命令，并按下F2键将其重命名为off。

STEP 76 将Text Display模块的输入点off连接到Text Display模块的输入点off，这样此模块便可设置开启与关闭。

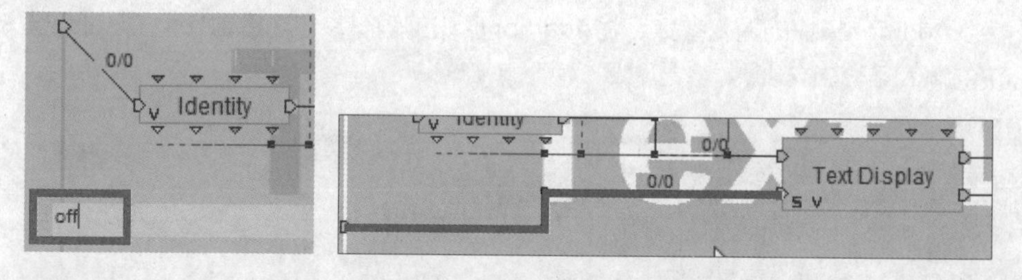

STEP 77 将Text Display模块连接到Create Data Button模块。

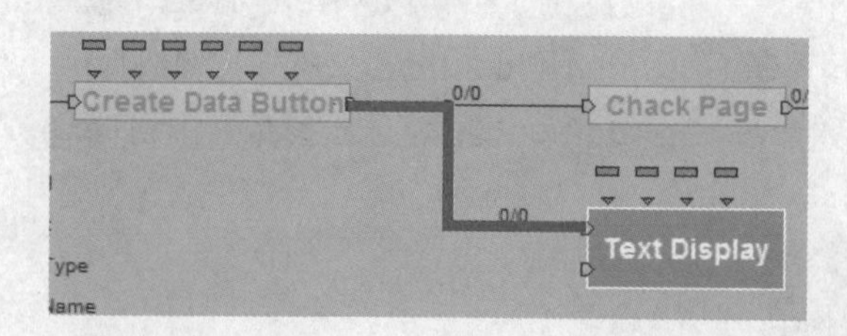

STEP 78 双击最前面的Identity模块，在弹出的对话框中❶设置将data text为TEST，❷单击OK按钮。

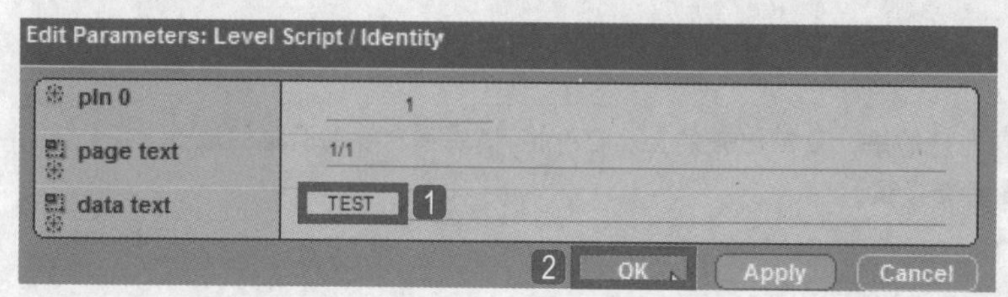

STEP 79 单击Play按钮测试预览，页码和文字都正常显示，但因没有设置换页。

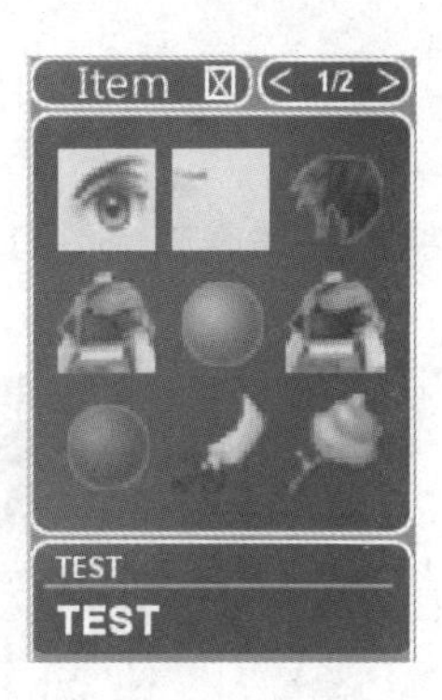

15.5 完成道具页的切换功能

STEP 1 制作选择控制。先创建一个新的空白模块，按下F2键命名为Pick Controller，在模块内导入BB面板中的Controllers\Mouse\Mouse Waiter模块。

STEP 2 Mouse Waiter模块预设的功能非常多，这里只选择需要的功能即可。右击Mouse Waiter模块，在弹出的快捷菜单中执行Edit Settings命令。

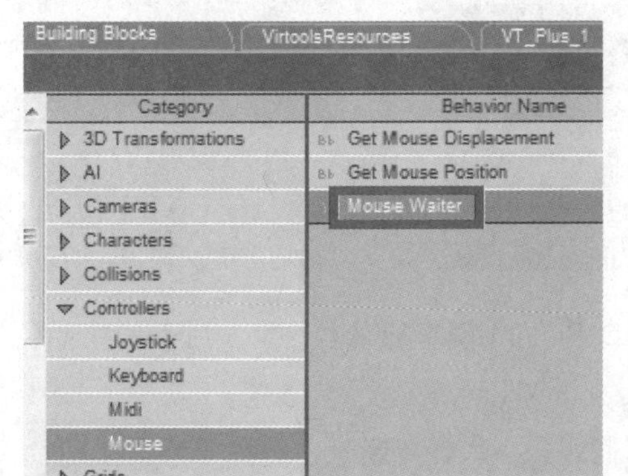

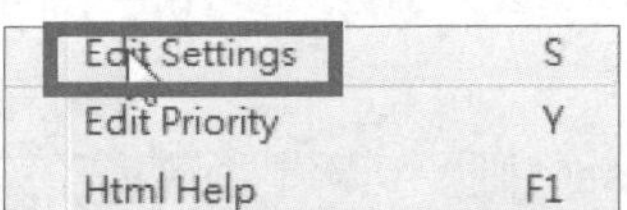

STEP 3 在弹出的对话框中❶只保留Left Button Down选项即可，❷单击OK按钮。

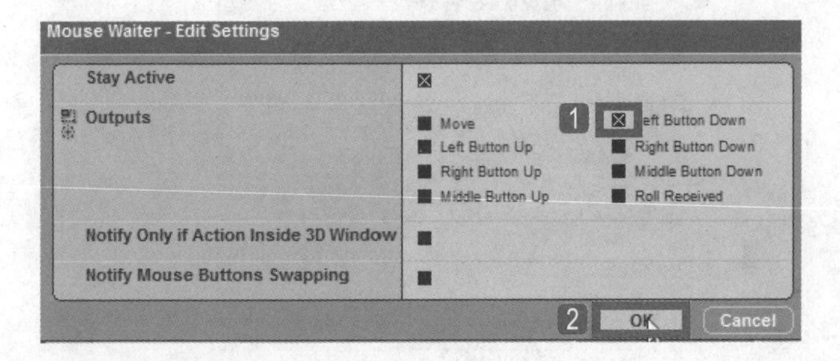

STEP 4 加入BB面板中的Interface\Screen\2D Picking模块，判断鼠标单击抓取到的对象。

STEP 5 导入BB面板中的Logics\Groups\Is In Group模块。

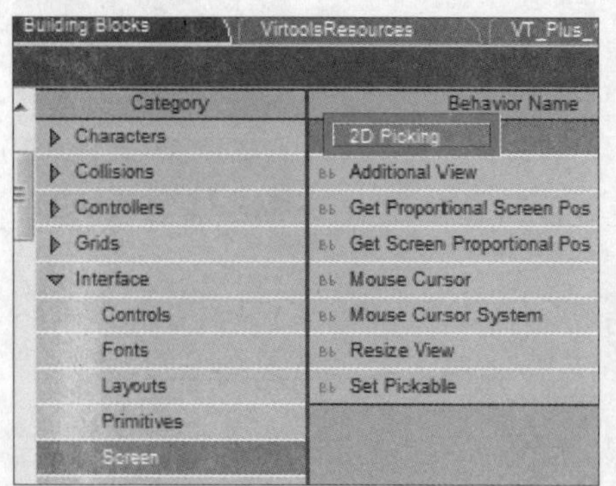

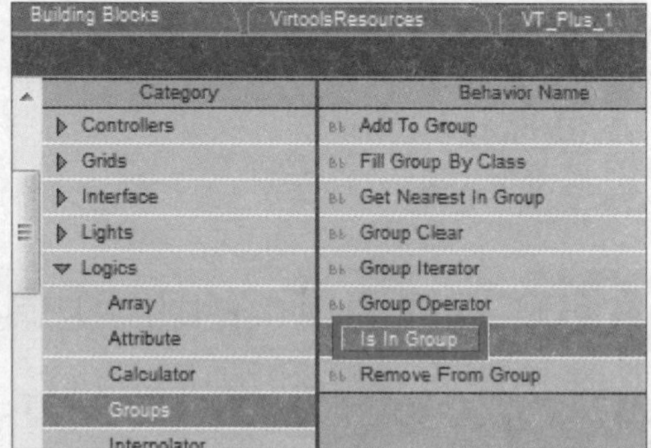

STEP 6 双击Is In Group模块，在弹出的对话框中❶设置Group为Item Data Button，❷单击OK按钮。

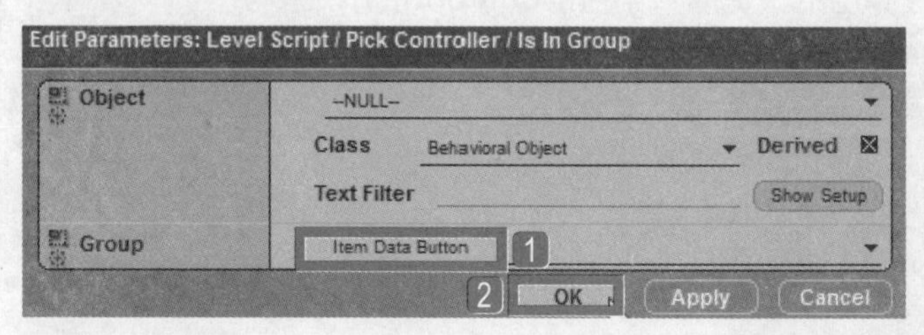

STEP 7 将Is In Group模块的输入参数连接到2D Picking模块的输出参数，判断是否选择了道具图示。

STEP 8 如果为False，则要判断是否选择了其他对象，首先判断是否选择了道具接口，导入BB面板中的Logics\Test\Test模块。

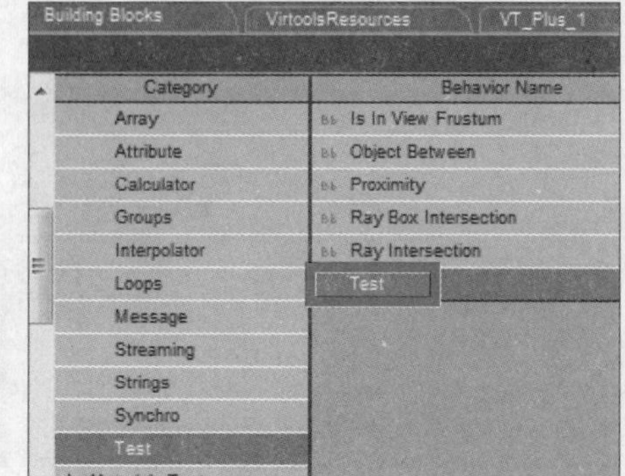

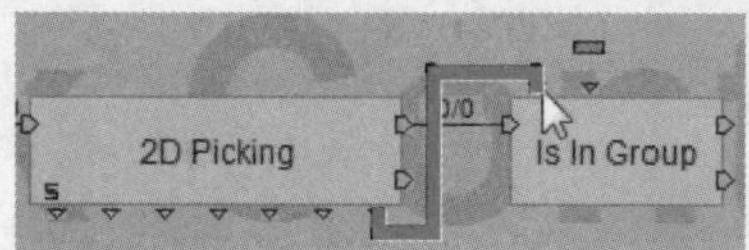

STEP 9 双击Test模块的输入参数a值，在弹出的对话框中1设置Parameter Type为2D Entity，2单击OK按钮。使用同样的方法设置b值的Parameter Type为2D Entity。

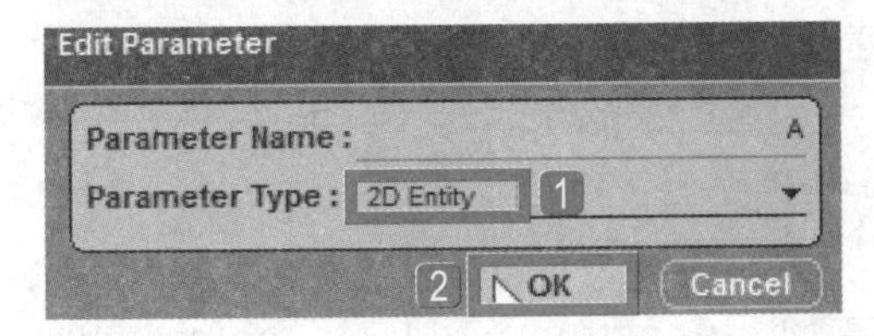

STEP 10 双击Test模块，在弹出的对话框中1设置Test为Equal，2设置B值为itemskin2，3单击OK按钮。

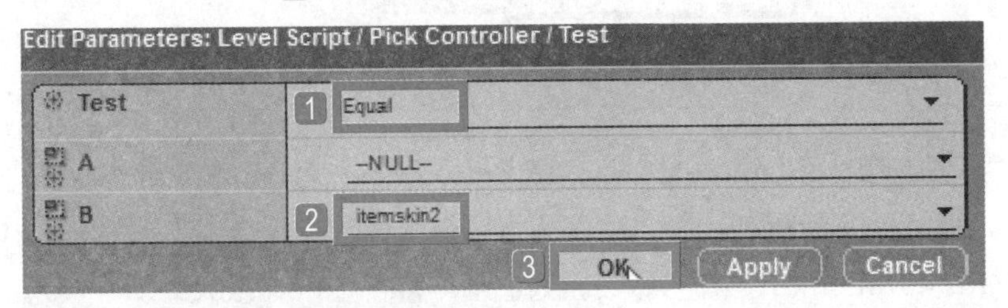

STEP 11 将Test模块的输入参数a值连接到2D Picking模块的输出参数，判断是否选择了itemskin2。

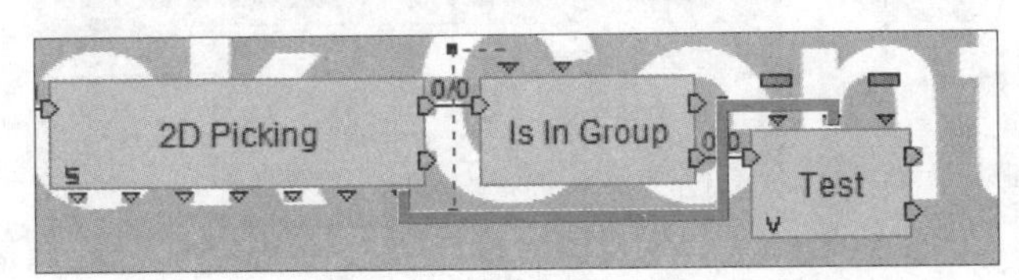

STEP 12 由于是使用坐标判断是否选择，因此要创建一个2D按钮选择侦测模块。在Pick Controller模块中创建一个新的空白模块，按下F2键将其重命名为pick test。导入BB面板中的Logics\Calculator\Identity模块。

STEP 13 双击Identity模块的输入参数a值，在弹出对话框中1设置Parameter Type为skin。使用同样的方法2设置b值的Parameter Type为2D Entity，3单击OK按钮。

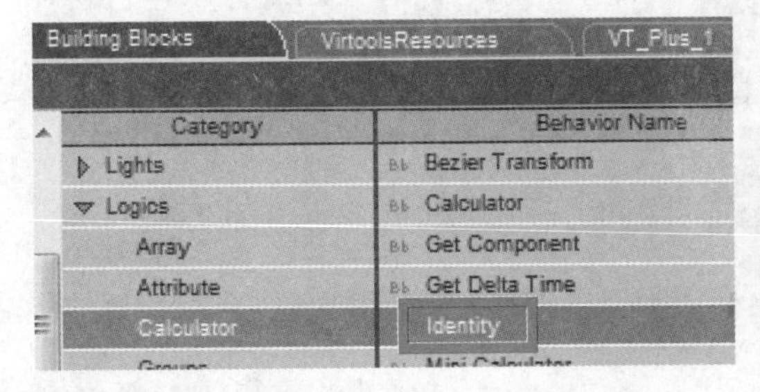

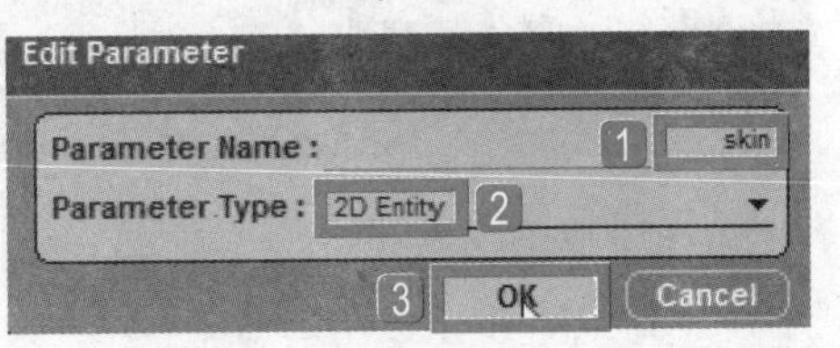

STEP 14 双击Identity模块，在弹出的对话框中❶设置skin为itemskin2，❷单击OK按钮。

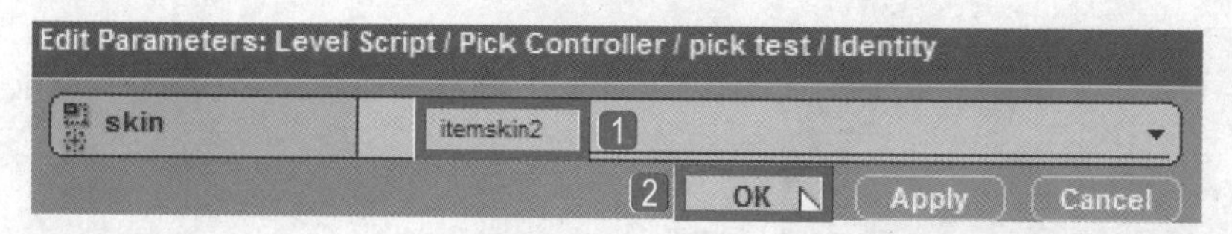

STEP 15 右击Identity模块，在弹出的快捷菜单中执行Construct>Add Parameter Input命令。

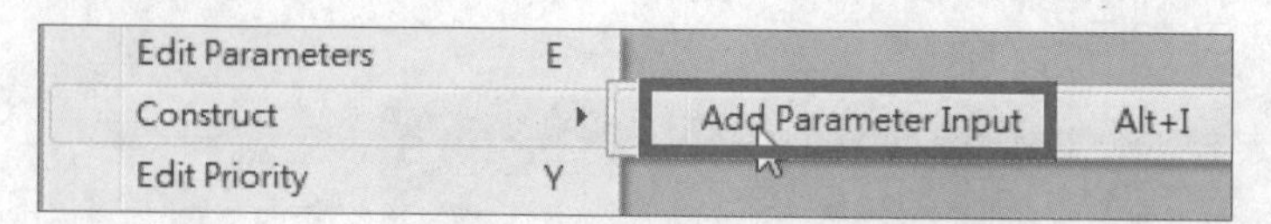

STEP 16 在弹出的对话框中❶设置Parameter Name为Button Pos，❷Parameter Type为Vector 2D，❸单击OK按钮。

STEP 17 新增一个Parameter Input，在参数设置对话框中❶设置Parameter Name为Button Size，❷Parameter Type为Vector 2D，❸单击OK按钮。

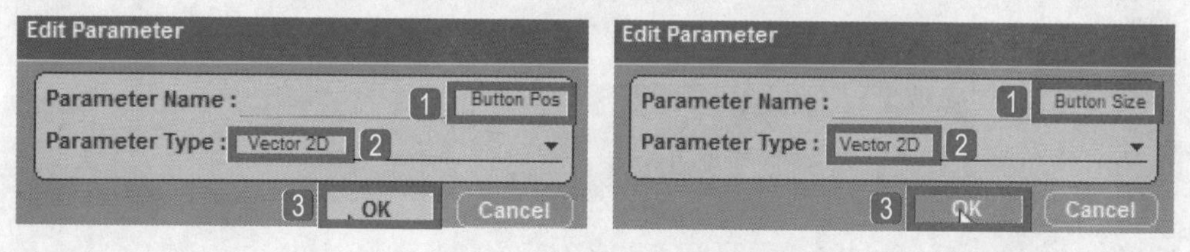

STEP 18 新增一个Parameter Input，在参数设置对话框中❶设置Parameter Name为Pick Pos，❷Parameter Type为Vector 2D，❸单击OK按钮。

STEP 19 将这4个参数输入点拖曳至Pick test模块上方外。

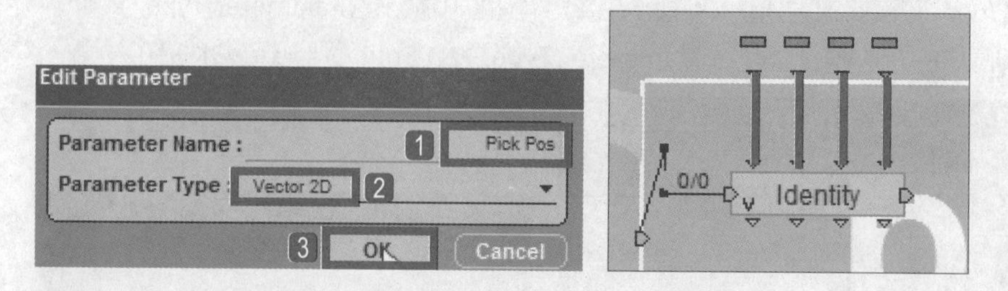

STEP 20 设置坐标范围判断时，需要计算坐标范围位置的最大值与最小值。导入BB面板中的Calculator\Op模块。

STEP 21 右击Op模块，在弹出的快捷菜单中执行Edit Settings命令。

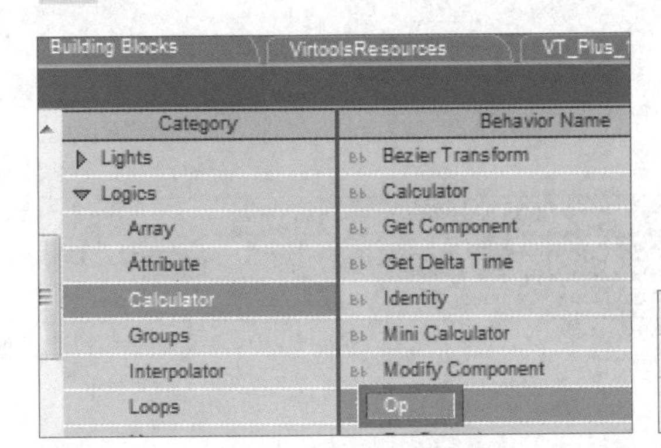

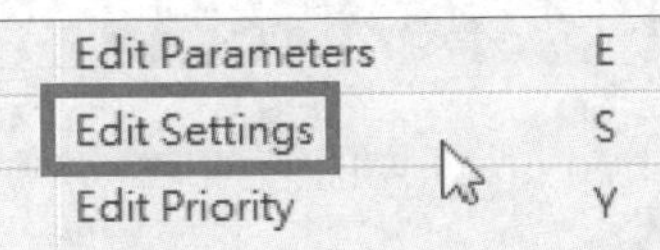

STEP 22 在弹出的对话框中①设置Inputs的A值和B值都为Vector 2D，②设置Operation为Addition，③设置Ouput为Vector 2D，④单击OK按钮。

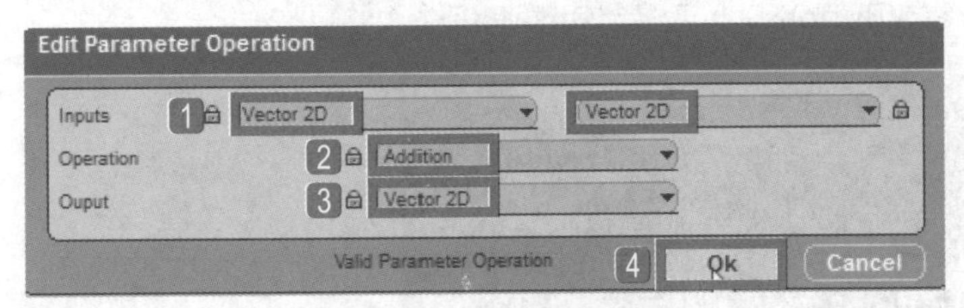

STEP 23 将Identity模块的输出参数skin连接到Op模块的输入参数p1。

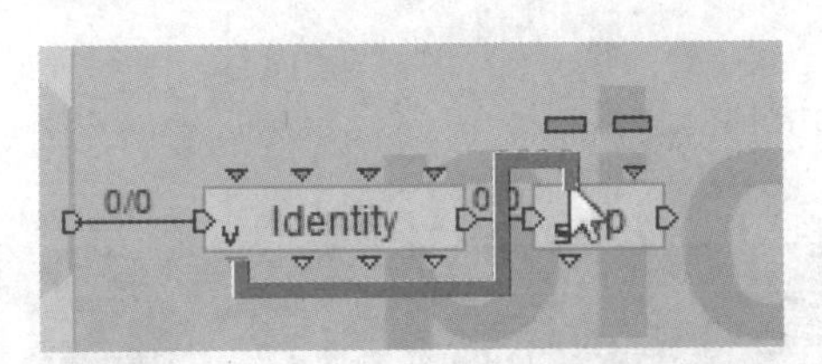

TIP 由于Identity模块的输出参数skin为2D Entity，Op模块的输入参数p1为Vector 2D，因此会进行参数转换。

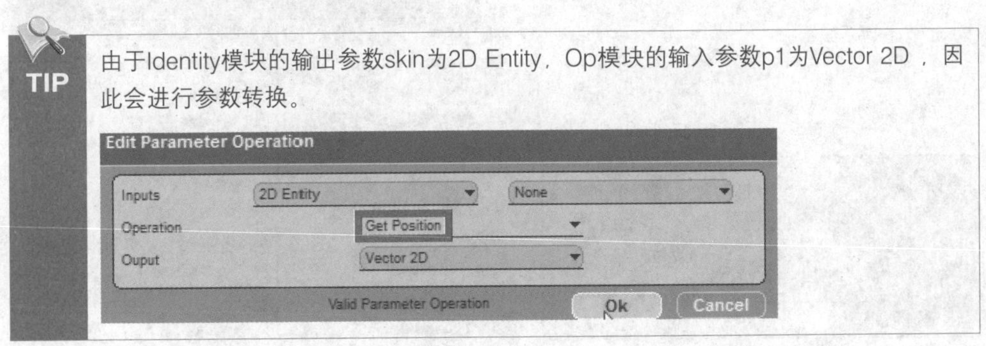

STEP 24 将Identity模块的输出参数Button Pos连接到Op模块的输入参数p2，Op模块将计算出该按钮在画面上的起始位置。

STEP 25 在Op模块上方空白处右击，在弹出的快捷菜单中执行Add Comment命令，添加批注。

Add Parameter Operation Alt+P
Add Comment C
Add Mark Ctrl+F2

STEP 26 输入min pos作为区分。

STEP 27 复制Op模块，将第一个Op模块计算出来的位置加上按钮的大小，就得到范围结束的位置。将第一个Op模块的输出参数连接到第二个Op模块的输入参数p1，将Identity模块的输出参数Button Size连接到Op模块的输入参数p2。

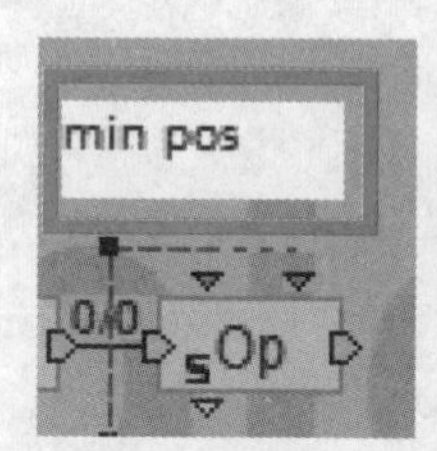

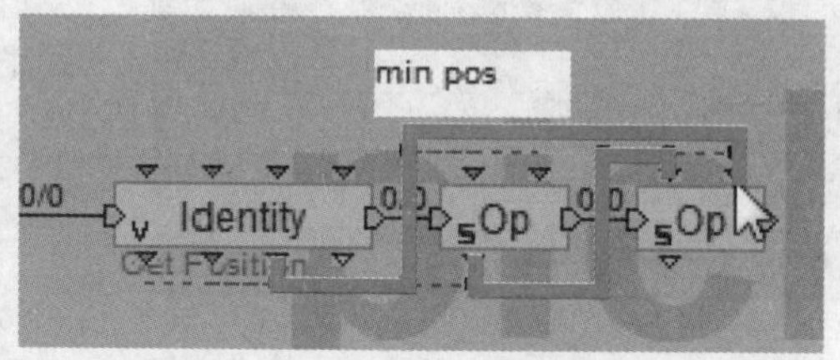

STEP 28 再次添加批注，并输入max pos。

STEP 29 导入BB面板中的Logics\Calculator\Threshold模块。

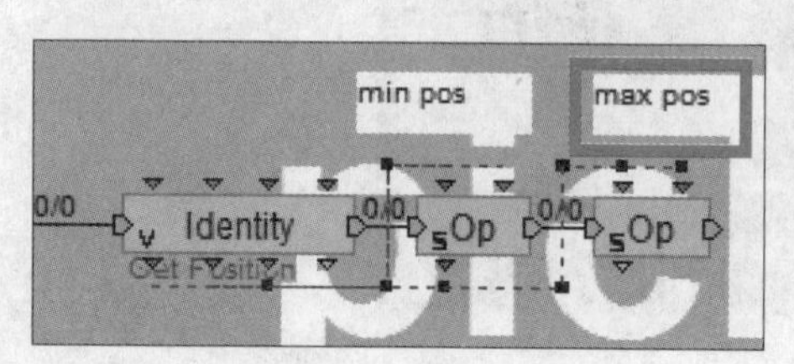

Building Blocks | VirtoolsResources | VT_Plus_1
Category | Behavior Name
Lights, Logics, Array, Attribute, Calculator, Groups, Interpolator, Loops, Message, Streaming, Strings
Get Component, Get Delta Time, Identity, Mini Calculator, Modify Component, Op, Per Second, Random, Set Component, Threshold, Variation

TIP 有了起始值与结束值，便可判断出鼠标单击的位置是否在两个坐标所包含的矩形范围之间。

STEP 30 该模块可用来进行范围判断，将Identity模块的输出参数Pick Pos连接到Threshold模块的输入参数X。

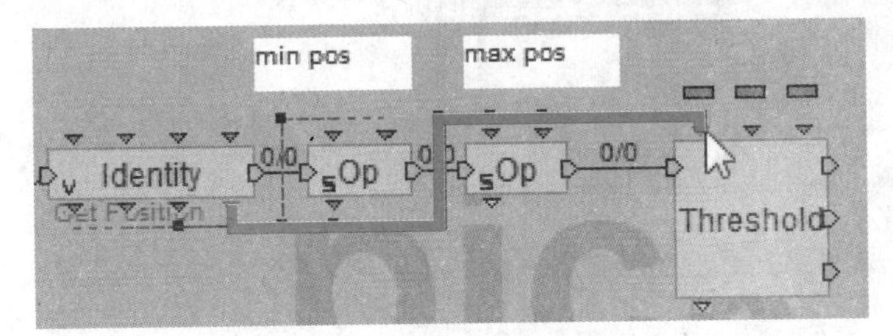

STEP 31 在弹出的参数设置对话框中，1设置Operation为Get X，2单击OK按钮。

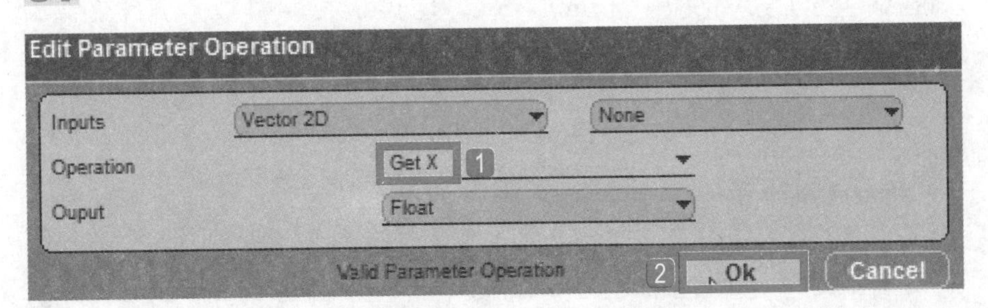

STEP 32 将第一个Op模块的输出参数连接到Threshold模块的输入参数MIN，将第二个Op模块的输出参数连接到Threshold模块的输入参数MAX，并将参数的Operation都设置为Get X。

STEP 33 复制Threshold模块，将第二个Threshold模块的输入端In连接到第一个Threshold模块的输出端MIN < X < MAX。

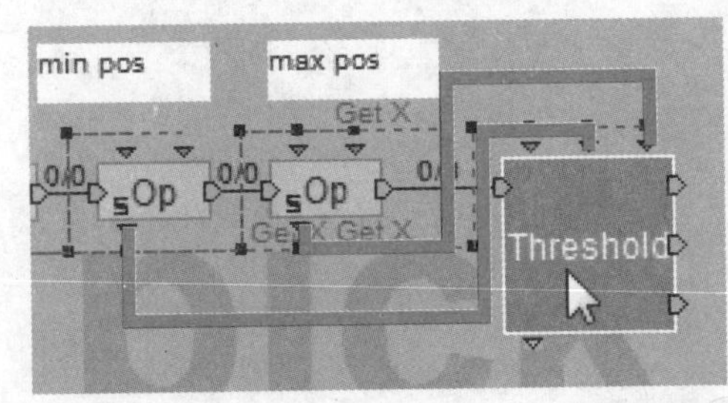

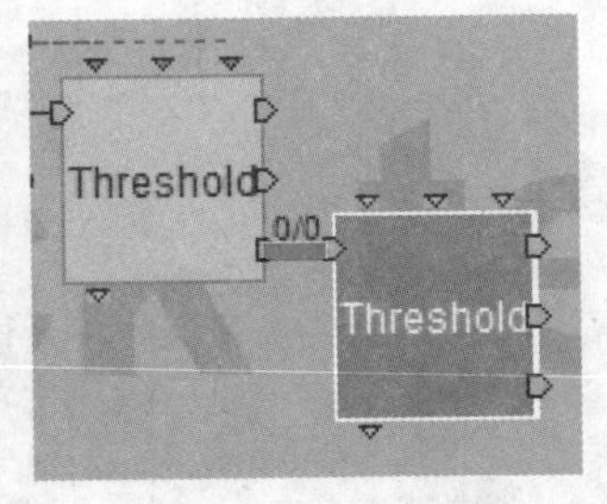

STEP 34 将Identity模块的输出参数Pick Pos连接到第二个Threshold模块的输入参数X，将第一个Op模块的输出参数连接到第二个Threshold模块的输入参数MIN，将第二个Op模块的输出参数连接到第二个Threshold模块的输入参数MAX，并将参数的Operation都设置为Get X。

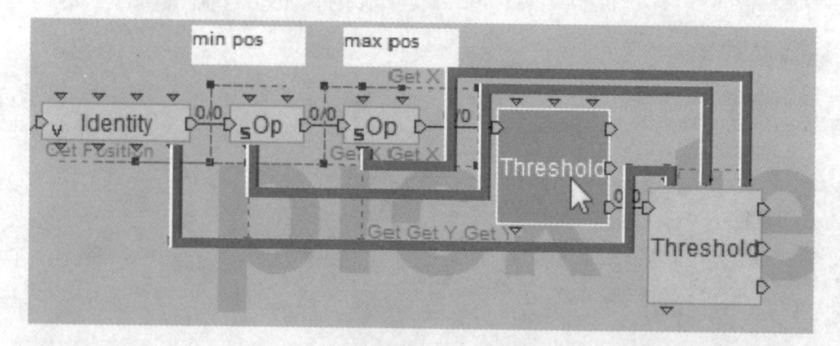

STEP 35 在模块空白处右击，在弹出的快捷菜单中执行Construct>Add Behavior Output命令（或按下快捷键O），按下F2键将其重命名为true，将第二个Threshold模块的输出端连接到模块的输出点true。

STEP 36 新增一个模块的Output，重命名为false。导入BB面板中的Logics\Streaming\Nop作为集线器，将两个Threshold模块不在范围内的判断连接到NOp模块，再将NOp模块连接到模块Output的false。

STEP 37 这样选择范围判断就完成了，将模块缩小，再复制两个相同模块，并将3个模块重新命名为next pick test、back pick test、close pick test。

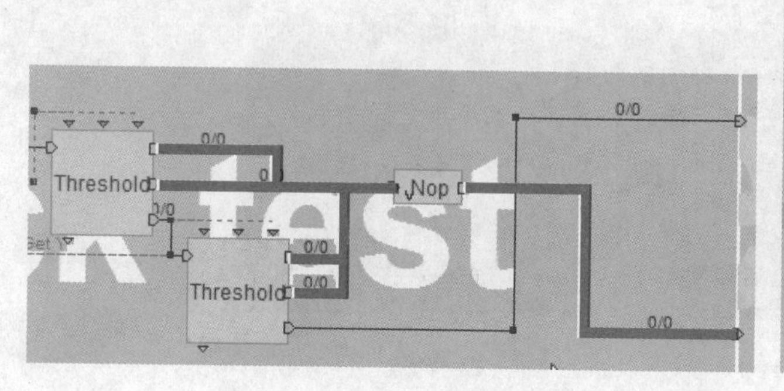

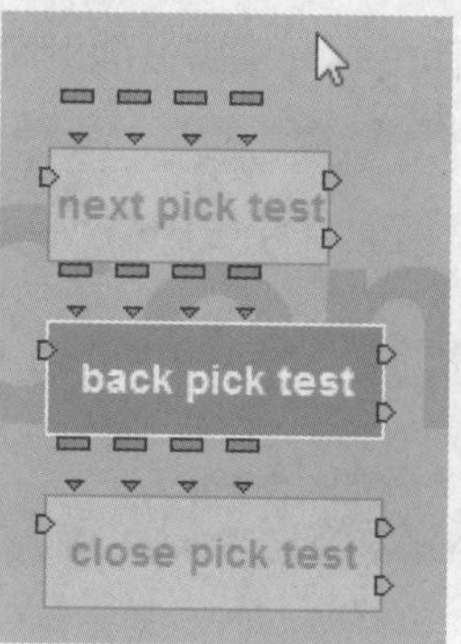

STEP 38 使用Photoshop取得按钮坐标和大小，并将坐标和大小记录下来。按下键盘上的E键，在弹出的对话框中设置next pick test、back pick test和close pick test的参数。

Edit Parameters: Level Script / Pick Controller / next pick test

Parameter		
skin	itemskin2	
Button Pos	X: 168	Y: 4
Button Size	X: 15	Y: 15
Pick Pos	X: 0	Y: 0

OK Apply Cancel

Edit Parameters: Level Script / Pick Controller / back pick test

Parameter		
skin	itemskin2	
Button Pos	X: 115	Y: 4
Button Size	X: 15	Y: 15
Pick Pos	X: 0	Y: 0

OK Apply Cancel

Edit Parameters: Level Script / Pick Controller / close pick test

Parameter		
skin	itemskin2	
Button Pos	X: 83	Y: 3
Button Size	X: 16	Y: 19
Pick Pos	X: 0	Y: 0

OK Apply Cancel

STEP 39 导入BB面板中的Controllers\Mouse\Get Mouse Position模块。

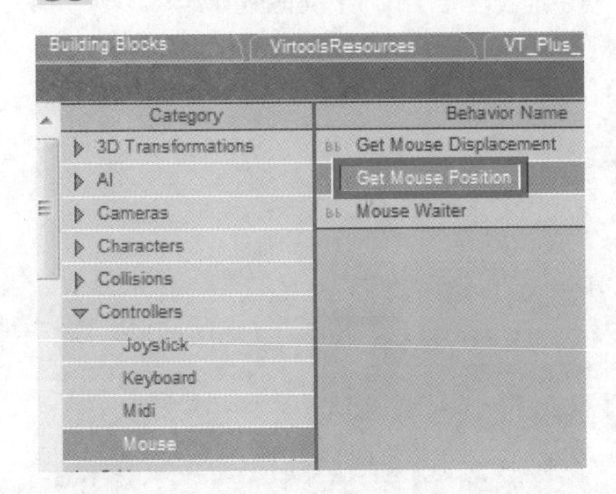

STEP 40 右击Get Mouse Position模块，在弹出的快捷菜单中执行Edit Settings命令。

STEP 41 在弹出的对话框中勾选Windowed Mode复选框，在窗口中判断鼠标指针位置，否则会在全屏幕范围内进行位置判断。

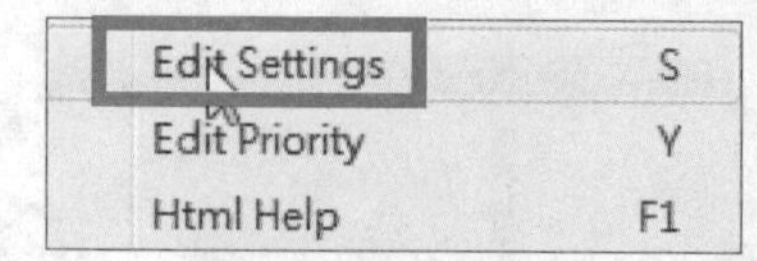

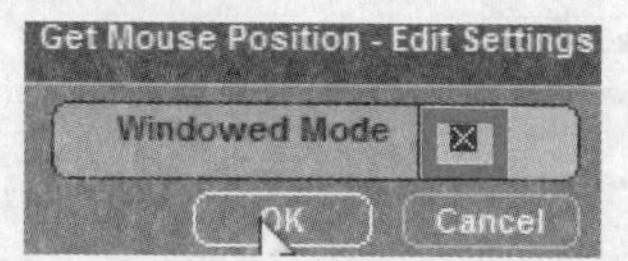

STEP 42 将Get Mouse Position模块的输入端连接到Test模块的输出端，再将Get Mouse Position模块的输出端连接到next pick test、back pick test和close pick test模块的输入端。

STEP 43 将Get Mouse Position模块的输出参数Position共享给next pick test、back pick test和close pick test模块的输入参数Pick Pos。

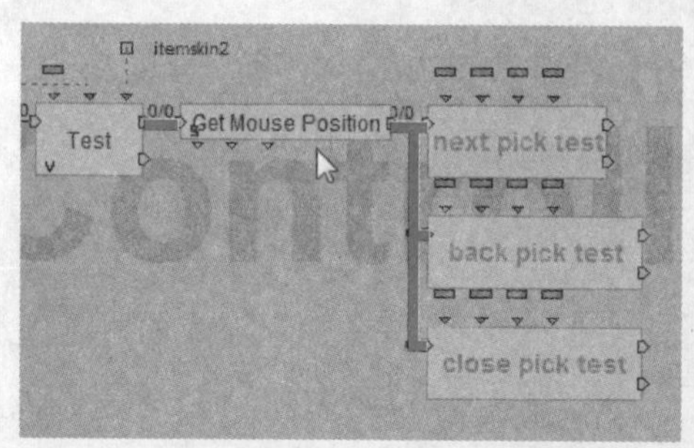

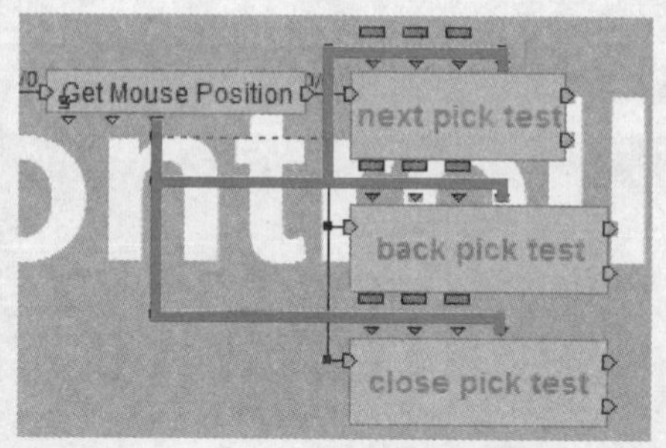

STEP 44 导入BB面板中的Logics\Streaming\Parameter Selector模块，该模块可对应输入端与参数输入。

STEP 45 将next pick test和back pick test模块连接到Parameter Selector模块。

Building Blocks | VirtoolsResources | VT_Plus_1

Category	Behavior Name
Interface	All But One
Lights	Binary Memory
Logics	Binary Switch
Array	Bool Event
Attribute	FIFO
Calculator	Keep Active
Groups	LIFO
Interpolator	Nop
Loops	One At A Time
Message	Parameter Selector
Streaming	Priority

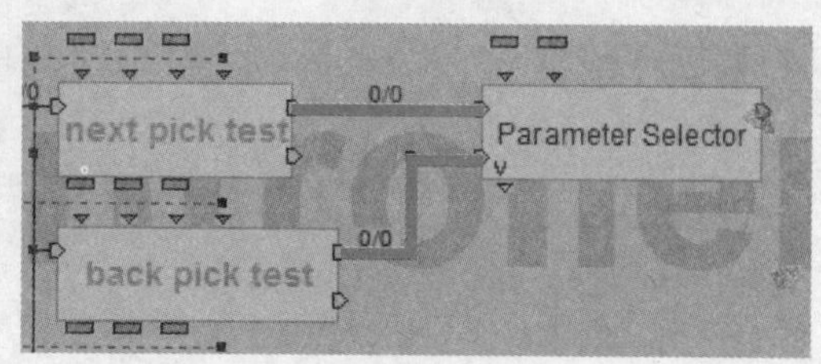

STEP 46 双击Parameter Selector模块，在弹出的对话框中❶设置pIn0为1，❷pIn1为-1，❸单击OK按钮。表示当选择下一页时Parameter Selector模块输出1，选择上一页时Parameter Selector模块输出-1。

STEP 47 导入BB面板中的Logics\Calculator\Op模块。

STEP 48 右击Op模块，在弹出的快捷菜单中执行Edit Settings命令。

STEP 49 在弹出的对话框中❶设置Inputs的A值和B值都为Float，❷设置Operation为Addition，❸设置Ouput为Float，❹单击OK按钮。

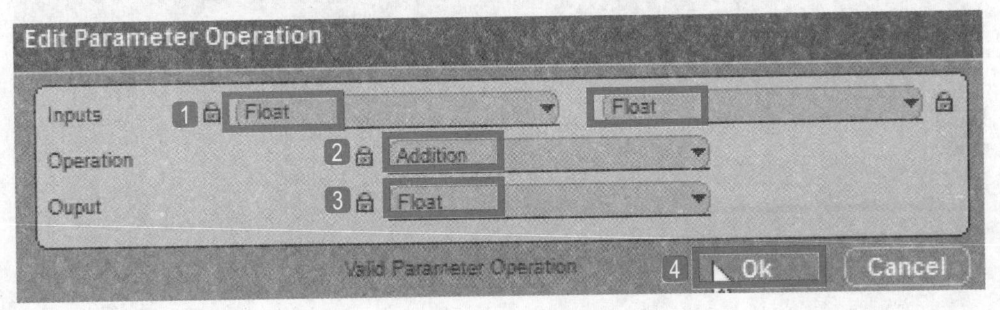

STEP 50 将之前创建的Now Page参数的快捷方式复制到Op模块的上方，将Now Page参数的快捷方式连接到Op模块的输入参数p1，将Parameter Selector模块的输出参数连接到Op模块的输入参数p2。

STEP 51 为了判断页数是否超过最大页面或最小页面，需要建立一个判断。导入BB面板中的Logics\Calculator\Threshold模块。

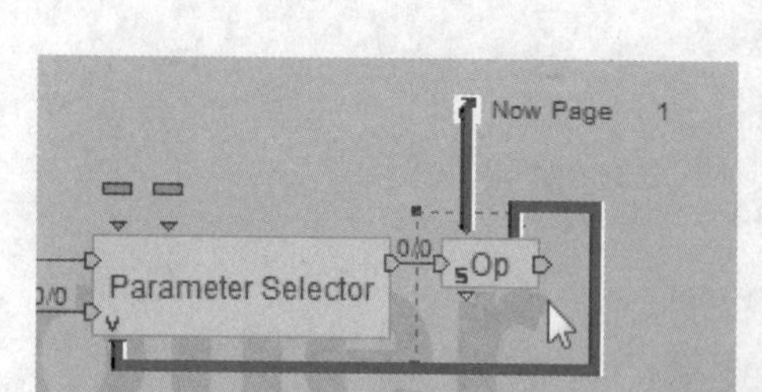

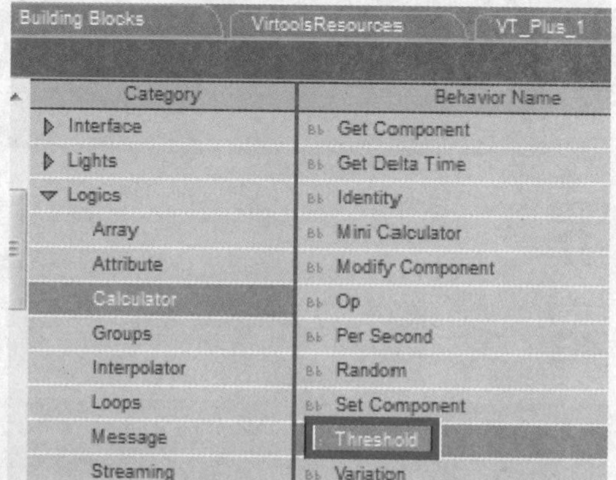

STEP 52 双击Threshold模块，在弹出的对话框中❶设置MIN为1，❷单击OK按钮。

STEP 53 返回到程序最前面，在Threshold模块上方创建All Page参数的快捷方式，将Threshold模块的输入参数MAX连接到All Page参数的快捷方式。

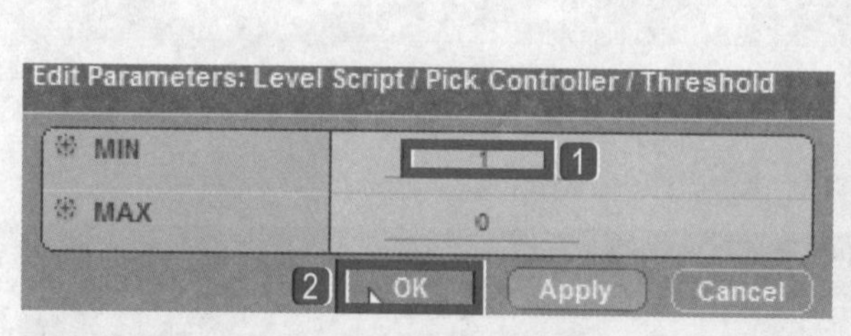

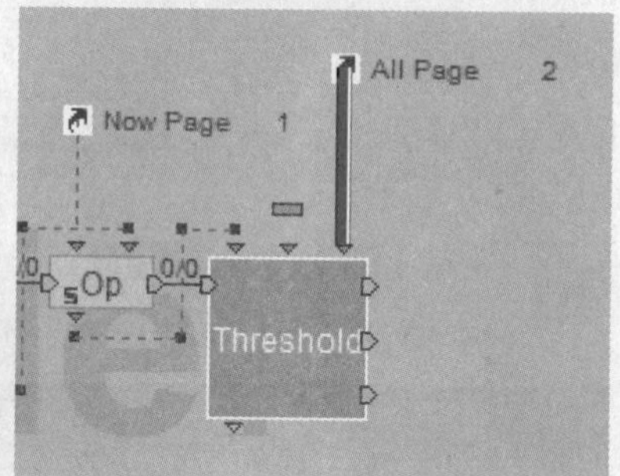

STEP 54 导入BB面板中的Logics\Streaming\Parameter Selector模块并右击，在弹出的快捷菜单中执行Construct>Add Behavior Input命令。

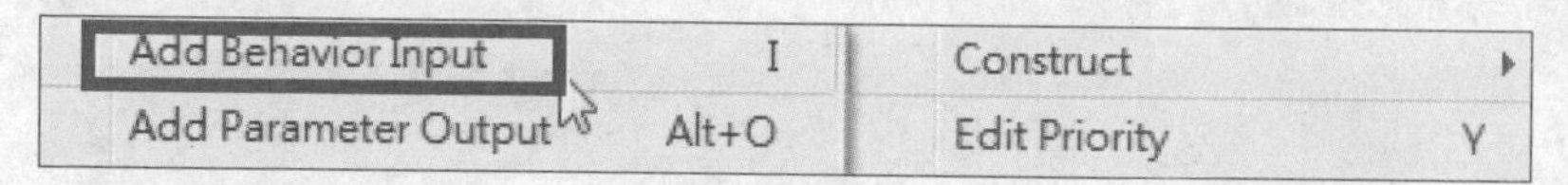

STEP 55 将Threshold模块的输出端一次连接到Parameter Selector模块的输入端。

STEP 56 双击Parameter Selector模块，在弹出的对话框中❶设置pIn1为1，❷单击OK按钮。

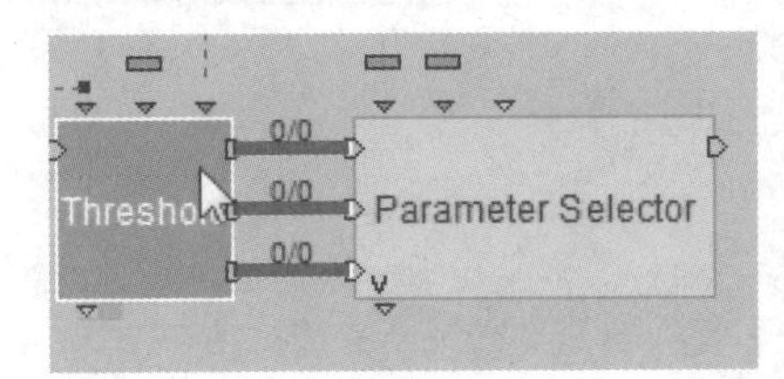

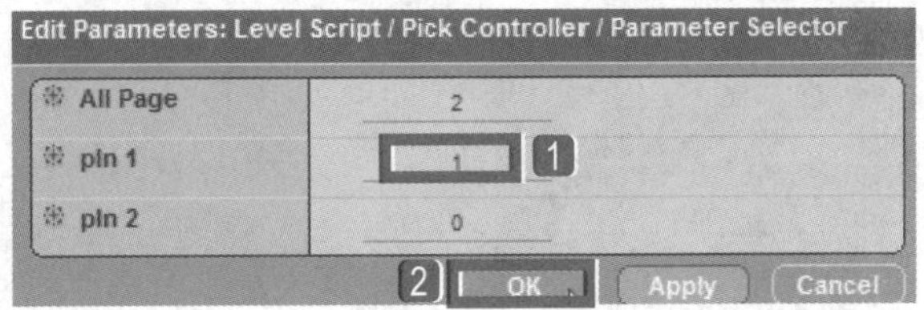

STEP 57 将Parameter Selector模块的输入参数pIn0连接到All Page快捷方式，将Parameter Selector模块的输入参数pIn2连接到Threshold模块的输出参数，将Parameter Selector模块的输出参数连接到Now Page快捷方式。

STEP 58 双击Pick Controller模块空白处，或按下键盘上的O键，将Parameter Selector模块的输出端连接到Pick Controller模块的输出端。

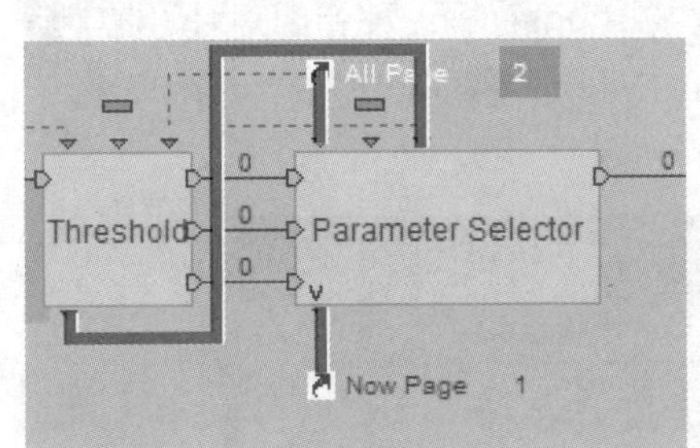

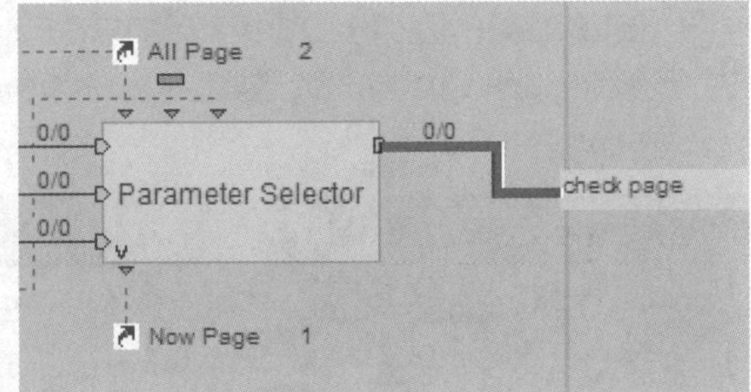

TIP 如果计算结果小于MIN，则输出All Page的参数值，跳到最后一页；如果计算结果大于MAX，则输出1，跳到第1页；如果计算结果介于MIN和MAX之间，则直接输出计算结果。

STEP 59 将Pick Controller模块收起，将该模块的输入端连接到Create Data Button模块，将输出端连接到Chack Page模块。

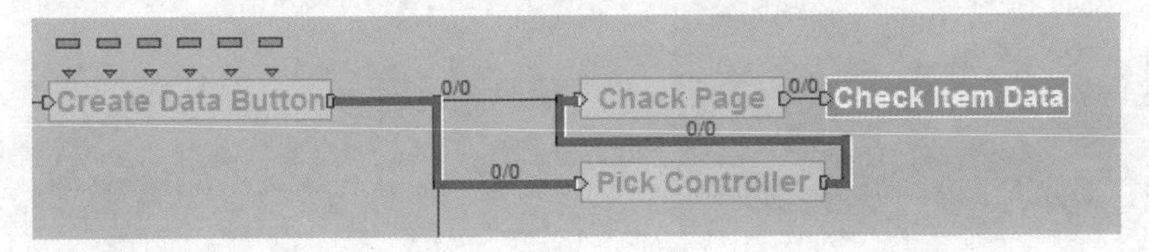

STEP 60 至此，换页功能就设置完成了，效果如下图所示。

STEP 61 将Pick Controller模块打开，在Is In Group模块下方导入BB面板中的Logics\Calculator\Op模块，并将Op模块的输入端连接到Is In Group模块的输出端True。

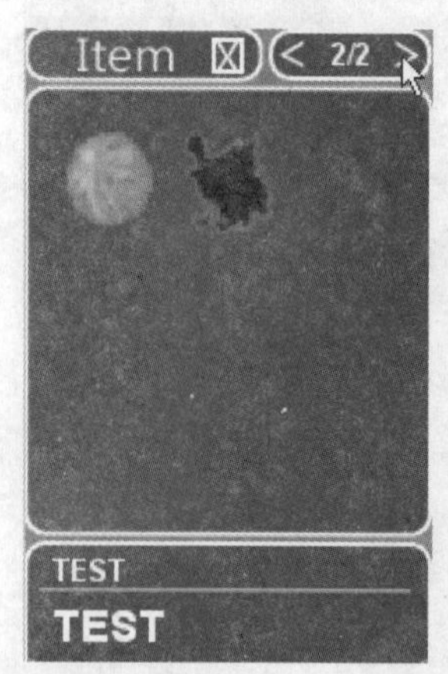

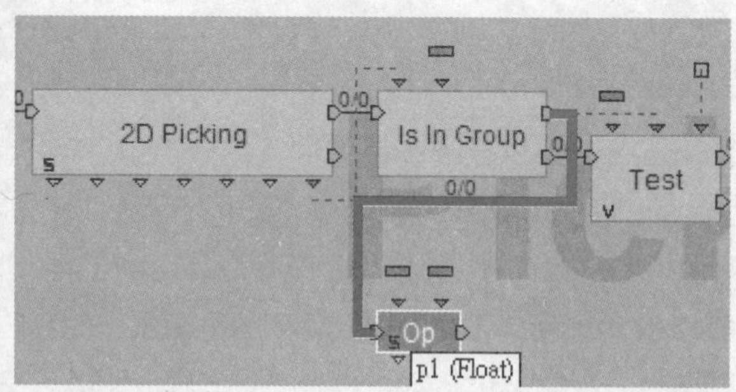

STEP 62 右击Op模块，在弹出的快捷菜单中执行Edit Settings命令，在弹出的对话框中1设置Inputs为2D Entity，2Operation为Get Count，3Ouput为Material，4单击OK按钮。

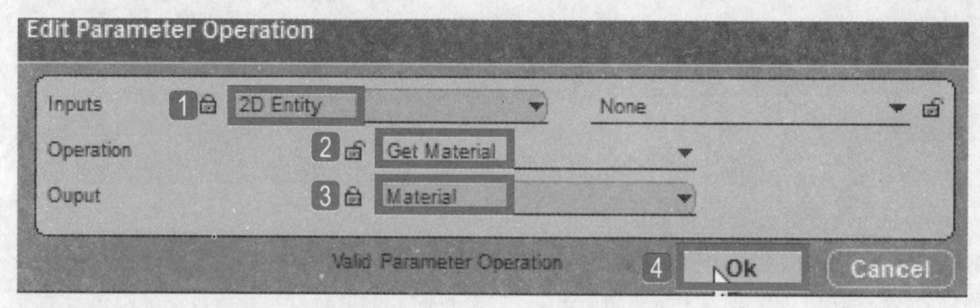

STEP 63 将2D Picking模块的输出参数连接到Op模块的输入参数。

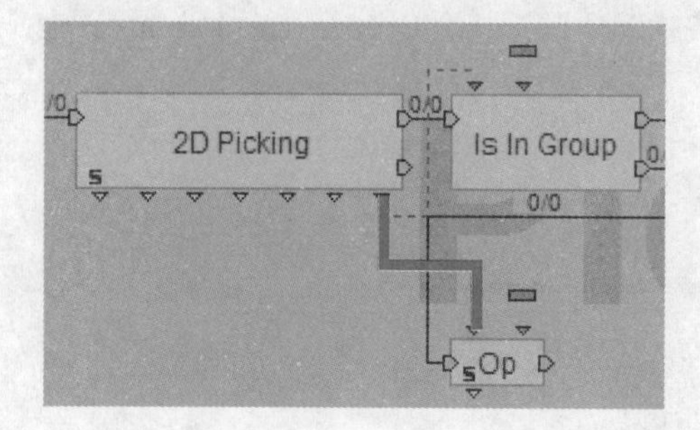

STEP 64 复制一个Op模块，右击复制出的Op模块，在弹出的快捷菜单中执行Edit Settings命令，在弹出的对话框中❶设置Inputs为Material，❷Operation为Get Texture，❸Ouput为Texture，❹单击OK按钮。

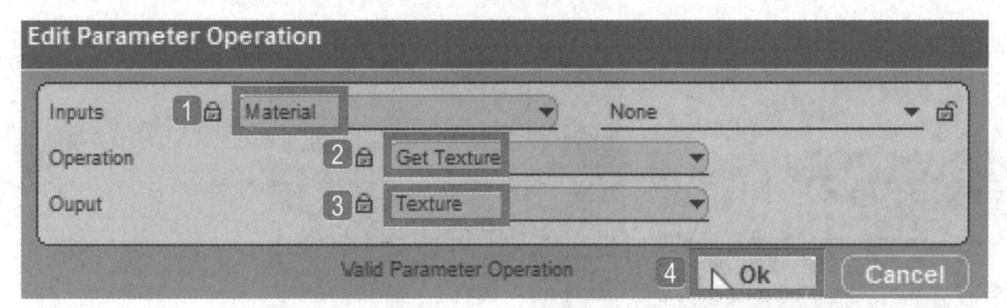

STEP 65 将第一个Op模块的输出参数Material连接到第二个Op模块。

STEP 66 将第一个Op模块的输出参数Material连接到第二个Op模块。

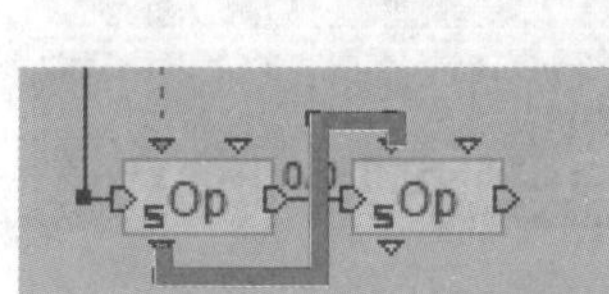

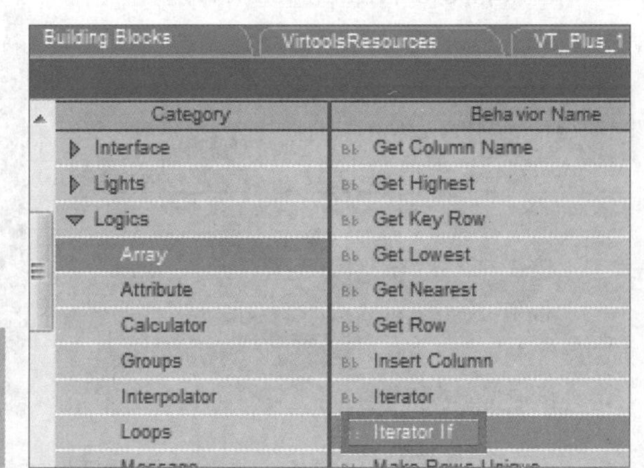

STEP 67 双击Iterator If模块，在弹出的对话框中❶设置Target为Item Data，❷Column为2，❸单击OK按钮。

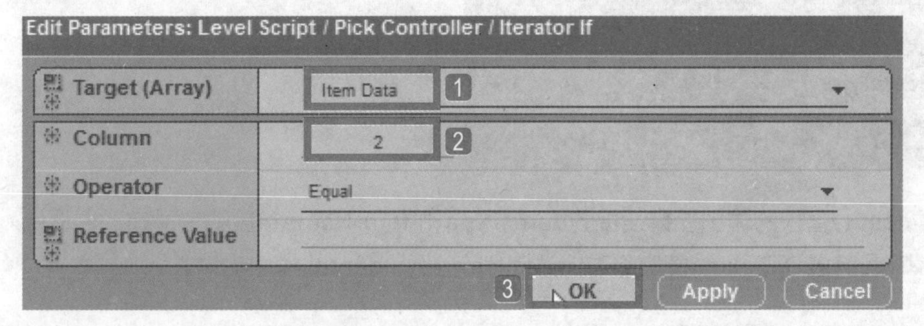

STEP 68 将第二个Op模块的输出参数连接到Iterator If模块输入参数的参考值。

STEP 69 将先前创建的参数快捷方式Item Type和Item Name复制到Iterator If模块下方。

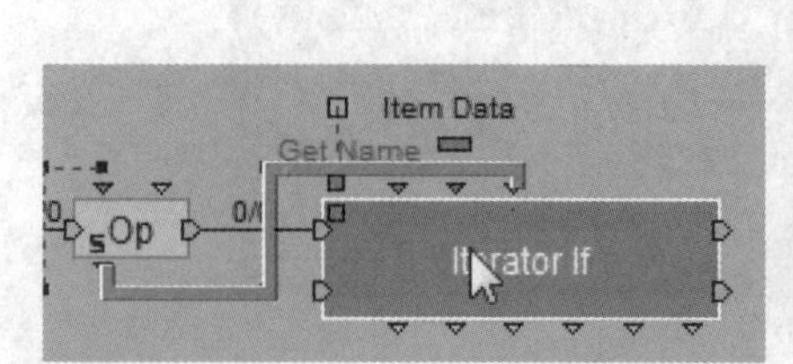

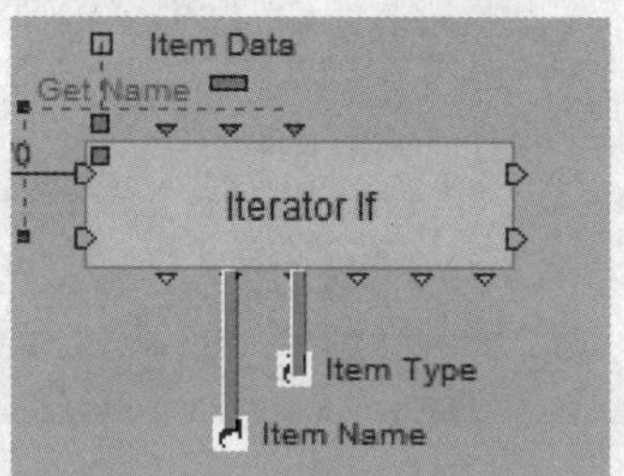

STEP 70 单击Play按钮测试预览动画效果，文字会根据选择的对象显示。

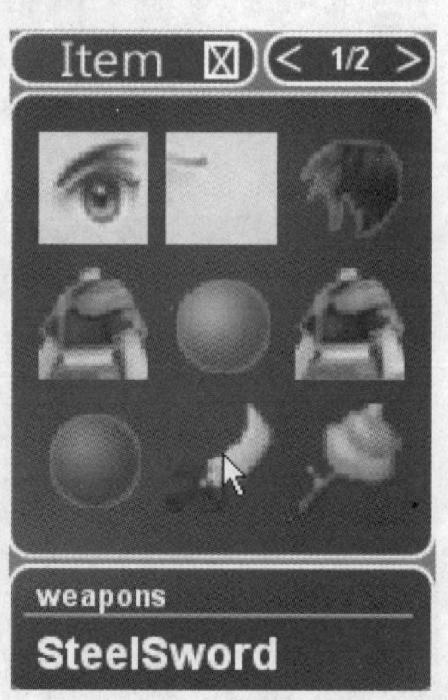

STEP 71 BB面板中的Logics\Calculator\Identity模块。

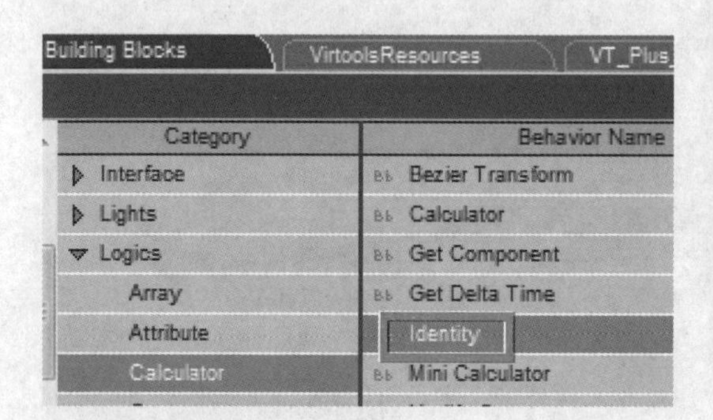

STEP 72 双击Identity模块的输入参数点，在弹出的对话框中1设置Parameter Type为String，2单击OK按钮。

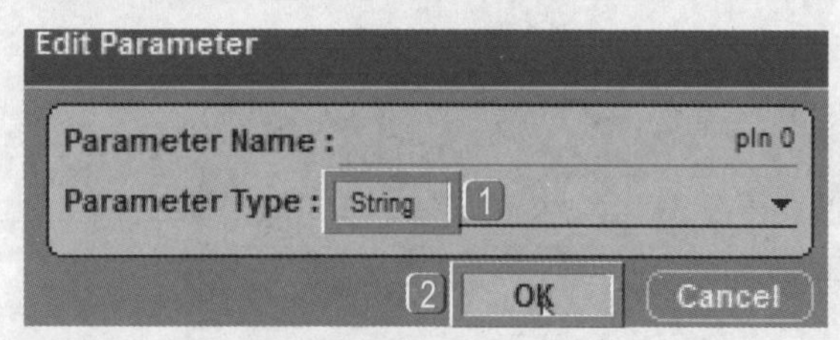

STEP 73 将Identity模块的输出参数连接到Item Type和Item Name参数的快捷方式，将Is In Group和2D Picking模块的输出端False连接到Identity模块的输入端。

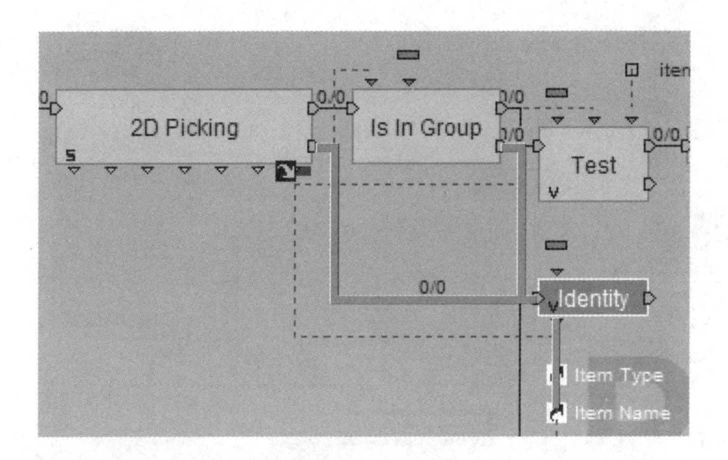

STEP 74 返回到程序Start后的Identity模块，双击Identity模块，在弹出的对话框中1设置data text为空白，2单击OK按钮。

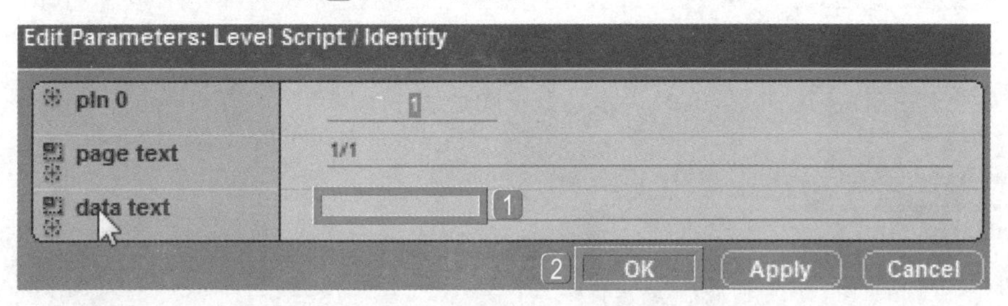

15.6 实现道具的拖动功能

STEP 1 设置完数据显示功能后，设置道具拖动功能。在Pick Controller模组的Iterator If模块后创建一个空白模块，命名为Drag & Drop，并在Drag & DrOp模块中导入BB面板中的Logics\Calculator\Op模块。右击Op模块，在弹出的快捷菜单中执行Edit Settings命令，在弹出的对话框中1设置Inputs为2D Entity，2Operation为Get Position，3Ouput为Vector 2D，4单击OK按钮。

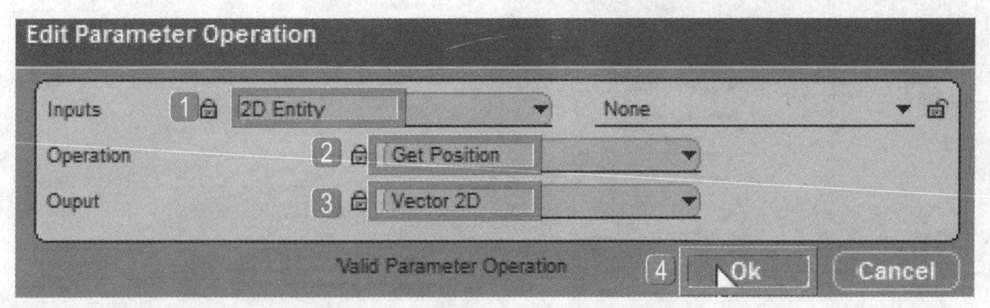

STEP 2 右击2D Picking模块的输出参数Sprite，在弹出的快捷菜单中执行Copy命令。

STEP 3 在Drag & DrOp模块空白处右击，在弹出的快捷菜单中执行Paste as Shortcut命令，创建快捷方式。

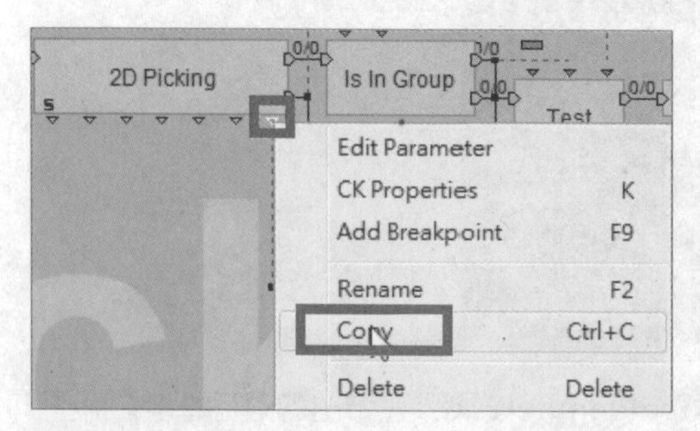

STEP 4 为了区别快捷方式，在快捷方式上右击，在弹出的快捷菜单中执行Set Shortcut Group Color命令。

STEP 5 设置好颜色后，将Op模块的p1连接到该快捷方式。

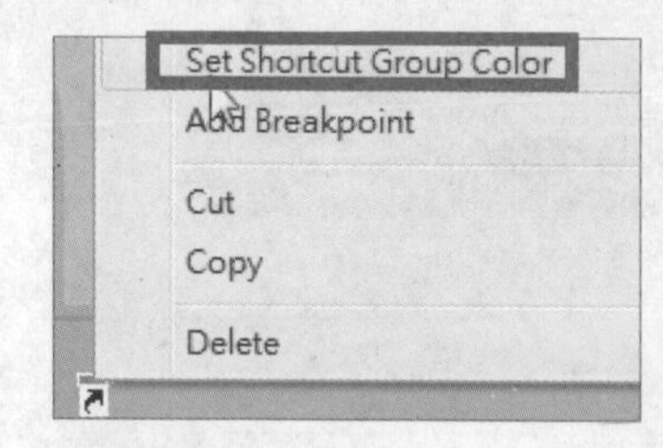

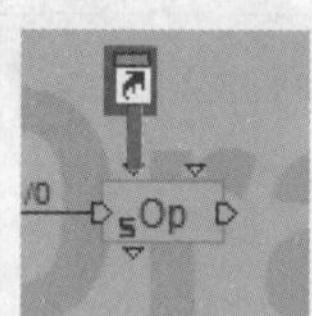

STEP 6 导入BB面板中的Controllers\Mouse\Get Mouse Position模块。

STEP 7 右击Get Mouse Position模块，在弹出的快捷菜单中执行Edit Settings命令，在弹出的对话框中❶勾选Windowed Mode复选框，❷单击OK按钮。

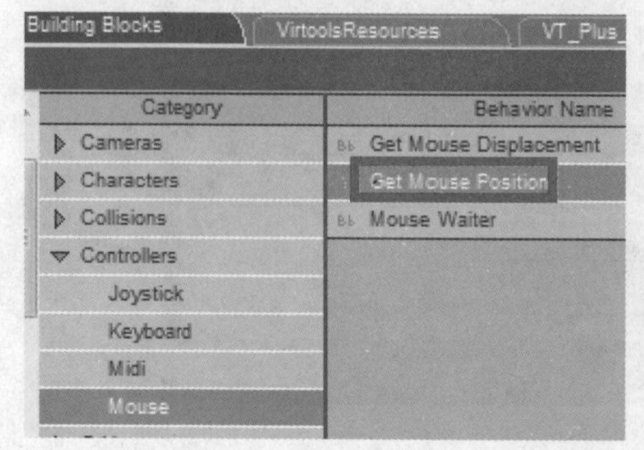

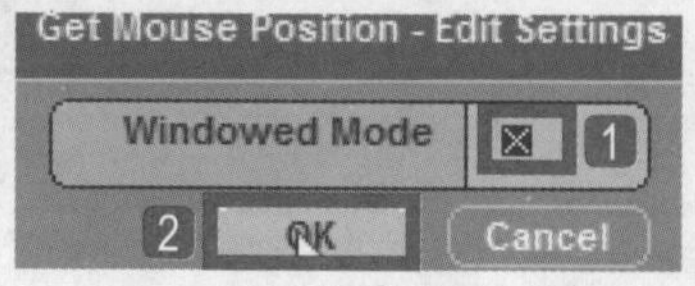

STEP 8 导入BB面板中的Logics\Calculator\Op模块并右击，在弹出的快捷菜单中执行Edit Settings命令，在弹出的对话框中❶设置Inputs的A值和B值都为Vector 2D，❷设置Operation为Subtraction，❸设置Ouput为Vector 2D，❹单击OK按钮。

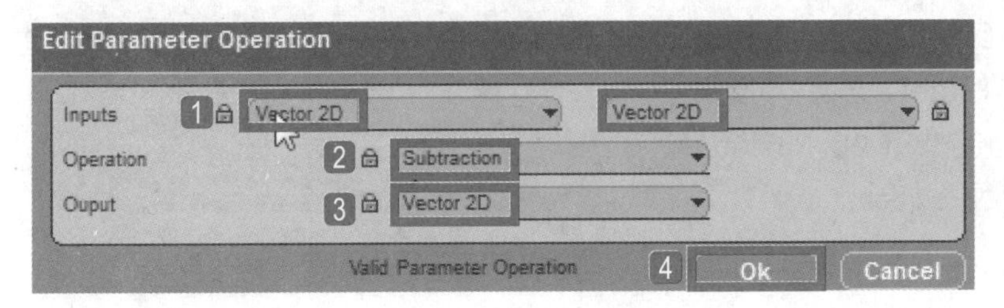

STEP 9 将Get Mouse Position模块的输出参数Position连接到第二个Op模块的输入参数p1，将第一个Op模块的输出参数连接到第二个Op模块的输入参数p2，这样便可计算出鼠标指针和图标的位置差。

STEP 10 导入BB面板中的Logics\Streaming\Keep Active模块。

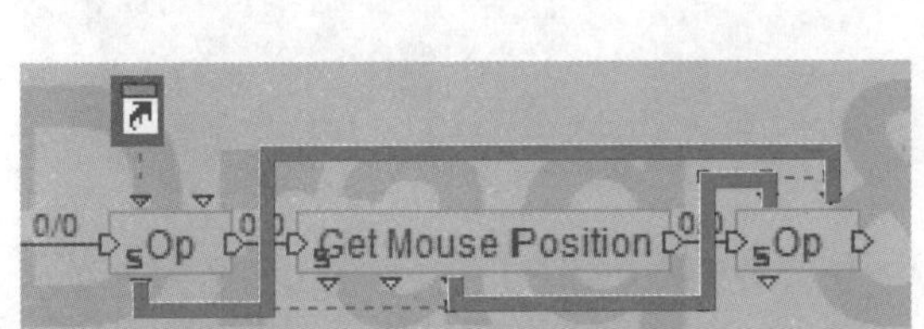

STEP 11 将Keep Active模块的输入端In1连接到Op模块的输出端，Keep Active模块会一直执行到Reset输入讯号。

STEP 12 复制Get Mouse Position和第二个Op模块，将Get Mouse Position模块的输出参数Position连接到第三个Op模块的输入参数p1，将第二个Op模块的输出参数连接到第三个Op模块的输入参数p2。

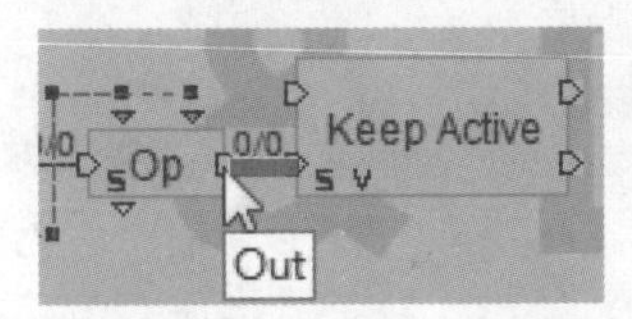

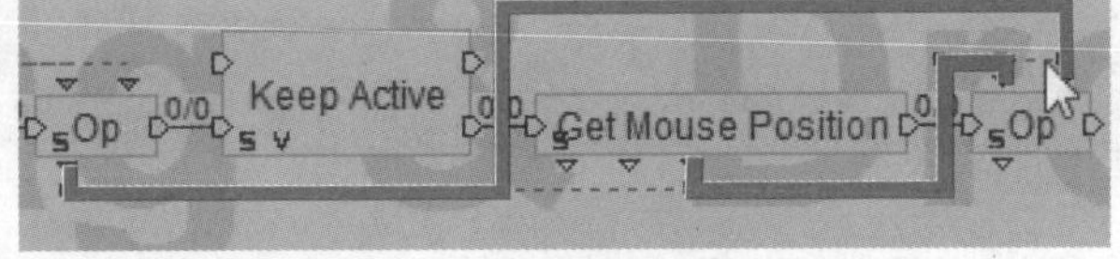

STEP 13 导入BB面板中的Visuals\2D\Set 2D Position模块。

STEP 14 将先前的对象快捷方式再复制一个，并连接到Set 2D Position模块的输入参数Target，再将Op模块的输出参数连接到Set 2D Position模块的输入参数Position。

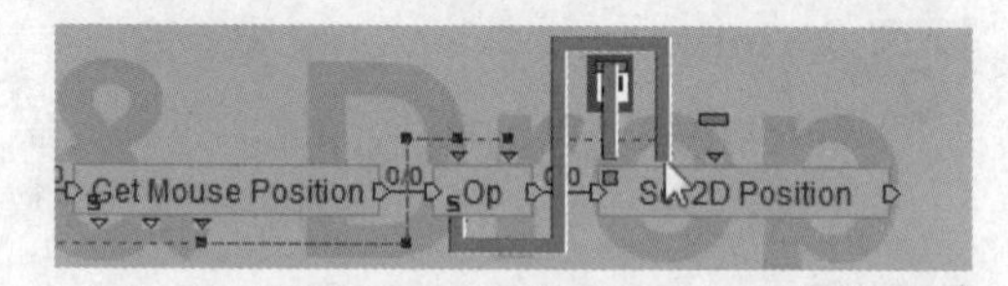

STEP 15 导入BB面板中的Controllers\Mouse\Mouse Waiter模块。

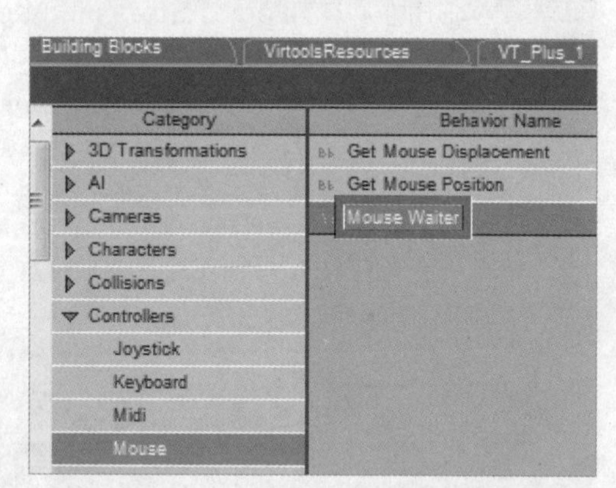

STEP 16 右击Mouse Waiter模块，在弹出的快捷菜单中执行Edit Settings命令，在弹出的对话框中1取消勾选Stay Active复选框，就不会处于一直等待的状态，2在Ouputs下只保留Left Button Up复选框的勾选，3单击OK按钮。

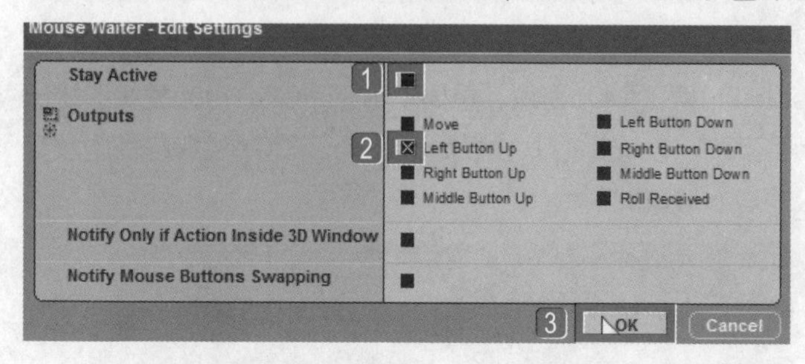

STEP 17 将Mouse Waiter模块的输入端连接到Drag & DrOp模块的输入端，将Mouse Waiter模块的输出端连接到Keep Active模块的输入端Reset。

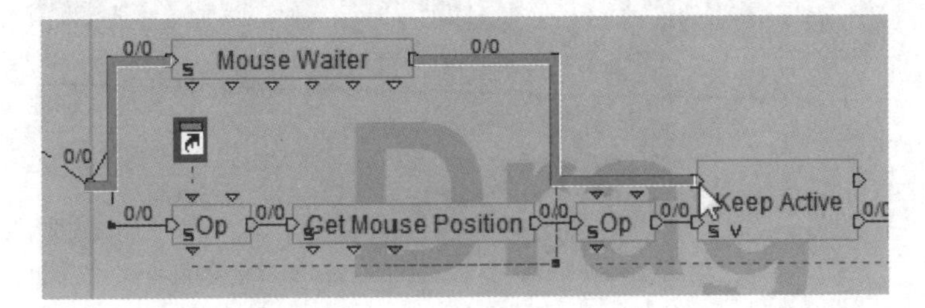

STEP 18 单击Mouse Waiter和Keep Active模块中间的连接线，在弹出的对话框中1设置Link delay为1，以免由于执行过快出错，2单击OK按钮。

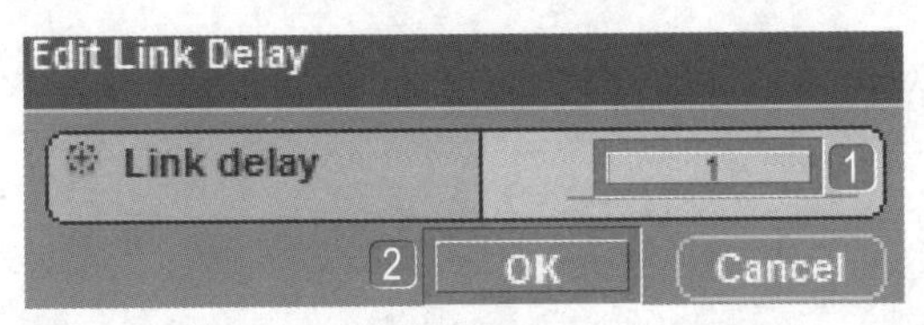

STEP 19 复制Set 2D Position模块，将Set 2D Position模块的输入端连接到Keep Active模块的输出端Out Reset，并将取得对象位置的Op模块的输出参数连接到Set 2D Position模块的输入参数Position。

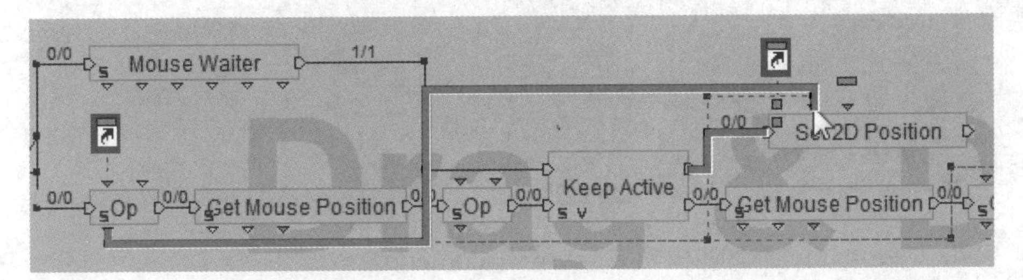

STEP 20 这样当释放鼠标时对象将会回到原来的位置。为Drag & DrOp模块创建两个输出端（快捷键为O），分别命名为L Up和L Down，并连接到两个Set 2D Position模块。

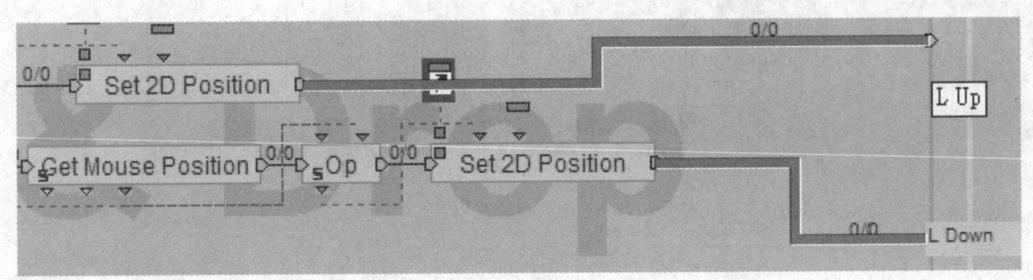

STEP 21 至此，道具的拖动功能就设置完成了。

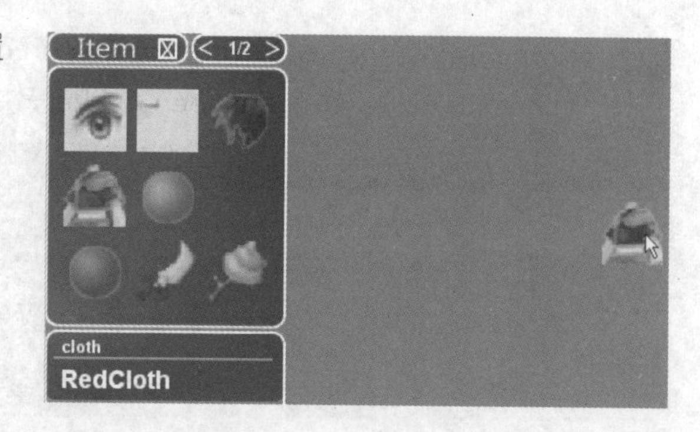

15.7 关闭道具显示界面

STEP 1 在Level Manager面板中选择Level\Global\2D Sprites\itemskin2选项。

STEP 2 双击itemskin2，1设置Position的X值为-1000，让它消失在画面上，2单击Set IC按钮设置初始值。

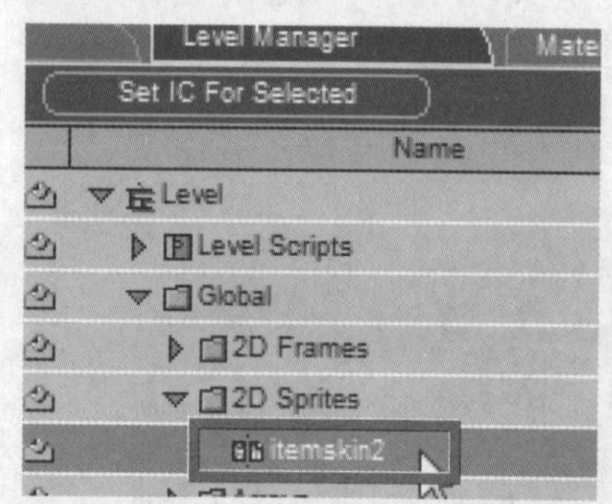

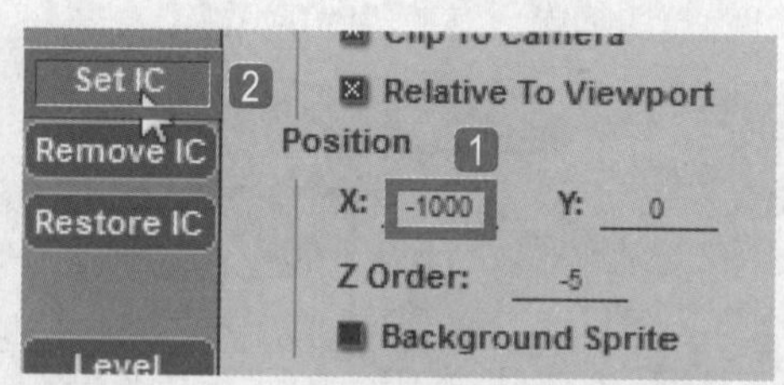

STEP 3 导入VT_Plus_1面板中的2D Sprites\item_icon.png文件。

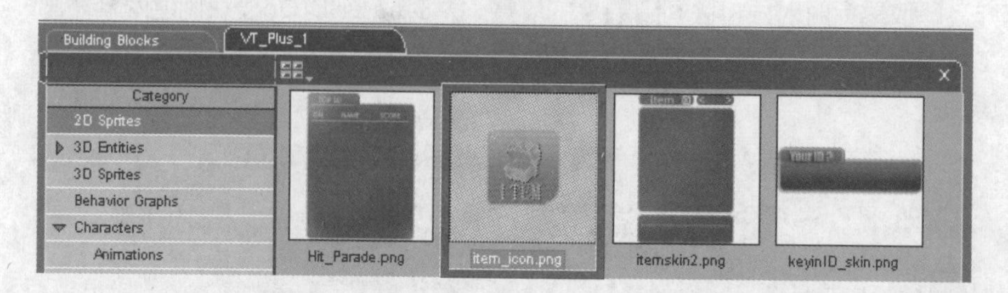

STEP 4 在2D Sprite Setup面板中，勾选Blend复选框，启用透明图层。❶勾选Pickable复选框，❷设置Position的X、Y、Z值都为0，❸单击Set IC按钮设置初始值。

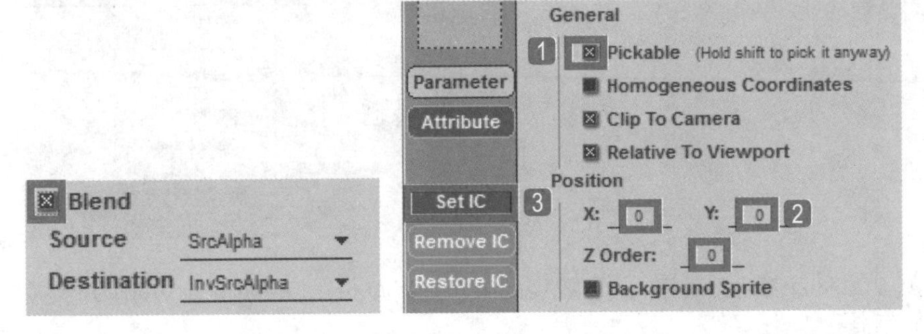

STEP 5 将Create Data Button模块输出端的连接线都移除，导入BB面板中的Logics\Message\Wait Message模块。

STEP 6 右击Wait Message模块，在弹出的快捷菜单中执行Add Target Parameter命令。

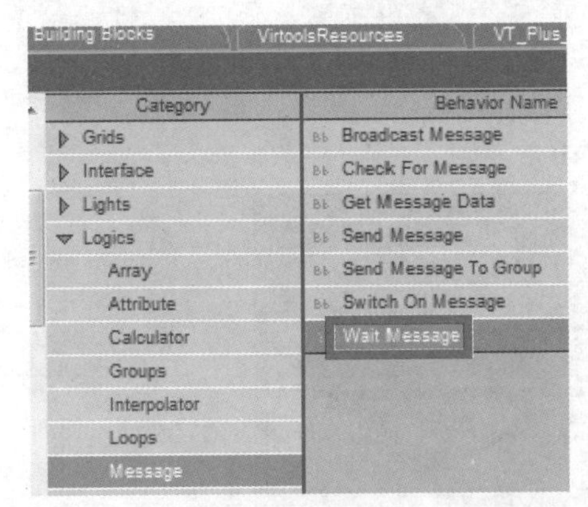

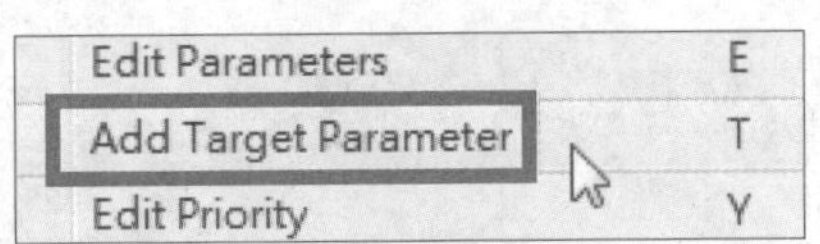

STEP 7 双击Wait Message模块，在弹出的对话框中❶设置Target为item_icon，❷设置Message为OnDblClick，表示等待鼠标单击item_icon，❸单击OK按钮。

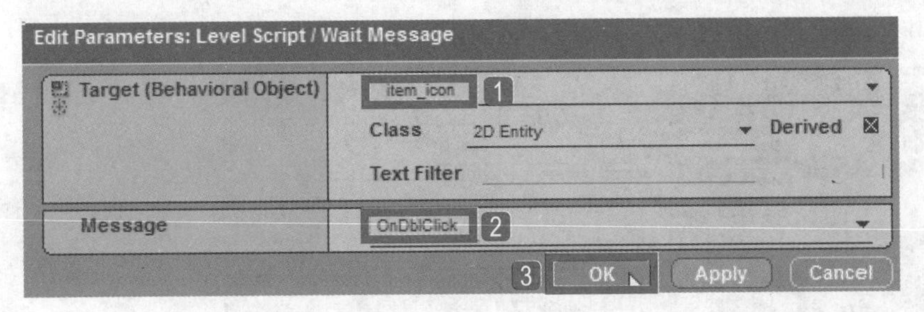

STEP 8 导入BB面板中的Visuals\2D\Set 2D Position模块。

STEP 9 将Set 2D Position模块的输入参数Target连接到Wait Message模块的输入参数Target的数据方块。

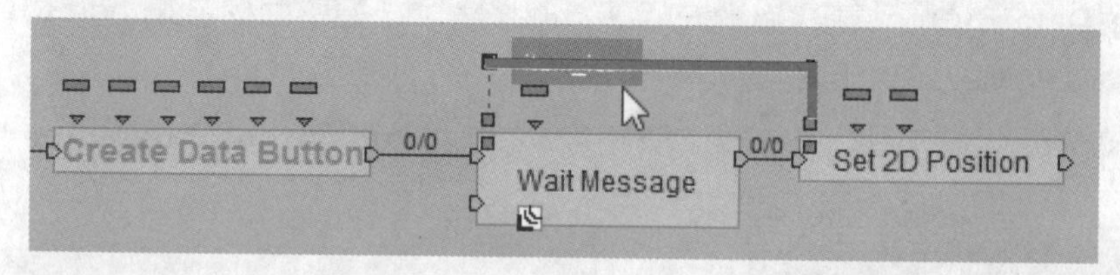

STEP 10 双击Set 2D Position模块，在弹出的对话框中❶设置Target为item_icon，❷设置Position的X值为-1000，❸单击OK按钮。

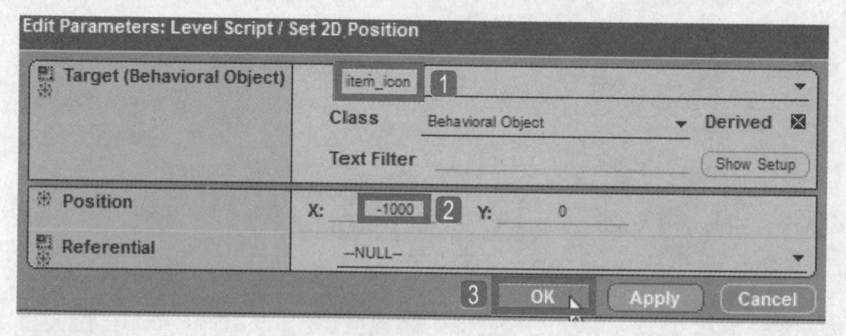

STEP 11 复制一个Set 2D Position模块，双击该模块，在弹出的对话框中❶设置Target为itemskin2，❷设置Position的X值为0，❸单击OK按钮。

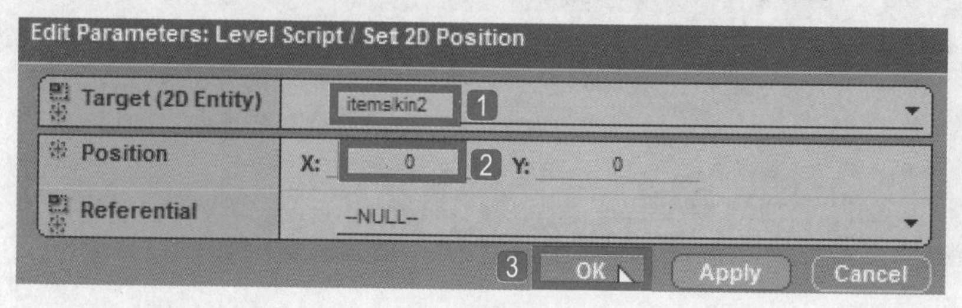

STEP 12 这样即可隐藏item_icon，显示itemskin2。将第二个Set 2D Position模块的输出端连接到Chack Page、Pick Controller和Text Display模块接口切换的部分即可。

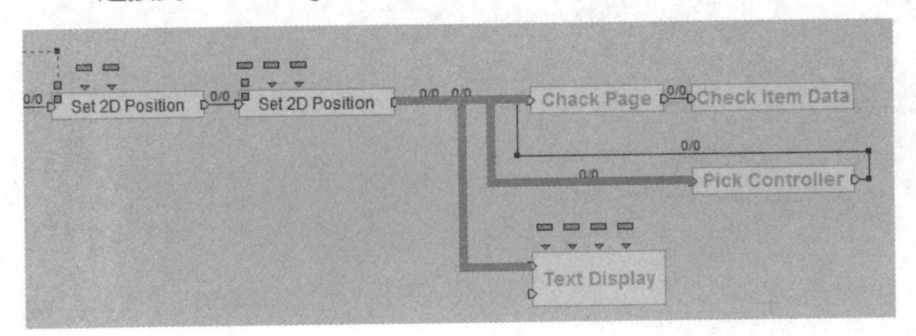

STEP 13 打开Pick Controller模块，在close pick test模块后添加Set 2D Position模块。双击Set 2D Position模块，在弹出的对话框中❶设置Target为itemskin2，❷设置Position的X值为-1000，❸单击OK按钮。

Edit Parameters: Level Script / Pick Controller / Set 2D Position
Target (2D Entity) itemskin2 1
Position X: -1000 2 0
Referential --NULL--
3 OK Apply Cancel

STEP 14 再复制一个Set 2D Position模块，双击该模块，在弹出的对话框中❶设置Target为item_icon，❷设置Position的X值为0，❸单击OK按钮。

Edit Parameters: Level Script / Pick Controller / Set 2D Position
Target (2D Entity) item_icon 1
Position X: 0 2 0
Referential --NULL--
3 OK Apply Cancel

STEP 15 将第二个Set 2D Position模块的输出端连接到Mouse Waiter模块的输入端Off。

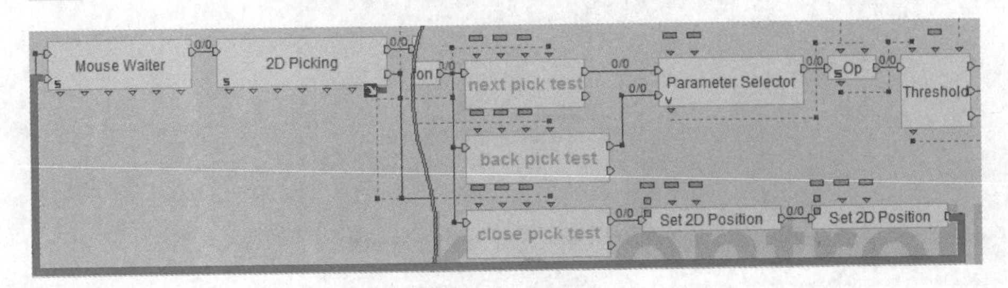

STEP 16 在选中Pick Controller模块的同时按下O键，新增一个模块输出口，命名为close，将其连接到第二个Set 2D Position模块的输出端。

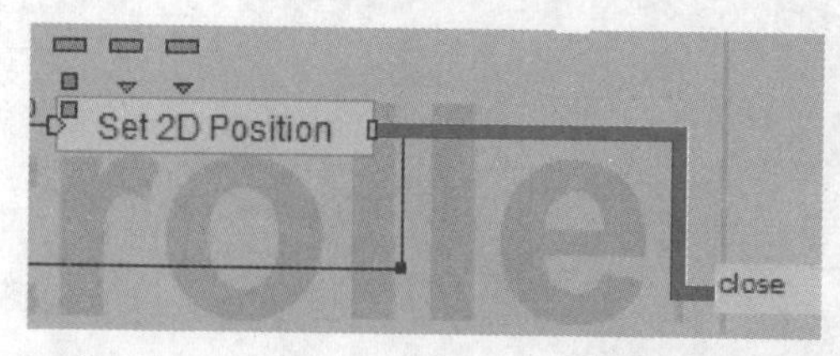

STEP 17 将Pick Controller模块收起，将Pick Controller模块的输出端close连接到Text Display模块的输出端off，将Pick Controller模块的输出端close连接到Wait Message模块的输入端In。

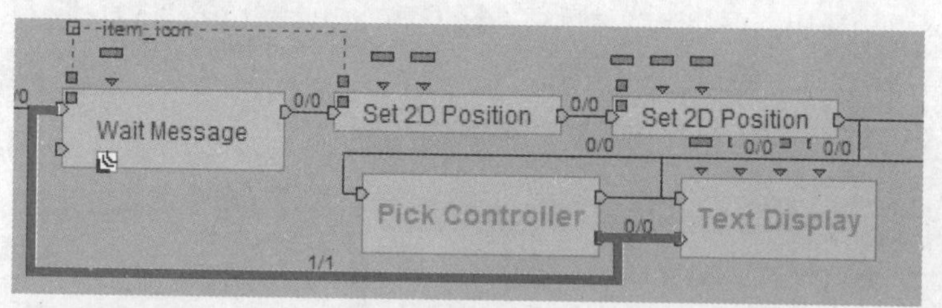

15.8 道具的拾取与丢弃

STEP 1 导入VT_Plus_1面板中的3D Entities\SliderFloor.nmo文件。

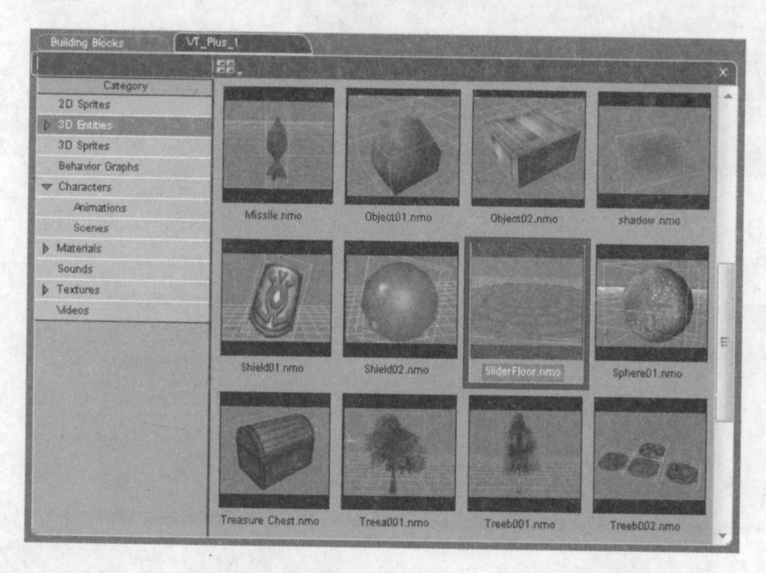

STEP 2 导入VT_Plus_1面板中的3D Entities\Key.nmo、Shield01.nmo、Shield02.nmo、Weapons01.nmo、Weapons02.nmo等素材文件到场景中。

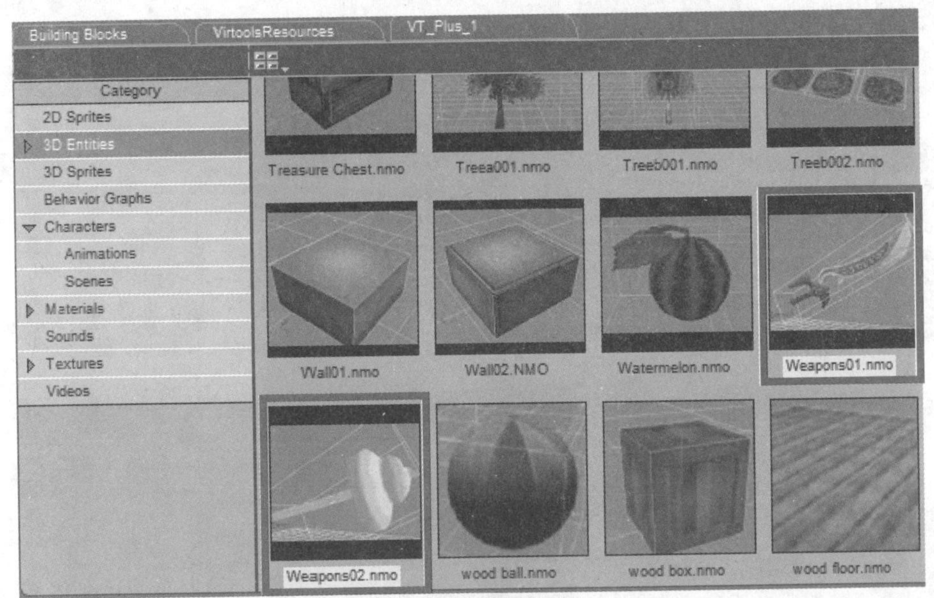

STEP 3 在Level Manager面板中，将Level\Global\3D Objects\Shield01、Shield02、Weapons01、Weapons02同时选中。

STEP 4 使用缩放工具，将道具缩小至适当大小。

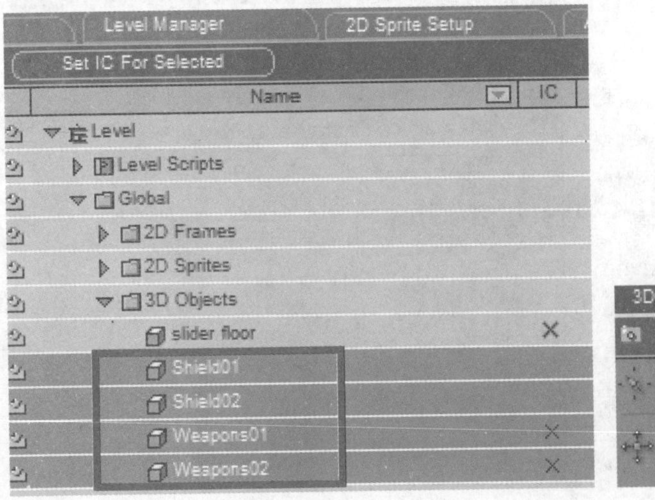

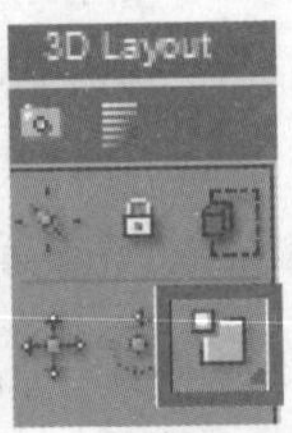

STEP 5 选择Level\Global\Characters\Key，放大到适当大小，将各个对象摆放到合适位置。

STEP 6 在Array Setup面板中，在Name下拉列表中选择Item Data，除Shield01、Shield02、Weapons01、Weapons02以外，将Never字段都设置为x，并将对应对象的名称添加到object字段，单击Set IC按钮设置初始值。

10	GreenColor	color	pic_GreenColors		x
11	RedColors	color	pic_RedColors		x
12	SteelSword	weapons	pic_SteelSword	Weapons01	
13	FecesSword	weapons	pic_FecesSword	Weapons02	
14	SteelShield	shield	pic_SteelShield	Shield01	
15	MushroomShield	shield	pic_MushroomShield	Shield02	
16	DoorKey	Event_item	pic_DoorKey	key	x

STEP 7 在Array Setup面板中，将Item Data中除了画面上的5个对象外，其余数据都输入item Bags下的name字段，并单击Set IC按钮设置初始值。

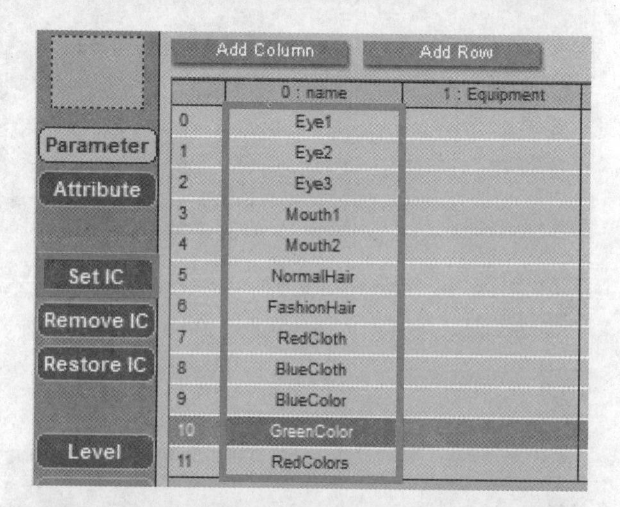

STEP 8 在Level Manager面板中选择画面上的5个对象，武器可以在Level\Global\3D Objects下直接选择，但钥匙属于Characters对象，要在Level\Global\Characters\Key\Body Parts下选择。单击Create Group按钮创建群组，并命名为Items。

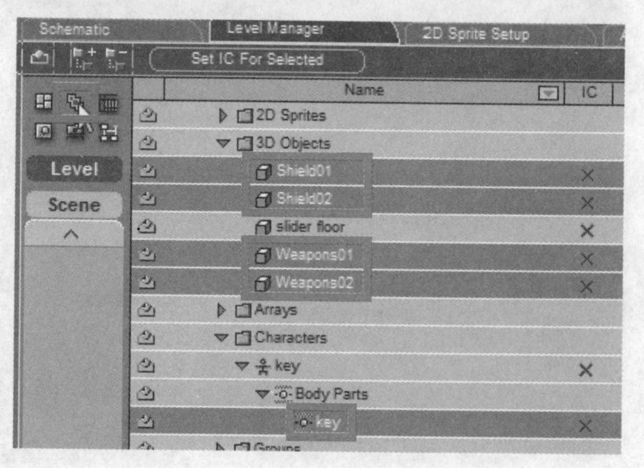

STEP 9 返回到程序部分，打开Pick Controller模块，将两个Op模块和Iterator If模块包成一个新的模块，按下O键，创建模块输出端。将第一个Op模块连接到模块输入端，将Iterator If模块连接到模块输出端。在选中模块的同时按下F2键，将模块重命名为Set Data Text。

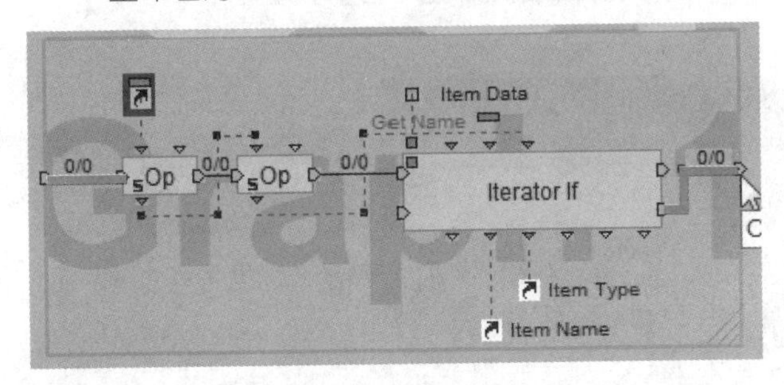

STEP 10 将Set Data Text模块收起，并将其输入端连接到Is In Group模块的输出端True，将其输出端连接到Drag & DrOp模块的输入端。

STEP 11 在Test模块后创建取得道具的功能，创建一个新的空白模块，并重命名为Get Item，将其输入端连接到Test模块输出端的False。

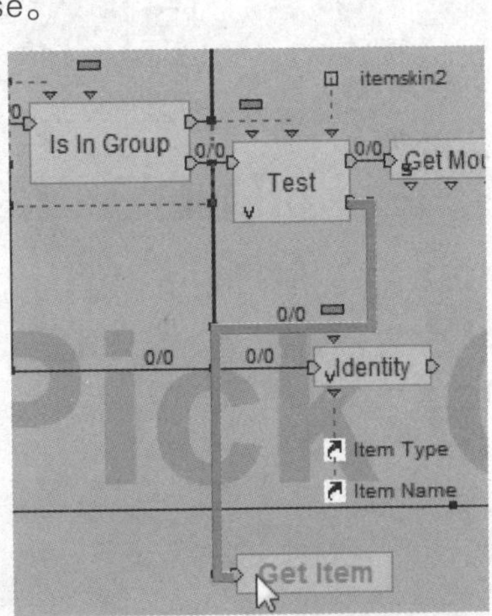

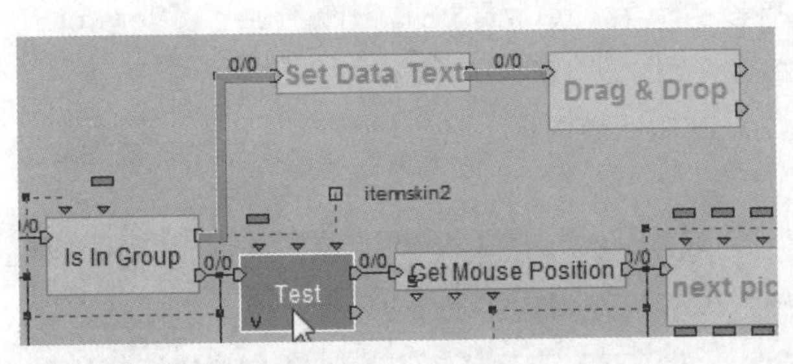

STEP 12 在Pick Controller模块中最前面添加一个2D Picking模块，右击2D Picking模块的输出参数Object Picked，在弹出的快捷菜单中执行Copy命令。

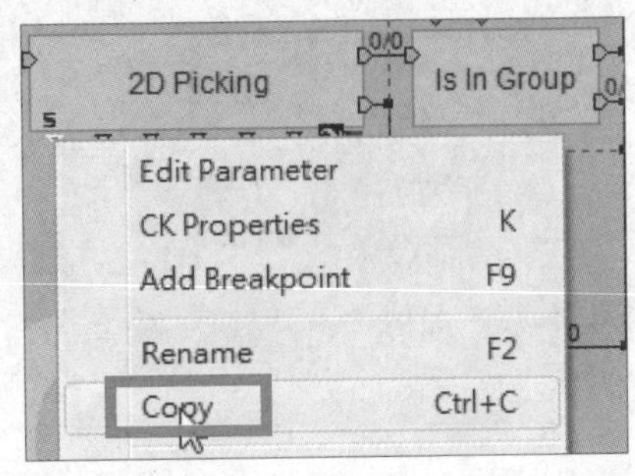

STEP 13 在Get Item模块中单击鼠标右键，在弹出的快捷菜单中执行Set Shortcut Group Color命令设置颜色。导入BB面板中的Logics\Groups\Is In Group模块，双击Is In Group模块，在弹出的对话框中❶设置Group为Items，❷单击OK按钮。

STEP 14 将Is In Group模块的输入参数Object连接到复制的对象参数快捷方式。

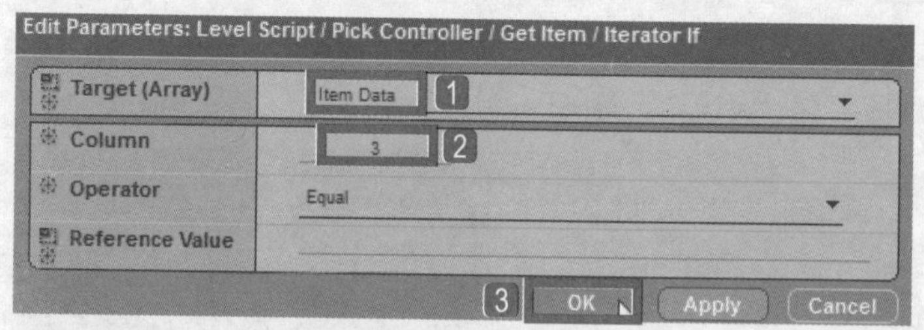

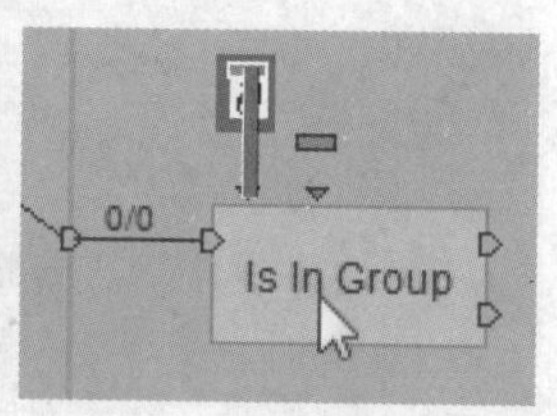

STEP 15 导入BB面板中的Logics\Groups\Iterator If模块，双击Iterator If模块，在弹出的对话框中❶设置Target为Item Data，❷Column为3，❸单击OK按钮。

STEP 16 将Iterator If模块的输入端In连接到Is In Group模块的输出端True，将Iterator If模块的输入参数参考值连接到刚刚复制的对象快捷方式。

STEP 17 导入BB面板中的Logics\Array\Add Row模块。

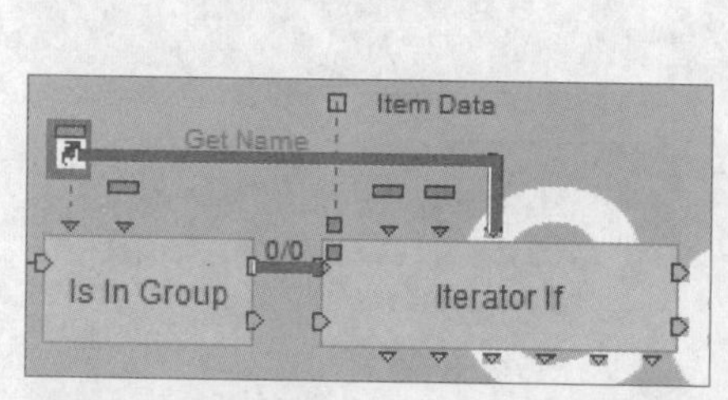

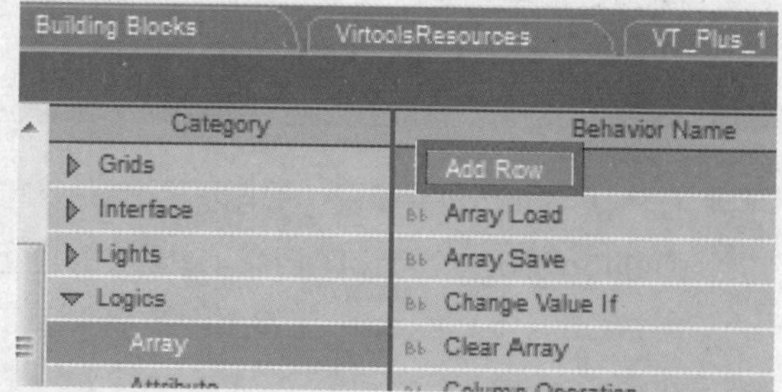

STEP 18 双击Add Row模块，在弹出的对话框中❶设置Target为Item Bags，❷单击OK按钮。

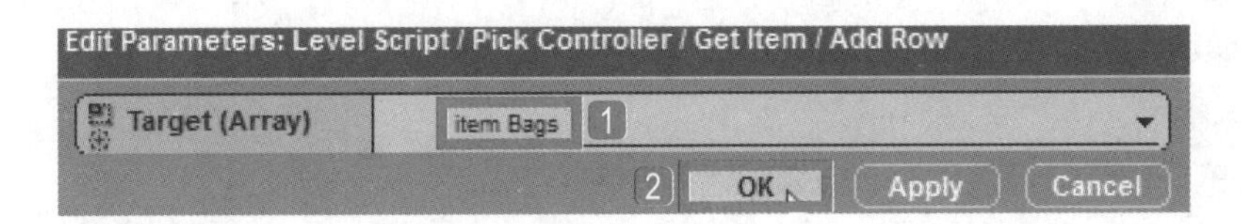

STEP 19 将Add Row模块的输入参数name连接到Iterator If模块的输出参数Name。

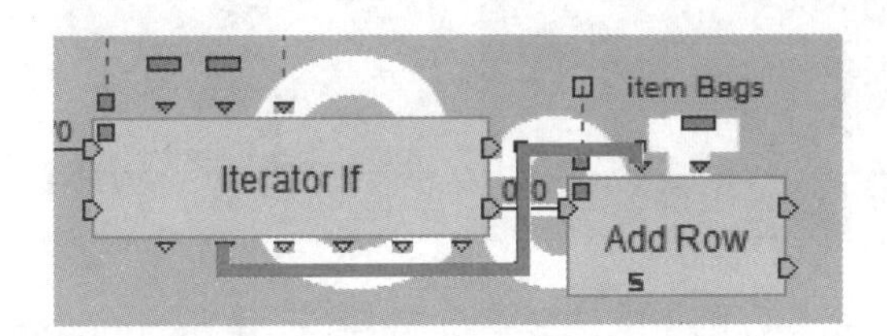

STEP 20 导入BB面板中的Logics\Calculator\Op模块，右击Op模块，在弹出的快捷菜单中执行Edit Settings命令，在弹出的对话框中1设置Inputs为3D Entity，2 Operation为Get Type，3Ouput为Registered Class，4单击OK按钮。

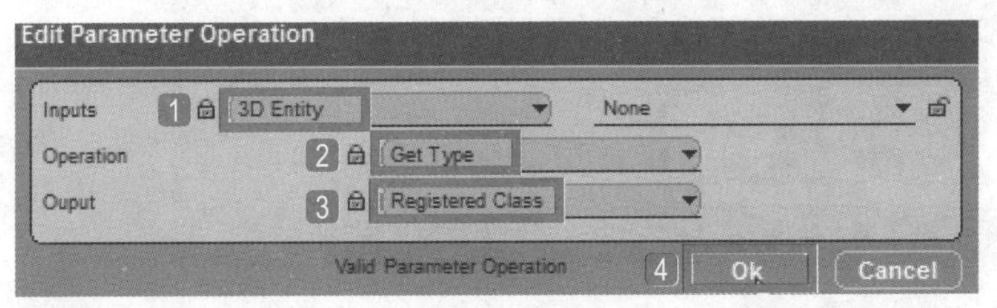

TIP 由于Key属于Characters，而2D Picking只能选择Body Parts，无法选择Characters，因此需要设置一个对象类型的判断。

STEP 21 将Op模块的输入参数p1连接到对象快捷方式，以抓取对象的分类。

STEP 22 导入BB面板中的Logics\Test\Test模块，双击Test模块的输入参数A，在弹出的对话框中1设置Parameter Type为Registered Class，2单击OK按钮。使用同样的方法，设置B值的Parameter Type为Registered Class。

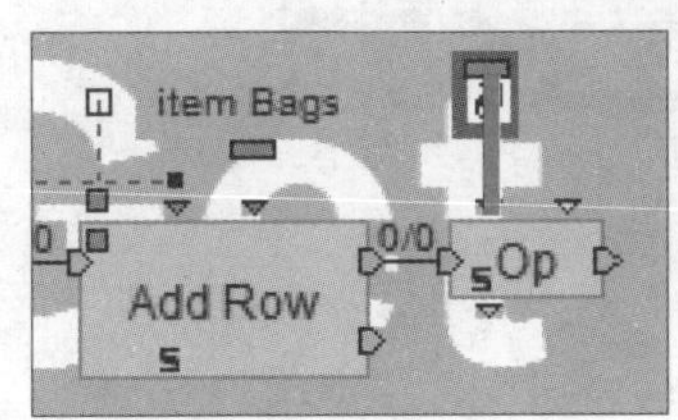

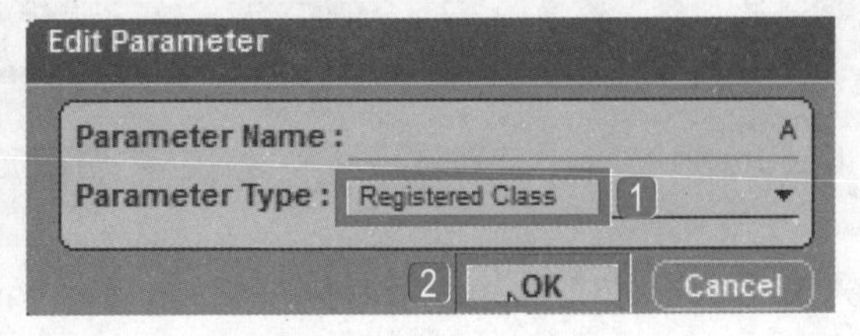

STEP 23 双击Test模块，在弹出对话框中❶设置Test为Equal，❷B值为Body Part，❸单击OK按钮。

STEP 24 将Op模块的输出参数连接到Test模块的输入参数A。

Edit Parameters: Level Script / Pick Controller / Get Item / Test

Test	Equal ❶
A	
B	Body Part ❷

❸ OK　Apply　Cancel

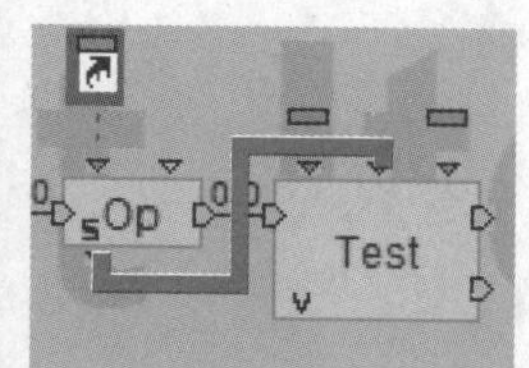

STEP 25 复制一个Op模块，右击第二个Op模块，在弹出的快捷菜单中执行Edit Settings命令，在弹出的对话框中❶设置Inputs为Body Part，❷Operation为Get Character，❸Ouput为Character，❹单击OK按钮。

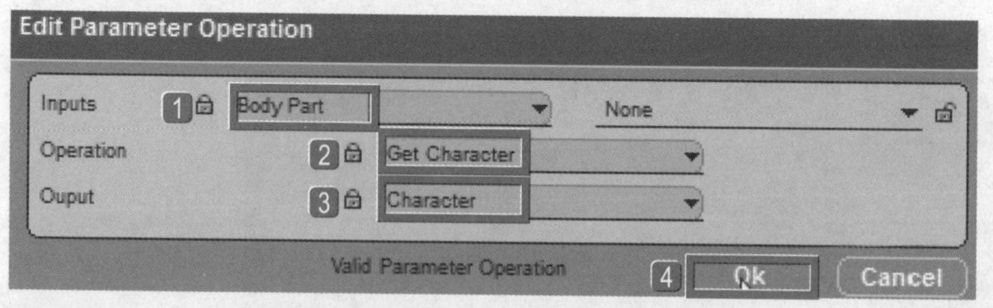

STEP 26 将Op模块的输入参数p1连接到复制的对象快捷方式。

STEP 27 导入BB面板中的Logics\Calculator\Identity模块，双击Identity模块的输入参数点pIn0，在弹出的对话框中❶设置Parameter Type为3D Object，❷单击OK按钮。

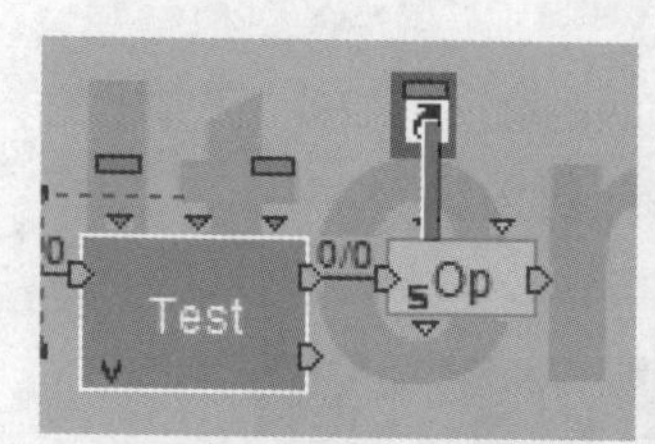

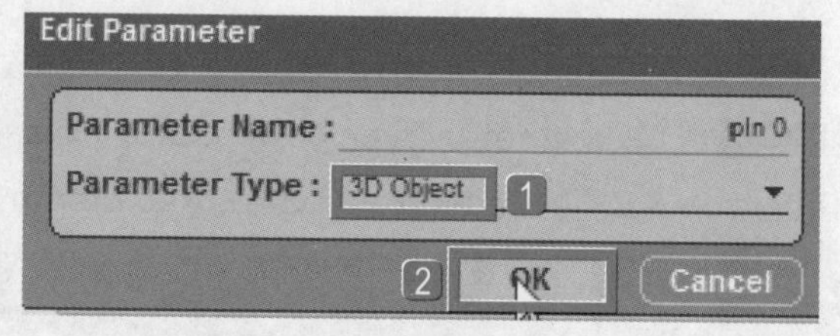

STEP 28 将Identity模块的输入参数连接到复制的对象快捷方式。

STEP 29 导入BB面板中的3D Transformations\Basic\Set Position模块。

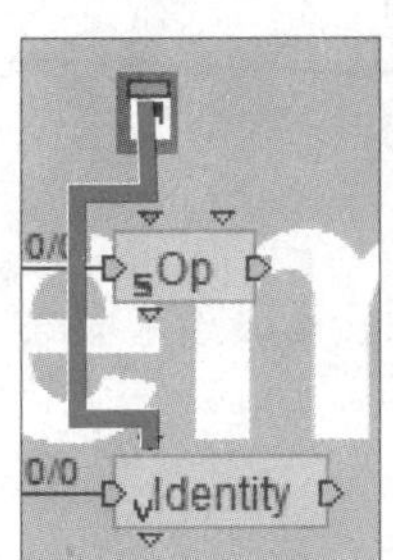

STEP 30 将Set Position模块的输入端连接到Op模块和Identity模块的输出端。

STEP 31 将Op模块和Identity模块的输出参数连接到Set Position模块输入参数Target的数据方块，进行参数共享。

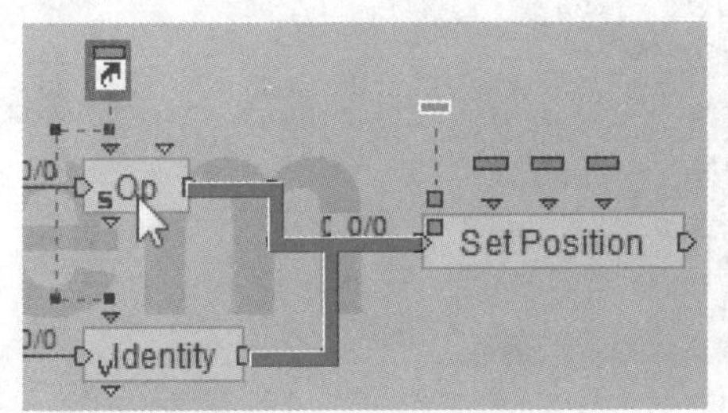

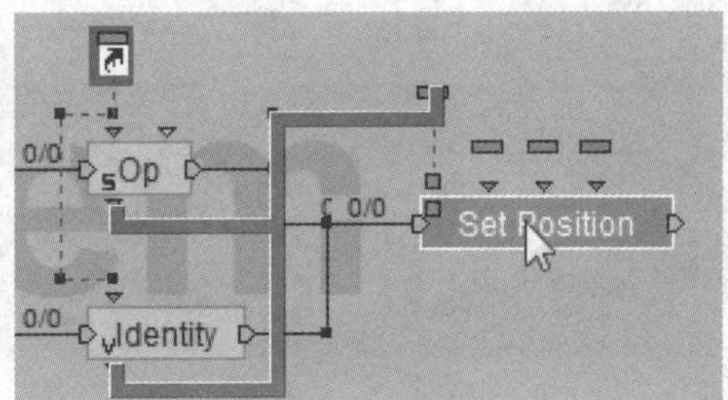

STEP 32 双击Set Position模块，在弹出的对话框中1设置Position的X、Y、Z的值都为-1000，2单击OK按钮。

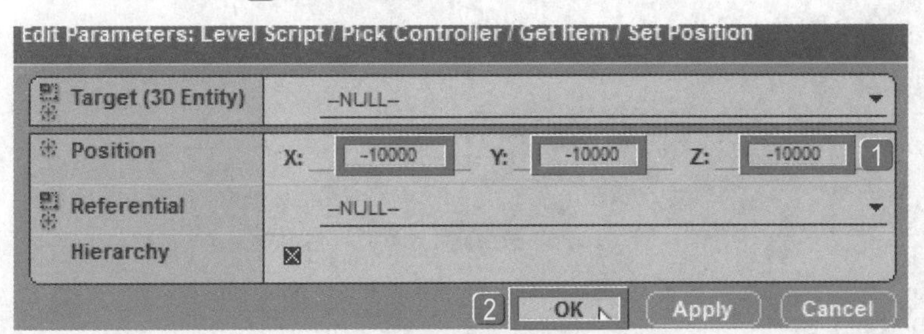

STEP 33 增加一个Get Item模块输出端（快捷键为O），并将Set Position模块的输出口连接到Get Item模块的输出端。将Get Item模块收起，并在Pick Controller模块新增一个输出端，命名为Get Item，将Get Item模块的输出端连接到Pick Controller模块的输出端Get Item。

STEP 34 将Pick Controller模块的输出端Get Item连接到Chack Page模块。

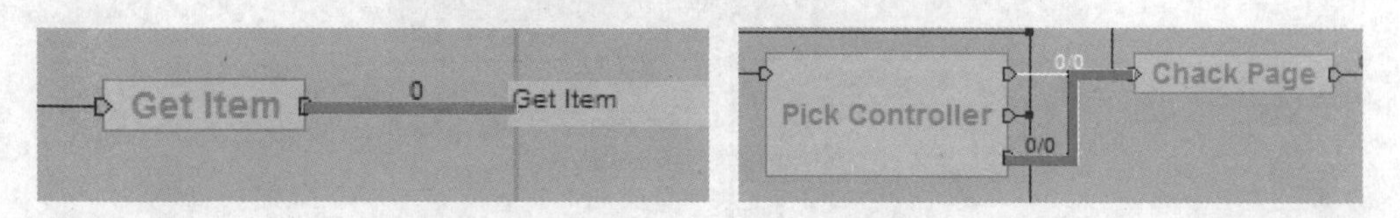

STEP 35 至此，道具拾取功能就设置完成了，并会新增在道具接口中。将接口设置为捡取后道具接口会直接切换到新增页面，即最后一页。

STEP 36 复制Chack Page模块，重命名为Chack Page2，将Chack Page2模块打开，复制一个Identity模块，将Create String模块的输入端Create的连接线移除，将其连接到复制的Identity模块的输出端，将Op模块和第一个Identity模块的输出端连接到复制的Identity模块的输入端。

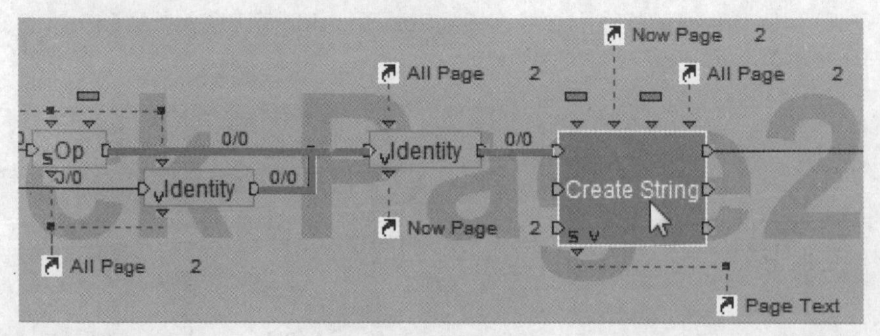

STEP 37 将Identity模块的输入参数连接到All Page参数快捷方式，将其输出参数连接到Now Page参数快捷方式。

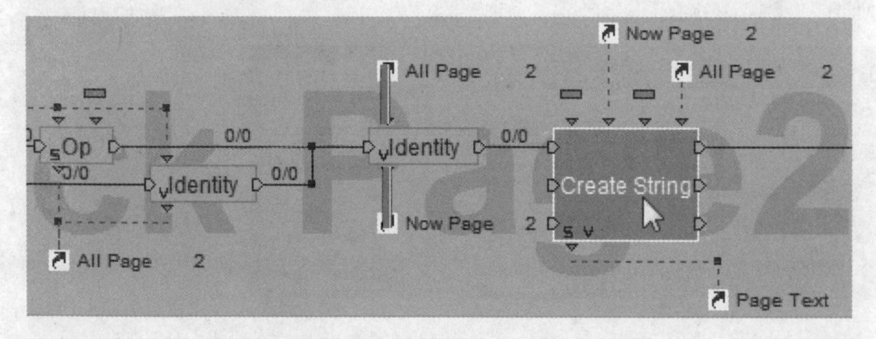

STEP 38 将Pick Controller模块的输出端Get Item的连接线移除，连接到Chack Page2模块的输入端，将Chack Page2模块的输出端连接到Check Item Data模块的输入端。

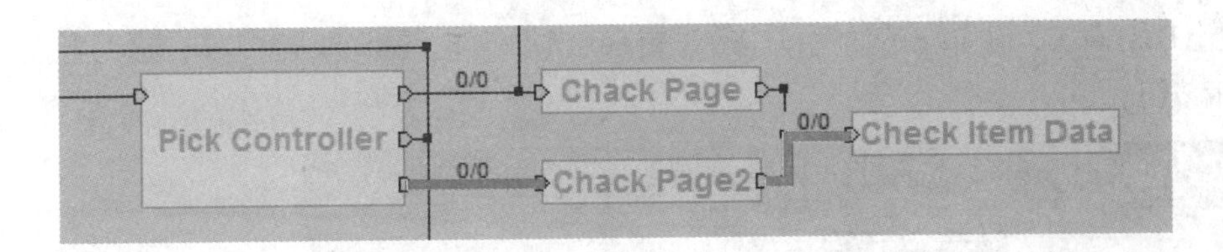

STEP 39 设置丢弃功能。打开Pick Controller模块，设置当释放鼠标时，执行丢动作。新增一个空白模块，重命名为Discarded Item，将Discarded Item模块的输入端连接到Drag & DrOp模块的输出端。

STEP 40 导入BB面板中的Interface\Screen\2D Picking模块，判断释放鼠标时选择的对象。

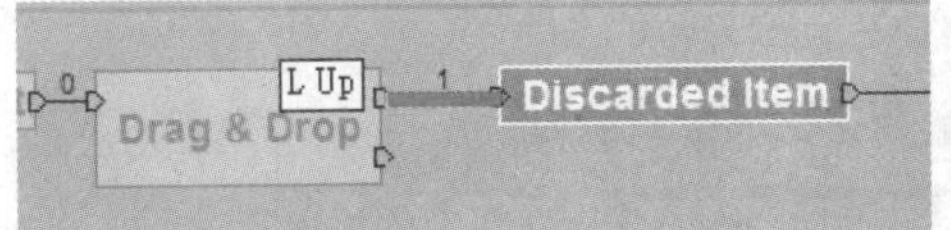

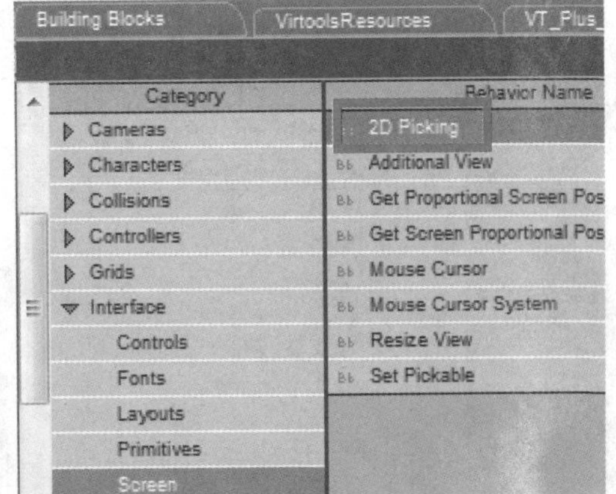

STEP 41 导入BB面板中的Logics\Test\Test模块，将Test模块的输入端连接到2D Picking模块的输出端True。

STEP 42 双击Test模块的输入参数A，在弹出的对话框中❶设置Parameter Type为2D Enitity，❷单击OK按钮。同样地设置B值的Parameter Type为2D Enitity。

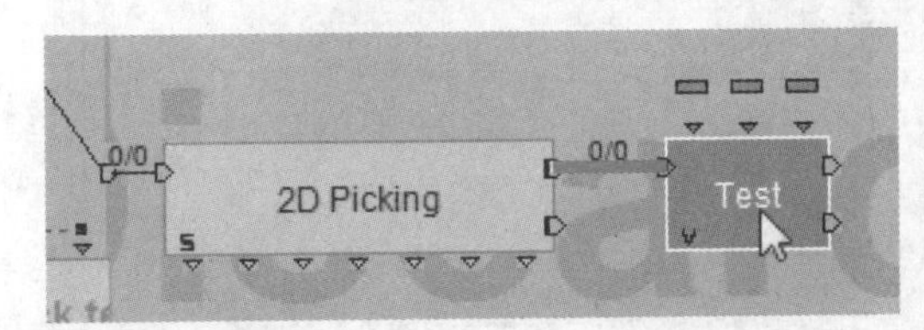

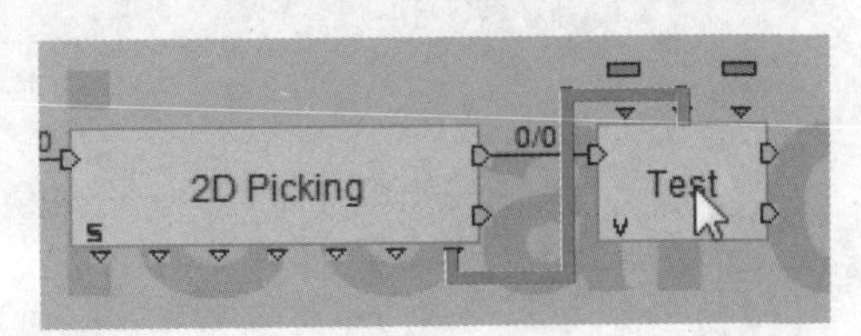

STEP 43 将2D Picking模块的输出参数Sprite连接到Test模块的输入参数A。

STEP 44 双击Test模块，在弹出的对话框中①设置Test为Equal，②B值为NULL，③单击OK按钮。

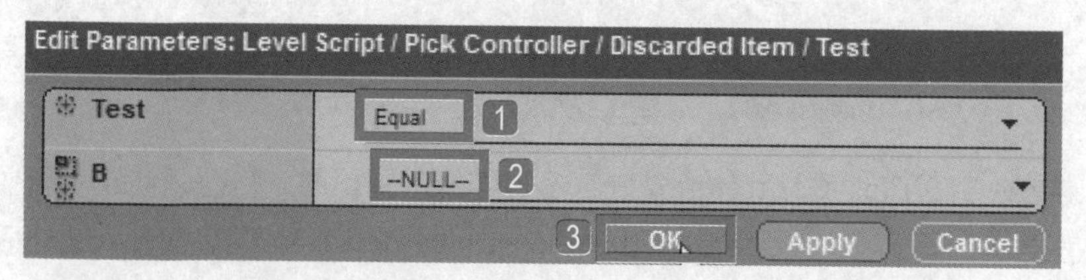

STEP 45 ①在Level Manager面板中选择Level\Global\3D Objects\slider floor，②单击Create Group按钮，创建群组，并命名为Floors。

STEP 46 在Level Manager面板中右击slider floor，在弹出的快捷菜单中执行Add Attributes命令。

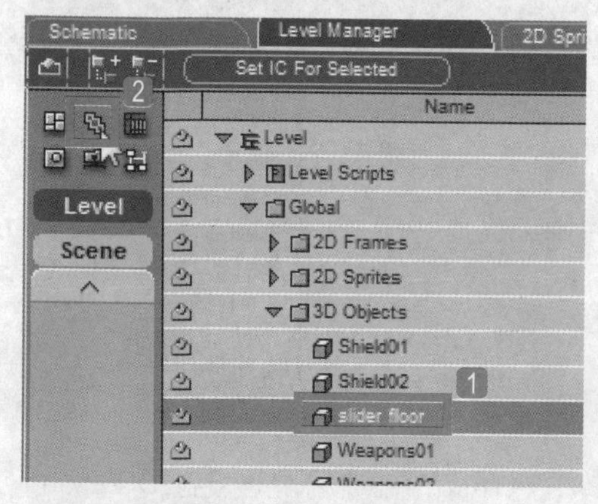

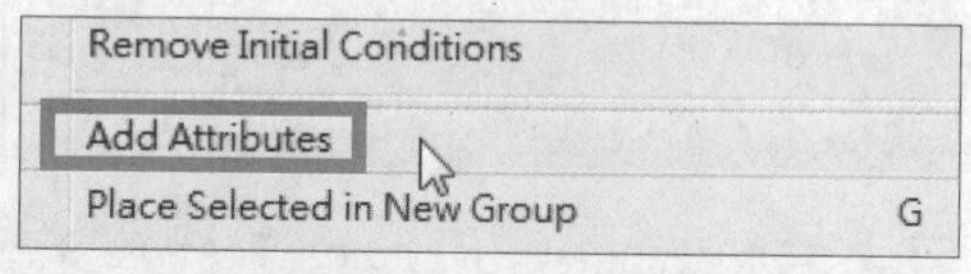

STEP 47 在弹出的对话框中①选择Floor Manager\Floor选项，②单击Add Selected按钮。

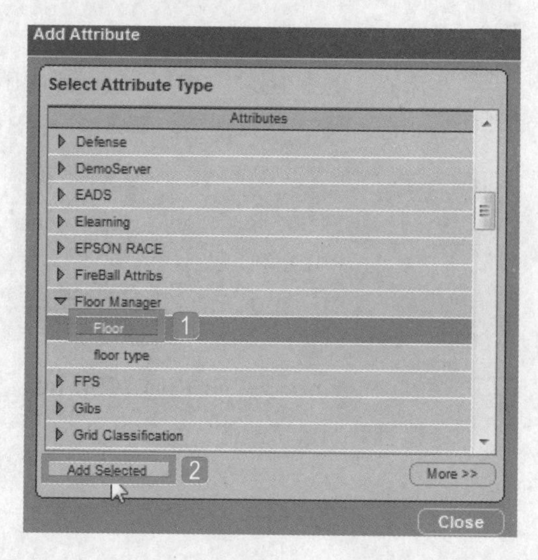

STEP 48 导入BB面板中的Logics\Groups\Is In Group模块，将其输入端Is In Group连接到Test模块输出端True，双击Is In Group模块，在弹出的对话框中1设置Group为Floors，2单击OK按钮。

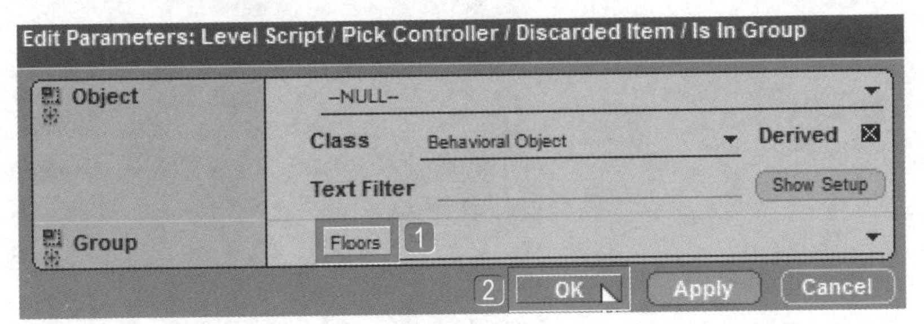

STEP 49 右击2D Picking模块的输出参数Object Picked，在弹出的快捷菜单中执行Copy命令。

STEP 50 在Is In Group模块上方创建快捷方式，将Is In Group模块的输入参数Object连接到该快捷方式。

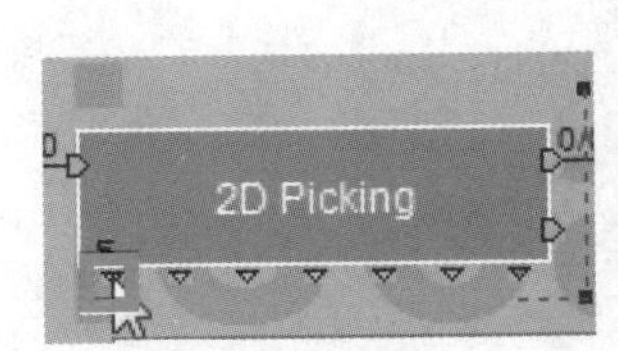

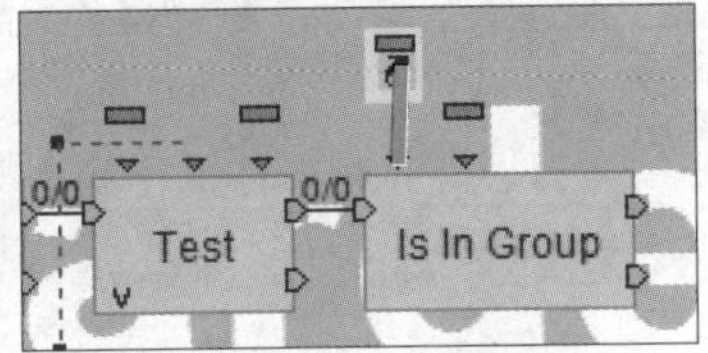

STEP 51 导入BB面板中的Logics\Calculator\Op模块，右击Op模块，在弹出的快捷菜单中执行Edit Settings命令，在弹出的对话框中1设置Inputs为Group，2Operation为Get Count，3Ouput为Integer，4单击OK按钮。

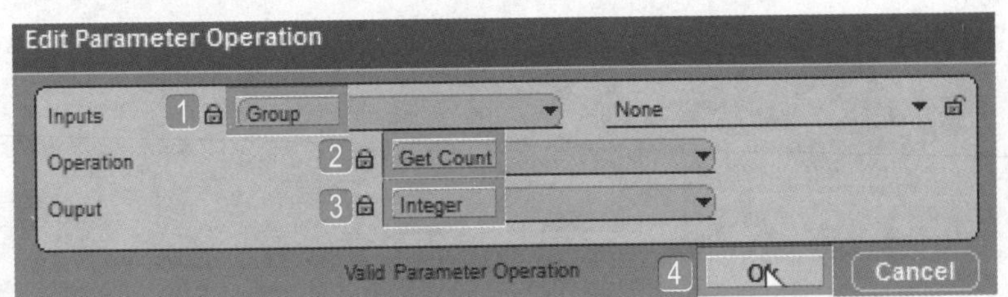

STEP 52 双击Op模块，在弹出的对话框中1设置p1为Item Data Button，2单击OK按钮。

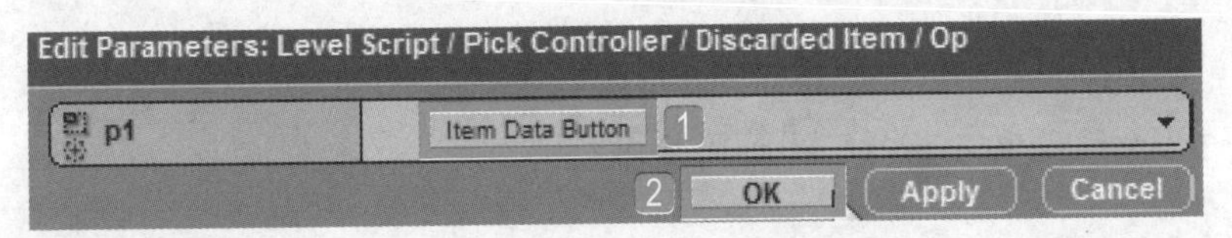

STEP 53 导入BB面板中的Logics\Strings\Scan String模块。

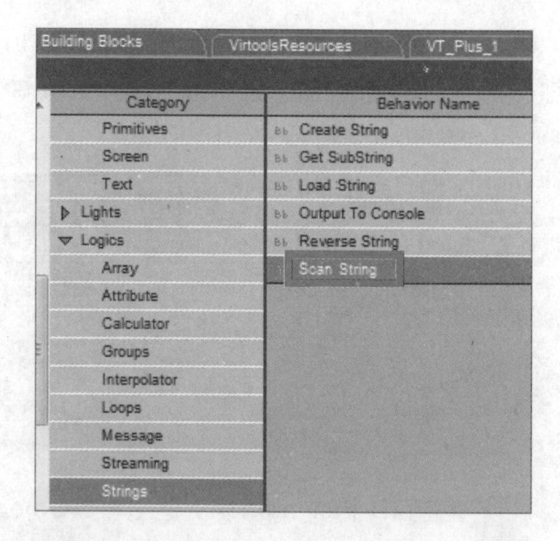

STEP 54 双击Scan String模块，在弹出对话框中①设置Delimiter为 _（下划线），作为判断的依据，②单击OK按钮。

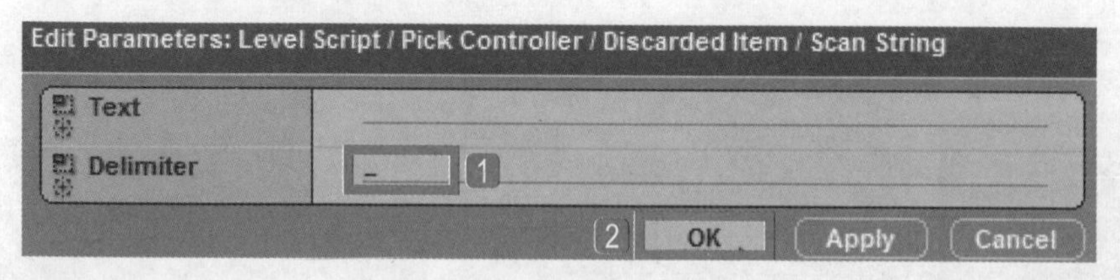

STEP 55 返回到Pick Controller模块的2D Picking，右击其输出参数Sprite，在弹出的快捷菜单中执行Copy命令。

STEP 56 在Scan String模块上方创建快捷方式，将Scan String模块的输入参数Text连接到该快捷方式。

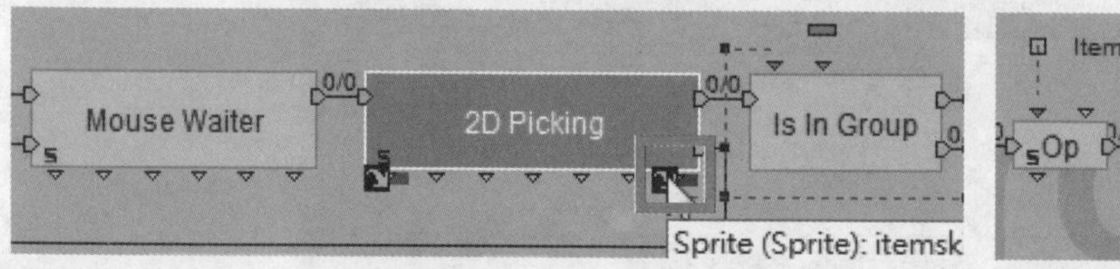

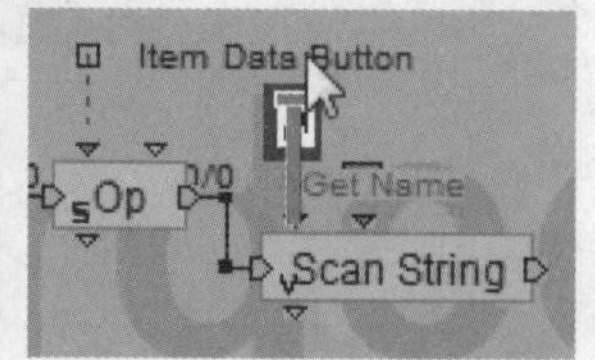

STEP 57 右击Scan String模块，在弹出的快捷菜单中执行Construct>Add Parameter Output命令，在弹出的对话框中①设置Parameter Name为name，②Parameter Type为String，③单击OK按钮。

STEP 58 新增一个Parameter Output，在参数设置对话框中①设置Parameter Name为no.，②Parameter Type为Float，③单击OK按钮。

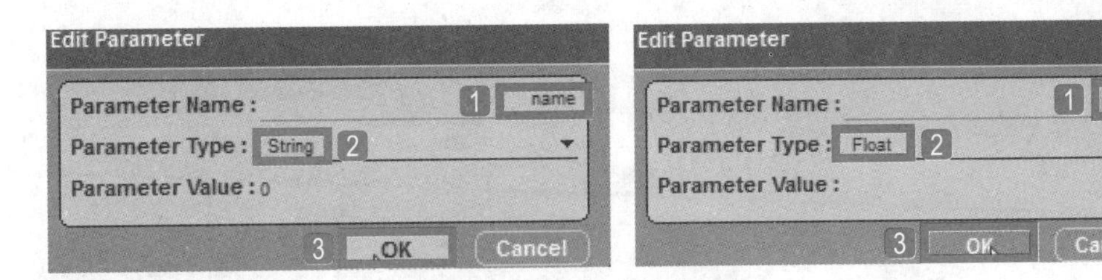

STEP 59 导入BB面板中的Logics\Calculator\Calculator模块。

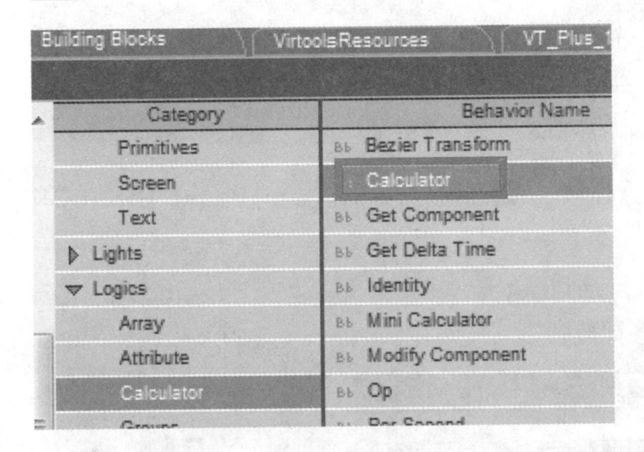

STEP 60 双击Calculator模块，在弹出的对话框中1设置expression为((a–1)*b)+c，2单击OK按钮。

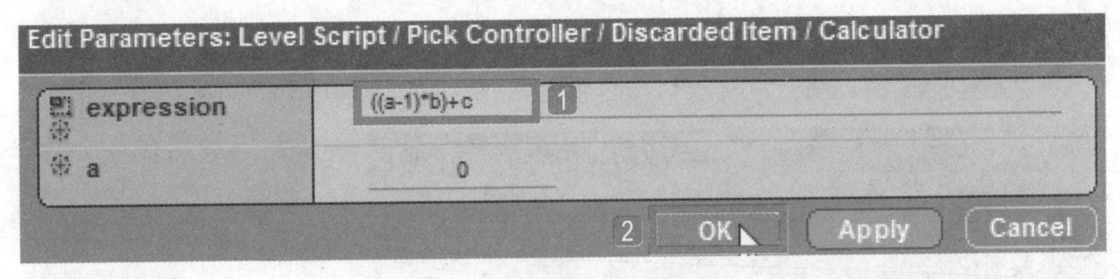

STEP 61 右击Calculator模块，在弹出的快捷菜单中执行Construct>Add Parameter Input命令，在弹出对话框中设置Parameter Name为b，再新增一个Parameter Input，设置Parameter Name为c。复制Now Page快捷方式并连接到Calculator模块的a值，将Op模块的输出参数连接到Calculator模块的b值，将Scan String模块的输出参数no.连接到Calculator模块的c值。

STEP 62 导入BB面板中的Logics\Array\Get Row模块。

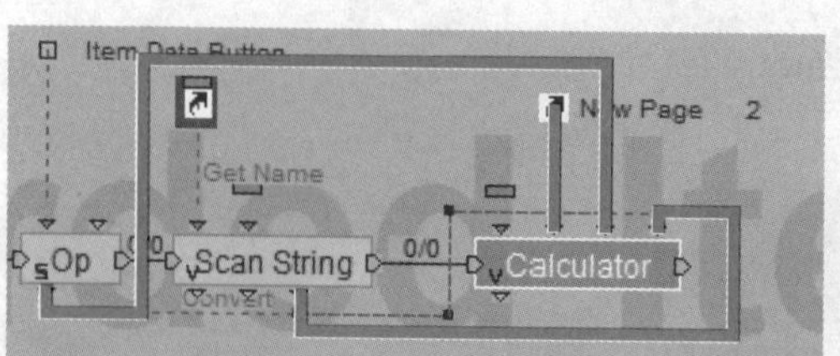

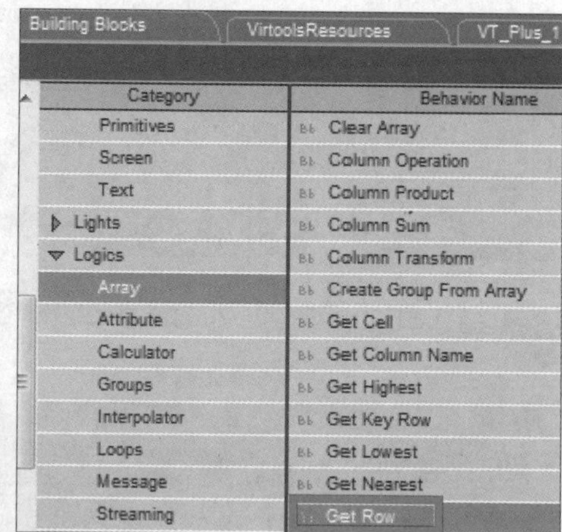

STEP 63 双击Get Row模块，在弹出对话框中1设置Target为item_Bags，2单击OK按钮。

STEP 64 将Calculator模块的输出参数连接到Get Row模块的输入参数Row Index，这样就可以根据名称找到对应的图标数据。

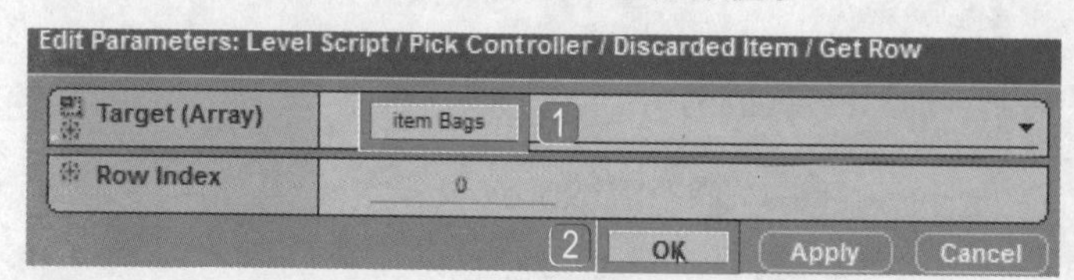

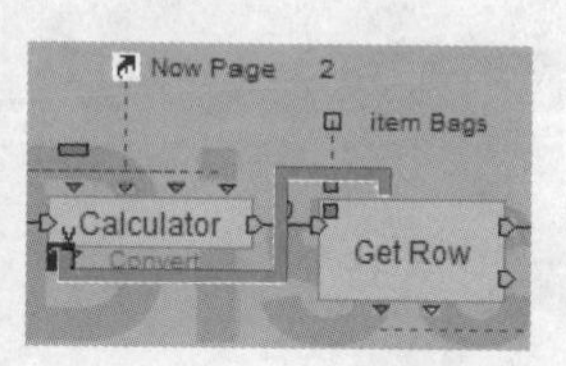

STEP 65 导入BB面板中的Logics\Array\Iterator If模块，双击Iterator If模块，在弹出的对话框中1设置Target为Item Data，2Column为0，3单击OK按钮。

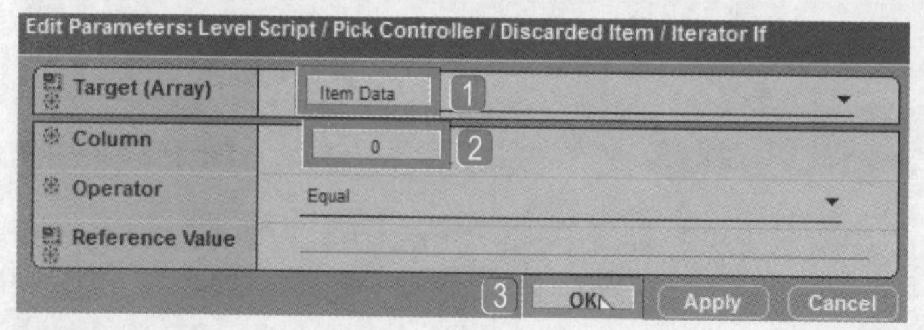

STEP 66 将Get Row模块的输出参数name连接到Iterator If模块的输入参数参考值。

STEP 67 导入BB面板中的Logics\Test\Test模块，双击Test模块的输入参数A，在弹出的对话框中1设置Parameter Name为A，2Parameter Type为String，3单击OK按钮。使用同样的方法设置B值的Parameter Type为String。

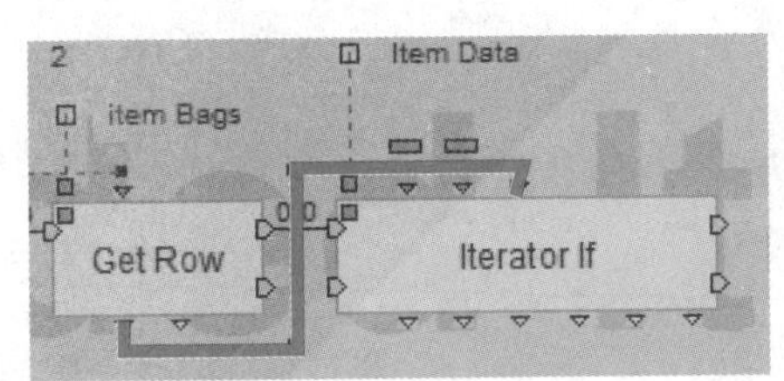

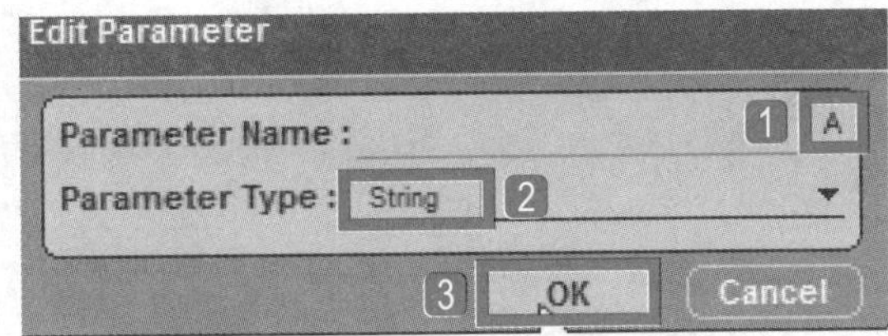

STEP 68 双击Test模块的输入参数，在弹出的对话框中1设置Test为Equal，2B值为x，3单击OK按钮。

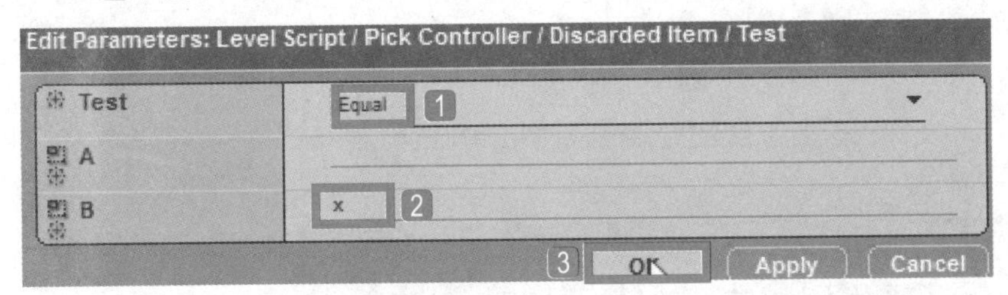

STEP 69 将Iterator If模块的输出参数连接到Test模块，判断道具是否可以丢弃。

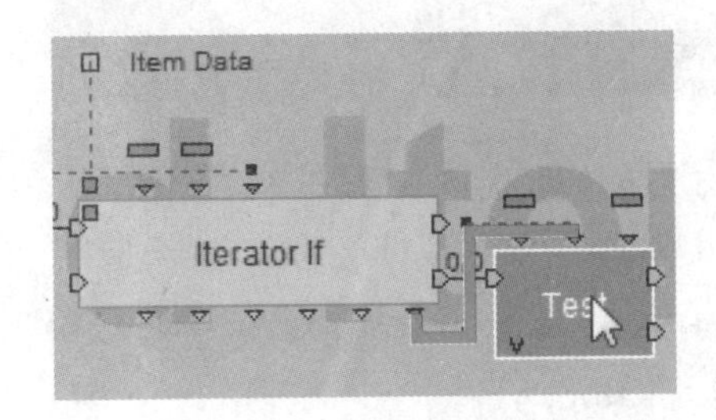

STEP 70 导入BB面板中的Logics\Calculator\Op模块，右击Op模块，在弹出的快捷菜单中执行Edit Settings命令，在弹出的对话框中1设置Inputs为String，2Operation为Get Object By Name，3Ouput为3D Entity，4单击OK按钮。

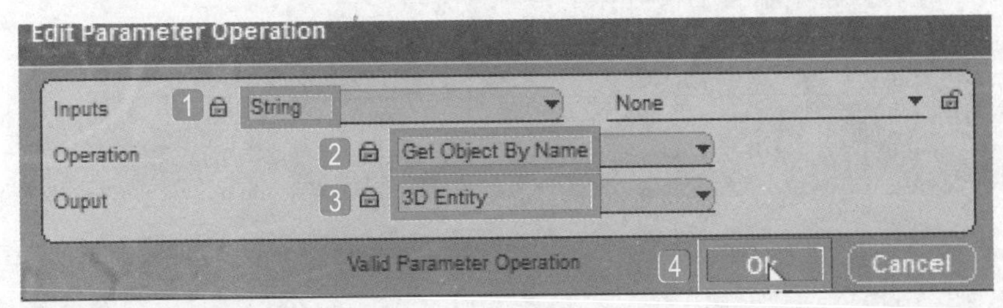

STEP 71 将Iterator If模块的输出参数object连接到Op模块的输入参数p1，即可利用名称搜索取得3D对象。

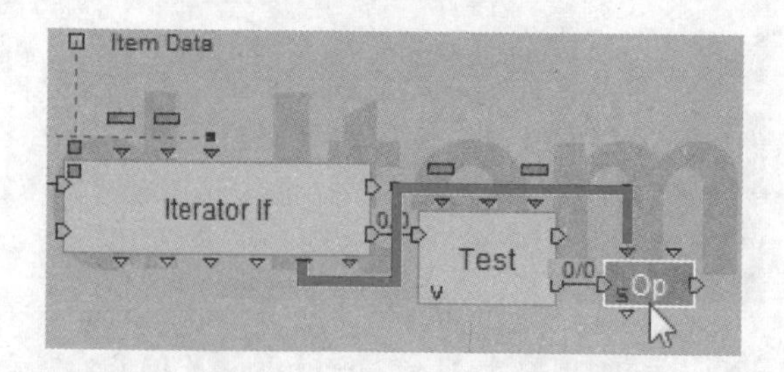

STEP 72 复制Op模块，右击复制的Op模块，在弹出快捷菜单中执行Edit Settings命令，在弹出的对话框中❶设置Inputs为3D Entity，❷Operation为Get Type，❸Output为Registered Class，❹单击OK按钮。

STEP 73 将第一个Op模块的输出参数连接到第二个Op模块的p1。

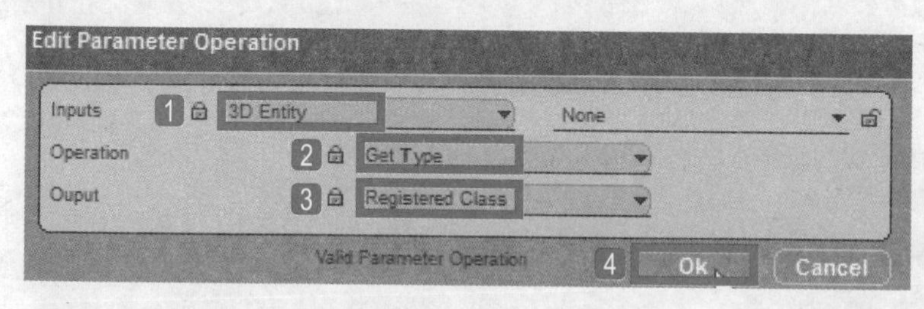

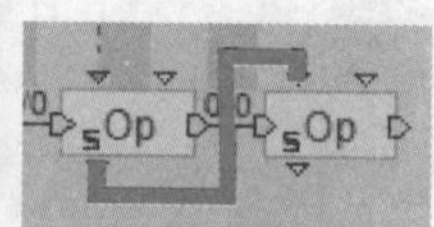

STEP 74 导入BB面板中的Logics\Test\Test模块，双击Test模块的输入参数A，在弹出的对话框中设置Parameter Type为Registered Class，使用同样的方法设置B值的Parameter Type为Registered Class。双击Test模块，在弹出的对话框中❶设置Test为Equal，❷B值为Body Part，❸单击OK按钮。

STEP 75 将Op模块的输出参数连接到Test模块的输入参数A。

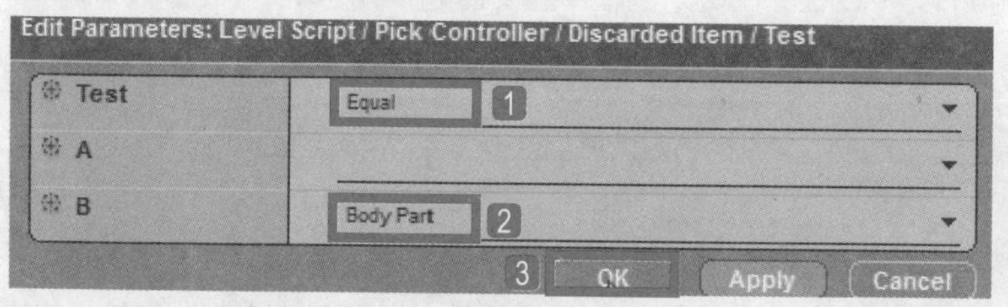

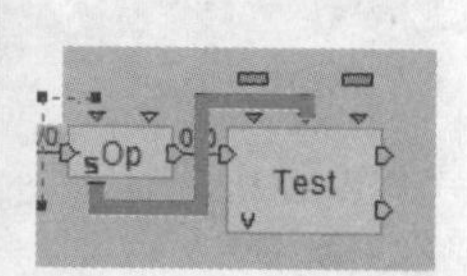

STEP 76 复制Op模块，右击复制的Op模块，在弹出的快捷菜单中执行Edit Settings命令，在弹出的对话框中❶设置Inputs为Body Part，❷Operation为Get Character，❸Ouput为Character，❹单击OK按钮。

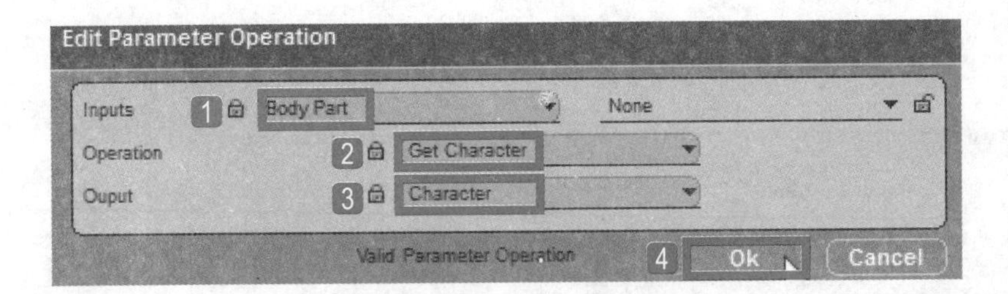

STEP 77 将第一个Op模块的输出参数连接到第三个Op模块的输入参数。导入BB面板中的3D Transformations\Basic\Set Position模块。将Test模块的输出端False和Op模块的输出端连接到Set Position模块的输入端。

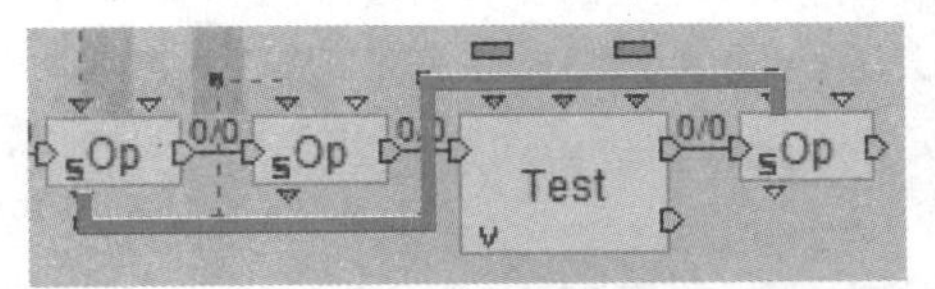

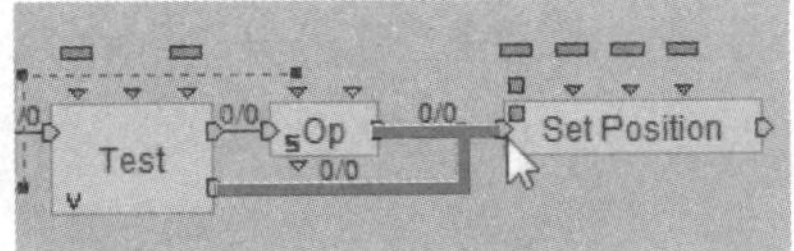

STEP 78 将第一个Op模块和第三个Op模块的输出参数连接到Set Position模块的输入参数Target的数据方块，进行参数共享。

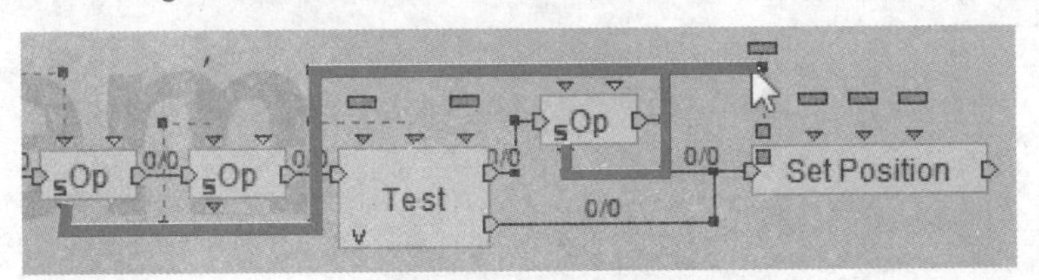

STEP 79 将Discarded Item模块最初的2D Picking输出参数Intersection Point进行复制。在Set Position模块上方创建快捷方式，将Set Position模块的输入参数Position连接到该快捷方式。

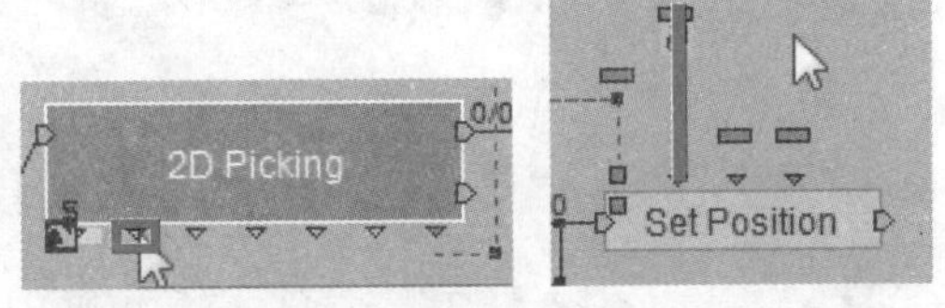

STEP 80 为了让对象确定在地板上，导入BB面板中的3D Transformations\Constraint\Object Keep On Floor模块，并将Object Keep On Floor模块的输入参数Target连接到Set Position模块的输入参数Target的数据方块，进行参数共享。导入BB面板中的Logics\Array\Remove Row模块，删除道具包里的数据。

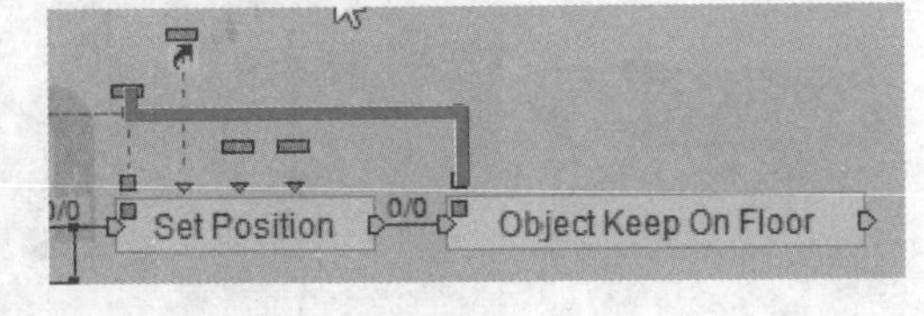

STEP 81 双击Remove Row模块，在弹出的对话框中❶设置Target为Item Bags，❷单击OK按钮。

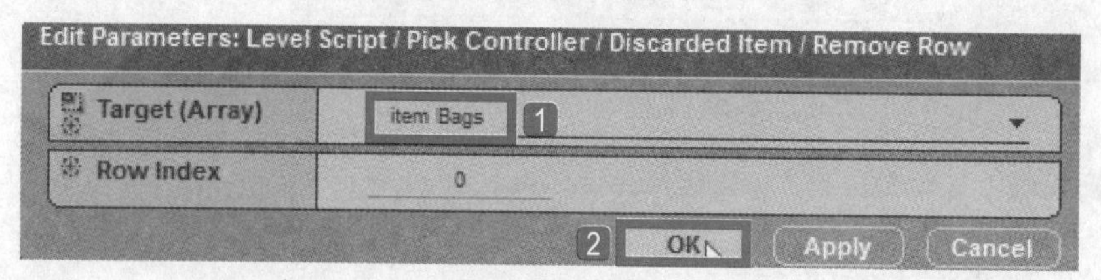

STEP 82 右击Calculator模块的输出参数，在弹出的快捷菜单中执行Copy命令。在Remove Row模块上方创建快捷方式，将Remove Row模块的输入参数Row Index连接到该快捷方式。将Discarded Item模块新增一个输出端（快捷键为O），并将Remove Row模块的输出端Removed连接到模块输出端。

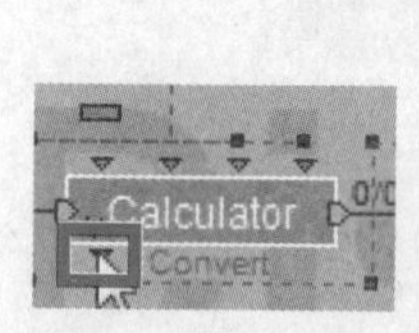

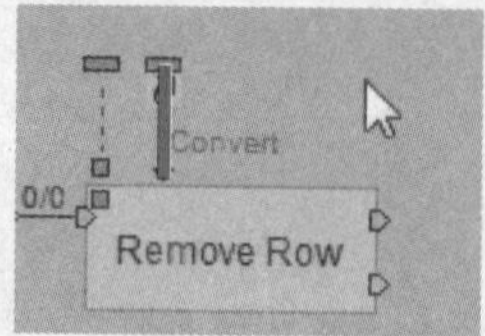

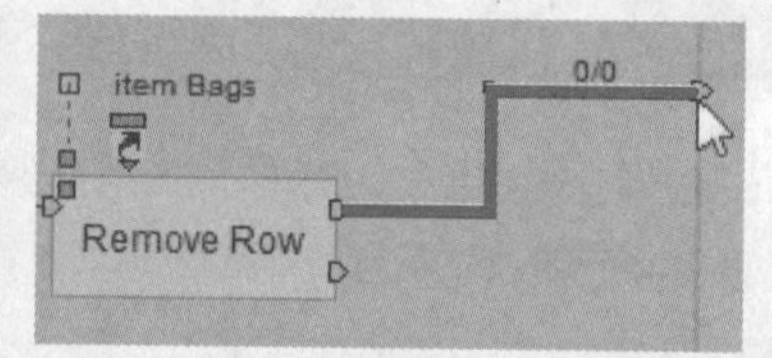

STEP 83 将Discarded Item模块的输出端连接到Pick Controller模块的输出端check page。双击Drag & DrOp模块和Discarded Item模块之间的连接线，在弹出的对话框中❶设置Link delay为1，❷单击OK按钮。

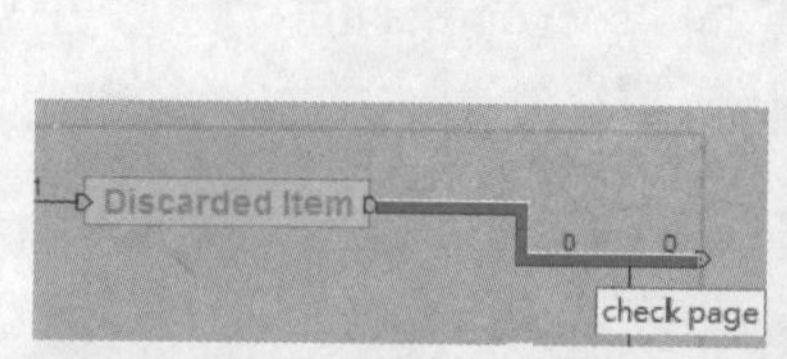

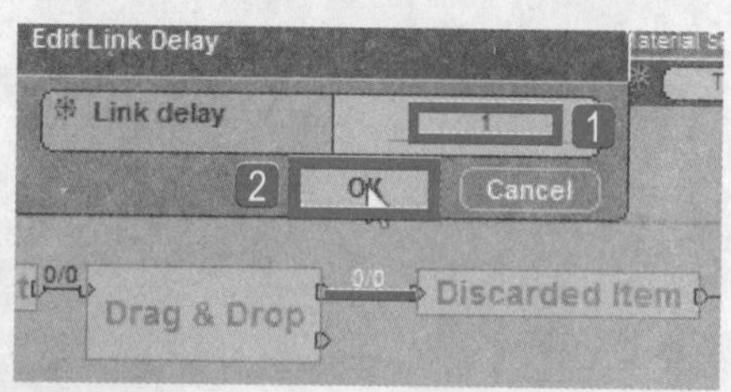

STEP 84 选择Level按下F2键，将其重命名为Item System。单击Play按钮测试预览，可以顺利的拾取和丢弃道具。至此，图示道具表就制作完成了。

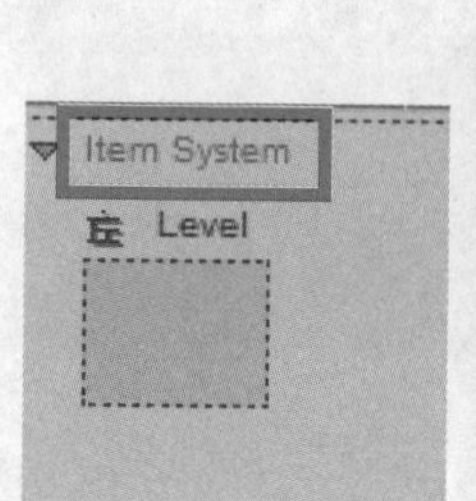

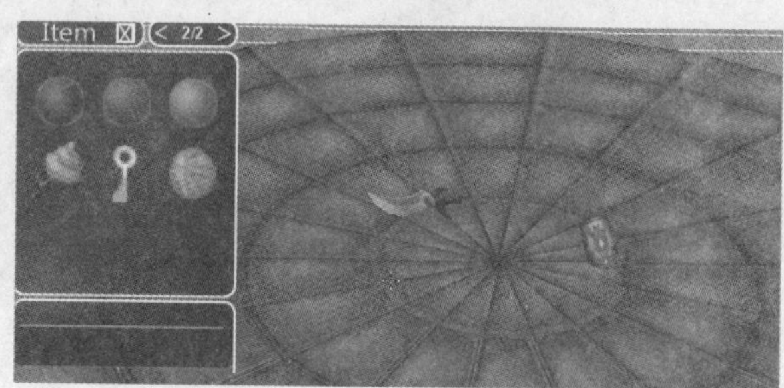

Chapter

制作纸娃娃

本章将为大家介绍纸娃娃系统的制作方法。首先导入角色，并赋予角色想要的动作，然后对角色的身体、眼睛、嘴巴、头发等部位的属性进行设置，最后为角色添加换装和丢弃道具功能完成系统的制作。

本章要点

- 导入角色设置基本动作与属性
- 制作装备系统
- 替换角色身体并修改颜色
- 替换眼睛和嘴巴的贴图
- 为角色设置武器
- 更换头发的颜色
- 实现通过鼠标拖动来换装的功能
- 丢弃道具

16.1 导入角色设置基本动作与属性

STEP 1 执行File>Load Composition命令，打开随书光盘\案例文件\Chapter_15_7.cmo文件。

STEP 2 导入VT_Plus_1面板中的Characters\Animations\job01.nmo角色文件。

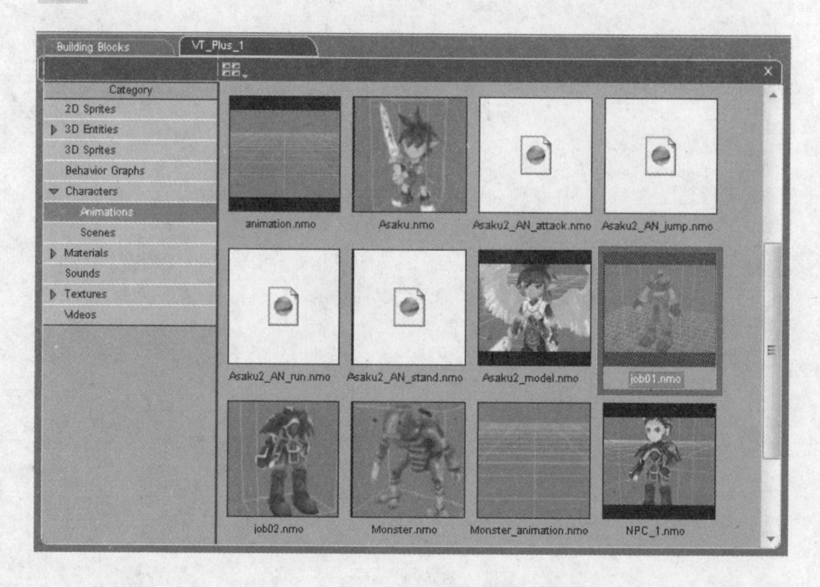

STEP 3 导入VT_Plus_1面板中的Characters\Animations\animation.nmo文件，加载角色的动作。

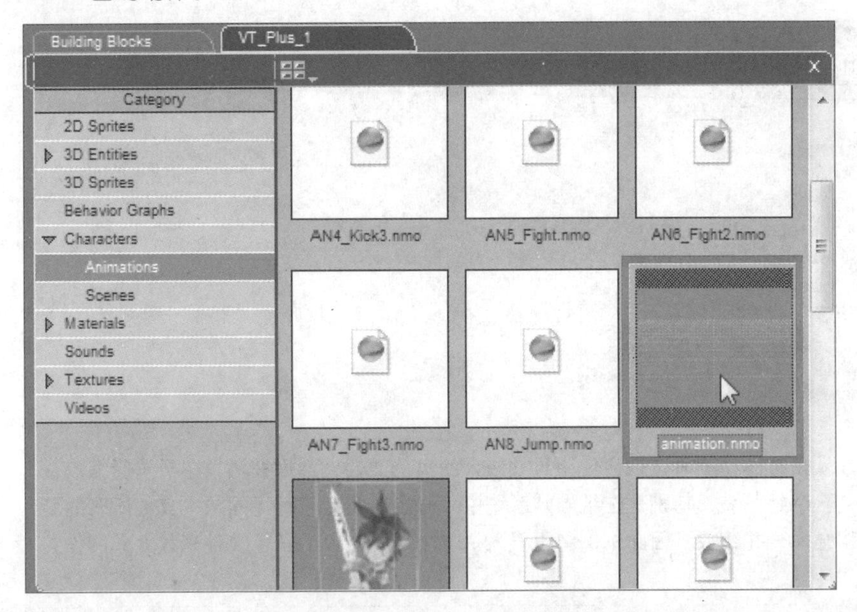

STEP 4 将动作直接拖曳到job01角色上，当角色框显示为黄色时，释放鼠标左键，即可将动作赋予这个角色。

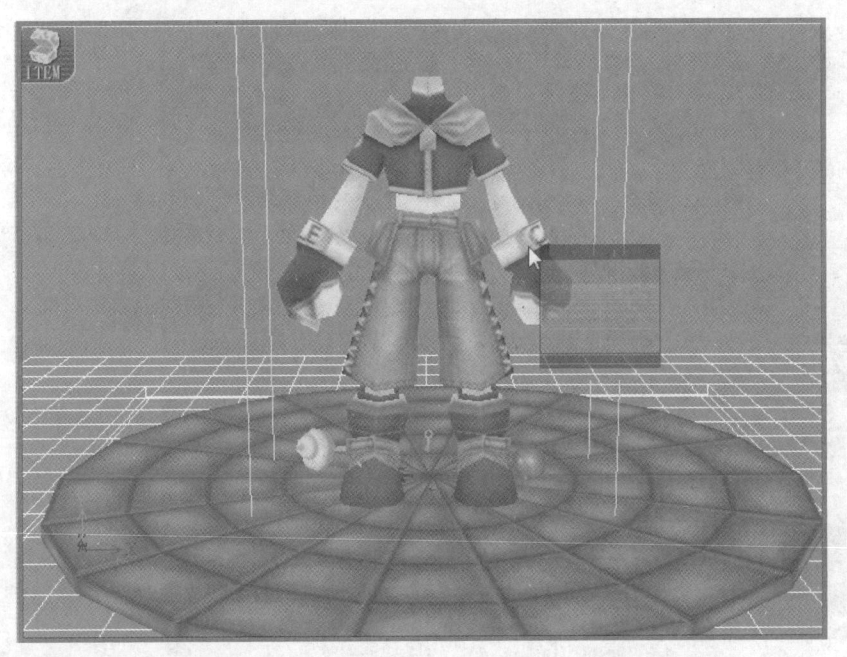

STEP 5 在Level Manager面板中，可以看到在Level\Global\Characters\job01下，已经添加了Animations。

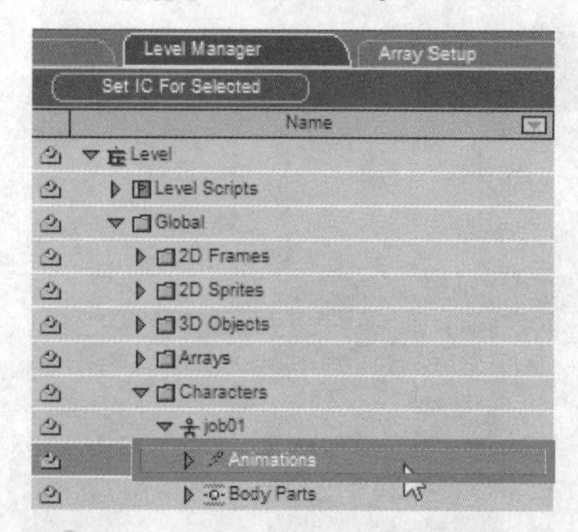

TIP

大多数人在制作动画时往往会使用尺寸较大的角色文件，然后在场景中再进行缩放，这不是一个好习惯，特别是在纸娃娃系统中，一旦对角色进行了缩放，其他所有的装备也都必须一并缩放，因此本例中也导入了一个尺寸较大的角色文件来教大家制作并调整文件。

STEP 6 使用缩放工具将job01缩小到合适大小。

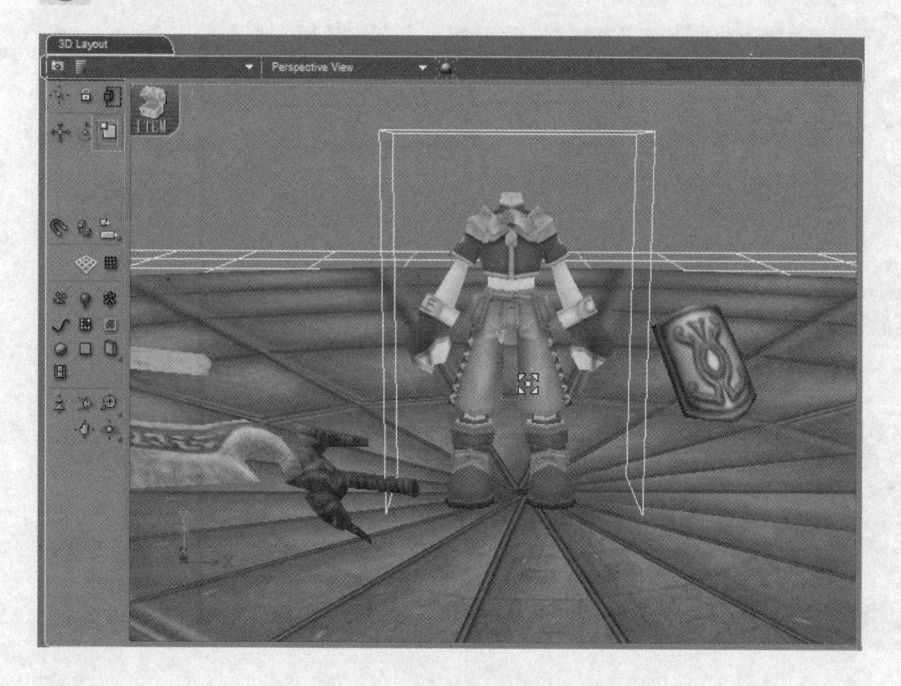

STEP 7 ①在Level Manager面板中选择job01，②单击Set IC For Selected按钮，设置初始值。

STEP 8 右击job01，在弹出的快捷菜单中执行Create Script命令，为job01添加脚本。

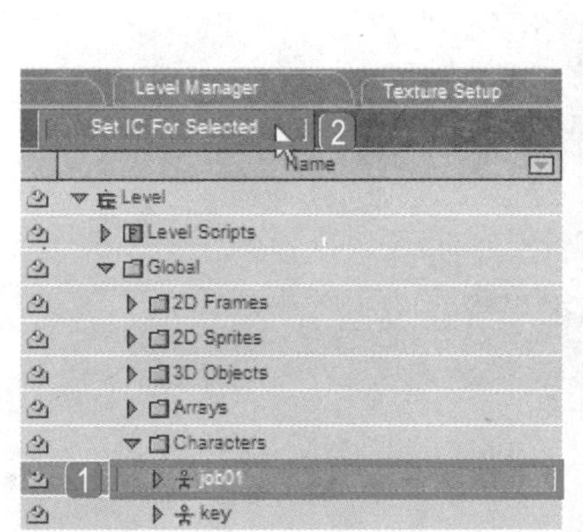

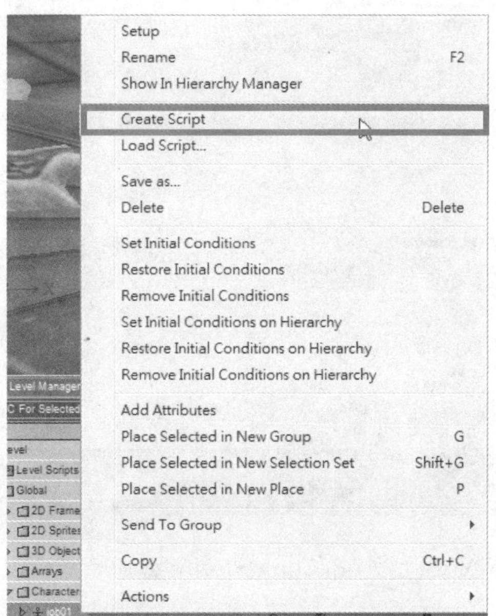

STEP 9 导入BB面板中的Characters\Movement\Unlimited Controller模块。

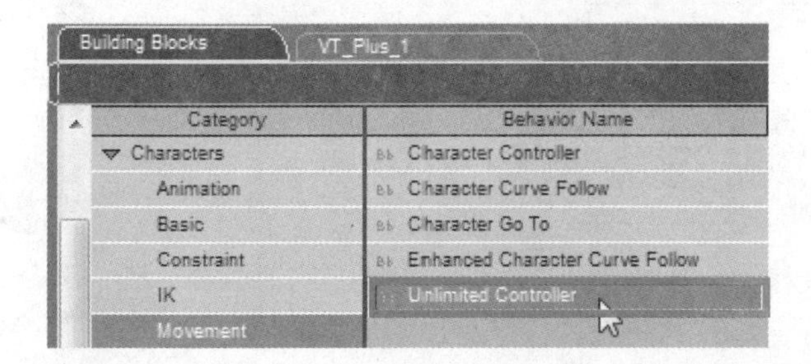

STEP 10 将Unlimited Controller模块连接到job01的Start。

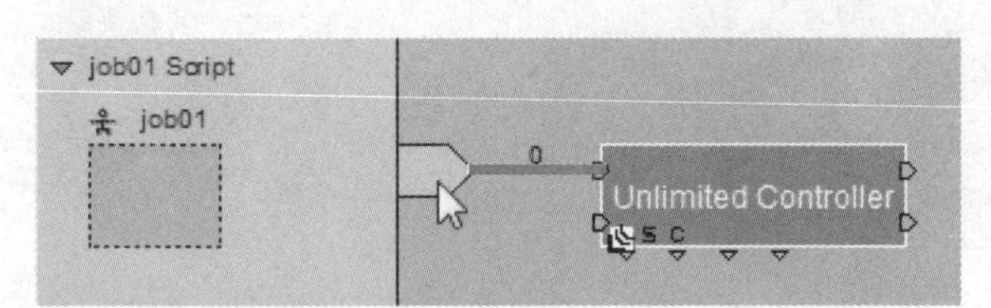

STEP 11 双击Unlimited Controller模块，在弹出的对话框中1设置对应Joy_Up的动作为run，2设置待机动作为wait，3勾选Keep character on floors复选框，让角色对应地板，4设置Rotation angle为8，让角色旋转快一点。

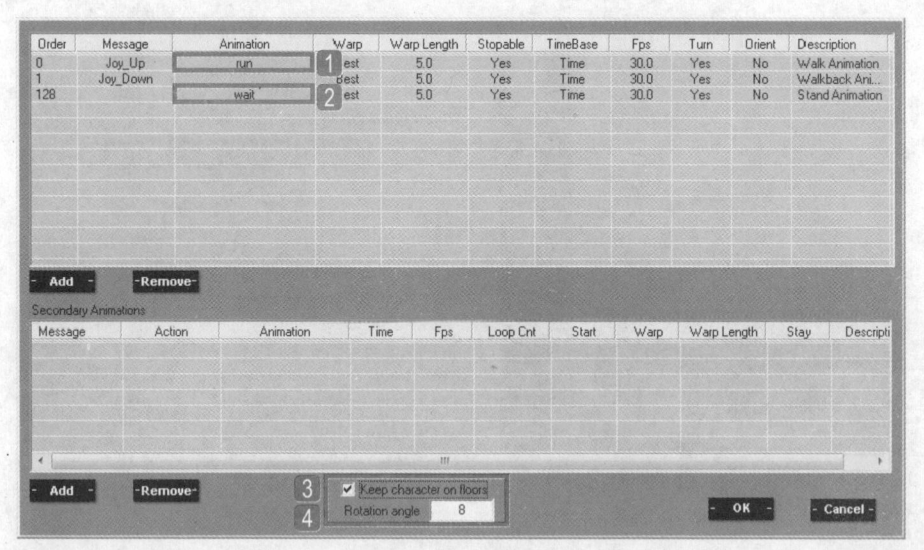

STEP 12 导入BB面板中的Controllers\Keyboard\Keyboard Mapper模块。

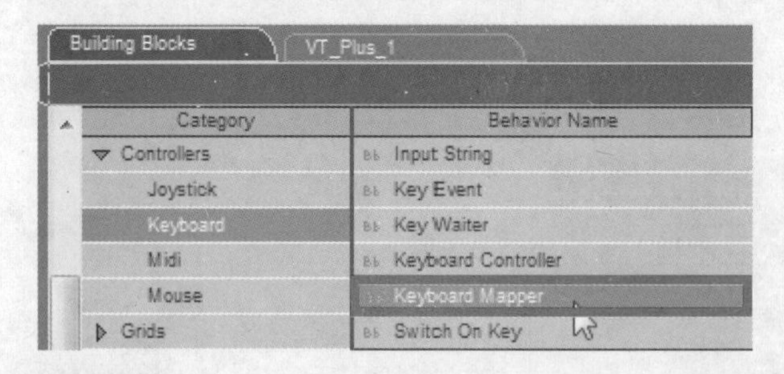

STEP 13 将Keyboard Mapper模块连接到job01的Start。

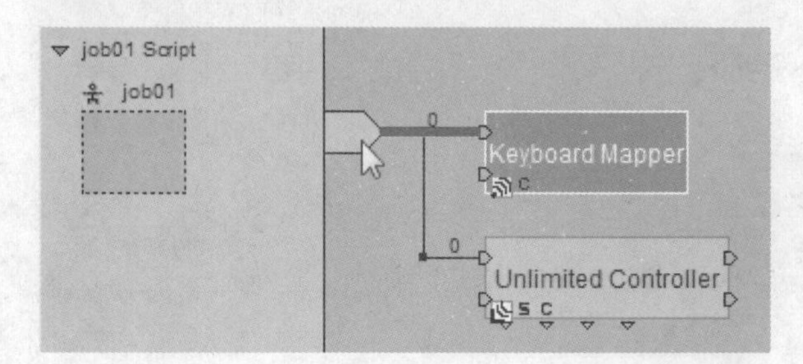

STEP 14 双击Keyboard Mapper模块，在弹出的对话框中设置方向键Up对应Joy_Up，单击Add按钮，设置方向键Right对应Joy_Right，方向键Left对应Joy_Left。

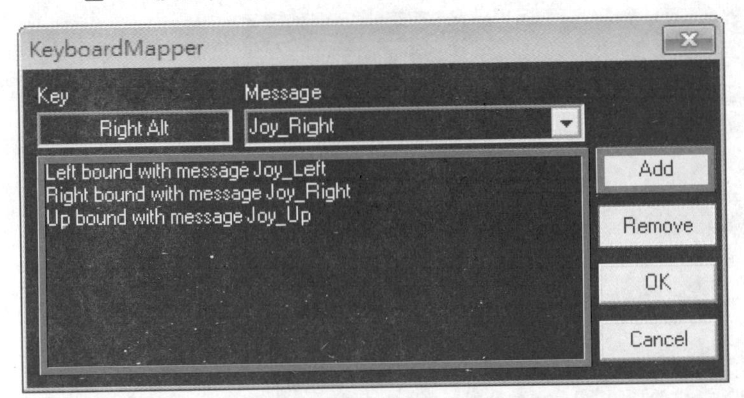

STEP 15 这样角色的基本属性就设置完成了。单击Play按钮测试预览，可以看到能够顺利地控制角色。

STEP 16 导入VT_Plus_1面板中的3D Entities\hair01.nmo、hair02.nmo和head.nmo文件。

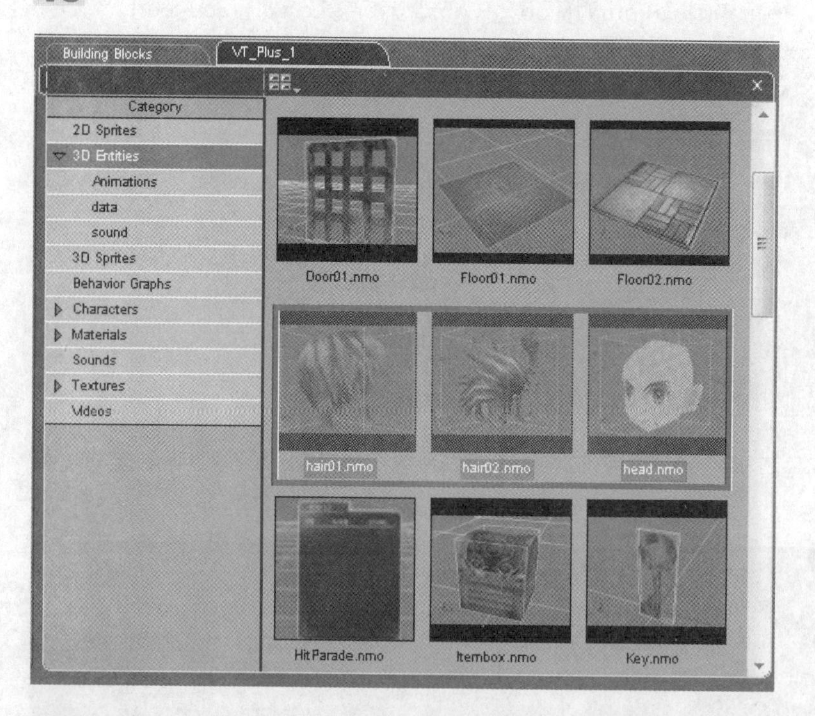

STEP 17 此时会发现加载的素材尺寸过大，需要根据角色的尺寸对素材进行缩放。

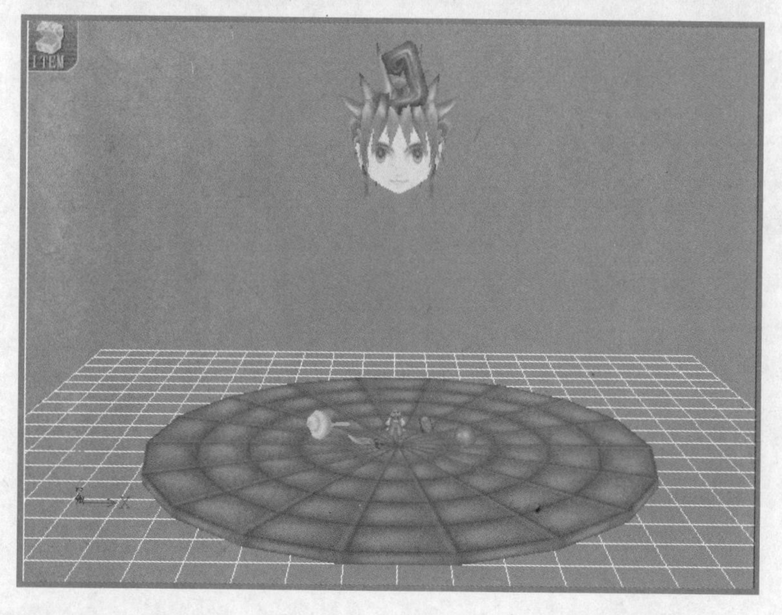

STEP 18 在Level Manager面板中，同时选中刚刚加载的3个素材文件。

STEP 19 在3D Layout面板中切换到Top View。

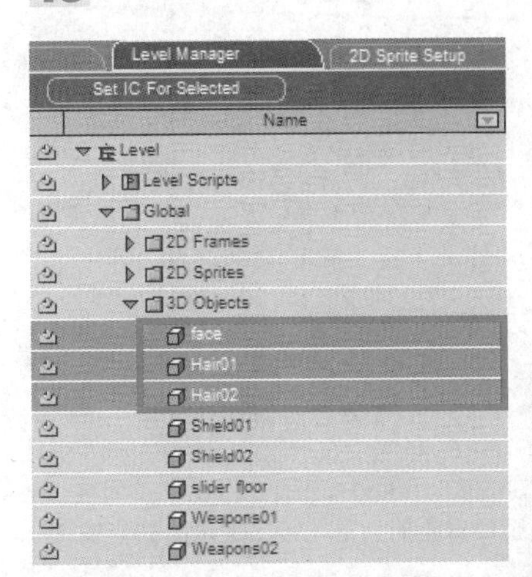

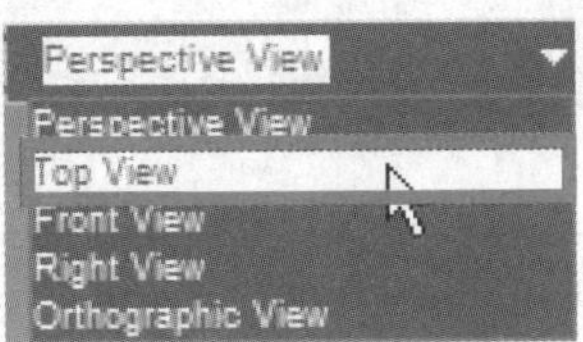

STEP 20 为了避免移动对象时选到其他对象，选中导入的3个对象后，单击移动工具的右上方的锁定工具，这样就不会再选到其他对象了。将这3个对象利用移动工具移动到遥远的地方，甚至可以移到窗口之外。

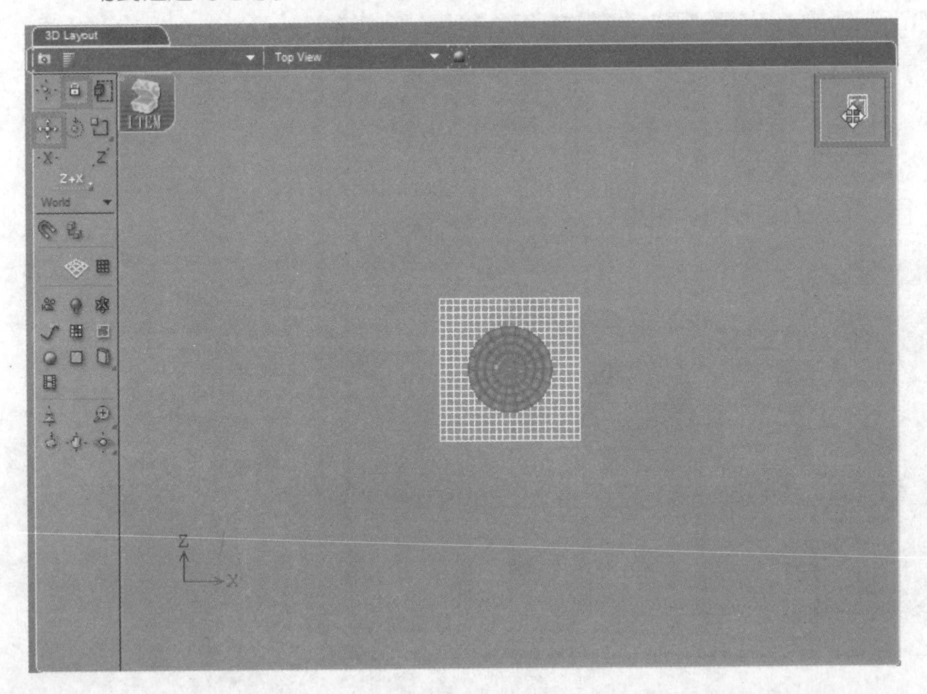

STEP 21 放置好3个对象之后，切换回原来的视图窗口。在Level Manager面板中1选中导入的3个对象，2单击Set IC For Selected按钮，重新设置初始值。

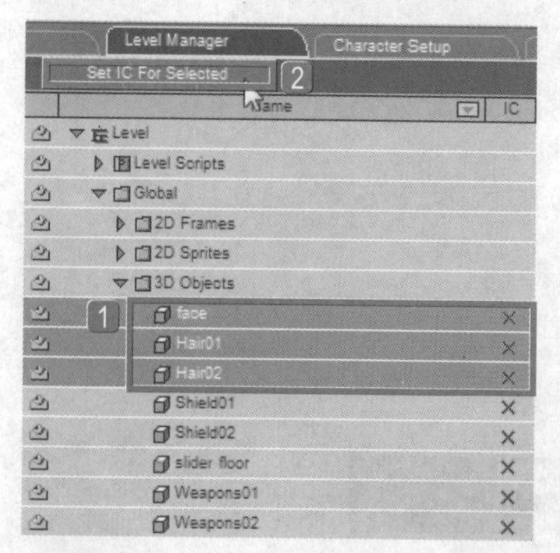

TIP 制作纸娃娃系统有三个重要组成部分，第一是替换对象的装备，第二是贴图的变换，第三是更改颜色。

STEP 22 导入VT_Plus_1面板中的Textures\eye1.jpg、eye2.jpg、eye3.jpg、job01a.jpg、job01b.jpg、 mouth1.jpg、mouth2.jpg文件，加载纸娃娃系统中要更换的贴图。

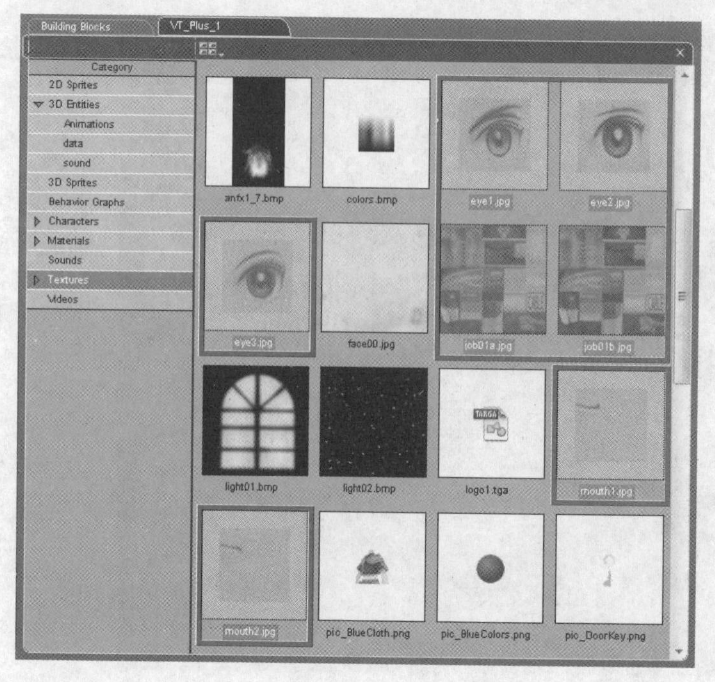

STEP 23 在Level Manager面板中，右击Level\Global\Array\Item Data，在弹出的快捷菜单中执行Setup命令，或者直接双击Item Data，打开Array Setup面板设置相应的参数。

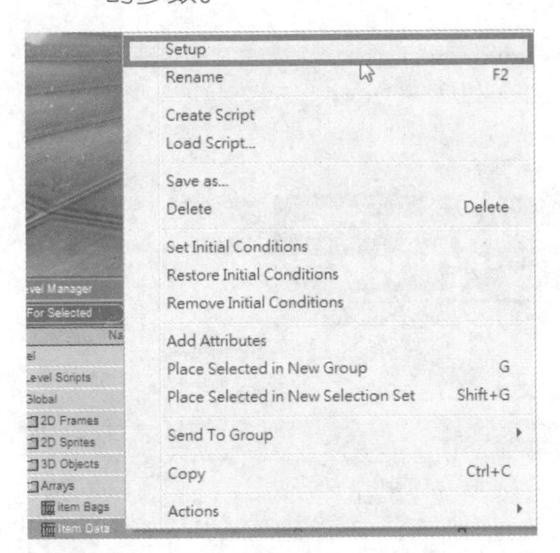

TIP

可以将Array Setup面板的标签拖曳到上面，方便我们输入数据。

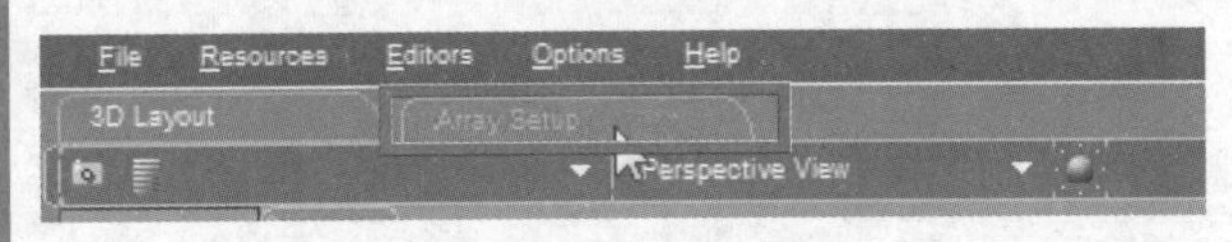

STEP 24 在Array Setup面板中的object下输入相关的参数，该列并非只能输入对象，也可以输入贴图名称。例如，Eye1就输入图片名称eye1，Mouth1也是输入图片名称mouth1，头发NormalHair则输入对象Hair01，以此类推。对于颜色这里输入的是RGB颜色信息，例如，红色就输入255_0_0。

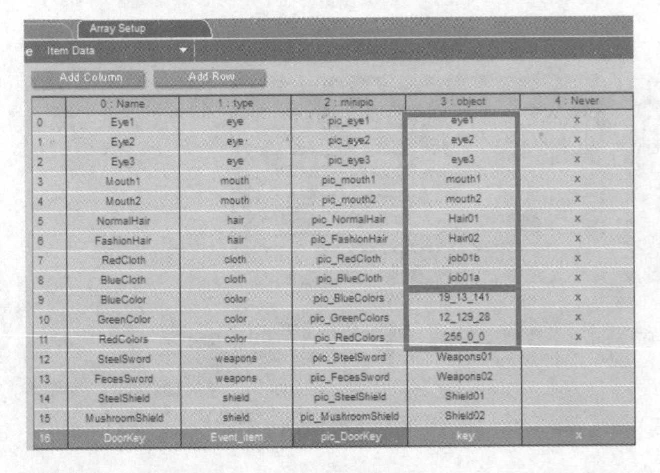

Array Setup
Item Data
Add Column　Add Row

	0 : Name	1 : type	2 : minipic	3 : object	4 : Never
0	Eye1	eye	pic_eye1	eye1	x
1	Eye2	eye	pic_eye2	eye2	x
2	Eye3	eye	pic_eye3	eye3	x
3	Mouth1	mouth	pic_mouth1	mouth1	x
4	Mouth2	mouth	pic_mouth2	mouth2	x
5	NormalHair	hair	pic_NormalHair	Hair01	x
6	FashionHair	hair	pic_FashionHair	Hair02	x
7	RedCloth	cloth	pic_RedCloth	job01b	x
8	BlueCloth	cloth	pic_BlueCloth	job01a	x
9	BlueColor	color	pic_BlueColors	19_13_141	x
10	GreenColor	color	pic_GreenColors	12_129_28	x
11	RedColors	color	pic_RedColors	255_0_0	x
12	SteelSword	weapons	pic_SteelSword	Weapons01	
13	FecesSword	weapons	pic_FecesSword	Weapons02	
14	SteelShield	shield	pic_SteelShield	Shield01	
15	MushroomShield	shield	pic_MushroomShield	Shield02	
16	DoorKey	Event_item	pic_DoorKey	key	x

STEP 25 设置完Item Data后，返回到Level Manager面板，单击Create Array按钮，新增一个Array。

STEP 26 将其命名为Equipment Data，作为装备数据。

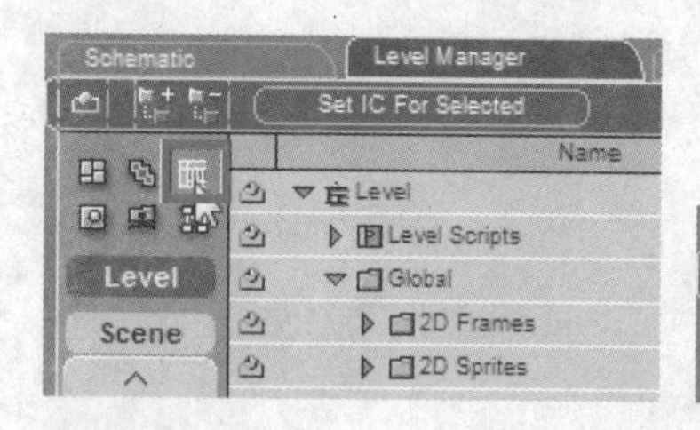

STEP 27 设置角色的装备数据，单击Add Column按钮，创建第一组装备数据。

STEP 28 在Add Column对话框中设置第一组装备数据的1 Name为eye，2 Type为String，3单击OK按钮。

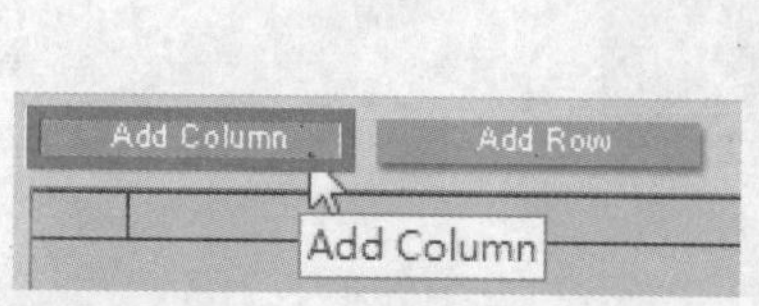

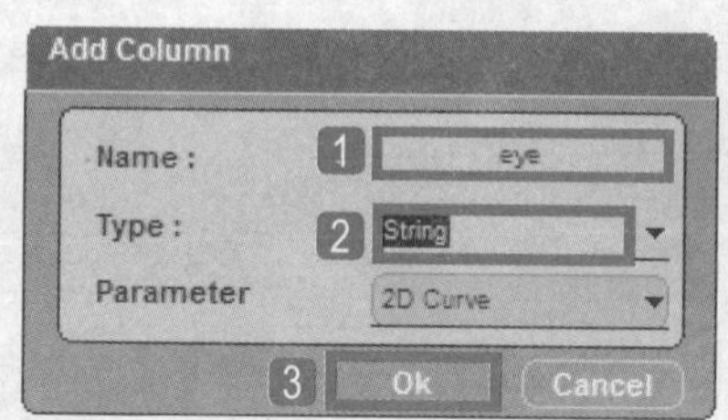

STEP 29 在Add Column对话框中设置第二组装备数据的1 Name为mouth，2 Type为String，3单击OK按钮。

STEP 30 在Add Column对话框中设置第三组装备数据的1 Name为hair，2 Type为String，3单击OK按钮。

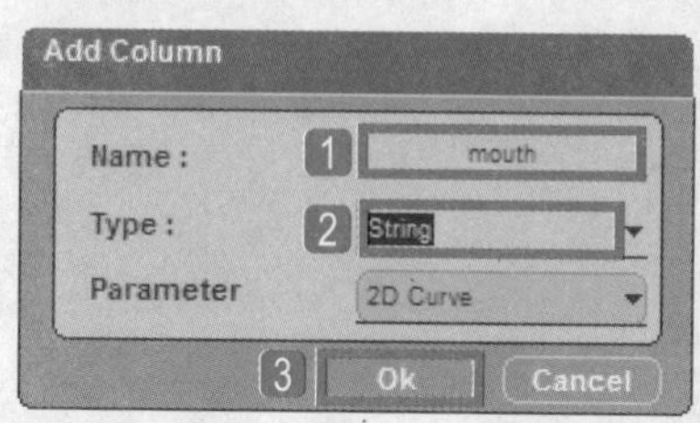

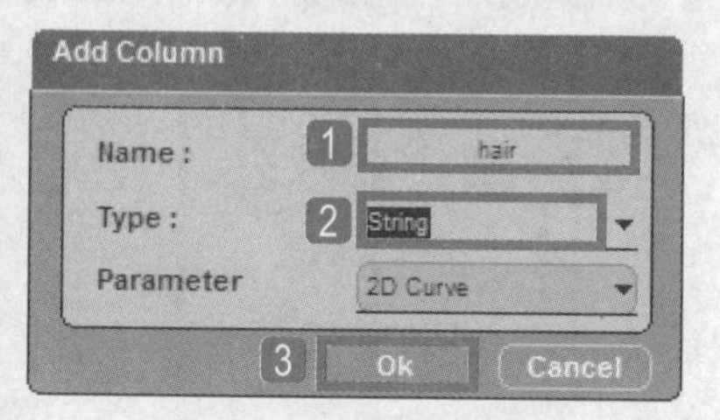

STEP 31 在Add Column对话框中设置第四组装备数据的1 Name为hair color，2 Type为String，3单击OK按钮。

STEP 32 在Add Column对话框中设置第五组装备数据的1 Name为cloth，2 Type为String，3单击OK按钮。

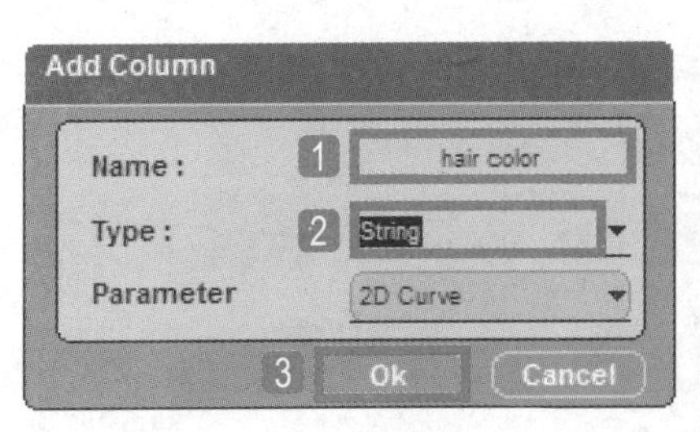

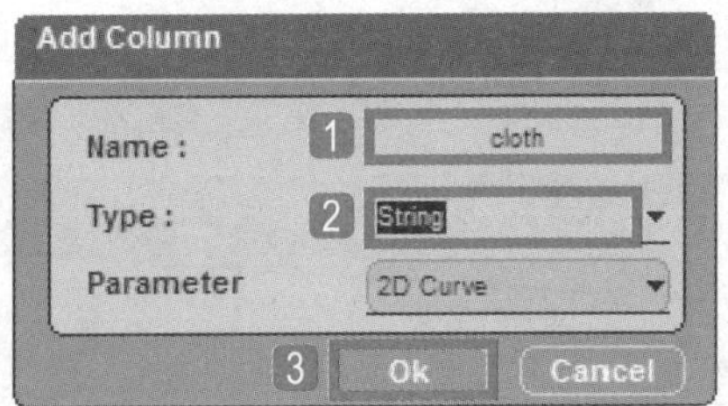

STEP 33 在Add Column对话框中设置第六组装备数据的1Name为weapons，2Type为String，3单击OK按钮。

STEP 34 在Add Column对话框中设置第七组装备数据的1Name为shield，2Type为String，3单击OK按钮。

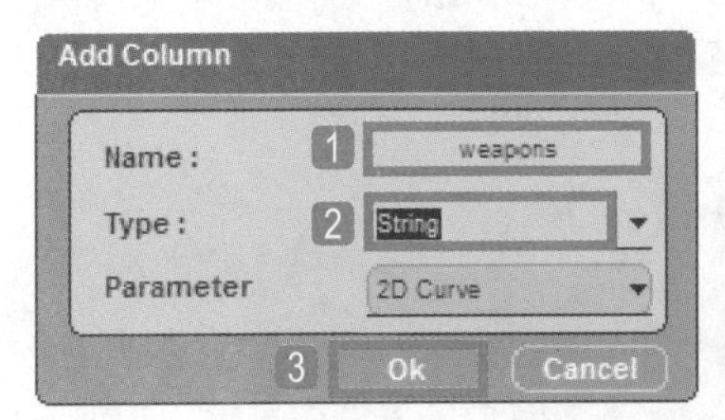

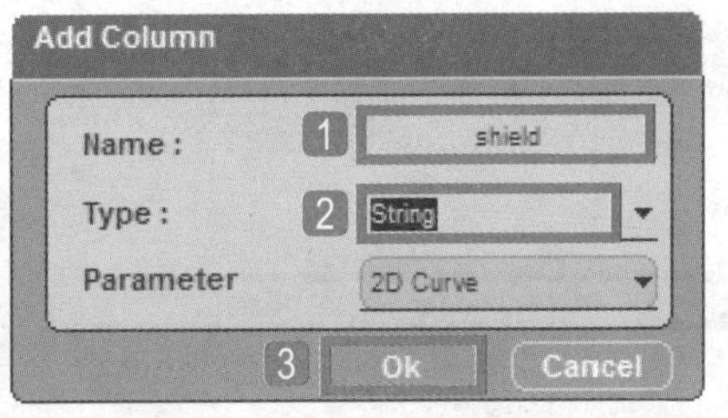

STEP 35 设置完装备数据后，单击Add Row按钮。

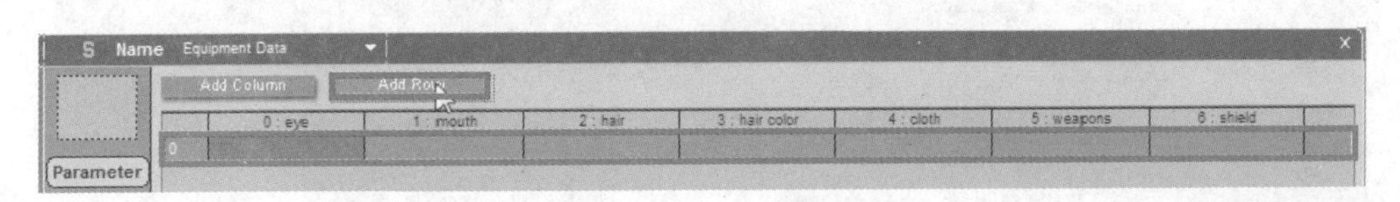

STEP 36 制作初始装备，在刚刚创建的装备系统中输入装备名称。

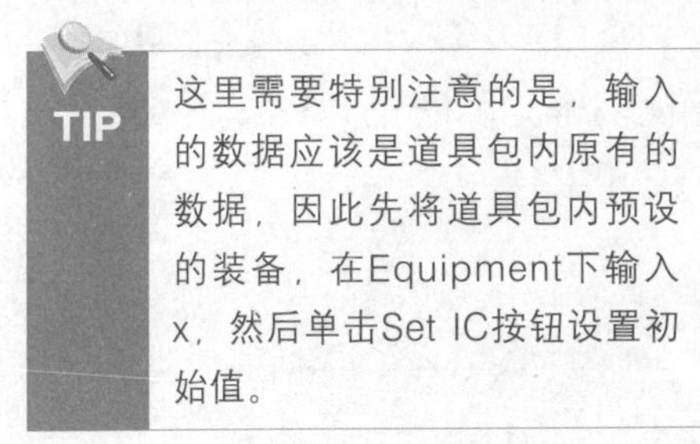

TIP 这里需要特别注意的是，输入的数据应该是道具包内原有的数据，因此先将道具包内预设的装备，在Equipment下输入x，然后单击Set IC按钮设置初始值。

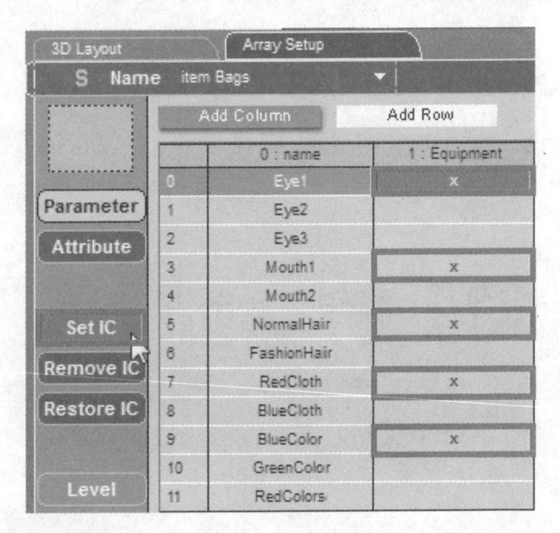

STEP 37 将item Bags中预设装备的名称，依次输入Equipment Data中，由于武器和盾牌不在道具包的初始设置中，因此这里先不输入。

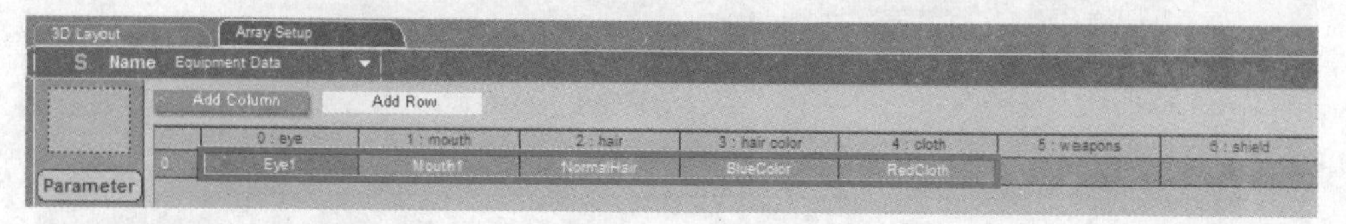

STEP 38 设置好Array数据后，在Level Manager面板中右击Level，在弹出的快捷菜单中执行Create Script命令，创建脚本。

STEP 39 将这个Script命名为Equipment System，作为装备系统。

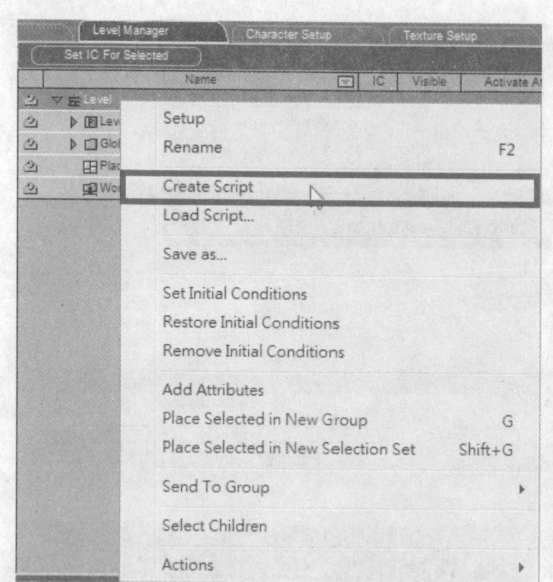

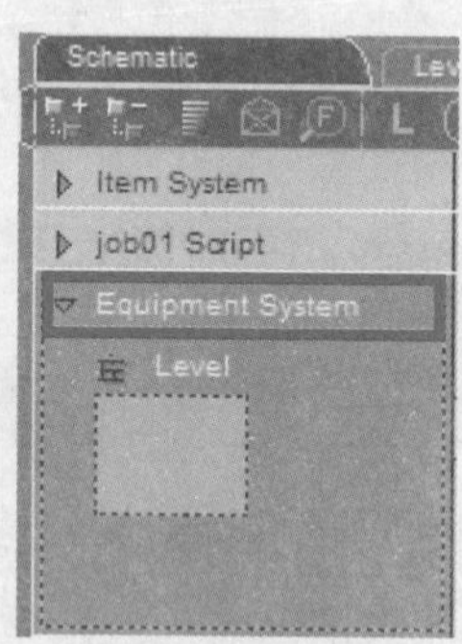

TIP 做好制作纸娃娃的数据以及相关的准备，存储为Chapter_16_1.cmo文件供大家参考。

16.2 制作装备系统

STEP 1 制作操控的角色，由于这个变量会经常被使用，因此这里创建一个变量，在Script空白处右击，在弹出的快捷菜单中执行Add Local Parameter命令，新增一个参数。

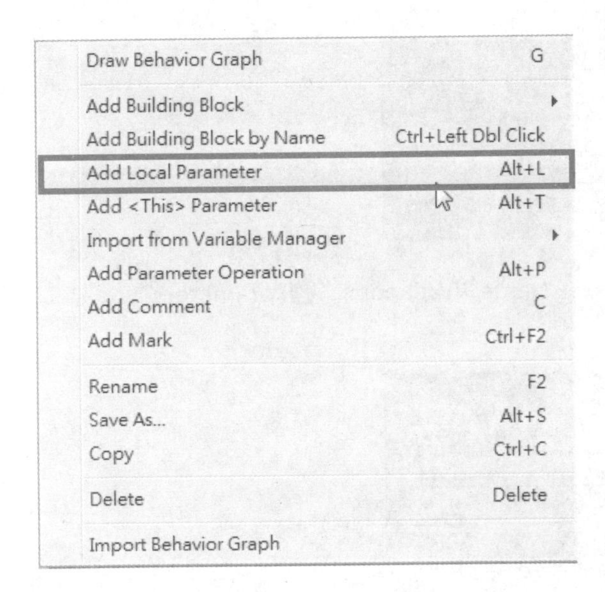

STEP 2 在弹出的对话框中1设置Parameter Name为Player，2Parameter Type为Character，3单击OK按钮。

STEP 3 此时会出现添加了一个参数，选择该参数按下空格键会依次显示参数名称和参数值，当然也可以一起显示。

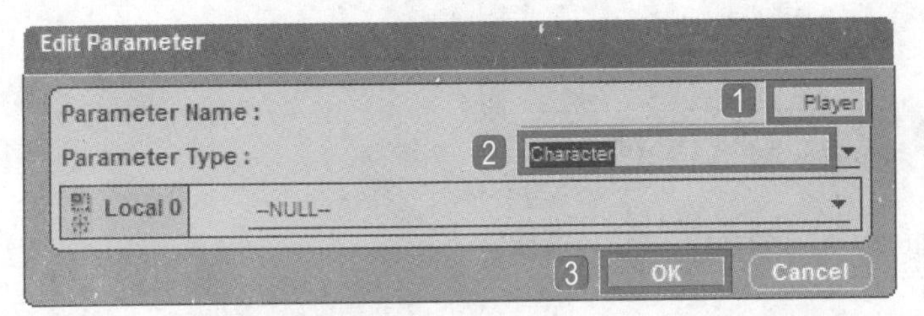

STEP 4 使用相同的方法新增一个角色比例变量。1设置Parameter Name为Scale，2Parameter Type为Vector，3单击OK按钮。

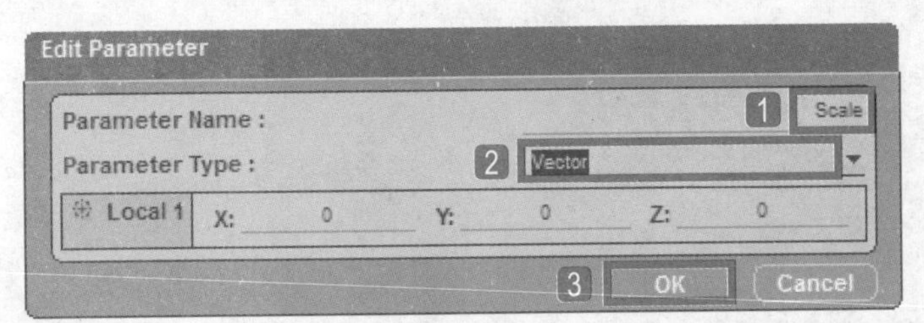

STEP 5 新增一个变量，1设置Parameter Name为Hair，2Parameter Type为3D Entity，3单击OK按钮。

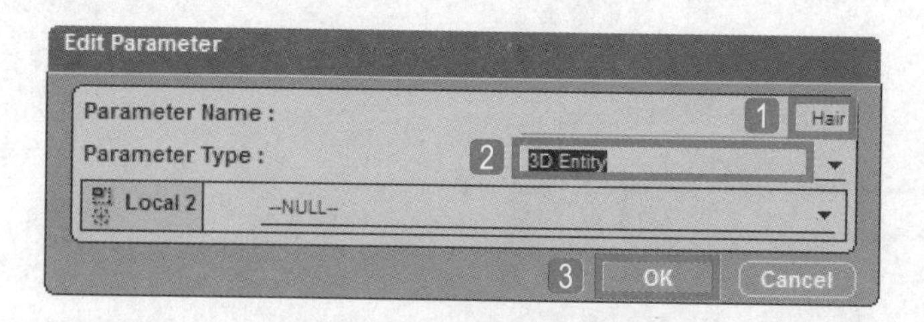

STEP 6 新增一个变量，1设置Parameter Name为Weapons，2Parameter Type为3D Entity，3单击OK按钮。

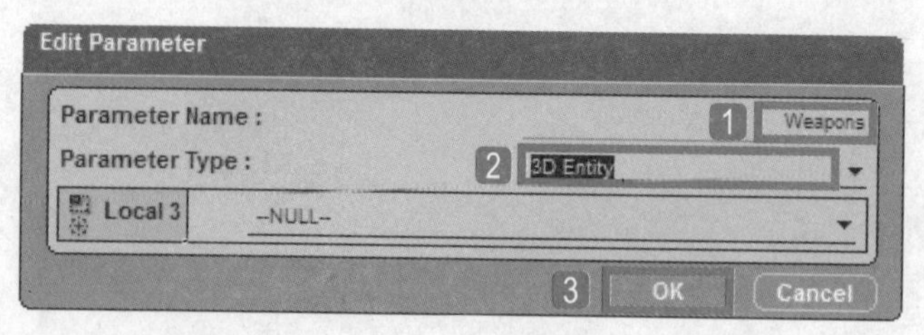

STEP 7 新增一个变量，1设置Parameter Name为Shield，2Parameter Type为3D Entity，3单击OK按钮。

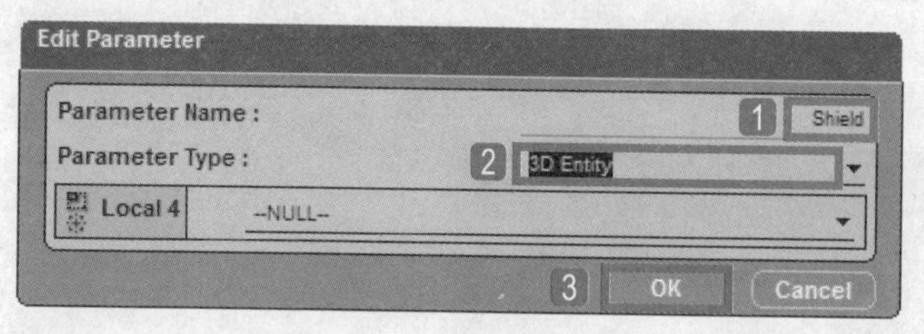

STEP 8 导入BB面板中的Logics\Calculator\Identity模块。

STEP 9 将Identity模块连接到Equipment System的Start。

STEP 10 双击Identity模块的参数输入口，打开参数设置对话框。

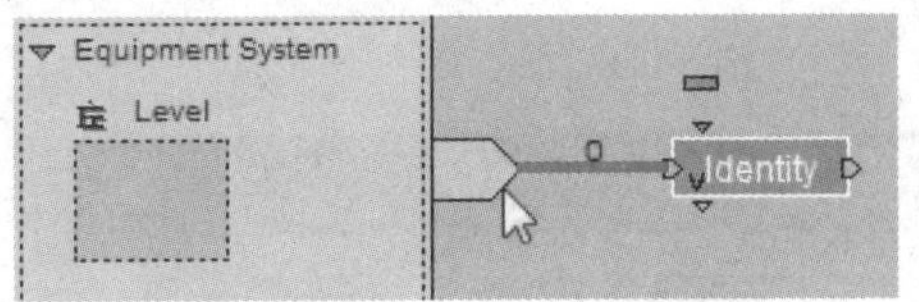

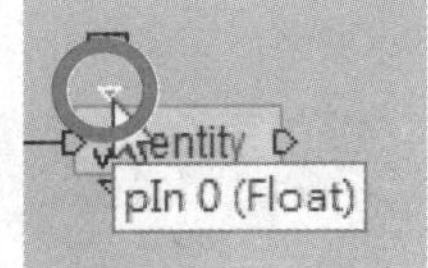

STEP 11 1设置Parameter Name为player，2Parameter Type为Character，3单击OK按钮。

STEP 12 在刚刚创建的Player变量上右击，在弹出的快捷菜单中执行Copy命令。

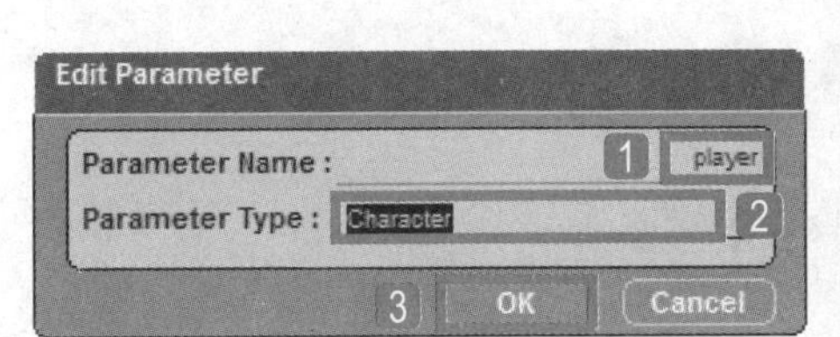

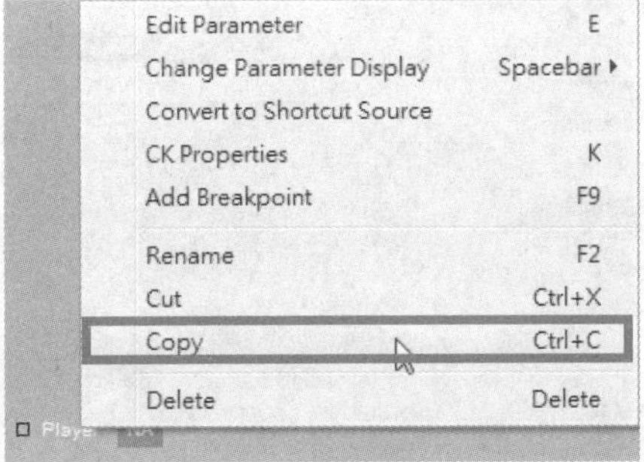

STEP 13 右击空白处，在弹出的快捷菜单中执行Paste as Shortcut命令，创建快捷方式。

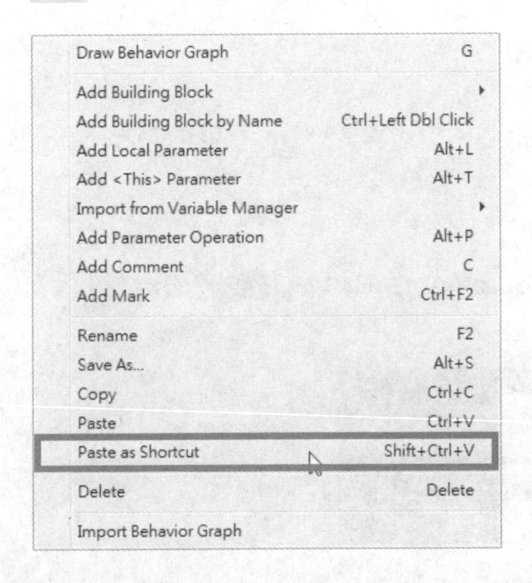

STEP 14 将创建的Player快捷方式连接到Identity模块的输出口，也就是说将设置的角色连接到这个快捷方式变量上。

STEP 15 双击Identity模块，在弹出的对话框中1设置pIn0为job01，2单击OK按钮。

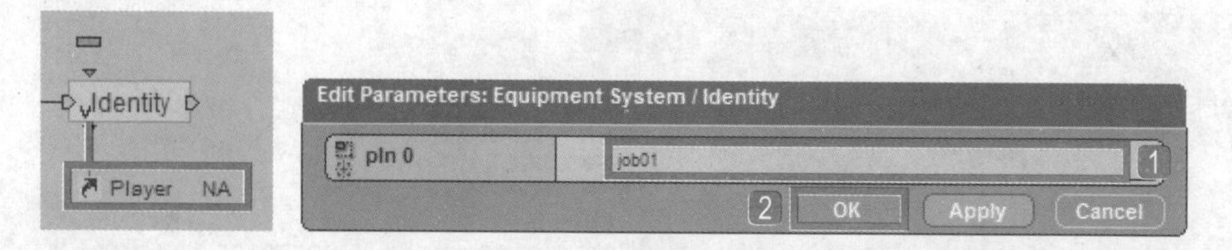

STEP 16 另外，还要设置初始装备为无。右击Identity模块，在弹出的快捷菜单中执行Construct>Add Parameter Input命令，新增一个参数输入口。

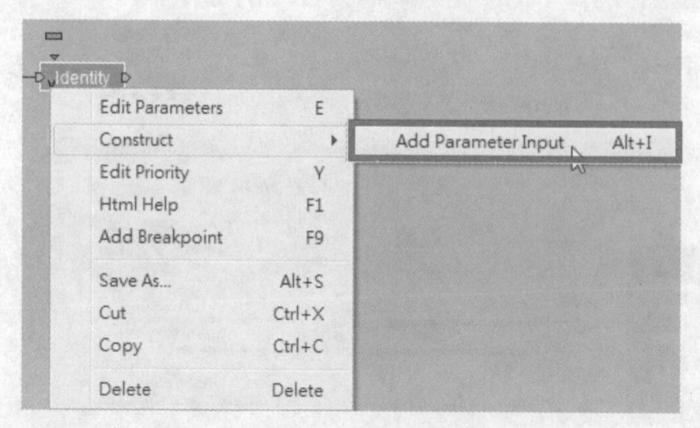

STEP 17 在弹出的对话框中1设置Parameter Name为Equipment，2Parameter Type为3D Entity，3单击OK按钮。

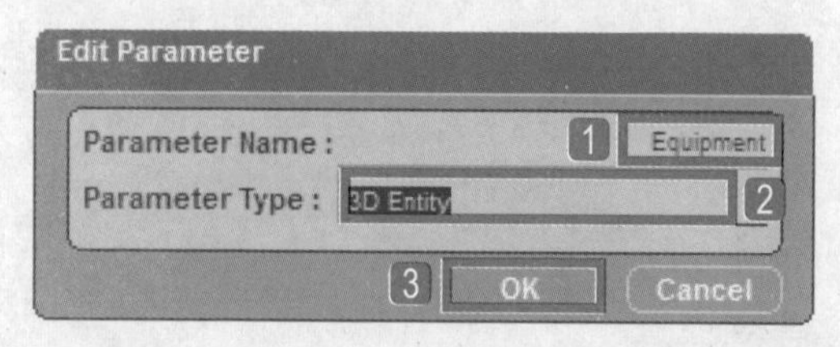

STEP 18 单击OK按钮，在弹出的对话框中1设置Equipment为NULL，2单击OK按钮。

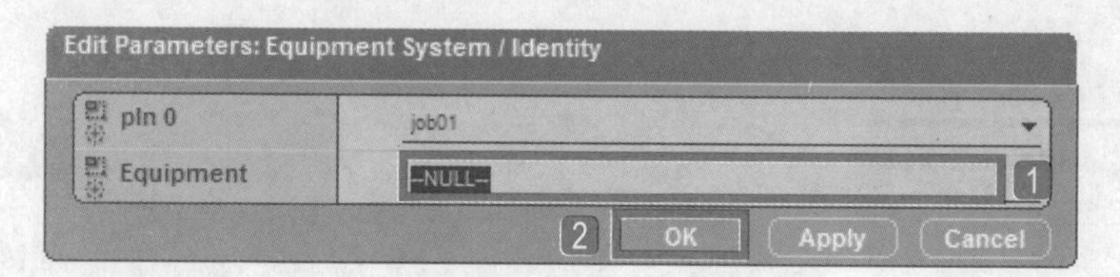

STEP 19 按住Ctrl框选3个装备变量并右击，在弹出的快捷菜单中执行Copy命令。

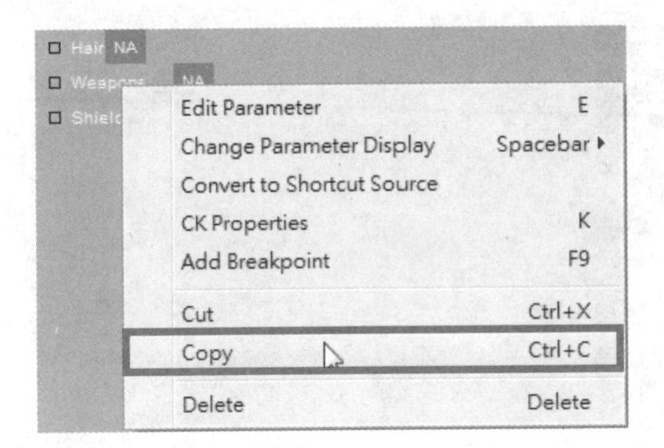

STEP 20 右击空白处，在弹出的快捷菜单中执行Paste as Shortcut命令，同时创建3个快捷方式变量。

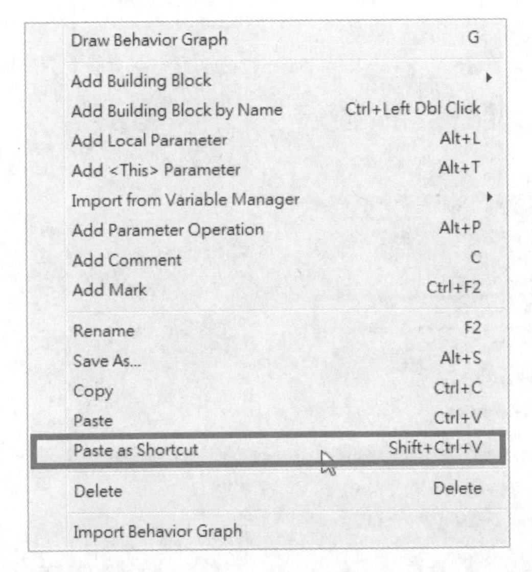

STEP 21 将Identity模块中设置为NULL的装备输出口分别赋予Hair、Weapons、Shield的快捷方式变量，设置所有的装备初始值都为空。

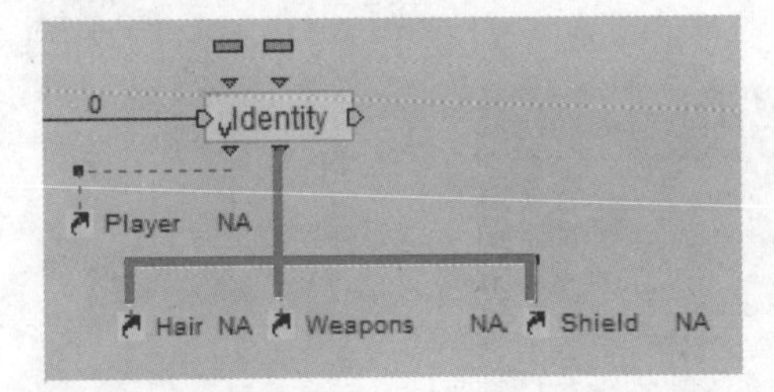

STEP 22 导入BB面板中的Logics\Calculator\Op模块，抓取操控角色的大小。

Building Blocks | VT_Plus_1

Category	Behavior Name
Logics	Bezier Transform
Array	Calculator
Attribute	Get Component
Calculator	Get Delta Time
Groups	Identity
Interpolator	Mini Calculator
Loops	Modify Component
Message	Op
Streaming	Per Second
Strings	Random
Synchro	Set Component
Test	Threshold
Materials-Textures	Variation

STEP 23 将Op模块连接到Identity模块后。

STEP 24 右击Op模块，在弹出的快捷菜单中执行Edit Settings命令，对其进行设置。

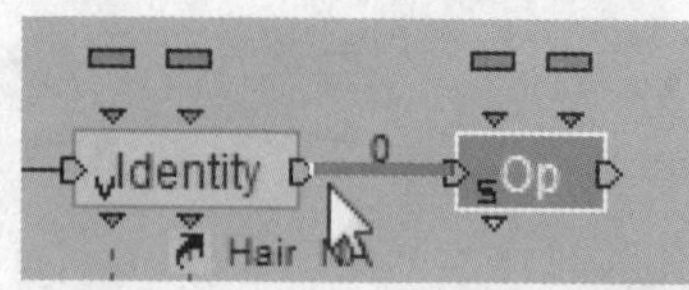

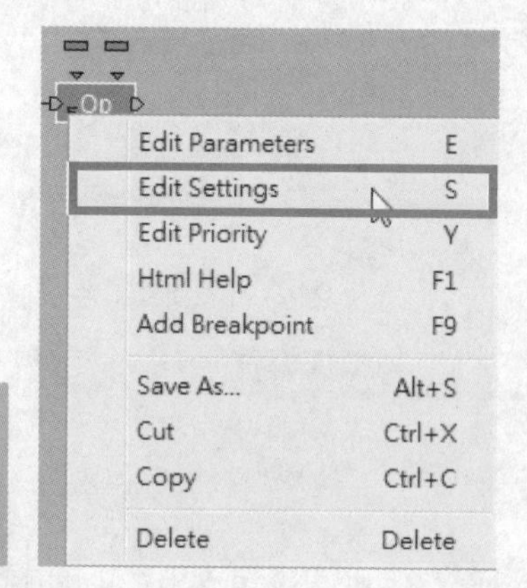

STEP 25 在弹出的对话框中①设置Inputs的A值为3D Entity，②Operation为Get Scale，③Ouptut为Vector，④单击OK按钮。

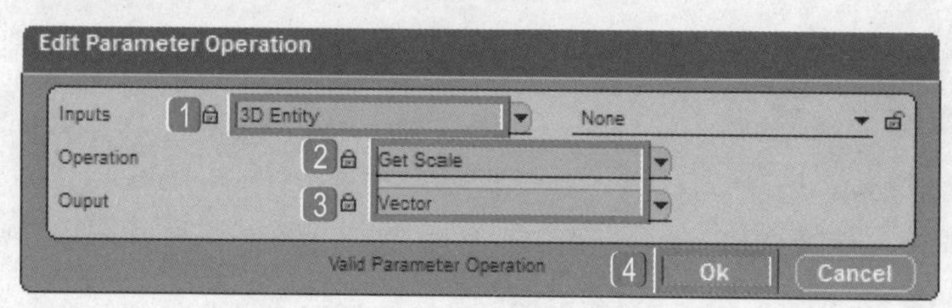

STEP 26 单击OK按钮，直接复制一个Player快捷方式变量，将它赋予Op模块的A值。

STEP 27 右击Scale参数变量，在弹出的快捷菜单中执行Copy命令。

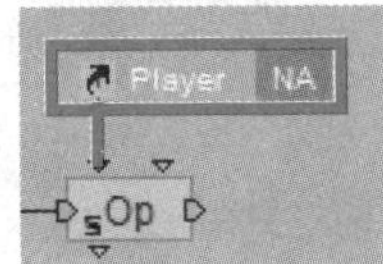

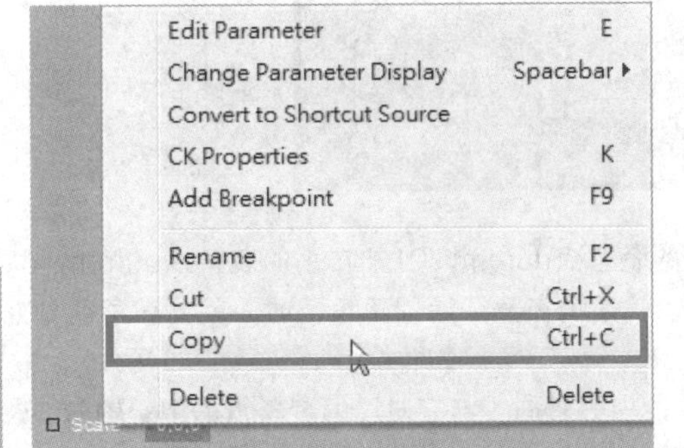

STEP 28 右击空白处，在弹出的快捷菜单中执行Paste as Shortcut命令，创建快捷方式。

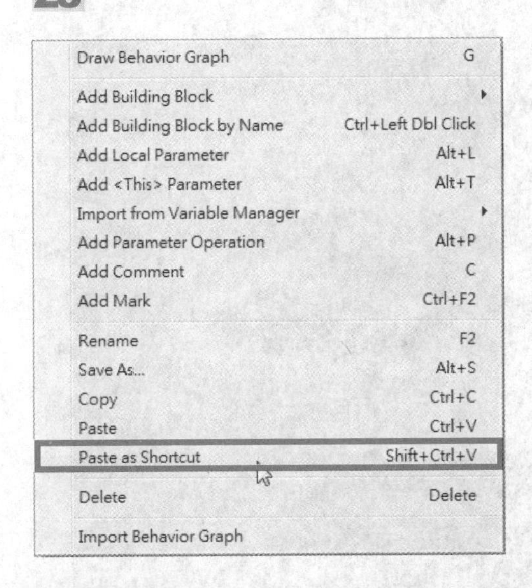

STEP 29 将Op模块抓取到的Scale赋予Scale的快捷方式变量。

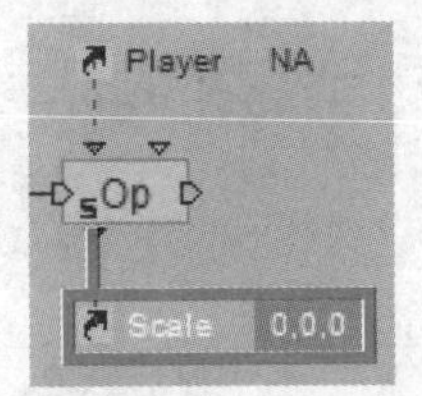

TIP

在对纸娃娃进行装备之前，需要注意以下几点。

（1）在Level Manager面板中，选择Level\Global\Characters\job01\Body Parts下的dummy_01～dummy_05，这是在角色身上预设的几个装备点。

dummy_01	×	○
dummy_02	×	○
dummy_03	×	○
dummy_04	×	○
dummy_05	×	○

本例只使用到头部的装备点dummy_01，右手的装备点dummy_02，以及左手的装备点dummy_03。也就是说在一开始创建角色时，就要在角色身上设置好要装备点的资料。

（2）所有装备对象的中心轴向，与它对应的装备点的中心轴向的位置与方向都要一致，例如，武器必须对应dummy_02的中心轴向，这对于正确的装配纸娃娃系统非常重要。

STEP 30 从头部开始，学习简单的纸娃娃装备方法。导入BB面板中的3D Transformations\Basic\Set Position模块。

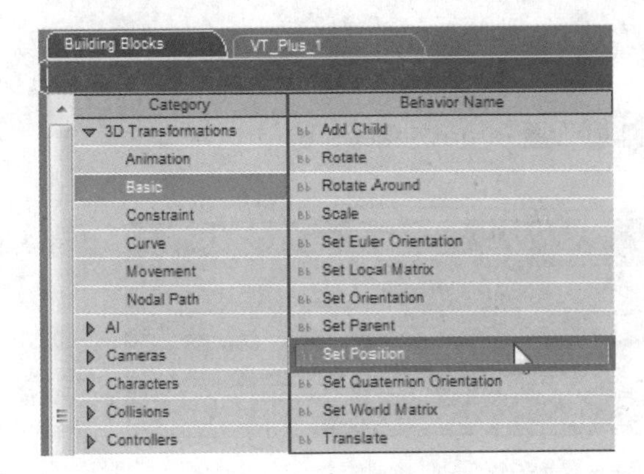

STEP 31 在空白处右击，才弹出的快捷菜单中执行Draw Behavior Graph命令。

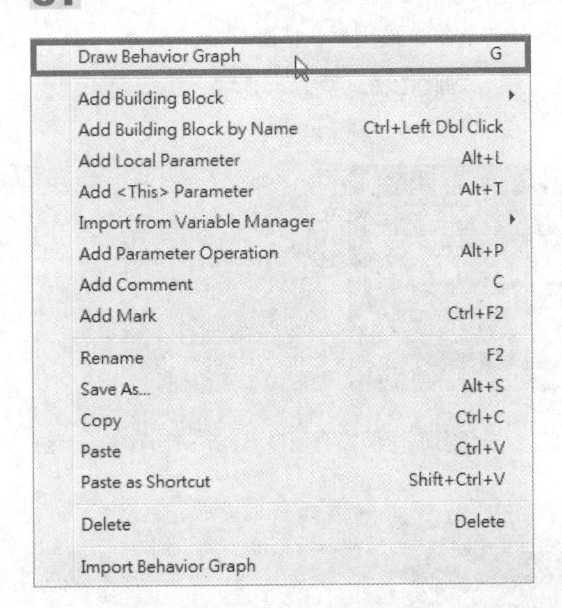

STEP 32 将Set Position模块包覆起来，创建第一个装备模块。

STEP 33 将Set Position模块连接到模块群组的入口。

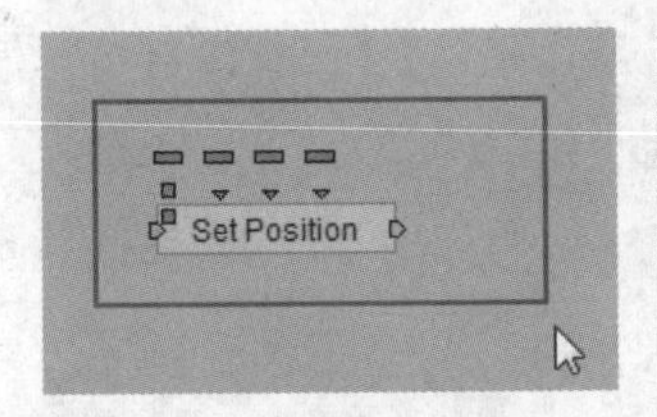

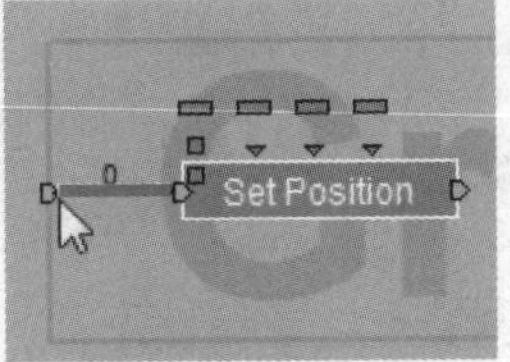

STEP 34 将其Target向上拉到群组之外，成为这个模块的参数变量。

STEP 35 双击Target参数，在弹出的对话框中❶设置Target为face，❷单击OK按钮。

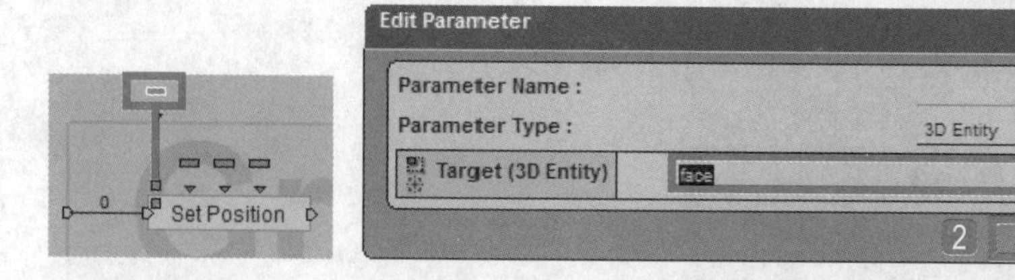

STEP 36 双击Set Position模块，在弹出的对话框中❶设置Referential为dummy_01，也就是头部的装备点，❷单击OK按钮。在任何一个建模工具中，如果一开始就设置好对应的轴向，则Position参数不需要设置，采用默认值即可。

STEP 37 由于以后会频繁地使用到装备点的变量，因此也将它向外拉，让它也成为一个参数变量。

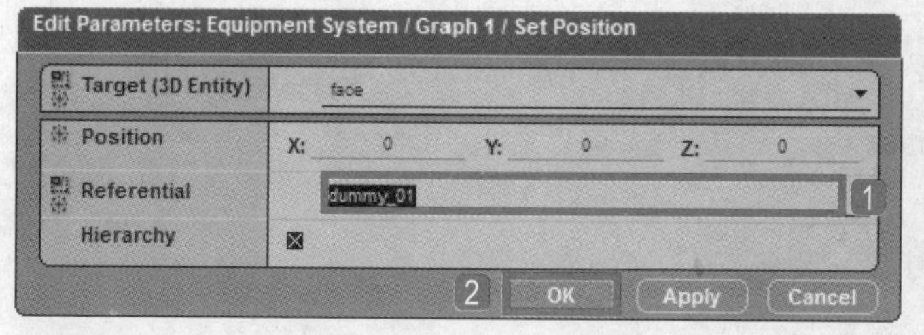

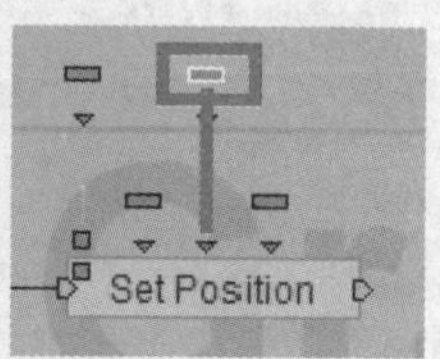

STEP 38 设定好位置后，开始设置它的方向，导入BB面板中的3D Transformations\Basic\Set Orientation模块。

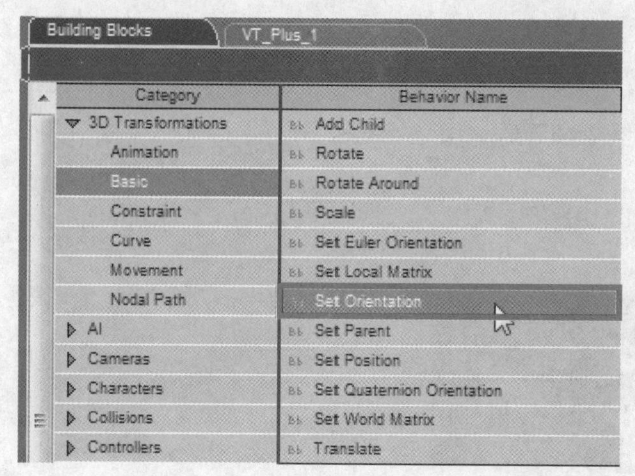

STEP 39 将Set Orientation模块连接到Set Position模块的Out。

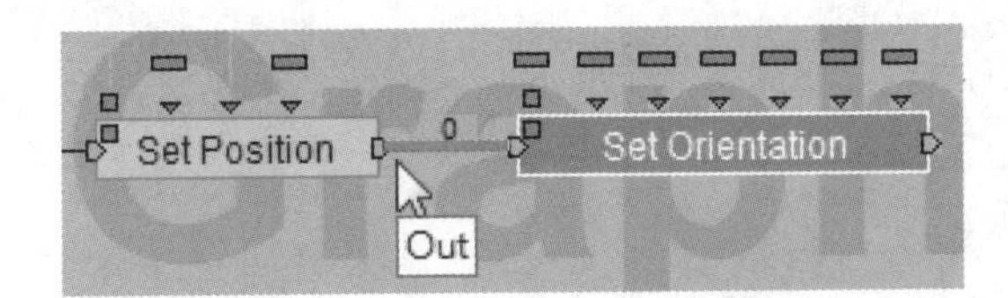

STEP 40 设置方向的对象当然是要装备的face对象，因此从上面的参数输入口连接赋予Set Orientation模块的Target。

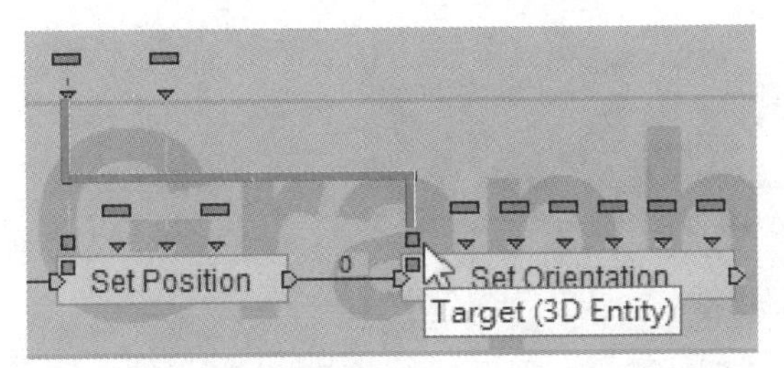

STEP 41 参考体来自于装备点dummy_01，将上面装备点的参数赋予Set Orientation模块的Referential。

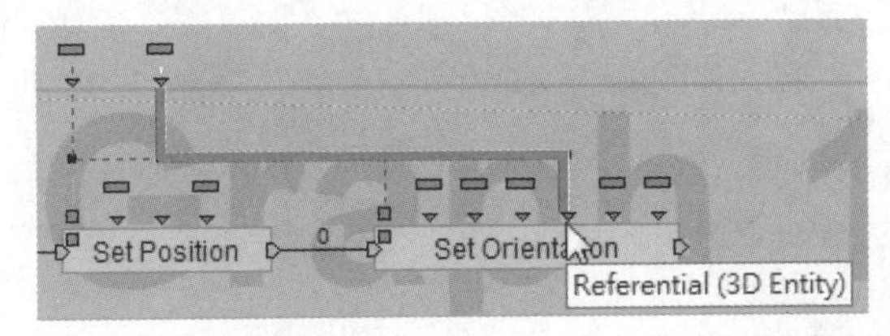

STEP 42 位置、方向都设置好后，校正对象的尺寸，导入BB面板中的3D Transformations\Basic\Scale模块。

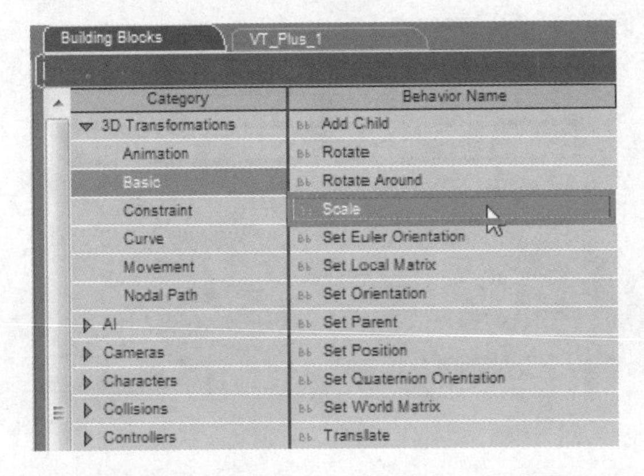

STEP 43 将Scale模块连接到Set Orientation模块的Out。

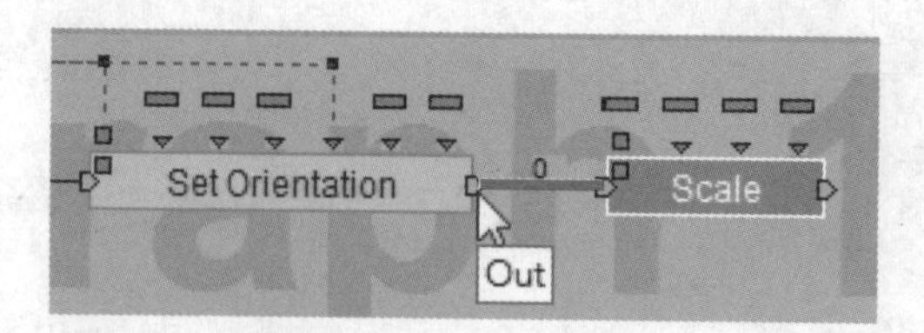

STEP 44 设置大小的对象仍然是face对象，再从上面的参数输入口连接赋予Scale模块的Target。

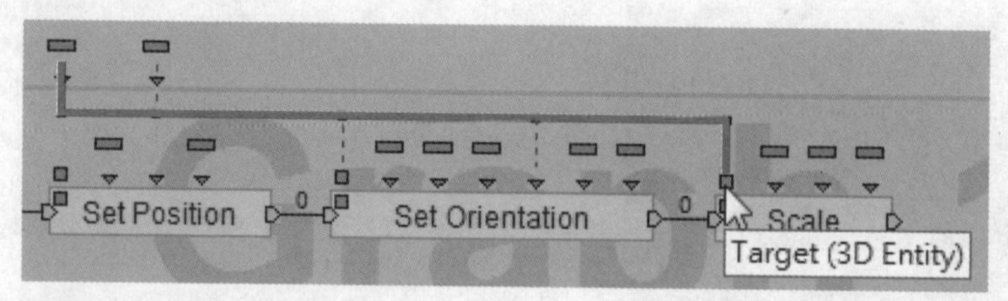

STEP 45 复制创建的Scale模块的快捷方式变量赋予Scale模块的Scaling Vector。

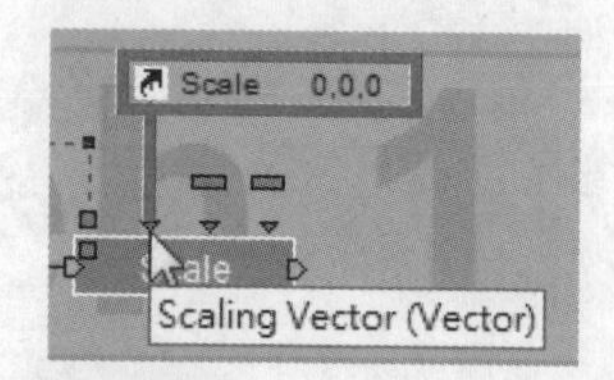

TIP

这个参数变量在本例中会经常被使用，建议为该变量设置一个颜色。方法为右击该参数变量或者其快捷方式变量，在弹出快捷菜单中执行Set Shortcut Group Color命令，为该变量设置颜色，方便查找。

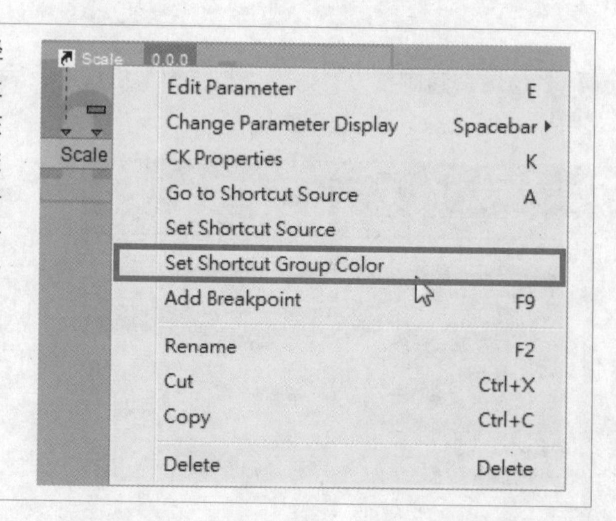

STEP 46 双击Scale模块，在弹出的对话框中1勾选Absolute复选框，2单击OK按钮。

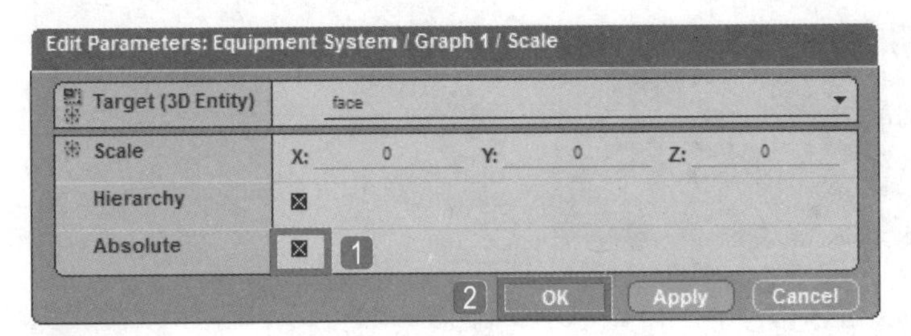

TIP 勾选Absolute复选框，可以使对象永远以原本的（1，1，1）尺寸进行Scale的缩放。如果取消勾选该复选框，对象将会以现有大小进行缩放，也就是说如果对象已经被缩小，就会再被缩小一次。

STEP 47 将这个装备粘贴到指定的装备点上。导入BB面板中的3D Transformations\Basic\Set Parent模块。

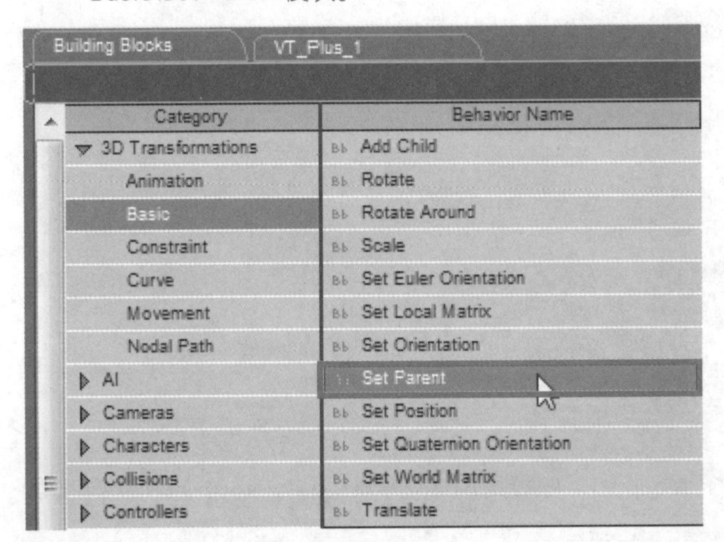

STEP 48 将Set Parent模块连接到Scale模块的Out上。

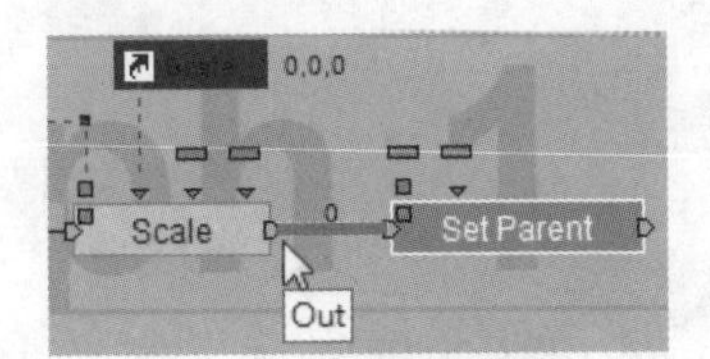

STEP 49 对象还是face对象，从上面的参数输入口赋予Set Parent模块的Target。

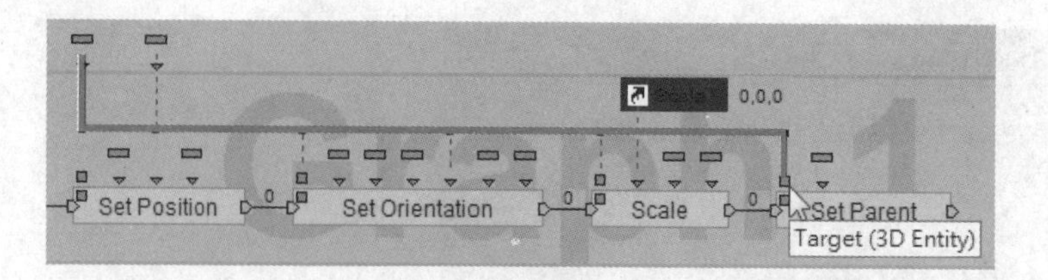

STEP 50 母体也还是它的装备点dummy_01，从参数输入口赋予Set Parent模块的Parent。

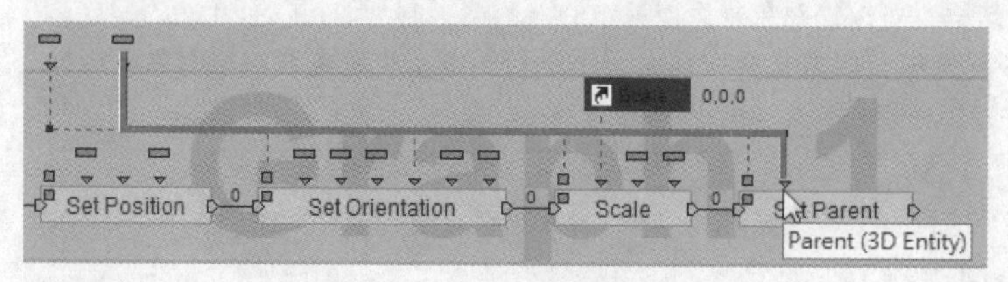

STEP 51 在选中模块的同时按下键盘上的O键，创建模块的出口。

STEP 52 将Set Parent模块的Out连接到这个模块的出口。

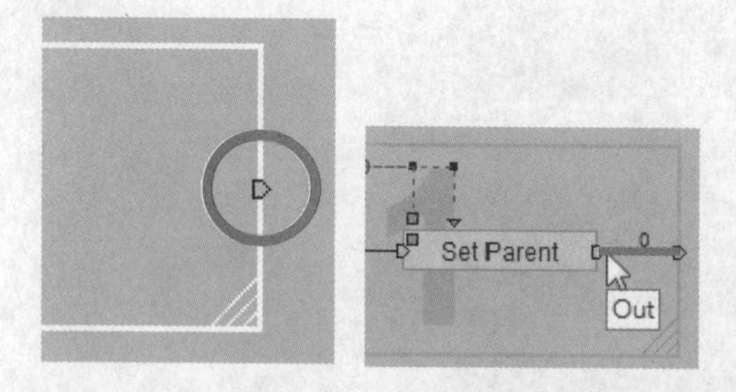

STEP 53 双击鼠标左键将这个模块收起，并且按下F2键将其重命名为Set Head，完成基本装备的设置。

STEP 54 将Set Head模块连接到Op模块的Out。

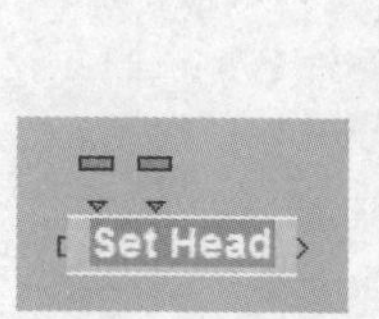

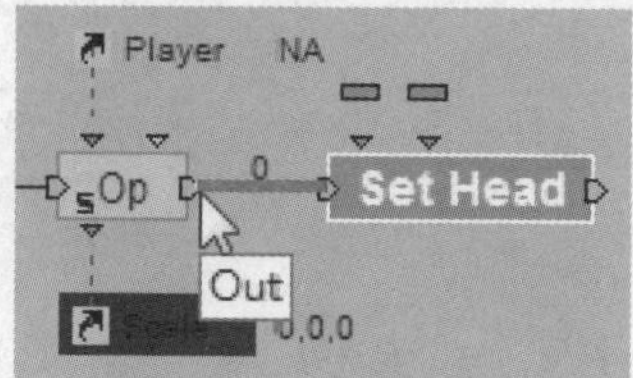

STEP 55 单击Play按钮测试预览，可以看到job01的头装备上了，并且可以跟随角色旋转和移动。

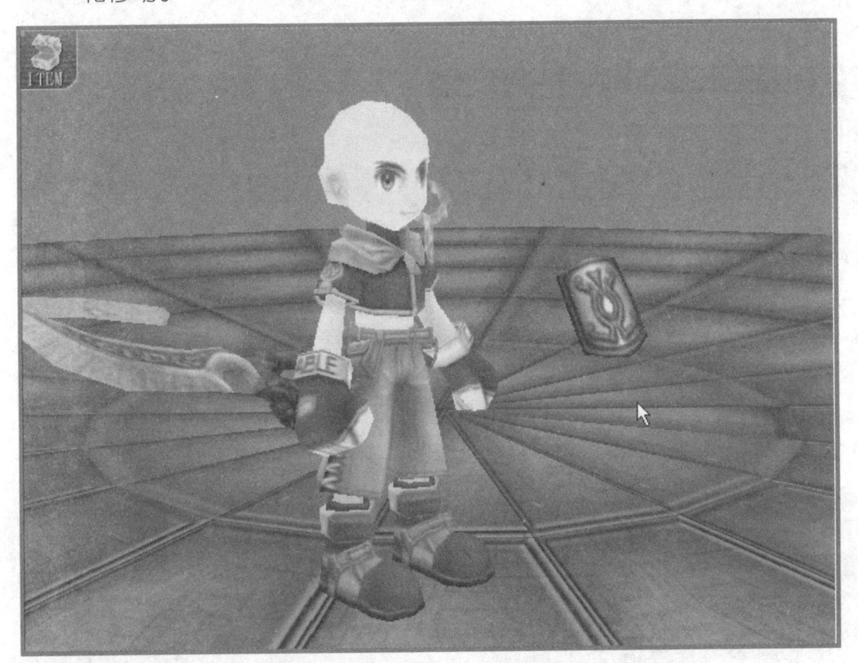

16.3 替换角色身体并修改颜色

STEP 1 制作变动性的纸娃娃装备，根据设置的装备数据进行角色的装备动作。导入BB面板中的Logics\Array\Get Row模块。

Building Blocks | VT_Plus_1

Category	Behavior Name
Logics	Get Cell
Array	Get Column Name
Attribute	Get Highest
Calculator	Get Key Row
Groups	Get Lowest
Interpolator	Get Nearest
Loops	Get Row
Message	Insert Column
Streaming	Iterator
Strings	Iterator If
Synchro	Make Rows Unique
Test	Move Column

STEP 2 双击Get Row模块，在弹出的对话框中❶设置Target为Equipment Data，❷单击OK按钮，程序将自动查找到设置的各项装备数据。将Get Row模块连接到Set Head模块后。

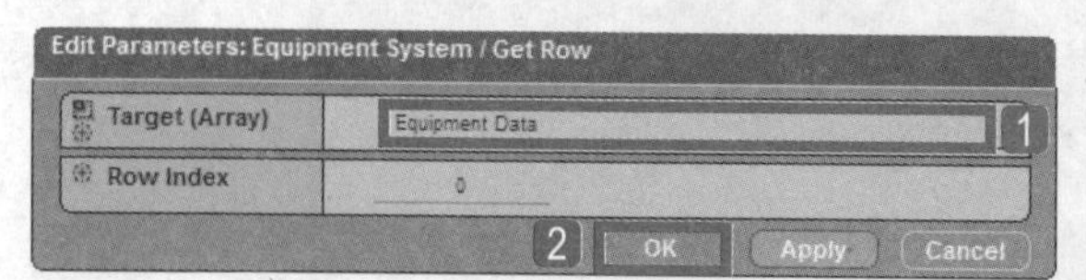

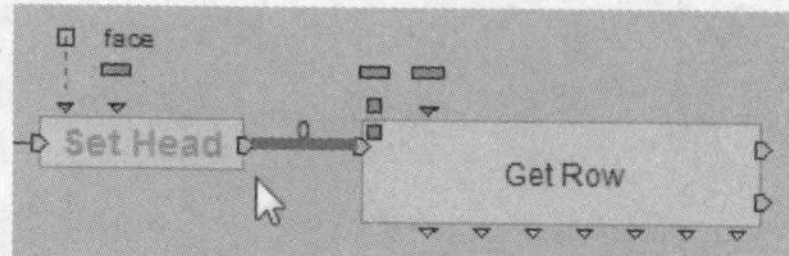

TIP 对纸娃娃有了基本的了解之后，进一步讲解更进阶的纸娃娃系统。之前已经可以将脸装备到角色的身体上，最为困难的是替换身体部分，困难度“贴图<对象<颜色<身体”，由于身体变动，因此装备的设置也必须变动。

STEP 3 导入VT-Plus-1面板中的Characters\Animations\Jobo2.nmo文件。

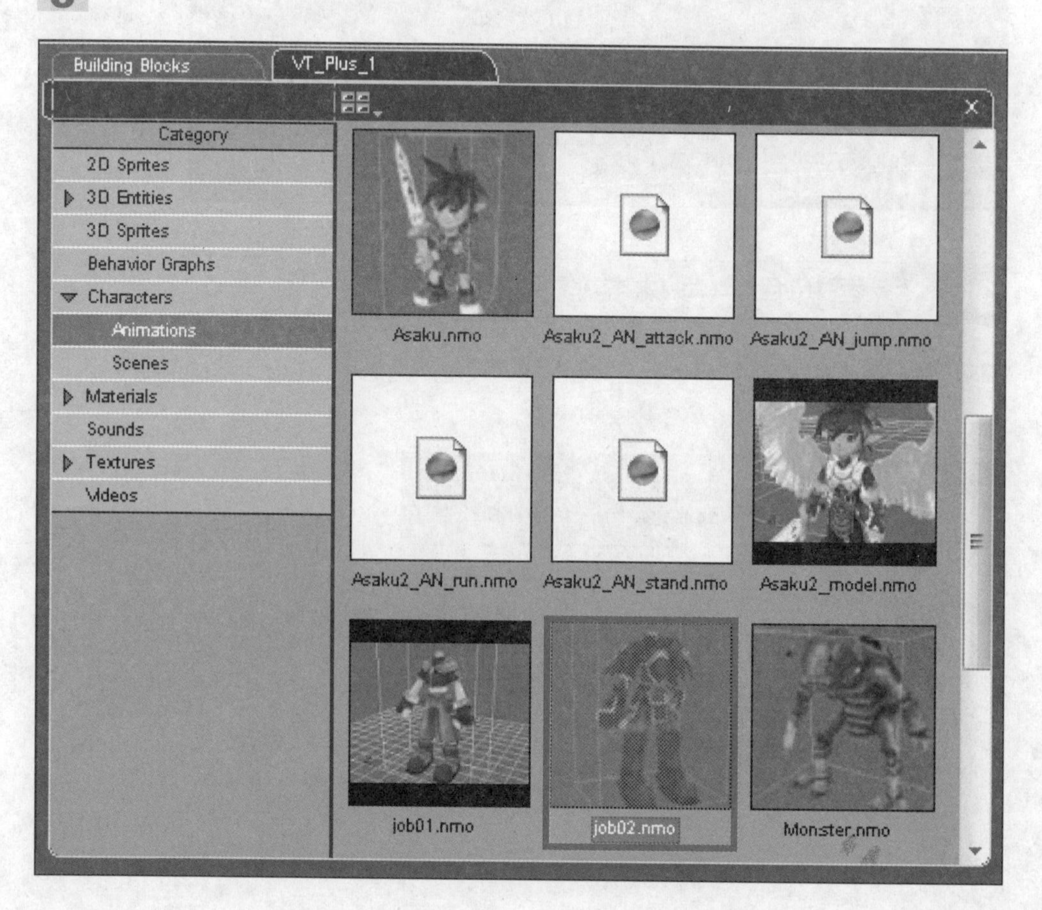

STEP 4 将两个模型job01和job02缩放至适当大小，并将角色移出画面极远的地方。

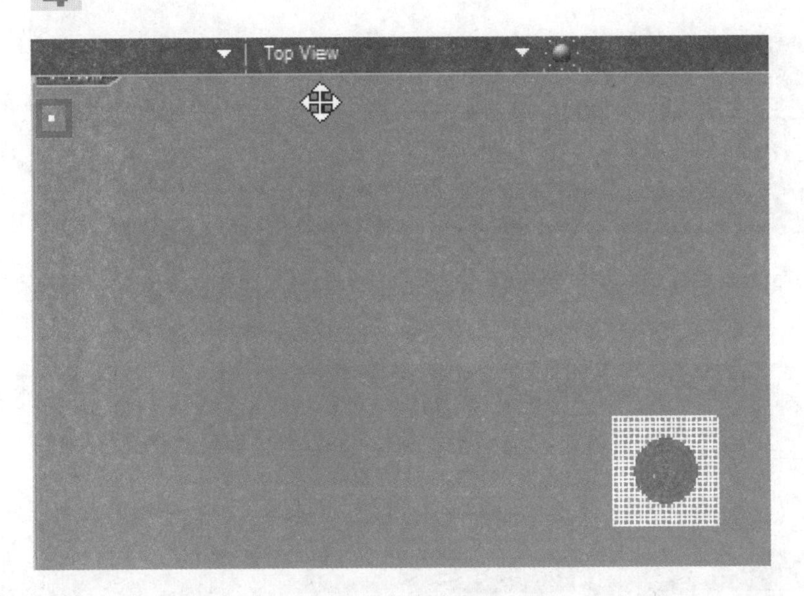

STEP 5 在Level Manager面板中，将job01和job02的Activate At Scene Start功能取消，并单击Set IC For Selected按钮设置初始值。

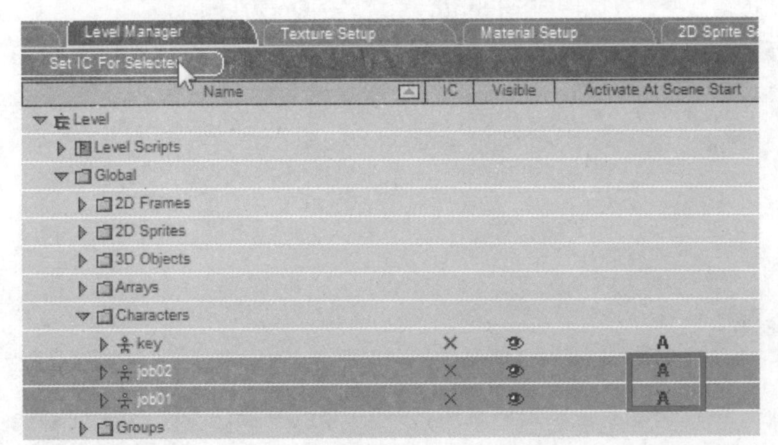

STEP 6 返回到程序部分，原Scale模块变成统一尺寸，右击Identity模块，在弹出的快捷菜单中执行Construct>Add Parameter Input命令。

STEP 7 在弹出的对话框中1设置Parameter Name为Scale，2单击OK按钮。

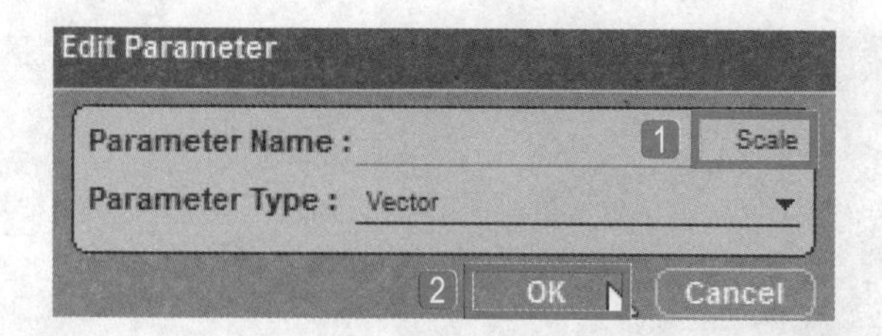

STEP 8 双击Identity模块，在弹出的对话框中1设置Scale的X、Y、Z值都为0.13，2单击OK按钮。

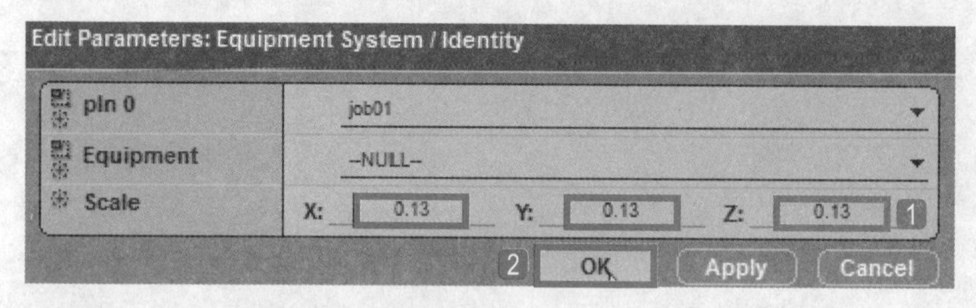

STEP 9 将Identity模块的输出参数Scale连接到Scale参数快捷方式，因为Scale模块已经从Identity模块取得数据，在此便可将Identity模块后的Op模块删除。

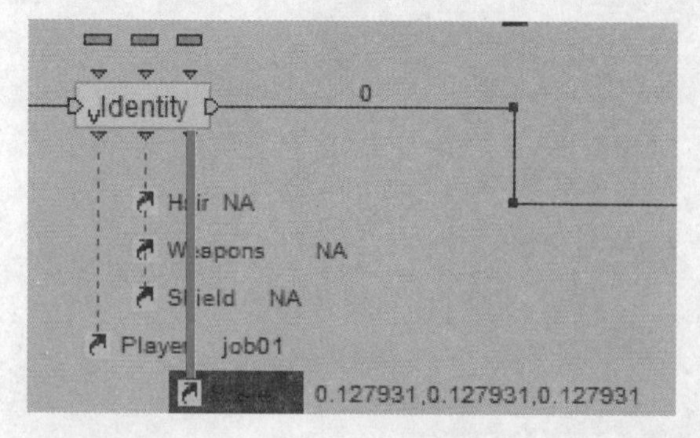

STEP 10 改变Get Row和Set Head模块的先后顺序，并将Identity模块的输出端连接到Get Row模块的输入端。

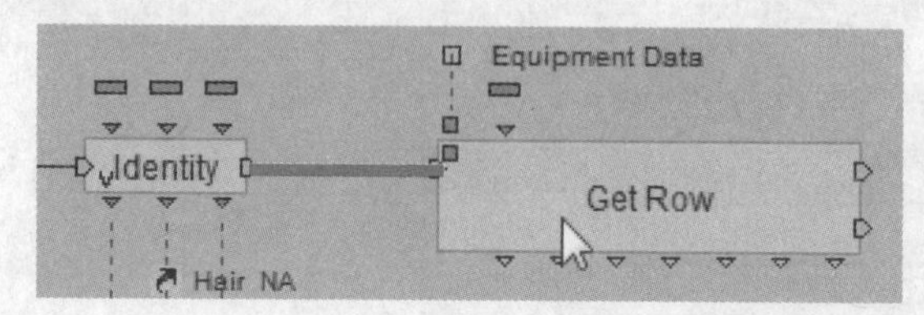

TIP

这里要使用ArraySetup面板Equipment Data中的cloth字段控制身体。

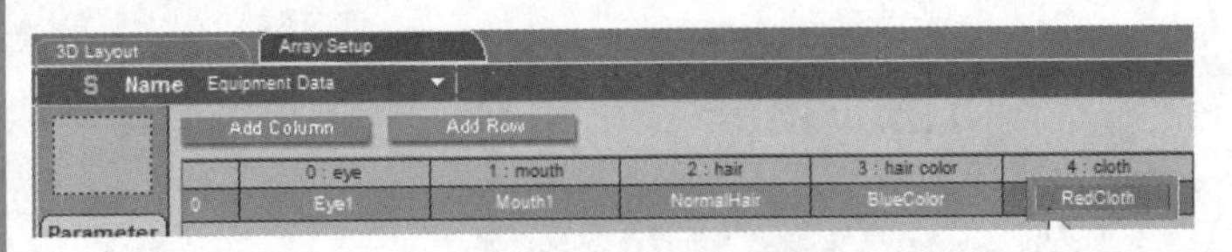

STEP 11 在Array Setup面板中的Item Data中，1将RedCloth和BlueCloth的object字段分别设置为job02和job01，2单击Set IC按钮设置初始化。

Name Item Data

Add Column　Add Row

Parameter　Attribute　Set IC　Remove IC

	0 : Name	1 : type	2 : minipic	3 : object
2	Eye3	eye	pic_eye3	eye3
3	Mouth1	mouth	pic_mouth1	mouth1
4	Mouth2	mouth	pic_mouth2	mouth2
5	NormalHair	hair	pic_NormalHair	Hair01
6	FashionHair	hair	pic_FashionHair	Hair02
7	RedCloth	cloth	pic_RedCloth	job02
8	BlueCloth	cloth	pic_BlueCloth	job01
9	BlueColor	color	pic_BlueColors	19_13_141

STEP 12 返回到程序部分，导入BB面板中的Logics\Array\Iterator If模块。

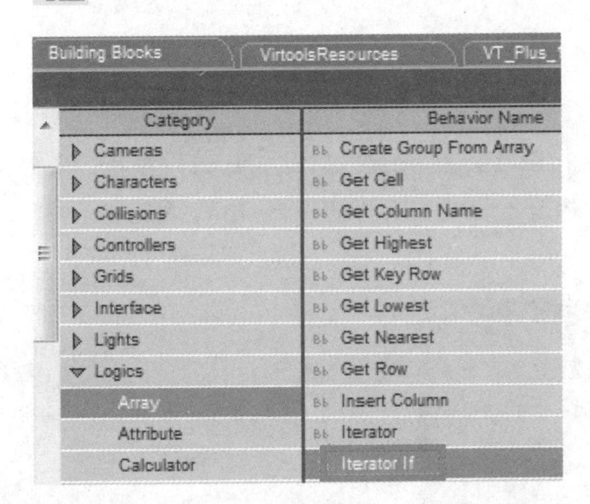

STEP 13 双击Iterator If模块，在弹出的对话框中1设置Target为Item Data，2Column为0，3单击OK按钮。

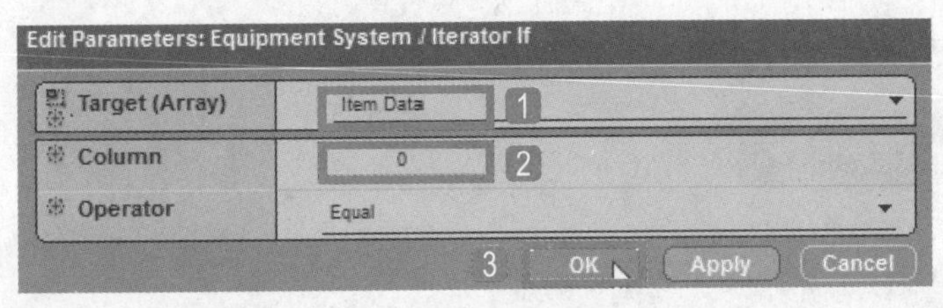

STEP 14 将Get Row模块的输出参数cloth连接到Iterator If模块的输入参数Reference Value。

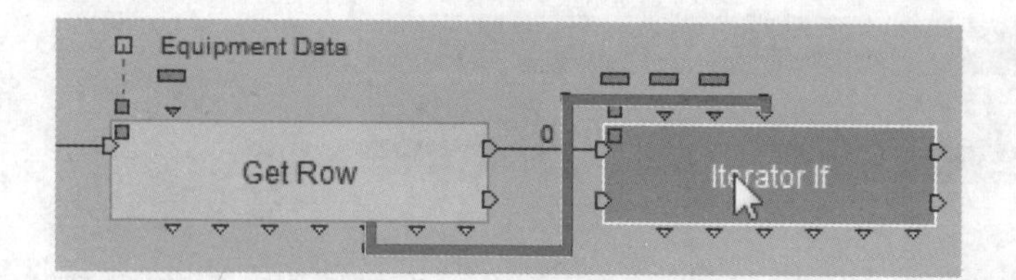

STEP 15 这样通过Equipment Data中的cloth数据可以搜索到Item Data中对应的object。导入BB面板中的Logics\Calculator\Op模块。

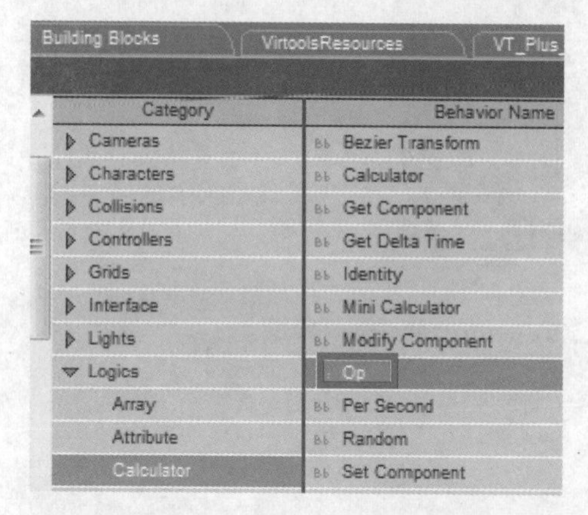

STEP 16 右击Op模块，在弹出的快捷菜单中执行Edit Settings命令，在弹出的对话框中1设置Inputs的A值为String，2Operation为Get Object By Name，3Ouput为Character，4单击OK按钮。

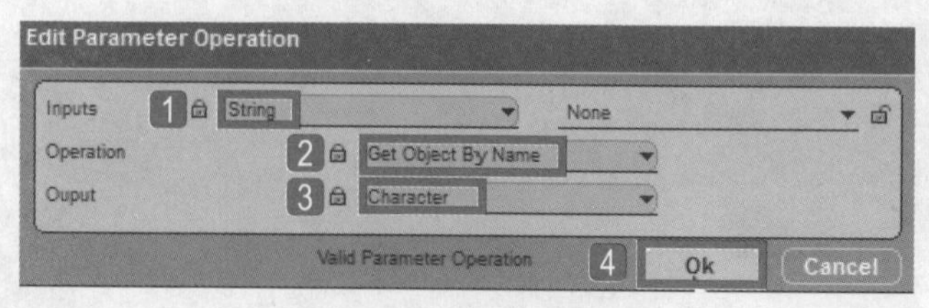

STEP 17 将Iterator If模块的输出参数连接到object至Op模块的输入参数p1。

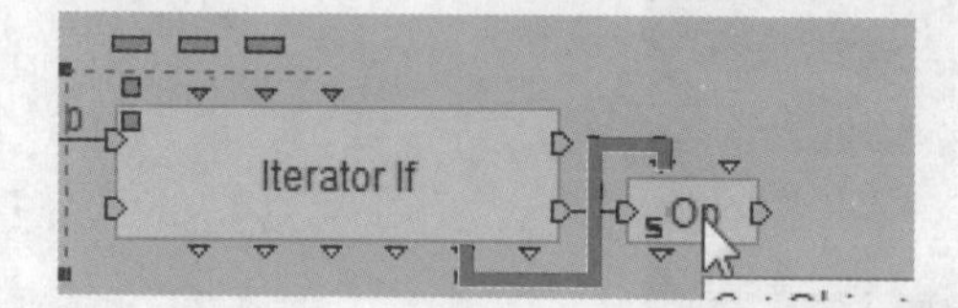

STEP 18 右击空白处，在弹出的快捷菜单中执行Add Local Parameter命令。

Add Building Block by Name　Ctrl+Left Dbl Click
Add Local Parameter　Alt+L
Add <This> Parameter　Alt+T

STEP 19 在弹出的对话框中1设置Parameter Name为Player Pos，2Parameter Type为Vector，3单击OK按钮。

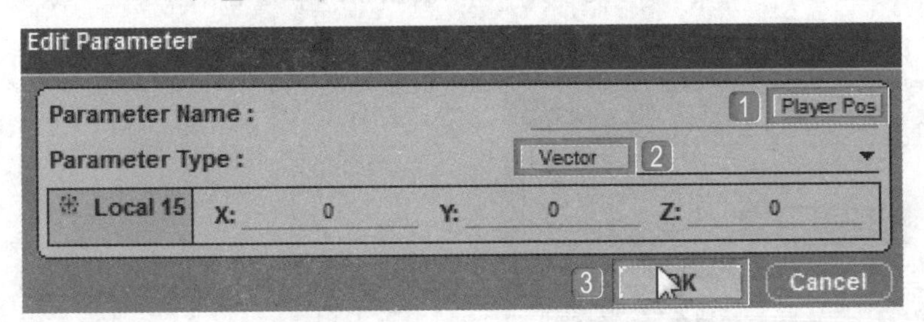

STEP 20 新增一个Identity If参数，右击Identity模块，在弹出的快捷菜单中执行Construct>Add Parameter Input命令，在弹出对话框中1设置Parameter Name为player pos，2Parameter Type为Vector，3单击OK按钮。

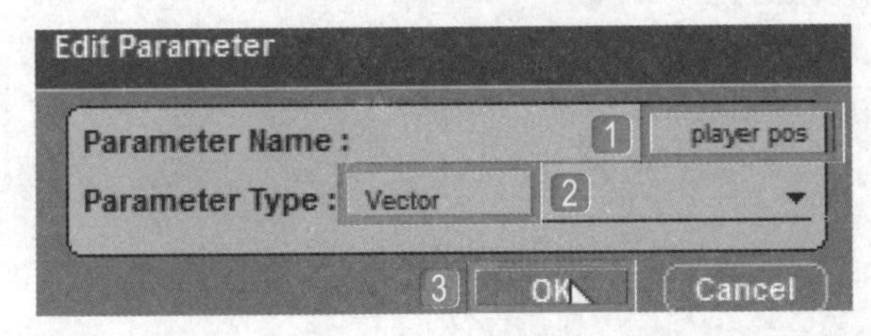

STEP 21 双击Identity If参数，在弹出的对话框中1设置player pos的X、Y、Z值都为0，2单击OK按钮。

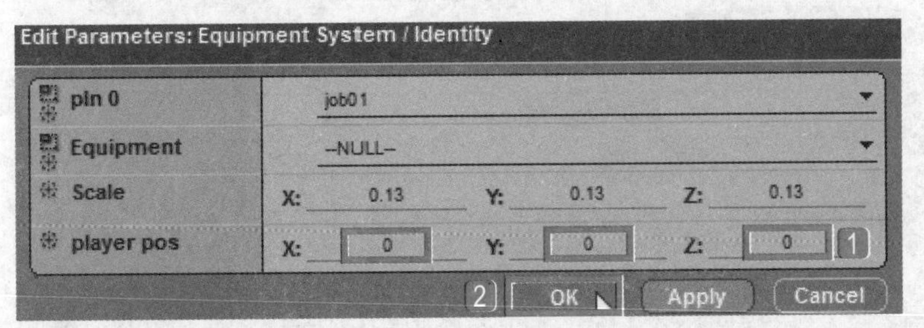

STEP 22 右击player pos参数，在弹出的快捷菜单中执行Copy命令，复制快捷方式至Identity If参数下方，并连接到Identity If输出参数player pos。

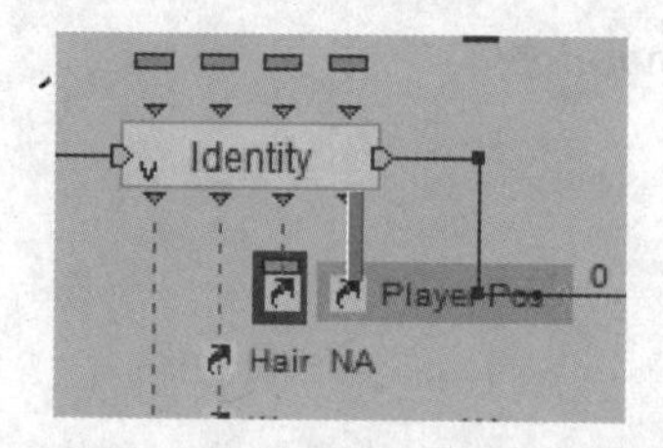

STEP 23 导入BB面板中的Logics\Test\Test模块，双击Test模块的输入参数端A，在弹出的对话框中设置Parameter Type为Character。使用同样的方法❶设置B值的Parameter Type为Character，❷单击OK按钮。

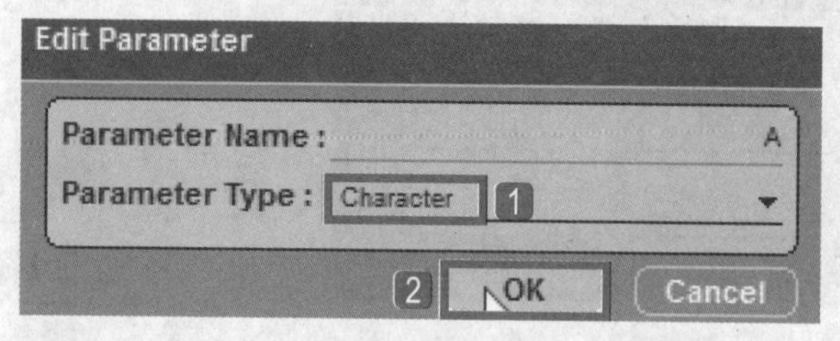

STEP 24 将Op模块的输出参数连接到Test模块的输入参数A，复制Player参数快捷方式至Test模块，并将其连接到Test模块的输入参数B。

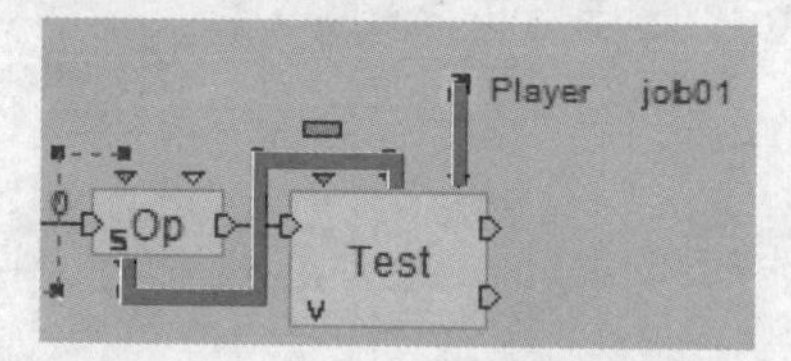

STEP 25 双击Identity模块，在弹出的对话框中❶设置player为NULL，❷单击OK按钮。

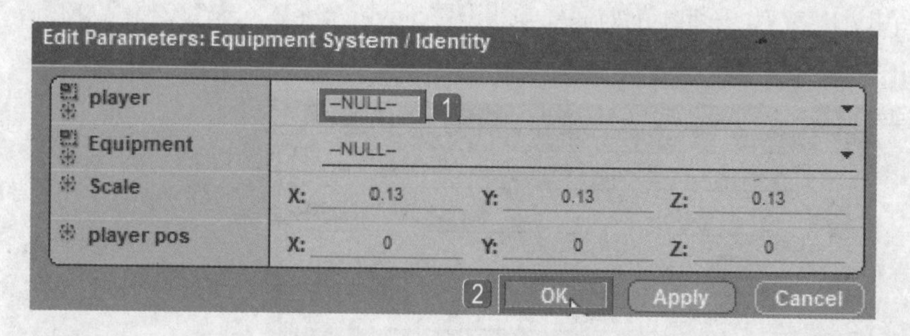

STEP 26 如果角色没有更换，Test结果为True；如果更换角色，Test结果为False。复制一个Test模块放在后面，将第一个Test模块的输出端False连接到第二个Test模块的输入端。

STEP 27 将第二个Test模块的输入参数A连接到Player参数快捷方式。

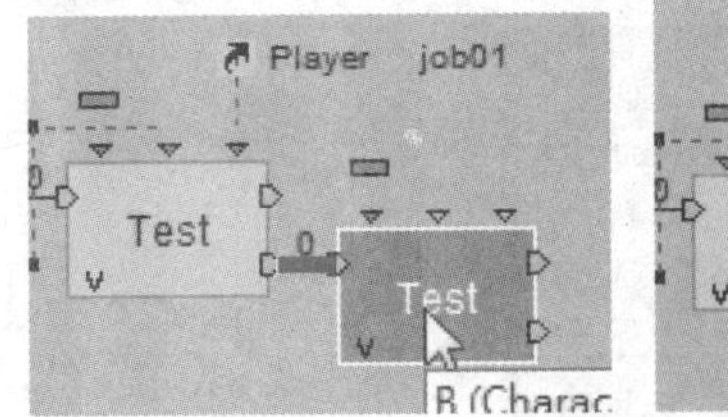

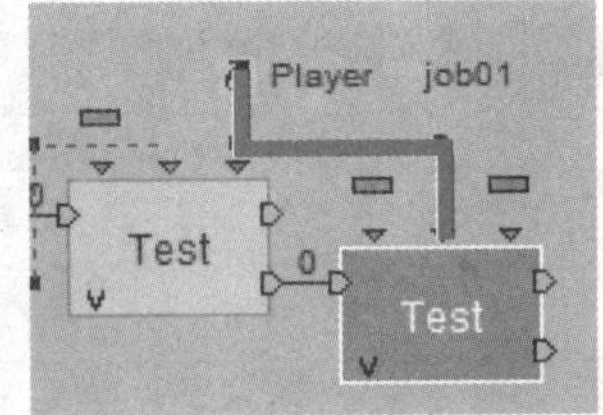

STEP 28 双击第二个Test模块，在弹出的对话框中❶设置Test值为Equal，❷B值为NULL，❸单击OK按钮。

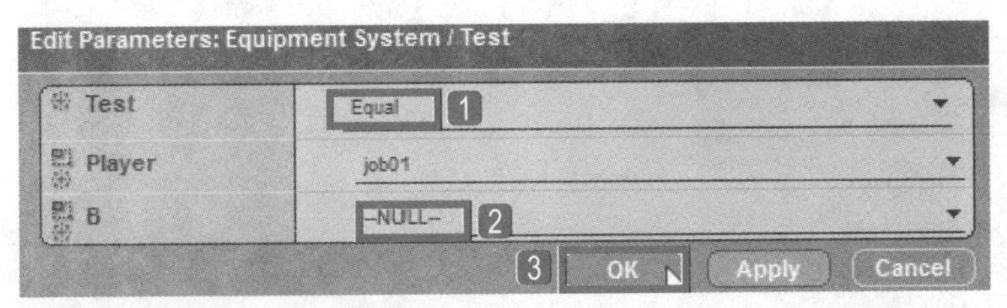

STEP 29 导入BB面板中的3D Transformations\Basic\Set Position模块。

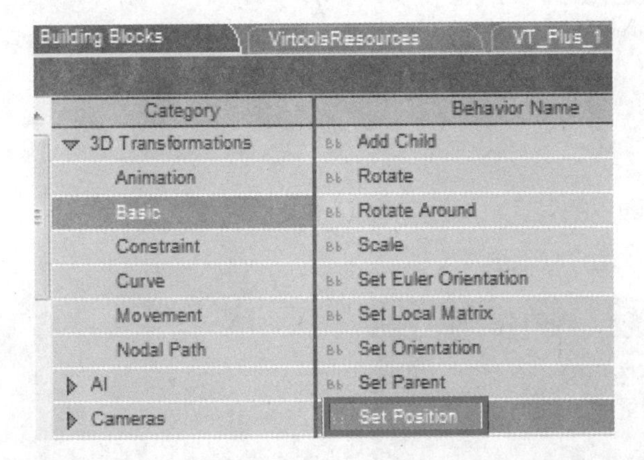

STEP 30 将第二个Test模块的输出端True连接到Set Position模块，并将Op模块的输出参数连接到Set Position模块的输入参数Target。

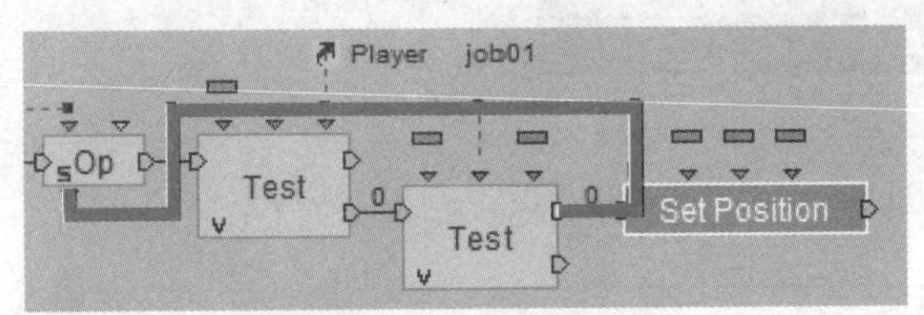

STEP 31 双击Set Position模块，在弹出的对话框中1设置Position的X、Y、Z值都为0，2单击OK按钮。

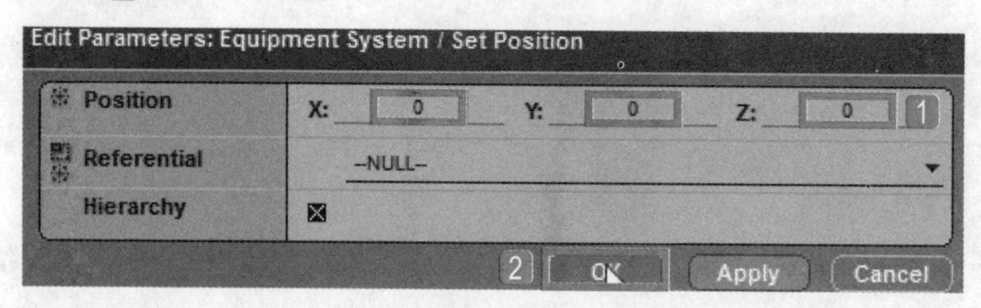

STEP 32 导入BB面板中的Narratives\Script Management\Activate Object模块。

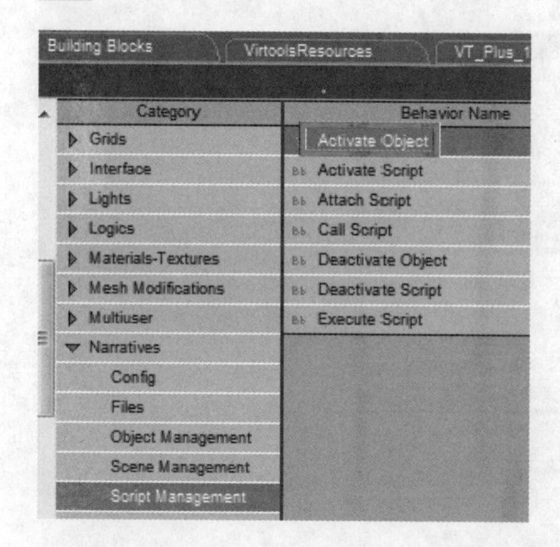

STEP 33 双击Activate Object模块，在弹出的对话框中1勾选Activate All Scripts复选框和2Reset Scripts复选框，3单击OK按钮。

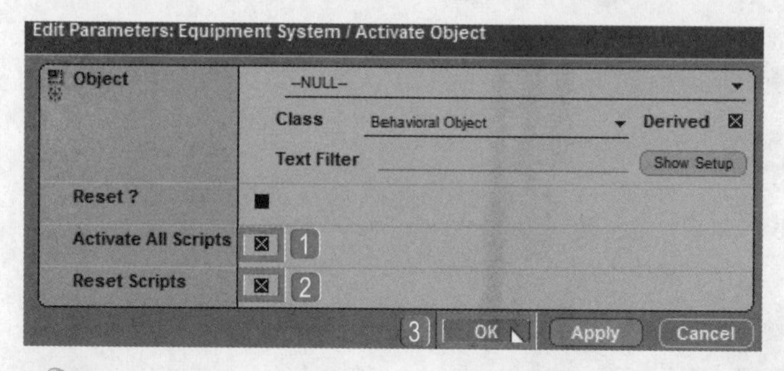

TIP 不要勾选Reset复选框，如果勾选该复选框，前面设置的Set Position就无效了。

STEP 34 复制Op模块输出参数快捷方式，将Set Position模块的输入参数Target和Activate Object模块的输入参数Object连接到该快捷方式上。

STEP 35 复制Player Pos快捷方式，并连接到Set Position模块的输入参数Position。

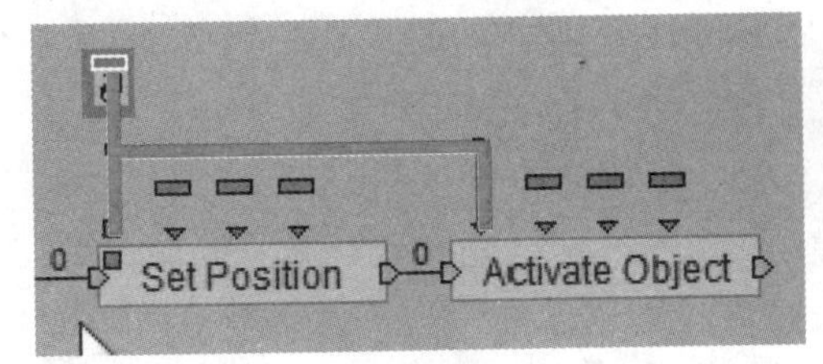

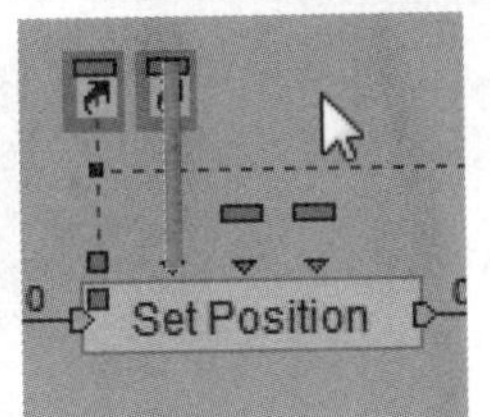

STEP 36 如果之前有其他角色，需要先将角色的位置记录下来。导入BB面板中的Logics\Calculator\Op模块并右击，在弹出的快捷菜单中执行Edit Settings命令，在弹出的对话框中1设置Inputs为3D Entity，2Operation为Get Position，3Ouput为Vector，4单击OK按钮。

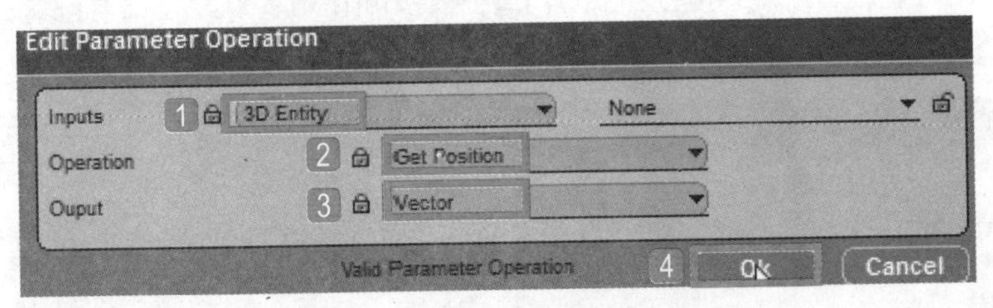

STEP 37 复制Player和Player Pos参数快捷方式，并将Op模块的输入参数连接到Player快捷方式，将其输出参数连接到Player Pos快捷方式。

STEP 38 导入BB面板中的Narratives\Script Management\Deactivate Object模块。

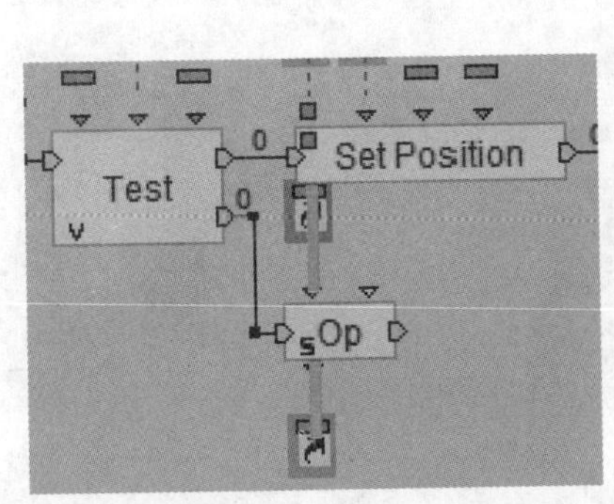

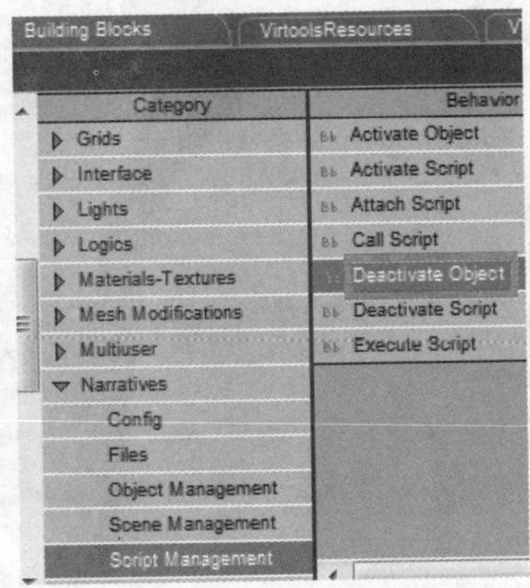

STEP 39 将Deactivate Object模块的输入参数Object连接到Player快捷方式，将先前的角色中止Script。

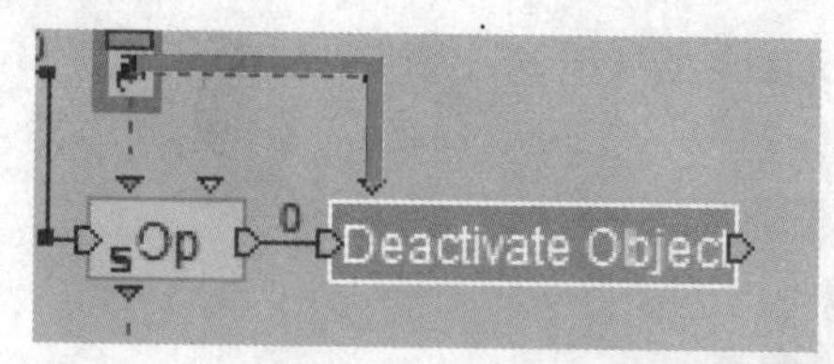

STEP 40 复制一个Set Position模块，将Set Position模块的输入参数Target连接到Player快捷方式。

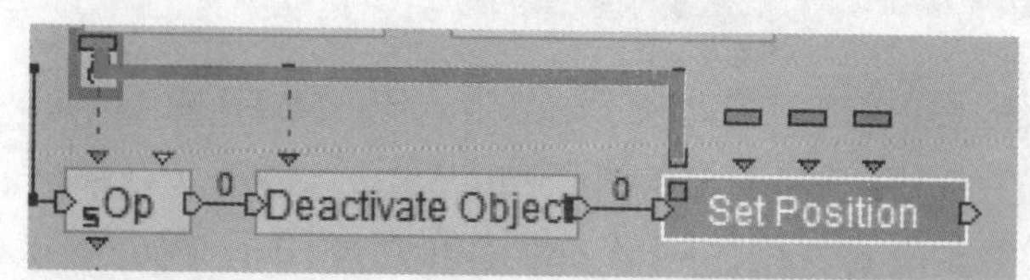

STEP 41 双击Set Position模块，在弹出的对话框中❶设置Position的X、Y、Z值都为-10000，让角色离开画面，❷单击OK按钮。

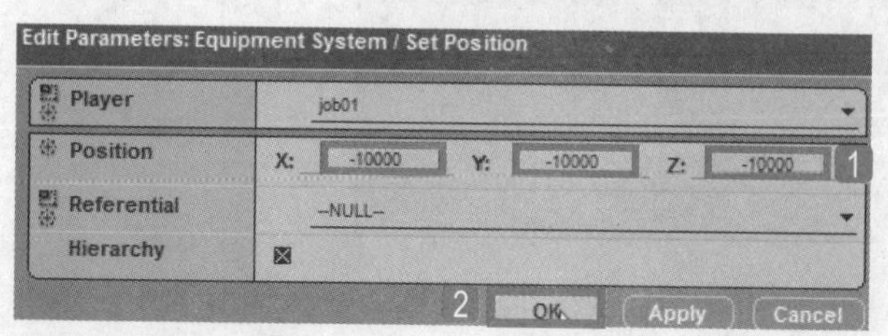

STEP 42 导入BB面板中的Logics\Calculator\Identity模块。

STEP 43 双击Identity模块的输入参数，在弹出的对话框中1设置Parameter Type为Character，2单击OK按钮。

STEP 44 复制Iterator If后的Op（作用为Get Object By Name）输出参数，复制快捷方式并连接到Identity模块的输入参数，再复制Player快捷方式连接到Identity模块的输出参数。

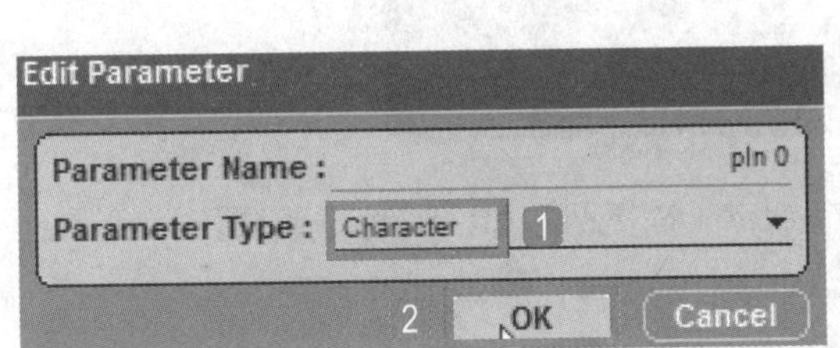

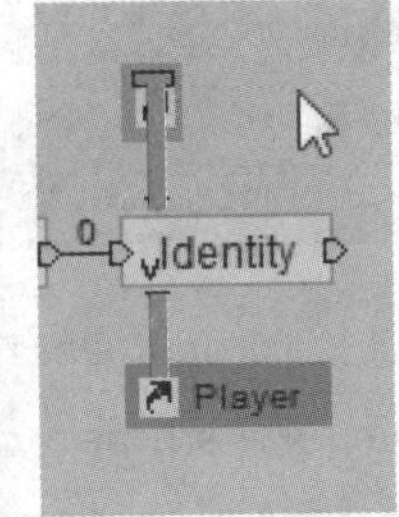

STEP 45 将Identity模块的输出端连接到Set Position模块的输入端。

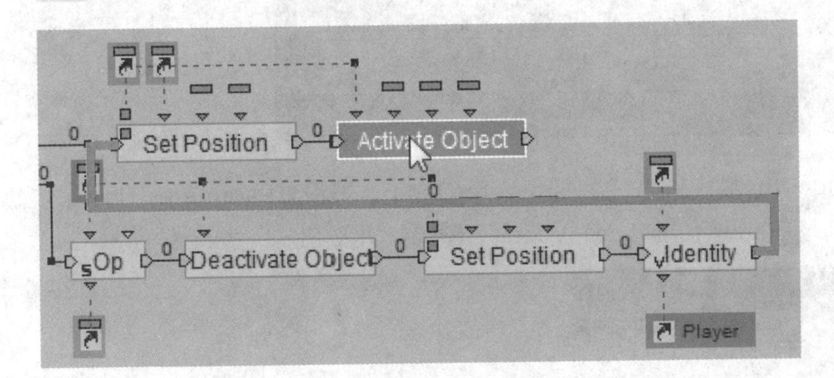

STEP 46 导入BB面板中的3D Transformations\Basic\Scale模块。

STEP 47 复制Player参数快捷方式，并连接到Scale模块的输入参数Target。再复制Scale参数快捷方式，并连接到Scale模块的输入参数Scaling Vector。

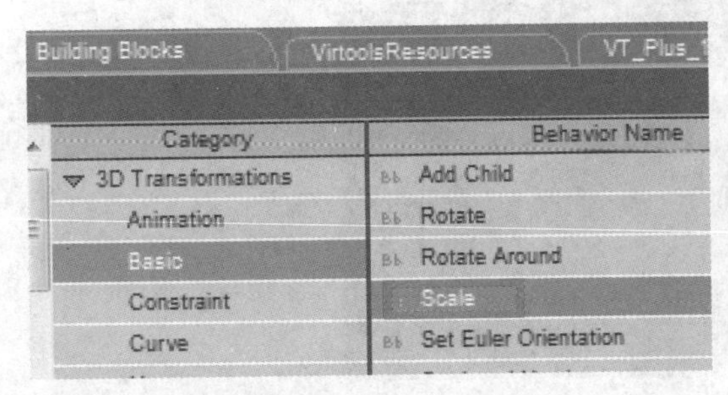

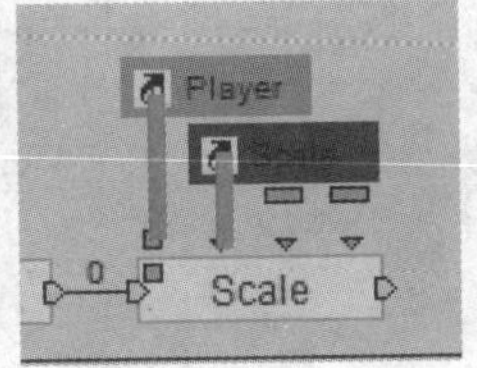

STEP 48 双击Scale模块，在弹出的对话框中1勾选Hierarchy复选框和2Absolute复选框，3单击OK按钮。

Edit Parameters: Equipment System / Scale
Player job01
Scale X: 0.127931 Y: 0.127931 Z: 0.127931
Hierarchy 1
Absolute 2
3 OK Apply Cancel

STEP 49 在程序空白处新增一个Local Parameter（快捷键为Alt+L），1设置Parameter Name为Player Dir，2Parameter Type为Vector，3单击OK按钮。

Edit Parameter
Parameter Name : 1 Player Dir
Parameter Type : Vector 2
Player Dir X: 0 Y: 0 Z: 0
3 OK Cancel

STEP 50 Start后的Identity模块新增一个Parameter Input，1设置Parameter Name为player Dir，2Parameter Type为Vector，3单击OK按钮。

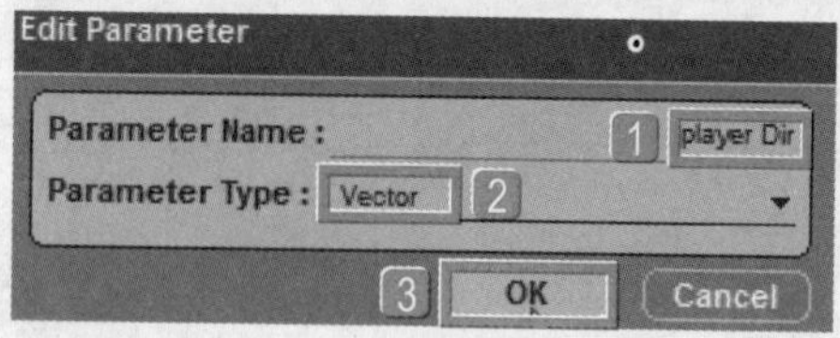

STEP 51 双击Identity模块，1将player Dir的X、Y、Z值都设置为0，2单击OK按钮。

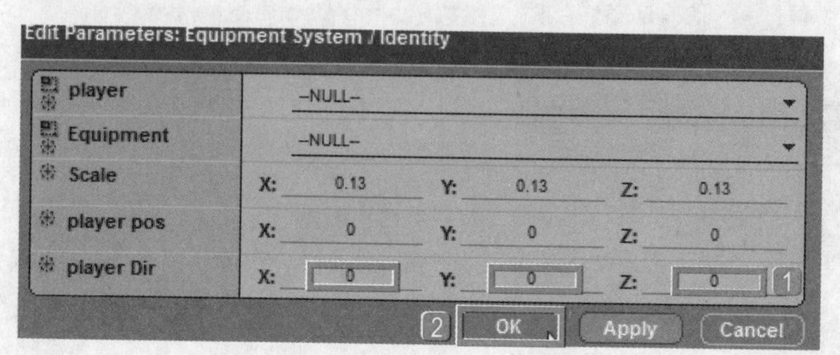

STEP 52 复制Player Dir参数，创建快捷方式，并将Identity模块的输出参数Player Dir连接到快捷方式。

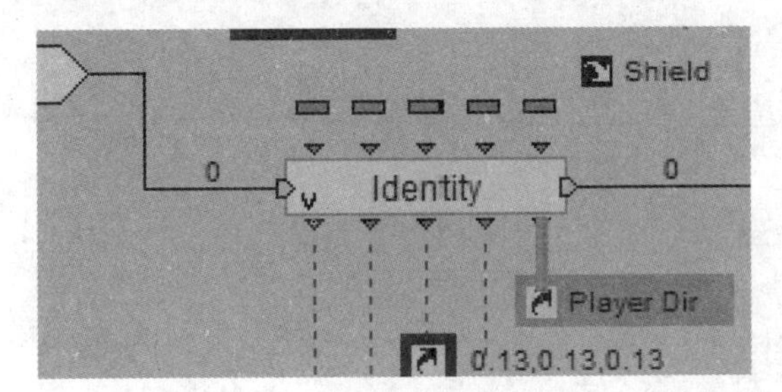

STEP 53 旧角色的方向也需要记录，在Deactivate Object前方复制一个Op模块，右击Op模块，在弹出的快捷菜单中执行Edit Settings命令，在弹出的对话框中①设置Inputs为3D Entity，②Operation为Get Dir，③Ouput为Vector，④单击OK按钮。

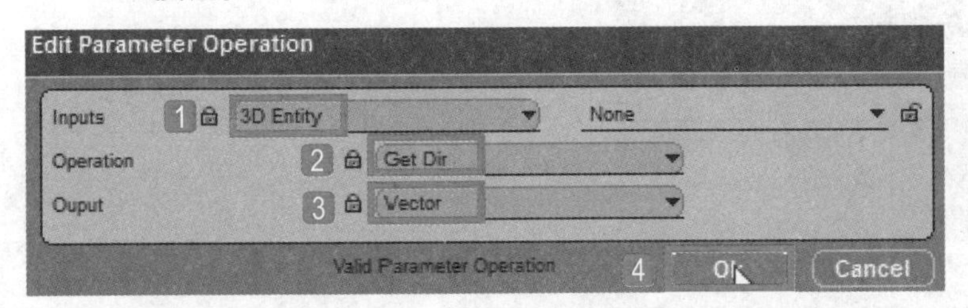

STEP 54 将第二个Op模块的输入参数连接到Player参数快捷方式，将其输出参数连接到Player Dir参数快捷方式。

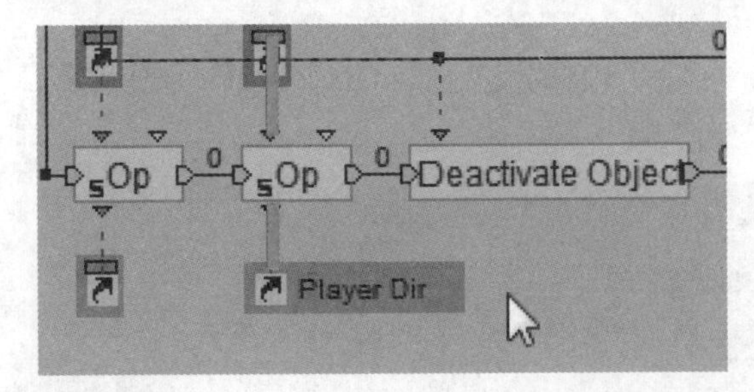

STEP 55 删除Test和Set Position模块之间的连接线，将Identity模块移动到两者之间（Identity模块原本的连接不需要删除），将Test模块的输出端True连接到Identity模块的输入端。

TIP 这里调整模块顺序，是因为先设置角色再执行会比较统一，且不容易出现错误。

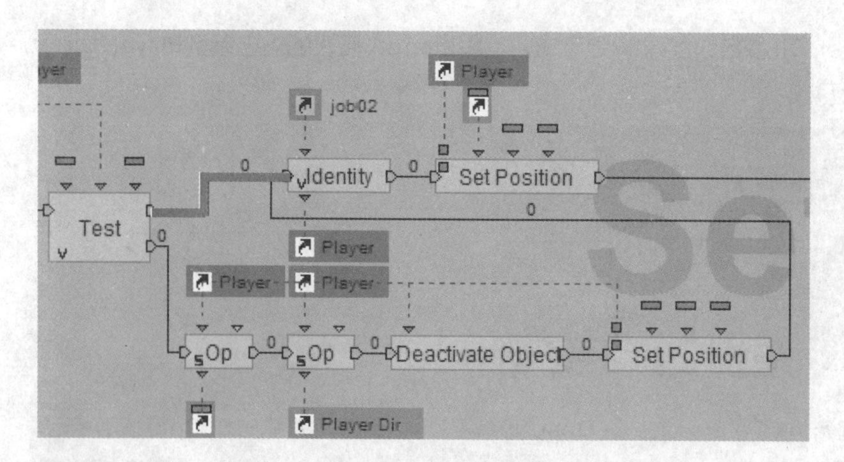

STEP 56 删除Set Position和Activate Object模块之间的连接线。导入BB面板中的3D Transformations\Basic\Set Orientation模块。

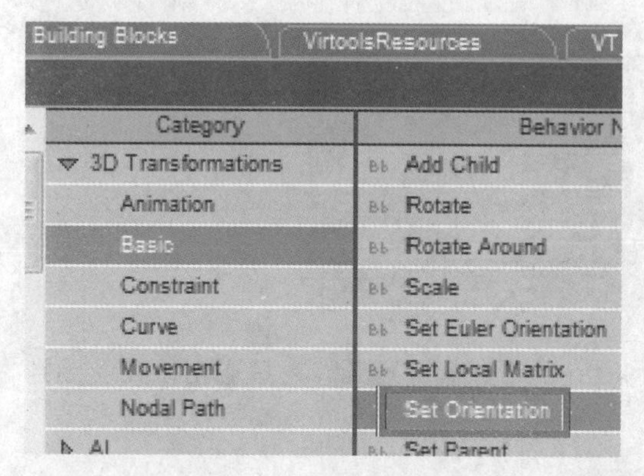

STEP 57 将所有角色参数连接更改为Player参数快捷方式，并将Set Orientation模块的输入参数Dir连接到Player Dir参数快捷方式。

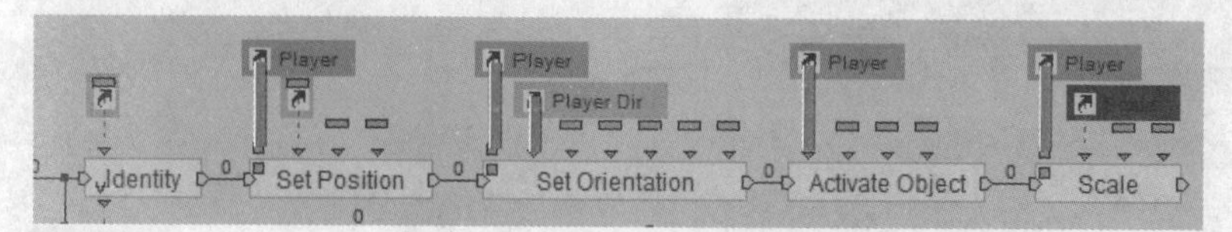

TIP 通常在撰写程序时，根据程序的顺序进行逻辑思考，但在程序撰写完成后，还可以将其简化、优化，从而便于检查错误，使执行更为顺畅。

STEP 58 将身体部分模块化。右击空白处，在弹出的快捷菜单中执行Draw Behavior Graph命令，绘制一个矩形，将Op模块和Scale模块之间的程序包起来，并命名为Set Player。将Set Player模块的输入端连接到Op模块的输入端，将Op模块的输入参数拖曳到模块外。

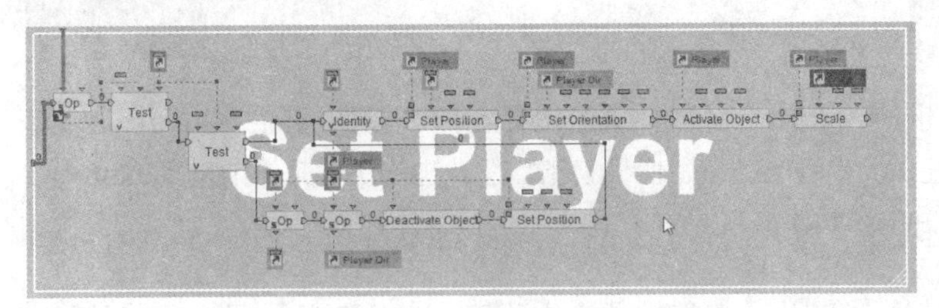

STEP 59 再选中Set Player模块的同时按下键盘上的O键，创建一个模块输出口，将Test模块的输出端True连接到模块输出口。

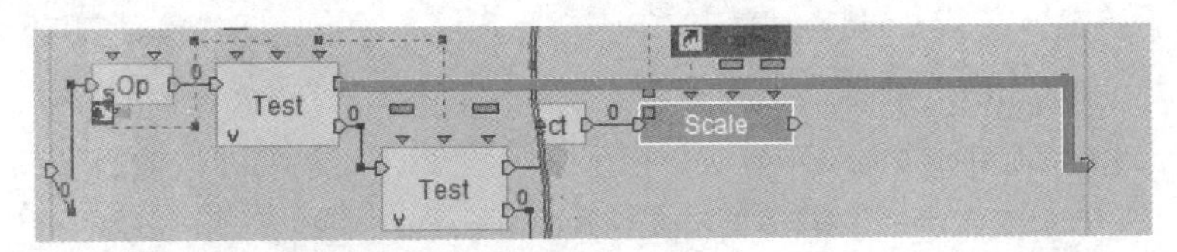

STEP 60 双击模块空白处将模块收起，将Iterator If模块的输出参数object连接到Set Player模块的输入参数。

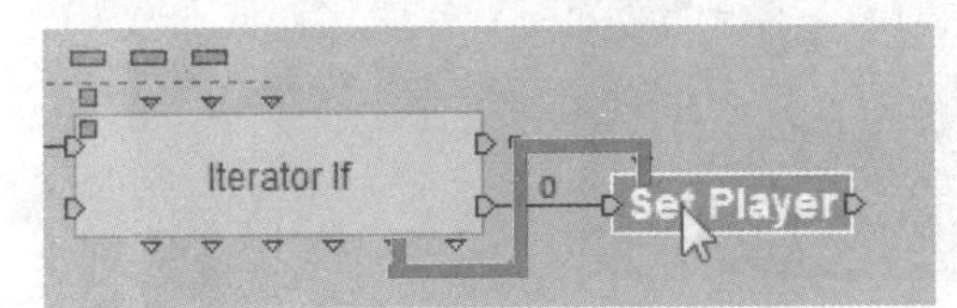

TIP 当角色更换后，先前Set Head模块中的安装点也会更换，所以需要抓取新的角色装备点。

STEP 61 在程序空白处右击，在弹出的快捷菜单中执行Add Local Parameter命令（快捷键为Alt+L），在弹出的对话框中❶设置Parameter Name为Equ 1，❷Parameter Type为3D Entity，❸单击OK按钮。

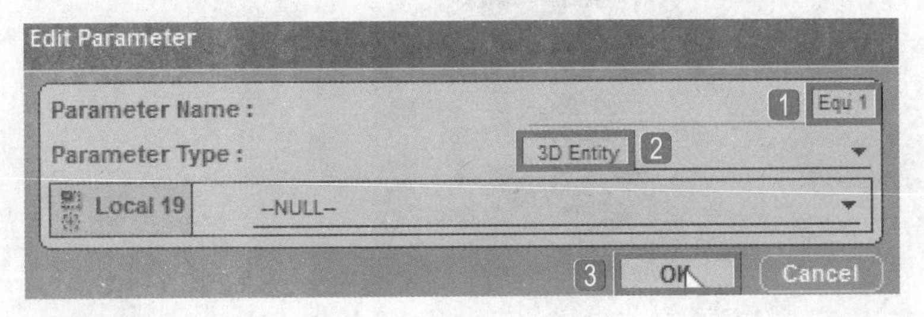

STEP 62 按住Shift键的同时拖曳Equ 1参数，复制出另外两个参数，分别命名为Equ 2和Equ 3。

Equ 1
Equ 2
Equ 3

STEP 63 按住Ctrl的同时选中这3个参数，单击鼠标右键，在弹出的快捷菜单中执行Copy命令，在Set Player模块空白处右击，在弹出的快捷菜单中执行Paste as Shortcut命令粘贴参数快捷方式。

这里要注意的是，要进行角色切换，两个角色装备点的名称必须一致才能查找到，本例中名称是dummy_01 、dummy_02、 dummy_03。

STEP 64 对角色进行数据筛选，在Set Player模块中单击鼠标右键，在弹出的快捷菜单中执行Draw Behavior Graph命令，绘制一个空白矩形，并命名为Scan Equ。导入BB面板中的Logics\Calculator\Op模块并右击，在他弹出快捷菜单中执行Edit Settings命令，在弹出的对话框中1设置Inputs为Character，2Operation为Get BodyParts，3Ouput为Collection，4单击OK按钮。

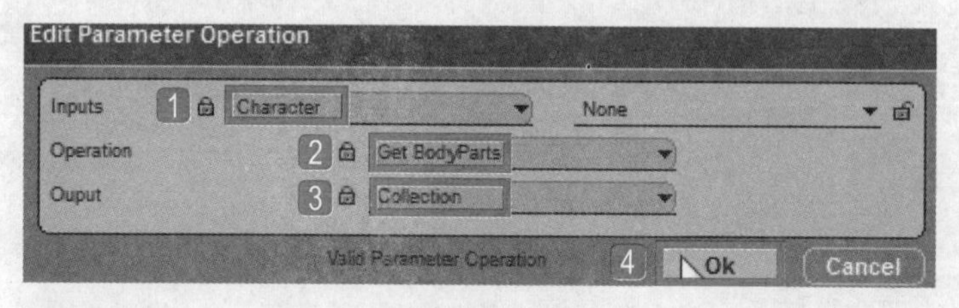

STEP 65 复制Player参数快捷方式，并连接到Op模块的输入参数。

STEP 66 导入BB面板中的Logics\Loops\Collection Iterator模块。

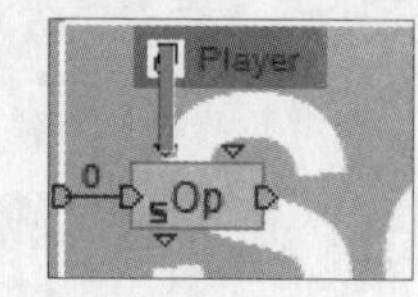

Building Blocks | VirtoolsResources | VT_Plus_1

Category	Behavior Name
Grids	Bezier Progression
Interface	Chrono
Lights	Collection Iterator
Logics	Counter
Array	Delayer
Attribute	Hierarchy Parser
Calculator	IBCQ
Groups	Linear Progression
Interpolator	Noise Progression
Loops	Timer

STEP 67 将Op模块的输出参数连接到Collection Iterator模块的输入参数Collection。

STEP 68 导入BB面板中的Logics\Streaming\Switch On Parameter模块。

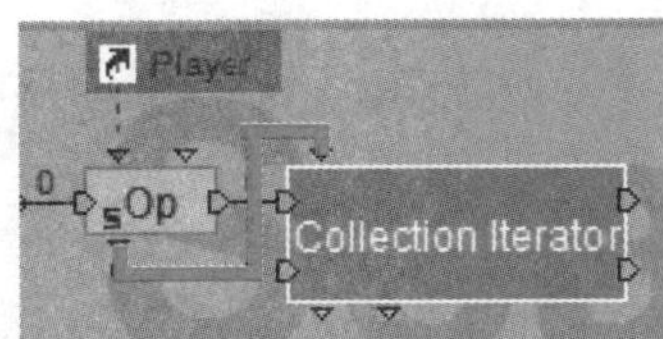

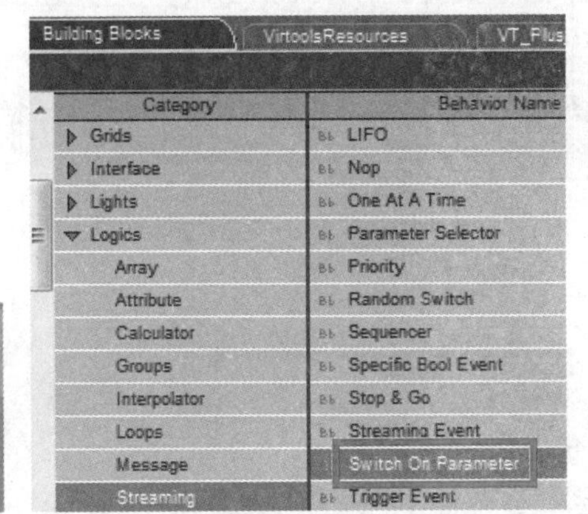

STEP 69 双击Switch On Parameter模块的输入参数Test，在弹出的对话框中1设置Parameter Type为String，2单击OK按钮。

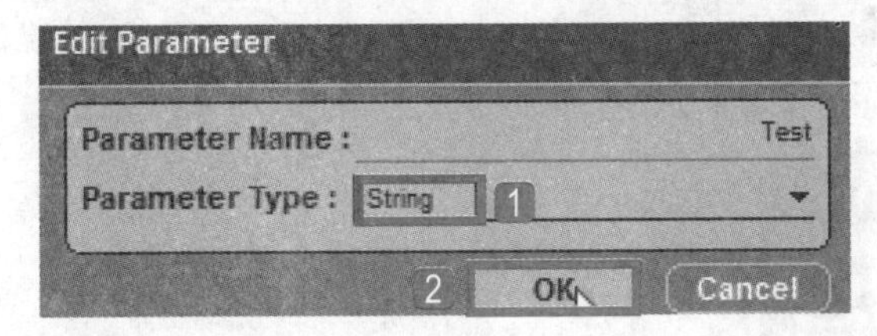

STEP 70 将Collection Iterator模块的输出端Loop Out连接到Switch On Parameter模块的输入端，并将Collection Iterator模块的输出参数Element连接到Switch On Parameter模块的输入参数Test，以字符串方式搜索。

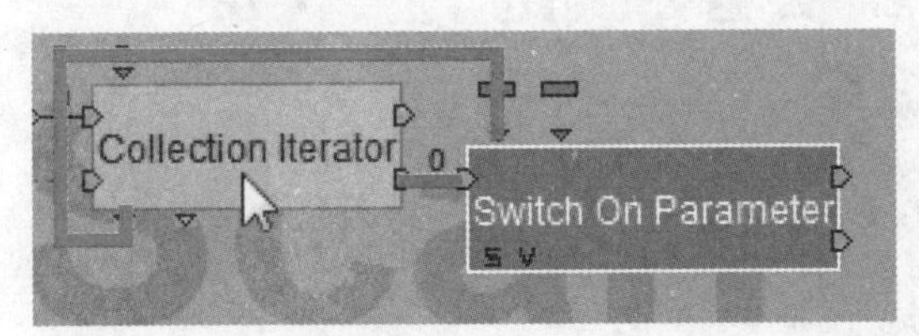

STEP 71 右击Switch On Parameter模块，在弹出的快捷菜单中执行Construct>Add Behavior Output命令，增加两个输出端，同时会增加两个判断输入参数。

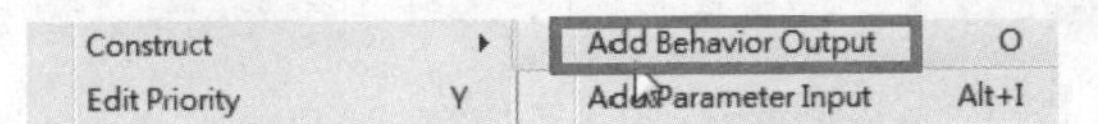

STEP 72 双击Switch On Parameter模块，在弹出的对话框中❶设置Pin 1为dummy_01，❷Pin 2为dummy_02，❸Pin 3为dummy_03，❹单击OK按钮。

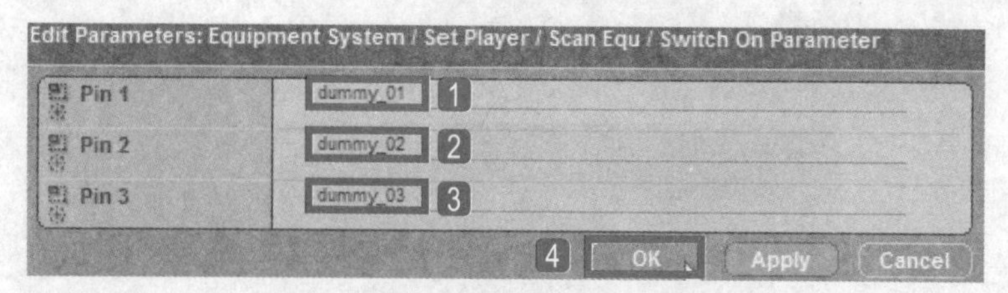

STEP 73 将Switch On Parameter模块的输出端None连接到Collection Iterator模块的输入端Loop In设置循环。

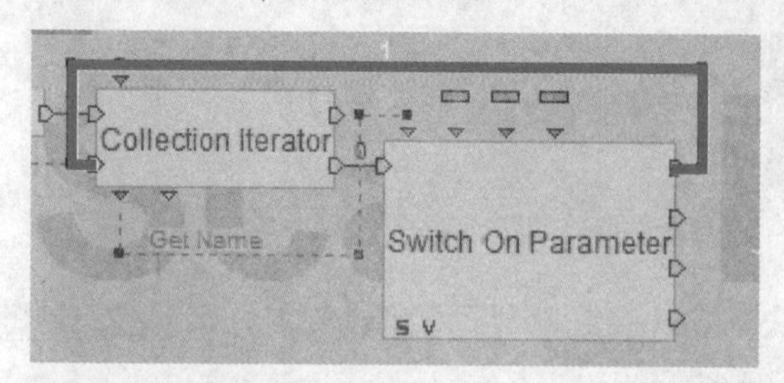

STEP 74 双击循环线，在弹出的对话框中❶设置Link delay为0，以便快速循环搜索，❷单击OK按钮。

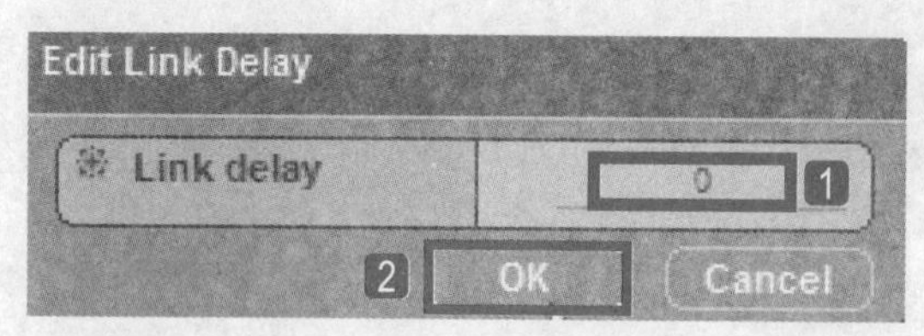

STEP 75 导入BB面板中的Logics\Calculator\Identity模块，双击输入参数，在弹出的对话框中❶设置Parameter Type为3D Entity，❷单击OK按钮。

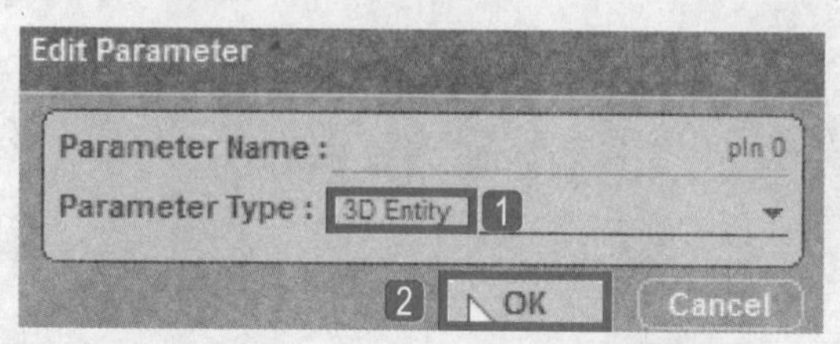

STEP 76 将Switch On Parameter模块的输出端Out1连接到Identity模块的输入端，将Collection Iterator模块的输出参数Element连接到Identity模块的输入参数。复制Equ1参数快捷方式，并将Identity模块的输出参数连接到该快捷方式。

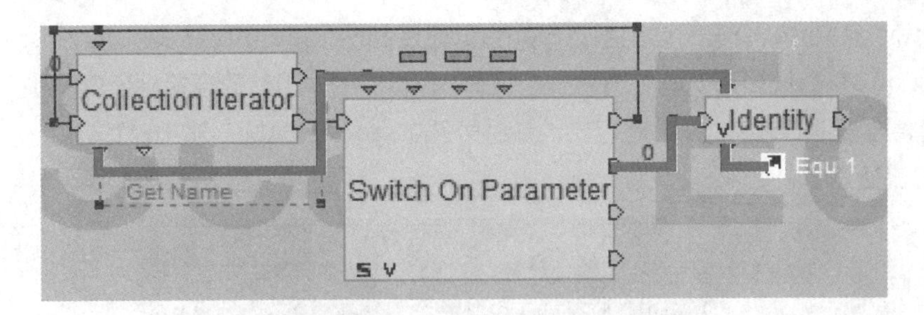

STEP 77 导入BB面板中的Logics\Streaming\NOp模块，作为集线器。

STEP 78 将Identity模块的输出端连接到NOp模块的输入端。

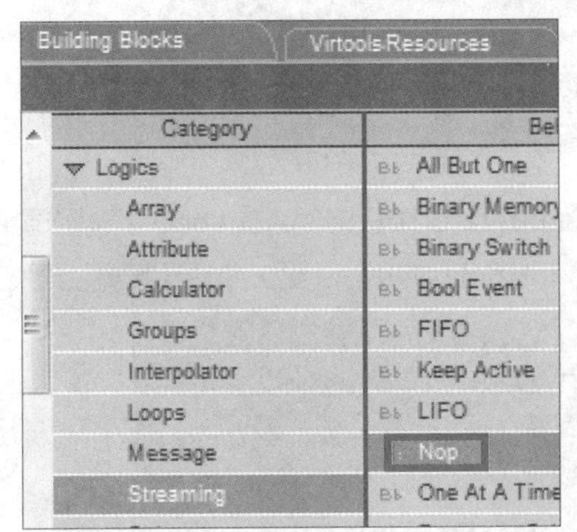

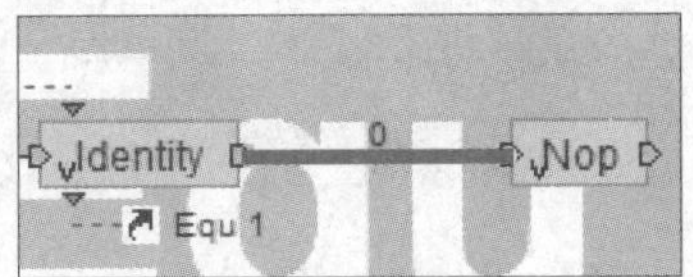

STEP 79 复制两个Identity模块，将第二个Identity模块的输入端连接到Switch On Parameter模块的输出端Out2，将第三个Identity模块的输入端连接到Switch On Parameter模块的输出端Out3，将复制的两个Identity模块的输出端连接到NOp模块的输入端。

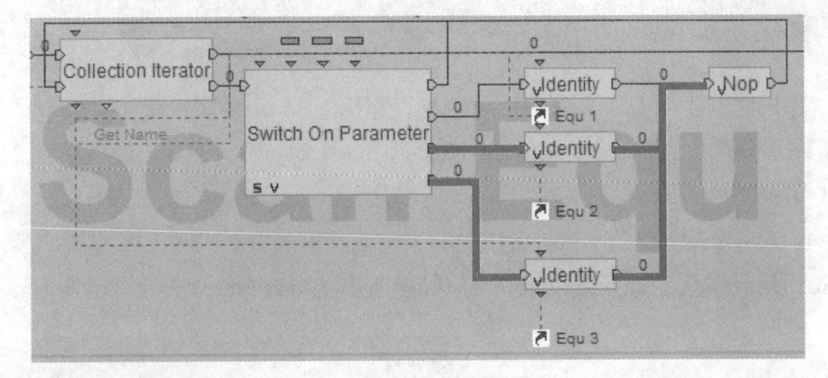

STEP 80 将Collection Iterator模块的输出参数Element连接到两个Identity模块的输入参数，复制Equ2参数快捷方式，并将第二个Identity模块的输出参数连接到该Equ2快捷方式，再复制Equ3参数快捷方式，并将第三个Identity模块的输出参数连接到该Equ3快捷方式。

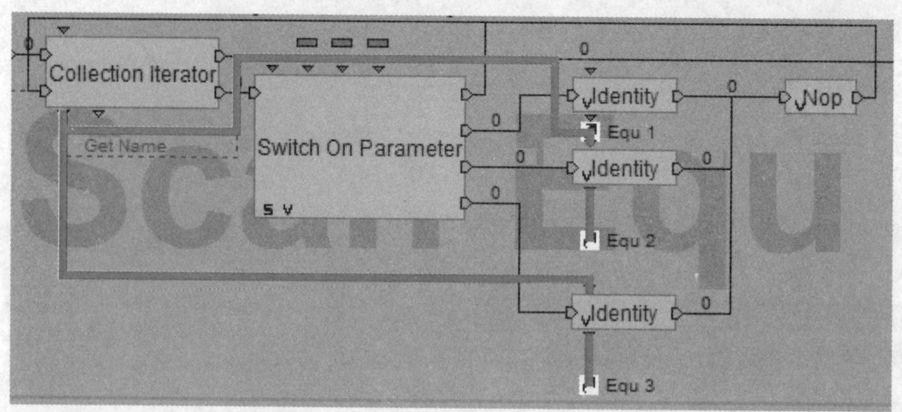

STEP 81 将NOp模块的输出端None连接到Collection Iterator模块的输入端Loop In设置循环。双击循环线，在弹出的对话框中设置Link delay为0，以便快速循环搜索。

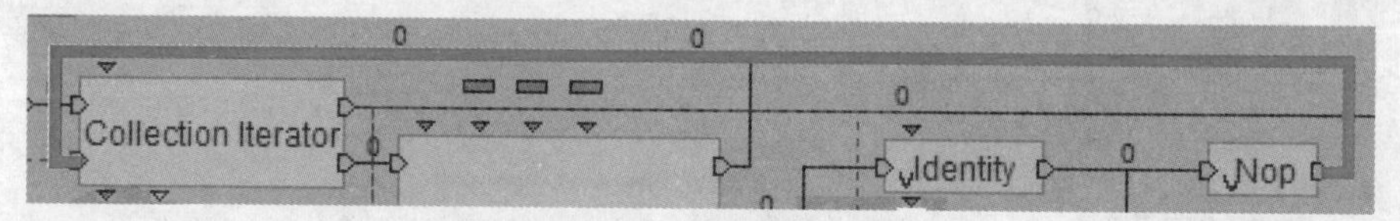

STEP 82 在选中Scan Equ模块的同时按下键盘上的O键新增一个输出端，将Collection Iterator模块的输出端连接到模块输出端Out。

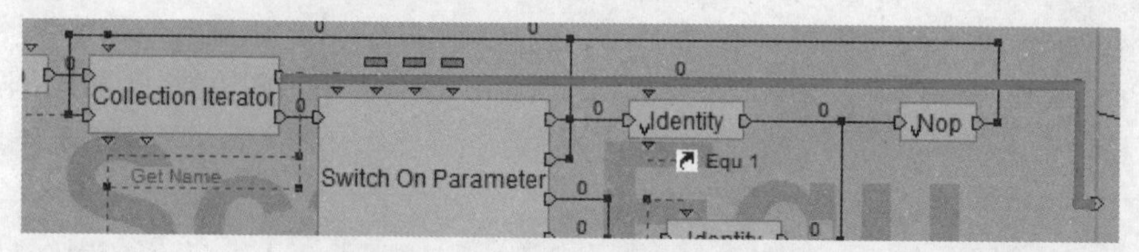

STEP 83 这样就可以将角色身上所有的装备点搜寻出来，将Scan Equ模块收起，将Scan Equ模块的输入端连接到Scale模块的输出端，将Scan Equ模块的输出端连接到Set Player模块的输出端。

STEP 84 将Set Player模块收起，将Set Player模块的输出端连接到Set Head模块的输入端，并将Set Head模块的输入参数Referential更改连接参数为Equ 1。

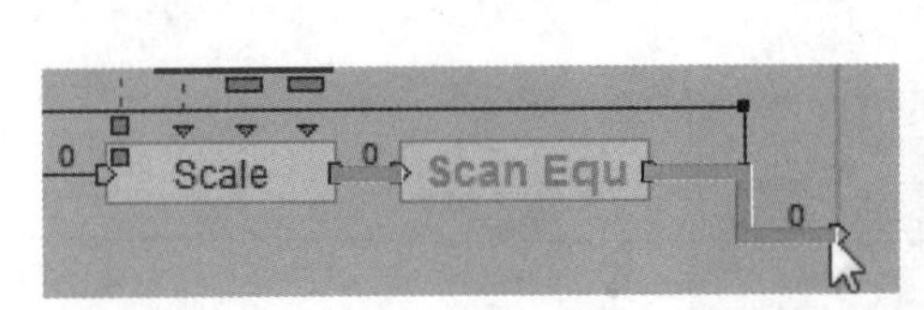

STEP 85 由于角色变换，控制器也必须变换，因此将原本在job01 Script中的Keyboard Mapper模块移动到Equipment System，右击Keyboard Mapper模块，在弹出的快捷菜单中执行Add Target Parameter命令。

STEP 86 将Keyboard Mapper模块的输入端On连接到Set Player模块的输出端，并复制一个Player参数快捷方式，将Keyboard Mapper模块的输入参数连接到Player参数快捷方式。

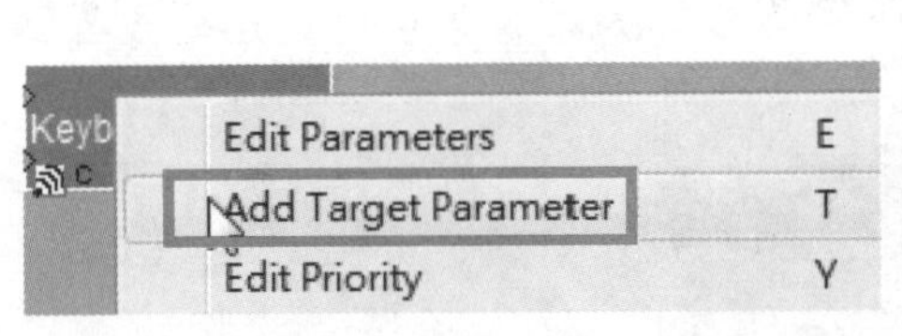

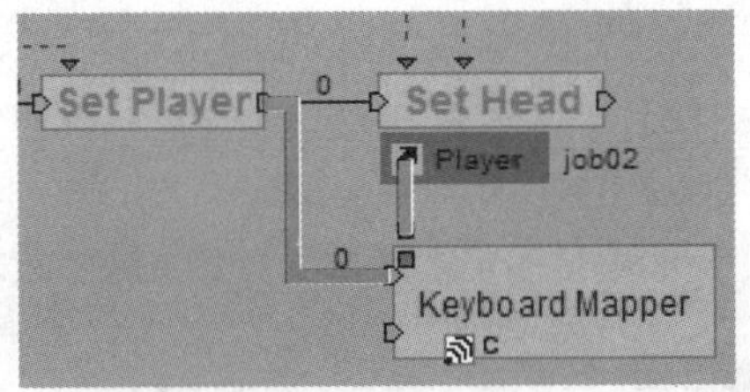

STEP 87 执行程序，发现job02的数值全部都是乱码。

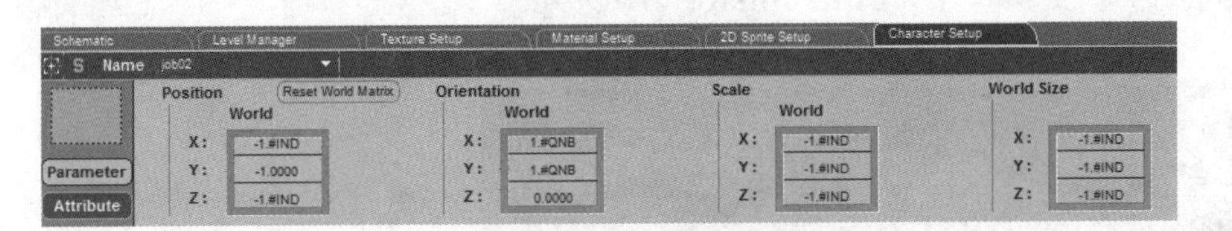

STEP 88 这是因为在最初Start后Identity模块player Dir的X、Y、Z值都设置为0的缘故，需要将其中的一个值设置为1，1这里设置Z值为1，2单击OK按钮。

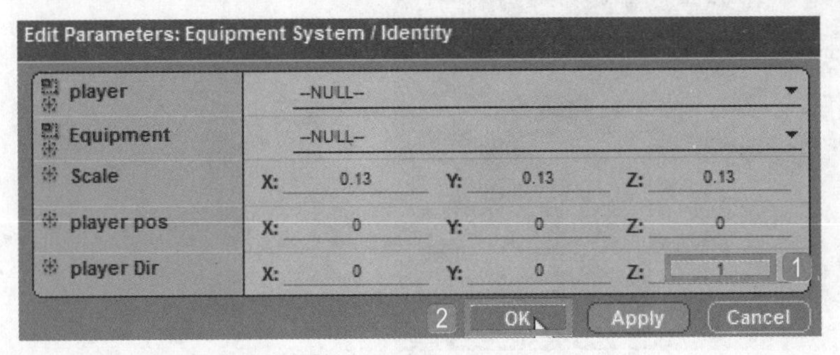

STEP 89 再次执行测试并预览，可以看到角色正常显示。

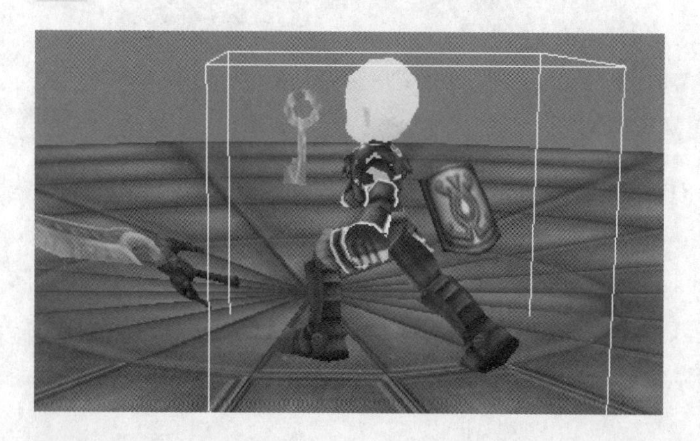

STEP 90 对另一个角色进行测试，由于还没有写到衣服更换的部分，因此先在Array Setup面板中的Equipment Data中更改参数设置，将cloth字段更改为BlueCloth。

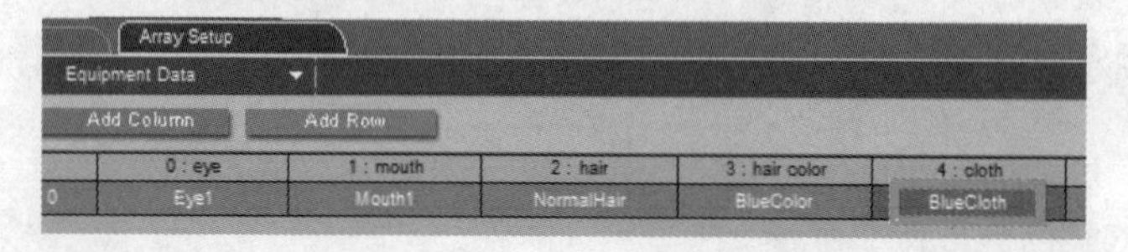

STEP 91 再执行一次测试并预览，程序将会自动更换角色。

STEP 92 至此，角色模型的选择就制作完成了，根据服装不同，可自动变换为不同的角色。

TIP 在本小节了解了如何简化并统一复杂的程序模块，以及如何将程序中的错误Debug。

16.4 替换眼睛和嘴巴的贴图

STEP 1 制作比较简单的眼睛和嘴巴贴图的置换。右击空白处，在弹出的快捷菜单中执行Draw Behavior Graph命令，创建一个模块，整理模块并进行分类。

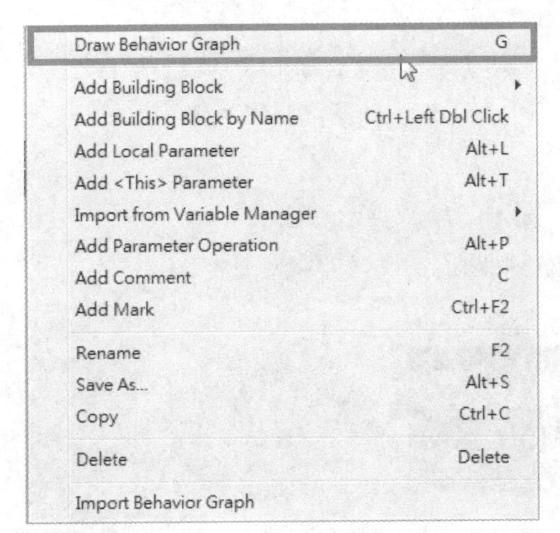

TIP 对模块进行分类可以方便我们对模块进行设置，另外，也能让我们清楚的知道设置的各个项目，以便之后调用。

STEP 2 按下F2键，将其重命名为Set Eye。

STEP 3 从前面的Get Row模块得到角色的装备数据，并取得贴图数据。直接复制拖曳前面的Iterator If模块连接到模块的入口。

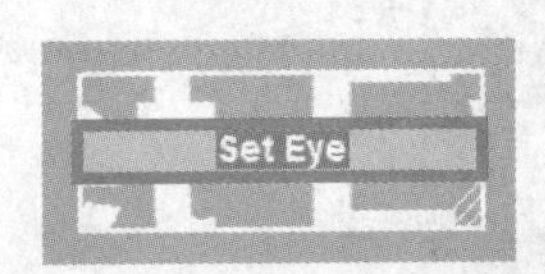

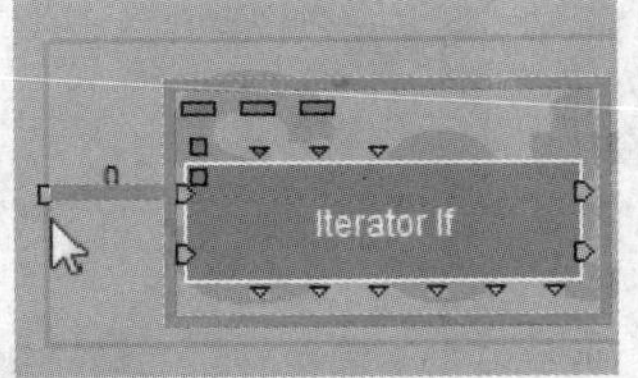

STEP 4 双击Iterator If模块，在弹出的对话框中1设置Target为Item Data，2Column为 0，3Operation为Equal，4单击OK按钮。

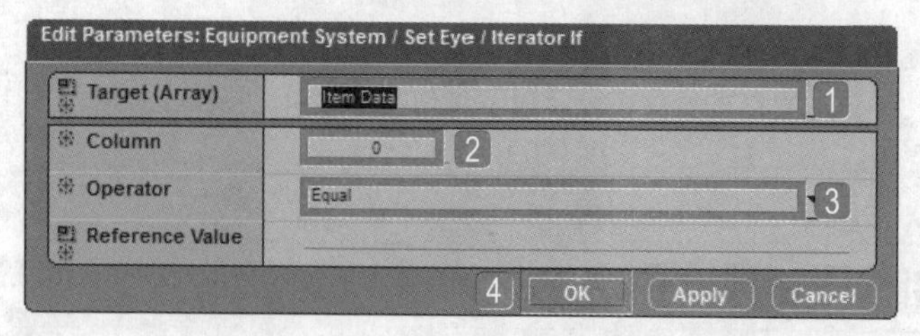

STEP 5 将要侦测的Value数据拉到模块外进行连接。

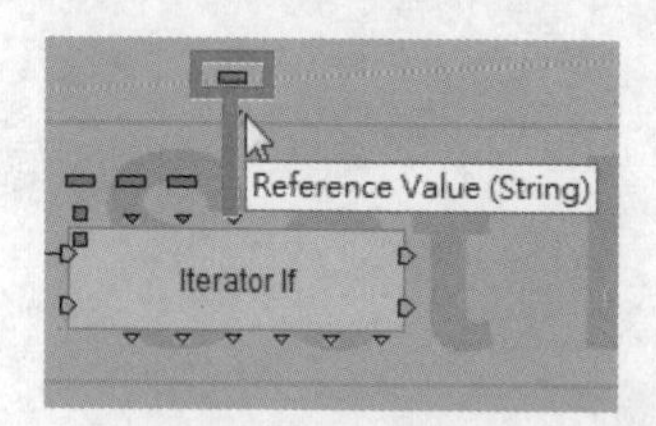

STEP 6 由于设置的是名称，因此用这个名称进行判断。

Item Data

Add Column　Add Row

	0 : Name	1 : type	2 : minipic	3 : object	4 : Never
0	Eye1	eye	pic_eye1	eye1	x
1	Eye2	eye	pic_eye2	eye2	x
2	Eye3	eye	pic_eye3	eye3	x

STEP 7 导入BB面板中的Logics\Calculator\Op模块。

STEP 8 右击Op模块，在弹出的快捷菜单中执行Edit Settings命令，对其进行设置。

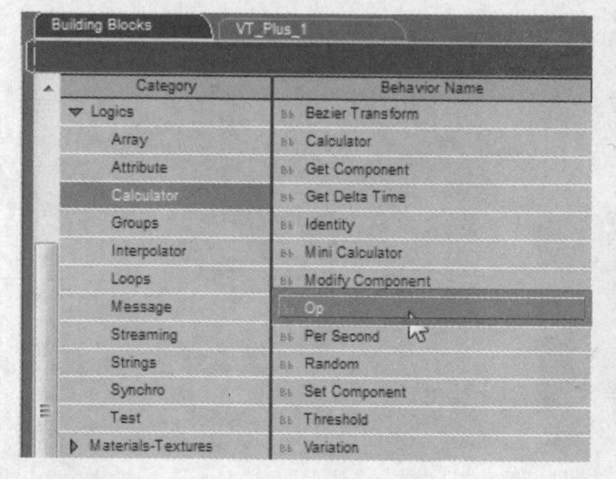

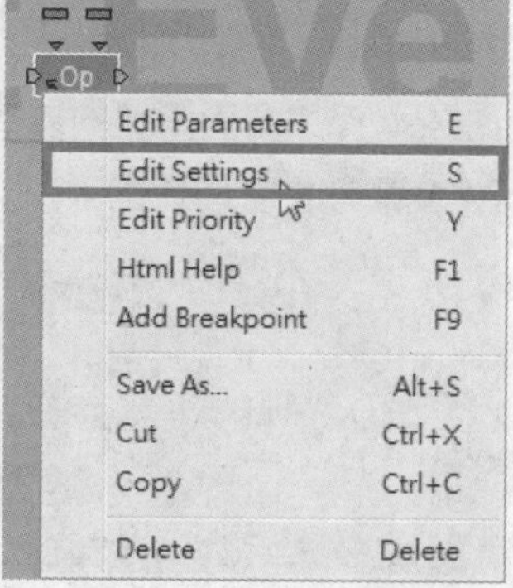

STEP 9 在弹出的对话框中1设置Inputs的A值为String，2Operation为Get Object By Name，3Ouput为Texture，4单击OK按钮。

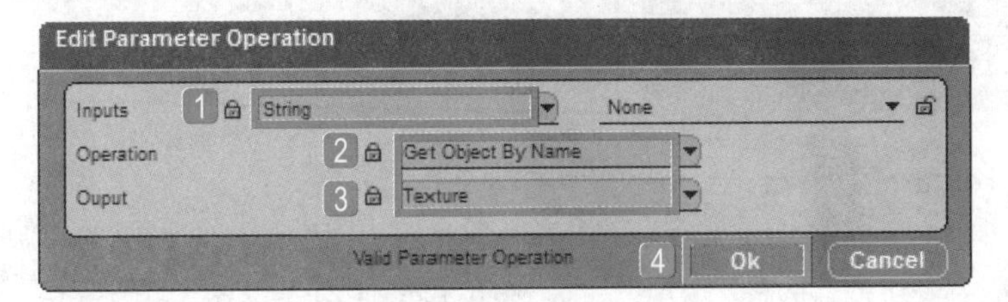

STEP 10 将Op模块连接到Iterator If模块的Loop Out。

STEP 11 将Iterator If 模块查找到的对象名称赋予Op模块的A值，让它去找我们要的贴图。

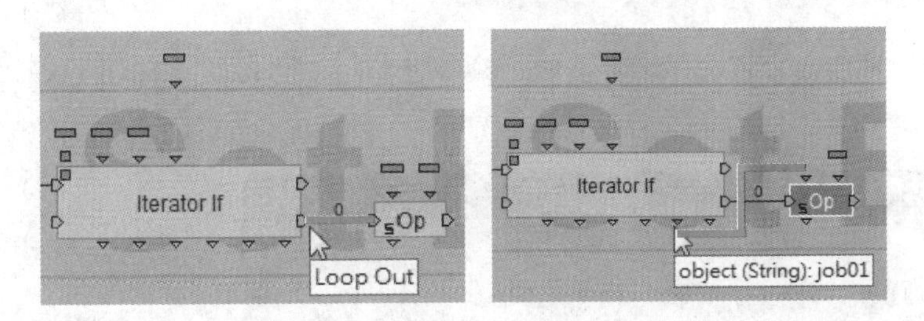

STEP 12 导入BB面板中的Materials-Textures\Basic\Set Texture模块。

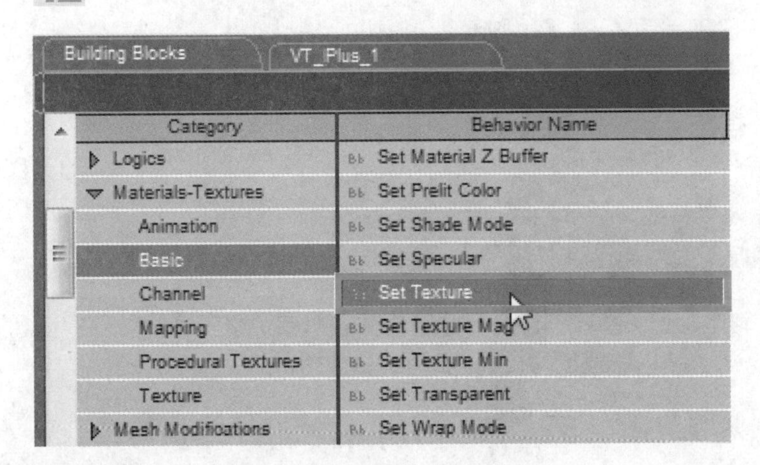

STEP 13 将Set Texture模块连接到Op模块后。

STEP 14 将Set Texture模块对应的Material拉到模块外进行连接。

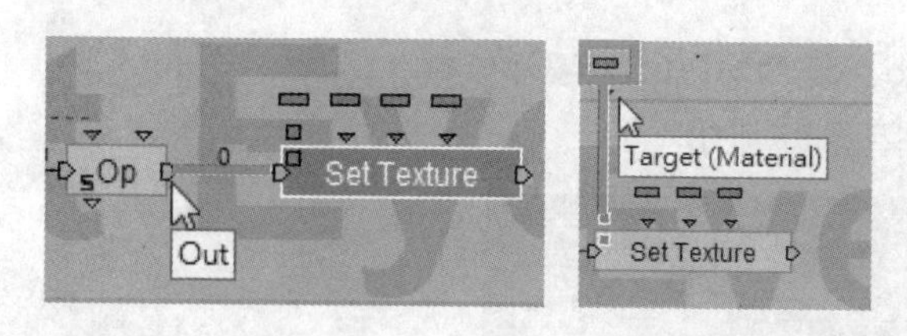

STEP 15 将Op模块找到的Texture赋予Set Texture模块的Texture。

STEP 16 在模块上双击鼠标左键将模块收起，将Set Eye模块连接到Set Head模块后，眼睛贴图的置换就设置完成了。

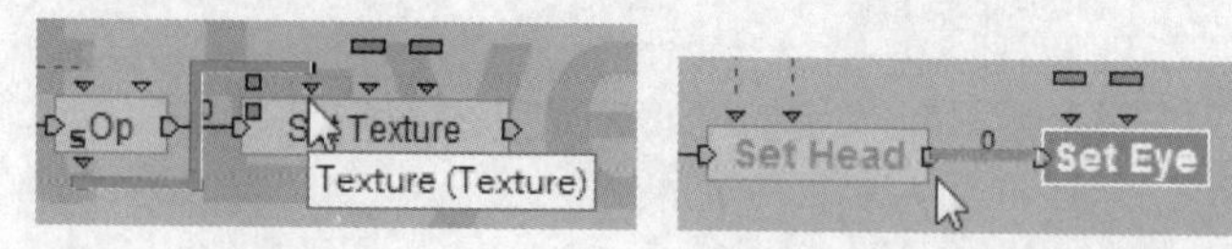

STEP 17 选择Set Eye模块按下E键，在弹出的对话框中❶设置Target为eye，❷单击OK按钮。

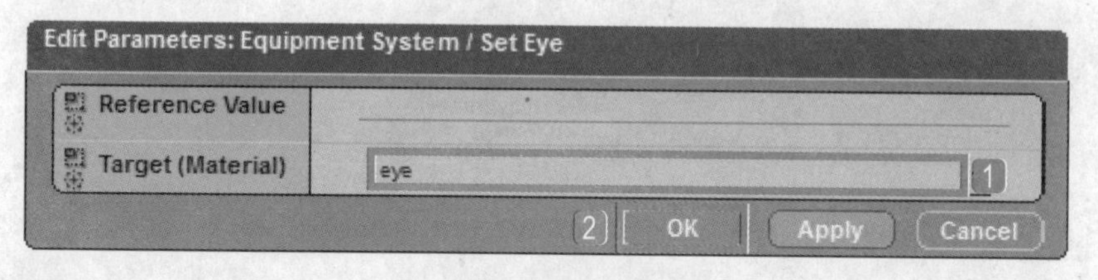

STEP 18 将Get Row找到的第一笔眼睛资料赋予Set Eye模块的Value。

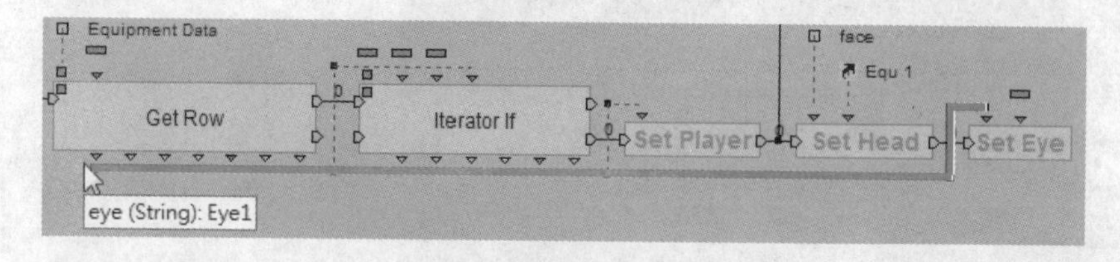

STEP 19 设置好眼睛后，制作嘴巴。嘴巴的设置与眼睛相似，只要更改变量即可。按住Shift键拖曳复制一个Set Eye模块，连接到Set Head模块后。

STEP 20 将其重命名为Set Mouth。

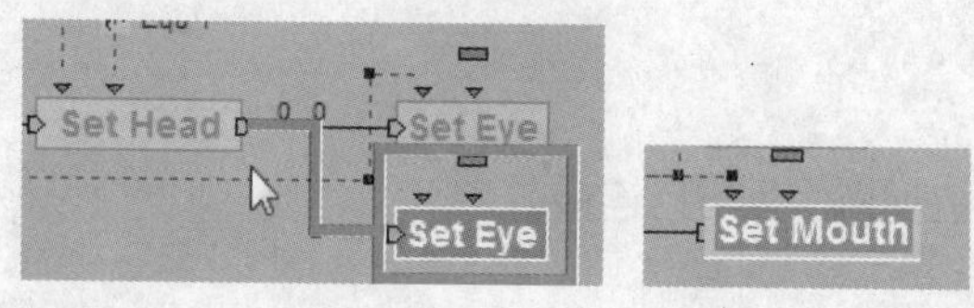

STEP 21 将Get Row模块找到的第二笔mouth资料赋予Set Mouth模块的Value。

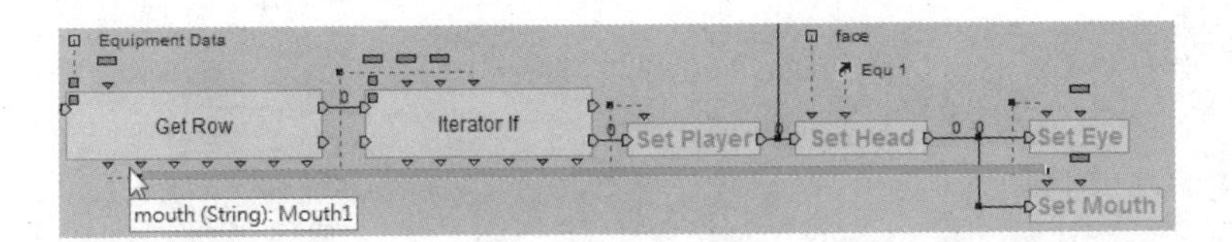

STEP 22 选择Set Mouth模块按下E键，在弹出的对话框中1设置Target为mouth，2单击OK按钮。

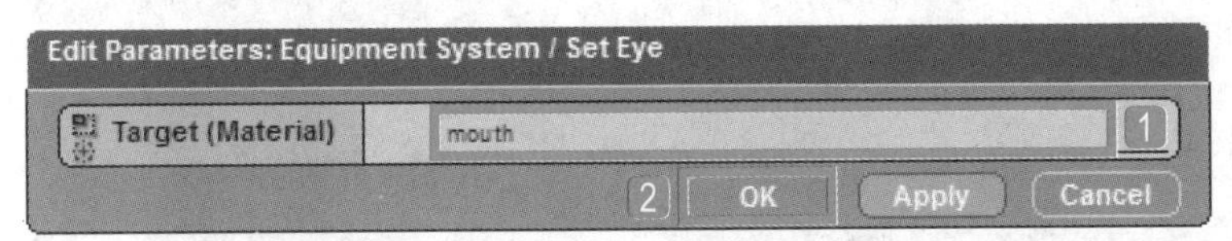

STEP 23 单击Play按钮测试预览，可以看到Eye1和Mouth1成功贴附着。

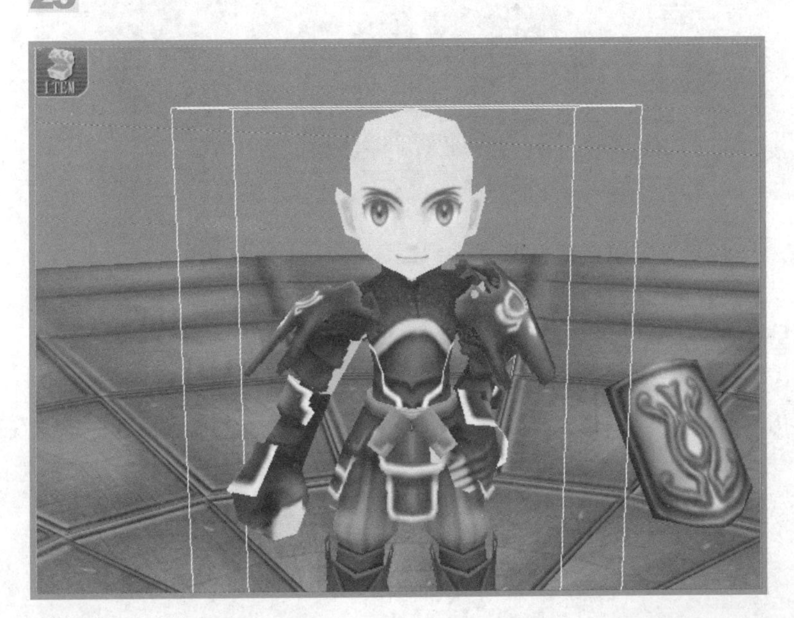

STEP 24 更改一下装备数据，单击Set IC按钮，再进行测试预览。

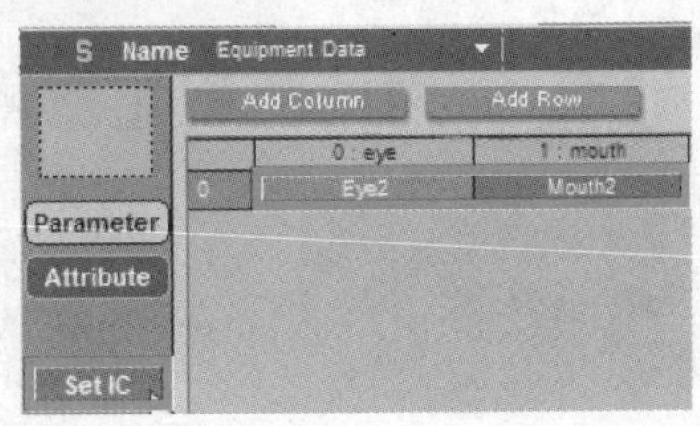

STEP 25 可以看到眼睛和嘴巴都更换了贴图。

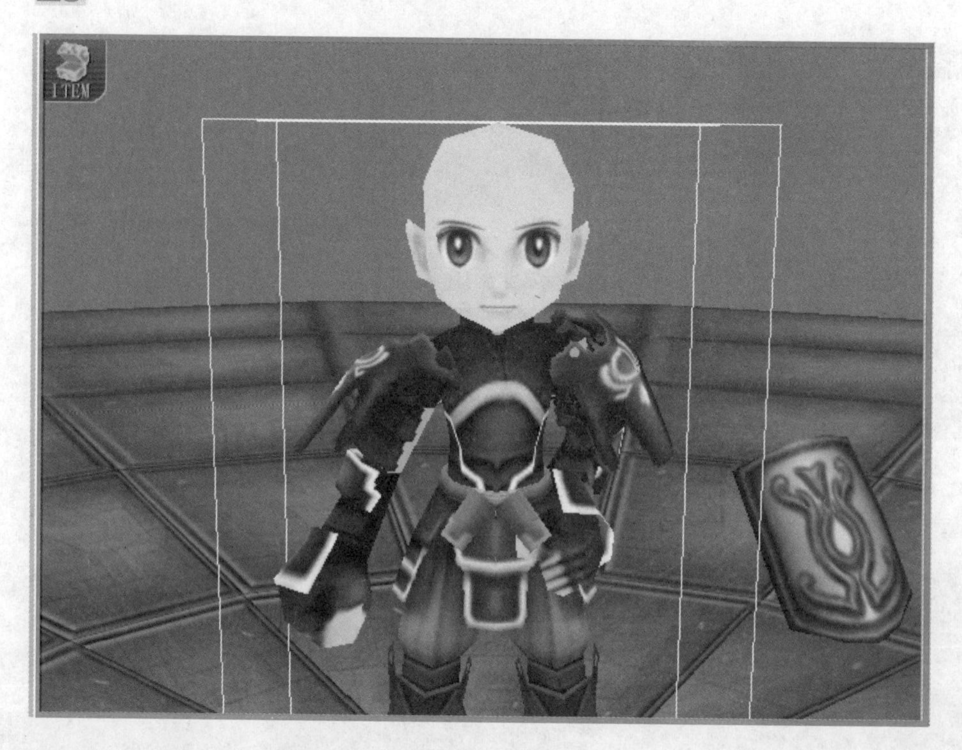

STEP 26 测试完成后将装备数据改回原数据，单击Set IC按钮。

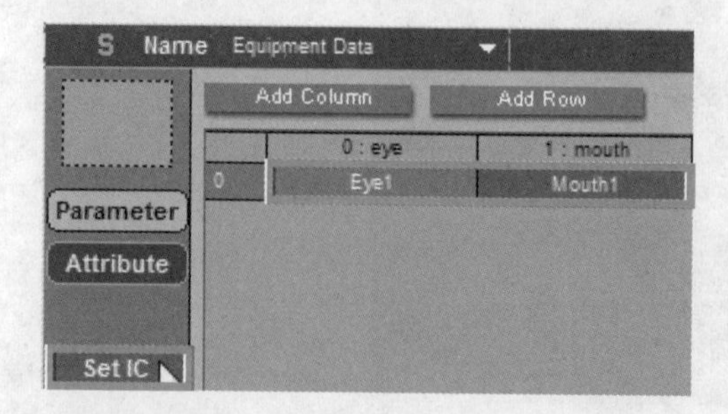

16.5 为角色设置武器

STEP 1 对模型进行置换，由于头发需要设置更换颜色的功能，因此我们先从武器开始制作。右击空白处，在弹出的快捷菜单中执行Draw Behavior Graph命令，创建一个模块。

STEP 2 将模块命名为Set Weapons。

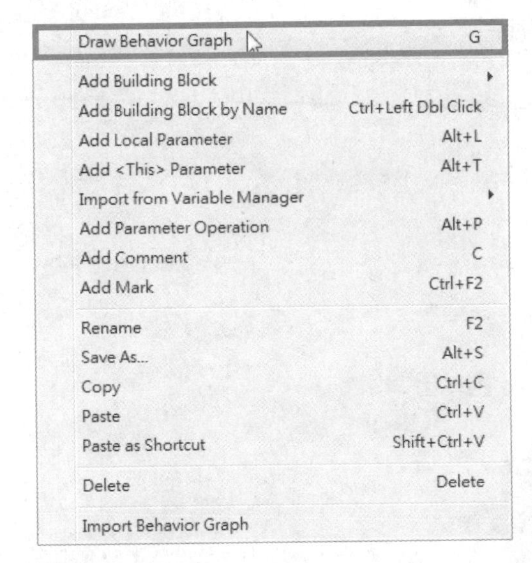

TIP 武器置换与眼睛贴图置换的不同之处在于，在置换时可能会有三种情况：第一是空手的情况，只要装备上就好。第二种是手上有其他东西，就要卸下旧的，再装备上新的。第三种是手上有武器的情况，要卸下武器。

16.5.1 移除角色中的武器或其他对象

STEP 1 导入BB面板中的Logics\Test\Test模块。

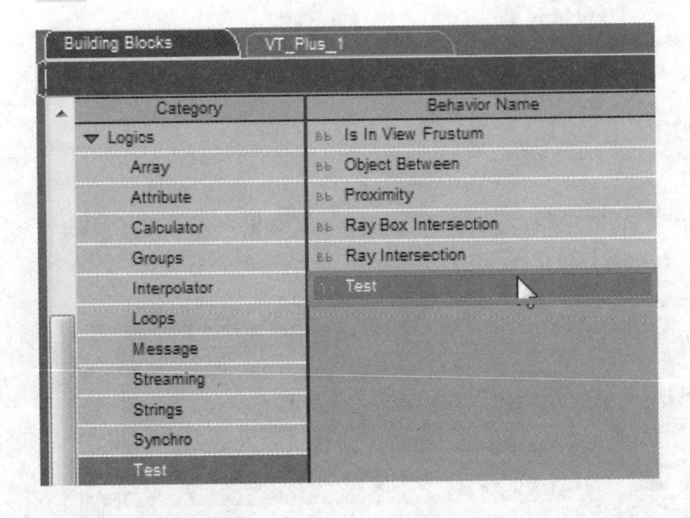

STEP 2 将Test模块连接到模块的入口。

STEP 3 双击参数输入口上，打开参数设置对话框。

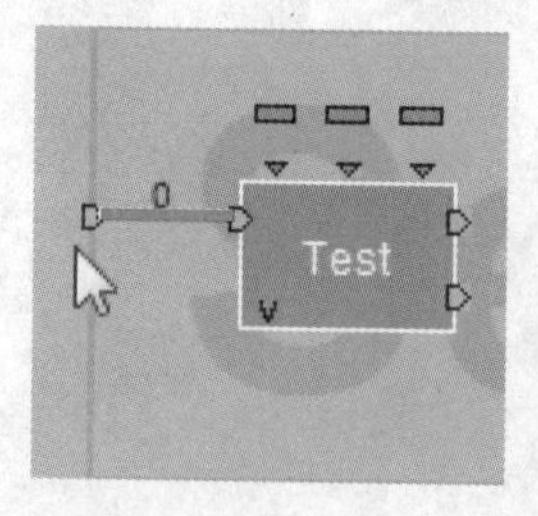

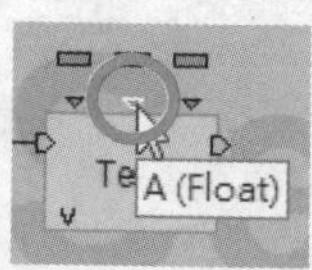

STEP 4 1设置A值的Parameter Type为String，2单击OK按钮。

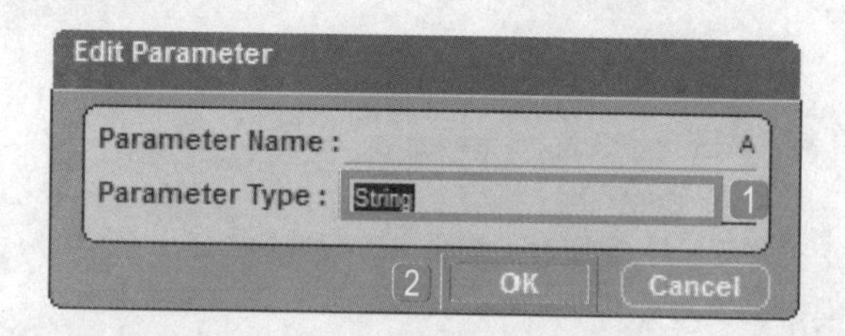

STEP 5 使用同样的方法1设置B值的Parameter Type为String，2单击OK按钮。

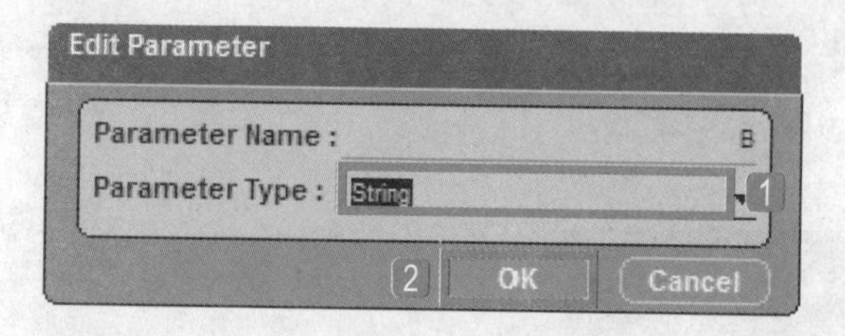

STEP 6 将Test的A值要判断的数据拉出模块，等着进行连接。

STEP 7 双击Test模块，在弹出的对话框中1设置Test为Equal，2B值为空，即当B值等于没有时为True，3单击OK按钮。

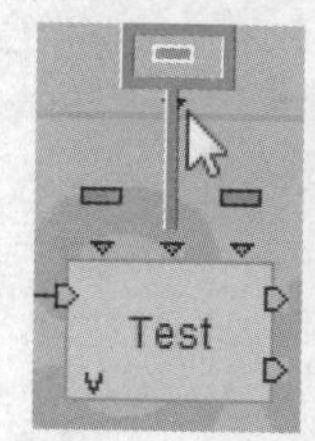

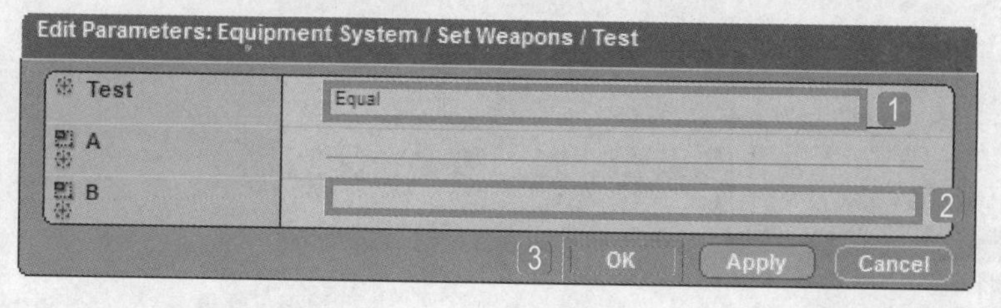

STEP 8 在Level Manager面板中，单击Create Group按钮创建一个Group。

STEP 9 将创建的Group命名为Equipment。

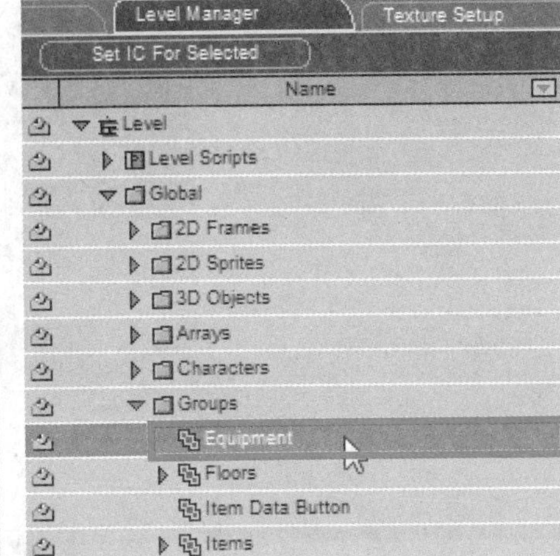

STEP 10 在Level Manager面板中，选择Level\Global\Characters\job01\Body Parts\body并右击，在弹出的快捷菜单中执行Send To Group>Equipment命令。与之前的道具一样，将对象拖动到角色身上时，判断选中了角色的身体，才会进行换装动作。

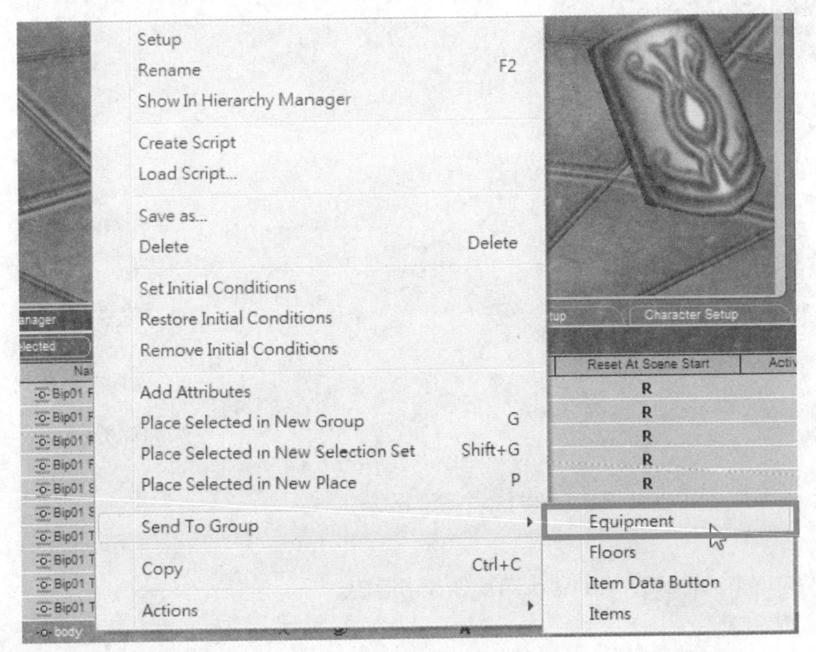

STEP 11 使用同样的方法，对job02的body执行Send To Group>Equipment命令。

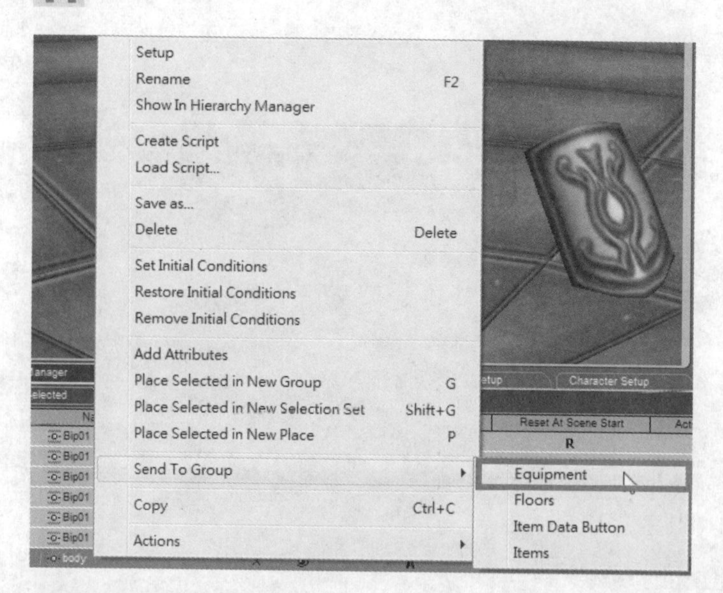

STEP 12 在Level Manager面板中可以看到添加了两个角色身体的对象，1选中Equipment，2单击Set IC For Selected按钮设置初始值。

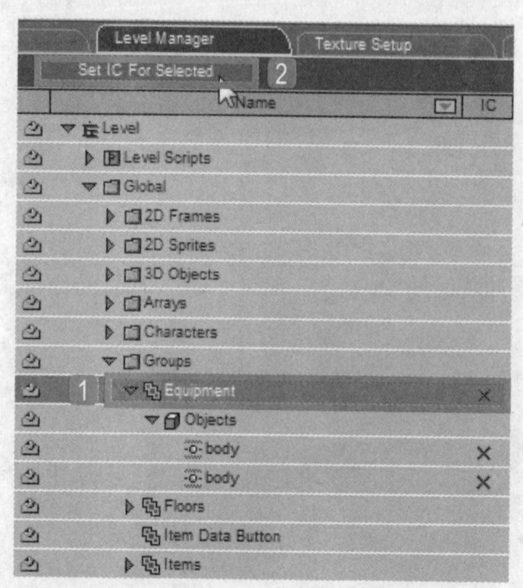

STEP 13 返回到Set Head，删除Ser Parent模块后的连接线。

STEP 14 导入BB面板中的Logics\Groups\Add To Group模块。

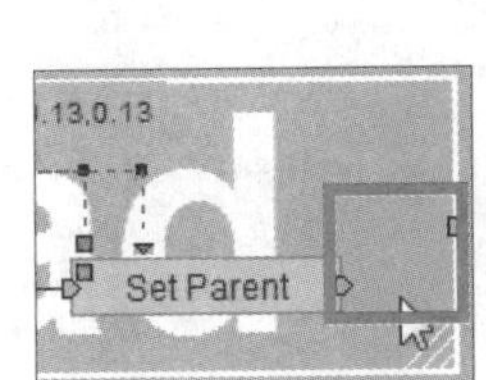

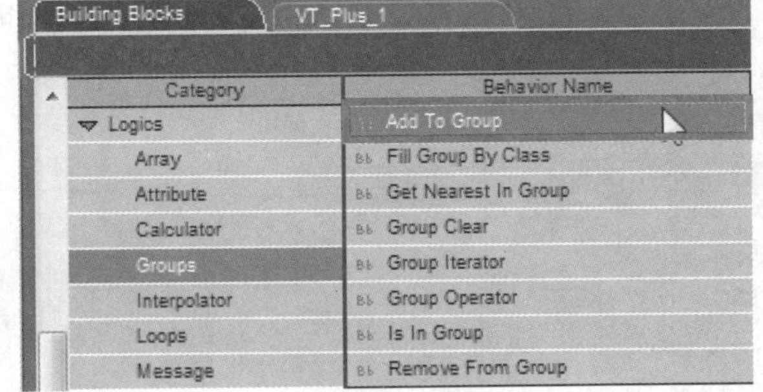

STEP 15 将Add To Group模块连接到Set Parent模块后，将Out连接到Set Head的出口。

STEP 16 右击Add To Group模块，在弹出的快捷菜单中执行Add Target Parameter命令，打开它的Target。

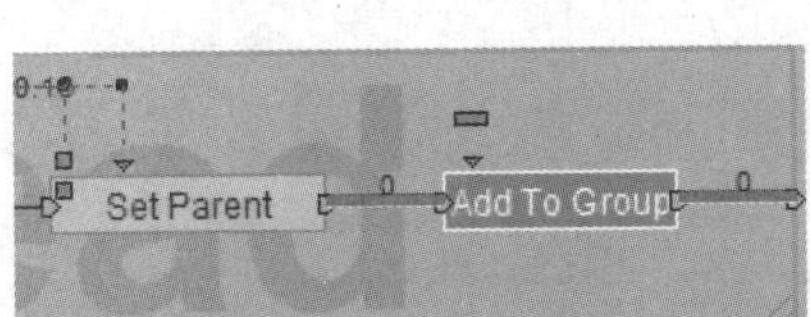

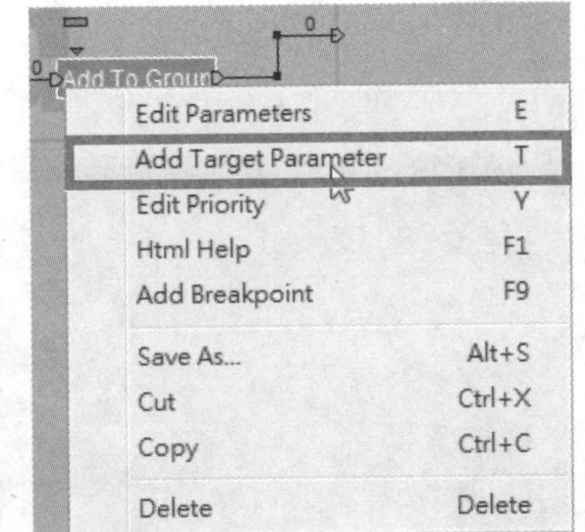

STEP 17 将装备的face对象Add To Group模块的Target。

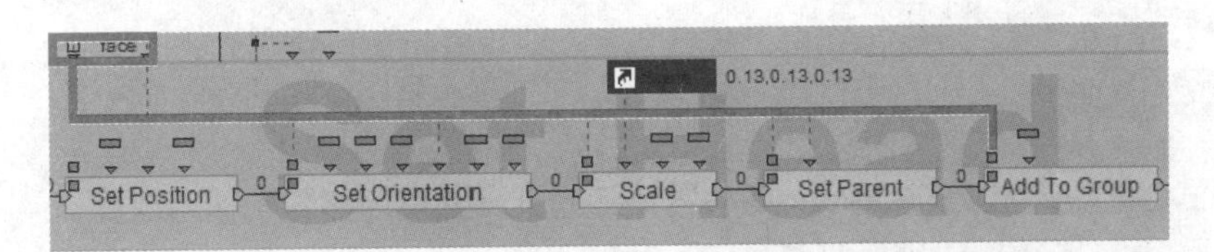

STEP 18 双击Add To Group模块，在弹出的对话框中①设置Group为Equipment，②单击OK按钮。

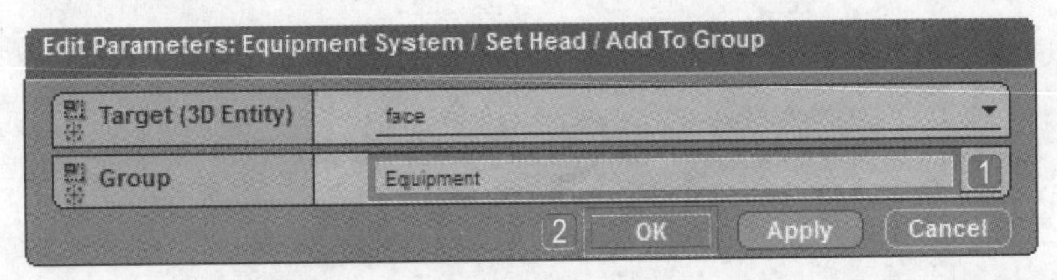

STEP 19 返回到Set Weapons，在Test模块后导入BB面板中的Logics\Groups\Remove From Group模块。

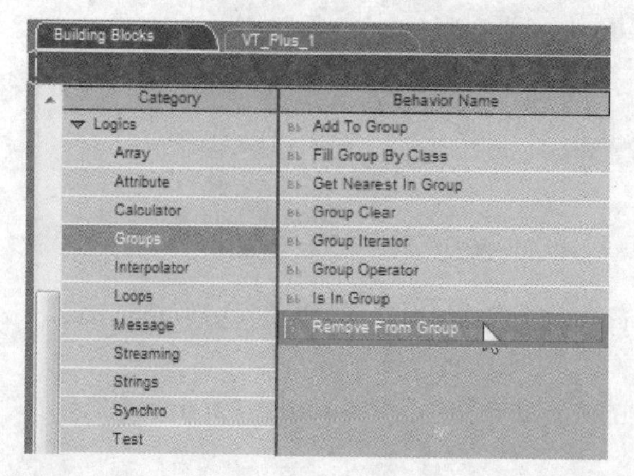

STEP 20 将Remove From Group模块连接到Test模块的True。当抓取到的数据为空时，卸下武器。

STEP 21 右击Remove From Group模块，然后在弹出的快捷菜单中执行Add Target Parameter命令，打开它的Target。

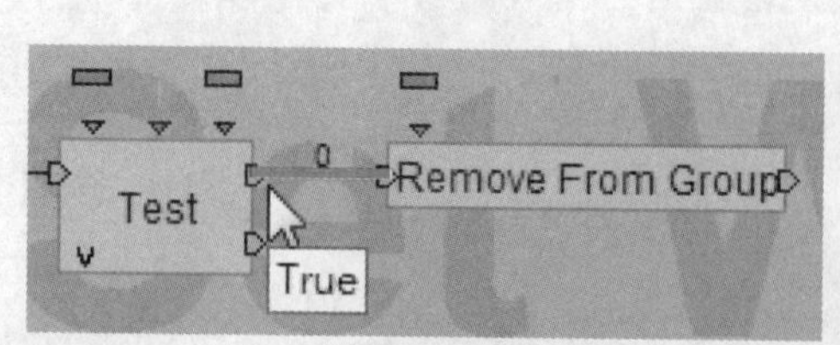

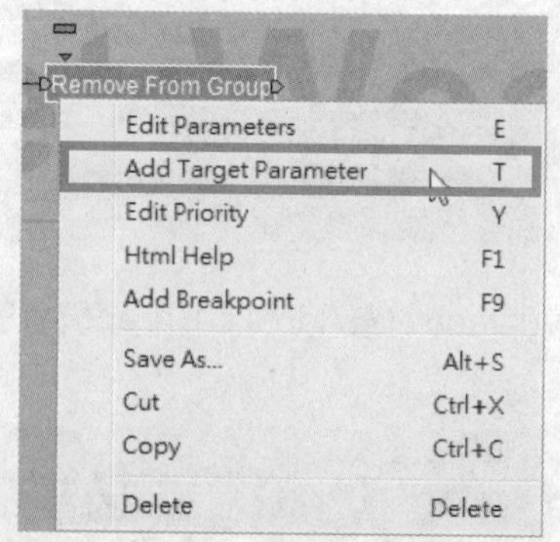

STEP 22 要卸下的武器就是设置的Weapons的参数快捷方式，复制该参数快捷方式赋予Remove From Group模块的Target。

STEP 23 双击Remove From Group模块，然后在弹出的对话框中1设置Group为Equipment，2单击OK按钮。

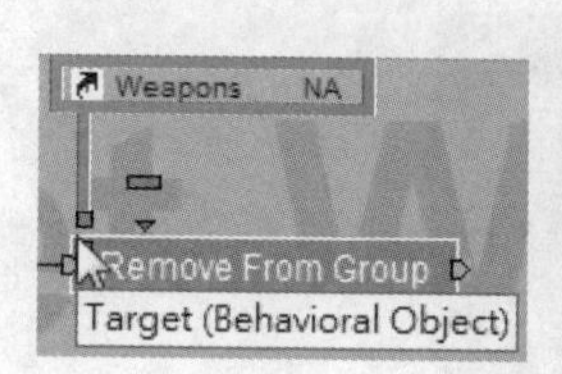

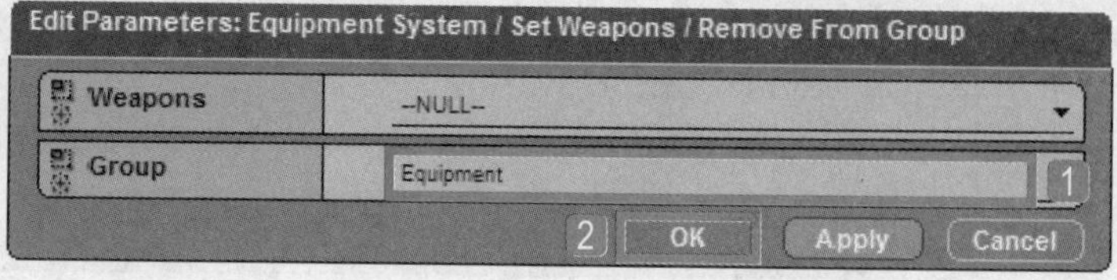

STEP 24 导入BB面板中的Logics\Groups\Add To Group模块。

STEP 25 将Add To Group模块连接到Remove From Group模块后。

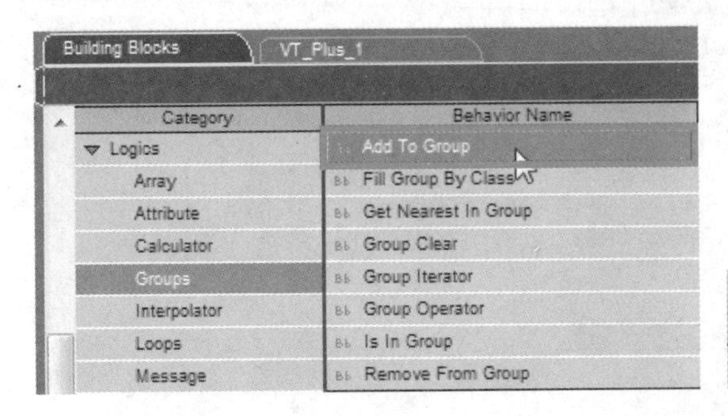

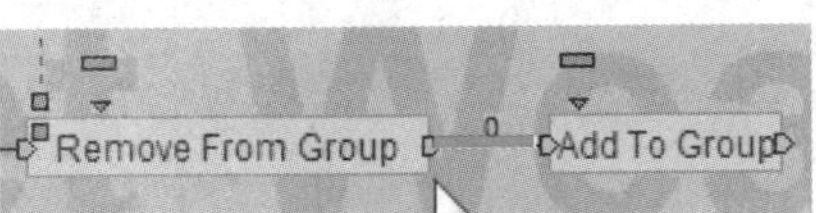

STEP 26 右击Add To Group模块，在弹出的快捷菜单中执行Add Target Parameter命令，打开它的Target。

STEP 27 将Weapons参数快捷方式赋予Add To Group模块的Target。

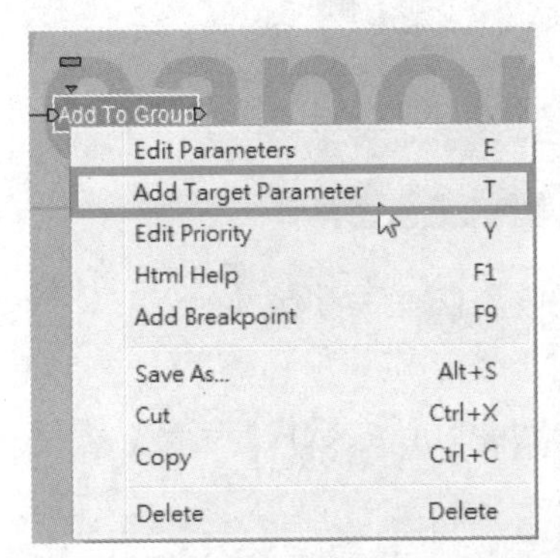

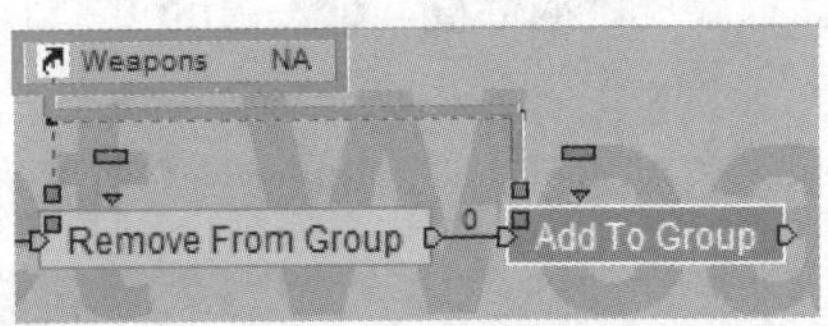

STEP 28 双击Add To Group模块，在弹出的对话框中1设置Group为Items，这样武器被卸下之后，又会回到等待被捡取的状态，2单击OK按钮。

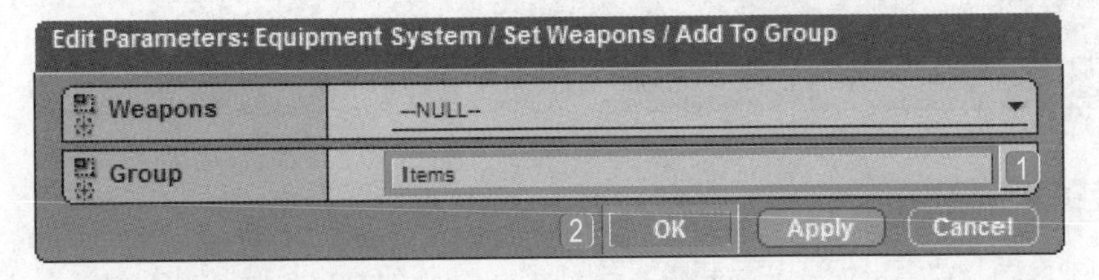

STEP 29 导入BB面板中的Logics\Calculator\Identity模块，判断角色没有装备任何武器。

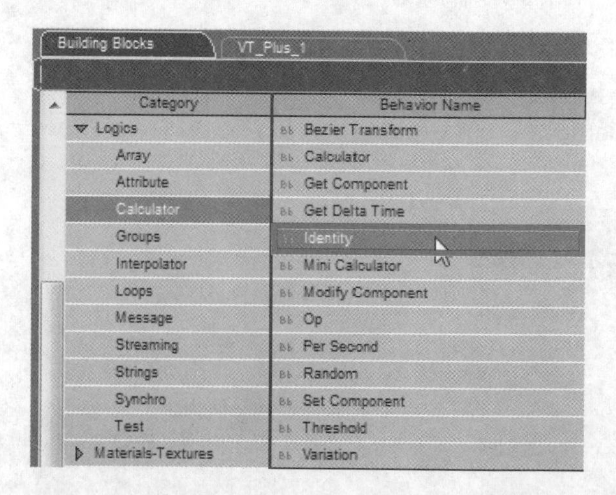

STEP 30 将Identity模块连接到Add To Group模块后。

STEP 31 双击Identity模块，在弹出的对话框中1设置Parameter Type为3D Entity，2单击OK按钮。

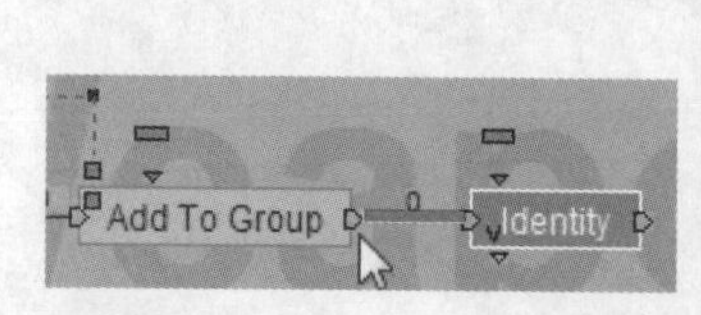

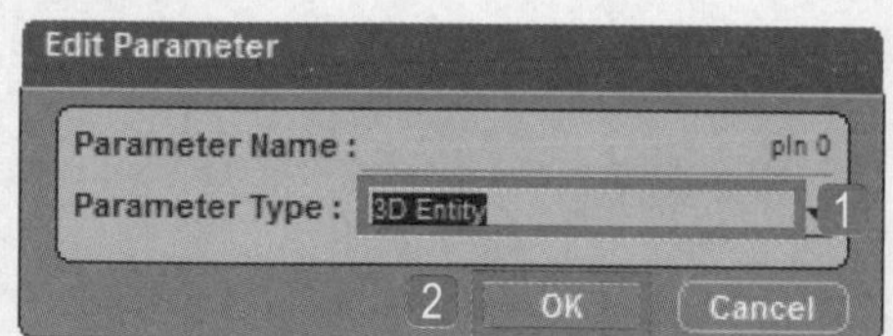

STEP 32 单击OK按钮，在弹出的对话框中1设置pIn0为NULL，2单击OK按钮。

STEP 33 复制Weapons参数快捷方式，将Identity的值赋予Weapons参数快捷方式，重新设置Weapons参数。

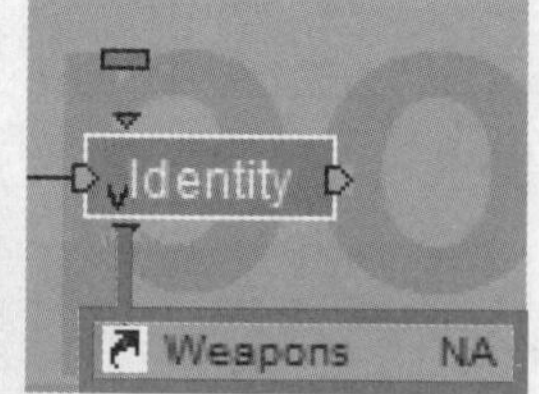

16.5.2 装备新武器

STEP 1 完成卸载之后，重新进行装备或替换。导入BB面板中的Logics\Array\Iterator If模块。

STEP 2 将Iterator If模块连接到Test模块的False。

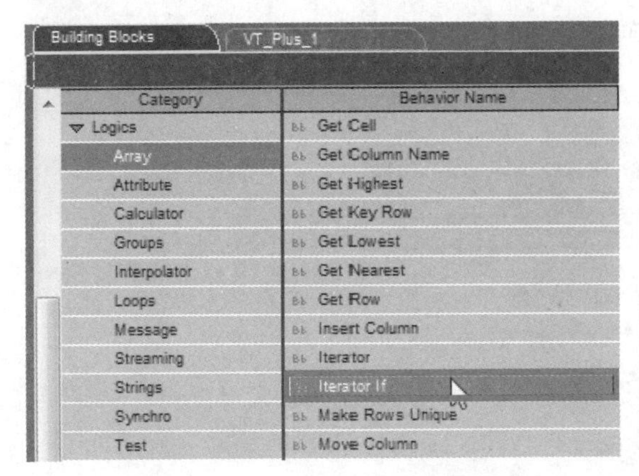

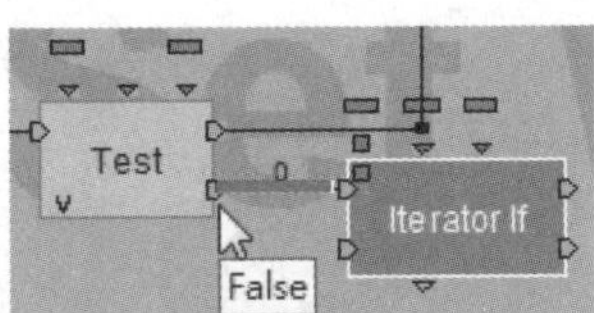

STEP 3 双击Iterator If模块，在弹出的对话框中1设置Target为Item Data，2单击OK按钮。

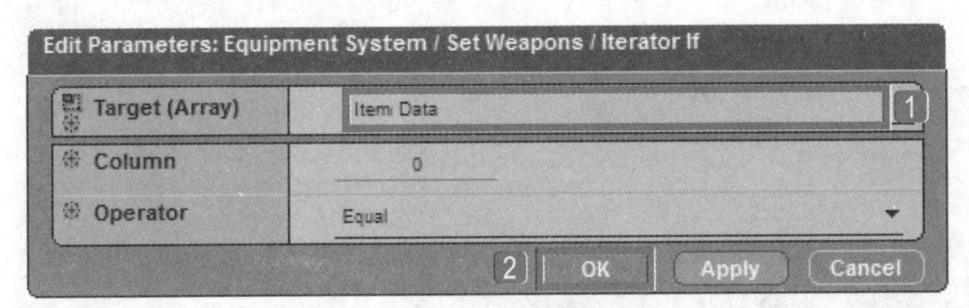

STEP 4 Iterator If模块侦测到的值同样来自于Test模块判断的A值，从输入口连接给它。

STEP 5 导入BB面板中的Logics\Caculator\Op模块，搜索要装备的对象。

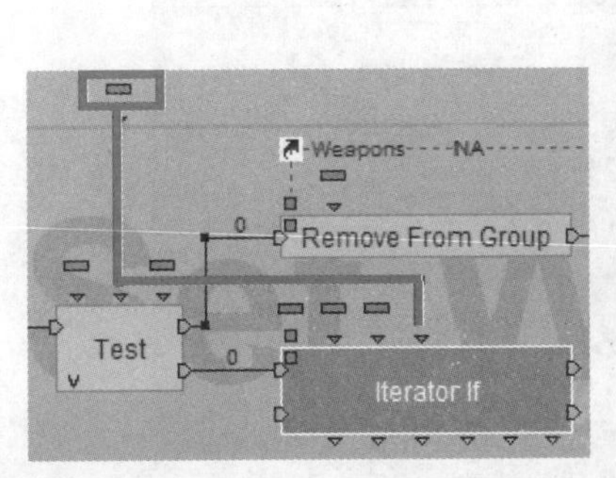

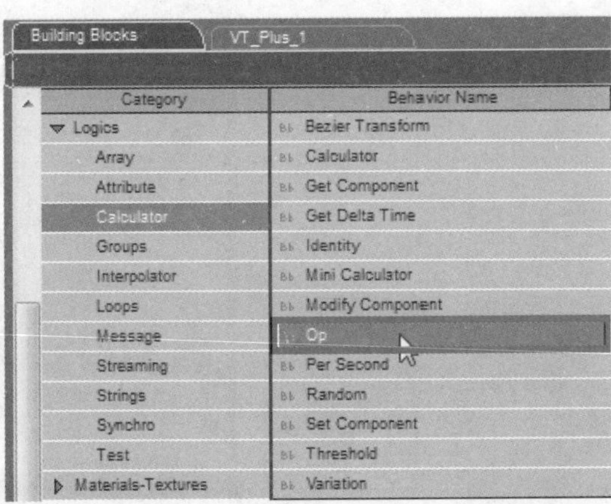

STEP 6 将Op模块连接到Iterator If模块的Loop Out。

STEP 7 右击Op模块，在弹出的快捷菜单中执行Edit Settings命令，设置运算方式。

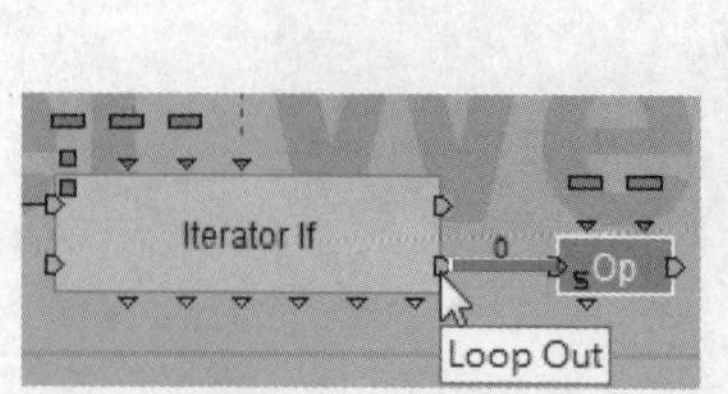

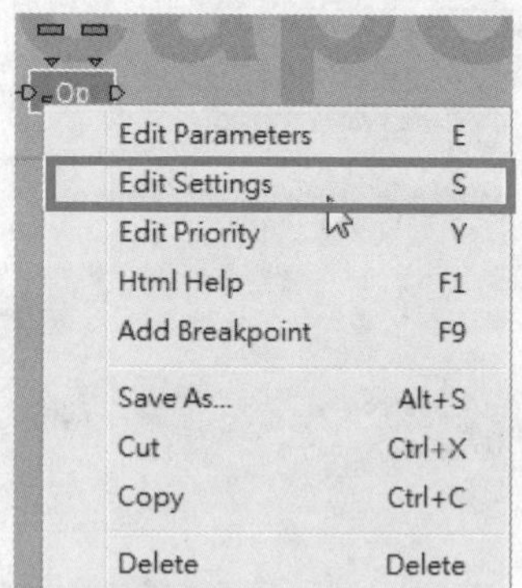

STEP 8 在弹出的对话框中1设置Inputs的A值为String，2Operation为Get Object By Name，3Ouput为3D Entity，4单击OK按钮。

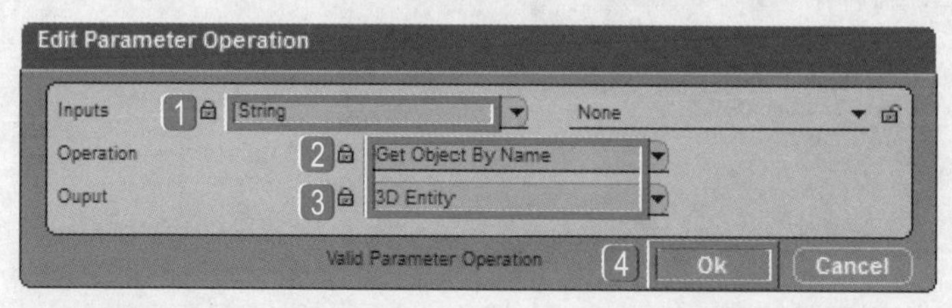

STEP 9 将Iterator If 模块找到的名称赋予Op模块的A值。

STEP 10 导入BB面板中的Logics\Test\Test模块。

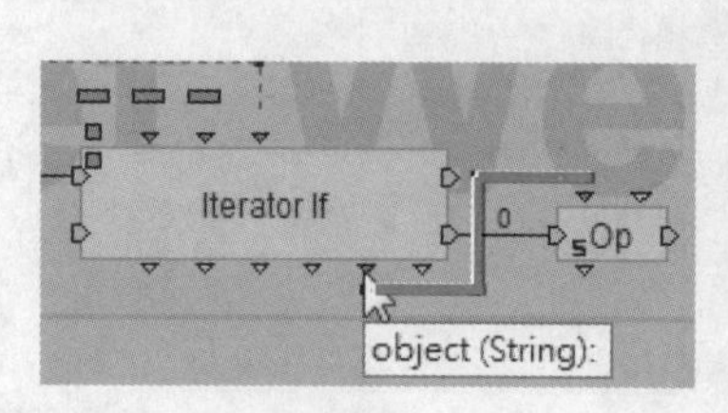

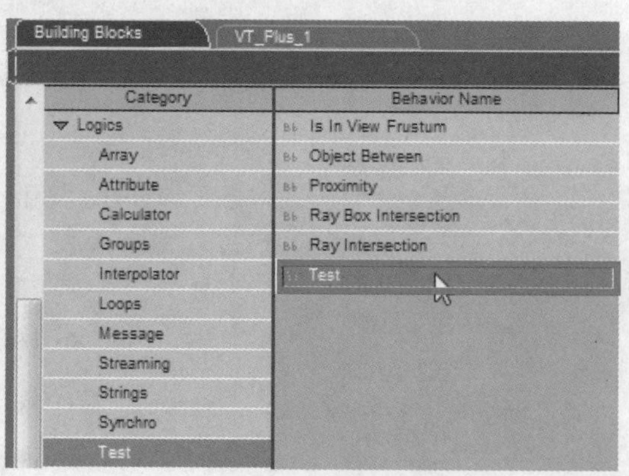

STEP 11 将Test模块连接到Op模块后。

STEP 12 双击Test模块，在弹出的对话框中 1 设置A值的Parameter Type为3D Entity， 2 单击OK按钮。

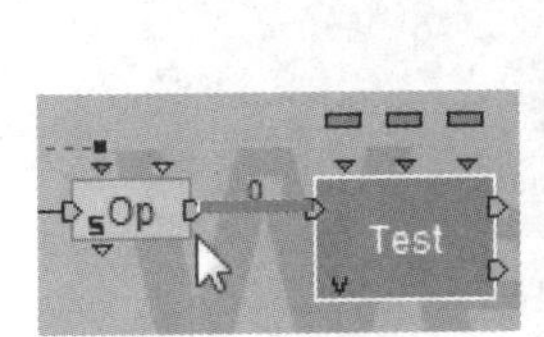

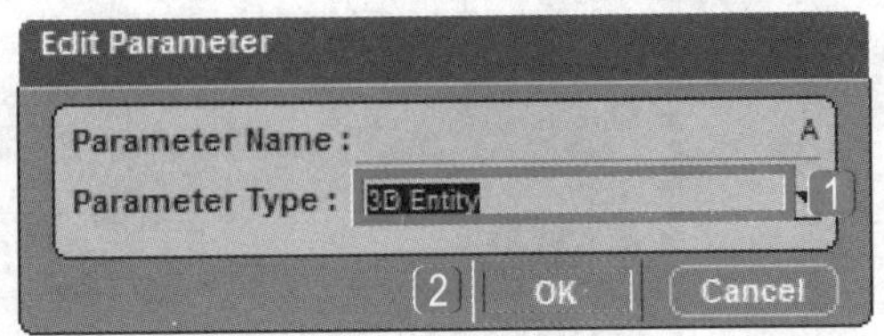

STEP 13 使用同样的方法 1 设置B值的Parameter Type为3D Entity， 2 单击OK按钮。

STEP 14 将Op模块找到的将要装备上的对象赋予Test模块的A值。

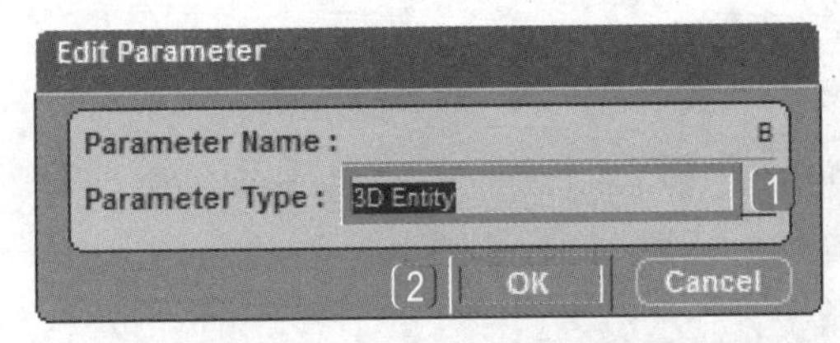

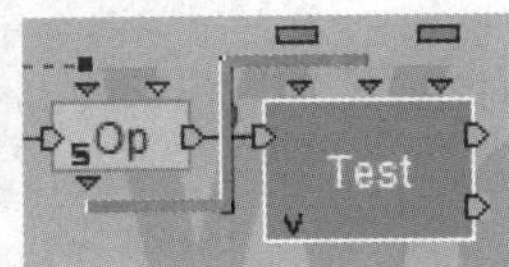

STEP 15 B值则是身上已经装备的对象，将Weapons参数快捷方式赋予它。

STEP 16 如果要装备的对象与目前装备的对象数量相等，则不置换。如果不相等就要进行置换，导入BB面板中的3D Transformations\Basic\Set Position模块。

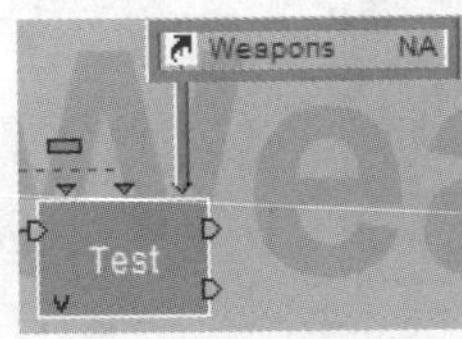

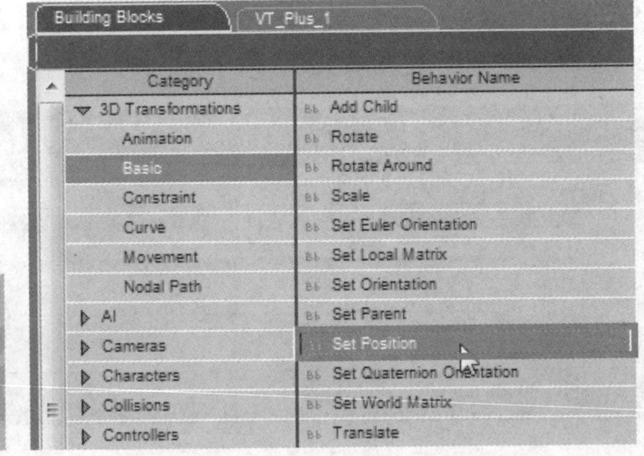

STEP 17 将Set Position模块连接到Test模块的False。

STEP 18 导入BB面板中的3D Transformations\Basic\Set Parent模块。

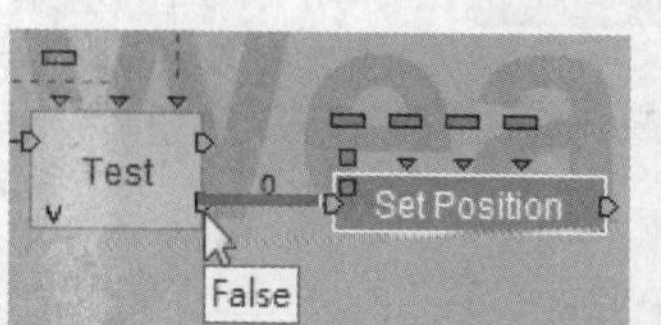

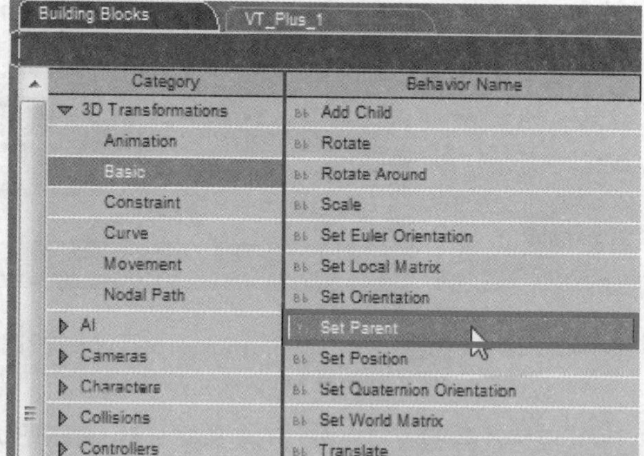

STEP 19 将Set Parent模块连接到Set Position模块后。

STEP 20 将这两个模块的Target都连接到Weapons快捷方式上。

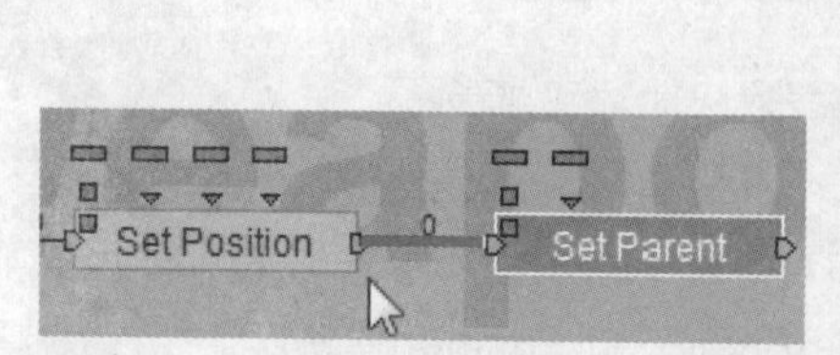

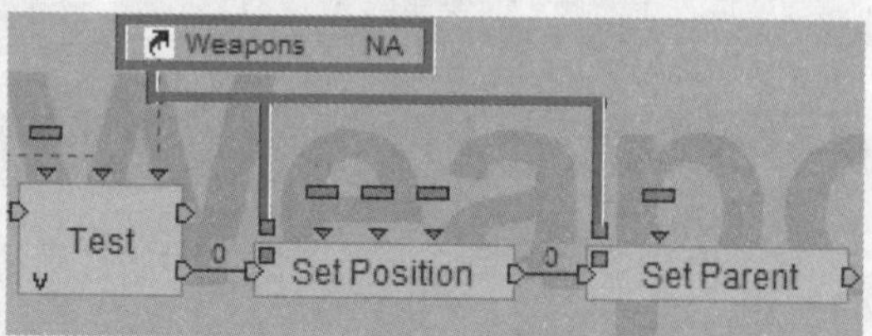

STEP 21 卸下原来的装备，将其移动到远处。双击Set Parent模块，在弹出的对话框中1设置Position的X、Y、Z值都为-1000，2单击OK按钮。

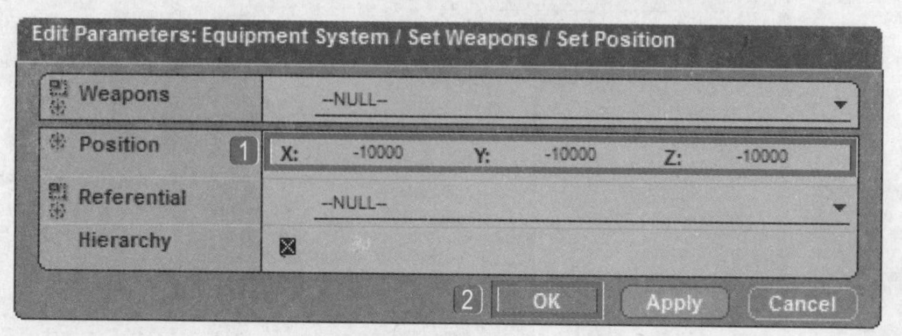

STEP 22 1设置Set Parent模块的Parent为NULL，2单击OK按钮。

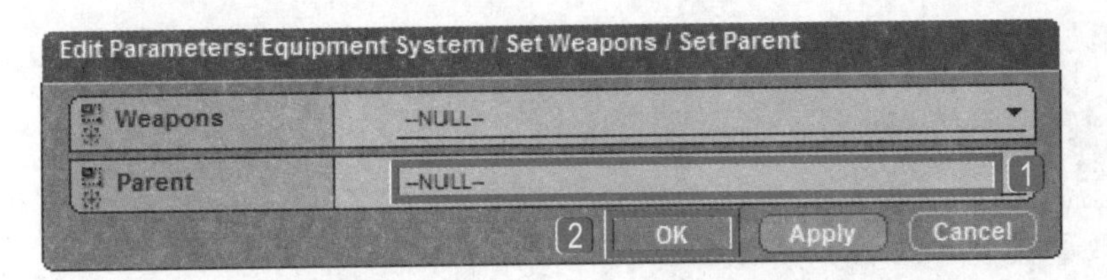

STEP 23 导入BB面板中的Logics\Groups\Remove From Group模块。

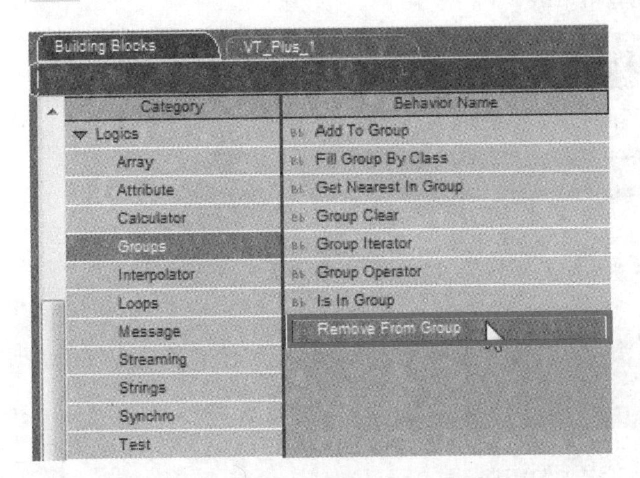

STEP 24 将Remove From Group模块连接到Set Parent模块后。

STEP 25 右击Remove From Group模块，然后在弹出的快捷菜单中执行Add Target Parameter命令，打开它的Target。

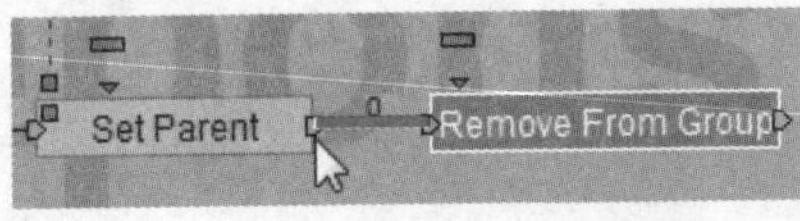

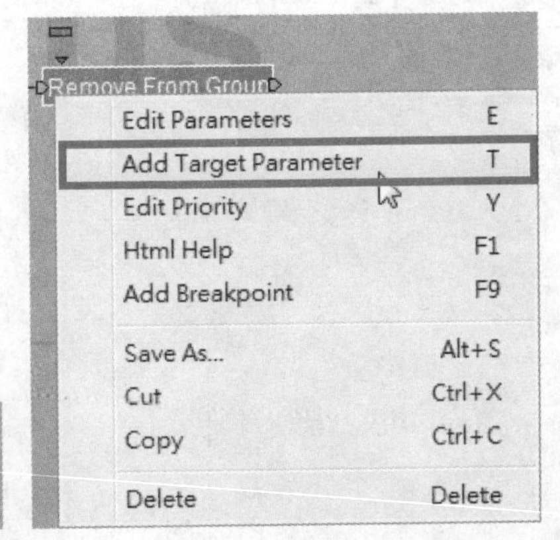

STEP 26 要从群组移除的对象是装备的武器Weapons。

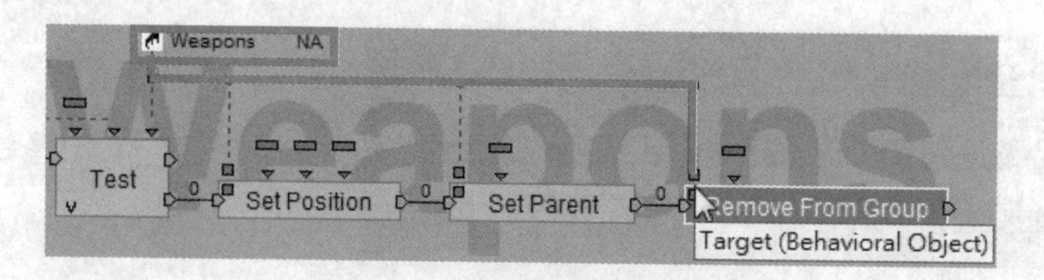

STEP 27 双击Remove From Group模块，在弹出的对话框中1设置Group为Equipment，将其从群组中移除，2单击OK按钮。

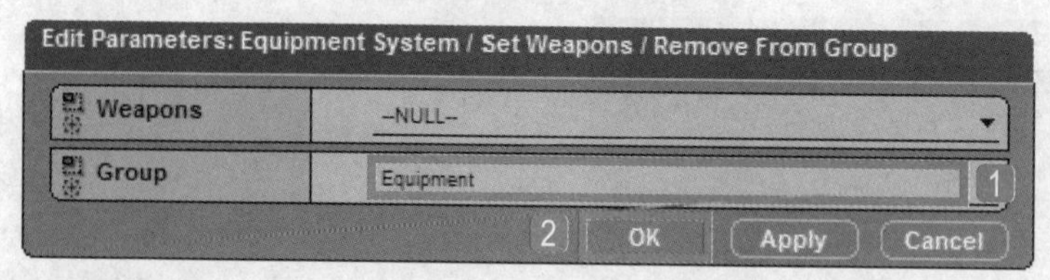

STEP 28 装备新装备之前先调整一下群组，删除Set Position模块到In的连接线，并将连接到Target的线也删除。

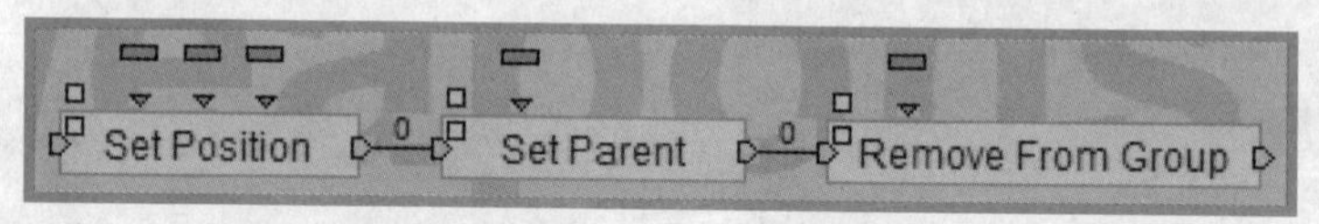

STEP 29 右击空白处，在弹出的快捷菜单中执行Draw Behavior Graph命令。

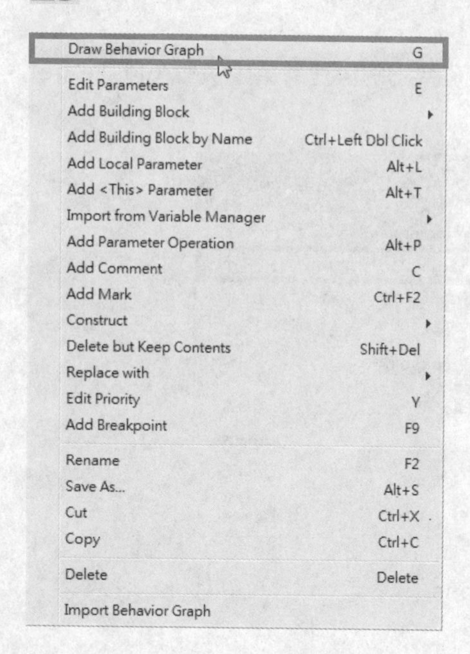

STEP 30 将Set Position、Set Parent和Remove From Group模块包起来。

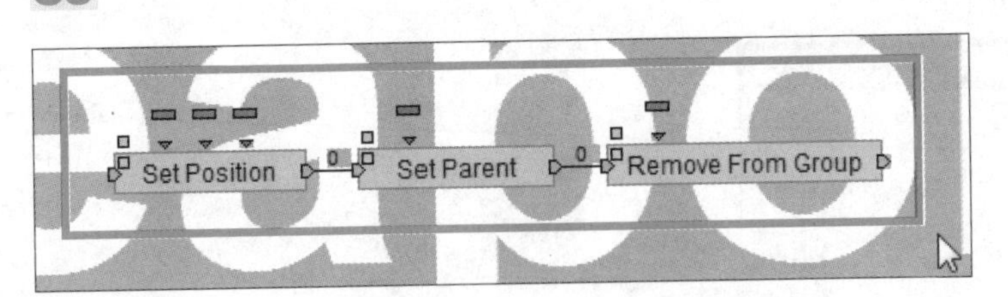

STEP 31 将Set Position模块的In重新连接到模块入口。

STEP 32 按下键盘上的O键新增模块输出口，将Remove From Group模块的Out连接到输出口。

STEP 33 双击展开Set Position模块重新创建一个参数，然后将这个参数拉到模块外作为模块变量。

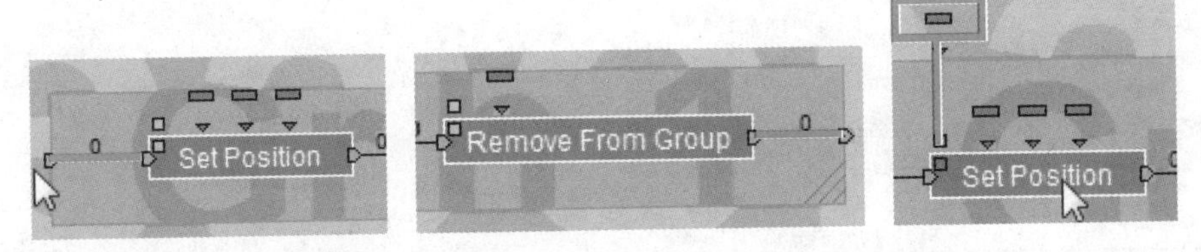

STEP 34 从参数输入口将这个变量连接到Set Parent和Remove From Group模块的Target。

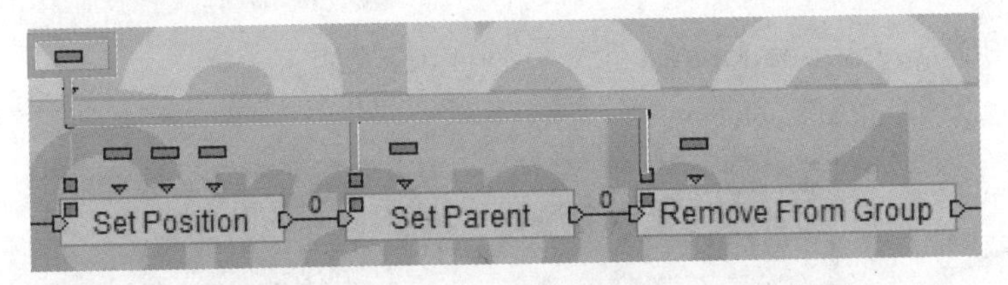

STEP 35 完成后双击收起模块，并将其重命名为OFF Equ。

STEP 36 将OFF Equ模块的变量连接到Weapons，并将模块连接到Test模块的False。

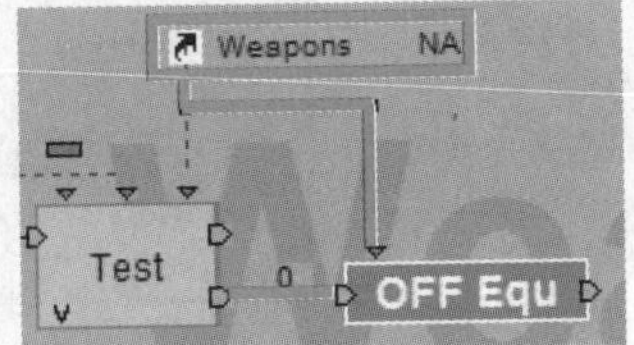

STEP 37 装备新武器。先创建一个模块，右击该模块，在弹出的快捷菜单中执行Draw Behavior Graph命令。

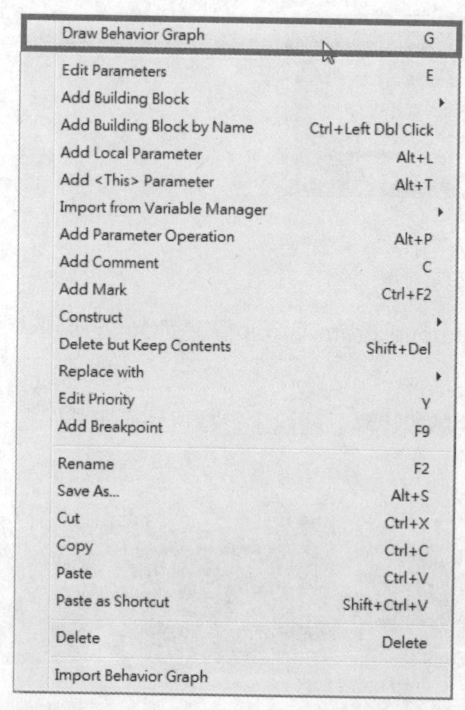

STEP 38 将刚刚创建的模块命名为ON Equ。

STEP 39 导入BB面板中的3D Transformations\Basic\Set Position模块。

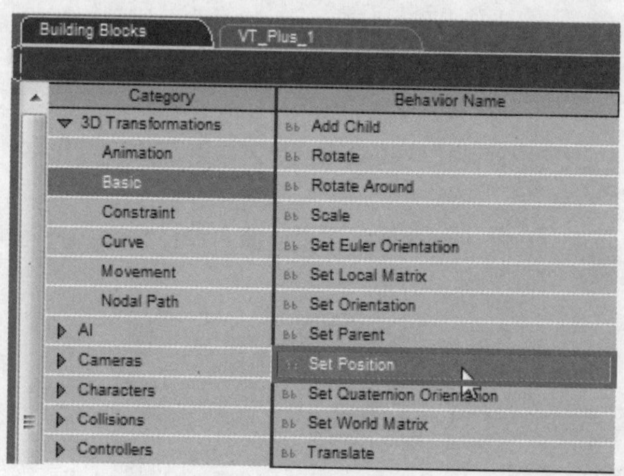

STEP 40 将Set Position模块连接到模块的入口，设置的Target对象是要装备的武器，将参数拖动到模块外进行连接，参考体也拖动到模块外作为变量。

STEP 41 导入BB面板中的3D Transformations\Basic\Set Orientation模块。

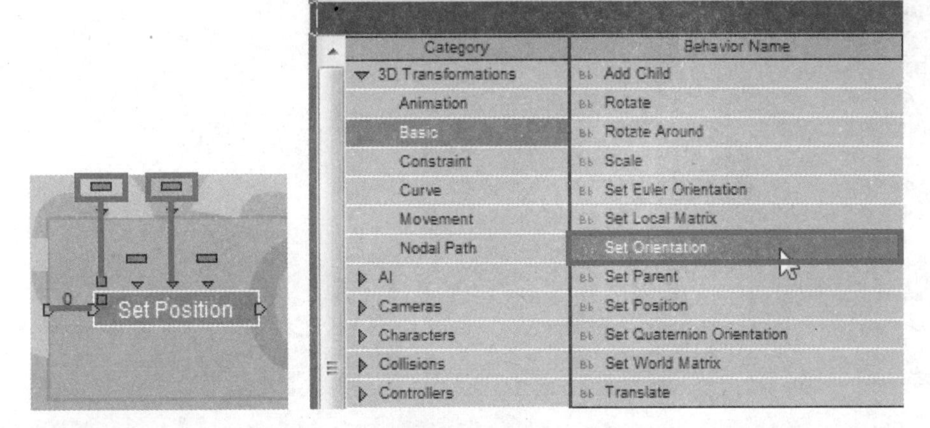

STEP 42 将Set Orientation模块连接到Set Position模块后。

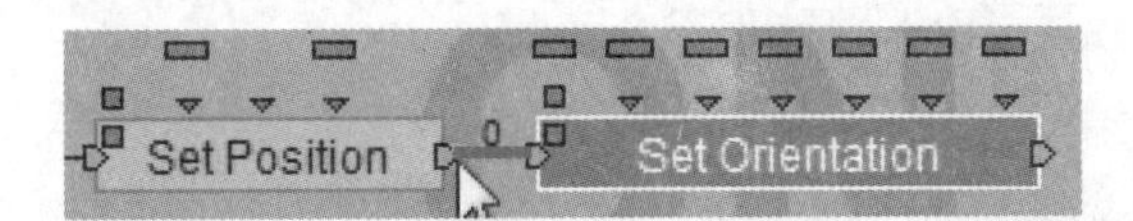

STEP 43 Set Orientation模块的Target也是要装备的对象，将Target连接到参数输入口。

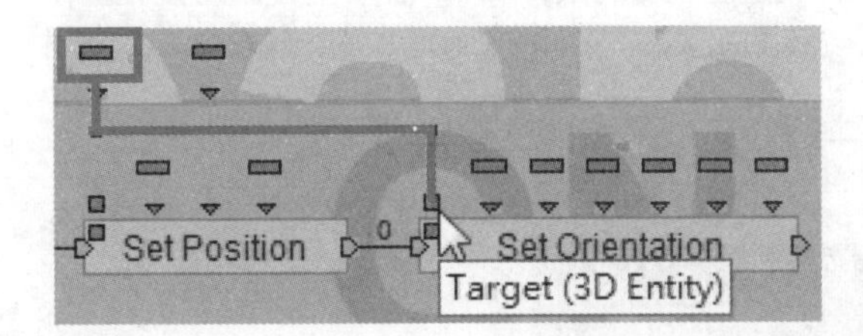

STEP 44 将Set Orientation的参考体Referential也连接到参数输入口。

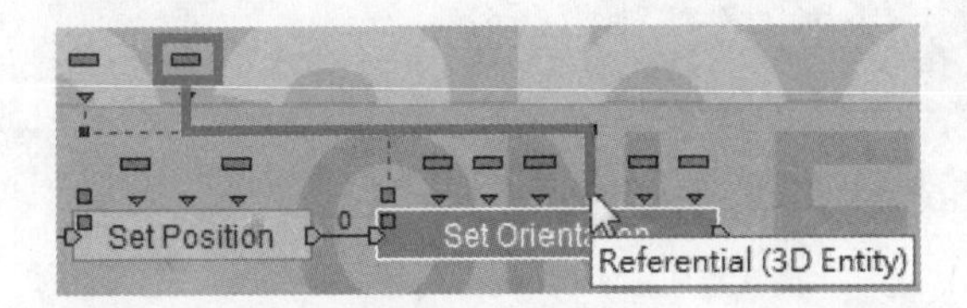

STEP 45 导入BB面板中的3D Transformations\Basic\Scale模块。

STEP 46 将Scale模块连接到Set Orientation模块的Out。

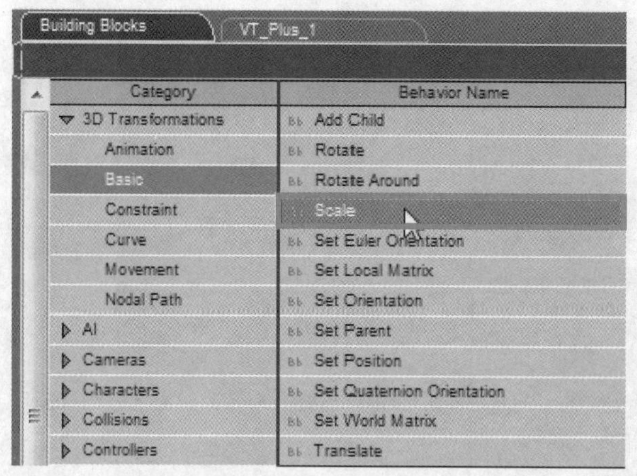

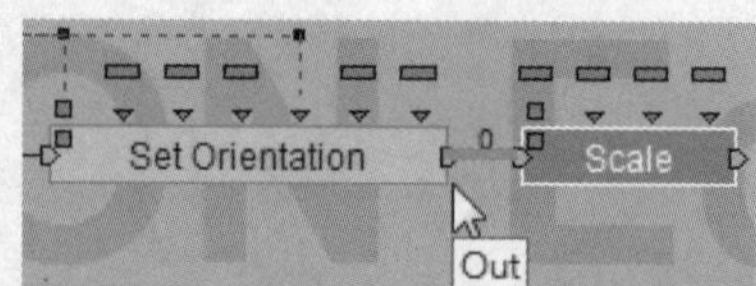

STEP 47 将对应的对象赋予Target。

STEP 48 复制一个Scale模块的快捷方式参数赋予Scale模块的Scaling Vector。

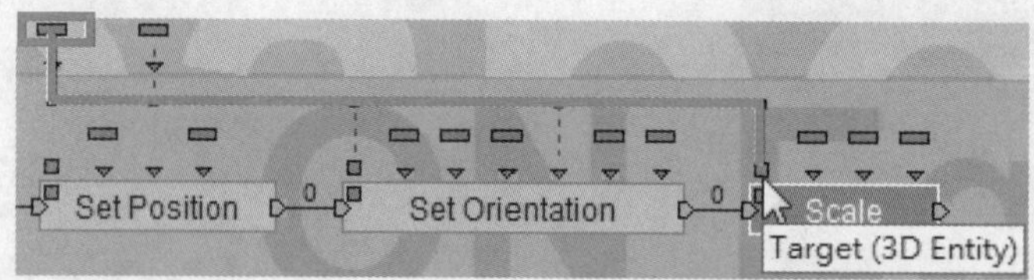

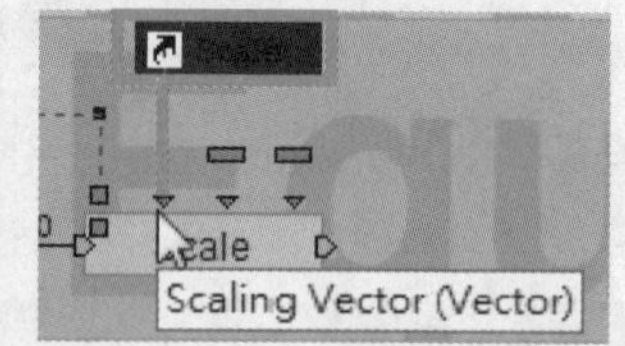

STEP 49 双击Scale模块，在弹出的对话框中1勾选Absolute复选框，2单击OK按钮。

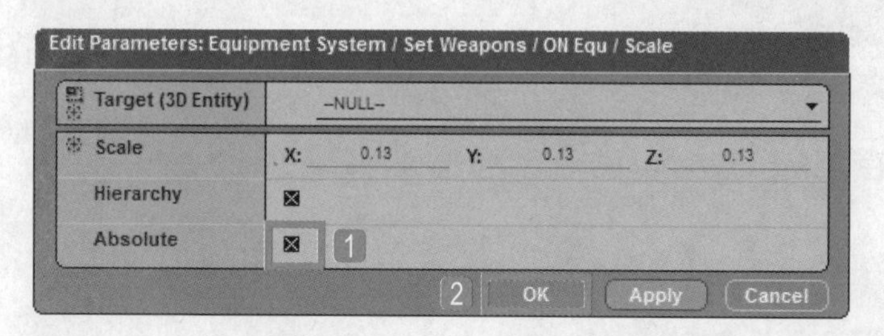

STEP 50 导入BB面板中的3D Transformations\Basic\Set Parent模块。

Building Blocks | VT_Plus_1

Category	Behavior Name
3D Transformations	Add Child
Animation	Rotate
Basic	Rotate Around
Constraint	Scale
Curve	Set Euler Orientation
Movement	Set Local Matrix
Nodal Path	Set Orientation
AI	Set Parent
Cameras	Set Position
Characters	Set Quaternion Orientation
Collisions	Set World Matrix
Controllers	Translate

STEP 51 将Set Parent模块连接到Scale模块后。

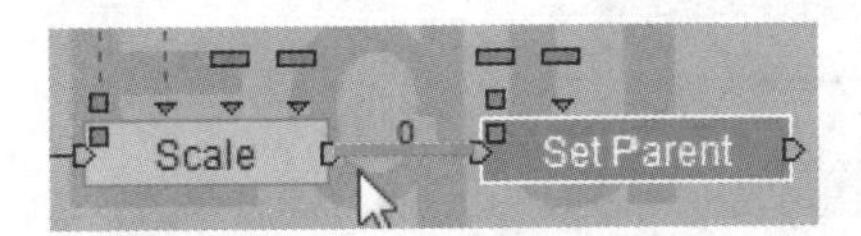

STEP 52 将要装备上的对象连接到Target。

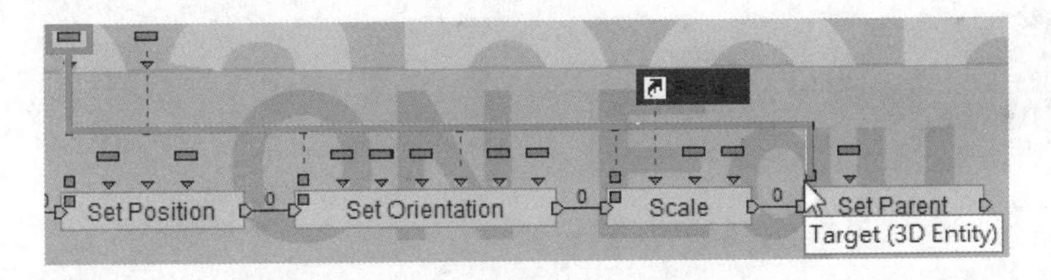

STEP 53 Set Parent模块的Parent就是我们的参考体。

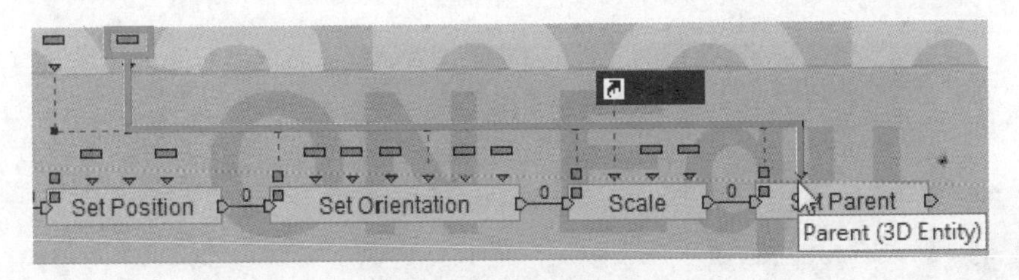

STEP 54 导入BB面板中的Logics\Calculator\Identity模块。

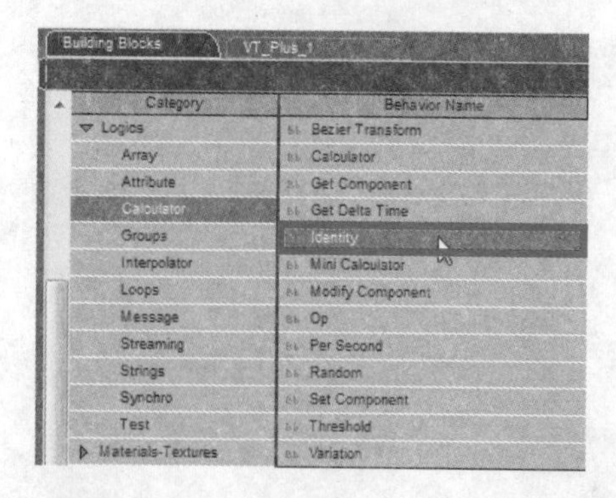

STEP 55 将Identity模块连接到Set Parent模块的Out。

STEP 56 双击Identity模块，在弹出的对话框中❶设置Parameter Type为3D Entity，❷单击OK按钮。

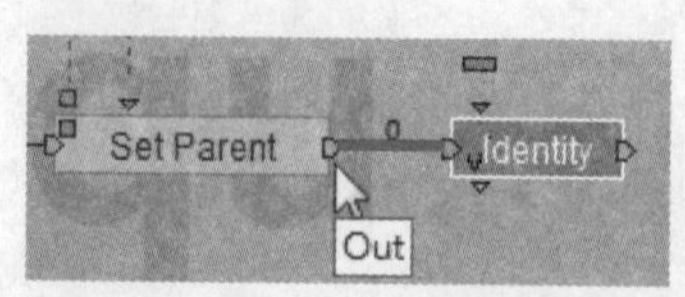

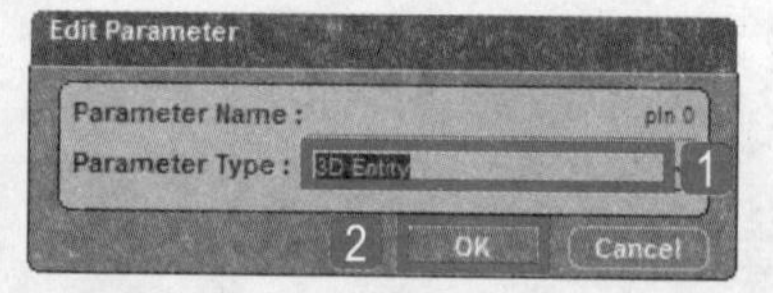

STEP 57 将新装备的对象赋予Identity模块的输入参数。

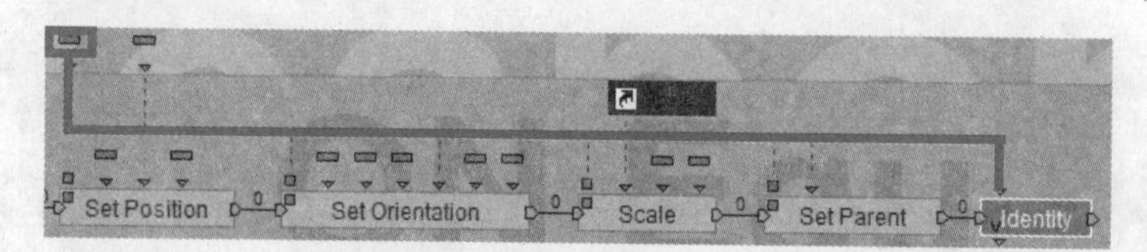

STEP 58 将Identity模块的输出参数连接到Weapons。

STEP 59 导入BB面板中的Logics\Groups\Add To Group模块。

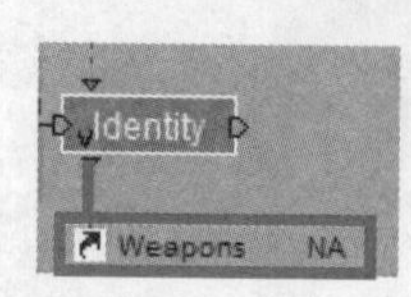

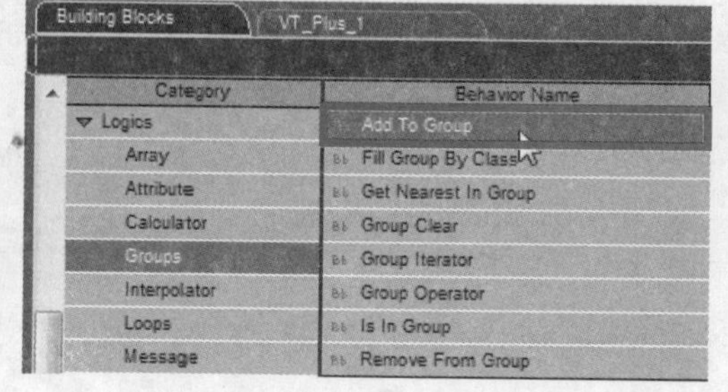

STEP 60 将Add To Group模块连接到Identity模块后。

STEP 61 右击Add To Group模块，在弹出快捷菜单执行Add Target Parameter命令，打开它的Target 。

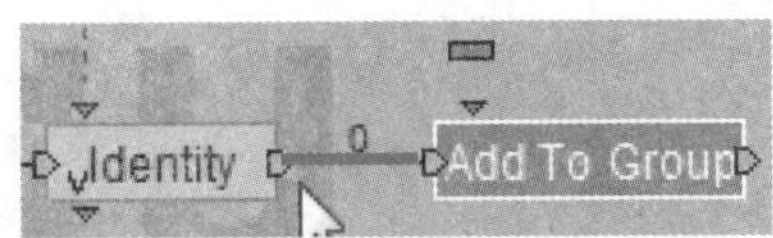

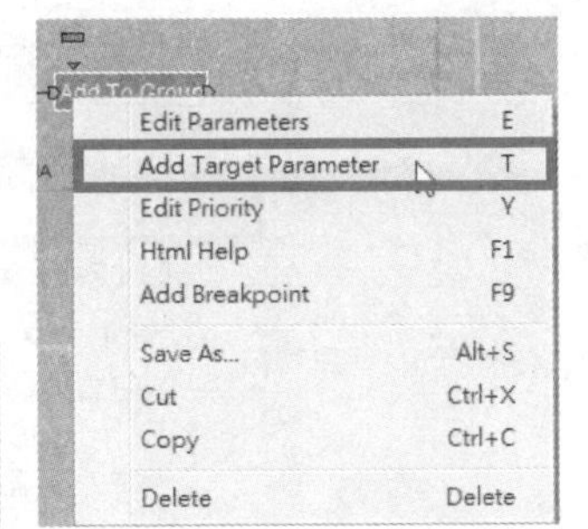

STEP 62 将装备的对象加入群组中。

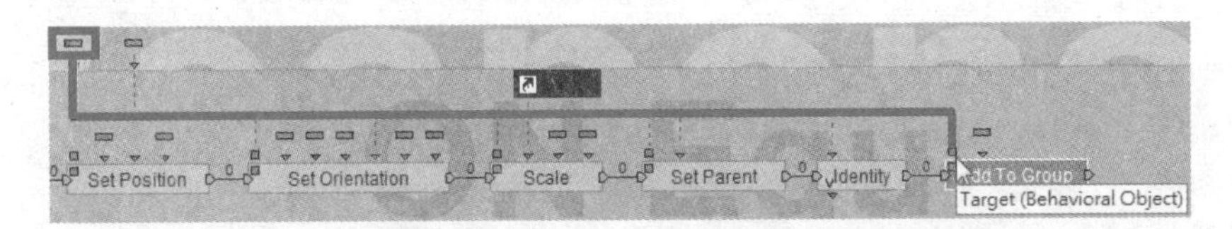

STEP 63 双击Add To Group模块，在弹出的对话框中❶设置Group为Equipment，❷单击OK按钮。

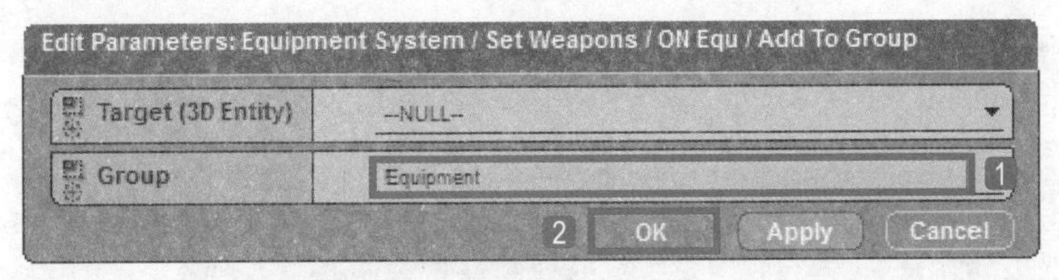

STEP 64 导入BB面板中的Logics/Groups/Remove From Group模块。

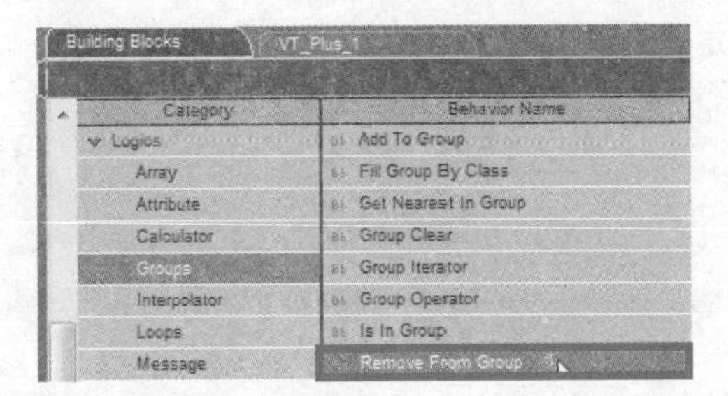

STEP 65 将Remove From Group模块连接到Add To Group模块后。

STEP 66 Remove From Group模块，在弹出的快捷菜单中执行Add Target Parameter命令，打开它的Target 。

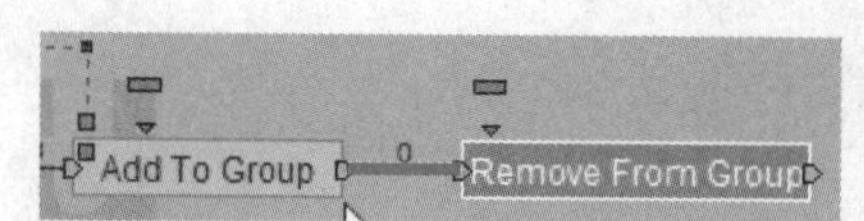

STEP 67 移除群组的对象还是我们要装备的对象。

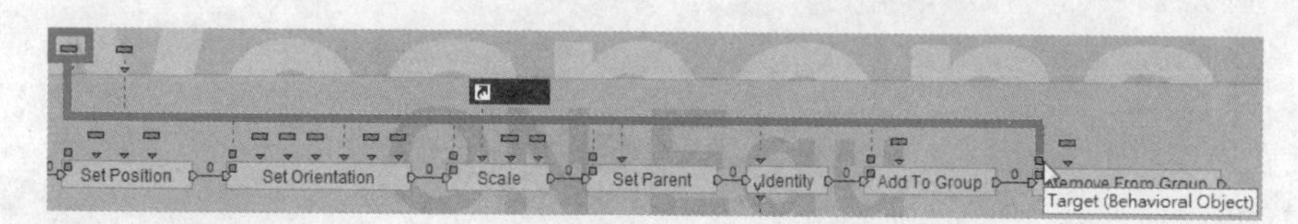

STEP 68 双击Remove From Group模块，在弹出的对话框中1设置Group为Items，2单击OK按钮。

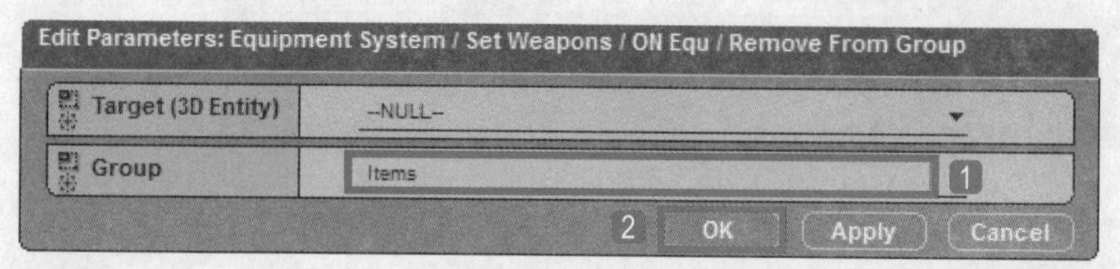

STEP 69 选中Remove From Group模块按下O键新增模块出口，将Remove From Group模块的Out连接到出口。

STEP 70 右击该模块，在弹出的快捷菜单中执行Construct>Add Parameter Output命令，增加模块输出口。

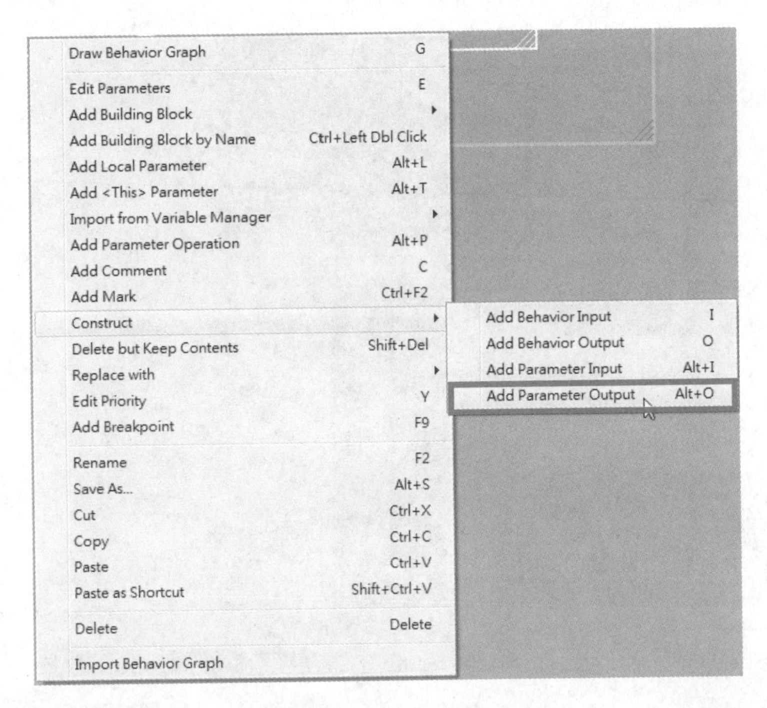

STEP 71 在弹出的对话框中1设置Parameter Type为3D Entity，2单击OK按钮。

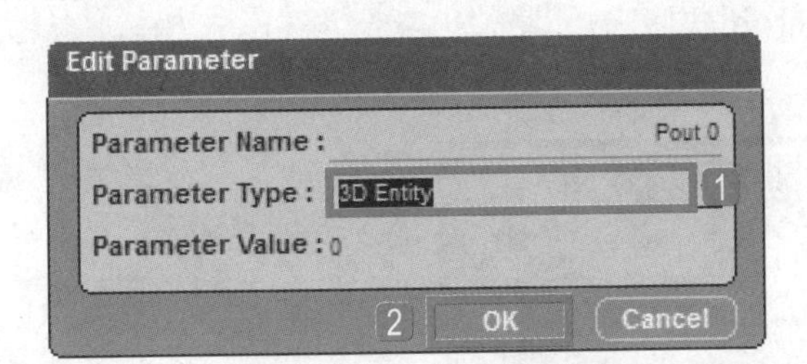

STEP 72 删除Identity模块连接的快捷方式，并重新连接到模块输出口。

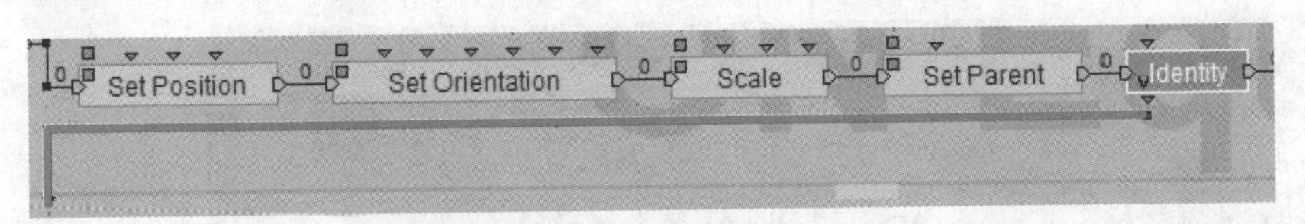

STEP 73 双击模块将ON Equ收起，并连接到OFF Equ后。

STEP 74 重新将ON Equ最后设置的值赋予Weapons快捷方式。

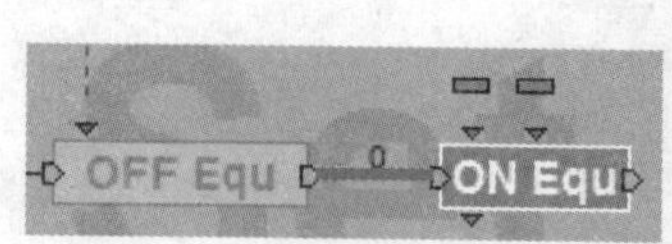

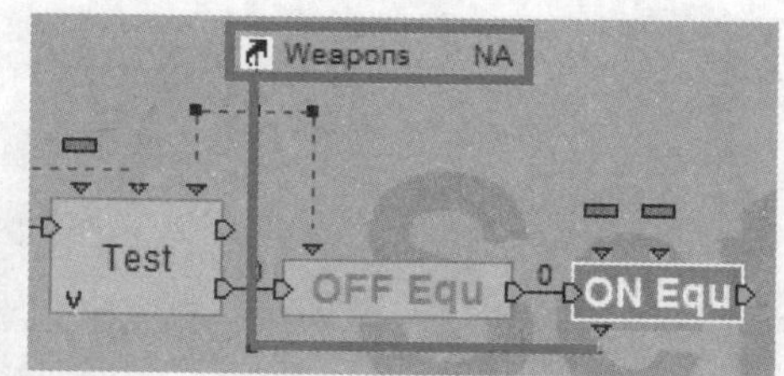

STEP 75 将Op模块找到的对象赋予要装备的对象。

STEP 76 将参考体拖动到Set Weapons模块外作为参数变量。

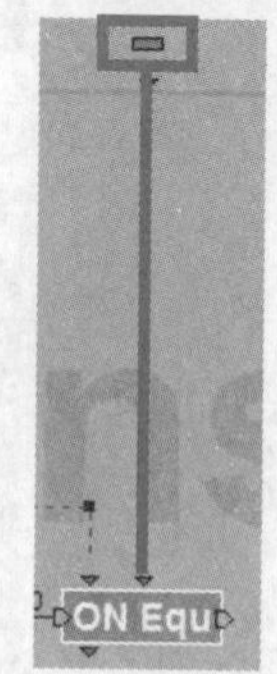

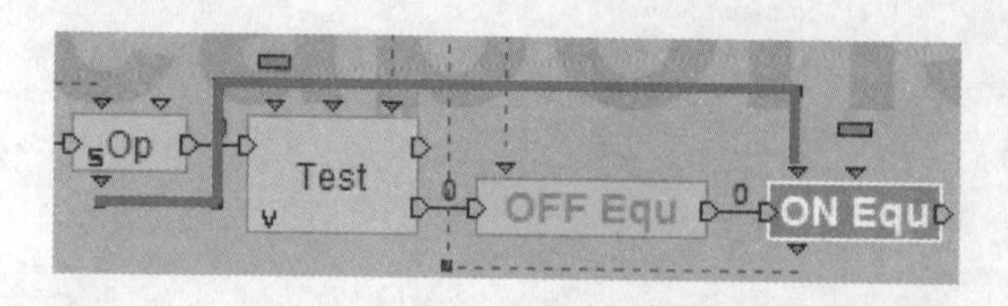

STEP 77 为Set Weapons模块新增一个出口，将ON Equ的出口连接到Set Weapons模块的出口。

STEP 78 为了让这个模块参数能够设置得更灵活，删除Test模块后连接到Add To Group和 Remove From Group模块的Target快捷方式。选中Remove From Group模块，重新创建一个Target参数。

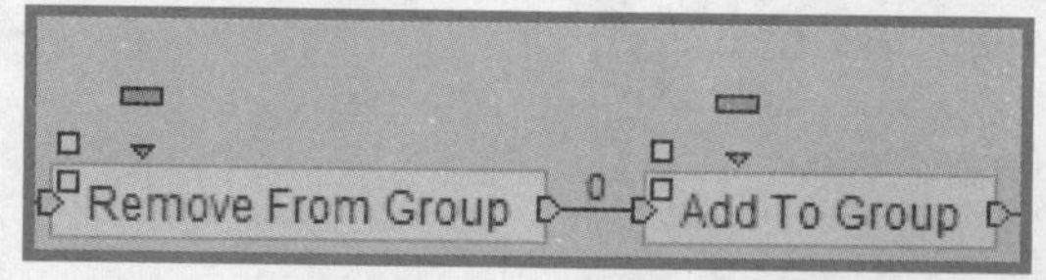

STEP 79 双击Remove From Group模块，在弹出的对话框中❶设置Parameter Name为Equipment object，❷单击OK按钮。

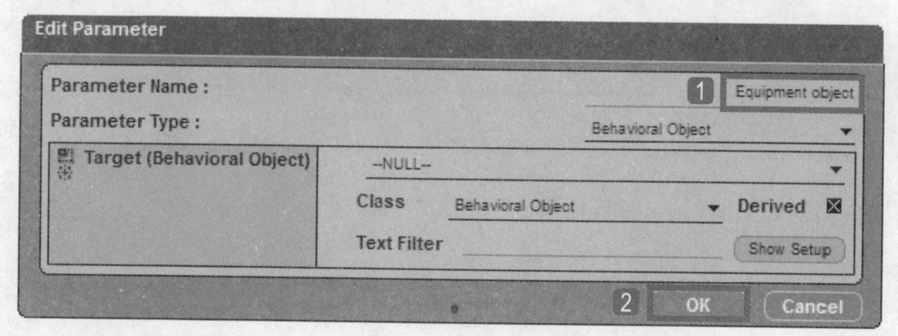

STEP 80 将这个Equipment object参数拖动到模块外。

STEP 81 重新从参数输入口连接到Add To Group模块。

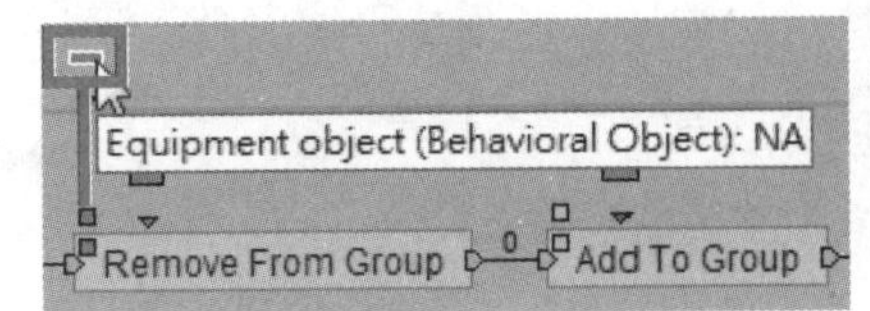

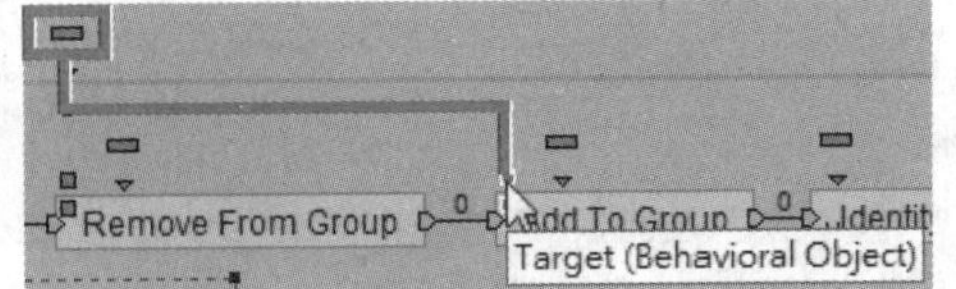

STEP 82 使用同样的方法，赋予Test模块的B值同样的参数。

STEP 83 从参数输入口连接到OFF Equ。

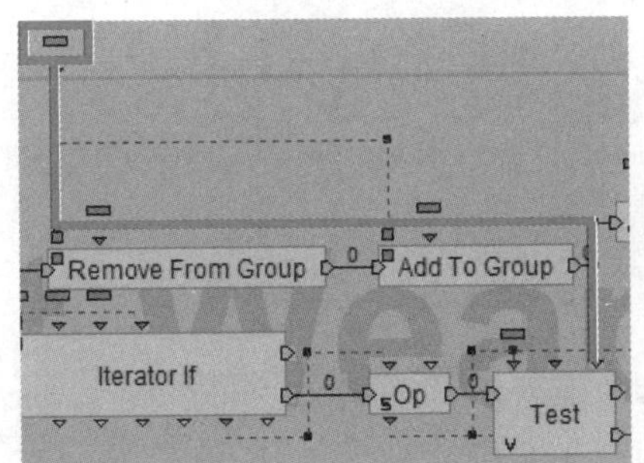

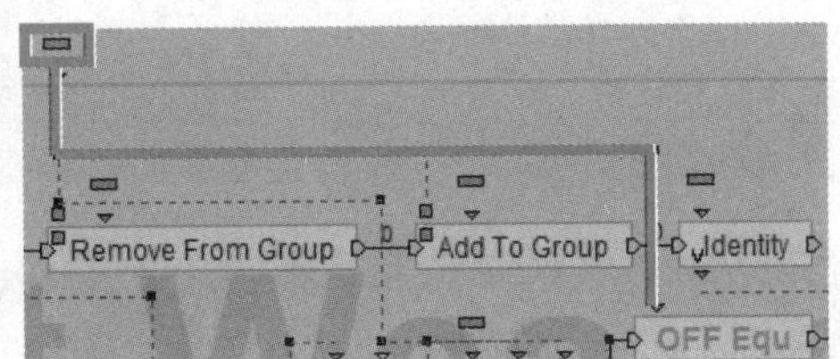

STEP 84 右击，在弹出的快捷菜单中执行Constuct>Add Parameter Output命令，增加参数输出口。

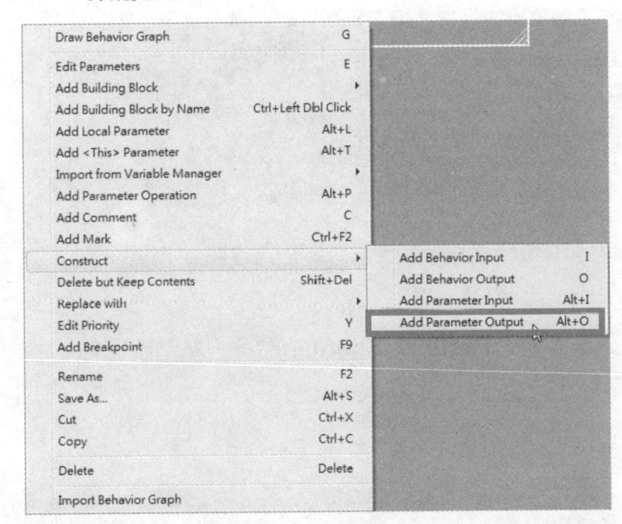

STEP 85 在弹出的对话框中1设置Parameter Name为Set Equipment Object，2 Parameter Type为3D Entity，3单击OK按钮。

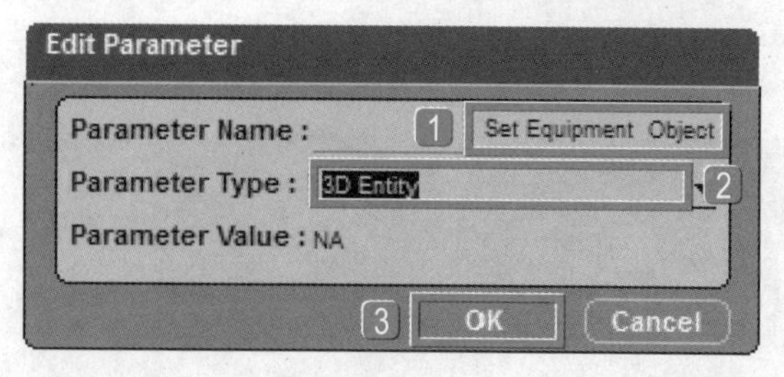

STEP 86 删除Identity模块的快捷方式，重新连接到模块输出口，同样将ON Equ的输出口也连接到模块输出口。

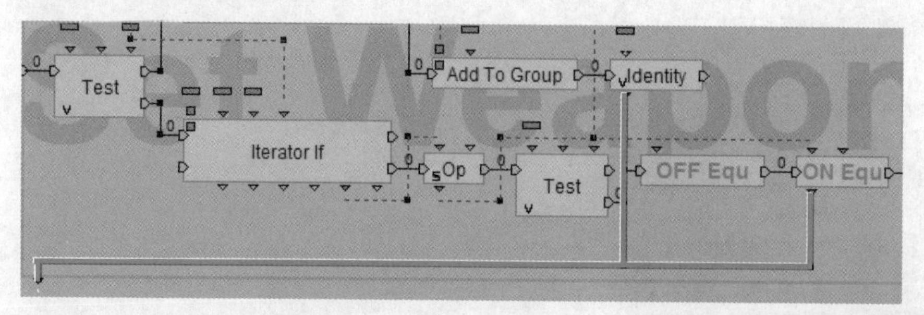

STEP 87 将Set Weapons模块收起，连接到Set Player模块后。

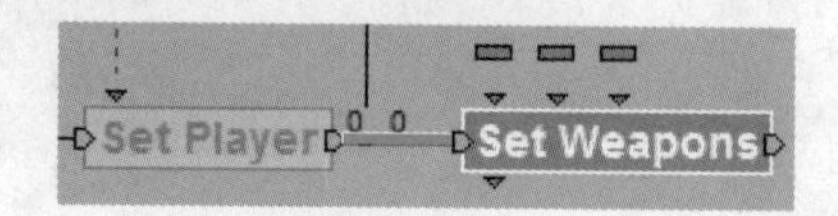

STEP 88 将模块的变量一一赋予Set Weapons模块。先将Get Row模块的weapons连接到该模块。

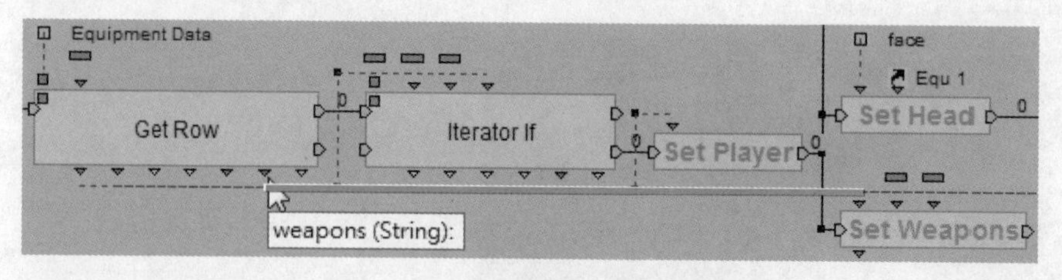

STEP 89 右击Equ 2，在弹出的快捷菜单中执行Copy命令，复制Equ 2快捷方式参数，赋予该模块对应的参考体。

STEP 90 右击空白处，在弹出的快捷菜单中执行Paste as Shortcut命令，粘贴参考体。

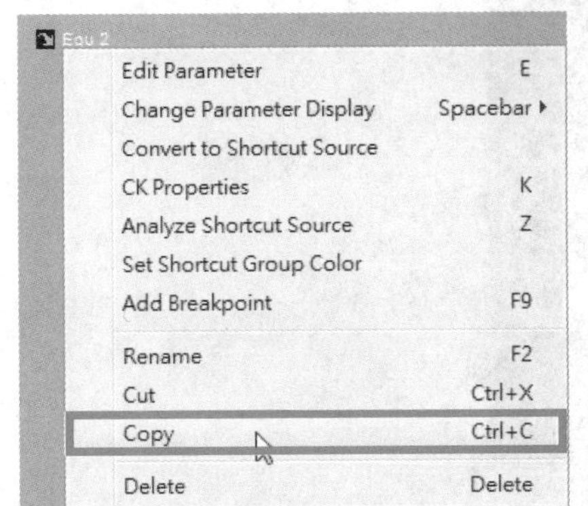

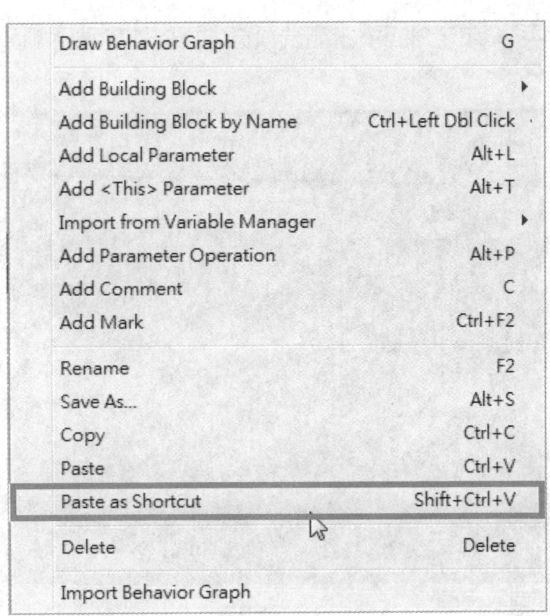

STEP 91 将Equ 2快捷方式参数赋予Set Weapons的参考体Referential。

STEP 92 将Weapons快捷方式参数赋予整个模块的Target。

STEP 93 将Set Weapons模块重新连接到Weapons。

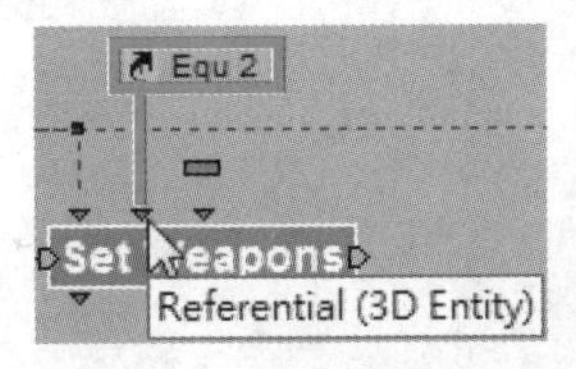

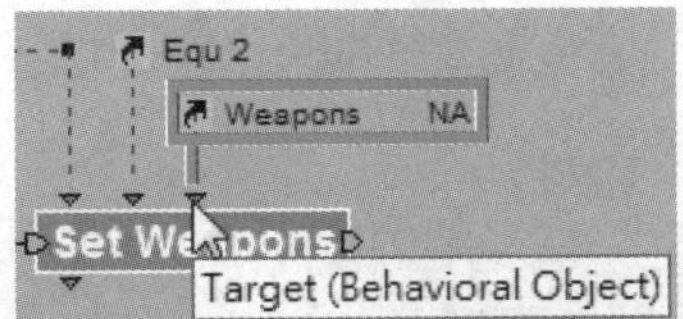

STEP 94 武器装备就设置完成了。在测试之前先设置装备数据，单击Set IC按钮，设置初始值。

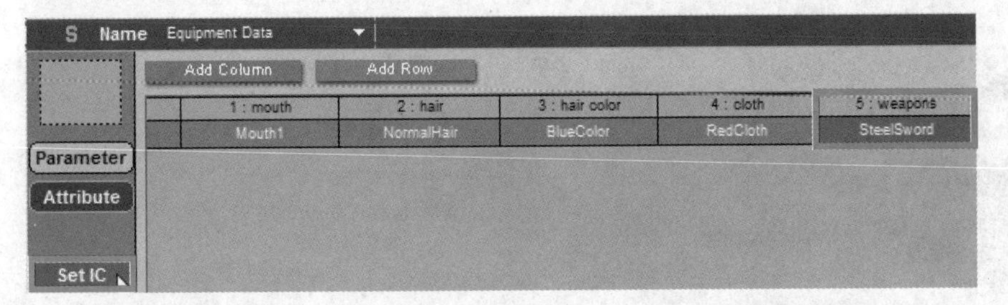

STEP 95 单击Play按钮测试预览，可以看到武器顺利装备上了。

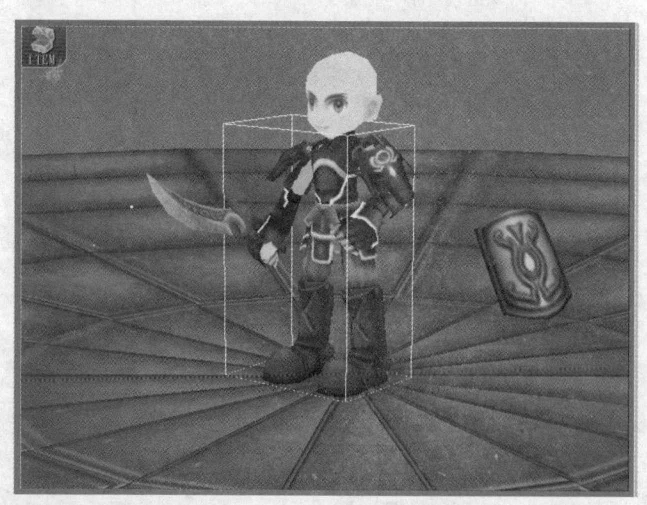

TIP 测试完毕后，记得恢复装备数据的设置。

16.5.3 设置盾牌和头发

STEP 1 制作盾牌部分。按住Shift键拖曳复制Set Weapons模块。

STEP 2 将复制出来的Set Weapons模块重命名为Set Shield。

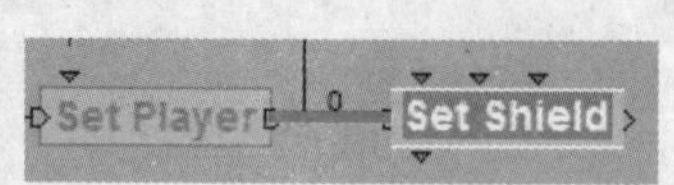

STEP 3 将Get Row模块的Shield赋予Set Shield。

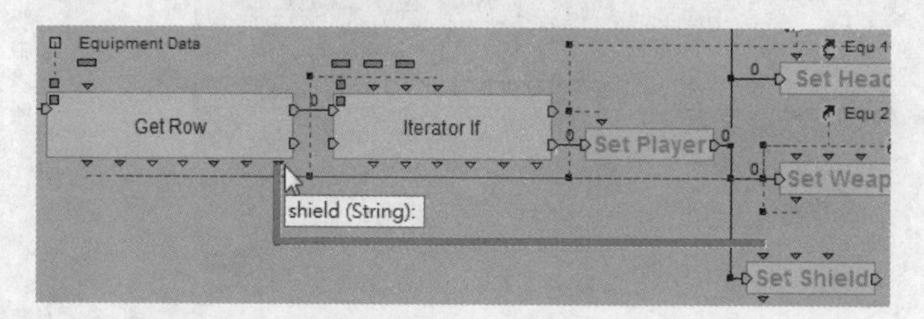

STEP 4 它的参考体是装备点Equ3，右击Equ3，在弹出的快捷菜单中执行Copy命令进行复制。

STEP 5 右击空白处，在弹出的快捷菜单中执行Paste as Shortcut命令，粘贴快捷方式。

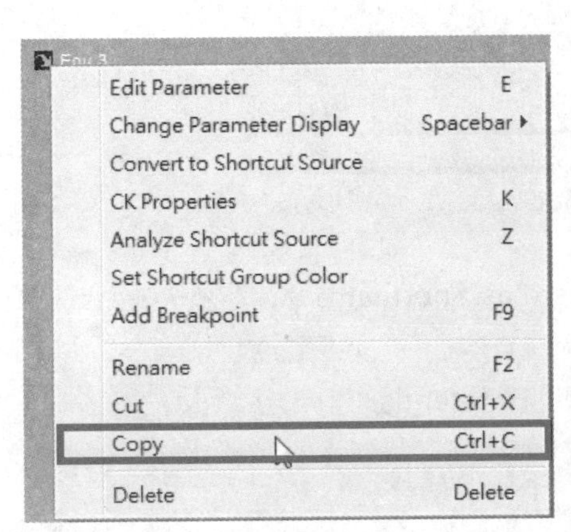

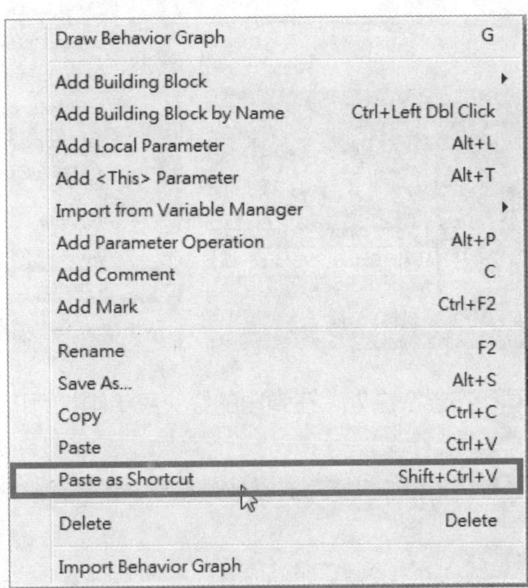

STEP 6 将Equ 3快捷方式连接到Set Shield模块的Referential。

STEP 7 将Shield快捷方式连接到Set Shield的Target。

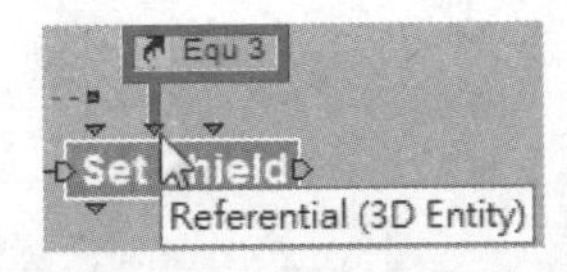

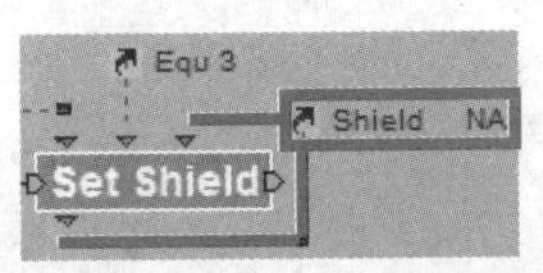

STEP 8 制作头发部分。按住Shift键拖曳复制Set Weapons模块。

STEP 9 将其命名为Set Hair，并连接到Set Player模块后。

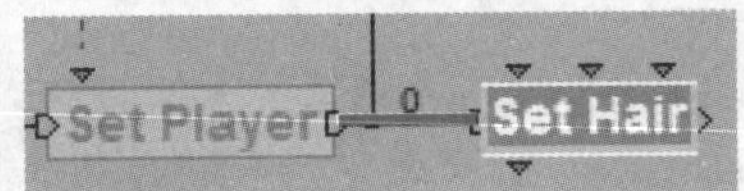

STEP 10 将Get Row模块的hair连接到Set Hair模块。

STEP 11 右击Equ 1，在弹出的快捷菜单中执行Copy命令复制它的参考体。

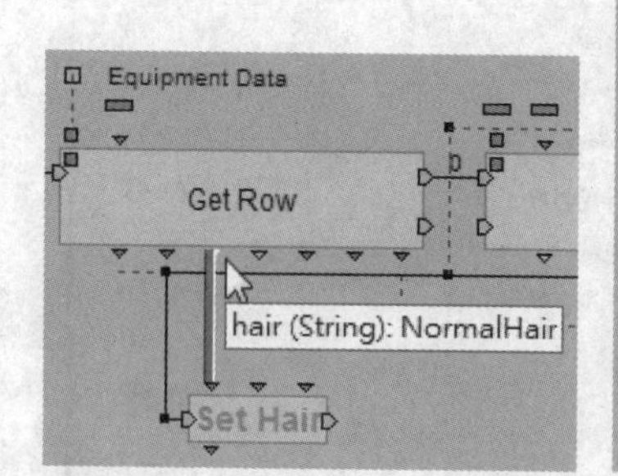

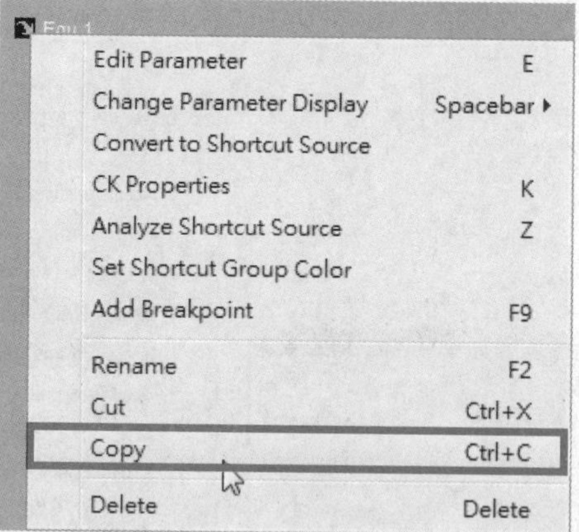

STEP 12 右击空白处，在弹出的快捷菜单中执行Paste as Shortcut命令，粘贴快捷方式。

STEP 13 将Equ 1快捷方式参数连接到Set Hair模块的Referential。

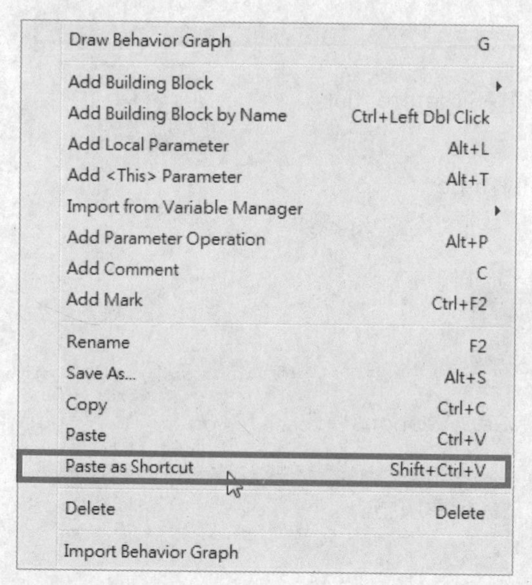

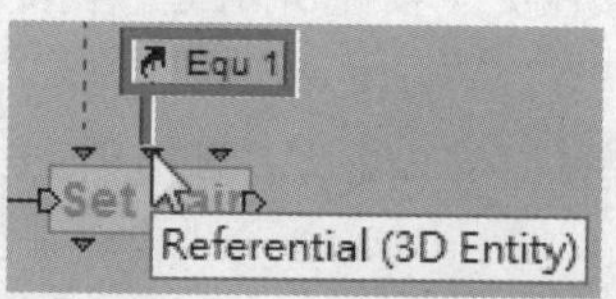

STEP 14 将Hair快捷方式参数连接到Set Hair模块的Target。

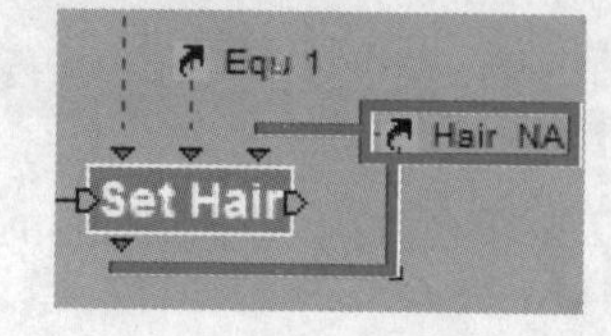

STEP 15 在Equipment Date中设置好盾牌的装备后，单击Set IC按钮，头发采用默认值即可。

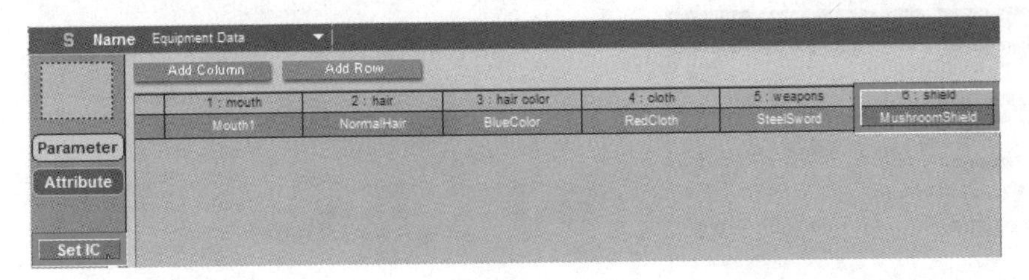

STEP 16 单击Play按钮测试预览，武器、盾牌、头发都能顺利装备，并且可以跟随角色移动。

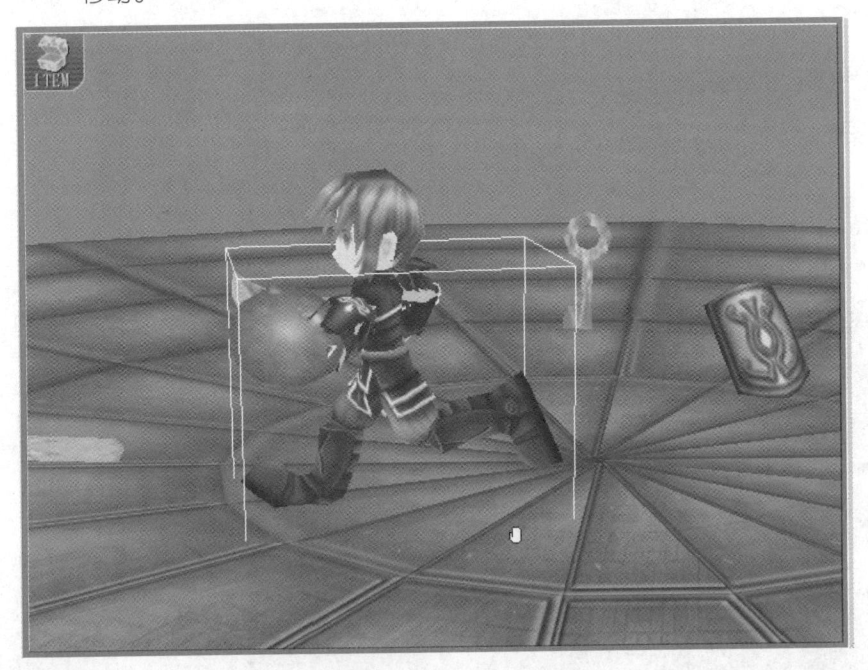

TIP 测试完毕后，记得将装备数据还原为默认值。

16.6 更换头发的颜色

STEP 1 设置头发换色。右击空白处，在弹出的快捷菜单中执行Draw Behavior Graph命令，创建一个模块。

STEP 2 将其命名为Set Hair Color。

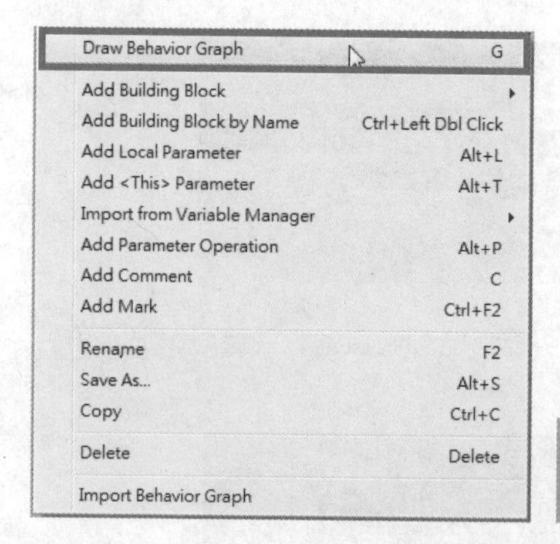

STEP 3 导入BB面板中的Logics\Array\Iterator If模块。

STEP 4 将Iterator If模块连接到模块输入口。

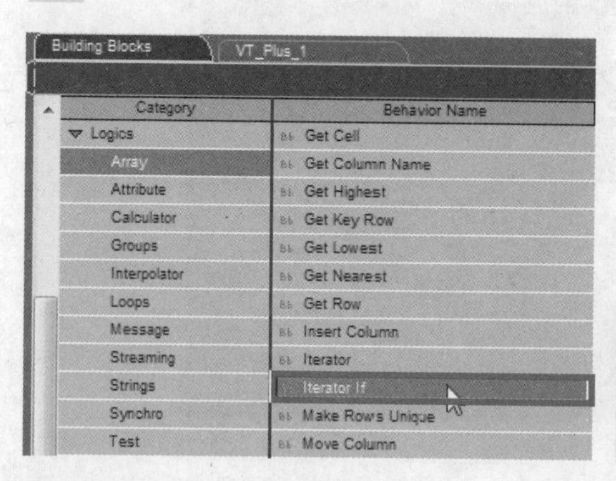

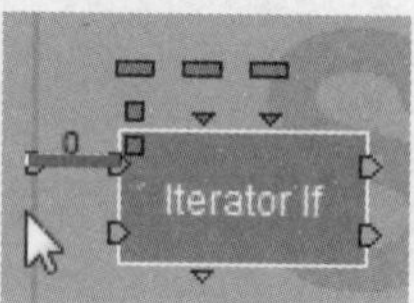

STEP 5 双击Iterator If模块，在弹出的对话框中1设置Target为Item Data，2单击OK按钮。

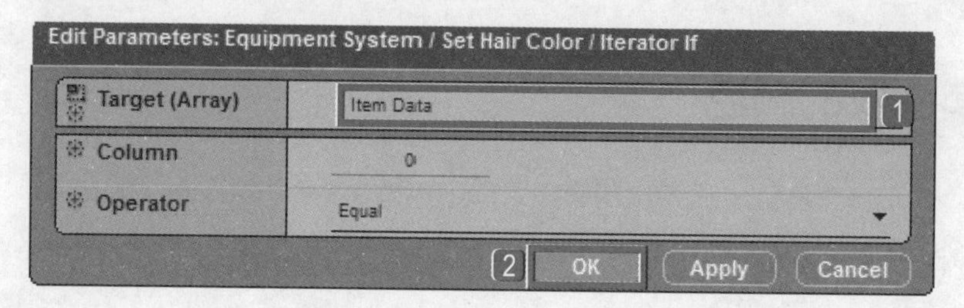

STEP 6 将要判断的值拖动到模块外作为变量。

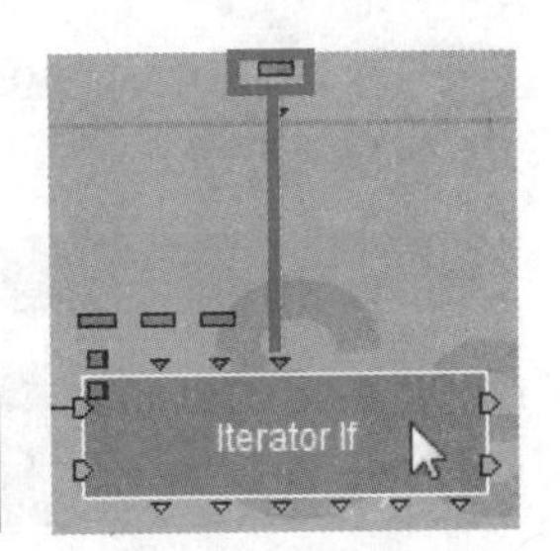

STEP 7 在Array Setup面板中，可以看出color数据是以下滑线的方式分出RGB值。

9	BlueColor	color	pic_BlueColors	19_13_141	x
10	GreenColor	color	pic_GreenColors	12_129_28	x
11	RedColors	color	pic_RedColors	255_0_0	x

STEP 8 导入BB面板中的Logics\Strings\Scan String模块，直接拾取RGB数据。

Building Blocks | VT_Plus_1

Category	Behavior Name
Logics	Create String
Array	Get SubString
Attribute	Load String
Calculator	Output To Console
Groups	Reverse String
Interpolator	Scan String
Loops	
Message	
Streaming	
Strings	
Synchro	
Test	

STEP 9 将Scan String模块连接到Iterator If模块后。

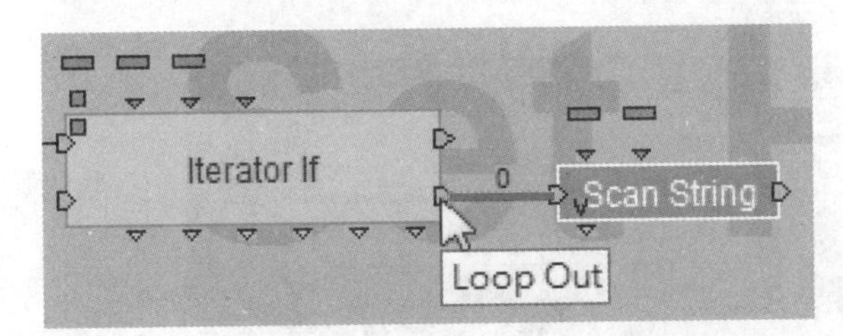

STEP 10 将Iterator If模块获取的object值赋予Scan String模块。

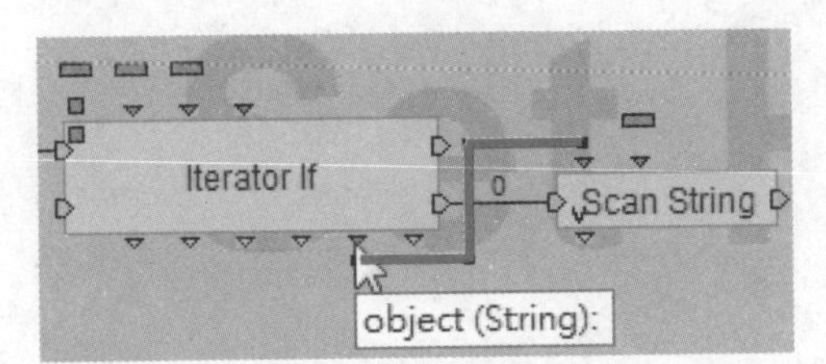

STEP 11 双击Scan String模块，在弹出的快捷菜单中❶设置Delimeter为_（下划线），❷单击OK按钮。

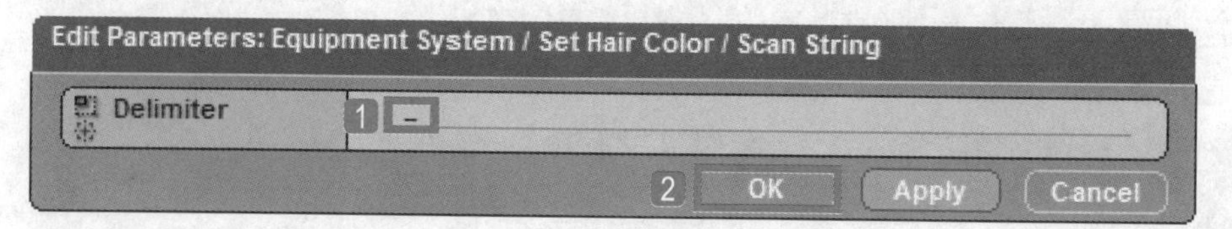

STEP 12 为Scan String模块新增三个输出口。右击Scan String模块，在弹出的快捷菜单中执行Constuct>Add Parameter Output命令。

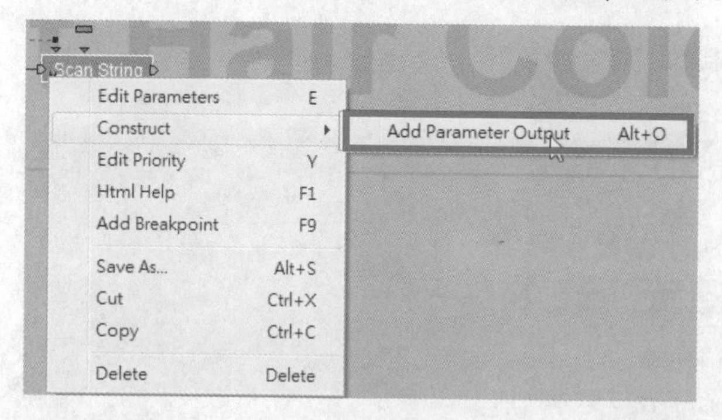

STEP 13 在弹出的对话框中❶设置第一个输出口的Parameter Name为R，❷Parameter Type为Float，❸单击OK按钮。

STEP 14 使用同样的方法❶设置第二个输出口的Parameter Name为G，❷Parameter Type为Float，❸单击OK按钮。

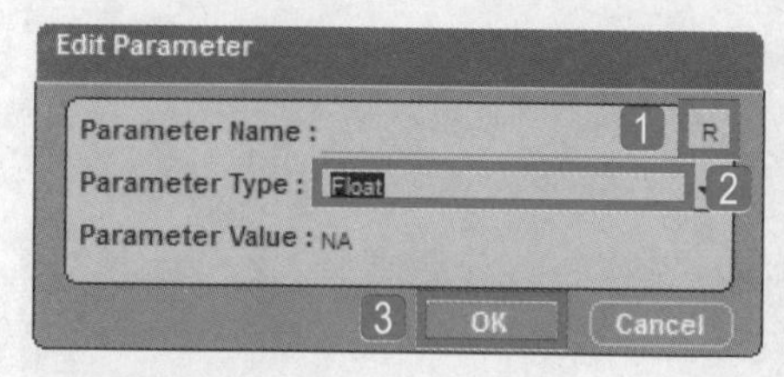

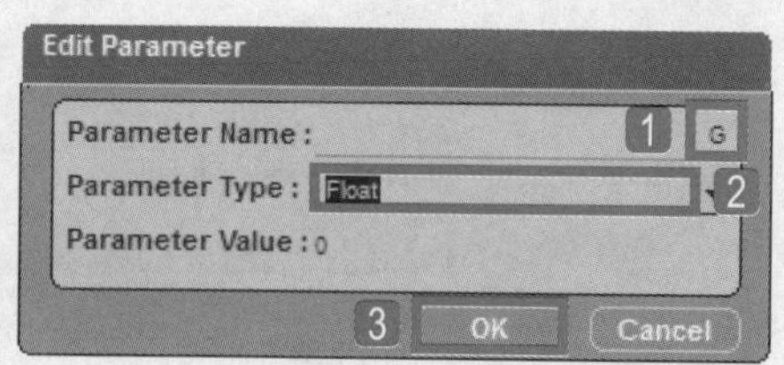

STEP 15 使用同样的方法❶设置第三个输出口的Parameter Name为B，❷Parameter Type为Float，❸单击OK按钮。

Edit Parameter
Parameter Name : B
Parameter Type : Float
Parameter Value : 0
OK Cancel

STEP 16 将这三个值组合成一个颜色的信息。导入BB面板中的Logics\Caculator\Set Component模块。

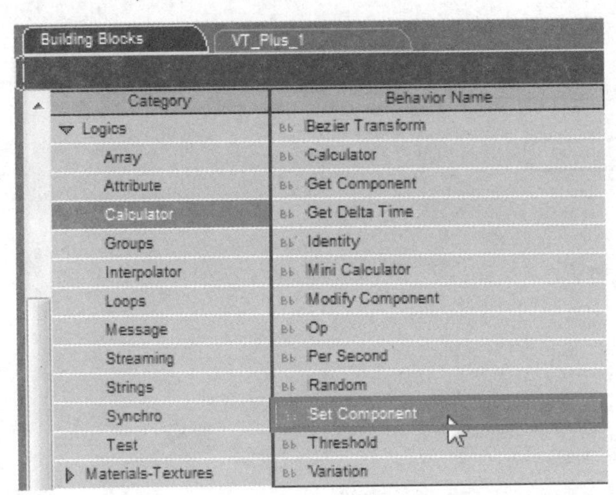

STEP 17 将Set Component模块连接到Scan String模块后。

STEP 18 双击Set Component模块，在弹出的对话框中❶设置Parameter Type为Color，❷单击OK按钮。

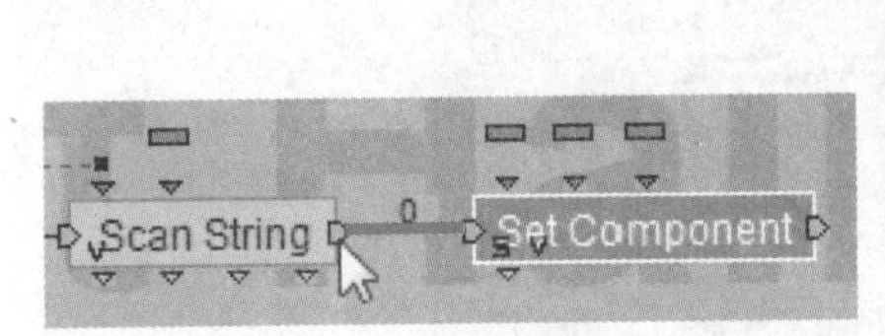

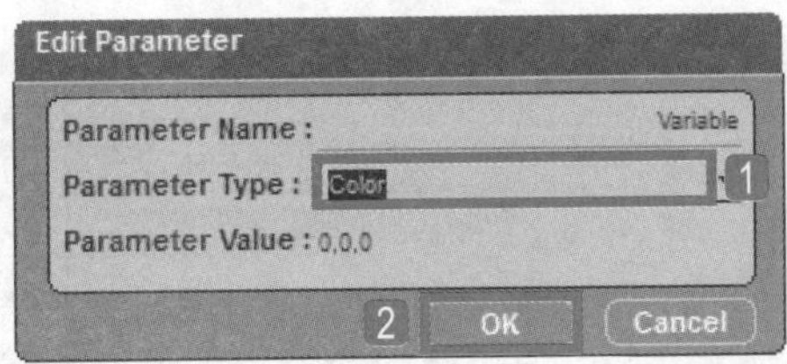

STEP 19 此时发现多了第四个参数，它代表Alpha值，❶将它设置为1，代表100%，❷单击OK按钮。

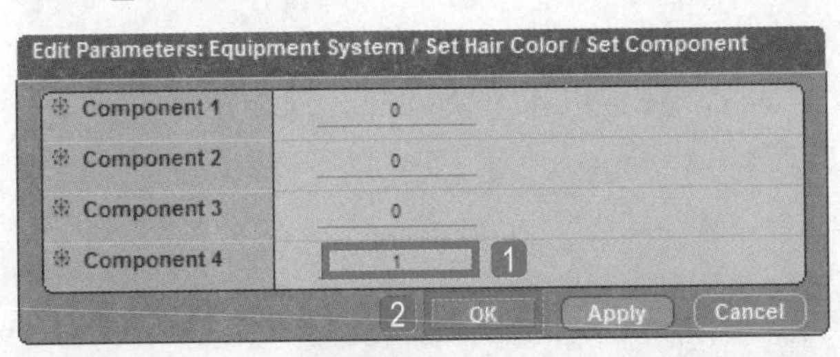

STEP 20 其他RGB三色也必须输入0～1之间的百分比值。右击空白处，在弹出的快捷菜单中执行Add Parameter Operation命令，新增一个参数运算器。

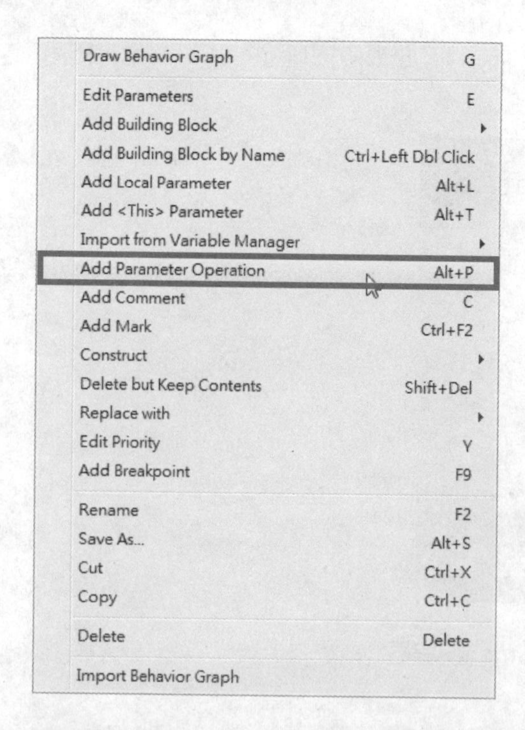

STEP 21 在弹出的对话框中1设置Inputs的A值和B值都为Float，2Operation为Division，3Ouput为Float，4单击OK按钮。

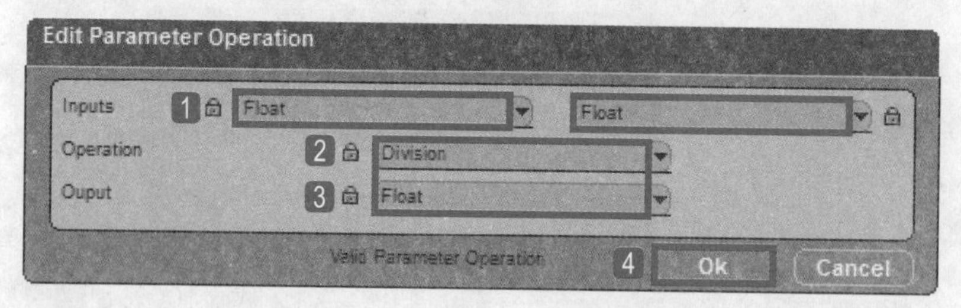

STEP 22 先计算R值，将R值赋予Division模块进行计算，计算结果直接赋予Set Component模块。

STEP 23 双击Division模块，在弹出的对话框中1设置Local 9为255，2单击OK按钮。

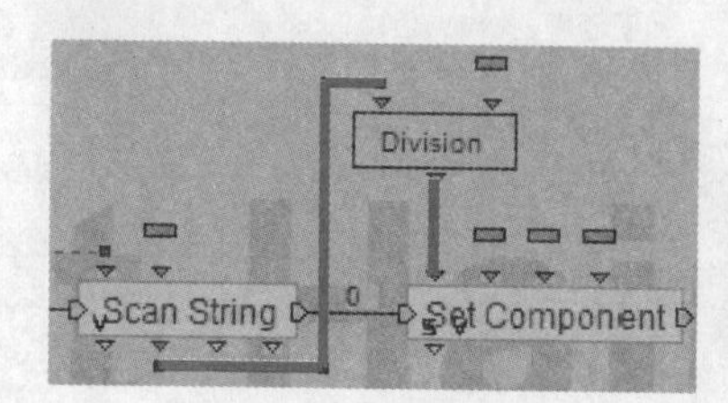

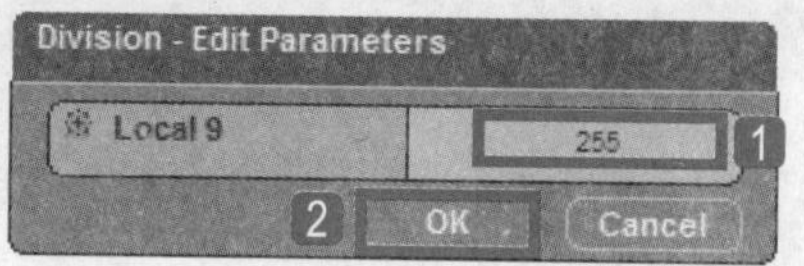

STEP 24 以此类推，复制第二个除法运算器计算G值的百分比。

STEP 25 复制第三个除法运算器计算B值的百分比。

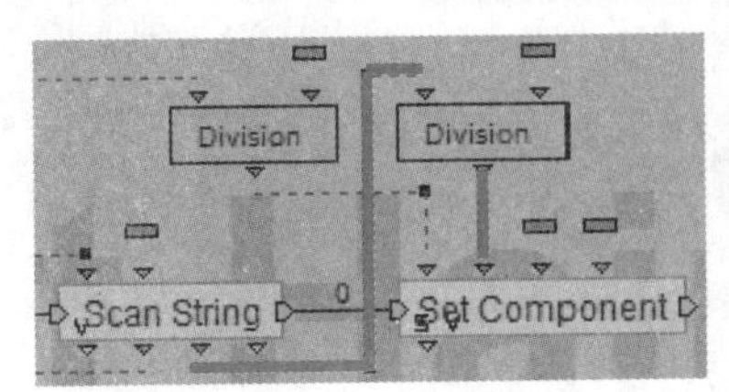

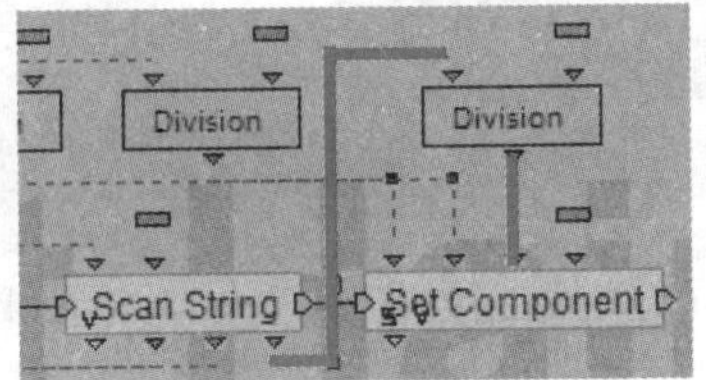

STEP 26 得到颜色之后就可以对颜色进行设置了。先抓取Material才能设置颜色，而Material又设置在Mesh上，导入BB面板中的Logics\Calculator\Op模块。

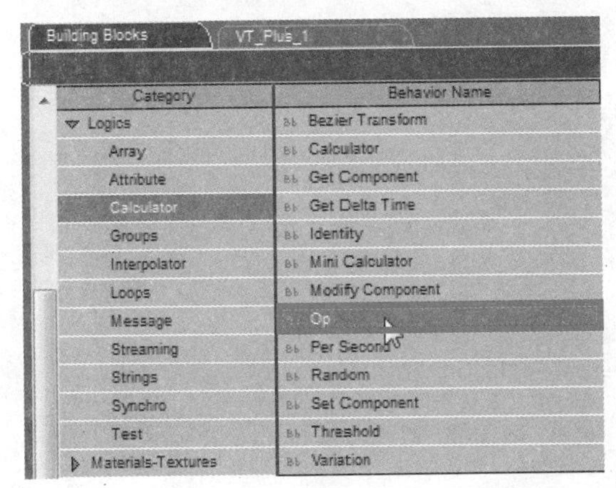

STEP 27 将Op模块连接到Set Component模块后。

STEP 28 右击Op模块，在弹出的快捷菜单中执行Edit Settings命令，对其进行设置。

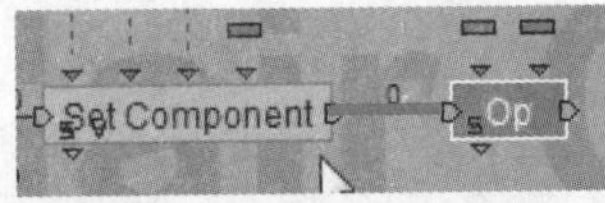

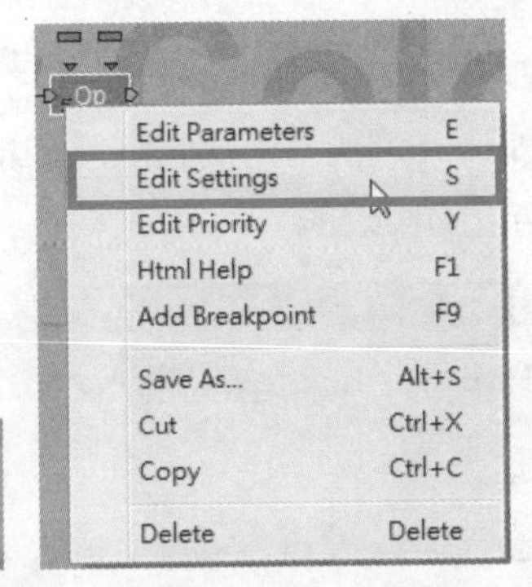

STEP 29 在弹出的对话框中❶设置Inputs的A值为3D Entity，❷Operation为Get Mesh，❸Output为Mesh，❹单击OK按钮。

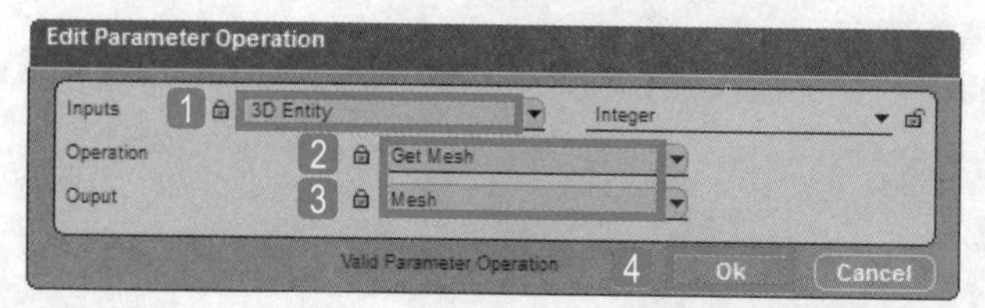

STEP 30 双击Op模块，在弹出的对话框中❶设置A值的Parameter Name为Hair Object，❷单击OK按钮。

STEP 31 将Hair Object参数拖动到模块外作为变量。

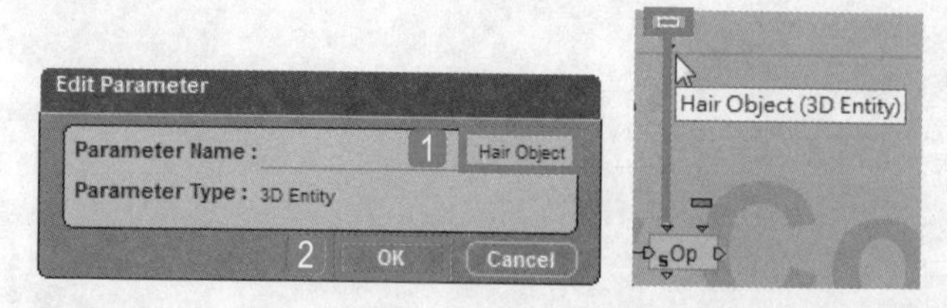

STEP 32 复制一个Op模块，将复制出的Op模块连接到第一个Op模块的Out。

STEP 33 右击Op模块，在弹出的快捷菜单中执行Edit Settings命令，对其进行设置。

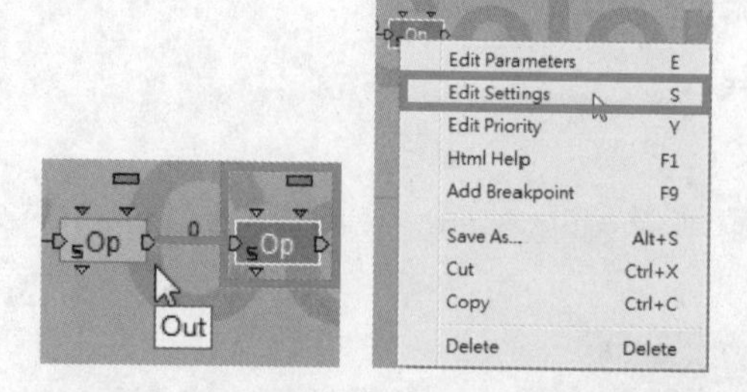

STEP 34 在弹出的对话框中❶设置Inputs的A值为Mesh，❷Operation为Get Material，❸Ouput为Material，❹单击OK按钮。

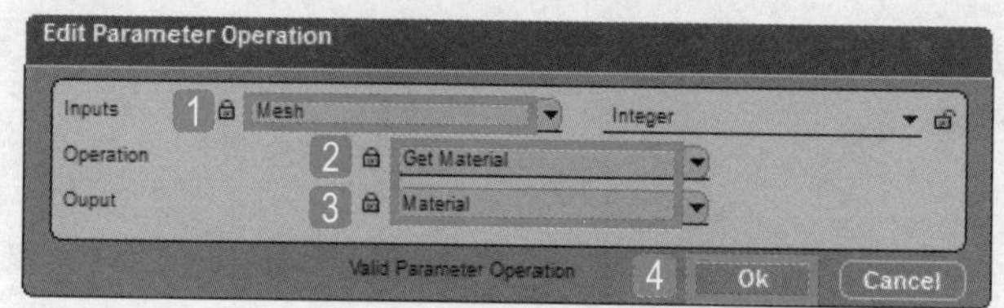

STEP 35 将第一个Op模块找到的Mesh赋予第二个Op模块的A值。

STEP 36 在设置颜色之前，先选择头发对象并右击，在弹出的快捷菜单中执行Material Setup命令。

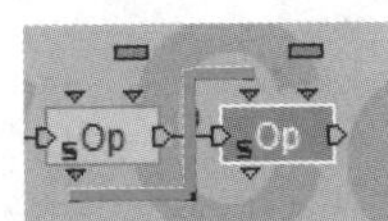

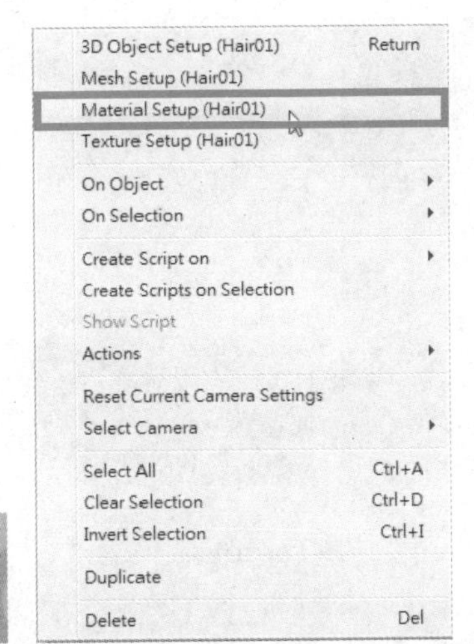

STEP 37 在Material Setup面板中单击Emissive后的色块，设置颜色的自发光效果。

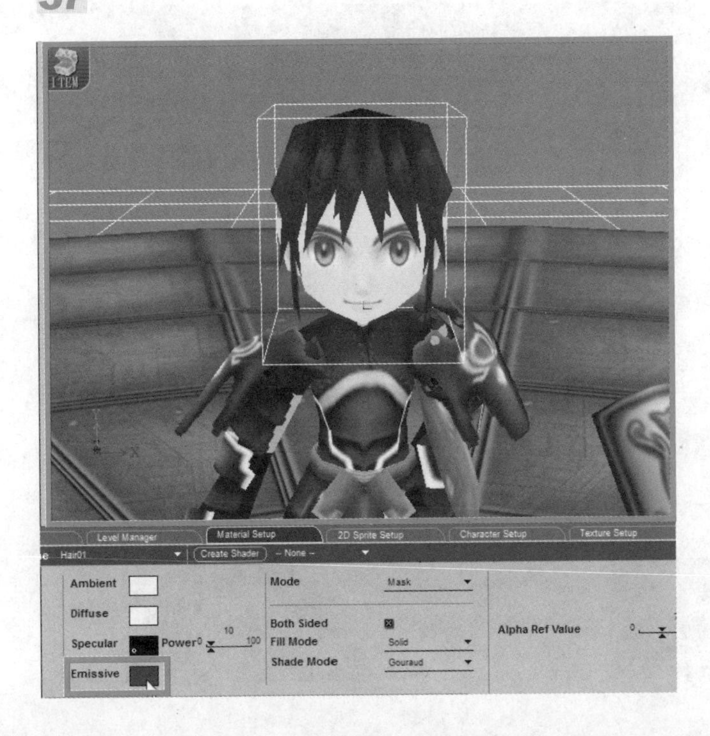

STEP 38 导入BB面板中的Materials–Textures\Basic\Set Emissive模块。

STEP 39 将Set Emissive模块连接到第二个Op模块后。

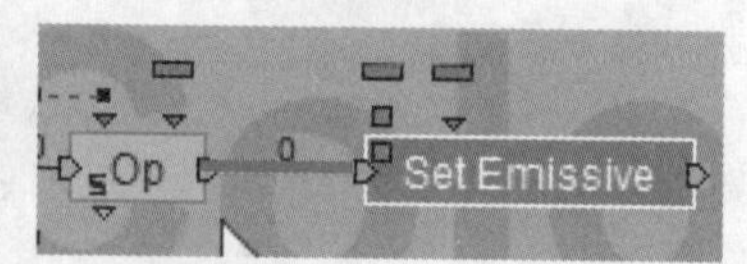

STEP 40 将抓取的Material赋予Set Emissive模块的Target。

STEP 41 将Set Component组合出来的颜色值赋予Set Emissive模块。

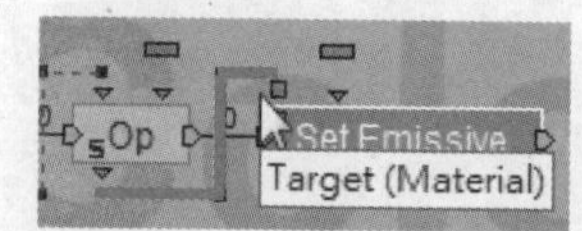

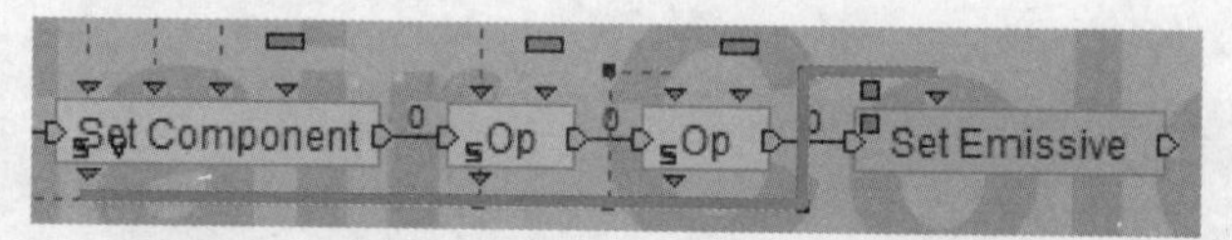

STEP 42 Set Hair Color模块的设置就完成了，将模块收起，并连接到Set Hair模块后。

STEP 43 将Get Row模块的hair color赋予Set Hair Color模块。

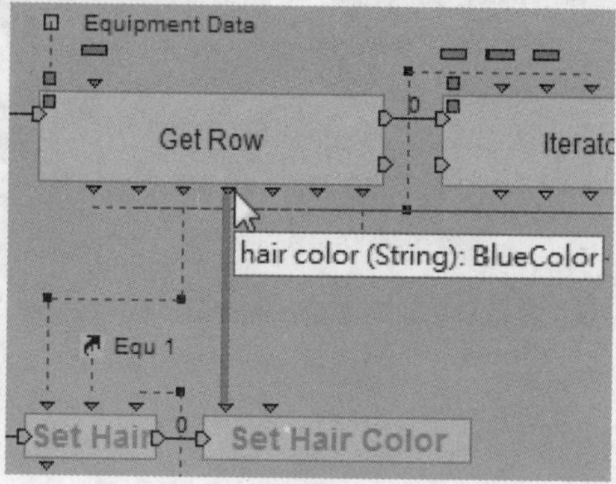

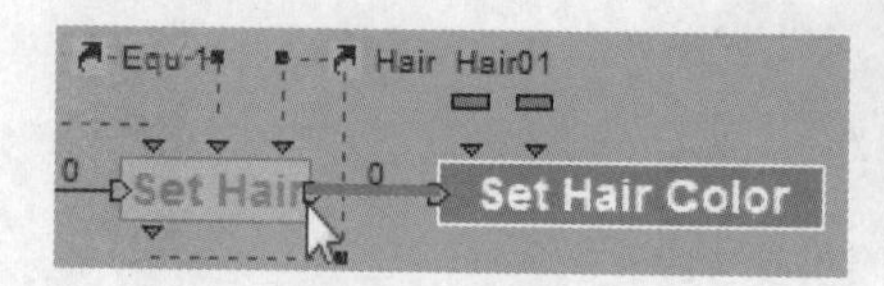

STEP 44 将Hair的快捷方式参数连接到Set Hair Color模块的Hair Object。

STEP 45 返回到Set Hair模块，将Test模块的True连接到模块的出口。由于换头发与换头发颜色是两个独立的判断，因此只有判断到头发是相同的对象，才可以顺利变换头发颜色。

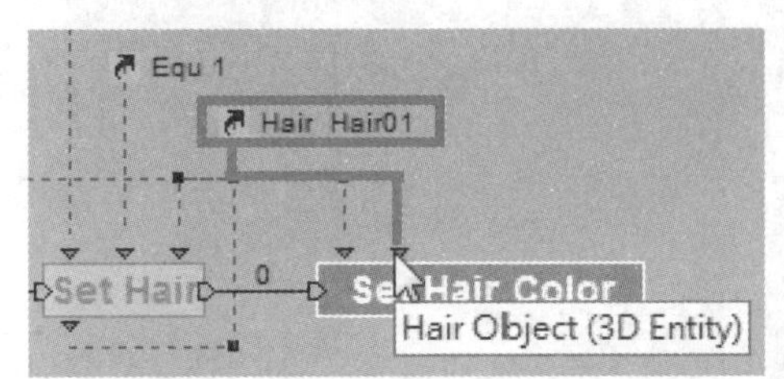

STEP 46 单击Play按钮测试预览，可以看到头发颜色已经设置好了。

STEP 47 导入BB面板中的Logics\Message\Wat Message模块。

STEP 48 将Wait Message模块连接到Script的Start。

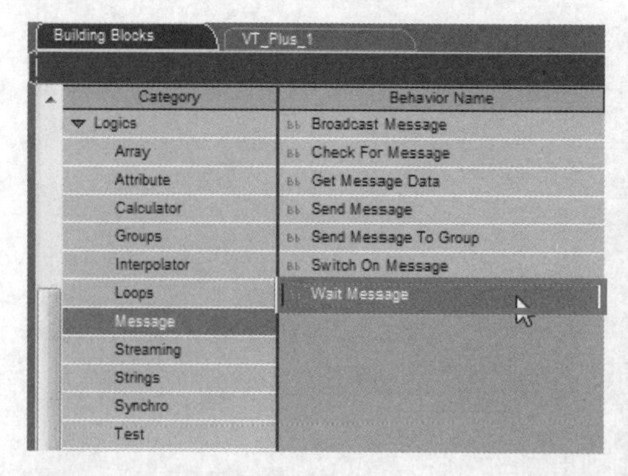

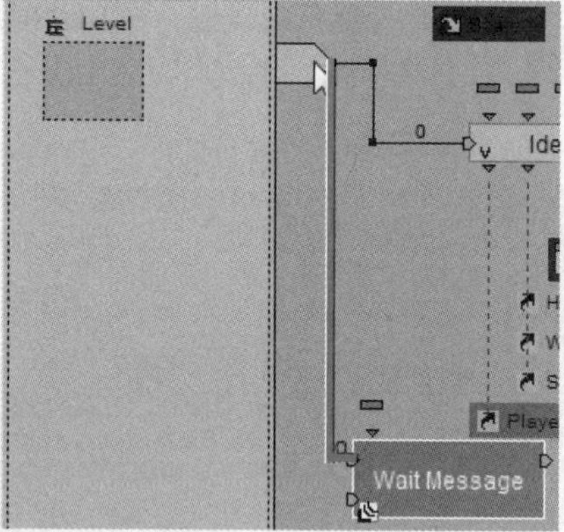

STEP 49 双击Wait Messaage模块，在弹出的对话框中1设置Messaage为Set Equipment，2单击OK按钮。

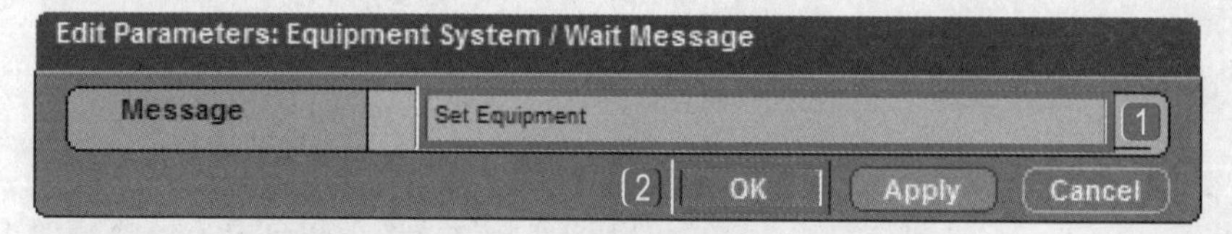

STEP 50 将Wait Messaage模块的Out连接到Get Row模块，它一接收到信息就会进行一次装备设置。

STEP 51 将Wait Messaage模块设置循环，让它可以不断接收信息。

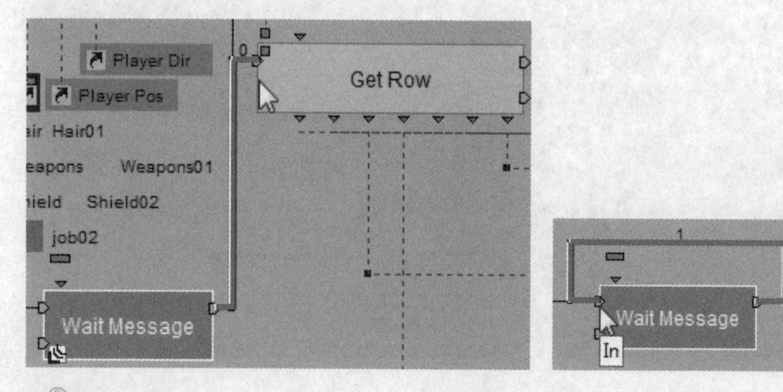

TIP 设置好道具的装备系统后，就可以明确的知道整个道具系统的置换取决于Equipment Data的数据，因此只要修改它的数据，就可以知道将要置换的装备。

16.7 实现通过鼠标拖动来换装的功能

STEP 1 返回到Item System的Script，设置将道具拖动到角色身上时，将会进行装备置换。

STEP 2 双击打开Pick Controller模块。

STEP 3 在Discarded Item模块中继续撰写修改数据部分，进行装备判断。

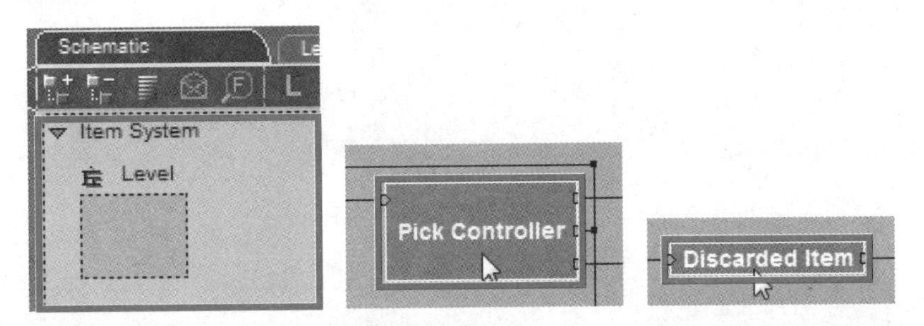

STEP 4 在设置之前，一定要先检查Equipment Data预设装备的对象。

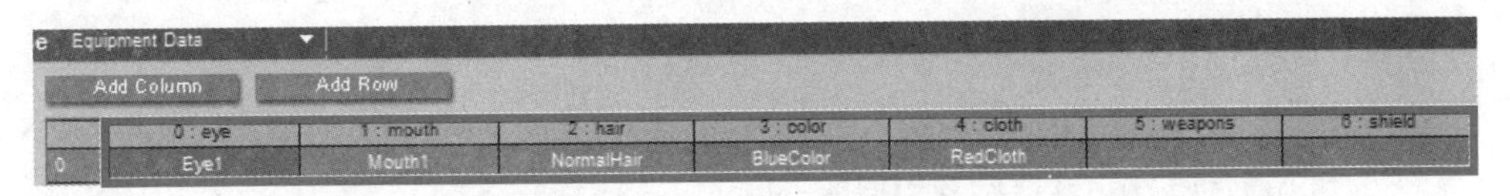

Equipment Data

	0 : eye	1 : mouth	2 : hair	3 : color	4 : cloth	5 : weapons	6 : shield
0	Eye1	Mouth1	NormalHair	BlueColor	RedCloth		

STEP 5 确认Equipment Data与item Bags中的Equipment设置的装备一致。

STEP 6 确认Equipment Data中Column的名称与Item Data中的type名称一致。

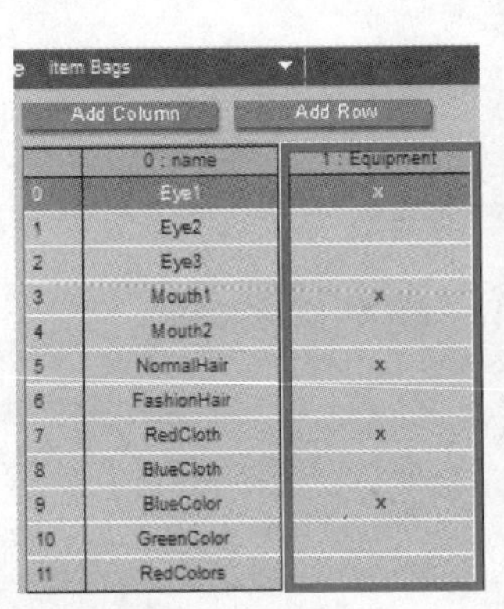

Item Bags

	0 : name	1 : Equipment
0	Eye1	x
1	Eye2	
2	Eye3	
3	Mouth1	x
4	Mouth2	
5	NormalHair	x
6	FashionHair	
7	RedCloth	x
8	BlueCloth	
9	BlueColor	x
10	GreenColor	
11	RedColors	

Item Data

	0 : Name	1 : type	2 : minipic	3 : object	4 : Never
0	Eye1	eye	pic_eye1	eye1	x
1	Eye2	eye	pic_eye2	eye2	x
2	Eye3	eye	pic_eye3	eye3	x
3	Mouth1	mouth	pic_mouth1	mouth1	x
4	Mouth2	mouth	pic_mouth2	mouth2	x
5	NormalHair	hair	pic_NormalHair	Hair01	x
6	FashionHair	hair	pic_FashionHair	Hair02	x
7	RedCloth	cloth	pic_RedCloth	job02	x
8	BlueCloth	cloth	pic_BlueCloth	job01	x
9	BlueColor	color	pic_BlueColors	19_13_141	x
10	GreenColor	color	pic_GreenColors	12_129_28	x
11	RedColors	color	pic_RedColors	255_0_0	x
12	SteelSword	weapons	pic_SteelSword	Weapons01	
13	FecesSword	weapons	pic_FecesSword	Weapons02	
14	SteelShield	shield	pic_SteelShield	Shield01	
15	MushroomShield	shield	pic_MushroomShield	Shield02	
16	DoorKey	Event_item	pic_DoorKey	key	x

STEP 7 ①重新将Equipment Data中原本设置为hair color的名称修改为与Item Data一致的color，②单击OK按钮。

STEP 8 数据检查校正完毕后，返回到Discarded Item模块开始撰写程序。先将前面判断地板的模块移到后面判断，删除其前后的连接线，并将Op模块重新连到Test模块的True。

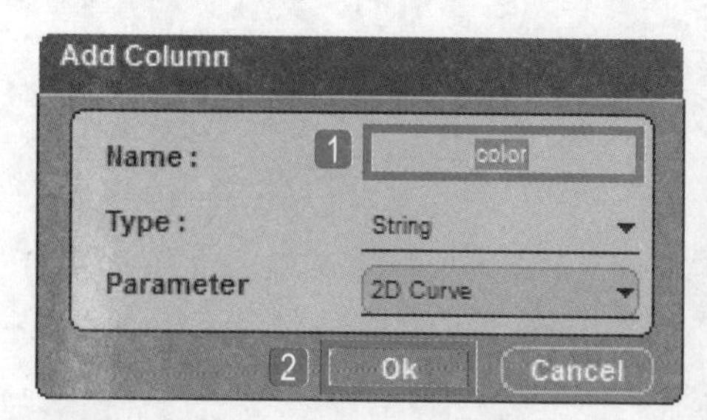

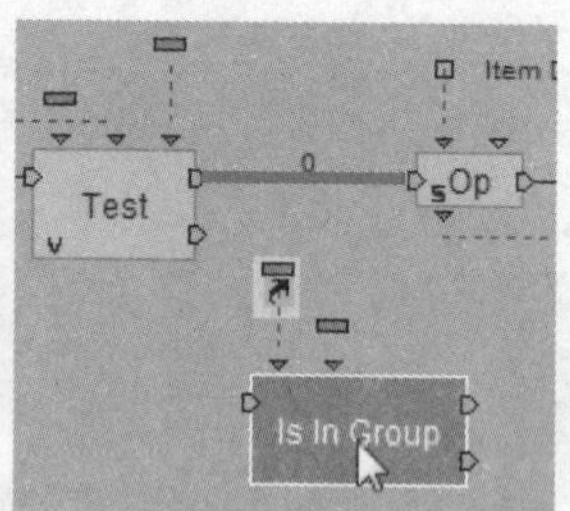

STEP 9 由于要在找到数据之后再做判断，因此先删除Iterator If和Test模块之间的连接线。

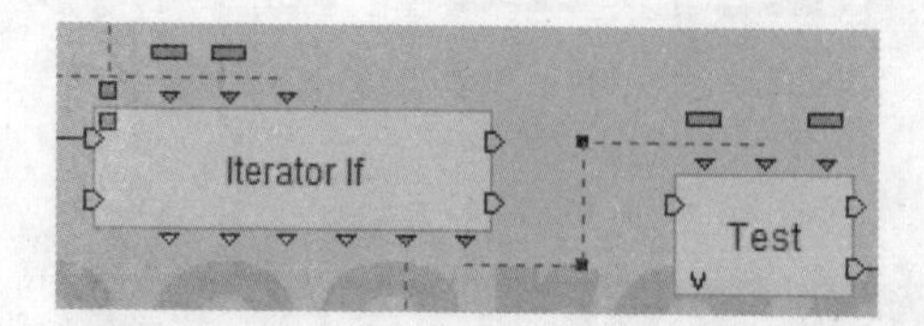

STEP 10 将刚才的Is In Group模块插入，连接到Iterator If模块的Loop Out后，并将Is In Group模块的True连接到Test模块的In。

STEP 11 复制一个Is In Group模块，并将复制出的模块连接到第一个Is In Group模块的False。

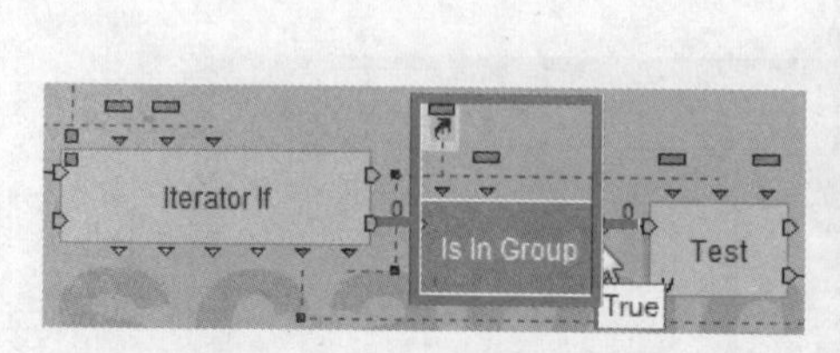

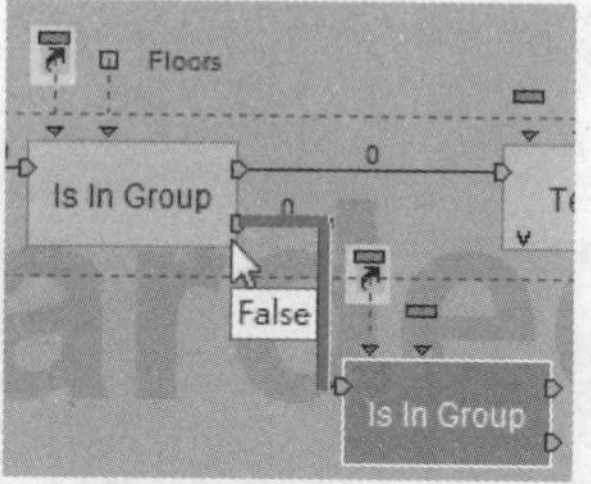

STEP 12 ①设置第二个Is In Group模块对应的群组为Equipment，②单击OK按钮。

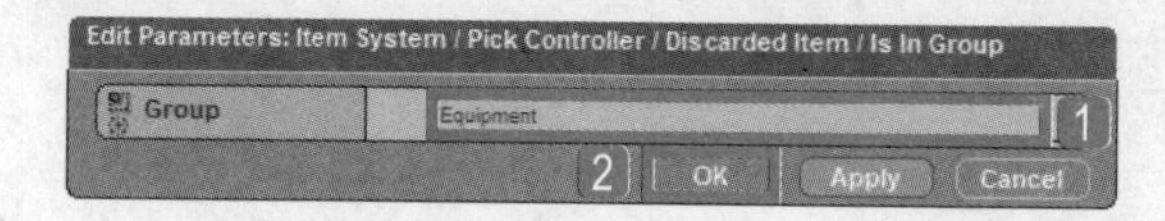

STEP 13 确定选中角色后，就要设置装备的数据，导入BB面板中的Logics\Array\Set Cell模块。

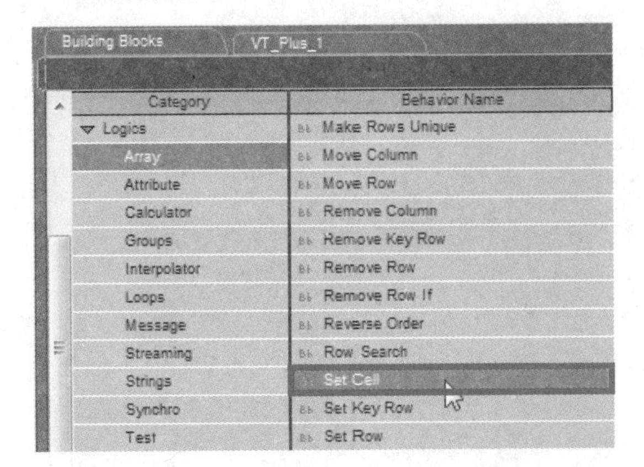

STEP 14 双击Set Cell模块，在弹出的对话框中❶设置Target为Equipment Data，❷Row Index为0，而Column则是我们要搜寻的对象，❸单击OK按钮。

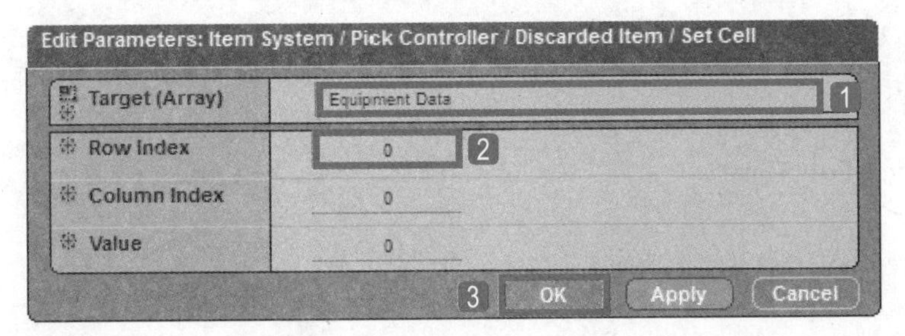

STEP 15 双击Set Cell模块的第四个参数Value，更改其参数类型。

STEP 16 在弹出的对话框中❶设置Parameter Type为String，❷单击OK按钮。

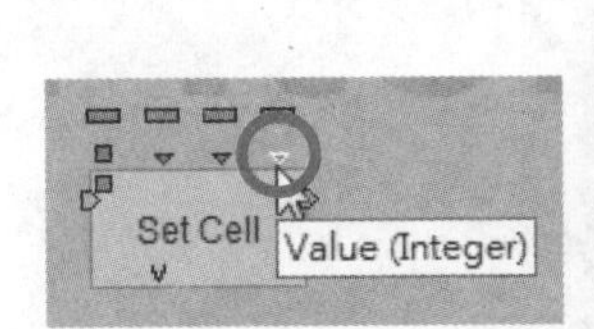

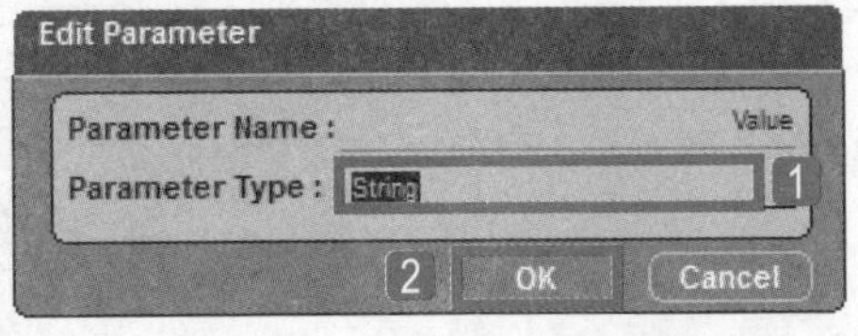

STEP 17 将Iterator If模块找到的名称连接到Set Cell模块的Value。

STEP 18 右击空白处，在弹出的快捷菜单中执行Draw Behavior Graph命令，创建一个模块，用来判断参数类型。

Draw Behavior Graph G
Add Building Block
Add Building Block by Name Ctrl+Left Dbl Click
Add Local Parameter Alt+L
Add <This> Parameter Alt+T
Import from Variable Manager
Add Parameter Operation Alt+P
Add Comment C
Add Mark Ctrl+F2
Construct
Delete but Keep Contents Shift+Del
Replace with
Edit Priority Y
Add Breakpoint F9
Rename F2
Save As... Alt+S
Cut Ctrl+X
Copy Ctrl+C
Paste Ctrl+V
Paste as Shortcut Shift+Ctrl+V
Delete Delete
Import Behavior Graph

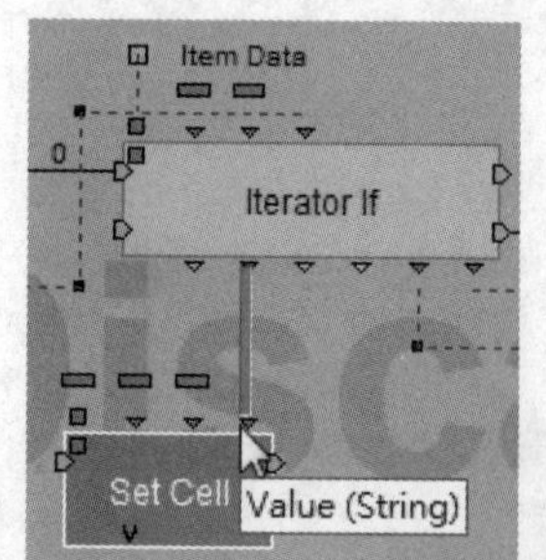

STEP 19 将其命名为Check Equ Type。

STEP 20 将Op模块连接到模块的输入口。

STEP 21 右击Op模块，在弹出的快捷菜单中执行Edit Settings命令，对其进行设置。

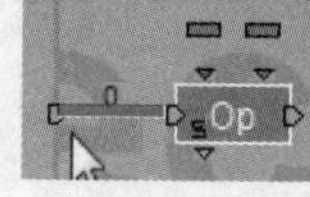

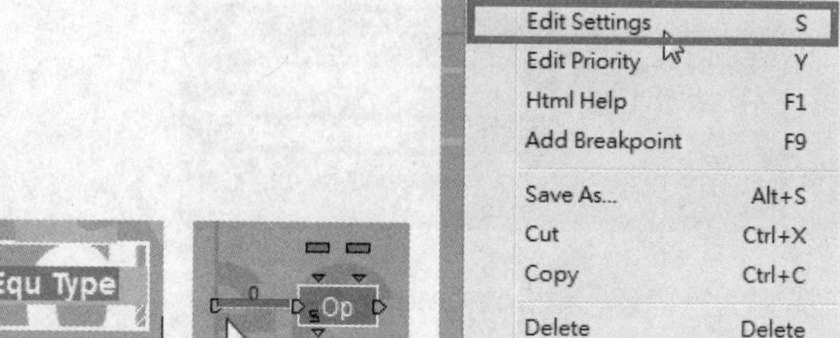

STEP 22 在弹出的对话框中❶设置Inputs的A值为Array，❷Operation为Get Column Count，❸Ouput为Integer，❹单击OK按钮。

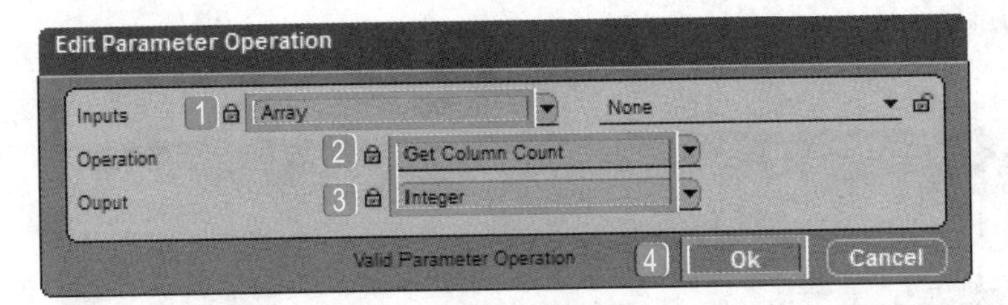

STEP 23 双击Op模块，在弹出的对话框中1设置p1为Equipment Data，2单击OK按钮。

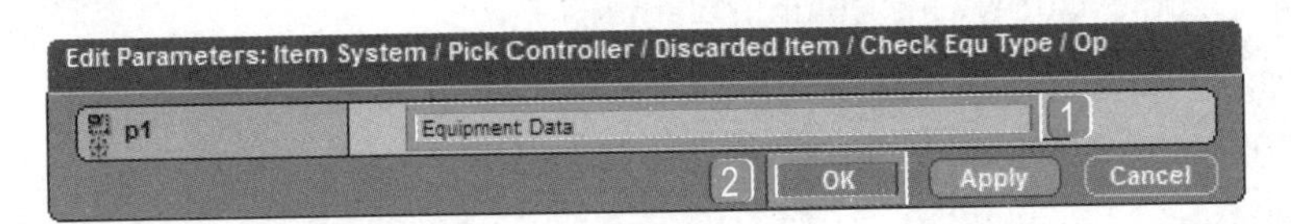

STEP 24 导入BB面板中的Logics\Loops\Counter模块，逐一搜寻符合的类型。

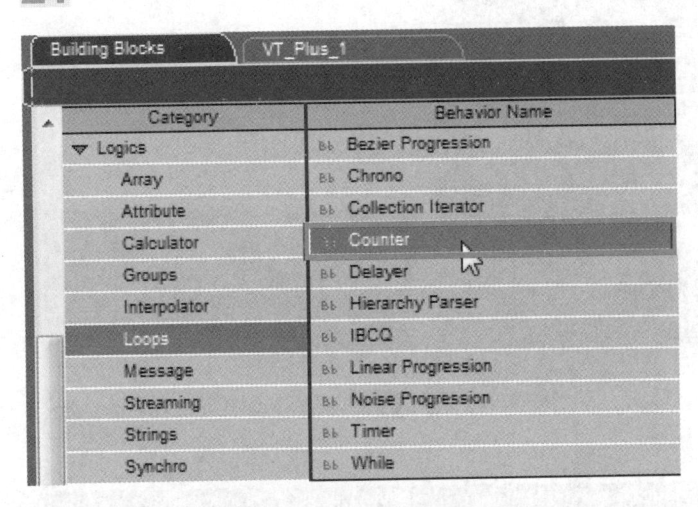

STEP 25 将Counter模块连接到Op模块的Out。

STEP 26 将Op模块抓取的Column数量赋予Counter模块的Count。

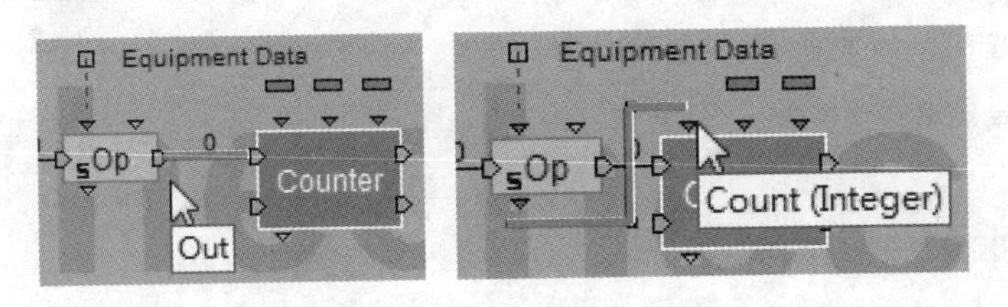

STEP 27 双击Counter模块，在弹出的对话框中1设置Start Index为0，从0开始，2单击OK按钮。

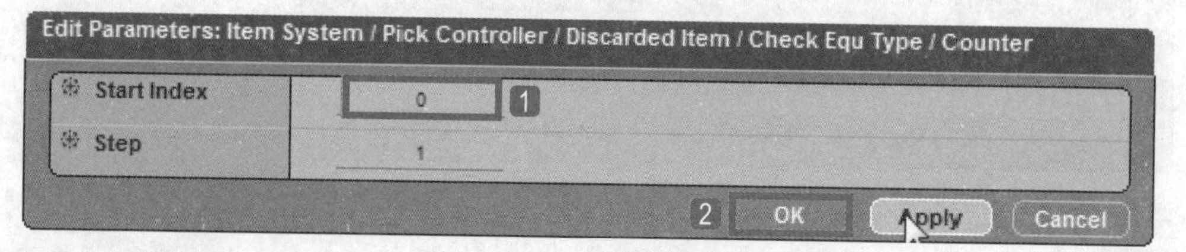

STEP 28 导入BB面板中的Logics\Array\Get Column Name模块。

STEP 29 将Get Column Name模块连接到Counter模块的Loop Out。

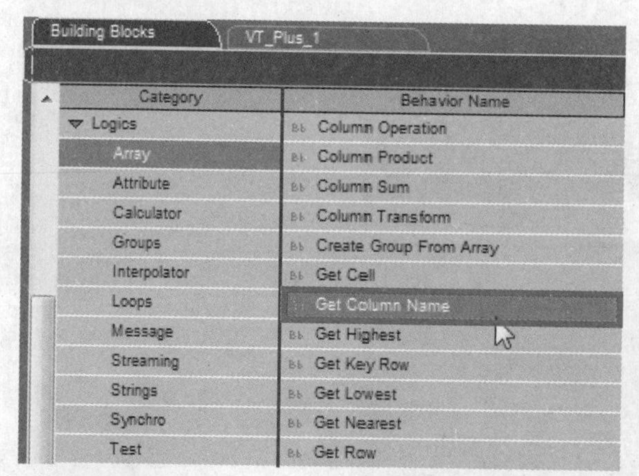

STEP 30 双击Get Column Name模块，在弹出的对话框中1设置Target为Equipment Data，2单击OK按钮。

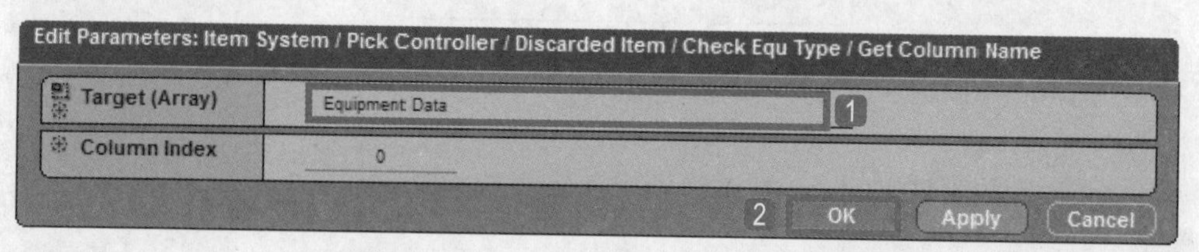

STEP 31 将Counter模块计算出的次数连接到Get Column Name模块的Column Index，让它依序找到名字。

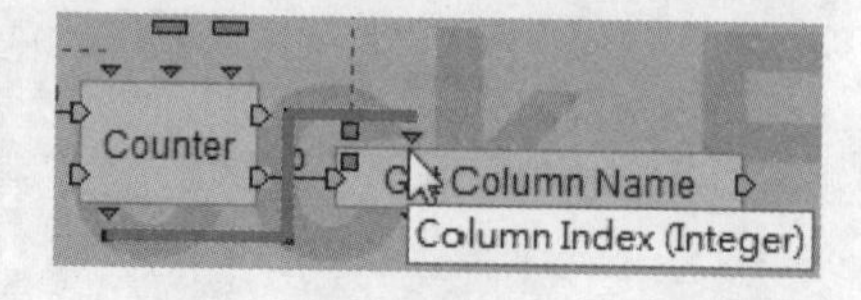

STEP 32 导入BB面板中的Logics\Test\Test模块。

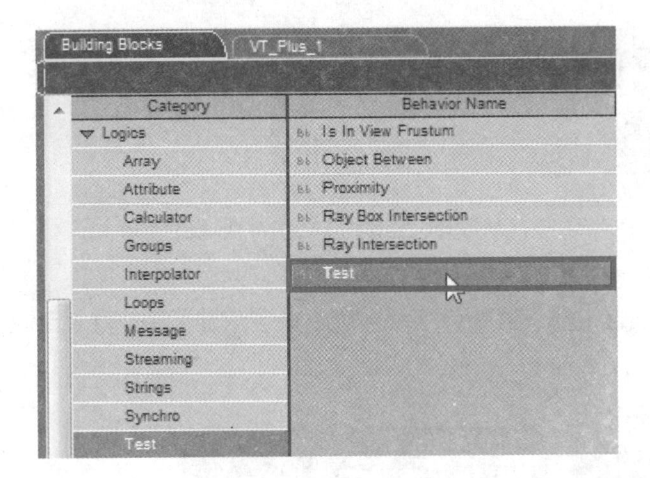

STEP 33 将Test模块连接到Get Column Name模块后。

STEP 34 双击Test模块的A值，在弹出的对话框中❶设置Parameter Type为String，❷单击OK按钮。

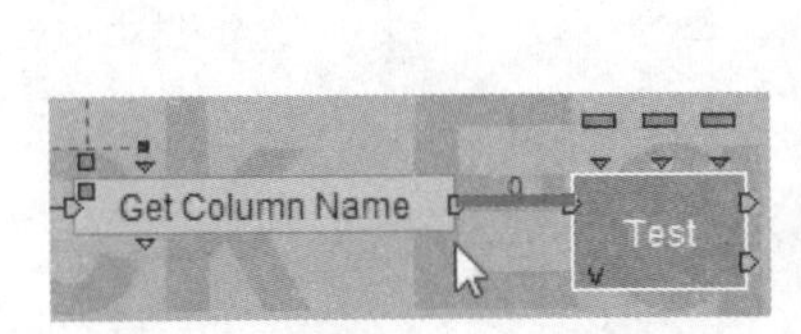

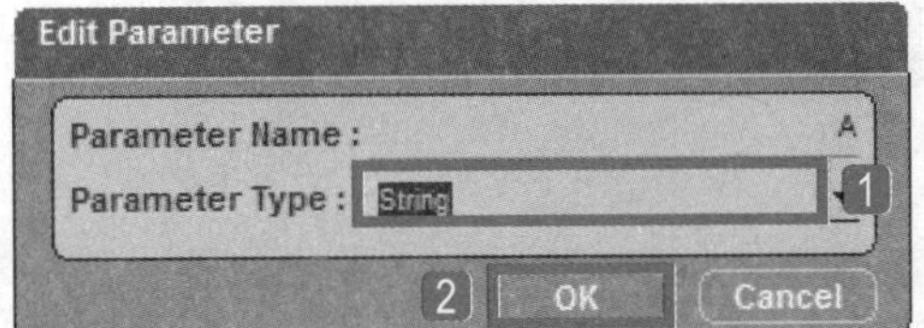

STEP 35 使用同样的方法❶设置B值的Parameter Type为String，❷单击OK按钮。

STEP 36 将Get Column Name抓取到的名称赋予Test的A值进行判断。

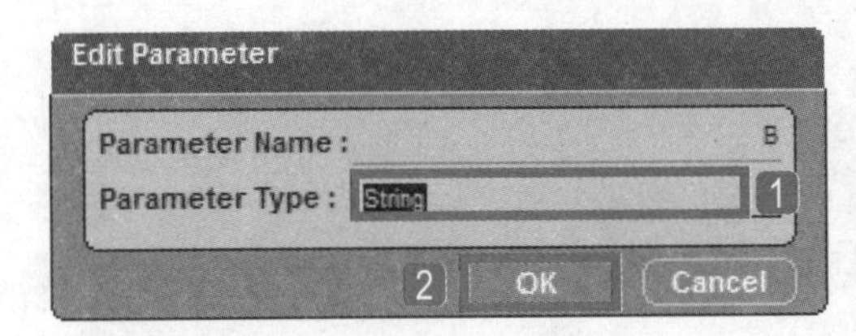

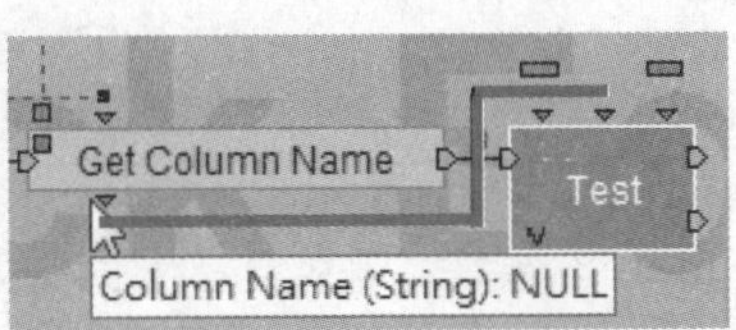

STEP 37 将B值拖动到出模块外作为变量。

STEP 38 双击Test模块，在弹出的对话框中❶设置Test为Equal，也就是要找到符合的名称的判断，❷单击OK按钮。

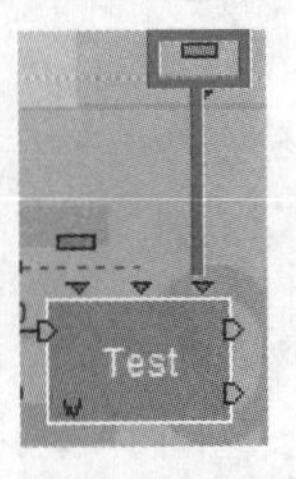

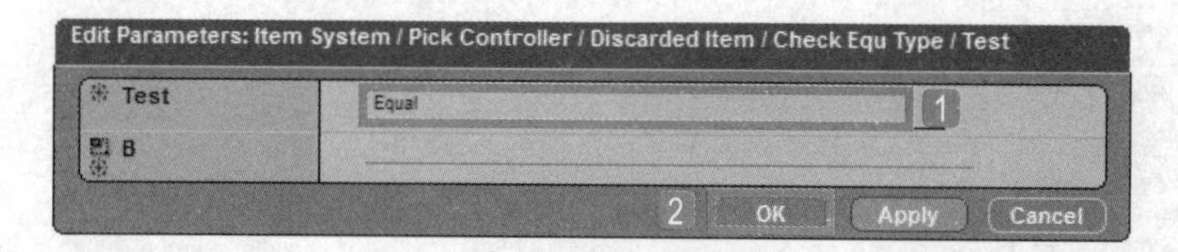

STEP 39 若找到的名称不符合Test的判断条件，从False连接到Counter模块的loop In进行循环，继续搜寻。

STEP 40 双击循环线，在弹出的对话框中1设置Link delay为0，让它快速判断，2单击OK按钮。

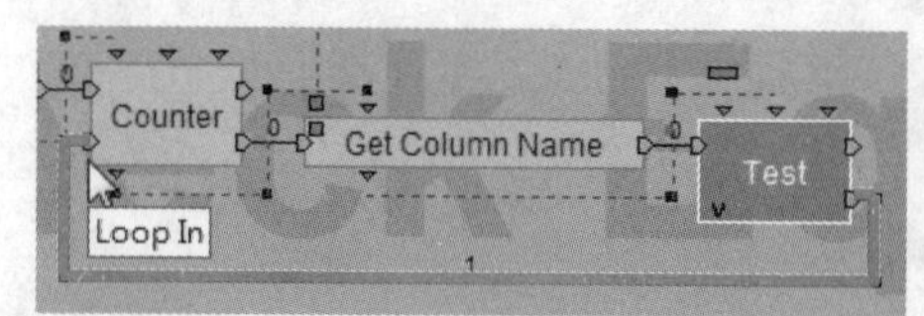

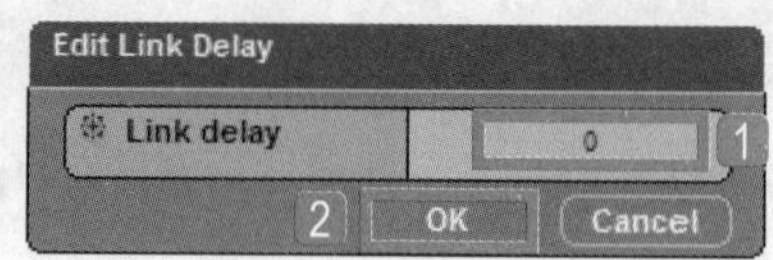

STEP 41 若找到的名称符合判断，导入BB面板中的Logics\Calculator\dentity模块。

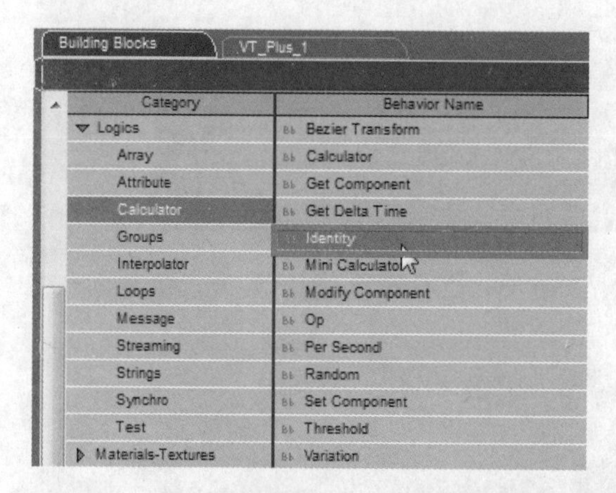

STEP 42 将Identity模块连接到Test模块的True。

STEP 43 双击Identity模块，在弹出的对话框中1设置Parameter Type为Integer，2单击OK按钮。

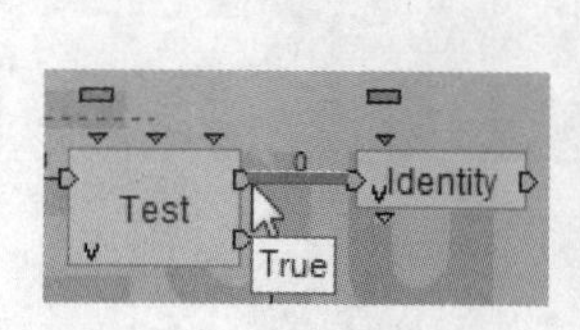

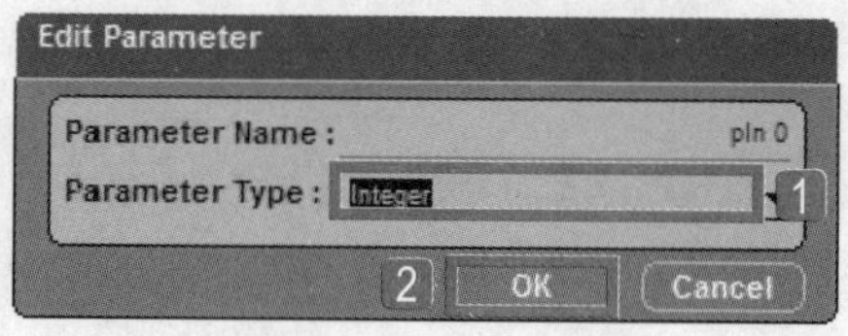

STEP 44 将Counter模块的Value赋予Identity模块。

STEP 45 选中Identity模块按下O键创建一个模块出口，将Identity模块连接到模块出口。

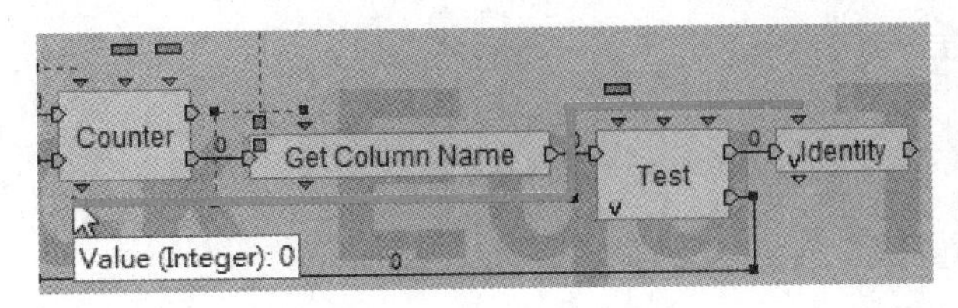

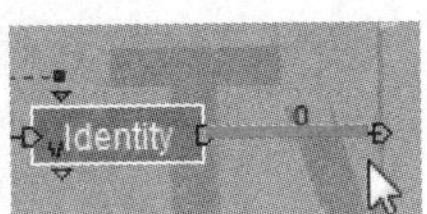

STEP 46 右击空白处，在弹出的快捷菜单中执行Construct>Parameter Output命令，新增一个模块的参数输出口。

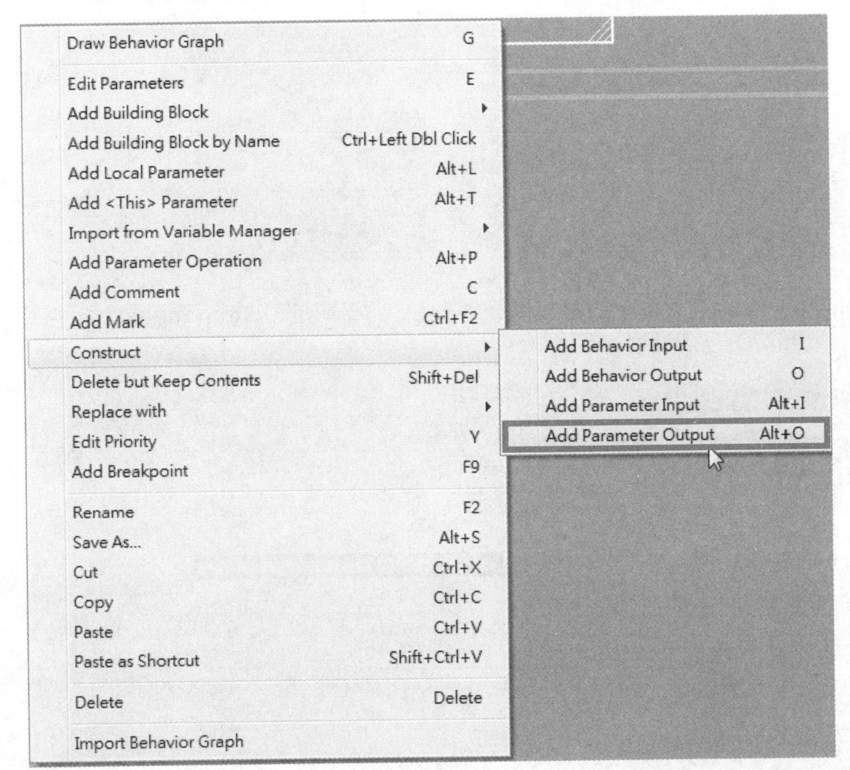

STEP 47 在弹出的对话框中1设置Parameter Type为Integer，2单击OK按钮。

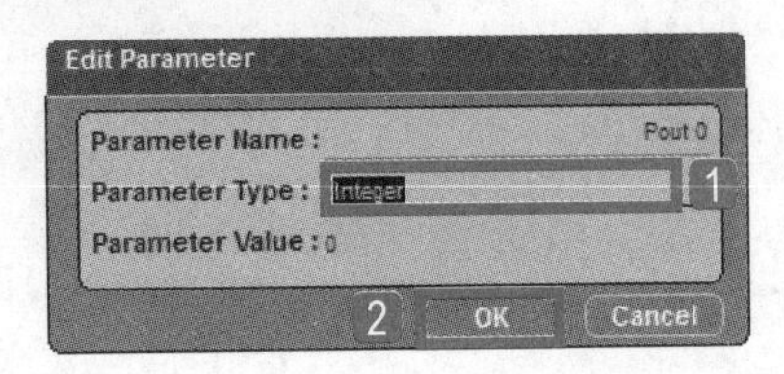

STEP 48 将Identity模块的输出值连接到整个模块的参数输出口。

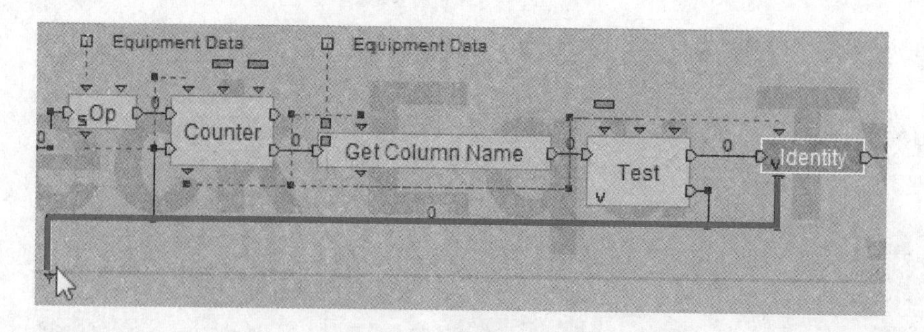

STEP 49 Check Equ Type模块就设置完成了，将其连接到Is In Group模块的True后，并连接到Set Cell模块。

STEP 50 将Iterator If模块的type赋予Check Equ Type模块。

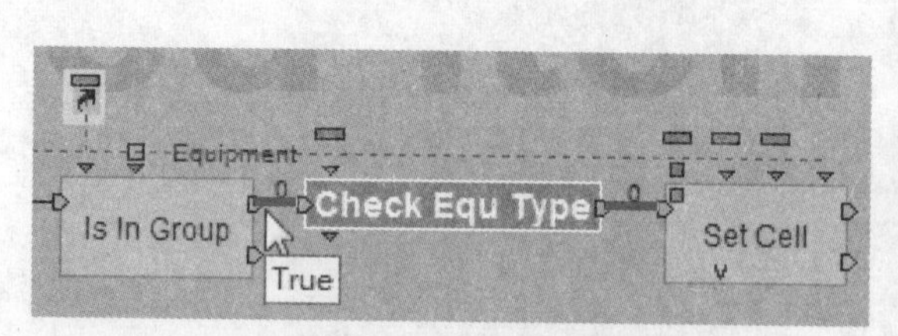

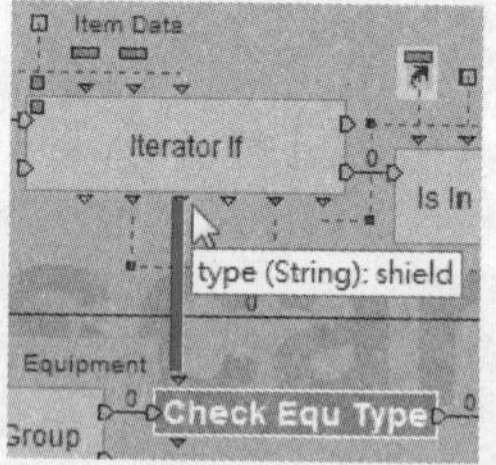

STEP 51 将Check Equ Type最后输出的整数值赋予Set Ceil模块的Column Index。

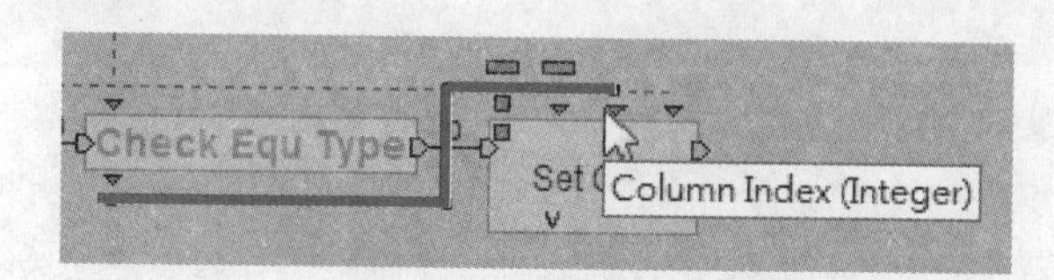

STEP 52 修正item Bags中被设置装备的数据。右击空白处，在弹出的快捷菜单中执行Draw Behavior Graph命令，创建新的空模块。

STEP 53 将模块名称更改为Check Equ。

STEP 54 导入BB面板中的Logics\Array\Iterator If模块。

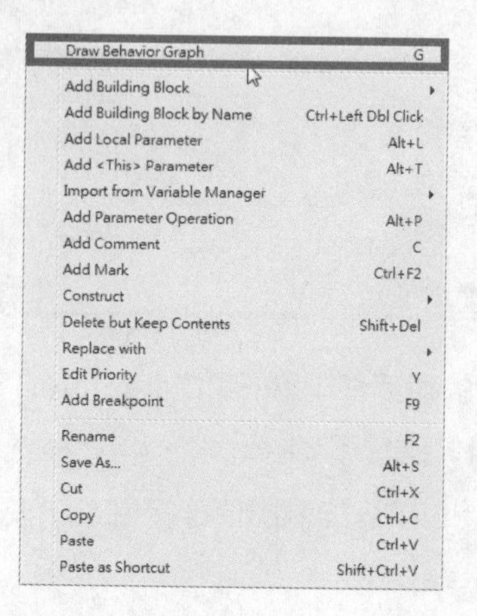

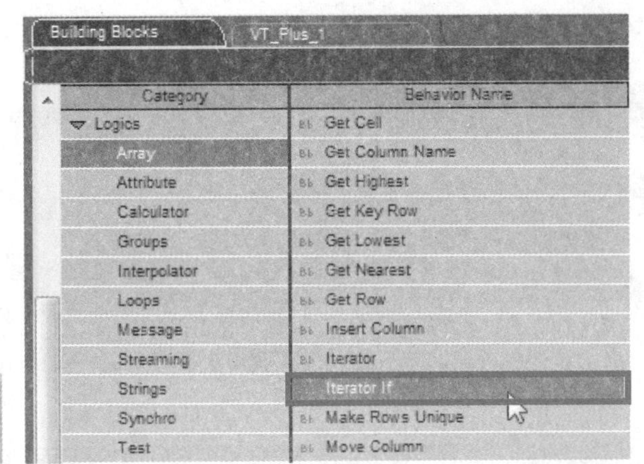

STEP 55 将Iterator If模块连接到模块的入口。

STEP 56 双击Iterator If模块，在弹出的对话框中1设置Target为Item Data，2Column为1，3单击OK按钮。

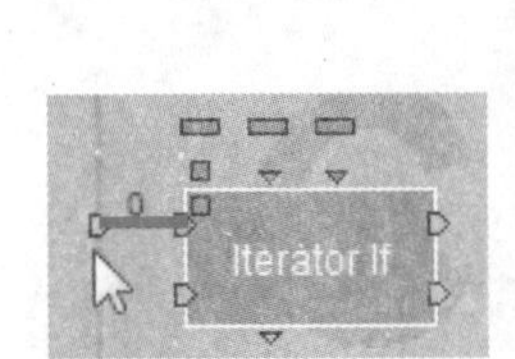

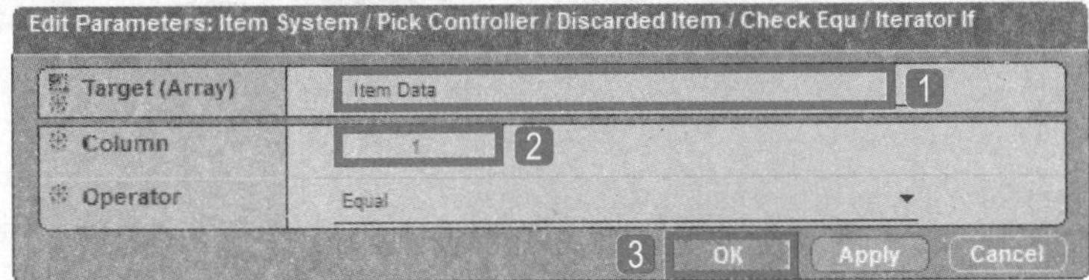

STEP 57 将判断的数据拖动到模块外作为变量。

STEP 58 逐一对照相同的类型有哪些，导入BB面板中的Logics\Array\ Iterator模块。

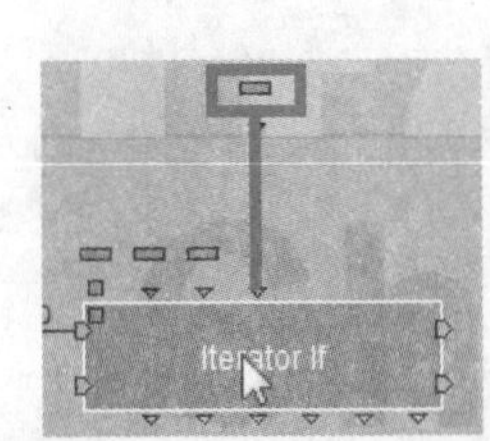

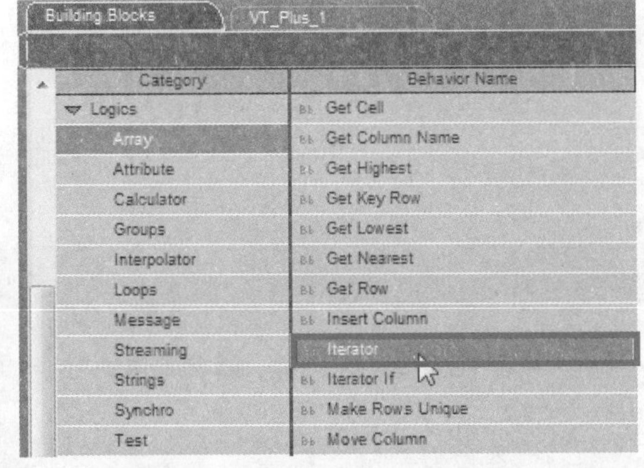

STEP 59 将Iterator模块的In连接到Iterator If模块的Loop Out。

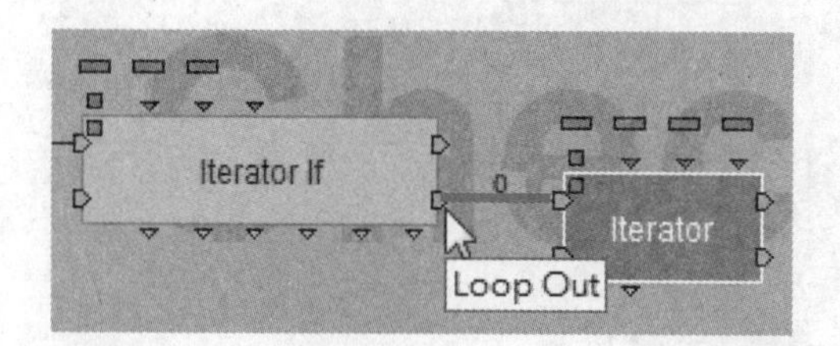

STEP 60 双击Iterator模块，在弹出的对话框中❶设置Target为Item Bags，❷单击OK按钮。

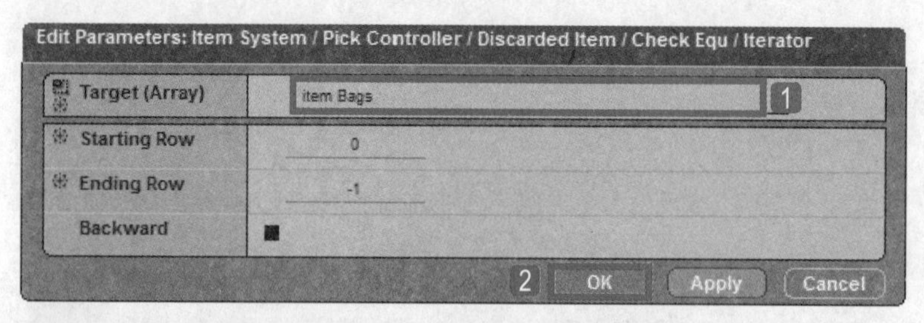

STEP 61 导入BB面板中的Logics\Test\Test模块。

STEP 62 将Test模块连接到Iterator模块的Loop Out。

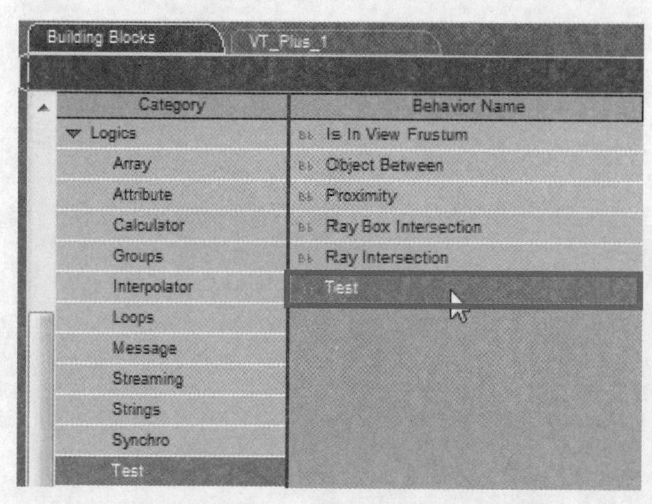

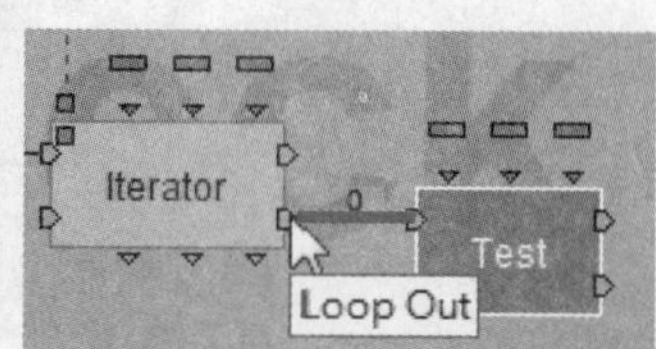

STEP 63 双击Test模块的A值，在弹出的对话框中❶设置Parameter Type为String，❷单击OK按钮。

STEP 64 使用同样的方法1将B值的Parameter Type为String，2单击OK按钮。

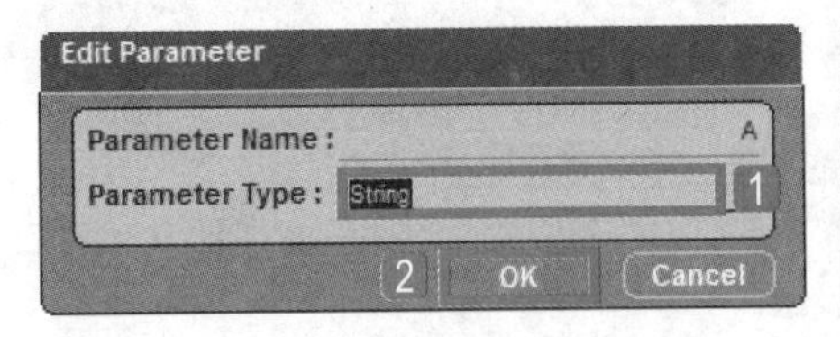

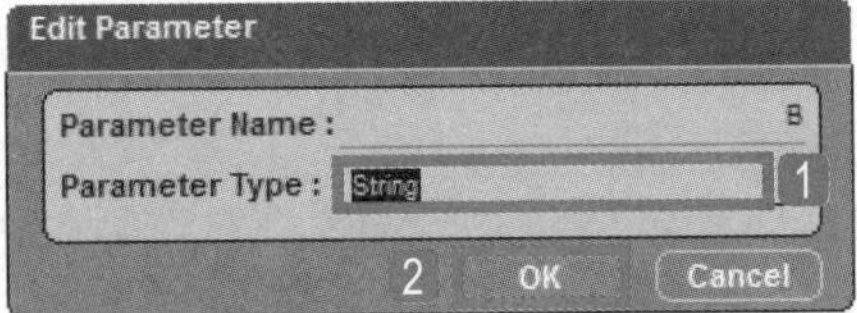

STEP 65 将Iterator模块的name赋予Test模块的A值进行判断。

STEP 66 将Iterator If模块的Name赋予Test模块的B值进行判断。

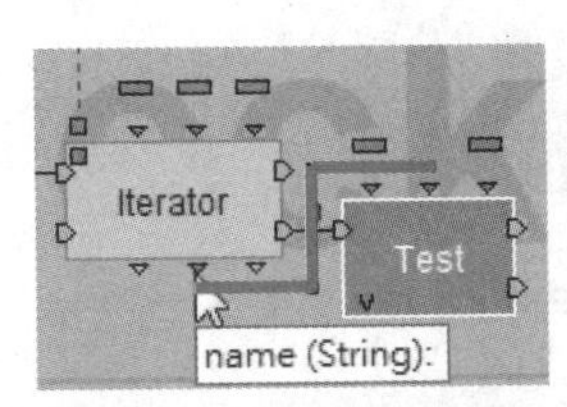

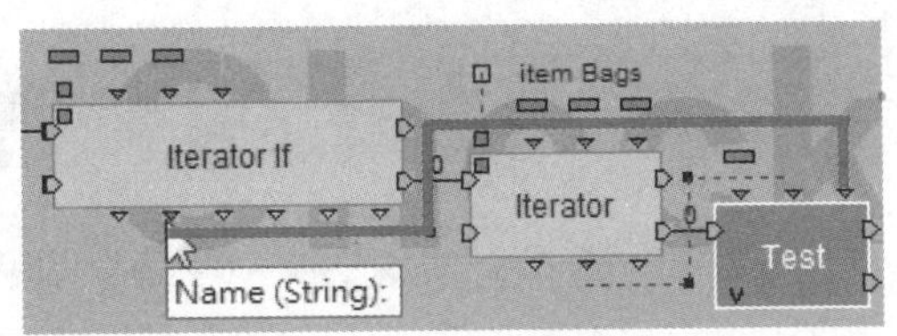

STEP 67 双击Test模块，在弹出的对话框中1设置Test为Equal，使用名称进行判断，2单击OK按钮。

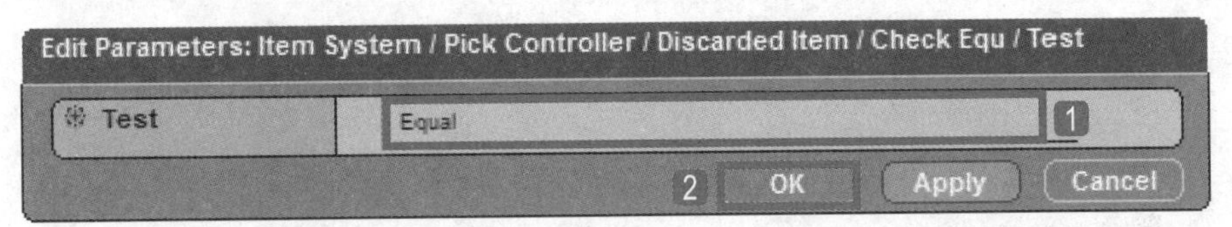

STEP 68 清空同种类的数据，导入BB面板中的Logics\Array\Set Cell模块。

STEP 69 将Set Cell模块连接到Test模块的True。

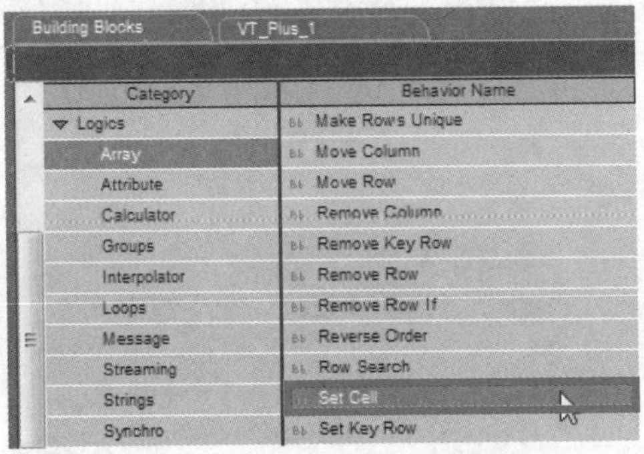

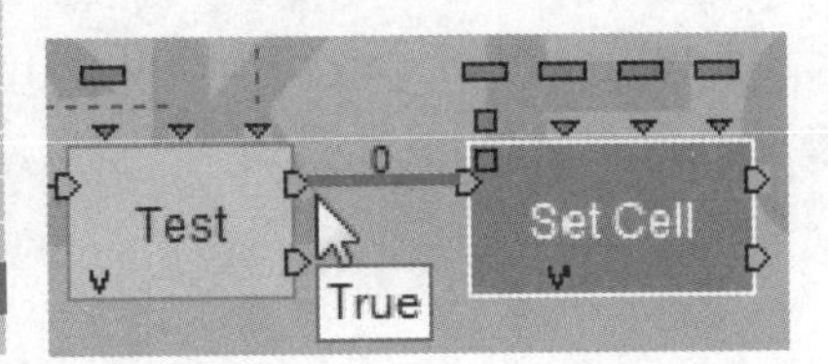

STEP 70 1将第四个参数的类型更改为String，2单击OK按钮。

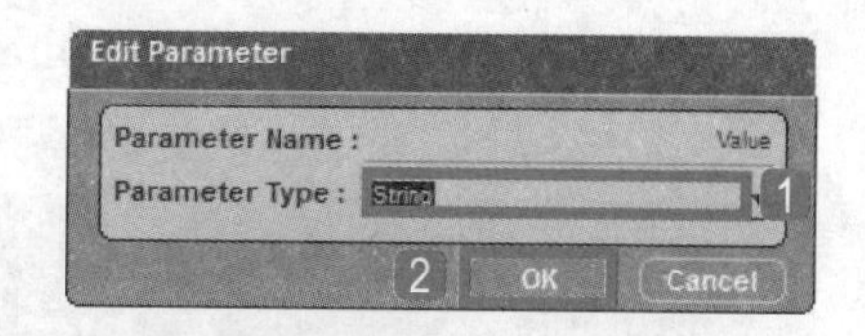

STEP 71 双击Set Cell模块，在弹出的对话框中1设置Target为Item Bags，2Column Index为1，3Value为空，4单击OK按钮。

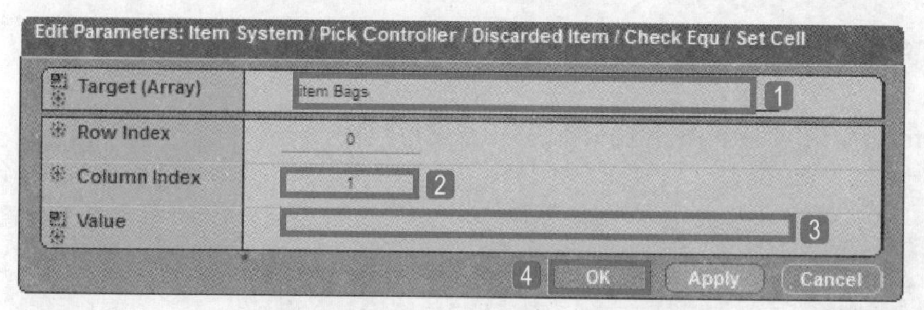

STEP 72 将Iterator模块的Row Index赋予Set Cell模块的Row Index。

STEP 73 将Test模块的False连接到Iterator模块的Loop In。

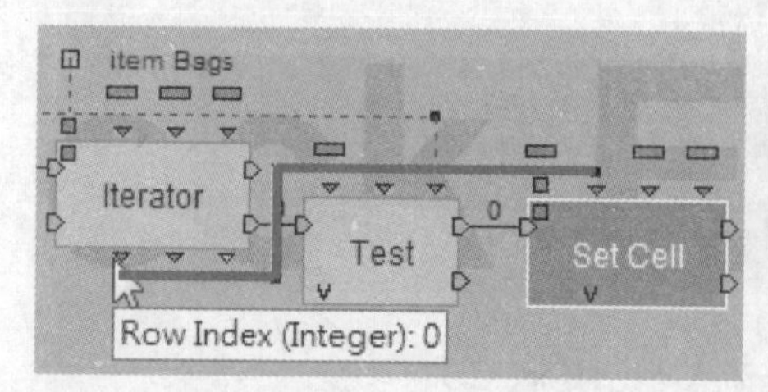

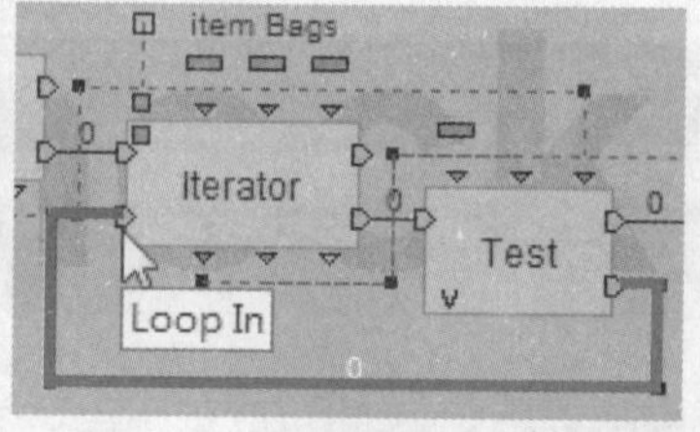

STEP 74 双击循环线，在弹出的对话框中1设置Link delay为0，2单击OK按钮。

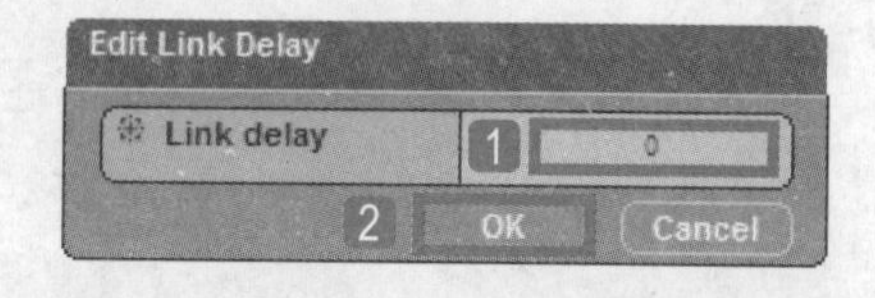

TIP 如果找到了，并清除了，还是一样要连接回去进行循环。因为很有可能相同的道具不只一个。

STEP 75 将Set Cell模块的Found连接到Iterator模块的Loop In。

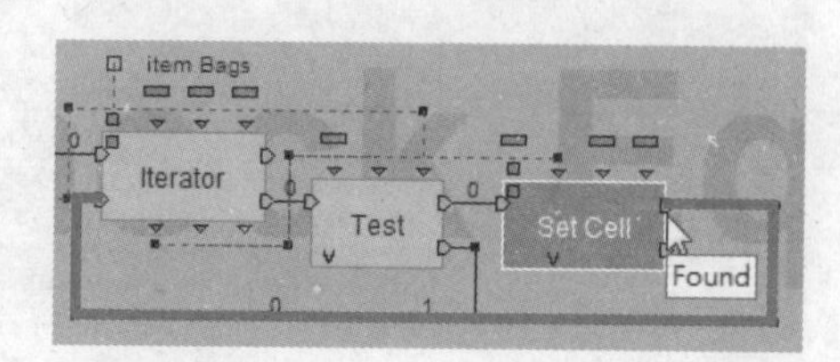

STEP 76 双击循环线，在弹出的对话框中1设置Link delay为0，2单击OK按钮。

STEP 77 全部找完后，再依照下一个对象的名称搜索。将Iterator模块的Out连接到Iterator If模块的Loop In。

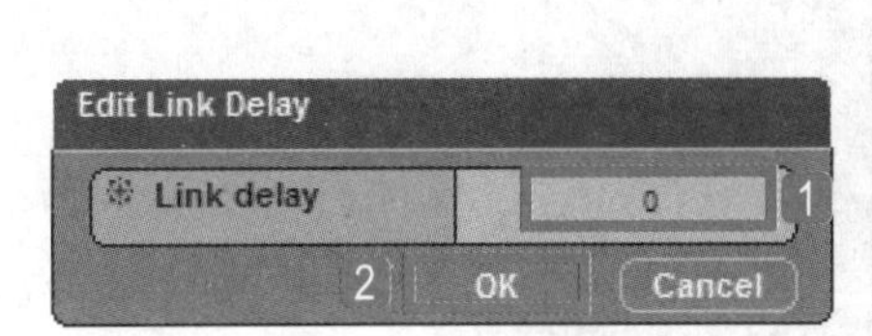

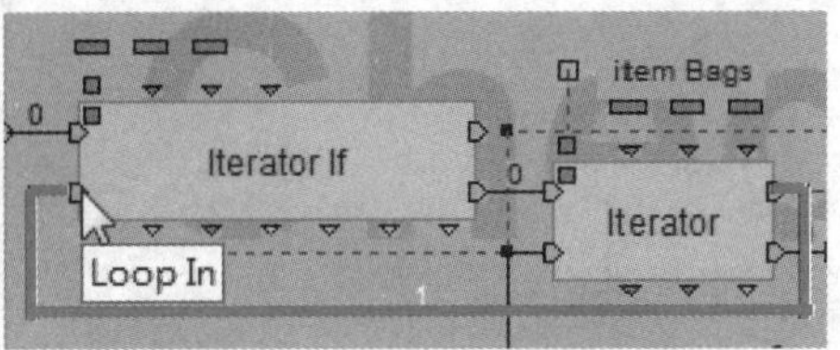

STEP 78 双击循环线，在弹出的对话框中1设置Link delay为0，2单击OK按钮。

STEP 79 复制一个Set Cell模块，复制出的模块的Set连接到Iterator If模块的Out。

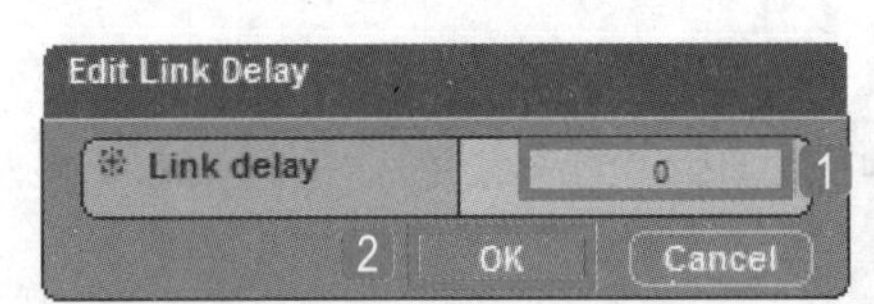

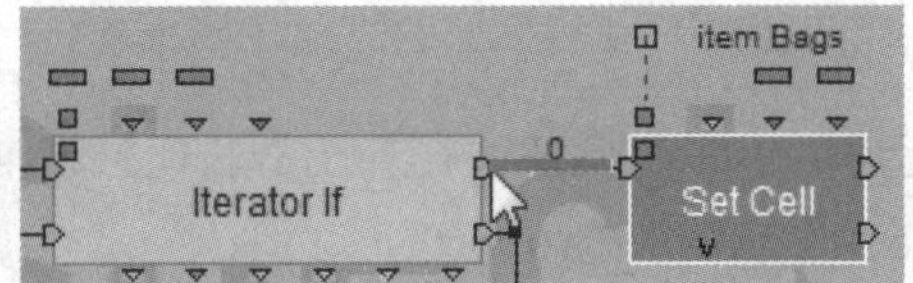

STEP 80 双击Set Cell模块，1设置Target为Item Bags，2Column Index为1，3Value为x，4单击OK按钮。

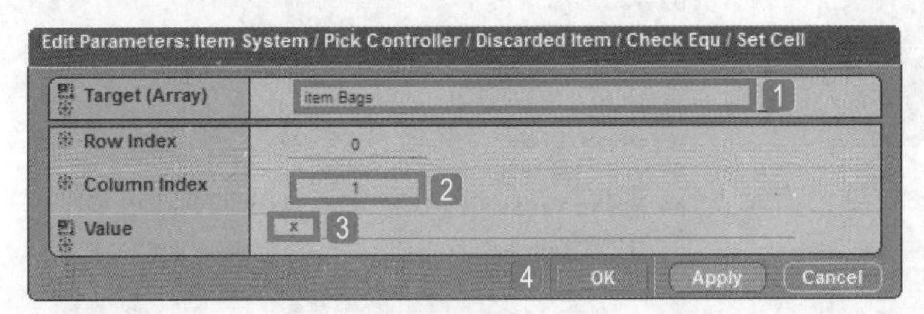

STEP 81 Set Cell的Row Index值来自于道具包的数据，因此将其拖出模块。

STEP 82 新增一个输出口，将Set Cell模块的found连到输出口。

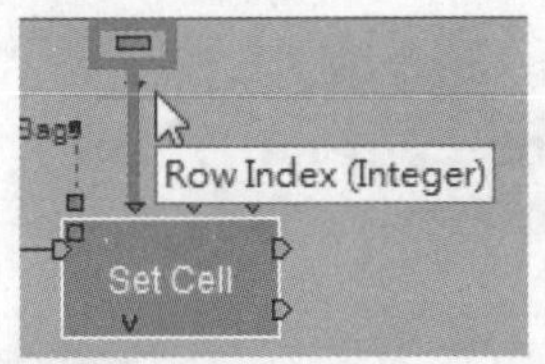

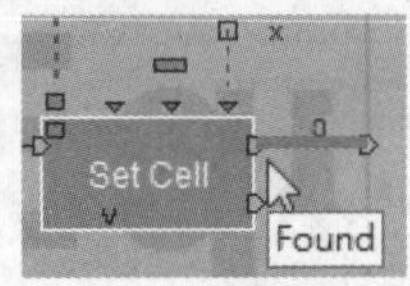

STEP 83 将Check Equ模块收起，将其连接到Set Cell模块的Found。

STEP 84 将Check Equ模块连接到Iterator If模块的type，用种类来搜寻。

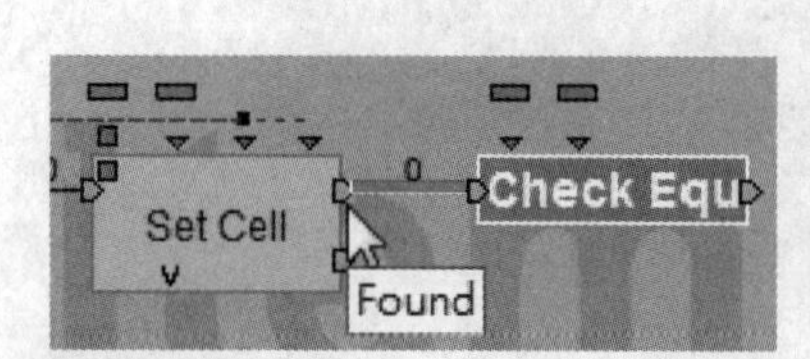

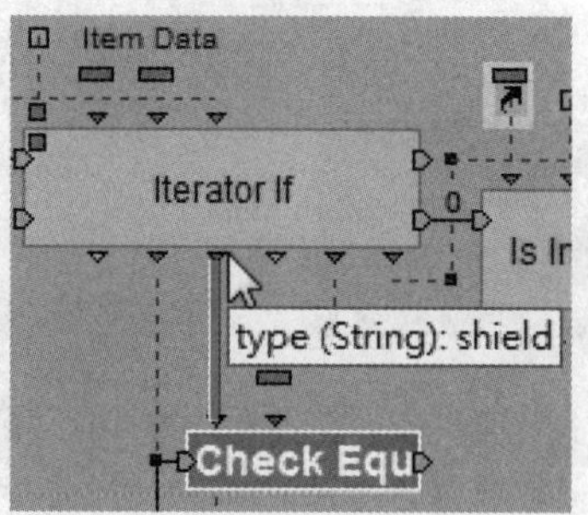

TIP Check Equ模块的row值来自于Calculator模块计算出来的在道具包中的第几个字段。

STEP 85 右击Calculator模块，在弹出的快捷菜单中执行Copy命令，复制快捷方式赋予Check Equ模块的row值。

STEP 86 右击空白处，在弹出的快捷菜单中执行Paste as Shortcut命令，粘贴快捷方式。

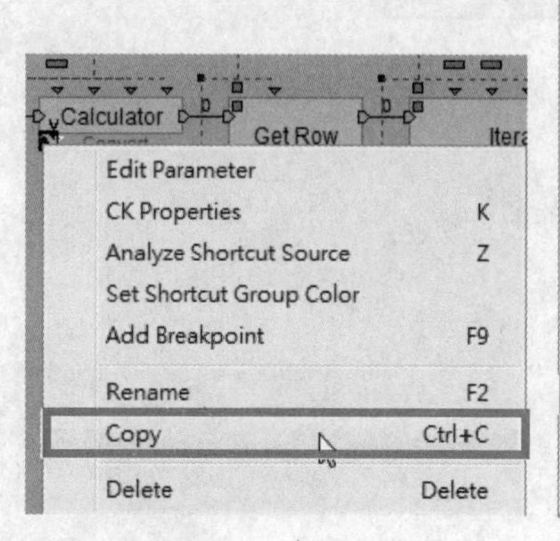

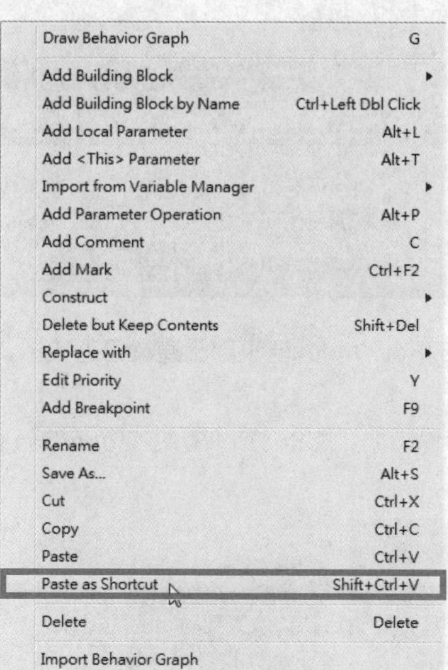

STEP 87 将这个值连接到Check Equ模块的row值。

STEP 88 右击快捷方式，在弹出的快捷菜单中执行Set Shortcut Group Color命令改变数值的颜色，方便辨认是哪一笔数据。

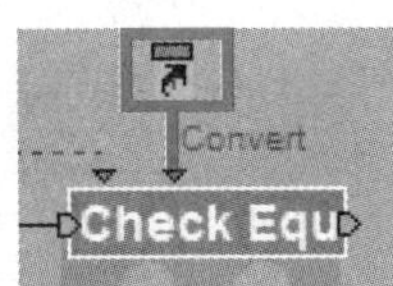

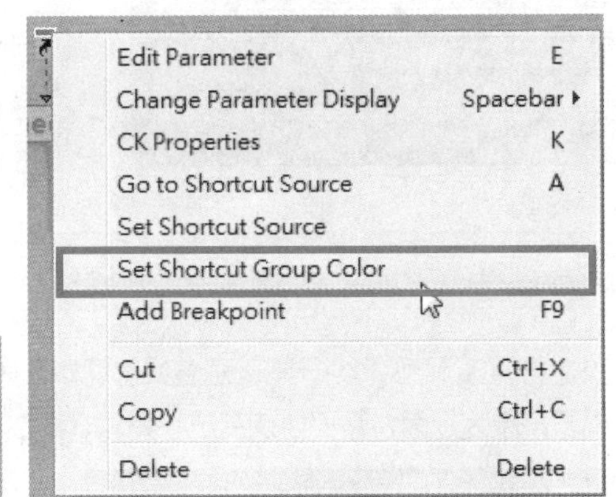

TIP 前面已经修正了Equipment Data中的道具名称，在Check Equ封包中也对道具包中的数据进行了修正。这两个数据都修正之后，就可以进行换装了。

STEP 89 导入BB面板中的Logics\Message\Send Message模块。

STEP 90 将Send Message模块连接到Check Equ模块的Out。

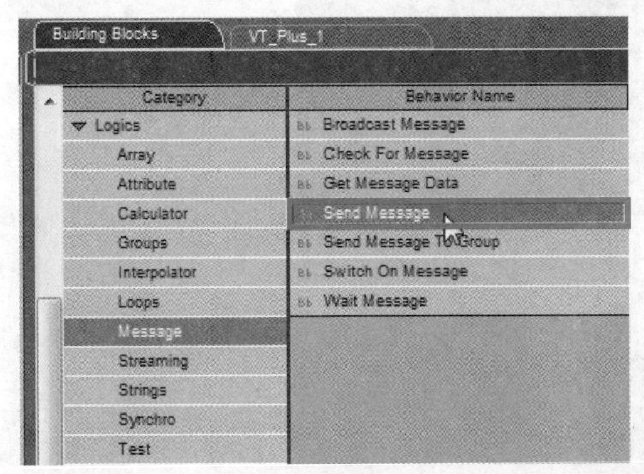

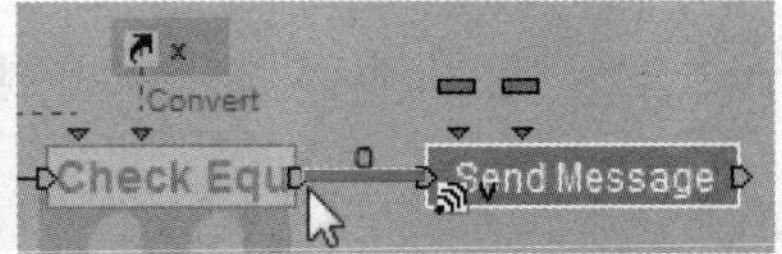

STEP 91 双击Send Message模块，在弹出的对话框中❶设置Message为Set Equipment，❷Dest为Level，❸Class为Level，❹单击OK按钮。

STEP 92 将Send Message模块连接到模块的输出口。至此，装备动作就设置完成了。

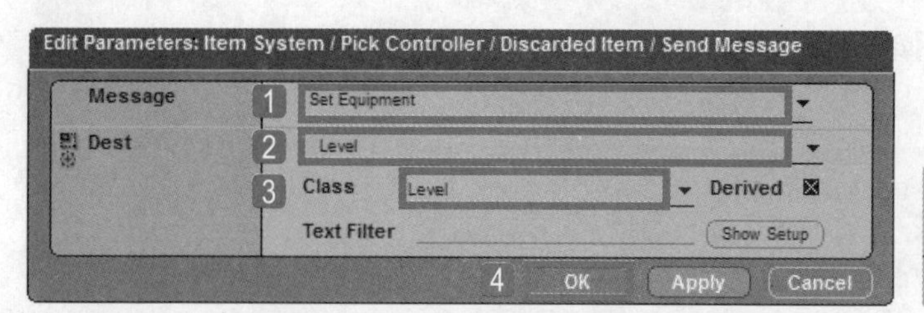

16.8 简单测试

STEP 1 单击Play按钮测试预览。打开道具包，捡道具、丢道具都可以正常操作。但在装备武器的时候发现脸变小了，原因是因为脸部模块变成子对象，造成了二度缩放。

STEP 2 返回到脸部模块。

STEP 3 删除Scale Set与Set Orientation模块之间的连接线。

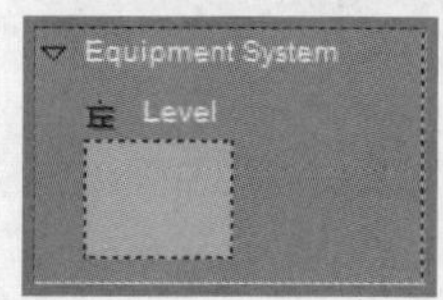

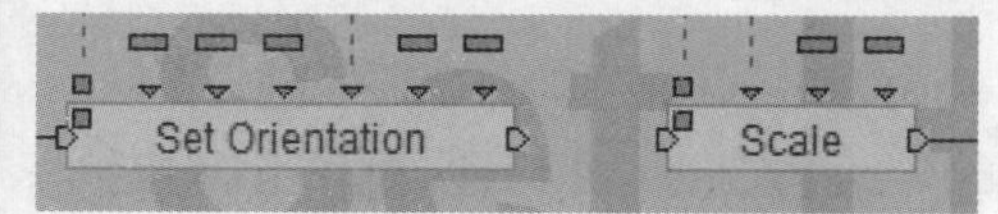

STEP 4 复制后面的Set Parent模块，将复制出的模块移动到Scale与Set Orientation模块之间。

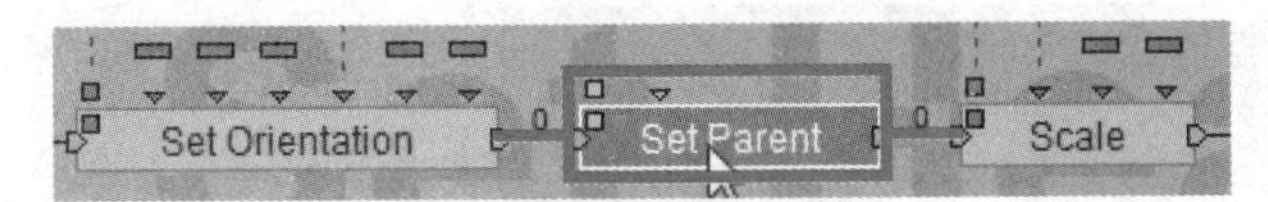

STEP 5 将face的参数连接到Set Parent模块的Target。

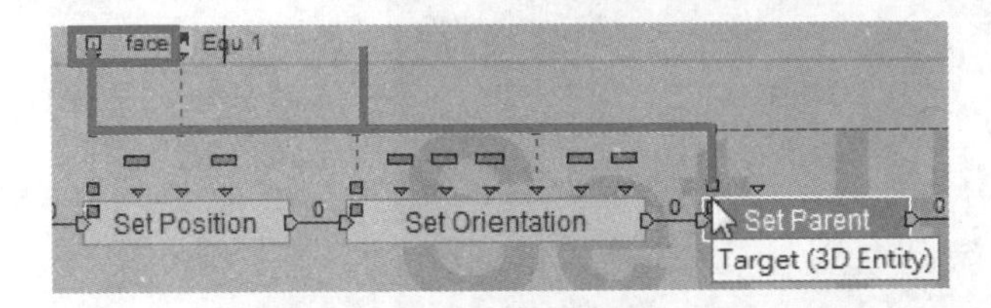

STEP 6 双击Set Parent模块，在弹出的对话框中①设置Parent为NULL，也就是让它在第二次缩放之后被中断，②单击OK按钮。

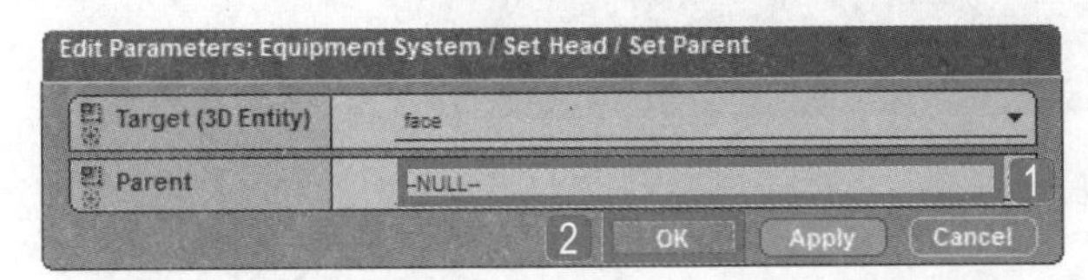

STEP 7 经过修改之后进行测试，将武器装备上，脸部不会缩小了。

STEP 8 测试各部位的装备，都确认OK。测试身体的对换，在这里发生了错误。

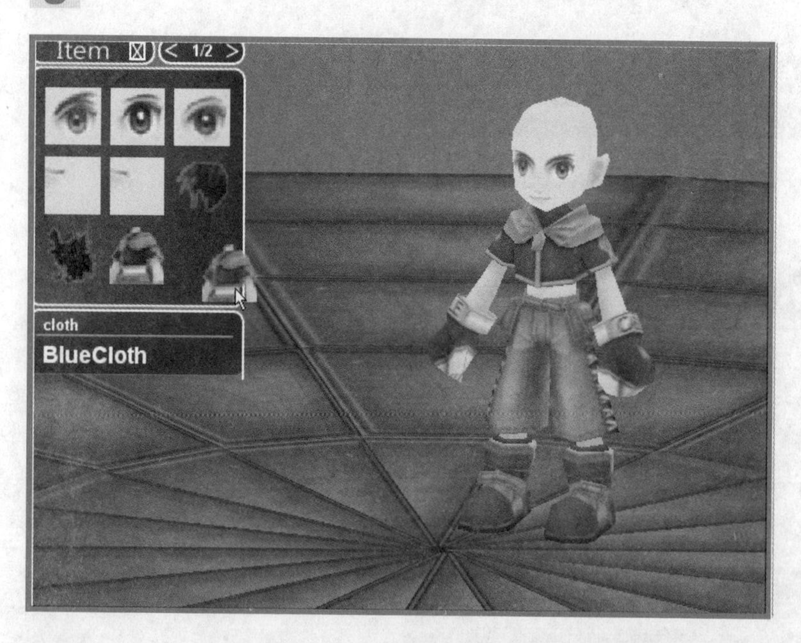

STEP 9 返回到Equipment System的Level。

STEP 10 在模块中右击，在弹出的快捷菜单中执行Draw Behavior Graph命令，创建一个模块。

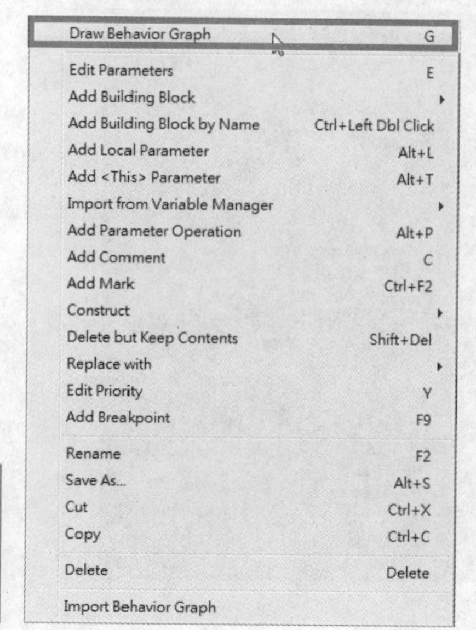

STEP 11 将其命名为ReEqu Obj。

TIP 必须取消装在身上的武器的子母对象关系。如果对象都有设置初始值，直接还原为初始值即可。

STEP 12 导入BB面板中的Nerratives\States\Restore IC模块。

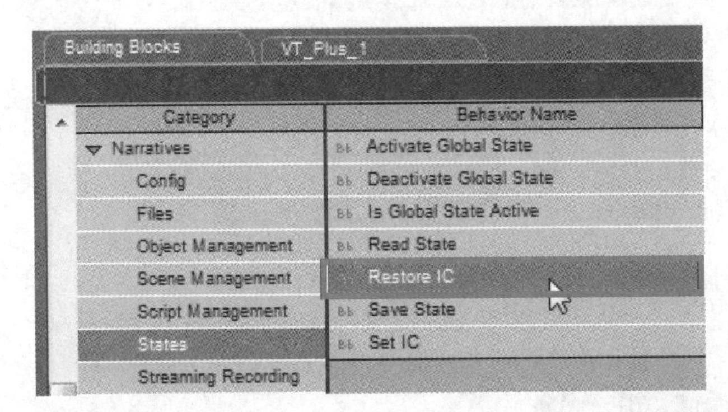

STEP 13 右击Restore IC模块，在弹出的快捷菜单中执行Add Target Parameter命令。

STEP 14 将Restore IC模块连接到ReEqu Obj模块的输入口。

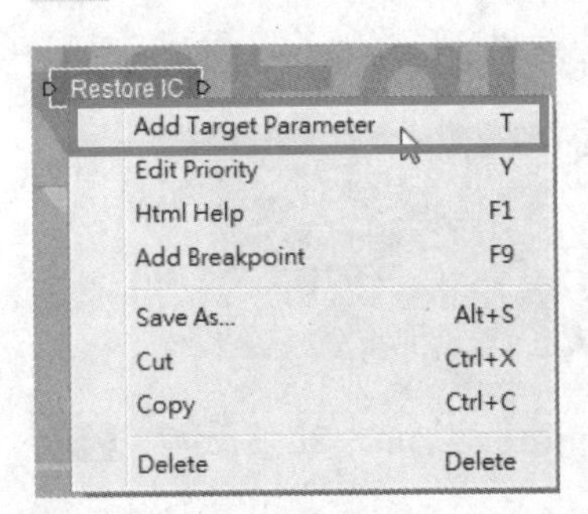

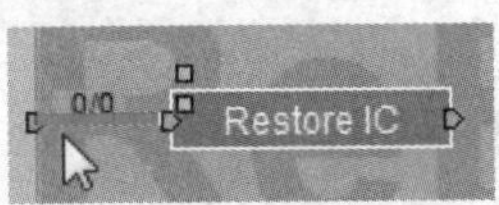

STEP 15 这里需要三个Restore IC模块，复制两个Restore IC模块并进行连接。

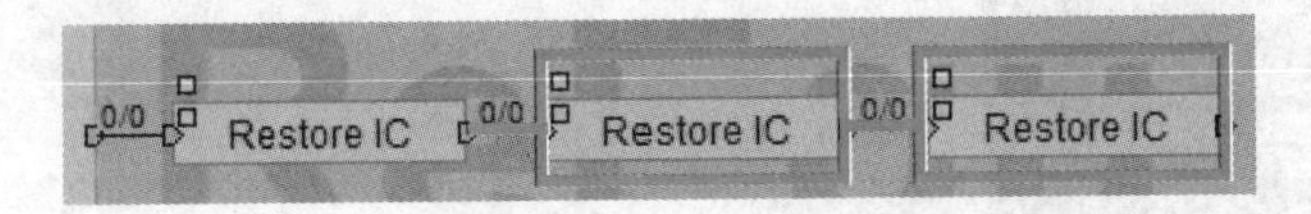

STEP 16 将前面的Hair Hair01、Weapons Weapons01、Shield Shield01变量的快捷方式复制到这个模块中，并还原为初始值。

STEP 17 将第一个Restore IC模块连接到Hair Hair01，将第二个Restore IC模块连接到Weapons Weapons01，将第三个Restore IC模块连接到Shield Shield01。

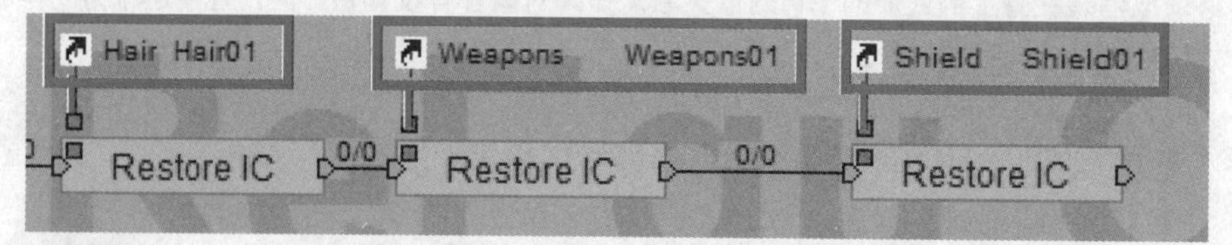

TIP 对武器进行判断时，前后一致表示不会变换。但是我们有可能不知道已经更换了身体，在判断武器之前必须先声明两手都是空的。

STEP 18 导入BB面板中的Logics\Calculator\Identity模块。

STEP 19 将Identity模块连接到Restore IC模块的Out。

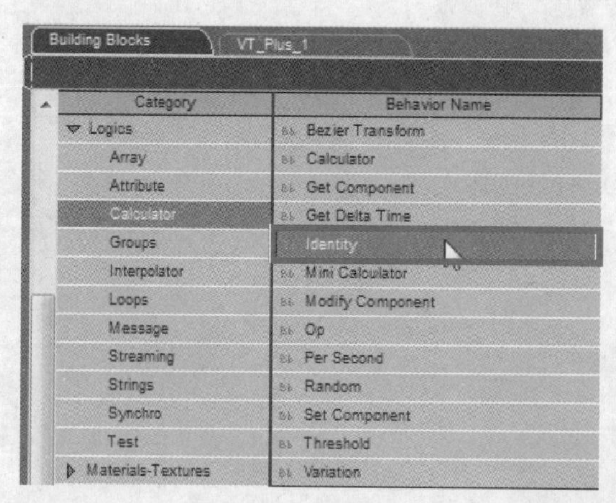

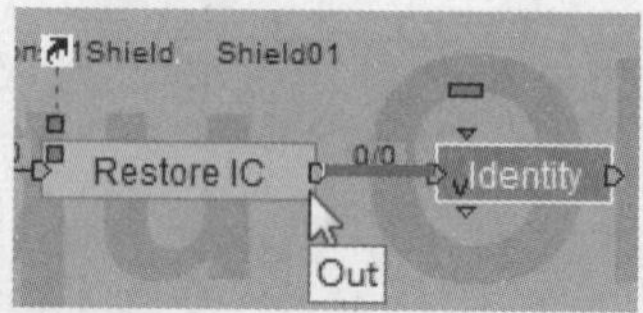

STEP 20 双击Identity模块，在弹出的对话框中1设置Parameter Type为3D Entity，2单击OK按钮。

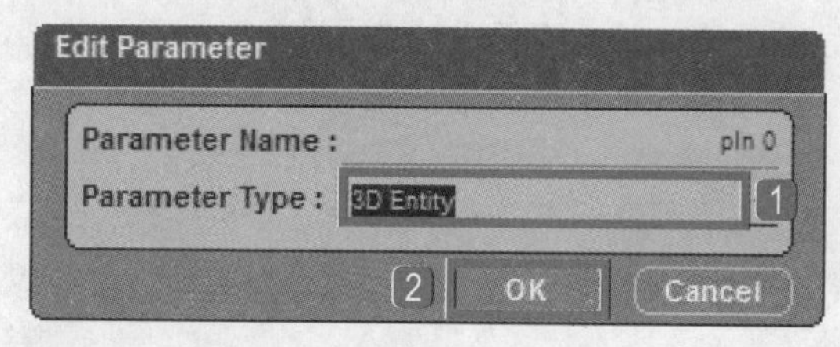

STEP 21 1设置Identity模块的pIn0为NULL，2单击OK按钮。

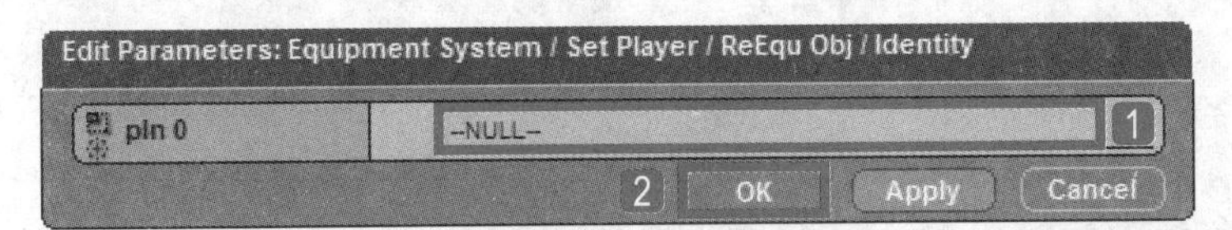

STEP 22 将Identity模块的输出口连接到Hair Hair01、Weapons Weapons01和Shield Shield01。

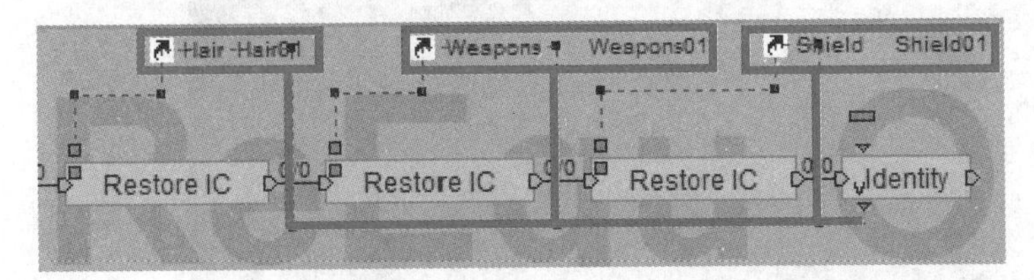

STEP 23 这个模块是声明头、右手、左手都没有装任何东西。将Identity模块连接到ReEqu Obj模块的输出口。

STEP 24 将Scale与Activate Object模块之间的连接线中断。

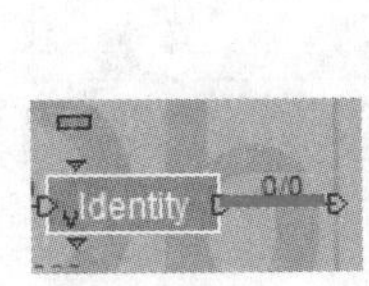

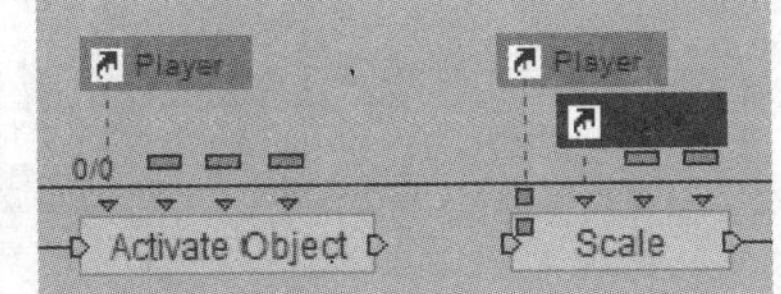

STEP 25 将ReEqu Obj模块放在Scale与Activate Object模块中间并进行连接。

STEP 26 再次进行测试预览，执行换身体的动作，这次没有任何问题。因此要更换身体，必须将身体作为全新的角色进行设置。但现在将武器丢弃之后，武器还会在空中跟随身体移动，数据库里面没有武器，武器还在Equipment Data上面，因此还没有对卸下武器集数据进行设置。至此，接口数据与纸娃娃系统的结合就设置完成了，还要对存在的BUG进行修正。

16.9 丢弃道具

STEP 1 前面已经完成了拖拉装备的设置，设置丢弃道具的动作。如果装备在身上，必须先卸下装备，这要在Item System的Level中设置。

STEP 2 选择Pick Controller模块。

STEP 3 再选择Discarded Item模块。

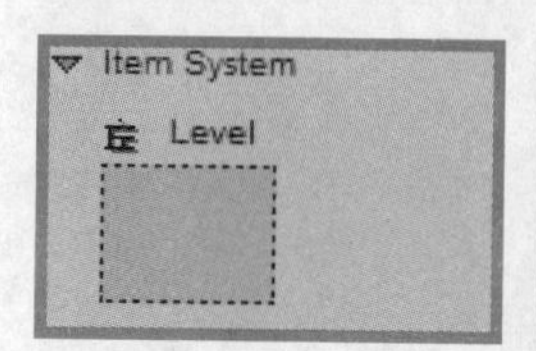

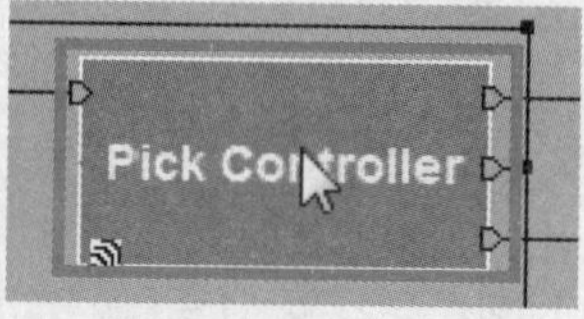

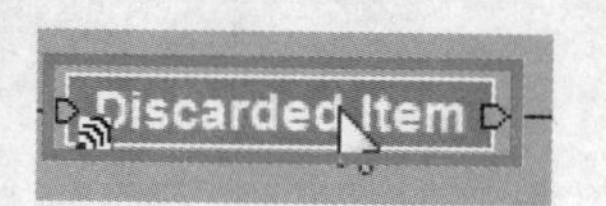

STEP 4 删除 Is In Group模块输出端与Test模块输入端之间的连接线。

STEP 5 删除Remove Row模块输出端与Discarded Item模块输出端之间的连线。

STEP 6 删除Test模块输入参数A值与Iterator If模块输出参数Never之间的连接线，双击Test模块输入参数A值。

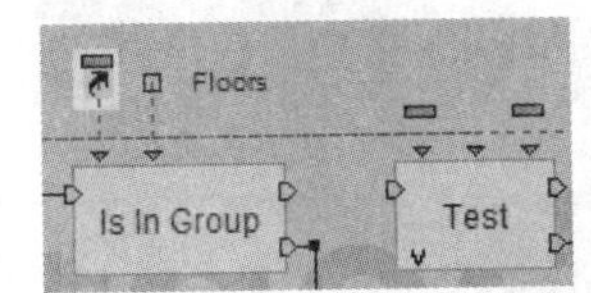

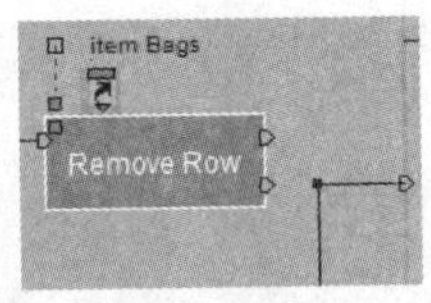

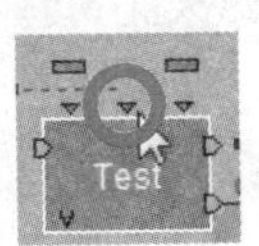

STEP 7 在弹出的对话框中①设置Parameter Name为never?，②单击OK按钮。

STEP 8 双击Test模块，输入参数A值数据方块便会显示出来。

STEP 9 删除Op模块输入参数p1值与Iterator If模块输出参数object之间的连线，双击Op模块输入参数p1。

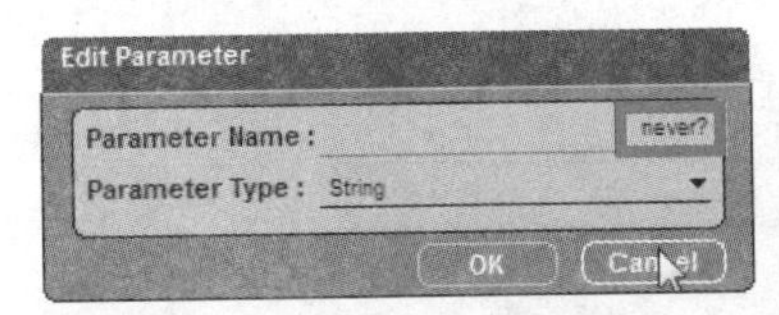

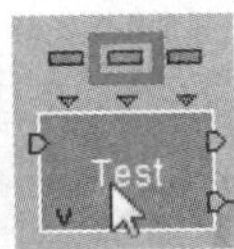

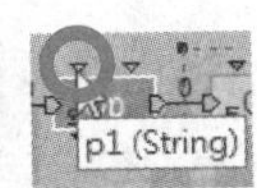

STEP 10 在弹出的对话框中①设置Parameter Name为object，②单击OK按钮。

STEP 11 双击Op模块，输入参数p1值数据方块便会显示出来。

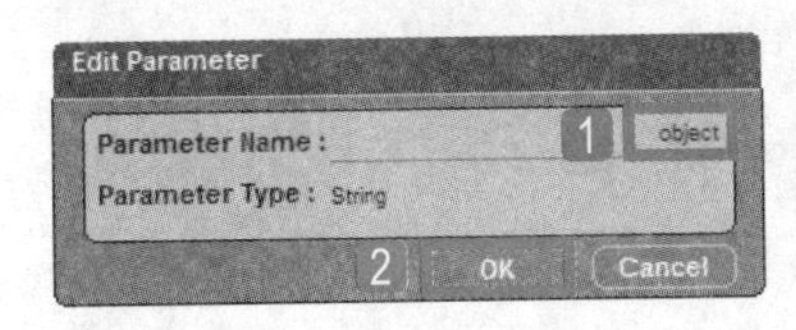

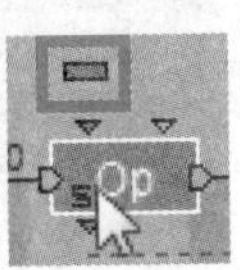

STEP 12 在程序空白处右击，在弹出的快捷菜单中执行Draw Behavior Graph命令，创建一个模块。

STEP 13 绘制矩阵在Test至Remove Row之间创建模块，将Test模块输入端连接到模块输入端。

STEP 14 将Remove Row模块输出端连接到模块输出端。

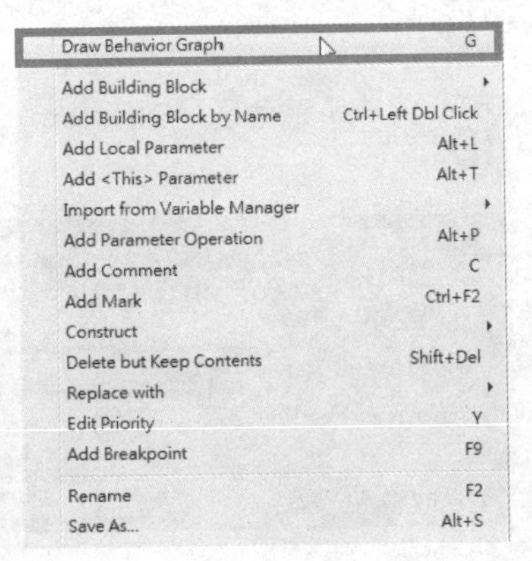

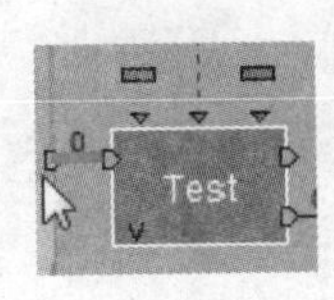

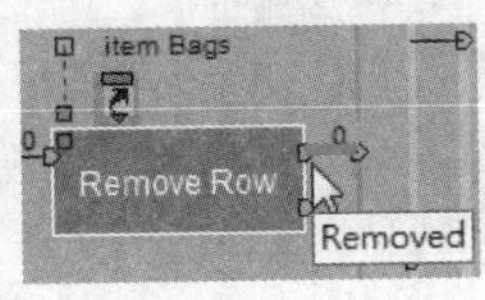

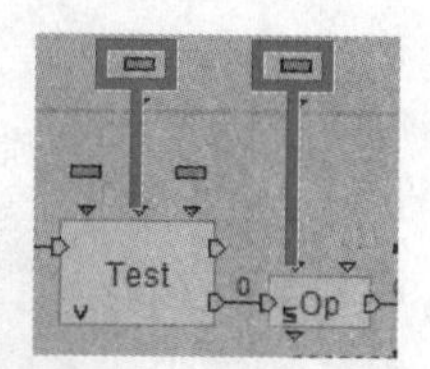

STEP 15 将Test模块输入参数A值和Op模块输入参数p1值数据方块拖曳至模块外。

STEP 16 单击鼠标右键，在弹出的快捷菜单中执行Construct>Add Parameter Output命令。

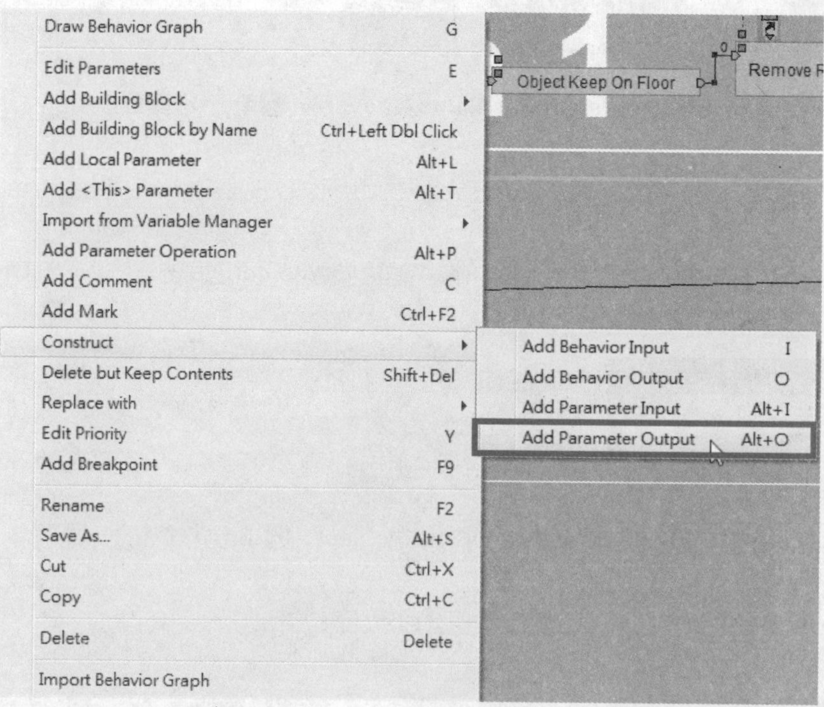

STEP 17 在弹出的对话框中❶设置Parameter Name为object，❷Parameter Type为3D Entity，❸单击OK按钮。

STEP 18 将Op模块输出参数object连接到模块的输出参数。

STEP 19 将模块重命名为Out Item。

Edit Parameter

Parameter Name : 1 object

Parameter Type : 3D Entity 2

Parameter Value : 0

3 OK Cancel

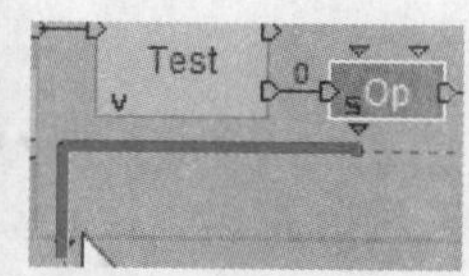

STEP 20 将Out Item模块输入端连接到Is In Group模块输出端True。

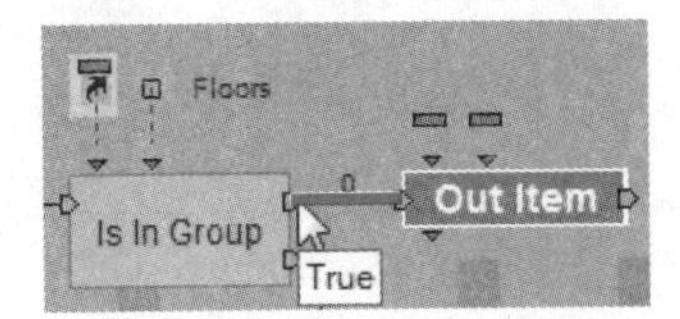

STEP 21 将Iterator If模块输出参数Never连接到Out Item模块输入参数Never?。

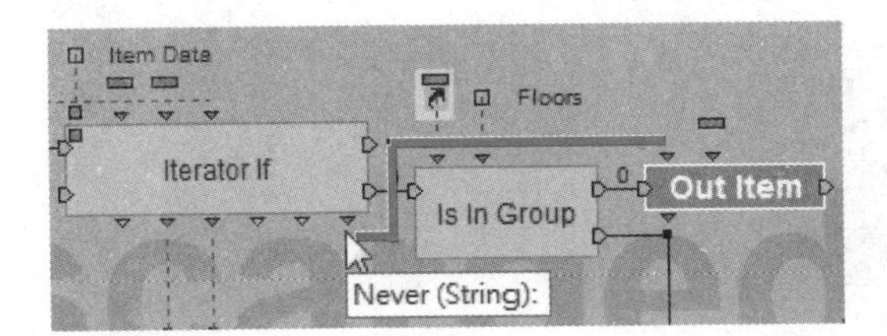

STEP 22 将Iterator If模块输出参数object连接到Out Item模块输入参数object。

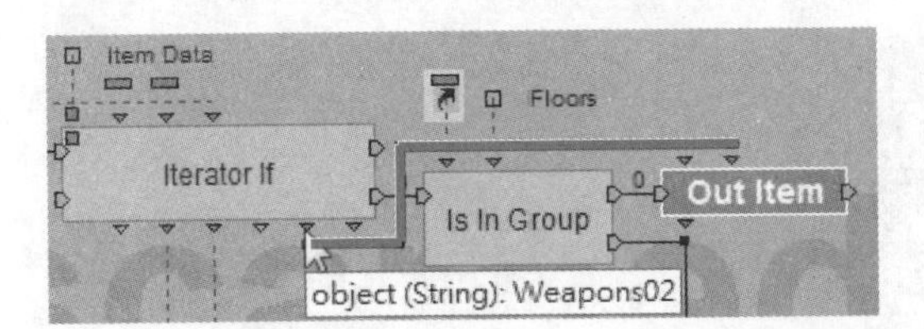

STEP 23 在此要撰写判断丢弃对象是否为装备的道具，因此要从Get Row模块找到的对象进行判断。

STEP 24 导入BB面板中的Logics\Test\Test模块。

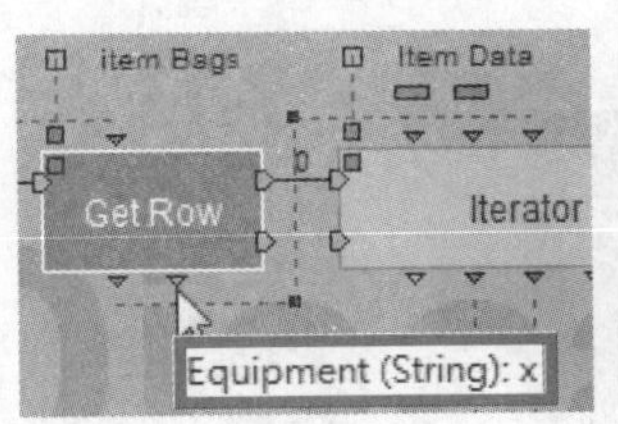

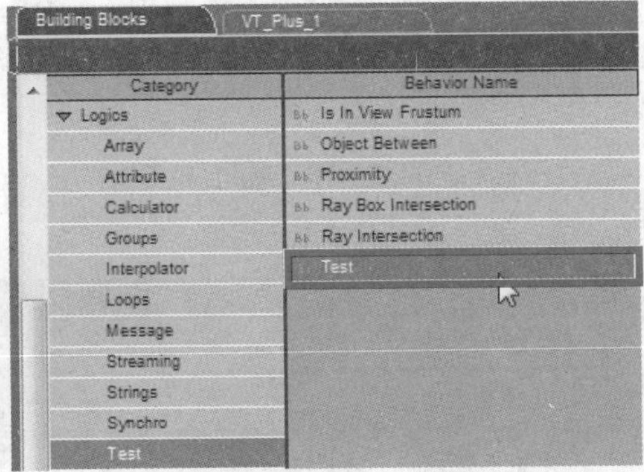

STEP 25 将Test模块输入端连接到Out Item模块输出端。

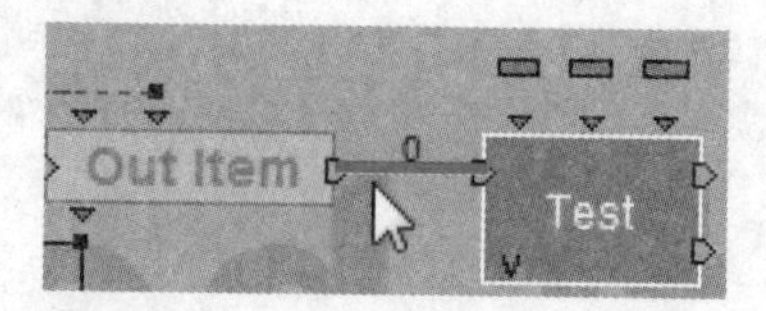

STEP 26 双击Test模块输入参数A，在弹出的对话框中①设置Parameter Type为String，②单击OK按钮。

Edit Parameter
Parameter Name : A
Parameter Type : String 1
2 OK Cancel

STEP 27 双击Test模块输入参数B，在弹出的对话框中①设置Parameter Type为String，②单击OK按钮。

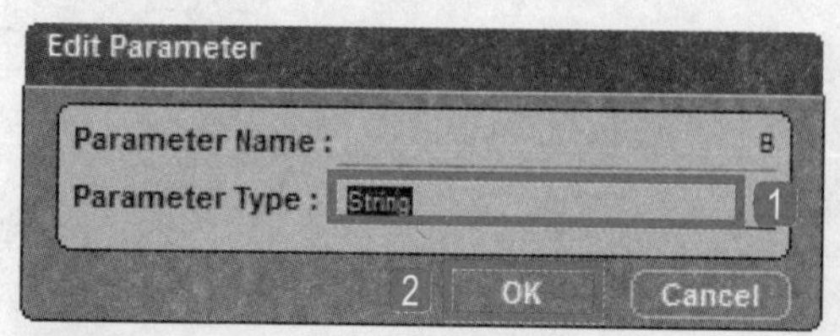

STEP 28 将Get Row模块输出参数Equipment连接到Test模块输入参数A。

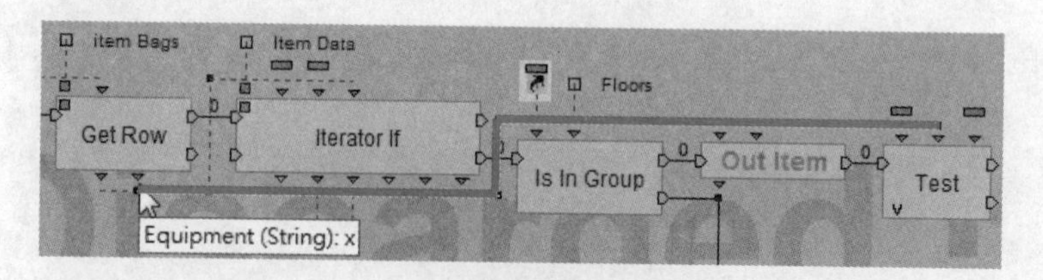

STEP 29 双击Test模块，在弹出的对话框中①设置Test为Equal，②B值为x，③单击OK按钮。

Edit Parameters: Item System / Pick Controller / Discarded Item / Test
Test Equal 1
B x 2
3 OK Apply Cancel

STEP 30 将Test模块的输出端False连接到Discarded Item模块输出端。

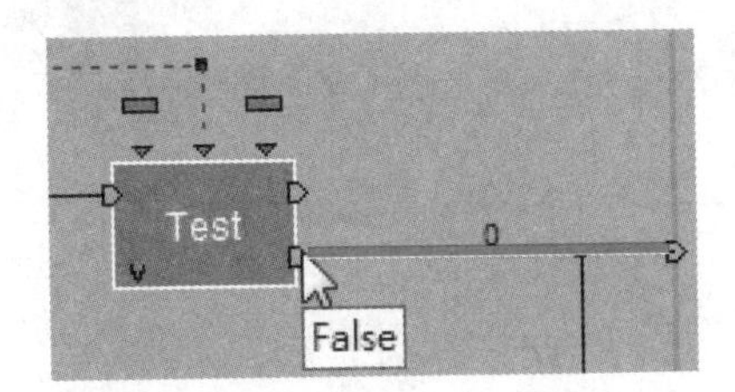

STEP 31 复制Check Equ Type模块和Set Cell，并进行连接。

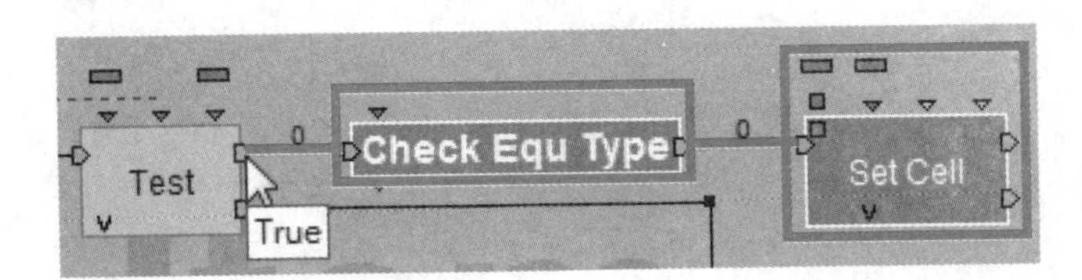

STEP 32 将Iterator If模块输出参数type连接到Check Equ Type模块输入参数B。

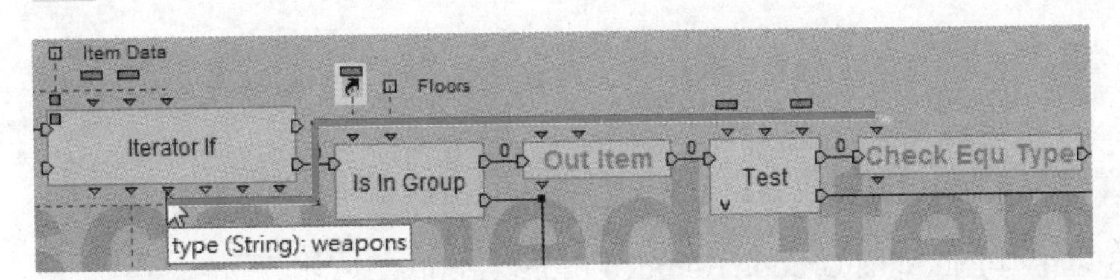

STEP 33 将Check Equ Type模块输出参数Pout 0连接到Set Cell模块输入参数Column Index。

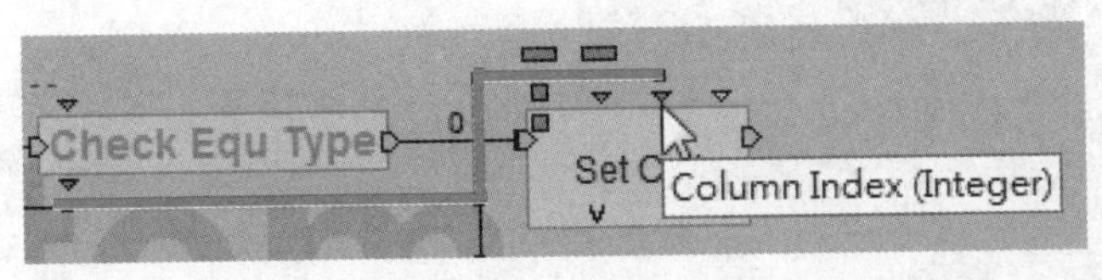

STEP 34 双击Set Cell模块，在弹出的对话框中❶设置Row Index为0，❷Value为空，❸单击OK按钮。

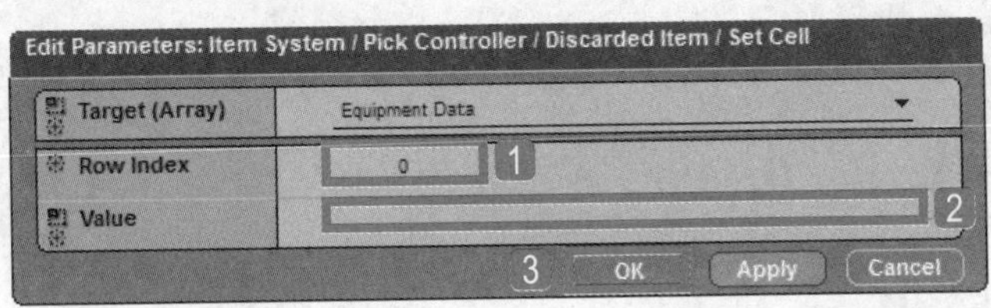

STEP 35 在Discarded Item模块中右击，在弹出的快捷菜单中执行Draw Behavior Graph命令，创建一个空白模块。

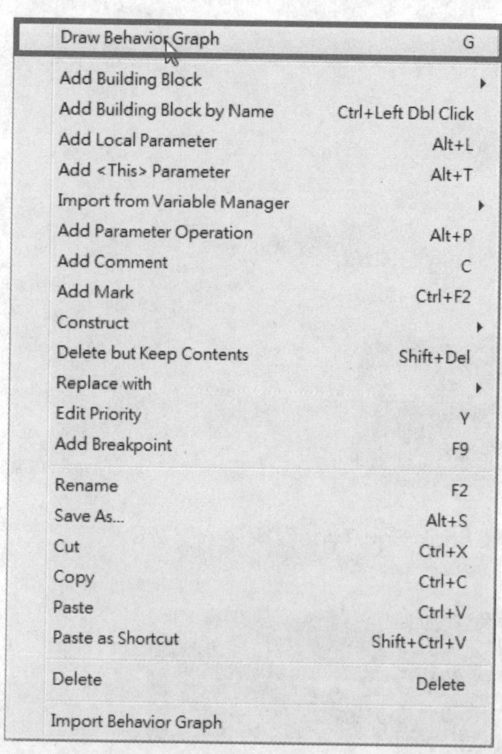

STEP 36 导入BB面板中的Logics\Groups\Remove From Group模块。

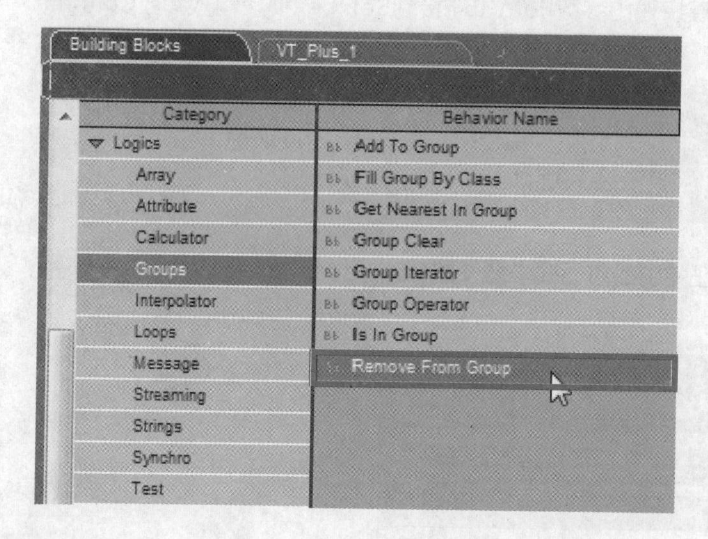

STEP 37 将Remove From Group模块输入端连接到模块输入端。

STEP 38 右击Remove From Group模块，然后在弹出的快捷菜单中执行Add Target Parameter命令，打开它的Target。

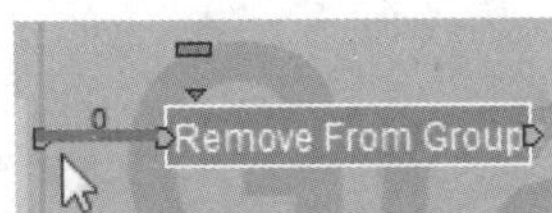

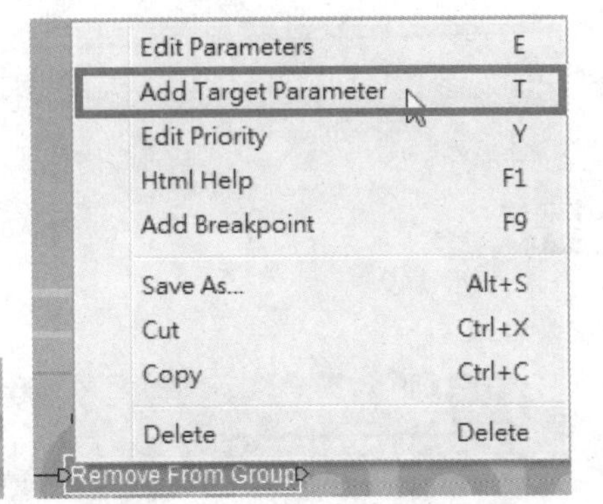

STEP 39 双击Remove From Group模块，在弹出的对话框中1设置Group为Equipment，2单击OK按钮。

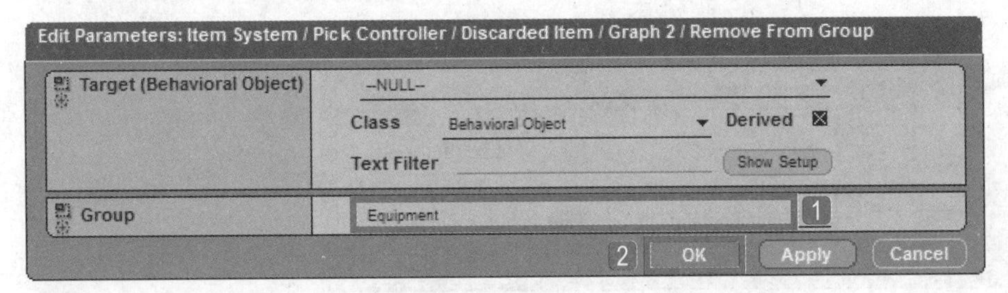

STEP 40 将Remove From Group模块输入参数Target拖曳至模块外。

STEP 41 导入BB面板中的Logics\Groups\Add To Group模块。

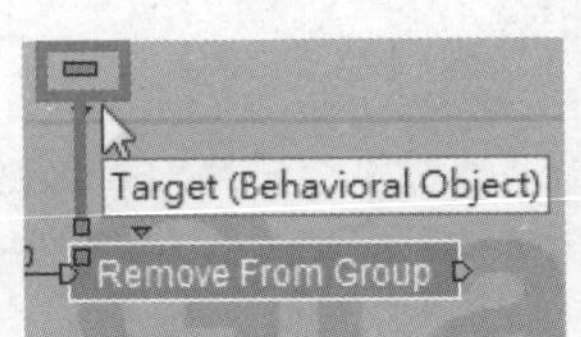

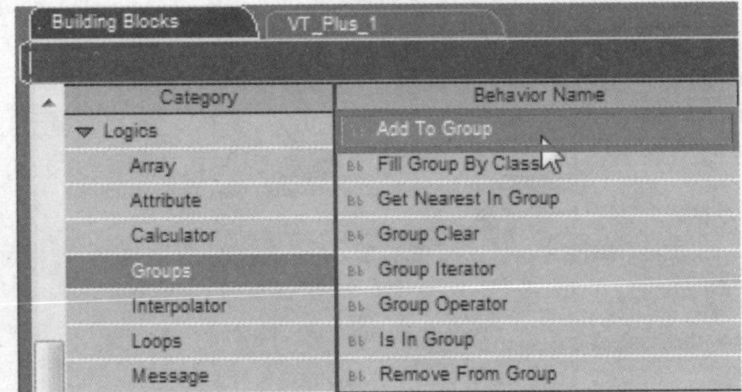

STEP 42 将Add To Group模块输入端连接到Remove From Group模块输出端。

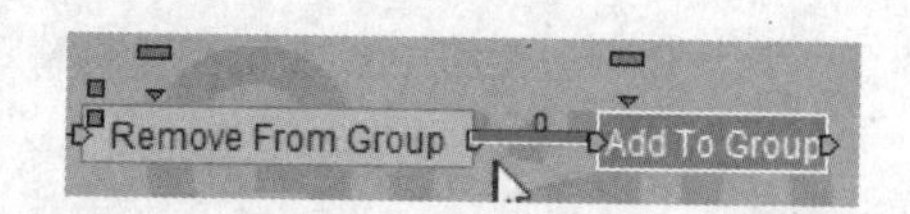

STEP 43 右击Add To Group模块，在弹出的快捷菜单中执行Add Target Parameter命令，打开它的Target。

STEP 44 将Add To Group模块输入参数Target连接到模块输入参数。

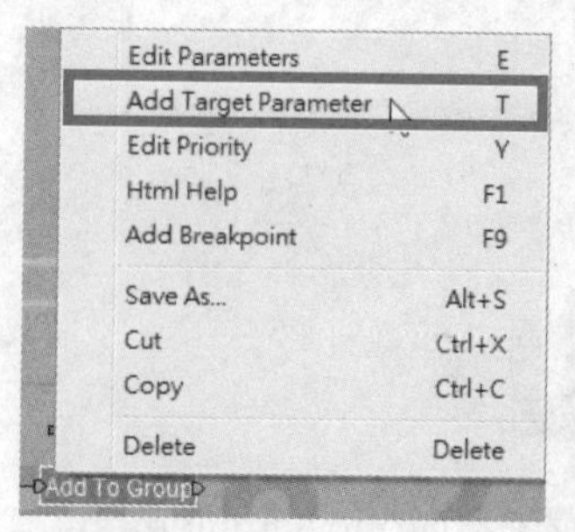

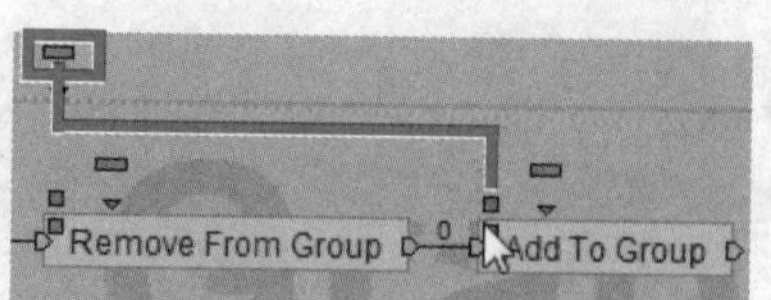

STEP 45 双击Add To Group模块，在弹出的对话框中❶设置Group为Items，❷单击OK按钮。

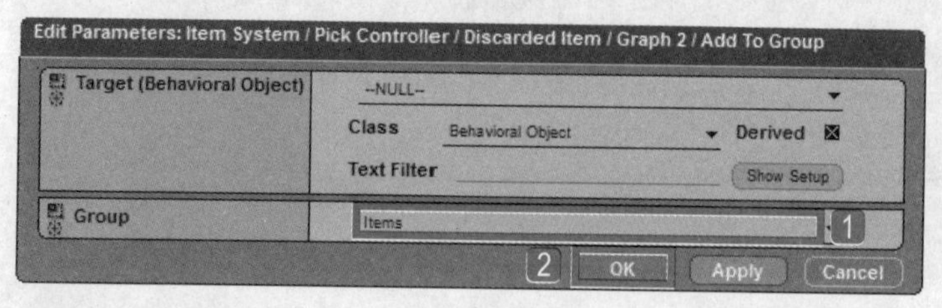

STEP 46 导入BB面板中的3D Transformations\Basic\Set Parent模块。

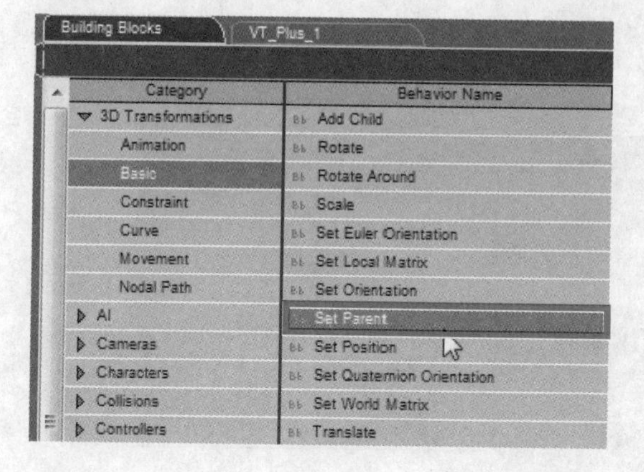

STEP 47 将Set Parent模块输入端连接到Add To Group模块输出端。

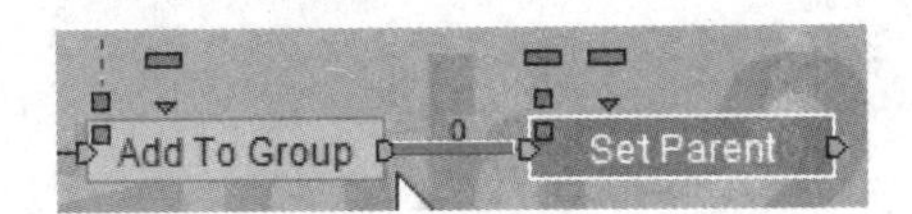

STEP 48 将Set Parent模块输入参数Target连接到模块输入参数。

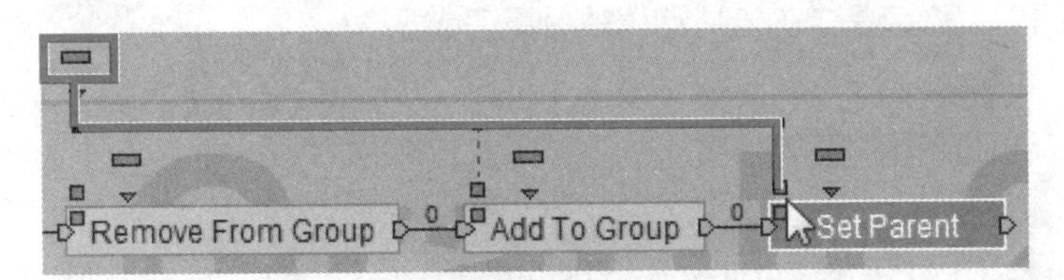

STEP 49 双击Set Parent模块，在弹出的对话框中❶设置Parent为NULL，❷单击OK按钮。

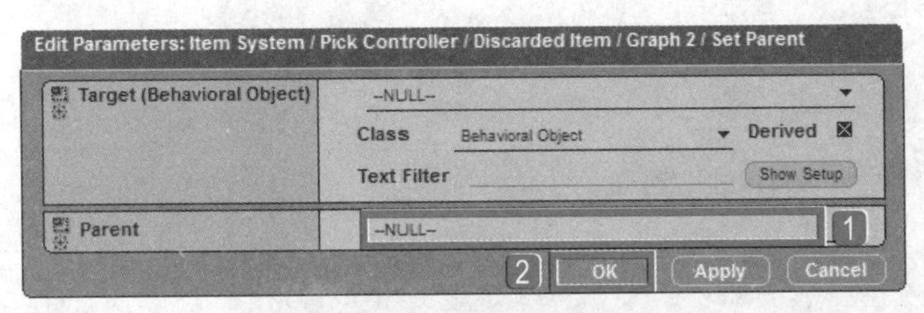

STEP 50 创建一个模块输出口，将Set Parent模块输出端连接到模块输出端。

STEP 51 将模块重命名为ResIC。

STEP 52 将ResIC模块输入端连接到Set Cell模块输出端Found。

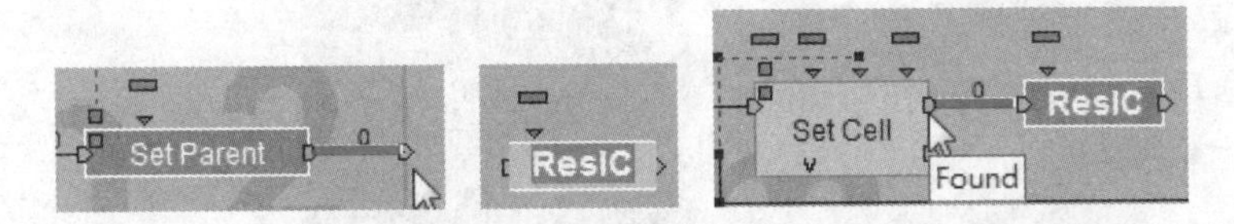

STEP 53 将Out Item模块输出参数连接到ResIC模块输入参数。

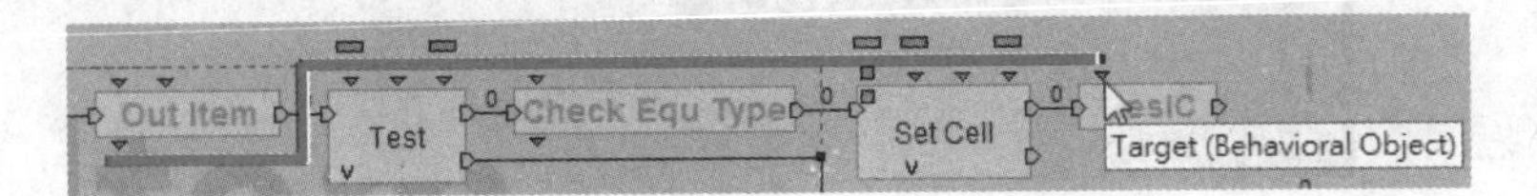

STEP 54 将ResIC模块输出端连接到Send Message模块输入端。

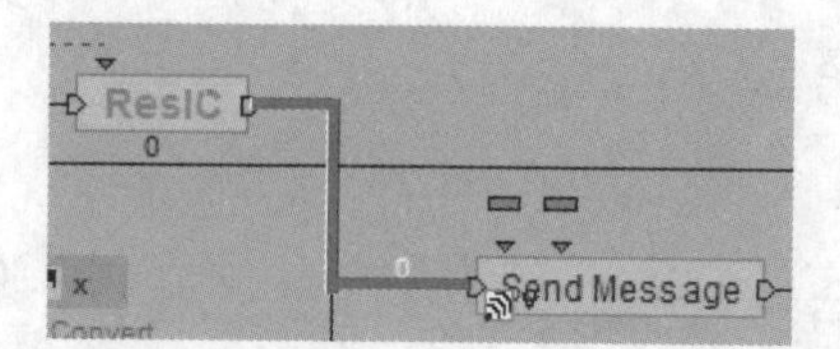

STEP 55 至此，执行装备道具、丢弃装备中的道具动作就设置完成了。

STEP 56 此时，若道具接口上的数据页面只剩一个道具，当丢弃道具后无法将页面正确显示。这里先将道具数量设置为一个页面，执行后发现页码并未更新。

STEP 57 返回到程序的部分。

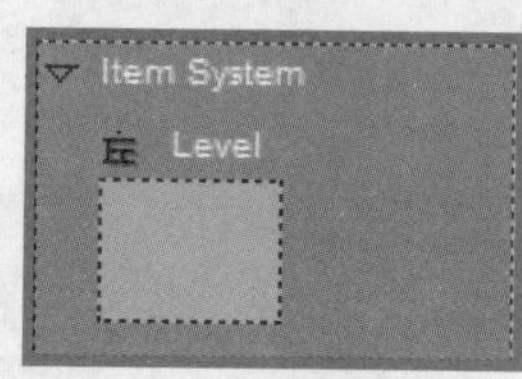

STEP 58 双击打开Chack Page模块。

STEP 59 删除Op模块和Identity模块连接到Create String模块的连接线。

STEP 60 导入BB面板中的Logics\Test\Test模块。

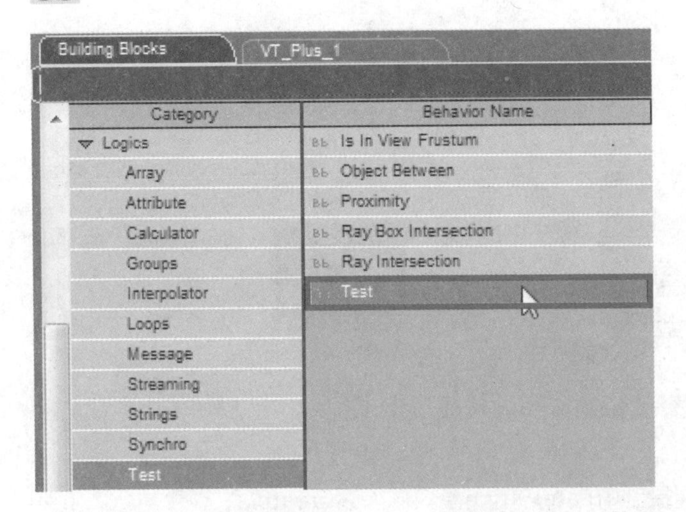

STEP 61 将Op模块和Identity模块输出端连接到Test模块输入端。

STEP 62 复制Now Page快捷方式连接到Test模块输入参数A。

STEP 63 复制All Page快捷方式连接到Test模块输入参数B。

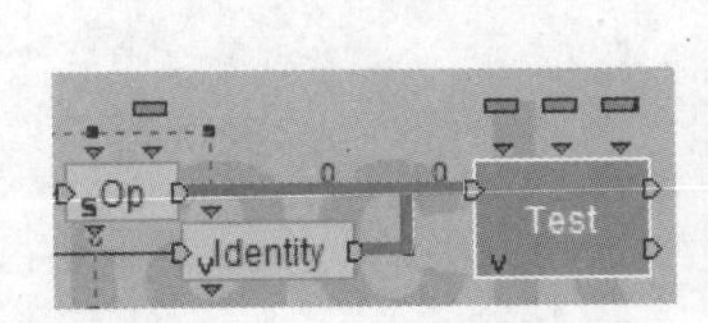

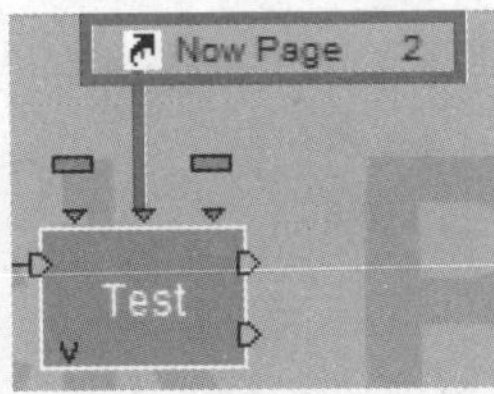

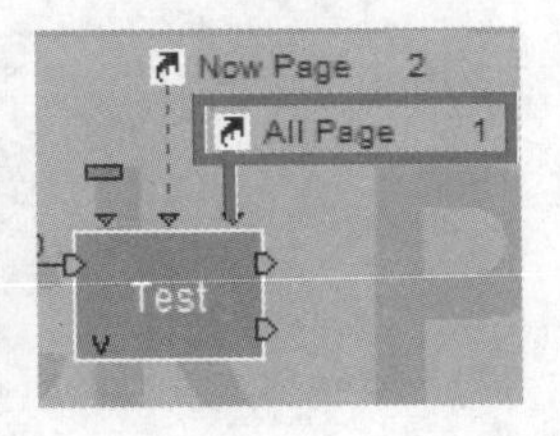

STEP 64 双击Test模块，在弹出的对话框中1设置Test为Greater than，2单击OK按钮 。

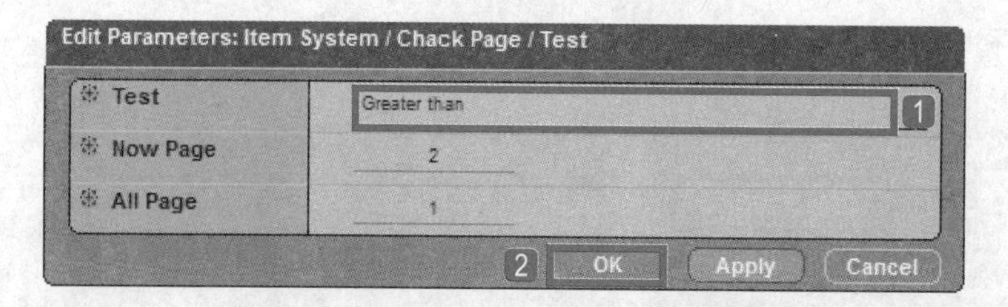

STEP 65 将Test模块输出端False连接到Create String模块输入端Create。

STEP 66 复制一个Identity模块。

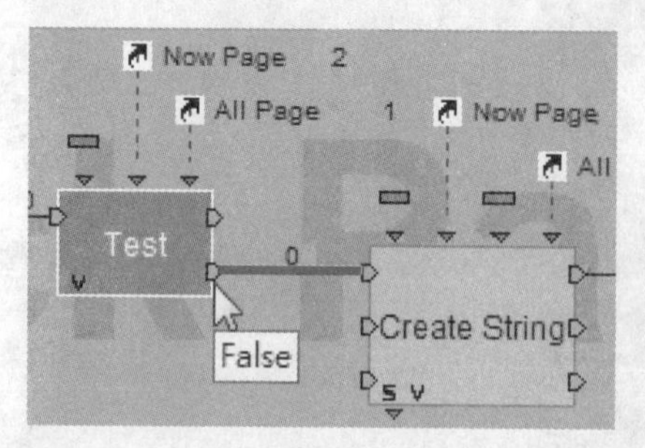

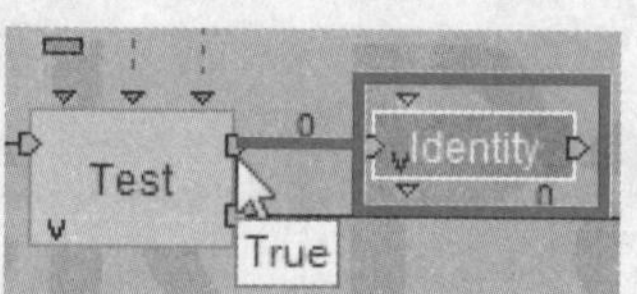

STEP 67 将Identity模块输入参数连接到All Page快捷方式，将Identity模块输出参数连接到Now Page快捷方式。

STEP 68 将Identity模块输出端连接到Create String模块输入端Create。

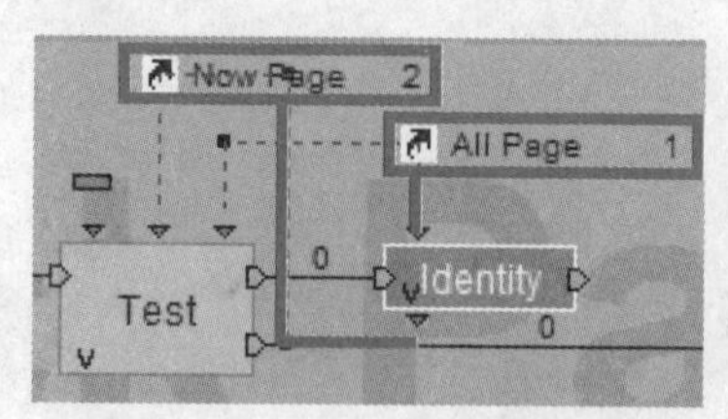

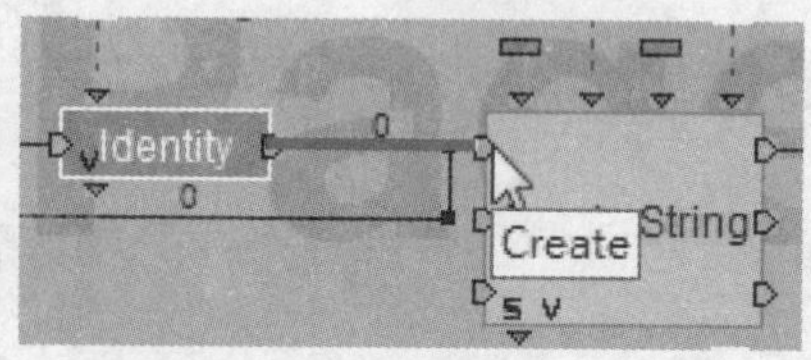

STEP 69 单击Play按钮测试预览，页码显示错误的问题解决了。

STEP 70 将item Bags数据还原即可。

S Name item Bags

Add Column Add Row

Parameter
Attribute
Set IC
Remove IC
Restore IC
Level

	0 : name	1 : Equipment
0	Eye1	x
1	Eye2	
2	Eye3	
3	Mouth1	x
4	Mouth2	
5	NormalHair	x
6	FashionHair	
7	RedCloth	x
8	BlueCloth	
9	BlueColor	x
10	GreenColor	
11	RedColors	

16.10 框选已装备的道具

STEP 1 不管是剪、装或是丢弃、卸下都已经整合完成，最后制作显示正在装备中的道具，框框。返回到Item System，设置数据的显示功能。

STEP 2 这里将利用道具包中的数据做整合的检测工作，所以需要做相关计算。导入BB面板中的Logics\Calculator\Op模块。

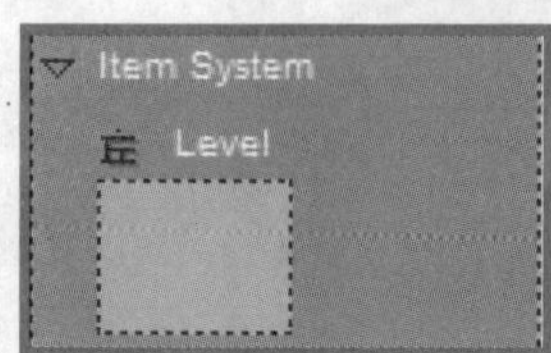

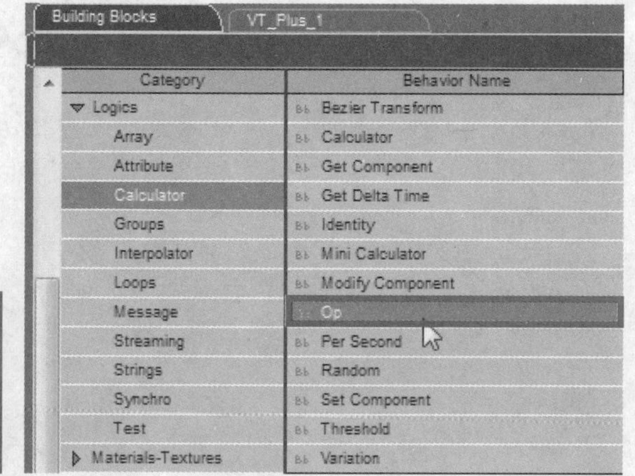

STEP 3 右击Op模块，在弹出的快捷菜单中执行Edit Settings命令。

STEP 4 弹出的对话框中❶设置Inputs的A值为Group，❷Operation为Get Count，❸Ouput为Integer，❹单击OK按钮。

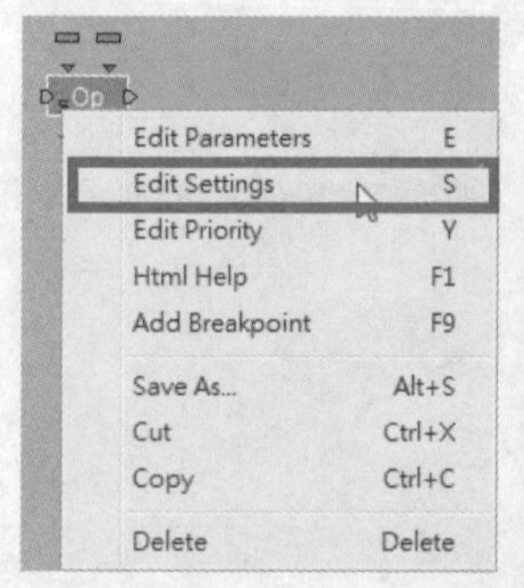

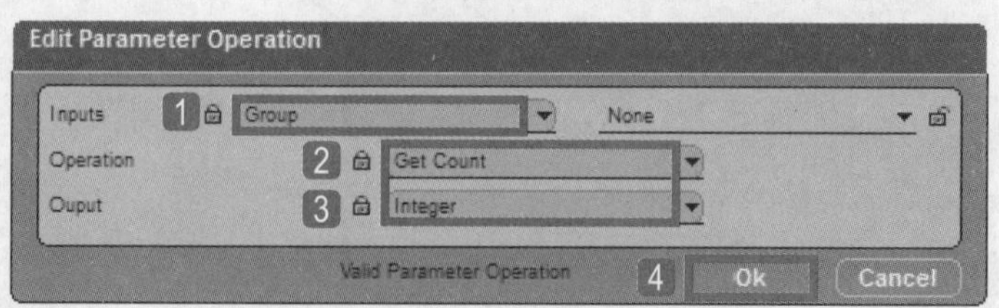

STEP 5 将Op模块的B值移除，双击Op模块的A值，在弹出的对话框中❶设置p1为Item Data Button，可以知道一页显示多少笔数据，❷单击OK按钮。

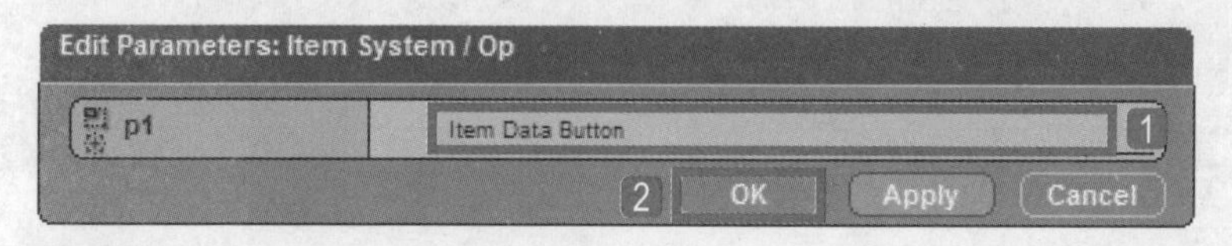

STEP 6 依照每一页显示数据的第几笔，计算范围的最大值与最小值。先计算最小值，导入BB面板中的Logics\Calculator\Calculator模块。

STEP 7 将Calculator模块连接到Op模块。

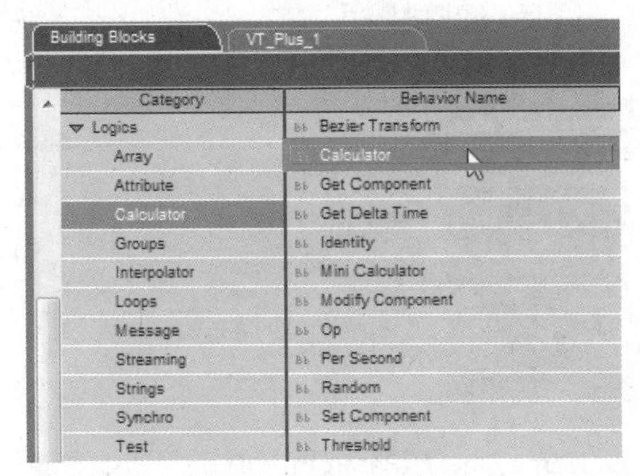

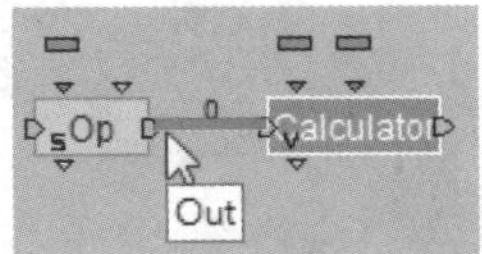

STEP 8 设置计算器的公式。右击Calculator模块，在弹出的快捷菜单中执行Add Comment命令，添加批注。

STEP 9 设置A值等于现在的页数，B值等于一页的数量。

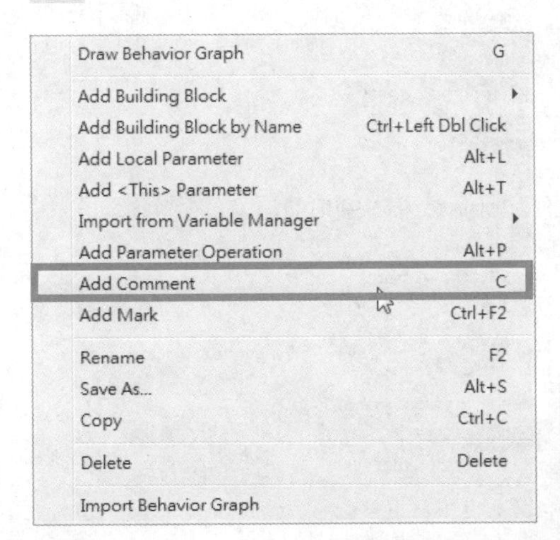

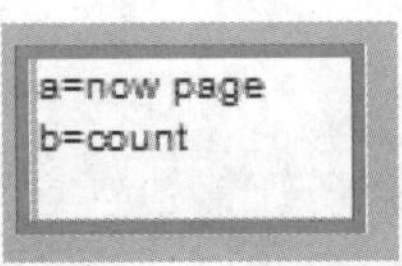

STEP 10 双击Calculator模块，在弹出的对话框中1设置expression为（a–1）*b，计算出Load哪一个Index表达式为（现在页码a – 1）*b值，2单击OK按钮。

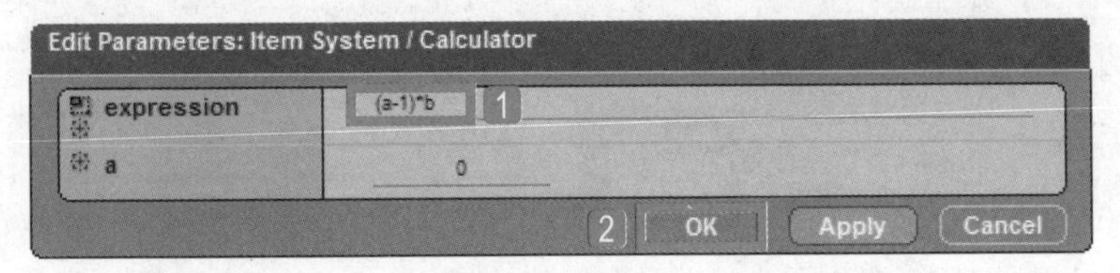

STEP 11 因为已经有A值，右击Calculator模块，在弹出的快捷菜单中执行Construct>Add Parameter Input命令，新增一个输入口。

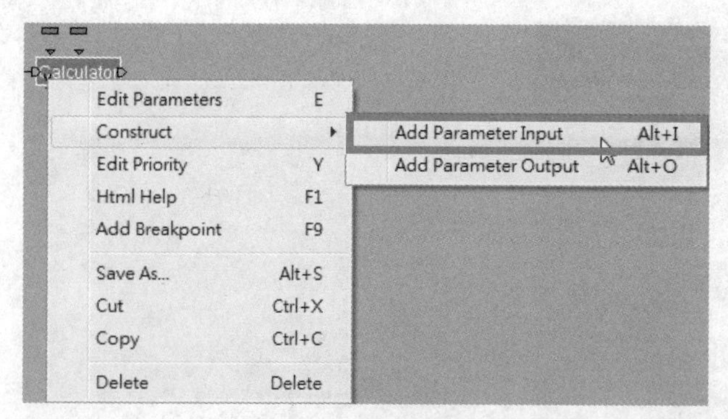

STEP 12 在弹出的对话框中1设置Parameter Name为b，2Parameter Type为Float，3单击OK按钮。

STEP 13 复制Now Page快捷方式参数赋予Calculator模块的A值。

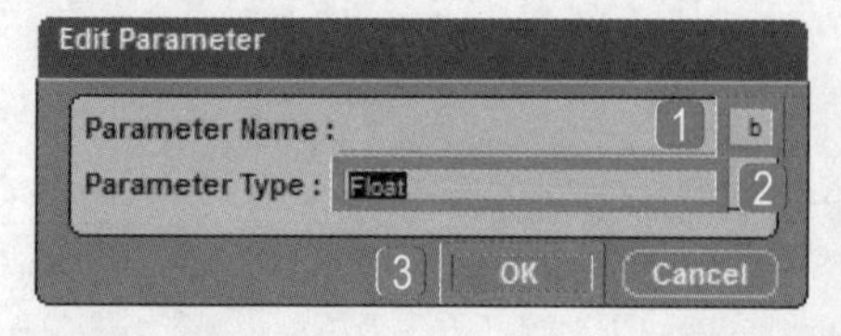

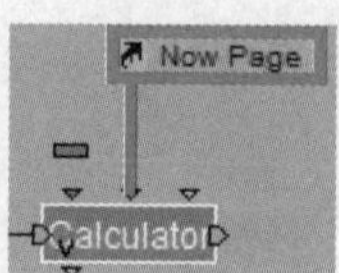

STEP 14 将Op模块计算出的一页显示的数量赋予Calculator模块的B值。

STEP 15 再添加一个计算器Calculator。

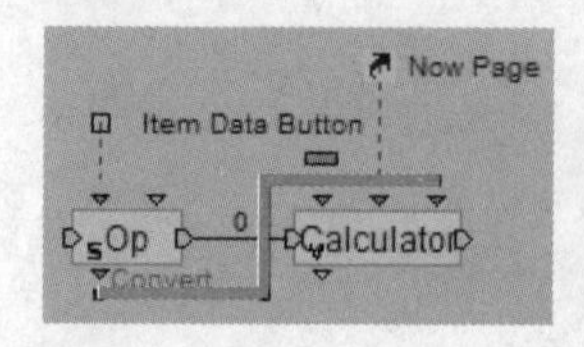

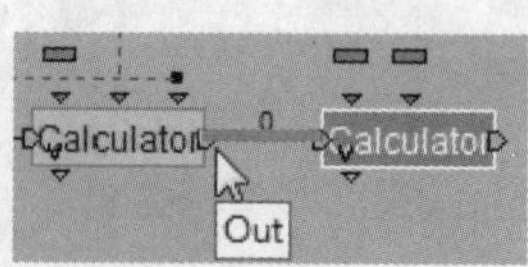

STEP 16 右击Calculator模块，在弹出的快捷菜单中执行Add Comment命令，添加批注。

STEP 17 设置A值等于最小值，B值等于一页的数量。

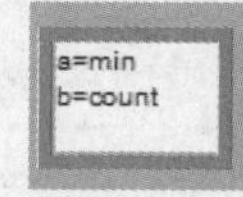

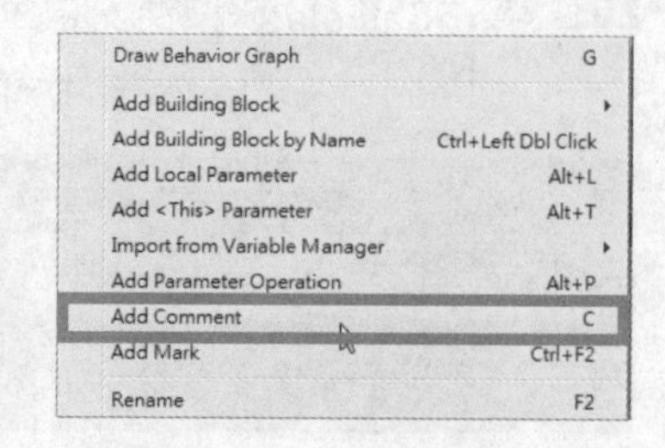

STEP 18 右击Calculator模块，在弹出的快捷菜单中执行Construct>Add Parameter Input命令，新增一个输入口。

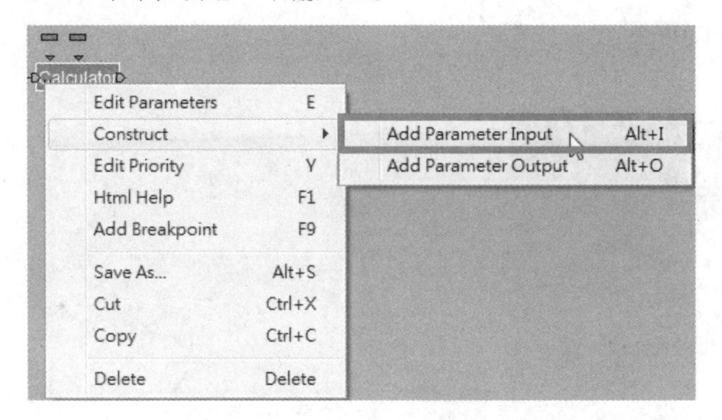

STEP 19 在弹出的对话框中1设置Parameter Name为b，2Parameter Type为Float，3单击OK按钮。

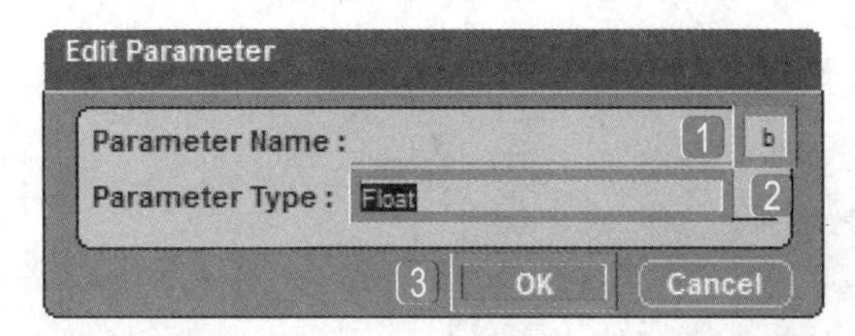

STEP 20 双击Calculator模块，在弹出的对话框中1设置expression为a+b，2单击OK按钮。

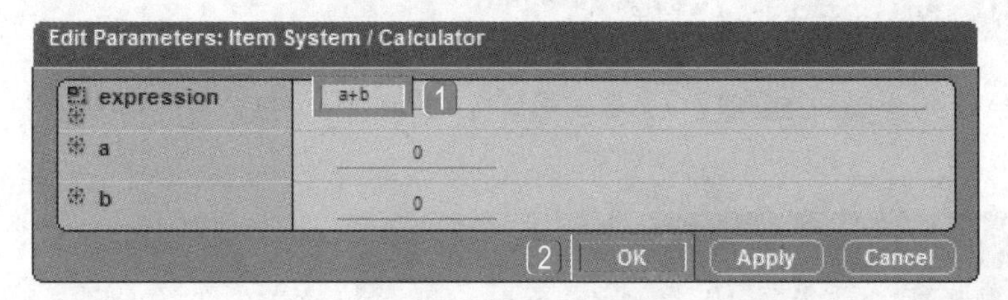

STEP 21 将第一个Calculator模块计算出的数值赋予第二个Calculator模块的A值。

STEP 22 将Op模块抓取到的数量赋予Calculator模块的B值，即可计算出数据的最大值与最小值。

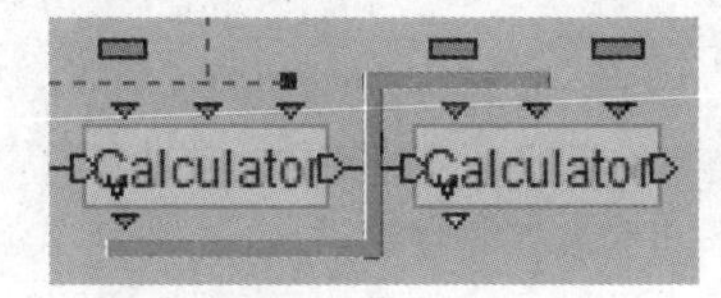

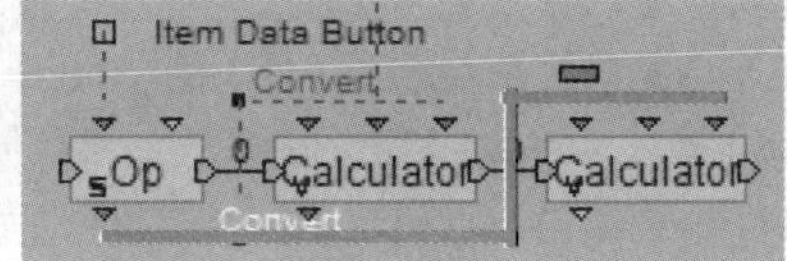

STEP 23 导入BB面板中的Logics\Array\Iterator If模块，通过道具包进行查找。

STEP 24 将Iterator If模块连接到Calculator模块后。

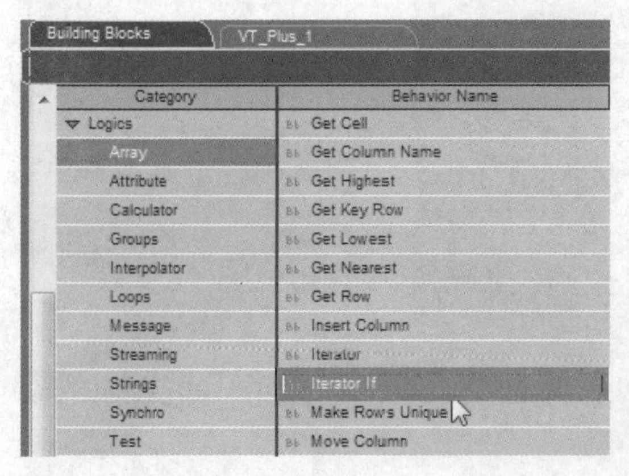

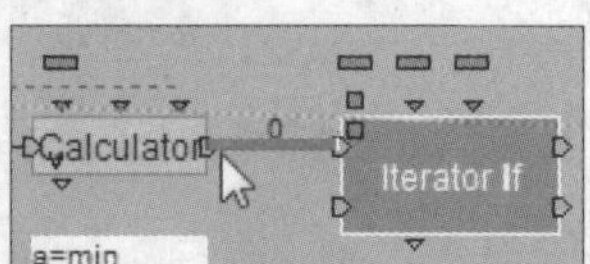

STEP 25 双击Iterator If模块，在弹出的对话框中1设置Target为Item Bags，2Column为1，也就是将道具包被声明为“装备中”的数据找出来，3单击OK按钮。

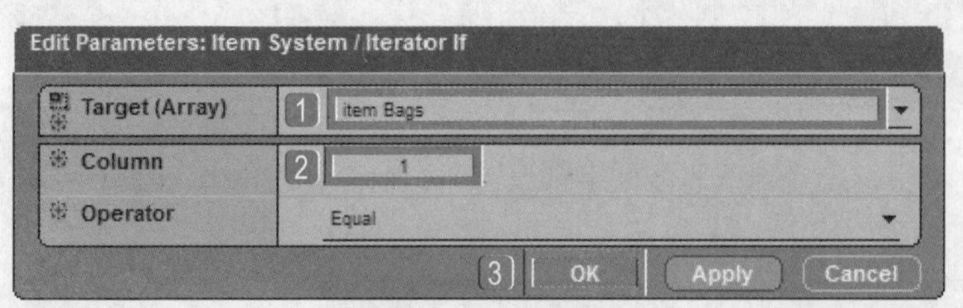

STEP 26 1设置变量Reference Value的值为x，查找道具包中Column 为1，并包含x的变量，2单击OK按钮。

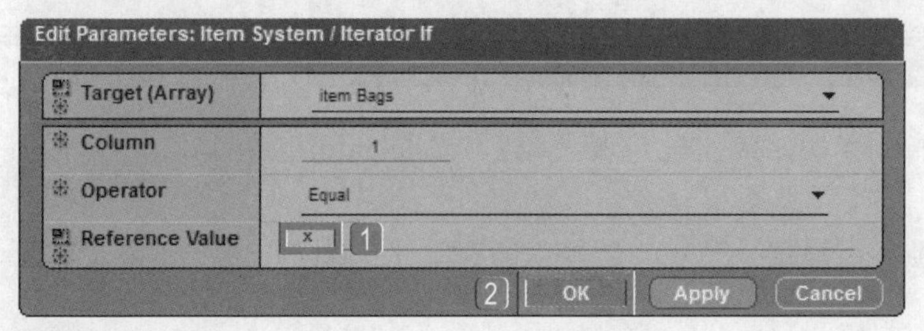

TIP

开始查找后，整个数据将会由Iterator If模块的Loop Out输出，找到符合的数据后，也同时会在Iterator If模块的Index中显示出来。如果数值不在页码内，即不在前面计算出的最大值与最小值范围内，不用理会，这里将查找设置为装备的对象。

STEP 27 导入BB面板中的Logics\Calculator\Threshold模块，判断取值范围。

STEP 28 将Threshold模块连接到Iterator If模块的Loop Out。

STEP 29 将Iterator If模块的Index值赋予Threshold模块的X值。

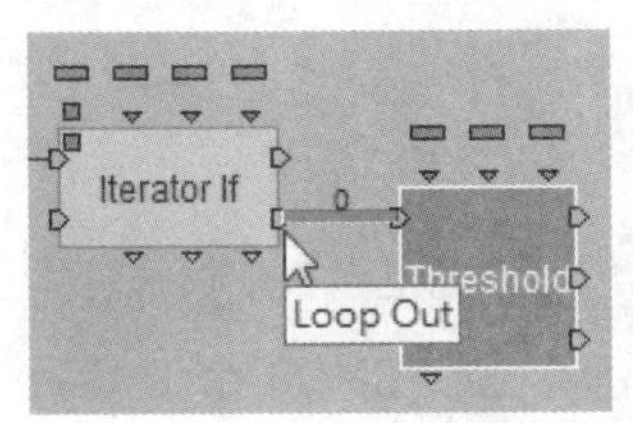

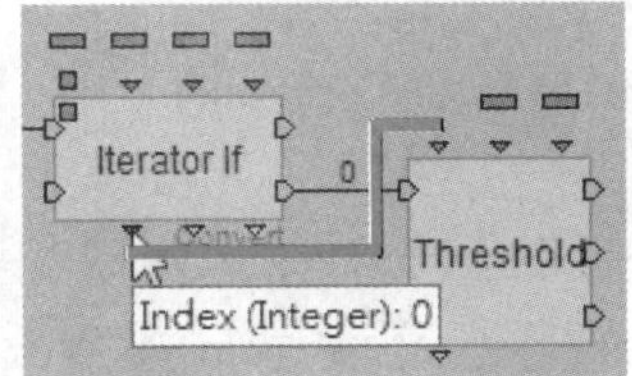

STEP 30 现在进行最小值与最大值的判断。将第一个Calculator模块计算出的最小值赋予Threshold模块的最小值MIN。

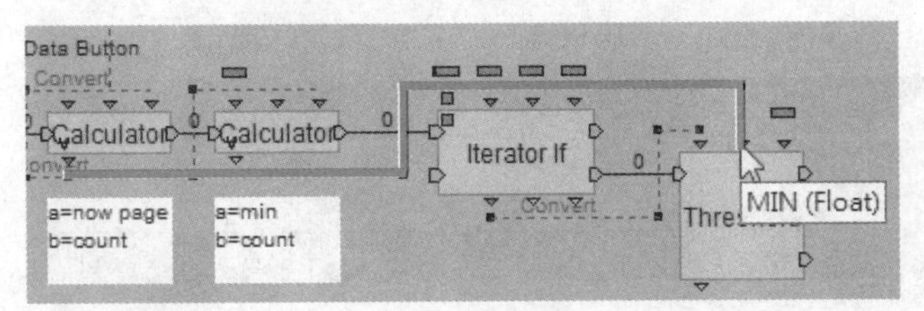

STEP 31 将第二个Calculator模块计算出的最大值赋予Threshold模块的最大值MAX。这样就可以判断出数值是否在最大值与最小值范围内了。

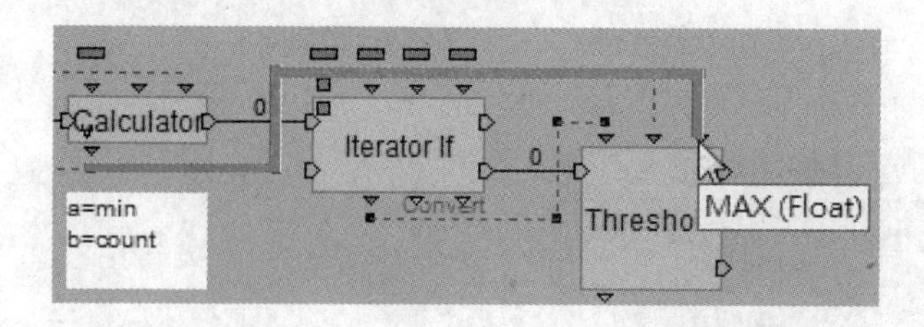

STEP 32 现在要利用Threshold反算回在2D Frame中是第几笔的资料。请加入Building Blocks\Logics\Calculator\Calculator。

Category	Behavior Name
Logics	Bezier Transform
Array	Calculator
Attribute	Get Component
Calculator	Get Delta Time
Groups	Identity
Interpolator	Mini Calculator
Loops	Modify Component
Message	Op
Streaming	Per Second
Strings	Random
Synchro	Set Component
Test	Threshold
Materials-Textures	Variation

STEP 33 将Calculator模块连接到Threshold模块的MIN < X < MAX。

STEP 34 再新增一个批注，设置a值等于row Index，也就是找出每个页面中显示的第几笔资料，b值等于now Page，c值等于一页能显示的数量count。双击Calculator模块，在弹出的对话框中1设置expression为a（（b-1）*c），2单击OK按钮。这样就可以计算出一页能显示多少笔数据，以及现在的数据在这一页的第几笔资料中。

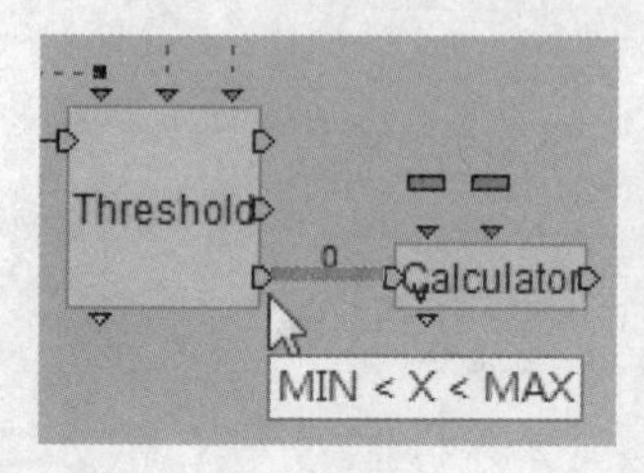

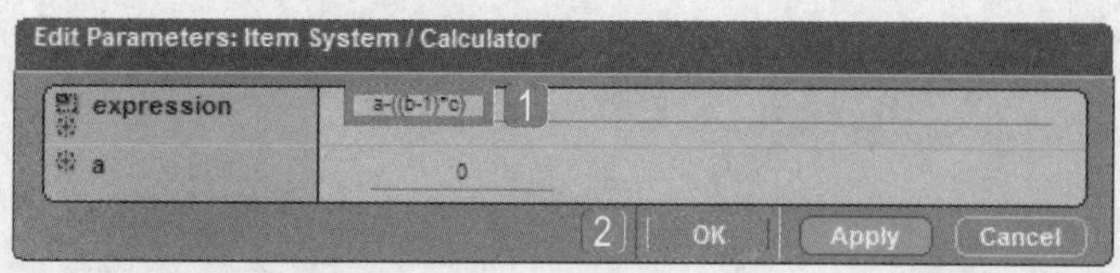

STEP 35 设置完计算公式后，右击Calculator模块，在弹出的快捷菜单中执行Construct>Add Parameter Input命令，新增一个输入口。

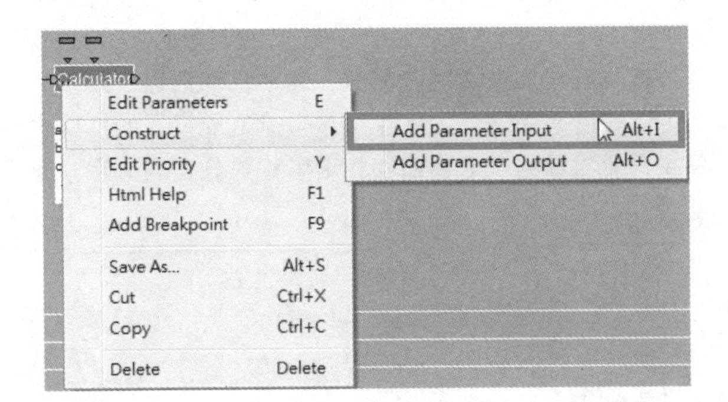

STEP 36 在弹出的对话框中 1 设置Parameter Name为b， 2 单击OK按钮。

STEP 37 使用同样的方法再增加一个输入口， 1 设置Parameter Name为c， 2 单击OK按钮。

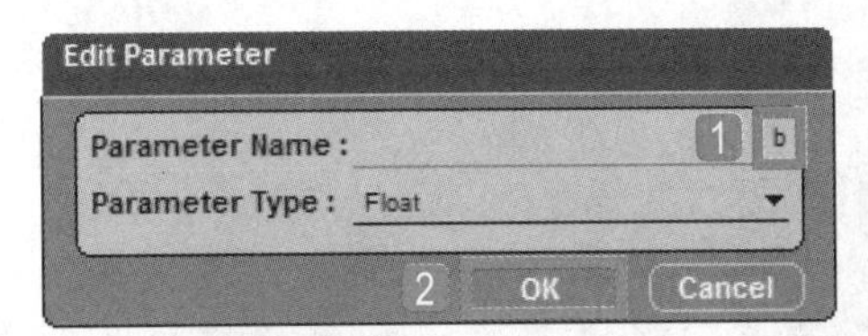

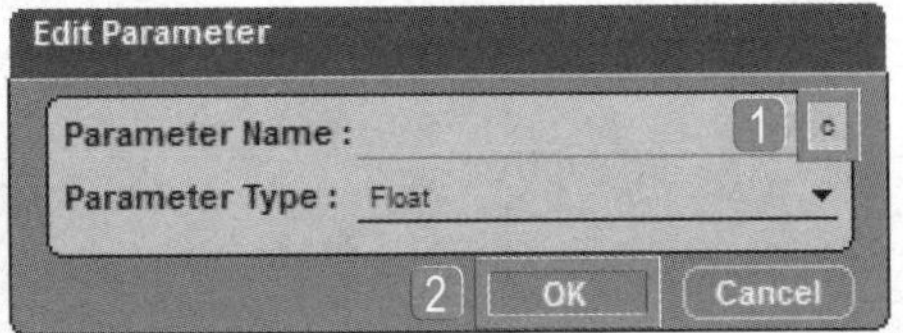

STEP 38 由于a值为row Index值，因此将Iterator If模块的Index值赋予Calculator模块的a值。

STEP 39 由于b值为now page，因此复制Now Page快捷方式参数赋予Calculator模块的b值。

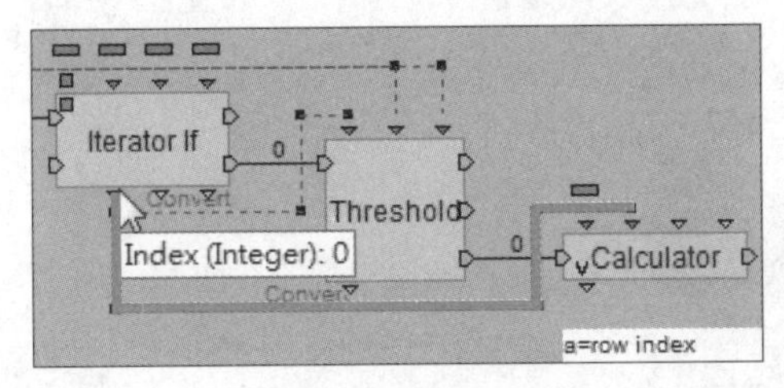

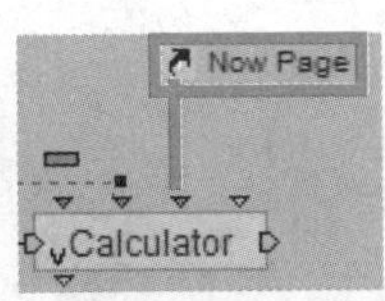

STEP 40 由于c值为数量，因此将Op模块一开始抓取到的一页能显示数据的数量res赋予Calculator模块的c值。

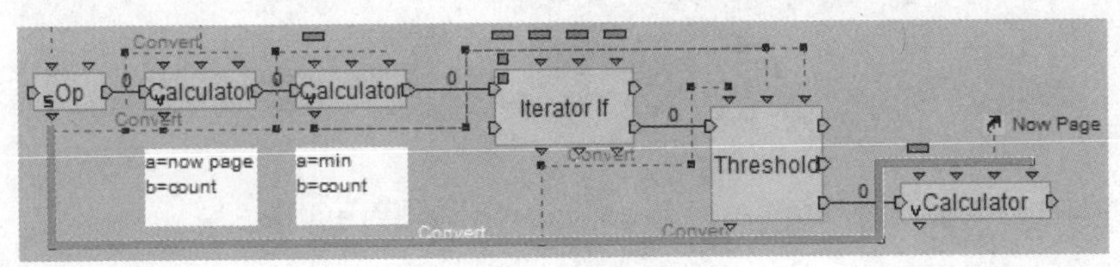

TIP

这样就可以进行逆向运算，计算出数据在一页一页间分配时，是第几笔数据。如果能够知道数据为第几笔资料，就可以知道是哪一个显示的2D接口。之前设置的接口名称，前为分类、后为编号，如果计算出编号，只要能够找出名称前分类的文字，就能找到接口。

STEP 41 导入BB面板中的Logics\Strings\Create String模块。

STEP 42 将Create String模块连接到Calculator模块。

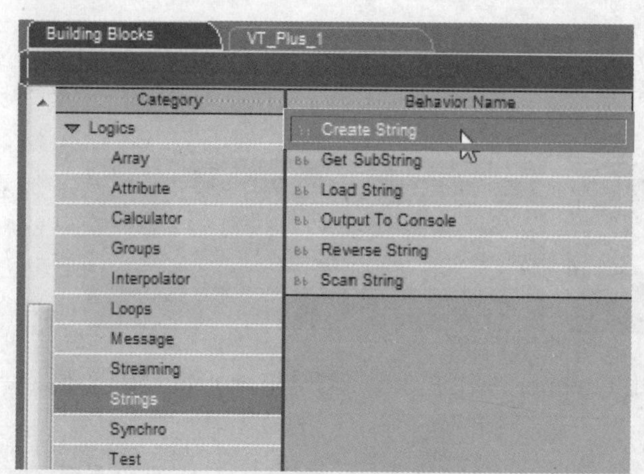

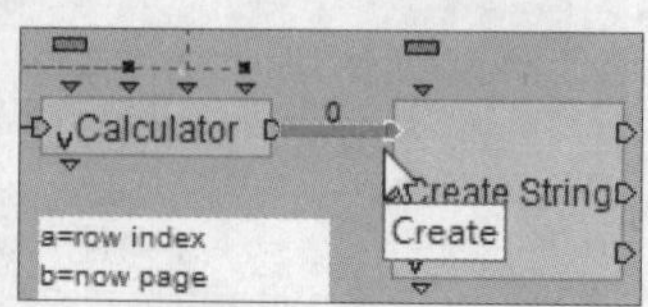

STEP 43 右击Create String模块，在弹出的快捷菜单中执行Construct>Add Parameter Input命令，新增一个输入口。

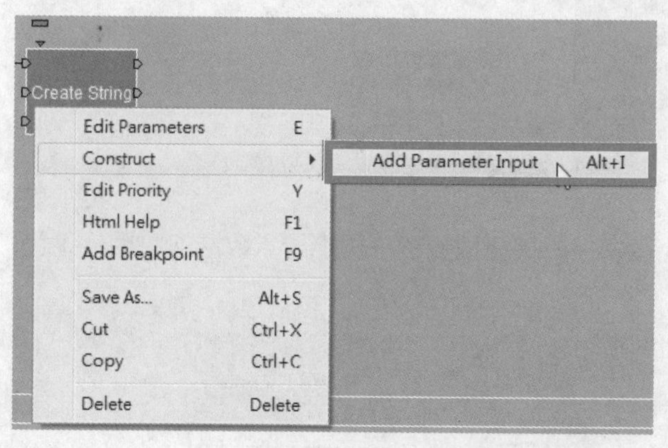

STEP 44 在弹出的对话框中❶设置Parameter Type为String，❷单击OK按钮。

STEP 45 再新增一个输入口，1设置Parameter Type为Float，2单击OK按钮。

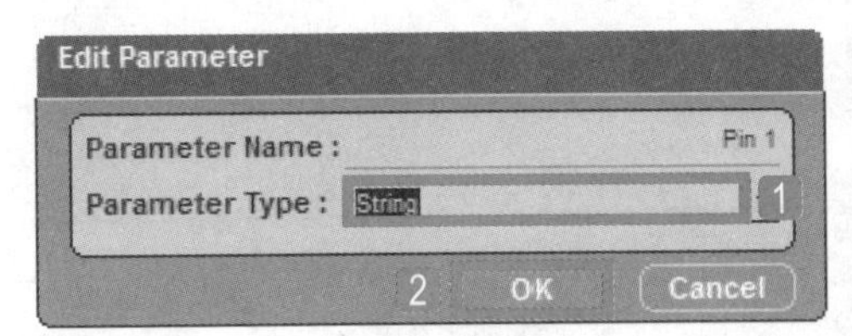

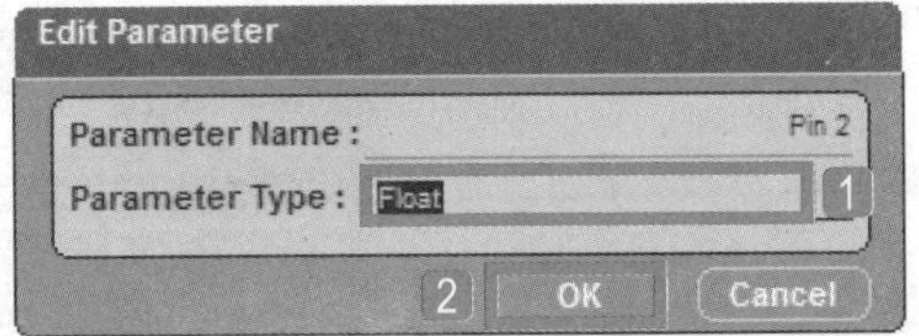

STEP 46 将前面Calculator模块计算出的编号值赋予Create String模块的第二个输入口。

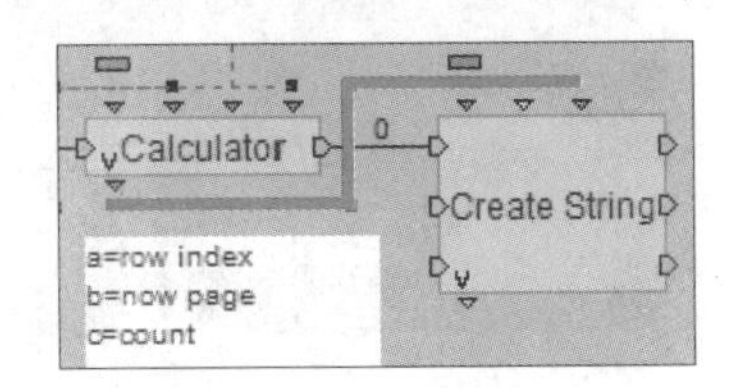

STEP 47 1第一个输入口是将对象数据中的分类名，也就是编号之前的名称"itemdata _"赋予Pin1，2单击OK按钮。

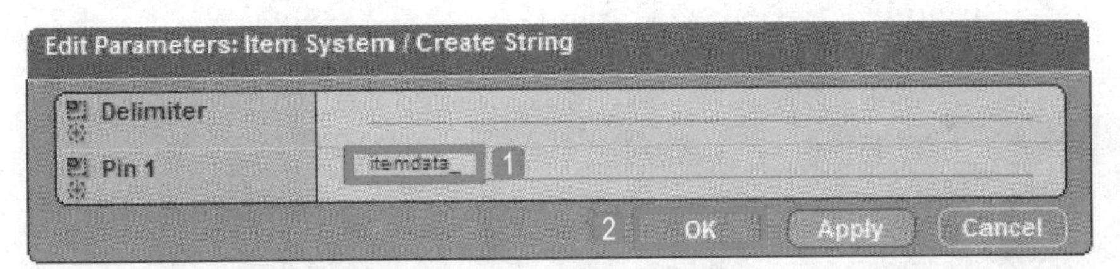

STEP 48 利用名称组合，配合编号找到数据。导入BB面板中的Logics\Calculator\Op模块。

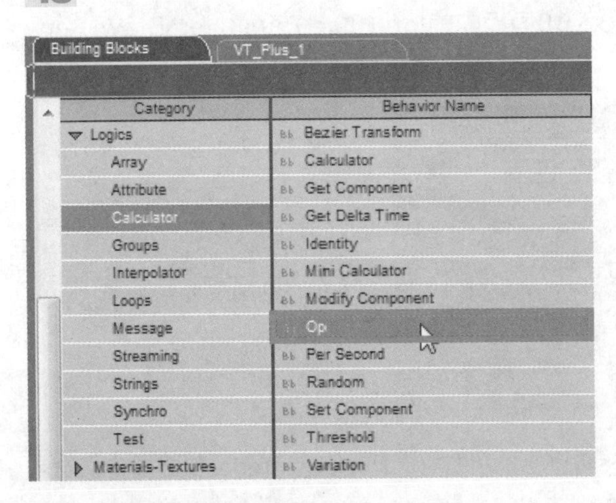

STEP 49 将Op模块连接到Create String模块。

STEP 50 右击Op模块，在弹出的快捷菜单中执行Edit Settings命令，设置Op模块的计算公式。

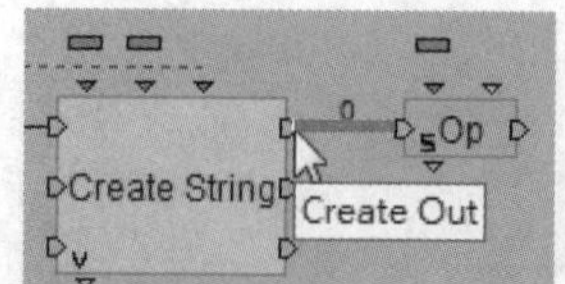

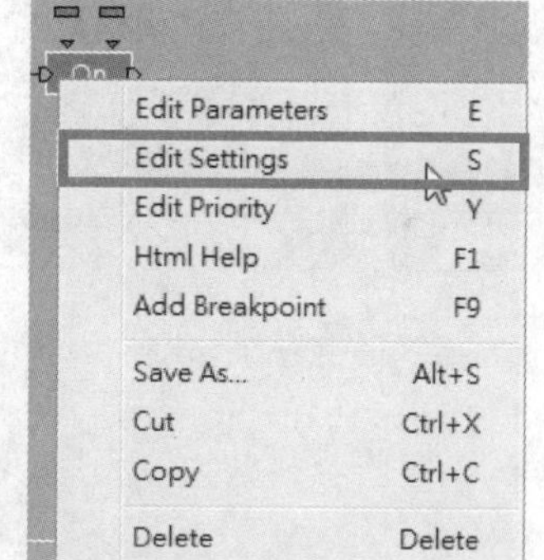

STEP 51 在弹出的对话框中1设置Inputs的A值为String，2Operation为Get Object By Name，3Ouput为2D Entity，4单击OK按钮。

STEP 52 将Create String模块创建的名称赋予Op模块的A值。让Op模块找出它的2D接口。

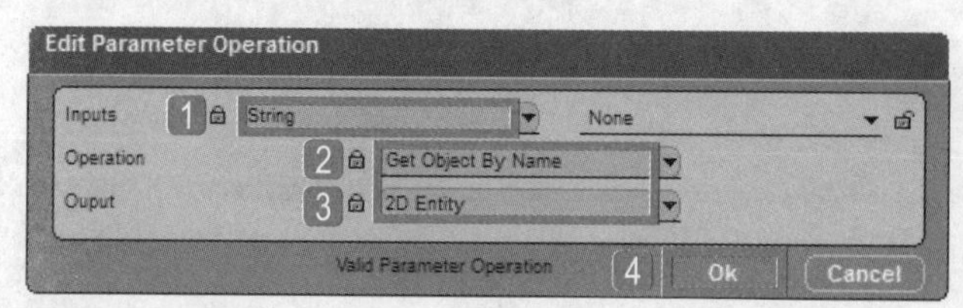

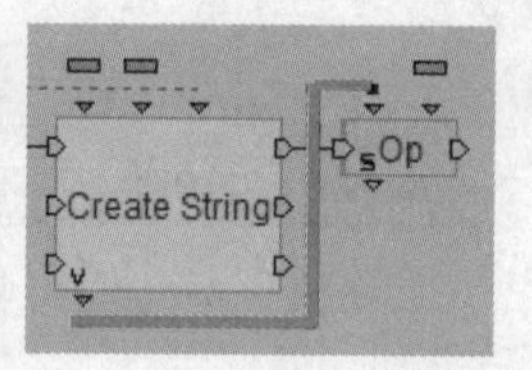

STEP 53 找到之后，在界面上画框。导入BB面板中的Interface\Primitives\Draw Rectangle模块。

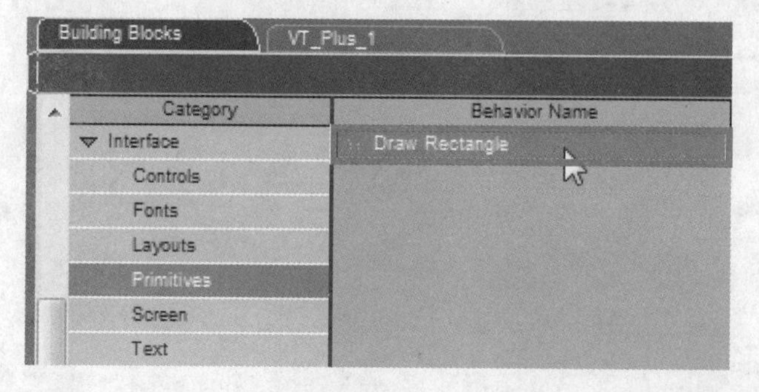

STEP 54 双击Draw Rectangle模块，在弹出的对话框中1取消勾选Inrerior复选框，2勾选Border复选框，3在Border Color后设置方框颜色为（R255， G0，B0），A值为256，4设置Border Size为2，5设置Screen Coordinates的X、Y值都为10。

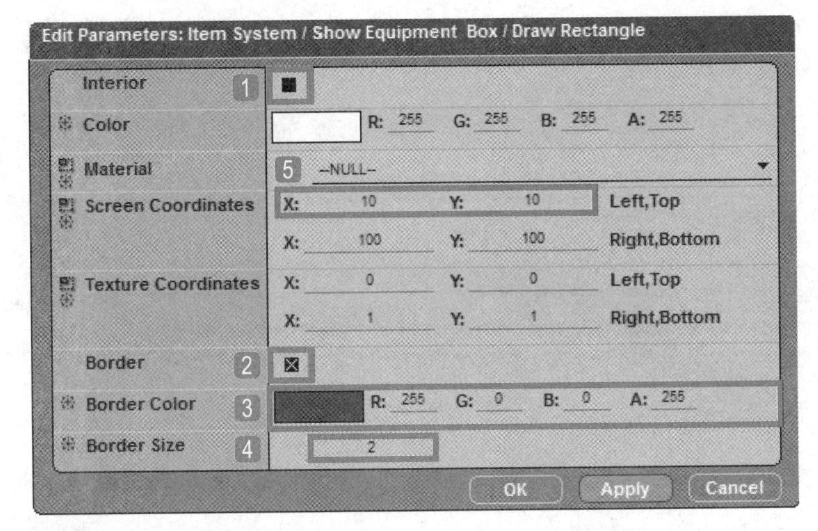

Inrerior表示在整个画面上绘制一个平面的色块，Border表示绘制边线，Border Color设置方框的颜色，Border Size设置框线的粗细，Screen Coordinates设置边线的范围。

STEP 55 在Op与Draw Rectangle模块中间再增加一个Op模块，并进行连接。

STEP 56 设置Op模块的计算公式，1设置Inputs的A值为2D Entity，2Operation为Get Bounding Box，3Ouput为Retangle，4单击OK按钮。

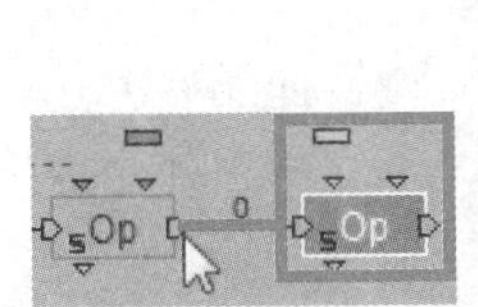

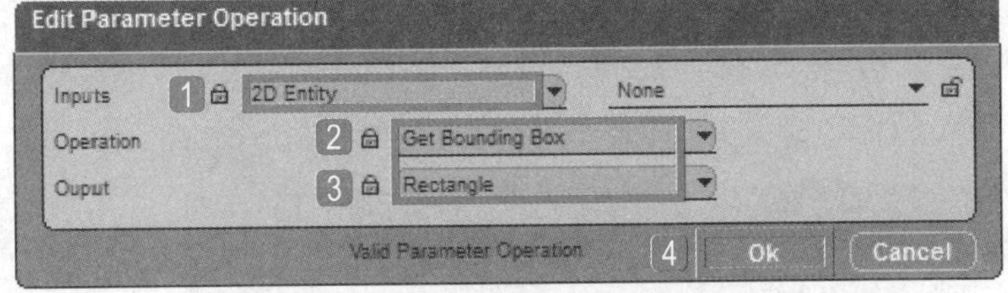

STEP 57 将第一个Op模块抓取到的2D对象赋予第二个Op模块抓取到的Get Bounding Box的A值。

STEP 58 将第二个Op模块计算出的矩阵值赋予Draw Rectangle模块用来绘制矩阵范围值的Screen Coodinates（Rectangle）值。

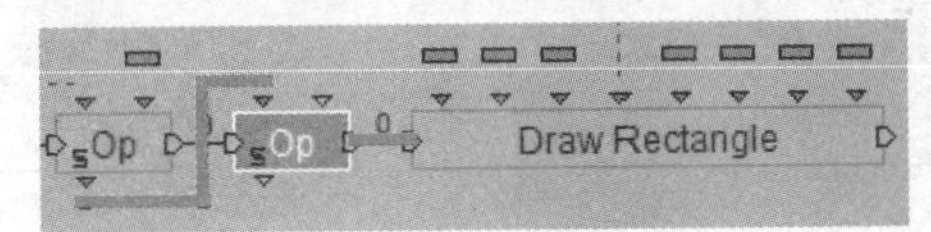

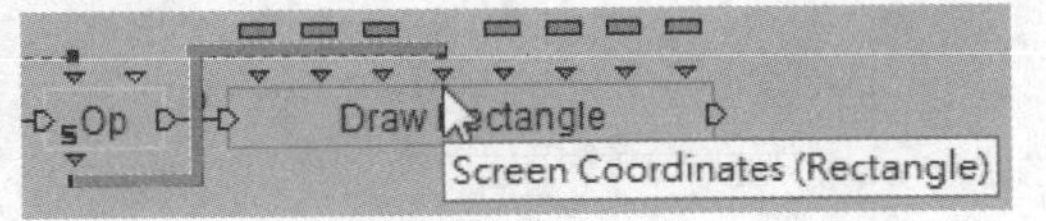

STEP 59 这样即可绘制框框，但不是只画一个框，因此要进行循环作业。新增一个NOp模块。

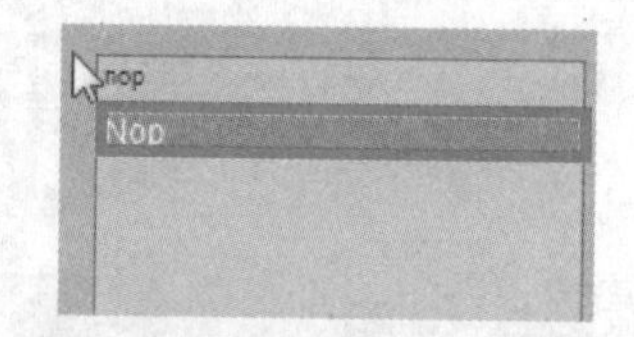

STEP 60 将Draw Rectangle和Threshold模块的大于、小于值都连接到Nop模块作为连接器。

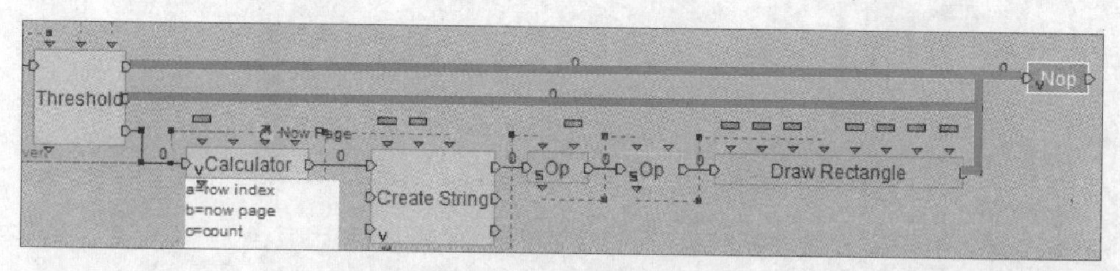

STEP 61 将NOp模块连接到Iterator If模块的Loop In。

STEP 62 双击循环线，在弹出的对话框中设置Link delay为0。

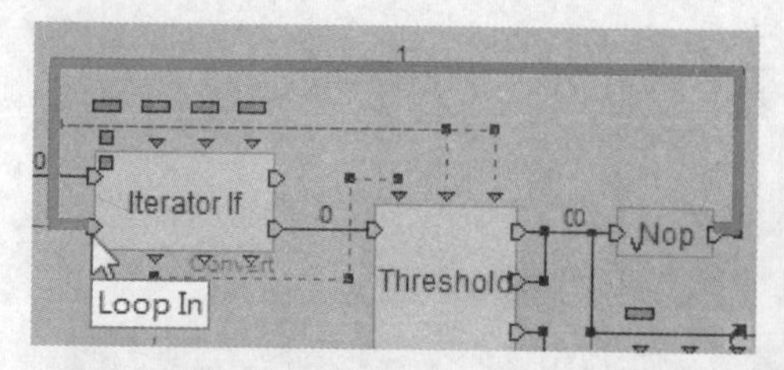

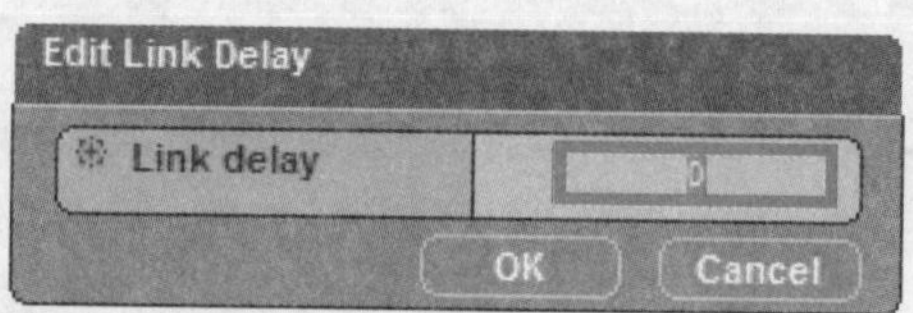

STEP 63 完成框框绘制后，要制作一个开关，可以启动或关闭循环。因此在Iterator If模块的Out上加入一个开关。导入BB面板中的Logics\Streaming\Binary Switch模块。

STEP 64 将Binary Switch模块的In连接到Iterator If模块的Out。

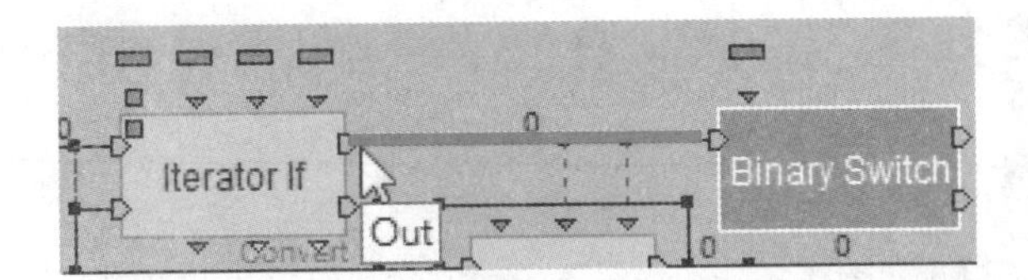

STEP 65 Binary Switch模块设置的是布尔值，即有和没有。如果是True，就将它循环到第一个Calculator模块，因为现在所在页数是一个变量，所以每次都必须重新回来计算。如果是False就断掉。

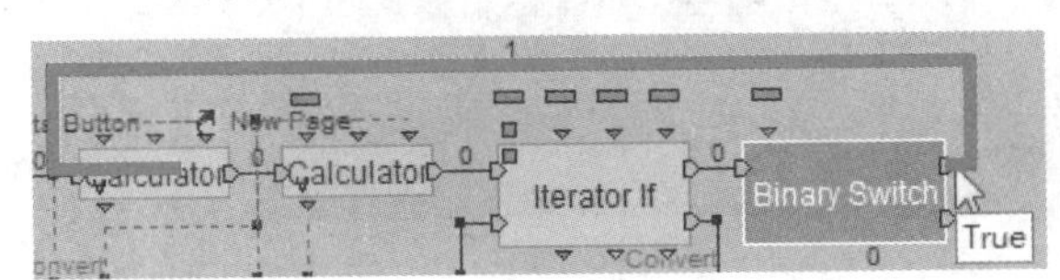

STEP 66 制作切换器。导入BB面板中的Logics\Calculator\Identity模块。

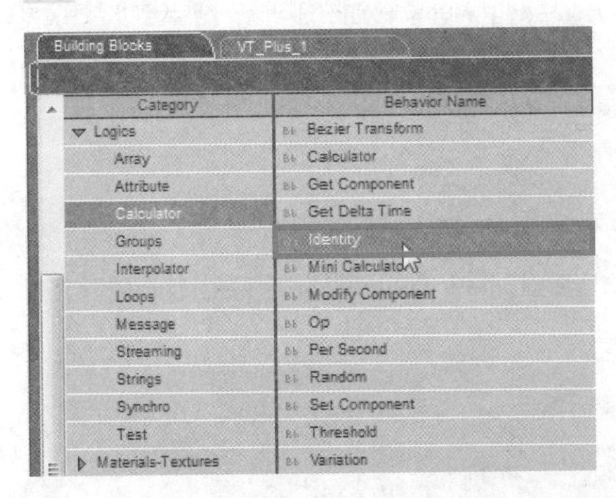

STEP 67 将Identity模块放在最前面，并连接到Op模块。

STEP 68 双击Identity模块，在弹出的对话框中1设置Parameter Type为Boolean，2单击OK按钮。

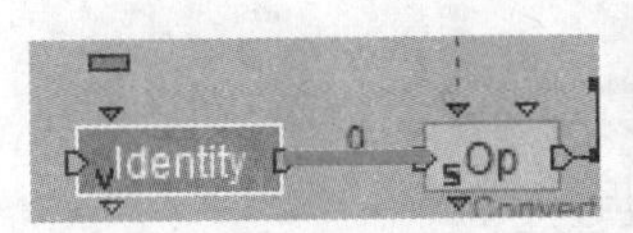

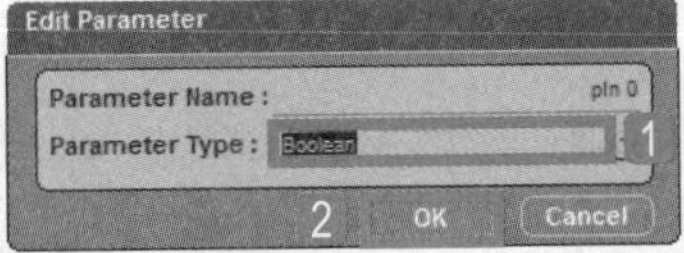

STEP 69 双击Identity模块，在弹出的对话框中1勾选pIn0复选框，2单击OK按钮。

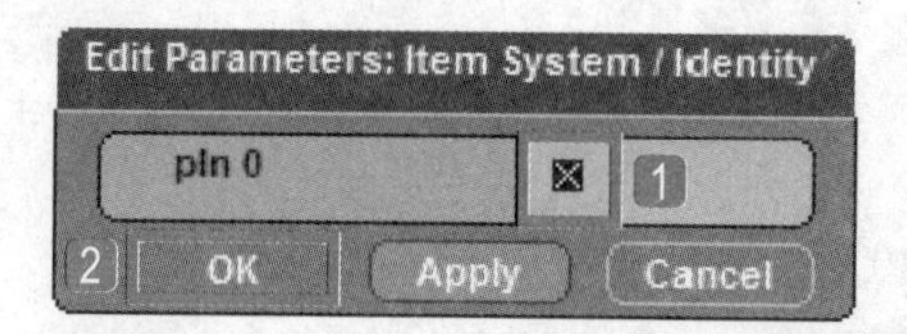

STEP 70 将Identity模块的输出口连接到Binary Switch模块的变量。

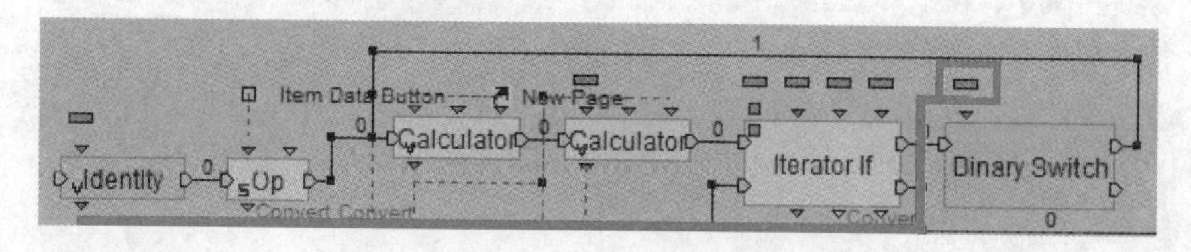

STEP 71 复制一个Identity模块。

STEP 72 双击Identity模块，在弹出的对话框中1取消pIn0复选框的勾选，2单击OK按钮。

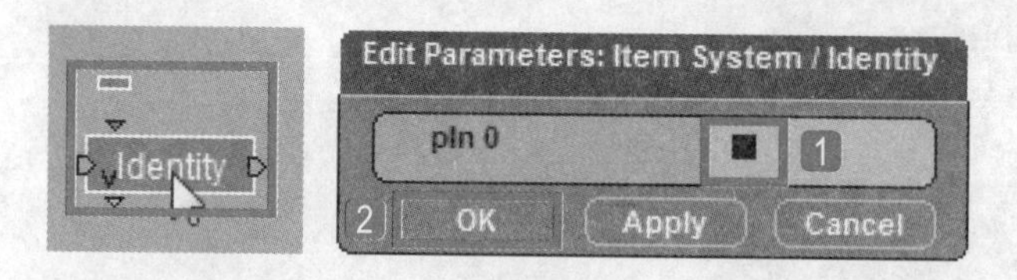

STEP 73 将复制的Identity模块的输出口连接到Binary Switch模块的变量。这样就可以进行关闭了。

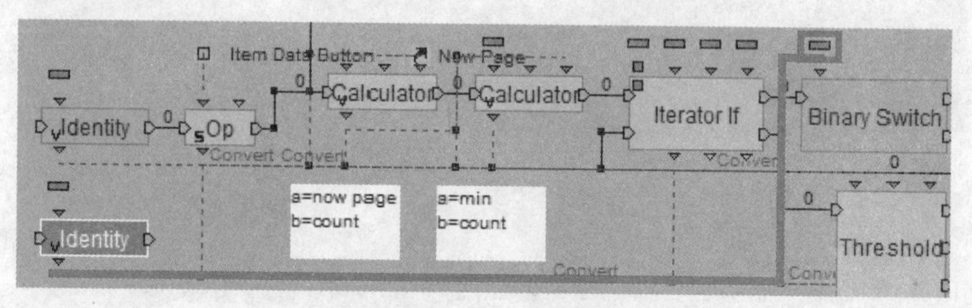

STEP 74 右击空白处，在弹出的快捷菜单中执行Draw Behavior Graph命令，创建一个封包将整个模块封起来。

STEP 75 选中刚刚创建的模块，按下键盘上的I键增加一个输入口。将第一个输入口连接到第一个Identity模块，将第二个输入口命名为off连接到第二个Identity模块，只要有Script连接至此，就会执行停止运行的动作。

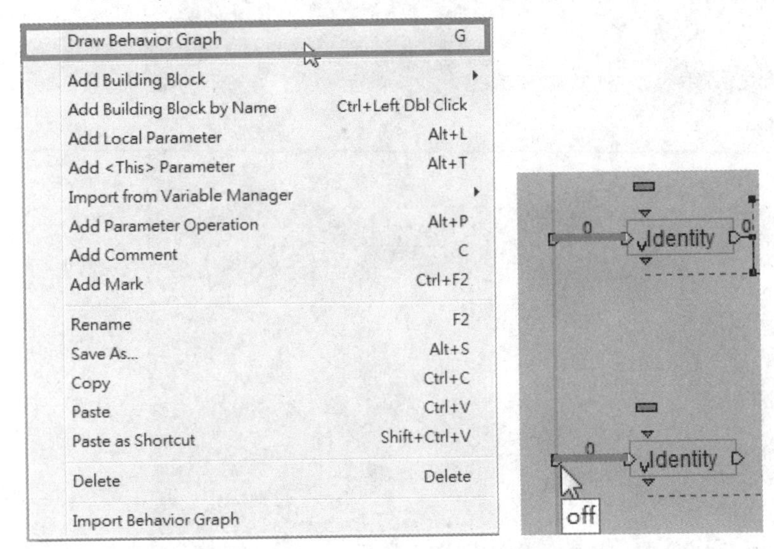

STEP 76 双击收起模块，将它命名为Show Equipment Box。

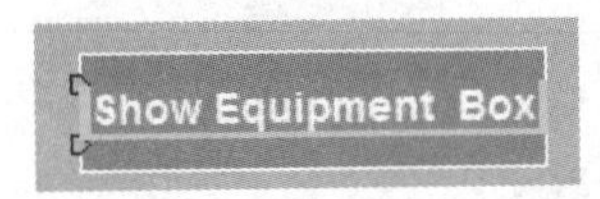

STEP 77 将Show Equipment Box模块的In连接到Set 2D Position模块后。

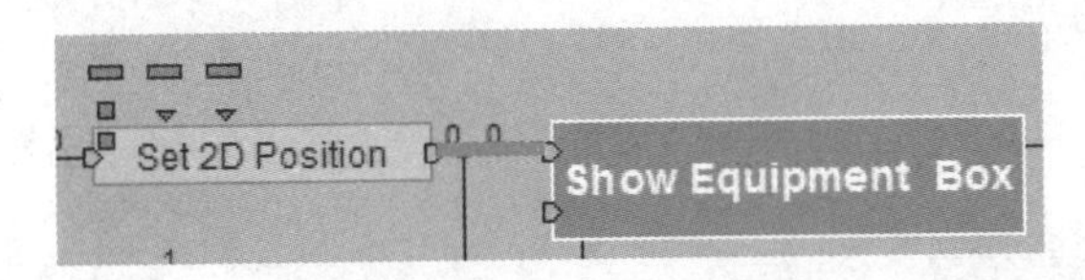

STEP 78 将Show Equipment Box模块的off连接到Pick Controller模块的close。

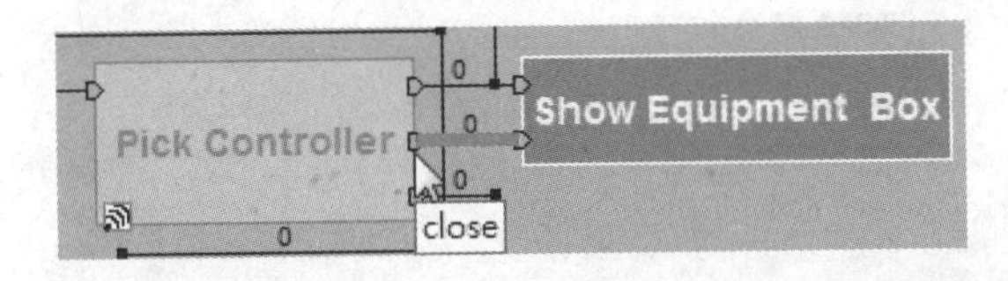

STEP 79 至此，模块就创建完成了。单击Play按钮测试预览，可以看到道具包中已经会框选显示已装备的道具。框线颜色可通过Color Box直接修改，换页后，也可进行道具的拖拉与丢弃。

STEP 80 至此，拖拉道具接口，以及纸娃娃换装系统就全部制作完成了，整个操作流程如下。

1. 设置方向键控制角色。
2. 单击道具按钮可以打开道具接口。
3. 开启道具接口后可以拾取地上道具。
4. 在地板上拖拉图示可以丢弃道具。
5. 设置为永久有效的道具无法丢弃。
6. 拖拉到角色身上的如果是装备道具则可换装。
7. 可变换贴图、身体、配件、颜色。
8. 将装备中的配件图示丢到地板上则会自动卸载装备。
9. 道具接口会自动显示对象名称、类型和装备中道具。
10. 道具接口可以换页，当拾起或丢弃对象时会自动换页整理。